微 积 分

（上册）

主　编　王顺凤　朱　建

副主编　张天良　符美芬　朱晓欣

北　京

内 容 简 介

本书根据教育部颁布的本科非数学专业经管类高等数学课程教学基本要求，以及全国硕士研究生入学考试数学三的大纲编写而成.

全书分上、下两册. 本书为上册，内容包括极限与连续、一元函数微积分学等内容. 每节都配有难易不同的 A、B 两组习题，每章都附有本章小结与总复习题，书中还配有两类内容丰富的数字教学资源，一类是与每节配套的设计新颖的课前测、重(难)点讲解、电子课件和习题参考答案等；另一类为本书附录，内容包括数学归纳法、一些常用的中学数学公式、几类常用的曲线、积分表、微积分历史沿革等. 读者可以扫描二维码反复学习.

本书注重微积分的数学思想与实际背景. 全书结构严谨，深入浅出，例题丰富，便于学生自学. 本书可作为高等院校经管类各专业高等数学课程的教材使用，也可作为相关人员的参考书.

图书在版编目(CIP)数据

微积分. 上册/王顺凤，朱建主编. —北京: 科学出版社，2021.9
ISBN 978-7-03-069628-1

Ⅰ. ①微… Ⅱ. ①王… ②朱… Ⅲ. ①微积分-高等学校-教材 Ⅳ. ①O172
中国版本图书馆 CIP 数据核字 (2021) 第 170316 号

责任编辑: 张中兴 梁 清 孙翠勤 / 责任校对: 杨聪敏
责任印制: 张 伟 / 封面设计: 蓝正设计

科 学 出 版 社 出版
北京东黄城根北街 16 号
邮政编码: 100717
http://www.sciencep.com
北京建宏印刷有限公司 印刷
科学出版社发行 各地新华书店经销
*
2021 年 9 月第 一 版 开本: 720×1000 1/16
2023 年 6 月第三次印刷 印张: 40 3/4
字数: 822 000
定价: 98.00 元(上下册)
(如有印装质量问题, 我社负责调换)

前言

Preface

美国语言学家布龙菲尔德曾说："数学不过是语言所能达到的最高境界."微积分的知识与语言已渗透到现代社会和生活的多个角落,微积分的内容是经济管理类各专业学生进行后继课程学习必须奠定的基础,也是专业研究必不可少的数学工具.

本教材汲取了南京信息工程大学高等数学课程多年来教学改革实践过程的宝贵经验,借鉴国内外同类院校数学教学改革的成功实践编写而成.如何体现信息时代经管类高等数学课程的教学特色?如何在内容和形式上做到系统性与严谨性、实用性与新颖性、通俗性与启迪性的兼顾与统一?这些是我们想要探索的课题.为此本教材采用"纸质书 + 数字化资源"的出版形式,结合当代学生学习方式和手段改变的新形势,遵循"重基础、强训练、助理解、拓视野、设计新、版面雅"的要求与原则,制作了多媒体教学资源以二维码形式增加在本教材中,其内容涵盖了课前让学生温故知新的课前测、帮助学生理解的重(难)点讲解微视频以及与课堂教学配套的电子课件.

本教材力求具有以下特点.

1. 本教材多媒体资源内容丰富、制作精良,弘扬科学精神,对教材内容和形式起到了归纳、拓展和延伸的作用,形成以纸质教材为核心、数字资源辅助配合的综合知识体系,便于师生教学与使用.

2. 本教材在保证严谨性的前提下,充分考虑高等教育大众化的新形势,构建学生易于接受的微积分体系.特别对较难理解的极限、连续等概念,先介绍用自然语言描述的定义,在理解的基础上再引入相关的精确数学定义,使文科学生容易接受理解.在一元积分部分对积分计算进行了弱化处理,精简了教学内容.

3. 考虑到方便教师因材施教及实施分层次教学的需要,本教材对例题与习题作了精心选择,吸收了近年来部分考研真题作为例题或习题,教材中例题丰富,既有代表性,又有一定的梯度.还对每节习题进行了分类,每节后都配有 A、B 两组习题,A 组为基础题,主要训练学生掌握基本概念与基本技能;B 组为综合题或应用题, 主要训练学生综合运用数学知识分析问题、解决问题的能力; 每章后还配有本章小结与总复习题, 以帮助学生更好地复习与巩固所学内容.

4. 充分注意与中学教材的衔接, 梳理了初等数学的基础知识, 并在附录中简介了数学归纳法, 汇总了一些常用中学数学公式, 供读者查阅.

在使用本教材时, 可参照各经管类专业对高等数学教学的基本要求, 进行适当取舍. 教材中打 "∗" 号的内容不作教学要求, 各类专业可根据需要选用.

本教材受高等学校大学数学教学研究与发展中心 (项目编号 CMC20210304)、江苏省高等教育学会 "大学生劳动教育""基础课课程群" 专项重点课题 (项目编号 2021JDKT006) 以及南京信息工程大学教改项目的共同资助, 并由多位资深教师合力编写而成. 其中第 1、2、3、8 章由王顺凤编写, 第 4、5 章由朱建编写, 第 6 章由官元红编写, 第 7、10 章由吴亚娟编写, 第 9 章由冯秀红编写. 张天良、符美芬与冯秀红等编写了其余部分内容, 王顺凤、朱建、吴亚娟确定了全书的框架与内容, 上册由王顺凤、朱建统稿, 下册由王顺凤、吴亚娟统稿.

全书的编写得到了我校公共数学教学部全体老师的支持与帮助, 其中数字资源由王顺凤、朱建、吴亚娟、刘小燕、朱晓欣、冯秀红、官元红、符美芬、黄瑜、张天良等共同建设完成. 朱杏华、薛巧玲教授仔细审阅了书稿, 提出了指导性意见与建议, 校教务处和数学与统计学院领导给予了大力支持, 在此一并表示诚挚的感谢!

需要说明的是, 在本书的编写过程中, 编者参考了一些涉及数学分析、高等数学和微积分等方面的书籍, 在此向相关参考文献的作者表示深深的谢意! 同时感谢科学出版社的编辑们对本书出版付出的辛勤劳动!

由于编者水平所限, 书中难免有疏漏之处, 敬请各位专家、同行和广大读者批评指正.

编　者

2021 年 1 月

目录

Contents

第1章

Chapter 1

函数、极限与连续

随着社会经济的迅猛发展, 数学在经济活动和经济研究中的作用日益凸显, 作为经济数学重要基础课程的微积分, 在提高经管类专业人才的数学素养方面, 起到至关重要的基础性作用. 微积分作为高等数学的基本内容, 是人类思维的伟大成果之一, 它所包含的数学思想和解决方法, 不仅提供了解决实际问题的工具, 同时还提供一种思维的训练. 微积分包含微分学与积分学, 它以函数为主要研究对象, 用极限方法揭示连续函数的重要性态.

本章先简单回顾函数的概念及有关性质, 再着重介绍极限和连续的基本概念、重要性质与思想方法, 为学好微积分打下扎实的基础.

1.1 函　　数

课前测1-1-1

一、变量与常用数集

恩格斯说: "数学是研究现实生活中数量关系和空间形式的科学." 自然界千变万化的事物是自然科学的研究对象, 数学是最重要的研究工具, 数学思维的方法就是把千变万化的事物与数量联系起来, 在用数学方法描述现实生活中的许多自然现象或变化过程时, 常需要用多个数量来表达其关系与结构, 观察这些数量一般可分为两类: 一类是在某过程中保持不变的量, 称为**常量**; 另一类是在某过程中可以取不同的值, 或不断变化着的量, 称为**变量**. 例如在观察圆的图形变化时, 直径与周长都是变量, 而圆的周长与直径的比值 (圆周率) π 是一个常量; 又如在自由落体运动中, 物体的下降速度、下降时间及下降距离都是变量, 而物体的质量在该过程中可以看作是常量. 一般地, 用字母 a, b, c 等表示常量, 用字母 x, y, z, t 等表示变量. 一个量是变量还是常量, 需要在具体问题中作具体分析. 例如就小范围的地区来说, 重力加速度 g 可以看作是常量, 而在宇宙中, 重力加速度 g 则是一个变量.

自然界中有两类常见的变量, 一类如自然数 n, 每两个之间均有间隔地变化着的量, 我们称为离散型变量; 另一类如实数 x, 连续不间断地变化着的量, 这类变量称为连续型变量, 本课程是一门以研究连续型变量为主的数学课程.

在讨论变量间的数量关系时, 常须明确变量的取值范围, 单个变量的取值范围常用数集来表示. 本书讨论的变量在没有特别说明的情况下都是指在实数范围内变化的量.

常用的数集有: 自然数集 **N**、正整数集 $\mathbf{N}^+$、整数集 **Z**、有理数集 **Q**、实数集 **R**, 另外区间和邻域也是两种常用的数集.

区间是用得较多的一类数集, 设 $a, b \in \mathbf{R}$, 且 $a < b$, 我们约定: 数集 $\{x \mid a \leqslant x \leqslant b, x \in \mathbf{R}\}$ 称为**闭区间**, 记作 $[a, b]$, 即

$$[a, b] = \{x \mid a \leqslant x \leqslant b, x \in \mathbf{R}\};$$

数集 $\{x \mid a < x < b, x \in \mathbf{R}\}$ 称为**开区间**, 记作 (a, b), 即

$$(a, b) = \{x \mid a < x < b, x \in \mathbf{R}\};$$

类似地, 数集 $\{x \mid a \leqslant x < b, x \in \mathbf{R}\}$ 与 $\{x \mid a < x \leqslant b, x \in \mathbf{R}\}$ 均称为**半开半闭区间**, 分别记作 $[a, b)$ 与 $(a, b]$, 即

$$[a, b) = \{x \mid a \leqslant x < b, x \in \mathbf{R}\};$$

$$(a, b] = \{x \mid a < x \leqslant b, x \in \mathbf{R}\},$$

其中 a 与 b 称为这些区间的**端点**, $b - a$ 称为这些区间的**区间长度**. 区间长度 $b - a$ 是有限的数值, 故以上四种区间均为有限区间. 此外还有下列五种无限区间, 引进记号 $+\infty$ (读作**正无穷大**) 及 $-\infty$ (读作**负无穷大**), 则有

$$[a, +\infty) = \{x \mid x \geqslant a, x \in \mathbf{R}\}; \quad (a, +\infty) = \{x \mid x > a, x \in \mathbf{R}\};$$

$$(-\infty, b] = \{x \mid x \leqslant b, x \in \mathbf{R}\}; \quad (-\infty, b) = \{x \mid x < b, x \in \mathbf{R}\};$$

$$(-\infty, +\infty) = \mathbf{R}.$$

这些区间的区间长度都为无穷大.

因此, 连在一起的数是很方便用区间表示的, 当包含端点时, 就用方括号表示, 不包含端点时, 就把方括号变为圆括号. 总之以上各种情况可归纳如下:

$$[a, b] = \{x \mid a \leqslant x \leqslant b, x \in \mathbf{R}\}; \quad (a, b) = \{x \mid a < x < b, x \in \mathbf{R}\};$$

$$[a, b) = \{x \mid a \leqslant x < b, x \in \mathbf{R}\}; \quad (a, b] = \{x \mid a < x \leqslant b, x \in \mathbf{R}\};$$

$$[a, +\infty) = \{x \mid x \geqslant a, x \in \mathbf{R}\}; \quad (a, +\infty) = \{x \mid x > a, x \in \mathbf{R}\};$$

$$(-\infty, b] = \{x \,|\, x \leqslant b, x \in \mathbf{R}\}; \quad (-\infty, b) = \{x \,|\, x < b, x \in \mathbf{R}\};$$

$$(-\infty, +\infty) = \mathbf{R}.$$

为了讨论函数在一点邻近的某些性态, 我们给出邻域概念.

定义 1 设 $a, \delta \in \mathbf{R}$, $\delta > 0$, 数集 $\{x \,|\, |x - a| < \delta, x \in \mathbf{R}\}$ 称为点 a 的 δ **邻域**, 记作 $U(a, \delta)$. 其中点 a 与数 δ 分别称为这邻域的**中心**与**半径**.

几何上, 邻域 $U(a, \delta)$ 表示数轴上与点 a 的距离小于 δ 的点集, 因此该邻域是以点 a 为中心, δ 为半径的一个开区间 $(a - \delta, a + \delta)$(图 1-1-1(a)), 即

$$U(a, \delta) = (a - \delta, a + \delta).$$

若不强调邻域的半径时, 用 $U(a)$ 表示以点 a 为中心的任意开区间. 有时又需将邻域 $U(a, \delta)$ 的中心点 a 去掉, 将邻域 $U(a, \delta)$ 的中心点 a 去掉后得到的数集 $\{x \,|\, 0 < |x - a| < \delta\}$ 称为**点 a 的去心 δ 邻域**, 记作 $\overset{\circ}{U}(a, \delta)$ (图 1-1-1(b)), 即

$$\overset{\circ}{U}(a, \delta) = (a - \delta, a) \cup (a, a + \delta).$$

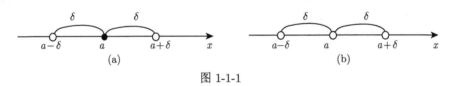

图 1-1-1

二、 函数及有关概念

1. 函数的定义

函数研究的就是变量之间的对应关系, 也就是把事件量化为用变化的量来表示. 在同一自然现象或变化过程中, 经常会同时遇到两个或更多个变量, 它们互相联系、互相依赖并遵循一定的规律变化着.

例如运动学中, 自由落体运动的路程 s 与时间 t 是两个变量, 设初速度为 0, 则当时间 t 变化时, 所经过的路程 s 也随之改变, 它们之间的关系式为

$$s = \frac{1}{2}gt^2 \quad (t \geqslant 0). \tag{1-1-1}$$

又如在销售活动中, 若销售某件产品的单位价格为 10, 销售量为 q, 当销售量 q 改变时, 销售的总收入随之改变, 销售的总收入 R 等于该产品的单位价格乘以销售量 q, 即

$$R = 10q, \tag{1-1-2}$$

(1-1-1) 和 (1-1-2) 两式均表达了两个变量之间相互依赖的关系或规律, 依据这一规律, 当其中一个变量在某一范围内取定一个数值时, 另一变量的值就随之确定, 数学上把这种对应关系称为**函数关系**.

定义 2 设两个变量 x, y 分别在集合 X 与 Y 中变化, X 为非空集, 如果按照一个给定的对应规则, 对于每一个 $x \in X$, 按照一定的法则 f 总有唯一确定的 $y \in Y$ 与之对应, 则称 y 为 x 的**函数**, 并称 x 为**自变量**, y 为**因变量**, 记作

$$y = f(x),$$

函数的定义1-1-2

其中自变量 x 的变化范围 X 称为函数的**定义域**, 常用 D_f 或 D 表示, 即 $D = X$.

由定义 2 可知, $f(x)$ 也表示与 x 对应的函数值, 因此对应于 x_0 的函数值记为 $f(x_0)$ 或 $y|_{x=x_0}$. 全体函数值构成的集合称为**函数 $y = f(x)$ 的值域**, 记作 $f(D)$, 即

$$f(D) = \{y \,|\, y = f(x), x \in D\}.$$

一般地, 在函数 $y = f(x)$ 中, 使得式子 $f(x)$ 有意义的 x 的集合是该函数的定义域, 这时也称为该函数的**自然定义域**. 但在实际问题中, 函数 $y = f(x)$ 的定义域还要根据问题中的实际意义来确定.

例如函数 $y = x^2$, 使得式子 x^2 有意义的 x 的集合是实数集 $\mathbf{R}$, 因此 $y = x^2$ 的自然定义域为实数集 $\mathbf{R}$, 为方便起见, 也称函数的定义域为实数集 $\mathbf{R}$; 但若用函数 $y = x^2$ 表示边长为 x 的正方形面积, 则根据正方形边长 x 需为正数, 因此这时函数 $y = x^2$ 的定义域应为 $D = \{x \,|\, x > 0, x \in \mathbf{R}\}$, 或用区间 $(0, +\infty)$ 表示.

函数 $y = f(x)$ 就像一台 "数值变换器", 我们将 $x(x \in D)$ 的值输入该变换器中, 在规则 f 的作用下, 就将数值 x 变换为另一个与其对应的数值 y, 即满足 $y = f(x)$. 例如, 对函数 $y = \mathrm{e}^x$, f 表示对实数集 $\mathbf{R}$ 内的数 x 作 e 为底的指数运算, 即将 $x(x \in \mathbf{R})$ 的值输入该数值变换器中, 通过 f 的作用, 就输出了数值 $y = \mathrm{e}^x$.

由函数的定义可知, 函数 $y = f(x)$ 由其对应法则与定义域两个因素确定, 故当两个函数的对应法则与定义域都相同时就称它们是**同一个函数**, 因此也称函数的定义域及其对应法则为**函数的二要素**.

例如函数 $y = \lg x^2$ 与 $y = 2\lg x$, 它们的对应法则相同, 但定义域不同, 所以它们不是相同的函数. 又如函数 $y = x$ 与 $y = (\sqrt{x})^2$, 它们的对应法则相同, 定义域却不相同, 因此它们也不是相同的函数. 而函数 $y = x(x \geqslant 0)$ 与 $y = (\sqrt{x})^2$, 其对应法则与定义域都相同, 因此它们就是同一个函数了.

注 ① 在函数 $y = f(x)$ 中, 符号 f 与 x, y 仅仅是该函数中对应法则、自变量、因变量的记号, 因此它们可以用不同的记号表示, 如 f 用符号 φ 或 F 代替,

这时函数 $y = f(x)$ 就写成 $y = \varphi(x)$ 或 $y = F(x)$. 必须指出当同一问题中涉及多个函数时, 则应取不同的符号分别表示它们各自的对应法则, 以免混淆. 同样因变量与自变量也可用其他符号表示, 但必须指出同一个函数在同一个问题中只能取定同一种记法.

② 设函数 $y = f(x)$, 定义域为 D, 称平面上的二维点集 $C = \{(x, y) | y = f(x), x \in D\}$ 为**函数 $y = f(x), x \in D$ 的图形**, $y = f(x)$ 也称为**曲线 C 的方程**, 因此函数 $y = f(x)$ 的图形是一条或一段平面曲线. 如称平面上的点集 $C = \{(x, y) | y = \sin x, x \in \mathbf{R}\}$ 为**正弦函数 $y = \sin x$ 的图形**.

③ 定义 2 中, 函数 $y = f(x)$ 的自变量 x 在定义域内任取一值时, 对应的函数值 y 都是唯一确定的, 因此也称 y 为 x 的**单值函数**. 如 $y = \sin x, y = 2\lg x$ 均为单值函数. 但事实上, 有时自变量 x 有两个或两个以上的值 y 与之相对应, 这时称 y 为 x 的**多值函数**. 若遇到多值函数时, 我们都把它化作多个同时出现的单值函数分别来对待. 如圆的方程 $x^2 + y^2 = 4$ 中, 将 "满足方程 $x^2 + y^2 = 4$" 作为变量 x, y 之间的对应法则, 当 $x \in [-2, 2]$ 时, 可得 $y = \pm\sqrt{4 - x^2}$, 即当 $x \in [-2, 2]$ 时, 可得两个值 $y = \pm\sqrt{4 - x^2}$ 与之对应, 因此, 方程 $x^2 + y^2 = 4$ 确定了一个多值函数 $y = f(x), x \in [-2, 2]$, 其中

$$y = \sqrt{4 - x^2}, x \in [-2, 2] \quad 与 \quad y = -\sqrt{4 - x^2}, x \in [-2, 2]$$

是多值函数 $y = f(x), x \in [-2, 2]$ 的两个**单值分支**, 它们都由方程 $x^2 + y^2 = 4$ 确定. 从而方程 $x^2 + y^2 = 4$ 确定了两个单值函数:

$$y = \sqrt{4 - x^2}, x \in [-2, 2] \quad 与 \quad y = -\sqrt{4 - x^2}, x \in [-2, 2].$$

④ 本书中凡是没有特别说明的函数都是指单值函数.

例 1 求函数 $y = \dfrac{\lg(1 + x)}{x}$ 的定义域.

解 由题意可知, 该函数的自变量 x 满足不等式组

$$\begin{cases} 1 + x > 0, \\ x \neq 0, \end{cases}$$

解得

$$x > -1 \quad 且 \quad x \neq 0,$$

故该函数的定义域为 $D = \{x | x > -1 \text{ 且 } x \neq 0\}$.

例 2 设 $f(x) = x^2 + x$, 求 $f(1), f(1 + \Delta x), f(a), f\left(\dfrac{1}{a}\right)$.

解 将变量 x 分别用 $1, 1 + \Delta x, a, \dfrac{1}{a}$ 代入, 得

$$f(1) = 1^2 + 1 = 2,$$

$$f(1 + \Delta x) = (1 + \Delta x)^2 + (1 + \Delta x) = (\Delta x)^2 + 3\Delta x + 2,$$

$$f(a) = a^2 + a, \quad f\left(\frac{1}{a}\right) = \left(\frac{1}{a}\right)^2 + \frac{1}{a} = \frac{1 + a}{a^2}.$$

2. 函数的表示形式

函数有多种表示形式, 常见的主要有: 表格法、图示法、解析法 (用代数式表示法).

表格法是把自变量 x 与因变量 y 的一些对应值用表格列出, 实际应用中常用此法. 例如火车时刻表, 就是用列表的方法列出出站和进站对应的车次与时间的函数关系. 其优点是从表上可直接看出 y 随 x 的变化而变化的情况, 使用上较方便, 缺点是只能表达有限个对应数据.

图示法是把变量 x 与 y 对应的有序数组 (x, y) 看作直角坐标平面内点的坐标, y 与 x 的函数关系就可用坐标面上的曲线来表出. 例如气象站中的温度记录器, 就记录了空气中温度与时间的函数关系. 该关系是借助仪器自动描绘在纸带上的一条连续不断的曲线来表达的. **图示法**的优点是直观性强, 缺点是没有给出函数关系的表达式, 不便于做理论上的推导与演算.

解析法是把两个变量之间的关系直接用代数式表示, 高等数学中所涉及的函数大多用解析法来表示, 解析法也可以称为**公式法**. **解析法**的优点是便于做理论上的精准分析与推演.

下面是几种常见的用解析法表示的函数类型.

(1) 分段函数

在自然科学与工程技术中经常用到这样一类函数, 它在定义域的不同范围内的自变量所对应的函数关系并不相同, 这时就需要用几个不同的式子分别来表示一个函数, 这样表示的函数就是分段函数, 如定义域分成两个不同的范围时, 有如下定义.

设 D_1, D_2 是两个互不相交的数集, $\varphi(x)$ 与 $\psi(x)$ 分别是定义在 D_1 与 D_2 上的两个不同的函数式, 则称定义在数集 $D_1 \cup D_2$ 上的函数

$$f(x) = \begin{cases} \varphi(x), & x \in D_1, \\ \psi(x), & x \in D_2 \end{cases}$$

为**分段函数**.

注　① 分段函数的主要特点是在不同的定义范围内, 自变量所对应的法则不同;

② 分段函数可分成 n 段 $(n \geqslant 2)$.

例如分段函数

$$y = \begin{cases} x + 2, & x \leqslant 0, \\ x^2 + 1, & x > 0, \end{cases}$$

它在不同的范围内用不同的式子分段表示 (图 1-1-2).

下面介绍两个常用的分段函数.

例 3　符号函数

$$\operatorname{sgn} x = \begin{cases} 1, & x > 0, \\ 0, & x = 0, \\ -1, & x < 0, \end{cases}$$

其定义域为 $(-\infty, +\infty)$, 值域为 $\{-1, 0, 1\}$, 其图像如图 1-1-3 所示.

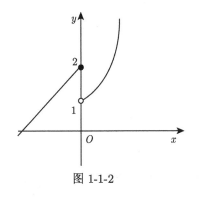

图 1-1-2

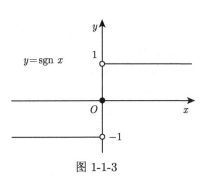

图 1-1-3

利用符号函数, 绝对值函数可表示为

$$y = |x| = x \cdot \operatorname{sgn} x = \begin{cases} x, & x > 0, \\ 0, & x = 0, \\ -x, & x < 0, \end{cases}$$

其图像如图 1-1-4 所示.

对角线函数可表示为

$$y = x = |x| \cdot \operatorname{sgn} x.$$

其图像如图 1-1-5 所示.

必须指出, 分段函数是用不同的式子表示一个 (而不是几个) 函数. 因此对分段函数求函数值时, 不同点的函数值应代入相应范围的公式中去.

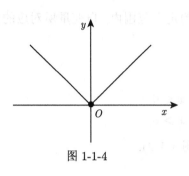

图 1-1-4

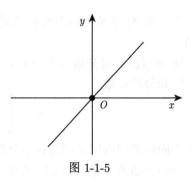

图 1-1-5

例 4 在数学中用记号 $[x]$ 表示"不超过 x 的最大整数",显然 $[x]$ 是由 x 唯一确定的,如

$$[-1.5] = -2, \quad [1.3] = 1,$$
$$[2.43] = 2, \quad [0] = 0$$

称函数 $y = [x]$ 为**取整函数**, 取整函数 $y = [x]$ 是定义在实数集 **R** 上, 值域为整数集 **Z** 的分段函数, 其图像如图 1-1-6 所示.

(2) 隐函数

例如 n 次多项式函数

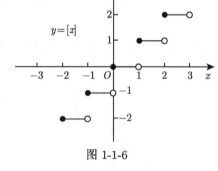

图 1-1-6

$$y = a_0 + a_1x + a_2x^2 + \cdots + a_nx^n,$$

这里 $a_i(i = 1, 2, \cdots, n)$ 均为常数, n 为自然数, x 为自变量, $x \in \mathbf{R}$. 以及有理函数

$$y = \frac{P(x)}{Q(x)},$$

这里 $P(x)$ 与 $Q(x)$ 均为多项式函数, 它们都是用解析法表示的函数. 且这些函数都有如下特点: 因变量在等式的左边, 而右边是自变量的表达式, 像上述这样用右边自变量的表达式所表示的函数, 称为**显函数**. 除此以外, 在很多实际问题中, 变量之间的函数关系也可用一个方程来表示, 例如在直线方程 $x + 2y = 1$ 中, 给定实数 x, 就有一个确定的 y 值 $(y = \frac{1}{2}(1 - x))$ 与之相对应, 因此在方程 $x + 2y = 1$ 中隐含了一个函数关系 $y = \frac{1}{2}(1 - x)$. 又如圆方程 $x^2 + y^2 = R^2$ 确定了两个单值函数

$$y = \sqrt{R^2 - x^2}, x \in [-R, R] \quad 与 \quad y = -\sqrt{R^2 - x^2}, x \in [-R, R].$$

在 xOy 平面上, 函数 $y = \sqrt{R^2 - x^2}$ 表示上半圆周, 函数 $y = -\sqrt{R^2 - x^2}$ 表示下半圆周, 但也有一些方程确定的函数关系不那么容易甚至不可能直接用自变量的式子表示出来.

例如天体力学中著名的开普勒 (Kepler) 方程

$$y - x - \varepsilon \sin y = 0 \quad (\varepsilon \text{ 为常数}, 0 < \varepsilon < 1),$$

在这个方程中就不可能将 y 用 x 的式子表示出来, 尽管如此, 它仍能确定 y 是 x 的函数.

如果由一个二元方程 $F(x, y) = 0$ 确定 y 是 x 的函数 (满足函数的定义), 则**称函数 $y = y(x)$ 是由方程 $F(x, y) = 0$ 确定的隐函数**. 有时直接通过对方程恒等变形, 可以将这个隐函数求出, 例如由方程 $2x + 5y = 2$ 可以解得 $y = \dfrac{2 - 2x}{5}$, 这个过程称为**隐函数的显化**. 由此得到由方程 $2x + 5y = 2$ 确定的函数 $y = \dfrac{2 - 2x}{5}$. 又例如方程 $x^2 + y^2 = a^2$, 当 $y \geqslant 0$ 时可显化为函数 $y = \sqrt{a^2 - x^2}$, 它的图形是以原点为中心, 半径为 a 的上半圆周. 但不是每个隐函数都可以显化, 如方程 $\mathrm{e}^{xy} + x - \sin y = 1$ 确定的隐函数是无法显化的, 因此隐函数是表达函数的一种必不可少的形式.

必须指出, 并不是任意一个方程都能确定一个隐函数, 究竟在什么条件下能够由一个方程来确定一个隐函数呢? 这将在第 7 章多元函数微分学中给出隐函数存在的相关条件与结论.

(3) 参数式函数

有时变量 x, y 之间的函数关系还可以通过参数方程

$$\begin{cases} x = \varphi(t), \\ y = \psi(t), \end{cases} \quad t \in I$$

给出, 这样的函数称为**由参数方程确定的函数**, 简称**参数式函数**, t 称为**参数**.

常用的几种曲线的参数方程及图形如下.

① 圆 $(x - a)^2 + (y - b)^2 = R^2$ (图 1-1-7) 的参数方程为 $\begin{cases} x = a + R\cos t, \\ y = b + R\sin t, \end{cases}$ $t \in [0, 2\pi]$.

② 椭圆 $\dfrac{x^2}{a^2} + \dfrac{y^2}{b^2} = 1$ (图 1-1-8) 的参数方程为 $\begin{cases} x = a\cos t, \\ y = b\sin t, \end{cases}$ $t \in [0, 2\pi]$.

③ 摆线的参数方程为 $\begin{cases} x = a(t - \sin t), \\ y = a(1 - \cos t), \end{cases}$ $a > 0, t \in (-\infty, +\infty)$ (图 1-1-9).

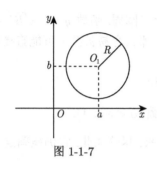

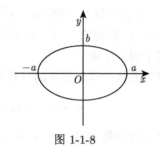

图 1-1-7　　　　　　　　　　　　　　　图 1-1-8

④ 星形线 $x^{\frac{2}{3}} + y^{\frac{2}{3}} = a^{\frac{2}{3}}$ (图 1-1-10) 的参数方程为 $\begin{cases} x = a\cos^3 t, \\ y = a\sin^3 t, \end{cases} t \in$ $[0, 2\pi]$ $(a > 0)$.

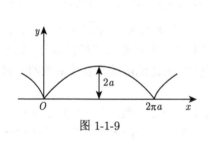

图 1-1-9

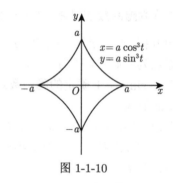

图 1-1-10

三、 函数的几种基本特性

为了简便起见, 先介绍数学上几个常用的数学符号.

符号 "$\forall$" 表示 "任意 (确定) 的" 或者 "每一个", 如 "$\forall x$" 表示 "任意 (确定) 的 x";

符号 "$\exists$" 表示 "存在" 或者 "有". 如 "$\exists x$" 表示 "存在 x" 或者 "有一个 x".

初等数学中已经给出了函数的有界性、单调性、奇偶性、周期性的定义, 并利用它们来讨论一些初等函数的基本性质, 下面分别对它们作简要概括.

1. 函数在指定数集上的有界性

定义 3　设函数 $f(x)$ 的定义域为 D, 数集 $I \subset D$. 若存在数 M_1, 使得当 $\forall x \in I$ 时, 恒有

$$f(x) \leqslant M_1,$$

则称**函数 $f(x)$ 在数集 I 上有上界**, M_1 为 $f(x)$ 在 I 上的一个**上界**;

若存在数 M_2, 当 $\forall x \in I$ 时, 恒有

$$f(x) \geqslant M_2,$$

则称函数 $f(x)$ **在数集 I 上有下界**, M_2 为 $f(x)$ 在 I 上的一个**下界**;

若 $f(x)$ 在数集 I 上既有上界, 又有下界, 则称 $f(x)$ 在 I 上**有界**. 否则就称函数 $f(x)$ 在 I 上**无界**.

显然, 若 $f(x)$ 在 I 上有界, 则必存在两个数 M_1, M_2, 使得对 $\forall x \in I$, 恒有

$$M_2 \leqslant f(x) \leqslant M_1,$$

取 $M = \max\{|M_1|, |M_2|\}$, 则上式等价于

$$|f(x)| \leqslant M.$$

由此可得函数有界的充要条件.

结论 函数 $f(x)$ 在数集 I 上有界的充要条件为存在正数 M, 使得对 $\forall x \in I$, 恒有 $|f(x)| \leqslant M$.

若函数 $f(x)$ 在数集 I 上有上界 M_1, 在几何上表示函数 $y = f(x)$ 在数集 I 上的图形均位于水平直线 $y = M_1$ 的下方; 若函数 $f(x)$ 在数集 I 上有下界 M_2, 则表示函数 $y = f(x)$ 在数集 I 上的图形均位于水平直线 $y = M_2$ 的上方; 若函数 $f(x)$ 在数集 I 上有界, 则表示必存在一个正数 M, 函数 $y = f(x)$ 在 I 上的图形位于两条水平直线 $y = M$ 与 $y = -M$ 之间.

例如, 函数 $y = \sin x$ 在 $(-\infty, +\infty)$ 内有界, 数 1 与 2 都是它的上界, 数 -1 与 -2 都是它的下界; 函数 $y = [x]$ 在任一有限区间 $[a, b]$ 上有界, $a - 1$ 与 b 分别为它的一个下界与上界, 但它在 $(-\infty, +\infty)$ 内无界.

2. 函数在指定区间上的单调性

定义 4 设函数 $f(x)$ 在区间 I 上有定义, 如果对 $\forall x_1, x_2 \in I, x_1 < x_2$ 时, 恒有 $f(x_1) < f(x_2) \, (f(x_1) > f(x_2))$, 则称函数 $f(x)$ 在 I 上严格**单调增加** (**减少**). 如果对 $\forall x_1, x_2 \in I, x_1 < x_2$ 时, 恒有 $f(x_1) \leqslant f(x_2) \, (f(x_1) \geqslant f(x_2))$, 则称函数 $f(x)$ 在 I 上**单调增加** (**单调减少**).

严格单调增加或减少函数与单调增加或减少函数统称为**单调函数**.

例如, $y = x^2$ 在 $(-\infty, 0)$ 内单调减少, 在 $(0, +\infty)$ 内单调增加, 但在 $(-\infty, +\infty)$ 内不是单调函数.

又如函数 $y = \begin{cases} x, & x \leqslant 0, \\ \mathrm{e}^x, & x > 0 \end{cases}$ 在 $(-\infty, +\infty)$ 内单调增加; 而函数 $y = \begin{cases} x + 2, & x \leqslant 0, \\ \mathrm{e}^x, & x > 0 \end{cases}$ 在 $(-\infty, 0]$ 内单调增加, 在 $(0, +\infty)$ 内也单调增加, 但在 $(-\infty, +\infty)$ 内却不是单调增加函数; 函数 $y = \begin{cases} 1, & x \in \mathbf{Q}, \\ 0, & x \notin \mathbf{Q} \end{cases}$ 在任何区间上都是不单调的.

3. 函数的奇偶性

定义 5 设函数 $f(x)$ 的定义域 D 关于原点中心对称 (即 $\forall x \in D$, 必有 $-x \in D$), 若 $\forall x \in D$, 等式

$$f(-x) = -f(x)$$

恒成立, 则称 $f(x)$ 为**奇函数**; 若 $\forall x \in D$, 等式

$$f(-x) = f(x)$$

恒成立, 则称 $f(x)$ 为**偶函数**.

例如, $y = |x|$ 与 $y = \begin{cases} 1, & x \in \mathbf{Q}, \\ 0, & x \notin \mathbf{Q} \end{cases}$ 都是偶函数; $y = \dfrac{|x|}{x}$ 是奇函数; 而 $y = x + x^2$ 是非奇非偶函数; $y = 0$ 既是奇函数也是偶函数.

在几何上, 由于奇函数 $f(x)$ 满足条件 $f(-x) = -f(x)$, 因此若点 $A(x, f(x))$ 在曲线 $y = f(x)$ 上, 则 A 的关于原点中心对称的点 $A'(-x, -f(x))$ 也在该曲线上 (图 1-1-11), 因此奇函数的图像关于原点中心对称, 这时也可以说是有 $180°$ 的点对称; 类似可知, 偶函数的图像关于 y 轴对称 (图 1-1-12), 图 1-1-12 中点 $A''(-x, y)$ 为点 A 关于 y 轴对称的点, 这时也可以说是有镜面对称 (y 轴看作镜子).

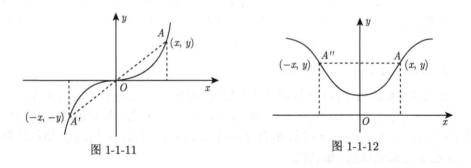

图 1-1-11   图 1-1-12

4. 函数的周期性

设 $y = f(x)$ 的定义域为 D, 若存在定值 $T(T > 0)$, 使得对 $\forall x \in D$, 有 $x + T \in D$, 且 $f(x + T) = f(x)$, 则称 $f(x)$ 是**周期函数**, T 是它的一个周期. 易知 T 的整数倍 nT 都是 $f(x)$ 的周期. 在 $f(x)$ 的所有周期中, 若存在最小的正数, 则称这个数为 $f(x)$ 的**最小正周期**. 例如 $y = x - [x]$ 是周期函数, 其最小正周期为 1. 通常我们说周期函数的周期是指其最小正周期, 例如, 三角函数中 $\sin x, \cos x$ 是以 2π 为周期的周期函数, $\tan x, \cot x$ 是以 π 为周期的周期函数, 但并不是所有的周期函数都有最小正周期.

例 5 证明狄利克雷 (Dirichlet) 函数

$$f(x) = \begin{cases} 1, & x \in \mathbf{Q}, \\ 0, & x \notin \mathbf{Q} \end{cases}$$

是周期函数, 但无最小正周期.

证 设 $\forall x \in \mathbf{R}$, 当 $x \in \mathbf{Q}$ 时, $\forall r \in \mathbf{Q}$, 有 $x + r \in \mathbf{Q}$, 因此有

$$f(x + r) = f(x) = 1;$$

当 $x \notin \mathbf{Q}$ 时, 即 x 为无理数, 则 $x + r$ 也为无理数, 因此有

$$f(x + r) = f(x) = 0.$$

综上, 对 $\forall x \in \mathbf{R}, \forall r \in \mathbf{Q}$, 恒有

$$f(x) = f(x + r),$$

所以, 任一有理数 r 均为 $f(x)$ 的周期, 即 $f(x)$ 是以任一有理数为其周期的周期函数. 但由于正有理数无最小值, 因此 $f(x)$ 无最小正周期.

当我们知道一个函数具有奇偶性时, 讨论该函数的性质或图形时就只要讨论其一半区域内的情形, 而另一半的情形则可根据其奇偶性直接得到. 同理, 当我们知道一个函数具有周期性时, 就只要讨论其一个周期上的情形, 而其他范围的情形则根据其周期性通过平移变换就可得到了. 这样就省去了一半甚至更多的工作量, 这在实际研究中是很有意义的.

四、 函数的运算

设 $f(x), g(x)$ 为给定的两个函数, 其定义域分别为 D_1, D_2, 令 $D = D_1 \cap D_2 \neq \varnothing$, 设 k_1, k_2 为两个常数, $\forall x \in D$, 则它们的四则运算定义如下.

和与差: $(k_1 f \pm k_2 g)(x) = k_1 f(x) \pm k_2 g(x)$,

积: $(f \cdot g)(x) = f(x) \cdot g(x)$,

商: $\left(\dfrac{f}{g}\right)(x) = \dfrac{f(x)}{g(x)} (g(x) \neq 0)$.

五、 初等函数

在实际问题中所遇到的函数式尽管有时比较复杂, 但经过仔细观察与分类后, 可发现它们总是由几种最简单最基本的函数 (如幂函数、指数函数、对数函数、三角函数、反三角函数与常数函数等) 构成的, 为了讲清初等函数的结构, 下面先介绍基本初等函数、反函数与复合函数的概念及函数的基本运算.

1. 基本初等函数

在初等数学中, 已详细地讨论过幂函数、指数函数、对数函数、三角函数、反三角函数的概念及其性质, 有关它们的知识也是微积分的基础知识, 下面对它们作简要概括.

(1) 幂函数

形如 $y = x^\mu$(μ 为非零常数) 的函数称为**幂函数**. 对于幂函数 $y = x^\mu$ 的定义域, 则要根据 μ 来确定, 如: 当 $\mu = 1$ 时, $y = x$, 其定义域是 $(-\infty, +\infty)$; 当 $\mu = \dfrac{1}{2}$ 时, $y = \sqrt{x}$, 其定义域是 $[0, +\infty)$; 当 $\mu = -\dfrac{1}{2}$ 时, $y = \dfrac{1}{\sqrt{x}}$, 其定义域是 $(0, +\infty)$.

注 当 μ 为无理数时, $y = x^\mu$ 定义为 $y = e^{\mu \ln x}$, 故其定义域是 $(0, +\infty)$. 但不论 μ 取什么值, 幂函数在 $(0, +\infty)$ 内总有定义, 且此时函数的图像在第一象限内, 且总经过点 $(1,1)$, 取 $\mu = 1, 2, 3, \dfrac{1}{2}, -1$ 时对应的幂函数最常见, 它们的图形如图 1-1-13 所示.

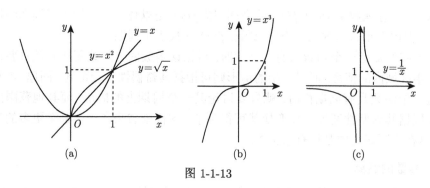

图 1-1-13

(2) 指数函数

形如 $y = a^x$(a 是常数且 $a > 0, a \neq 1$) 的函数称为**指数函数**, 其定义域为 $(-\infty, +\infty)$. 且对 $\forall x \in (-\infty, +\infty)$, 总有 $a^x > 0$, 又 $a^0 = 1$, 所以指数函数的图形, 总在 x 轴的上方, 且都经过点 $(0,1)$.

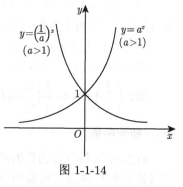

图 1-1-14

当 $a > 1$ 时, 指数函数 $y = a^x$ 单调增加; 当 $0 < a < 1$ 时, 指数函数 $y = a^x$ 单调减少.

由于 $y = \left(\dfrac{1}{a}\right)^x = a^{-x}$, 所以 $y = a^x$ 与 $y = \left(\dfrac{1}{a}\right)^x$ ($a > 0, a \neq 1$) 的图形关于 y 轴对称, 当 $a > 1$ 时, 它们的图形如图 1-1-14 所示.

(3) 对数函数

将指数函数 $y = a^x$ 的反函数称为**对数函数**, 其定义域为 $(0, +\infty)$. 记作

$$y = \log_a x \quad (a > 0, a \neq 1).$$

由反函数的性质, 上述对数函数的图形与指数函数 $y = a^x$ 的图形关于直线 $y = x$ 对称. 因此由曲线 $y = a^x$ 的图形, 就可得 $y = \log_a x$ 的图形 (图 1-1-15).

由图 1-1-15 可知, 函数 $y = \log_a x$ 的图形总在 y 轴右方, 且通过点 $(1,0)$.

当 $a > 1$ 时, 对数函数 $y = \log_a x$ 单调增加, 在区间 $(0,1)$ 内函数值为负, 而在区间 $(1,+\infty)$ 内函数值为正.

当 $0 < a < 1$ 时, 对数函数 $y = \log_a x$ 单调减少, 在 $(0,1)$ 内函数值为正, 而在区间 $(1,+\infty)$ 内函数值为负.

以常数 e 为底的对数函数称为**自然对数**, 记作 $y = \ln x$, 自然对数常用于工程技术中.

对数函数 $y = \log_a x$ 与 $y = \log_{\frac{1}{a}} x (a > 0, a \neq 1)$ 的图形关于 x 轴对称, 当 $a > 1$ 时, 它们的图形如图 1-1-16 所示.

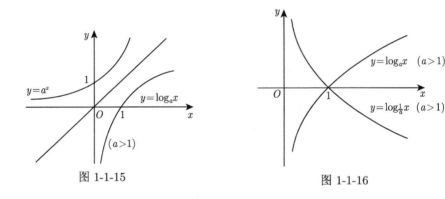

图 1-1-15   图 1-1-16

(4) 三角函数

常用的三角函数有

正弦 $y = \sin x$(图 1-1-17); 余弦 $y = \cos x$(图 1-1-18);

正切 $y = \tan x$ (图 1-1-19); 余切 $y = \cot x$(图 1-1-20).

正弦函数和余弦函数都是以 2π 为周期的周期函数, 它们的定义域都为 $(-\infty, +\infty)$, 值域都为闭区间 $[-1,1]$.

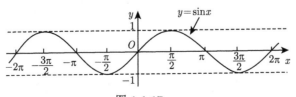

图 1-1-17

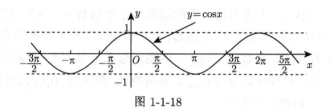

图 1-1-18

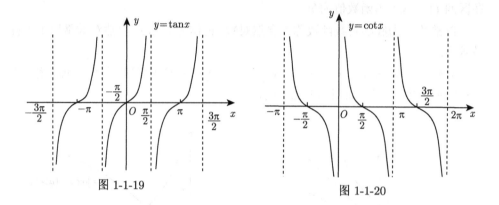

图 1-1-19   图 1-1-20

正弦函数是奇函数, 余弦函数是偶函数.

正切函数 $y = \tan x$ 的定义域为

$$D = \left\{ x \,\middle|\, x \in \mathbf{R}, x \neq (2n+1)\frac{\pi}{2}, n \in \mathbf{Z} \right\},$$

余切函数 $y = \cot x$ 的定义域

$$D = \{ x \,|\, x \in \mathbf{R}, x \neq n\pi, n \in \mathbf{Z} \},$$

这两个函数的值域都是 $(-\infty, +\infty)$.

正切函数和余切函数都是以 π 为周期的周期函数, 它们都是奇函数.

由于 $\cos x = \sin\left(x + \dfrac{\pi}{2}\right)$, 所以把正弦曲线 $y = \sin x$ 沿 x 轴向左移动距离 $\dfrac{\pi}{2}$, 就得到余弦曲线 $y = \cos x$. 正弦曲线与余弦曲线的这一关系如图 1-1-21 所示.

正切与余切具有倒数关系:

$$\tan x = \frac{1}{\cot x}.$$

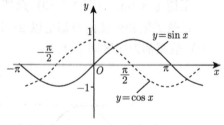

图 1-1-21   正弦函数与余弦函数

将它们放在同一个坐标系中 (图 1-1-22), 可以更好地观察它们两者之间在定义域、值域以及周期性、单调性、奇偶性上的联系与区别.

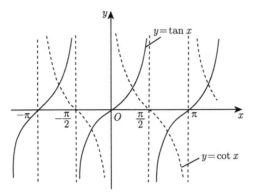

图 1-1-22 正切函数与余切函数

另外还有两个常用的以 2π 为周期的三角函数, 它们分别是正割函数 $y = \sec x$ 与余割函数 $y = \csc x$, 其中正割是余弦的倒数, 余割是正弦的倒数, 即

$$\sec x = \frac{1}{\cos x}, \quad \csc x = \frac{1}{\sin x}.$$

正割函数 $y = \sec x$ 的定义域为

$$D = \left\{ x \middle| x \in \mathbf{R}, x \neq \left(n + \frac{1}{2} \right) \pi, n \in \mathbf{Z} \right\}.$$

余割函数 $y = \csc x$ 的定义域为

$$D = \{ x \,|\, x \in \mathbf{R}, x \neq n\pi, n \in \mathbf{Z} \},$$

这两个函数的值域都是 $(-\infty, -1] \cup [1, +\infty)$. 显然正割函数是偶函数, 余割函数是奇函数.

还必须熟悉一些三角函数的常用公式, 具体见教学资源说明中的附录 II.

(5) 反三角函数

下面简单介绍反三角函数的概念及其性质.

反三角函数是指三角函数的反函数, 反三角函数都是多值函数, 为此限制正弦函数 $y = \sin x$ 的定义域为 $\left[-\dfrac{\pi}{2}, \dfrac{\pi}{2} \right]$, 余弦函数 $y = \cos x$ 的定义域为 $[0, \pi]$, 则正弦函数 $y = \sin x$ 与余弦函数 $y = \cos x$ 在指定区间上单值、单调, 故在相应的值域 $[-1, 1]$ 上存在单值、单调的反函数, 分别称为**反正弦函数** $y = \arcsin x$ 与**反余弦函数** $y = \arccos x$.

由此反正弦函数 $y = \arcsin x$ 的定义域为 $[-1, 1]$, 值域为 $\left[-\dfrac{\pi}{2}, \dfrac{\pi}{2} \right]$, 是单调增加函数; 反余弦函数 $y = \arccos x$ 的定义域为 $[-1, 1]$, 值域为 $[0, \pi]$, 是单调减少函数. 分别如图 1-1-23(a)、(b) 所示.

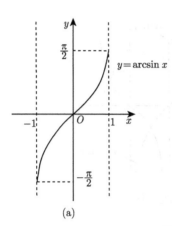

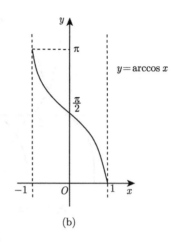

图 1-1-23

与上面的反正弦、反余弦函数类似, 我们限制正切函数 $y = \tan x$ 的定义域为 $\left(-\dfrac{\pi}{2}, \dfrac{\pi}{2}\right)$, 余切函数 $y = \cot x$ 的定义域为 $(0, \pi)$, 则正切函数 $y = \tan x$ 与余切函数 $y = \cot x$ 在指定的区间上单值、单调, 故它们在相应的值域 $(-\infty, +\infty)$ 内存在单值、单调的反函数, 分别称为**反正切函数** $y = \arctan x$ 与**反余切函数** $y = \operatorname{arccot} x$, 由此反正切函数 $y = \arctan x$ 的定义域为 $(-\infty, +\infty)$, 值域为 $\left(-\dfrac{\pi}{2}, \dfrac{\pi}{2}\right)$, 是单调增加的函数; 反余切函数 $y = \operatorname{arccot} x$ 的定义域为 $(-\infty, +\infty)$, 值域为 $(0, \pi)$, 是单调减少的函数. 分别如图 1-1-24(a)、(b) 所示.

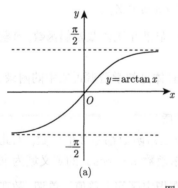

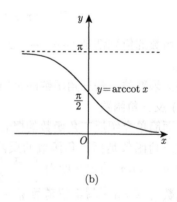

图 1-1-24

上述幂函数、指数函数、对数函数、三角函数、反三角函数是最简单最基本的函数. 因此将它们统称为基本初等函数.

2. 复合函数

在许多问题中, 有时需要把两个或更多个函数组合成另一个新函数. 例如甲药厂生产某种半成品药 A 的成本为 x, 设该半成品药的出厂价为 $p = \varphi(x)$, 乙药厂对甲药厂生产的半成品药 A 再加工生产出成药供应市场, 设其购买半成品药 A 的成本为 $p = \varphi(x)$, 于是乙药厂生产的成药品的出厂价 y 应为 $\varphi(x)$ 的函数 $y = f[\varphi(x)]$, 此关系即为 $y = f(p)$ 与 $p = \varphi(x)$ 的复合关系. 这样 y 通过变量 p 成为成本 x 的函数, 这种形式的函数称为复合函数.

如: $y = \lg u, u = \sin x$ 复合成 $y = \lg(\sin x)$, 这里需满足 $0 < \sin x \leqslant 1$, 即 $x \in (2k\pi, (2k+1)\pi), k \in \mathbf{Z}$.

定义 6 设函数 $y = f(u)$ 的定义域为 $U, u = \varphi(x)$ 在 D 上有定义, 且对应的值域 $\varphi(D) \subset U$, 则 $\forall x \in D$, 经过中间变量 u, 相应地得到唯一确定的值 y, 于是 y 通过 u 而成为 x 的函数, 这个函数称为由函数 $y = f(u)$ 与 $u = \varphi(x)$ 复合而成的**复合函数**, 记作

$$y = f[\varphi(x)] \quad (x \in D),$$

其中 u 为**中间变量**.

复合函数也可以由两个以上的函数复合而成, 如: $y = e^{\tan \sqrt{x}}$ 是由函数 $y = e^u, u = \tan v, v = \sqrt{x}$ 复合而成的.

必须注意的是, 函数 $u = \varphi(x)$ 的值域 $\varphi(D)$ 不能超出函数 $f(u)$ 的定义域 U, 否则就不能复合成一个函数. 例如函数 $y = \arcsin u, u = x^2 + 2$ 在实数范围内就不能复合.

因此, 复合函数 $y = f[\varphi(x)]$ 的定义域 D 是使得函数 $u = \varphi(x)$ 的值包含在函数 $y = f(u)$ 的定义域 U 内的一切 x 的集合, 即

$$D = \{x \mid \varphi(x) \in U\}.$$

例 6 设 $f(x)$ 的定义域是开区间 $(1, 2)$, 求 $f(x^2 + 1)$ 的定义域.

解 令 $u = x^2 + 1$, 由 $f(u)$ 的定义域为 $(1, 2)$, 则

$$1 < x^2 + 1 < 2,$$

解得

$$-1 < x < 0 \quad \text{或} \quad 0 < x < 1.$$

因此函数 $f(x^2 + 1)$ 的定义域为 $(-1, 0) \cup (0, 1)$.

例 7 已知 $2f(x) + x^2 f\left(\dfrac{1}{x}\right) = \dfrac{x^2 + 2x}{x + 1}$, 求 $f(x)$.

解 已知

$$2f(x) + x^2 f\left(\frac{1}{x}\right) = \frac{x^2 + 2x}{x + 1}, \tag{1-1-3}$$

显然 $x \neq 0$, 用 $\dfrac{1}{x}$ 代替上式中 x, 得

$$2f\left(\frac{1}{x}\right) + \frac{1}{x^2}f(x) = \frac{\dfrac{1}{x^2} + \dfrac{2}{x}}{\dfrac{1}{x} + 1} = \frac{2x + 1}{x(x + 1)},$$

整理得

$$f(x) + 2x^2 f\left(\frac{1}{x}\right) = \frac{2x^2 + x}{x + 1}, \tag{1-1-4}$$

则消去 $f\left(\dfrac{1}{x}\right)$, 得

$$f(x) = \frac{x}{x + 1} \quad (x \neq 0).$$

例 8　设 $f(x) = \begin{cases} x - 1, & x \leqslant 0, \\ x^2, & x > 0, \end{cases}$ $g(x) = x^2$, 求 $f[g(x)]$.

解　$f[g(x)] = \begin{cases} g(x) - 1, & g(x) \leqslant 0, \\ [g(x)]^2, & g(x) > 0. \end{cases}$

当 $x \neq 0$ 时, $g(x) = x^2 > 0$, 则 $f[g(x)] = [g(x)]^2 = x^4$;

当 $x = 0$ 时, $g(x) = 0$, 则 $f[g(x)] = g(x) - 1 = -1$.

综上得

$$f[g(x)] = \begin{cases} x^4, & x \neq 0, \\ -1, & x = 0. \end{cases}$$

3. 反函数

在函数 $y = f(x)$ 中, x 为自变量, y 为因变量, 然而在实际应用中, 根据具体问题, 有时需将某对应关系反过来用, 例如函数 $y = 2x + 1$ 中, x 为自变量, y 为因变量, 其图像是一条直线, 如果将其变量的地位交换, 即将 y 作为自变量, x 为因变量, 这时其对应法则为 $x = \dfrac{1}{2}(y - 1)$, 显然对于 $\forall y$, 通过该对应法则, 也都有唯一确定的 x 与之对应, 我们称 $x = \dfrac{1}{2}(y - 1)$ 为 $y = 2x + 1$ 的反函数, 该反函数也可表示为 $y = \dfrac{1}{2}(x - 1)$.

定义 7　设函数 $y = f(x)$ 的定义域为 D, 值域为 $f(D)$, 若对于 $\forall y \in f(D)$, D 内总有唯一确定的 x 与之对应, 使得 $f(x) = y$ 成立, 这样得到一个以 y 为

自变量, x 为因变量的函数, 称该函数为 $y = f(x)$ 的 **反函数**, 记作 $x = \varphi(y)$ 或 $x = f^{-1}(y)$, 其定义域为 $f(D)$, 值域为 D.

一般地, 对于函数 $y = f(x)$, 有时不同的自变量对应同一个函数值, 这时一个函数就可以确定多个反函数 $x = f^{-1}(y)$. 例如函数 $y = x^2$ 确定两个反函数, 当 $x \geqslant 0$ 时对应的反函数为 $x = \sqrt{y}$, 当 $x \leqslant 0$ 时对应的反函数为 $x = -\sqrt{y}$.

必须指出, 当 $y = f(x)$ 是一一对应的函数时, 其反函数也是一一对应的.

可以证明: 单值、单调函数 $y = f(x)$ 的反函数 $x = f^{-1}(y)$ 也单值、单调, 且有相同的单调性.

证　不妨设 $y = f(x)$ 是单调增函数, 设 $\forall y_1 \neq y_2 \in f(D)$, 且 $y_1 < y_2$. 又设

$$y_1 = f(x_1), \quad y_2 = f(x_2), \quad x_1, x_2 \in D,$$

则有 $x_1 < x_2$ (否则若 $x_1 \geqslant x_2$, 则 $y_1 \geqslant y_2$, 与 $y_1 < y_2$ 矛盾), 故 $x = f^{-1}(y)$ 是单调增函数. 同理可证, 若 $y = f(x)$ 是单调减函数, 则其反函数也是单调减函数. 综上所述, 该结论成立.

本质上, 反函数与原来的函数相比, 自变量与因变量的地位对调了. 由于习惯上把自变量记作 x, 因变量记作 y, 因此函数 $y = f(x)$ 的反函数 $x = f^{-1}(y)$ 也可表示为 $y = f^{-1}(x)$. 事实上, 当我们比较函数与其反函数的性态时, 常需将它们放在相同的直角坐标系中作图比较, 这时需将它们的因变量与自变量分别用统一的字母来标记, 因此反函数 $x = f^{-1}(y)$ 表示为 $y = f^{-1}(x)$ 更方便应用.

将反函数 $x = f^{-1}(y)$ 记作 $y = f^{-1}(x)$, 这时自变量与因变量的记号变了, 但对应规律与定义域没有变, 它们是同一个函数. 例如

函数	反函数 (用 y 表示自变量时)	反函数 (用 x 表示自变量时)
$y = 3x + 4$	$x = \dfrac{1}{3}(y - 4)$	$y = \dfrac{1}{3}(x - 4)$
$y = \mathrm{e}^{2x}$	$x = \dfrac{1}{2}\ln y$	$y = \dfrac{1}{2}\ln x$
$y = x^3$	$x = \sqrt[3]{y}$	$y = \sqrt[3]{x}$
$y = x^2(x \geqslant 0)$	$x = \sqrt{y}$	$y = \sqrt{x}$

由此, 易知 $y = f(x)$ 与反函数 $y = f^{-1}(x)$ 的图像关于直线 $y = x$ 对称.

4. 初等函数

定义 8　由常数和基本初等函数经过有限次的四则运算和有限次的函数复合运算所构成的并可用一个式子表示的函数, 称为 **初等函数**.

如函数

$$y = \arctan x + \frac{\mathrm{e}^{\sin \sqrt{x}} - 1}{x + 1} - 2x^3$$

与

$$y = \ln \sin x + \frac{\sqrt{\tan \dfrac{x}{2}}}{x^2 - 1}$$

都是初等函数, 初等函数是微积分的主要研究对象.

5. 双曲函数

在工程技术中常遇到由以 e 为底的指数函数 $y = \mathrm{e}^x$ 与 $y = \mathrm{e}^{-x}$ 所构成的双曲函数及其反函数, 定义如下.

(1) 双曲正弦函数

$$y = \mathrm{sh}\, x = \frac{\mathrm{e}^x - \mathrm{e}^{-x}}{2}$$

其定义域为 $(-\infty, +\infty)$, 值域为 $(-\infty, +\infty)$, 它是在 $(-\infty, +\infty)$ 内单调增加的奇函数, 其图像如图 1-1-25 所示.

(2) 双曲余弦函数

$$y = \mathrm{ch}\, x = \frac{\mathrm{e}^x + \mathrm{e}^{-x}}{2}$$

其定义域为 $(-\infty, +\infty)$, 值域为 $[1, +\infty)$, 它是偶函数, 在 $(-\infty, 0]$ 内单调减少, 在 $[0, +\infty)$ 内单调增加, 其图像如图 1-1-26 所示.

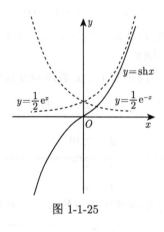　　　　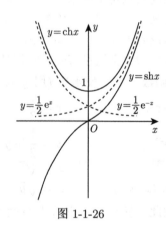

图 1-1-25　　　　　　　　　　　图 1-1-26

(3) 双曲正切函数

$$y = \mathrm{th}\, x = \frac{\mathrm{sh}\, x}{\mathrm{ch}\, x} = \frac{\mathrm{e}^x - \mathrm{e}^{-x}}{\mathrm{e}^x + \mathrm{e}^{-x}}$$

其定义域为 $(-\infty, +\infty)$, 值域为 $(-1, 1)$, 它是在 $(-\infty, +\infty)$ 内单调增加的奇函数, 其图像如图 1-1-27 所示.

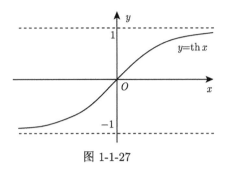

图 1-1-27

双曲函数对于一切实数 x 都有意义, 根据其定义, 易证它们具有如下的关系:

$$\mathrm{ch}^2 x - \mathrm{sh}^2 x = 1,$$

$$\mathrm{sh}\, 2x = 2\mathrm{sh}\, x\mathrm{ch}\, x,$$

$$\mathrm{ch}\, 2x = \mathrm{ch}^2 x + \mathrm{sh}^2 x,$$

$$\mathrm{sh}\, (x \pm y) = \mathrm{sh}\, x\mathrm{ch}\, y \pm \mathrm{ch}\, x\mathrm{sh} y,$$

$$\mathrm{ch}\, (x \pm y) = \mathrm{ch}\, x\mathrm{ch}\, y \pm \mathrm{sh} x\, \mathrm{sh}\, y.$$

请读者自证.

由此可知, 它们的性质与相应的关系都与三角函数非常相似, 故而可以借助三角函数的关系与公式帮助记忆.

下面简单介绍双曲函数的反函数及其性质.

(4) 反双曲正弦函数

双曲正弦函数 $y = \mathrm{sh}\, x$ 是在 $(-\infty, +\infty)$ 内单调增加的奇函数, 故存在反函数, 称其反函数为**反双曲正弦函数**, 记作 $y = \mathrm{arsh}\, x$, 易求得其表达式为

$$y = \mathrm{arsh}\, x = \ln\left(x + \sqrt{x^2 + 1}\right),$$

其定义域为 $(-\infty, +\infty)$, 值域为 $(-\infty, +\infty)$, 它是在 $(-\infty, +\infty)$ 内单调增加的奇函数 (图 1-1-28).

(5) 反双曲余弦函数

由于双曲余弦函数 $y = \mathrm{ch}\, x$ 是偶函数, 其在值域内的每一个函数值都对应两个自变量, 当自变量限定在 $[0, +\infty)$ 内时, 双曲余弦函数 $y = \mathrm{ch}\, x$ 是单值, 单调增加的, 因此当 $x \geqslant 0$ 时存在单值反函数, 称其反函数为**反双曲余弦函数**, 记作 $y = \mathrm{arch}\, x$, 易求得其表达式为

$$y = \mathrm{arch}\, x = \ln\left(x + \sqrt{x^2 - 1}\right),$$

其定义域为 $[1,+\infty)$, 值域为 $[0,+\infty)$, 它在 $[1,+\infty)$ 内单调增加 (图 1-1-29).

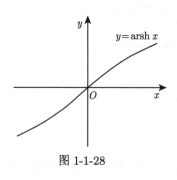

图 1-1-28

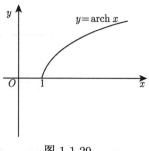

图 1-1-29

(6) 反双曲正切函数

由双曲正切函数 $y = \operatorname{th} x$ 在 $(-\infty,+\infty)$ 内单调增加, 其值域为 $(-1,1)$, 因此存在单值反函数, 称其反函数为**反双曲正切函数**, 记作 $y = \operatorname{arth} x$, 易求得其表达式为

$$y = \operatorname{arth} x = \frac{1}{2}\ln\frac{1+x}{1-x},$$

其定义域为 $(-1,1)$, 值域为 $(-\infty,+\infty)$, 它是在 $(-1,1)$ 内单调增加的奇函数 (图 1-1-30).

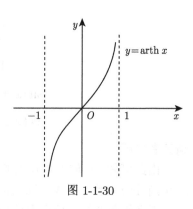

图 1-1-30

习　题　1-1

A 组

1. 下列各题中, 两个表达式是否表示同一个函数关系? 为什么?

(1) $y = \sqrt{x^2}$ 与 $y = |x|$;

(2) $y = \dfrac{x^2-4}{x-2}$ 与 $y = x+2$.

2. 试问: 下列函数是否具有奇偶性? 为什么?

(1) $y = x^2(1-x^2)$;

(2) $y = 3x^2 - x^3$;

(3) $y = a^x - a^{-x}(a>0, a\neq 1)$;

(4) $y = \ln\left(x+\sqrt{1+x^2}\right)$.

3. 试问: 下列函数是由哪些基本初等函数复合而成的?

(1) $y = (\sin x)^{\frac{4}{5}}$;

(2) $y = e^{-\cos^2\frac{1}{x}}$;

(3) $y = \left(\arctan\dfrac{x}{2}\right)^2$;

(4) $y = \sqrt{\ln(\sin 4^x)}$.

4. 设 $f(x) = \begin{cases} 2x+3, & x \leqslant 0, \\ 2^x, & x > 0, \end{cases}$ 求 $f(-2), f(0), f[f(-1)]$.

课件1-1-3

5. 求下列函数的定义域:

(1) $y = \dfrac{x+2}{1+\sqrt{3x-x^2}}$;

(2) $y = \ln(5-x) + \arcsin \dfrac{x-1}{6}$.

6. 设 $f(x)$ 的定义域是 $[0,1]$, 求下列函数的定义域:

(1) $f(x^2)$;

(2) $f(\sin x) + f(\cos x)$;

(3) $f(x+1)$;

(4) $f(\ln x)$.

7. 证明: 两个奇函数之积为偶函数.

8. 已知 $f(x) = \begin{cases} x, & x \leqslant 0, \\ \ln x, & x > 0, \end{cases}$ $g(x) = \begin{cases} x^2, & x \leqslant 1, \\ x^3, & x > 1, \end{cases}$ 求 $f[g(x)]$.

9. 设 $f(x) = \begin{cases} 1, & |x| < 1, \\ 0, & |x| = 1, \\ -1, & |x| > 1, \end{cases}$ $g(x) = \mathrm{e}^x$, 求 $f[g(x)], g[f(x)]$.

10. 设 $f(\sin x) = \cos 2x + 1$, 求 $f(\cos x)$.

11. 在一个半径为 r 的球内嵌入一个内接圆柱, 试将圆柱的体积 V 表示为圆柱的高 h 的函数, 并确定此函数的定义域.

12. 某商品的单价为 100 元, 单位成本为 70 元, 商家为了促销, 规定凡是购买超过 100 单位时, 对超过部分按单价的九折出售. 设购买量用 x (单位) 表示, 求成本函数、收益函数和利润函数.

B 组

1. 设 $f(x) = \begin{cases} 1, & |x| \leqslant 1, \\ 0, & |x| > 1, \end{cases}$ 则 $f\{f[f(x)]\}$ 等于 ( ) (2001 考研真题)

(A) 0

(B) 1

(C) $\begin{cases} 1, & |x| \leqslant 1, \\ 0, & |x| > 1 \end{cases}$

(D) $\begin{cases} 0, & |x| \leqslant 1, \\ 1, & |x| > 1. \end{cases}$

2. 设 $f(x) = \begin{cases} \ln \sqrt{x}, & x \geqslant 1, \\ 2x-1, & x < 1, \end{cases}$ 求 $f[f(x)]$.

3. 函数 $f(x)$ 是奇函数, $x \in (0, +\infty)$ 时, $f(x) = x^2 - x + 1$, 求 $x \in (-\infty, 0)$ 时函数 $f(x)$ 的表达式.

4. 设 $f(x)$ 满足 $af(x) + bf\left(\dfrac{1}{x}\right) = \dfrac{c}{x}, x \in (-\infty, 0) \cup (0, +\infty), |a| \neq |b|$,

试证明 $f(x)$ 是奇函数.

课前测1-2-1

1.2　数列的极限

没有极限就没有微积分, 极限是微积分解决问题的主要方法. 本章将依次在 1.2 节与 1.3 节中分别来讨论数列与函数的极限概念及其基本性质. 由于极限概念抽象难懂, 为了帮助大家更容易理解, 将先从直观的角度给出对极限比较容易理解的用自然语言表达的描述性定义, 然后再过渡到用数学语言表示的抽象的数学精确定义. 下面先来讨论数列极限的概念及其基本性质.

一、数列的极限

极限概念源于人类的生产实践活动, 公元前 3 世纪, 我国著名哲学家庄子在其《庄子·天下篇》中的名句 "一尺之棰, 日取其半, 万世不竭", 反映了两千多年前我们祖先就已经有了初步的极限思想. 约公元 263 年, 魏晋时期著名数学家刘徽, 创立的割圆术解决了圆面积问题. 割圆术的做法是: 连续 n 次作圆的内接正 3×2^n 多边形, 当正多边形的边数不断增加时, 其面积不断地接近圆面积, 并且 "割之弥细, 所失弥少. 割之又割, 以至于不可割, 则与圆合体, 而无所失矣". 从而圆面积就是这一系列边数不断增加的内接正多边形面积的极限. 刘徽的割圆术反映了我国古代数学家已经能用极限方法来解决问题了. 这是我们古代数学家取得的重要成就之一, 充分反映出我国古代数学家数学思想的先进性. 下面先给出数列极限的概念, 然后再讨论其基本性质.

1. 数列

所谓**数列**, 是指按一定顺序排列起来的一列数, 例如

$$\frac{1}{2}, \frac{1}{4}, \frac{1}{8}, \cdots, \left(\frac{1}{2}\right)^n, \cdots;$$

$$0, \frac{3}{2}, \frac{2}{3}, \frac{5}{4}, \cdots, \frac{n + (-1)^n}{n}, \cdots;$$

$$1, 3, 5, \cdots, 2n - 1, \cdots;$$

$$0, 2, 0, 2, \cdots, 1 + (-1)^n, \cdots$$

都是数列. 一般地, 数列写为

$$x_1, x_2, x_3, \cdots, x_n, \cdots,$$

记作 $\{x_n\}$ 或 $x_n(n = 1, 2, \cdots)$, 其中 n 表示数列的项数, 第 n 项 x_n 称为**数列的通项**.

从代数上看, 数列 x_n 可看作是自变量为正整数 n 的函数: $x_n = f(n), n \in \mathbf{N}^+$, 当自变量 n 依次取 $1, 2, 3, \cdots, n, \cdots$ 时, 对应的函数值 $x_1, x_2, x_3, \cdots, x_n, \cdots$, 就构成数列 $\{x_n\}$.

从几何上看, 数列 x_n 可看作是一个动点, 依次取数轴上的点 $x_1, x_2, x_3, \cdots, x_n, \cdots$ (图 1-2-1).

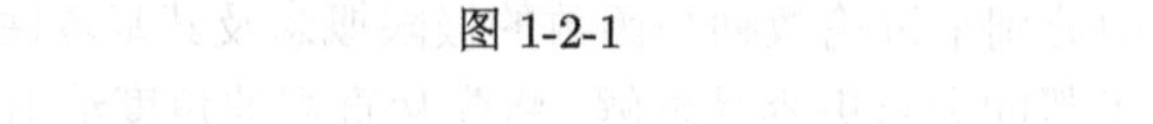

图 1-2-1

2. 数列极限的定义

对于给定的数列 $\{x_n\}$, 这里不再关注: 如何求它的通项和其某些项的求和问

题, 而是着眼于随着项数 n 无限增大时 (记作 $n \to \infty$), 数列 x_n 的变化趋势问题. 特别观察它能否向某一常数无限逼近? 这就是数列极限问题.

下面讨论当项数 n 无限增大时 (即 $n \to \infty$ 时), 数列对应项 x_n 的变化趋势有哪些情形? 观察上面的四个数列, 容易看出

当 $n \to \infty$ 时, 数列 $\left\{\left(\dfrac{1}{2}\right)^n\right\}$ 趋于 0; 数列 $\left\{\dfrac{n+(-1)^n}{n}\right\}$ 各项的值在数 1 的两侧来回交替着变化, 且越来越接近于 1; 数列 $\{2n-1\}$ 越来越大, 无限增大; 而数列 $\{1+(-1)^n\}$ 的值则永远在 0 与 2 之间交互取得, 并不与某一数接近.

第一个数列 $\left\{\left(\dfrac{1}{2}\right)^n\right\}$ 就反映了《庄子·天下篇》"一尺之棰, 日取其半, 万世不竭" 一句中, 逐日所取之棰长为 $x_n = \left(\dfrac{1}{2}\right)^n$, 随着天数 n 的无限增大 (即 $n \to \infty$ 时), 对应棰长 x_n 虽然 "万世不竭", 取之不尽, 但事实上将越来越小, 趋近于常数 0(但永不等于).

前两个数列 $\left\{\left(\dfrac{1}{2}\right)^n\right\}$ 与 $\left\{\dfrac{n+(-1)^n}{n}\right\}$, 当项数 n 无限增大时 (即 $n \to \infty$ 时), 对应数列 x_n 的变化, 都有一个共同的特点, 就是 x_n 的值越来越趋近于某个常数 A, 或者说向某个常数 A 无限逼近, 这样的情形, 称为当 $n \to \infty$ 时, 数列 $\{x_n\}$ 有极限 A;

对数列 $\{2n-1\}$, 当项数 n 无限增大 (即 $n \to \infty$) 时, $\{2n-1\}$ 的值无限增大; 而数列 $\{1+(-1)^n\}$ 的值始终在 0 与 2 之间变化着, 它们都不能与某一常数无限接近, 将这些情形, 都称为当 $n \to \infty$ 时, 数列 $\{x_n\}$ 没有极限, 或称这时数列 $\{x_n\}$ 极限不存在.

由此可得数列极限 $\lim\limits_{n\to\infty} x_n = A$ 的描述性定义.

定义 1' 设数列 $\{x_n\}$, 如果当项数 n 无限增大 $(n \to \infty)$ 时, 数列的项 x_n 能与某个常数 A 无限接近, 则称该数列为**收敛数列**, 常数 A 称为当 $n \to \infty$ 时数列 $\{x_n\}$ 的**极限**, 记作

$$\lim_{n\to\infty} x_n = A \quad \text{或} \quad x_n \to A(n \to \infty).$$

这时也称**数列 $\{x_n\}$ 收敛于** A; 否则称**数列 $\{x_n\}$ 的极限** $\lim\limits_{n\to\infty} x_n$ **不存在**, 或称数列 $\{x_n\}$ 是**发散的**.

用上述描述性定义 1' 求极限的方法是**观察法**, 由定义 1' 可知 $\lim\limits_{n\to\infty} \left(\dfrac{1}{2}\right)^n = 0$, $\lim\limits_{n\to\infty} \dfrac{n+(-1)^n}{n} = 1$; 而 $\lim\limits_{n\to\infty} (2n-1)$ 与 $\lim\limits_{n\to\infty} [1+(-1)^n]$ 都不存在.

定义 1′ 用语言 "无限增大" 和 "无限接近" 来描述极限概念, 虽富有直观性, 容易理解, 但显然不够严谨, 有时甚至可能由于错觉, 而获得错误的观察结果.

例如: 数列 $\{x_n\} = \left\{ \left(1 + \dfrac{1}{n}\right)^n \right\}$ 与递归数列 $x_{n+1} = \dfrac{1}{2}\left(x_n + \dfrac{1}{x_n}\right)$ $(x_0 > 0,$ $n = 0, 1, 2, \cdots,)$ 它们的极限是否存在? 如存在, 它们又分别等于多少呢? 这些凭直观都很难判定. 因此凭直观来判定数列极限是远远不够的, 为深入研究极限理论, 必须给出极限的精确数学定义. 那么如何用数学语言来表达极限 $\lim\limits_{n \to \infty} x_n = A$ 呢?

由极限描述性定义 1′ 可知, $\lim\limits_{n \to \infty} x_n = A$ 可以理解为当 $n \to \infty$ 时, 项 x_n 与数 A 接近的距离 $|x_n - A|$ 可以任意小, 即该距离可以小于任意给定的小正数, 但必须以 $n \to \infty$ 为条件, 即需要项数 n 充分大, 大到足够保证 $|x_n - A|$ 能小于预先任意给定 (无论怎样小) 的正数.

由观察可知: $\lim\limits_{n \to \infty}\left[1 + \dfrac{(-1)^n}{n}\right] = 1$.

下面以此数列极限为例来讨论极限 $\lim\limits_{n \to \infty} x_n = A$ 的精确表达.

$\lim\limits_{n \to \infty}\left[1 + \dfrac{(-1)^n}{n}\right] = 1$ 的意思即为: 当 $n \to \infty$ 时, 数列的项 $1 + \dfrac{(-1)^n}{n}$ 与常数 1 无限接近.

考察数列 $x_n = 1 + \dfrac{(-1)^n}{n}$, 由于 $|x_n - A| = \dfrac{1}{n}$, 可知

若给定小正数 $\dfrac{1}{100.1}$, 要使 $|x_n - A| = \dfrac{1}{n} < \dfrac{1}{100.1}$, 只要 $n > 100$ 就可以了 (因为在正整数的范围里, $n > 100$ 与 $n > 100.1$ 同解);

又若给定小正数为 $\dfrac{1}{10000.2}$, 要使 $|x_n - A| = \dfrac{1}{n} < \dfrac{1}{10000.2}$, 就需要 $n > 10000$ 才可以;

若再给定小正数 10^{-10}, 要使 $|x_n - A| = \dfrac{1}{n} < 10^{-10}$, 就要 $n > 10^{10}$ 了.

尽管小正数 10^{-10} 已经很小了, 但还不够说明 $|x_n - A|$ 可以任意小, 为此引入字母 ε, 用 ε 表示可以任意小的正数, 则用不等式 $|x_n - A| < \varepsilon$ 就可表达 $|x_n - A|$ 可以小于任意给定的小正数.

那么, 是否对无论怎样小的正数 ε, 不等式 $|x_n - A| = \dfrac{1}{n} < \varepsilon$ 总能成立呢? 答案是否定的.

事实上, 上式成立是需要条件的, 对于预先任意给定的小正数 ε, 要使不等式 $|x_n - A| = \dfrac{1}{n} < \varepsilon$ 成立, 就要 $n > \dfrac{1}{\varepsilon}$, 即项数 n 要从大于 $\dfrac{1}{\varepsilon}$ 的项开始才行, 考虑

到项数都是正整数, 我们利用取整函数, 取项数 $N = \left[\dfrac{1}{\varepsilon}\right]$, 则由取整函数的性质可知, 当 $n > N$ 时, 就有 $n > \dfrac{1}{\varepsilon}$, 则这时 $|x_n - A| = \dfrac{1}{n} < \varepsilon$ 成立. 其中 $n > N$ 的意思是 $n = N+1, N+2, N+3, \cdots$, 即当项数 n 从第 $N+1$ 项开始时, 不等式 $|x_n - A| = \dfrac{1}{n} < \varepsilon$ 就成立了.

综上, 对无论怎样小的正数 ε, 由 $|x_n - 1| = \dfrac{1}{n} < \varepsilon$, 解得 $n > \dfrac{1}{\varepsilon}$, 即想要 $|x_n - 1| < \varepsilon$ 成立, 只要 $n > \dfrac{1}{\varepsilon}$ 即可, 因此可取 $N = \left[\dfrac{1}{\varepsilon}\right]$, 则对于满足 $n > N$ 的一切 x_n, 都有 $|x_n - 1| < \varepsilon$ 成立.

由此表明: 当 $n \to \infty$ 时, 数列 $x_n = \dfrac{n + (-1)^n}{n} \to 1$ 成立, 即 $\lim\limits_{n\to\infty} \dfrac{n + (-1)^n}{n} = 1$.

综合上面分析, 利用字母 ε, N, 可得数列极限的精确定义.

定义 1　设数列 $\{x_n\}$, A 为常数, 如果对于任意给定的正数 ε (不论它多么小), 总存在正整数 N, 使得对于 $n > N$ 时的一切 x_n, 不等式

$$|x_n - A| < \varepsilon$$

都成立, 则称常数 A 为当 $n \to \infty$ 时数列 $\{x_n\}$ 的**极限**, 或者称数列 $\{x_n\}$ **收敛**于 A, 记为

$$\lim_{n\to\infty} x_n = A \quad \text{或} \quad x_n \to A(n \to \infty).$$

如果数列没有极限, 就说数列是**发散**的, 习惯上也说 $\lim\limits_{n\to\infty} x_n$ **不存在**.

根据前面引入的记号 "$\forall$" 与 "$\exists$", 则 "$\forall \varepsilon(\varepsilon > 0)$" 表示 "任意给定的正数 ε", "$\exists N \in \mathbf{N}^+$" 表示 "存在正整数 N". 由此定义 1 也常称为数列极限的 "ε-N" 语言. 所以定义 1 可用 "ε-N" 语言简单地表述为

$$\lim_{n\to\infty} x_n = A \Leftrightarrow \forall \varepsilon > 0,\ \exists N \in \mathbf{N}^+,\ 使得当\ n > N\ 时, 恒有\ |x_n - A| < \varepsilon$$

成立.

常用定义 1 来验证 $\lim\limits_{n\to\infty} x_n = A$ 是否成立. 验证的关键问题是: 如何求出充分条件 "$n > N$" 中的正整数 N? 一般地, 对 $\forall \varepsilon > 0$, 通过求解不等式 $|x_n - A| < \varepsilon$ 成立的充分条件, 将该不等式化为 $n > N(\varepsilon)$, 从而求出满足该不等式的一个正整数 N 即可, 为方便起见, 常选取 $N = [N(\varepsilon)]$.

注　定义 1 中的正整数 N 与 ε 有关, 它随着 ε 的给定而确定, 一般地, ε 越小, N 相应地就越大. 必须指出下面几点.

① ε 具有任意给定性, 可以是任意的小正数, 用来刻画 x_n 与 A 接近的程度可以任意小.

② 对 $\forall \varepsilon > 0, n > N$ 是使 $|x_n - A| < \varepsilon$ 成立的充分条件.

③ 正整数 N 由 ε 确定, 但不是函数关系, 它用来刻画项数 n 足够大, 通常满足 $|x_n - A| < \varepsilon$ 的条件 $n > N(\varepsilon)$ 中的 N 有无穷多个, 因此 N 是不唯一的, 可选取其中任意一个正整数.

3. 数列极限的几何意义

设 $\lim\limits_{n \to \infty} x_n = A$, 则由定义 1 可知, 对 $\forall \varepsilon > 0$, 总存在正整数 N, 使得当 $n > N$ 时, 恒有 $|x_n - A| < \varepsilon$ 成立, 即有 $A - \varepsilon < x_n < A + \varepsilon$ 成立.

因此数列极限 $\lim\limits_{n \to \infty} x_n = A$ 有如下的几何意义.

将 A 与 $x_1, x_2, x_3, \cdots, x_n, \cdots$ 表示在数轴上, 则对任意给定的 $\varepsilon(> 0)$, 必存在 N, 使数列中除了起始的 N 项外, 自第 $N+1$ 项起, 后面所有的项 (即第 $N+1, N+2, \cdots$ 项)

$$x_{N+1}, \quad x_{N+2}, \quad x_{N+3}, \quad \cdots$$

所对应的点 x_n 都落在开区间 $(A - \varepsilon, A + \varepsilon)$ 内, 而仅至多有限个 (至多前 N 个) 在该区间以外 (图 1-2-2).

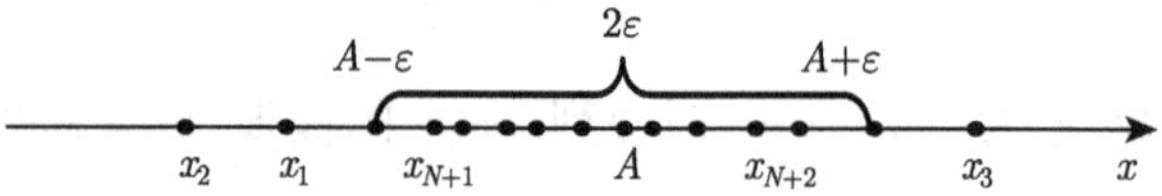

图 1-2-2

注 定义 1 只可以用来验证数列极限, 它不是求数列极限的方法, 关于如何求极限, 我们将在 1.4 节开始陆续介绍.

例 1 证明 $\lim\limits_{n \to \infty} \dfrac{n + (-1)^n}{n} = 1$.

证 对 $\forall \varepsilon > 0$, 考察

$$|x_n - A| = \left| \frac{n + (-1)^n}{n} - 1 \right| = \frac{1}{n},$$

要使 $|x_n - A| < \varepsilon$, 需 $\dfrac{1}{n} < \varepsilon$, 即 $n > \dfrac{1}{\varepsilon}$ 成立, 取 $N = \left[\dfrac{1}{\varepsilon}\right]$, 则当 $n > N$ 时, 就有

$$\left| \frac{n + (-1)^n}{n} - 1 \right| < \varepsilon,$$

即

$$\lim\limits_{n \to \infty} \frac{n + (-1)^n}{n} = 1.$$

例2讲解1-2-2

例 2　证明 $\lim\limits_{n\to\infty}\dfrac{2n-1}{3n+1}=\dfrac{2}{3}$.

证　对 $\forall\varepsilon>0$, 考察

$$|x_n-A|=\left|\frac{2n-1}{3n+1}-\frac{2}{3}\right|=\frac{5}{3(3n+1)}<\frac{5}{9n},$$

要使 $|x_n-A|<\varepsilon$, 只需 $\dfrac{5}{9n}<\varepsilon$, 即 $n>\dfrac{5}{9\varepsilon}$ 成立, 取 $N=\left[\dfrac{5}{9\varepsilon}\right]$, 则当 $n>N$ 时, 就有

$$\left|\frac{2n-1}{3n+1}-\frac{2}{3}\right|<\varepsilon,$$

即

$$\lim_{n\to\infty}\frac{2n-1}{3n+1}=\frac{2}{3}.$$

由上例可知, 用 "$\varepsilon\text{-}N$" 定义证明极限时, 对 $\forall\varepsilon>0$, 有时为了便于求出满足 $|x_n-A|<\varepsilon$ 的充分条件 $n>N(\varepsilon)$, 可以对 $|x_n-A|$ 适当放大后再令其小于 ε, 可更简便解出 $n>N(\varepsilon)$, 再取正整数 $N=[N(\varepsilon)]$ 即可.

例 3　证明 $\lim\limits_{n\to\infty}q^n=0$, 这里 $|q|<1$.

证　若 $q=0$, 显然有 $\lim\limits_{n\to\infty}q^n=0$, 下证 $0<|q|<1$ 时的情形.

$\forall\varepsilon>0(\text{设}\ \varepsilon<1)$, 由

$$|x_n-A|=|q^n|=|q|^n<\varepsilon,$$

取自然对数, 得

$$n\ln|q|<\ln\varepsilon,$$

由于 $\ln|q|<0$, 故有

$$n>\frac{\ln\varepsilon}{\ln|q|},$$

取 $N=\left[\dfrac{\ln\varepsilon}{\ln|q|}\right]$, 因此当 $n>N$ 时, 有 $n>\dfrac{\ln\varepsilon}{\ln|q|}$, 则 $|x_n-A|<\varepsilon$ 成立, 即

$$\lim_{n\to\infty}q^n=0\quad(|q|<1).$$

例 4　证明 $\lim\limits_{n\to\infty}\sqrt[n]{a}=1(a>0)$.

证　(1) 当 $a>1$ 时, 令 $\sqrt[n]{a}-1=h$, 则 $h>0$, 由

$$a = (1+h)^n = 1 + nh + \frac{n(n-1)}{2}h^2 + \cdots + h^n > 1 + nh,$$

解得

$$h < \frac{a-1}{n},$$

所以对 $\forall \varepsilon > 0$, 要使 $\left| \sqrt[n]{a} - 1 \right| < \varepsilon$, 只要 $h < \frac{a-1}{n} < \varepsilon$, 即只要 $n > \frac{a-1}{\varepsilon}$, 故取 $N = \left[\frac{a-1}{\varepsilon} \right]$, 则

$$\lim_{n \to \infty} \sqrt[n]{a} = 1;$$

(2) 当 $a = 1$ 时, 显然有 $\lim\limits_{n \to \infty} \sqrt[n]{a} = 1$;

(3) 当 $0 < a < 1$ 时, $\lim\limits_{n \to \infty} \sqrt[n]{a} = \lim\limits_{n \to \infty} \sqrt[n]{\dfrac{1}{\dfrac{1}{a}}} = \dfrac{1}{\lim\limits_{n \to \infty} \sqrt[n]{\dfrac{1}{a}}} = 1 \left(\text{这时 } \dfrac{1}{a} > 1 \right).$

(**说明**　上式用到的极限的商的运算法则, 将在 1.5 节中给出证明.)

综上得

$$\lim_{n \to \infty} \sqrt[n]{a} = 1 \quad (a > 0).$$

同理可证得: $\lim\limits_{n \to \infty} \sqrt[n]{n} = 1$(请读者自证).

二、 收敛数列的性质

利用定义 1 可以得到下面几个关于收敛数列的重要性质.

定理 1 (唯一性)　若数列 $\{x_n\}$ 收敛, 则它的极限唯一.

证　反证法　假设数列 $\{x_n\}$ 的极限不唯一, 则不妨设 $\lim\limits_{n \to \infty} x_n = a$, $\lim\limits_{n \to \infty} x_n = b$, 且 $a < b$, 取 $\varepsilon = \dfrac{b-a}{2}$, 由于 $\lim\limits_{n \to \infty} x_n = a$, 则存在正整数 N_1, 使得当 $n > N_1$ 时, 有

$$|x_n - a| < \frac{b-a}{2}, \quad \text{即有 } x_n < \frac{a+b}{2},$$

又由于 $\lim\limits_{n \to \infty} x_n = b$, 则存在正整数 N_2, 使得当 $n > N_2$ 时, 有

$$|x_n - b| < \frac{b-a}{2}, \quad \text{即有 } \frac{a+b}{2} < x_n,$$

取 $N = \max\{N_1, N_2\}$, 则当 $n > N$ 时, 上面两式都成立, 显然是不可能的 (因为上面两式矛盾), 因此收敛数列 $\{x_n\}$ 的极限必是唯一的.

例 5　证明数列 $\{x_n\} = \left\{ (-1)^{n+1} \right\}$ 是发散的.

证   如果数列收敛, 根据定理 1 它有唯一的极限, 设为 a, 即 $\lim\limits_{n\to\infty} x_n = a$.

根据数列极限的定义, 取 $\varepsilon = \dfrac{1}{2}$, 则存在正整数 N, 当 $n > N$ 时, $|x_n - a| < \dfrac{1}{2}$ 成立; 即当 $n > N$ 时, x_n 都在开区间 $\left(a - \dfrac{1}{2}, a + \dfrac{1}{2}\right)$ 内. 但这是不可能的, 因在 $n \to \infty$ 的过程中, x_n 都在重复取 1 和 -1 这两个数, 而这两个数不可能同时在长度为 1 的开区间 $\left(a - \dfrac{1}{2}, a + \dfrac{1}{2}\right)$ 内, 故该数列是发散的.

定理 2 (有界性)   若数列 $\{x_n\}$ 收敛, 则该数列必有界.

证   设 $\lim\limits_{n\to\infty} x_n = a$, 则取 $\varepsilon = 1$, 相应存在正整数 N, 使得当 $n > N$ 时, 有

$$|x_n - a| < 1.$$

从而当 $n > N$ 时, 有

$$|x_n| = |a + x_n - a| \leqslant |a| + |x_n - a| \leqslant |a| + 1.$$

取 $M = \max\{|a| + 1, |x_1|, \cdots, |x_N|\}$, 则对 $\forall n$, 有 $|x_n| \leqslant M$, 即 $\{x_n\}$ 有界.

定理 2 表明, 有界性是数列收敛的必要条件. 也即有界数列不一定收敛, 如 $\{(-1)^{n+1}\}$. 但无界数列 $\{x_n\}$ 必发散. 所以有

推论 1   若数列 $\{x_n\}$ 无界, 则 $\{x_n\}$ 必发散.

例如数列 $\{e^{2n}\}$, $\left\{n\sin\dfrac{n\pi}{2}\right\}$ 都是无界数列, 因此它们都发散.

定理 3 (保号性)   设 $\lim\limits_{n\to\infty} x_n = a > 0$ (或 < 0), 则 $\exists$ 正整数 N, 当 $n > N$ 时, $x_n > 0$(或 < 0).

证   设 $\lim\limits_{n\to\infty} x_n = a > 0$, 取 $\varepsilon = \dfrac{a}{2}$, 则存在相应的正整数 N, 使得当 $n > N$ 时, 有

$$|x_n - a| < \dfrac{a}{2},$$

即有

$$0 < \dfrac{a}{2} < x_n < \dfrac{3a}{2}, \quad 即 \ x_n > 0.$$

类似可证 $a < 0$ 的情形.

定理 3 之逆否命题也成立. 故有

推论 2 (保号性)   设 $\lim\limits_{n\to\infty} x_n = a$, 且存在正整数 N, 当 $n > N$ 时, 有 $x_n \geqslant 0$ (或 $\leqslant 0$), 则 $a \geqslant 0$(或 $\leqslant 0$).

最后我们介绍子数列的极限概念. 设在数列 $\{x_n\}$ 中第一次抽取项 x_{n_1}, 第二次在 x_{n_1} 后抽取项 x_{n_2}, 第三次在 x_{n_2} 后抽取项 $x_{n_3}, \cdots$, 如此不断地依次抽取下

去, 就得到一个数列

$$x_{n_1}, x_{n_2}, \cdots, x_{n_k}, \cdots.$$

这个数列 $\{x_{n_k}\}$ 就是原数列 $\{x_n\}$ 的一个子数列, 简称**子列**, 其中一般项 x_{n_k} 是第 k 项, 而在原数列中却是第 n_k 项. 显然 $n_k \geqslant k$.

特别地, 分别称数列 $\{x_{2n-1}\}$ 和 $\{x_{2n}\}$ 为**数列 $\{x_n\}$ 的奇子列和偶子列.**

可以证明, 关于数列极限与其子列的极限有如下结论.

结论 1　如果数列 $\{x_n\}$ 收敛于 a, 则它的任一子列 $\{x_{n_k}\}$ 也收敛于 a.

结论 2　如果数列 $\{x_n\}$ 中有两个子列收敛于两个不同的极限, 则 $\{x_n\}$ 发散.

如数列 $1, -1, 1, -1, \cdots$ 中, 奇子列 $1, 1, 1, \cdots$ 收敛于 1, 而偶子列 $-1, -1, -1, \cdots$ 收敛于 -1, 因此数列 $\{(-1)^{n+1}\}$ 是发散的.

此例同时也说明, 发散的数列也可能有收敛的子列.

结论 3　数列 $\{x_n\}$ 收敛于 a 的充要条件是该数列的奇子列和偶子列都收敛于 a.

以上三个结论请读者自证.

课件1-2-3

习　题　1-2

A 组

1. 判断下列各题中, 哪些数列收敛? 哪些数列发散? 对收敛的数列, 利用观察法求其极限:

(1) $x_n = \dfrac{2}{3^n}$;

(2) $x_n = 3 + \dfrac{1}{n^2}$;

(3) $x_n = \dfrac{n-2}{n+1}$;

(4) $x_n = \underbrace{0.99\cdots 9}_{n\uparrow}$;

(5) $x_n = (-1)^n n$;

(6) $x_n = \sin n$.

2. 根据数列极限的定义证明:

(1) $\displaystyle\lim_{n\to\infty} \dfrac{n-1}{n^2} = 0$;

(2) $\displaystyle\lim_{n\to\infty} \dfrac{2n-1}{n+1} = 2$;

(3) $\displaystyle\lim_{n\to\infty} \dfrac{\sin n}{n} = 0$;

(4) $\displaystyle\lim_{n\to\infty} \left(\sqrt{n+1} - \sqrt{n}\right) = 0$.

B 组

1. 若 $\displaystyle\lim_{n\to\infty} u_n = a$, 证明 $\displaystyle\lim_{n\to\infty} |u_n| = |a|$, 并举例说明反过来未必成立.

2. 设 $\displaystyle\lim_{n\to\infty} a_n = a$, 且 $a \neq 0$, 则当 n 充分大时有 (　　)(2014 考研真题)

(A) $|a_n| > \dfrac{|a|}{2}$
(B) $|a_n| < \dfrac{|a|}{2}$
(C) $a_n > a - \dfrac{1}{n}$
(D) $a_n < a + \dfrac{1}{n}$.

1.3 函数的极限

把数列看作定义在自然数集上的函数, 显然其自变量 n 是离散型变量. 我们知道自然界中更多量的变化是连续型的, 例如时间的流逝, 温度的变化, 水气的流动等, 因此我们还应该研究这类连续型变量的变化过程与趋势. 这就是本节要着重讨论的函数极限问题, 它是数列极限的推广, 是极限的一般形式.

一、函数极限的概念

函数的变化依赖于自变量的变化, 自然界中单个连续型变量的变化过程, 一般分为下列两大类:

一类是自变量 x 无限接近定值 x_0, 这时也说 x 趋于 x_0, 从几何上看, 就是 x 沿着数轴从 x_0 的左、右两侧向 x_0 无限趋近, 这一变化过程称为 x 趋近于有限点 x_0, 记作 $x \to x_0$; 另一类是变量 x 的绝对值 $|x|$ 无限增大, 从几何上看, 就是 x 沿着数轴向两边移动, 并离原点越来越远, 直至无限远, 这类变化过程称为 x 趋于无穷大, 记作 $x \to \infty$.

与数列极限类似, 函数的极限问题, 同样是考察在自变量的某一变化过程中, 对应的函数值 $y = f(x)$ 是否能趋近于某一常数 a?

因此结合数列极限的定义, 可得如下的函数极限的描述性定义.

定义 1' 设函数 $f(x)$, 如果当 x 在某给定的变化过程中, 对应的函数值 $f(x)$ 能与某个常数 a 无限接近, 这时就称函数 $f(x)$ 在这一变化过程时有**极限** a, 记作 $\lim f(x) = a$.

当 x 的变化过程为 $x \to x_0$ 时, 该极限记作 $\lim\limits_{x \to x_0} f(x) = a$;

当 x 的变化过程为 $x \to \infty$ 时, 该极限记作 $\lim\limits_{x \to \infty} f(x) = a$.

否则, 就称函数在这一变化过程中**极限不存在**.

上面的描述性定义虽然直观, 但显然不够严谨, 这就需要用精确的数学语言来表达 $\lim f(x) = a$. 下面就自变量 x 的两种变化趋势, 分别讨论函数极限的精确概念与基本性质.

1. 当 $x \to x_0$ 时的函数极限

(1) 极限 $\lim\limits_{x \to x_0} f(x) = a$ 的定义

例 1 曲线的切线问题.

在初等数学中, 已经讨论过圆、椭圆、抛物线等特殊曲线的切线的求法, 显然这些方法不具有一般性, 不适合推广到一般曲线的情形. 下面利用极限思想来给出曲线切线的定义及其一般的求法.

设 $P(x_0, f(x_0))$ 为曲线 $C: y = f(x)$ 上的某定点, $Q(x, f(x))$ 为该曲线上的动点, 则线段 PQ 为该曲线 C 的一条割线, 让动点 Q 沿着曲线 C 向点 P 无限靠拢, 在这一变化过程中, 如果存在一条定直线 PT, 使得割线 PQ 无限接近直线 PT, 则定直线 PT 是割线 PQ 的极限位置, 这时称直线 PT 为**曲线 C 在 P 点处的切线** (图 1-3-1).

因此点 P 处的切线 PT 的斜率为

$$K_{切} = \lim_{Q \to P} K_{割} = \lim_{x \to x_0} \frac{f(x) - f(x_0)}{x - x_0}.$$

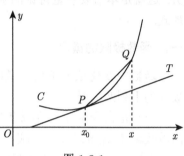

图 1-3-1

例 2 观察下列函数当 $x \to 1$ 时的变化趋势:

(1) $f_1(x) = x + 1$;

(2) $f_2(x) = \dfrac{x^2 - 1}{x - 1}$;

(3) $f_3(x) = \begin{cases} x + 1, & x \neq 1, \\ 4, & x = 1. \end{cases}$

解 由于定义域不同, 故函数 $f_1(x) = x + 1$, $f_2(x) = \dfrac{x^2 - 1}{x - 1}$ 与 $f_3(x) = \begin{cases} x + 1, & x \neq 1, \\ 4, & x = 1 \end{cases}$ 是三个不同的函数, 通过观察这些函数的图像 (图 1-3-2(a)、(b) 与 (c)) 发现, 它们在 $x = 1$ 的去心邻域内有相同的表达式 $y = x + 1$, 因此当 $x \to 1$ 时, 它们都沿着直线 $y = x + 1$ 向定值 2 无限逼近, 即

$$\lim_{x \to 1} f_1(x) = \lim_{x \to 1} f_2(x) = \lim_{x \to 1} f_3(x) = \lim_{x \to 1} (x + 1) = 2.$$

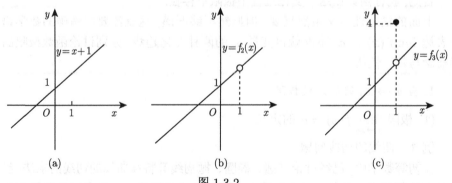

(a)   (b)   (c)

图 1-3-2

由例 2 可知, 极限 $\lim\limits_{x \to x_0} f(x)$ 存在与否仅与函数 $f(x)$ 在 x_0 的两侧邻近的情形有关, 而与它在 x_0 处有无定义无关. 因此讨论函数极限 $\lim\limits_{x \to x_0} f(x)$, 只要在 x_0 的去心邻域内考察函数 $f(x)$ 的变化趋势.

例 3 观察取整函数 $y = [x]$ 当 $x \to 2$ 及 $x \to \dfrac{3}{2}$ 时的变化趋势.

解 取整函数 $y = [x]$, 当自变量 x 在数轴上从右侧邻近向 2 无限接近时, 其函数值 $[x]$ 无限接近于 2, 而当自变量 x 在数轴上从左侧邻近向 2 无限接近时, $[x]$ 无限接近于 1, 因此, 当 x 在数轴上从左、右两侧邻近向 2 无限接近时, 取整函数 $y = [x]$ 不能向某一个数无限趋近, 因此 $\lim\limits_{x \to 2} f(x)$ 不存在.

取半径 $\delta < \dfrac{1}{2}$, 由于当自变量 x 在数轴上的去心邻域 $\overset{\circ}{U}\left(\dfrac{3}{2}, \delta\right)$ 内, 从左、右两侧向 $\dfrac{3}{2}$ 无限接近时, 其函数值 $[x]$ 都无限接近于 1, 因此 $\lim\limits_{x \to \frac{3}{2}} f(x) = 1$.

由例 3 可知, 讨论函数极限 $\lim\limits_{x \to x_0} f(x)$ 时, 可以在预先指定的 x_0 的某半径较小的去心邻域内考察 $f(x)$ 的变化趋势.

例 4 观察狄利克雷函数 $f(x) = \begin{cases} 1, & x \in \mathbf{Q}, \\ 0, & x \notin \mathbf{Q}, \end{cases}$ 当 $x \to x_0$ 时的变化趋势.

解 对任意的点 x_0, 由于在 x_0 的任意去心邻域内既分布了无穷多个有理数, 又分布了无穷多个无理数, 因此对应函数值总在 0 与 1 之间不断地变化, 它不能向某一个数值无限逼近, 即 $\lim\limits_{x \to x_0} f(x)$ 不存在.

例 5 观察函数 $f(x) = \sin\dfrac{1}{x}$ 当 $x \to 0$ 时的变化趋势.

解 由于 $y = \sin u$ 是 $T = 2\pi$ 且值域为 $[-1, 1]$ 的周期函数, 当 $x \to 0$ 时, $\dfrac{1}{x}$ 无限增大, 且按 $T = 2\pi$ 的周期对应函数 $f(x) = \sin\dfrac{1}{x}$ 的值总在 -1 与 1 之间不断地变化, 因此它不能向某一个定值无限逼近, 即 $\lim\limits_{x \to 0} \sin\dfrac{1}{x}$ 不存在.

综上可知, 在自变量的某个变化过程中, 函数值的变化趋势有两种: 一种为函数向某一个常数无限趋近, 这时称函数的极限存在 (如例 2 与例 3 中 $x \to \dfrac{3}{2}$ 时的情形); 另一种为函数不能向某一个常数无限趋近, 这时称函数的极限不存在 (如例 3 的当 $x \to 2$ 时情形与例 4、例 5 中的情形).

由例 2 与例 3 中 $x \to \dfrac{3}{2}$ 时的情形可知, 讨论 $\lim\limits_{x \to x_0} f(x)$ 时, 只要让 $x(x \neq x_0)$ 沿着数轴从 x_0 的左、右两侧邻近的小范围内, 向 x_0 无限接近 (但不要求与 x_0 重

合), 观察函数值 $f(x)$ 是否无限接近于某一个常数 a, 因此有下面的描述性极限定义.

定义 $1''$ 设 $f(x)$ 在 $\overset{\circ}{U}(x_0, \delta)$ 内有定义, 当自变量 x 在 $\overset{\circ}{U}(x_0, \delta)$ 内沿着数轴从 x_0 的左、右两侧邻近向 x_0 无限接近 $(x \to x_0)$ 时, 对应的函数值 $f(x)$ 无限接近于某一个常数 a, 则称常数 a 为**函数 $f(x)$ 当 $x \to x_0$ 时的极限**, 记作

$$\lim_{x \to x_0} f(x) = a \quad \text{或} \quad f(x) \to a(x \to x_0).$$

例 6 验证 $\lim\limits_{x \to 1} x^2 = 1$.

解 将问题限制在 $0 < |x - 1| < 1$ $(0 < x < 2$ 且 $x \neq 1)$ 的范围内讨论, 则 $|x + 1| < 3$, 且有

$$|x^2 - 1| = |(x - 1)(x + 1)| < 3|x - 1|.$$

由上式可知, 当 $x \to 1$ 时, $|x - 1|$ 的值无限接近 0, 因此 $|x^2 - 1|$ 的值也无限接近 0, 即当 $x \to 1$ 时, x^2 与 1 无限接近, 所以

$$\lim_{x \to 1} x^2 = 1.$$

类似数列极限的精确定义. 下面也通过两个字母及不等式, 给出函数极限的精确定义.

常用字母 δ 与 ε 表示小正数, 则不等式 $0 < |x - x_0| < \delta$ 表示 x 与 x_0 的接近程度小于 δ, 且它与 x_0 不重合, δ 越小, 表示 x 与 x_0 越接近; 不等式 $|f(x) - a| < \varepsilon$ 表示 $f(x)$ 与 a 的接近程度小于 ε. 如果 ε 是任意给定的小正数时, 不等式 $|f(x) - a| < \varepsilon$ 表示 $f(x)$ 与 a 可以无限接近.

另外, 考虑极限 $\lim\limits_{x \to x_0} f(x) = a$ 中 "$x \to x_0$" 与 "$f(x) \to a$" 这两个变化过程不是孤立的, $x \to x_0$ 是 $f(x) \to a$ 成立的充分条件. 即对于任意给定的 $\varepsilon > 0$, 并非对一切 x 都会有 $|f(x) - a| < \varepsilon$ 成立, 只有当 x 与 x_0 接近到一定程度 (即存在某个小正数 δ, 满足 $0 < |x - x_0| < \delta$ 时), 才能使 $|f(x) - a|$ 小于预先指定的 ε.

综上分析, 得出极限 $\lim\limits_{x \to x_0} f(x) = a$ 的精确定义如下.

定义 1 设函数 $f(x)$ 在 $\overset{\circ}{U}(x_0)$ 内有定义, a 是某常数, 若对任意给定的一个小正数 ε(无论它多么小), 相应地总存在小正数 δ, 使得当 x 满足 $0 < |x - x_0| < \delta$ 时, 不等式

$$|f(x) - a| < \varepsilon$$

都成立, 则称 a 为 $f(x)$ 当 $x \to x_0$ 时的**极限**, 记作

$$\lim_{x \to x_0} f(x) = a,$$

或

$$f(x) \to a \quad (x \to x_0).$$

若定义 1 中的常数 a 不存在, 就称**极限** $\lim\limits_{x \to x_0} f(x)$ **不存在**, 或称 $f(x)$ 当

$x \to x_0$ 时**发散**.

运用 "$\forall$"、"$\exists$"、邻域等数学符号, $\lim\limits_{x \to x_0} f(x) = a$ 的定义可简单地表述为

$\lim\limits_{x \to x_0} f(x) = a \Leftrightarrow \forall \varepsilon > 0, \exists \delta > 0,$ 使得当 $0 < |x - x_0| < \delta$ 时, 不等式

$|f(x) - a| < \varepsilon$ 恒成立.

极限的这一定义也称为 "ε-δ" 定义.

注 定义 1 中, 字母 δ 表示 x 与 x_0 接近的程度, 不等式 $0 < |x - x_0| < \delta$ 表示 x 在 x_0 的去心 δ 邻域内变化, 且 $x \neq x_0$; ε 表示 $f(x)$ 与 a 接近的程度. δ 与 ε 有关, 当 ε 确定后, δ 也就随之确定, 一般 ε 越小, δ 越小, 但两者之间不是函数关系.

(2) 极限 $\lim\limits_{x \to x_0} f(x) = a$ 的几何意义

由于

$$0 < |x - x_0| < \delta \Leftrightarrow x_0 - \delta < x < x_0 + \delta \text{ 且 } x \neq x_0,$$

$$|f(x) - a| < \varepsilon \Leftrightarrow a - \varepsilon < f(x) < a + \varepsilon,$$

因此, 极限 $\lim\limits_{x \to x_0} f(x) = a$ 的几何意义为

$\forall \varepsilon > 0$, 相应地, $\exists \delta > 0$, 使得当 x 在区间 $(x_0 - \delta, x_0 + \delta)$(但 $x \neq x_0$) 内取值时, 对应曲线 $y = f(x)$ 上的点一定介于两条水平直线 $y = a + \varepsilon$ 和 $y = a - \varepsilon$ 之间 (即均位于矩形 $ABCD$ 内, 但除点 x_0 外, 图 1-3-3).

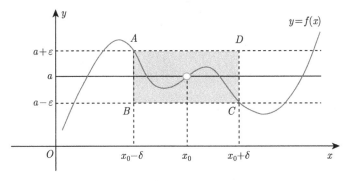

图 1-3-3

定义 1 常用于验证某常数是不是函数在指定变化过程时的极限.

例 7 证明 $\lim\limits_{x \to x_0} \sin x = \sin x_0.$

证 $\forall \varepsilon > 0$, 在 $|x - x_0| < \pi$ 内, 由

$$|f(x) - a| = |\sin x - \sin x_0| = \left| 2 \sin \frac{x - x_0}{2} \cos \frac{x + x_0}{2} \right|$$

$$\leqslant 2 \left| \sin \frac{x - x_0}{2} \right| \leqslant 2 \left| \frac{x - x_0}{2} \right| = |x - x_0|,$$

例7讲解1-3-2

从上式可知, 要使 $|f(x) - a| = |\sin x - \sin x_0| < \varepsilon$ 成立, 只要 $|x - x_0| < \varepsilon$ 即可. 所以取 $\delta = \min\{\pi, \varepsilon\}$, 则当 x 满足 $0 < |x - x_0| < \delta$ 时, 就有 $|\sin x - \sin x_0| < \varepsilon$ 成立, 由定义 1 可知

$$\lim_{x \to x_0} \sin x = \sin x_0. \tag{1-3-1}$$

同理可证

$$\lim_{x \to x_0} \cos x = \cos x_0. \tag{1-3-2}$$

例 8 证明 $\lim\limits_{x \to 2} \dfrac{x^2 - 4}{x - 2} = 4$.

证 $\forall \varepsilon > 0$, $x \neq 2$ 时, 由

$$\left| \frac{x^2 - 4}{x - 2} - 4 \right| = |x + 2 - 4| = |x - 2| < \varepsilon$$

可知, 只要取 $\delta = \varepsilon$, 则当 $0 < |x - 2| < \delta$ 时, 就恒有不等式 $\left| \dfrac{x^2 - 4}{x - 2} - 4 \right| < \varepsilon$, 因此

$$\lim_{x \to 2} \frac{x^2 - 4}{x - 2} = 4.$$

2. 当 $x \to \infty$ 时的函数极限

(1) $\lim\limits_{x \to \infty} f(x) = a$ 的定义

例 9 观察函数 $y = \dfrac{1}{x}$, 当 x 趋近于 ∞ 时的变化趋势.

解 由于当 x 趋近于 ∞ 时, $y = \dfrac{1}{x}$ 对应的函数值与数值 0 无限接近, 因此当 $x \to \infty$ 时, 函数 $y = \dfrac{1}{x}$ 的极限为 0.

观察例 9 可得: 当 $x \to \infty$ 时函数的极限有如下的描述性定义.

定义 $2'$ 如果当 x 沿着数轴向两边移动, 直至无限远 ($x \to \infty$) 时, 对应的函数值 $f(x)$ 无限接近于某一个常数 a, 则常数 a 就是函数 $f(x)$ 当 $x \to \infty$ 时的**极**

限, 记作

$$\lim_{x\to\infty} f(x) = a \quad \text{或} \quad f(x) \to a(x \to \infty).$$

用字母 X 表示一个很大的正数, 则不等式 $|x| > X$ 就表示 x 是那些与原点的距离比 X 还远的所有点; 参照数列 $x_n = f(n)$ 的极限 $\lim\limits_{n\to\infty} f(n) = a$ 的 "ε-N" 定义, 容易得到极限 $\lim\limits_{x\to\infty} f(x) = a$ 的精确定义.

定义 2　设函数 $f(x)$ 在 $|x|$ 大于某一正数时有定义, a 为某常数, 如果对任意给定的小正数 ε, 总存在一个正数 X, 使得当 $|x| > X$ 时, 不等式 $|f(x) - a| < \varepsilon$ 都成立, 则称 a 是函数 $f(x)$ 当 $x \to \infty$ 时的**极限**, 记作

$$\lim_{x\to\infty} f(x) = a \quad \text{或} \quad f(x) \to a(x \to \infty).$$

即定义 2 可用 ε-X 语言简单地表述为

$$\lim_{x\to\infty} f(x) = a \Leftrightarrow \forall \varepsilon > 0, \quad \exists X > 0, \text{使得当} |x| > X \text{时, 恒有} |f(x) - a| < \varepsilon \text{成立}.$$

(2) 极限 $\lim\limits_{x\to\infty} f(x) = a$ 的几何意义

从几何上看, $\lim\limits_{x\to\infty} f(x) = a$ 的意义是: $\forall \varepsilon > 0$, 必 $\exists X > 0$, 使得当 x 满足 $|x| > X$ 时, 曲线 $y = f(x)$ 上对应的点一定落在两条水平直线 $y = a + \varepsilon$ 和 $y = a - \varepsilon$ 之间 (图 1-3-4).

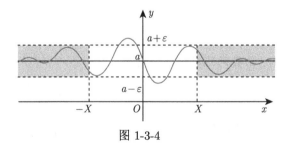

图 1-3-4

例 10　证明 $\lim\limits_{x\to\infty} \dfrac{x+1}{2x} = \dfrac{1}{2}$.

证　$\forall \varepsilon > 0$, 由

$$\left| \frac{x+1}{2x} - \frac{1}{2} \right| = \left| \frac{1}{2x} \right| < \varepsilon,$$

解得

$$|x| > \frac{1}{2\varepsilon},$$

因此只要取 $X = \dfrac{1}{2\varepsilon}$, 即有 $\forall \varepsilon > 0$, 当 $|x| > X$ 时, 不等式 $\left| \dfrac{x+1}{2x} - \dfrac{1}{2} \right| < \varepsilon$ 恒成立. 由定义 2 可知

$$\lim_{x \to \infty} \frac{x+1}{2x} = \frac{1}{2}.$$

例 11 证明 $\lim\limits_{x \to \infty} \dfrac{\sin nx}{x} = 0$ (n 为任意自然数).

证 $\forall \varepsilon > 0$, 对任意自然数 n, 由

$$\left| \frac{\sin nx}{x} - 0 \right| < \frac{1}{|x|} < \varepsilon,$$

解得

$$|x| > \frac{1}{\varepsilon},$$

取 $X = \dfrac{1}{\varepsilon}$, 即有 $\forall \varepsilon > 0$, 当 $|x| > X$ 时, 不等式 $\left| \dfrac{\sin nx}{x} - 0 \right| < \varepsilon$ 恒成立. 即

$$\lim_{x \to \infty} \frac{\sin nx}{x} = 0 \quad (n \text{ 为任意自然数}).$$

二、 极限不存在的情形

若在自变量的某个变化过程中, 函数 $f(x)$ 不能与任一常数无限接近, 则 $f(x)$ 在此变化过程中极限不存在. 极限不存在的具体情况可能很复杂, 下面举出两种常见的类型.

1. 当 $x \to \square$ 时, 函数的绝对值无限增大

这里用 "$x \to \square$" 表示 $x \to x_0$ 或 $x \to \infty$ 或其他某一变化过程 (后面不再一一说明).

如果在 x 的某一变化过程中, 对应函数 $f(x)$ 的绝对值 $|f(x)|$ 无限增大, 即函数值 $f(x)$ 在 y 轴上离原点的距离无限变远, 那么 $f(x)$ 就不可能向某一定值逼近, 因此 $f(x)$ 在此变化过程中就不存在极限.

例如, 当 $x \to 0$ 时, 函数 $f(x) = \dfrac{1}{x}$ 的绝对值 $\dfrac{1}{|x|}$ 无限增大, 因此 $\lim\limits_{x \to 0} \dfrac{1}{x}$ 不存在; 又如当 $x \to +\infty$ 时, 函数 $f(x) = \mathrm{e}^x$ 的绝对值 $|\mathrm{e}^x|$ 也无限增大, 因此 $\lim\limits_{x \to +\infty} \mathrm{e}^x$ 也不存在.

虽然这些极限不存在, 但由于 $|f(x)|$ 是随着 x 的变化而无限增大, 这时 $f(x)$ 的值虽然不向某一定值无限接近, 但有一定的变化趋势, 这个变化趋势就是对应

函数 $f(x)$ 的绝对值无限增大, 这时称函数 $f(x)$ 为在这个变化过程中的**无穷大**, 记作

$$\lim_{x \to \square} f(x) = \infty.$$

因此 $\lim\limits_{x \to 0} \dfrac{1}{x} = \infty$, $\lim\limits_{x \to +\infty} e^x = \infty$.

必须指出, $\lim\limits_{x \to \square} f(x) = \infty$ 中的 "∞" 不是某一定值, 它表示 $f(x)$ 的绝对值无限增大的变化趋势. 这时极限 $\lim\limits_{x \to \square} f(x)$ 不存在.

2. 当 $x \to \square$ 时, 函数没有确定的变化趋势

如果在 x 的某一变化过程中, 对应的函数 $f(x)$ 趋向于不同的常数, 或在几个不同的常数间变化, 那么在 x 的该变化过程中, 极限 $\lim\limits_{x \to \square} f(x)$ 不存在.

例如 $f(x) = \sin x$, 当 $x \to \infty$ 时, $f(x)$ 的值在 -1 与 1 之间不断地来回振荡, 没有确定的趋向. 如取 $x = k\pi(k \in \mathbf{Z})$ 且 $k \to \infty$ 时, 则有 $x \to \infty$, 这时

$$\sin x = \sin k\pi = 0;$$

如取 $x = \left(2k + \dfrac{1}{2}\right)\pi(k \in \mathbf{Z})$ 且 $k \to \infty$ 时, 则有 $x \to \infty$, 这时

$$\sin x = \sin\left(2k + \frac{1}{2}\right)\pi = 1,$$

等等. 即当 $x \to \infty$ 时 $\sin x$ 的值在 -1 与 1 之间变化、振荡, 因此 $\lim\limits_{x \to \infty} \sin x$ 不存在.

类似可知下列极限:

$$\lim_{x \to \infty} \cos x, \quad \lim_{x \to 0} \sin \frac{1}{x} \quad \text{与} \quad \lim_{x \to 0} \cos \frac{1}{x}$$

也同样是不存在的.

三、 函数极限的性质

下面从极限的定义出发, 以变化过程 $x \to x_0$ 为代表, 讨论极限的一些基本性质, 所得的结果可以类推到 $x \to \infty$ 等其他自变量的变化过程中.

定理 1 (唯一性)　若 $\lim\limits_{x \to x_0} f(x)$ 存在, 则极限唯一.

证　(反证法)　假设极限不唯一, 则存在两个不相等的常数 a, b, 使得 $\lim\limits_{x \to x_0} f(x) = a$ 与 $\lim\limits_{x \to x_0} f(x) = b$ 均成立. 不妨设 $b > a$. 由于

$$\lim_{x \to x_0} f(x) = a,$$

取 $\varepsilon = \dfrac{b-a}{2}$, 则 $\exists \delta_1 > 0$, 当 x 满足 $0 < |x - x_0| < \delta_1$ 时, 恒有

$$|f(x) - a| < \varepsilon = \frac{b-a}{2},$$

即

$$f(x) < \frac{a+b}{2}, \tag{1-3-3}$$

又由于

$$\lim_{x \to x_0} f(x) = b,$$

仍取 $\varepsilon = \dfrac{b-a}{2}$, 则 $\exists \delta_2 > 0$, 当 x 满足 $0 < |x - x_0| < \delta_2$ 时, 恒有

$$|f(x) - b| < \varepsilon = \frac{b-a}{2},$$

即

$$\frac{a+b}{2} < f(x), \tag{1-3-4}$$

取 $\delta = \min\{\delta_1, \delta_2\}$, 则当 x 满足 $0 < |x - x_0| < \delta$ 时, 上面 (1-3-3), (1-3-4) 两式均成立, 但这是不可能的, 所以极限唯一. 证毕.

定理 2 (局部有界性)　若 $\lim\limits_{x \to x_0} f(x)$ 存在, 则 $\exists \delta > 0$, 当 $x \in \overset{\circ}{U}(x_0, \delta)$ 时, $f(x)$ 有界.

证　设 $\lim\limits_{x \to x_0} f(x) = a$, 由极限定义, 取 $\varepsilon = 1$, 则 $\exists \delta > 0$, 当 x 满足 $0 < |x - x_0| < \delta$ 时, 有

$$|f(x) - a| < 1,$$

即

$$a - 1 < f(x) < a + 1,$$

所以当 $x \in \overset{\circ}{U}(x_0, \delta)$ 时, $f(x)$ 有界. 证毕.

定理 3 (局部保号性)　若 $\lim\limits_{x \to x_0} f(x) = a$ 且 $a > 0$ (或 $a < 0$), 则 $\exists \delta > 0$, 当 $x \in \overset{\circ}{U}(x_0, \delta)$ 时, $f(x) > 0$(或 $f(x) < 0$).

证　不妨设

$$\lim_{x \to x_0} f(x) = a \quad 且 \quad a > 0,$$

取 $\varepsilon = \dfrac{a}{2}$, 则 $\exists \delta > 0$, 当 $x \in \overset{\circ}{U}(x_0, \delta)$, 恒有

$$|f(x) - a| < \frac{a}{2},$$

即

$$\frac{a}{2} < f(x) < \frac{3a}{2},$$

故

$$f(x) > \frac{a}{2} > 0.$$

对于 $a < 0$ 的情形, 同理可证结论成立 (读者不妨一试). 证毕.

推论 1　若 $\lim\limits_{x \to x_0} f(x) = a$, 且 $\exists \delta > 0$, 当 $x \in \overset{\circ}{U}(x_0, \delta)$ 时, $f(x) \geqslant 0$(或 $f(x) \leqslant 0$), 则 $a \geqslant 0$(或 $a \leqslant 0$).

证　因为推论 1 是定理 3 的逆否命题. 故推论 1 成立. 证毕.

四、子极限

前面我们讨论了 $x \to x_0$ 与 $x \to \infty$ 时函数极限的定义及性质, 这两种自变量的变化过程分别是指自变量 x 沿 x 轴从某定点 x_0 的左、右两侧趋于定点 x_0, 以及 x 沿 x 轴离某定点越来越远, 趋于无穷远.

但有时所讨论的极限中, 其自变量的变化过程只需沿某一侧 (左侧或右侧) 变化, 例如考察极限 $\lim\limits_{x \to 0} \sqrt{x}$ 时, 由于受函数 $\sqrt{x}$ 的定义域限制, 自变量在变化过程 $x \to 0$ 中, x 只能从 0 的右侧趋近于 0, 该变化过程是在原变化过程 "$x \to 0$" 中增加了附加条件 "$x > 0$".

又如, 考察极限 $\lim\limits_{x \to \infty} \mathrm{e}^x$ 时, 发现自变量 x 沿 x 轴的左、右两侧趋于无穷远时, 对应的函数 e^x 有不同的变化趋势, 所以要将变化过程 $x \to \infty$ 分成左、右两侧分别趋于正无穷与负无穷的两种情况分别来讨论, 自变量 x 沿 x 轴向右 (或向左) 离原点越来越远, 趋于无穷远, 相当于在变化过程 "$x \to \infty$" 中增加了附加条件 "$x > 0$(或 $x < 0$)".

定义 3　在自变量的某变化过程的基础上, 增加了附加条件的变化过程称为原变化过程的 **子过程**. 子过程对应的极限称为原极限的 **子极限**.

常见的 $x \to x_0$ 的子过程有

(1) "$x \to x_0$ 且 $x < x_0$", 它表示自变量 x 沿 x 轴从点 x_0 的左侧趋于点 x_0, 记作 "$x \to x_0^-$", 例如 $\lim\limits_{x \to x_0^-} \sqrt{x_0 - x} = 0$;

(2) "$x \to x_0$ 且 $x > x_0$", 它表示自变量 x 沿 x 轴从点 x_0 的右侧趋于点 x_0, 记作 "$x \to x_0^+$", 例如 $\lim\limits_{x \to 0^+} \sqrt{x} = 0$.

常见的 $x \to \infty$ 的子过程有

(1) "$x \to \infty$ 且 $x > 0$", 它表示 x 沿 x 轴正向向右趋于无穷远, 记作 "$x \to +\infty$", 例如 $\lim\limits_{x \to +\infty} \operatorname{arccot} x = 0$;

(2) "$x \to \infty$ 且 $x < 0$", 它表示 x 沿 x 轴负向向左趋于无穷远, 记作 "$x \to -\infty$", 例如 $\lim\limits_{x \to -\infty} \operatorname{arccot} x = \pi$;

(3) "$x \to +\infty$ 且 $x = n, n \in \mathbf{N}^+$", 它表示 x 是仅取自然数 n, 且不断增大, 记作 "$n \to \infty$", 例如 $\lim\limits_{n \to \infty} \dfrac{1}{n} = 0$.

特别地, 若当 $x \to x_0^-$(或 $x \to x_0^+$) 时, $f(x)$ 向某一定值 a 逼近, 则称 a 为 $f(x)$ 在点 x_0 的左极限 (或右极限). 下面给出它们的 "ε-δ" 定义.

定义 4　设 $f(x)$ 在区间 $(x_0 - \delta, x_0)$ (或 $(x_0, x_0 + \delta)$) 内有定义, a 为某常数, 若对 $\forall \varepsilon > 0, \exists \delta > 0$, 使得当 x 满足 $0 < x_0 - x < \delta$(或 $0 < x - x_0 < \delta$) 时, 恒有

$$|f(x) - a| < \varepsilon,$$

则称 a 为函数 $f(x)$ 在 $x \to x_0$ 时的**左** (或**右**) **极限**. 左极限记为

$$\lim\limits_{x \to x_0^-} f(x) = a \quad \text{或} \quad f(x_0^-) = a,$$

右极限记为

$$\lim\limits_{x \to x_0^+} f(x) = a \quad \text{或} \quad f(x_0^+) = a.$$

类似地, 可得函数极限 $\lim\limits_{x \to +\infty} f(x)$(或 $\lim\limits_{x \to -\infty} f(x)$) 的 ε-X 定义.

定义 5　设 $f(x)$ 在大于某正数 (或在小于某负数) 时有定义, a 为某常数, 若对 $\forall \varepsilon > 0, \exists X > 0$, 使得当 x 满足 $x > X$(或 $x < -X$) 时, 恒有

$$|f(x) - a| < \varepsilon,$$

则称 a 为函数 $f(x)$ 在 $x \to +\infty$(或 $x \to -\infty$) 时的**极限**. 记作

$$\lim\limits_{x \to +\infty} f(x) = a \quad (\text{或} \lim\limits_{x \to -\infty} f(x) = a).$$

极限 $\lim\limits_{x \to x_0^+} f(x) = a$, $\lim\limits_{x \to x_0^-} f(x) = a$, $\lim\limits_{x \to -\infty} f(x)$ 与 $\lim\limits_{x \to +\infty} f(x)$ 统称为**函数 $f(x)$ 的单侧极限**.

由函数极限的定义, 有

定理 4　(1) $\lim\limits_{x \to x_0} f(x) = a$ 的充要条件为 $\lim\limits_{x \to x_0^+} f(x) = \lim\limits_{x \to x_0^-} f(x) = a$.

(2) $\lim\limits_{x \to \infty} f(x) = a$ 的充要条件为 $\lim\limits_{x \to +\infty} f(x) = \lim\limits_{x \to -\infty} f(x) = a$.

请读者自证.

利用定理 4, 考察下列函数的单侧极限与极限, 易知

由于 $\lim\limits_{x \to +\infty} \dfrac{1}{x} = 0$, $\lim\limits_{x \to -\infty} \dfrac{1}{x} = 0$, 因此 $\lim\limits_{x \to \infty} \dfrac{1}{x} = 0$;

由于 $\lim\limits_{x \to 0^+} \mathrm{e}^{\frac{1}{x}} = +\infty$, $\lim\limits_{x \to 0^-} \mathrm{e}^{\frac{1}{x}} = 0$, 因此 $\lim\limits_{x \to 0} \mathrm{e}^{\frac{1}{x}}$ 不存在.

必须指出, 函数极限的子极限的种类还有很多, 例如取 $x = \dfrac{\pi}{2} + 2n\pi$ 且 $n \to \infty$, 及 $x = (2n+1)\pi$ 且 $n \to \infty$, 它们都是变化过程 $x \to \infty$ 的子过程. 因此任何一个极限可以有无数个子极限, 如果仅仅有两个子极限存在并相等, 不一定能推出原来极限存在. 反之, 若原来的极限存在, 则其所有子极限必存在且相等. 常利用定理 4 和上述结论来考察某个极限的存在性.

例 12 证明极限 $\lim\limits_{x \to \infty} \arctan x$ 与 $\lim\limits_{x \to \infty} \operatorname{arccot} x$ 都不存在.

解 由于 $\lim\limits_{x \to +\infty} \arctan x = \dfrac{\pi}{2}$, $\lim\limits_{x \to -\infty} \arctan x = -\dfrac{\pi}{2}$, 故 $\lim\limits_{x \to \infty} \arctan x$ 不存在;

由于 $\lim\limits_{x \to +\infty} \operatorname{arccot} x = 0$, $\lim\limits_{x \to -\infty} \operatorname{arccot} x = \pi$, 故 $\lim\limits_{x \to \infty} \operatorname{arccot} x$ 不存在.

数列 $\{x_n\}$ 可看作是自变量为正整数 n 的一个函数

$$x_n = f(n) \quad (n = 1, 2, 3, \cdots),$$

而变化过程 $n \to \infty$ 是在变化过程 $x \to +\infty$ 中附加条件 $x = n(n \in \mathbf{N}^+)$ 后的子过程, 因此数列极限 $\lim\limits_{n \to \infty} f(n)$ 显然是函数极限 $\lim\limits_{x \to +\infty} f(x)$ 的一个子极限.

习 题 1-3

A 组

课件1-3-3

1. 用 $\varepsilon\text{-}\delta$ 定义证明下列极限:

(1) $\lim\limits_{x \to 3} (3x + 1) = 10$;

(2) $\lim\limits_{x \to 4} \dfrac{x^2 - 16}{x - 4} = 8$;

(3) $\lim\limits_{x \to 2} (x - 2)^2 = 0$;

(4) $\lim\limits_{x \to x_0} \cos x = \cos x_0$.

2. 用 $\varepsilon\text{-}X$ 定义证明下列极限:

(1) $\lim\limits_{x \to \infty} \dfrac{1}{x + 2} = 0$;

(2) $\lim\limits_{x \to \infty} \dfrac{x - 2}{x^2} = 0$;

(3) $\lim\limits_{x \to \infty} \dfrac{2x - 3}{x + 1} = 2$;

(4) $\lim\limits_{x \to \infty} \dfrac{2x^2 + 1}{x^2 + 2} = 2$.

3. 设 $f(x) = \dfrac{x^2 - 4}{x - 2}$, 则 $\lim\limits_{x \to 2} f(x) = 4$, 取 $\delta = ?$, 当 $0 < |x - 2| < \delta$ 时, 有 $3.9 < f(x) < 4.1$.

4. 设 $f(x) = \dfrac{1}{x}$, 则 $\lim\limits_{x \to 1} f(x) = 1$, 但 $f(x)$ 是无界函数, 问上述情况与极限的有界性是否矛盾?

5. 用 $\varepsilon\text{-}\delta$ 或 $\varepsilon\text{-}X$ 定义证明下列极限:

(1) $\lim\limits_{x \to 1} \sqrt{x} = 1$;   (2) $\lim\limits_{x \to \infty} \dfrac{\arctan x}{x^2} = 0$.

6. 证明: 若 $\lim\limits_{x \to \infty} f(x) = a$, 且 $a > 0$, 则 $\exists X > 0$, 当 $|x| > X$ 时, $f(x) > 0$.

B 组

1. 证明: $\lim\limits_{x \to x_0} f(x) = 0$ 的充要条件是 $\lim\limits_{x \to x_0} |f(x)| = 0$.

2. 证明: 若 $\lim\limits_{x \to x_0} f(x) = a$, 则 $\lim\limits_{x \to x_0} |f(x)| = |a|$; 并举例说明, 其逆命题不成立.

1.4　无穷小量与无穷大量

课前测1-4-1

前面我们已经阐明了数列与函数的极限概念, 下面介绍两类比较特殊的变量, 即无穷小量与无穷大量. 无穷小量在极限理论与计算中都具有很重要的意义. 下面为了方便起见, 以 "$x \to \square$" 表示自变量 x 的某一变化过程, 在证明时, 仅按 $x \to x_0$ 的情况来给出. 其他变化过程的证明由读者自证.

一、无穷小量

1. 无穷小量的概念

定义 1　若 $\lim\limits_{x \to \square} f(x) = 0$, 则称函数 $f(x)$ 是 $x \to \square$ 时的**无穷小量**, 简称**无穷小**.

特别地, 若 $\lim\limits_{n \to \infty} x_n = 0$, 则称数列 $\{x_n\}$ 是 $n \to \infty$ 时的无穷小.

例如, 由于 $\lim\limits_{x \to \infty} \dfrac{1}{x} = 0$, 所以函数 $\dfrac{1}{x}$ 是 $x \to \infty$ 时的无穷小量; 由于 $\lim\limits_{x \to \square} 0 = 0$, 所以常数 0 可以看作是任意变化过程时的无穷小量; 由于 $\lim\limits_{n \to \infty} \dfrac{1}{n^2 + 1} = 0$, 所以数列 $\dfrac{1}{n^2 + 1}$ 是 $n \to \infty$ 时的无穷小量.

由函数 (或数列) 极限的精确定义, 可得无穷小量的精确定义:

$\lim\limits_{x \to x_0} f(x) = 0 \Leftrightarrow \forall \varepsilon > 0, \exists \delta > 0$, 使得当 $0 < |x - x_0| < \delta$ 时, 恒有 $|f(x)| < \varepsilon$;

$\lim\limits_{x \to \infty} f(x) = 0 \Leftrightarrow \forall \varepsilon > 0, \exists X > 0$, 使得当 $|x| > X$ 时, 恒有 $|f(x)| < \varepsilon$;

$$\lim_{n \to \infty} x_n = 0 \Leftrightarrow \forall \varepsilon > 0, \exists N, \text{使得当} \, n > N \, \text{时, 恒有} \, |x_n| < \varepsilon.$$

应当指出无穷小量是对应特殊变化过程时的变量或函数, 不能将它与绝对值为很小很小的固定常数混为一谈. 任何非零常数无论其绝对值多么小, 都不是无穷小量. 由于在任何变化过程中零的极限总是零, 所以零是唯一可以作为无穷小量的常数.

2. 无穷小量的性质

先利用极限定义考察无穷小量与函数极限之间的关系.

由函数极限定义, 得

$$\lim_{x \to x_0} f(x) = A \Leftrightarrow \forall \varepsilon > 0, \exists \delta(\text{小正数}), \text{使得当} \, 0 < |x - x_0| < \delta \, \text{时, 有}$$

$$|f(x) - A| < \varepsilon,$$

即

$$\lim_{x \to x_0} [f(x) - A] = 0.$$

因此

$$\lim_{x \to x_0} f(x) = A \Leftrightarrow \lim_{x \to x_0} [f(x) - A] = 0,$$

即 $f(x) - A$ 是 $x \to x_0$ 时的无穷小量.

上述自变量的变化过程可以类推到其他变化过程, 由此可得极限的一个充要条件为

定理 1 $\lim\limits_{x \to \square} f(x) = A$ 的充要条件为 $\lim\limits_{x \to \square} [f(x) - A] = 0.$

由定理 1 可知, $\lim\limits_{x \to \square} f(x) = A \Leftrightarrow \lim\limits_{x \to \square} [f(x) - A] = 0 \Leftrightarrow f(x) - A$ 是 $x \to \square$ 时的无穷小量, 将该无穷小量记作 $\alpha(x)$, 则

$$f(x) - A = \alpha(x),$$

显然

$$\lim_{x \to \square} \alpha(x) = 0,$$

则

$$f(x) = A + \alpha(x) \quad (\lim_{x \to \square} \alpha(x) = 0).$$

由此可得极限的另一个充要条件为

定理 2 $\lim\limits_{x \to \square} f(x) = A$ 的充要条件为 $f(x) = A + \alpha(x)$ (其中 $\lim\limits_{x \to \square} \alpha(x) = 0$).

定理 1 与定理 2 的结论对数列极限也同样成立.

例 1 求函数 $f(x) = \dfrac{3 - 2x}{x}$ 当 $x \to \infty$ 时的极限, 并说明理由.

解 由

$$f(x) = \frac{3-2x}{x} = -2 + \frac{3}{x},$$

而

$$\lim_{x \to \infty} \frac{3}{x} = 0,$$

由定理 2 得

$$\lim_{x \to \infty} \frac{3-2x}{x} = -2.$$

无穷小量有如下的运算性质.

定理 3 两个无穷小量的和仍为无穷小量.

证 设 $\alpha(x), \beta(x)$ 都是变化过程 $x \to x_0$ 时的无穷小量, 由极限定义可知, 对 $\forall \varepsilon > 0$, $\exists$ 正数 δ_1, 当 x 满足 $0 < |x - x_0| < \delta_1$ 时, 有

$$|\alpha(x)| < \frac{\varepsilon}{2}, \tag{1-4-1}$$

对上面的 ε, $\exists$ 正数 δ_2, 当 x 满足 $0 < |x - x_0| < \delta_2$ 时, 有

$$|\beta(x)| < \frac{\varepsilon}{2}, \tag{1-4-2}$$

取 $\delta = \min\{\delta_1, \delta_2\}$, 当 x 满足 $0 < |x - x_0| < \delta$ 时, 上面 (1-4-1) 式与 (1-4-2) 式都成立. 故

$$|\gamma(x)| = |\alpha(x) + \beta(x)| \leqslant |\alpha(x)| + |\beta(x)| < \frac{\varepsilon}{2} + \frac{\varepsilon}{2} = \varepsilon,$$

即 $\gamma(x) = \alpha(x) + \beta(x)$ 也是当 $x \to x_0$ 时的无穷小量. 定理得证.

将上述结论推广到有限个无穷小量的情形, 有

推论 1 有限个无穷小量的和仍是无穷小量.

请读者自证.

定理 4 有界函数与无穷小量的乘积仍是无穷小量.

证 设函数 $u(x)$ 是在 x_0 的某去心邻域内的有界函数, 即 $\exists \delta_1 > 0$ 及 $M > 0$, 当 $x \in \overset{\circ}{U}(x_0, \delta_1)$ 时, 有

$$|u(x)| \leqslant M, \tag{1-4-3}$$

并设 $\alpha(x)$ 是 $x \to x_0$ 时的无穷小量, 即 $\forall \varepsilon > 0$, $\exists \delta_2 > 0$, 当 $x \in \overset{\circ}{U}(x_0, \delta_2)$ 时, 有

$$|\alpha(x)| < \frac{\varepsilon}{M}, \tag{1-4-4}$$

取 $\delta = \min\{\delta_1, \delta_2\}$, 则当 $x \in \overset{\circ}{U}(x_0, \delta)$ 时, 上面两个不等式 (1-4-3) 与 (1-4-4) 同时成立, 因此

$$|\alpha(x) \cdot u(x)| = |\alpha(x)| \cdot |u(x)| < \frac{\varepsilon}{M} \cdot M = \varepsilon.$$

即 $\alpha(x) \cdot u(x)$ 为 $x \to x_0$ 时的无穷小量. 定理得证.

由定理 4 可得如下推论 2 与推论 3.

推论 2 常量与无穷小量的乘积仍为无穷小量.

推论 3 有限个无穷小量的乘积仍为无穷小量.

利用定理 4 可以求一类特殊极限.

例 2 求 $\lim\limits_{x \to \infty} \dfrac{\sin x}{x}$.

解 因为

$$\lim_{x \to \infty} \frac{1}{x} = 0,$$

而 $|\sin x| \leqslant 1$, 即 $\sin x$ 是有界函数, 由定理 4 可知, $\dfrac{1}{x} \sin x$ 是当 $x \to \infty$ 时的无穷小量, 即

$$\lim_{x \to \infty} \frac{\sin x}{x} = 0.$$

例 3 求 $\lim\limits_{x \to 2}(x - 2) \arctan\left[\dfrac{1}{2} \ln(x^2 + 2x)\right]$.

解 因为

$$\lim_{x \to 2}(x - 2) = 0,$$

又

$$\left|\arctan\left[\frac{1}{2}\ln(x^2 + 2x)\right]\right| \leqslant \frac{\pi}{2},$$

即 $\arctan\left[\dfrac{1}{2}\ln(x^2 + 2x)\right]$ 是有界函数, 因此

$$\lim_{x \to 2}(x - 2)\arctan\left[\frac{1}{2}\ln(x^2 + 2x)\right] = 0.$$

下面介绍另一类常用变量, 即所谓的无穷大量.

二、无穷大量

在前面, 已经多次提到 "无穷大" 这个概念, 这里对这一变量给出精确定义.

由直观可知, 当 $x \to \square$ 时, 对应函数的绝对值 $|f(x)|$ 无限增大, 就称函数 $f(x)$ 为当 $x \to \square$ 时的无穷大量.

设 M 为任意取定的大正数 M, 则不等式 $|f(x)| > M$ 表示函数的绝对值 $|f(x)|$ 可以超过预先任意给定的大正数 M, 因此当 M 是任意确定的大正数时, 不等式 $|f(x)| > M$ 就表示函数的绝对值无限增大. 再结合对应极限过程的数学表示, 得到下面的精确定义.

定义 2　(1) 若对于任意的大正数 M, 总存在 $\delta > 0$, 当 $0 < |x - x_0| < \delta$ 时, 有 $|f(x)| > M$ 成立, 则称**函数 $f(x)$ 为当 $x \to x_0$ 时的无穷大量**, 简称无穷大.

为了方便叙述函数的这一性态, 也称这时函数的 "极限" 是无穷大量, 并记作 $\lim\limits_{x \to x_0} f(x) = \infty$.

(2) 若对于任意的大正数 M, 总存在 $X > 0$, 当 $|x| > X$ 时, 恒有 $|f(x)| > M$ 成立, 则称**函数 $f(x)$ 为当 $x \to \infty$ 时的无穷大量**, 简称无穷大, 记作 $\lim\limits_{x \to \infty} f(x) = \infty$.

对数列 x_n 的无穷大量 $\lim\limits_{n \to \infty} x_n = \infty$, 有类似的定义, 请读者自己给出.

注　① 无穷大量是函数极限不存在的一种情形.

② 当函数 $f(x)$ 为 $x \to \square$ 时的无穷大量时, 由于 $|f(x)|$ 可以无限大, 因此无穷大一定是无界函数, 反之不然, 即无界函数不一定是无穷大量.

③ 无穷大量不是数, 而是对应特定变化过程时的函数或变量, 不能与很大的数 (几亿、万亿等) 混为一谈.

例 4　证明: 函数 $f(x) = \dfrac{1}{x^2} \cos \dfrac{1}{\sqrt{x}}$ 无界, 但不是当 $x \to 0^+$ 时的无穷大量.

证　由于取 $x = \dfrac{1}{(2n\pi)^2} \to 0^+ (n \to \infty$ 时), 则对应函数值 $f\left(\dfrac{1}{4n^2\pi^2}\right) = (2n\pi)^4$ 随 $n \to \infty$ 而无限增大, 因此 $x \to 0^+$ 时, $f(x) = \dfrac{1}{x^2} \cos \dfrac{1}{\sqrt{x}}$ 是无界函数.

再取 $x = \dfrac{1}{\left(n\pi + \dfrac{\pi}{2}\right)^2} \to 0^+ (n \to \infty$ 时), 对应的函数值 $f\left(\dfrac{1}{\left(n\pi + \dfrac{\pi}{2}\right)^2}\right) = 0$ 恒为零, 因此当 $x \to 0^+$ 时, 该子列的极限为零, 即

$$\lim_{x = \frac{1}{\left(n\pi + \frac{\pi}{2}\right)^2} \to 0^+ (n \to \infty)} f(x) = 0.$$

因而函数 $f(x) = \dfrac{1}{x^2} \cos \dfrac{1}{\sqrt{x}}$ 当 $x \to 0^+$ 时, 不是无穷大量.

例4讲解1-4-2

综上可知: 当 $x \to 0^+$ 时, 函数 $f(x) = \dfrac{1}{x^2} \cos \dfrac{1}{\sqrt{x}}$ 是无界函数但不是无穷大量.

三、 无穷大量与无穷小量之间的关系

利用无穷大量与无穷小量的定义, 容易证明在同一变化过程中, 无穷大量与无穷小量有如下的密切关系.

定理 5 在自变量的同一变化过程中, 若 $f(x)$ 为无穷大量, 则 $\dfrac{1}{f(x)}$ 为无穷小量; 若 $f(x)$ 为无穷小量且 $f(x) \neq 0$, 则 $\dfrac{1}{f(x)}$ 为无穷大量.

定理 5 请读者自证.

习 题 1-4

课件1-4-3

A 组

1. 根据定义证明下列函数是 $x \to 0$ 时的无穷小量:

(1) $1 - \cos 2x$; (2) $\sqrt{1+x} - 1$.

2. 根据定义证明下列数列是 $n \to \infty$ 时的无穷大量:

(1) $\{3n + 2\}$; (2) $\left\{ \dfrac{n^2}{n+1} \right\}$.

3. 求函数 $y = \dfrac{x+2}{x}$ 当 $x \to \infty$ 时的极限, 并说明理由.

4. 自变量 x 在怎样的变化过程中, 下列函数为无穷小量:

(1) $y = \dfrac{1}{x^3}$; (2) $y = x - 1$;

(3) $y = \mathrm{e}^x$; (4) $y = 2^{\frac{1}{x}}$.

5. 自变量 x 在怎样的变化过程中, 下列函数为无穷大量:

(1) $y = \dfrac{1}{x^3}$; (2) $y = x - 1$;

(3) $y = \mathrm{e}^x$; (4) $y = 2^{\frac{1}{x}}$.

6. 利用无穷小量的性质求下列极限:

(1) $\lim\limits_{x \to 0} \left(x^2 \cdot \sqrt{\left| \sin \dfrac{1}{x} \right|} \right)$; (2) $\lim\limits_{n \to \infty} \dfrac{\sin n\pi}{n^2}$;

(3) $\lim\limits_{x \to 0} x^2 \sin \dfrac{1}{x}$; (4) $\lim\limits_{n \to \infty} \left[(\sqrt{n+1} - \sqrt{n}) \cdot \operatorname{arccot}(2n) \right]$.

B 组

1. 求下列极限:

(1) $\lim\limits_{x \to 0} \tan x \arctan \dfrac{1}{x}$; (2) $\lim\limits_{x \to 0} \dfrac{\tan x}{2 + \mathrm{e}^{\frac{1}{x}}}$.

2. (1) 两个无穷小的商是否一定为无穷小? (2) 两个无穷大的和是否一定为无穷大? 举例说明你的结论.

1.5　极限运算法则

课前测1-5-1

极限的定义可以用来验证极限, 但不是计算极限的常用方法, 本节先建立极限的运算法则, 然后运用这些法则讨论一些极限的求法.

一、极限的四则运算法则

定理 1　设 $\lim\limits_{x\to\square} f(x) = A$, $\lim\limits_{x\to\square} g(x) = B(A, B$ 均为常数), 则

(1) $\lim\limits_{x\to\square}[f(x) \pm g(x)] = \lim\limits_{x\to\square} f(x) \pm \lim\limits_{x\to\square} g(x) = A \pm B$;　　　(1-5-1)

(2) $\lim\limits_{x\to\square}[f(x) \cdot g(x)] = \lim\limits_{x\to\square} f(x) \cdot \lim\limits_{x\to\square} g(x) = AB$;　　　(1-5-2)

(3) 如果 $B \neq 0$, 则 $\lim\limits_{x\to\square} \dfrac{f(x)}{g(x)} = \dfrac{\lim\limits_{x\to\square} f(x)}{\lim\limits_{x\to\square} g(x)} = \dfrac{A}{B}$.　　　(1-5-3)

证　(1) 因为

$$\lim_{x\to\square} f(x) = A, \quad \lim_{x\to\square} g(x) = B,$$

所以当 $x \to \square$ 时, $f(x) - A$ 与 $g(x) - B$ 均为无穷小, 因而这两个无穷小的代数和

$$[f(x) - A] \pm [g(x) - B] = [f(x) \pm g(x)] - [A \pm B]$$

仍是当 $x \to \square$ 时的无穷小, 因此

$$\lim_{x\to\square}[f(x) \pm g(x)] = A \pm B = \lim_{x\to\square} f(x) \pm \lim_{x\to\square} g(x).$$

(2) 由条件, 可令

$$f(x) - A = \alpha(x), g(x) - B = \beta(x) \quad (\text{这里 } \lim_{x\to\square} \alpha(x) = 0, \lim_{x\to\square} \beta(x) = 0),$$

则

$$f(x) \cdot g(x) = [A + \alpha(x)] \cdot [B + \beta(x)] = AB + [A \cdot \beta(x) + B \cdot \alpha(x) + \alpha(x) \cdot \beta(x)],$$

由无穷小的性质可知, 上式中的函数 $A \cdot \beta(x) + B \cdot \alpha(x) + \alpha(x) \cdot \beta(x)$ 是 $x \to \square$ 时的无穷小, 因此 $\lim\limits_{x\to\square}[f(x) \cdot g(x)] = AB = \lim\limits_{x\to\square} f(x) \cdot \lim\limits_{x\to\square} g(x)$.

(3) 当 $B \neq 0$ 时, 因为

$$\frac{f(x)}{g(x)} - \frac{A}{B} = \frac{A + \alpha(x)}{B + \beta(x)} - \frac{A}{B} = \frac{B\alpha(x) - A\beta(x)}{B[B + \beta(x)]},$$

由无穷小的性质可知, 上式分子中的函数 $B\alpha(x) - A\beta(x)$ 是 $x \to \square$ 时的无穷小, 而

$$\lim_{x \to \square} B[B + \beta(x)] = B^2 > 0,$$

因此取 $\varepsilon = \dfrac{B^2}{2}$, 当 $x \to \square$ 时, 在 x 相应的局部范围内有

$$\left| B[B + \beta(x)] - B^2 \right| < \frac{B^2}{2},$$

即

$$\frac{B^2}{2} < B[B + \beta(x)] < \frac{3B^2}{2},$$

即

$$0 < \frac{2}{3B^2} < \left| \frac{1}{B[B + \beta(x)]} \right| < \frac{2}{B^2},$$

由此可知, 当 $x \to \square$ 时, 在 x 相应的局部范围内, $\dfrac{1}{B[B + \beta(x)]}$ 是局部有界的. 所以 $\dfrac{B\alpha(x) - A\beta(x)}{B[B + \beta(x)]}$ 是一个当 $x \to \square$ 时的无穷小, 即

$$\lim_{x \to \square} \left[\frac{f(x)}{g(x)} - \frac{A}{B} \right] = 0,$$

即

$$\lim_{x \to \square} \frac{f(x)}{g(x)} = \frac{A}{B} = \frac{\lim\limits_{x \to \square} f(x)}{\lim\limits_{x \to \square} g(x)}.$$

定理 1 中的式 (1-5-1) 与 (1-5-2) 可以推广到有限个函数相加、减及乘的情形.

推论 1 设当 $x \to \square$ 时, 函数 $f_1(x), f_2(x), \cdots, f_n(x)(n \in \mathbf{N}^+)$ 的极限都存在, 则

(1) $\displaystyle\lim_{x \to \square}[f_1(x) \pm f_2(x) \pm \cdots \pm f_n(x)] = \lim_{x \to \square} f_1(x) \pm \lim_{x \to \square} f_2(x) \pm \cdots \pm \lim_{x \to \square} f_n(x);$

(1-5-4)

(2) $\displaystyle\lim_{x \to \square}[f_1(x) \cdot f_2(x) \cdots f_n(x)] = \lim_{x \to \square} f_1(x) \cdot \lim_{x \to \square} f_2(x) \cdots \lim_{x \to \square} f_n(x).$

(1-5-5)

推论 2 设 $\displaystyle\lim_{x \to \square} f(x)$ 存在, 则

(1) $\displaystyle\lim_{x \to \square}[Cf(x)] = C \lim_{x \to \square} f(x)(C$ 为常数$);$ (1-5-6)

(2) $\displaystyle\lim_{x \to \square}[f(x)]^n = \left[\lim_{x \to \square} f(x) \right]^n.$ (1-5-7)

注 上面所有的结论对数列极限也同样成立.

必须指出以上都是假设所论极限均存在, 当极限不存在 (包括无穷大) 时, 其结论不一定成立.

由 1.3 节的结论已知, 当 x_0 在相应三角函数的定义区间内时, 有

$$\lim_{x \to x_0} \sin x = \sin x_0, \tag{1-5-8}$$

$$\lim_{x \to x_0} \cos x = \cos x_0, \tag{1-5-9}$$

再根据极限的商的运算法则可得

$$\lim_{x \to x_0} \tan x = \tan x_0, \tag{1-5-10}$$

$$\lim_{x \to x_0} \cot x = \cot x_0, \tag{1-5-11}$$

$$\lim_{x \to x_0} \sec x = \sec x_0, \tag{1-5-12}$$

$$\lim_{x \to x_0} \csc x = \csc x_0. \tag{1-5-13}$$

因此基本初等三角函数当 $x \to x_0$ 时 (x_0 为相应三角函数定义区间内的点) 的极限就等于其在 x_0 处相应的三角函数值.

例 1　求 $\lim_{x \to 1}(3x^2 - 2x + 5)$.

解　由极限的运算法则, 可得

$$\lim_{x \to 1}(3x^2 - 2x + 5) = 3\left(\lim_{x \to 1} x\right)^2 - 2\lim_{x \to 1} x + 5 = 3 \times 1 - 2 \times 1 + 5 = 6.$$

例 2　令 $P_n(x) = a_0 + a_1 x + \cdots + a_{n-1} x^{n-1} + a_n x^n$($n$ 为正整数), 求 $\lim_{x \to x_0} P_n(x)$.

解　由于 $\lim_{x \to x_0} x^n = \left(\lim_{x \to x_0} x\right)^n = x_0^n$, 再由极限的运算法则, 可得

$$\lim_{x \to x_0} P_n(x) = \lim_{x \to x_0}(a_0 + a_1 x + \cdots + a_{n-1} x^{n-1} + a_n x^n)$$

$$= \lim_{x \to x_0} a_0 + a_1 \lim_{x \to x_0} x + \cdots + a_{n-1} \lim_{x \to x_0} x^{n-1} + a_n \lim_{x \to x_0} x^n$$

$$= a_0 + a_1 x_0 + \cdots + a_{n-1} x_0^{n-1} + a_n x_0^n$$

$$= P_n(x_0).$$

由例 2 可知, 多项式函数在任意有限点处的极限都等于该点处的函数值.

例 3　求 $\lim_{x \to 2} \dfrac{x^3 - 7}{x^5 - 6x - 11}$.

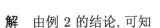

解　由例 2 的结论, 可知

$$\lim_{x \to 2}(x^3 - 7) = 8 - 7 = 1,$$

$$\lim_{x \to 2}(x^5 - 6x - 11) = 32 - 12 - 11 = 9 \neq 0,$$

由极限的商的运算法则, 可得

$$\lim_{x \to 2}\frac{x^3 - 7}{x^5 - 6x - 11} = \frac{\lim\limits_{x \to 2}(x^3 - 7)}{\lim\limits_{x \to 2}x^5 - 6x - 11} = \frac{1}{9}.$$

一般地, 设 $P(x), Q(x)$ 均为多项式函数, 则

$$\lim_{x \to x_0}P(x) = P(x_0), \qquad \lim_{x \to x_0}Q(x) = Q(x_0).$$

当 $Q(x_0) \neq 0$ 时, 有

$$\lim_{x \to x_0}\frac{P(x)}{Q(x)} = \frac{\lim\limits_{x \to x_0}P(x)}{\lim\limits_{x \to x_0}Q(x)} = \frac{P(x_0)}{Q(x_0)}. \tag{1-5-14}$$

但当 $Q(x_0) = 0$ 时, 上式不成立. 这时该如何求极限呢?

下面讨论 $Q(x_0) = 0$ 时, 极限 $\lim\limits_{x \to x_0}\dfrac{P(x)}{Q(x)}$ 的求法.

例 4　求 $\lim\limits_{x \to 2}\dfrac{x - 2}{x^2 - 4}$.

解　当 $x \to 2$ 时, 分母极限为 0, 因此不能用极限的商的运算法则来求该极限. 由于分子极限也为 0, 显然这时分子与分母有公因式 $(x - 2)$, 我们知道函数在 $x \to x_0$ 时的极限与它在 x_0 处是否有定义无关, 因此在求 $x \to x_0$ 的极限时, 不妨设 $x \neq x_0$, 即 $x - x_0 \neq 0$, 这样, 求极限时可约去公因式 $(x - x_0)$, 再用极限的运算法则来求, 即

$$\lim_{x \to 2}\frac{x - 2}{x^2 - 4} = \lim_{x \to 2}\frac{1}{x + 2} = \frac{1}{4}.$$

例 4 中的极限是一类当 $x \to x_0$ 时其分母、分子的极限都是 0 的商的极限, 把这样分母、分子的极限都是 0 的极限类型称为 $\dfrac{0}{0}$ 型. 类似地, 把分母、分子的极限都是 ∞ 时的极限类型称为 $\dfrac{\infty}{\infty}$ 型. 显然它们都不能用极限的商的运算法则来求. 对于 $\dfrac{0}{0}$ 型的极限, 可以先对函数进行恒等变形或分解因式, 约去分子、分母中的

公因式后再用极限的运算法则求极限. 在该类极限中, 公因式一般多为极限为零的因式, 为方便起见, 称极限为零的因式为零因式.

把这种消去分子、分母中公共零因式后, 再求极限的方法称为消去零因子法. 该方法适用于带有公因式的 $\dfrac{0}{0}$ 型极限.

例 5　求 $\lim\limits_{x\to 3}\dfrac{x+1}{x^2-4x+3}$.

解　因为分母极限 $\lim\limits_{x\to 3}(x^2-4x+3)=0$, 故不能用极限的商的运算法则, 但由于其分子极限 $\lim\limits_{x\to 3}(x+1)=4\neq 0$, 故可先求其倒数函数的极限

$$\lim_{x\to 3}\frac{x^2-4x+3}{x+1}=\frac{0}{4}=0,$$

再利用非零无穷小的倒数为无穷大, 得

$$\lim_{x\to 3}\frac{x+1}{x^2-4x+3}=\infty.$$

例 6　求 $\lim\limits_{x\to 1}\dfrac{x^2-x-2}{\sqrt{4-x}-\sqrt{1+2x}}$.

解　这是 $\dfrac{0}{0}$ 型极限, 由于分母为无理式, 一般先将该无理式进行分母有理化, 再用消去零因子法求极限.

$$
\begin{aligned}
\lim_{x\to 1}\frac{x^2+x-2}{\sqrt{4-x}-\sqrt{1+2x}} &=\lim_{x\to 1}\frac{(x+2)(x-1)(\sqrt{1+2x}+\sqrt{4-x})}{(4-x)-(1+2x)} \\
&=\lim_{x\to 1}\frac{(x+2)(\sqrt{1+2x}+\sqrt{4-x})}{-3} \\
&=\frac{(1+2)(\sqrt{3}+\sqrt{3})}{-3}=-2\sqrt{3}.
\end{aligned}
$$

注　上述 "有理化" 方法是求含有无理式极限的常用技巧.

例 7　设 n 次多项式函数 $P_n(x)=a_0+a_1x+a_2x^2+\cdots+a_nx^n$, 且 $a_n\neq 0$, 求 $\lim\limits_{x\to\infty}P_n(x)$.

解　由于 $\lim\limits_{x\to\infty}x^k=\infty(k>0)$, 这时极限不存在, 故 $\lim\limits_{x\to\infty}P_n(x)$ 不能用四则运算法则求, 由

$$\frac{1}{P_n(x)}=\frac{1}{a_0+a_1x+\cdots+a_nx^n}=\frac{1}{x^n}\cdot\frac{1}{a_n+a_{n-1}\dfrac{1}{x}+\cdots+a_1\dfrac{1}{x^{n-1}}+a_0\dfrac{1}{x^n}},$$

$$\lim_{x \to \infty} \frac{1}{x^k} = 0 \quad (k = 1, 2, \cdots, n) \quad \text{且} \quad a_n \neq 0,$$

则

$$\lim_{x \to \infty} \frac{1}{a_n + a_{n-1} \frac{1}{x} + \cdots + a_1 \frac{1}{x^{n-1}} + a_0 \frac{1}{x^n}} = \frac{1}{a_n},$$

因此

$$\lim_{x \to \infty} \frac{1}{P_n(x)} = \lim_{x \to \infty} \left(\frac{1}{x^n} \cdot \frac{1}{a_n + a_{n-1} \frac{1}{x} + \cdots + a_1 \frac{1}{x^{n-1}} + a_0 \frac{1}{x^n}} \right)$$

$$= 0 \cdot \frac{1}{a_n} = 0,$$

再利用非零无穷小的倒数为无穷大, 得

$$\lim_{x \to \infty} P_n(x) = \infty. \tag{1-5-15}$$

例 8 求 $\lim\limits_{x \to \infty} \dfrac{2x^3 + x + 5}{x^3 - x^2 + 1}$.

解 当 $x \to \infty$ 时, 分子、分母的极限都是无穷大, 因此这是 $\dfrac{\infty}{\infty}$ 型极限, 显然这类极限不能直接运用极限的四则运算法则, 这时先恒等变形, 将分子分母同除以 x^3, 由此式中各项的极限就都存在了. 然后再用极限的四则运算法则求解, 即

$$\lim_{x \to \infty} \frac{2x^3 + x + 5}{x^3 - x^2 + 1} = \lim_{x \to \infty} \frac{2 + \dfrac{1}{x^2} + \dfrac{5}{x^3}}{1 - \dfrac{1}{x} + \dfrac{1}{x^3}} = 2.$$

例 9 求 $\lim\limits_{x \to \infty} \dfrac{x^2 - 3}{2x^4 - 3x^2 + 5}$.

解 这是 $\dfrac{\infty}{\infty}$ 型, 将分子分母同除以 x^4 后, 再用极限的四则运算法则求解, 即

$$\lim_{x \to \infty} \frac{x^2 - 3}{2x^4 - 3x^2 + 5} = \lim_{x \to \infty} \frac{\dfrac{1}{x^2} - \dfrac{3}{x^4}}{2 - 3 \cdot \dfrac{1}{x^2} + 5 \cdot \dfrac{1}{x^4}} = \frac{0}{2} = 0.$$

例 10 求 $\lim\limits_{x \to \infty} \dfrac{x^4 + 3}{7x^3 - 3x + 2}$.

解 因为

$$\lim_{x\to\infty}\frac{7x^3-3x+2}{x^4+3}=\lim_{x\to\infty}\frac{7\cdot\dfrac{1}{x}-3\cdot\dfrac{1}{x^3}+2\cdot\dfrac{1}{x^4}}{1+\dfrac{3}{x^4}}=\frac{0}{1}=0,$$

所以

$$\lim_{x\to\infty}\frac{x^4+3}{7x^3-3x+2}=\infty.$$

由例 8 ~ 例 10 可知, 当 $x\to\infty$ 时, 多项式之比的极限为 $\dfrac{\infty}{\infty}$ 型, 它们的极限与多项式的次数有关, 具体有如下结论.

一般地, 设 n,m 为两个自然数, 且 $a_m\neq0,b_n\neq0$, 则

$$\lim_{x\to\infty}\frac{a_mx^m+a_{m-1}x^{m-1}+\cdots+a_0}{b_nx^n+b_{n-1}x^{n-1}+\cdots+b_0}=\begin{cases}\dfrac{a_m}{b_n},&m=n,\\0,&m<n,\\\infty,&m>n.\end{cases}$$

例 11 求 $\lim\limits_{x\to2}\left(\dfrac{1}{x-2}-\dfrac{12}{x^3-8}\right)$.

解 因为 $\lim\limits_{x\to2}\dfrac{1}{x-2}=\infty,\ \lim\limits_{x\to2}\dfrac{12}{x^3-8}=\infty$, 把这样的极限称为 $\infty-\infty$ 型, 对于 $\infty-\infty$ 型的极限不能直接用极限的运算法则, 常先对函数进行恒等变形 (如通分、分解因式、约去公因式等), 再运用极限的运算法则求解, 即

$$\begin{aligned}\lim_{x\to2}\left(\frac{1}{x-2}-\frac{12}{x^3-8}\right)&=\lim_{x\to2}\frac{x^2+2x+4-12}{(x-2)(x^2+2x+4)}\\&=\lim_{x\to2}\frac{(x+4)(x-2)}{(x-2)(x^2+2x+4)}\\&=\lim_{x\to2}\frac{x+4}{x^2+2x+4}=\frac{1}{2}.\end{aligned}$$

例 12 求 $\lim\limits_{x\to+\infty}x(\sqrt{x^2+4}-x)$.

解 因为 $\lim\limits_{x\to+\infty}x=+\infty,\ \lim\limits_{x\to+\infty}(\sqrt{x^2+4}-x)=\lim\limits_{x\to+\infty}\dfrac{4}{\sqrt{x^2+4}+x}=0$, 称这样的极限为 $0\cdot\infty$ 型, 对于 $0\cdot\infty$ 型的极限不能直接用极限的运算法则求解, 也须先对它进行恒等变形 (如分子有理化、倒数法等) 将乘积形式化为商的形式后, 再

求解.

$$\lim_{x\to+\infty} x(\sqrt{x^2+4}-x) = \lim_{x\to+\infty} \frac{x(x^2+4-x^2)}{\sqrt{x^2+4}+x}$$

$$= \lim_{x\to+\infty} \frac{4x}{\sqrt{x^2+4}+x} \xrightarrow{\text{分子分母同除以 } x} \lim_{x\to+\infty} \frac{4}{\sqrt{1+\dfrac{4}{x^2}}+1}$$

$$= \frac{4}{1+1} = 2.$$

例 13 若 $\lim\limits_{x\to+\infty}(\sqrt{x^2+2x+5}-ax-b)=0$, 试求 a,b 之值.

解 因为 $\lim\limits_{x\to+\infty} x = +\infty$, 故不能直接用极限的运算法则求极限, 由题设可知, $a>0$(否则 $\lim\limits_{x\to+\infty}(\sqrt{x^2+2x+5}-ax-b)=\infty$, 与题设相矛盾). 下面先对函数进行恒等变形 (如分子有理化), 将加减形式化为商的形式, 再求解, 由

$$\lim_{x\to+\infty}(\sqrt{x^2+2x+5}-ax-b) = \lim_{x\to+\infty} \frac{x^2+2x+5-(ax+b)^2}{\sqrt{x^2+2x+5}+ax+b}$$

$$= \lim_{x\to+\infty} \frac{(1-a^2)x^2+(2-2ab)x+5-b^2}{\sqrt{x^2+2x+5}+ax+b} = 0,$$

由于上式左端极限为 $\dfrac{\infty}{\infty}$ 型, 且左端中分母的次数为一次, 所以要使上式成立, 其分子必须是常数, 故有

$$\begin{cases} a>0, \\ 1-a^2=0, \\ 2-2ab=0, \end{cases}$$

例13讲解1-5-2

解得

$$a=1, \quad b=1.$$

例 14 求 $\lim\limits_{n\to\infty}\left(\dfrac{1}{3}+\dfrac{1}{15}+\cdots+\dfrac{1}{4n^2-1}\right)$.

解 当 $n\to\infty$ 时, 式子 $\dfrac{1}{3}+\dfrac{1}{15}+\cdots+\dfrac{1}{4n^2-1}$ 的项数趋于无穷多, 不能直接用运算法则计算极限, 这时可对该式先进行恒等变形 (如拆项再合并), 化为用有限项表示的式子, 再求它的极限.

$$\lim_{n\to\infty}\left(\frac{1}{3}+\frac{1}{15}+\cdots+\frac{1}{4n^2-1}\right)$$

$$= \lim_{n \to \infty} \frac{1}{2} \left[\left(1 - \frac{1}{3} \right) + \left(\frac{1}{3} - \frac{1}{5} \right) + \cdots + \left(\frac{1}{2n-1} - \frac{1}{2n+1} \right) \right]$$

$$= \frac{1}{2} \lim_{n \to \infty} \left(1 - \frac{1}{2n+1} \right) = \frac{1}{2}.$$

一般地, 当函数的极限不能直接用运算法则求时, 可先对函数进行恒等变形, 再求极限.

二、 复合函数的极限运算法则

定理 2 设 $y = f(u)$ 与 $u = \varphi(x)$ 的复合函数 $f[\varphi(x)]$ 在点 x_0 的某去心邻域内有定义, 若 $\lim\limits_{x \to x_0} \varphi(x) = a$, 且在点 x_0 的某去心邻域内 $\varphi(x) \neq a$, 又 $\lim\limits_{u \to a} f(u) = A$, 则复合函数 $f[\varphi(x)]$ 的极限 $\lim\limits_{x \to x_0} f[\varphi(x)]$ 也存在, 且

$$\lim_{x \to x_0} f[\varphi(x)] = \lim_{u \to a} f(u) = A.$$

证 由 $\lim\limits_{u \to a} f(u) = A$, 故 $\forall \varepsilon > 0, \exists \eta > 0$, 当 u 满足 $0 < |u - a| < \eta$ 时, 有不等式

$$|f(u) - A| < \varepsilon, \tag{1-5-16}$$

又 $\lim\limits_{x \to x_0} \varphi(x) = a$, 则对上面的 $\eta > 0, \exists \delta_1 > 0$, 当 x 满足 $0 < |x - x_0| < \delta_1$ 时, 有

$$|\varphi(x) - a| < \eta, \tag{1-5-17}$$

再由条件可知, $\exists \delta_2 > 0$, 当 x 满足 $0 < |x - x_0| < \delta_2$ 时, 有 $\varphi(x) \neq a$, 即有

$$0 < |\varphi(x) - a|, \tag{1-5-18}$$

取 $\delta = \min\{\delta_1, \delta_2\}$, 则当 x 满足 $0 < |x - x_0| < \delta$ 时, 式 (1-5-17) 与 (1-5-18) 同时成立, 即有

$$0 < |\varphi(x) - a| < \eta, \text{即 } 0 < |u - a| < \eta,$$

因此式 (1-5-16) 成立, 即

$$|f(u) - A| < \varepsilon,$$

即

$$|f[\varphi(x)] - A| < \varepsilon.$$

综上可得, $\forall \varepsilon > 0, \exists \delta > 0$, 则当 x 满足 $0 < |x - x_0| < \delta$ 时, 有 $|f[\varphi(x)] - A| < \varepsilon$, 即

$$\lim_{x \to x_0} f[\varphi(x)] = A.$$

证毕.

在定理 2 中, 若把 $\lim\limits_{x \to x_0} \varphi(x) = a$ 换成 $\lim\limits_{x \to x_0} \varphi(x) = \infty$ 或 $\lim\limits_{x \to \infty} \varphi(x) = \infty$, 而把 $\lim\limits_{u \to a} f(u) = A$ 换成 $\lim\limits_{u \to \infty} f(u) = A$, 结论也成立.

定理 2 的意义是: 在相应的条件下, 求 $\lim\limits_{x \to x_0} f[\varphi(x)]$ 可化为求 $\lim\limits_{u \to a} f(u)$, 这里 $u = \varphi(x), a = \lim\limits_{x \to x_0} \varphi(x)$. 利用定理 2 求极限的方法称为**变量代换法**.

例 15 求 $\lim\limits_{x \to \sqrt{\frac{\pi}{2}}} \sin x^2$.

解 令 $u = x^2$, 因为 $\lim\limits_{x \to \sqrt{\frac{\pi}{2}}} x^2 = \dfrac{\pi}{2}$, 则

$$\lim\limits_{x \to \sqrt{\frac{\pi}{2}}} \sin x^2 = \lim\limits_{u \to \frac{\pi}{2}} \sin u = 1.$$

由变量代换法可得复合函数极限公式的另一种用法. 欲求 $\lim\limits_{x \to x_0} f(x)$ 的值, 可令 $x = \varphi(t)$, 若满足 $\lim\limits_{t \to t_0} \varphi(t) = x_0$, 且在 t_0 的某个去心邻域内 $\varphi(t) \neq x_0$, 则

$$\lim\limits_{x \to x_0} f(x) = \lim\limits_{t \to t_0} f[\varphi(t)].$$

例 16 求 $\lim\limits_{x \to 0} \dfrac{\sqrt[n]{1+x} - 1}{x} (n \geqslant 2)$.

解 令 $\sqrt[n]{1+x} - 1 = t$, 即 $x = (1+t)^n - 1$, 则当 $t \to 0$ 时, 有 $x \to 0$, 且在 $t \in \overset{\circ}{U}(0)$ 时, $x \neq 0$. 因此

$$\lim\limits_{x \to 0} \frac{\sqrt[n]{1+x} - 1}{x} = \lim\limits_{t \to 0} \frac{t}{(1+t)^n - 1} = \lim\limits_{t \to 0} \frac{t}{nt + C_n^2 t^2 + \cdots + t^n}$$

$$= \lim\limits_{t \to 0} \frac{1}{n + C_n^2 t + \cdots + t^{n-1}} = \frac{1}{n}.$$

习 题 1-5

A 组

课件1-5-3

1. 计算下列极限:

(1) $\lim\limits_{x \to 0} \dfrac{x+1}{x^2 - x - 2}$;

(2) $\lim\limits_{x \to -2} \dfrac{x^2 - 4}{x + 1}$;

(3) $\lim\limits_{x \to 1} \dfrac{x^3 - 1}{x^2 - 1}$;

(4) $\lim\limits_{x \to -1} \dfrac{x+1}{x^2 - x - 2}$;

(5) $\lim\limits_{x \to 1} \dfrac{x^2 + x - 2}{x^2 - 4x + 3}$;

(6) $\lim\limits_{x \to 2} \dfrac{x^5 + 3x^2}{(x-2)^2}$;

(7) $\lim\limits_{h\to 0} \dfrac{(x+h)^2 - x^2}{h}$;

(8) $\lim\limits_{x\to 1}\left(\dfrac{1}{1-x} - \dfrac{3}{1-x^3}\right)$.

2. 求下列各极限:

(1) $\lim\limits_{x\to\infty}(x^3 + x - 1)$;

(2) $\lim\limits_{x\to\infty}\dfrac{2x^3 + x - 1}{5x^3 + 4x + 1}$;

(3) $\lim\limits_{x\to\infty}\dfrac{2x^3 - x - 3}{5x^2 - x + 2}$;

(4) $\lim\limits_{x\to\infty}\dfrac{2x + 1}{x^3 - 2x + 2}$;

(5) $\lim\limits_{x\to\infty}\dfrac{(2x-1)^3 (3x+1)^4}{(4x+3)^7}$;

(6) $\lim\limits_{x\to\infty}\dfrac{x - \cos x}{2x + 3\sin x}$;

(7) $\lim\limits_{n\to\infty}\dfrac{2n^2 + n - 1}{n^2 + 1}$;

(8) $\lim\limits_{n\to\infty}\dfrac{1 + \frac{1}{2} + \frac{1}{4} + \cdots + \frac{1}{2^n}}{1 + \frac{1}{3} + \frac{1}{9} + \cdots + \frac{1}{3^n}}$;

(9) $\lim\limits_{n\to\infty}\left(\dfrac{1}{n^2} + \dfrac{2}{n^2} + \cdots + \dfrac{n-1}{n^2}\right)$;

(10) $\lim\limits_{n\to\infty}\left(\dfrac{1 + 2 + 3 + \cdots + n}{n + 2} - \dfrac{n}{2}\right)$;

(11) $\lim\limits_{n\to\infty}\dfrac{(-3)^n + 5^n}{(-3)^{n+2} + 5^{n+1}}$;

(12) $\lim\limits_{n\to\infty}\left[\dfrac{1}{1\cdot 2} + \dfrac{1}{2\cdot 3} + \cdots + \dfrac{1}{n\cdot(n+1)}\right]$.

3. 求下列各极限:

(1) $\lim\limits_{x\to 2}(2x-1)^{\frac{6}{x}}$;

(2) $\lim\limits_{x\to 0}\dfrac{\sqrt[3]{x-1} + 1}{2x}$;

(3) $\lim\limits_{x\to 1}\dfrac{\sqrt{5x-4} - \sqrt{x}}{x - 1}$;

(4) $\lim\limits_{x\to 0}\dfrac{5x}{\sqrt{1+x} - \sqrt{1-x}}$;

(5) $\lim\limits_{x\to 1}\dfrac{\sqrt[3]{x} - 1}{\sqrt{x} - 1}$;

(6) $\lim\limits_{x\to +\infty}\sqrt{x}(\sqrt{x+2} - \sqrt{x+1})$.

B 组

1. 求下列各极限:

(1) $\lim\limits_{x\to -\frac{\pi}{4}}\dfrac{\cos 2x}{\cos x + \sin x}$;

(2) $\lim\limits_{n\to\infty}\dfrac{(\sqrt{n^2+1} + n)^2}{\sqrt[3]{n^6} + 1}$.

2. 已知 $\lim\limits_{x\to -1}\dfrac{x^3 - ax^2 - x + 4}{x + 1} = l$, 求常数 a, l.

3. 若 $\lim\limits_{x\to +\infty}(\sqrt{x^2 + x + 1} - kx - m) = 0$, 试求 k, m 之值.

4. 若 $\lim\limits_{x\to\infty}\left(\dfrac{x^2 + 1}{x + 1} - ax - b\right) = 0$, 试求 a, b 之值.

课前测1-6-1

1.6 极限存在准则及两个重要极限

由 1.5 节我们知道可以利用运算法则求极限, 但前提是各项极限都必须存在, 因此判别各项极限的存在性是运用极限运算法则的前提. 那么如何判别极限的存在性呢? 极限定义的作用在这方面是非常小的, 本节将介绍判定极限存在的两个准则, 并通过它们研究两个重要极限.

一、准则 I (夹逼准则)

准则 I　若函数 $f(x), g(x), h(x)$ 满足条件:

(1) 在 $x \in \overset{\circ}{U}(x_0, \delta)$ (或 $|x| > X$) 时, 有 $g(x) \leqslant f(x) \leqslant h(x)$;

(2) $\lim\limits_{\substack{x \to x_0 \\ (x \to \infty)}} g(x) = \lim\limits_{\substack{x \to x_0 \\ (x \to \infty)}} h(x) = a$.

则 $\lim\limits_{\substack{x \to x_0 \\ (x \to \infty)}} f(x) = a$.

证　下面以极限过程 $x \to x_0$ 为例给出证明.

由于 $\lim\limits_{x \to x_0} g(x) = a$, 因此, $\forall \varepsilon > 0, \exists \delta_1 > 0$, 当 $0 < |x - x_0| < \delta_1$ 时, 有 $|g(x) - a| < \varepsilon$, 即

$$a - \varepsilon < g(x) < a + \varepsilon, \tag{1-6-1}$$

又由于 $\lim\limits_{x \to x_0} h(x) = a$, 则对上面的 $\varepsilon > 0, \exists \delta_2 > 0$, 当 $0 < |x - x_0| < \delta_2$ 时, 有 $|h(x) - a| < \varepsilon$, 即

$$a - \varepsilon < h(x) < a + \varepsilon, \tag{1-6-2}$$

取 $\delta_3 = \min\{\delta_1, \delta_2, \delta\}$, 则当 $0 < |x - x_0| < \delta_3$ 时, (1-6-1), (1-6-2) 两式同时成立, 再由条件, 得

$$a - \varepsilon < g(x) \leqslant f(x) \leqslant h(x) < a + \varepsilon,$$

即

$$|f(x) - a| < \varepsilon,$$

由极限定义可得

$$\lim\limits_{x \to x_0} f(x) = a.$$

这个准则也适用于自变量的其他变化过程, 有兴趣的同学可以参照上面自行给出证明.

也可将该准则推广到数列极限的情形.

准则 I′　若数列 $\{x_n\}, \{y_n\}, \{z_n\}$ 满足条件:

(1) $\exists N$, 使得当 $n > N$ 时, 有 $y_n \leqslant x_n \leqslant z_n$;

(2) $\lim\limits_{n \to \infty} y_n = a, \lim\limits_{n \to \infty} z_n = a$.

则 $\lim\limits_{n \to \infty} x_n = a$.

准则 I 与准则 I′ 统称为**夹逼准则**.

例 1　求 $\lim\limits_{n \to \infty} \left(\dfrac{1}{n^2 + 1} + \dfrac{2}{n^2 + 2} + \cdots + \dfrac{n}{n^2 + n} \right)$.

解　由于当 $n \to \infty$ 时, 本题为无限多项和的极限, 所以这里不能用和的极限运算法则求, 下面用数列形式的夹逼准则 I′ 来求, 由

$$\frac{i}{n^2+n} < \frac{i}{n^2+i} < \frac{i}{n^2}, \quad i = 1, 2, \cdots, n$$

及

$$1 + 2 + \cdots + n = \frac{n(n+1)}{2},$$

则

$$\frac{n(n+1)}{2(n^2+n)} = \frac{1+2+\cdots+n}{n^2+n} < \frac{1}{n^2+1} + \frac{2}{n^2+2} + \cdots + \frac{n}{n^2+n}$$

$$< \frac{1+2+\cdots+n}{n^2} = \frac{n(n+1)}{2n^2},$$

即

$$\frac{1}{2} < \frac{1}{n^2+1} + \frac{2}{n^2+2} + \cdots + \frac{n}{n^2+n} < \frac{n+1}{2n},$$

又

$$\lim_{n\to\infty} \frac{n+1}{2n} = \frac{1}{2}, \quad \lim_{n\to\infty} \frac{1}{2} = \frac{1}{2},$$

由夹逼准则, 得

$$\lim_{n\to\infty} \left(\frac{1}{n^2+1} + \frac{2}{n^2+2} + \cdots + \frac{n}{n^2+n} \right) = \frac{1}{2}.$$

例 2　设 $a_1, a_2, \cdots, a_k$ 是 k 个正数, 证明

例2讲解1-6-2

$$\lim_{n\to\infty} \sqrt[n]{a_1^n + a_2^n + \cdots + a_k^n} = \max\{a_1, a_2, \cdots, a_k\}.$$

证　设 $\max\{a_1, a_2, \cdots, a_k\} = A$, 于是有

$$A = \sqrt[n]{A^n} \leqslant \sqrt[n]{a_1^n + a_2^n + \cdots + a_k^n} \leqslant \sqrt[n]{k \cdot A^n} = A\sqrt[n]{k},$$

又

$$\lim_{n\to\infty} A\sqrt[n]{k} = A \lim_{n\to\infty} \sqrt[n]{k} = A,$$

由夹逼准则, 可得

$$\lim_{n\to\infty} \sqrt[n]{a_1^n + a_2^n + \cdots + a_k^n} = A = \max\{a_1, a_2, \cdots, a_k\}.$$

例 3 证明 $\lim\limits_{x \to 0} \dfrac{\sin x}{x} = 1$.

证 在单位圆中, 设 $\angle AOM = x$, 且 $0 < x < \dfrac{\pi}{2}$, 由于在单位圆中的弧度用 x 表示, 则有向线段 $BM = \sin x$, $TA = \tan x$, 弧 $\overgroup{AM} = x$ (图 1-6-1), 则

$$\triangle OAM \text{ 的面积} < \text{扇形 } OAM \text{ 的面积} < \triangle OAT \text{ 的面积},$$

即

$$\frac{1}{2} \sin x < \frac{x}{2} < \frac{1}{2} \tan x,$$

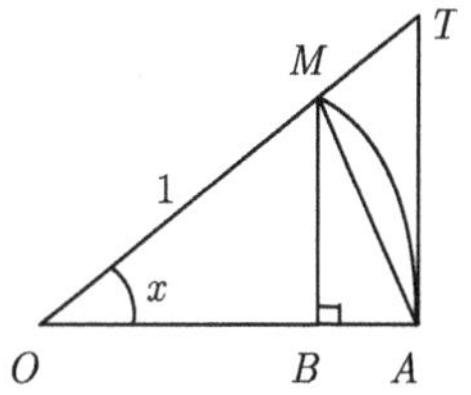

当 $0 < x < \dfrac{\pi}{2}$ 时, $\sin x > 0$, 将上式各项除以 $\dfrac{1}{2} \sin x$, 不等式化为

$$\cos x < \frac{\sin x}{x} < 1,$$

图 1-6-1

又由于 $\cos(-x) = \cos x$, $\dfrac{\sin(-x)}{-x} = \dfrac{\sin x}{x}$, 因此式子 $\cos x < \dfrac{\sin x}{x} < 1$ 当 $-\dfrac{\pi}{2} < x < 0$ 也成立, 故上式在 $0 < |x| < \dfrac{\pi}{2}$ 时成立, 又已知

$$\lim\limits_{x \to 0} \cos x = 1, \quad \lim\limits_{x \to 0} 1 = 1,$$

由夹逼准则, 可得

$$\lim\limits_{x \to 0} \frac{\sin x}{x} = 1.$$

该极限称为**重要极限一**. 它在极限理论与计算中都有重要应用.

例 4 计算 $\lim\limits_{x \to 0} \dfrac{\tan x}{x}$.

解 原式 $= \lim\limits_{x \to 0} \left(\dfrac{\sin x}{x} \cdot \dfrac{1}{\cos x} \right) = \lim\limits_{x \to 0} \dfrac{\sin x}{x} \cdot \lim\limits_{x \to 0} \dfrac{1}{\cos x} = 1 \times 1 = 1$, 即

$$\lim\limits_{x \to 0} \frac{\tan x}{x} = 1.$$

例 5 $\lim\limits_{x \to 0} \dfrac{1 - \cos x}{x^2}$.

解 由三角函数的倍角公式和复合函数极限的运算法则, 得

$$\text{原式} = \lim\limits_{x \to 0} \frac{2 \sin^2 \dfrac{x}{2}}{x^2} = \lim\limits_{x \to 0} \frac{\dfrac{1}{2} \cdot \sin^2 \dfrac{x}{2}}{\left(\dfrac{x}{2} \right)^2} = \frac{1}{2} \lim\limits_{x \to 0} \left(\frac{\sin \dfrac{x}{2}}{\dfrac{x}{2}} \right)^2 = \frac{1}{2} \times 1^2 = \frac{1}{2}.$$

由例 5 可知,

$$\lim_{x \to 0} \frac{1 - \cos x}{\frac{1}{2}x^2} = 1$$

例 6　计算 $\lim\limits_{x \to 0} \dfrac{\tan x - \sin x}{x^3}$.

解　原式 $= \lim\limits_{x \to 0} \dfrac{\sin x(1 - \cos x)}{\cos x \cdot x^3}$

$$= \lim_{x \to 0}\left(\frac{1}{\cos x} \cdot \frac{\sin x}{x} \cdot \frac{1 - \cos x}{x^2}\right)$$

$$= \lim_{x \to 0}\frac{1}{\cos x} \cdot \lim_{x \to 0}\frac{\sin x}{x} \cdot \lim_{x \to 0}\frac{1 - \cos x}{x^2}$$

$$= 1 \times 1 \times \frac{1}{2} = \frac{1}{2}.$$

例 7　计算 $\lim\limits_{x \to 0} \dfrac{\sin 3x}{\tan 5x}$.

解　原式 $= \lim\limits_{x \to 0} \dfrac{\sin 3x}{3x} \cdot \dfrac{\cos 5x}{\frac{\sin 5x}{5x}} \cdot \dfrac{3}{5} = \dfrac{3}{5}\lim\limits_{x \to 0}\dfrac{\sin 3x}{3x} \cdot \dfrac{\lim\limits_{x \to 0}\cos 5x}{\lim\limits_{x \to 0}\dfrac{\sin 5x}{5x}} = \dfrac{3}{5}$.

例 8　计算 $\lim\limits_{n \to \infty} 5^n \sin \dfrac{\pi}{5^n}$.

解　因为 $\lim\limits_{n \to \infty} \dfrac{\pi}{5^n} = 0$. 则

$$原式 = \lim_{n \to \infty}\frac{\sin \dfrac{\pi}{5^n}}{\dfrac{\pi}{5^n}} \cdot \pi = \pi.$$

例 9　计算 $\lim\limits_{x \to 0} \dfrac{\arcsin x}{x}$.

解　令 $\arcsin x = t$, 则 $x = \sin t$, $x \to 0 \Leftrightarrow t \to 0$, 故

$$原式 = \lim_{t \to 0}\frac{t}{\sin t} = \frac{1}{\lim\limits_{t \to 0}\dfrac{\sin t}{t}} = 1,$$

即

$$\lim_{x \to 0}\frac{\arcsin x}{x} = 1.$$

同理并结合例 4 可求得 $\lim\limits_{x \to 0} \dfrac{\arctan x}{x} = 1$.

二、 准则 II (单调有界准则)

定义 1　称满足条件 $x_n \leqslant x_{n+1}$ (或 $x_n \geqslant x_{n+1}$) $(n = 1, 2, \cdots)$ 的数列 $\{x_n\}$ 为**单调增加** (或**减少**) **数列**. 单调增加与单调减少的数列统称为**单调数列**.

对数列 $\{x_n\}$, 若存在两个数 M_1, M_2 (设 $M_1 < M_2$), 使得 $\forall x_n$ 都满足不等式

$$M_1 \leqslant x_n \leqslant M_2,$$

则称 $\{x_n\}$ 为**有界数列**, M_1 为其**下界**, M_2 为其**上界**.

由极限性质可知, 收敛数列必定有界, 但有界的数列不一定收敛, 例如有界数列 $\{1 - (-1)^n\}$ 是发散的. 但如加上条件 "且数列是单调的", 则它的点在数轴上必须在一个有限范围内, 且单方向变化, 易知, 这时它将向某个数无限接近, 由此我们得到判别数列极限存在性的另一个准则.

准则 II　单调有界数列必有极限.

准则 II 的证明从略, 仅从几何直观上, 我们给出如下的几何解释, 以帮助读者理解.

由于数列 $\{x_n\}$ 单调且有界, 不妨设数列 $\{x_n\}$ 单调增加, a 为其最小的上界, 则该数列在数轴上对应的点 x_n 只可能沿数轴在一个有限的区间 (M_1, M_2) 内向右单向移动, 且不断从 a 的左边向点 a 接近, n 越大, x_n 从点 a 的左侧越接近点 a. n 无限大, 则 x_n 无限逼近 a, 因而 a 就是数列 $\{x_n\}$ 当 $n \to \infty$ 时的极限. 即

$$\lim_{n \to \infty} x_n = a.$$

同理可推得, 如果数列 $\{x_n\}$ 单调减少且有下界, 则该数列必有极限 (极限为该数列的最大的下界), 综上可知, 单调有界数列必有极限. 即准则 II 成立.

准则 II 仅能推广到如 $x \to +\infty, x \to -\infty, x \to x_0^+, x \to x_0^-$ 等变化过程对应的单侧极限中, 而不能推广到诸如 $x \to x_0, x \to \infty$ 等变化过程对应的双侧极限中.

例 10　设 $x_0 > 0$, $x_{n+1} = \dfrac{1}{2}\left(x_n + \dfrac{4}{x_n}\right)$, $n = 0, 1, 2, \cdots$, 证明数列 $\{x_n\}$ 收敛, 并求这个极限.

证　首先证明该数列是单调有界的.

$$x_{n+1} = \frac{1}{2}\left(x_n + \frac{4}{x_n}\right) \geqslant \sqrt{x_n \frac{4}{x_n}} = 2,$$

故 $\{x_n\}$ 有下界. 又

$$\frac{x_{n+1}}{x_n} = \frac{1}{2}\left(1 + \frac{4}{x_n^2}\right) \leqslant \frac{1}{2}\left(1 + \frac{4}{2^2}\right) = 1,$$

即

$$x_{n+1} \leqslant x_n,$$

所以 $\{x_n\}$ 单调减少且有下界, 则 $\{x_n\}$ 有极限.

设 $\lim\limits_{n \to \infty} x_n = a$, 由题设可知, $x_n > 0 (n = 0, 1, 2, \cdots)$, 故由极限的保号性可知, $a \geqslant 0$, 对递推公式 $x_{n+1} = \dfrac{1}{2}\left(x_n + \dfrac{4}{x_n}\right)$ 两边取 $n \to \infty$ 时的极限, 得

$$a = \frac{1}{2}\left(a + \frac{4}{a}\right),$$

解得 $a = 2$ ($a = -2$ 舍去), 即

$$\lim_{n \to \infty} x_n = 2.$$

作为准则 II 的应用, 下面讨论第二个重要极限: $\lim\limits_{x \to \infty}\left(1 + \dfrac{1}{x}\right)^x$.

先考察其数列极限情形: 设数列 $\{x_n\} = \left\{\left(1 + \dfrac{1}{n}\right)^n\right\} (n = 1, 2, 3, \cdots)$.

先证 $\{x_n\}$ 是单调增加的. 由二项式定理, 有

$$
\begin{aligned}
x_n &= \left(1 + \frac{1}{n}\right)^n \\
&= 1 + n \cdot \frac{1}{n} + \frac{n(n-1)}{2!} \cdot \frac{1}{n^2} + \frac{n(n-1)(n-2)}{3!} \cdot \frac{1}{n^3} + \cdots \\
&\quad + \frac{n(n-1)(n-2)\cdots 2 \cdot 1}{n!} \cdot \frac{1}{n^n} \\
&= 1 + 1 + \frac{1}{2!}\left(1 - \frac{1}{n}\right) + \frac{1}{3!}\left(1 - \frac{1}{n}\right)\left(1 - \frac{2}{n}\right) + \cdots \\
&\quad + \frac{1}{n!}\left(1 - \frac{1}{n}\right)\left(1 - \frac{2}{n}\right)\cdots\left(1 - \frac{n-1}{n}\right),
\end{aligned}
$$

$$
\begin{aligned}
x_{n+1} &= \left(1 + \frac{1}{n+1}\right)^{n+1} \\
&= 1 + (n+1) \cdot \frac{1}{n+1} + \frac{(n+1)n}{2!} \cdot \frac{1}{(n+1)^2} + \cdots \\
&\quad + \frac{(n+1)n(n-1)\cdots 2}{n!} \cdot \frac{1}{(n+1)^n} + \frac{(n+1)n(n-1)\cdots 2 \cdot 1}{(n+1)!} \cdot \frac{1}{(n+1)^{n+1}}
\end{aligned}
$$

$$= 1 + 1 + \frac{1}{2!}\left(1 - \frac{1}{n+1}\right) + \frac{1}{3!}\left(1 - \frac{1}{n+1}\right)\left(1 - \frac{2}{n+1}\right) + \cdots$$

$$+ \frac{1}{n!}\left(1 - \frac{1}{n+1}\right)\left(1 - \frac{2}{n+1}\right)\cdots\left(1 - \frac{n-1}{n+1}\right)$$

$$+ \frac{1}{(n+1)!}\left(1 - \frac{1}{n+1}\right)\left(1 - \frac{2}{n+1}\right)\cdots\left(1 - \frac{n}{n+1}\right),$$

比较 x_n 与 x_{n+1} 的展开式, 注意到

$$\frac{1}{2!}\left(1 - \frac{1}{n}\right) < \frac{1}{2!}\left(1 - \frac{1}{n+1}\right),$$

$$\frac{1}{3!}\left(1 - \frac{1}{n}\right)\left(1 - \frac{2}{n}\right) < \frac{1}{3!}\left(1 - \frac{1}{n+1}\right)\left(1 - \frac{2}{n+1}\right),$$

$$\cdots\cdots$$

即除前两项相同外, 从第三项开始后者的每一项都大于前者的相应项, 且后者比前者最后还多了一个正项 (最后一项), 因此有

$$x_n < x_{n+1} \quad (n = 1, 2, 3, \cdots),$$

即 $\{x_n\}$ 是单调增加的.

下面再证 $\{x_n\}$ 有界. 由于

$$x_n = 1 + 1 + \frac{1}{2!}\left(1 - \frac{1}{n}\right) + \frac{1}{3!}\left(1 - \frac{1}{n}\right)\left(1 - \frac{2}{n}\right) + \cdots$$

$$+ \frac{1}{n!}\left(1 - \frac{1}{n}\right)\left(1 - \frac{2}{n}\right)\cdots\left(1 - \frac{n-1}{n}\right),$$

故

$$2 < x_n < 1 + 1 + \frac{1}{2!} + \frac{1}{3!} + \cdots + \frac{1}{n!}$$

$$< 1 + 1 + \frac{1}{1 \cdot 2} + \frac{1}{2 \cdot 3} + \cdots + \frac{1}{(n-1) \cdot n}$$

$$= 1 + 1 + 1 - \frac{1}{2} + \frac{1}{2} - \frac{1}{3} + \cdots + \frac{1}{n-1} - \frac{1}{n} = 3 - \frac{1}{n} < 3,$$

即 $\{x_n\}$ 有界.

因此该数列 $\{x_n\}$ 单调增加且有界, 由准则 II, 极限 $\lim\limits_{n\to\infty}\left(1+\dfrac{1}{n}\right)^n$ 存在, 该极限用字母 e 表示, 即

$$\lim_{n\to\infty}\left(1+\frac{1}{n}\right)^n = \mathrm{e},$$

可证明 e 是一个无理数, 且 $2 < \mathrm{e} < 3$, 它的值为 $\mathrm{e} = 2.718281828459045\cdots$. 再证它有更一般的函数极限形式:

$$\lim_{x\to\infty}\left(1+\frac{1}{x}\right)^x = \mathrm{e}.$$

证 先证 $x\to+\infty$ 时的情形. 对 $\forall x > 0, \exists n, n < x \leqslant n+1$, 则

$$\left(1+\frac{1}{n+1}\right)^n < \left(1+\frac{1}{x}\right)^x < \left(1+\frac{1}{n}\right)^{n+1},$$

又当 $x\to+\infty$ 时, 有 $n\to+\infty$, 而

$$\lim_{n\to\infty}\left(1+\frac{1}{n}\right)^{n+1} = \lim_{n\to\infty}\left[\left(1+\frac{1}{n}\right)^n\left(1+\frac{1}{n}\right)\right]$$

$$= \lim_{n\to\infty}\left(1+\frac{1}{n}\right)^n \cdot \lim_{n\to\infty}\left(1+\frac{1}{n}\right) = \mathrm{e}\cdot 1 = \mathrm{e},$$

$$\lim_{n\to\infty}\left(1+\frac{1}{n+1}\right)^n = \lim_{n\to\infty}\left(1+\frac{1}{n+1}\right)^{n+1-1}$$

$$= \lim_{n\to\infty}\frac{\left(1+\dfrac{1}{n+1}\right)^{n+1}}{1+\dfrac{1}{n+1}} = \frac{\lim\limits_{n\to\infty}\left(1+\dfrac{1}{n+1}\right)^{n+1}}{\lim\limits_{n\to\infty}\left(1+\dfrac{1}{n+1}\right)} = \mathrm{e},$$

由夹逼准则, 得

$$\lim_{x\to+\infty}\left(1+\frac{1}{x}\right)^x = \mathrm{e}.$$

再证 $x\to-\infty$ 的情形. 令 $x = -t$, 则

$$\lim_{x\to-\infty}\left(1+\frac{1}{x}\right)^x = \lim_{t\to+\infty}\left(1+\frac{1}{-t}\right)^{-t} = \lim_{t\to+\infty}\left(\frac{t-1}{t}\right)^{-t}$$

$$= \lim_{t\to+\infty}\left(\frac{t}{t-1}\right)^t = \lim_{t\to+\infty}\left(1+\frac{1}{t-1}\right)^{t-1+1}$$

$$= \lim_{t \to +\infty} \left(1 + \frac{1}{t-1}\right)^{t-1} \cdot \lim_{t \to +\infty} \left(1 + \frac{1}{t-1}\right) = \mathrm{e},$$

所以

$$\lim_{x \to -\infty} \left(1 + \frac{1}{x}\right)^x = \mathrm{e},$$

综上可得

$$\lim_{x \to \infty} \left(1 + \frac{1}{x}\right)^x = \mathrm{e}.$$

证毕.

由于该极限在数学理论和工程技术中都有重要应用, 所以也称该极限为**重要极限二**. 若作代换 $x = \frac{1}{t}$, 则 $x \to \infty$ 相当于 $t \to 0$, 所以上式又可写为

$$\lim_{t \to 0}(1 + t)^{\frac{1}{t}} = \mathrm{e}.$$

因此该重要极限二在应用中有如下三种常用的形式:

$$\lim_{n \to \infty} \left(1 + \frac{1}{n}\right)^n = \mathrm{e},$$

$$\lim_{x \to \infty} \left(1 + \frac{1}{x}\right)^x = \mathrm{e},$$

$$\lim_{x \to 0}(1 + x)^{\frac{1}{x}} = \mathrm{e}.$$

利用变量代换可知, 设 $\lim_{x \to \square} \alpha(x) = 0$, 则重要极限二有更一般的形式:

$$\lim_{x \to \square}[1 + \alpha(x)]^{\frac{1}{\alpha(x)}} = \mathrm{e}.$$

当 $\lim_{x \to \square} f(x) = 1$, $\lim_{x \to \square} g(x) = \infty$ 时, 称形如 $\lim_{x \to \square} f(x)^{g(x)}$ 的幂指函数的极限为 1^∞ 型. 这类极限常可利用重要极限二来求解.

例 11 求 $\lim_{n \to \infty} \left(\frac{n+1}{n}\right)^{1-3n}$.

解 $\lim_{n \to \infty} \left(\frac{n+1}{n}\right)^{1+3n} = \lim_{n \to \infty} \left(1 + \frac{1}{n}\right) \cdot \lim_{n \to \infty} \left[\left(1 + \frac{1}{n}\right)^n\right]^3 = 1 \cdot \mathrm{e}^3 = \mathrm{e}^3.$

例 12 求 $\lim_{n \to \infty} E\left(1 - \frac{1}{RC} \cdot \frac{1}{n}\right)^n$ (这里 E, R, C 均为已知的常数).

解

$$\lim_{n\to\infty} E\left(1 - \frac{1}{RC}\cdot\frac{1}{n}\right)^n = E\cdot\lim_{n\to\infty}\left(1 - \frac{1}{RCn}\right)^{-RCn\cdot\left(-\frac{1}{RC}\right)}$$

$$= E\cdot\left[\lim_{n\to\infty}\left(1 + \frac{1}{-RCn}\right)^{-RCn}\right]^{-\frac{1}{RC}}$$

$$= E\cdot e^{-\frac{1}{RC}}.$$

例 13　求 $\lim_{x\to\infty}\left(\dfrac{x+1}{x-1}\right)^{2x}$.

解法一

$$\lim_{x\to\infty}\left(\frac{x+1}{x-1}\right)^{2x} = \lim_{x\to\infty}\left(1 + \frac{2}{x-1}\right)^{\frac{(x-1)}{2}\cdot 4 + 2}$$

$$= \left[\lim_{x\to\infty}\left(1 + \frac{2}{x-1}\right)^{\frac{x-1}{2}}\right]^4\cdot\lim_{x\to\infty}\left(1 + \frac{2}{x-1}\right)^2$$

$$= e^4\cdot 1 = e^4.$$

解法二

$$\lim_{x\to\infty}\left(\frac{x+1}{x-1}\right)^{2x} = \lim_{x\to\infty}\frac{\left(1 + \dfrac{1}{x}\right)^{2x}}{\left(1 - \dfrac{1}{x}\right)^{2x}}$$

$$= \frac{\displaystyle\lim_{x\to\infty}\left(1 + \frac{1}{x}\right)^{2x}}{\displaystyle\lim_{x\to\infty}\left(1 - \frac{1}{x}\right)^{2x}} = \frac{\left[\displaystyle\lim_{x\to\infty}\left(1 + \dfrac{1}{x}\right)^{x}\right]^2}{\left[\displaystyle\lim_{x\to\infty}\left(1 - \dfrac{1}{x}\right)^{-x}\right]^{-2}}$$

$$= \frac{e^2}{e^{-2}} = e^4.$$

例 14　求 $\lim_{x\to 0}\dfrac{\ln(x+1)}{x}$.

解　由复合函数的运算法则及 $\lim\limits_{x\to x_0}\ln x = \ln x_0$ 即得

$$\lim_{x\to 0}\frac{\ln(x+1)}{x} = \lim_{x\to 0}\frac{1}{x}\ln(x+1) = \lim_{x\to 0}\ln(x+1)^{\frac{1}{x}} = \ln[\lim_{x\to 0}(x+1)^{\frac{1}{x}}] = \ln e = 1,$$

即

$$\lim_{x\to 0}\frac{\ln(x+1)}{x} = 1.$$

(**说明**　本例中用到的结论 $\lim\limits_{x\to x_0}\ln x = \ln x_0$ 将在 1.8 节中给出证明.)

例 15　求 $\lim_{x\to 0}\dfrac{a^x - 1}{x\ln a}(a > 0, a\neq 1)$.

解 令 $a^x - 1 = t$, 则 $x = \dfrac{\ln(t+1)}{\ln a}$, 且当 $x \to 0$ 时, 有 $t \to 0$. 则由极限的变量代换法及重要极限二, 得

$$\lim_{x \to 0} \frac{a^x - 1}{x \ln a} = \lim_{t \to 0} \frac{t}{\ln(1+t)} = \lim_{t \to 0} \frac{1}{\frac{1}{t}\ln(1+t)} = \lim_{t \to 0} \frac{1}{\ln(1+t)^{\frac{1}{t}}}$$

$$= \frac{1}{\ln\left[\lim\limits_{t \to 0}(1+t)^{\frac{1}{t}}\right]} = \frac{1}{\ln e} = 1.$$

因此, $\lim\limits_{x \to 0} \dfrac{a^x - 1}{x \ln a} = 1$.

当取 $a = e$ 时, 可得

$$\lim_{x \to 0} \frac{e^x - 1}{x} = 1.$$

例 16 求 $\lim\limits_{x \to 0}(\cos x)^{\frac{2}{x^2}}$.

解 $\lim\limits_{x \to 0}(\cos x)^{\frac{2}{x^2}} = \lim\limits_{x \to 0}\left[(1 + \cos x - 1)^{\frac{1}{\cos x - 1} \cdot (\cos x - 1) \cdot \frac{2}{x^2}}\right]$

$$= \lim_{x \to 0}\left[\left\{[1 + (\cos x - 1)]^{\frac{1}{\cos x - 1}}\right\}^{\frac{-2(1 - \cos x)}{x^2}}\right]$$

$$= \lim_{x \to 0}\left\{[1 + (\cos x - 1)]^{\frac{1}{\cos x - 1}}\right\}^{\lim\limits_{x \to 0}\frac{-2(1 - \cos x)}{x^2}}$$

$$= e^{\lim\limits_{x \to 0}\frac{-2}{x^2} \cdot 2\sin^2\frac{x}{2}} = e^{-\lim\limits_{x \to 0}\left(\frac{\sin\frac{x}{2}}{\frac{x}{2}}\right)^2} = e^{-1}.$$

习 题 1-6

A 组

课件1-6-3

1. 写出下列极限的值:

(1) $\lim\limits_{x \to 0} \dfrac{\sin 2x}{x} = $_____;

(2) $\lim\limits_{x \to \infty} \dfrac{\sin x}{x} = $_____;

(3) $\lim\limits_{x \to 0} x\sin\dfrac{1}{x} = $_____;

(4) $\lim\limits_{x \to \infty} x\sin\dfrac{2}{x} = $_____;

(5) $\lim\limits_{x \to \infty}\left(1 - \dfrac{1}{x^2}\right)^{x^2} = $_____;

(6) $\lim\limits_{x \to 0}(1 - 2x)^{\frac{1}{x}} = $_____.

2. 计算下列极限:

(1) $\lim\limits_{x \to 0} \dfrac{\sin 2x}{\sin 3x}$;

(2) $\lim\limits_{x \to 0} \dfrac{\tan 3x}{\sin 4x}$;

(3) $\lim\limits_{x \to 0} \dfrac{\sin x^2 \cdot \arctan\dfrac{1}{x}}{x}$;

(4) $\lim\limits_{x \to \infty} x\tan\dfrac{2}{x}$;

(5) $\lim\limits_{x \to 1} \dfrac{\sin(x^3 - 1)}{x^2 - 1}$;

(6) $\lim\limits_{x \to 0^-} \dfrac{x}{\sqrt{1 - \cos x}}$;

(7) $\lim\limits_{x \to 0} \dfrac{\arcsin 2x}{x}$;

(8) $\lim\limits_{x \to 0} \dfrac{\sqrt{1 + x} - \sqrt{1 - x}}{\tan x}$.

3. 计算下列极限:

(1) $\lim\limits_{x \to \infty} \left(1 - \dfrac{2}{x}\right)^{2x}$;

(2) $\lim\limits_{x \to 0} (1 + 2x)^{\frac{3x - 1}{x}}$;

(3) $\lim\limits_{x \to \infty} \left(\dfrac{x^2 - 1}{x^2 + 1}\right)^{x^2}$;

(4) $\lim\limits_{x \to \infty} \left(\dfrac{x + a}{x - a}\right)^{x}$;

(5) $\lim\limits_{n \to \infty} \left(1 - \dfrac{1}{n} + \dfrac{2}{n^2}\right)^{n}$;

(6) $\lim\limits_{x \to 1} x^{\frac{1}{1 - x}}$.

4. 计算计算下列极限:

(1) $\lim\limits_{n \to \infty} \left[\dfrac{1}{n^2} + \dfrac{1}{(n+1)^2} + \cdots + \dfrac{1}{(2n)^2}\right]$;

(2) $\lim\limits_{n \to \infty} (1 + 2^n + 3^n)^{\frac{1}{n}}$;

(3) $\lim\limits_{n \to \infty} \left(\dfrac{1}{\sqrt{n^6 + n}} + \dfrac{2^2}{\sqrt{n^6 + 2n}} + \cdots + \dfrac{n^2}{\sqrt{n^6 + n^2}}\right)$.

5. 利用单调有界准则证明满足下列条件的数列 $\{x_n\}$ 收敛, 并求其极限:

(1) 设 $a > 0$, $x_1 = \sqrt{a}$, $x_2 = \sqrt{a + \sqrt{a}} = \sqrt{a + x_1}$, $\cdots$, $x_{n+1} = \sqrt{a + x_n}(n = 1, 2, \cdots)$;

(2) 设 $x_0 > 0$, $x_1 = 1 + \dfrac{x_0}{1 + x_0}$, $\cdots$, $x_{n+1} = 1 + \dfrac{x_n}{1 + x_n}$.

B 组

1. 计算下列极限:

(1) $\lim\limits_{x \to \infty} \dfrac{[x - 1]}{x + 2}$;

(2) $\lim\limits_{x \to 0} \dfrac{\sqrt{2 + \tan x} - \sqrt{2 + \sin x}}{\sin x^3}$;

(3) $\lim\limits_{n \to \infty} \left[\tan\left(\dfrac{\pi}{4} + \dfrac{1}{n}\right)\right]^{n}$;

(4) $\lim\limits_{x \to 0} (x + a^x)^{\frac{1}{x}}(a > 0, a \neq 1)$;

(5) $\lim\limits_{x \to 0} (\cos x)^{\frac{1}{\sin^2 x}}$;

(6) $\lim\limits_{x \to \frac{\pi}{4}} (\tan x)^{\tan 2x}$.

2. 已知 $\lim\limits_{x \to 0} \left[a \arctan \dfrac{1}{x} + (1 + |x|)^{\frac{1}{x}}\right]$ 存在, 求 a 的值. (2021 考研真题)

3. 设 $-1 < x_0 < 0$, $x_{n+1} = x_n^2 + 2x_n$ $(n = 0, 1, 2, \cdots)$, 证明数列 $\{x_n\}$ 收敛, 并求其极限.

4. 设 $x_1 = \sqrt{2}$, $x_{n+1} = \sqrt{2x_n}(n = 1, 2, \cdots)$, 证明数列 $\{x_n\}$ 收敛, 并求其极限.

1.7　无穷小的比较

我们已经知道两个无穷小的和、差、积仍为无穷小, 但两个无穷小的商的情形就较为复杂, 例如下面几个无穷小的商的极限:

课前测1-7-1

$$\lim_{x \to 0} \frac{x^2}{x} = \lim_{x \to 0} x = 0,$$

$$\lim_{x \to 0} \frac{x^2}{x^3} = \lim_{x \to 0} \frac{1}{x} = \infty,$$

$$\lim_{x \to 0} \frac{1 - \cos x}{x^2} = \frac{1}{2}.$$

从上面三个极限中看到: 虽然当 $x \to 0$ 时, $x^3, x^2, x, 1 - \cos x$ 都是无穷小, 但它们比值的极限却有着各自不同的情形, 这些情形产生的原因是各个无穷小趋于零的快慢程度不同. 就上面的例子来说, 在 $x \to 0$ 的过程中, $x^2 \to 0$ 的速度比 $x \to 0$ 要快; 但比 $x^3 \to 0$ 要慢; 而与 $2(1 - \cos x) \to 0$ 的速度大致相当. 事实上, 两个无穷小的商的极限, 可以反映两个无穷小趋于零的相对快慢程度, 它在高等数学中有较重要的作用, 下面我们利用两个无穷小商的极限引入两个无穷小量之间的比较与阶的概念.

定义 1 设 α, β 是同一变化过程时的两个无穷小,

(1) 若 $\lim \frac{\alpha}{\beta} = 0$, 则称在此变化过程时, α 是 β 的**高阶无穷小**, 记作 $\alpha = o(\beta) (x \to \square$ 或 $n \to \infty)$;

(2) 若 $\lim \frac{\alpha}{\beta} = \infty$, 则称在此变化过程时, α 是 β 的**低阶无穷小**;

(3) 若 $\lim \frac{\alpha}{\beta} = c (c$ 为常数且 $c \neq 0)$, 则称在此变化过程时, α 是 β 的**同阶无穷小**; 特别地, 当 $c = 1$ 时, 称在此变化过程时, α 与 β 是**等价无穷小**, 记作 $\alpha \sim \beta (x \to \square$ 或 $n \to \infty)$;

(4) 若 $\lim \frac{\alpha}{\beta^k} = c (c \neq 0, k > 0)$, 则称在此变化过程时, α 是 β 的 k **阶无穷小**.

一般地, 当讨论无穷小 α 的阶数时, 若极限过程为 $x \to 0$, 则常取 $\beta = x$; 若当 $x \to \infty$, 则常取 $\beta = \frac{1}{x}$; 若当 $x \to x_0$, 则常取 $\beta = x - x_0$.

例如, 由于

$$\lim_{x \to 0} \frac{\sin^3 x}{x} = \lim_{x \to 0} \left(\frac{\sin x}{x} \right)^3 x^2 = 1 \times 0 = 0,$$

因此当 $x \to 0$ 时, $\sin^3 x$ 是 x 的高阶无穷小, 即 $\sin^3 x = o(x) (x \to 0)$;

因为

$$\lim_{x \to 0} \frac{\sin^3 x}{x^3} = \lim_{x \to 0} \left(\frac{\sin x}{x} \right)^3 = 1,$$

因此当 $x \to 0$ 时, $\sin^3 x$ 是 x 的三阶无穷小;

又因为 $\lim_{x \to 0} \frac{1 - \cos x}{x^2} = \frac{1}{2}$, 所以当 $x \to 0$ 时, $1 - \cos x$ 与 x^2 是同阶无穷小; 与 $\frac{1}{2} x^2$ 是等价无穷小;

因为 $\lim\limits_{x\to 0}\dfrac{\sin x}{x}=1$, 所以当 $x\to 0$ 时, $\sin x$ 与 x 是等价无穷小, 即 $\sin x \sim x(x\to 0)$;

又由于

$$\lim_{n\to\infty}\frac{\dfrac{1}{n}}{\dfrac{1}{n^2}}=\lim_{n\to\infty}n=\infty,$$

所以当 $n\to\infty$ 时, $\dfrac{1}{n}$ 是 $\dfrac{1}{n^2}$ 的低阶无穷小.

例 1 证明下列函数在指定变化过程时是无穷小, 并求其无穷小的阶数.

(1) $\sqrt{2+x}-\sqrt{2-x}$(当 $x\to 0$ 时);

(2) $\dfrac{x-1}{x^3+2x+1}$(当 $x\to\infty$ 时).

证 (1) 由于

$$\lim_{x\to 0}\left(\sqrt{2+x}-\sqrt{2-x}\right)=\lim_{x\to 0}\frac{2x}{\sqrt{2+x}+\sqrt{2-x}}=\frac{0}{2\sqrt{2}}=0,$$

故函数 $\sqrt{2+x}-\sqrt{2-x}$ 在 $x\to 0$ 时是无穷小, 又

$$\lim_{x\to 0}\frac{\sqrt{2+x}-\sqrt{2-x}}{x}=\lim_{x\to 0}\frac{2x}{x\left(\sqrt{2+x}+\sqrt{2-x}\right)}$$

$$=\lim_{x\to 0}\frac{2}{\sqrt{2+x}+\sqrt{2-x}}=\frac{\sqrt{2}}{2},$$

所以 $x\to 0$ 时, $\sqrt{2+x}-\sqrt{2-x}$ 是关于 x 的一阶无穷小.

(2) 由于 $\lim\limits_{x\to\infty}\dfrac{x-1}{x^3+2x+1}=0$, 故函数 $\dfrac{x-1}{x^3+2x+1}$ 是 $x\to\infty$ 时的无穷小. 又

$$\lim_{x\to\infty}\frac{\dfrac{x-1}{x^3+2x+1}}{\left(\dfrac{1}{x}\right)^2}=\lim_{x\to\infty}\frac{x^3-x^2}{x^3+2x+1}=1,$$

所以当 $x\to\infty$ 时, $\dfrac{x-1}{x^3+2x+1}$ 是关于 $\dfrac{1}{x}$ 的二阶无穷小.

下面着重讨论等价无穷小的几个重要性质.

性质 1 在某一变化过程中, α 与 β 是等价无穷小的充分必要条件为

$$\alpha=\beta+o(\beta)\quad(x\to\square\ \text{或}\ n\to\infty\ \text{时}).$$

证 下面仅证明 $x \to x_0$ 时的情形.

必要性 设 $\alpha \sim \beta(x \to x_0)$, 则

$$\lim_{x \to x_0} \frac{\alpha - \beta}{\beta} = \lim_{x \to x_0} \left(\frac{\alpha}{\beta} - 1 \right) = 1 - 1 = 0,$$

即

$$\alpha - \beta = o(\beta) \quad (x \to x_0).$$

因此

$$\alpha = \beta + o(\beta) \quad (x \to x_0).$$

充分性 设 $\alpha = \beta + o(\beta)(x \to x_0)$, 则

$$\lim_{x \to x_0} \frac{\alpha}{\beta} = \lim_{x \to x_0} \frac{\beta + o(\beta)}{\beta}$$

$$= \lim_{x \to x_0} \left(1 + \frac{o(\beta)}{\beta} \right) = 1 + 0 = 1,$$

则

$$\alpha \sim \beta \quad (x \to x_0).$$

综上

$$\alpha \sim \beta(x \to x_0) \Leftrightarrow \alpha = \beta + o(\beta)(x \to x_0).$$

证毕.

例如, 当 $x \to 0$ 时, 由于 $x + x^2 = x + o(x)$, 因此, $x + x^2 \sim x(x \to 0)$;

再如, 由于当 $x \to 0$ 时, $\sin x \sim x$, 因此 $\sin x = x + o(x)(x \to 0)$.

性质 2 当 $x \to 0$ 时, 有如下几组常用的等价无穷小:

$$
\begin{array}{lll}
\sin x \sim x; & \tan x \sim x; & \arcsin x \sim x; \\
\arctan x \sim x; & 1 - \cos x \sim \dfrac{x^2}{2}; & \ln(1 + x) \sim x; \\
e^x - 1 \sim x; & a^x - 1 \sim x \ln a (a > 0, a \neq 1) & (1 + x)^{\alpha} - 1 \sim \alpha x (\alpha \neq 0).
\end{array}
$$

由 1.6 节已经证明或求得

$$\lim_{x \to 0} \frac{\sin x}{x} = \lim_{x \to 0} \frac{\tan x}{x} = \lim_{x \to 0} \frac{\arcsin x}{x} = \lim_{x \to 0} \frac{\arctan x}{x} = 1;$$

$$\lim_{x \to 0} \frac{1 - \cos x}{\frac{1}{2} x^2} = \lim_{x \to 0} \frac{\ln(1 + x)}{x} = \lim_{x \to 0} \frac{a^x - 1}{x \ln a} = \lim_{x \to 0} \frac{e^x - 1}{x} = 1,$$

因此, 当 $x \to 0$ 时, 有

$$\sin x \sim x; \quad \tan x \sim x; \quad \arcsin x \sim x; \quad \arctan x \sim x;$$

$$1 - \cos x \sim \frac{x^2}{2}; \quad \ln(1+x) \sim x; \quad a^x - 1 \sim x \ln a\,(a > 0, a \neq 1); \quad e^x - 1 \sim x.$$

下面只需证最后一个. 由于 $\alpha \neq 0$,

$$\lim_{x \to 0} \frac{(1+x)^\alpha - 1}{\alpha x} = \lim_{x \to 0} \frac{e^{\alpha \ln(1+x)} - 1}{\alpha x} = \lim_{x \to 0} \frac{e^{\alpha \ln(1+x)} - 1}{\alpha \ln(1+x)} \cdot \frac{\alpha \ln(1+x)}{\alpha x}$$

$$= \lim_{x \to 0} \frac{e^{\alpha \ln(1+x)} - 1}{\alpha \ln(1+x)} \cdot \lim_{x \to 0} \frac{\ln(1+x)}{x} = 1,$$

因此, 当 $x \to 0$ 时, $(1+x)^\alpha - 1 \sim \alpha x\,(\alpha \neq 0)$. 证毕.

性质 3　设当 $x \to \square$ 时, $\alpha(x) \sim \alpha'(x)$, $\beta(x) \sim \beta'(x)$, $f(x)$ 为已知函数, 且 $\lim\limits_{x \to \square} \dfrac{\alpha'(x)}{\beta'(x)} f(x)$ 存在 (或为 ∞), 则

无穷小的
等价替换与
应用1-7-2

$$\lim_{x \to \square} \frac{\alpha(x)}{\beta(x)} f(x) = \lim_{x \to \square} \frac{\alpha'(x)}{\beta'(x)} f(x).$$

证　$\lim\limits_{x \to \square} \dfrac{\alpha(x)}{\beta(x)} f(x) = \lim\limits_{x \to \square} \left[\dfrac{\alpha(x)}{\alpha'(x)} \cdot \dfrac{\beta'(x)}{\beta(x)} \cdot \dfrac{\alpha'(x)}{\beta'(x)} f(x) \right] = \lim\limits_{x \to \square} \dfrac{\alpha'(x)}{\beta'(x)} f(x).$
证毕.

同理可证如下类似结论.

性质 3′　当 $x \to \square$ 时, $\alpha(x) \sim \alpha'(x)$, $f(x)$ 为已知函数, 且 $\lim\limits_{x \to \square} \alpha'(x) f(x)$ 存在 (或为 ∞), 则

$$\lim_{x \to \square} \alpha(x) f(x) = \lim_{x \to \square} \alpha'(x) f(x).$$

请由读者自证.

例 2　计算 $\lim\limits_{x \to 0} \dfrac{\sin 3x}{\tan 6x}$.

解　因为 $x \to 0$ 时, $\sin 3x \sim 3x$, $\tan 6x \sim 6x$, 由性质 3 得

$$\lim_{x \to 0} \frac{\sin 3x}{\tan 6x} = \lim_{x \to 0} \frac{3x}{6x} = \frac{1}{2}.$$

例 3　计算 $\lim\limits_{x \to 0} \dfrac{\arcsin 2x}{2x^3 + x}$.

解 因为 $x \to 0$ 时, $\arcsin 2x \sim 2x$, $2x^3 + x \sim x$, 由性质 3 得

$$\lim_{x \to 0} \frac{\arcsin 2x}{2x^3 + x} = \lim_{x \to 0} \frac{2x}{x} = 2.$$

例 4 计算 $\lim\limits_{x \to 0} \dfrac{\sin 2x - \sin 3x}{x}$.

解法一 $\lim\limits_{x \to 0} \dfrac{\sin 2x - \sin 3x}{x} = \lim\limits_{x \to 0} \dfrac{\sin 2x}{x} - \lim\limits_{x \to 0} \dfrac{\sin 3x}{x}$

$$= \lim_{x \to 0} \frac{2x}{x} - \lim_{x \to 0} \frac{3x}{x} = 2 - 3 = -1.$$

解法二 $\lim\limits_{x \to 0} \dfrac{\sin 2x - \sin 3x}{x} = \lim\limits_{x \to 0} \dfrac{2\cos \dfrac{2+3}{2}x \cdot \sin \dfrac{2-3}{2}x}{x}$

$$= \lim_{x \to 0} \frac{2\cos \dfrac{5}{2}x \cdot \left(\dfrac{-1}{2}x\right)}{x} = -1.$$

必须指出利用无穷小等价替换时只能对函数中的乘积因式进行, 对于其加减因式则不能进行无穷小代换, 否则可能会出错. 例如对于极限 $\lim\limits_{x \to 0} \dfrac{\tan x - \sin x}{x^3}$, 如果直接进行 $\tan x \sim x$, $\sin x \sim x$ 的替换, 则

$$\lim_{x \to 0} \frac{\tan x - \sin x}{x^3} = \lim_{x \to 0} \frac{x - x}{x^3} = 0,$$

由 1.6 节的例题可知其等于 $\dfrac{1}{2}$, 显然上面的做法是错的. 事实上有

$$\lim_{x \to 0} \frac{\tan x - \sin x}{x^3} = \lim_{x \to 0} \frac{\tan x(1 - \cos x)}{x^3} = \lim_{x \to 0} \frac{x \cdot \dfrac{1}{2}x^2}{x^3} = \frac{1}{2}.$$

例 5 计算 $\lim\limits_{x \to 0} \dfrac{\mathrm{e}^{\tan x} - \mathrm{e}^{\sin x}}{x \ln(1 + x^2)}$.

解 $\lim\limits_{x \to 0} \dfrac{\mathrm{e}^{\tan x} - \mathrm{e}^{\sin x}}{x \ln(1 + x^2)} = \lim\limits_{x \to 0} \dfrac{\mathrm{e}^{\sin x}(\mathrm{e}^{\tan x - \sin x} - 1)}{x^3}$

$$= \lim_{x \to 0} \mathrm{e}^{\sin x} \cdot \lim_{x \to 0} \frac{(\mathrm{e}^{\tan x - \sin x} - 1)}{x^3}$$

$$= 1 \cdot \lim_{x \to 0} \frac{\tan x - \sin x}{x^3} = \lim_{x \to 0} \frac{\tan x(1 - \cos x)}{x^3}$$

$$= \lim_{x \to 0} \frac{x \cdot \dfrac{x^2}{2}}{x^3} = \frac{1}{2}.$$

例 6 计算 $\lim\limits_{x \to 0} \dfrac{3\sin x + x^2 \cos \dfrac{1}{x}}{(1 + \cos x)\ln(1 + x)}$.

解 当 $x \to 0$ 时, $1 + \cos x \to 2$, $\ln(1 + x) \sim x$, 于是

$$原式 = \lim_{x \to 0} \frac{1}{1 + \cos x} \cdot \lim_{x \to 0} \frac{3\sin x + x^2 \cos \dfrac{1}{x}}{\ln(1 + x)} = \frac{1}{2} \lim_{x \to 0} \frac{3\sin x + x^2 \cos \dfrac{1}{x}}{x}$$

$$= \frac{1}{2} \lim_{x \to 0} \left(\frac{3\sin x}{x} + x \cos \frac{1}{x} \right) = \frac{3 + 0}{2} = \frac{3}{2}.$$

例 7 计算 $\lim\limits_{x \to 0} (\cos x)^{\frac{1}{\arctan^2 x}}$.

解 因为 $x \to 0$ 时, $1 - \cos x \sim \dfrac{1}{2} x^2$, $\arctan^2 x \sim x^2$, 故

$$\lim_{x \to 0} (\cos x)^{\frac{1}{\arctan^2 x}} = \lim_{x \to 0} (1 + \cos x - 1)^{\frac{1}{\cos x - 1} \frac{\cos x - 1}{\arctan^2 x}}$$

$$= \lim_{x \to 0} \left\{ \left[(1 + \cos x - 1)^{\frac{1}{\cos x - 1}} \right]^{\frac{\cos x - 1}{\arctan^2 x}} \right\}$$

$$= e^{\lim\limits_{x \to 0} \frac{\cos x - 1}{\arctan^2 x}} = e^{\lim\limits_{x \to 0} \frac{-\frac{1}{2} x^2}{x^2}} = e^{-\frac{1}{2}}.$$

例 8 已知当 $x \to 0$ 时, $(1 + ax^2)^{\frac{1}{3}} - 1$ 与 $1 - \cos x$ 是等价无穷小, 求常数 a 的值.

解 由于 $x \to 0$ 时, $(1 + ax^2)^{\frac{1}{3}} - 1 \sim \dfrac{1}{3} ax^2$, $1 - \cos x \sim \dfrac{1}{2} x^2$, 因此

$$\lim_{x \to 0} \frac{(1 + ax^2)^{\frac{1}{3}} - 1}{1 - \cos x} = \lim_{x \to 0} \frac{\dfrac{1}{3} ax^2}{\dfrac{1}{2} x^2} = \frac{2a}{3},$$

由题设得 $\dfrac{2a}{3} = 1$, 解得

$$a = \frac{3}{2}.$$

习 题 1-7

课件1-7-3

A 组

1. 当 $x \to 4$ 时, 无穷小 $\dfrac{x^2 - 16}{x + 4}$ 与 $x - 4$ 是否为同阶无穷小? 是否为等价无穷小?

2. 在指定的变化过程中, 求下列无穷小的阶:

(1) $x \to 0$ 时, $\tan x^3$;

(2) $x \to 1$ 时, $x^3 - 3x + 2$.

3. 证明: 当 $x \to 0$ 时, 有

(1) $\sec x - 1 \sim \dfrac{1}{2} x^2$;

(2) $\sqrt{\tan x + 1} - \sqrt{\sin x + 1} \sim \dfrac{1}{4} x^3$.

4. 计算下列极限:

(1) $\lim\limits_{x \to 0} \dfrac{\sin x^2}{\sin^2 x}$;

(2) $\lim\limits_{x \to 0} \dfrac{\ln(1 - \sin 2x)}{\mathrm{e}^{3x} - 1}$;

(3) $\lim\limits_{x \to 0} \dfrac{1 - \cos 2x}{x \sin x}$;

(4) $\lim\limits_{x \to 0} \dfrac{\sqrt{1 + x \sin x} - 1}{\mathrm{e}^{x^2} - 1}$;

(5) $\lim\limits_{x \to 0} \dfrac{\arctan 4x}{\ln(1 + \sin 2x)}$;

(6) $\lim\limits_{x \to 0} \dfrac{\cos mx - \cos nx}{\sin^2 x} \, (m, n \in \mathbf{N}^+)$;

(7) $\lim\limits_{x \to 0} \dfrac{\tan x - \sin x}{\ln(1 + x^3)}$;

(8) $\lim\limits_{x \to 0} \dfrac{\mathrm{e} - \mathrm{e}^{\cos x}}{x \sin x}$.

5. 证明无穷小的等价关系具有下列性质:

(1) $\alpha \sim \alpha$.(自反性)

(2) 若 $\alpha \sim \beta$, 则 $\beta \sim \alpha$. (对称性)

(3) 若 $\alpha \sim \beta$, $\beta \sim \gamma$, 则 $\gamma \sim \alpha$. (传递性)

B 组

1. 设 $\cos x - 1 = x \sin \alpha(x)$, $|\alpha(x)| < \dfrac{\pi}{2}$, 则当 $x \to 0$ 时, $\alpha(x)$ 是 ( )(2013 考研真题)

(A) 比 x 高阶的无穷小

(B) 比 x 低阶的无穷小

(C) 与 x 同阶但不等价的无穷小

(D) 与 x 等价的无穷小.

2. 当 $x \to 0^+$ 时, 若 $\ln^{\alpha}(1 + 2x)$, $(1 - \cos x)^{\frac{1}{\alpha}}$ 均是比 x 高阶的无穷小, 则 α 的可能取值范围是 ( ) (2014 考研真题)

(A) $(2, +\infty)$

(B) $(1, 2)$

(C) $\left(\dfrac{1}{2}, 1\right)$

(D) $\left(0, \dfrac{1}{2}\right)$.

3. 计算 $\lim\limits_{x \to 0^+} \dfrac{1 - \sqrt{\cos x}}{1 - \cos \sqrt{x}}$.

课前测1-8-1

1.8 函数的连续性

我们知道几何绘图中的一笔画, 如果笔不提起, 就可在一定范围内一笔画出一条连续不断开的曲线; 自然界中也有许多现象如空气、河水的流动, 气温、身高

的改变等都是连续变化的. 反映到数学上, 它们对应的函数曲线在其定义区间上是连续不断开的, 函数的这一特点具有普遍性, 数学上形象地称之为**函数的连续性**, 本节研究一元函数这一常见的基本性态.

一、函数连续性的概念

观察连续曲线的特点, 例如人体身高与室外的温度变化曲线, 它们都是时间的函数, 当时间的改变量很小时, 它们的改变量也很小, 且当时间的改变量无限趋近于零时, 它们的改变量也无限趋近于零, 这就是连续曲线的特点, 因此我们尝试用极限思想来讨论函数的连续性.

为了准确描述函数的这种连续性态, 先介绍增量 (改变量) 的概念.

1. 增量

若变量 u 从始点 u_1 变化到终点 u_2, 则称 $u_2 - u_1$ 为 **变量 u 的增量** (或**改变量**), 记为 Δu, 即

$$\Delta u = u_2 - u_1 \quad (或 u_2 = u_1 + \Delta u),$$

当 u 的值变大、变小或不变时, 对应 Δu 的符号分别为正、负、0 (图 1-8-1).

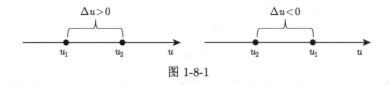

图 1-8-1

设函数 $y = f(x)$ 在 $U(x_0)$ 内有意义, 当自变量 x 的始点为 x_0, 并在 x_0 处有增量 Δx, 则 x 从 x_0 变到了 $x_0 + \Delta x$, 对应函数 y 从 $f(x_0)$ 变到了 $f(x_0 + \Delta x)$, 因此在 x_0 处, 对应自变量的增量 Δx, 函数有增量为

$$\Delta y = f(x_0 + \Delta x) - f(x_0).$$

2. 函数在点 x_0 处的连续性

容易观察到, 如果曲线 $y = f(x)$ 在定义域内的点 x_0 处的图像与周围的点连在一起, 没有断开, 这时 $f(x)$ 在 x_0 处就有一个共同的特点: 当自变量的改变量无限小时, 相应函数值的改变量也无限小, 即有 $\lim\limits_{\Delta x \to 0} \Delta y = 0$, 我们将函数 $y = f(x)$ 具有这种特性的点 x_0 称为该函数的**连续点**.

根据以上分析, 给出函数在一点连续的精确定义.

定义 1 设 $f(x)$ 在点 x_0 的某邻域 $U(x_0)$ 内有定义, 若当自变量 x 的增量 $\Delta x = x - x_0$ 趋向于零时, 对应函数的增量 $\Delta y = f(x_0 + \Delta x) - f(x_0)$ 也趋向于零, 即

$$\lim_{\Delta x \to 0} \Delta y = \lim_{\Delta x \to 0} [f(x_0 + \Delta x) - f(x_0)] = 0,$$

则称**函数** $y = f(x)$ **在点** x_0 **处连续**, 点 x_0 为函数 $y = f(x)$ 的**连续点**; 否则称**函数** $y = f(x)$ **在点** x_0 **处不连续**.

由于

$$\Delta x = x - x_0, \quad \Delta y = f(x) - f(x_0),$$

则

$$\lim_{\Delta x \to 0} \Delta y = 0 \Leftrightarrow \lim_{x \to x_0} f(x) = f(x_0).$$

故定义 1 与下面的定义等价.

定义 1$'$ 设 $f(x)$ 在点 x_0 的某邻域 $U(x_0)$ 内有定义, 若 $f(x)$ 在点 x_0 处满足

$$\lim_{x \to x_0} f(x) = f(x_0),$$

则称**函数** $y = f(x)$ **在** x_0 **处连续**.

由以上定义可知, 函数 $f(x)$ 在点 x_0 处连续必须同时满足下列三个条件:

① $y = f(x)$ 在 $U(x_0, \delta)$ 内有定义;

② 极限 $\lim\limits_{x \to x_0} f(x)$ 存在;

③ $\lim\limits_{x \to x_0} f(x) = f(x_0)$.

类似左、右极限的定义, 得到函数在点 x_0 处左、右连续的定义.

定义 2 设函数 $y = f(x)$ 在区间 $(x_0 - \delta, x_0]$ 上有定义, 若有 $\lim\limits_{x \to x_0^-} f(x) = f(x_0)$, 则称 $f(x)$ **在点** x_0 **处左连续**; 设函数 $y = f(x)$ 在区间 $[x_0, x_0 + \delta)$ 上有定义, 若有 $\lim\limits_{x \to x_0^+} f(x) = f(x_0)$, 则称 $f(x)$ **在点** x_0 **处右连续**.

由极限存在的充要条件可知: 函数 $f(x)$ 在点 x_0 处连续的充要条件为 $f(x)$ 在点 x_0 处既左连续又右连续.

例 1 设 $f(x) = \begin{cases} -2x + 4, & x < 1, \\ -x + 3, & x \geqslant 1, \end{cases}$ 讨论 $f(x)$ 在 $x = 1$ 处的连续性.

解 由 $f(1) = 2$, 又

$$\lim_{x \to 1^-} f(x) = \lim_{x \to 1^-} (-2x + 4) = 2 = f(1),$$

$$\lim_{x\to 1^+} f(x) = \lim_{x\to 1^+} (-x+3) = 2 = f(1),$$

则 $f(x)$ 在点 $x=1$ 处既左连续且右连续, 因此 $f(x)$ 在点 $x=1$ 处连续.

3. 函数在区间上的连续性

定义 3　若函数 $y = f(x)$ 在区间上每一点都连续, 则称函数 $y = f(x)$ 在该**区间上连续**. 如果区间包括端点, 那么函数在右端点处的连续是指**左连续**, 在左端点处的连续是指**右连续**.

因此, 函数 $y = f(x)$ 在 (a,b) 内连续是指该函数在开区间 (a,b) 内每一点都连续.

函数 $y = f(x)$ 在闭区间 $[a,b]$ 上连续是指该函数在开区间 (a,b) 内连续, 且在其右端点 b 处左连续, 在左端点 a 处右连续.

在几何上, 区间上的连续函数, 其图形是在该区间上一条连续不断开的曲线.

定义 4　若函数 $f(x)$ 在其定义域内的每一点处都连续, 则称 $f(x)$ 为定义域内的**连续函数**, 或称 $f(x)$ **在定义域内连续**.

例如对于多项式函数 $p_n(x) = a_n x^n + a_{n-1} x^{n-1} + \cdots + a_0$, 由于对 $\forall x_0 \in \mathbf{R}$, 都有 $\lim\limits_{x\to x_0} p_n(x) = p_n(x_0)$, 故多项式函数在 $\mathbf{R}$ 内连续.

又如三角函数 $y = \sin x$, $y = \cos x$, 对 $\forall x_0 \in \mathbf{R}$, 都有

$$\lim_{x\to x_0} \sin x = \sin x_0, \quad \lim_{x\to x_0} \cos x = \cos x_0,$$

故它们也在 $\mathbf{R}$ 内均连续.

二、 函数的间断点

有的曲线不是处处连续, 而会在某些点处断开, 例如函数 $y = \dfrac{1}{x}$, 它在 $x=0$ 时无定义, 但在 $\mathring{U}(0,\delta)$ 内有定义, 其图像在 $x=0$ 点处断开; 又如函数 $y = \tan x$, 它在 $x = k\pi + \dfrac{\pi}{2}\ (k = 0, \pm 1, \pm 2, \cdots)$ 时无定义, 但在这些点的某去心邻域 $\mathring{U}\left(k\pi + \dfrac{\pi}{2}, \delta\right)$ 内有定义, 其图像在这些点处断开; 又如取整函数 $y = [x]$ 在整数点处都有定义, 但其图像在这些点处都是断开的. 观察曲线上断开的这些点处都具有如下特征: 函数在该点的去心邻域内有定义, 但在该点处不连续, 将这类点称为函数的间断点.

定义 5　设函数 $f(x)$ 在点 x_0 的某去心邻域 $\mathring{U}(x_0)$ 内有定义, 但在点 x_0 处不连续, 则称 x_0 为函数 $f(x)$ 的**不连续点或间断点**.

根据函数 $f(x)$ 在点 x_0 处不连续的定义可知, 当 $f(x)$ 具有如下三种情形之一时:

① 在点 x_0 的某去心邻域 $\overset{\circ}{U}(x_0)$ 内有定义, 但在 x_0 处无定义;

② 在点 x_0 的某邻域 $U(x_0,\delta)$ 内有定义, 但 $\lim\limits_{x \to x_0} f(x)$ 不存在;

③ 在点 x_0 的某邻域 $U(x_0,\delta)$ 内有定义, 且 $\lim\limits_{x \to x_0} f(x)$ 存在, 但

$$\lim_{x \to x_0} f(x) \neq f(x_0),$$

则 x_0 就是函数 $f(x)$ 的一个间断点.

为了便于应用, 需要对函数 $f(x)$ 的间断点进行分类. 根据函数在其间断点处左、右极限的存在性, 通常可以将函数的间断点分成如下两种类型.

1. $\lim\limits_{x \to x_0^+} f(x)$ 与 $\lim\limits_{x \to x_0^-} f(x)$ 均存在的情形

如果函数在间断点 x_0 处的左、右极限均存在, 则称 x_0 为**函数的第一类间断点**.

这时函数在点 x_0 处的左、右极限或者都存在但不相等, 或者左、右极限都存在且相等. 因此第一类间断点有如下两种类型.

(1) $\lim\limits_{x \to x_0^+} f(x) \neq \lim\limits_{x \to x_0^-} f(x)$

称函数在点 x_0 处的左、右极限都存在但不相等的间断点为**跳跃型间断点**.

例 2 讨论函数

$$f(x) = \begin{cases} x-1, & x < 0, \\ 0, & x = 0, \\ x+1, & x > 0 \end{cases}$$

在 $x = 0$ 处的连续性.

解 由于

$$\lim_{x \to 0^-} f(x) = \lim_{x \to 0^-} (x-1) = -1,$$

$$\lim_{x \to 0^+} f(x) = \lim_{x \to 0^+} (x+1) = 1,$$

即

$$\lim_{x \to x_0^+} f(x) \neq \lim_{x \to x_0^-} f(x),$$

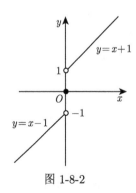

图 1-8-2

因此 $\lim\limits_{x \to 0} f(x)$ 不存在, 即 $f(x)$ 在 $x = 0$ 处间断, 故 $x = 0$ 为函数的跳跃型间断点.

注 由图 1-8-2 可知, 由于 $f(x)$ 在 $x = 0$ 处的左、右极限不相等, 从而导致了函数 $y = f(x)$ 的图形在 $x = 0$ 处出现了间断且跳跃的现象.

(2) $\lim\limits_{x \to x_0} f(x)$ 存在

称函数在点 x_0 处的极限存在的间断点为**可去型间断点**.

如果函数 $f(x)$ 在 x_0 处间断, 且 $\lim\limits_{x \to x_0} f(x)$ 存在, 则根据间断点的定义可知, 在这类间断点处, 要么该极限 $\lim\limits_{x \to x_0} f(x)$ 不等于 $f(x_0)$, 要么函数 $f(x)$ 在 x_0 处无定义.

例 3　讨论函数

$$f(x) = \begin{cases} x, & x \neq 1, \\ \dfrac{1}{2}, & x = 1 \end{cases}$$

在 $x = 1$ 处的连续性.

解　$f(x)$ 在 $x = 1$ 处有定义, $f(1) = \dfrac{1}{2}$. 且

$$\lim_{x \to 1} f(x) = \lim_{x \to 1} x = 1,$$

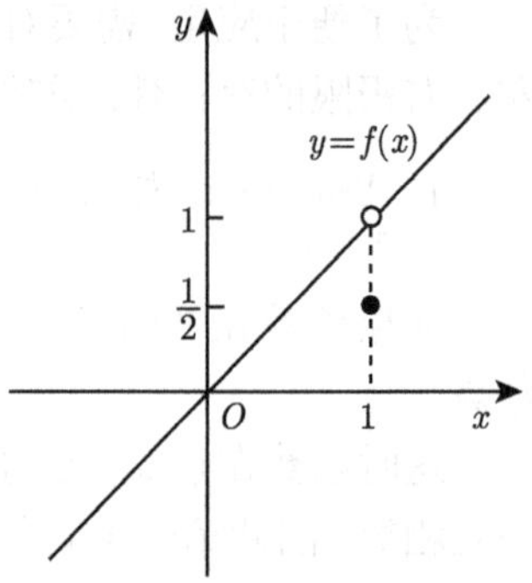

但由于

$$\lim_{x \to 1} f(x) = 1 \neq f(1),$$

图 1-8-3

故 $f(x)$ 在 $x = 1$ 处间断, 且 $x = 1$ 是 $f(x)$ 的第一类可去型间断点 (图 1-8-3).

注　例 3 中的 $f(x)$ 虽然在 $x = 1$ 处间断, 但若把 $x = 1$ 的定义去掉, 重新改变 $f(x)$ 在 $x = 1$ 处的定义为 $f(1) = 1$, 则改变定义后的 $f(x)$ 就在 $x = 1$ 处连续了.

例 4　讨论函数 $f(x) = \dfrac{x^2 - 4}{x + 2}$ 在 $x = -2$ 处的连续性.

解　$f(x)$ 在 $x = -2$ 处无定义, 故 $x = -2$ 为 $f(x)$ 的间断点. 又

$$\lim_{x \to -2} f(x) = \lim_{x \to -2} \frac{x^2 - 4}{x + 2} = \lim_{x \to -2} (x - 2) = -4,$$

故 $x = -2$ 为函数 $f(x)$ 的第一类可去型间断点.

注　例 4 中函数 $f(x)$ 虽然在 $x = -2$ 处间断, 但如果对 $f(x)$ 在 $x = -2$ 处, 补充定义 $f(-2) = -4$, 使

$$f(x) = \begin{cases} \dfrac{x^2 - 4}{x + 2}, & x \neq -2, \\ 4, & x = -2. \end{cases}$$

那么补充定义后的 $f(x)$ 在 $x = -2$ 处就连续了.

从例 3 及例 4 可以看到, 虽然 $\lim\limits_{x \to x_0} f(x) = A$, 但 $A \neq f(x_0)$ 或 $f(x)$ 在 x_0 处无定义, 所以 $f(x)$ 在 x_0 处间断, 对于这类间断点, 都可以通过改变或补充定义的形式, 使改变后的函数在该点连续. 因此形象地称这类间断点为函数的**可去型间断点**.

对于补充定义或改变定义之后的函数与原来函数在点 x_0 是不同的.

2. $\lim\limits_{x \to x_0^+} f(x)$ 与 $\lim\limits_{x \to x_0^-} f(x)$ 中至少有一个不存在

如果函数在间断点 x_0 处的左、右极限中至少有一个不存在, 则称 x_0 为函数的**第二类间断点**.

这时函数在点 x_0 处的左、右极限中, 或者至少有一个为 ∞, 或者至少有一个不存在 (但不趋于无穷大). 因此第二类间断点也有如下两种类型:

(1) $\lim\limits_{x \to x_0^+} f(x)$ 与 $\lim\limits_{x \to x_0^-} f(x)$ 中至少有一个为 ∞.

如果函数 $f(x)$ 在间断点 x_0 处的左或右极限中至少有一个为 ∞, 这类间断点称为**函数的无穷型间断点**.

例 5 讨论函数 $f(x) = \dfrac{1}{x^2}$ 在 $x = 0$ 处的连续性.

解 因为 $x = 0$ 时, $f(x)$ 无定义, 故 $f(x)$ 在 $x = 0$ 处间断. 又

$$\lim_{x \to 0} f(x) = \lim_{x \to 0} \frac{1}{x^2} = \infty,$$

故 $x = 0$ 为函数 $f(x)$ 的第二类无穷型间断点.

(2) $\lim\limits_{x \to x_0^+} f(x)$ 与 $\lim\limits_{x \to x_0^-} f(x)$ 中至少有一个不存在 (但不趋于无穷大).

如果函数 $f(x)$ 在间断点 x_0 处的左、右极限中至少有一个不存在 (但不趋于无穷大), 在这类间断点处, 当 $x \to x_0$ 时, $f(x)$ 的值往往在多个值之间来回摆动, 称这类间断点为函数的**振荡型间断点**.

例 6 讨论函数 $f(x) = \sin \dfrac{1}{x}$ 在 $x = 0$ 处的连续性.

解 $f(x)$ 在 $x = 0$ 处无定义, 故 $x = 0$ 为 $f(x)$ 的间断点. 又因为当 $x \to 0$ 时, $\sin \dfrac{1}{x}$ 的值在 -1 与 1 之间不断地变化, 故 $\lim\limits_{x \to 0} \sin \dfrac{1}{x}$ 不存在 (且不为 ∞). 因此 $x = 0$ 为函数 $\sin \dfrac{1}{x}$ 的第二类振荡型间断点 (图 1-8-4).

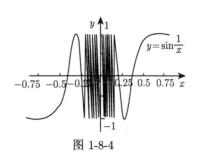

图 1-8-4

三、连续函数的运算性质

函数的连续性是利用函数极限来定义的, 所以根据极限的运算法则, 可得下面的连续函数的运算法则.

1. 连续函数的四则运算法则

定理 1 若函数 $f(x)$ 与 $g(x)$ 都在点 x_0 处连续, 则函数 $f(x) \pm g(x)$, $f(x) \cdot g(x)$ 都在点 x_0 处连续, 若再增加条件 $g(x_0) \neq 0$, 则 $\dfrac{f(x)}{g(x)}$ 也在点 x_0 处连续.

证 设函数 $f(x)$, $g(x)$ 都在点 x_0 处连续, 则

$$\lim_{x \to x_0} f(x) = f(x_0), \quad \lim_{x \to x_0} g(x) = g(x_0),$$

由极限的加、减、乘运算法则得

$$\lim_{x \to x_0} [f(x) \pm g(x)] = f(x_0) \pm g(x_0),$$

$$\lim_{x \to x_0} [f(x) \cdot g(x)] = f(x_0) \cdot g(x_0),$$

即 $f(x) \pm g(x)$, $f(x) \cdot g(x)$ 都在点 x_0 处连续.

又当 $g(x_0) \neq 0$, 由极限的商的运算法则, 可得

$$\lim_{x \to x_0} \frac{f(x)}{g(x)} = \frac{\lim\limits_{x \to x_0} f(x)}{\lim\limits_{x \to x_0} g(x)} = \frac{f(x_0)}{g(x_0)},$$

由此当 $g(x_0) \neq 0$ 时, $\dfrac{f(x)}{g(x)}$ 也在 x_0 处连续. 定理得证.

由于函数 $y = \sin x$, $y = \cos x$ 均在 $\mathbf{R}$ 内连续, 而

$$\tan x = \frac{\sin x}{\cos x}, \quad \cot x = \frac{\cos x}{\sin x}, \quad \sec x = \frac{1}{\cos x}, \quad \csc x = \frac{1}{\sin x},$$

则三角函数 $\tan x, \cot x, \sec x, \csc x$ 在它们相应的定义区间内都连续.

注 所谓的定义区间, 是指包含在定义域内的区间.

综上, 基本初等三角函数 $\sin x, \cos x, \tan x, \cot x, \sec x, \csc x$ 均在它们相应的定义区间上 (或内) 连续.

2. 反函数与复合函数的连续性

(1) 反函数的连续性

定理 2 若函数 $y = f(x)$ 在区间 I_x 上单调增 (或减) 且连续, 则其反函数 $x = f^{-1}(y)$ 也在对应的区间 $I_y = \{y \mid y = f(x), x \in I_x\}$ 上单调增 (或减) 且连续.

证明略.

例如由于 $y = \sin x$ 在 $\left[-\dfrac{\pi}{2}, \dfrac{\pi}{2}\right]$ 上单调增且连续, 由定理 2, 反正弦函数 $y = \arcsin x$ 在闭区间 $[-1, 1]$ 上也单调增且连续;

同理可知, 其他反三角函数如 $y = \arccos x$ 在闭区间 $[-1, 1]$ 上单调减且连续; $y = \arctan x$ 在区间 $(-\infty, +\infty)$ 内单调增且连续; $y = \operatorname{arccot} x$ 在区间 $(-\infty, +\infty)$ 内单调减且连续.

综上, 基本初等三角函数与反三角函数都在其定义区间上 (或内) 连续.

(2) 复合函数的连续性

由复合函数的极限运算法则可推得下面定理.

定理 3 设函数 $u = \varphi(x)$ 在 x_0 的去心邻域内有定义, 且 $\lim\limits_{x \to x_0} \varphi(x) = a$, $y = f(u)$ 在 $u = a$ 处连续, 则复合函数 $y = f[\varphi(x)]$ 在 x_0 处有极限, 且

$$\lim_{x \to x_0} f[\varphi(x)] = f\left[\lim_{x \to x_0} \varphi(x)\right] = f(a).$$

证 由复合函数的极限运算法则及连续性定义可得

$$\lim_{x \to x_0} f[\varphi(x)] = \lim_{u \to a} f(u) = f(a) = f\left[\lim_{x \to x_0} \varphi(x)\right],$$

故结论成立.

由上式说明, 在满足定理 3 的条件下, 求复合函数 $f[\varphi(x)]$ 的极限时, 极限符号 "lim" 与函数符号 "f" 可以交换运算次序.

定理 4 设函数 $u = \varphi(x)$ 在 x_0 处连续, 且 $u_0 = \varphi(x_0)$, $y = f(u)$ 在 u_0 处连续, 则复合函数 $y = f[\varphi(x)]$ 在 x_0 处也连续. 即

$$\lim_{x \to x_0} f[\varphi(x)] = f[\varphi(x_0)].$$

证明由定理 3 容易证得, 请读者自证.

推论 由有限个连续函数经过层层复合所得到的复合函数仍然是连续函数.

例 7 求下列极限:

(1) $\lim\limits_{x \to 1} \sin \dfrac{x^2 - 3x + 2}{x - 1}$;   (2) $\lim\limits_{x \to 2} \sin \dfrac{x^2 - 3x + 2}{x - 1}$.

解 (1) $y = \sin \dfrac{x^2 - 3x + 2}{x - 1}$ 可看成由 $y = \sin u, u = \dfrac{x^2 - 3x + 2}{x - 1}$ 复合而成.

因为

$$\lim_{x \to 1} \frac{x^2 - 3x + 2}{x - 1} = \lim_{x \to 1} (x - 2) = -1,$$

而函数 $y = \sin u$ 在 $u = -1$ 处连续, 故

$$\lim_{x \to 1} \sin \frac{x^2 - 3x + 2}{x - 1} = \sin \left(\lim_{x \to 1} \frac{x^2 - 3x + 2}{x - 1} \right) = -\sin 1.$$

(2) $y = \sin \dfrac{x^2 - 3x + 2}{x - 1}$ 在 $x = 2$ 处连续, 故

$$\lim_{x \to 2} \sin \frac{x^2 - 3x + 2}{x - 1} = \sin \frac{2^2 - 3 \times 2 + 2}{2 - 1} = 0.$$

四、初等函数的连续性

我们已经知道, 基本初等三角函数与反三角函数均在相应的定义区间上 (或内) 连续. 下面讨论指数函数、对数函数及幂函数的连续性.

例 8 证明: 指数函数 $y = a^x \, (a > 0, a \neq 1)$ 在其定义域内处处连续.

证 $\forall x_0 \in \mathbf{R}$, 有

$$\lim_{x \to x_0} (a^x - a^{x_0}) = \lim_{x \to x_0} a^{x_0} (a^{x - x_0} - 1)$$
$$= \lim_{x \to x_0} a^{x_0} (x - x_0) \ln a = 0,$$

故

$$\lim_{x \to x_0} a^x = a^{x_0}.$$

即指数函数 $y = a^x$ 在其定义域 $\mathbf{R}$ 内处处连续.

由指数函数 $y = a^x \, (a > 0, a \neq 1)$ 在其定义域内处处单调且连续. 根据反函数的连续性可知, 指数函数的反函数 $y = \log_a x$ 在其定义域 $(0, +\infty)$ 内也连续.

由 $x^a = \mathrm{e}^{a \ln x}$, 再根据复合函数的连续性, 可知幂函数 $y = x^a$ 在其定义域内也是连续的.

综上所述, 可知五类基本初等函数在它们的定义区间上 (或内) 都是连续的. 再根据连续函数的四则运算及复合运算法则, 可得下列重要结论.

结论 一切初等函数在其定义区间上 (或内) 处处连续.

利用这一结论, 求连续函数的极限就变得很简单. 若 $f(x)$ 在 x_0 处连续, 则

$$\lim_{x \to x_0} f(x) = f(x_0).$$

特别地, 当 $f(x)$ 为初等函数, 而 x_0 是 $f(x)$ 在其定义区间内的点时, 有

$$\lim_{x \to x_0} f(x) = f(x_0).$$

例 9　求 $\lim\limits_{x \to \frac{\pi}{4}} \ln \tan x$.

解　由于函数 $\ln \tan x$ 在 $\dfrac{\pi}{4}$ 处连续, 所以

$$\lim_{x \to \frac{\pi}{4}} \ln \tan x = \ln \tan \frac{\pi}{4} = 0.$$

例 10　设函数 $f(x) = \begin{cases} \mathrm{e}^{-x}, & x \geqslant 0, \\ 2x + a, & x < 0, \end{cases}$ 在 $x = 0$ 处连续, 求 a 的值.

解　由 $f(0) = \mathrm{e}^0 = 1$, 且

$$\lim_{x \to 0^+} f(x) = \lim_{x \to 0^+} \mathrm{e}^{-x} = \mathrm{e}^0 = 1,$$

$$\lim_{x \to 0^-} f(x) = \lim_{x \to 0^-} (2x + a) = a,$$

根据 $f(x)$ 在 $x = 0$ 处连续, 得

$$\lim_{x \to 0^+} f(x) = \lim_{x \to 0^-} f(x) = f(0),$$

即有 $a = 1$, 即当 $a = 1$ 时, $f(x)$ 在 $x = 0$ 处连续.

例 11　求函数 $f(x) = \dfrac{3x}{\tan x}$ 的间断点, 并判别其类型.

解　由 $\tan x = 0$, 解得

$$x = k\pi \quad (k = 0, \pm 1, \pm 2, \cdots),$$

当 $x = k\pi\,(k = 0, \pm 1, \pm 2, \cdots)$ 时, $f(x) = \dfrac{3x}{\tan x}$ 无意义, 故 $x = k\pi\,(k = 0, \pm 1, \pm 2, \cdots)$ 均为 $f(x)$ 的间断点.

当 $x = 0$ 时, 由于

$$\lim_{x \to 0} \frac{3x}{\tan x} = 3,$$

故 $x = 0$ 为 $f(x)$ 的第一类可去型间断点;

当 $x = k\pi\,(k = \pm 1, \pm 2, \cdots)$ 时, 由于

$$\lim_{x \to k\pi} \frac{3x}{\tan x} = \infty,$$

故 $x = k\pi\,(k = \pm 1, \pm 2, \cdots)$ 为 $f(x)$ 的第二类无穷型间断点.

又由于 $\tan x$ 在 $x = k\pi + \dfrac{\pi}{2}\,(k = 0, \pm 1, \pm 2, \cdots)$ 处无定义, 故 $x = k\pi +$

$\dfrac{\pi}{2}\,(k = 0, \pm 1, \pm 2, \cdots)$ 也都是 $f(x)$ 的间断点.

而 $\lim\limits_{x \to k\pi + \frac{\pi}{2}} \dfrac{3x}{\tan x} = 0$, 故 $x = k\pi + \dfrac{\pi}{2}\,(k = 0, \pm 1, \pm 2, \cdots)$ 是 $f(x)$ 的第一类可

去型间断点.

例 12　讨论函数 $f(x) = \dfrac{x+1}{\mathrm{e}^{\frac{x}{x-1}} - 1}$ 的连续性.

解　由于 $f(x)$ 在 $x = 0$ 与 1 处无定义, 所以 $f(x)$ 在 $x = 0$ 与 1 间断.
再由初等函数的连续性可知, 函数 $f(x)$ 在区间 $(-\infty, 0)$, $(0, 1)$ 及 $(1, \infty)$ 内连续,
由于

$$\lim_{x \to 0} f(x) = \lim_{x \to 0} \frac{x+1}{\mathrm{e}^{\frac{x}{x-1}} - 1} = \infty,$$

所以 $x = 0$ 是 $f(x)$ 的第二类无穷型间断点, 而

$$\lim_{x \to 1^-} f(x) = \lim_{x \to 1^-} \frac{x+1}{\mathrm{e}^{\frac{x}{x-1}} - 1} = -2, \quad \lim_{x \to 1^+} \frac{x+1}{\mathrm{e}^{\frac{x}{x-1}} - 1} = 0,$$

则 $x = 1$ 是 $f(x)$ 的第一类跳跃型间断点.

例12讲解1-8-2

利用连续性可得求幂指函数极限的常用公式:

设 $\lim\limits_{x \to x_0} f(x) = a\,(a > 0)$, $\lim\limits_{x \to x_0} g(x) = b$, 则

$$\lim_{x \to x_0} [f(x)]^{g(x)} = a^b = \left[\lim_{x \to x_0} f(x) \right]^{\lim\limits_{x \to x_0} g(x)}.$$

证　$\lim\limits_{x \to x_0} [f(x)]^{g(x)} = \lim\limits_{x \to x_0} \mathrm{e}^{g(x) \cdot \ln f(x)}$, 利用指数函数与对数函数都在其定义

域 $\mathbf{R}$ 内连续及复合函数的连续性可得

$$\lim_{x \to x_0} g(x) \cdot \ln f(x) = b \ln a = \ln a^b,$$

则

$$\lim_{x \to x_0} \mathrm{e}^{g(x) \cdot \ln f(x)} = \mathrm{e}^{\ln a^b} = a^b,$$

故有如下求幂指函数的极限公式:

$$\lim_{x \to x_0} [f(x)]^{g(x)} = a^b = \left[\lim_{x \to x_0} f(x) \right]^{\lim\limits_{x \to x_0} g(x)} \quad (a > 0).$$

习 题 1-8

课件1-8-3

A 组

1. 判断下列命题的正确性:

(1) 若 $f(x)$ 在 x_0 处有定义, 且 $\lim\limits_{x \to x_0} f(x)$ 存在, 则 $f(x)$ 在 x_0 处连续;

(2) 若 $f(x)$ 在 x_0 处连续, $g(x)$ 在 x_0 处间断, 则 $f(x) + g(x)$ 在 x_0 处间断;

(3) 若 $f(x)$ 在 $(-\infty, +\infty)$ 内连续, 则 $f(x)$ 在任一闭区间 $[a,b]$ 上连续;

(4) 分段函数必存在间断点.

2. 选择与填空:

(1) 极限 $\lim\limits_{x \to x_0} f(x)$ 存在是 $f(x)$ 在 x_0 处连续的 (　　)

(A) 充分必要条件　　　　　　　　　　(B) 必要而不充分的条件

(C) 充分而不必要的条件　　　　　　　(D) 不充分也不必要的条件.

(2) 设函数 $f(x) = \begin{cases} \sin ax, & x < 1, \\ a(x-1) - 1, & x \geqslant 1 \end{cases}$ 在 $x = 1$ 处连续, 则 $a = $ _____ .

3. 求下列极限:

(1) $\lim\limits_{x \to 1} \dfrac{\ln(1+x)}{(1+x)^2}$;

(2) $\lim\limits_{x \to 1} \cos\left[\dfrac{\pi}{2}(x+1)\right]$.

4. 设 $f(x)$ 在 $x = 2$ 处连续, 且 $f(2) = 3$, 求 $\lim\limits_{x \to 0}\left[\dfrac{\sin 3x}{x} f\left(\dfrac{\sin 2x}{x}\right)\right]$.

5. 讨论下列函数在指定点处的连续性, 若为间断点, 则指出间断点的类型:

(1) $f(x) = \begin{cases} 2x^2, & x \leqslant 1, \\ 3 + x, & x > 1 \end{cases}$ 在 $x = 1$ 处;

(2) $f(x) = \begin{cases} \sin 2x, & x \neq \pi, \\ x - \pi, & x = \pi \end{cases}$ 在 $x = \pi$ 处;

(3) $y = \dfrac{\sin 2x}{\ln(1+x)}$ 在 $x = 0$ 处;

(4) $y = \mathrm{e}^{\frac{1}{x-2}}$ 在 $x = 2$ 处.

6. 求下列函数的间断点, 并判别其类型:

(1) $f(x) = \dfrac{x^2 - 1}{x^2 - 3x + 2}$;

(2) $f(x) = \dfrac{\sqrt{1+x} - \sqrt{1-x}}{x(x-1)}$;

(3) $f(x) = \dfrac{x(x-\pi)}{\sin x}$;

(4) $f(x) = \cos\dfrac{1}{x-1}$;

(5) $f(x) = \dfrac{x^3(x-1)}{\cos\dfrac{\pi}{2}x}$;

(6) $f(x) = \dfrac{a^{\frac{1}{x}} - 1}{a^{\frac{1}{x}} + 1} (a > 0)$.

7. 设 $f(x) = \begin{cases} a + x^2, & x < 0, \\ 2, & x = 0, \\ \dfrac{\ln(1+bx)}{2x}, & x > 0, \end{cases}$ 求 a, b 的值, 使 $f(x)$ 在 $x = 0$ 处连续.

8. 设 $f(x) = \begin{cases} x + a, & x < 0, \\ \mathrm{e}^{-x}(\sin x - \cos x), & x \geqslant 0 \end{cases}$ 在 $(-\infty, \infty)$ 内连续, 求 a 的值.

9. 求 a 的值, 使 $f(x) = \begin{cases} \dfrac{\cos 2x - \cos x}{x^2}, & x \neq 0, \\ \dfrac{a}{2}, & x = 0 \end{cases}$ 在 $x = 0$ 处连续.

10. 求 k 的值, 使 $f(x) = \begin{cases} (\cos x)^{\frac{1}{x^2}}, & x \neq 0, \\ k, & x = 0 \end{cases}$ 在 $x = 0$ 处连续.

B 组

1. 函数 $f(x) = \lim\limits_{t \to 0} \left(1 + \dfrac{\sin t}{x}\right)^{\frac{x^2}{t}}$ 在 $(-\infty, +\infty)$ 内 (　　) (2015 考研真题)

(A) 连续　　(B) 有可去间断点　　(C) 有跳跃间断点　　(D) 有无穷间断点.

2. 求 $f(x) = x \lim\limits_{n \to \infty} \dfrac{x^{2n} - 1}{1 + x^{2n}}$ 的间断点, 并判别其类型.

3. 求函数 $f(x) = \begin{cases} \cos\dfrac{\pi}{2x}, & |x| \leqslant 1, \\ \dfrac{|x-1|}{x-2}, & |x| > 1 \end{cases}$ 的间断点, 并判别其类型.

课前测1-9-1

1.9　闭区间上连续函数的性质

有界闭区间上的连续函数有如下几条重要性质, 这些性质在几何图形上看非常明显, 它们对后面的内容起着非常重要的作用.

一、最大值与最小值定理

1. 最大 (小) 值的概念

定义 1　设函数 $f(x)$ 在区间 I 上有定义, 若 $\exists x_0 \in I$, 对 $\forall x \in I$ 都有

$$f(x) \leqslant f(x_0) \quad (\text{或} f(x) \geqslant f(x_0)),$$

则称 $f(x_0)$ 为函数 $f(x)$ 在 I 上的**最大值** (或**最小值**), 记作

$$f(x_0) = \max_{x \in I} f(x) \quad \left(\text{或} \min_{x \in I} f(x)\right).$$

例如, $y = 1 - \sin x$, 在闭区间 $[0, 2\pi]$ 上有

$$y_{\max} = f\left(\frac{3\pi}{2}\right) = 2, \quad y_{\min} = f\left(\frac{\pi}{2}\right) = 0.$$

而 $y = x^2$ 在闭区间 $[1, 2]$ 内既有最大值 4, 又有最小值 1; 但在开区间 (a, b) $(b > a > 0)$ 内既无最大值又无最小值.

2. 最大 (小) 值定理与有界性定理

定理 1 (最大值与最小值定理)　在闭区间上连续的函数必在该区间上取得最大值与最小值.

证　略.

由定理 1 可知, 如果函数 $f(x)$ 在闭区间 $[a,b]$ 上连续, 则在 $[a,b]$ 上至少存在两点 x_1 和 x_2, 使得 $\forall x \in [a,b]$, 恒有

$$f(x_1) \leqslant f(x) \leqslant f(x_2),$$

即 $f(x_1)$ 与 $f(x_2)$ 分别是 $f(x)$ 在 $[a,b]$ 上的最小值与最大值 (图 1-9-1). 且函数的最大值与最小值点 x_1, x_2 可能在 (a,b) 内, 也可能是闭区间的端点.

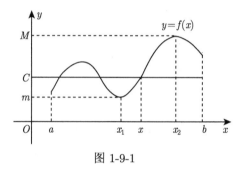

图 1-9-1

必须指出该性质在开区间内不一定成立. 如连续函数 $y = \tan x$ 在开区间 $\left(\dfrac{\pi}{6}, \dfrac{\pi}{3}\right)$ 内取不到最大值与最小值, 而在闭区间 $\left[\dfrac{\pi}{6}, \dfrac{\pi}{3}\right]$ 上则有最大值 $\sqrt{3}$ 与最小值 $\dfrac{\sqrt{3}}{3}$.

另外还须注意, 若函数在闭区间上有间断点时, 此性质也不一定成立, 如

$$f(x) = \begin{cases} 1-x, & 0 \leqslant x < 1, \\ 1, & x = 1, \\ 3-x, & 1 < x \leqslant 2, \end{cases}$$

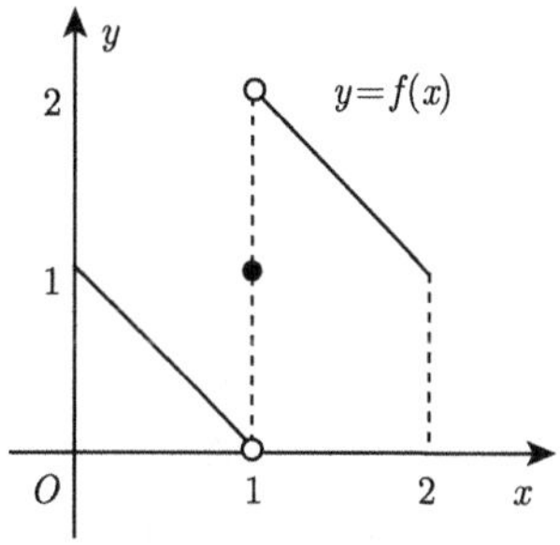

显然函数 $f(x)$ 在闭区间 $[0,2]$ 上有定义 (图 1-9-2), 但由于

$$\lim_{x \to 1^+} f(x) = 2, \quad \lim_{x \to 1^-} f(x) = 0,$$

图 1-9-2

因此 $f(x)$ 在 $x = 1$ 处间断, 而 $f(x)$ 在闭区间 $[0,2]$ 上都不存在最大值与最小值.

由定理 1 易知有下面的有界性定理.

定理 2 (有界性定理)　在闭区间上连续的函数在该区间上必有界.

证　设 $f(x)$ 在 $[a,b]$ 上连续, 由定理 1 可知, $f(x)$ 在 $[a,b]$ 上必有最大值 M 与最小值 m, 即 $\forall x \in [a,b]$, 有

$$m \leqslant f(x) \leqslant M,$$

故结论成立.

二、零点存在定理与介值定理

称满足 $f(x) = 0$ 的点 x_0 为函数 $f(x)$ 的一个**零点**.

定理 3 (零点存在定理)　设函数 $f(x)$ 在闭区间 $[a,b]$ 上连续, 如果 $f(x)$ 在区间两端点处的值异号, 则必在开区间 (a,b) 内存在零点.

证　略.

零点存在定理的意思是: 若 $f(x)$ 在闭区间 $[a,b]$ 上连续, 且 $f(a) \cdot f(b) < 0$, 则必 $\exists \xi \in (a,b)$, 使得

$$f(\xi) = 0.$$

定理 3 的几何意义: 如果 $[a,b]$ 上连续的函数 $y = f(x)$ 对应曲线的端点位于 x 轴的两侧, 则此曲线在区间 (a,b) 内与 x 轴至少有一个交点 (图 1-9-3).

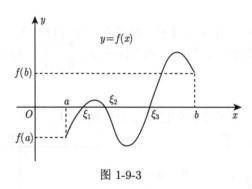

图 1-9-3

定理 3 的代数意义: 闭区间 $[a,b]$ 上两端点函数值异号的连续函数 $f(x)$, 在开区间 (a,b) 内,

(1) $f(x)$ 至少有一个零点. 即 $\exists \xi \in (a,b)$, 使得 $f(\xi) = 0$ (常利用该性质研究函数 $f(x)$ 的零点的存在性);

(2) 方程 $f(x) = 0$ 至少有一个根 (常利用该性质研究方程 $f(x) = 0$ 根的存在性).

例 1　证明方程 $2\sin x - x + 3 = 0$ 在 $(0, \pi)$ 内至少有一个实根.

解　设 $f(x) = 2\sin x - x + 3$，显然 $f(x)$ 在 $[0,\pi]$ 上连续，又由于

$$f(0) = 3 > 0, \quad f(\pi) = 2\sin\pi - \pi + 3 = 3 - \pi < 0,$$

由零点存在定理可知，$f(x)$ 在 $(0,\pi)$ 内至少有一个零点，即方程 $2\sin x - x + 3 = 0$ 在 $(0,\pi)$ 内至少有一个实根.

例 2　设函数 $f(x)$ 在 $[0,1]$ 上连续，且 $f(0) = 0, f(1) = 1$，证明：存在 $\xi \in (0,1)$，使得 $f(\xi) = 1 - \xi$.

证明　令 $F(x) = f(x) - 1 + x$，显然函数 $F(x)$ 在 $[0,1]$ 上连续，且

$$F(0) = f(0) - 1 = -1 < 0,$$

$$F(1) = f(1) - 1 + 1 = 1 > 0,$$

例2讲解1-9-2

由零点存在定理可知，$F(x)$ 在 $(0,1)$ 内至少有一个零点，即存在 $\xi \in (0,1)$，使得 $F(\xi) = 0$，即

$$f(\xi) = 1 - \xi.$$

定理 4（介值定理）　设函数 $f(x)$ 在闭区间 $[a,b]$ 上连续，且 $f(a) = A, f(b) = B, A \neq B$，则对介于 A 与 B 之间的任一个数 C，(a,b) 内至少有一点 ξ，使得 $f(\xi) = C$.

证　令 $F(x) = f(x) - C$，则 $F(x)$ 在 $[a,b]$ 上连续，因为 C 介于 A, B 之间，不妨设 $A < B$，则

$$A < C < B,$$

故

$$F(a) = A - C < 0, \quad F(b) = B - C > 0,$$

由零点存在定理，$\exists \xi \in (a,b)$，使得 $F(\xi) = 0$，从而 $f(\xi) = C$.

介值定理的几何意义：在闭区间 $[a,b]$ 上连续的函数 $f(x)$，若 $f(a) \neq f(b)$，则开区间 (a,b) 内 $f(x)$ 必能取得介于该区间端点处的两个数值 $f(a), f(b)$ 之间的任何值至少一次.

推论 1　在闭区间上连续的函数必取得介于最大值与最小值之间的任何值.

该推论由读者自证.

例 3　设 $f(x)$ 是在区间 $[a,b]$ 上连续的非负函数，x_1, x_2, x_3 是 (a,b) 内不同的三点，证明：$\exists \xi \in [a,b]$，使得

$$f(\xi) = \sqrt[3]{f(x_1) f(x_2) f(x_3)}.$$

证　因为 $f(x)$ 在 $[a,b]$ 上连续, 且 $f(x) \geqslant 0$, 故 $f(x)$ 在 $[a,b]$ 上存在最大值 M 与最小值 m, 且 M, m 均大于或等于 0, 则

$$m = (m^3)^{\frac{1}{3}} \leqslant \sqrt[3]{f(x_1)f(x_2)f(x_3)} \leqslant (M^3)^{\frac{1}{3}} = M,$$

由介值定理的推论, $\exists \xi \in [a,b]$, 使得

$$f(\xi) = \sqrt[3]{f(x_1)f(x_2)f(x_3)}.$$

习　题　1-9

A 组

课件1-9-3

1. 求证方程 $x^5 - 4x - 1 = 0$ 在开区间 $(1,2)$ 内至少有一个实根.

2. 求证方程 $2\sin x + x + 2 = 0$ 在开区间 $\left(-\dfrac{\pi}{2}, \dfrac{\pi}{2}\right)$ 内至少有一个实根.

3. 求证方程 $x = a\sin x + b(a > 0, b > 0)$ 至少有一个正根.

4. 求证方程 $(x+a)^2(x-b) + x^2 = 0(a > 0, b > 0)$ 有且仅有一个正根、两个负根.

5. 设函数 $f(x)$ 在 $[a,b]$ 上连续, $x = a, x = b$ 是方程 $f(x) = 0$ 相邻的两个根, 证明 $f(x)$ 在 $[a,b]$ 内不变号.

6. 设函数 $f(x)$ 在 $[0,1]$ 上连续, 且 $f(0) < 0, f(1) > 1$, 证明: 存在 $\xi \in (0,1)$, 使得 $f(\xi) = \xi$.

7. 设函数 $f(x)$ 在区间 $[a,b]$ 上连续, x_1, x_2, x_3 是 (a,b) 内不同的三点, 证明: $\exists \xi \in (a,b)$, 使得

$$f(\xi) = \frac{f(x_1) + f(x_2) + f(x_3)}{3}.$$

8. 设非负函数 $f(x)$ 在区间 $[a,b]$ 上连续, $x_1, x_2, \cdots, x_n$ 是 (a,b) 内任意 n 个点, 证明: $\exists \xi \in (a,b)$, 使得

$$f(\xi) = [f(x_1)f(x_2)\cdots f(x_n)]^{\frac{1}{n}}.$$

B 组

1. 证明方程 $x^3 - ax - 3 = 0$ 在 $(-\infty, +\infty)$ 内至少有一个实根.

2. 设函数 $f(x)$ 在 $[0,1]$ 上连续, 且 $f(0) + f(1) = 1$, 证明: 存在 $\xi \in [0,1]$, 使得 $f(\xi) = \xi$.

本 章 小 结

高等数学的主要内容是微积分, 微积分是研究函数微分、积分的有关概念和应用的数学分支, 微积分的创立极大地推动了数学的发展, 过去很多用初等数学无法解决的问题, 运用微积分, 这些问题常能迎刃而解, 这显示了微积分学的非凡威力. 因此高等数学是大学本科教学的一门重要基础课程.

函数是高等数学的主要研究对象, 本章先概括了中学所学的函数概念及有关性质, 并补充了重要的基本初等函数之一——反三角函数的有关概念与性质, 读

者须深刻理解并掌握相关内容, 特别注意对复合函数, 反函数与初等函数等概念与性质的理解.

本章重点介绍了数列极限、函数极限和函数连续性的基本概念和思想方法, 它们是建立微积分的基础.

由于极限概念与以往初等数学的概念相比, 是一种新的数学思想与方法的突破, 也开创了现代科学的新纪元, 因而是本课程的重要概念, 也是学习本课程的难点, 为降低学习难度, 本章尝试先用我们习惯的自然语言描述数列极限和函数极限的概念, 再过渡到数学的精确定义, 使得这些抽象且新颖的精确数学定义易于接受, 读者需正确理解, 并会写出各类极限的数学的精确定义, 而对如何应用极限定义来证明数列和函数的极限并不作过深的要求. 数列是一类特殊函数, 因而数列极限与函数极限在定义与性质上有很多相通之处, 对此读者可逐一比较它们的相同与不同之处, 在比较中加深理解. 如何求极限是本章的重点之一, 本章介绍了多种求极限的理论与方法, 归纳如下:

1. 利用极限的运算性质求极限. 这时需考察其每项极限的存在性.

2. 利用有界量与无穷小的乘积仍为无穷小求极限.

3. 利用等价无穷小代换求极限, 常用该方法简化极限运算, 是求 "$\dfrac{0}{0}$" 型极限的重要环节, 但须指出, 在求极限时, 等价无穷小代换仅适用于乘或除的函数运算中, 其他情形不能滥用.

4. 利用两个极限存在准则求极限. 应用夹逼准则的关键在于不等式的恰当放缩, 过度的放大与缩小都是无益的; 应用单调有界准则时, 须先证明数列单调且有界, 即在证明了极限存在后, 才能求极限. 必须强调无论是证明极限还是求极限, 都不能先假设极限存在, 就求出极限, 因为在不明确极限存在性时, 极限运算未必成立.

5. 利用两个重要极限求极限. 这是分别针对 "$\dfrac{0}{0}$" 型与 "∞" 型极限的两种常用方法, 使用时应注意结合变量代换法及它们的一般形式.

6. 利用极限存在的充要条件是单侧极限同时存在且相等来求极限. 该方法适用于求分段函数在分段点处的极限以及单侧极限存在的极限问题中.

7. 利用函数的连续性求极限. 该方法适用于求函数在连续点处的极限, 函数在连续点处的极限等于该点函数值, 求初等函数在定义区间内各点处的极限时常用此法.

在后续的章节中, 还将陆续介绍其他求极限的方法, 请读者关注.

本章还利用极限解决了下列几方面的问题.

1. 无穷小的比较. 利用两个无穷小的商的极限可以确定无穷小之间的高阶、低阶、同阶与等价关系以及无穷小的阶数, 必须指出不是所有的无穷小都可比较,

如当 $x \to 0$ 时, x 与 $x \cos \dfrac{1}{x}$ 就不能比较.

2. 函数的连续性以及判断函数的间断点及其类型. 须能确定具体函数的连续区间, 找出间断点并判别其类型, 但须注意若分段函数的分段点处两侧函数式不同时, 常用左、右极限判明连续性.

3. 初等函数在其定义区间上 (或内) 处处连续是本章的重要结论.

4. 闭区间上连续函数的四个基本性质是本章的重点, 其中零点存在定理与介值定理既是重点又是难点. 须会用它们讨论函数的零点或方程根的存在性以及介值问题.

总复习题 1

1. 填空题:

(1) 设函数 $f(x) = \begin{cases} 1, & |x| \leqslant 1, \\ 0, & x > 1, \end{cases}$ 则 $f[f(x)] = $ _____.

(2) $\lim\limits_{x \to \infty} \dfrac{3x^2 + 5}{5x + 3} \sin \dfrac{2}{x} = $ _____.

(3) $\lim\limits_{x \to 1} \dfrac{\sqrt{3-x} - \sqrt{1+x}}{x^2 + x - 2} = $ _____.

(4) 设 $f(x) = \lim\limits_{n \to \infty} \dfrac{(n-1)x}{nx^2 + 1}$, 则 $f(x)$ 的间断点为 $x = $ _____.

(5) 设 $f(x)$ 连续, $\lim\limits_{x \to 0} \dfrac{1 - \cos(xf(x))}{(e^{x^2} - 1)f(x)} = 1$, 则 $f(0) = $ _____.

2. 选择题:

(1) 若极限 $\lim\limits_{x \to x_0} f(x)$ 与 $\lim\limits_{x \to x_0} f(x)g(x)$ 都存在, 则 $\lim\limits_{x \to x_0} g(x)$ (　　)

(A) 必定存在　　　　　　　　　　　　(B) 不存在

(C) 可能存在也可能不存在　　　　　　(D) 与 $\lim\limits_{x \to x_0} f(x)$ 无关.

(2) 设 $x \to 0$ 时, $e^{\tan x} - e^{\sin x}$ 与 x^n 是同阶无穷小, 则 n 等于 (　　)

(A) 1　　　　　　(B) 2　　　　　　(C) 3　　　　　　(D) 4.

(3) 设 $a_1 = x(\cos\sqrt{x} - 1)$, $a_2 = \sqrt{x}\ln(1 + \sqrt[3]{x})$, $a_3 = \sqrt[3]{x+1} - 1$, 当 $x \to 0^+$ 时, 以上 3 个无穷小量按照从低阶到高阶的排序是 (　　) (2016 考研真题)

(A) a_1, a_2, a_3　　　　　　　　　　(B) a_2, a_3, a_1

(C) a_2, a_1, a_3　　　　　　　　　　(D) a_3, a_2, a_1.

(4) 在定义域内连续的函数是 (　　)

(A) $f(x) = \ln x + \sin x$　　　　　　(B) $f(x) = \begin{cases} \cos x, & x > 0, \\ \sin x, & x \leqslant 0 \end{cases}$

(C) $f(x) = \begin{cases} x + 1, & x < 0, \\ 0, & x = 0, \\ x - 1, & x > 0 \end{cases}$　　　　(D) $f(x) = \begin{cases} \dfrac{1}{\sqrt{x}}, & x \neq 0, \\ 0, & x = 0. \end{cases}$

(5) 若函数 $f(x)=\begin{cases}\dfrac{1-\cos\sqrt{x}}{ax}, & x>0,\\ b, & x\leqslant 0\end{cases}$ 在 $x=0$ 处连续, 则 (　　) (2017 考研真题)

(A) $ab=\dfrac{1}{2}$

(B) $ab=-\dfrac{1}{2}$

(C) $ab=0$

(D) $ab=2.$

3. 求下列极限:

(1) $\lim\limits_{n\to\infty}\left(\dfrac{n+2}{n-1}\right)^n$;

(2) $\lim\limits_{x\to 1}(1-x)\log_x 2$;

(3) $\lim\limits_{x\to 0}\dfrac{1}{x^3}\left[\left(\dfrac{2+\cos x}{3}\right)^x-1\right]$;

(4) $\lim\limits_{x\to 0}\dfrac{\ln\cos ax}{\ln\cos bx}$;

(5) $\lim\limits_{x\to 0}\dfrac{2x(\sqrt{1+x-x^2}-1)}{\ln(x+1)(\mathrm{e}^{\sin x}-1)}$;

(6) $\lim\limits_{x\to+\infty}\dfrac{\ln(1+3^x)}{\ln(1+2^x)}$;

(7) $\lim\limits_{x\to 0}\left(\dfrac{a^x+b^x}{2}\right)^{\frac{1}{x}}$ (其中 $a>0,b>0$);

(8) $\lim\limits_{x\to\infty}x^2(a^{\frac{1}{x}}-a^{\frac{1}{x+1}})(a>0)$;

(9) $\lim\limits_{x\to+\infty}x[\ln(x+1)-\ln x]$;

(10) $\lim\limits_{x\to 1}(2-x)^{\tan\frac{\pi}{2}x}$;

(11) $\lim\limits_{x\to\infty}\left(\cos\dfrac{a}{x}\right)^{x^2}$;

(12) $\lim\limits_{x\to 0}\left(\dfrac{2+\mathrm{e}^{\frac{1}{x}}}{1+\mathrm{e}^{\frac{4}{x}}}+\dfrac{\sin x}{|x|}\right)$; (2000 考研真题)

(13) $\lim\limits_{n\to\infty}\left(1-\dfrac{1}{2^2}\right)\left(1-\dfrac{1}{3^2}\right)\cdots\left(1-\dfrac{1}{n^2}\right)$;

(14) $\lim\limits_{n\to\infty}\left(1+\dfrac{1}{1+2}+\cdots+\dfrac{1}{1+2+\cdots+n}\right)$.

4. 设 $\lim\limits_{x\to\infty}\left(\dfrac{x+a}{x-a}\right)^x=4$, 求 a 的值.

5. 设 $\lim\limits_{x\to 0}\dfrac{\sqrt{1+f(x)\sin 2x}-1}{\mathrm{e}^{3x}-1}=2$, 求 $\lim\limits_{x\to 0}f(x)$.

6. 设 $x_n\leqslant a\leqslant y_n(n=1,2,\cdots)$, 且 $\lim\limits_{n\to\infty}(x_n-y_n)=0$, 证明: $\lim\limits_{n\to\infty}x_n=\lim\limits_{n\to\infty}y_n=a$.

7. 证明数列 $a_n=\underbrace{\sin\sin\cdots\sin}_{n-1\text{个}}1$ 收敛且极限为零.

8. 设 $0<x_1<3,\ x_{n+1}=\sqrt{x_n(3-x_n)}(n=1,2,\cdots)$ 证明数列 $\{x_n\}$ 的极限存在, 并求此极限.

9. 求函数 $f(x)=\dfrac{|x|^x-1}{x(x+1)\ln|x|}$ 的间断点并判别其类型. (2013 考研真题)

10. 设 $f(x)=\dfrac{\mathrm{e}^x-b}{(x-a)(x-1)}$, 问 a 与 b 取何值时, 可使 $x=0$ 为 $f(x)$ 的第二类无穷型间断点, $x=1$ 为 $f(x)$ 的第一类可去型间断点.

11. 设函数 $f(x)$ 在 $[0,2]$ 上连续, 且 $f(0)=f(2)$, 证明: 存在 $\xi\in[0,2]$, 使得 $f(\xi)=f(\xi+1)$.

12. 证明: 方程 $\dfrac{a_1}{x-\lambda_1}+\dfrac{a_2}{x-\lambda_2}+\dfrac{a_3}{x-\lambda_3}=0$ 有分别包含在区间 (λ_1,λ_2), (λ_2,λ_3) 内的两个实根, 其中 a_1,a_2,a_3 均大于 0, 且 $\lambda_1<\lambda_2<\lambda_3$.

第2章
Chapter 2

导数与微分

　　17 世纪英国著名物理学家、数学家牛顿 (Newton) 和德国著名哲学家、数学家莱布尼茨 (Leibniz) 分别从不同的问题出发, 都用极限方法来研究瞬间变化率及其反问题, 先后共同创立了微积分学, 其中导数与微分是微分学的两个基本概念, 导数揭示了函数在瞬间变化的快慢程度, 微分是表示函数在一点或局部线性近似的重要数学工具. 它们在天文、气象、物理、生物、化工、经济、股市、社会等各个领域都有广泛应用. 本章主要研究一元函数的导数与微分的基本概念及计算.

2.1　导数的概念

课前测2-1-1

　　在大气观测、远洋航海、工程技术、经济领域等许多实际问题中, 仅了解变量之间的变化规律是远远不够的, 诸如曲线在某点的切线、变速直线运动中的瞬时速度、边际成本等问题, 它们都归结为函数相对于自变量变化的快慢程度, 即函数在某点的变化率问题, 数学上称之为导数.

一、导数的概念

1. 引例

(1) 平面曲线的切线问题

　　由第 1 章知道, 光滑曲线在一点处割线的极限位置就是曲线在该点处的切线. 设点 $P(x_0, y_0)$ 与 $Q(x, y)$ 分别是平面曲线 $y = f(x)$ 上的一定点与动点 (图 2-1-1), 则割线 PQ 的斜率为

$$k_{PQ} = \frac{y - y_0}{x - x_0} = \frac{\Delta y}{\Delta x} \quad (\Delta x = x - x_0),$$

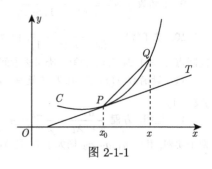

图 2-1-1

根据切线的定义可知, 当 $Q \to P$, 即 $\Delta x \to 0$ 时, 若 $\lim\limits_{\Delta x \to 0} \dfrac{\Delta y}{\Delta x}$ 存在, 则该极限就等于切线 PT 的斜率, 即

$$k_{切} = \lim_{\Delta x \to 0} \frac{\Delta y}{\Delta x},$$

因此曲线 $y = f(x)$ 在点 $P(x_0, y_0)$ 处的切线 PT 的方程为

$$y - y_0 = k(x - x_0).$$

(2) 变速直线运动的瞬时速度问题

由中学物理知道, 质点在匀速直线运动中的某时间段上的平均速度等于该时间段上路程与时间的比值 (即平均变化率). 那么如何求质点在变速直线运动中某点的瞬时速度呢?

设变速直线运动中的路程函数为 $s = s(t)$, 在时间段 $[t_0, t]$ 内, 质点运动的平均速度为

$$\bar{v}(t) = \frac{s(t) - s(t_0)}{t - t_0} = \frac{\Delta s}{\Delta t} \quad (\Delta t = t - t_0),$$

可知当 t 充分接近于 t_0 时, Δt 越小, $\bar{v}(t)$ 就越接近 t_0 时刻的瞬时速度 $v(t_0)$, 所以平均速度的极限就是 t_0 时刻的瞬时速度 $v(t_0)$, 即

$$v(t_0) = \lim_{t \to t_0} \frac{s(t) - s(t_0)}{t - t_0} = \lim_{\Delta t \to 0} \frac{\Delta s}{\Delta t}.$$

(3) 边际成本问题

设 $C = C(x)$ 表示生产或销售某种产品的成本函数, x 为产品数量, 若生产或销售的产品数量从 x_0 增加到 $x_0 + \Delta x$, 则相应增加了成本 $\Delta C = C(x_0 + \Delta x) - C(x_0)$, 因此 $\dfrac{\Delta C}{\Delta x}$ 表示产品数量从 x_0 增加到 $x_0 + \Delta x$ 时成本提高的平均速度, Δx 越小, $\dfrac{\Delta C}{\Delta x}$ 就越接近 x_0 时刻生产或销售成本提高的瞬时速度, 因此当产品数量为 x_0 时, 生产或销售成本提高的瞬时速度为

$$\lim_{\Delta x \to 0} \frac{C(x) - C(x_0)}{x - x_0} = \lim_{\Delta x \to 0} \frac{\Delta C}{\Delta x}.$$

该瞬时速度的经济意义即是: 在生产或销售的产品数量为 x_0 时, 每增加 1 个产品所需增加的成本, 在经济学中称为**边际成本**.

导数定义2-1-2

2. 导数的定义

上面三个问题相应的实际意义虽各不相同, 但略去它们的实际背景与具体概念, 发现它们有相同的数学表示形式, 该形式在数学结构上都归结为求已知函数在一点处函数增量与自变量增量之比的极限, 此极限反映了函数在该点处的瞬时变化率, 数学上称之为导数.

从上述问题中抽象出它们在数量关系与形式上的共性, 由此得到如下的定义.

定义 1 设函数 $y = f(x)$ 在 x_0 的某个邻域内有定义, 当自变量在这个邻域内从 x_0 变到 $x_0 + \Delta x(\Delta x \neq 0)$ 时, 相应地函数有增量 $\Delta y = f(x_0 + \Delta x) - f(x_0)$, 如果极限 $\lim\limits_{\Delta x \to 0} \dfrac{\Delta y}{\Delta x}$ 存在, 则称**函数** $y = f(x)$ **在点** x_0 **处可导**, 并称此极限为函数 $f(x)$ 在 x_0 处的**导数**, 记作 $y'|_{x=x_0}$, $f'(x_0)$ 或 $\left.\dfrac{\mathrm{d}y}{\mathrm{d}x}\right|_{x=x_0}$, $\left.\dfrac{\mathrm{d}f}{\mathrm{d}x}\right|_{x=x_0}$, 即

$$f'(x_0) = \lim_{\Delta x \to 0} \frac{\Delta y}{\Delta x} = \lim_{\Delta x \to 0} \frac{f(x_0 + \Delta x) - f(x_0)}{\Delta x}. \tag{2-1-1}$$

在定义 1 中, 若记 $x = x_0 + \Delta x$, 则 (2-1-1) 式可写成

$$f'(x_0) = \lim_{x \to x_0} \frac{f(x) - f(x_0)}{x - x_0}. \tag{2-1-2}$$

当极限 (2-1-1) 或 (2-1-2) 不存在时, 则称**函数** $f(x)$ **在** x_0 **处不可导**.

若函数 $f(x)$ 在 x_0 处不可导的原因是由于 $\lim\limits_{\Delta x \to 0} \dfrac{\Delta y}{\Delta x} = \infty$, 为了方便起见, 也说 $f(x)$ 在 x_0 处的导数为无穷大, 记作 $f'(x_0) = \infty$.

由导数定义可知, 前面三个实际问题的结果可表示为

① 曲线 $y = f(x)$ 在点 $(x_0, f(x_0))$ 处的切线的斜率为 $k = f'(x_0)$;

② 变速直线运动 $s = s(t)$ 在时刻 t_0 处的瞬时速度为 $v(t_0) = s'(t_0)$;

③ 生产或销售成本 $C = C(x)$ 在产品数为 x_0 时的边际成本为 $C = C'(x_0)$.

利用导数可以讨论或解决各领域中, 如气象预报中台风的瞬时速度、化学中液体扩散的速度、医学中红细胞沉降率、国民经济增长的瞬时速度、经济学中的边际与弹性等许多与函数的瞬时变化率有关的问题.

下面利用导数定义讨论一些简单函数的导数或可导性.

例 1 设 $f(x) = x^3$, $\forall x_0 \in \mathbf{R}$, 求 $f'(x_0)$.

解 $\forall x_0 \in \mathbf{R}$,

$$\Delta y = f(x_0 + \Delta x) - f(x_0)$$

$$= (x_0 + \Delta x)^3 - x_0^3 = 3x_0^2 \Delta x + 3x_0 (\Delta x)^2 + (\Delta x)^3,$$

所以

$$f'(x_0) = \lim_{\Delta x \to 0} \frac{\Delta y}{\Delta x} = \lim_{\Delta x \to 0} \frac{3x_0^2 \Delta x + 3x_0 (\Delta x)^2 + (\Delta x)^3}{\Delta x}$$

$$= \lim_{\Delta x \to 0} \left[3x_0^2 + 3x_0 \Delta x + (\Delta x)^2 \right] = 3x_0^2.$$

即

$$\left(x^3 \right)' \big|_{x=x_0} = 3x_0^2.$$

例 2 讨论函数 $y = \sqrt[3]{x}$ 在 $x = 0$ 处的可导性.

解 在 $x = 0$ 处, 由于

$$\lim_{\Delta x \to 0} \frac{\Delta y}{\Delta x} = \lim_{\Delta x \to 0} \frac{\sqrt[3]{\Delta x}}{\Delta x} = \lim_{\Delta x \to 0} \frac{1}{\sqrt[3]{(\Delta x)^2}} = \infty,$$

所以

$$\frac{\mathrm{d}y}{\mathrm{d}x} \bigg|_{x=0} = \infty,$$

即函数 $y = \sqrt[3]{x}$ 在 $x = 0$ 处不可导.

利用函数左、右极限的定义, 得出相应函数的左、右导数的定义如下.

定义 2 如果右极限

$$\lim_{\Delta x \to 0^+} \frac{\Delta y}{\Delta x} = \lim_{\Delta x \to 0^+} \frac{f(x_0 + \Delta x) - f(x_0)}{\Delta x}.$$

存在, 则称此右极限为函数 $y = f(x)$ 在 x_0 处的**右导数**, 记作 $f'_+(x_0)$, 即

$$f'_+(x_0) = \lim_{\Delta x \to 0^+} \frac{\Delta y}{\Delta x}.$$

类似地, 如果左极限

$$\lim_{\Delta x \to 0^-} \frac{\Delta y}{\Delta x} = \lim_{\Delta x \to 0^-} \frac{f(x_0 + \Delta x) - f(x_0)}{\Delta x}$$

存在, 则称此左极限为函数 $y = f(x)$ 在 x_0 处的**左导数**, 记作 $f'_-(x_0)$, 即

$$f'_-(x_0) = \lim_{\Delta x \to 0^-} \frac{\Delta y}{\Delta x}.$$

在定义 2 中, 若记 $x = x_0 + \Delta x$, 则上面左、右导数也可写成

$$f'_+(x_0) = \lim_{x \to x_0^+} \frac{f(x) - f(x_0)}{x - x_0}$$

与

$$f'_-(x_0) = \lim_{x \to x_0^-} \frac{f(x) - f(x_0)}{x - x_0}.$$

由极限存在的充要条件可得函数在一点处可导的充要条件.

定理 1 函数 $y = f(x)$ 在 x_0 处可导的充分必要条件为 $f(x)$ 在 x_0 处的左、右导数均存在且相等.

当分段函数在分段点两侧的表达式不同时, 常利用定理 1 来讨论函数在该分段点处的可导性与导数.

例 3 设 $f(x) = \begin{cases} \dfrac{1}{2}x^2, & x \leqslant 1, \\ x^2 - x + \dfrac{1}{2}, & x > 1, \end{cases}$ 讨论 $f(x)$ 在 $x = 1$ 处的可导性, 若可导, 求出 $f'(1)$.

解 $f(1) = \dfrac{1}{2}$, 由 $f(x)$ 在 x_0 处的左、右导数定义, 得

$$f'_+(1) = \lim_{x \to 1^+} \frac{f(x) - f(1)}{x - 1} = \lim_{x \to 1^+} \frac{x^2 - x + \dfrac{1}{2} - \dfrac{1}{2}}{x - 1} = \lim_{x \to 1^+} x = 1,$$

$$f'_-(1) = \lim_{x \to 1^-} \frac{f(x) - f(1)}{x - 1} = \lim_{x \to 1^-} \frac{\dfrac{1}{2}x^2 - \dfrac{1}{2}}{x - 1} = \lim_{x \to 1^-} \frac{1}{2}(x + 1) = 1,$$

因此 $f'_+(1) = f'_-(1) = 1$, 故 $f(x)$ 在 $x = 1$ 处可导, 且 $f'(1) = 1$.

例 4 讨论函数 $f(x) = |x|$ 在 $x = 0$ 处的可导性.

解 由 $f(0) = 0$, 则

$$f'_+(0) = \lim_{\Delta x \to 0^+} \frac{\Delta y}{\Delta x} = \lim_{\Delta x \to 0^+} \frac{|\Delta x|}{\Delta x} = \lim_{\Delta x \to 0^+} \frac{\Delta x}{\Delta x} = 1,$$

$$f'_-(0) = \lim_{\Delta x \to 0^-} \frac{\Delta y}{\Delta x} = \lim_{\Delta x \to 0^-} \frac{|\Delta x|}{\Delta x} = \lim_{\Delta x \to 0^-} \frac{-\Delta x}{\Delta x} = -1,$$

即

$$f'_+(0) \neq f'_-(0),$$

故 $f(x)$ 在 $x = 0$ 处不可导.

利用函数的导数定义还可以解决一类特殊的函数极限问题.

例 5 设 $f(x)$ 在 x_0 处可导, 求 $\lim\limits_{h \to 0} \dfrac{f(x_0 - h) - f(x_0)}{h}$.

解 由题设可知

$$f'(x_0) = \lim_{\Delta x \to 0} \frac{f(x_0 + \Delta x) - f(x_0)}{\Delta x},$$

令 $\Delta x = -h$, 则

$$f'(x_0) = \lim_{h \to 0} \frac{f(x_0 - h) - f(x_0)}{-h},$$

所以

$$\lim_{h \to 0} \frac{f(x_0 - h) - f(x_0)}{h} = \lim_{h \to 0} \frac{f(x_0 - h) - f(x_0)}{-h} \cdot (-1) = -f'(x_0).$$

下面给出函数在区间上可导的定义.

定义 3 (1) 如果函数 $f(x)$ 在开区间 (a, b) 内每一点处都可导, 则称 $f(x)$ **在开区间 (a, b) 内可导**;

(2) 如果 $f(x)$ 在 (a, b) 内可导, 且 $f'_+(a)$ 与 $f'_-(b)$ 均存在, 则称 $f(x)$ **在闭区间 $[a, b]$ 上可导**.

设函数 $f(x)$ 在区间 I 内可导, 则对 I 内的每一点 x, 都有一个确定的导数值 $f'(x)$ 与之对应, 由此构成了一个新的函数 $f'(x)$, 称这个新函数为**函数 $f(x)$ 在集合 I 内的导函数** (简称**导数**), 记作 $f'(x)$, y' 或 $\dfrac{\mathrm{d}y}{\mathrm{d}x}$, $\dfrac{\mathrm{d}f}{\mathrm{d}x}$.

显然将 (2-1-1) 式中的 x_0 换成 x, 便可得导函数的定义表达式

$$f'(x) = \lim_{\Delta x \to 0} \frac{\Delta y}{\Delta x} = \lim_{\Delta x \to 0} \frac{f(x + \Delta x) - f(x)}{\Delta x}. \tag{2-1-3}$$

必须指出, 上式中 Δx 是求极限时的变量, x 在求该极限时是常数, 但它是导函数 $f'(x)$ 的自变量.

由 (2-1-1) 式与 (2-1-3) 式可知, 函数 $f(x)$ 在 x_0 处的导数 $f'(x_0)$ 就是导函数 $f'(x)$ 在 $x = x_0$ 处的函数值, 即

$$f'(x_0) = f'(x)|_{x = x_0}.$$

特别指出 $[f(x_0)]' = 0$, 不能将 $f'(x_0)$ 与 $[f(x_0)]'$ 相混淆.

一般地, 求函数 $y = f(x)$ 的导数步骤为

① 求函数的增量 $\Delta y = f(x + \Delta x) - f(x)$;

② 求增量比 $\dfrac{\Delta y}{\Delta x}$;

③ 求增量比的极限 $\lim\limits_{\Delta x \to 0} \dfrac{\Delta y}{\Delta x}$.

若极限 $\lim\limits_{\Delta x \to 0} \dfrac{\Delta y}{\Delta x}$ 存在, 则函数 $y = f(x)$ 在 x 处可导, 且 $f'(x) = \lim\limits_{\Delta x \to 0} \dfrac{\Delta y}{\Delta x}$; 若该极限不存在, 则函数 $y = f(x)$ 在 x 处不可导.

例 6 求 $f(x) = C(C$ 为常数$)$ 的导数.

解 $\forall x \in \mathbf{R}$, 由于

$$f'(x) = \lim_{\Delta x \to 0} \frac{f(x + \Delta x) - f(x)}{\Delta x} = \lim_{\Delta x \to 0} \frac{C - C}{\Delta x} = 0,$$

故

$$(C)' = 0. \tag{2-1-4}$$

例 7 求幂函数 $y = x^{\mu}(\mu$ 为常数$)$ 的导数.

解 设 $y = x^{\mu}$ 的定义域为 D, $\forall x \in D$, 由于

$$(x^{\mu})' = \lim_{\Delta x \to 0} \frac{(x + \Delta x)^{\mu} - x^{\mu}}{\Delta x} = \lim_{\Delta x \to 0} \frac{x^{\mu}\left[\left(1 + \dfrac{\Delta x}{x}\right)^{\mu} - 1\right]}{\Delta x}$$

$$= \lim_{\Delta x \to 0} \frac{x^{\mu} \cdot \mu \cdot \dfrac{\Delta x}{x}}{\Delta x} = \mu x^{\mu - 1},$$

故

$$(x^{\mu})' = \mu x^{\mu - 1}. \tag{2-1-5}$$

特别地, 当 μ 取整数 n 时, 有

$$(x^n)' = nx^{n-1}.$$

(2-1-5) 式称为幂函数的求导公式, 利用 (2-1-5) 式可直接求幂函数的导数. 例如

例 8 求下列函数的导数 $\dfrac{\mathrm{d}y}{\mathrm{d}x}$:

(1) $y = \dfrac{1}{x}$;　　(2) $y = \sqrt{x}$;　　(3) $y = \sqrt[7]{x^5}$;　　(4) $y = \dfrac{x\sqrt[3]{x}}{\sqrt{x^3}}$.

解 利用幂函数的求导公式, 有

(1) $\dfrac{\mathrm{d}y}{\mathrm{d}x} = \left(\dfrac{1}{x}\right)' = -x^{-2} = -\dfrac{1}{x^2}$;

(2) $\dfrac{\mathrm{d}y}{\mathrm{d}x} = \left(\sqrt{x}\right)' = \dfrac{1}{2}x^{-\frac{1}{2}} = \dfrac{1}{2\sqrt{x}}$;

(3) $\dfrac{\mathrm{d}y}{\mathrm{d}x} = \left(\sqrt[7]{x^5}\right)' = \dfrac{5}{7}x^{-\frac{2}{7}} = \dfrac{5}{7\sqrt[7]{x^2}}$;

(4) $\dfrac{\mathrm{d}y}{\mathrm{d}x} = \left[\dfrac{x\sqrt[3]{x}}{\sqrt{x^3}}\right]' = \left(x^{-\frac{1}{6}}\right)' = -\dfrac{1}{6}x^{-\frac{7}{6}} = -\dfrac{1}{6x\sqrt[6]{x}}.$

利用导数定义, 还可以求出下列基本初等函数的导数.

例 9　求 $y = \cos x$ 的导数, 并求 $y'\left(\dfrac{\pi}{3}\right)$.

解　$\forall x \in \mathbf{R}$, 由

$$\Delta y = \cos(x + \Delta x) - \cos x = -2\sin\dfrac{2x + \Delta x}{2}\sin\dfrac{\Delta x}{2},$$

由导数定义, 有

$$\lim_{\Delta x \to 0}\dfrac{\Delta y}{\Delta x} = \lim_{\Delta x \to 0}\dfrac{-2\sin\left(x + \dfrac{\Delta x}{2}\right)\sin\dfrac{\Delta x}{2}}{\Delta x}$$

$$= \lim_{\Delta x \to 0}\left[-\sin\left(x + \dfrac{\Delta x}{2}\right)\dfrac{\sin\dfrac{\Delta x}{2}}{\dfrac{\Delta x}{2}}\right] = -\sin x.$$

即

$$(\cos x)' = -\sin x. \tag{2-1-6}$$

因此

$$y'\left(\dfrac{\pi}{3}\right) = -\sin\dfrac{\pi}{3} = -\dfrac{\sqrt{3}}{2}.$$

同理可证得

$$(\sin x)' = \cos x. \tag{2-1-7}$$

例 10　求对数函数 $y = \ln x$ 的导数.

解　$\forall x > 0$, 由导数定义, 有

$$\lim_{\Delta x \to 0}\dfrac{\Delta y}{\Delta x} = \lim_{\Delta x \to 0}\dfrac{\ln(x + \Delta x) - \ln x}{\Delta x} = \lim_{\Delta x \to 0}\dfrac{\ln\dfrac{x + \Delta x}{x}}{\Delta x}$$

$$= \lim_{\Delta x \to 0}\dfrac{1}{\Delta x}\ln\left(1 + \dfrac{\Delta x}{x}\right) = \lim_{\Delta x \to 0}\dfrac{\dfrac{\Delta x}{x}}{\Delta x} = \dfrac{1}{x},$$

故

$$(\ln x)' = \dfrac{1}{x}. \tag{2-1-8}$$

例 11 求指数函数 $y = a^x(a > 0, a \neq 1)$ 的导数.

解 $\forall x \in \mathbf{R}$, 由导数定义, 有

$$\lim_{\Delta x \to 0} \frac{\Delta y}{\Delta x} = \lim_{\Delta x \to 0} \frac{a^{x+\Delta x} - a^x}{\Delta x} = \lim_{\Delta x \to 0} \frac{a^x(a^{\Delta x} - 1)}{\Delta x}$$
$$= \lim_{\Delta x \to 0} \frac{a^x(\Delta x \cdot \ln a)}{\Delta x} = a^x \ln a,$$

故

$$(a^x)' = a^x \ln a. \tag{2-1-9}$$

特殊地, 取 $a = \mathrm{e}$, 有

$$(\mathrm{e}^x)' = \mathrm{e}^x. \tag{2-1-10}$$

二、 导数的几何意义与经济意义

1. 导数的几何意义

由引例 1 可知, 在几何上, 函数 $f(x)$ 的导数 $f'(x)$ 等于曲线 $y = f(x)$ 在点 $P(x, y)$ 处的切线的斜率. 当函数 $f(x)$ 在点 x_0 处可导时, 曲线 $y = f(x)$ 在点 $M_0(x_0, f(x_0))$ 处有切线:

$$y - f(x_0) = f'(x_0)(x - x_0).$$

当函数 $f(x)$ 在点 x_0 处连续且 $f'(x_0) = \infty$ 时, 曲线 $y = f(x)$ 在 x_0 处有一垂直于 x 轴的切线 $x = x_0$. 如由例 2 可知, 函数 $y = \sqrt[3]{x}$ 在 $x = 0$ 处连续但不可导, 且

$$y'|_{x=0} = \infty,$$

所以曲线 $y = \sqrt[3]{x}$ 在 $x = 0$ 处有一条垂直于 x 轴的切线 $x = 0$ (图 2-1-2).

当函数 $f(x)$ 在点 x_0 处连续但不可导, 且 $f'(x_0) \neq \infty$ 时, 曲线 $y = f(x)$ 在 x_0 处没有切线. 如函数 $f(x) = |x|$ 在 $x = 0$ 处连续, 但不可导 (且 $f'(x_0) \neq \infty$), 它在 $x = 0$ 处没有切线.

例 12 已知曲线 $f(x) = x^n$ 在点 $(1, 1)$ 处的切线与 x 轴的交点为 $(\varphi_n, 0)$, 求 $\lim_{n \to \infty} f(\varphi_n)$.

解 $f'(x) = (x^n)' = nx^{n-1}$, 则曲线在点 $(1, 1)$ 处的切线斜率为

$$k = f'(1) = n,$$

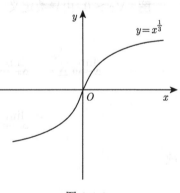

图 2-1-2

所以点 $(1,1)$ 处的切线方程为

$$y - 1 = n(x - 1).$$

令 $y = 0$ 得

$$\varphi_n = 1 - \frac{1}{n},$$

所以

$$\lim_{n \to \infty} f(\varphi_n) = \lim_{n \to \infty} \left(1 - \frac{1}{n} \right)^n = \lim_{n \to \infty} \left(1 + \frac{1}{-n} \right)^{-n \cdot (-1)} = \mathrm{e}^{-1}.$$

2. 导数的经济意义

由导数的定义可知, 导数 $f'(x)$ 表示了该函数 $f(x)$ 在 x 时的变化率, 若 $f(x)$ 是经济领域的某种函数关系, 则在经济学中, 将该导数 $f'(x)$ 称为**边际**, 常见的边际函数及其经济意义有

总成本函数 $C = C(Q)$ 的导数 $\dfrac{\mathrm{d}C}{\mathrm{d}Q} = C'(Q)$ 称为**边际成本 (函数)**. 它表示了成本随产量变化的变化速度, 等于产量为 Q 时再生产一个单位产品所需的成本.

总收入函数 $R = R(Q)$ 的导数 $\dfrac{\mathrm{d}R}{\mathrm{d}Q} = R'(Q)$ 称为**边际收入 (函数)**. 它等于销量为 Q 时再多销售一个单位产品所得的收入.

总利润函数 $L = L(Q)$ 的导数 $\dfrac{\mathrm{d}L}{\mathrm{d}Q} = L'(Q)$ 称为**边际利润 (函数)**. 它等于销量为 Q 时再多销售一个单位产品所得的利润.

例如, 已知某企业生产某产品的总成本函数为 $C(Q) = Q^3$, 其中 Q 为某产品的产量, 则容易求得其边际成本函数为 $C'(Q) = 3Q^2$.

当 $Q = 10$ 时, $C'(10) = 300$, 表示当产量为 10 时, 再生产一个单位产品, 需增加成本 300.

三、 函数的可导性与连续性之间的关系

由例 4 可知, 函数 $y = |x|$ 在 $x = 0$ 处连续但不可导, 因此, 函数 $f(x)$ 在 x 处连续未必可导. 但可以证明, 若函数在 x 处可导, 则必连续.

定理 2 若函数 $y = f(x)$ 在 x 处可导, 则在 x 处必连续.

证 设函数 $y = f(x)$ 在 x 处可导, 即

$$\lim_{\Delta x \to 0} \frac{\Delta y}{\Delta x} = f'(x),$$

则

$$\lim_{\Delta x \to 0} \Delta y = \lim_{\Delta x \to 0} \left(\frac{\Delta y}{\Delta x} \cdot \Delta x \right) = \left(\lim_{\Delta x \to 0} \frac{\Delta y}{\Delta x} \right) \cdot \left(\lim_{\Delta x \to 0} \Delta x \right) = f'(x) \cdot 0 = 0,$$

因此 $f(x)$ 在 x 处连续.

由定理 2 可知, 若函数 $y = f(x)$ 在 x 处可导则必连续; 因此函数在 x 处连续是可导的必要条件, 即若函数 $y = f(x)$ 在 x 处不连续, 则它在 x 处必不可导.

例 13 设 $f(x) = \begin{cases} \mathrm{e}^x, & x < 0, \\ a + bx, & x \geqslant 0, \end{cases}$ 确定 a, b 的值, 使 $f(x)$ 在 $x = 0$ 处可导.

解 $f(x)$ 在 $x = 0$ 处可导, 则必连续, 因为

$$f(0) = a, \quad \lim_{x \to 0^+} f(x) = \lim_{x \to 0^+} (a + bx) = a, \quad \lim_{x \to 0^-} f(x) = \lim_{x \to 0^-} \mathrm{e}^x = 1,$$

所以有

$$f(0) = \lim_{x \to 0^+} f(x) = \lim_{x \to 0^-} f(x),$$

即 $a = 1$, 故 $f(0) = a = 1$, 又因为

$$f'_+(0) = \lim_{x \to 0^+} \frac{f(x) - f(0)}{x - 0} = \lim_{x \to 0^+} \frac{(1 + bx) - 1}{x} = b,$$

$$f'_-(0) = \lim_{x \to 0^-} \frac{f(x) - f(0)}{x - 0} = \lim_{x \to 0^-} \frac{\mathrm{e}^x - 1}{x} = 1,$$

根据 $f(x)$ 在 $x = 1$ 处可导的充要条件为 $f'_-(0) = f'_+(0)$, 得 $b = 1$. 即当 $a = b = 1$ 时, $f(x)$ 在 $x = 0$ 处可导, 且 $f'(0) = 1$.

例 14 设 $f(x) = \begin{cases} \dfrac{\sqrt{1 + x} - 1}{\sqrt{x}}, & x > 0, \\ 0, & x \leqslant 0. \end{cases}$ 讨论函数 $f(x)$ 在 $x = 0$ 处的连续性与可导性.

解 由于 $f(0) = 0$, 又

$$\lim_{x \to 0^+} f(x) = \lim_{x \to 0^+} \frac{\sqrt{1 + x} - 1}{\sqrt{x}} = \lim_{x \to 0^+} \frac{\frac{1}{2} x}{\sqrt{x}} = 0 = f(0),$$

$$\lim_{x \to 0^-} f(x) = \lim_{x \to 0^-} 0 = 0 = f(0),$$

则 $\lim\limits_{x \to 0} f(x) = 0 = f(0)$, 故 $f(x)$ 在 $x = 0$ 处连续; 又因为

$$f'_+(0) = \lim_{x \to 0^+} \frac{f(x) - f(0)}{x - 0} = \lim_{x \to 0^+} \frac{\dfrac{\sqrt{1+x} - 1}{\sqrt{x}} - 0}{x}$$

$$= \lim_{x \to 0^+} \frac{\sqrt{1+x} - 1}{x\sqrt{x}} = \lim_{x \to 0^+} \frac{\dfrac{1}{2}x}{x\sqrt{x}} = \lim_{x \to 0^+} \frac{1}{2\sqrt{x}} = \infty,$$

$$f'_-(0) = \lim_{x \to 0^-} \frac{f(x) - f(0)}{x - 0} = \lim_{x \to 0^-} \frac{0}{x} = 0,$$

故 $f(x)$ 在 $x = 0$ 处不可导.

由例 14 可知, 函数在某点处连续未必可导.

注 当分段函数在分段点处的两侧邻近的表达式不相同时, 常通过考察函数的左、右导数是否存在且相等的方法来讨论分段点处的可导性与导数.

例 15 设 $f(x) = \begin{cases} x^2 \sin \dfrac{1}{x}, & x \neq 0, \\ 0, & x = 0, \end{cases}$ 讨论

(1) $f(x)$ 在 $x = 0$ 处连续性;

(2) $f(x)$ 在 $x = 0$ 处可导性, 若可导, 则求 $f'(0)$.

解 $f(0) = 0,$

(1) 由于 $\lim\limits_{x \to 0} f(x) = \lim\limits_{x \to 0} x^2 \sin \dfrac{1}{x} = 0 = f(0)$, 则 $f(x)$ 在 $x = 0$ 处连续;

(2) 由于

$$f'(0) = \lim_{x \to 0} \frac{f(x) - f(0)}{x - 0} = \lim_{x \to 0} \frac{x^2 \sin \dfrac{1}{x} - 0}{x} = \lim_{x \to 0} x \sin \frac{1}{x} = 0,$$

故 $f(x)$ 在 $x = 0$ 处可导, 且 $f'(0) = 0$.

一般地, 讨论分段函数 $f(x)$ 在分段点 x_0 处的可导性或求该点处的导数, 常先考察其连续性, 若在分段点 x_0 处不连续, 则函数在该点处必不可导; 若在点 x_0 处连续, 则再考察其可导性, 具体地, 若函数在分段点 x_0 的两侧邻近的表达式相同, 则常用导数的定义来判断 x_0 处的可导性与导数; 若函数在分段点 x_0 处的两侧邻近的表达式不相同时, 则应考察该点左、右导数是否存在且相等来判断函数在点 x_0 处的可导性与导数.

课件2-1-3

习 题 2-1

A 组

1. 设在银行中存入一笔钱, t 单位时间后应得的本利总数为 $B(t)$, 求在 t 时刻的瞬时利率.

2. 说明下列式子的含义:

(1) $[f(x_0)]'$;   (2) $f'[\varphi(x_0)]$.

3. 用导数定义求下列函数在 $x = 0$ 处的导数 $f'(0)$:

(1) $f(x) = 5x^2 + 2x + \cos x$;   (2) $f(x) = x(2x - 1)(3x - 2) \cdots (50x - 49)(51x - 50)$.

4. 设函数 $f(x) = \begin{cases} \dfrac{x}{1 + e^{\frac{1}{x}}}, & x < 0, \\ 0, & x = 0, \quad 求 f'(0). \\ \dfrac{2x}{1 + e^x}, & x > 0, \end{cases}$

5. 设 $f(x)$ 处处可导, 试求下列极限:

(1) $\lim\limits_{x \to 0} \dfrac{f(x_0 - x) - f(x_0 + x)}{x}$;   (2) $\lim\limits_{x \to 0} \dfrac{f(\cos x) - f(1)}{x^2}$.

6. 在抛物线 $y = x^2$ 上取横坐标为 $x_1 = 1$ 及 $x_2 = 3$ 的两点, 作过这两点的割线, 问该抛物线上哪一点的切线平行于这条割线?

7. 求曲线 $y = \cos x \, (0 < x < \pi)$ 的垂直于直线 $\sqrt{2}x - y = 1$ 的切线方程.

8. 设 $f(x) = \begin{cases} e^x, & x \leqslant 0, \\ \sqrt{x}, & x > 0, \end{cases}$ 求 $f'(x)$.

9. 设函数 $f(x) = \begin{cases} x^2 \sin \dfrac{1}{x}, & x < 0, \\ \ln(a + bx), & x \geqslant 0 \end{cases}$ 在 $x = 0$ 处可导, 求 a, b 的值.

10. 讨论下列函数在 $x = 0$ 处的连续性与可导性:

(1) $f(x) = \begin{cases} \dfrac{\sin x}{x}, & x > 0, \\ 2, & x \leqslant 0; \end{cases}$ (2) $f(x) = \begin{cases} x \sin \dfrac{1}{x}, & x \neq 0, \\ 0, & x = 0. \end{cases}$

11. 证明双曲线 $xy = a^2$ 上任一点处的切线与两坐标轴构成的三角形的面积都等于 $2a^2$.

12. 已知函数 $f(x)$ 在 $x = 1$ 处连续, 且 $\lim\limits_{x \to 1} \dfrac{f(x)}{x - 1} = 2$, 求 $f'(1)$.

B 组

1. 设函数 $f(x)$ 在 $x = 0$ 处连续, 下列命题错误的是 (　　)

(A) 若 $\lim\limits_{x \to 0} \dfrac{f(x)}{x}$ 存在, 则 $f(0) = 0$

(B) 若 $\lim\limits_{x \to 0} \dfrac{f(x) + f(-x)}{x}$ 存在, 则 $f(0) = 0$

(C) 若 $\lim\limits_{x \to 0} \dfrac{f(x)}{x}$ 存在, 则 $f'(0)$ 存在

(D) 若 $\lim\limits_{x \to 0} \dfrac{f(x) - f(-x)}{x}$ 存在, 则 $f'(0)$ 存在.

2. 设 $f(x) = \begin{cases} \dfrac{1 - \cos x}{\sqrt{x}}, & x > 0, \\ x^2 g(x), & x \leqslant 0, \end{cases}$ 其中 $g(x)$ 为有界函数, 则 $f(x)$ 在 $x = 0$ 处 (   )

(1999 考研真题)

(A) 极限不存在

(B) 极限存在但不连续

(C) 连续但不可导

(D) 可导.

3. 设函数 $F(x) = \begin{cases} \dfrac{f(x)}{x}, & x \neq 0, \\ f(0), & x = 0, \end{cases}$ 其中 $f(x)$ 在 $x = 0$ 处可导, 且 $f(0) = 0, f'(0) \neq 0$,

试讨论 $F(x)$ 在 $x = 0$ 处的连续性, 若间断, 则判别其间断点的类型.

4. 设函数 $\varphi(x)$ 在 $x = 0$ 处连续, $f(x) = \varphi(x)(x + |\tan x|)$, 证明: $\varphi(0) = 0$ 是 $f(x)$ 在 $x = 0$ 处可导的充要条件.

2.2 导数的运算法则与基本公式

课前测2-2-1

2.1 节介绍了导数概念, 并利用导数的定义得到了一些基本初等函数的导数, 一般而言, 利用定义求导常常很不方便, 有时甚至是困难的. 为了便于求导, 下面先建立导数的运算法则, 并在此基础上进一步完善基本初等函数的求导公式.

一、求导的四则运算法则

定理 1 若函数 $u(x), v(x)$ 在 x 处可导, 则 $u(x) \pm v(x)$, $u(x) \cdot v(x)$ 以及 $\dfrac{u(x)}{v(x)} (v(x) \neq 0)$ 也在 x 处可导, 且

$$[u(x) \pm v(x)]' = u'(x) \pm v'(x); \tag{2-2-1}$$

$$[u(x)v(x)]' = u'(x)v(x) + u(x)v'(x); \tag{2-2-2}$$

$$\left[\frac{u(x)}{v(x)}\right]' = \frac{u'(x)v(x) - u(x)v'(x)}{v^2(x)}. \tag{2-2-3}$$

证 由于函数 $u(x), v(x)$ 在 x 处可导, 由导数定义, 有

$$u'(x) = \lim_{\Delta x \to 0} \frac{u(x + \Delta x) - u(x)}{\Delta x},$$

$$v'(x) = \lim_{\Delta x \to 0} \frac{v(x + \Delta x) - v(x)}{\Delta x},$$

令 $f(x) = u(x) \pm v(x)$, $g(x) = u(x) \cdot v(x)$, 由导数定义与极限的运算法则, 得

$$
\begin{aligned}
f'(x) &= \lim_{\Delta x \to 0} \frac{f(x + \Delta x) - f(x)}{\Delta x} \\
&= \lim_{\Delta x \to 0} \frac{[u(x + \Delta x) \pm v(x + \Delta x)] - [u(x) \pm v(x)]}{\Delta x} \\
&= \lim_{\Delta x \to 0} \left[\frac{u(x + \Delta x) - u(x)}{\Delta x} \pm \frac{v(x + \Delta x) - v(x)}{\Delta x} \right] \\
&= \lim_{\Delta x \to 0} \frac{u(x + \Delta x) - u(x)}{\Delta x} \pm \lim_{\Delta x \to 0} \frac{v(x + \Delta x) - v(x)}{\Delta x} \\
&= u'(x) \pm v'(x),
\end{aligned}
$$

故有

$$
[u(x) \pm v(x)]' = u'(x) \pm v'(x);
$$

$$
\begin{aligned}
g'(x) &= \lim_{\Delta x \to 0} \frac{u(x + \Delta x)v(x + \Delta x) - u(x)v(x)}{\Delta x} \\
&= \lim_{\Delta x \to 0} \frac{u(x + \Delta x)v(x + \Delta x) - u(x)v(x + \Delta x) + u(x)v(x + \Delta x) - u(x)v(x)}{\Delta x} \\
&= \lim_{\Delta x \to 0} \left[\frac{u(x + \Delta x) - u(x)}{\Delta x} v(x + \Delta x) \right] + \lim_{\Delta x \to 0} \left[u(x) \frac{v(x + \Delta x) - v(x)}{\Delta x} \right],
\end{aligned}
$$

由于 $v(x)$ 在 x 处可导必连续, 则

$$
\lim_{\Delta x \to 0} v(x + \Delta x) = v(x),
$$

故有

$$
[u(x)v(x)]' = u'(x)v(x) + u(x)v'(x);
$$

$$
\begin{aligned}
\left[\frac{u(x)}{v(x)} \right]' &= \lim_{\Delta x \to 0} \frac{\dfrac{u(x + \Delta x)}{v(x + \Delta x)} - \dfrac{u(x)}{v(x)}}{\Delta x} \\
&= \lim_{\Delta x \to 0} \frac{u(x + \Delta x)v(x) - v(x + \Delta x)u(x)}{v(x + \Delta x)v(x)\Delta x} \\
&= \lim_{\Delta x \to 0} \frac{u(x + \Delta x)v(x) - u(x)v(x) + u(x)v(x) - v(x + \Delta x)u(x)}{v(x + \Delta x)v(x)\Delta x} \\
&= \lim_{\Delta x \to 0} \left[\frac{u(x + \Delta x) - u(x)}{\Delta x} \cdot \frac{v(x)}{v(x + \Delta x)v(x)} \right]
\end{aligned}
$$

$$- \lim_{\Delta x \to 0} \left[\frac{v(x + \Delta x) - v(x)}{\Delta x} \cdot \frac{u(x)}{v(x + \Delta x)v(x)} \right]$$

$$= \frac{u'(x)v(x)}{v^2(x)} - \frac{v'(x)u(x)}{v^2(x)}$$

$$= \frac{u'(x)v(x) - v'(x)u(x)}{v^2(x)},$$

故有

$$\left[\frac{u(x)}{v(x)} \right]' = \frac{u'(x)v(x) - u(x)v'(x)}{v^2(x)}.$$

证毕.

综上得 (和、差、积、商) 四则运算的求导法则:

$$(u \pm v)' = u' \pm v';$$

$$(uv)' = u'v + uv';$$

$$\left(\frac{u}{v} \right)' = \frac{u'v - uv'}{v^2} \ (v \neq 0).$$

利用常数函数的导数为零, 再由定理 1 可得

推论 1 设 $u(x)$ 在 x 处可导, c 为常数, 则 $cu(x)$ 在 x 处也可导, 且

$$[cu(x)]' = cu'(x). \tag{2-2-4}$$

另外可将定理 1 中两个函数的和、差、积的求导法则, 推广到有限个可导函数的情形, 如

推论 2 设 $u(x), v(x), w(x)$ 均在 x 处可导, 则 $u(x) \pm v(x) \pm w(x)$ 与 $u(x)v(x)w(x)$ 在 x 处也可导, 且

$$[u(x) \pm v(x) \pm w(x)]' = u'(x) \pm v'(x) \pm w'(x), \tag{2-2-5}$$

$$[u(x)v(x)w(x)]' = u'(x)v(x)w(x) + u(x)v'(x)w(x) + u(x)v(x)w'(x). \tag{2-2-6}$$

例 1 求下列基本初等函数的导数:

(1) $y = \log_a x$;　　　　　　　　(2) $y = \tan x$.

解 (1) 由 $y = \log_a x = \frac{\ln x}{\ln a}$ 及 $(\ln x)' = \frac{1}{x}$, 则

$$y' = \left(\frac{\ln x}{\ln a} \right)' = \frac{1}{\ln a} (\ln x)' = \frac{1}{x \ln a},$$

即

$$(\log_a x)' = \frac{1}{x \ln a}. \tag{2-2-7}$$

(2) 由 $(\sin x)' = \cos x$, $(\cos x)' = -\sin x$ 及商的求导法则, 得

$$(\tan x)' = \left(\frac{\sin x}{\cos x}\right)' = \frac{\cos x \cdot \cos x - \sin x \cdot (-\sin x)}{\cos^2 x}$$

$$= \frac{1}{\cos^2 x} = \sec^2 x.$$

即

$$(\tan x)' = \sec^2 x. \tag{2-2-8}$$

同理可得

$$(\cot x)' = -\csc^2 x; \tag{2-2-9}$$

$$(\sec x)' = \tan x \sec x; \tag{2-2-10}$$

$$(\csc x)' = -\cot x \csc x. \tag{2-2-11}$$

利用导数的四则运算法则及以上基本初等函数的导数公式, 可求得一些初等函数的导数.

例 2 求下列函数的导数:

(1) $y = \ln x - 5^x + \dfrac{\sin x}{\sqrt{x}} + \tan \dfrac{\pi}{6}$;　　　　(2) $y = \mathrm{e}^{-x} \cot x$.

解 (1) 由导数的四则运算法则及基本初等函数的导数公式, 得

$$y' = (\ln x)' - (5^x)' + \left(\frac{\sin x}{\sqrt{x}}\right)' + \left(\tan \frac{\pi}{6}\right)'$$

$$= \frac{1}{x} - 5^x \ln 5 + \frac{\sqrt{x} \cos x - \sin x \dfrac{1}{2\sqrt{x}}}{x}$$

$$= \frac{1}{x} - 5^x \ln 5 + \frac{2x \cos x - \sin x}{2x\sqrt{x}}.$$

(2) 将函数化为

$$y = \mathrm{e}^{-x} \cot x = \frac{\cot x}{\mathrm{e}^x},$$

由商的求导法则及基本初等函数的导数公式, 得

$$y' = \left(\frac{\cot x}{\mathrm{e}^x}\right)' = \frac{-\csc^2 x \cdot \mathrm{e}^x - \cot x \cdot \mathrm{e}^x}{\mathrm{e}^{2x}} = -\frac{\csc^2 x + \cot x}{\mathrm{e}^x}$$

$$= -\mathrm{e}^{-x}\left(\csc^2 x + \cot x\right).$$

例 3 求下列函数的导数:

(1) $y = (2x+1)(1-x)(3x+1)$; \qquad (2) $y = \dfrac{2^x}{2x-3}$.

解 (1) 解法一 由加、减、乘运算的求导法则, 得

$$y' = (2x+1)'(1-x)(3x+1)+(2x+1)(1-x)'(3x+1)+(2x+1)(1-x)(3x+1)'$$

$$= 2(1-x)(3x+1) - (2x+1)(3x+1) + 3(2x+1)(1-x)$$

$$= -18x^2 + 2x + 4.$$

解法二 $y = (2x+1)(1-x)(3x+1) = -6x^3 + x^2 + 4x + 1$, 由加减运算的求导法则, 得

$$y' = \left(-6x^3 + x^2 + 4x + 1\right)' = -18x^2 + 2x + 4.$$

(2) 由商的求导法则, 得

$$y' = \frac{(2^x)'(2x-3) - 2^x(2x-3)'}{(2x-3)^2} = \frac{2^x[(2x-3)\ln 2 - 2]}{(2x-3)^2}.$$

例 4 求下列函数的导数:

(1) $y = \dfrac{1+\tan x}{\tan x} + 2\lg x - \sin x$; \qquad (2) $f(t) = \lim\limits_{x\to\infty} t\left(1+\dfrac{1}{x}\right)^{tx}$.

解 (1) 本题可先化为加减式后, 再求导, 较为简单.

$$y = \cot x + 1 + 2\lg x - \sin x,$$

再由加减运算的求导法则及基本初等函数的导数公式, 得

$$y' = -\csc^2 x + \frac{2}{x\ln 10} - \cos x.$$

注 本题也可不化简而直接求导, 但计算将较为繁琐, 读者不妨一试.

(2) 先求极限, 即先求出函数 $f(t)$,

$$f(t) = t \cdot \lim_{x\to\infty}\left[\left(1+\frac{1}{x}\right)^x\right]^t = t\mathrm{e}^t,$$

再由乘法运算的求导法则及基本初等函数的导数公式, 得

$$f'(t) = (t\mathrm{e}^t)' = \mathrm{e}^t + t\mathrm{e}^t = \mathrm{e}^t(1+t).$$

二、 反函数与复合函数的求导法则

1. 反函数的求导法则

定理 2 设 $y = f(x)$ 在区间 I_x 内单调、可导, 且 $f'(x) \neq 0$, 则其反函数 $x = \varphi(y)$ 在相应的区间 I_y 内也单调、可导, 且 $\varphi'(y) = \dfrac{1}{f'(x)}$. (2-2-12)

证 设 $x = \varphi(y)$ 为函数 $y = f(x)$ 的反函数, 对应自变量 y 的增量 Δy, 则相应地有 x 的增量 Δx. 由函数可导必连续的性质及反函数的连续性可得 $x = \varphi(y)$ 在区间 I_y 内单调、连续, 因此当 $\Delta y \to 0$ 时, 有 $\Delta x \to 0$. 且当 $\Delta y \neq 0$ 时, 有 $\Delta x \neq 0$, 则 $\forall y, y + \Delta y \in I_y$, 设 $\Delta y \neq 0$, 又 $f'(x) \neq 0$, 有

$$\varphi'(y) = \lim_{\Delta y \to 0} \frac{\Delta x}{\Delta y} = \lim_{\Delta y \to 0} \frac{1}{\dfrac{\Delta y}{\Delta x}} = \frac{1}{\lim\limits_{\Delta y \to 0} \dfrac{\Delta y}{\Delta x}} = \frac{1}{\lim\limits_{\Delta x \to 0} \dfrac{\Delta y}{\Delta x}} = \frac{1}{f'(x)}.$$

证毕.

例 5 求反正弦函数 $y = \arcsin x (|x| < 1)$ 的导数.

反函数的求
导法则2-2-2

解 由于 $x = \sin y$ 在区间 $\left(-\dfrac{\pi}{2}, \dfrac{\pi}{2}\right)$ 内单调、可导, 且其导数 $\cos y \neq 0$. 因此, 其反函数 $y = \arcsin x$ 在相应的区间 $(-1, 1)$ 内单调、可导, 且由反函数求导公式 (2-2-12) 得

$$(\arcsin x)' = \frac{1}{(\sin y)'} = \frac{1}{\cos y} = \frac{1}{\sqrt{1 - \sin^2 y}} = \frac{1}{\sqrt{1 - x^2}} \quad (x \in (-1, 1)),$$

即

$$(\arcsin x)' = \frac{1}{\sqrt{1 - x^2}} \quad (x \in (-1, 1)); \tag{2-2-13}$$

同理可得

$$(\arccos x)' = \frac{-1}{\sqrt{1 - x^2}} \quad (x \in (-1, 1)); \tag{2-2-14}$$

$$(\arctan x)' = \frac{1}{1 + x^2} \quad (x \in \mathbf{R}). \tag{2-2-15}$$

$$(\operatorname{arccot} x)' = -\frac{1}{1 + x^2} \quad (x \in \mathbf{R}). \tag{2-2-16}$$

2. 复合函数的求导法则

经常还会遇到复合函数的求导问题, 下面推导复合函数的求导公式.

定理 3 设函数 $u = \varphi(x)$ 在 x 处可导, 函数 $y = f(u)$ 在相应的点 u 处可导, 则复合函数 $y = f[\varphi(x)]$ 在 x 处也可导, 且

$$(f[\varphi(x)])' = f'(u)\,\varphi'(x), \tag{2-2-17}$$

或

$$\frac{\mathrm{d}y}{\mathrm{d}x} = \frac{\mathrm{d}y}{\mathrm{d}u} \cdot \frac{\mathrm{d}u}{\mathrm{d}x}. \tag{2-2-17'}$$

证 设 x 有增量 Δx, 则相应地, u 有增量 Δu, 复合函数 y 有增量 Δy. 由 $u = \varphi(x)$ 在 x 处可导必连续, 可知, 当 $\Delta x \to 0$ 时, 有 $\Delta u \to 0$, 当 $\Delta u \neq 0$ 时, 则

$$\frac{\mathrm{d}y}{\mathrm{d}x} = \lim_{\Delta x \to 0} \frac{\Delta y}{\Delta x} = \lim_{\Delta x \to 0} \frac{\Delta y}{\Delta u} \cdot \frac{\Delta u}{\Delta x} = \lim_{\Delta x \to 0} \frac{\Delta y}{\Delta u} \cdot \lim_{\Delta x \to 0} \frac{\Delta u}{\Delta x}$$

$$= \lim_{\Delta u \to 0} \frac{\Delta y}{\Delta u} \cdot \lim_{\Delta x \to 0} \frac{\Delta u}{\Delta x} = \frac{\mathrm{d}y}{\mathrm{d}u} \cdot \frac{\mathrm{d}u}{\mathrm{d}x}.$$

当 $\Delta u = 0$ 时, 则相应地 $\Delta y = 0$, 则必有 $\dfrac{\mathrm{d}y}{\mathrm{d}x} = 0$, $\dfrac{\mathrm{d}y}{\mathrm{d}u} = 0$ 及 $\dfrac{\mathrm{d}u}{\mathrm{d}x} = 0$, 因此 $\dfrac{\mathrm{d}y}{\mathrm{d}x} = \dfrac{\mathrm{d}y}{\mathrm{d}u} \cdot \dfrac{\mathrm{d}u}{\mathrm{d}x}$ 也成立. 因此复合函数 $y = f[\varphi(x)]$ 在 x 处的求导法则为

$$(f[\varphi(x)])' = f'(\varphi(x)) \cdot \varphi'(x).$$

上式中 $(f[\varphi(x)])'$ 表示复合后的函数 $y = f[\varphi(x)]$ 对自变量 x 的导数, $f'[\varphi(x)]$ 则表示函数 $f(u)$ 对 u 的导数 (其中 $u = \varphi(x)$).

该求导法则可以推广到有限个函数复合的情形, 例如

推论 3 设函数 $y = f(u), u = \varphi(v), v = \psi(x)$ 复合成函数 $y = f\{\varphi[\psi(x)]\}$, 若 $f(u), \varphi(v), \psi(x)$ 均可导, 则复合函数 $y = f\{\varphi[\psi(x)]\}$ 也可导, 且有

$$(f\{\varphi[\psi(x)]\})' = f'(u) \cdot \varphi'(v) \cdot \psi'(x), \tag{2-2-18}$$

或

$$\frac{\mathrm{d}y}{\mathrm{d}x} = \frac{\mathrm{d}y}{\mathrm{d}u} \cdot \frac{\mathrm{d}u}{\mathrm{d}v} \cdot \frac{\mathrm{d}v}{\mathrm{d}x}. \tag{2-2-18'}$$

上式右端的求导法则, 按 $y \to u \to v \to x$ 的顺序, 就像一条链子一样, 因此通常将复合函数的求导法则称为**链式法则**.

例 6 求函数 $y = \ln|x|$ 的导数.

解 $y = \ln|x| = \begin{cases} \ln x, & x > 0, \\ \ln(-x), & x < 0. \end{cases}$

当 $x > 0$ 时, $y' = (\ln x)' = \dfrac{1}{x}$;

当 $x < 0$ 时, $y' = [\ln(-x)]' = \dfrac{1}{-x}(-x)' = \dfrac{1}{x}$.

因此

$$(\ln|x|)' = \frac{1}{x}. \tag{2-2-19}$$

上式也是一个常用的求导公式, 必须熟记.

三、 求导的基本公式

利用导数定义及求导法则与公式, 得到了所有基本初等函数的导数公式, 习惯上称之为**求导基本公式** (简称求导公式), 归纳如下:

(1) $(c)' = 0$. (2) $(x^{\mu})' = \mu x^{\mu-1}$.

(3) $(a^x)' = a^x \ln a \ (a > 0 \ 且 \ a \neq 1)$. 特别地, $(\mathrm{e}^x)' = \mathrm{e}^x$.

(4) $(\log_a x)' = \dfrac{1}{x \ln a} \ (a > 0 \ 且 \ a \neq 1)$. 特别地, $(\ln x)' = \dfrac{1}{x}$ 及 $(\ln|x|)' = \dfrac{1}{x}$.

(5) $(\sin x)' = \cos x$. (6) $(\cos x)' = -\sin x$.

(7) $(\tan x)' = \sec^2 x$. (8) $(\cot x)' = -\csc^2 x$.

(9) $(\sec x)' = \sec x \tan x$. (10) $(\csc x)' = -\csc x \cot x$.

(11) $(\arcsin x)' = \dfrac{1}{\sqrt{1-x^2}} \ (-1 < x < 1)$.

(12) $(\arccos x)' = -\dfrac{1}{\sqrt{1-x^2}} \ (-1 < x < 1)$.

(13) $(\arctan x)' = \dfrac{1}{1+x^2}$. (14) $(\mathrm{arccot} x)' = -\dfrac{1}{1+x^2}$.

四、 初等函数的导数

由于初等函数是由常数和基本初等函数经过有限次四则运算及有限次函数复合而构成的用一个解析式表示的函数, 再根据导数的四则运算、复合函数的求导法则与基本初等函数的可导性, 可推得初等函数在其定义区间上处处可导, 且其导数可根据函数结构, 利用相应的求导法则或公式求出.

例 7 求下列函数的导数:

(1) $y = \mathrm{e}^{\tan \frac{1}{x}} \sin \dfrac{1}{x}$; (2) $y = \ln \dfrac{\sqrt{x^2+1}}{\sqrt[5]{1+x}}$.

解 (1) 根据导数的四则运算与复合函数的求导法则以及基本初等函数的求导公式, 有

$$y' = \mathrm{e}^{\tan\frac{1}{x}} \cdot \sec^2 \frac{1}{x} \cdot \left(-\frac{1}{x^2}\right) \cdot \sin\frac{1}{x} + \mathrm{e}^{\tan\frac{1}{x}} \cos\frac{1}{x} \left(-\frac{1}{x^2}\right)$$

$$= -\frac{1}{x^2} \mathrm{e}^{\tan\frac{1}{x}} \left(\sec^2\frac{1}{x} \sin\frac{1}{x} + \cos\frac{1}{x}\right).$$

(2) 根据该函数的结构形式, 若直接用求导法则与公式来求导, 将较为繁琐, 本题可先将乘除因式的对数化为对数的加减式后, 再求导, 较为简单.

由题设可知, $x > -1$, 故

$$y = \frac{1}{2}\ln(x^2+1) - \frac{1}{5}\ln(x+1),$$

则

$$y' = \frac{1}{2} \cdot \frac{2x}{x^2+1} - \frac{1}{5} \cdot \frac{1}{1+x} = \frac{x}{x^2+1} - \frac{1}{5(1+x)}$$

$$= \frac{4x^2 + 5x - 1}{5(x^2+1)(x+1)}.$$

注 求初等函数的导数, 常需根据该函数的结构形式, 利用相应的四则运算或复合函数求导法则以及基本初等函数的求导公式来求解. 为方便起见, 我们将这一求法简称为**初等函数求导法**.

特别指出, 用初等函数求导法时, 由于加减运算的导数求解较为简便, 因此像例 7 中的第 (2) 小题, 常先将原函数恒等变形为加减运算的函数后, 再求导.

例 8 设 $y = x^{\sin x}(x > 0)$, 求 $\dfrac{\mathrm{d}y}{\mathrm{d}x}$.

解 利用公式 $a^b = \mathrm{e}^{b\ln a}(a > 0)$, 先将幂指函数恒等变形为初等函数形式

$$y = \mathrm{e}^{\sin x \cdot \ln x},$$

再用初等函数求导法, 得

$$y' = \mathrm{e}^{\sin x \cdot \ln x} \left(\cos x \cdot \ln x + \sin x \cdot \frac{1}{x}\right)$$

$$= x^{\sin x} \left(\cos x \cdot \ln x + \frac{\sin x}{x}\right).$$

一般地, 对幂指函数 $f(x)^{g(x)}$ 可化为下面的初等函数形式:

$$f(x)^{g(x)} = e^{g(x) \cdot \ln f(x)}.$$

为方便起见, 我们形象地称上式右端为**将幂指函数 e 抬起**. 求幂指函数的导数, 可先将幂指函数 e 抬起, 化为初等函数形式, 再用初等函数求导法就可求出.

例 9 设 $f(x)$ 可导, $y = f^2(\sin x) + \tan[f(x)]$, 求 $\dfrac{\mathrm{d}y}{\mathrm{d}x}$.

解 由于 $f(x)$ 可导, 利用函数的求导法则与公式, 可得

$$y' = 2f(\sin x) \cdot [f(\sin x)]' + \sec^2[f(x)] \cdot f'(x)$$

$$= 2f(\sin x) \cdot f'(\sin x) \cdot (\sin x)' + \sec^2[f(x)] \cdot f'(x)$$

$$= 2f(\sin x) f'(\sin x) \cdot \cos x + f'(x) \sec^2[f(x)].$$

例 10 设 $f(x) = \begin{cases} \tan(\sin x) + e^{2x}, & x \neq 0, \\ a + 1, & x = 0 \end{cases}$ 在 $(-\infty, +\infty)$ 内可导, 求 a 的值及 $f'(x)$.

解 (1) $f(0) = a + 1$, 且

$$\lim_{x \to 0} f(x) = \lim_{x \to 0}[\tan(\sin x) + e^{2x}] = 1,$$

由于 $f(x)$ 在 $x = 0$ 处可导, 则必连续, 故有 $\lim\limits_{x \to 0} f(x) = f(0)$, 则 $a + 1 = 1$, 即 $a = 0$;

(2) 当 $x \neq 0$ 时, $f'(x) = \sec^2(\sin x) \cdot \cos x + 2e^{2x} = \cos x \sec^2(\sin x) + 2e^{2x}$; 当 $x = 0$ 时, $f(0) = 1$. 因此,

$$f'(0) = \lim_{x \to 0} \frac{f(x) - f(0)}{x - 0} = \lim_{x \to 0} \frac{\tan(\sin x) + e^{2x} - 1}{x}$$

$$= \lim_{x \to 0} \frac{\tan(\sin x)}{x} + \lim_{x \to 0} \frac{e^{2x} - 1}{x}$$

$$= \lim_{x \to 0} \frac{\sin x}{x} + \lim_{x \to 0} \frac{2x}{x} = 1 + 2 = 3,$$

则

$$f'(x) = \begin{cases} \cos x \sec^2(\sin x) + 2e^{2x}, & x \neq 0, \\ 3, & x = 0. \end{cases}$$

习 题 2-2

A 组

课件2-2-3

1. 填空:

(1) $(\underline{\quad})' = 3x^2$;

(2) $(\underline{\quad})' = \dfrac{1}{x}$;

(3) $(\underline{\quad})' = x \sec^2(x^2)$;

(4) $(\underline{\quad})' = \mathrm{e}^{2x}$;

(5) $(\underline{\quad})' = \dfrac{3x^2}{\sqrt{1-x^3}}$;

(6) $(\underline{\quad})' = \dfrac{\mathrm{e}^{\sqrt{x}}}{\sqrt{x}}$.

2. 求下列函数的导数:

(1) $y = \dfrac{x^5 + 2x^3 - 2x - 1}{x\sqrt{x}}$;

(2) $y = 5x^6 - 3^x + \mathrm{e}^{x+1}$;

(3) $y = 2\tan x + \arcsin x + \sin \dfrac{\pi}{2}$;

(4) $y = x^2 \ln x + \sin \dfrac{\pi}{3}$;

(5) $y = \mathrm{e}^{-x} \sin x$;

(6) $y = \dfrac{2x}{1 + x^2} - 2\arctan x$;

(7) $y = \ln |\cos 2x|$;

(8) $y = \ln |\sec x + \tan x|$;

(9) $y = \arcsin(1 - x^2)$;

(10) $y = \ln\left(x + \sqrt{x^2 + a^2}\right)$;

(11) $y = (a^{\frac{2}{3}} - x^{\frac{2}{3}})^{\frac{3}{2}}$;

(12) $y = \mathrm{e}^{\sin^2 \frac{1}{x}}$;

(13) $y = \arctan \dfrac{x+1}{x-1}$;

(14) $y = \arctan \mathrm{e}^x + \ln \dfrac{\mathrm{e}^{2x}}{\mathrm{e}^{2x}+1}$;

(15) $y = x^{\frac{1}{x}} \ (x > 0)$;

(16) $y = x^{\arccos x} \ (x > 0)$.

3. 求下列函数在指定点处的导数:

(1) $y = (x^2 - 2x + 1)^{100}, x = 2$;

(2) $y = (1 + \sin x)^x, x = \pi$.

4. 求下列函数的导数 (其中 $f(x), g(x)$ 均为可导函数):

(1) $y = f^2(2x)$;

(2) $y = xf(\ln x)$;

(3) $y = f(\mathrm{e}^x) \cdot \mathrm{e}^{f(x)}$;

(4) $y = \operatorname{arccot} \dfrac{f(x)}{g(x)} (g(x) \neq 0)$.

5. 设函数 $\varphi(t) = f(x_0 + at)$, 又 $f'(x_0) = a$, 求 $\varphi'(0)$.

6. 曲线 $y = x \ln x$ 上哪一点处的法线平行于直线 $2x + 4y + 3 = 0$, 并求该法线方程.

7. 设 $f(x) = 5^{|2-x|}$, 求 $f'(x)$.

8. (1) 设 $f(x)$ 是可导的偶函数, 且 $f'(2) = 4$, 求 $f'(-2)$;

(2) 设 $f(x)$ 是可导的奇函数, 且 $f'(-4) = 5$, 求 $f'(4)$.

9. 已知 $f\left(\dfrac{1}{x}\right) = \dfrac{x}{x+1}$, 求 $f'(x)$.

10. 设函数 $f(x)$ 在 $x = 0$ 点连续, 且 $\lim\limits_{x \to 0} \dfrac{f(2x)}{3x} = 1$, 求曲线 $y = f(x)$ 在点 $(0, f(0))$ 处的切线方程.

B 组

1. 设函数 $f(x) = \begin{cases} x^\alpha \cos \dfrac{1}{x^\beta}, & x > 0, \\ 0, & x \leqslant 0 \end{cases}$ $(\alpha > 0, \beta > 0)$, 若 $f'(x)$ 在 $x = 0$ 处连续, 则

( ) (2015 考研真题)

(A) $\alpha - \beta > 1$ (B) $0 < \alpha - \beta \leqslant 1$

(C) $\alpha - \beta > 2$ (D) $0 < \alpha - \beta \leqslant 2$.

2. 设曲线 $y = f(x)$ 和 $y = x^2 - x$ 在点 $(1, 0)$ 处有公切线, 则 $\lim\limits_{n \to \infty} nf\left(\dfrac{n}{n+2}\right) = $_____.

(2013 考研真题)

3. 已知 $y = f\left(\dfrac{3x-2}{3x+2}\right)$, $f'(x) = \arctan x^2$, 求 $\dfrac{\mathrm{d}y}{\mathrm{d}x}\bigg|_{x=0}$.

4. 试讨论下列函数的导函数 $f'(x)$ 在 $x = 0$ 处的连续性.

(1) $f(x) = \begin{cases} x\arctan\dfrac{1}{x^2}, & x \neq 0, \\ 0, & x = 0, \end{cases}$ (2) $f(x) = \begin{cases} x^2 \sin\dfrac{1}{x}, & x \neq 0, \\ 0, & x = 0. \end{cases}$

2.3 高 阶 导 数

课前测2-3-1

一、高阶导数的定义

我们知道变速直线运动中的速度函数 $v(t)$ 是路程函数 $s(t)$ 对时间 t 的导数 $s'(t)$, 而速度函数 $v(t)$ 变化的快慢程度, 即加速度 $a(t)$, 是速度函数 $v(t)$ 对时间 t 的导数, 即

$$a(t) = v'(t) = [s'(t)]',$$

因此加速度 $a(t)$ 是路程函数 $s(t)$ 对 t 的导数的导数, 称为函数 $s(t)$ 对 t 的二阶导数.

定义 1 设函数 $y = f(x)$ 的导函数 $y' = f'(x)$ 仍可导, 则称此导函数 $f'(x)$ 的导数为函数 $y = f(x)$ 的**二阶导数**, 记作 y'', $f''(x)$, $\dfrac{\mathrm{d}^2 y}{\mathrm{d}x^2}$ 或 $\dfrac{\mathrm{d}^2 f}{\mathrm{d}x^2}$.

由导数定义可知

$$f''(x) = \lim_{\Delta x \to 0} \frac{f'(x + \Delta x) - f'(x)}{\Delta x}. \tag{2-3-1}$$

依次类推, 如果 $f''(x)$ 的导数存在, 就称这个二阶导数的导数为函数 $y = f(x)$ 的**三阶导数**, 记作 y''', $f'''(x)$, $\dfrac{\mathrm{d}^3 y}{\mathrm{d}x^3}$ 或 $\dfrac{\mathrm{d}^3 f}{\mathrm{d}x^3}$.

一般地, 如果函数 $y = f(x)$ 的 $n-1$ 阶导数的导数存在, 就称这个导数为函数 $y = f(x)$ 的 n **阶导数**, 记作 $y^{(n)}$, $f^{(n)}(x)$, $\dfrac{\mathrm{d}^n y}{\mathrm{d}x^n}$ 或 $\dfrac{\mathrm{d}^n f}{\mathrm{d}x^n}$.

由导数定义可知

$$f^{(n)}(x) = \lim_{\Delta x \to 0} \frac{f^{(n-1)}(x + \Delta x) - f^{(n-1)}(x)}{\Delta x}. \tag{2-3-2}$$

二阶及二阶以上的导数统称为**高阶导数**.

当 $x = x_0$ 时, 对应的 n 阶导函数的值记作

$$y^{(n)}|_{x=x_0}, \quad f^{(n)}(x_0), \quad \left.\frac{\mathrm{d}^n y}{\mathrm{d} x^n}\right|_{x=x_0} \quad \text{或} \quad \left.\frac{\mathrm{d}^n f}{\mathrm{d} x^n}\right|_{x=x_0}.$$

显然, 求高阶导数就是对一个函数进行连续多次的求导运算, 再运用归纳法, 可得出一些常见函数的高阶导数.

例 1 求 n 次多项式函数 $y = a_0 + a_1 x + a_2 x^2 + \cdots + a_n x^n$ 的各阶导数.

解 对多项式函数连续多次求导, 得

$$y' = a_1 + 2a_2 x + \cdots + na_n x^{n-1},$$

$$y'' = 2a_2 + 6a_3 x + \cdots + n(n-1)a_n x^{n-2},$$

$$\cdots\cdots$$

每求一次导, 多项式的次数就降一次, 对原来的多项式连续 n 次求导运算后, 可得

$$y^{(n)} = n!a_n,$$

显然 $y^{(n)}$ 是一个常数, 因此

$$y^{(n+1)} = y^{(n+2)} = \cdots = 0.$$

即 n 次多项式的一切高过 n 阶的导数都等于零.

例 2 求 $y = a^{bx}$ 的 n 阶导数.

解 连续 n 次求导运算, 得

$$y' = a^{bx} b \ln a,$$

$$y'' = a^{bx} b \ln a \cdot b \ln a = a^{bx}(b \ln a)^2,$$

$$\cdots\cdots$$

$$y^{(n)} = a^{bx}(b \ln a)^n,$$

即

$$\left(a^{bx}\right)^{(n)} = a^{bx}(b \ln a)^n, \tag{2-3-3}$$

特别地, 在 (2-3-3) 式中取 $b = 1$, 有

$$(a^x)^{(n)} = a^x(\ln a)^n, \tag{2-3-4}$$

在 (2-3-3) 式中, 取 $a = \mathrm{e}$, 有

$$(\mathrm{e}^{bx})^{(n)} = b^n \mathrm{e}^{bx}, \tag{2-3-5}$$

再于上式中取 $b = 1$, 有

$$(\mathrm{e}^x)^{(n)} = \mathrm{e}^x. \tag{2-3-6}$$

例 3 求 $y = (x + a)^\mu \ (\mu \in \mathbf{R})$ 的 n 阶导数.

解 (1) 当 $\mu \notin \mathbf{N}^+$, 则

$$y' = \mu(x + a)^{\mu - 1},$$

$$y'' = \mu(\mu - 1)(x + a)^{\mu - 2},$$

$$\cdots\cdots$$

$$y^{(n)} = \mu(\mu - 1)\cdots(\mu - n + 1)(x + a)^{\mu - n}.$$

特别地, 当 $\mu = -1$ 时, 有

$$\left(\frac{1}{x + a}\right)^{(n)} = \frac{(-1)^n n!}{(x + a)^{n+1}}. \tag{2-3-7}$$

(2) 当 $\mu \in \mathbf{N}^+$, 则

当 $n < \mu$ 时,

$$y^{(n)} = \mu(\mu - 1)\cdots(\mu - n + 1)(x + a)^{\mu - n},$$

当 $n = \mu$ 时,

$$y^{(n)} = n!,$$

当 $n > \mu$ 时,

$$y^{(n)} = 0.$$

例 4 求 $y = \ln(x + a)$ 的 n 阶导数.

解 $y' = \dfrac{1}{x + a}$, 再由 (2-3-7) 式,

$$y^{(n)} = \left(\frac{1}{x + a}\right)^{(n-1)} = \frac{(-1)^{n-1}(n - 1)!}{(x + a)^n}. \tag{2-3-8}$$

例 5 求 $y = \sin(ax + b)$ 的 n 阶导数.

解 $y' = a\cos(ax + b) = a\sin\left(ax + b + \dfrac{\pi}{2}\right),$

$$y'' = a^2 \cos\left(ax + b + \dfrac{\pi}{2}\right) = a^2 \sin\left(ax + b + 2 \cdot \dfrac{\pi}{2}\right),$$

$$y''' = a^3 \cos\left(ax + b + 2 \cdot \dfrac{\pi}{2}\right) = a^3 \sin\left(ax + b + 3 \cdot \dfrac{\pi}{2}\right),$$

$$\cdots\cdots$$

一般地,

$$\sin^{(n)} (ax + b) = a^n \sin\left(ax + b + n \cdot \dfrac{\pi}{2}\right), \tag{2-3-9}$$

类似可得

$$\cos^{(n)} (ax + b) = a^n \cos\left(ax + b + n \cdot \dfrac{\pi}{2}\right). \tag{2-3-10}$$

利用上述例 1—例 5 中的高阶导数公式, 可求一些简单函数的高阶导数.

例 6 设 $y = e^{2x}$, 求 $y^{(n)}$.

解 利用 (2-3-5) 式, 可得

$$y^{(n)} = (e^{2x})^{(n)} = 2^n e^{2x}.$$

例 7 设 $f(x) = \cos^2 x$, 求 $f^{(n)}(0)$.

解 由 $f'(x) = -2\sin x \cos x = -\sin 2x$, 则利用 (2-3-9) 式, 对上式求 $n - 1$ 阶导数, 得

$$f^{(n)}(x) = -(\sin 2x)^{(n-1)} = -2^{n-1} \sin\left[2x + \dfrac{(n-1)\pi}{2}\right],$$

将 $x = 0$ 代入上式, 得

$$f^{(n)}(0) = -2^{n-1} \sin\dfrac{(n-1)\pi}{2}.$$

一般函数的高阶导数的表达式是相当繁琐的, 为了便于计算高阶导数, 下面介绍两个常用的高阶导数的运算法则.

二、 高阶导数的运算法则

1. 高阶导数的加、减运算法则

设 $u(x)$ 与 $v(x)$ 都在 x 处具有 n 阶导数, 则

$$[u(x) \pm v(x)]' = u'(x) \pm v'(x),$$

$$[u(x) \pm v(x)]'' = [u'(x) \pm v'(x)]' = u''(x) \pm v''(x),$$

$$\cdots\cdots$$

利用数学归纳法, 可得

$$[u(x) \pm v(x)]^{(n)} = u^{(n)}(x) \pm v^{(n)}(x). \qquad (2\text{-}3\text{-}11)$$

此结论可推广到有限个函数的代数和的情形.

例 8 设 $y = \dfrac{1}{x^2 - 2x - 3}$, 求 $y^{(n)}$.

解 由

$$y = \frac{1}{x^2 - 2x - 3} = \frac{1}{4}\left(\frac{1}{x-3} - \frac{1}{x+1}\right),$$

利用 (2-3-7) 式以及 (2-3-11) 式, 得

$$
\begin{aligned}
y^{(n)} &= \frac{1}{4}\left[\left(\frac{1}{x-3}\right)^{(n)} - \left(\frac{1}{x+1}\right)^{(n)}\right] \\
&= \frac{1}{4}\left[\frac{(-1)^n n!}{(x-3)^{n+1}} - \frac{(-1)^n n!}{(x+1)^{n+1}}\right] \\
&= \frac{(-1)^n n!}{4}\left[\frac{1}{(x-3)^{n+1}} - \frac{1}{(x+1)^{n+1}}\right].
\end{aligned}
$$

2. 高阶导数的乘法运算法则

设 $u(x)$ 与 $v(x)$ 都在 x 处具有 n 阶导数, 则

$$
\begin{aligned}
[u(x)v(x)]' &= u'(x)v(x) + u(x)v'(x), \\
[u(x)v(x)]'' &= [u'(x)v(x)]' + [u(x)v'(x)]' \\
&= u''(x)v(x) + u'(x)v'(x) + u'(x)v'(x) + u(x)v''(x) \\
&= u''(x)v(x) + 2u'(x)v'(x) + u(x)v''(x), \\
[u(x) \cdot v(x)]''' &= [u''(x)v(x)]' + 2[u'(x)v'(x)]' + [u(x)v''(x)]' \\
&= u'''(x)v(x) + u''(x)v'(x) + 2u''(x)v'(x) \\
&\quad + 2u'(x)v''(x) + u'(x)v''(x) + u(x)v'''(x) \\
&= u'''(x)v(x) + 3u''(x)v'(x) + 3u'(x)v''(x) + u(x)v'''(x),
\end{aligned}
$$

······

用数学归纳法可以证明

$$(u \cdot v)^{(n)} = u^{(n)}v + nu^{(n-1)}v' + \frac{n(n-1)}{2}u^{(n-2)}v'' + \cdots$$

$$+ \frac{n(n-1)\cdots(n-k+1)}{k!}u^{(n-k)}v^{(k)} + \cdots + nu'v^{(n-1)} + uv^{(n)}$$

$$= \sum_{k=0}^{n} C_n^k u^{(n-k)}v^{(k)}. \tag{2-3-12}$$

上式是两个函数乘积的 n 阶导数公式, 也称为**莱布尼茨公式**. 由于其结果中的系数与代数中的二项式定理中相应的系数一致, 因此常借助二项式定理的系数与项的规律来帮助记忆莱布尼茨公式.

例 9 设 $f(x) = (x^2 + x)\mathrm{e}^{2x}$, 求 $f^{(n)}(x)$ 及 $f^{(n)}(0)$.

解 令 $u = \mathrm{e}^{2x}$, $v = x^2 + x$, 则

$$u^{(k)} = 2^k\mathrm{e}^{2x} \quad (k = 1, 2, \cdots),$$

$$v' = 2x + 1, \quad v'' = 2, \quad v^{(k)} = 0 \quad (k = 3, 4, 5, \cdots),$$

由莱布尼茨公式, 得

$$f^{(n)}(x) = [(x^2 + x)\mathrm{e}^{2x}]^{(n)}$$

$$= (x^2 + x)(\mathrm{e}^{2x})^{(n)} + n(x^2 + x)'(\mathrm{e}^{2x})^{(n-1)}$$

$$+ \frac{n(n-1)}{2}(x^2 + x)''(\mathrm{e}^{2x})^{(n-2)} + 0$$

$$= (x^2 + x) \cdot 2^n\mathrm{e}^{2x} + n(2x + 1) \cdot 2^{n-1}\mathrm{e}^{2x} + \frac{n(n-1)}{2} \cdot 2 \cdot 2^{n-2}\mathrm{e}^{2x} + 0$$

$$= 2^{n-2}\mathrm{e}^{2x}[4x^2 + (n+1)4x + 2n + n(n-1)],$$

故

$$f^{(n)}(0) = 2^{n-2}\mathrm{e}^{2x}[4x^2 + (n+1)4x + 2n + n(n-1)]\big|_{x=0} = 2^{n-2}n(n+1).$$

例 10 设 $f(x) = \arctan x$, 求 $f^{(n)}(0)$.

解 $f'(x) = \dfrac{1}{1 + x^2}$, 则有

$$(1 + x^2)f'(x) = 1,$$

上式两边分别对 x 求 n 阶导数, 即

$$\left[\left(1+x^2\right)f'(x)\right]^{(n)}=0,$$

由莱布尼茨公式, 有

$$\left[f'(x)\right]^{(n)}\left(1+x^2\right)+n\left[f'(x)\right]^{(n-1)}\left(1+x^2\right)'+\frac{n(n-1)}{2}\left[f'(x)\right]^{(n-2)}\left(1+x^2\right)''=0,$$

即

$$\left(1+x^2\right)f^{(n+1)}(x)+2nxf^{(n)}(x)+n(n-1)f^{(n-1)}(x)=0,$$

将 $x=0$ 代入上式, 得递推公式

$$f^{(n+1)}(0)=-n(n-1)f^{(n-1)}(0),$$

即

$$f^{(n)}(0)=-(n-1)(n-2)f^{(n-2)}(0),\qquad\text{(2-3-13)}$$

又

$$f(0)=0,\quad f'(0)=1,$$

将上面两式代入 (2-3-13) 式, 得

$$f^{(n)}(0)=\begin{cases}0, & n=2k,\\ (-1)^k(2k)!, & n=2k+1\end{cases}\quad(k=0,1,2,\cdots).$$

习 题 2-3

A 组

课件2-3-3

1. 求下列函数的二阶导数 $\dfrac{\mathrm{d}^2 y}{\mathrm{d}x^2}$:

(1) $y=x\mathrm{e}^x$;

(2) $y=\mathrm{e}^{-t}\cos t$;

(3) $y=\ln(x+\sqrt{1+x^2})$;

(4) $y=(1+x^2)\arctan x$.

2. 设 $f(x)$ 具有二阶导数, 求 $\dfrac{\mathrm{d}^2 y}{\mathrm{d}x^2}$:

(1) $y=f(x^2)$;

(2) $y=\ln|f(x)|$.

3. 验证函数 $y=c_1\mathrm{e}^{2x}+c_2\mathrm{e}^{-2x}(c_1, c_2$ 为常数) 满足关系式 $y''-4y=0$.

4. 求下列函数的 n 阶导数:

(1) $y=\dfrac{1}{x^2+3x-4}$;

(2) $y=\sin^2 x$;

(3) $y=x^2\ln x$;

(4) $y=x^3\mathrm{e}^{-x}$.

5. 函数 $f(x)=x^2 2^x$ 在 $x=0$ 处的 n 阶导数 $f^{(n)}(0)=$ _____. (2015 考研真题)

B 组

1. 设 $y = \ln \sqrt{\dfrac{1-x}{1+x^2}}$，求 $\left. \dfrac{\mathrm{d}^2 y}{\mathrm{d}x^2} \right|_{x=0}$.

2. 求函数 $y = \sin^4 x + \cos^4 x$ 的 n 阶导数.

课前测2-4-1

2.4 隐函数与参数方程确定的函数的导数

前面我们提到的函数都可以表示成 $y = f(x)$ 的形式，其中函数 $f(x)$ 是由 x 的解析式表出，称为**显函数**. 除了显函数之外，隐函数、参数方程等也是函数的重要表现形式. 隐函数未必能显化，参数方程也未必能消去参数成为显函数. 因此它们的导数仅用前面介绍的求导法则与公式未必能求出. 下面着重讨论隐函数、参数方程确定的函数的求导方法.

一、隐函数的导数

1. 隐函数求导法

(1) 隐函数的导数

如果在一定条件下，当 x 在某区间内任意取定一值时，相应总有满足方程 $F(x,y) = 0$ 唯一的 y 值与之对应，则称方程 $F(x,y) = 0$ **在该区间上确定了隐函数** $y = y(x)$.

把一个隐函数化为显函数，称为**隐函数的显化**. 例如由方程 $x^2 + 2y = 1$ 确定的函数可显化为 $y = \dfrac{1}{2}(1 - x^2)$. 但有些隐函数的显化是困难的，甚至是不可能的，而在实际问题中，往往需要计算隐函数的导数，那么能否对隐函数不显化，而直接从方程 $F(x,y) = 0$ 计算该隐函数的导数 $\dfrac{\mathrm{d}y}{\mathrm{d}x}$ 呢？下面给出解决这个问题的方法.

设方程 $F(x,y) = 0$ 确定了可导函数 $y = y(x)$，将它代回原方程中，得

$$F[x, y(x)] = 0,$$

注意上式中的 y 是 x 的函数，对上式的两端求 x 的导数，利用求导的运算法则与复合函数的运算法则，可得到一个含有导数 $\dfrac{\mathrm{d}y}{\mathrm{d}x}$ 的等式，从中解出 $\dfrac{\mathrm{d}y}{\mathrm{d}x}$. 这就是所谓的**隐函数求导法**.

例 1 设 $y = y(x)$ 是由方程 $\mathrm{e}^{2xy} + y^2 = \cos 2x$ 确定的函数，求 $\dfrac{\mathrm{d}y}{\mathrm{d}x}$.

解 对方程两边求 x 的导数，得

$$\mathrm{e}^{2xy} \cdot 2 \left(y + x \frac{\mathrm{d}y}{\mathrm{d}x} \right) + 2y \frac{\mathrm{d}y}{\mathrm{d}x} = -2 \sin 2x,$$

解得

$$\frac{\mathrm{d}y}{\mathrm{d}x} = -\frac{\sin 2x + y\mathrm{e}^{2xy}}{x\mathrm{e}^{2xy} + y}.$$

注 由例 1 可知, 由方程 $F(x,y) = 0$ 确定的隐函数的导数是通过变量 x 与 y 共同表示的.

例 2 求曲线 $xy + 2\ln y = 2x$ 在点 $(0,1)$ 处的切线方程.

解 对方程两边求 x 的导数, 得

$$y + xy' + 2\frac{1}{y}y' = 2,$$

将 $x = 0, y = 1$ 代入上式, 得

$$k = y'\big|_{(0,1)} = \frac{1}{2},$$

则曲线在 $(0,1)$ 点处的切线方程是

$$y - 1 = \frac{1}{2}x,$$

即

$$y = \frac{1}{2}x + 1.$$

(2) 隐函数的二阶导数

有时还需要求隐函数的二阶导数, 设 $y = y(x)$ 是由方程 $F(x,y) = 0$ 确定的隐函数, 对方程 $F(x,y) = 0$ 连续两次求 x 的导数, 第一次求导, 得到一个含有隐函数的一阶导数 $\dfrac{\mathrm{d}y}{\mathrm{d}x}$ 的方程, 再第二次求导, 便可得到一个含有隐函数的二阶导数 $\dfrac{\mathrm{d}^2y}{\mathrm{d}x^2}$ 的方程, 将一阶导数 $\dfrac{\mathrm{d}y}{\mathrm{d}x}$ 的表达式代入该方程, 即可解出 $\dfrac{\mathrm{d}^2y}{\mathrm{d}x^2}$.

例 3 设函数 $y = y(x)$ 由方程 $\sin y + x(y - x) = 1$ 确定, 求 $\dfrac{\mathrm{d}^2y}{\mathrm{d}x^2}$.

解法一 对方程两边对 x 求导, 得

$$\cos y \cdot y' + y - x + x(y' - 1) = 0, \tag{2-4-1}$$

解得

$$y' = \frac{2x - y}{\cos y + x},$$

再对 (2-4-1) 式两边对 x 求导, 得

$$-\sin y \cdot (y')^2 + \cos y \cdot y'' + y' - 1 + (y' - 1) + xy'' = 0,$$

将 y' 代入上式, 解得

$$y'' = \frac{(2x - y)^2 \sin y}{(x + \cos y)^3} + \frac{2(\cos y - x + y)}{(x + \cos y)^2}.$$

解法二 在原方程两边对 x 求导, 得

$$\cos y \cdot y' + y - x + x(y' - 1) = 0,$$

解得

$$y' = \frac{2x - y}{\cos y + x}, \tag{2-4-2}$$

再对 (2-4-2) 式求 x 的导数, 得

$$y'' = \frac{(2 - y')(\cos y + x) - (2x - y)(-\sin y \cdot y' + 1)}{(\cos y + x)^2},$$

将 y' 代入上式, 并整理得

$$y'' = \frac{(2x - y)^2 \sin y}{(x + \cos y)^3} + \frac{2(\cos y - x + y)}{(x + \cos y)^2}.$$

例 4 设函数 $y = y(x)$ 由方程 $e^x - e^y - xy = 0$ 确定, 求 $\dfrac{\mathrm{d}^2 y}{\mathrm{d}x^2}\bigg|_{x=0}$.

解 将 $x = 0$ 代入原方程, 解得 $y = 0$, 在原方程两边对 x 求导, 得

$$e^x - e^y \frac{\mathrm{d}y}{\mathrm{d}x} - y - x\frac{\mathrm{d}y}{\mathrm{d}x} = 0, \tag{2-4-3}$$

再对上式两边求 x 的导数, 得

$$e^x - e^y\left(\frac{\mathrm{d}y}{\mathrm{d}x}\right)^2 - e^y\frac{\mathrm{d}^2 y}{\mathrm{d}x^2} - 2\frac{\mathrm{d}y}{\mathrm{d}x} - x\frac{\mathrm{d}^2 y}{\mathrm{d}x^2} = 0, \tag{2-4-4}$$

将 $x = 0, y = 0$ 代入 (2-4-3) 式, 得

$$\frac{\mathrm{d}y}{\mathrm{d}x}\bigg|_{x=0} = 1,$$

再将 $x = 0, y = 0, \left.\dfrac{\mathrm{d}y}{\mathrm{d}x}\right|_{x=0} = 1$ 代入 (2-4-4) 式, 得

$$\left.\frac{\mathrm{d}^2 y}{\mathrm{d}x^2}\right|_{x=0} = -2.$$

请读者注意观察例 1—例 4 中求解隐函数的导数 $\dfrac{\mathrm{d}y}{\mathrm{d}x}, \dfrac{\mathrm{d}^2 y}{\mathrm{d}x^2}$ 与导数值 $\left.\dfrac{\mathrm{d}y}{\mathrm{d}x}\right|_{x=x_0}$, $\left.\dfrac{\mathrm{d}^2 y}{\mathrm{d}x^2}\right|_{x=x_0}$ 的步骤有哪些微小变化.

2. 对数求导法

如果函数 $y = f(x)$ 中仅包含乘、除、乘方、开方运算, 这时它们的导数可以利用隐函数求导法来求, 具体做法为: 先对函数两边取对数, 由此可化乘除为加减、化乘方、开方为乘积, 得到含有 $\ln y$ 的方程, 再利用隐函数求导法, 求出导数 $\dfrac{\mathrm{d}y}{\mathrm{d}x}$, 称这种求导方法为**对数求导法**.

例 5　设 $y = \mathrm{e}^{2x} \sqrt[3]{\dfrac{(x+2)^2 (x-1)}{(x+3)^2}}$, 求 y'.

解　等式两边先取绝对值, 再取对数, 得

$$\ln |y| = 2x + \frac{1}{3}\left[2\ln|x+2| + \ln|x-1| - 2\ln|x+3|\right],$$

对上式两边求 x 的导数, 得

$$\frac{1}{y} y' = 2 + \frac{1}{3}\left(\frac{2}{x+2} + \frac{1}{x-1} - \frac{2}{x+3}\right),$$

解得

$$y' = \mathrm{e}^{2x} \sqrt[3]{\frac{(x+2)^2 (x-1)}{(x+3)^2}}\left[2 + \frac{1}{3}\left(\frac{2}{x+2} + \frac{1}{x-1} - \frac{2}{x+3}\right)\right].$$

对数求导法也适用于求幂指函数 $y = f(x)^{g(x)}$ 的导数.

例 6　设 $y = (1+x)^x (x > -1)$, 求 y'.

解　取对数, 得

$$\ln y = x \ln(1+x),$$

对上式两边求 x 的导数, 得

$$\frac{1}{y} \cdot y' = \ln(x+1) + \frac{x}{1+x},$$

则有

$$y' = (1+x)^x \left[\ln(x+1) + \frac{x}{1+x} \right].$$

例 7 设函数 $y = f(x)$ 由方程 $\sqrt[x]{y} = \sqrt[y]{x}$ 确定, 求 $\dfrac{\mathrm{d}^2 y}{\mathrm{d}x^2}$.

解 由题设可知, $x > 0, y > 0$, 对原方程两边取对数, 得

$$\frac{1}{x} \ln y = \frac{1}{y} \ln x,$$

即

$$y \ln y = x \ln x,$$

对上式两边求 x 的导数, 得

$$(\ln y + 1) \frac{\mathrm{d}y}{\mathrm{d}x} = \ln x + 1,$$

即

$$\frac{\mathrm{d}y}{\mathrm{d}x} = \frac{\ln x + 1}{\ln y + 1},$$

再对上式求 x 的导数, 得

$$\begin{aligned}
\frac{\mathrm{d}^2 y}{\mathrm{d}x^2} &= \frac{\dfrac{1}{x}(\ln y + 1) - (\ln x + 1) \cdot \dfrac{1}{y} \cdot \dfrac{\mathrm{d}y}{\mathrm{d}x}}{(\ln y + 1)^2}, \\
&= \frac{\dfrac{1}{x}(\ln y + 1) - \dfrac{\ln x + 1}{y} \dfrac{\ln x + 1}{\ln y + 1}}{(\ln y + 1)^2} \\
&= \frac{y(\ln y + 1)^2 - x(\ln x + 1)^2}{xy(\ln y + 1)^3}.
\end{aligned}$$

二、 参数式函数的导数

如果变量 x, y 之间的函数关系是通过参数方程

$$\begin{cases} x = \varphi(t), \\ y = \psi(t) \end{cases} \quad (t \in I)$$

给出, 则称这样的函数为**由参数方程确定的函数**, 简称**参数式函数**, 其中 t 为参数.

1. 参数式函数的导数

当函数关系 $y = y(x)$ 用参数式 $\begin{cases} x = x(t), \\ y = y(t), \end{cases} t \in (\alpha, \beta)$ 表示时, 如何求导数 $\dfrac{\mathrm{d}y}{\mathrm{d}x}$ 呢? 一种方法是可以从参数方程中消去参数, 而得到函数 $y = y(x)$ 的显式表示, 再利用求导的公式与法则, 求出导数 $\dfrac{\mathrm{d}y}{\mathrm{d}x}$, 但这一过程有时会较繁琐, 有些参数方程, 消去参数比较困难, 甚至不可能, 那么如何绕过将参数方程确定的函数 $y = y(x)$ 显式化, 而直接求出导数 $\dfrac{\mathrm{d}y}{\mathrm{d}x}$ 呢? 下面来解决这个问题.

设参数方程 $\begin{cases} x = x(t), \\ y = y(t), \end{cases} t \in (\alpha, \beta)$, 其中 $x = x(t), y = y(t)$ 都有连续的导数, 且 $x'(t) \neq 0$, 因此 $x = x(t)$ 单值单调, 则必存在反函数 $t = t(x)$, 将该反函数 $t = t(x)$ 代入 $y = y(t)$ 中, 得复合函数 $y = y[t(x)]$, 由此可知, 在所给条件下, 该参数方程确定了 y 是 x 的函数 $y = y[t(x)]$, 它是可导的, 利用复合函数与反函数的求导法则, 有

$$\frac{\mathrm{d}y}{\mathrm{d}x} = \frac{\mathrm{d}y}{\mathrm{d}t} \cdot \frac{\mathrm{d}t}{\mathrm{d}x} = \frac{\dfrac{\mathrm{d}y}{\mathrm{d}t}}{\dfrac{\mathrm{d}x}{\mathrm{d}t}} = \frac{y'(t)}{x'(t)}, \tag{2-4-5}$$

称上式为**参数式函数的求导公式**.

注　参数方程确定的函数的导数是由参数 t 表示的.

例 8　求摆线 $\begin{cases} x = a(t - \sin t), \\ y = a(1 - \cos t) \end{cases}$ 在 $t = \dfrac{\pi}{2}$ 时的切线方程.

解　由 $t = \dfrac{\pi}{2}$, 得 $x = \dfrac{(\pi - 2)a}{2}, y = a$, 又

$$y'(x) = \frac{y'(t)}{x'(t)} = \frac{a \sin t}{a(1 - \cos t)} = \cot \frac{t}{2},$$

故

$$k = y'|_{t = \frac{\pi}{2}} = \cot \frac{\pi}{4} = 1,$$

因此摆线的切线方程为

$$y - a = x - \frac{(\pi - 2)a}{2},$$

即

$$x - y + \frac{(4 - \pi)a}{2} = 0.$$

2. 参数式函数的二阶导数

由参数方程 $\begin{cases} x = x(t), \\ y = y(t) \end{cases}$ 的导函数 $\dfrac{\mathrm{d}y}{\mathrm{d}x} = \dfrac{y'(t)}{x'(t)}$ 可知, $\dfrac{\mathrm{d}y}{\mathrm{d}x}$ 仍是参数 t 的函数, 因此其导函数 $\dfrac{\mathrm{d}y}{\mathrm{d}x}$ 仍然可用参数方程表示

$$
\begin{cases}
x = x(t), \\
\dfrac{\mathrm{d}y}{\mathrm{d}x} = \dfrac{y'(t)}{x'(t)} = F(t).
\end{cases}
$$

设 $x = x(t), y = y(t)$ 都有连续的二阶导数, 且 $x'(t) \neq 0$, 再利用参数式函数的求导公式, 得参数式函数的二阶导数为

$$
\frac{\mathrm{d}^2 y}{\mathrm{d}x^2} = \frac{F'(t)}{x'(t)} = \frac{\left(\dfrac{y'(t)}{x'(t)}\right)'_t}{x'(t)} = \frac{1}{x'(t)} \cdot \frac{y''(t)x'(t) - y'(t)x''(t)}{[x'(t)]^2},
$$

故

$$
\frac{\mathrm{d}^2 y}{\mathrm{d}x^2} = \frac{y''(t)x'(t) - y'(t)x''(t)}{[x'(t)]^3}. \tag{2-4-6}
$$

必须指出, 用公式 (2-4-6) 求参数式函数 $\begin{cases} x = x(t), \\ y = y(t) \end{cases}$ 的二阶导数 $\dfrac{\mathrm{d}^2 y}{\mathrm{d}x^2}$, 有时计算较繁琐, 而用参数式函数 $y = y(x)$ 的求导法求该二阶导数, 即

$$
\frac{\mathrm{d}^2 y}{\mathrm{d}x^2} = \frac{(y'_x)'_t}{x'(t)} = \frac{\left(\dfrac{y'(t)}{x'(t)}\right)'_t}{x'(t)} = \frac{F'(t)}{x'(t)}, \tag{2-4-7}
$$

该方法不仅更为方便, 还可以用于求该参数式函数的更高阶的导数.

例 9 设 $y = y(x)$ 是由参数方程 $\begin{cases} x = \ln\sqrt{1+t^2}, \\ y = \arctan t \end{cases}$ 确定的函数, 求 $\dfrac{\mathrm{d}y}{\mathrm{d}x}$ 与 $\dfrac{\mathrm{d}^2 y}{\mathrm{d}x^2}$.

解法一 由 $x(t) = \ln\sqrt{1+t^2} = \dfrac{1}{2}\ln\left(1+t^2\right)$, 则

例9讲解2-4-2

$$
x'(t) = \frac{1}{2}\frac{1}{1+t^2} \cdot 2t = \frac{t}{1+t^2}, \quad y'(t) = \frac{1}{1+t^2},
$$

应用参数方程的导数公式, 有

$$\frac{\mathrm{d}y}{\mathrm{d}x} = \frac{y'(t)}{x'(t)} = \frac{\dfrac{1}{1+t^2}}{\dfrac{t}{1+t^2}} = \frac{1}{t},$$

又

$$x''(t) = \left(\frac{t}{1+t^2}\right)' = \frac{1\cdot(1+t^2) - t\cdot 2t}{(1+t^2)^2} = \frac{1-t^2}{(1+t^2)^2}, \quad y''(t) = \frac{-2t}{(1+t^2)^2},$$

应用参数式函数的二阶导数公式 (2-4-6), 有

$$\frac{\mathrm{d}^2 y}{\mathrm{d}x^2} = \frac{y''(t)x'(t) - y'(t)x''(t)}{(x'(t))^3}$$

$$= \frac{\dfrac{-2t}{(1+t^2)^2}\dfrac{t}{1+t^2} - \dfrac{1}{1+t^2}\dfrac{1-t^2}{(1+t^2)^2}}{\left(\dfrac{t}{1+t^2}\right)^3} = -\frac{1+t^2}{t^3}.$$

解法二　应用参数方程的一阶导数公式 (2-4-5) 与二阶导数公式 (2-4-7), 有

$$\frac{\mathrm{d}y}{\mathrm{d}x} = \frac{y'(t)}{x'(t)} = \frac{\dfrac{1}{1+t^2}}{\dfrac{1}{2}\dfrac{1}{1+t^2}\cdot 2t} = \frac{1}{t},$$

$$\frac{\mathrm{d}^2 y}{\mathrm{d}x^2} = \frac{(y'_x)'_t}{x'(t)} = \frac{-\dfrac{1}{t^2}}{\dfrac{t}{1+t^2}} = -\frac{1+t^2}{t^3}.$$

请读者比较本例中两种求解参数式函数的二阶导数 $\dfrac{\mathrm{d}^2 y}{\mathrm{d}x^2}$ 的不同之处及其优缺点.

3. 极坐标方程下曲线的切线斜率

设曲线的极坐标方程为

$$\rho = \rho(\theta),$$

利用直角坐标与极坐标的关系, 将该曲线的极坐标方程化为参数方程

$$\begin{cases} x = \rho(\theta)\cos\theta, \\ y = \rho(\theta)\sin\theta, \end{cases}$$

其中参数为极角 (或辐角) θ, 应用参数式函数的导数公式, 即可求出该曲线的切线斜率为

$$k = \frac{\mathrm{d}y}{\mathrm{d}x} = \frac{y'_\theta}{x'_\theta} = \frac{\rho'(\theta)\sin\theta + \rho(\theta)\cos\theta}{\rho'(\theta)\cos\theta - \rho(\theta)\sin\theta}. \tag{2-4-8}$$

例 10　求对数螺线 $\rho = \mathrm{e}^\theta$ 在 $\theta = \dfrac{\pi}{2}$ 时的切线方程.

解　对数螺线 $\rho = \mathrm{e}^\theta$ 的参数方程为

$$\begin{cases} x = \mathrm{e}^\theta \cos\theta, \\ y = \mathrm{e}^\theta \sin\theta, \end{cases}$$

由 $\theta = \dfrac{\pi}{2}$, 得 $x = 0, y = \mathrm{e}^{\frac{\pi}{2}}$, 故切点为 $(0, \mathrm{e}^{\frac{\pi}{2}})$, 又对数螺线在该切点处的切线斜率为

$$k = \frac{\mathrm{d}y}{\mathrm{d}x}\bigg|_{\theta = \frac{\pi}{2}} = \frac{\mathrm{e}^\theta(\sin\theta + \cos\theta)}{\mathrm{e}^\theta(\cos\theta - \sin\theta)}\bigg|_{\theta = \frac{\pi}{2}} = \frac{1}{-1} = -1,$$

故所求切线方程为

$$y - \mathrm{e}^{\frac{\pi}{2}} = -(x - 0),$$

即

$$x + y - \mathrm{e}^{\frac{\pi}{2}} = 0.$$

习　题　2-4

A 组

课件2-4-3

1. 求下列方程所确定的隐函数 $y = y(x)$ 的导数 y' 或在指定点处的导数:

(1) $\mathrm{e}^{xy} + y = \sin x$;

(2) $x^3 + y^3 - 3axy = 0$;

(3) $\arctan\dfrac{y}{x} = \ln\sqrt{x^2 + y^2}$;

(4) $y\sin x - \cos(x - y) = 0,\ y'\big|_{(0, \frac{\pi}{2})}$.

2. 求下列函数的导数:

(1) $y = (x - 5)\sqrt[3]{\dfrac{(x-1)^2}{x-3}}$;

(2) $y = \dfrac{\mathrm{e}^{2x}(x+1)}{\sqrt{(x-2)(x+5)}}$;

(3) $y = (\sin x)^x\ (x > 0)$;

(4) $y = (1 + \cos x)^{\frac{1}{x}}$.

3. 求下列参数方程所确定的函数的导数 $\dfrac{\mathrm{d}y}{\mathrm{d}x}$ 或在指定点处的导数:

(1) $\begin{cases} x = 2\cos t - \cos 2t, \\ y = 2\sin t - \sin 2t; \end{cases}$

(2) $\begin{cases} x = 2t - t^2, \\ y = 3t - t^3; \end{cases}$

(3) $\begin{cases} x = \mathrm{e}^t \sin t, \\ y = \mathrm{e}^t \cos t; \end{cases}$　　　　　(4) $\begin{cases} x = t - \arctan t, \\ y = \ln\left(1 + t^2\right), \end{cases} \left.\dfrac{\mathrm{d}y}{\mathrm{d}x}\right|_{t=1}.$

4. 求心形线 $\rho = a(1 + \cos\theta)$ 在 $\theta = \dfrac{\pi}{2}$ 处的切线方程.

5. 求下列隐函数的二阶导数 $\dfrac{\mathrm{d}^2 y}{\mathrm{d}x^2}$:

(1) $y = \tan(x + y)$;　　　　　　　(2) $y = 1 + x\mathrm{e}^y$.

6. 设函数 $y = y(x)$ 由方程 $y - x\mathrm{e}^y = 1$ 所确定, 求 $\left.\dfrac{\mathrm{d}^2 y}{\mathrm{d}x^2}\right|_{x=0}.$

7. 设 $y = y(x)$ 由方程 $x^y = y^x$ 所确定, 求 $\dfrac{\mathrm{d}y}{\mathrm{d}x}, \left.\dfrac{\mathrm{d}^2 y}{\mathrm{d}x^2}\right|_{(1,1)}.$

8. 求下列参数方程所确定的函数的二阶导数 $\dfrac{\mathrm{d}^2 y}{\mathrm{d}x^2}$:

(1) $\begin{cases} x = \cos^3 t, \\ y = \sin^3 t; \end{cases}$　　　　　(2) $\begin{cases} x = 2\ln(\cot t), \\ y = \tan t. \end{cases}$

9. 求曲线 $x^2 + 2xy + y^2 - 4x - 5y + 3 = 0$ 与直线 $2x + 3y = 0$ 平行的切线方程.

10. 求曲线 $\tan\left(x + y + \dfrac{\pi}{4}\right) = \mathrm{e}^y$ 在 $(0,0)$ 点处的切线方程. (2011 考研真题)

11. 若曲线 $y = f(x)$ 与 $y = \sin x$ 在原点相切 (有公共的切线), 求 $\lim\limits_{n\to\infty} \sqrt{nf\left(\dfrac{2}{n}\right)}.$

12. 证明: 曲线 $x^{\frac{1}{2}} + y^{\frac{1}{2}} = a^{\frac{1}{2}}$ 上任一条切线在两坐标轴上截距之和为定值.

B 组

1. 设函数 $y = y(x)$ 由方程 $y = f(x + y)$ 确定, 其中 $f(u)$ 具有二阶导数, 且 $f'(u) \neq 1$, 求 $\dfrac{\mathrm{d}^2 y}{\mathrm{d}x^2}$.

2. 曲线 L 的极坐标方程为 $r = \theta$, 求 L 在点 $(r, \theta) = \left(\dfrac{\pi}{2}, \dfrac{\pi}{2}\right)$ 处的切线方程. (2014 考研真题)

3. 设 $y = y(x)$ 由 $\begin{cases} x = \arctan t, \\ 2y - ty^2 + \mathrm{e}^t = 5 \end{cases}$ 所确定, 求 $\dfrac{\mathrm{d}y}{\mathrm{d}x}$.

4. 设 $\begin{cases} x = t\mathrm{e}^x, \\ \mathrm{e}^y + \mathrm{e}^t = 2, \end{cases}$ 求 $\left.\dfrac{\mathrm{d}^2 y}{\mathrm{d}x^2}\right|_{t=0}.$

课前测2-5-1

2.5　导数在经济分析中的简单应用

利用数学方法解决经济学中的实际问题, 通常需要先建立该问题中经济变量之间的函数关系, 再分析求解. 本节先介绍几种常用的经济函数, 然后再应用导数解决相应的经济问题.

一、 常用的经济函数

1. 需求函数

需求函数是指在某一特定时期内, 市场上某种商品的各种可能购买量和决定这些购买量的诸因素之间的数量关系.

假定其他因素 (如消费者的喜好、工资收入和相关商品的价格等) 不变, 则决定某种商品需求量的因素就是这种商品的价格. 此时, **需求函数**表示的是商品需求量和价格这两个经济变量之间的数量关系, 记作

$$Q = Q(p),$$

其中 Q 是需求量, p 为价格. 需求函数的反函数 $p = p(Q)$ 称为**价格函数**, 习惯上将价格函数也称为**需求函数**.

由经济学理论, 商品的需求量一般随价格的下降而增加, 随价格的上涨而减少, 因此, 需求函数是单调递减函数. 例如, 函数 $Q = ap + b$ (a, b 为常数, 且 $a < 0, b > 0$), 常称之为**线性需求函数**.

2. 供给函数

供给函数是指在某一特定时期内, 市场上某种商品的供给量和决定该供给量的各因素之间的数量关系.

假定生产技术水平、生产成本等因素不变, 则决定某种商品供给量的因素就是该商品的价格. 此时, **供给函数**表示的是商品的供给量和价格这两个经济变量之间的数量关系, 记作

$$S = S(p),$$

其中 S 是供给量, p 表示价格.

一般地, 商品的供给量随价格的上涨而增加, 随价格的下降而减少, 因此, 供给函数是单调递增函数. 例如, 函数 $S = cp + d$ (c, d 为常数, 且 $c > 0$), 常称之为**线性供给函数**.

3. 成本函数

产品成本是以货币形式表现的企业生产和销售产品的全部费用支出, 可分为固定成本和变动成本两部分. 所谓固定成本, 是指在一定时期内不随产量变化的那部分成本, 如设备维修费、企业管理费等; 所谓变动成本, 是指随产量变化而变化的那部分成本, 如原材料费、动力费等. **成本函数**通常表示的是全部支出费用总额与产量 (或销售量) 之间的依赖关系, 即产品成本 C 是产量 q 的函数, 记作 $C = C(q)(q \geqslant 0)$.

一般地, 成本函数是单调递增函数. 当产量 $q = 0$ 时, 对应的成本函数 $C(0)$ 即是产品的固定成本, 将 $\bar{C}(q) = \dfrac{C(q)}{q}(q > 0)$ 称为**单位成本函数**或**平均成本函数**.

例 1 设生产一批产品的固定成本为 20000 元, 变动成本与产品日产量 q(单位: t) 的立方成正比, 已知日产量为 20 t 时, 总成本为 20640 元, 且日产量最低为 10 t, 最高为 100 t, 试求平均成本.

解 由题意, 设总成本函数为

$$C(q) = 20000 + kq^3 \quad (k > 0),$$

因为日产量为 20 t 时, 总成本为 20640 元, 所以 $20640 = 20000 + k \times 20^3$, 解得 $k = \dfrac{2}{25}$, 故总成本函数

$$C(q) = 20000 + \frac{2}{25}q^3.$$

则平均成本函数

$$\bar{C}(q) = \frac{C(q)}{q} = \frac{20000}{q} + \frac{2}{25}q^2, \quad 10 \leqslant q \leqslant 100.$$

4. 收入函数与利润函数

销售某产品的收入为 R, 等于该产品的单位价格 p 乘以销售量 q, 即 $R = R(q) = pq$, 称其为**收入 (收益) 函数**. 而销售利润 $L(q)$ 等于收入 $R(q)$ 减去成本 $C(q)$, 即 $L(q) = R(q) - C(q)$, 称其为**利润函数**. 当 $L(q) > 0$ 时, 生产者盈利; 当 $L(q) < 0$ 时, 生产者亏损; 当 $L(q) = 0$ 时, 生产者盈亏平衡. 使得 $L(q) = 0$ 的点 q_0 称为**盈亏平衡点** (又称为**保本点**).

一般地, 利润并不总是随销售量的增加而增加, 因此, 如何确定生产规模以获得最大的利润一直是生产者考虑的重要问题.

二、 边际分析

边际是经济学中一个重要的概念, 它是用来描述一个经济变量 y 对于另一个经济变量 x 变化的快慢程度. 设经济函数 $y = f(x)$ 可导, 反映一个经济变量 y 相对于另一个经济变量 x 的变化率, 即当 x 的改变量 Δx 趋于 0 时, y 的相应改变量 Δy 与 Δx 比值及其极限 $\left(\dfrac{\Delta y}{\Delta x} 与 \lim\limits_{\Delta x \to 0} \dfrac{\Delta y}{\Delta x} \right)$, 称为**经济变量 y 的边际** (函数).

$\dfrac{\Delta y}{\Delta x}$ 是平均意义上的边际, 表示 x 发生一个单位的变化时 ($\Delta x = 1$), 经济变量 y 将改变 Δy 个单位.

$\lim\limits_{\Delta x \to 0} \dfrac{\Delta y}{\Delta x}$ 是经济变量 y 在 x 处的边际, 由导数定义可知, $\lim\limits_{\Delta x \to 0} \dfrac{\Delta y}{\Delta x} = f'(x)$.

在经济学中, 称 $f'(x_0)$ 为 $f(x)$ 在 $x = x_0$ 处的**边际函数值**.

利用导数研究经济变量的边际变化的方法, 称为**边际分析法**.

由于经济活动中的变量大多是整数, 因此通常取 $\Delta x = 1$, 当函数的自变量 x 在 x_0 处改变一个单位 (即 $\Delta x = 1$) 时, 函数的增量 Δy 为 $f(x_0 + 1) - f(x_0)$, 但由于实际问题中, x 一般是一个较大的量, 因此 $\Delta x = 1$ 就可以看作一个相对较小的量, 或者当 x 改变的 "一个单位" 很小, 或 x 的 "一个单位" 与 x_0 值相比很小时, 则有近似式

$$\Delta y = f(x_0 + 1) - f(x_0) \approx f'(x_0)\Delta x = f'(x_0).$$

这表明: 当自变量在 x_0 处产生一个单位的改变时, 函数 $f(x)$ 的改变量可近似地用 $f'(x_0)$ 来表示. 在经济学中, 解释边际函数值的具体意义时, 通常略去 "近似" 二字. 如函数 $y = x^3$, 则 $y' = 3x^2$, $y = x^3$ 在点 $x = 20$ 处的边际函数值为 $y'(20) = 1200$, 它表示当 $x = 20$ 时, x 改变一个单位, y(近似) 改变了 1200 个单位.

若将边际的概念具体到不同的经济函数, 如成本函数 $C(q)$、收入函数 $R(q)$、利润函数 $L(q)$, 则就有边际成本、边际收入和边际利润的概念.

1. 边际成本

设某产品产量为 q 单位时所需的总成本函数为 $C(q)$, 则称 $C(q)$ 关于产量 q 的导数 $(C'(q))$ 为**边际成本**. 由于当产量增加一个单位 $(\Delta q = 1)$ 时, 增加的成本为 $C(q+1) - C(q) \approx C'(q)$, 所以边际成本表示产量为 q 时再多生产一个单位产品时所增加的成本.

2. 边际收入

设某产品的销售量为 q 单位时的收入函数为 $R(q)$, 则称 $R(q)$ 关于销售量 q 的导数 $(R'(q))$ 为**边际收入**, 即边际收入指销售量为 q 时再多销售一个单位产品时所增加的收入.

3. 边际利润

设某产品的销售量为 q 单位时的利润函数是 $L(q)$, 则称 $L(q)$ 关于销售量 q 的导数 $(L'(q))$ 为**边际利润**, 即边际利润指销售量为 q 时再多销售一个单位产品时所增加 (或减少) 的利润, 由于

$$L(q) = R(q) - C(q). \tag{2-5-1}$$

根据导数运算法则, 有

$$L'(q) = R'(q) - C'(q), \tag{2-5-2}$$

即边际利润为边际收入与边际成本之差.

例 2 设某产品产量为 q(单位: 件) 时的总成本函数 (单位: 元) 为 $C(q) = 200 + 15\sqrt{q} + 10q$. 求: (1) 产量为 100 件时的总成本; (2) 产量为 100 件时的平均成本; (3) 产量从 100 件增加到 225 件时, 总成本的平均变化率; (4) 产量为 100 件时的边际成本, 并解释其经济意义.

解 (1) 产量为 100 件时的总成本为

$$C(100) = 200 + 15\sqrt{100} + 10 \times 100 = 1350 \ (\text{元});$$

(2) 产量为 100 件时的平均成本为

$$\bar{C}(100) = \frac{C(100)}{100} = \frac{1350}{100} = 13.5 \ (\text{元/件});$$

(3) 产量从 100 件增加到 225 件时, 总成本的平均变化率为

$$\frac{\Delta C}{\Delta q} = \frac{C(225) - C(100)}{225 - 100} = \frac{2675 - 1350}{125} = 10.6 \ (\text{元/件});$$

(4) 产量为 100 件时的边际成本为

$$C'(100) = (200 + 15\sqrt{q} + 10 \times q)'|_{q=100} = 10.75 \ (\text{元}).$$

该结论表示: 当产品产量为 100 件时, 再多生产 1 件该产品所增加的成本为 10.75 元.

例 3 设某产品的需求函数为 $Q = 200 - 10p$, 其中 p 表示价格, 求边际收入函数以及 $Q = 50, 100, 150$ 时的边际收入, 并解释其经济意义.

解 由于 $Q = 200 - 10p$, 则 $p = \dfrac{200 - Q}{10}$, 因此收入函数为

$$R(Q) = pQ = \frac{1}{10}(200 - Q)Q,$$

边际收入函数为

$$R'(Q) = \frac{1}{5}(100 - Q),$$

所以当 $Q = 50, 100, 150$ 时, 边际收入分别为

$$R'(50) = \frac{1}{5}(100 - 50) = 10,$$ 表示需求量为 50 件时, 再增加一个单位的需求量, 收入增加 10 个单位;

$R'(100) = \dfrac{1}{5}(100 - 100) = 0$, 表示需求量为 100 件时, 再增加一个单位的需求量, 收入不增加;

$R'(150) = \dfrac{1}{5}(100 - 150) = -10$, 表示需求量为 150 件时, 再增加一个单位的需求量, 收入不但不增, 反而减少 10 个单位.

这表明需求量越大收入并不总是越高, 在开始阶段, 收入随着需求量的增加而增加, 但超过一个临界点后, 收入有时却随着需求量的增加而减小.

例 4　设某产品的价格 P, 成本 C 与销售量 q 之间的函数关系分别为 $P = P(q) = 40 - \dfrac{q}{2}$, $C = C(q) = 24 + \dfrac{q^2}{4}$, 求销售量为 8 个单位时的总利润, 平均利润与边际利润, 并解释其经济意义.

解　设销售量为 q 时的收入函数为 $R(q)$, 则

$$R(q) = qP(q) = 40q - \dfrac{q^2}{2},$$

故总利润为

$$L(q) = R(q) - C(q) = 40q - \dfrac{q^2}{2} - \left(24 + \dfrac{q^2}{4}\right) = -\dfrac{3q^2}{4} + 40q - 24,$$

所以,

$L(8) = -\dfrac{3 \times 8^2}{4} + 40 \times 8 - 24 = 248$, 表示销售 8 个单位时的总利润为 248;

$\bar{L}(8) = \dfrac{L(8)}{8} = \dfrac{248}{8} = 31$, 表示销售 8 个单位时, 单位产品所获平均利润为 31;

$L'(8) = L'(q)\big|_{q=8} = \left(-\dfrac{3}{2}q + 40\right)\Big|_{q=8} = 28$, 表示销售 8 个单位时, 再多销售一个单位产品, 利润将增加 28.

三、弹性分析

经济学中还需研究函数的相对变化率. 如商品甲、乙的单价 p 分别是 $p_1 = 100$ 元, $p_2 = 1000$ 元, 市场需求 Q 分别为 $Q_1 = 100$ 台和 $Q_2 = 200$ 台. 它们都涨价 10 元后, 甲、乙商品的需求分别下降 4 台和 2 台, 现在要判断哪种商品的市场需求量受价格变动的影响更大? 虽然甲、乙两种商品单价的绝对增量相同, 但两种商品的涨价幅度不同, 商品甲涨价为 10%, 乙涨价为 1%. 因此, 这个问题不能简单地从甲、乙商品的市场需求分别下降 4 台和 2 台, 就认为甲商品价格的变动对它的市场需求影响大, 而应该在两种商品涨价的百分比相同的情况下由需求量下

降的百分比来进行比较, 为此, 需要引入弹性分析的概念. 弹性分析是经济分析中常用的一种方法, 主要用于对生产、供给、需求等问题的研究. 下面先给出弹性的一般定义.

1. 弹性的概念

定义 1 设函数 $y = f(x)$ 在 x_0 处可导, $x_0 \neq 0, y_0 = f(x_0) \neq 0$, 称极限

$$\lim_{\Delta x \to 0} \frac{\dfrac{\Delta y}{y_0}}{\dfrac{\Delta x}{x_0}} = \lim_{\Delta x \to 0} \left(\frac{\Delta y}{\Delta x} \cdot \frac{x_0}{y_0} \right) = \frac{x_0}{y_0} \frac{\mathrm{d}y}{\mathrm{d}x} = \frac{x_0}{f(x_0)} f'(x_0)$$

为函数 $y = f(x)$ 在点 x_0 处的**弹性**, 记作 $\left. \dfrac{Ey}{Ex} \right|_{x=x_0}$, 即

$$\left. \frac{Ey}{Ex} \right|_{x=x_0} = \frac{x_0}{f(x_0)} f'(x_0). \tag{2-5-3}$$

由于 $\dfrac{f'(x_0)}{f(x_0)} = [\ln|f(x)|]' \big|_{x=x_0}$, 所以函数 $y = f(x)$ 在 x_0 处的弹性也可记为

$\left. \dfrac{Ey}{Ex} \right|_{x=x_0} = x_0 \left[\ln|f(x)| \right]' \big|_{x=x_0}$.

因为当 $|\Delta x|$ 很小时, $\Delta y \approx f'(x_0) \Delta x$, 故

$$\frac{\Delta y}{y_0} \approx \frac{f'(x_0) \Delta x}{f(x_0)} = \frac{x_0}{f(x_0)} f'(x_0) \frac{\Delta x}{x_0} = \left. \frac{Ey}{Ex} \right|_{x=x_0} \cdot \frac{\Delta x}{x_0}.$$

如果自变量 x 在 x_0 点处的相对改变量为 1%, 即 $\dfrac{\Delta x}{x_0} = 1\%$, 则 y 的相对改变量

$$\frac{\Delta y}{y_0} \approx \left. \frac{Ey}{Ex} \right|_{x=x_0} \cdot \frac{\Delta x}{x_0} = \left(\left. \frac{Ey}{Ex} \right|_{x=x_0} \right) \%,$$

它反映了在 x_0 点处 $y = f(x)$ 随 x 变化的相对速度, 也称为函数 $y = f(x)$ 在 x_0 点处的相对变化率, 即函数 $f(x)$ 在 x_0 点处, 当 x 发生 1%的改变时, $f(x)$ 近似地改变 $\left(\left. \dfrac{Ey}{Ex} \right|_{x=x_0} \right) \%$. 在实际应用问题中, 解释弹性的具体意义时, 通常也略去 "近似" 二字.

可见, 函数 $y = f(x)$ 在 x_0 处的弹性反映了随 x 的变化 $f(x)$ 变化幅度的大小, 即 $f(x)$ 对 x 变化反应的强烈程度或灵敏度.

若函数 $y = f(x)$ 在区间 (a, b) 内可导且 $f(x) \neq 0$, 则称 $\dfrac{\mathrm{E}y}{\mathrm{E}x} = \dfrac{x}{f(x)} f'(x)$ 为

函数 $y = f(x)$ 在区间 (a, b) 内的**弹性函数**, 也可记为 $\dfrac{\mathrm{E}y}{\mathrm{E}x} = x \left[\ln |f(x)| \right]'$.

例 5　设函数 $y = 20 - x^2$, 求 $\dfrac{\mathrm{E}y}{\mathrm{E}x}$, $\left. \dfrac{\mathrm{E}y}{\mathrm{E}x} \right|_{x=2}$.

解　由题设 $y = 20 - x^2$, 则 $y' = -2x$. 根据弹性函数的定义, 有

$$\frac{\mathrm{E}y}{\mathrm{E}x} = \frac{x}{y} \cdot y' = \frac{x}{20 - x^2} \cdot (-2x) = \frac{-2x^2}{20 - x^2},$$

从而

$$\left. \frac{\mathrm{E}y}{\mathrm{E}x} \right|_{x=2} = \frac{-2 \times 2^2}{20 - 2^2} = -\frac{1}{2}.$$

若将弹性的概念具体于不同的经济函数, 如需求函数 $Q(p)$、供给函数 $S(p)$, 则有需求弹性、供给弹性的概念.

2. 需求弹性

设某产品的需求函数 $Q = Q(p)$, 其中 p 表示该产品的价格, 则称

$$\frac{\mathrm{E}Q}{\mathrm{E}p} = \lim_{\Delta p \to 0} \frac{\Delta Q / Q}{\Delta p / p} = \lim_{\Delta p \to 0} \left(\frac{\Delta Q}{\Delta p} \cdot \frac{p}{Q} \right) = \frac{p}{Q(p)} Q'(p)$$

为该产品在价格为 p 时的**需求弹性**, 通常也记为 $\eta = \eta(p)$.

当 Δp 很小时, 有 $\eta = \dfrac{p}{Q(p)} Q'(p) \approx \dfrac{p}{Q(p)} \cdot \dfrac{\Delta Q}{\Delta p}$, 则 $\dfrac{\Delta Q}{Q(p)} \approx \eta \dfrac{\Delta p}{p}$, 即当产品的价格为 p 时, 价格变动 1%, 需求量变化为 $\eta\%$. 因为需求函数一般是单调递减函数, 即需求量随价格的上涨而减少 (当 $\Delta p > 0$ 时, $\Delta Q < 0$), 故计算得到的需求弹性一般是负值, 表示随着价格增加产品的需求量在减少 (反之表示增加), 它反映产品需求量对价格变动反应的强烈程度 (灵敏度). 若指定需求弹性为正值, 则取了其相反数, 即 $\eta = -\dfrac{p}{Q(p)} Q'(p)$.

类似地, 可定义供给弹性, 如供给函数 $S = S(p)$, 则称 $\dfrac{\mathrm{E}S}{\mathrm{E}p} = \dfrac{p}{S(p)} S'(p)$ 为**供给弹性**.

例 6　设某种商品的需求量 Q 与价格 p 的关系为 $Q = 1600\mathrm{e}^{-0.02p}$, (1) 求需求弹性 $\eta(p)$; (2) 当商品的价格 $p = 100$ 元时, 再上涨 1%, 求该商品需求量的变化情况.

解　(1) 需求弹性为

$$\eta = \eta(p) = \frac{p}{Q(p)}Q'(p) = \frac{p}{1600\mathrm{e}^{-0.02p}}\left[1600\mathrm{e}^{-0.02p}\right]' = -0.02p,$$

即商品价格上涨 1%时, 商品需求量 Q 将减少 $0.02p\%$.

(2) 当商品的价格 $p = 100$ 元, 再上涨 1%时,

$$\eta(100) = -0.02 \times 100 = -2,$$

这表明当价格上涨 1%时, 商品需求量 Q 将减少 2%.

3. 需求弹性与收益、收益弹性的关系

设需求函数为 $Q = Q(p)$, 则收益函数为 $R(p) = pQ(p)$, 由于

$$R'(p) = Q(p) + pQ'(p) = Q(p)\left(1 + \frac{p}{Q(p)}Q'(p)\right)$$

$$= Q(p)\left(1 + \frac{\mathrm{E}Q}{\mathrm{E}p}\right) = Q(p)(1 + \eta(p)),$$

所以收益弹性为

$$\frac{\mathrm{E}R}{\mathrm{E}p} = \frac{p}{R(p)}R'(p) = \frac{p}{pQ(p)}Q(p)(1 + \eta(p)) = 1 + \eta(p). \qquad (2\text{-}5\text{-}4)$$

通常, 由于商品的需求量与价格是反向变动关系, 即 $\eta(p) < 0$, (2-5-4) 式可理解为收益弹性与需求弹性的相反数之和等于 1.

(1) 若 $\eta(p) > -1$, 即 $|\eta(p)| < 1$ 时, 此时 $R' > 0$, 收益弹性 $\dfrac{\mathrm{E}R}{\mathrm{E}p} > 0$. 表示收益函数单调递增, 即价格上涨会使得总收益增加, 且价格上涨 (下跌) 1%时, 收益增加 (减少)$(1 + \eta(p))\%$, 生活必需品多属此情况;

(2) 若 $\eta(p) < -1$, 即 $|\eta(p)| > 1$ 时, 此时 $R' < 0$, 收益弹性 $\dfrac{\mathrm{E}R}{\mathrm{E}p} < 0$. 表示收益函数单调递减, 即价格上涨会使得总收益减少, 且价格上涨 (下跌) 1%时, 收益减少 (增加)$|1 + \eta(p)|\%$, 奢侈品多属此情况;

(3) 若 $\eta(p) = -1$, 即 $|\eta(p)| = 1$ 时, 此时 $R' = 0$, 收益弹性 $\dfrac{\mathrm{E}R}{\mathrm{E}p} = 0$. 表示价格变动, 而收益不变, 此时总收益取得最大值.

例 7　设某商品的需求函数为 $Q = 100 - 4p$, 求价格 $p = 5$ 时的需求弹性 $\eta(5)$ 及收益弹性, 解释其经济学意义; 说明怎样调整价格才能使总收益增加, 并计算价格定多少时总收益最大.

解 由题设 $Q = 100 - 4p$, 根据需求弹性的定义, 有

$$\eta(p) = \frac{p}{Q}Q' = \frac{-4p}{100 - 4p} = \frac{p}{p - 25},$$

$$\eta(5) = \frac{5}{5 - 25} = -0.25,$$

例7讲解2-5-2

因此价格 $p = 5$ 时的需求弹性为 -0.25, 说明当价格 $p = 5$ 时, 价格上涨 1%, 需求量将减少 0.25%.

又收益弹性与需求弹性的相反数之和等于 1, 所以收益弹性为 0.75%, 说明当价格 $p = 5$ 时, 价格上涨 1%, 收益将增加 0.75%.

因为 $\eta(p) = -1$ 时, 价格变动, 收益不变, 此时总收益最大, 即 $\eta(p) = \dfrac{p}{p - 25} = -1$, 解得 $p = 12.5$, 故将价格调高, 定在 12.5 时, 总收益最大.

课件2-5-3

习 题 2-5

A 组

1. 设某企业生产某产品的产量为 q 时的总成本为 $C(q) = q^3 - 2q^2 + 3q$, 求: (1) 平均成本函数; (2) 边际成本函数.

2. 求下列函数的弹性函数:

(1) $y = e^{\sin x}$;   (2) $y = \ln(x^3 + 5)$.

3. 设某产品的需求函数为 $Q = 100 - 2p$, 其中 p 表示价格, 求: 边际收入函数, 及 $Q = 40, 50, 60$ 时的边际收入, 并解释其经济意义.

4. 某煤炭公司每天生产煤 x 吨的总成本函数 $C(x) = 2000 + 450x + 0.02x^2$, 如果每吨煤的销售价为 490 元, 求: (1) 利润函数及边际利润; (2) 边际利润为 0 时的产量.

5. 某产品的需求函数和总成本函数分别为 $q = 800 - 10p, C(q) = 5000 + 20q$, 求: (1) 边际利润函数; (2) 计算 $q = 150, q = 400$ 的边际利润, 并解释其经济意义.

6. 设某商品的需求函数为 $Q = 200 - 10p$, 求 $p = 5, 10, 15$ 时的需求弹性, 并说明当 $p = 5$ 时, 若价格提高 1%, 需求如何变化?

B 组

1. 设生产某产品的平均成本 $\bar{C}(q) = 1 + e^{-q}$, 其中 q 为产量, 求边际成本. (2017 考研真题)

2. 设生产某产品的固定成本为 60000 元, 可变成本为 20 元/件, 价格函数为 $P(q) = 60 - \dfrac{q}{1000}$($P$ 是价格, 单位: 元, q 是销量, 单位: 件), 已知产销平衡, 求 (1) 该商品的边际利润; (2) 当 $P = 50$ 时的边际利润, 并解释其经济意义. (2013 考研真题)

3. 某商品产量关于价格的需求函数为 $Q(p) = 75 - p^2$, 求:

(1) 当 $p = 4$ 时的边际需求, 说明其经济意义;

(2) 当 $p = 4$ 时的需求价格弹性, 说明其经济意义;

(3) 当 $p = 4$ 时, 若价格提高 1%, 总收益是增加还是减少? 收益变化率多少?

2.6　函数的微分及其应用

课前测2-6-1

有些实际问题中, 需要讨论自变量发生微小变化时所产生的函数改变量的计算问题, 一般而言, 函数的增量 Δy 表达式非常复杂, 使得计算 Δy 非常困难, 那么是否可以找到一种简便而有效的近似计算函数增量 Δy 的方法呢? 而此近似程度是怎样的? 是否在实际问题的允许范围内? 这个方法就是本节要讨论的微分方法, 微分法是我们研究在某点周围局部范围内函数形态的重要方法.

一、微分的概念

先来看如下的实例.

例 1　一块正方形金属薄片, 因受环境温度的变化而发生了微小的改变, 其边长从 x_0 变为 $x_0 + \Delta x$, 问此薄片的面积改变了多少?

解　设金属薄片的边长为 x, 则其面积 $A = x^2$, 当边长在 x_0 处改变了 Δx 时, 对应面积的改变量为

$$\Delta A = (x_0 + \Delta x)^2 - x_0^2 = 2x_0 \Delta x + (\Delta x)^2.$$

从上式可知, ΔA 由两部分组成, 一部分是 Δx 的线性函数 $2x_0 \Delta x$, 如图 2-6-1 中带有斜阴影线的两个矩形面积之和; 另一个是 $(\Delta x)^2$, 如图 2-6-1 中带有交叉斜线的小正方形的面积.

当 $|\Delta x|$ 很小时, 其中 $2x_0 \Delta x$ 是 ΔA 的主要部分, 而当 $\Delta x \to 0$ 时, $(\Delta x)^2 = o(\Delta x)$, 即 $(\Delta x)^2$ 是比 Δx 高阶的无穷小. 因此, 我们可以忽略 $(\Delta x)^2$, 而用 $2x_0 \Delta x$ 作为 ΔA 的近似值, 这时其误差为 $(\Delta x)^2$, 它是 $o(\Delta x)$, 因此

$$\Delta A \approx 2x_0 \Delta x,$$

由于 $2x_0 \Delta x$ 是 ΔA 的主要部分, 且是线性部分, 因此我们将 $2x_0 \Delta x$ 简称为 ΔA 的**线性主部**.

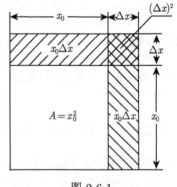

图 2-6-1

这样的近似计算有普遍性吗? 是否可以推广到其他函数上去? 又需要什么条件呢? 这些问题将通过下面的讨论一一给出回答.

为了方便起见, 数学上将 ΔA 中的线性部分 $2x_0 \Delta x$ 称为该函数的**微分**, 由此有如下函数的微分定义.

定义 1 设 $y = f(x)$ 在 x_0 的某邻域 $U(x_0)$ 内有定义, Δx 为自变量 x 的增量, 且 $x_0 + \Delta x \in U(x_0)$, 若相应函数的增量 $\Delta y = f(x_0 + \Delta x) - f(x_0)$ 可表示为

微分定义2-6-2

$$\Delta y = A(x_0)\Delta x + o(\Delta x), \tag{2-6-1}$$

其中 $A(x_0)$ 是与 Δx 无关的常量, 则称**函数 $y = f(x)$ 在点 x_0 可微**, 其中关于 Δx 的线性部分 $A(x_0)\Delta x$ 称为函数 $y = f(x)$ 在 x_0 处的**微分**, 记作 $\mathrm{d}y|_{x=x_0}$. 即

$$\mathrm{d}y|_{x=x_0} = A(x_0)\Delta x.$$

下面利用函数在点 x_0 处可微及可导的定义, 推出函数可微的条件以及微分公式. 先来看函数可微的必要条件.

定理 1 若函数 $y = f(x)$ 在 x_0 处可微, 则 $y = f(x)$ 在 x_0 处必连续.

证 设函数 $y = f(x)$ 在点 x_0 处可微, 则存在与 Δx 无关的常量 $A(x_0)$, 使

$$\Delta y = A(x_0)\Delta x + o(\Delta x),$$

故

$$\lim_{\Delta x \to 0} \Delta y = \lim_{\Delta x \to 0}[A(x_0)\Delta x + o(\Delta x)] = 0 + 0 = 0,$$

则 $f(x)$ 在 x_0 处连续.

定理 2 函数 $y = f(x)$ 在 x_0 处可微的充要条件是 $y = f(x)$ 在 x_0 处可导, 且

$$\mathrm{d}y|_{x=x_0} = f'(x_0)\Delta x.$$

证 (1) 充分性 设函数 $y = f(x)$ 在点 x_0 处可导, 即

$$f'(x_0) = \lim_{\Delta x \to 0} \frac{f(x_0 + \Delta x) - f(x_0)}{\Delta x},$$

则

$$\frac{f(x_0 + \Delta x) - f(x_0)}{\Delta x} = f'(x_0) + \alpha(\Delta x) \quad (\text{其中} \lim_{\Delta x \to 0} \alpha(\Delta x) = 0),$$

令 $\Delta y = f(x_0 + \Delta x) - f(x_0)$, 由上式得

$$\Delta y = f(x_0 + \Delta x) - f(x_0) = f'(x_0)\Delta x + \Delta x \cdot \alpha(\Delta x),$$

上式中 $f'(x_0)$ 是与 Δx 无关的量, 又 $\Delta x \cdot \alpha(\Delta x) = o(\Delta x)$, 故 $f'(x_0)\Delta x$ 是 Δy 的线性主部, 因此

$$\Delta y = f'(x_0)\Delta x + o(\Delta x),$$

由微分定义可知, $y = f(x)$ 在点 x_0 处可微, 且

$$\mathrm{d}y|_{x=x_0} = f'(x_0)\Delta x.$$

(2) 必要性　设函数 $y = f(x)$ 在 x_0 点可微, 则存在与 Δx 无关的常量 $A(x_0)$, 使

$$\Delta y = A(x_0)\Delta x + o(\Delta x).$$

故

$$\frac{\Delta y}{\Delta x} = A(x_0) + \frac{o(\Delta x)}{\Delta x},$$

则有

$$\lim_{\Delta x \to 0} \frac{\Delta y}{\Delta x} = A(x_0).$$

因此 $y = f(x)$ 在点 x_0 处可导, 且 $f'(x_0) = A(x_0)$. 即有

$$\mathrm{d}y|_{x=x_0} = A(x_0)\Delta x = f'(x_0)\Delta x.$$

证毕.

特别地, 对于函数 $y = x$, 由于 $y' = 1$, 则由定理 2 可知, 其微分为

$$\mathrm{d}y = \Delta x, \ \text{则} \ \mathrm{d}x = \Delta x,$$

由此常把 $\mathrm{d}x$ 称为**自变量** x **的微分**, 所以函数 $y = f(x)$ 的微分公式常写为

$$\mathrm{d}y = f'(x)\mathrm{d}x. \tag{2-6-2}$$

例如, 函数 $y = \sin x$ 的微分为

$$\mathrm{d}y = \cos x\mathrm{d}x.$$

必须指出, 在微分公式 (2-6-2) 中, $\mathrm{d}y, f'(x), \mathrm{d}x$ 是三个具有独立意义的量, 因此由微分公式 (2-6-2) 可得

$$f'(x) = \frac{\mathrm{d}y}{\mathrm{d}x},$$

上式的意义是可以将导数 $f'(x)$ 看作是微分 $\mathrm{d}y$ 与 $\mathrm{d}x$ 的商, 由此导数也常称为**微商**.

应当注意, 微分与导数虽然有等价关系, 但在意义上是有区别的: 导数是函数在一点处的变化率, 而微分是函数在一点处的自变量的增量所产生的函数的改变量的近似值.

另外导数的值仅与 x 有关, 而微分的值与 x 和 Δx 都有关.

　　若 $f(x)$ 在集合 I 内每一点都可导, 则 $f(x)$ 在集合 I 内每一点都可微, 这时我们称 $f(x)$ **在集合 I 内可微**.

　　根据导数的基本公式, 再利用微分与导数的关系式 (2-6-2), 就可得到求微分的基本公式 (表 2-6-1). 为了便于对照, 列表如下:

表 2-6-1　基本初等函数的导数与微分公式

导数公式	微分公式
$(x^{\mu})' = \mu x^{\mu-1}$	$\mathrm{d}(x^{\mu}) = \mu x^{\mu-1}\mathrm{d}x$
$(\sin x)' = \cos x$	$\mathrm{d}(\sin x) = \cos x\mathrm{d}x$
$(\cos x)' = -\sin x$	$\mathrm{d}(\cos x) = -\sin x\mathrm{d}x$
$(\tan x)' = \sec^2 x$	$\mathrm{d}(\tan x) = \sec^2 x\mathrm{d}x$
$(\cot x)' = -\csc^2 x$	$\mathrm{d}(\cot x) = -\csc^2 x\mathrm{d}x$
$(\sec x)' = \sec x \tan x$	$\mathrm{d}(\sec x) = \sec x \tan x\mathrm{d}x$
$(\csc x)' = -\csc x \cot x$	$\mathrm{d}(\csc x) = -\csc x \cot x\mathrm{d}x$
$(a^x)' = a^x \ln a$	$\mathrm{d}(a^x) = a^x \ln a\mathrm{d}x$
$(\mathrm{e}^x)' = \mathrm{e}^x$	$\mathrm{d}(\mathrm{e}^x) = \mathrm{e}^x\mathrm{d}x$
$(\log_a x)' = \dfrac{1}{x \ln a}$	$\mathrm{d}(\log_a x) = \dfrac{1}{x \ln a}\mathrm{d}x$
$(\ln\lvert x\rvert)' = \dfrac{1}{x}$	$\mathrm{d}(\ln\lvert x\rvert) = \dfrac{1}{x}\mathrm{d}x$
$(\arcsin x)' = \dfrac{1}{\sqrt{1-x^2}}$	$\mathrm{d}(\arcsin x) = \dfrac{1}{\sqrt{1-x^2}}\mathrm{d}x$
$(\arccos x)' = -\dfrac{1}{\sqrt{1-x^2}}$	$\mathrm{d}(\arccos x) = -\dfrac{1}{\sqrt{1-x^2}}\mathrm{d}x$
$(\arctan x)' = \dfrac{1}{1+x^2}$	$\mathrm{d}(\arctan x) = \dfrac{1}{1+x^2}\mathrm{d}x$
$(\mathrm{arccot}x)' = -\dfrac{1}{1+x^2}$	$\mathrm{d}(\mathrm{arccot}x) = -\dfrac{1}{1+x^2}\mathrm{d}x$

　　由定理 2 及公式 (2-6-2), 可知求微分的步骤为

① 求函数的导数 $f'(x)$,

② 写出其微分 $\mathrm{d}y = f'(x)\mathrm{d}x$.

例 2　求 $y = x^3$, 当 $x = 4$, $\Delta x = 0.01$ 时的微分.

解　由于 $y' = 3x^2$, 故

$$\mathrm{d}y = 3x^2 \cdot \Delta x,$$

将 $x = 4$, $\Delta x = 0.01$ 代入上式得

$$\mathrm{d}y\big|_{\substack{x=4 \\ \Delta x=0.01}} = 3 \times 4^2 \times 0.01 = 0.48.$$

例 3　求下列函数的微分:

(1) $y = \mathrm{e}^{\sin\frac{1}{x}}$;

(2) $y = x^{x^x}(x > 0)$.

解　(1) 由于 $y' = \mathrm{e}^{\sin\frac{1}{x}} \cos\frac{1}{x} \cdot \left(-\frac{1}{x^2}\right) = -\frac{1}{x^2}\mathrm{e}^{\sin\frac{1}{x}}\cos\frac{1}{x}$, 故

$$\mathrm{d}y = -\frac{1}{x^2}\mathrm{e}^{\sin\frac{1}{x}}\cos\frac{1}{x}\mathrm{d}x.$$

(2) 由于 $y = x^{x^x} = \mathrm{e}^{x^x \ln x} = \mathrm{e}^{\mathrm{e}^{x \ln x}\cdot \ln x}$, 故

$$y' = (\mathrm{e}^{\mathrm{e}^{x \ln x}\cdot \ln x})' = \mathrm{e}^{\mathrm{e}^{x \ln x}\cdot \ln x}(\mathrm{e}^{x \ln x}\cdot \ln x)'$$

$$= \mathrm{e}^{\mathrm{e}^{x \ln x}\cdot \ln x}\left[\mathrm{e}^{x \ln x}(\ln x + 1)\ln x + \mathrm{e}^{x \ln x}\cdot \frac{1}{x}\right]$$

$$= x^{x^x}\left[x^x(1 + \ln x)\ln x + x^{x-1}\right],$$

故

$$\mathrm{d}y = x^{x^x}\left[x^x(1 + \ln x)\ln x + x^{x-1}\right]\mathrm{d}x.$$

例 4　求由方程 $y\sin x - \cos(x - y) = 0$ 确定的函数 $y = y(x)$ 的微分 $\mathrm{d}y$.

解　对方程两边求 x 的导数, 得

$$\frac{\mathrm{d}y}{\mathrm{d}x}\cdot \sin x + y\cos x + \sin(x - y)\cdot\left(1 - \frac{\mathrm{d}y}{\mathrm{d}x}\right) = 0,$$

解得

$$\frac{\mathrm{d}y}{\mathrm{d}x} = \frac{y\cos x + \sin(x - y)}{\sin(x - y) - \sin x},$$

故

$$\mathrm{d}y = \frac{y\cos x + \sin(x - y)}{\sin(x - y) - \sin x}\mathrm{d}x.$$

例 5　设函数 $y = f(x)$ 由参数方程 $\begin{cases} x = 3t^2 + 2t, \\ \mathrm{e}^y\sin t - y + 1 = 0 \end{cases}$ 确定, 求 $\mathrm{d}y$.

解　由 $x = 3t^2 + 2t$, 得 $x'_t = 6t + 2$.

由方程 $\mathrm{e}^y\sin t - y + 1 = 0$ 可确定函数 $y = y(t)$, 对该方程两边求 t 的导数, 得

$$\mathrm{e}^y y'(t)\sin t + \mathrm{e}^y\cos t - y'(t) = 0,$$

解得

$$y'(t) = \frac{\mathrm{e}^y\cos t}{1 - \mathrm{e}^y\sin t},$$

应用参数式函数的导数公式, 有

$$\frac{\mathrm{d}y}{\mathrm{d}x} = \frac{y'(t)}{x'(t)} = \frac{\mathrm{e}^y \cos t}{(1 - \mathrm{e}^y \sin t)(6t + 2)}$$

$$= \frac{\mathrm{e}^y \cos t}{(1 - y + 1)(6t + 2)} = \frac{\mathrm{e}^y \cos t}{(2 - y)(6t + 2)},$$

从而

$$\mathrm{d}y = \frac{\mathrm{e}^y \cos t}{(2 - y)(6t + 2)} \mathrm{d}x.$$

二、 微分的几何意义

在曲线 $y = f(x)$ 上取相邻两点 $M_0(x_0, y_0)$, $N(x_0 + \Delta x, y_0 + \Delta y)$, 过 M_0 作曲线的切线 M_0T, 设切线 M_0T 的倾角为 α (图 2-6-2), 则在 $M_0(x_0, y_0)$ 处有

$$\tan \alpha = f'(x_0),$$

又 $M_0Q = \Delta x$, $QN = \Delta y$, 因此

$$QP = M_0Q \cdot \tan \alpha = \Delta x \cdot \tan \alpha = f'(x_0)\Delta x,$$

即

$$\mathrm{d}y = QP.$$

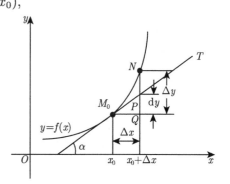

从图 2-6-2 中可知, Δy 是曲线上纵坐标的增量, $\mathrm{d}y$ 是切线上纵坐标的增量, 可见微分的几何意义是: 设曲线 $y = f(x)$ 在点 M_0 处自变量 x 有增量 Δx, 则函数 $f(x)$ 在点 x_0 处的微分 $\mathrm{d}y$ 表示该点处的切线上纵坐标的增量.

图 2-6-2

由微分的定义可知 $\Delta y \approx \mathrm{d}y$, 对于可微函数 $y = f(x)$, 当 $|\Delta x|$ 很小时, 用微分近似表示函数的增量时, 其绝对误差为 $|\Delta y - \mathrm{d}y| = |o(\Delta x)|$, 因此这时绝对误差 $|\Delta y - \mathrm{d}y|$ 也很小. 所以, 微分的意义在于在 M_0 点邻近, 可用切线段来近似代替曲线段, 即局部线性化. 因此微分的思想简单地说就是 "**以直代曲**".

三、 微分的运算法则

由函数和、差、积、商的求导法则, 结合微分公式 (2-6-2), 可推得相应的微分运算法则, 为了便于对照, 列表如下 (表 2-6-2):

表 2-6-2

函数和、差、积、商的求导法则	函数和、差、积、商的微分法则
$(u \pm v)' = u' \pm v'$	$\mathrm{d}(u \pm v) = \mathrm{d}u \pm \mathrm{d}v$
$(uv)' = u'v + uv'$	$\mathrm{d}(uv) = v\mathrm{d}u + u\mathrm{d}v$
$(Cu)' = Cu'$	$\mathrm{d}(Cu) = C\mathrm{d}u$
$\left(\dfrac{u}{v}\right)' = \dfrac{u'v - uv'}{v^2} \quad (v \neq 0)$	$\mathrm{d}\left(\dfrac{u}{v}\right) = \dfrac{v\mathrm{d}u - u\mathrm{d}v}{v^2} \quad (v \neq 0)$

下面仅证明其中的乘积的微分法则.

证 由函数微分公式 (2-6-2), 有

$$\mathrm{d}(uv) = (uv)'\mathrm{d}x = (u'v + uv')\mathrm{d}x$$

$$= u'\mathrm{d}x \cdot v + u \cdot v'\mathrm{d}x = v\mathrm{d}u + u\mathrm{d}v.$$

因此有

$$\mathrm{d}(uv) = v\mathrm{d}u + u\mathrm{d}v.$$

其他的微分法则均可类似证明. 请读者自证.

下面讨论复合函数的微分.

定理 3 设函数 $y = f(u)$ 与 $u = \varphi(x)$ 都可微, 则复合函数 $y = f[\varphi(x)]$ 也可微, 且

$$\mathrm{d}y = f'[\varphi(x)] \varphi'(x)\mathrm{d}x.$$

证 由于函数 $y = f(u)$ 与 $u = \varphi(x)$ 都可微, 则它们都可导, 因此复合函数 $y = f[\varphi(x)]$ 也可导, 故复合函数 $y = f[\varphi(x)]$ 也可微, 且

$$\mathrm{d}y = (f[\varphi(x)])'\, \mathrm{d}x = f'[\varphi(x)] \cdot \varphi'(x) \cdot \mathrm{d}x$$

$$= f'[\varphi(x)] \varphi'(x)\mathrm{d}x.$$

得证.

由上面可知

$$\mathrm{d}y = f'[\varphi(x)] \varphi'(x)\mathrm{d}x$$

而函数 $y = f(u)$ 可微, 函数 $u = \varphi(x)$ 可微, 故

$$\mathrm{d}y = f'(u)\mathrm{d}u, \quad \mathrm{d}u = \varphi'(x)\mathrm{d}x,$$

故

$$\mathrm{d}y = y_x'\mathrm{d}x = f'[\varphi(x)] \cdot \varphi'(x) \cdot \mathrm{d}x = f'(u)\mathrm{d}u = y_u'\mathrm{d}u,$$

即

$$\mathrm{d}y = y'_x \mathrm{d}x = y'_u \mathrm{d}u. \qquad (2\text{-}6\text{-}3)$$

而 (2-6-3) 式中 x 是最终变量, u 是中间变量, 由此可见, 它们的微分在形式上相同. 因此无论 u 是中间变量时, 还是自变量时, 函数的微分在形式上是相同的. 这个性质称为**一阶微分形式的不变性** (简称**微分形式的不变性**). 这一性质在微分的运算中很有用, 在计算复合函数的微分时, 可以把复合函数 $f[\varphi(x)]$ 中的 $\varphi(x)$ 当作一个整体变量直接对它求导, 然后再求出 $\varphi(x)$ 的微分即可. 例如

$$\mathrm{d}(\sin 2x) = (\cos 2x)\,\mathrm{d}(2x) = 2\cos 2x \mathrm{d}x.$$

例 6 求 $y = \operatorname{arccot}\dfrac{1+x}{1-x}$ 的微分.

解法一 利用微分公式, 有

$$\mathrm{d}y = \left(\operatorname{arccot}\frac{1+x}{1-x}\right)' \mathrm{d}x$$

$$= -\frac{1}{1+\left(\dfrac{1+x}{1-x}\right)^2} \cdot \left(\frac{1+x}{1-x}\right)' \mathrm{d}x = -\frac{1}{1+x^2}\mathrm{d}x.$$

解法二 利用复合函数的微分运算法则, 有

$$\mathrm{d}y = \mathrm{d}\left(\operatorname{arccot}\frac{1+x}{1-x}\right)$$

$$= -\frac{1}{1+\left(\dfrac{1+x}{1-x}\right)^2}\mathrm{d}\left(\frac{1+x}{1-x}\right) = -\frac{1}{1+\left(\dfrac{1+x}{1-x}\right)^2} \cdot \left(\frac{1+x}{1-x}\right)' \mathrm{d}x$$

$$= -\frac{1}{1+x^2}\mathrm{d}x.$$

例 7 求 $y = x^2\ln(2x+1)$ 的微分.

解法一 利用微分公式, 有

$$\mathrm{d}y = [x^2\ln(2x+1)]'\mathrm{d}x = 2x\left[\ln(2x+1) + \frac{x}{2x+1}\right]\mathrm{d}x.$$

解法二 利用微分运算法则, 有

$$\mathrm{d}y = \mathrm{d}[x^2\ln(2x+1)]$$

$$= \mathrm{d}(x^2)\cdot\ln(2x+1) + x^2\cdot\mathrm{d}\ln(2x+1) = 2x\left[\ln(2x+1) + \frac{x}{2x+1}\right]\mathrm{d}x.$$

四、 微分在近似计算中的应用

设 $y = f(x)$ 在 x_0 处可微, 当 $f'(x_0) \neq 0$, 且 $|\Delta x|$ 很小时, 有 $\Delta y \approx \mathrm{d}y$, 即

$$\Delta y = f(x_0 + \Delta x) - f(x_0) \approx f'(x_0)\Delta x, \tag{2-6-4}$$

记 $x = x_0 + \Delta x$, 则

$$f(x) \approx f(x_0) + f'(x_0)\Delta x. \tag{2-6-5}$$

在工程技术中常用上面两个微分近似公式来计算由自变量发生微小变化, 而产生的函数的改变量与函数值的近似值.

例 8 求当 x 由 $45°$ 变到 $45°20'$ 时, 函数 $y = \sec x$ 的增量的近似值.

解 利用近似公式 (2-6-4), 有

$$\Delta y \approx \mathrm{d}y = \sec x \tan x \Delta x,$$

又 $x = 45° = \dfrac{\pi}{4}, \Delta x = 20' = \dfrac{1}{3} \cdot \dfrac{\pi}{180}$, 将它们代入上式, 得

$$\Delta y \approx \sec\frac{\pi}{4}\tan\frac{\pi}{4} \cdot \frac{1}{3} \cdot \frac{\pi}{180}$$

$$= \sqrt{2} \times \frac{1}{3} \times \frac{\pi}{180} \approx 0.0082.$$

例 9 求下列数值的近似值:

(1) $\sqrt[4]{1.02}$; $\qquad\qquad$ (2) $\sqrt[4]{17}$.

解 (1) 取

$$f(x) = \sqrt[4]{x}, \quad x_0 = 1, \quad \Delta x = 0.02,$$

则

$$f(1) = 1, \quad f'(x) = \frac{1}{4}x^{-\frac{3}{4}}, \quad f'(1) = \frac{1}{4}.$$

利用近似公式 (2-6-5), 有

$$\sqrt[4]{1.02} \approx f(1) + f'(1)\Delta x = 1 + \frac{1}{4} \times 0.02 = 1.005.$$

(2) 由于近似公式 (2-6-5) 中, 要求 $|\Delta x|$ 很小, 故应先对 $\sqrt[4]{17}$ 进行恒等变形, 再用此公式计算. 因为

$$\sqrt[4]{17} = \sqrt[4]{2^4 + 1} = 2\sqrt[4]{1 + \frac{1}{16}},$$

由此, 可取

$$f(x) = \sqrt[4]{1+x}, \quad x_0 = 0, \quad \Delta x = \frac{1}{16},$$

则

$$f(0) = 1, \quad f'(x) = \frac{1}{4}(1+x)^{-\frac{3}{4}}, \quad f'(0) = \frac{1}{4}.$$

故

$$\sqrt[4]{17} = 2\sqrt[4]{1+\frac{1}{16}} \approx 2\left(1 + \frac{1}{4} \cdot \frac{1}{16}\right) \approx 2.0312.$$

特殊地, 若在公式 $f(x_0 + \Delta x) \approx f(x_0) + f'(x_0)\Delta x$ 中取 $x_0 = 0$, $\Delta x = x$ 有

$$f(x) \approx f(0) + f'(0)x. \tag{2-6-6}$$

运用公式 (2-6-6), 可得到一系列常用的近似公式, 例如, 当 $|x|$ 较小时, 有

$$\sqrt[n]{1+x} \approx 1 + \frac{1}{n}x,$$

$$\ln(1+x) \approx x,$$

$$\mathrm{e}^x \approx 1 + x,$$

$$\sin x \approx x,$$

$$\tan x \approx x$$

等等, 请读者自证.

习 题 2-6

A 组

课件2-6-3

1. 填空:

(1) $\mathrm{d}(\quad) = 4x^3\mathrm{d}x$;   (2) $\mathrm{d}(\quad) = \dfrac{1}{x}\mathrm{d}x$;

(3) $\mathrm{d}(\quad) = \dfrac{1}{2\sqrt{x}}\mathrm{d}x$;   (4) $\mathrm{d}(\quad) = \mathrm{e}^{-x}\mathrm{d}x$;

(5) $\mathrm{d}(\quad) = \left(\sin 2x + \dfrac{1}{1+x^2}\right)\mathrm{d}x$;   (6) $\mathrm{d}(\quad) = (1+x)\mathrm{e}^x\mathrm{d}x$;

(7) $\mathrm{d}(\quad) = \dfrac{\cos\sqrt{x}}{2\sqrt{x}}\mathrm{d}x$;   (8) $\mathrm{d}(\quad) = \dfrac{\ln^2 x}{x}\mathrm{d}x$.

2. 设函数 $y = f(x)$, 且 $f'(x_0) = \dfrac{1}{2}$, 则当 $\Delta x \to 0$ 时该函数在 x_0 处的微分 $\mathrm{d}y$ 是 (   )

(A) 与 Δx 等价的无穷小　　　　　(B) 与 Δx 同阶的无穷小

(C) 比 Δx 低阶的无穷小　　　　　(D) 比 Δx 高阶的无穷小.

3. 计算下列函数的微分 $\mathrm{d}y$:

(1) $y = \ln(x + \sqrt{1 + x^2})$;　　　　　(2) $y = \arctan 2x$;

(3) $y = \tan^2(1 + 2x^2)$;　　　　　(4) $y = (\sin x)^x$;

(5) $y = \mathrm{e}^{2x}(x^2 + 3x + 1)$;　　　　　(6) $y = \ln\dfrac{\sqrt{1 + x^2} - 1}{\sqrt{1 + x^2} + 1}$;

(7) 设函数 $y = y(x)$ 由方程 $x\mathrm{e}^y - y\mathrm{e}^{-y} = x^2$ 确定;

(8) 设函数 $y = y(x)$ 由参数方程 $\begin{cases} x = t(t-1), \\ y = -t\mathrm{e}^t - 1 \end{cases}$ 确定.

4. 设函数 $f(x)$ 可微, 求 $y = f(1 - \mathrm{e}^{-x})$ 的微分.

5. 设 $\sin(xy) - \ln\dfrac{x+1}{y} = 1$, 求 $\mathrm{d}y|_{x=0}$.

6. 设函数 $y = x^3$, 求该函数在 $x = 2$, Δx 分别等于 -0.1, 0.01 时对应的增量 Δy 及微分 $\mathrm{d}y$.

7. 求 $y = \dfrac{1}{(1 + \tan x)^2}$ 在 $x_0 = \dfrac{\pi}{6}$, $\Delta x = \dfrac{\pi}{360}$ 时的微分.

8. 在半径为 3m 的球体表面镀一层银, 若镀层的厚度为 0.1cm, 问大约需要多少银 (用体积表示)?

9. 利用 $f(x_0 + \Delta x) \approx f(x_0) + f'(x_0)\Delta x$, 推导下列近似公式:

(1) 当 $|x|$ 很小时, $\sin x \approx x$;

(2) 当 $|x|$ 很小时, $\mathrm{e}^x \approx 1 + x$;

(3) 当 $|x|$ 很小时, $\sqrt[n]{1 + x} \approx 1 + \dfrac{1}{n}x$.

10. 利用微分计算下列数值的近似值 (保留小数点后四位数字):

(1) $\tan 46°$;　　　　　(2) $\mathrm{e}^{1.01}$.

11. 设扇形的圆心角 $\alpha = 60°$, 半径 $R = 100$cm, 如果 R 不变, α 减少 $30'$, 问扇形面积大约改变多少? 又如果 α 不变, R 增加 1cm, 问扇形的面积大约改变多少?

B 组

1. 设 $y = f(\ln x)\mathrm{e}^{f(x)}$, 其中 f 可微, 求 $\mathrm{d}y$.

2. 求: (1) $\dfrac{\mathrm{d}\left(\dfrac{\sin x}{x}\right)}{\mathrm{d}(x^2)}$;　　　　　(2) $\dfrac{\mathrm{d}}{\mathrm{d}(x^3)}(x^3 - 5x^6 - x^9)$.

3. 设函数 $y = f(x)$ 在 $x_0 \left(x_0 \neq k\pi + \dfrac{\pi}{2}, k \in \mathbf{Z}\right)$ 处连续, 且自变量 x 在 x_0 处有增量 Δx, 相应的函数增量 $\Delta y = 2(\cos x_0)\Delta x + o(\Delta x)$.

(1) 求 $\mathrm{d}y|_{x=x_0}$ 与 $f'(x_0)$;

(2) 证明: $\Delta x \to 0$ 时, Δy 与 $\mathrm{d}y$ 是等价无穷小.

本 章 小 结

万事万物常处于运动或变化中, 刻画变化离不开变化率与增量, 反映在数学上就是导数与微分问题, 本章系统地描述了导数与微分两个重要概念及求法, 它们都是一元函数微分学的理论基础.

导数的定义形式是多样的, 其记法也有多种, 但它们在本质上都反映了函数在某点处变化率的数学特性, 是用平均变化率的极限来刻画瞬时变化率.

引入导数概念后, 相比中学里 "交点唯一" 的狭隘的切线定义, 打开了眼界与思路, 把原来复杂的求切线问题变简单了.

可导性与连续性是函数的两种基本形态, 它们有密切的联系, 函数在一点处可导必连续, 但连续未必可导, 因此若函数在某点不连续, 那么它在该点就必不可导了.

利用导数定义我们得到了常数与基本初等函数的导数, 即求导基本公式, 接着得到了可导函数的四则运算、复合运算与反函数 (函数单调时) 的导数运算法则. 进一步还介绍了隐函数、参数方程及极坐标方程确定的函数的求导方法. 运用它们可以求出各类函数的导数, 总结如下:

1. 显函数 $y = f(x)$ 的求导方法, 一般可分为两类:

(1) 当函数各项都可导时, 常直接用求导基本公式与导数运算法则来求导, 例如求初等函数的导数时, 由于它们在其定义区间内可导, 故常用此法求解.

(2) 当函数的可导性不明确时, 需用导数或左、右导数的定义来确定其可导性与导数, 例如求分段函数在分段点处的导数时常用此法求解.

2. 隐函数的求导方法: 对确定隐函数的方程两边分别求自变量的导数, 得到一个含有隐函数导数的方程, 即可解出该导数. 重复运用该方法可求得其二阶导数.

3. 参数方程 $\begin{cases} x = x(t), \\ y = y(t) \end{cases}$ 确定的函数 $y = y[t(x)]$ 的导数常利用公式求解. 参数式函数的一阶导数公式为 $\dfrac{\mathrm{d}y}{\mathrm{d}x} = \dfrac{\frac{\mathrm{d}y}{\mathrm{d}t}}{\frac{\mathrm{d}x}{\mathrm{d}t}} = \dfrac{y'(t)}{x'(t)}$, 二阶导数公式为 $\dfrac{\mathrm{d}^2 y}{\mathrm{d}x^2} = \dfrac{\left(\frac{\mathrm{d}y}{\mathrm{d}x}\right)'_t}{x'(t)} = \dfrac{y''(t)x'(t) - y'(t)x''(t)}{[x'(t)]^3}$.

4. 极坐标方程确定的函数 $y = y(x)$ 的求导方法: 可用极坐标与直角坐标的关系, 化为参数方程, 再求出其导数.

5. 本章还介绍了高阶导数的概念和一些简单函数的 n 阶导数公式及加、减、乘函数的 n 阶导数公式. 利用它们可以求一些函数的 n 阶导数, 具体方法有

(1) 直接法: 对函数连续 n 次求导, 并总结其 n 阶导数的规律, 再用数学归纳法证明之.

(2) 间接法: 将函数进行恒等变形或分析变形, 将它化为能求 n 阶导数的简单函数的加、减、乘运算的函数形式, 再用这些函数的 n 阶导数公式与运算法则, 求出该函数的 n 阶导数.

6. 作为导数的简单经济应用, 本章引入了经济问题中常见的几个函数, 给出了经济函数的边际、弹性的概念与经济含义, 介绍了相关经济函数的边际分析与弹性分析.

导数与微分是两个不同的概念, 导数反映了函数的变化率, 而微分则是自变量增量的线性表示, 是函数增量的近似值.

在几何上, 某点处的微分就是函数在该点处的切线上纵坐标的增量, 所以微分的意义为在一点邻近, 可用切线段来近似代替曲线段, 即局部线性化, 简称为 "以直代曲".

求函数的导数与微分是本章的重点, 而利用定义确定函数的可导性与可微性则是本章的难点.

由于可导与可微具有等价性, 因此当已知函数可导时, 则有微分公式

$$dy = f'(x)dx.$$

因此, 可导函数的微分就化为求导问题了, 由此还可得求微分的基本公式和运算法则. 另外必须强调微分公式中的变量 x 可以是最终变量, 也可以是中间变量, 它们的微分形式是相同的. 这个性质称为**微分形式的不变性**.

对可微函数 $f(x)$, 当自变量发生微小变化时, 常用如下两个公式:

$$\Delta y = f(x_0 + \Delta x) - f(x_0) \approx f'(x_0)\,\Delta x,$$

$$f(x) \approx f(x_0) + f'(x_0)\,\Delta x \quad (\text{记 } x = x_0 + \Delta x),$$

分别计算函数发生的改变量或函数值的近似值. 它们在工程技术与实际问题中, 有着广泛的应用.

总复习题 2

1. 填空题:

(1) 设 $y = \cos e^{-\sqrt{x}}$, 则 $\left. \dfrac{dy}{dx} \right|_{x=1} = $ _____. (2021 考研真题)

(2) $f(x) = \begin{cases} ax + 1, & x > 1, \\ b + 2\cos \dfrac{\pi x}{2}, & x \leqslant 1 \end{cases}$ 在 $x = 1$ 处可导, 则 $a = $ _____, $b = $ _____.

(3) 设函数 $y = f(x)$ 由方程 $y - x = \mathrm{e}^{x(1-y)}$ 确定, 则 $\lim\limits_{n \to \infty} n\left[f\left(\dfrac{1}{n}\right) - 1\right] = $ _____.

(2013 考研真题)

(4) 设函数 $y = y(x)$ 由参数方程 $\begin{cases} x = t + \mathrm{e}^t, \\ y = \sin t \end{cases}$ 确定, 则 $\dfrac{\mathrm{d}^2 y}{\mathrm{d}x^2}\bigg|_{t=0} = $ _____.

(2017 考研真题)

(5) 设 $y = \dfrac{x}{2-x}$, 则 $y^{(100)}(0) = $ _____.

2. 选择题:

(1) 下列函数中在点 $x = 0$ 处不可导的是 (   ) (2018 考研真题)

(A) $|x|\sin|x|$ 　　(B) $|x|\sin\sqrt{|x|}$ 　　(C) $\cos|x|$ 　　(D) $\cos\sqrt{|x|}$.

(2) 设 $f(0) = 0$, $\lim\limits_{x \to 0} \dfrac{f(x)}{x}$ 存在, 则 $\lim\limits_{x \to 0} \dfrac{f(x)}{x} = $ (   )

(A) $f'(0)$ 　　　　(B) $f'(x)$ 　　　　(C) $f(0)$ 　　　　(D) $\dfrac{1}{2}f'(0)$.

(3) 若 $f(x)$ 在点 x_0 可导, 则 $|f(x)|$ 在点 x_0 处 (   )

(A) 必可导 　　　　　　　　　　(B) 连续但不一定可导

(C) 一定不可导 　　　　　　　　(D) 不连续.

(4) 设 $f(x)$ 在 $x = 0$ 的某邻域内连续, 且 $\lim\limits_{x \to 0} \dfrac{f(x)}{\ln(2 - \cos x)} = 0$, 则 $f(x)$ 在 $x = 0$ 处 (   )

(A) 不可导 　　　　　　　　　　(B) 可导, 且 $f'(0) = 0$

(C) 可导, 且 $f'(0) = 1$ 　　　　(D) 可导, 且 $f'(0) = 2$.

(5) 设 $\lim\limits_{x \to a} \dfrac{f(x) - a}{x - a} = b$, 则 $\lim\limits_{x \to a} \dfrac{\sin f(x) - \sin a}{x - a} = $ (   ) (2020 考研真题)

(A) $b\sin a$ 　　　　　　　　　　(B) $b\cos a$

(C) $b\sin f(a)$ 　　　　　　　　(D) $b\cos f(a)$.

3. 求下列函数指定的导数或微分:

(1) 设 $y = \mathrm{e}^{\arctan\sqrt{x}}$, 求 y'; 　　　　(2) 设 $y = \ln\sqrt{\dfrac{1-x}{1+x^2}}$, 求 $y''(0)$;

(3) $y = (1 + x^2)^x$, 求 y'; 　　　　(4) $y = \log_x(1 + x^2)$ $(x > 0, x \neq 1)$, 求 $\mathrm{d}y$.

4. 求下列隐函数的导数 $\dfrac{\mathrm{d}y}{\mathrm{d}x}$:

(1) $xy - 2^x + 2^y = 0$; 　　　　(2) $y = xy^3 + f(y)$, 其中 $f(y)$ 可导.

5. 求下列函数的二阶导数:

(1) 设 $x^3 - \sin y - x^2 \mathrm{e}^y = 0$, 求 $y''(0, 0)$;

(2) 设 $\begin{cases} x = f'(t), \\ y = tf'(t) - f(t), \end{cases}$ 其中 $f(t)$ 二阶可导, $f''(t) \neq 0$, 求 $\dfrac{\mathrm{d}^2 y}{\mathrm{d}x^2}, \dfrac{\mathrm{d}^3 y}{\mathrm{d}x^3}$.

6. 求下列函数的导数 $\dfrac{\mathrm{d}y}{\mathrm{d}x}$:

(1) $y = f(\sin^2 x) + f(\cos^2 x)$ (其中 f 可导);

(2) $y = \mathrm{e}^{x^2} f(x^2)$, 其中 f 可导.

7. 设 $f(x) = \begin{cases} x^k \sin \dfrac{1}{x}, & x \neq 0, \\ 0, & x = 0, \end{cases}$ 试问: k 取何值时, $f''(0)$ 存在?

8. 已知函数 $y = y(x)(x > 0)$ 满足方程 $x^2 \dfrac{\mathrm{d}^2 y}{\mathrm{d}x^2} + 2x \dfrac{\mathrm{d}y}{\mathrm{d}x} = 0$, 证明: 当 $t = \ln x$ 时, 该方程可化为

$$\frac{\mathrm{d}^2 y}{\mathrm{d}t^2} + \frac{\mathrm{d}y}{\mathrm{d}t} = 0.$$

9. 求下列函数的 $n(n \geqslant 2)$ 阶导数:

(1) $y = \dfrac{x^2}{1-x}$;
　　　　　　　　　　　　　(2) $y = x^2 \sin x$.

10. 设 $f(x) = \begin{cases} \dfrac{g(x) - \mathrm{e}^{-x}}{x}, & x \neq 0, \\ 0, & x = 0, \end{cases}$ 其中 $g(x)$ 有二阶连续导数, 且 $g(0) = 1, g'(0) = -1$, 求: (1) $f'(0)$; (2) 讨论 $f'(x)$ 在 $(-\infty, +\infty)$ 上的连续性.

11. 设某商品的价格为 P, 需求函数为 $Q = 500 - P^2$, 求当 $P = 10$ 时, 商品的需求弹性 η, 并解释其经济意义.

12. (1) 设函数 $u(x), v(x)$ 可导, 利用导数定义证明: $[u(x)v(x)]' = u'(x)v(x) + u(x)v'(x)$;

(2) 设函数 $u_1(x), u_2(x), \cdots, u_n(x)$ 可导, $f(x) = u_1(x)u_2(x) \cdots u_n(x)$, 写出 $f(x)$ 的求导公式. (2015 考研真题)

C 第 *3* 章

hapter 3

微分中值定理
与导数的应用

第 2 章中我们建立了刻画函数变化的导数与微分的概念, 并找到了计算它们的简便方法, 利用它们解决问题的方法称为微分法. 本章将利用微分法深入研究函数的一些重要性质. 先介绍几个重要定理——微分中值定理 (三种形式), 它们是微分学应用的理论基础. 然后再应用它们依次给出求未定式极限的洛必达法则与函数的泰勒展开式, 最后再讨论函数的单调性、弯曲性、拐点、渐近线、极值等一些重要性质, 以加深我们对函数性态的理解.

3.1 微分中值定理

课前测3-1-1

微分为我们提供了函数的改变量与导数之间的近似关系, 但这在数学的精准分析中显然是不够的, 为了进一步利用导数研究函数性质, 我们需要寻找函数的改变量与导数之间的准确关系, 这就是微分中值定理. 微分中值定理刻画了函数增量与导数之间的联系, 为我们借助导数来讨论函数在定义区间上的整体性质提供了理论基础. 微分中值定理有三种表现形式, 下面首先引入费马 (Fermat) 引理, 再介绍微分中值定理的特殊形式——罗尔 (Rolle) 定理, 然后再推出一般形式——拉格朗日 (Lagrange) 中值定理和推广形式——柯西 (Cauchy) 中值定理.

一、罗尔定理

1. 费马引理

下面先给出局部极值的定义, 然后再介绍局部极值点的一个必要条件.

定义 1 设 $f(x)$ 在点 x_0 的邻域 $U(x_0, \delta)$ 内有定义, 若 $\forall x \in \overset{\circ}{U}(x_0, \delta)$, 恒有 $f(x) < f(x_0)$(或 $f(x) > f(x_0)$), 则称 $f(x_0)$ 为 $f(x)$ 的一个**极大值** (或**极小值**), 函数的极大值与极小值统称为函数的**极值**, 使函数取得极值的点 x_0 称为函数的**极值点**.

观察图 3-1-1(a) 与 (b) 可知, $y = f(x)$ 在点 x_0 的某邻域 $U(x_0, \delta)$ 内是一条光滑的曲线, 观察曲线 $y = f(x)$ 在 x_0 附近的特点, 如图 3-1-1(a), 我们看到在 x_0 邻近局部小范围内, 总有 $f(x) \leqslant f(x_0)$, 而在图 3-1-1(b) 中, 总有 $f(x) \geqslant f(x_0)$, 因此点 x_0 都是两个图中函数 $f(x)$ 的极值点, 又发现, 曲线 $y = f(x)$ 在 x_0 处都有一条水平切线.

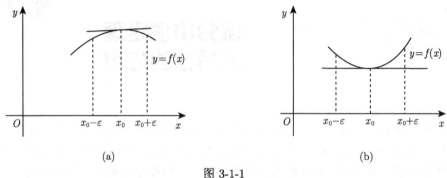

(a)   (b)

图 3-1-1

这一事实反映到数学上就是下面要介绍的费马引理.

定理 1 (费马引理) 设 $f(x)$ 在 x_0 的某邻域内有定义, 且 $f(x) \leqslant$ (或 $\geqslant$)$f(x_0)$, $f(x)$ 在 x_0 处可导, 则 $f'(x_0) = 0$.

证 不妨设 $f(x)$ 在 x_0 的邻域 $U(x_0, \delta)$ 内有定义, 且 $f(x) \leqslant f(x_0)$, $x_0 + \Delta x \in U(x_0, \delta)$, 则恒有

$$f(x_0 + \Delta x) - f(x_0) \leqslant 0,$$

由极限保号性, 可得

$$\lim_{\Delta x \to 0^+} \frac{f(x_0 + \Delta x) - f(x_0)}{\Delta x} \leqslant 0, \qquad (3\text{-}1\text{-}1)$$

$$\lim_{\Delta x \to 0^-} \frac{f(x_0 + \Delta x) - f(x_0)}{\Delta x} \geqslant 0, \qquad (3\text{-}1\text{-}2)$$

又 $f'(x_0)$ 存在, 故

$$f'(x_0) = \lim_{\Delta x \to 0^+} \frac{f(x_0 + \Delta x) - f(x_0)}{\Delta x} = \lim_{\Delta x \to 0^-} \frac{f(x_0 + \Delta x) - f(x_0)}{\Delta x},$$

再根据 (3-1-1), (3-1-2) 两式, 则

$$f'(x_0) = 0,$$

同理可证, 当 $f(x) \geqslant f(x_0)$ 时, 也有 $f'(x_0) = 0$ 成立.

综上结论成立. 证毕.

由定理 1 可知, 可导函数 $f(x)$ 在点 x_0 处取得极值的必要条件为 $f'(x_0) = 0$. 反之不然, 如函数 $y = x^3$, 由 $y' = 3x^2 = 0$, 可知, 曲线 $y = x^3$ 在 $(0,0)$ 处有一条水平切线 $y = 0$, 但由极值的定义易知, $x = 0$ 不是函数 $y = x^3$ 的极值点.

罗尔定理3-1-2

因此在区间内可导的函数在该区间内的极值点处, 其导数必为零. 但反之不然.

几何上, 光滑曲线在其极值点处必有水平切线.

2. 罗尔定理

观察图 3-1-2, 从几何上可以发现: 在两端高度相等的连续光滑曲线上, 必存在一条水平的切线, 这一结论可以证明是成立的, 且有重要意义, 反映到代数上就是下面要介绍的罗尔定理.

定理 2 (罗尔定理) 设函数 $y = f(x)$ 满足下面三个条件:

(1) 在闭区间 $[a,b]$ 上连续;

(2) 在开区间 (a,b) 内可导;

(3) $f(a) = f(b)$.

则至少在 (a,b) 内存在一点 ξ, 使得

$$f'(\xi) = 0.$$

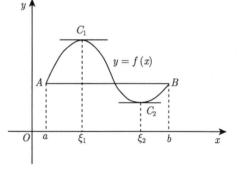

图 3-1-2

证 由条件可知 $f(x)$ 在 $[a,b]$ 上连续, 根据闭区间上连续函数的性质可知, 函数 $f(x)$ 在 $[a,b]$ 上必存在最大值 M 与最小值 m.

(1) 若 $M = m$, 则 $\forall x \in [a,b]$, 有

$$M = m \leqslant f(x) \leqslant M = m,$$

故闭区间 $[a,b]$ 上的任意的 x 点处, 恒有

$$f(x) = M = m,$$

因此对 $\forall x \in (a,b)$, $f(x) \equiv M$, 故

$$f'(x) = 0,$$

即这时结论成立.

(2) 若 $M \neq m$, 由题设 $f(a) = f(b)$ 可知, M 与 m 中至少有一个在区间 (a,b) 内取得. 不妨设最大值 M 在区间 (a,b) 内的 ξ 点处取得, 即 $f(\xi) = M$, 则 $f(\xi)$ 为 $f(x)$ 在 (a,b) 内的一个极值点, 又 $f(x)$ 在 (a,b) 内可导, 由费马引理可知

$$f'(\xi) = 0,$$

故这时结论仍成立.

综上结论成立.

必须指出: 罗尔定理仅给出了 ξ 的存在性, 指出了 ξ 的一个大概范围 $\xi \in (a,b)$, 并没有给出 ξ 的具体位置, 因此也称该定理为**罗尔中值定理**, 简称为**罗尔定理**.

罗尔定理的几何意义: 两端点值相等的连续曲线弧段 (且除端点外每点都有不垂直于 x 轴的切线) 内, 至少有一条水平切线 (或至少有一条平行于 x 轴的切线).

罗尔定理的代数意义: 在某闭区间的两端点处函数值相等的连续可导函数, 其导函数至少有一个介于两端点之间的零点.

例 1　设函数 $f(x) = x^2 - 5x + 6$, 验证该函数在闭区间 $[2,3]$ 上罗尔定理成立.

解　由于函数 $f(x) = x^2 - 5x + 6$ 在 $[2,3]$ 上连续且可导, 又

$$f(2) = f(3) = 0,$$

因此函数 $f(x)$ 在 $[2,3]$ 上满足罗尔定理的条件, 而

$$f'(x) = 2x - 5,$$

显然当 $\xi = \dfrac{5}{2} \in (2,3)$ 时, 有

$$f'(\xi) = 0.$$

因此该函数在 $[2,3]$ 上罗尔定理成立.

罗尔定理的三个条件是结论成立的充分条件, 即如果定理的三个条件不能同时满足, 则结论可能不成立.

例如 $f(x) = x$, 显然 $f(x)$ 在闭区间 $[2,6]$ 上处处连续且可导, 则满足罗尔定理的前两个条件, 但 $f(2) \neq f(6)$, $f'(x) \equiv 1$, 故结论不成立.

当然也容易举例说明, 即使定理的条件不完全具备, 也可能存在这样的点 ξ, 使得 $f'(\xi) = 0$. 请读者举例.

由此说明罗尔定理的三个条件是充分的, 但不是必要的. 因此运用罗尔定理时, 必须验证它的三个条件是否同时具备.

例 2 设 $f(x)$ 在 $[0,1]$ 上连续, 在 $(0,1)$ 内可导, 且 $f(1) - f(0) = 1$, 求证: $\exists \xi \in (0,1)$, 使 $f'(\xi) = 2\xi$.

证 令 $F(x) = f(x) - x^2$, 由题意可知, $F(x)$ 在 $[0,1]$ 上连续, 在 $(0,1)$ 内可导, 又由

$$f(1) - f(0) = 1,$$

得

$$F(1) = f(1) - 1 = f(0) = F(0),$$

即

$$F(1) = F(0),$$

由罗尔定理, $\exists \xi \in (0,1)$, 使得 $F'(\xi) = 0$, 即

$$f'(\xi) = 2\xi.$$

由例 2 可知, 利用罗尔定理可以证明类似例 2 这样的 "$f'(\xi) = 0$" 的命题, 它也是一类常见的关于中值的存在性命题.

例 3 设 $f(x)$ 在 $[a,b]$ 上连续, (a,b) 内可导, 且 $f(a) = f(b) = 0$, 试证 $F(x) = f(x) + f'(x)$ 在 (a,b) 内至少有一个零点.

证 设 $G(x) = f(x)e^x$, 则 $G(x)$ 在 $[a,b]$ 上连续, (a,b) 内可导, 且有

$$G(a) = G(b) = 0,$$

由罗尔定理可知, 至少存在一点 $\xi \in (a,b)$, 使得

$$G'(\xi) = 0.$$

即

$$[f(\xi) + f'(\xi)]\,e^{\xi} = 0,$$

由于 $e^{\xi} \neq 0$, 所以有

$$f(\xi) + f'(\xi) = 0,$$

即 $F(x) = f(x) + f'(x)$ 在 (a,b) 内至少有一个零点.

利用罗尔定理还可以讨论导数方程 $f'(x) = 0$ 根的存在性.

例 4 设 $a_0 + \dfrac{a_1}{2} + \dfrac{a_2}{3} + \cdots + \dfrac{a_n}{n+1} = 0$, 证明: 方程 $a_0 + a_1 x + a_2 x^2 + \cdots + a_n x^n = 0$ 至少有一正根.

证 设

$$f(x) = a_0 x + \frac{a_1 x^2}{2} + \frac{a_2 x^3}{3} + \cdots + \frac{a_n x^{n+1}}{n+1},$$

显然
$$f(0) = 0,$$

又
$$f(1) = a_0 + \frac{a_1}{2} + \frac{a_2}{3} + \cdots + \frac{a_n}{n+1} = 0,$$

故
$$f(0) = f(1),$$

且有 $f(x)$ 在 $[0,1]$ 上连续, $(0,1)$ 内可导, 因此 $f(x)$ 在 $[0,1]$ 上满足罗尔定理的条件, 则在 $(0,1)$ 内至少存在一点 ξ, 使得
$$f'(\xi) = 0,$$

又
$$f'(x) = a_0 + a_1 x + a_2 x^2 + \cdots + a_n x^n,$$

即
$$a_0 + a_1 \xi + a_2 \xi^2 + \cdots + a_n \xi^n = 0,$$

因此, 方程 $a_0 + a_1 x + a_2 x^2 + \cdots + a_n x^n = 0$ 在 $(0,1)$ 内至少有一个正根 ξ.

二、 拉格朗日中值定理

由于罗尔定理要求 "函数在区间两端点处的函数值相等", 几何上即要求这两端点的连线是曲线 $y = f(x)$ 的一条水平的割线, 即此割线的斜率为零, 因此罗尔定理的几何意义 (图 3-1-2) 也可解释为: 两端点处纵坐标相等的连续光滑曲线弧 $\overset{\frown}{AB}$(且除端点外每点处都有不垂直于 x 轴的切线) 内至少有一点 C, 在该点处曲线的切线平行于端点的水平连线 $\overline{AB}$.

若罗尔定理中去掉条件 "函数在区间两端点处的函数值相等", 而其余两个条件仍然满足. 这时图 3-1-2 就可用图 3-1-3 表现, 从而可得罗尔定理的一般情形——拉格朗日中值定理.

定理 3 (拉格朗日中值定理) 设 $y = f(x)$ 在 $[a,b]$ 上连续, 在 (a,b) 内可导, 则 $\exists \xi \in (a,b)$, 使得

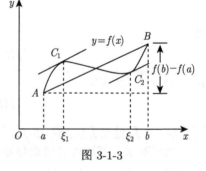

图 3-1-3

$$f'(\xi) = \frac{f(b) - f(a)}{b - a}.$$

分析 构造辅助函数
$$F(x) = f(x) - \frac{f(b) - f(a)}{b - a} x,$$

则定理 3 的结论可写成

$$\left[f(x) - \frac{f(b) - f(a)}{b - a}x\right]'\bigg|_{x=\xi} = F'(\xi) = 0.$$

由此本定理可通过对函数 $F(x)$ 在 $[a, b]$ 上利用罗尔定理来证明.

证 设 $F(x) = f(x) - \dfrac{f(b) - f(a)}{b - a}x$, 由于 $f(x)$ 在 $[a, b]$ 上连续, 在 (a, b) 内可导, 故 $F(x)$ 在 $[a, b]$ 上连续, 在 (a, b) 内可导. 又

$$F(a) = f(a) - \frac{f(b) - f(a)}{b - a} \cdot a = \frac{bf(a) - af(b)}{b - a},$$

$$F(b) = f(b) - \frac{f(b) - f(a)}{b - a} \cdot b = \frac{bf(a) - af(b)}{b - a},$$

即

$$F(a) = F(b),$$

所以 $F(x)$ 在 $[a, b]$ 上满足罗尔定理的三个条件. 因此, $\exists \xi \in (a, b)$, 使得 $F'(\xi) = 0$. 即

$$f'(\xi) = \frac{f(b) - f(a)}{b - a}. \tag{3-1-3}$$

证毕.

上面的 (3-1-3) 式也常常写成

$$f(b) - f(a) = f'(\xi)(b - a), \tag{3-1-4}$$

公式 (3-1-4) 称为**拉格朗日中值公式**.

若设 $a = x_0$, $b = x_0 + \Delta x$, 则拉格朗日中值公式还可以表达为

$$f(x_0 + \Delta x) = f(x_0) + f'(x_0 + \theta \Delta x) \cdot \Delta x, \quad \text{其中} \, 0 < \theta < 1. \tag{3-1-5}$$

拉格朗日中值定理是罗尔定理的一般情形, 也是微分学中的重要定理, 因此又称之为**微分中值定理**.

由于定理 3 中, $\dfrac{f(b) - f(a)}{b - a}$ 等于曲线两端连线的斜率, 因此拉格朗日中值定理的几何意义是: 若连续曲线段 $\overset{\frown}{AB}$ 上各点都有不垂直于 x 轴的切线, 则在曲线上必存在一点 C, 该点处的切线平行于曲线两端的连线段 $\overline{AB}$ (图 3-1-3).

与罗尔定理一样, 拉格朗日中值定理只给出了 "中值 ξ" 的存在性, 对于不同的函数, ξ 的准确位置一般是不同的. 由定理 3 还可得到下面的推论.

推论 1 若函数 $f(x)$ 在区间 I 上的导数恒为 0, 则 $f(x)$ 在 I 上是一个常数.

证 设 $\forall x_1, x_2 \in I$, 且 $x_1 < x_2$, 由题设可知, $f(x)$ 在 $[x_1, x_2]$ 上连续, 在 (x_1, x_2) 内可导, 对 $f(x)$ 在 $[x_1, x_2]$ 上应用拉格朗日中值定理, 可知 $\exists \xi \in (x_1, x_2)$, 使得

$$f(x_2) - f(x_1) = f'(\xi)(x_2 - x_1),$$

由题设 $f'(\xi) = 0$, 故

$$f(x_2) - f(x_1) \equiv 0,$$

由 x_1, x_2 的任意性可知, $f(x)$ 在 I 上任意两点处的函数值都是相等的, 因此 $f(x)$ 在 I 上为常数.

应用推论 1 可得

推论 2 若两个可导的函数 $f(x), g(x)$ 在区间 I 上, 恒有 $f'(x) = g'(x)$, 则在 I 上 $f(x)$ 与 $g(x)$ 只相差一个常数.

证 设 $F(x) = f(x) - g(x)$, 对 $\forall x \in I, f'(x) = g'(x)$, 故

$$F'(x) = f'(x) - g'(x) = 0 \quad (\forall x \in I).$$

由推论 1 可知, $F(x) = f(x) - g(x)$ 在 I 上为常数. 即在 I 上存在常数 C, 使得

$$F(x) = f(x) - g(x) = C,$$

即在 I 上 $f(x)$ 与 $g(x)$ 只相差一个常数 C.

例 5 设 $f(x), g(x)$ 在 (a, b) 内可导, $g(x) \neq 0$, 且

$$\begin{vmatrix} f(x) & g(x) \\ f'(x) & g'(x) \end{vmatrix} = 0 \quad (\forall x \in (a, b)),$$

证明: 存在常数 C, 使得 $f(x) = Cg(x)(\forall x \in (a, b))$.

证 $\forall x \in (a, b)$, 由于 $\begin{vmatrix} f(x) & g(x) \\ f'(x) & g'(x) \end{vmatrix} = 0$, 因此

$$f'(x)g(x) - f(x)g'(x) = 0,$$

故当 $g(x) \neq 0$ 时, 有

$$\left[\frac{f(x)}{g(x)}\right]' = \frac{1}{g^2(x)}\left[f'(x)g(x) - f(x)g'(x)\right] = 0,$$

由推论 1, 可知 $\dfrac{f(x)}{g(x)}$ 是常数函数, 即 $\exists$ 常数 C, 使得

$$\frac{f(x)}{g(x)} = C,$$

即

$$f(x) = Cg(x) \quad (\forall x \in (a, b)).$$

例 6 证明: 当 $x > 0$ 时, 不等式 $\dfrac{x}{1+x} < \ln(1+x) < x$ 成立.

证 令 $f(x) = \ln(1+x)$, 则 $f(x)$ 在 $[0, x](x > 0)$ 上连续、可导, 且

$$f'(x) = \frac{1}{1+x},$$

由拉格朗日中值定理可知, 存在一个 $\xi \in (0, x)$, 使得

$$\ln(1+x) - \ln(1+0) = \frac{1}{1+\xi}(x-0) = \frac{x}{1+\xi},$$

由于

$$\frac{1}{1+x} < \frac{1}{1+\xi} < 1,$$

所以

$$\frac{x}{1+x} < \ln(1+x) < x.$$

如果拉格朗日中值定理中的函数取由参数方程确定的函数形式, 则可得到拉格朗日中值定理的推广形式——柯西中值定理.

三、柯西中值定理

设拉格朗日中值定理中的曲线段 $\overset{\frown}{AB}$ 用参数方程 $\begin{cases} X = g(x), \\ Y = f(x), \end{cases}$ $x \in [a, b]$ 表示, 这里 x 为参数, 则该曲线上点 (X, Y) 处的切线的斜率为

$$\frac{\mathrm{d}Y}{\mathrm{d}X} = \frac{f'(x)}{g'(x)},$$

两端点的连线段 $\overline{AB}$ 的斜率为

$$\frac{f(b) - f(a)}{g(b) - g(a)},$$

则由拉格朗日中值定理可知, 在曲线上必存在一点 C, 该点处的切线平行于曲线段两端点的连线段 $\overline{AB}$. 假定点 C 对应的参数 $x = \xi$, 则

$$\frac{f(b) - f(a)}{g(b) - g(a)} = \frac{f'(\xi)}{g'(\xi)},$$

由此相应的微分中值定理可表述为

定理 4 (柯西中值定理)　设 $f(x), g(x)$ 都在 $[a, b]$ 上连续, 在 (a, b) 内可导, 且 $g'(x) \neq 0$, 则 $\exists \xi \in (a, b)$, 使

$$\frac{f'(\xi)}{g'(\xi)} = \frac{f(b) - f(a)}{g(b) - g(a)}.$$

柯西中值定理也可利用罗尔定理来证明, 请读者自证.

若取 $g(x) = x$, 柯西中值定理就成为拉格朗日中值定理. 所以拉格朗日中值定理是柯西中值定理的特殊形式.

例 7　设 $b > a > 0$, 证明: $\exists \xi \in (a, b)$, 使得

$$b \ln a - a \ln b = (b - a)(\ln \xi - 1).$$

分析　所证结论可化为

$$\frac{\dfrac{\ln a}{a} - \dfrac{\ln b}{b}}{\dfrac{1}{a} - \dfrac{1}{b}} = \ln \xi - 1,$$

而

$$\left. \frac{\left(\dfrac{\ln x}{x} \right)'}{\left(\dfrac{1}{x} \right)'} \right|_{x = \xi} = \left. \frac{\dfrac{1 - \ln x}{x^2}}{-\dfrac{1}{x^2}} \right|_{x = \xi} = \ln \xi - 1,$$

因此, 本例可通过对函数 $\dfrac{\ln x}{x}$ 与 $\dfrac{1}{x}$ 在 $[a, b]$ 上利用柯西中值定理来证明.

证 设 $f(x) = \dfrac{\ln x}{x}$, $g(x) = \dfrac{1}{x}$, 由于 $b > a > 0$ 显然, $f(x)$, $g(x)$ 都在 $[a, b]$ 上连续, 在 (a, b) 内可导, 且 $g'(x) = -\dfrac{1}{x^2} \neq 0$, 由柯西中值定理可知, $\exists \xi \in (a, b)$, 使得

$$\frac{f(b) - f(a)}{g(b) - g(a)} = \frac{f'(\xi)}{g'(\xi)},$$

即

$$\frac{\dfrac{\ln b}{b} - \dfrac{\ln a}{a}}{\dfrac{1}{b} - \dfrac{1}{a}} = \left.\frac{\left(\dfrac{\ln x}{x}\right)'}{\left(\dfrac{1}{x}\right)'}\right|_{x=\xi} = \left.\frac{\dfrac{1 - \ln x}{x^2}}{-\dfrac{1}{x^2}}\right|_{x=\xi} = \ln \xi - 1,$$

整理得

$$b \ln a - a \ln b = (b - a)(\ln \xi - 1).$$

习 题 3-1

A 组

课件3-1-3

1. 对下列函数在指定的区间上验证罗尔定理条件是否满足? 结论是否成立?

(1) $y = x^2 + 5x + 4$ 在区间 $[-4, -1]$ 上;

(2) $y = |x|$ 在区间 $[-1, 1]$ 上.

2. 不求函数 $f(x) = (x - 1)(x - 2)(x - 3)(x - 5)(x - 6)$ 的导数, 说明方程 $f'(x) = 0$ 有几个实根, 并指出实根所在的区间.

3. 设函数 $f(x)$ 与 $g(x)$ 均在 $[a, b]$ 上连续, 在 (a, b) 内可导, 且 $f(b) - f(a) = g(b) - g(a)$, 试证: 在 (a, b) 内至少存在一点 c, 使得 $f'(c) = g'(c)$.

4. 设函数 $f(x)$ 在 (a, b) 内具有二阶导数, 且 $f(x_1) = f(x_2) = f(x_3)$, 其中 $a < x_1 < x_2 < x_3 < b$, 证明至少存在一个 $\xi \in (x_1, x_3)$, 使得 $f''(\xi) = 0$.

5. 设不恒为常数的函数 $f(x)$ 在 $[a, b]$ 上连续, 在 (a, b) 内可导, 且 $f(b) = f(a)$, 证明: $\exists \xi \in (a, b)$, 使得 $f'(\xi) > 0$.

6. 设 $f(x)$ 在 $[a, b]$ 上连续, 在 (a, b) 内 $f(x)$ 可导且 $f(x) \neq 0$, $f(b) = f(a) = 0$, 且 $b > a > 0$. 试证对任意的实数 α, $\exists \xi \in (a, b)$, 使 $\alpha = \dfrac{f'(\xi)}{f(\xi)}$.

7. 证明方程 $x^5 + x - 1 = 0$ 在区间 $(0, 1)$ 内有且仅有一个实根.

8. 证明方程 $4ax^3 + 3bx^2 + 2cx - a - b - c = 0$ 至少有一个正根, 其中 a, b, c 是任意常数.

9. 证明: 当 $x > 1$ 时, 恒有 $\arctan x - \dfrac{1}{2}\arccos\dfrac{2x}{1+x^2} = \dfrac{\pi}{4}$.

10. 设 $a > b > 0, n > 1$, 证明:

$$nb^{n-1}(a-b) < a^n - b^n < na^{n-1}(a-b).$$

11. 设 $a > b > 0$, 证明:

$$\frac{a-b}{a} < \ln\frac{a}{b} < \frac{a-b}{b}.$$

12. 设 $f(x)$ 可导, 且 $\lim\limits_{x \to +\infty} f'(x) = k$, 证明: $\lim\limits_{x \to +\infty} [f(x+1) - f(x)] = k$.

13. 证明下列不等式:

(1) $|\arctan a - \arctan b| \leqslant |a - b|$;

(2) 当 $x > 0$ 时, $e^x \geqslant 1 + x$.

14. 设 $f(x)$ 在 $[a,b]$ 上连续, 在 (a,b) 内可导, 且 $b > a > 0$. 证明: $\exists \xi \in (a,b)$, 使

$$2\xi[f(b) - f(a)] = (b^2 - a^2) f'(\xi).$$

15. 设函数 $f(x)$ 在 $[a,b]$ 上连续, 在 (a,b) 内可导, 且 $0 < a < b$, 证明: $\exists \xi \in (a,b)$, 使得

$$f(b) - f(a) = \xi f'(\xi) \ln\frac{b}{a}$$

成立.

B 组

1. 设函数 $F(x) = (x-1)f(x)$, 其中 $f(x)$ 在 $[1,2]$ 上具有一阶连续导数, 在 $(1,2)$ 内有二阶导数, 且 $f(1) = f(2) = 0$, 证明: 存在 $\xi \in (1,2)$, 使得 $F''(\xi) = 3\xi^2 F'(\xi)$.

2. 已知函数 $f(x)$ 在 $[0,1]$ 上连续, 在 $(0,1)$ 内可导, 且 $f(0) = 0, f(1) = 1$, 证明:

(1) 存在 $\xi \in (0,1)$, 使得 $f(\xi) = 1 - \xi$;

(2) 存在两个不同的点 $\eta, \zeta \in (0,1)$ 使得 $f'(\eta)f'(\zeta) = 1$.

3. 设奇函数 $f(x)$ 在 $[-1,1]$ 上具有二阶导数, 且 $f(1) = 1$, 证明:

(1) 存在 $\xi \in (0,1)$, 使得 $f'(\xi) = 1$;

(2) 存在 $\eta \in (-1,1)$, 使得 $f''(\eta) + f'(\eta) = 1$. (2013 考研真题)

课前测3-2-1

3.2 洛必达法则

当 $x \to a$ (或 $x \to \infty$) 时, 两个函数 $f(x)$, $g(x)$ 都趋于零或都趋于无穷大, 这时比值 $\dfrac{f(x)}{g(x)}$ 的极限 $\lim\limits_{\substack{x \to a \\ (x \to \infty)}} \dfrac{f(x)}{g(x)}$ 可能存在, 也可能不存在, 通常分别称这样的极限为 "$\dfrac{0}{0}$" 型或 "$\dfrac{\infty}{\infty}$" 型的未定式. 例如, $\lim\limits_{x \to 0} \dfrac{1 - \cos x}{x^2}$ 是 $\dfrac{0}{0}$ 型, $\lim\limits_{x \to +\infty} \dfrac{\ln(1+x)}{x}$ 是 $\dfrac{\infty}{\infty}$ 型. 这里 $\dfrac{0}{0}$, $\dfrac{\infty}{\infty}$ 只是两个记号, 并没有运算意义. 显然这两类未定式的极限都不能直接用商的极限运算法则求解, 本节根据柯西中值定理, 推出利用导数求

这类极限的有效且简便的方法, 该方法称为**洛必达** (L'Hospital) **法则**. 下面先依次讨论 $\dfrac{0}{0}$ 型与 $\dfrac{\infty}{\infty}$ 型的未定式极限的洛必达法则, 还有其他的一些未定式的极限如 "$0 \cdot \infty, \infty - \infty, 0^0, \infty^0, 1^\infty$" 都可化为 $\dfrac{0}{0}$ 型与 $\dfrac{\infty}{\infty}$ 型来求.

一、"$\dfrac{0}{0}$" 型未定式

洛必达
法则3-2-2

定理 1 (洛必达法则)　设函数 $f(x), g(x)$ 满足

(1) $\lim\limits_{x \to x_0} f(x) = \lim\limits_{x \to x_0} g(x) = 0$;

(2) 在 x_0 的某去心邻域内, $f'(x), g'(x)$ 都存在, 且 $g'(x) \neq 0$;

(3) $\lim\limits_{x \to x_0} \dfrac{f'(x)}{g'(x)}$ 存在 (或为无穷大).

则有

$$\lim_{x \to x_0} \frac{f(x)}{g(x)} = \lim_{x \to x_0} \frac{f'(x)}{g'(x)}. \tag{3-2-1}$$

证　由条件可知, 在 x_0 的某去心邻域内, $f(x), g(x)$ 都可导, 故必连续, 但函数 $f(x), g(x)$ 在 x_0 处未必连续, 由于 $\lim\limits_{x \to x_0} \dfrac{f(x)}{g(x)}$ 与 $f(x), g(x)$ 在 $x = x_0$ 处的值无关, 所以不妨重新定义:

$$f(x_0) = g(x_0) = 0,$$

重新定义后的函数 $f(x), g(x)$ 在 x_0 处连续. 设 x 是 x_0 的去心邻域内的任一点, 则由条件 (1), (2) 可知, 对在 x_0 处重新定义后的两函数 $f(x), g(x)$ 在以 x_0, x 为端点的闭区间上, 满足柯西中值定理的条件, 故

$$\frac{f(x)}{g(x)} = \frac{f(x) - f(x_0)}{g(x) - g(x_0)} = \frac{f'(\xi)}{g'(\xi)},$$

其中 ξ 介于 x_0 与 x 之间. 对上式求 $x \to x_0$ 时的极限, 由于当 $x \to x_0$ 时, 必有 $\xi \to x_0$, 再由条件 (3), 得

$$\lim_{x \to x_0} \frac{f(x)}{g(x)} = \lim_{\xi \to x_0} \frac{f'(\xi)}{g'(\xi)} = \lim_{x \to x_0} \frac{f'(x)}{g'(x)}.$$

定理 1 得证.

常利用洛必达法则来求 $\dfrac{0}{0}$ 型未定式的极限.

注 ① 由定理 1 可知, $\lim\limits_{x \to x_0} \dfrac{f'(x)}{g'(x)}$ 存在或为无穷大, 是 $\lim\limits_{x \to x_0} \dfrac{f(x)}{g(x)} = \lim\limits_{x \to x_0} \dfrac{f'(x)}{g'(x)}$ 成立的前提;

② 当 $\lim\limits_{x \to x_0} \dfrac{f'(x)}{g'(x)}$ 为无穷大时, $\lim\limits_{x \to x_0} \dfrac{f(x)}{g(x)}$ 也为无穷大;

③ 若 $\lim\limits_{x \to x_0} \dfrac{f'(x)}{g'(x)}$ 仍为 $\dfrac{0}{0}$ 型, 且 $f'(x), g'(x)$ 仍能满足定理 1 中的三个条件. 则对 $f'(x), g'(x)$ 可继续使用洛必达法则, 得

$$\lim_{x \to x_0} \frac{f(x)}{g(x)} = \lim_{x \to x_0} \frac{f'(x)}{g'(x)} = \lim_{x \to x_0} \frac{f''(x)}{g''(x)}.$$

且可以依此进行下去, 但每用一次都需关注所求极限中的函数是否满足定理 1 的条件.

例 1 计算下列极限:

(1) $\lim\limits_{x \to 0} \dfrac{x - \sin x}{x^3}$;   (2) $\lim\limits_{x \to 0} \dfrac{\cos x - \sqrt{1+x}}{x^2}$.

解 这是 "$\dfrac{0}{0}$" 型极限, 应用洛必达法则, 有

(1) $\lim\limits_{x \to 0} \dfrac{x - \sin x}{x^3} = \lim\limits_{x \to 0} \dfrac{1 - \cos x}{3x^2} = \lim\limits_{x \to 0} \dfrac{\sin x}{6x} = \dfrac{1}{6}$.

(2) $\lim\limits_{x \to 0} \dfrac{\cos x - \sqrt{1+x}}{x^2} = \lim\limits_{x \to 0} \dfrac{-\sin x - \dfrac{1}{2\sqrt{1+x}}}{2x} = \infty$ (由于 $\lim\limits_{x \to 0} \dfrac{2x}{-\sin x - \dfrac{1}{2\sqrt{1+x}}}$

$= 0$).

例 2 计算 $\lim\limits_{x \to 0} \dfrac{\sin x \cdot \ln(1 + \tan x^2)}{x - \tan x}$.

解 $\lim\limits_{x \to 0} \dfrac{\sin x \cdot \ln(1 + \tan x^2)}{x - \tan x} = \lim\limits_{x \to 0} \dfrac{x \cdot \tan x^2}{x - \tan x} = \lim\limits_{x \to 0} \dfrac{x^3}{x - \tan x}$

$$= \lim_{x \to 0} \frac{3x^2}{1 - \sec^2 x} = \lim_{x \to 0} \frac{3x^2}{-\tan^2 x}$$

$$= \lim_{x \to 0} \frac{3x^2}{-x^2} = -3.$$

必须指出, 当 $\dfrac{0}{0}$ 型极限满足定理 1 的条件时才可用洛必达法则求解, 并可连续多次应用, 直到不符合定理 1 的条件为止; 如果不是未定式的极限, 就不能用洛

必达法则求解; 另外用该方法求极限时, 可综合运用以前学过的方法如恒等变形、等价无穷小替换等, 使计算过程更简单.

例 3　设函数 $f(x) = \arctan x$, 若 $f(x) = xf'(\xi)$, 则 $\lim\limits_{x \to 0} \dfrac{\xi^2}{x^2} = ($ 　 $)$(2014 考研真题)

(A) 1　　　　(B) $\dfrac{2}{3}$　　　　(C) $\dfrac{1}{2}$　　　　(D) $\dfrac{1}{3}$.

解　由题设可知 $f'(x) = (\arctan x)' = \dfrac{1}{1 + x^2}$, 又 $f(x) = xf'(\xi)$, 所以

$$f'(\xi) = \frac{f(x)}{x},$$

则

$$\frac{1}{1 + \xi^2} = \frac{\arctan x}{x},$$

解得

$$\xi^2 = \frac{x - \arctan x}{\arctan x},$$

则

$$\lim_{x \to 0} \frac{\xi^2}{x^2} = \lim_{x \to 0} \frac{x - \arctan x}{x^2 \arctan x} = \lim_{x \to 0} \frac{x - \arctan x}{x^3}$$

$$= \lim_{x \to 0} \frac{1 - \dfrac{1}{1 + x^2}}{3x^2} = \lim_{x \to 0} \frac{x^2}{3x^2(1 + x^2)} = \frac{1}{3},$$

故应选 D.

例 4　计算 $\lim\limits_{x \to 0} \dfrac{x^2 \cos \dfrac{1}{x}}{\tan x}$.

解　$\lim\limits_{x \to 0} \dfrac{x^2 \cos \dfrac{1}{x}}{\tan x} = \lim\limits_{x \to 0} \dfrac{x}{\tan x} \cdot \lim\limits_{x \to 0} x \cos \dfrac{1}{x} = 1 \times 0 = 0.$

注　该题不能用洛必达法则求解, 因为用洛必达法则计算时,

$$\lim_{x \to 0} \frac{x^2 \cos \dfrac{1}{x}}{\tan x} = \lim_{x \to 0} \frac{2x \cos \dfrac{1}{x} - x^2 \sin \dfrac{1}{x} \left(-\dfrac{1}{x^2}\right)}{\sec^2 x}$$

$$= \lim_{x \to 0} \cos^2 x \cdot \lim_{x \to 0} \left(2x \cos \frac{1}{x} + \sin \frac{1}{x} \right),$$

由于极限 $\lim\limits_{x \to 0} \sin \dfrac{1}{x}$ 不存在, 故不能用洛必达法则求该极限. 这时洛必达法则失效.

从例 4 可知, 洛必达法则的条件是充分的而不是必要的, 当 $\lim\limits_{x \to x_0} \dfrac{f'(x)}{g'(x)}$ 不存在 (不包括 ∞) 时, 虽不能应用洛必达法则求解, 但这时极限 $\lim\limits_{x \to x_0} \dfrac{f(x)}{g(x)}$ 仍可能存在, 这时应使用其他方法求解.

对 $x \to \infty$ 时的 $\dfrac{0}{0}$ 型未定式, 也有类似的洛必达法则. 只要令 $x = \dfrac{1}{t}$, 则当 $x \to \infty$ 时, 有 $t \to 0$, 则

$$\lim_{x \to \infty} \frac{f(x)}{g(x)} = \lim_{t \to 0} \frac{f\left(\dfrac{1}{t}\right)}{g\left(\dfrac{1}{t}\right)} = \lim_{t \to 0} \frac{f'\left(\dfrac{1}{t}\right)\left(-\dfrac{1}{t^2}\right)}{g'\left(\dfrac{1}{t}\right)\left(-\dfrac{1}{t^2}\right)}$$

$$= \lim_{t \to 0} \frac{f'\left(\dfrac{1}{t}\right)}{g'\left(\dfrac{1}{t}\right)} = \lim_{x \to \infty} \frac{f'(x)}{g'(x)}.$$

由此可得

定理 2 如果函数 $f(x)$, $g(x)$ 满足

(1) $\lim\limits_{x \to \infty} f(x) = \lim\limits_{x \to \infty} g(x) = 0$;

(2) $\exists X > 0$, 当 $|x| > X$ 时, $f'(x)$, $g'(x)$ 都存在, 且 $g'(x) \neq 0$;

(3) $\lim\limits_{x \to \infty} \dfrac{f'(x)}{g'(x)}$ 存在 (或为无穷大).

则

$$\lim_{x \to \infty} \frac{f(x)}{g(x)} = \lim_{x \to \infty} \frac{f'(x)}{g'(x)}. \tag{3-2-2}$$

注 应用定理 2 求极限时, 有与应用定理 1 同样的注意点.

例 5 计算 $\lim\limits_{x \to +\infty} \dfrac{\dfrac{\pi}{2} - \arctan x}{\dfrac{1}{x}}$.

解 这是 $x \to +\infty$ 时的 $\dfrac{0}{0}$ 型极限, 应用洛必达法则, 有

$$\lim_{x \to +\infty} \frac{\dfrac{\pi}{2} - \arctan x}{\dfrac{1}{x}} = \lim_{x \to +\infty} \frac{-\dfrac{1}{1+x^2}}{-\dfrac{1}{x^2}} = \lim_{x \to +\infty} \frac{x^2}{1+x^2} = 1.$$

二、"$\dfrac{\infty}{\infty}$" 型未定式

对于 $x \to x_0$ (或 $x \to \infty$) 时 $\dfrac{\infty}{\infty}$ 型的未定式, 也有类似的洛必达法则.

定理 3 如果函数 $f(x)$, $g(x)$ 满足

(1) $\lim\limits_{\substack{x \to x_0 \\ (\text{或} x \to \infty)}} f(x) = \lim\limits_{\substack{x \to x_0 \\ (\text{或} x \to \infty)}} g(x) = \infty$;

(2) $f'(x)$, $g'(x)$ 在 $\mathring{U}(x_0, \delta)$ 内 (或 $|x| > X$) 时都存在, 且 $g'(x) \neq 0$;

(3) $\lim\limits_{\substack{x \to x_0 \\ (\text{或} x \to \infty)}} \dfrac{f'(x)}{g'(x)}$ 存在 (或为无穷大),

则

$$\lim_{\substack{x \to x_0 \\ (\text{或} x \to \infty)}} \frac{f(x)}{g(x)} = \lim_{\substack{x \to x_0 \\ (\text{或} x \to \infty)}} \frac{f'(x)}{g'(x)}. \tag{3-2-3}$$

证明从略.

例 6 计算 $\lim\limits_{x \to +\infty} \dfrac{x}{\ln^n x}$ (n 为正整数).

解 本题为 $x \to +\infty$ 时的 $\dfrac{\infty}{\infty}$ 型极限, 连续 n 次应用洛必达法则, 得

$$\lim_{x \to +\infty} \frac{x}{\ln^n x} = \lim_{x \to +\infty} \frac{1}{n \ln^{n-1} x \cdot \dfrac{1}{x}} = \lim_{x \to +\infty} \frac{x}{n \ln^{n-1} x}$$

$$= \lim_{x \to +\infty} \frac{1}{n(n-1) \ln^{n-2} x \cdot \dfrac{1}{x}} = \lim_{x \to +\infty} \frac{x}{n(n-1) \ln^{n-2} x} = \cdots$$

$$= \lim_{x \to +\infty} \frac{x}{n! \ln x} = \frac{1}{n!} \lim_{x \to +\infty} x = \infty.$$

例 7 计算 $\lim\limits_{x \to +\infty} \dfrac{x^n}{e^{2x}}$ (n 为正整数).

解 本题为 $x \to +\infty$ 时的 $\dfrac{\infty}{\infty}$ 型极限, 连续 n 次应用洛必达法则, 得

$$\lim_{x \to +\infty} \frac{x^n}{\mathrm{e}^{2x}} = \lim_{x \to +\infty} \frac{nx^{n-1}}{2\mathrm{e}^{2x}} = \lim_{x \to +\infty} \frac{n(n-1)x^{n-2}}{2^2\mathrm{e}^{2x}} = \cdots = \lim_{x \to +\infty} \frac{n!}{2^n\mathrm{e}^{2x}} = 0.$$

三、 其他类型的未定式

未定式除 $\dfrac{0}{0}$ 型与 $\dfrac{\infty}{\infty}$ 型两种基本型外, 类似还有如 "$0 \cdot \infty,\ \infty - \infty,\ 0^0,\ 1^\infty,\ \infty^0$" 型的未定式, 这些未定式的极限, 一般可以通过恒等变形, 先将它们化为 $\dfrac{0}{0}$ 型或 $\dfrac{\infty}{\infty}$ 型的基本未定式, 再用洛必达法则或其他方法求解.

1. "$0 \cdot \infty$" 型与 "$\infty - \infty$" 型未定式

一般地, 若 $f(x) \to 0,\ g(x) \to \infty$, 则极限 $\lim [f(x) \cdot g(x)]$ 称为 $0 \cdot \infty$ **型未定式**, 这时可利用恒等变形

$$f(x) \cdot g(x) = \frac{f(x)}{\dfrac{1}{g(x)}}(g(x) \neq 0) \quad (\text{或}\ \frac{g(x)}{\dfrac{1}{f(x)}}\,(f(x) \neq 0)),$$

将 $0 \cdot \infty$ 型从而化为 $\dfrac{0}{0}$ 型 (或 $\dfrac{\infty}{\infty}$ 型) 的基本未定式.

若 $f(x) \to \infty,\ g(x) \to \infty$, 则极限 $\lim [f(x) - g(x)]$ 称为 $\infty - \infty$ **型未定式**, 这时可利用取倒数、通分等恒等变形方法, 将它们化为 $\dfrac{0}{0}$ 型或 $\dfrac{\infty}{\infty}$ 型的基本未定式.

例 8 计算 $\lim\limits_{x \to \frac{\pi}{6}} \sin\left(\dfrac{\pi}{6} - x\right) \tan 3x$.

解
$$\lim_{x \to \frac{\pi}{6}} \sin\left(\frac{\pi}{6} - x\right) \tan 3x = \lim_{x \to \frac{\pi}{6}} \frac{\sin\left(\dfrac{\pi}{6} - x\right)}{\cos 3x} \sin 3x$$

$$= \lim_{x \to \frac{\pi}{6}} \frac{\sin\left(\dfrac{\pi}{6} - x\right)}{\cos 3x} \cdot \lim_{x \to \frac{\pi}{6}} \sin 3x$$

$$= \lim_{x \to \frac{\pi}{6}} \frac{-\cos\left(\dfrac{\pi}{6} - x\right)}{-3\sin 3x} = \frac{1}{3}.$$

例 9 计算 $\lim\limits_{x \to 0} \left(\dfrac{1}{x^2} - \cot^2 x\right)$.

解 $\lim\limits_{x\to 0}\left(\dfrac{1}{x^2}-\cot^2 x\right)$

$$=\lim_{x\to 0}\frac{\sin^2 x-x^2\cos^2 x}{x^2\sin^2 x}$$

$$=\lim_{x\to 0}\frac{(\sin x+x\cos x)(\sin x-x\cos x)}{x^4}$$

$$=\lim_{x\to 0}\frac{\sin x+x\cos x}{x}\cdot\lim_{x\to 0}\frac{\sin x-x\cos x}{x^3}$$

$$=\left(\lim_{x\to 0}\frac{\sin x}{x}+\lim_{x\to 0}\cos x\right)\cdot\lim_{x\to 0}\frac{\cos x-\cos x+x\sin x}{3x^2}$$

$$=(1+1)\times\frac{1}{3}=\frac{2}{3}.$$

2. "0^0", "∞^0" 或 "1^∞" 型未定式

类似可定义幂指函数极限的三种未定式.

一般地, ① 若 $f(x)\to 0$, $g(x)\to 0$, 则极限 $\lim[f(x)^{g(x)}]$ 称为 0^0 **型未定式**.

② 若 $f(x)\to\infty$, $g(x)\to 0$, 则极限 $\lim[f(x)^{g(x)}]$ 称为 ∞^0 **型未定式**.

③ 若 $f(x)\to 1$, $g(x)\to\infty$, 则极限 $\lim[f(x)^{g(x)}]$ 称为 1^∞ **型未定式**.

对于幂指函数的这三种未定式极限 $\lim[f(x)^{g(x)}]$, 常用下面两种解法.

方法 1 (e 抬起法)   先将幂指函数进行 e 抬起, 将它们恒等变形化为指数上的 $0\cdot\infty$ 型, 再将 $0\cdot\infty$ 型化为 $\dfrac{0}{0}$ 型 (或 $\dfrac{\infty}{\infty}$ 型) 的基本未定式, 则可用洛必达法则或其他方法求解, 即

$$\lim[f(x)^{g(x)}]=\lim \mathrm{e}^{g(x)\ln f(x)}=\mathrm{e}^{\lim g(x)\ln f(x)}$$

$$=\mathrm{e}^{\lim\frac{\ln f(x)}{1/g(x)}},$$

通常也称这一方法为 e **抬起法**.

方法 2 (取对数法)   先取对数, 将幂指函数化为 $0\cdot\infty$ 型, 再求极限, 具体如下:

设 $y=f(x)^{g(x)}$, 对该式两边取对数, 得 $\ln y=g(x)\cdot\ln f(x)$, 由此式右边化为 $0\cdot\infty$ 型未定式, 再将 $0\cdot\infty$ 型化为 $\dfrac{0}{0}$ 型 (或 $\dfrac{\infty}{\infty}$ 型) 基本未定式, 则可用洛必达法则或其他方法求解, 若求得该极限为

$$\lim\ln y=\lim[g(x)\cdot\ln f(x)]=A \quad (\text{或}+\infty\text{或}-\infty),$$

则有

$$\lim f(x)^{g(x)} = \lim y = \lim e^{\ln y} = e^A \quad (\text{或} + \infty \text{或} 0). \tag{3-2-4}$$

通常称这一方法为**取对数法**.

另外对其中的 1^∞ 型未定式, 还可用第 1 章所介绍的 "重要极限二" 来求解. 必须指出, 0^0 与 ∞^0 型两种未定式不能用重要极限二求解.

例 10　计算 $\lim\limits_{x\to 0}(\cos x)^{\frac{1}{x^2}}$.

解法一 (e 抬起法)　$\lim\limits_{x\to 0}(\cos x)^{\frac{1}{x^2}} = e^{\lim\limits_{x\to 0}\frac{\ln(\cos x)}{x^2}}$

$$= e^{\lim\limits_{x\to 0}\frac{-\sin x/\cos x}{2x}} = e^{-\frac{1}{2}}.$$

解法二 (取对数法)　设 $y = (\cos x)^{\frac{1}{x^2}}$, 则两边取对数, 得

$$\ln y = \frac{1}{x^2}\ln\cos x,$$

$$\lim_{x\to 0}\ln y = \lim_{x\to 0}\frac{\ln\cos x}{x^2} = \lim_{x\to 0}\frac{\dfrac{-\sin x}{\cos x}}{2x} = -\frac{1}{2},$$

故

$$\lim_{x\to 0}(\cos x)^{\frac{1}{x^2}} = \lim_{x\to 0}e^{\ln y} = e^{-\frac{1}{2}}.$$

解法三　利用重要极限二, 有

$$\lim_{x\to 0}(\cos x)^{\frac{1}{x^2}} = \lim_{x\to 0}(1 + \cos x - 1)^{\frac{1}{\cos x - 1}\frac{\cos x - 1}{x^2}} = e^{\lim\limits_{x\to 0}\frac{\cos x - 1}{x^2}}$$

$$= e^{\lim\limits_{x\to 0}\frac{-\frac{1}{2}x^2}{x^2}} = e^{-\frac{1}{2}}.$$

例 11　设 $f(x)$ 在 $(-1,1)$ 内具有二阶连续导数, 且 $f(0) = 0, f'(0) \neq 0$, $f''(0) = 2$. 求

$$\lim_{x\to 0}\left[\frac{1}{f(\sin x)} - \frac{1}{f'(0)\cdot\sin x}\right].$$

解　令 $t = \sin x$, 则 $x\to 0 \Rightarrow t\to 0$, 由题设, 并用洛必达法则, 有

$$\text{原式} \xlongequal{t=\sin x} \lim_{t\to 0}\left[\frac{1}{f(t)} - \frac{1}{f'(0)\cdot t}\right] = \lim_{t\to 0}\frac{t\cdot f'(0) - f(t)}{t\cdot f'(0)\cdot f(t)}$$

$$= \lim_{t\to 0}\frac{1}{f'(0)}\cdot\lim_{t\to 0}\frac{tf'(0) - f(t)}{tf(t)} = \frac{1}{f'(0)}\cdot\lim_{t\to 0}\frac{f'(0) - f'(t)}{f(t) + tf'(t)}$$

$$= \frac{1}{f'(0)}\lim_{t\to 0}\frac{-f''(t)}{2f'(t) + tf''(t)} = \frac{1}{f'(0)}\cdot\frac{-f''(0)}{2f'(0)} = -\frac{1}{[f'(0)]^2}.$$

例 12 证明: 当 $\dfrac{1}{\ln 2} - 1 < k < \dfrac{1}{2}$ 时, 方程 $\dfrac{1}{\ln(1+x)} - \dfrac{1}{x} = k$ 在区间 $(0,1)$ 内有实根.

解 设 $f(x) = \dfrac{1}{\ln(1+x)} - \dfrac{1}{x} - k$, 显然 $f(x)$ 在区间 $(0,1]$ 上连续, 又

$$\lim_{x \to 0^+} f(x) = \lim_{x \to 0^+} \left[\frac{1}{\ln(1+x)} - \frac{1}{x} - k \right] = \lim_{x \to 0^+} \frac{x - \ln(1+x)}{x \ln(1+x)} - k$$

$$= \lim_{x \to 0^+} \frac{x - \ln(1+x)}{x^2} - k = \lim_{x \to 0^+} \frac{1 - \dfrac{1}{1+x}}{2x} - k$$

$$= \lim_{x \to 0^+} \frac{1}{2(1+x)} - k = \frac{1}{2} - k,$$

补充定义: $f(0) = \dfrac{1}{2} - k$, 则补充定义后的函数 $f(x)$ 在闭区间 $[0,1]$ 上连续, 又

$$f(1) = \frac{1}{\ln 2} - 1 - k,$$

由题设 $\dfrac{1}{\ln 2} - 1 < k < \dfrac{1}{2}$ 可知,

$$\left(\frac{1}{\ln 2} - 1 - k \right)\left(\frac{1}{2} - k \right) < 0,$$

即

$$f(0)f(1) < 0,$$

则由零点存在定理知, 函数 $f(x)$ 在区间 $(0,1)$ 内有零点 (补充定义前后, $f(x)$ 在开区间 $(0,1)$ 内的值保持不变), 即方程 $\dfrac{1}{\ln(1+x)} - \dfrac{1}{x} = k$ 在区间 $(0,1)$ 内有实根.

习 题 3-2

A 组

课件3-2-3

1. 用洛必达法则求下列极限:

(1) $\displaystyle\lim_{x \to \pi} \frac{\pi - x}{\ln x - \ln \pi}$;

(2) $\displaystyle\lim_{x \to 1} \frac{x^7 - 1}{x^{11} - 1}$;

(3) $\displaystyle\lim_{x \to 0} \frac{e^x - 2^x}{\sin x}$;

(4) $\displaystyle\lim_{x \to 0} \frac{\ln \cos x}{x^2}$ (2015 考研真题);

(5) $\displaystyle\lim_{x \to 0} \frac{\cos \alpha x - \cos \beta x}{\ln(1 + x^2)}$ $(\alpha\beta \neq 0)$;

(6) $\displaystyle\lim_{x \to 0} \frac{x - \sin x}{\arctan x^3}$;

(7) $\lim\limits_{x\to 0}\dfrac{\tan x - x}{x - \sin x}$;

(8) $\lim\limits_{x\to 0} x^2 \mathrm{e}^{\frac{1}{x^2}}$;

(9) $\lim\limits_{x\to +\infty}\dfrac{\ln\left(1+\dfrac{1}{x}\right)}{\operatorname{arccot} x}$;

(10) $\lim\limits_{x\to 0}\left(\dfrac{1}{x} - \dfrac{1}{\mathrm{e}^x - 1}\right)$;

(11) $\lim\limits_{x\to 0}\left(\dfrac{1}{x^2} - \dfrac{1}{x\tan x}\right)$;

(12) $\lim\limits_{x\to 0^+} x^{\frac{1}{\ln(\mathrm{e}^x - 1)}}$;

(13) $\lim\limits_{x\to 0}\left(\dfrac{2}{\pi}\arccos x\right)^{\frac{1}{x}}$;

(14) $\lim\limits_{x\to 0}\dfrac{\mathrm{e}^x \sin x - x(1+x)}{x^3}$;

(15) $\lim\limits_{x\to 0}\left[\dfrac{1}{x} - \dfrac{\ln(1+x)}{x^2}\right]$;

(16) $\lim\limits_{x\to 0}\left[2 - \dfrac{\ln(1+x)}{x}\right]^{\frac{1}{x}}$ (2013 考研真题).

2. 求下列极限:

(1) $\lim\limits_{n\to\infty}\sqrt[n]{n}$;

(2) $\lim\limits_{n\to\infty} n^{\tan\frac{1}{n}}$.

3. 计算 $\lim\limits_{x\to 1}\dfrac{x^x - x}{\ln x - x + 1}$.

4. 验证极限 $\lim\limits_{x\to\infty}\dfrac{x + \sin x}{x}$ 存在, 但不能用洛必达法则求出.

5. 证明 $\lim\limits_{x\to +\infty}\dfrac{\mathrm{e}^x - \mathrm{e}^{-x}}{\mathrm{e}^x + \mathrm{e}^{-x}} = 1$. 说明该极限为什么不能用洛必达法则求的理由.

6. 设 $f(x)$ 连续且存在二阶导数, 且 $\lim\limits_{x\to 0}\dfrac{f(x)}{x} = 0, f''(0) = 4$, 试用洛必达法则证明:

$$\lim_{x\to 0}\left[1 + \frac{f(x)}{x}\right]^{\frac{1}{x}} = \mathrm{e}^2.$$

B 组

1. 已知极限 $\lim\limits_{x\to 0}\dfrac{x - \arctan x}{x^k} = c$, 其中 c, k 为常数, 且 $c \ne 0$, 则 (　　)(2013 考研真题)

(A) $k = 2, c = -\dfrac{1}{2}$

(B) $k = 2, c = \dfrac{1}{2}$

(C) $k = 3, c = -\dfrac{1}{3}$

(D) $k = 3, c = \dfrac{1}{3}$.

2. 证明函数 $f(x) = \begin{cases} \left[\dfrac{(1+x)^{\frac{1}{x}}}{\mathrm{e}}\right]^{\frac{1}{x}}, & x > 0, \\ \mathrm{e}^{-\frac{1}{2}}, & x \leqslant 0 \end{cases}$ 在 $x = 0$ 处连续.

3. 设 $f(x)$ 在 $(-\infty, +\infty)$ 有二阶连续导数, 且 $f(0) = 0$, 若 $F(x) = \begin{cases} \dfrac{f(x)}{x}, & x \ne 0, \\ f'(0), & x = 0, \end{cases}$

求证: $F(x)$ 在 $(-\infty, +\infty)$ 内具有一阶连续导数.

3.3 泰勒公式

课前测3-3-1

一、泰勒多项式

工程技术与科学研究时常需计算函数 $f(x)$ 在某区间内的函数值, 如果 $f(x)$ 是多项式函数, 那么它的函数值计算比较简单, 只需进行有限次加、减、乘三种算术运算, 因此可直接借助计算机算出. 而其他类型的函数, 如 $\sin x$, e^x, $\ln x$ 等, 即使简单, 但要精确计算它们的值就不那么容易了, 因此研究函数的近似计算是数学的重要内容之一, 考虑到多项式函数是一类计算最简单的函数, 由此提出: 对于较难计算的函数 $f(x)$, 是否能用一个简单易算的 n 次多项式 $P_n(x)$ 来近似替代, 且两者的误差能满足所需要的精确度?

在第 2 章的微分应用中已经提出, 可用微分 (即一次多项式) 来近似代替函数 $f(x)$, 当函数 $f(x)$ 在 x_0 处可导, 且 $|x-x_0|$ 很小时, 有

$$f(x) \approx f(x_0) + f'(x_0)(x - x_0). \tag{3-3-1}$$

显然 (3-3-1) 式右端是一次多项式, 记作 $P_1(x)$, 即

$$P_1(x) = f(x_0) + f'(x_0)(x - x_0),$$

易知 $P_1(x)$ 满足

$$P_1(x_0) = f(x_0), \quad P_1'(x_0) = f'(x_0),$$

且误差为 $f(x) - P_1(x) = o(x - x_0)$, 即用一次多项式 $P_1(x)$ 来近似代替 $f(x)$ 时, 其误差是比 $x - x_0$ 高阶的无穷小量.

观察微分应用的近似公式 (3-3-1) 及其条件, 自然联想到可用一个高于一次的 n 次多项式 $P_n(x)$ 来逼近 $f(x)$, 设该 n 次多项式为

$$P_n(x) = a_0 + a_1(x - x_0) + a_2(x - x_0)^2 + \cdots + a_n(x - x_0)^n, \tag{3-3-2}$$

其中 $a_0, a_1, \cdots, a_n$ 为待定系数, 为了使它们的误差尽可能小, 并能求出 $P_n(x)$ 中的待定系数, 因此给出如下 $n+1$ 个条件:

$$P_n(x_0) = f(x_0), \text{且} P_n^{(k)}(x_0) = f^{(k)}(x_0)(k = 1, 2, \cdots, n), \tag{3-3-3}$$

从几何上看, 上述条件表示 $y = P_n(x)$ 的图像与曲线 $y = f(x)$ 在点 $M_0(x_0, f(x_0))$ 处有相同的函数值、相同的切线、相同的凹凸方向与弯度等等. 可以猜想这样的多项式 $P_n(x)$ 逼近 $f(x)$ 的效果应该比 $P_1(x)$ 更好. 下面先根据条件组 (3-3-3) 式求出 $P_n(x)$ 的系数 $a_k(k = 0, 1, 2, \cdots, n)$, 再考察其精度.

分别求 $P_n(x)$ 的一阶、二阶、$\cdots$、n 阶导数, 得

$$P'_n(x) = a_1 + 2a_2(x-x_0) + 3a_3(x-x_0)^2 + \cdots + na_n(x-x_0)^{n-1},$$

$$P''_n(x) = 2 \cdot 1 a_2 + 3 \cdot 2 a_3(x-x_0) + \cdots + n(n-1)a_n(x-x_0)^{n-2},$$

$$\cdots\cdots$$

$$P_n^{(n)}(x) = n!a_n.$$

则有

$$P_n(x_0) = a_0, \quad P'_n(x_0) = a_1, \quad P''_n(x_0) = 2!a_2, \quad \cdots, \quad P_n^{(n)}(x_0) = n!a_n.$$

再根据条件组 (3-3-3) 式, 即可解得 $P_n(x)$ 的系数 $a_k(k=0,1,2,\cdots,n)$ 为

$$a_0 = f(x_0), \quad a_1 = f'(x_0), \quad a_2 = \frac{f''(x_0)}{2!}, \quad \cdots, \quad a_n = \frac{f^{(n)}(x_0)}{n!}. \quad (3\text{-}3\text{-}4)$$

由此得

$$P_n(x) = f(x_0) + f'(x_0)(x-x_0) + \frac{f''(x_0)}{2!}(x-x_0)^2 + \cdots + \frac{f^{(n)}(x_0)}{n!}(x-x_0)^n. \tag{3-3-5}$$

称 (3-3-5) 式为 $f(x)$ 在 x_0 处的 n 阶泰勒 (Taylor) 多项式, (3-3-4) 式为**泰勒多项式的系数公式**.

由上面假设可知, $f(x) \approx P_n(x)$, 设其误差为 $R_n(x)$, 则

$$f(x) = P_n(x) + R_n(x)$$

$$= f(x_0) + f'(x_0)(x-x_0) + \frac{f''(x_0)}{2!}(x-x_0)^2 + \cdots + \frac{f^{(n)}(x_0)}{n!}(x-x_0)^n$$

$$+ R_n(x),$$

误差项 $R_n(x)$ 也称为**余项**.

关于 $f(x), P_n(x)$ 与余项 $R_n(x)$ 之间, 有如下结论.

二、泰勒中值定理

定理 1 (泰勒中值定理)　设函数 $f(x)$ 在包含 x_0 的某个开区间 (a,b) 内具有直到 $n+1$ 阶导数, 则对 $\forall x \in (a,b)$, 有

$$f(x) = f(x_0) + f'(x_0)(x-x_0) + \frac{f''(x_0)}{2!}(x-x_0)^2 + \cdots + \frac{f^{(n)}(x_0)}{n!}(x-x_0)^n$$

$$+ R_n(x), \tag{3-3-6}$$

其中

$$R_n(x) = \frac{f^{(n+1)}(\xi)}{(n+1)!}(x-x_0)^{n+1}, \tag{3-3-7}$$

上式中 ξ 介于 x_0 与 x 之间.

证 由条件可知

$$R_n(x) = f(x) - P_n(x),$$

则 $R_n(x)$ 在 (a,b) 内有直到 $n+1$ 阶导数, 又由

$$P_n^{(k)}(x_0) = f^{(k)}(x_0) \quad (k = 0, 1, 2, \cdots, n),$$

故有

$$R_n(x_0) = R_n'(x_0) = R_n''(x_0) = \cdots = R_n^{(n)}(x_0) = 0,$$

要证

$$R_n(x) = \frac{f^{(n+1)}(\xi)}{(n+1)!}(x-x_0)^{n+1} \quad (\xi 介于 x_0 和 x 之间).$$

即要证

$$\frac{R_n(x)}{(x-x_0)^{n+1}} = \frac{f^{(n+1)}(\xi)}{(n+1)!},$$

因此对函数 $R_n(x)$ 及 $(x-x_0)^{n+1}$ 在以 x_0, x 为端点的区间内, 连续应用 $n+1$ 次柯西中值定理, 有

$$\frac{R_n(x)}{(x-x_0)^{n+1}} = \frac{R_n(x) - R_n(x_0)}{(x-x_0)^{n+1} - 0} = \frac{R_n'(\xi_1)}{(n+1)\cdot(\xi_1-x_0)^n} \quad (\xi_1 介于 x_0 与 x 之间)$$

$$= \frac{R_n'(\xi_1) - R_n'(x_0)}{(n+1)\cdot[(\xi_1-x_0)^n - 0]}$$

$$= \frac{R_n''(\xi_2)}{(n+1)\cdot n(\xi_2-x_0)^{n-1}} \quad (\xi_2 介于 x_0 与 \xi_1 之间)$$

$$= \cdots$$

$$= \frac{R_n^{(n)}(\xi_n) - R_n^{(n)}(x_0)}{(n+1)n\cdots 2[(\xi_n-x_0) - 0]} \quad (\xi_n 介于 x_0 与 x 之间)$$

$$= \frac{R_n^{(n+1)}(\xi)}{(n+1)!},$$

其中 ξ 介于 x_0 与 ξ_n 之间, 因而也介于 x_0 与 x 之间, 所以

$$R_n(x) = \frac{R_n^{(n+1)}(\xi)}{(n+1)!}(x-x_0)^{n+1},$$

又因为 $P_n^{(n+1)}(\xi) = 0$, 故 $R_n^{(n+1)}(\xi) = f^{(n+1)}(\xi) - P_n^{(n+1)}(\xi) = f^{(n+1)}(\xi)$, 故有

$$R_n(x) = \frac{f^{(n+1)}(\xi)}{(n+1)!}(x-x_0)^{n+1},$$

证毕.

称 (3-3-6) 式为**函数 $f(x)$ 按 $x - x_0$ 的幂展开的 n 阶泰勒公式**, 并称 (3-3-7) 式中的余项为**拉格朗日型余项**. 由于 ξ 介于 x 与 x_0 之间, 所以 ξ 也可表示为

$$\xi = x_0 + \theta(x - x_0) \quad (0 < \theta < 1),$$

则 $f(x)$ 的拉格朗日型余项也可表示为

$$R_n(x) = \frac{f^{(n+1)}[x_0 + \theta(x - x_0)]}{(n+1)!}(x-x_0)^{n+1} \quad (0 < \theta < 1),$$

因此也称 (3-3-6) 式为**函数 $f(x)$ 在 x_0 处的带拉格朗日型余项的 n 阶泰勒公式**.

对某个固定的 n, 若存在常数 $M > 0$, 使得 $\forall x \in (a, b)$, 都有

$$\left| f^{(n+1)}(x) \right| \leqslant M,$$

则用 n 阶泰勒多项式 $P_n(x)$ 近似代替 $f(x)$ 时的误差估计式为

$$|R_n(x)| = \left| \frac{f^{(n+1)}(\xi)}{(n+1)!}(x-x_0)^{n+1} \right|$$

$$\leqslant \frac{M}{(n+1)!}|x - x_0|^{n+1}.$$

由上式可知,

$$0 \leqslant \lim_{x \to x_0} \left| \frac{R_n(x)}{(x - x_0)^n} \right| \leqslant \lim_{x \to x_0} \frac{M}{(n+1)!}|x - x_0| = 0,$$

故

$$\lim_{x \to x_0} \frac{R_n(x)}{(x - x_0)^n} = 0,$$

即当 $x \to x_0$ 时, 误差 $R_n(x)$ 是比 $(x-x_0)^n$ 高阶的无穷小, 即

$$R_n(x) = o[(x-x_0)^n]. \tag{3-3-8}$$

称 (3-3-8) 式的余项为**佩亚诺 (Peano) 型余项**.

当不需要精确表达余项时, n 阶泰勒公式常写成

$$f(x) = f(x_0) + f'(x_0)(x-x_0) + \frac{f''(x_0)}{2!}(x-x_0)^2 + \cdots + \frac{f^{(n)}(x_0)}{n!}(x-x_0)^n$$

$$+ o[(x-x_0)^n], \tag{3-3-9}$$

称 (3-3-9) 式为**函数 $f(x)$ 在 x_0 处的带佩亚诺型余项的 n 阶泰勒公式**.

若在 (3-3-6) 式中, 取 $x_0 = 0$, 可得 $f(x)$ 按 x 的幂展开的带拉格朗日型余项的 n 阶泰勒公式

$$f(x) = f(0) + f'(0)x + \frac{f''(0)}{2!}x^2 + \cdots + \frac{f^{(n)}(0)}{n!}x^n$$

$$+ \frac{f^{(n+1)}(\theta x)}{(n+1)!}x^{n+1} \quad (0 < \theta < 1), \tag{3-3-10}$$

称 (3-3-10) 式为**函数 $f(x)$ 的带拉格朗日型余项的 n 阶麦克劳林 (Maclaurin) 公式**.

若在 (3-3-9) 式中, 取 $x_0 = 0$ 时, 得

$$f(x) = f(0) + f'(0)x + \frac{f''(0)}{2!}x^2 + \cdots + \frac{f^{(n)}(0)}{n!}x^n + o(x^n). \tag{3-3-11}$$

称 (3-3-11) 式为**函数 $f(x)$ 的带佩亚诺型余项的 n 阶麦克劳林公式**.

对应地, 称多项式

$$P_n(x) = f(0) + f'(0)x + \frac{f''(0)}{2!}x^2 + \cdots + \frac{f^{(n)}(0)}{n!}x^n$$

为**函数 $f(x)$ 的 n 阶麦克劳林多项式**, 用 $P_n(x)$ 近似代替 $f(x)$ 时的误差估计式为

$$|R_n(x)| = \left| \frac{f^{(n+1)}(\theta x)}{(n+1)!}x^{n+1} \right| \leqslant \frac{M}{(n+1)!}|x|^{n+1}.$$

易知, 这时有

$$R_n(x) = o(x^n).$$

特别地, 当取 $n = 0$ 时, 泰勒公式 (3-3-6) 化为拉格朗日中值公式:

$$f(x) = f(x_0) + f'(\xi)(x - x_0) \quad (\xi \text{ 介于 } x_0 \text{ 与 } x \text{ 之间}),$$

因此泰勒中值定理是拉格朗日中值定理的推广.

例 1 求 $f(x) = \tan x$ 的分别带拉格朗日型余项与佩亚诺型余项的三阶麦克劳林展开式, 并指明展开式成立的范围.

解 因为

$$f(x) = \tan x, \quad f(0) = 0,$$

所以

$$f'(x) = \sec^2 x, \quad f'(0) = 1,$$

$$f''(x) = 2\sec^2 x \cdot \tan x, \quad f''(0) = 0,$$

$$f'''(x) = 2\sec^2 x \cdot (3\tan^2 x + 1), \quad f'''(0) = 2,$$

$$f^{(4)}(x) = 8\tan x \cdot \sec^2 x \cdot (3\sec^2 x - 1),$$

则 $f(x)$ 的带拉格朗日型余项的三阶麦克劳林展开式为

$$\tan x = x + \frac{2}{3!}x^3 + \frac{8}{4!}\tan\xi \cdot \sec^2\xi \cdot (3\sec^2\xi - 1) \cdot x^4$$

$$= x + \frac{1}{3}x^3 + \frac{\tan\xi \cdot \sec^2\xi \cdot (3\sec^2\xi - 1)}{3}x^4 \quad (\text{其中 } \xi \text{ 在 } 0 \text{ 与 } x \text{ 之间})$$

$f(x)$ 的带佩亚诺型余项的三阶麦克劳林展开式为

$$\tan x = x + \frac{1}{3}x^3 + o(x^3).$$

由于 $\tan x$ 在 $\left(-\dfrac{\pi}{2} + k\pi, \dfrac{\pi}{2} + k\pi\right)$ 内任意阶可导 (k 为整数), 其中含 $x = 0$ 的区间是 $\left(-\dfrac{\pi}{2}, \dfrac{\pi}{2}\right)$, 故上述展开式中 x 的取值范围均为 $\left(-\dfrac{\pi}{2}, \dfrac{\pi}{2}\right)$.

利用泰勒中值定理, 可以按照预先要求的精度, 计算函数 $f(x)$ 在某点函数值的近似值.

例 2 写出函数 $f(x) = \mathrm{e}^x$ 带拉格朗日型余项的 n 阶麦克劳林展开式, 并计算 e 的近似值, 使误差小于 10^{-7}.

解 因为

$$f(x) = f^{(k)}(x) = \mathrm{e}^x \quad (k = 0, 1, 2, \cdots, n + 1),$$

所以
$$f(0) = f'(0) = \cdots = f^{(n)}(0) = 1,$$

代入 (3-3-10) 式, 得 e^x 带拉格朗日型余项的麦克劳林展开式

$$e^x = 1 + x + \frac{x^2}{2!} + \cdots + \frac{x^n}{n!} + \frac{e^{\theta x}}{(n+1)!}x^{n+1} \quad (0 < \theta < 1),$$

令 $x = 1$, 得

$$e = 1 + 1 + \frac{1}{2!} + \cdots + \frac{1}{n!} + \frac{e^{\theta}}{(n+1)!} \quad (0 < \theta < 1),$$

其误差

$$R_n = \frac{e^{\theta}}{(n+1)!} < \frac{e}{(n+1)!} < \frac{3}{(n+1)!} \quad (因为 e^{\theta} < e < 3),$$

取 $n = 10$, 得

$$e \approx 1 + 1 + \frac{1}{2!} + \frac{1}{3!} + \cdots + \frac{1}{10!} \approx 2.7182818,$$

这时误差为

$$R_n(x) \leqslant \frac{3}{11!} < 10^{-7}.$$

例 3 求 $f(x) = \ln(1+x)$ 的麦克劳林展开式.

解 在 $x > -1$ 时,
$$f'(x) = (1+x)^{-1},$$
$$f''(x) = (-1)(1+x)^{-2},$$
$$\cdots\cdots$$
$$f^{(n)}(x) = (-1)^{n-1}(n-1)!(1+x)^{-n},$$

故
$$f(0) = 0,$$
$$f^{(n)}(0) = (-1)^{n-1}(n-1)! \quad (n = 1, 2, \cdots), (规定 0! = 1)$$

所以

$$\ln(1+x) = x - \frac{1}{2}x^2 + \frac{1}{3}x^3 - \cdots + \frac{(-1)^{n-1}}{n}x^n + \frac{(-1)^n}{n+1}\frac{1}{(1+\theta x)^{n+1}}x^{n+1} \quad (0 < \theta < 1).$$

例 4 求 $f(x) = \sin x$ 的麦克劳林展开式.

解 $\forall x \in (-\infty, +\infty), f^{(n)}(x) = \sin\left(x + \dfrac{n\pi}{2}\right)$ $(n = 1, 2, \cdots)$, 则

$$f^{(n)}(0) = \sin\frac{n\pi}{2} = \begin{cases} 0, & n = 2k, \\ (-1)^k, & n = 2k+1 \end{cases} \quad (k = 0, 1, 2, \cdots),$$

所以

$$\sin x = x - \frac{1}{3!}x^3 + \frac{1}{5!}x^5 - \cdots + \frac{(-1)^k}{(2k+1)!}x^{2k+1}$$

$$+ \frac{\sin\left(\theta x + \dfrac{2k+2}{2}\pi\right)}{(2k+2)!}x^{2k+2} \quad (0 < \theta < 1).$$

当取 $k = 0$ 时, 得 $\sin x$ 的一次近似式为

$$\sin x \approx x,$$

此时误差为

$$|R_1(x)| = \left|\frac{\sin(\theta x + \pi)}{2!}x^2\right| \leqslant \frac{x^2}{2} \quad (0 < \theta < 1).$$

当取 $k = 1$ 时, 得 $\sin x$ 的三次近似式为

$$\sin x \approx x - \frac{1}{6}x^3,$$

此时误差为

$$|R_3(x)| = \left|\frac{\sin\left(\theta x + \dfrac{4}{2}\pi\right)}{4!}x^4\right| \leqslant \frac{x^4}{24} \quad (0 < \theta < 1),$$

当取 $k = 2$ 时, 得 $\sin x$ 的五次近似式为

$$\sin x \approx x - \frac{1}{6}x^3 + \frac{1}{120}x^5,$$

此时误差为

$$|R_5(x)| = \left| \frac{\sin\left(\theta x + \frac{6}{2}\pi\right)}{6!} x^6 \right| \leqslant \frac{x^6}{720} \quad (0 < \theta < 1).$$

图 3-3-1 是 $\sin x$ 及以上三个近似多项式函数在 $x = 0$ 的右侧邻近的图形, 请读者加以比较.

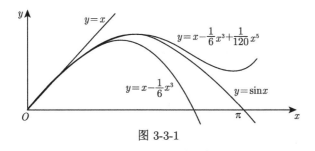

图 3-3-1

类似地, 还可得到几个常见函数的麦克劳林展开式:

$$\cos x = 1 - \frac{x^2}{2!} + \frac{x^4}{4!} - \cdots + (-1)^n \frac{1}{(2n)!} x^{2n}$$

$$+ \frac{\cos[\theta x + (n+1)\pi]}{(2n+2)!} x^{2n+2} \quad (0 < \theta < 1);$$

$$(1+x)^\alpha = 1 + \alpha x + \frac{\alpha(\alpha-1)}{2!} x^2 + \cdots + \frac{\alpha(\alpha-1)\cdots(\alpha-n+1)}{n!} x^n$$

$$+ \frac{\alpha(\alpha-1)\cdots(\alpha-n)}{(n+1)!} (1+\theta x)^{\alpha-n-1} x^{n+1} \quad (0 < \theta < 1, \alpha \in \mathbf{R}).$$

特别地,

$$\frac{1}{1+x} = 1 - x + x^2 - x^3 + \cdots + (-1)^n x^n + \frac{(-1)^{n+1}}{(1+\theta x)^{n+2}} x^{n+1} \quad (0 < \theta < 1),$$

$$\frac{1}{1-x} = 1 + x + x^2 + x^3 + \cdots + x^n + \frac{1}{(1-\theta x)^{n+2}} x^{n+1} \quad (0 < \theta < 1).$$

利用上述麦克劳林公式, 可很方便地求得一些函数的麦克劳林展开式或泰勒展开式.

例 5 求函数 $f(x) = \ln(2+x)$ 在 $x=1$ 处带佩亚诺型余项的 3 阶泰勒公式.

解 令 $x-1=t$, 则 $f(x) = \ln(3+t)$,

$$f(x) = \ln(3+t) = \ln 3 + \ln\left(1 + \frac{t}{3}\right),$$

由于

$$\ln(1+x) = x - \frac{1}{2}x^2 + \frac{1}{3}x^3 + o(x^3),$$

故

$$\ln\left(1 + \frac{t}{3}\right) = \frac{t}{3} - \frac{1}{2}\left(\frac{t}{3}\right)^2 + \frac{1}{3}\left(\frac{t}{3}\right)^3 + o(t^3)$$

$$= \frac{t}{3} - \frac{1}{18}t^2 + \frac{1}{81}t^3 + o(t^3),$$

$$f(x) = \ln 3 + \ln\left(1 + \frac{t}{3}\right)$$

$$= \ln 3 + \frac{t}{3} - \frac{1}{18}t^2 + \frac{1}{81}t^3 + o(t^3),$$

将 $t = x-1$ 代入上式, 得

$$\ln(2+x) = \ln 3 + \frac{1}{3}(x-1) - \frac{1}{18}(x-1)^2 + \frac{1}{81}(x-1)^3 + o\left[(x-1)^3\right].$$

利用泰勒公式或麦克劳林公式还可以讨论无穷小的阶数、求极限、证明等式或不等式.

例 6 当 $x \to 0$ 时, 求无穷小 $x - \sin x$ 关于 x 的阶数.

例6、例7
讲解3-3-2

解 要求 $x - \sin x$ 在 $x \to 0$ 时关于 x 的阶数, 可利用 $\sin x$ 的带佩亚诺型余项的麦克劳林公式, 并且只要保留到与 x 不同的第一项, 即取

$$\sin x = x - \frac{x^3}{3!} + o\left(x^3\right),$$

则

$$x - \sin x = \frac{x^3}{6} + o\left(x^3\right),$$

故当 $x \to 0$ 时, $x - \sin x$ 是关于 x 的 3 阶无穷小.

例 7 计算 $\lim\limits_{x \to 0} \dfrac{1 - \dfrac{x^2}{2} - \cos x}{\sin^4 x}$.

解 由 $\cos x = 1 - \dfrac{x^2}{2!} + \dfrac{x^4}{4!} + o\left(x^4\right)$,

$$\lim_{x \to 0} \frac{1 - \dfrac{x^2}{2} - \cos x}{\sin^4 x} = \lim_{x \to 0} \frac{1 - \dfrac{x^2}{2} - \left[1 - \dfrac{x^2}{2} + \dfrac{x^4}{24} + o\left(x^4\right)\right]}{x^4}$$

$$= \lim_{x \to 0} -\frac{x^4 + o\left(x^4\right)}{24x^4} = -\frac{1}{24}.$$

例 8 证明: 当 $x > 0$ 时, 有 $\sqrt{1+x} > 1 + \dfrac{x}{2} - \dfrac{x^2}{8}$.

证 由

$$(1+x)^\alpha = 1 + \alpha x + \frac{\alpha(\alpha - 1)}{2!}x^2 + \cdots + \frac{\alpha(\alpha - 1)\cdots(\alpha - n + 1)}{n!}x^n$$

$$+ \frac{\alpha(\alpha - 1)\cdots(\alpha - n)}{(n+1)!}(1+\theta x)^{\alpha - n - 1}x^{n+1} \quad (0 < \theta < 1, \alpha \in \mathbf{R}).$$

故取 $\alpha = \dfrac{1}{2}, n = 2$, 得

$$(1+x)^{\frac{1}{2}} = 1 + \frac{1}{2}x + \frac{\dfrac{1}{2}\left(\dfrac{1}{2} - 1\right)}{2!}x^2$$

$$+ \frac{\dfrac{1}{2}\left(\dfrac{1}{2} - 1\right)\left(\dfrac{1}{2} - 2\right)}{3!}(1+\theta x)^{-\frac{5}{2}}x^3 \quad (0 < \theta < 1)$$

$$= 1 + \frac{1}{2}x - \frac{1}{8}x^2 + \frac{1}{16}(1+\theta x)^{-\frac{5}{2}}x^3 \quad (0 < \theta < 1),$$

又当 $x > 0$ 时, $(1+\theta x)^3 > 0$, 因此有

$$\sqrt{1+x} > 1 + \frac{x}{2} - \frac{x^2}{8}.$$

例 9 设函数 $f(x)$ 二阶连续可导, 且

$$f''(x) \neq 0, f(x + h) = f(x) + f'(x + \theta h)h \quad (0 < \theta < 1),$$

证明: $\lim\limits_{h \to 0} \theta = \dfrac{1}{2}$.

证 由于函数 $f(x)$ 二阶连续可导, 由泰勒公式, 得

$$f(x+h) = f(x) + f'(x)h + \frac{1}{2}f''(\xi)h^2, \quad \xi 介于 x 与 x+h 之间,$$

由题设

$$f(x+h) = f(x) + f'(x+\theta h)h \quad (0 < \theta < 1),$$

上面两式相减, 得

$$\frac{f'(x+\theta h) - f'(x)}{h} = \frac{f''(\xi)}{2},$$

即有

$$\frac{f'(x+\theta h) - f'(x)}{\theta h} \cdot \theta = \frac{f''(\xi)}{2}.$$

再对上式两端求当 $h \to 0$ 时的极限, 由于 $f(x)$ 二阶连续可导, 且 $h \to 0$ 时, 则有 $\xi \to x$, 则

$$f''(x) \cdot \lim_{h \to 0} \theta = \frac{f''(x)}{2},$$

又 $f''(x) \neq 0$, 故

$$\lim_{h \to 0} \theta = \frac{1}{2}.$$

课件3-3-3

习 题 3-3

A 组

1. 写出 $f(x) = \dfrac{1}{2-x}$ 在 $x_0 = 1$ 处的四阶泰勒公式.

2. 写出 $f(x) = \ln\left(2 - 3x + x^2\right)$ 的三阶带佩亚诺型余项的麦克劳林公式.

3. 将 $f(x) = -2x^3 + 5x^2 + 3x + 1$ 展开成 $x+1$ 的 n 阶泰勒公式.

4. 求 $f(x) = \dfrac{1}{1-3x}$ 的 n 阶带拉格朗日型余项的麦克劳林公式.

5. 求 $f(x) = xe^x$ 的 n 阶带佩亚诺型余项的麦克劳林公式.

6. 利用泰勒公式计算下列各数的近似值, 使误差不超过 10^{-6}:

(1) $\sin 18°$;   (2) $\ln 1.2$.

7. $x \to 0$ 时, 求无穷小 $\sin\left(x^2\right) + \ln\left(1 - x^2\right)$ 关于 x 的阶数.

8. 利用麦克劳林公式求下列极限:

(1) $\displaystyle\lim_{x \to 0} \frac{x - \sin x}{x(1 - \cos x)}$;   (2) $\displaystyle\lim_{x \to 0} \frac{1 - x^2 - e^{-x^2}}{\sin^4 2x}$.

B 组

1. 设函数 $f(x) = x + a\ln(1+x) + bx\sin x, g(x) = kx^3$, 若 $f(x)$ 与 $g(x)$ 在 $x \to 0$ 是等价无穷小, 求 a, b, k 的值. (2015 考研真题)

2. 设 $f(x)$ 在 $[-1, 1]$ 上具有三阶连续导数, 且 $f(-1) = 0$, $f(1) = 1$, $f'(0) = 0$, 证明: 至少存在一点 $\xi \in (-1, 1)$, 使 $f'''(\xi) = 3$.

3. 设 $f(x)$ 在 $[0, 1]$ 上具有二阶导数, 且满足条件 $|f(x)| \leqslant a$, $|f''(x)| \leqslant b$, 其中 a, b 都是非负常数, c 是 $(0, 1)$ 内任一点, 证明: $|f'(c)| \leqslant 2a + \dfrac{b}{2}$.

3.4 函数的单调性与曲线的凹凸性

课前测3-4-1

本节将以微分中值定理为理论根据, 研究利用导数来判断函数的单调性与曲线的凹凸性的方法, 该方法称为微分法. 函数的单调性与曲线的凹凸性是函数的重要性质, 微分法与初等数学方法相比, 既简单又具有普适性.

一、 函数的单调性

1. 函数的单调性判别

下面讨论利用导数来判别函数单调性的方法.

观察图 3-4-1(a) 与 (b) 可知

(1) 当沿着单调递增函数的曲线从左向右移动时, 曲线是上升趋势, 并且曲线上任意一点处的切线的倾斜角 α 总是锐角, 因此这时切线的斜率 $f'(x) > 0$;

(2) 当沿着单调递减函数的曲线从左向右移动时, 曲线是下降趋势, 并且曲线上任意一点处的切线的倾斜角 α 总是钝角, 因此这时切线的斜率 $f'(x) < 0$.

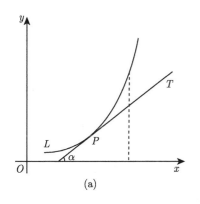
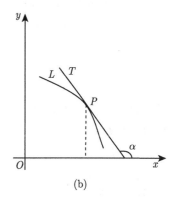

(a)   (b)

图 3-4-1

从上面的几何直观中可得出: 对于可导函数, 当函数在区间内单调增加时, 它在该区间内的导数恒为正; 当函数在区间内单调减少时, 其导数在该区间内恒为负. 由此我们猜想能否利用导数的符号来判别函数的单调性呢? 利用微分中值定理, 可以证明这一猜想是正确的.

定理 1　设函数 $f(x)$ 在闭区间 $[a,b]$ 上连续, 在开区间 (a,b) 内可导, 那么

(1) 若在 (a,b) 内 $f'(x) > 0$, 则函数 $f(x)$ 在 $[a,b]$ 上严格单调增加;

(2) 若在 (a,b) 内 $f'(x) < 0$, 则函数 $f(x)$ 在 $[a,b]$ 上严格单调减少.

证　(1) 设 $\forall x_1, x_2 \in (a,b)$, 且 $x_2 > x_1$, 由条件可知 $f(x)$ 在 $[x_1, x_2]$ 上连续、可导, 即满足拉格朗日中值定理的条件, 故 $\exists \xi \in (x_1, x_2) \subset (a,b)$, 使

$$f(x_2) - f(x_1) = f'(\xi)(x_2 - x_1) \quad (x_1 < \xi < x_2).$$

由条件可知 $f'(\xi) > 0$, 因此有 $f(x_2) - f(x_1) > 0$, 即

$$f(x_2) > f(x_1),$$

函数的单调性
判别3-4-2

所以函数 $f(x)$ 在 $[a,b]$ 上严格单调增加.

(2) 同理可证, 当 $f'(x) < 0$ 时, $f(x)$ 在 $[a,b]$ 上严格单调减少.

注　由定理 1 的证明过程可知:

① 若将定理 1 中的闭区间换成其他各类区间 (包括无穷区间), 则结论也成立;

② 若定理 1 中连续函数的可导性仅在有限个点处不成立, 这时定理 1 的结论仍成立.

定理 1 给出了利用导数符号判定函数的单调性并确定其单调区间的方法, 该方法简单而有效.

例 1　讨论函数 $f(x) = x^3$ 的单调性.

解　显然 $f(x)$ 在 $(-\infty, +\infty)$ 内连续、可导, 又

$$f'(x) = 3x^2,$$

可知仅在点 $x = 0$ 处 $f'(x) = 0$, 而在其余各点处均有 $f'(x) > 0$, 因此, 函数 $f(x)$ 在区间 $(-\infty, +\infty)$ 内严格单调增加 (图 3-4-2).

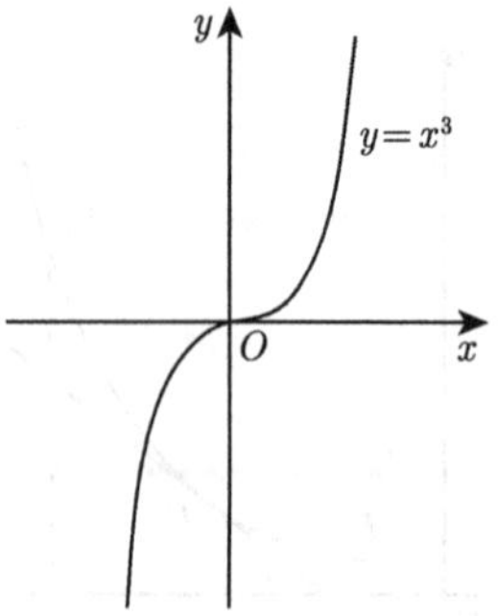

例 2　讨论函数 $f(x) = x^3 - 3x^2 + 1$ 的单调性.

解　显然 $f(x)$ 在 $(-\infty, +\infty)$ 内连续、可导, 又

$$f'(x) = 3x^2 - 6x = 3x(x - 2).$$

$y = x^3$

图 3-4-2

由 $f'(x) = 3x(x-2) = 0$, 解得 $x_1 = 0, x_2 = 2$, 它们将 $f(x)$ 的定义域 $(-\infty, +\infty)$ 分成了三个部分区间, 下面在各个部分区间上考察 $f'(x)$ 的符号, 根据导数符号即可判别 $f(x)$ 的单调性:

当 $x \in (-\infty, 0)$ 或 $x \in (2, +\infty)$ 时, 都有 $f'(x) > 0$, 故 $f(x)$ 在区间 $(-\infty, 0]$ 及 $[2, +\infty)$ 上分别严格单调增加;

当 $x \in (0, 2)$ 时, 有 $f'(x) < 0$, 故 $f(x)$ 在区间 $[0, 2]$ 上严格单调减少.

例 3　求函数 $f(x) = \sqrt[3]{x(x-1)^2}$ 的单调区间.

解　显然 $f(x)$ 在 $(-\infty, +\infty)$ 内连续, 由 $f(x) = x^{\frac{1}{3}}(x-1)^{\frac{2}{3}}$, 故

$$f'(x) = \frac{1}{3}x^{-\frac{2}{3}}(x-1)^{\frac{2}{3}} + \frac{2}{3}x^{\frac{1}{3}}(x-1)^{-\frac{1}{3}} = \frac{3x-1}{3\sqrt[3]{x^2}\sqrt[3]{x-1}}.$$

由 $f'(x) = 0$ 得 $x = \dfrac{1}{3}$, 又在 $x = 0, x = 1$ 处, $f'(x)$ 都不存在, 因此点 $x = \dfrac{1}{3}$, $x = 0, x = 1$ 将 $(-\infty, +\infty)$ 分成四个部分区间, $f'(x)$ 的正负性由因式 $3x - 1$ 与 $x - 1$ 确定. 为方便起见, 可列表讨论 $f'(x)$ 在各部分区间内的符号与 $f(x)$ 在各部分区间内的单调性 (表 3-4-1).

表 3-4-1

x	$(-\infty, 0)$	0	$\left(0, \dfrac{1}{3}\right)$	$\dfrac{1}{3}$	$\left(\dfrac{1}{3}, 1\right)$	1	$(1, +\infty)$
$f'(x)$	+	不存在	+	0	−	不存在	+
$f(x)$	↗		↗		↘		↗

由表 3-4-1 可知: $f(x)$ 在区间 $\left(-\infty, \dfrac{1}{3}\right]$ 与 $[1, +\infty)$ 上分别严格单调增加; 在区间 $\left[\dfrac{1}{3}, 1\right]$ 上严格单调减少.

一般地, 若函数 $f(x)$ 在其定义区间上连续, 且除有限个点处导数不存在外, 其他点处 $f(x)$ 的导数均存在, 这时常用导数为零的点与导数不存在的点将函数的定义区间划分成若干个部分区间, 则在各部分区间内 $f'(x)$ 的符号不变, 因而根据 $f'(x)$ 的符号, 即可判定 $f(x)$ 在每个部分区间上的单调性, 从而也得到函数的单调区间.

2. 函数的单调性应用

(1) 证明不等式

例 4　当 $x > 0$ 时, 试证明 $1 + x\ln\left(x + \sqrt{1 + x^2}\right) > \sqrt{1 + x^2}$.

证 设

$$f(x) = 1 + x \ln \left(x + \sqrt{1+x^2} \right) - \sqrt{1+x^2},$$

由于函数 $f(x)$ 在 $(0, +\infty)$ 上连续, $(0, +\infty)$ 内可导, 且 $f(0) = 0$, 当 $x > 0$ 时, 有

$$f'(x) = \ln \left(x + \sqrt{1+x^2} \right) + x \cdot \frac{1}{x + \sqrt{1+x^2}} \left(1 + \frac{2x}{2\sqrt{1+x^2}} \right) - \frac{2x}{2\sqrt{1+x^2}}$$

$$= \ln \left(x + \sqrt{1+x^2} \right) > 0,$$

所以 $f(x)$ 在 $(0, +\infty)$ 上严格单调增加, 故有

$$f(x) > f(0) = 0,$$

即 $x > 0$ 时, 有

$$1 + x \ln \left(x + \sqrt{1+x^2} \right) - \sqrt{1+x^2} > 0,$$

即

$$1 + x \ln \left(x + \sqrt{1+x^2} \right) > \sqrt{1+x^2}.$$

一般地, 利用单调性证明不等式 $f(x) > 0$ $(\forall x \in (a, b))$ 的步骤为

① 求 $f(x)$ 的导数, 如果判定在 (a, b) 上恒有 $f'(x) \geqslant 0$ (等号仅在个别点处成立), 则可判定 $f(x)$ 在 $[a, b]$ 上严格单调增加;

② 求出 $f(a)$, 并判定 $f(a) \geqslant 0$;

③ 根据 $f(x)$ 单调性, 可得 $f(x) > f(a) \geqslant 0$ $(\forall x \in (a, b))$, 即 $f(x) > 0$ 成立.

(2) 证明方程根的唯一性

例5 证明方程 $x^3 - 5x - 2 = 0$ 有且仅有一个正根.

证 设 $f(x) = x^3 - 5x - 2$, 则 $f(x)$ 在 $[0, +\infty)$ 上连续、可导, 又

$$f'(x) = 3x^2 - 5,$$

由 $f'(x) = 0$, 得 $x = \sqrt{\dfrac{5}{3}}$, 则 $x = \sqrt{\dfrac{5}{3}}$ 把 $[0, +\infty)$ 分成两个单调区间 $\left[0, \sqrt{\dfrac{5}{3}} \right]$ 和 $\left[\sqrt{\dfrac{5}{3}}, +\infty \right)$.

在区间 $\left(0, \sqrt{\dfrac{5}{3}} \right)$ 上, $f'(x) = 3x^2 - 5 < 0$, 故 $f(x)$ 在区间 $\left[0, \sqrt{\dfrac{5}{3}} \right]$ 上严格单

调减少, 又由于 $f(0) = -2 < 0$, 故在 $\left[0, \sqrt{\dfrac{5}{3}}\right]$ 上, $f(x) < f(0) < 0$, 即 $f(x)$ 在

$\left[0, \sqrt{\dfrac{5}{3}}\right]$ 上无零点;

在区间 $\left[\sqrt{\dfrac{5}{3}}, +\infty\right)$ 上, $f'(x) = 3x^2 - 5 > 0$, 故 $f(x)$ 在区间 $\left[\sqrt{\dfrac{5}{3}}, +\infty\right)$ 上

严格单调增加, 因此 $f(x)$ 在区间 $\left[\sqrt{\dfrac{5}{3}}, +\infty\right)$ 上至多有一个零点, 又 $f\left(\sqrt{\dfrac{5}{3}}\right) <$

0, 且 $\lim\limits_{x \to +\infty} f(x) = +\infty$, 故 $\exists x_1 > \sqrt{\dfrac{5}{3}}$, 使得 $f(x_1) > 0$, 由零点存在定理可知,

$f(x)$ 在 $\left(\sqrt{\dfrac{5}{3}}, x_1\right)$ 内至少有一个有零点, 因此 $f(x)$ 在区间 $\left[\sqrt{\dfrac{5}{3}}, +\infty\right)$ 上有且

仅有一个零点.

综上可知, $f(x)$ 在区间 $[0, +\infty)$ 上有且仅有一个零点, 即原方程 $f(x) = 0$ 有
且仅有一个正根.

二、 曲线的凹凸性与拐点

1. 函数的凹凸性定义与判别

在描述函数的图形时, 仅了解其单调性是不够的. 例如在图 3-4-3 中的两条
曲线弧 $\overset{\frown}{AB}$ 与 $\overset{\frown}{CD}$, 它们都单调增加, 但这两段曲线弧的凹向却明显不同, 其中弧
$\overset{\frown}{AB}$ 是向下凹陷的, 弧 $\overset{\frown}{CD}$ 是向上凸起的, 它们的凹凸性不同. 那么数学上如何来
刻画图形的凹凸性呢? 又如何来判定呢?

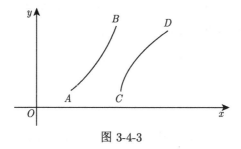

图 3-4-3

从几何上看到, 在凹陷的弧上 (图 3-4-4), 任意两点的连线段总位于这两点
间的弧段的上方, 每一点处的切线总位于曲线的下方; 而在向上凸起的曲线上, 其

情形正好相反 (图 3-4-5). 曲线的这种凹陷、凸起的图像性质, 称之为曲线的凹凸性.

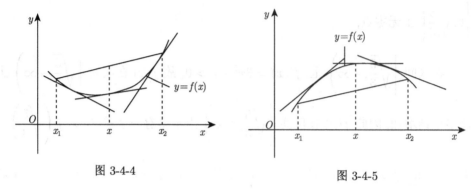

图 3-4-4 图 3-4-5

定义 1 设 $f(x)$ 在区间 (a,b) 内连续, 设 x_1, x_2 为 (a,b) 内的任意两点, 如果

(1) 恒有 $f\left(\dfrac{x_1+x_2}{2}\right) < \dfrac{f(x_1)+f(x_2)}{2}$, 则称 $f(x)$ 在 (a,b) 内的**图形是 (向上) 凹的** (或凹弧);

(2) 恒有 $f\left(\dfrac{x_1+x_2}{2}\right) > \dfrac{f(x_1)+f(x_2)}{2}$, 则称 $f(x)$ 在 (a,b) 内的**图形是 (向上) 凸的** (或凸弧).

观察图 3-4-4 与图 3-4-5 可发现, 当曲线处处有切线时, 凹 (凸) 弧的切线的斜率随着自变量 x 的逐渐增大而变大 (变小), 则导函数 $f'(x)$ 是单调增加 (减少), 如果函数 $f(x)$ 是二阶可导的, 那么该特性 (导数 $f'(x)$ 的单调性) 就可用 $f''(x)$ 的符号来判别, 由此可得判断曲线凹凸性的一个简单方法.

定理 2 设 $f(x)$ 在 $[a,b]$ 上连续, 在 (a,b) 内具有二阶导数,

(1) 若在 (a,b) 内恒有 $f''(x) > 0$, 则 $f(x)$ 在 $[a,b]$ 上的图形是凹弧;

(2) 若在 (a,b) 内恒有 $f''(x) < 0$, 则 $f(x)$ 在 $[a,b]$ 上的图形是凸弧.

证 (1) 设 $\forall x_1, x_2 \in (a,b)$, 且 $x_1 < x_2$, 并记 $x_0 = \dfrac{x_1+x_2}{2}$, $h = \dfrac{x_2-x_1}{2}$, 则有

$$x_1 = x_0 - h, \quad x_2 = x_0 + h,$$

对 $f(x)$ 分别在区间 (x_0-h, x_0) 与 (x_0, x_0+h) 上应用微分中值定理, 得

$$f(x_0) - f(x_0 - h) = f'(x_0 - \theta_1 h) \cdot h \quad (0 < \theta_1 < 1),$$

$$f(x_0 + h) - f(x_0) = f'(x_0 + \theta_2 h) \cdot h \quad (0 < \theta_2 < 1),$$

将上面两式相减, 得

$$f(x_0 + h) + f(x_0 - h) - 2f(x_0) = [f'(x_0 + \theta_2 h) - f'(x_0 - \theta_1 h)] \cdot h,$$

再对 $f'(x)$ 在区间 $[x_0 - \theta_1 h, x_0 + \theta_2 h]$ 上用微分中值定理, 得

$$f'(x_0 + \theta_2 h) - f'(x_0 - \theta_1 h) = f''(\xi)(\theta_1 + \theta_2)h \quad (x_0 - \theta_1 h < \xi < x_0 + \theta_2 h).$$

由于 $f''(\xi) > 0$, 故

$$f(x_0 + h) + f(x_0 - h) - 2f(x_0) = f''(\xi) \cdot (\theta_1 + \theta_2)h^2 > 0,$$

则

$$f(x_2) + f(x_1) - 2f\left(\frac{x_1 + x_2}{2}\right) > 0,$$

即

$$\frac{f(x_1) + f(x_2)}{2} > f\left(\frac{x_1 + x_2}{2}\right).$$

因此 $f(x)$ 的图形在 $[a, b]$ 上是凹弧.

(2) 同理可证: 当 $f''(x) < 0$ 时, $f(x)$ 的图形在 $[a, b]$ 上是凸弧.

定理 2 也适用任意区间的情形. 由此, 利用二阶导数的符号可求得函数的凹凸区间, 并判别其凹凸性.

例 6　求曲线 $y = x^3$ 的凹凸区间, 并判定其凹凸性.

解　因为 $y' = 3x^2$, $y'' = 6x$, 由 $y'' = 6x = 0$, 解得 $x = 0$, 当 $x > 0$ 时, $y'' = 6x > 0$, 故曲线在 $[0, +\infty)$ 上是凹的; 当 $x < 0$ 时, $y'' = 6x < 0$, 故曲线在 $(-\infty, 0]$ 上是凸的. 由此可知曲线 $y = x^3$ 的凹区间为 $[0, +\infty)$; 凸区间为 $(-\infty, 0]$.

2. 函数的拐点定义与判别

由例 6 可知, 曲线 $y = x^3$ 在原点 $(0, 0)$ 处 $y'' = 0$, 且曲线经过原点 $(0, 0)$ 的左、右两侧时, 图形由凸弧变成凹弧. 所以原点 $(0, 0)$ 为曲线的一个凹弧与凸弧的分界点, 也称为拐点.

定义 2　设曲线 $y = f(x)$ 在 $U(x_0)$ 内连续, 若在点 x_0 的左、右两侧邻近曲线的凹凸性恰好相反, 则称点 $(x_0, f(x_0))$ 为该曲线的**拐点**.

若函数 $y = f(x)$ 在 $\overset{\circ}{U}(x_0)$ 内具有二阶导数, 且 $f''(x_0) = 0$ 或 $f''(x_0)$ 不存在, 而 $f''(x)$ 在 x_0 的左、右两侧邻近内的符号相反, 则曲线 $y = f(x)$ 在点 $(x_0, f(x_0))$ 的左、右两侧邻近的凹凸性相反, 故点 $(x_0, f(x_0))$ 就是曲线 $y = f(x)$ 的一个拐点.

于是, 有下面的定理 3.

定理 3 设函数 $y = f(x)$ 在 $\overset{\circ}{U}(x_0)$ 内具有二阶导数, 且 $f''(x_0) = 0$ 或 $f''(x_0)$ 不存在,

(1) 如果 $f''(x)$ 在 x_0 的左、右两侧邻近内的符号相反, 则点 $(x_0, f(x_0))$ 是曲线 $y = f(x)$ 的拐点.

(2) 如果 $f''(x)$ 在 x_0 的左、右两侧邻近内的符号相同, 则点 $(x_0, f(x_0))$ 不是曲线 $y = f(x)$ 的拐点.

因此可利用函数 $f(x)$ 二阶导数的符号来判别该曲线的凹凸区间与拐点, 具体步骤为

① 求函数的定义域;

② 求 $f''(x)$, 并求出满足 $f''(x) = 0$ 的点与 $f''(x)$ 不存在的点;

③ 用上面的点将定义域分成若干部分区间, 考察 $f''(x)$ 在这些部分区间上的符号;

④ 利用 $f''(x)$ 的符号, 求得曲线 $y = f(x)$ 的凹凸区间与拐点.

例 7 求曲线 $y = (x - 5) x^{\frac{2}{3}}$ 的凹凸区间与拐点.

解 易知函数的定义域为 $(-\infty, +\infty)$, 则

$$y' = x^{\frac{2}{3}} + \frac{2}{3} (x - 5) x^{-\frac{1}{3}} = \frac{5}{3} (x - 2) x^{-\frac{1}{3}},$$

$$y'' = \frac{5}{3} \left[x^{-\frac{1}{3}} - \frac{1}{3} (x - 2) x^{-\frac{4}{3}} \right] = \frac{10}{9} (x + 1) x^{-\frac{4}{3}}.$$

由 $y'' = 0$, 得 $x_1 = -1$, 由 y'' 不存在, 得 $x_2 = 0$, 因此 $x_1 = -1$ 与 $x_2 = 0$ 将 $(-\infty, +\infty)$ 分为三个部分区间, y'' 在三个部分区间上的符号及函数的凹凸性列表如下:

表 3-4-2

x	$(-\infty, -1)$	-1	$(-1, 0)$	0	$(0, +\infty)$
y''	$-$	0	$+$	不存在	$+$
y	$\frown$	拐点	$\smile$	不是拐点	$\smile$

由表 3-4-2 可知, 曲线的凸区间为 $(-\infty, -1]$, 凹区间为 $[-1, +\infty)$.

又 $y(-1) = -6$, 则点 $(-1, -6)$ 是曲线的拐点.

例 8 设点 $(1, 3)$ 是曲线 $y = ax^4 + bx^3$ 的拐点, 求 a, b 的值及此时曲线的凹凸区间.

解 易求得

$$y' = 4ax^3 + 3bx^2,$$

$$y'' = 12ax^2 + 6bx,$$

由点 $(1,3)$ 在该曲线上, 故将点 $(1,3)$ 代入该曲线方程中, 可得

$$a + b = 3.$$

又点 $(1,3)$ 为曲线的拐点, 故有 $y''|_{x=1} = 0$, 即

$$12a + 6b = 0,$$

由上面两式, 解得

$$a = -3, \quad b = 6.$$

此时

$$y'' = -36x^2 + 36x = 36x(1-x),$$

由 $y'' = 0$, 解得 $x_1 = 0, x_2 = 1$. 列表如下 (表 3-4-3).

表 3-4-3

x	$(-\infty, 0)$	0	$(0, 1)$	1	$(1, +\infty)$
y''	$-$	0	$+$	0	$-$
y	$\frown$	拐点	$\smile$	拐点	$\frown$

由表 3-4-3 可得, 曲线的凸区间为 $(-\infty, 0]$ 与 $[1, +\infty)$, 凹区间为 $[0, 1]$.

3. 曲线的凹凸性的应用

利用凹凸性可以证明一类特殊的不等式.

例 9 证明: $\tan x + \tan y > 2\tan\dfrac{x+y}{2} \left(0 < x < y < \dfrac{\pi}{2}\right)$.

证 取 $f(t) = \tan t \left(0 < t < \dfrac{\pi}{2}\right)$, 则

$$f'(t) = \sec^2 t, \quad f''(t) = 2\sec t \sec t \tan t = 2\sec^2 t \tan t > 0,$$

所以在 $\left(0, \dfrac{\pi}{2}\right)$ 上, 曲线 $f(t) = \tan t$ 是凹的. 因此当 $0 < x < y < \dfrac{\pi}{2}$ 时, 有

$$\frac{1}{2}(\tan x + \tan y) > \tan\frac{x+y}{2},$$

即

$$\tan x + \tan y > 2\tan\frac{x+y}{2}.$$

习 题 3-4

A 组

1. 求下列函数的单调区间:

(1) $y = 2x^2 - \ln x$;

(2) $y = x^3 - 3x^2 - 9x + 14$;

(3) $y = x - e^x$;

(4) $y = x - \ln(1+x)$;

(5) $y = (x-2)^{\frac{5}{3}} \cdot (x+1)^{-\frac{2}{3}}$;

(6) $y = x^n e^{-x} (n>0, x\geqslant 0)$.

2. 利用导数证明下列不等式:

(1) 当 $x\neq 0$ 时, $e^x \geqslant 1+x$;

(2) $x>0$ 时, $\ln(1+x) > \dfrac{\arctan x}{1+x}$;

(3) $0 < x < \dfrac{\pi}{2}$ 时, $x^3 + 3x < 3\tan x$;

(4) $x>1$ 时, $\ln x > \dfrac{2(x-1)}{x+1}$.

3. 比较 π^e 与 e^π 的大小.

4. 证明方程 $e^x - x - 1 = 0$ 有唯一实根.

5. 求下列曲线的凹或凸的区间, 并求其拐点:

(1) $y = x^4 - 2x^3$;

(2) $y = \ln(1+x^2)$;

(3) $y = e^{\arctan x}$;

(4) $y = a - \sqrt[3]{x-b}$.

6. 证明: 曲线 $y = ax^4 + bx^3 + cx + d$ 拐点的存在性与 c, d 无关.

7. 已知点 $(1,1)$ 是曲线 $y = ax^4 + bx^3$ 的拐点, 求 a, b 的值.

8. 确定 k 的值, 使曲线 $y = k\left(x^2 - 3\right)^2$ 在拐点处的法线通过原点.

9. 讨论曲线 $f(x) = \begin{cases} \sqrt{x}, & x \geqslant 0, \\ \sqrt{-x}, & x < 0 \end{cases}$ 的凹凸性与拐点.

10. 求曲线 $\begin{cases} x = t^2, \\ y = 3t + t^2 \end{cases}$ 的拐点.

11. 利用函数图形的凹凸性, 证明下列不等式:

(1) $a^{\frac{x+y}{2}} \leqslant \dfrac{1}{2}\left(a^x + a^y\right) (a>0)$;

(2) 当 $x>0, y>0$ 时, $x\ln x + y\ln y > (x+y)\ln\dfrac{x+y}{2}$;

(3) $(m^m + n^n)^2 > 4\left(\dfrac{m+n}{2}\right)^{m+n} (m,n$为正数$)$.

B 组

1. 设函数 $f(x)$ 可导, 且 $f(x)f'(x) > 0$, 则 (   )(2017 考研真题)

(A) $f(1) > f(-1)$ (B) $f(1) < f(-1)$

(C) $|f(1)| > |f(-1)|$ (D) $|f(1)| < |f(-1)|$.

2. 设函数 $f(x)$ 在区间 $[-2, 2]$ 上可导, 且 $f'(x) > f(x) > 0$, 则 (   )(2020 考研真题)

(A) $\dfrac{f(-2)}{f(-1)} > 1$ (B) $\dfrac{f(0)}{f(-1)} > e$

(C) $\dfrac{f(1)}{f(-1)} < e^2$ (D) $\dfrac{f(2)}{f(-1)} < e^3$.

3. 证明下列不等式:

(1) 当 $x \in \left(0, \dfrac{\pi}{2}\right]$ 时, $\dfrac{2}{\pi} \leqslant \dfrac{\sin x}{x} < 1$;   (2) 设 $0 < a < b$, 试证: $\ln \dfrac{b}{a} > \dfrac{2(b-a)}{a+b}$.

4. 设 $f''(x) < 0, f(0) = 0$, 证明对任意 $x_1 > 0$, $x_2 > 0$, 有 $f(x_1 + x_2) < f(x_1) + f(x_2)$.

3.5　函数的极值、最大值和最小值

课前测3-5-1

在许多工程技术与实际问题中, 常要求优质、高产、最省、低耗等, 化为数学问题就是求某函数 (通常称为目标函数) 在局部范围内的极值或者在某指定范围内的最大值与最小值. 这类问题大都可以利用微分学轻松高效地解决, 本节主要讨论一元函数的极值与最大 (小) 值问题.

一、 函数的极值

先回顾中学已学的极值定义.

定义 1　设 $f(x)$ 在 $U(x_0, \delta)$ 内有定义, 若 $\forall x \in \overset{\circ}{U}(x_0, \delta)$, 都有 $f(x) < f(x_0)$ $(f(x) > f(x_0))$, 则称 $f(x_0)$ 为 $f(x)$ 的一个**极大值** (**极小值**), 函数的极大值与极小值统称为函数的**极值**, 使函数取得极值的点 x_0 称为函数的**极值点**.

考察图 3-5-1 中, 函数 $f(x)$ 在 $[a, b]$ 上的极值与最大值、最小值情形.

我们看到, 函数 $f(x)$ 在 $[a, b]$ 上各有三个极大值与极小值, 在曲线 $f(x)$ 的三个峰顶 x_1, x_2, x_3 处都取得极大值, 在三个低谷 x_1', x_2', x_3' 处都取得极小值, 而其中的极大值 $f(x_2)$ 比极小值 $f(x_3')$ 还要小. 同时还看到, 在 $[a, b]$ 上 $f(x)$ 在端点 b 处取得最大值, 在点 x_2' 处取得最小值.

事实上, 函数的极大 (小) 值与最大 (小) 值是两个不同的概念, 我们可以观察到如下现象:

(1) 函数的极值是局部的最值, 不一定是指定区间上的最值;

(2) 函数的极值点一定在定义区间的内部, 而其最值点可以是定义区间的端点;

(3) 函数在某定义区间上可以有多个极大 (小) 值, 但至多有一个最大 (小) 值;

(4) 某些函数存在最值, 但不一定有极值, 而某些函数有极值, 但不一定存在最值.

这是由于极值是局部概念, 函数的极值仅需将它与该点左、右邻近的函数值相比较, 而最大 (小) 值是全局概念, 须考察指定范围上的全体函数值的大小, 是全局的最大 (小) 值.

必须指出, 函数的最值与极值也有一定的关系, 若当函数的最值在定义区间内取得时, 则该最值就是函数的极值, 因此常先讨论这类函数的极值点, 再确定其最值点.

下面先讨论连续函数极值点的求法.

从图 3-5-1 中, 我们发现, 在函数 $f(x)$ 的极值点处, 要么 $f(x)$ 的导数为零 (如点 x_2, x_2', x_3, x_3' 处), 要么其导数不存在 (如点 x_1, x_1' 处). 由此可知函数在导数为零与导数不存在的点处都可能取得极值.

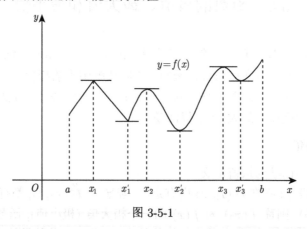

图 3-5-1

定义 2　满足导函数方程 $f'(x) = 0$ 的点 x, 称为函数 $f(x)$ 的**驻点**.

由定义 2 可知, 点 x_2, x_2', x_3, x_3' 都是函数 $f(x)$ 的驻点, 再根据费马定理与导数的几何意义, 可知曲线 $y = f(x)$ 在驻点处的切线都是水平的. 因此可导函数在极值点处的导数必为零, 即都有水平切线, 由此有下面的极值必要条件.

定理 1 (必要条件)　设函数 $f(x)$ 在 x_0 处可导, 且在 x_0 处取得极值, 则 $f'(x_0) = 0$.

由定理 1 可知, 可导函数的极值点一定是其驻点. 但定理 1 的逆命题不成立, 即驻点未必是极值点. 例如函数 $y = x^5$, 当 $x = 0$ 时, $y' = 5x^4 = 0$, 因此 $x = 0$ 是函数 $y = x^5$ 的驻点, 但由于 $y = x^5$ 是单调增加函数, 故 $x = 0$ 不是它的极值点.

由此可知 $f'(x_0) = 0$ 仅是可导函数 $f(x)$ 在 x_0 取得极值的必要条件, 而非充分条件. 另外, 从图 3-5-1 中看到, 在不可导点处 (如 x_1, x_1'), 函数也可能取得极值, 例如函数 $f(x) = \sqrt{x^2}$ 在 $x = 0$ 处连续但不可导, 且它在 $x = 0$ 处取得极小值.

　　综上所述, 连续函数的极值点只可能出现在其驻点与不可导点处, 但它们未必是极值点. 因此将函数在定义区间内的驻点与不可导点统称为**函数的可能极值点**.

　　由图 3-5-1 可知, 函数 $f(x)$ 的极值点必在曲线 $f(x)$ 的峰顶或低谷处, 也即在其单调增加与单调减少区间的交界点处, 由此可得下面利用导数来判定函数极值存在的两个充分条件.

　　定理 2 (极值存在的第一充分条件)　设函数 $f(x)$ 在 x_0 的某邻域 $U(x_0, \delta)$ 内连续, 在其去心邻域 $\mathring{U}(x_0, \delta)$ 内可导.

　　(1) 若当 $x \in (x_0 - \delta, x_0)$ 时 $f'(x) > 0$, 而 $x \in (x_0, x_0 + \delta)$ 时 $f'(x) < 0$, 则 $f(x)$ 在 x_0 处取得极大值 $f(x_0)$;

　　(2) 若当 $x \in (x_0 - \delta, x_0)$ 时 $f'(x) < 0$, 而 $x \in (x_0, x_0 + \delta)$ 时 $f'(x) > 0$, 则 $f(x)$ 在 x_0 处取得极小值 $f(x_0)$;

　　(3) 若当 $x \in \mathring{U}(x_0, \delta)$ 内时, $f'(x)$ 的符号恒为正或恒为负, 则 $f(x)$ 在 x_0 处不取得极值.

　　证　(1) 当 $\forall x \in (x_0 - \delta, x_0)$ 时, $f'(x) > 0$, 故 $f(x)$ 在 $(x_0 - \delta, x_0)$ 内单调增加, 这时有 $x < x_0$, 故 $f(x) < f(x_0)$; 又当 $\forall x \in (x_0, x_0 + \delta)$ 时, $f'(x_0) < 0$, 则 $f(x)$ 在 $(x_0, x_0 + \delta)$ 内单调减少, 这时有 $x > x_0$, 故 $f(x) < f(x_0)$, 因此对 $\forall x \in \mathring{U}(x_0, \delta)$, 都有 $f(x) < f(x_0)$, 则 $f(x_0)$ 为 $f(x)$ 的一个极大值.

极限存在的
第一充分条
件 3-5-2

　　对 (2), (3) 同理可证. 证毕.

　　注　① 可推得定理 2 中的 x_0 为函数 $f(x)$ 的可能极值点, 既可以是驻点, 也可以是不可导点.

　　② 利用定理 2 来判别连续函数的可能极值点是否为极值点, 就是考察函数的一阶导数在这些点的左、右两侧邻近的符号是否发生改变, 若改变, 则该点就是极值点, 若不改变, 则该点就不是极值点.

　　例 1　求函数 $f(x) = (x - 4)(x + 1)^{\frac{2}{3}}$ 的单调区间与极值.

　　解　$f(x)$ 在 $(-\infty, +\infty)$ 内连续, 且

$$f'(x) = (x+1)^{\frac{2}{3}} + \frac{2}{3}(x-4)(x+1)^{-\frac{1}{3}} = \frac{5}{3}\frac{(x-1)}{\sqrt[3]{x+1}},$$

由 $f'(x)$ 不存在, 解得 $x_1 = -1$, 由 $f'(x) = 0$, 解得 $x_2 = 1$.

点 x_1, x_2 将 $f(x)$ 的定义域分为三个部分区间: $(-\infty, -1)$, $(-1, 1)$, $(1, +\infty)$, 导数 $f'(x)$ 在各部分区间内的符号及相应的函数性态列表如下 (表 3-5-1).

表 3-5-1

x	$(-\infty, -1)$	-1	$(-1, 1)$	1	$(1, +\infty)$
$f'(x)$	$+$	不存在	$-$	0	$+$
$f(x)$	↗	极大值	↘	极小值	↗

由表 3-5-1 可知: 函数 $f(x)$ 的单调增加区间为 $(-\infty, -1]$, $[1, +\infty)$, 单调减少区间为 $[-1, 1]$; 函数 $f(x)$ 在 $x = -1$ 处取得极大值, 且极大值为 $f(-1) = 0$; 在 $x = 1$ 处取得极小值, 且极小值为 $f(1) = -3\sqrt[3]{4}$.

通过例 1, 可得求极值的步骤为

① 求函数的导数, 并求出导数为零的点与导数不存在的点, 即所有可能极值点;

② 用所有可能极值点将函数的定义域划分为若干部分区间;

③ 确定导数在每个部分区间内的符号, 再根据定理 2 判定每个可能极值点是否为极值点, 从而求出该函数的极值点与极值.

当函数在其驻点处二阶可导时, 还可利用驻点处的二阶导数的符号, 直接判别该驻点是否为极值点. 这就是函数极值存在的第二充分条件.

定理 3 (极值存在的第二充分条件) 设函数 $f(x)$ 在 x_0 处具有二阶导数, 且 $f'(x_0) = 0$, $f''(x_0) \neq 0$,

(1) 若 $f''(x_0) < 0$, 则 $f(x)$ 在 x_0 处取得极大值;

(2) 若 $f''(x_0) > 0$, 则 $f(x)$ 在 x_0 处取得极小值.

证 (1) 由于 $f'(x_0) = 0$ 且 $f''(x_0) < 0$, 利用二阶导数的定义, 有

$$f''(x_0) = \lim_{x \to x_0} \frac{f'(x) - f'(x_0)}{x - x_0} = \lim_{x \to x_0} \frac{f'(x)}{x - x_0} < 0,$$

根据极限的保号性, $\exists \overset{\circ}{U}(x_0, \delta)$, 使得 $\forall x \in \overset{\circ}{U}(x_0, \delta)$ 时, 有

$$\frac{f'(x)}{x - x_0} < 0,$$

则对 $\forall x \in \overset{\circ}{U}(x_0, \delta)$, $f'(x)$ 与 $x - x_0$ 的符号相反, 由于当 x 在 $\overset{\circ}{U}(x_0, \delta)$ 内, 从左向右逐渐增大地经过点 x_0 时, $x - x_0$ 的符号是由负变正, 故 $f'(x)$ 的符号相应地就由正变负, 根据定理 2, $f(x)$ 在 x_0 处取得极大值.

(2) 同理可证, 当 $f''(x_0) > 0$ 时, $f(x)$ 在 x_0 处取得极小值.

注　① 定理 3 仅适用于判定函数 $f(x)$ 的驻点 x_0 是否为极值点的情形, 当 $f''(x_0) \neq 0$ 时, 函数 $f(x)$ 的驻点 x_0 必是极值点, 且可利用 $f''(x_0)$ 的符号来确定 $f(x)$ 在驻点 x_0 处取得极大值还是极小值.

② 对于驻点 x_0 处, 若有 $f''(x_0) = 0$, 则 x_0 可能是极值点, 也可能不是极值点. 例如, 对于三个函数 $y = -x^4, y = x^4$ 与 $y = x^3$, 由于它们在 $x = 0$ 处都有 $y'(0) = 0, y''(0) = 0$, 因此都不能用定理 3 来判别它们在 $x = 0$ 处是否取得极值, 这时可由定理 2, 考察这三个函数在 $x = 0$ 处左、右两侧一阶导数 $f'(x)$ 的符号, 得函数 $y = -x^4, y = x^4$ 与 $y = x^3$ 在 $x = 0$ 处分别取得极大值, 极小值和不取得极值.

③ 定理 3 适用于 $f''(x_0)$ 的符号易于确定的情形.

例 2　求 $f(x) = 2x^3 - 3x^2 - 12x + 2$ 的极值.

解法一　显然 $f(x)$ 在 $(-\infty, +\infty)$ 内连续、可导, 又

$$f'(x) = 6x^2 - 6x - 12 = 6(x+1)(x-2),$$

由 $f'(x) = 0$ 解得 $x_1 = -1, x_2 = 2$. $f'(x)$ 与 $f(x)$ 在各部分区间内的性态列表如下 (表 3-5-2).

表 3-5-2

x	$(-\infty, -1)$	-1	$(-1, 2)$	2	$(2, +\infty)$
$f'(x)$	$+$	0	$-$	0	$+$
$f(x)$	↗	极大	↘	极小	↗

由表 3-5-2 可知: 函数 $f(x)$ 在 $x = -1$ 处取得极大值为 $f(-1) = 9$; 函数 $f(x)$ 在 $x = 2$ 处取得极小值为 $f(2) = -18$.

解法二　由于 $f(x)$ 在 $(-\infty, +\infty)$ 内具有二阶导数, 且

$$f'(x) = 6x^2 - 6x - 12 = 6(x+1)(x-2),$$

$$f''(x) = 12x - 6,$$

由 $f'(x) = 0$ 解得 $x_1 = -1, x_2 = 2$. 又

$$f''(-1) = -18 < 0, \quad f''(2) = 18 > 0.$$

根据定理 3 可知, 函数 $f(x)$ 在 $x = -1$ 处取得极大值为 $f(-1) = 9$; 函数 $f(x)$ 在 $x = 2$ 处取得极小值为 $f(2) = -18$.

例 3 试问 a 为何值时, 函数 $f(x) = a\sin x + \dfrac{1}{3}\sin 3x$ 在 $x = \dfrac{\pi}{3}$ 处取得极值? 它是极大值还是极小值? 并求此极值.

解 对函数 $f(x)$ 求导, 得

$$f'(x) = a\cos x + \cos 3x,$$

$$f''(x) = -a\sin x - 3\sin 3x,$$

由题设可知, $f'\left(\dfrac{\pi}{3}\right) = 0$, 即 $a\cos\dfrac{\pi}{3} + \cos\pi = 0$, 即 $\dfrac{1}{2}a - 1 = 0$, 解得 $a = 2$, 即

$$f(x) = 2\sin x + \dfrac{1}{3}\sin 3x,$$

则

$$f''\left(\dfrac{\pi}{3}\right) = -2\sin\dfrac{\pi}{3} - 3\sin\pi = -\sqrt{3} < 0,$$

可知 $f(x)$ 在 $x = \dfrac{\pi}{3}$ 处取得极大值 $f\left(\dfrac{\pi}{3}\right) = \sqrt{3}$.

例 4 已知函数 $y(x)$ 由方程 $x^3 + y^3 - 3x + 3y - 2 = 0$ 确定, 求函数 $y(x)$ 的极值. (2017 考研真题)

解 方程两边同时对 x 求导可得

$$3x^2 + 3y^2 y' - 3 + 3y' = 0,$$

即

$$x^2 + y^2 y' - 1 + y' = 0. \tag{3-5-1}$$

由 $y' = 0$, 解得 $x = \pm 1$, 因此 $y(x)$ 有两个驻点 $x = 1$ 与 $x = -1$, 将它们分别代入原方程中解得 $x = 1, y = 1$ 及 $x = -1, y = 0$, 再在方程 (3-5-1) 两边对 x 求导得

$$2x + 2y(y')^2 + y^2 y'' + y'' = 0. \tag{3-5-2}$$

将 $x = 1, y = 1$ 及 $y'|_{(1,1)} = 0$ 代入 (3-5-2) 式, 解得 $y''|_{(1,1)} = -1 < 0$, 可知 $y(x)$ 在驻点 $x = 1$ 处取得极大值 $y(1) = 1$.

将 $x = -1, y = 0$ 及 $y'|_{(-1,0)} = 0$ 代入 (3-5-2) 式, 解得 $y''|_{(-1,0)} = 2 > 0$, 可知 $y(x)$ 在驻点 $x = -1$ 处取得极小值 $y(-1) = 0$.

二、 函数的最大 (小) 值

下面讨论连续函数在指定范围上的最大 (小) 值的求法.

1. 连续函数在闭区间上的最大 (小) 值

根据连续函数的性质可知, 闭区间上的连续函数必存在最大 (小) 值. 且其最大 (小) 值点可能是区间的端点, 也可能在区间内部, 若出现在区间的内部, 则它必定是函数的极值点. 因此, 要求函数在闭区间上的最大 (小) 值, 只要先求出区间内全部可能极值, 再将它与端点函数值相比较, 即可求出函数在该闭区间上的最大 (小) 值. 因此求连续函数 $f(x)$ 在闭区间 $[a,b]$ 上的最大 (小) 值的步骤可归纳为

① 求出导函数 $f'(x)$ 在开区间 (a,b) 内的零点与不存在的点;

② 求出 $f(x)$ 在上述点对应的函数值, 以及端点的函数值 $f(a), f(b)$;

③ 比较这些函数值的大小, 其中的最大值与最小值分别就是 $f(x)$ 在 $[a,b]$ 上的最大值与最小值.

例 5 求函数 $y = (x-1)\cos x - \sin x$ 在区间 $\left[0, \dfrac{\pi}{2}\right]$ 上的最大值与最小值.

解 显然 $y = (x-1)\cos x - \sin x$ 在闭区间 $\left[0, \dfrac{\pi}{2}\right]$ 上连续, 故它在 $\left[0, \dfrac{\pi}{2}\right]$ 上必有最大值与最小值, 求导得

$$y' = (1-x)\sin x,$$

由 $y' = 0$, 得 $x_1 = 0, x_2 = 1$, 计算对应的函数值与区间端点函数值, 得

$$y(0) = -1, \quad y(1) = -\sin 1, \quad y\left(\dfrac{\pi}{2}\right) = -1,$$

比较上述值的大小可知, 在区间 $\left[0, \dfrac{\pi}{2}\right]$ 上, 函数的最大值为 $y(1) = -\sin 1$, 最小值为 $y(0) = y\left(\dfrac{\pi}{2}\right) = -1$.

例 6 从北到南的一条高铁经过相距为 200km 的 A、B 两城, 某工厂位于 B 城正东 20km 处, 拟从高铁沿路上某点处修建高铁站, 并从该高铁站修一条公路到工厂 (图 3-5-2). 若每吨货物高铁运费为 3 元/km, 公路运费为 5 元/km, 问高铁站点应设在何处, 可使从 A 城到工厂运费最省?

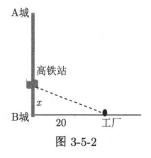

图 3-5-2

解 设高铁站点取在铁路上距 B 城 x 公里处, 则每吨货物的运费为

$$W = 3(200 - x) + 5\sqrt{20^2 + x^2} \quad (x \in [0, 200]),$$

求导得

$$\frac{\mathrm{d}W}{\mathrm{d}x} = -3 + \frac{5x}{\sqrt{400 + x^2}},$$

由 $\dfrac{\mathrm{d}W}{\mathrm{d}x} = 0$, 得 $x = 15$. 又

$$W(15) = 680, \quad W(0) = 700, \quad W(200) = 1005,$$

比较上面数值大小, 可知当 $x = 15$ 时, $W(x)$ 取得最小值. 即当高铁站点设在铁路线上离 B 城 15km 处时运费最省.

2. 连续函数在开区间内的最大 (小) 值

连续函数在开区间 (a, b) 内不一定存在最大 (小) 值. 例如函数 $y = x^4$, 它在开区间 $(-3, 2)$ 内的 $x = 0$ 处取得最小值 0, 但不存在最大值; 而它在开区间 $(1, 3)$ 内都不存在最大值与最小值.

一般地, 根据连续函数的性质可知, 连续函数在开区间内的最大 (小) 值问题与其在闭区间上的最大 (小) 值问题相比, 主要差别在于其最大 (小) 值不能在区间端点处取得, 因此处理这类问题, 只要将求区间端点的函数值改为考察函数在区间端点处的极限. 从而欲求函数在开区间内的最大 (小) 值, 须先求出区间内全部的可能极值点及其函数值, 再求出函数在区间端点处的左或右极限, 然后将它们的值进行比较, 就能确定函数 $f(x)$ 在开区间 (a, b) 内的最大 (小) 值, 具体步骤归纳如下:

① 求出函数 $f(x)$ 在 (a, b) 内的所有驻点与不可导点, 并求出这些点的函数值;

② 求出 $f(x)$ 在区间两端点处的右或左极限: $f(a + 0), f(b - 0)$;

③ 比较上述函数值与极限的大小, 如果其中的最大 (小) 值是开区间 (a, b) 内的驻点与不可导点的函数值, 则该函数值就是 $f(x)$ 在开区间 (a, b) 内的最大 (小) 值; 否则该函数在开区间 (a, b) 内不存在对应的最大 (小) 值.

特别注意下面两种情形.

(1) 如果函数在 (a, b) 内可导, 且函数在开区间 (a, b) 内有唯一极大 (小) 值点, 则可以证明这个极大 (小) 值点, 就是函数在开区间 (a, b) 内的最大 (小) 值点.

(2) 在实际优化问题中, 如果目标函数在开区间 (a, b) 内有唯一可能极值点, 而根据实际问题可确定目标函数在开区间 (a, b) 内的最大 (小) 值必存在, 则可以证明这个可能极值点就是所求的最大 (小) 值点, 而不必考察该可能极值点是否为极值点.

例 7 在半径为 r 的半圆内, 作一个内接梯形, 其底为半圆的直径, 其他三边为半圆的弦. 问怎样作法梯形面积最大?

解 建立如图 3-5-3 所示的坐标系, 设梯形上底宽为 $2x\ (0 < x < r)$, 高为 h, 则
$$h = \sqrt{r^2 - x^2},$$
因此所求的梯形面积为

$$A(x) = \frac{2r + 2x}{2}\sqrt{r^2 - x^2}$$
$$= (r + x)\sqrt{r^2 - x^2} \quad (0 < x < r),$$

对上式求导, 得

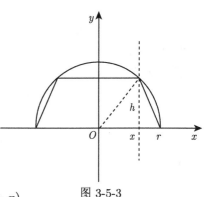

图 3-5-3

$$A'(x) = \sqrt{r^2 - x^2} - \frac{x(r + x)}{\sqrt{r^2 - x^2}} = \frac{(r - 2x)(r + x)}{\sqrt{r^2 - x^2}},$$

由 $A'(x) = 0$, 解得 $x_1 = \dfrac{r}{2}, x_2 = -r$ (舍去), 所以 $x_1 = \dfrac{r}{2}$ 是 A 在 $(0, r)$ 内唯一的

驻点, 又当 $x \in \left(0, \dfrac{r}{2}\right)$ 时, $A'(x) > 0$, 当 $x \in \left(\dfrac{r}{2}, r\right)$ 时, $A'(x) < 0$, 所以当 $x_1 = \dfrac{r}{2}$

时, A 取得极大值, 因此当 $x_1 = \dfrac{r}{2}$ 处 A 取得最大值, 即当梯形的上底长为 r (这

时上底长为下底长的一半) 时, 梯形面积达到最大.

注 本题也可利用实际图形判断, 半圆的内接梯形面积的最大值必在 $(0, r)$

内取得, 因此在 $(0, r)$ 内唯一的驻点 $x_1 = \dfrac{r}{2}$ 处, A 取得最大值.

利用函数的极值与最值还可讨论不等式证明的有关命题.

例 8 设 $0 \leqslant x \leqslant 1, \quad p > 1$, 证明不等式 $\dfrac{1}{2^{p-1}} \leqslant x^p + (1 - x)^p \leqslant 1$.

证 令 $f(x) = x^p + (1 - x)^p$, 则

$$f'(x) = px^{p-1} + p(1 - x)^{p-1}(-1) = p\left[x^{p-1} - (1 - x)^{p-1}\right],$$

$$f''(x) = p(p-1)x^{p-2} + p(p-1)(1 - x)^{p-2} = p(p-1)\left[x^{p-2} + (1 - x)^{p-2}\right].$$

令 $f'(0) = 0$, 得唯一驻点 $x = \dfrac{1}{2}$, 又

$$f(0) = f(1) = 1, \quad f\left(\frac{1}{2}\right) = \frac{1}{2^{p-1}},$$

比较上述函数值的大小可知, 函数 $f(x)$ 在闭区间 $[0, 1]$ 上的最大值为 1, 最小值

为 $\dfrac{1}{2^{p-1}}$, 故当 $0 \leqslant x \leqslant 1$ 且 $p > 1$ 时, 有

$$\frac{1}{2^{p-1}} \leqslant x^p + (1-p)^p \leqslant 1.$$

此外, 利用函数的极值与最值还可讨论方程实根的有关命题.

例 9 讨论当 a 为何值时, 方程 $e^x - 2x - a = 0$ 有实根?

解 设 $f(x) = e^x - 2x - a\,(x \in (-\infty, +\infty))$, 则

$$f'(x) = e^x - 2,$$

由 $f'(x) = 0$, 解得 $x = \ln 2$, 导数 $f'(x)$ 在各定义区间内的符号及相应的函数性态列表如下 (表 3-5-3).

表 3-5-3

x	$(-\infty, \ln 2)$	$\ln 2$	$(\ln 2, +\infty)$
$f'(x)$	$-$	0	$+$
$f(x)$	↘	极小	↗

由表 3-5-3 可知, $f(x)$ 在 $(-\infty, +\infty)$ 内有两个单调区间: 递增区间为 $[\ln 2, +\infty)$, 递减区间为 $(-\infty, \ln 2]$, $f(x)$ 在每个单调区间上至多有一个实根, 又

$$f(\ln 2) = e^{\ln 2} - 2\ln 2 - a = 2 - a - 2\ln 2,$$

$$\lim_{x \to -\infty} f(x) = \lim_{x \to -\infty} (e^x - 2x - a) = +\infty,$$

$$\lim_{x \to +\infty} f(x) = \lim_{x \to +\infty} (e^x - 2x - a) = \lim_{x \to +\infty} e^x \left(1 - \frac{2x + a}{e^x}\right) = +\infty,$$

比较上述函数值与极限值的大小, 可知 $f(\ln 2)$ 为 $f(x)$ 在 $(-\infty, +\infty)$ 内的最小值, 无最大值, 因此根据连续函数的零点存在定理可知, 要使 $f(x)$ 有零点, 必须其最小值 $f(\ln 2) \leqslant 0$, 即

$$2 - a - 2\ln 2 \leqslant 0,$$

解得

$$a \geqslant 2 - 2\ln 2,$$

则当 $a > 2 - 2\ln 2$ 时, $f(\ln 2) < 0$, 这时原方程有且仅有两个不同的实根; 当 $a = 2 - 2\ln 2$ 时, $f(\ln 2) = 0$, 这时原方程有唯一的实根.

请读者思考: 例 9 的求解过程中, 是否可以不求极限 $\lim\limits_{x \to -\infty} f(x)$, $\lim\limits_{x \to +\infty} f(x)$, 来确定 $f(\ln 2)$ 为 $f(x)$ 在 $(-\infty, +\infty)$ 内的最小值? 如果可以, 如何确定?

例 10 某商品进价为 a 元 / 件, 当销售价为 b 元 / 件时, 销售量为 c 件 $(a, b, c$ 均为正常数, 且 $b \geqslant \dfrac{4}{3}a)$. 市场调查表明, 销售价每下降 10%, 销售量可增加 40%. 为提高利润, 现决定降价一次. 试问, 当销售价定为多少时, 利润最大? 并求出最大利润.

解　设降价后的销售价为 p, x 为增加的销售量, $L(x)$ 为总利润, 那么 $\dfrac{x}{b-p} = \dfrac{0.4c}{0.1b}$, 则 $p = b - \dfrac{b}{4c}x$, 则利润函数为

$$L(x) = \left(b - \frac{b}{4c}x - a\right)(c + x),$$

则

$$L'(x) = -\frac{b}{2c}x + \frac{3}{4}b - a = 0, \quad L''(x_0) = -\frac{b}{2c},$$

由 $L'(x) = -\dfrac{b}{2c}x + \dfrac{3}{4}b - a = 0$, 解得唯一驻点为 $x_0 = \dfrac{(3b - 4a)c}{2b}$; 又 $L''(x_0) = -\dfrac{b}{2c} < 0$, 故 x_0 是 $L(x)$ 的极大值点, 也是最大值点, 因此定价为 $p = \dfrac{5}{8}b + \dfrac{1}{2}a$(元) 时, 最大利润为 $L(x_0) = \dfrac{c(5b - 4a)^2}{16b}$(元).

习　题　3-5

A 组

课件3-5-3

1. 求下列函数的极值:

(1) $y = x + \dfrac{4}{x^2}$;

(2) $y = \dfrac{2x^2}{(1-x)^2}$;

(3) $y = e^x \cos x$;

(4) $y = (2x - 5)x^{\frac{2}{3}}$;

(5) $y = x^{\frac{1}{3}}(1-x)^{\frac{2}{3}}$;

(6) $y = x^{\frac{1}{x}}$ $(x > 0)$.

2. 求 a, b 的值, 使 $f(x) = a\ln x + bx^2 + x$ 在 $x = 1, x = 2$ 都有极值, 它们是极大值还是极小值? 并求出极值.

3. 设函数 $y = ax^3 + bx^2 + cx + d$, 若 $y(-2) = 44$ 为极值, 点 $(1, -10)$ 是拐点, 求 a, b, c, d 的值.

4. 设函数 $y = f(x)$ 由方程 $2y^3 - 2y^2 + 2xy - x^2 = 1$ 确定, 试求 $f(x)$ 的极值.

5. 求下列函数在指定区间上的最大值与最小值:

(1) $y = x^3 + \dfrac{3}{2}x^2 - 6x + 1$ 在闭区间 $[0, 4]$ 上;

(2) $y = x^{\frac{2}{3}} - (x^2 - 1)^{\frac{1}{3}}$ 在闭区间 $[-2, 2]$ 上;

(3) $y = 2\tan x - \tan^2 x$ 在闭区间 $\left[0, \dfrac{\pi}{2}\right)$ 上.

6. 设 $f(x) = x + a\cos x\,(a > 1)$ 在 $(0, 2\pi)$ 内有极小值 0, 求证: $f(x)$ 在 $(0, 2\pi)$ 内必有极大值, 并求出此极大值.

7. 求一个三次多项式, 使得其在 $x = 1$ 时取极大值 6, 在 $x = 3$ 时取极小值 2.

8. 求曲线 $xy = 1$ 在第一象限内的切线方程, 使切线在两坐标轴上的截距之和最小.

9. 制造容积为 5π 立方米的圆柱形密闭锅炉, 要使用料 (表面积) 最省, 问锅炉的底半径与高应是多少?

10. 将长为 a 的铁丝切成两段, 一段围成正方形, 另一段围成圆形, 问这两段铁丝各长为多少时, 正方形, 与圆形的面积之和为最小.

11. 设 p, q 是大于 1 的常数, 且 $\dfrac{1}{p} + \dfrac{1}{q} = 1$, 证明: 对任意的 $x > 0$, 有 $\dfrac{1}{p}x^p + \dfrac{1}{q} \geqslant x$.

12. 某企业生产某产品, 每天的利润 $L(x)$(元) 与产量 x(件) 的关系为 $L(x) = 400x - 2x^2$,
(1) 求 x 分别为 $100, 110$ 时的边际利润, 并解释相应的经济意义;
(2) 求每天生产多少吨时利润达到最大?

<h2 style="text-align:center">B 组</h2>

1. $f(x) = \begin{cases} \dfrac{e^x - 1}{x}, & x \neq 0, \\ 1, & x = 0 \end{cases}$ 在 $x = 0$ 处 (　　)(2021 考研真题)

(A) 连续且取极大值 　　　　　(B) 连续且取极小值
(C) 可导且导数为 0 　　　　　(D) 连续可导且导数不为 0.

2. 设 $\lim\limits_{x \to x_0} \dfrac{f(x) - f(x_0)}{(x - x_0)^2} = -1$, 证明 $f(x)$ 在 x_0 处取得极大值.

3. 对任意 $x \in (-\infty, +\infty)$, 证明: $x^4 + (1 - x)^4 \geqslant \dfrac{1}{8}$.

4. 已知 $f(x) = \begin{cases} x^{2x}, & x > 0, \\ xe^x + 1, & x \leqslant 0, \end{cases}$ 求 $f'(x)$ 以及 $f(x)$ 的极值. (2019 考研真题)

<h1 style="text-align:center">3.6　函数图形的描绘</h1>

课前测 3-6-1

作出函数 $y = f(x)$ 图形的基本方法是描点作图法, 一般的描点作图法, 由于事先缺乏对图形形状的了解, 所以需要描点的个数很多, 导致工作量较大, 且准确性不理想. 为此, 本节介绍利用导数分析的描点作图法, 即首先利用导数考察函数与图像有关的基本性态 (例如函数的奇偶性、周期性、单调性、凹凸性、拐点与极值), 其次对于向无穷远延展的函数曲线, 讨论其渐近线, 从而了解曲线无限延展时的性态及变化趋势, 然后综合利用这些信息, 再进行描点作图. 这样作图, 不仅大大减少了描点的个数, 而且保证了所作函数图形的基本准确性.

曲线的渐近
线3-6-2

一、曲线的渐近线

渐近线表示了曲线无限延伸的方向与趋势. 中学里我们已经知道反比例函数 $y = \dfrac{k}{x}(k > 0)$ 的图像有两条渐近线 $x = 0$ 和 $y = 0$, 那么如何求一般曲线的渐近线呢? 下面先给出一般曲线渐近线的定义.

定义 1 若曲线 $y = f(x)$ 上的点沿曲线趋于无穷远时, 此点与某一直线 l 的距离趋近于零, 则称此直线 l 为该曲线 $y = f(x)$ 的一条**渐近线**, 特别地, 当直线 l 垂直于 x 轴时, 称 l 为该曲线的**垂直渐近线**, 当直线 l 垂直于 y 轴时, 称 l 为该曲线的**水平渐近线**.

一般地, 渐近线可分垂直渐近线、水平渐近线和斜渐近线三类, 下面依次讨论它们的求法.

1. 垂直渐近线

根据渐近线的定义, 可知

如果当 $x \to x_0$ (或 $x \to x_0^+$ 或 $x \to x_0^-$) 时, 有 $f(x) \to \infty$, 即

$$\lim_{x \to x_0} f(x) = \infty \ (\text{或} \lim_{x \to x_0^+} f(x) = \infty$$

$$\text{或} \lim_{x \to x_0^-} f(x) = \infty),$$

则直线 $x = x_0$ 是曲线 $y = f(x)$ 的一条垂直渐近线 (图 3-6-1).

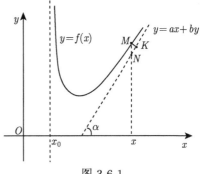

图 3-6-1

例如对数曲线 $y = \ln x$, 由于 $\lim\limits_{x \to 0^+} \ln x = -\infty$, 所以直线 $x = 0$ 为该曲线的一条垂直渐近线.

又如曲线 $y = \dfrac{1}{2x - 1}$, 由于 $\lim\limits_{x \to \frac{1}{2}} \dfrac{1}{2x - 1} = \infty$, 因此 $x = \dfrac{1}{2}$ 为该曲线的一条垂直渐近线.

2. 斜渐近线

设直线 $y = ax + b$ (其倾斜角 $\alpha \neq \dfrac{\pi}{2}$) 为曲线 $y = f(x)$ 的一条斜 (或水平) 渐近线 (图 3-6-1), 曲线上的点 M 与直线 $y = ax + b$ 的距离为 $|MK|$, 由渐近线的定义可知

$$\lim_{x \to \infty} |MK| = 0,$$

在直角三角形 $\triangle MKN$ 中, $|MN| = \dfrac{|MK|}{|\cos \alpha|}$, 因此有 $\lim\limits_{x \to \infty} |MN| = 0$, 由于

$$MN = f(x) - (ax + b),$$

则

$$\lim_{x \to \infty} [f(x) - (ax + b)] = 0, \tag{3-6-1}$$

将 (3-6-1) 式化为

$$\lim_{x \to \infty} x \left[\frac{f(x)}{x} - a - \frac{b}{x} \right] = 0,$$

从而有

$$\lim_{x \to \infty} \left[\frac{f(x)}{x} - a - \frac{b}{x} \right] = 0,$$

由上式可得

$$a = \lim_{x \to \infty} \frac{f(x)}{x}, \tag{3-6-2}$$

将 (3-6-2) 式代入 (3-6-1) 式中, 可得

$$b = \lim_{x \to \infty} [f(x) - ax], \tag{3-6-3}$$

因此当上面两个极限都存在时, 则可求得该曲线的斜或水平渐近线为 $y = ax + b$.

其中当 $a \neq 0$ 时, 则 $y = ax + b$ 为该曲线的斜渐近线; 当 $a = 0$ 时, $b = \lim\limits_{x \to \infty} f(x)$, 这时 $y = b$ 为该曲线的一条水平渐近线.

综上可知, 曲线 $y = f(x)$ 的渐近线求法如下:

若有 $\lim\limits_{x \to x_0} f(x) = \infty$ (或 $\lim\limits_{x \to x_0^+} f(x) = \infty$ 或 $\lim\limits_{x \to x_0^-} f(x) = \infty$), 则直线 $x = x_0$ 是该曲线的一条垂直渐近线;

若有 $\lim\limits_{x \to \infty} f(x) = b$ (或 $\lim\limits_{x \to +\infty} f(x) = b$ 或 $\lim\limits_{x \to -\infty} f(x) = b$), 则直线 $y = b$ 是该曲线的一条水平渐近线;

若有 $\lim\limits_{x \to \infty} \dfrac{f(x)}{x} = a(a \neq 0)$, 且 $\lim\limits_{x \to \infty} [f(x) - ax] = b$ (其中极限过程也可换为 $x \to +\infty$ 或 $x \to -\infty$), 则直线 $y = ax + b$ 是该曲线的一条斜渐近线.

例 1　求曲线 $y = \dfrac{x}{x - 2}$ 的渐近线.

解 因为

$$\lim_{x \to 2} \frac{x}{x-2} = \infty,$$

所以直线 $x = 2$ 为该曲线的一条垂直渐近线; 又因为

$$b = \lim_{x \to \infty} \frac{x}{x-2} = 1,$$

所以 $y = 1$ 为该曲线的水平渐近线.

例 2 求曲线 $y = \dfrac{x^2}{\sqrt{x^2-1}}$ 的渐近线.

解 由于

$$\lim_{x \to 1^+} \frac{x^2}{\sqrt{x^2-1}} = +\infty, \quad \lim_{x \to -1^-} \frac{x^2}{\sqrt{x^2-1}} = +\infty,$$

所以 $x = \pm 1$ 为曲线的两条垂直渐近线; 又因为

$$a = \lim_{x \to +\infty} \frac{y}{x} = \lim_{x \to +\infty} \frac{x^2}{x\sqrt{x^2-1}} = 1,$$

$$b = \lim_{x \to +\infty} (y - ax) = \lim_{x \to +\infty} \frac{x^2 - x\sqrt{x^2-1}}{\sqrt{x^2-1}} = \lim_{x \to +\infty} \frac{1}{\sqrt{x^2-1}} \frac{1}{1 + \sqrt{1 - \dfrac{1}{x^2}}} = 0,$$

所以 $y = x$ 是该曲线的一条斜渐近线; 由于曲线 $y = \dfrac{x^2}{\sqrt{x^2-1}}$ 关于 y 轴对称, 故 $y = -x$ 也是该曲线的一条斜渐近线; 该曲线无水平渐近线.

例 3 求曲线 $y = x \ln\left(\mathrm{e} + \dfrac{1}{x}\right)$ 的渐近线.

解 由于

$$\lim_{x \to -\frac{1}{e}^-} y = \lim_{x \to -\frac{1}{e}^-} x \ln\left(\mathrm{e} + \frac{1}{x}\right) = +\infty,$$

所以 $x = -\dfrac{1}{\mathrm{e}}$ 为曲线的一条垂直渐近线; 又因为

$$a = \lim_{x \to \infty} \frac{y}{x} = \lim_{x \to \infty} \ln\left(\mathrm{e} + \frac{1}{x}\right) = 1,$$

$$b = \lim_{x \to \infty} (y - ax) = \lim_{x \to \infty} \left[x \ln\left(\mathrm{e} + \frac{1}{x}\right) - x\right]$$

$$= \lim_{x \to \infty} x \ln \left(1 + \frac{1}{\mathrm{e}x} \right) = \lim_{x \to \infty} \left(x \cdot \frac{1}{\mathrm{e}x} \right) = \frac{1}{\mathrm{e}},$$

所以 $y = x + \dfrac{1}{\mathrm{e}}$ 是该曲线的一条斜渐近线, 该曲线无水平渐近线.

二、 函数图形的描绘

为了准确而快速地作出函数的图形, 可先利用函数的一阶、二阶导数, 分析函数的单调性、极值、凹凸性与拐点等性态. 并考察曲线的渐近线, 根据这些信息, 就可确定曲线的基本形态, 这时就只需再给出几个特殊的点 (如函数的驻点、拐点等), 再进行描点作图时, 就可大大减少描点个数, 还保证了所作函数图形的基本准确性, 称这种作图方法为分析作图法. 其一般步骤如下:

① 确定 $f(x)$ 的定义域, 并讨论函数的奇偶性、周期性;

② 求出函数的一、二阶导数为零或不存在的点, 并用这些点将定义域划分成若干部分区间;

③ 在每个部分区间内确定一、二阶导数的符号, 并由此确定函数在这些区间内的单调性和凹凸性、极值点与拐点;

④ 讨论曲线的渐近线;

⑤ 计算若干关键点 (部分区间的端点、极值点、拐点等) 的函数值;

⑥ 综合上面讨论的图像性态, 再描点作图.

例 4 作出函数 $y = \dfrac{1}{\sqrt{2\pi}} \mathrm{e}^{-\frac{x^2}{2}}$ 的图形.

解 该函数的定义域为 $(-\infty, +\infty)$, 且处处连续, 显然它是偶函数, 因此只需作出函数在 $[0, +\infty)$ 内的图像, 然后利用对称性便可得整个函数的图像. 下面讨论该函数在 $[0, +\infty)$ 内的性态.

$$y' = -\frac{1}{\sqrt{2\pi}} x \mathrm{e}^{-\frac{x^2}{2}}, \quad y'' = \frac{x^2 - 1}{\sqrt{2\pi}} \mathrm{e}^{-\frac{x^2}{2}},$$

在 $[0, +\infty)$ 内, 由 $y' = 0$ 解得 $x_1 = 0$; 由 $y'' = 0$ 解得 $x_2 = 1$. 将函数 y 的性态列表如下 (表 3-6-1).

表 3-6-1

x	0	$(0, 1)$	1	$(1, +\infty)$
y'	0	$-$	$-$	$-$
y''	$-$	$-$	0	$+$
y	极大值点	↘	拐点	↘

由极限

$$\lim_{x\to\infty}\frac{1}{\sqrt{2\pi}}e^{-\frac{x^2}{2}}=0,$$

可知, 曲线有水平渐近线 $y=0$. 又

$$y(0)=\frac{1}{\sqrt{2\pi}}\approx0.399,\quad y(1)=\frac{1}{\sqrt{2\pi e}}\approx0.242,\quad y(2)=\frac{1}{\sqrt{2\pi e^2}}\approx0.054,$$

得到图上 3 个点 $M_1(0,0.399)$, $M_2(1,0.242)$, $M_3(2,0.054)$, 结合渐近线和表 3-6-1 中函数的性态, 在区间 $[0,1)$ 和 $(1,+\infty)$ 上连续光滑地描出函数的图形, 最后再作它的关于 y 轴的对称图形, 从而得到函数在整个定义域上的图形, 如图 3-6-2 所示.

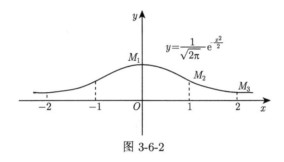

图 3-6-2

例 5 作函数 $y=x-1+\dfrac{1}{x-1}$ 的图形.

解 此函数是在其定义域为 $(-\infty,1)\cup(1,+\infty)$ 内的连续函数,

$$y'=1-\frac{1}{(x-1)^2}=\frac{x(x-2)}{(x-1)^2},\quad y''=\frac{2}{(x-1)^3},$$

由 $y'=0$ 求得 $x=0$ 及 $x=2$, y'' 无零点, 函数的性态列表如下 (表 3-6-2).

表 3-6-2

x	$(-\infty,0)$	0	$(0,1)$	1	$(1,2)$	2	$(2,+\infty)$
y'	$+$	0	$-$	不存在	$-$	0	$+$
y''	$-$	$-$	$-$	不存在	$+$	$+$	$+$
y	↗	极大值	↘	无意义	↘	极小值	↗

由于 $\displaystyle\lim_{x\to1}\left(x-1+\frac{1}{x-1}\right)=\infty$, 故曲线有垂直渐近线 $x=1$, 又

$$a = \lim_{x \to \infty} \frac{y(x)}{x} = \lim_{x \to \infty} \left[\frac{x-1}{x} + \frac{1}{x(x-1)} \right] = 1,$$

$$b = \lim_{x \to \infty} [y(x) - x] = \lim_{x \to \infty} \left(-1 + \frac{1}{x-1} \right) = -1,$$

所以, 曲线有斜渐近线 $y = x - 1$, 又

$$y(-1) = -\frac{5}{2}, \quad y(0) = -2, \quad y\left(\frac{1}{2}\right) = \frac{-5}{2},$$

$$y\left(\frac{3}{2}\right) = \frac{5}{2}, \quad y(2) = 2, \quad y(3) = \frac{5}{2},$$

综合以上函数的形态, 并描点得函数的图形为图 3-6-3.

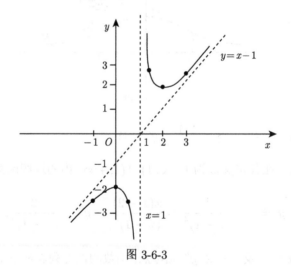

图 3-6-3

习 题 3-6

A 组

课件3-6-3

1. 求下列曲线的渐近线:

(1) $y = \sqrt[3]{x(x-1)^2}$;

(2) $y = \dfrac{x^2+2}{(x-2)^3}$;

(3) $y = x \sin \dfrac{1}{x} (x > 0)$;

(4) $y = e^{1/x^2} \arctan \dfrac{x^2+x+1}{(x-1)(x+2)}$.

2. 描绘下列函数的图形:

(1) $y = \dfrac{1}{3}x^3 - x^2 + 2$;

(2) $y = \dfrac{(x-1)^3}{(1+x)^2}$;

(3) $y = 2\sin x + \sin 2x$;

(4) $y = 1 + \dfrac{36x}{(3+x)^2}$.

B 组

1. 曲线 $y = \dfrac{x^3}{1+x^2} + \arctan\left(1+x^2\right)$ 的斜渐近线方程为_____.(2016 考研真题)

2. 下列曲线有渐近线的是 ( )(2014 考研真题)

(A) $y = x + \sin x$

(B) $y = x^2 + \sin x$

(C) $y = x + \sin\dfrac{1}{x}$

(D) $y = x^2 + \sin\dfrac{1}{x}$.

3. 求曲线 $y = \dfrac{1 + \mathrm{e}^{-x^2}}{1 - \mathrm{e}^{-x^2}}$ 的渐近线.

课前测3-7-1

*3.7 曲 率

在日常生活与生产实践中, 常会遇到有关曲线弯曲程度的问题, 如当我们骑自行车在急转弯时, 身体的倾斜度要比大转弯时来得大, 这是因为急转弯时车子经过的路线比大转弯时来得更为 "弯曲", 这时所受向心力更大, 因此在设计铁路或公路的弯道时, 为了使车辆行驶时平稳安全, 弯道处必须选择合适的弯曲程度. 建筑工程中使用的弓形梁, 其受力强度也与梁的弯曲程度有关. 本节先介绍曲线弧微分的概念, 然后再讨论曲线弯曲程度的数学表示及计算方法.

一、弧微分

如果函数 $y = f(x)$ 在区间 (a,b) 内有连续的导数, 这时切线沿曲线是连续变化的, 称这类曲线 $y = f(x)$ 是 (a,b) 内的光滑曲线. 理论上可以证明: 光滑曲线弧是可以求长度的.

先来建立光滑曲线的弧函数, 设 $y = f(x)$ 在区间 (a,b) 内具有连续的导数, 在 (a,b) 内取定一点 $M_0(x_0, f(x_0))$ 作为度量曲线弧长的基点 (图 3-7-1), 并规定沿 x 增大的方向为曲线的正方向 (弧长增加的方向), 对曲线上任意的点 $M(x,y)$, 规定有向弧段 $\overset{\frown}{M_0M}$ 的值 $s(x)$ (也称弧函数 $s(x)$) 如下.

$s(x)$ 的绝对值等于弧 $\overset{\frown}{M_0M}$ 的长度, 当有向弧段 $\overset{\frown}{M_0M}$ 的方向与曲线的正向一致时 $s(x) > 0$, 相反时 $s(x) < 0$. 由此弧函数 $s(x)$ 是定义在区间 (a,b) 内的函数, 若用 $|\overset{\frown}{M_0M}|$ 表示弧 $\overset{\frown}{M_0M}$ 的长度, 则

$$s(x) = \begin{cases} |\overset{\frown}{M_0M}|, & x \geqslant x_0, \\ -|\overset{\frown}{M_0M}|, & x < x_0, \end{cases}$$

显然 $s(x)$ 是 x 的单调增加函数. 下面讨论弧函数 $s(x)$ 的导数及微分公式.

设 x 与 $x+\Delta x$ 为 (a,b) 内的两点, 则 $y=f(x)$ 有相应增量 Δy, $M(x, f(x))$ 与 $M'(x+\Delta x, f(x+\Delta x))$ 为曲线 $y=f(x)$ 上其对应的两点 (图 3-7-1).

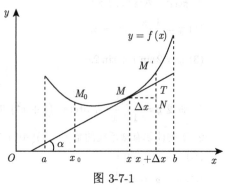

图 3-7-1

由图 3-7-1 可知, 弧函数 $s(x)$ 相应的增量的绝对值为 $|\Delta s|=|\widehat{MM'}|$. 由于 $s(x)$ 是 x 的单调增加函数, 因此

$$\frac{\Delta s}{\Delta x}=\left|\frac{\Delta s}{\Delta x}\right|=\frac{|\widehat{MM'}|}{|\Delta x|}=\frac{|\widehat{MM'}|}{|\overline{MM'}|}\frac{|\overline{MM'}|}{|\Delta x|}=\frac{|\widehat{MM'}|}{|\overline{MM'}|}\sqrt{1+\left(\frac{\Delta y}{\Delta x}\right)^2}, \qquad (3\text{-}7\text{-}1)$$

令 $\Delta x \to 0$, 则点 $M' \to M$. 由于 $\lim\limits_{M' \to M}\dfrac{|\widehat{MM'}|}{|\overline{MM'}|}=1$, $\lim\limits_{\Delta x\to 0}\dfrac{\Delta y}{\Delta x}=y'$, 对 (3-7-1) 式求 $\Delta x \to 0$ 时的极限, 得

$$\frac{\mathrm{d}s}{\mathrm{d}x}=\lim_{\Delta x\to 0}\frac{\Delta s}{\Delta x}=\lim_{\Delta x\to 0}\sqrt{1+\left(\frac{\Delta y}{\Delta x}\right)^2}=\sqrt{1+y'^2},$$

则

$$\mathrm{d}s=\sqrt{1+y'^2}\mathrm{d}x, \qquad (3\text{-}7\text{-}2)$$

(3-7-2) 式称为曲线 $y=f(x)$ 的**弧微分公式**. 由 (3-7-2) 式还可得

$$(\mathrm{d}s)^2=(\mathrm{d}x)^2+(\mathrm{d}y)^2. \qquad (3\text{-}7\text{-}3)$$

(3-7-3) 式中的三个微分的绝对值构成了图 3-7-1 中的直角三角形 MNT 的三条边, 因此常称直角三角形 $\triangle MNT$ 为微分三角形. 弧微分是微分三角形中有向斜边 (在切线 MT 上而不是在弦 MM' 上) 的值. 若设切线 MT 的倾斜角为 $\alpha\left(|\alpha|<\dfrac{\pi}{2}\right)$, 由微分三角形 $\triangle MNT$ 可得

$$\cos\alpha=\frac{\mathrm{d}x}{\mathrm{d}s}, \quad \sin\alpha=\frac{\mathrm{d}y}{\mathrm{d}s}.$$

当 α 为负角时, 以上两个等式也成立.

由 (3-7-2) 式可得, 下列常用曲线方程对应的弧微分公式:

① 若光滑曲线的方程为 $y = f(x)$, 则 $\mathrm{d}s = \sqrt{1 + y'^2}\mathrm{d}x$;

② 若光滑曲线的方程为 $x = g(y)$, 则 $\mathrm{d}s = \sqrt{1 + x'^2}\mathrm{d}y$;

③ 若光滑曲线的参数方程为 $\begin{cases} x = x(t), \\ y = y(t), \end{cases}$ 则 $\mathrm{d}s = \sqrt{x_t'^2 + y_t'^2}\mathrm{d}t$;

④ 若光滑曲线的极坐标方程为 $\rho = \rho(\theta)$, 则 $\mathrm{d}s = \sqrt{\rho^2(\theta) + \rho'^2(\theta)}\mathrm{d}\theta$.

例 1 求曲线 $y = x^3 + x$ 的弧微分.

解 因为 $y' = 3x^2 + 1$, 所以

$$\mathrm{d}s = \sqrt{1 + y'^2}\mathrm{d}x = \sqrt{2 + 6x^2 + 9x^4}\mathrm{d}x.$$

例 2 求旋轮线 $\begin{cases} x = a(t - \sin t), \\ y = a(1 - \cos t) \end{cases}$ $(a > 0)$ 的弧微分.

解 因为

$$x_t' = a(1 - \cos t), \quad y_t' = a\sin t,$$

所以

$$\begin{aligned}
\mathrm{d}s &= \sqrt{x_t'^2 + y_t'^2}\mathrm{d}t \\
&= \sqrt{a^2(1 - \cos t)^2 + a^2\sin^2 t}\,\mathrm{d}t = a\sqrt{2(1 - \cos t)}\mathrm{d}t \\
&= a\sqrt{4\sin^2 \frac{t}{2}}\mathrm{d}t = 2a\left|\sin\frac{t}{2}\right|\mathrm{d}t.
\end{aligned}$$

曲率的
概念3-7-2

二、 曲率及其计算公式

1. 曲率的概念

下面讨论曲线各点处的弯曲程度. 容易发现车辆在一段弯道上行驶, 衡量这段弯道的弯曲程度, 一方面要看这段弯道上行驶的方向改变了多少 (转过多大角度), 另一方面还要看这段弯道的长度.

观察下面的两张图 (图 3-7-2(a) 和 (b)), 曲线段 L 与 L_1 为平面上两条连续光滑的曲线, 图 3-7-2(a) 中, 在曲线 L 与 L_1 上分别取长度都等于 Δs 的弧段 $\overset{\frown}{PQ}$ 与 $\overset{\frown}{PQ_1}$, 在曲线 L 上动点沿弧 $\overset{\frown}{PQ}$ 从点 P 移动到点 Q 时, 其切线也连续转动, 设切线的倾斜角的改变量 (即弧段 $\overset{\frown}{PQ}$ 两端切线的夹角) 为 $\Delta\alpha$, 同样设曲线 L_1 上

动点沿弧 $\overset{\frown}{PQ_1}$ 从点 P 移动到点 Q_1 时, 其切线的倾斜角的改变量 (弧段 $\overset{\frown}{PQ_1}$ 两端切线的夹角) 为 $\Delta\alpha_1$, 可看出, 两弧段 $\overset{\frown}{PQ}$ 与 $\overset{\frown}{PQ_1}$ 的长度相等, 但 $\Delta\alpha < \Delta\alpha_1$, 而显然弧 $\overset{\frown}{PQ}$ 的弯曲程度比 $\overset{\frown}{PQ_1}$ 的弯曲程度小, 这说明曲线的弯曲程度与其切线的倾斜角的改变量 $\Delta\alpha$ 成正比.

图 3-7-2(b) 中, 当 L 与 L_1 上的动点处的切线转过同样的角度 $\Delta\alpha$ 时, 弧长较短的 $\overset{\frown}{PQ}$ 的弯曲程度比弧长较长的 $\overset{\frown}{P_1Q_1}$ 的弯曲程度大, 这说明曲线的弯曲程度与弧段的长度 Δs 成反比.

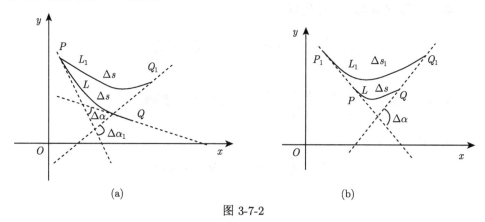

(a)　　　　　　　　　　　(b)

图 3-7-2

定义 1　在光滑曲线 L 上取点 M 与 M' (图 3-7-3), 过 M 与 M' 分别作曲线的切线, 设切线转过的角度为 $\Delta\alpha$, 弧长 $\overset{\frown}{MM'}$ 为 Δs, 比值 $\left|\dfrac{\Delta\alpha}{\Delta s}\right|$ 表示了弧段 $\overset{\frown}{MM'}$ 的平均弯曲程度, 称为弧段 $\overset{\frown}{MM'}$ 的**平均曲率**, 记作

$$\overline{K} = \left|\frac{\Delta\alpha}{\Delta s}\right|.$$

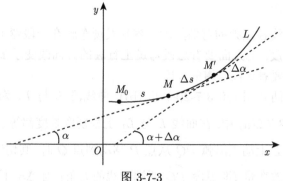

图 3-7-3

利用极限即得到曲线 L 在点 M 处的曲率的定义.

定义 2　若当 $\Delta s \to 0$ 时 (点 $M' \to M$ 时), 弧段 $\overset{\frown}{MM'}$ 的平均曲率的极限存在, 则称此极限为曲线 L 在点 M 处的**曲率**, 记作 K, 即

$$K = \lim_{\Delta s \to 0} \left| \frac{\Delta \alpha}{\Delta s} \right|.$$

当导数 $\dfrac{\mathrm{d}\alpha}{\mathrm{d}s}$ 存在时, 则

$$K = \left| \frac{\mathrm{d}\alpha}{\mathrm{d}s} \right|. \tag{3-7-4}$$

对于直线来说, 由于其切线就是直线本身, 故切线的倾角 α 不改变, 即 $\Delta \alpha = 0$, 因此直线上任意点处的曲率都等于零, 这与 "直线不弯曲" 这一事实相一致.

例 3　求半径为 R 的圆的曲率.

解　设 M 为该圆周上的任意一点, M' 为圆周上与 M 邻近的点, 圆弧 $\overset{\frown}{MM'}$ 对应的中心角记作 $\Delta \alpha$, 则 $\Delta s = |\overset{\frown}{MM'}| = R\Delta \alpha$, 则圆弧 MM' 两端切线的倾斜角的改变量等于 $\Delta \alpha$, 由于

$$\frac{\Delta \alpha}{\Delta s} = \frac{1}{R},$$

由曲率的定义得圆周上 M 点的曲率为

$$K = \left| \frac{\mathrm{d}\alpha}{\mathrm{d}s} \right| = \frac{1}{R}.$$

上式说明, 圆上每一点的弯曲程度都相同, 其曲率都等于圆半径的倒数, 圆的半径越小, 曲率越大, 即圆弯曲得越厉害, 这也与圆给我们的直觉相一致.

2. 曲率的计算公式

根据曲率的定义可以推出对于一般曲线便于计算的曲率公式.

设 $y = f(x)$ 具有二阶导数, $M(x, f(x))$ 为曲线 $y = f(x)$ 上任一点, α 为点 M 处切线的倾斜角, 则点 M 处的切线的斜率为

$$y' = \tan \alpha,$$

对上式求 x 的导数, 得

$$y'' = \sec^2 \alpha \cdot \frac{\mathrm{d}\alpha}{\mathrm{d}x} = \left(1 + y'^2 \right) \frac{\mathrm{d}\alpha}{\mathrm{d}x},$$

则

$$d\alpha = \frac{y''}{1 + y'^2}dx,$$

而已知弧微分为

$$ds = \sqrt{1 + y'^2}dx,$$

因此有

$$\frac{d\alpha}{ds} = \frac{y''}{(1 + y'^2)^{\frac{3}{2}}},$$

则曲线 $y = f(x)$ 在 M 点处的曲率计算公式为

$$K = \frac{|y''|}{(1 + y'^2)^{\frac{3}{2}}}. \qquad (3\text{-}7\text{-}5)$$

如果曲线 L 由参数方程 $\begin{cases} x = \varphi(t), \\ y = \psi(t) \end{cases}$ 给出, 则有

$$y_x' = \frac{\psi'(t)}{\varphi'(t)}, \quad y_x'' = \frac{\psi''(t)\varphi'(t) - \varphi''(t)\psi'(t)}{[\varphi'(t)]^3},$$

将它们代入 (3-7-5) 式, 得曲线 L 的曲率计算公式为

$$K = \left| \frac{\dfrac{\psi''(t)\varphi'(t) - \varphi''(t)\psi'(t)}{[\varphi'(t)]^3}}{\left[1 + \dfrac{\psi'^2(t)}{\varphi'^2(t)}\right]^{\frac{3}{2}}} \right| = \frac{|\psi''(t)\varphi'(t) - \varphi''(t)\psi'(t)|}{[\psi'^2(t) + \varphi'^2(t)]^{\frac{3}{2}}}. \qquad (3\text{-}7\text{-}6)$$

例 4 求双曲线 $xy = 4$ 在点 $M(2,2)$ 处的曲率.

解 由 $xy = 4$, 得 $y = \dfrac{4}{x}$, 则

$$y' = -\frac{4}{x^2}, \quad y'' = 8x^{-3},$$

在点 $M(2,2)$ 处, $y' = -1, y'' = 1$, 代入曲率公式 (3-7-5), 得

$$K|_{(2,2)} = \left. \frac{|y''|}{(1 + y'^2)^{\frac{3}{2}}} \right|_{(2,2)} = \left| \frac{1}{2^{\frac{3}{2}}} \right| = \frac{\sqrt{2}}{4}.$$

例 5　计算星形线 $x = a\cos^3 t, y = a\sin^3 t(a > 0)$ 上对应 $t = \dfrac{\pi}{4}$ 的点处的曲率.

解　因为

$$\frac{\mathrm{d}x}{\mathrm{d}t} = -3a\cos^2 t\sin t, \quad \frac{\mathrm{d}y}{\mathrm{d}t} = 3a\sin^2 t\cos t,$$

$$\frac{\mathrm{d}y}{\mathrm{d}x} = \frac{\dfrac{\mathrm{d}y}{\mathrm{d}t}}{\dfrac{\mathrm{d}x}{\mathrm{d}t}} = \frac{3a\sin^2 t\cos t}{-3a\cos^2 t\sin t} = -\tan t,$$

$$\frac{\mathrm{d}^2 y}{\mathrm{d}x^2} = \frac{\dfrac{\mathrm{d}}{\mathrm{d}t}\left(\dfrac{\mathrm{d}y}{\mathrm{d}x}\right)}{\dfrac{\mathrm{d}x}{\mathrm{d}t}} = \frac{-\sec^2 t}{-3a\cos^2 t\sin t} = \frac{1}{3a\sin t\cos^4 t},$$

代入曲率计算公式 (3-7-6), 得

$$K = \left|\frac{\dfrac{1}{3a\sin t\cos^4 t}}{\left(1 + \tan^2 t\right)^{\frac{3}{2}}}\right|,$$

将 $t = \dfrac{\pi}{4}$ 代入上式, 得

$$K\Big|_{t=\frac{\pi}{4}} = \frac{2}{3a}.$$

由曲率的概念与计算公式可知, 曲线上任意点处的弯度都可以用一个非负数来表示, 假设曲线上某点处的曲率为 $K(K \neq 0)$ 时, 由例 3 可知半径 $R = \dfrac{1}{K}$ 的圆上各点的曲率都等于 K, 即曲线在该点处的曲率与半径为 $R = \dfrac{1}{K}$ 的圆的曲率相同, 因此可借助半径为 $R = \dfrac{1}{K}$ 的圆形象地表示曲线在该点的弯曲程度.

定义 3　曲线上某点 M 处的曲率 $K(K \neq 0)$ 的倒数 $\dfrac{1}{K}$ 称为该曲线在点 M 处的**曲率半径**, 记作 R, 即

$$R = \frac{1}{K} = \frac{(1 + y'^2)^{\frac{3}{2}}}{|y''|}.$$

定义 4　设曲线 $y = f(x)$ 在点 $M(x, y)$ 处的曲率为 $K(K \neq 0)$, 在点 M 处的曲线的法线上, 在凹向的一侧取一点 $M_0(x_0, y_0)$, 使 $|MM_0| = \dfrac{1}{K} = R$, 以 $M_0(x_0,$

$y_0)$ 为圆心, R 为半径作圆, 则称此圆为曲线 $y = f(x)$ 在点 $M(x, y)$ 处的**曲率圆**, 点 $M_0(x_0, y_0)$ 称为曲线在点 $M(x, y)$ 处的曲率中心, 曲率圆的半径 R 就是曲线在点 $M(x, y)$ 处的**曲率半径** (图 3-7-4).

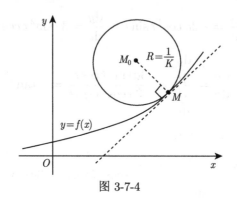

图 3-7-4

如果曲线 $y = f(x)$ 具有二阶导数, 且 $y'' \neq 0$, 设在 M 处该曲线的曲率圆方程为

$$(x - x_0)^2 + (y - y_0)^2 = R^2,$$

则可求得该曲率圆的圆心为

$$\begin{cases} x_0 = x - \dfrac{y'(1 + y'^2)}{y''}, \\ y_0 = y + \dfrac{1 + y'^2}{y''}. \end{cases} \tag{3-7-7}$$

显然曲线与曲率圆有密切的关系: 曲线与曲率圆在 M 处有公共的切线、相等的曲率、相同的凹凸性. 故曲率圆在切点处与曲线极为接近, 所以曲率圆也叫**密切圆**.

例 6 求曲线 $xy = 4$ 在点 $M(2, 2)$ 处的曲率圆.

解 由例 4 已求得, 在 $M(2, 2)$ 处, $y' = -1$, $y'' = 1$, $R = 2\sqrt{2}$, 又由公式 (3-7-7), 求得

$$x_0 = 2 - \frac{-1(1 + 1)}{1} = 4, \quad y_0 = 2 + \frac{(1 + 1)}{1} = 4,$$

故所求的曲率圆方程为

$$(x - 4)^2 + (y - 4)^2 = 8.$$

在实际应用中, 为了简化问题, 常用在点 M 的曲率圆上邻近 M 点的一段圆弧来近似代替该点邻近的曲线弧.

例 7 设有一金属工件的内表面截线为曲线 $y = \dfrac{1}{2}x^2$, 要将其内侧表面打磨光滑, 问应该选用多大直径的砂轮效率最高?

解 用砂轮打磨时, 如果砂轮直径过大, 将会使加工点附近部分磨得过多, 如果砂轮直径过小, 则显然会增加打磨时间. 因此最佳选择是: 选曲率半径的最小值为砂轮的半径.

由于 $y' = x$, $y'' = 1$, 故曲线上任一点处的曲率为

$$K = \frac{1}{(1+x^2)^{\frac{3}{2}}},$$

则曲线 $y = \dfrac{1}{2}x^2$ 的曲率半径为

$$R = \frac{1}{K} = \left(1+x^2\right)^{\frac{3}{2}},$$

当 $x = 0$ 时, 即抛物线 $y = \dfrac{1}{2}x^2$ 在其顶点 $(0,0)$ 处的曲率最大, 曲率半径最小, 这时最小值为 $R_{\min} = 1$ (长度单位). 因此当选用的砂轮直径为 $2R_{\min} = 2$ (长度单位) 时, 效率最高.

例 8 在修建铁路时, 在站点处需要把铁轨由直线段转向半径为 R 的圆弧路段, 为了避免离心率的突变, 确保快速行进中的列车在转弯处平稳运行, 要求轨道曲线有连续变化的曲率. 因此需要在直线路段到圆弧路段之间衔接一段叫作缓和曲线的弯道 $\overset{\frown}{OA}$ (图 3-7-5), 以便铁轨的曲率从零连续地递增到 $\dfrac{1}{R}$, 讨论缓和曲线的方程.

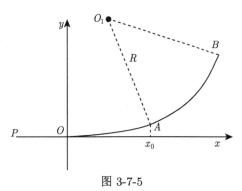

图 3-7-5

解 由曲率的计算公式易知, 在原点处的曲率为零的最简多项式为三次曲线, 且其曲率从零连续地递增, 因此在工程设计中通常采用三次抛物线作为铁路或公路的缓和曲线.

图 3-7-5 中, $\overline{PO}$ 为直轨, $\overset{\frown}{AB}$ 为圆弧路轨, 而 $\overset{\frown}{OA}$ 为缓和曲线, 为实际计算方

便, 缓和曲线方程常选用三次抛物线

$$y = \frac{ax^3}{R} \quad (a > 0).$$

下面只需确定 a, 使曲线 $y = \dfrac{ax^3}{R}$ 从原点 O 到点 A 这一段曲线弧的曲率从 0 增大到 $\dfrac{1}{R}$, 设点 A 的横坐标为 $x_0, |\overset{\frown}{OA}| = l$, 又

$$y' = \frac{3ax^2}{R}, \quad y'' = \frac{6ax}{R},$$

并令 $K|_A = \dfrac{1}{R}$. 故由曲率公式得

$$\frac{1}{R} = K|_A = \frac{\left| \dfrac{6ax_0}{R} \right|}{\left(1 + \dfrac{9a^2x_0^4}{R^2} \right)^{\frac{3}{2}}},$$

实际中 R 的值远大于 l, 于是 $x_0 \approx l$, 则

$$\frac{3ax_0^2}{R} \approx 0, \quad \frac{1}{R} \approx \frac{6al}{R},$$

因此可取 $a \approx \dfrac{1}{6l}$, 从而所求的缓和曲线方程为 $y \approx \dfrac{x^3}{6lR}$.

习　题　3-7

A 组

课件3-7-3

1. 求下列曲线的弧微分:

(1) $y = \ln \sin x$;

(2) 悬链线 $y = \dfrac{a}{2} \left(e^{\frac{x}{a}} + e^{-\frac{x}{a}} \right) (a > 0)$;

(3) $y = x^3 + 1$.

2. 求下列曲线在给定点处的曲率及曲率半径:

(1) 设 $y = x^2$, 则此曲线在点 $(1,1)$ 处;

(2) $y = \ln(x+1)$ 在 $O(0,0)$ 处;

(3) 椭圆 $4x^2 + y^2 = 4$ 在 $A(0,2)$ 处.

3. 求曲线 $x = a\cos t, y = b\sin t$ 在 $t = \dfrac{\pi}{4}$ 处的曲率.

4. 求抛物线 $y = x^2$ 在顶点 $O(0,0)$ 处的曲率圆.

5. 试问抛物线 $y^2 = 8x$ 上哪些点处的曲率为 0.128? 并求该点处的曲率半径.

6. 求椭圆 $x^2 - xy + y^2 = 3$ 在点 $(1,2)$ 处的曲率.

B 组

1. 试问对数曲线 $y = \ln x$ 上哪一点处的曲率半径最小？并求该点处的曲率半径.

2. 求曲线 $y = \dfrac{1}{3}x^3$ 的最小曲率半径.

本 章 小 结

本章首先介绍了微分学中值定理的三种形式, 它是微分学应用的重要理论依据, 在此基础上给出了利用导数求未定式极限的洛必达法则与函数的泰勒展开式, 并利用导数工具揭示了函数的各种性态 (如函数的单调性、极值、最值、凹凸性、拐点及图形等), 这种利用导数研究的方法 (微分法) 和重要结论可以应用到很多领域中, 具体总结如下.

1. 罗尔定理是拉格朗日中值定理的特殊情形, 而柯西中值定理是拉格朗日中值定理的推广. 常运用它们讨论导数方程 $f'(x) = 0$ 的根、含有导数的中值存在性以及不等式证明等命题, 运用时须注意如下几点.

(1) 选择合适的中值定理是解决问题的关键, 构造辅助函数是解决问题的难点, 应根据所解决的问题和每个中值定理的特点来确定, 微分中值定理应用难度大、技巧强, 特别是如何构造合适的辅助函数, 需要读者善于观察与分析, 并总结规律.

(2) 运用微分学中值定理时, 须验证定理的条件是否成立, 不可随意盲目地运用中值定理, 以避免产生错误的结果.

(3) 要注意三个中值定理中的中值点 ξ 都是开区间 (a, b) 内的一个理论值, 而不是任意值. 因此根据该中值 ξ 的存在性与范围, 可以证明一些不等式.

2. 若问题中出现了一阶、二阶甚至更高阶的导数, 则可考虑选用泰勒中值定理, 应用泰勒公式的关键是需要根据问题选择函数在哪一点处展开.

3. 洛必达法则是求 " $\dfrac{0}{0}$ " 与 " $\dfrac{\infty}{\infty}$ " 未定式极限的有效工具, 在第 2 章中不易或不能求解的极限, 运用该法则可轻易求出, 但运用时需注意下列问题:

(1) 须先验证该法则的条件是否都成立, 有一个条件不成立, 就不能用该法则.

(2) 应用该法则时如果能结合其他求极限的方法 (如等价无穷小的替换、重要极限公式、变量代换等) 求解, 将收到更好的效果.

(3) 该法则可以连用, 但每用一次都需重复注意上面两个问题, 避免造成错误.

(4) 洛必达法则不是万能的, 该法则的条件是极限存在的充分条件, 而非必要条件, 当极限 $\lim \dfrac{f'(x)}{g'(x)}$ 不存在, 也不是 ∞ 时, 原极限 $\lim \dfrac{f(x)}{g(x)}$ 仍然可能存在, 但不能用洛必达法则求解, 即这时洛必达法则失效.

4. 利用函数的一阶、二阶导数的符号来研究函数的单调性、极值、凹凸性与拐点等局部性态, 综合起来就可得到函数的整体性态.

(1) 研究函数 $f(x)$ 的单调性时, 应先用函数的驻点与不可导点将函数的定义域划分成若干部分区间, 再根据其导数在每个部分区间内的符号, 判别其在各部分区间上的单调性.

(2) 研究函数的凹凸区间时, 则应用二阶导数的零点与不存在的点来划分区间, 进而根据 $f''(x)$ 在每个部分区间内的符号, 判别其部分区间的凹凸性.

(3) 驻点与不可导点是连续函数的可能极值点. 利用极值存在的第一充分条件, 可以判别驻点与不可导点是否为极值点; 而对于二阶导数存在且不等于零的驻点, 还可利用极值存在的第二充分条件判别它是否为极值点.

5. 最大值与最小值

函数的最值和极值是全局和局部两个不同的概念, 但也有一定的联系, 最大(小) 值的求法归纳如下:

(1) 有界闭区间上连续函数的最大值与最小值必定存在, 最大 (小) 值仅可能出现在驻点、不可导点和端点之中, 因此只需求出这三类点的函数值, 再加以比较, 即可求出该函数在闭区间上的最大 (小) 值.

(2) 对于一般开区间内连续函数的最值问题, 除了求出函数在开区间内的驻点、不可导点及其函数值外, 还需要考察区间左、右端点的右、左极限, 再将这些值进行比较, 则可确定函数在开区间内的最大 (小) 值.

(3) 对于实际问题中的最值应用题, 需先建立目标函数, 若目标函数的定义域是某开区间, 且在该开区间内可导, 驻点唯一, 且可根据实际问题判断出所求的最大 (小) 值必在开区间内取得, 则该驻点就是目标函数的最大 (小) 值.

6. 不等式的证明

不等式证明是高等数学中的一类重要问题, 本章介绍了很多利用导数证明不等式的方法, 需根据不等式的结构特点, 选择有效的方法来证明, 具体有: 利用微分中值定理、泰勒公式、单调性、极值与最大 (小) 值、凹凸性等证明方法.

7. 渐近线与函数图形的描绘

(1) 需利用相应的极限来确定曲线 $y = f(x)$ 的垂直、斜、水平渐近线, 当函数具有奇偶性时, 可先讨论曲线在一半区间上的渐近线, 再利用奇偶性确定另一半区间上的渐近线.

(2) 函数的分析作图   函数的分析作图就是先利用函数的一阶、二阶导数的符号来确定函数在定义域上的基本性态, 再综合利用函数的这些形态, 仅用若干个关键点即可较准确地描绘出函数的图形, 从而起到事半功倍的效果.

8. 曲线的曲率与曲率圆

(1) 曲线上一点的曲率就是曲线平均曲率的极限, 即 $K = \lim\limits_{\Delta s \to 0} \left| \dfrac{\Delta \alpha}{\Delta s} \right|$, 当导数 $\dfrac{\mathrm{d}\alpha}{\mathrm{d}s}$ 存在时, 有 $K = \left| \dfrac{\mathrm{d}\alpha}{\mathrm{d}s} \right|$, 当函数具有二阶导数时, 可用曲率公式 $K = \dfrac{|y''|}{(1 + y'^2)^{\frac{3}{2}}}$ 计算.

(2) 曲线在一点 M 处与该点的曲率圆有: 公共的切线、相等的曲率、相同的凹凸性. 曲率圆的实际意义在于: 在点 M 邻近的曲线弧可用在 M 点邻近的一段曲率圆弧来近似代替.

总复习题 3

1. 填空题:

(1) 函数 $y = \mathrm{e}^x + \mathrm{e}^{-x}$ 单调递增区间是_____.

(2) 已知函数 $y = x\mathrm{e}^{ax}(a \neq 0)$ 的唯一极值点为 $x = -\dfrac{1}{3}$, 则 $a =$ _____.

(3) 函数 $y = x^4 - 8x^2 + 2 \ (-1 \leqslant x \leqslant 3)$ 的最小值为_____.

(4) 设函数 $f(x) = \arctan x - \dfrac{x}{1 + ax^2}$, 且 $f'''(0) = 1$, 则 $a =$ _____. (2016 考研真题)

(5) 曲线 $y = x\left(1 + \arcsin \dfrac{2}{x}\right)$ 的斜渐近线方程为_____. (2017 考研真题)

2. 选择题:

(1) 设 $f(x)$ 在 $(-\infty, +\infty)$ 内可导, 且 $\forall x_1, x_2 \in (-\infty, +\infty)$, 当 $x_1 < x_2$ 时, 都有 $f(x_1) < f(x_2)$, 则 (　　)

(A) $\forall x, f'(x) > 0$ (B) $\forall x, f'(-x) > 0$

(C) 函数 $f(-x)$ 单调增加   (D) 函数 $-f(-x)$ 单调增加.

(2) 已知 $f(x)$ 在 $x = 0$ 的某个邻域内有定义, 且 $f(0) = 0$, $\lim\limits_{x \to 0} \dfrac{f(x)}{1 - \cos x} = 2$, 则在 $x = 0$ 点处 $f(x)$ 具有如下特性 (　　)

(A) 不可导   (B) 可导, 且 $f'(0) \neq 0$

(C) 取极大值   (D) 连续、可导且取极小值.

(3) 设函数 $f(x)$ 具有二阶导数, $g(x) = f(0)(1-x) + f(1)x$, 则在 $[0,1]$ 上 (　　)(2014 考研真题)

(A) 当 $f'(x) \geqslant 0$ 时, $f(x) \geqslant g(x)$ (B) 当 $f'(x) \geqslant 0$ 时, $f(x) \leqslant g(x)$

(C) 当 $f''(x) \geqslant 0$ 时, $f(x) \geqslant g(x)$ (D) 当 $f''(x) \geqslant 0$ 时, $f(x) \leqslant g(x)$.

(4) 曲线 $\begin{cases} x = t^2 + 7, \\ y = t^2 + 4t + 1 \end{cases}$ 上对应于 $t = 1$ 的点处的曲率半径是 (　　)(2014 考研真题)

(A) $\dfrac{\sqrt{10}}{50}$ (B) $\dfrac{\sqrt{10}}{100}$ (C) $10\sqrt{10}$ (D) $5\sqrt{10}$.

(5) 设函数 $f(x) = \sec x$ 在 $x = 0$ 处的二阶泰勒多项式为 $1 + ax + bx^2$, 则 (　　)(2021 考研真题)

(A) $a = 1, b = -\dfrac{1}{2}$ (B) $a = 1, b = \dfrac{1}{2}$

(C) $a = 0, b = -\dfrac{1}{2}$ (D) $a = 0, b = \dfrac{1}{2}$.

3. 设 $y = f(x)$ 在 $[a, b]$ 二阶可导, $A(a, f(a)), B(b, f(b))$, 且存在 $c \in (a, b)$, 使点 $C(c, f(c))$ 与 A, B 共线, 求证: $\exists \xi \in (a, b)$, 使 $f''(\xi) > 0$.

4. 设函数 $f(x)$ 在 $[0, 1]$ 上连续, 在 $(0, 1)$ 内可导, 且 $f(0) = f(1) = 0, f\left(\dfrac{1}{2}\right) = 1$, 证明:

(1) 存在 $\eta \in (0, 1)$, 使得 $f(\eta) = \eta$;

(2) 存在 $\xi \in (0, 1)$, 使得 $f'(\xi) = [f(\xi) - \xi]\tan \xi + 1$.

5. 设 $0 < a < b$, 证明 $\dfrac{2a}{a^2 + b^2} < \dfrac{\ln b - \ln a}{b - a} < \dfrac{1}{\sqrt{ab}}$.

6. 求下列极限:

(1) $\lim\limits_{x \to 0} \dfrac{x - \tan x}{x^2 \ln(1 + x)}$;   (2) 求 $\lim\limits_{x \to 0}\left(\dfrac{1}{x^2} - \dfrac{\cos^2 x}{\sin^2 x}\right)$;

(3) $\lim\limits_{x \to \infty} x^2\left(1 - x\sin\dfrac{1}{x}\right)$;   (4) $\lim\limits_{x \to \infty}\left[x - x^2 \ln\left(1 + \dfrac{1}{x}\right)\right]$;

(5) $\lim\limits_{n \to \infty} n^2\left(\arctan\dfrac{a}{n} - \arctan\dfrac{a}{n+1}\right)$;   (6) $\lim\limits_{x \to +\infty}\left(\dfrac{2}{\pi}\arctan x\right)^x$.

7. 设 $f(0) = 0, f'(0) = 1, f''(0) = 2$, 求 $\lim\limits_{x \to 0} \dfrac{f(x) - x}{x^2}$.

8. 证明方程 $x^3 - 5x - 2 = 0$ 只有一个正根.

9. 求函数 $y = x^3 - 3ax + 2$ 的极值, 并问方程 $x^3 - 3ax + 2 = 0$ 何时有三个不同实根? 何时有唯一实根?

10. 函数 $f(x)$ 对于一切实数 x 满足方程 $xf''(x) + 3x\left[f'(x)\right]^2 = 1 - \mathrm{e}^{-x}$,

(1) 若 $f(x)$ 在点 $x = c(c \neq 0)$ 有极值, 试证它是极小值;

(2) 若 $f(x)$ 在点 $x = 0$ 有极值, 则它是极大值还是极小值?

11. 求椭圆 $x^2 - xy + y^2 = 3$ 上纵坐标最大和最小的点.

12. 设曲线 $y = \dfrac{1}{x^2}$, 求:

(1) 曲线在横坐标 x_0 处的切线方程;

(2) 曲线的切线被两坐标轴所截线段的最短长度.

13. 某企业生产某产品的固定成本为 60000 元, 可变成本为 20 元/件, 价格函数为

$$P = 60 - \dfrac{Q}{1000},$$

其中 P 是单价 (单价: 元), Q 是销售量 (单位: 件). 已知产销平衡, 求

(1) 当 $P = 50$ 时的边际利润, 并解释相应的经济意义;

(2) 利润达到最大时的定价 P? 并求最大利润值.

14. 求数列 $S_n = \sqrt[n]{n}$ 的最大项.

15. 设函数 $f(x) = \ln x + \dfrac{1}{x}$,

(1) 求 $f(x)$ 的最小值;

(2) 设数列 $\{x_n\}$ 满足 $\ln x_n + \dfrac{1}{x_{n+1}} < 1$, 证明极限 $\lim\limits_{n \to \infty} x_n$ 存在, 并求此极限. (2013 考研真题)

16. 设函数 $f(x)$ 在区间 $[0,1]$ 上具有二阶导数, 且 $f(1) > 0$, $\lim\limits_{x \to 0^+} \dfrac{f(x)}{x} < 0$, 试证:

(1) 方程 $f(x) = 0$ 在区间 $(0,1)$ 内至少存在一个实根;

(2) 方程 $f(x)f''(x) + \left[f'(x)\right]^2 = 0$ 在区间 $(0,1)$ 内至少存在两个不同的实根. (2017 考研真题)

第4章
Chapter 4

不定积分

前面我们讨论了已知函数求导数或微分的问题, 比如已知曲线方程求切线的斜率, 已知物体运动的路程函数求即时速度. 在理论和实践中, 常常遇到相反的问题, 即已知曲线上任意一点处的切线的斜率求曲线方程, 已知物体运动的即时速度求路程函数. 又如, 利用罗尔定理证明中值等式中, 一些辅助函数的构造即是已知导数或微分求原函数. 这种由导数或微分求原函数的运算称为不定积分. 本章将介绍不定积分的概念、性质及其计算方法.

4.1 不定积分的概念与性质

一、原函数

课前测4-1-1

定义 1 设函数 $f(x)$ 是定义在区间 I 上的已知函数, 若存在函数 $F(x)$, 满足对 $\forall x \in I$, 恒有

$$F'(x) = f(x) \quad \text{或} \quad \mathrm{d}F(x) = f(x)\mathrm{d}x,$$

则称函数 $F(x)$ 为 $f(x)$(或 $f(x)\mathrm{d}x$) 在区间 I 上的一个**原函数**.

例如, 因 $(\sin x)' = \cos x$, 故 $\sin x$ 是 $\cos x$ 在 $\mathbf{R}$ 上的一个原函数. 实际上, 对任意常数 C, $\sin x + C$ 都是 $\cos x$ 在 $\mathbf{R}$ 上的原函数. 又如 $\arctan x$ 是 $\dfrac{1}{1+x^2}$ 在 $\mathbf{R}$ 上的一个原函数, $\ln x$ 是 $\dfrac{1}{x}$ 在 $(0, +\infty)$ 上的一个原函数.

原函数的概念4-1-2

关于原函数, 我们首先要关注它的存在性, 本节仅给出原函数存在的一个充分条件, 第 5 章给出证明.

定理 1(原函数存在定理) 若函数 $f(x)$ 在区间 I 上连续, 则在区间 I 上存在可导函数 $F(x)$, 使对 $\forall x \in I$, 都有 $F'(x) = f(x)$.

简言之, 连续函数必定存在原函数.

设 C 为任意常数, 函数的原函数具有下列性质.

性质 1 若 $F(x)$ 是 $f(x)$ 在区间 I 上的一个原函数,则 $F(x)+C$ 也是 $f(x)$ 的原函数.

证 若 $F'(x) = f(x)$,则 $[F(x)+C]' = F'(x) = f(x)$,所以 $F(x)+C$ 也是 $f(x)$ 的原函数.

性质 2 若 $F(x),G(x)$ 为 $f(x)$ 在区间 I 上的两个原函数,则 $G(x) = F(x) + C$.

证 因为 $F'(x) = f(x)$, $G'(x) = f(x)$,所以 $[F(x) - G(x)]' = F'(x) - G'(x) = 0$,从而

$$G(x) = F(x) + C.$$

可见原函数不唯一,且任意两个原函数之间仅相差一个常数 C. 设 $F(x)$ 为 $f(x)$ 的一个原函数,则 $f(x)$ 的全体原函数构成的集合为函数族 $\{F(x) + C | C$ 为常数$\}$. 当取 C 为某个定值时,$F(x) + C$ 表示 $f(x)$ 的一个原函数.

二、 不定积分

定义 2 若 $F(x)$ 是 $f(x)$ 在区间 I 上的一个原函数,则称 $F(x) + C$ 为 $f(x)$ 在区间 I 上的**不定积分**,记作 $\int f(x)\mathrm{d}x$. 即

$$\int f(x)\mathrm{d}x = F(x) + C,$$

其中 C 为任意常数,记号 $\int$ 称为**积分号**,$f(x)$ 称为**被积函数**,$f(x)\mathrm{d}x$ 称为**被积表达式**,x 称为**积分变量**.

由定义 2 知,不定积分 $\int f(x)\mathrm{d}x$ 表示 $f(x)$ 的全体原函数. 求 $\int f(x)\mathrm{d}x$ 的关键在于求出 $f(x)$ 的一个原函数. 例如,$\int \cos x\mathrm{d}x = \sin x + C$,$\int \dfrac{1}{1+x^2}\mathrm{d}x = \arctan x + C$.

一方面,因为 $\int f(x)\mathrm{d}x$ 是 $f(x)$ 的原函数,所以

$$\left[\int f(x)\mathrm{d}x\right]' = f(x), \tag{4-1-1}$$

或

$$\mathrm{d}\left[\int f(x)\mathrm{d}x\right] = f(x)\mathrm{d}x.$$

另一方面,又因为 $F(x)$ 是 $F'(x)$ 的原函数,所以

$$\int F'(x)\mathrm{d}x = F(x) + C, \tag{4-1-2}$$

或

$$\int \mathrm{d}F(x) = F(x) + C.$$

由此可见, 不定积分与微分运算互为逆运算. 先后对函数作这两种运算, 或者还原, 或者还原后相差一个任意常数 C. 式 (4-1-1) 表明, 不定积分的导数应等于被积函数, 此结论可用于检验不定积分运算的正确性.

例 1 求 $\int x^3\mathrm{d}x$.

解 由 $\left(\dfrac{x^4}{4}\right)' = x^3$, 得 $\dfrac{x^4}{4}$ 是 x^3 的一个原函数, 所以 $\int x^3\mathrm{d}x = \dfrac{x^4}{4} + C$.

例 2 求 $\int \dfrac{1}{x}\,\mathrm{d}x$.

解 当 $x > 0$ 时, 因为 $(\ln x)' = \dfrac{1}{x}$, 所以在 $(0, +\infty)$ 内, $\int \dfrac{1}{x}\,\mathrm{d}x = \ln x + C$.

当 $x < 0$ 时, 因为 $[\ln(-x)]' = \dfrac{1}{-x}\cdot(-1) = \dfrac{1}{x}$, 所以在 $(-\infty, 0)$ 内,

$$\int \dfrac{1}{x}\,\mathrm{d}x = \ln(-x) + C.$$

综上, 对任意 $x \neq 0$,

$$\int \dfrac{1}{x}\,\mathrm{d}x = \ln|x| + C.$$

例 3 求 $\int a^x\mathrm{d}x\,(a > 0,\ a \neq 1)$.

解 因为 $\left(\dfrac{a^x}{\ln a}\right)' = a^x$, 所以

$$\int a^x\mathrm{d}x = \dfrac{a^x}{\ln a} + C \quad (a > 0,\ a \neq 1).$$

例 4 设曲线 $y = f(x)$ 通过点 $(1, 2)$, 且在任意一点处切线的斜率为 $2x$, 求此曲线的方程.

解 根据题意知 $f'(x) = 2x$, 即 $f(x)$ 是 $2x$ 的一个原函数, 从而

$$f(x) = \int 2x\mathrm{d}x = x^2 + C.$$

又曲线通过点 $(1, 2)$, 故 $2 = 1 + C$, $C = 1$, 于是所求曲线方程为 $f(x) = x^2 + 1$.

函数 $f(x)$ 的一个原函数的图形称为 $f(x)$ 的一条积分曲线. 不定积分 $\int f(x)\mathrm{d}x$ 在几何上表示 $f(x)$ 的积分曲线族. 如图 4-1-1, 积分曲线族有如下特点: 各积分曲线在横坐标相同点处的切线的斜率相等, 都等于 $f(x)$. 任一条积分曲线可由另一条积分曲线沿 y 轴方向上下平移得到.

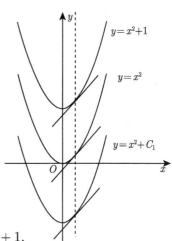

图 4-1-1

从几何上来看, 求 $f(x)$ 的原函数就是求 $f(x)$ 的积分曲线. 如: 例 4 即是求函数 $y = 2x$ 的通过点 $(1,2)$ 的那条积分曲线.

例 5　设某产品的边际成本函数为 $f(q) = 4q + 1$, 其中 q 为产量. 已知生产该产品的固定成本为 2, 求生产该产品的成本函数 $C(q)$.

解　根据题意, 有

$$C'(q) = f(q) = 4q + 1.$$

因为

$$(2q^2 + q)' = 4q + 1,$$

所以 $2q^2 + q$ 是 $4q + 1$ 的一个原函数, 从而

$$C(q) = \int (4q + 1)\mathrm{d}q = 2q^2 + q + C.$$

已知生产该产品的固定成本为 2, 即当产量 $q = 0$ 时, 成本为 2, 则有

$$C(0) = C = 2.$$

因此, 所求生产成本函数为

$$C(q) = 2q^2 + q + 2.$$

三、　不定积分的性质

性质 3　设函数 $f(x)$ 的原函数存在, k 为非零常数, 则

$$\int kf(x)\mathrm{d}x = k \int f(x)\mathrm{d}x.$$

证　因为 $\left(k \int f(x)\mathrm{d}x \right)' = k \left(\int f(x)\mathrm{d}x \right)' = kf(x)$, 所以

$$\int kf(x)\mathrm{d}x = k \int f(x)\mathrm{d}x.$$

类似可证明不定积分有下列性质.

性质 4 设函数 $f(x)$ 与 $g(x)$ 的原函数均存在, 则

$$\int [f(x) \pm g(x)]\mathrm{d}x = \int f(x)\mathrm{d}x \pm \int g(x)\mathrm{d}x.$$

性质 4 可推广到有限个函数的情形.

四、 基本积分公式

由不定积分与微分运算的互逆性及基本求导公式, 可得到相应的基本积分公式:

(1) $\int k\mathrm{d}x = kx + C$ (k 是常数);   (2) $\int x^{\mu}\mathrm{d}x = \dfrac{x^{\mu+1}}{1+\mu} + C$ ($\mu \neq -1$);

(3) $\int \dfrac{1}{x}\mathrm{d}x = \ln|x| + C$;   (4) $\int \mathrm{e}^x\mathrm{d}x = \mathrm{e}^x + C$;

(5) $\int a^x\mathrm{d}x = \dfrac{a^x}{\ln a} + C$ ($a > 0,\ a \neq 1$);   (6) $\int \cos x\mathrm{d}x = \sin x + C$;

(7) $\int \sin x\mathrm{d}x = -\cos x + C$;

(8) $\int \sec^2 x\mathrm{d}x = \int \dfrac{1}{\cos^2 x}\,\mathrm{d}x = \tan x + C$;

(9) $\int \csc^2 x\mathrm{d}x = \int \dfrac{1}{\sin^2 x}\,\mathrm{d}x = -\cot x + C$;

(10) $\int \sec x \tan x\mathrm{d}x = \sec x + C$;   (11) $\int \csc x \cot x\mathrm{d}x = -\csc x + C$;

(12) $\int \dfrac{1}{\sqrt{1-x^2}}\,\mathrm{d}x = \arcsin x + C$;   (13) $\int \dfrac{1}{1+x^2}\,\mathrm{d}x = \arctan x + C$;

(14) $\int \mathrm{sh}\ x\mathrm{d}x = \mathrm{ch}\ x + C$;   (15) $\int \mathrm{ch}\ x\mathrm{d}x = \mathrm{sh}\ x + C$.

利用不定积分的性质和基本积分公式可以求一些简单函数的不定积分.

例如, 计算不定积分 $\int (6x^2 - 2x + 1)\mathrm{d}x$, 有

$$\int (6x^2 - 2x + 1)\mathrm{d}x = 6\int x^2\mathrm{d}x - 2\int x\mathrm{d}x + \int \mathrm{d}x = 2x^3 - x^2 + x + C.$$

由于每个积分号都含有任意常数, 而这些任意常数之和仍是任意常数, 因此, 只要合并写出一个任意常数 C 即可. 此外, 被积函数为 1 的不定积分可以简记为 $\int \mathrm{d}x$.

五、 直接积分法

通过代数式、三角函数间的恒等变形, 利用不定积分的性质, 将不定积分转化为基本积分公式中包含的不定积分, 从而可分项积分的方法称为**直接积分法**或**分项积分法**.

例 6 求 $\displaystyle\int (1+\sqrt{x})^4 \mathrm{d}x$.

解 该不定积分不能直接用基本积分公式, 需要对被积函数作恒等变形, 化为基本积分公式中包含的不定积分后, 再逐项积分.

$$\int (1+\sqrt{x})^4 \mathrm{d}x = \int (1+4\sqrt{x}+6x+4x\sqrt{x}+x^2)\mathrm{d}x$$

$$= \int \mathrm{d}x + 4\int x^{\frac{1}{2}}\mathrm{d}x + 6\int x\mathrm{d}x + 4\int x^{\frac{3}{2}}\mathrm{d}x + \int x^2\mathrm{d}x$$

$$= x + \frac{8}{3}x^{\frac{3}{2}} + 3x^2 + \frac{8}{5}x^{\frac{5}{2}} + \frac{1}{3}x^3 + C.$$

例 7 求 $\displaystyle\int \frac{x\mathrm{e}^x + x^3 + 3}{x}\mathrm{d}x$.

解 $\displaystyle\int \frac{x\mathrm{e}^x + x^3 + 3}{x}\mathrm{d}x = \int \mathrm{e}^x\mathrm{d}x + \int x^2\mathrm{d}x + 3\int \frac{\mathrm{d}x}{x} = \mathrm{e}^x + \frac{x^3}{3} + 3\ln|x| + C.$

例 8 求 $\displaystyle\int \frac{\sqrt{1+x^2}}{\sqrt{1-x^4}}\,\mathrm{d}x$.

解 $\displaystyle\int \frac{\sqrt{1+x^2}}{\sqrt{1-x^4}}\,\mathrm{d}x = \int \frac{\sqrt{1+x^2}}{\sqrt{1-x^2}\sqrt{1+x^2}}\,\mathrm{d}x = \int \frac{1}{\sqrt{1-x^2}}\,\mathrm{d}x = \arcsin x + C.$

例 9 求 $\displaystyle\int \frac{\mathrm{d}x}{x^2(x^2+1)}$.

解 通过裂项作恒等变形, 将不定积分转化为基本积分公式.

$$\int \frac{\mathrm{d}x}{x^2(x^2+1)} = \int \frac{(x^2+1)-x^2}{x^2(x^2+1)}\mathrm{d}x = \int \frac{\mathrm{d}x}{x^2} - \int \frac{\mathrm{d}x}{x^2+1}$$

$$= \int x^{-2}\mathrm{d}x - \arctan x = -\frac{1}{x} - \arctan x + C.$$

例 10 求 $\displaystyle\int \tan^2 x\mathrm{d}x$.

解 利用三角函数的平方公式作恒等变形, 将不定积分化为基本积分公式.

$$\int \tan^2 x\mathrm{d}x = \int (\sec^2 x - 1)\mathrm{d}x = \int \sec^2 x\mathrm{d}x - \int \mathrm{d}x = \tan x - x + C.$$

例 11 求 $\displaystyle\int \sin^2 \frac{x}{2}\mathrm{d}x$.

解 $\displaystyle\int \sin^2 \frac{x}{2}\mathrm{d}x = \int \frac{1-\cos x}{2}\mathrm{d}x = \frac{1}{2}\int \mathrm{d}x - \frac{1}{2}\int \cos x\mathrm{d}x = \frac{1}{2}x - \frac{1}{2}\sin x + C.$

例 12 求 $\displaystyle\int \frac{\cos 2x}{\sin^2 x\cos^2 x}\,\mathrm{d}x$.

解 $\int \dfrac{\cos 2x}{\sin^2 x \cos^2 x}\,\mathrm{d}x = \int \dfrac{\cos^2 x - \sin^2 x}{\sin^2 x \cos^2 x}\mathrm{d}x = \int \dfrac{\mathrm{d}x}{\sin^2 x} - \int \dfrac{\mathrm{d}x}{\cos^2 x}$

$$= -\cot x - \tan x + C.$$

例 13 求 $\int \csc x(3\cot x - 4\csc x)\mathrm{d}x$.

解 $\int \csc x(3\cot x - 4\csc x)\mathrm{d}x = 3\int \csc x \cot x\mathrm{d}x - 4\int \csc^2 x\mathrm{d}x$

$$= -3\csc x + 4\cot x + C.$$

例 14 已知 $F'(x) = \sqrt{\dfrac{1+x}{1-x}} + \sqrt{\dfrac{1-x}{1+x}}$, $F(0) = 1$, 求满足条件的函数 $F(x)$.

解 由题设, $-1 < x < 1$,

$$F'(x) = \sqrt{\frac{1+x}{1-x}} + \sqrt{\frac{1-x}{1+x}} = \frac{1+x}{\sqrt{1-x^2}} + \frac{1-x}{\sqrt{1-x^2}} = \frac{2}{\sqrt{1-x^2}},$$

则

$$F(x) = \int F'(x)\mathrm{d}x = \int \frac{2}{\sqrt{1-x^2}}\mathrm{d}x = 2\arcsin x + C.$$

又 $F(0) = 1$, 代入上式, 得 $C = 1$. 于是 $F(x) = 2\arcsin x + 1$.

例 15 设 $f(x) = \begin{cases} \sqrt{x\sqrt{x}}, & x \geqslant 0, \\ 2^x - 1, & x < 0, \end{cases}$ 求 $\int f(x)\mathrm{d}x$.

解 因为 $\lim\limits_{x \to 0} f(x) = 0 = f(0)$, 所以 $f(x)$ 在 $x = 0$ 处连续, 从而 $f(x)$ 在 $(-\infty, +\infty)$ 上连续, 存在原函数. 分段计算不定积分, 得

$$\int f(x)\mathrm{d}x = \begin{cases} \dfrac{4}{7}x^{\frac{7}{4}} + C_1, & x \geqslant 0, \\[2mm] \dfrac{2^x}{\ln 2} - x + C_2, & x < 0. \end{cases}$$

因为原函数可导, 所以连续, 由连续性知

$$C_1 = \frac{1}{\ln 2} + C_2.$$

取 $C_1 = C$, 则 $C_2 = C - \dfrac{1}{\ln 2}$, 于是

$$\int f(x)\mathrm{d}x = \begin{cases} \dfrac{4}{7}x^{\frac{7}{4}} + C, & x \geqslant 0, \\[2mm] \dfrac{2^x - 1}{\ln 2} - x + C, & x < 0. \end{cases}$$

课件4-1-3

习 题 4-1

A 组

1. $\int d\arccos\sqrt{x} = $ _____.

2. 已知 $f'(x) = 1 + x^2$, 且 $f(0) = 1$, 求 $f(x)$.

3. 求下列不定积分:

(1) $\int \dfrac{\sqrt{x} - x + x^2 e^x}{x^2} dx$;

(2) $\int (2^x + x^2) dx$;

(3) $\int \left(\dfrac{1}{x} + \dfrac{3}{1 + x^2} - \dfrac{2}{\sqrt{1 - x^2}} \right) dx$;

(4) $\int \left(e^x - \dfrac{3}{x} \right) dx$;

(5) $\int \dfrac{\cos 2x}{\cos x - \sin x} dx$;

(6) $\int \cot^2 x dx$;

(7) $\int \dfrac{x^4}{1 + x^2} dx$;

(8) $\int \dfrac{2^{x+1} - 5^{x-1}}{10^x} dx$;

(9) $\int \dfrac{(x - \sqrt{x})(1 + \sqrt{x})}{\sqrt[3]{x}} dx$;

(10) $\int e^x \left(1 - \dfrac{e^{-x}}{\sqrt{x}} \right) dx$;

(11) $\int \dfrac{dx}{\sin^2 \frac{x}{2} \cos^2 \frac{x}{2}}$;

(12) $\int \dfrac{1 + 2x^2}{x^2(1 + x^2)} dx$;

(13) $\int 10^x \cdot 3^{2x} dx$;

(14) $\int \sec x(\sec x - \tan x) dx$;

(15) $\int \cos^2 \dfrac{x}{2} dx$;

(16) $\int \dfrac{dx}{1 + \cos 2x}$.

4. 曲线过点 $(1, 0)$, 且任意一点 (x, y) 处切线的斜率为 $\dfrac{1}{x} - \dfrac{1}{x^2}$, 求该曲线 $y = f(x)$ 的方程.

5. 设生产某产品 x 单位的总成本 C 是 x 的函数 $C(x)$, 固定成本 $C(0) = 20$ 元, 边际成本函数为 $C'(x) = 2x + 10$ 元/单位, 求总成本函数 $C(x)$.

B 组

1. 填空题:

(1) 设 $\int x f(x) dx = \arcsin x + C$, 则 $f(x) = $ _____.

(2) 设 $f(x)$ 的导函数是 $\sin x$, 则 $\int f(x) dx = $ _____.

(3) 已知 $f(x)$ 一个原函数为 e^{2x}, 则 $f'(x) = $ _____.

2. 设 $f'(\cos^2 x) = \sin^2 x$, 且 $f(0) = 0$, 求 $f(x)$.

3. 设 $f(x) = \begin{cases} e^x, & x \geqslant 0, \\ 1 + x, & x < 0, \end{cases}$ 求 $f(x)$ 在 $(-\infty, +\infty)$ 上的一个原函数.

4. 设 $f(x) = \max\{1, |x|\}$, 求 $\int f(x) dx$.

4.2　不定积分的换元积分法

能利用基本积分公式及不定积分的性质计算的不定积分非常有

限, 如不定积分 $\int \cos 2x\mathrm{d}x$, $\int \dfrac{\mathrm{d}x}{\sqrt{x+1}}$ 均无法由直接积分法计算,

因此有必要进一步研究不定积分的求法. 本节将复合函数的求导法

课前测4-2-1

则反过来用于求不定积分, 通过适当的变量代换, 把某些不定积分化

为基本积分公式, 从而求解, 这种方法称为换元积分法. 换元积分法通常分为两类,

分别称为第一类换元积分法和第二类换元积分法.

一、　第一类换元积分法

由复合函数求导的链式法则

$$\frac{\mathrm{d}}{\mathrm{d}x}[F(\varphi(x))] = F'[\varphi(x)] \cdot \varphi'(x)$$

可知, $F[\varphi(x)]$ 是 $F'[\varphi(x)] \cdot \varphi'(x)$ 的一个原函数. 即

第一类换元
积分法4-2-2

$$\int F'[\varphi(x)]\varphi'(x)\mathrm{d}x = F[\varphi(x)] + C. \tag{4-2-1}$$

设 $\varphi(x)$ 可导, 作变量代换, 令 $u = \varphi(x)$, 则 $\varphi'(x)\mathrm{d}x = \mathrm{d}u$. 又设 $f(u)$ 具有原

函数 $F(u)$, 即 $F'(u) = f(u)$ 或 $\int f(u)\mathrm{d}u = F(u) + C$, 则 $F'[\varphi(x)] = f[\varphi(x)]$. 由

(4-2-1) 式, 有

$$\int F'[\varphi(x)]\varphi'(x)\mathrm{d}x = \int f[\varphi(x)]\varphi'(x)\mathrm{d}x$$

$$= \int f(u)\mathrm{d}u = F(u) + C = F[\varphi(x)] + C.$$

由此得到不定积分的**第一类换元积分法**.

定理 1　设 $\int f(u)\mathrm{d}u = F(u) + C$, $u = \varphi(x)$ 可导, 则

$$\int f[\varphi(x)]\varphi'(x)\mathrm{d}x = \left[\int f(u)\mathrm{d}u\right]_{u=\varphi(x)} = F[\varphi(x)] + C. \tag{4-2-2}$$

下面我们从一个具体的例子来看, 如何应用式 (4-2-2) 求不定积分？例如, 不

定积分 $\int \cos 2x\mathrm{d}x$ 的被积函数可恒等变形为 $\cos 2x = \dfrac{1}{2} \cdot \cos 2x \cdot (2x)'$, 作变量代

换, 令 $u = 2x$, 则有

$$\int \cos 2x \mathrm{d}x = \frac{1}{2} \int \cos 2x \cdot 2 \mathrm{d}x = \frac{1}{2} \int \cos 2x \cdot (2x)' \mathrm{d}x = \frac{1}{2} \int \cos u \mathrm{d}u$$

$$= \frac{1}{2} \sin u + C.$$

再以 $u = 2x$ 回代, 可得

$$\int \cos 2x \mathrm{d}x = \frac{1}{2} \sin 2x + C.$$

问题的关键在于 "凑出"$2\mathrm{d}x = (2x)'\mathrm{d}x = \mathrm{d}(2x) = \mathrm{d}u$, 这个过程称为**凑微分**. 因此, 第一类换元积分法也称**凑微分法**.

一般地, 若不定积分 $\displaystyle\int g(x)\mathrm{d}x$ 的被积函数可以化为 $g(x) = f[\varphi(x)]\varphi'(x)$ 的形式, 则第一类换元积分法的解题步骤如下:

$$\int g(x)\mathrm{d}x \xrightarrow{\text{恒等变形}} \int f[\varphi(x)]\varphi'(x)\mathrm{d}x \xrightarrow{\text{凑微分}} \int f[\varphi(x)]\mathrm{d}\varphi(x)$$

$$\xrightarrow{\text{换元}u=\varphi(x)} \int f(u)\mathrm{d}u \xrightarrow{\text{积分}} F(u) + C \xrightarrow{\text{回代}} F[\varphi(x)] + C.$$

例 1 求 $\displaystyle\int \frac{1}{2x+3}\,\mathrm{d}x$.

解 由 $\dfrac{1}{2x+3} = \dfrac{1}{2} \cdot \dfrac{1}{2x+3} \cdot (2x+3)'$, 令 $u = 2x + 3$, 则有

$$\int \frac{1}{2x+3}\,\mathrm{d}x = \frac{1}{2} \int \frac{1}{2x+3} \cdot (2x+3)'\mathrm{d}x = \frac{1}{2} \int \frac{\mathrm{d}(2x+3)}{2x+3}$$

$$= \frac{1}{2} \int \frac{\mathrm{d}u}{u} = \frac{1}{2} \ln|u| + C = \frac{1}{2} \ln|2x+3| + C.$$

在对变量代换比较熟练后, 可省去书写中间变量的换元及回代过程.

例 2 求 $\displaystyle\int x\sqrt{4-x^2}\mathrm{d}x$.

解
$$\int x\sqrt{4-x^2}\mathrm{d}x = -\frac{1}{2} \int (4-x^2)^{\frac{1}{2}}(4-x^2)'\mathrm{d}x$$

$$= -\frac{1}{2} \int (4-x^2)^{\frac{1}{2}}\mathrm{d}(4-x^2)$$

$$= -\frac{1}{3}(4-x^2)^{\frac{3}{2}} + C.$$

第一类换元积分法 (凑微分法) 在积分计算中较常用, 如何凑出合适的微分因子进行变量代换, 需要一定的技巧, 没有一般规律可循, 熟记常用凑微分公式有助于灵活使用凑微分法, 见表 4-2-1.

表 4-2-1 常用凑微分形式

$\mathrm{d}x = \dfrac{1}{a}\mathrm{d}(ax),\ \ a \neq 0$	$x\mathrm{d}x = \dfrac{1}{2}\mathrm{d}(x^2)$
$x^2\mathrm{d}x = \dfrac{1}{3}\mathrm{d}(x^3)$	$x^n\mathrm{d}x = \dfrac{1}{n+1}\mathrm{d}(x^{n+1})$
$\dfrac{1}{x^2}\mathrm{d}x = -\mathrm{d}\left(\dfrac{1}{x}\right)$	$\dfrac{1}{\sqrt{x}}\mathrm{d}x = 2\mathrm{d}(\sqrt{x})$
$x^\mu\mathrm{d}x = \dfrac{1}{\mu+1}\mathrm{d}(x^{\mu+1}),\ \ \mu \neq -1$	$\dfrac{1}{x}\mathrm{d}x = \mathrm{d}(\ln|x|)$
$\sin x\mathrm{d}x = -\mathrm{d}(\cos x)$	$\mathrm{e}^x\mathrm{d}x = \mathrm{d}(\mathrm{e}^x)$
$\cos x\mathrm{d}x = \mathrm{d}(\sin x)$	$\dfrac{1}{\sqrt{1-x^2}}\mathrm{d}x = \mathrm{d}(\arcsin x) = -\mathrm{d}(\arccos x)$
$\sec^2 x\mathrm{d}x = \mathrm{d}(\tan x)$	$\dfrac{1}{1+x^2}\mathrm{d}x = \mathrm{d}(\arctan x) = -\mathrm{d}(\mathrm{arc}\cot x)$
$\csc^2 x\mathrm{d}x = -\mathrm{d}(\cot x)$	$\left(1 - \dfrac{1}{x^2}\right)\mathrm{d}x = \mathrm{d}\left(x + \dfrac{1}{x}\right)$
$\sec x\tan x\mathrm{d}x = \mathrm{d}(\sec x)$	$\left(1 + \dfrac{1}{x^2}\right)\mathrm{d}x = \mathrm{d}\left(x - \dfrac{1}{x}\right)$
$\csc x\cot x\mathrm{d}x = -\mathrm{d}(\csc x)$	$\dfrac{x}{\sqrt{1-x^2}}\mathrm{d}x = -\mathrm{d}(\sqrt{1-x^2})$

例 3 求 $\displaystyle\int \frac{\mathrm{e}^{\sqrt{x}}\mathrm{d}x}{\sqrt{x}}$.

解 $\displaystyle\int \frac{\mathrm{e}^{\sqrt{x}}\mathrm{d}x}{\sqrt{x}} = 2\int \mathrm{e}^{\sqrt{x}}\mathrm{d}(\sqrt{x}) = 2\mathrm{e}^{\sqrt{x}} + C.$

凑微分形式的选择, 应兼顾被积函数的具体形式, 可在常用凑微分形式的基础上, 根据需要适当调整系数、添加常数.

例 4 求 $\displaystyle\int \frac{\mathrm{d}x}{1 + \mathrm{e}^{-x}}$.

解 $\displaystyle\int \frac{\mathrm{d}x}{1 + \mathrm{e}^{-x}} = \int \frac{\mathrm{e}^x\mathrm{d}x}{1 + \mathrm{e}^x} = \int \frac{\mathrm{d}(1 + \mathrm{e}^x)}{1 + \mathrm{e}^x} = \ln(1 + \mathrm{e}^x) + C.$

例 5 求 $\displaystyle\int x^2(x^3 + 1)^{10}\,\mathrm{d}x$.

解 $\displaystyle\int x^2(x^3 + 1)^{10}\,\mathrm{d}x = \frac{1}{3}\int (x^3 + 1)^{10}\,\mathrm{d}(x^3 + 1) = \frac{1}{33}(x^3 + 1)^{11} + C.$

例 6 求 $\displaystyle\int \frac{\mathrm{d}x}{x(2 + 3\ln x)}$.

解 $\displaystyle\int \frac{\mathrm{d}x}{x(2 + 3\ln x)} = \frac{1}{3}\int \frac{\mathrm{d}(2 + 3\ln x)}{2 + 3\ln x} = \frac{1}{3}\ln|2 + 3\ln x| + C.$

例 7 求 $\displaystyle\int \frac{1}{\sqrt{a^2 - x^2}}\mathrm{d}x\ \ (a > 0)$.

解 $\int \dfrac{1}{\sqrt{a^2-x^2}}\mathrm{d}x = \int \dfrac{1}{\sqrt{1-\left(\dfrac{x}{a}\right)^2}}\mathrm{d}\left(\dfrac{x}{a}\right) = \arcsin\dfrac{x}{a} + C.$

例 8 求 $\int \dfrac{1}{x^2+a^2}\mathrm{d}x \ (a>0).$

解 $\int \dfrac{1}{x^2+a^2}\mathrm{d}x = \dfrac{1}{a}\int \dfrac{1}{1+\left(\dfrac{x}{a}\right)^2}\mathrm{d}\left(\dfrac{x}{a}\right) = \dfrac{1}{a}\arctan\dfrac{x}{a} + C.$

不定积分中, 被积函数的微小变化, 其求解方法及计算结果均可能产生较大差异, 方法选用上应遵循尽量转化为基本积分公式的原则.

例 9 求 $\int \dfrac{\mathrm{d}x}{x^2-a^2}(a \neq 0).$

解 $\int \dfrac{\mathrm{d}x}{x^2-a^2} = \dfrac{1}{2a}\int\left(\dfrac{1}{x-a}-\dfrac{1}{x+a}\right)\mathrm{d}x$

$$= \dfrac{1}{2a}\left[\int\dfrac{\mathrm{d}(x-a)}{x-a}-\int\dfrac{\mathrm{d}(x+a)}{x+a}\right] = \dfrac{1}{2a}\ln\left|\dfrac{x-a}{x+a}\right| + C.$$

例 10 求 $\int \dfrac{1+\sin x}{x-\cos x}\mathrm{d}x.$

解 结合微分的四则运算, 常用凑微分形式可组合使用.

$$\int \dfrac{1+\sin x}{x-\cos x}\mathrm{d}x = \int \dfrac{\mathrm{d}(x-\cos x)}{x-\cos x} = \ln|x-\cos x| + C.$$

例 11 求 $\int \tan x\mathrm{d}x.$

解 $\int \tan x\mathrm{d}x = \int \dfrac{\sin x}{\cos x}\mathrm{d}x = -\int \dfrac{\mathrm{d}(\cos x)}{\cos x} = -\ln|\cos x| + C.$

同理可得

$$\int \cot x\mathrm{d}x = \int \dfrac{\cos x}{\sin x}\mathrm{d}x = \int \dfrac{\mathrm{d}(\sin x)}{\sin x} = \ln|\sin x| + C.$$

例 12 求 $\int \sec x\mathrm{d}x.$

解 $\int \sec x\mathrm{d}x = \int \dfrac{\sec^2 x + \sec x\tan x}{\sec x + \tan x}\mathrm{d}x = \int \dfrac{\mathrm{d}(\sec x + \tan x)}{\sec x + \tan x}$

$$= \ln|\sec x + \tan x| + C.$$

同理可得

$$\int \csc x\mathrm{d}x = \ln|\csc x - \cot x| + C.$$

例 13 求 $\int \sin^2 x\mathrm{d}x.$

解　$\displaystyle\int \sin^2 x \mathrm{d}x = \int \frac{1-\cos 2x}{2}\mathrm{d}x = \int \left(\frac{1}{2} - \frac{1}{2}\cos 2x\right)\mathrm{d}x = \frac{1}{2}x - \frac{1}{4}\sin 2x + C.$

当被积函数为三角函数的偶数次幂时, 常用类似于例 13 的解法, 即通过倍角公式降低次幂的方法来计算.

例 14　求 $\displaystyle\int \cos^5 x \sin^2 x \mathrm{d}x.$

解　当被积函数为三角函数的乘积时, 常拆开奇数次幂项去凑微分.

$$\int \cos^5 x \sin^2 x \mathrm{d}x = \int \cos^4 x \sin^2 x \mathrm{d}(\sin x) = \int \left(1 - \sin^2 x\right)^2 \sin^2 x \mathrm{d}(\sin x)$$

$$= \int \left(\sin^2 x - 2\sin^4 x + \sin^6 x\right) \mathrm{d}(\sin x)$$

$$= \frac{1}{3}\sin^3 x - \frac{2}{5}\sin^5 x + \frac{1}{7}\sin^7 x + C.$$

例 15　求 $\displaystyle\int \sin 3x \cos 2x \mathrm{d}x.$

解　由积化和差公式 $\sin\alpha\cos\beta = \dfrac{1}{2}\left[\sin(\alpha+\beta) + \sin(\alpha-\beta)\right]$, 可得

$$\int \sin 3x \cos 2x \mathrm{d}x = \frac{1}{2}\int (\sin 5x + \sin x)\mathrm{d}x = -\frac{1}{10}\cos 5x - \frac{1}{2}\cos x + C.$$

类似可求形如 $\displaystyle\int \cos mx \cos nx \mathrm{d}x, \int \sin mx \sin nx \mathrm{d}x$ 的积分, 读者不妨一试.

例 16　求 $\displaystyle\int \sec^4 x \mathrm{d}x.$

解　$\displaystyle\int \sec^4 x \mathrm{d}x = \int \sec^2 x \mathrm{d}(\tan x) = \int (\tan^2 x + 1)\mathrm{d}(\tan x)$

$$= \frac{1}{3}\tan^3 x + \tan x + C.$$

例 17　求 $\displaystyle\int x f(x^2) f'(x^2) \mathrm{d}x.$

解　$\displaystyle\int x f(x^2) f'(x^2) \mathrm{d}x = \frac{1}{2}\int f(x^2) f'(x^2)\mathrm{d}(x^2) = \frac{1}{2}\int f(x^2)\mathrm{d}[f(x^2)]$

$$= \frac{1}{4}\left[f(x^2)\right]^2 + C.$$

第一类换元积分法, 要求将被积函数变换成 $f[\varphi(x)]\varphi'(x)$ 的形式, 进而作变量代换 $u = \varphi(x)$, 将不定积分 $\displaystyle\int f[\varphi(x)]\varphi'(x)\mathrm{d}x$ 化为易求解的 $\displaystyle\int f(u)\mathrm{d}u$ 来计算, 这需要读者熟记基本积分公式及常用凑微分形式, 多做多练.

二、 第二类换元积分法

第一类换元积分法也可以反过来, 直接作变量代换 $x = \varphi(t)$, 则有

$$\int f(x)\mathrm{d}x = \int f[\varphi(t)]\varphi'(t)\mathrm{d}t.$$

若等式右端的不定积分 $\int f[\varphi(t)]\varphi'(t)\mathrm{d}t$ 易求, 则可由此计算 $\int f(x)\mathrm{d}x$, 这种积分方法称为**第二类换元积分法**.

定理 2 设 $x = \varphi(t)$ 是单调的可导函数, $\varphi'(t) \neq 0$. 又设 $\int f[\varphi(t)]\varphi'(t)\mathrm{d}t = F(t) + C$, 则有

$$\int f(x)\mathrm{d}x = \left[\int f[\varphi(t)]\varphi'(t)\mathrm{d}t\right]_{t=\varphi^{-1}(x)} = F\left[\varphi^{-1}(x)\right] + C,$$

其中 $t = \varphi^{-1}(x)$ 是 $x = \varphi(t)$ 的反函数.

证 因为 $F(t)$ 是 $f[\varphi(t)]\varphi'(t)$ 的原函数, 记 $\Phi(x) = F\left[\varphi^{-1}(x)\right]$, 则

$$\Phi'(x) = \frac{\mathrm{d}F}{\mathrm{d}t} \cdot \frac{\mathrm{d}t}{\mathrm{d}x} = f[\varphi(t)]\varphi'(t) \cdot \frac{1}{\varphi'(t)} = f[\varphi(t)] = f(x).$$

即 $\Phi(x) = F\left[\varphi^{-1}(x)\right]$ 为 $f(x)$ 的原函数, 定理得证.

注意两类换元积分法之间的区别. 例如, 利用第一类换元积分法计算 $\int \dfrac{\sin\sqrt{x}}{\sqrt{x}}\mathrm{d}x$, 有

$$\int \frac{\sin\sqrt{x}}{\sqrt{x}}\mathrm{d}x \xlongequal{凑微分} 2\int \sin\sqrt{x}\mathrm{d}\sqrt{x} \xlongequal[u=\sqrt{x}]{换元} 2\int \sin u\mathrm{d}u \xlongequal{积分} -2\cos u + C$$

$$\xlongequal{回代} -2\cos\sqrt{x} + C.$$

利用第二类换元积分法计算 $\int \dfrac{\sin\sqrt{x}}{\sqrt{x}}\mathrm{d}x$, 令 $x = t^2(t > 0)$, 即 $t = \sqrt{x}$, 则 $\mathrm{d}x = 2t\mathrm{d}t$, 有

$$\int \frac{\sin\sqrt{x}}{\sqrt{x}}\mathrm{d}x \xlongequal[t=\sqrt{x}>0]{换元 x=t^2} \int \frac{\sin t}{t} \cdot 2t\mathrm{d}t = 2\int \sin t\mathrm{d}t$$

$$\xlongequal{积分} -2\cos t + C \xlongequal{回代} -2\cos\sqrt{x} + C.$$

常用的第二类换元积分法有三角代换、倒代换、根式代换等, 下面通过例题依次介绍.

1. 三角代换

当被积函数中含有 $\sqrt{a^2-x^2}$, $\sqrt{x^2+a^2}$, $\sqrt{x^2-a^2}$ 等根式时, 可利用三角函数的平方关系 $\sin^2 x + \cos^2 x = 1$, $\sec^2 x = 1 + \tan^2 x$ 或 $\csc^2 x = 1 + \cot^2 x$ 去根式, 将无理函数的积分转化为三角函数的积分.

例 18 求 $\displaystyle\int \sqrt{a^2-x^2}\mathrm{d}x \ (a > 0)$.

解 令 $x = a\sin t$, $-\dfrac{\pi}{2} < t < \dfrac{\pi}{2}$, 则 $\mathrm{d}x = a\cos t\mathrm{d}t$, 有

$$\int \sqrt{a^2-x^2}\mathrm{d}x = a^2 \int \cos^2 t\mathrm{d}t = \frac{a^2}{2} \int (1 + \cos 2t)\mathrm{d}t$$

$$= \frac{a^2}{2}\left(t + \frac{1}{2}\sin 2t\right) + C$$

$$= \frac{a^2}{2}(t + \sin t\cos t) + C.$$

如图 4-2-1, 为完成回代, 由 $\sin t = \dfrac{x}{a}$ 作直角三角形, 可知

$$t = \arcsin \frac{x}{a}, \quad \cos t = \frac{\sqrt{a^2-x^2}}{a}.$$

于是所求积分为

$$\int \sqrt{a^2-x^2}\mathrm{d}x = \frac{a^2}{2}\arcsin \frac{x}{a} + \frac{x}{2}\sqrt{a^2-x^2} + C.$$

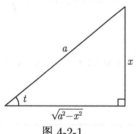

图 4-2-1

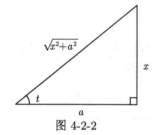

图 4-2-2

例 19 求 $\displaystyle\int \frac{\mathrm{d}x}{\sqrt{x^2+a^2}} \ (a > 0)$.

解 令 $x = a\tan t$, $-\dfrac{\pi}{2} < t < \dfrac{\pi}{2}$, 则 $\sqrt{x^2+a^2} = a\sec t$, $\mathrm{d}x = a\sec^2 t\mathrm{d}t$, 有

$$\int \frac{\mathrm{d}x}{\sqrt{x^2+a^2}} = \int \frac{a\sec^2 t}{a\sec t}\mathrm{d}t = \int \sec t\mathrm{d}t$$

$$= \ln|\sec t + \tan t| + C_1.$$

如图 4-2-2, 由 $\tan t = \dfrac{x}{a}$ 作直角三角形, 可知

$$\sec t = \frac{\sqrt{x^2 + a^2}}{a}.$$

因此

$$\int \frac{\mathrm{d}x}{\sqrt{x^2 + a^2}} = \ln \left| \frac{x + \sqrt{x^2 + a^2}}{a} \right| + C_1 = \ln(x + \sqrt{x^2 + a^2}) + C,$$

其中 $C = C_1 - \ln a$.

例 20 求 $\int \frac{\mathrm{d}x}{\sqrt{x^2 - a^2}}$ $(a > 0)$.

解 被积函数的定义域为 $|x| > a$. 当 $x > a > 0$ 时, 令 $x = a \sec t, 0 < t < \frac{\pi}{2}$, 则 $\sqrt{x^2 - a^2} = a \tan t$, $\mathrm{d}x = a \sec t \tan t \mathrm{d}t$, 有

$$\int \frac{\mathrm{d}x}{\sqrt{x^2 - a^2}} = \int \sec t \mathrm{d}t = \ln |\sec t + \tan t| + C_1.$$

如图 4-2-3, 由 $\sec t = \frac{x}{a}$ 作直角三角形, 可知

$$\tan t = \frac{\sqrt{x^2 - a^2}}{a}.$$

因此

$$\int \frac{\mathrm{d}x}{\sqrt{x^2 - a^2}} = \ln \left| \frac{x + \sqrt{x^2 - a^2}}{a} \right| + C_1$$
$$= \ln \left| x + \sqrt{x^2 - a^2} \right| + C,$$

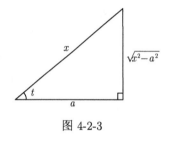

图 4-2-3

其中 $C = C_1 - \ln a$.

当 $x < -a < 0$ 时, 令 $x = -u$, 则 $u > a > 0$, 且有

$$\int \frac{\mathrm{d}x}{\sqrt{x^2 - a^2}} = -\int \frac{\mathrm{d}u}{\sqrt{u^2 - a^2}} = -\ln \left| u + \sqrt{u^2 - a^2} \right| + C_2$$
$$= -\ln \left| -x + \sqrt{x^2 - a^2} \right| + C_2 = \ln \left| \frac{1}{-x + \sqrt{x^2 - a^2}} \right| + C_2$$
$$= \ln \left| x + \sqrt{x^2 - a^2} \right| + C,$$

其中 $C = C_2 - 2\ln a$.

综上, 当 $|x| > a$ 时, 总有

$$\int \frac{\mathrm{d}x}{\sqrt{x^2 - a^2}} = \ln |x + \sqrt{x^2 - a^2}| + C.$$

一般地, 若被积函数中含有 $\sqrt{a^2 - x^2}$, 可令 $x = a \sin t, -\frac{\pi}{2} < t < \frac{\pi}{2}$.

若被积函数中含有 $\sqrt{x^2 + a^2}$, 可令 $x = a \tan t, -\frac{\pi}{2} < t < \frac{\pi}{2}$.

若被积函数中含有 $\sqrt{x^2 - a^2}$, 可令 $x = a\sec t$, $0 < t < \dfrac{\pi}{2}$.

若被积函数中含有 $\sqrt{\alpha x^2 + \beta x + \gamma}$, 可先配方, 转化为上述几种类型求解.

例 21 求 $\displaystyle\int \dfrac{1}{\sqrt{1 + x + x^2}}\mathrm{d}x$.

解 $\displaystyle\int \dfrac{1}{\sqrt{1 + x + x^2}}\mathrm{d}x = \int \dfrac{1}{\sqrt{\left(x + \dfrac{1}{2}\right)^2 + \left(\dfrac{\sqrt{3}}{2}\right)^2}}\mathrm{d}x$

$$= \ln\left(x + \dfrac{1}{2} + \sqrt{1 + x + x^2}\right) + C.$$

必须注意, 以上介绍的三角代换是常用的代换, 解题时要分析被积函数的具体情况, 选取尽可能简洁的代换或方法, 不必拘泥于上述变量代换. 比如 $\displaystyle\int \sqrt{a^2 - x^2}\mathrm{d}x$, 也可用三角代换 $x = a\cos t$ 化去根式, 读者可以试一试.

2. 倒代换

当被积函数的分母次幂较高时, 采用倒代换的方法较为简便, 即令 $x = \dfrac{1}{t}$.

例 22 求 $\displaystyle\int \dfrac{x + 1}{x^2 \sqrt{x^2 - 1}}\mathrm{d}x$.

解 这类积分除了作三角代换求解, 也可以用倒代换. 令 $x = \dfrac{1}{t}$, 则 $\mathrm{d}x = -\dfrac{1}{t^2}\mathrm{d}t$, 有

$$\int \dfrac{x + 1}{x^2 \sqrt{x^2 - 1}}\mathrm{d}x = \int \dfrac{\dfrac{1}{t} + 1}{\dfrac{1}{t^2}\sqrt{\dfrac{1}{t^2} - 1}} \cdot \left(-\dfrac{1}{t^2}\right)\mathrm{d}t = -\int \dfrac{|t|(1 + t)}{t\sqrt{1 - t^2}}\mathrm{d}t.$$

当 $x > 0$ 时, 有

$$\int \dfrac{x + 1}{x^2 \sqrt{x^2 - 1}}\mathrm{d}x = -\int \dfrac{1 + t}{\sqrt{1 - t^2}}\mathrm{d}t = -\int \dfrac{\mathrm{d}t}{\sqrt{1 - t^2}} + \int \dfrac{\mathrm{d}(1 - t^2)}{2\sqrt{1 - t^2}}$$

$$= -\arcsin t + \sqrt{1 - t^2} + C = -\arcsin \dfrac{1}{x} + \dfrac{\sqrt{x^2 - 1}}{x} + C.$$

当 $x < 0$ 时, 有

$$\int \dfrac{x + 1}{x^2 \sqrt{x^2 - 1}}\mathrm{d}x = \int \dfrac{1 + t}{\sqrt{1 - t^2}}\mathrm{d}t = \int \dfrac{\mathrm{d}t}{\sqrt{1 - t^2}} - \int \dfrac{\mathrm{d}(1 - t^2)}{2\sqrt{1 - t^2}}$$

$$= \arcsin t - \sqrt{1-t^2} + C = \arcsin \frac{1}{x} + \frac{\sqrt{x^2-1}}{x} + C.$$

综上, 原式 $= -\arcsin \dfrac{1}{|x|} + \dfrac{\sqrt{x^2-1}}{x} + C.$

例 23 求 $\displaystyle\int \frac{\mathrm{d}x}{x(x-1)^3}.$

解 令 $t = \dfrac{1}{x-1}$, 即 $x = \dfrac{1}{t} + 1 = \dfrac{t+1}{t}$, 则 $\mathrm{d}x = -\dfrac{1}{t^2}\mathrm{d}t$, 有

$$\int \frac{\mathrm{d}x}{x(x-1)^3} = \int \frac{t}{t+1} \cdot t^3 \cdot \left(-\frac{1}{t^2}\right)\mathrm{d}t = -\int \frac{t^2}{t+1}\mathrm{d}t = -\int \frac{t^2-1+1}{t+1}\mathrm{d}t$$

$$= -\int \left(t-1+\frac{1}{t+1}\right)\mathrm{d}t = -\frac{1}{2}t^2 + t - \ln|t+1| + C$$

$$= -\frac{1}{2(x-1)^2} + \frac{1}{x-1} - \ln\left|\frac{x}{x-1}\right| + C.$$

3. 根式代换

当被积函数中含有 $\sqrt[n]{ax+b}$, $\sqrt[n]{\dfrac{ax+b}{cx+d}}$ 等无理根式时, 常作根式代换, 将无理函数转换为有理函数来积分. 比如, $R(x, \sqrt[n]{ax+b})$ 型函数的不定积分, 可作变量代换 $\sqrt[n]{ax+b} = t$. $R\left(x, \sqrt[n]{\dfrac{ax+b}{cx+d}}\right)$ 型函数的不定积分, 可作变量代换 $\sqrt[n]{\dfrac{ax+b}{cx+d}} = t$, 其中 $R(x,t)$ 表示 x 和 t 两个变量的有理式, a, b, c, d 为常数.

例 24 求 $\displaystyle\int \frac{\mathrm{d}x}{1+\sqrt[3]{x}}.$

解 令 $\sqrt[3]{x} = t$, 则 $x = t^3$, $\mathrm{d}x = 3t^2\mathrm{d}t$, 于是

$$\int \frac{\mathrm{d}x}{1+\sqrt[3]{x}} = \int \frac{3t^2}{1+t}\mathrm{d}t = 3\int \left(t-1+\frac{1}{1+t}\right)\mathrm{d}t$$

$$= \frac{3}{2}t^2 - 3t + 3\ln|1+t| + C$$

$$= \frac{3}{2}\sqrt[3]{x^2} - 3\sqrt[3]{x} + 3\ln\left|1+\sqrt[3]{x}\right| + C.$$

例 25 求 $\displaystyle\int \frac{1}{x}\sqrt{\frac{1+x}{x}}\mathrm{d}x \ (x>0).$

解 令 $\sqrt{\dfrac{x+1}{x}} = t$，则 $x = \dfrac{1}{t^2-1}$，$\mathrm{d}x = -\dfrac{2t}{(t^2-1)^2}\mathrm{d}t$，于是

$$\int \frac{1}{x}\sqrt{\frac{1+x}{x}}\mathrm{d}x = \int (t^2-1)t \cdot \frac{-2t}{(t^2-1)^2}\mathrm{d}t = -2\int \frac{t^2}{t^2-1}\mathrm{d}t$$

$$= -2\int \left(1 + \frac{1}{t^2-1}\right)\mathrm{d}t = -2t - \ln\left|\frac{t-1}{t+1}\right| + C$$

$$= -2t - \ln\frac{(t-1)^2}{|t^2-1|} + C$$

$$= -2\sqrt{\frac{1+x}{x}} - 2\ln\left(\sqrt{\frac{1+x}{x}} - 1\right) - \ln x + C.$$

在本节的例题中，有几个积分通常也被当作公式使用. 因此，除了前面介绍的基本积分公式外，再补充下面几个基本积分公式，其中常数 $a > 0$.

(16) $\displaystyle\int \tan x\,\mathrm{d}x = -\ln|\cos x| + C$;

(17) $\displaystyle\int \cot x\,\mathrm{d}x = \ln|\sin x| + C$;

(18) $\displaystyle\int \sec x\,\mathrm{d}x = \ln|\sec x + \tan x| + C$;

(19) $\displaystyle\int \csc x\,\mathrm{d}x = \ln|\csc x - \cot x| + C$;

(20) $\displaystyle\int \frac{1}{x^2+a^2}\mathrm{d}x = \frac{1}{a}\arctan\frac{x}{a} + C$;

(21) $\displaystyle\int \frac{1}{x^2-a^2}\mathrm{d}x = \frac{1}{2a}\ln\left|\frac{x-a}{x+a}\right| + C$;

(22) $\displaystyle\int \frac{1}{\sqrt{a^2-x^2}}\mathrm{d}x = \arcsin\frac{x}{a} + C$;

(23) $\displaystyle\int \sqrt{a^2-x^2}\,\mathrm{d}x = \frac{a^2}{2}\arcsin\frac{x}{a} + \frac{x}{2}\sqrt{a^2-x^2} + C$;

(24) $\displaystyle\int \frac{1}{\sqrt{x^2+a^2}}\mathrm{d}x = \ln(x + \sqrt{x^2+a^2}) + C$;

(25) $\displaystyle\int \frac{1}{\sqrt{x^2-a^2}}\mathrm{d}x = \ln\left|x + \sqrt{x^2-a^2}\right| + C$.

课件4-2-3

习 题 4-2

A 组

1. 填空题:

(1) $\mathrm{d}x = ($)$\mathrm{d}(7x - 3);$

(2) $x^3\mathrm{d}x = ($)$\mathrm{d}(3x^4 - 2);$

(3) $x\mathrm{d}x = ($)$\mathrm{d}(1 - x^2);$

(4) $\dfrac{1}{1 + 9x^2}\mathrm{d}x = ($)$\mathrm{d}(\arctan 3x);$

(5) $\cos(\omega t + \varphi)\mathrm{d}t = \mathrm{d}($);

(6) $\mathrm{e}^{kx}\mathrm{d}x = \mathrm{d}($);

(7) $\dfrac{x}{\sqrt{x^2 + a^2}}\mathrm{d}x = \mathrm{d}($);

(8) $\sin x \cos x\mathrm{d}x = \mathrm{d}($).

2. 求下列不定积分:

(1) $\displaystyle\int (1 - x)^6\mathrm{d}x;$

(2) $\displaystyle\int \sqrt{2 + 3x}\mathrm{d}x;$

(3) $\displaystyle\int (1 + 2x^2)^2 x\mathrm{d}x;$

(4) $\displaystyle\int \dfrac{1}{ax + b}\mathrm{d}x, \ a \neq 0;$

(5) $\displaystyle\int \dfrac{\mathrm{e}^x}{1 + \mathrm{e}^x}\mathrm{d}x;$

(6) $\displaystyle\int \mathrm{e}^{\mathrm{e}^x + x}\mathrm{d}x;$

(7) $\displaystyle\int \sin(3x + 2)\mathrm{d}x;$

(8) $\displaystyle\int \dfrac{1}{\sqrt{2x - x^2}}\mathrm{d}x;$

(9) $\displaystyle\int \dfrac{\sqrt{1 - \sqrt{x}}}{\sqrt{x}}\mathrm{d}x;$

(10) $\displaystyle\int \dfrac{1}{x \ln x \ln \ln x}\mathrm{d}x;$

(11) $\displaystyle\int \dfrac{x}{\sqrt{1 + x^2}} \tan \sqrt{1 + x^2}\mathrm{d}x;$

(12) $\displaystyle\int \dfrac{1}{\mathrm{e}^x + \mathrm{e}^{-x}}\mathrm{d}x;$

(13) $\displaystyle\int \dfrac{3x^3}{1 - x^4}\mathrm{d}x;$

(14) $\displaystyle\int \cos^2(\omega t + \varphi) \sin(\omega t + \varphi)\mathrm{d}t;$

(15) $\displaystyle\int \dfrac{\sin x + \cos x}{\sqrt[3]{\sin x - \cos x}}\mathrm{d}x;$

(16) $\displaystyle\int \cos^3 x\mathrm{d}x;$

(17) $\displaystyle\int \cos^2(\omega t + \varphi)\mathrm{d}t;$

(18) $\displaystyle\int \cos x \cos \dfrac{x}{2}\mathrm{d}x;$

(19) $\displaystyle\int \dfrac{1}{\sin x \cos x}\mathrm{d}x;$

(20) $\displaystyle\int \cos 3x \sin 2x\mathrm{d}x;$

(21) $\displaystyle\int \tan^3 x \sec x\mathrm{d}x;$

(22) $\displaystyle\int \dfrac{10^{2\arccos x}}{\sqrt{1 - x^2}}\mathrm{d}x;$

(23) $\displaystyle\int \dfrac{\arctan \sqrt{x}}{\sqrt{x}(1 + x)}\mathrm{d}x;$

(24) $\displaystyle\int \dfrac{1 + \ln x}{(x \ln x)^2}\mathrm{d}x;$

(25) $\displaystyle\int \dfrac{\ln \tan x}{\cos x \sin x}\mathrm{d}x;$

(26) $\displaystyle\int \dfrac{1}{x\sqrt{x^2 - 1}}\mathrm{d}x.$

3. 设 $\displaystyle\int f(x)\mathrm{d}x = x^2 + C,$ 求 $\displaystyle\int xf(1 - x^2)\mathrm{d}x.$

4. 设 $f'(\cos x + 2) = \sin^2 x + \tan^2 x,$ 求 $f(x).$

B 组

求下列不定积分:

(1) $\int \dfrac{\sqrt{x^2-9}}{x}\mathrm{d}x;$

(2) $\int \dfrac{x^2}{\sqrt{a^2-x^2}}\mathrm{d}x,\ \ a>0;$

(3) $\int \dfrac{1}{1+\sqrt{2x}}\mathrm{d}x;$

(4) $\int \dfrac{1}{(x+1)(x-2)}\mathrm{d}x;$

(5) $\int \dfrac{1}{x^2+2x+5}\mathrm{d}x;$

(6) $\int \dfrac{x^3}{(1+x^2)^{\frac{3}{2}}}\mathrm{d}x;$

(7) $\int \dfrac{x^2}{(1+x^2)^2}\mathrm{d}x;$

(8) $\int \dfrac{1}{x^2\sqrt{a^2+x^2}}\mathrm{d}x,\ \ a>0;$

(9) $\int \dfrac{1}{x(x^7+2)}\mathrm{d}x;$

(10) $\int \dfrac{1}{\sqrt{1+\mathrm{e}^x}}\mathrm{d}x;$

(11) $\int \dfrac{x}{1+\sqrt{1+x^2}}\mathrm{d}x;$

(12) $\int \dfrac{x+1}{(x^2+2x)\sqrt{x^2+2x}}\mathrm{d}x.$

4.3 不定积分的分部积分法

前面我们由基本求导公式推出了基本积分公式, 由复合函数的求导法则, 推出了换元积分法, 本节将利用两个函数乘积的求导法则, 推导出另一种基本积分方法——分部积分法.

设函数 $u=u(x)$, $v=v(x)$ 具有连续的导数, 则有

$$(uv)' = u'v + uv'.$$

移项得

$$uv' = (uv)' - u'v.$$

对上式两边求不定积分, 得

$$\int uv'\mathrm{d}x = uv - \int vu'\mathrm{d}x, \qquad (4\text{-}3\text{-}1)$$

或

$$\int u\mathrm{d}v = uv - \int v\mathrm{d}u. \qquad (4\text{-}3\text{-}2)$$

称公式 (4-3-1) 或 (4-3-2) 为不定积分的**分部积分公式**. 使用分部积分公式计算不定积分的方法称为**分部积分法**.

分部积分公式将 $\int u\mathrm{d}v$ 的计算转化为求不定积分 $\int v\mathrm{d}u$. 如果 $\int v\mathrm{d}u$ 易求, 那么分部积分公式就起到了化难为易的作用. 分部积分法的关键在于恰当地选择

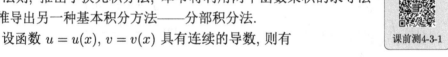
课前测4-3-1

u 和 $\mathrm{d}v$, 若选择不当, 会使积分更复杂, 甚至无法积出. 一般地, 选取 u 和 $\mathrm{d}v$ 时应考虑两点：(1)v 易求; (2)$\int v\mathrm{d}u$ 比 $\int u\mathrm{d}v$ 容易求出.

例如, 不定积分 $\int x\sin x\mathrm{d}x$ 中, 若选 $u=x$, 则

$$\int x\sin x\mathrm{d}x = \int x\mathrm{d}(-\cos x) = -x\cos x + \int \cos x\mathrm{d}x$$

$$= -x\cos x + \sin x + C.$$

若选 $u=\sin x$, 则 $\int x\sin x\mathrm{d}x = \int \sin x\mathrm{d}\left(\dfrac{1}{2}x^2\right) = \dfrac{1}{2}x^2\sin x - \dfrac{1}{2}\int x^2\cos x\mathrm{d}x$,
右侧的积分更复杂.

由 (4-3-1) 式不难看出, 利用分部积分法计算 $\int f(x)\mathrm{d}x$, 需将被积函数 $f(x)$ 变形为两个函数的乘积 $u(x)v'(x)$, 对其中的 $v'(x)$, 需要作积分运算得到 $v(x)$; 而对 $u(x)$, 则需要作求导运算得到 $u'(x)$. 上例中, $f(x)=x\sin x$, 若选 $u=x$, $v'(x)=\sin x$, 则 $v(x)u'(x)=-\cos x$. 可见, 对 u 的求导运算使之降次, 从而不定积分更易求出.

若被积函数是两种不同类型函数的乘积, 分部积分法往往非常有效. 一般地, 若被积函数为幂函数、三角函数、指数函数、对数函数、反三角函数中任两类函数的乘积时, 常按 "反、对、幂、指、三" 的顺序优先选择 u. 比如, 被积函数为幂函数与其他类型函数的乘积时, u, $\mathrm{d}v$ 的选择如下：

(1) $\int x^n\mathrm{e}^{kx}\mathrm{d}x$, 取 $u=x^n$, $\mathrm{d}v=\mathrm{e}^{kx}\mathrm{d}x$.

u函数的优选
次序4-3-2

(2) $\int x^n\sin(ax+b)\mathrm{d}x$, 取 $u=x^n$, $\mathrm{d}v=\sin(ax+b)\mathrm{d}x$.

(3) $\int x^n\cos(ax+b)\mathrm{d}x$, 取 $u=x^n$, $\mathrm{d}v=\cos(ax+b)\mathrm{d}x$.

(4) $\int x^n\ln x\mathrm{d}x$, 取 $u=\ln x$, $\mathrm{d}v=x^n\mathrm{d}x$.

(5) $\int x^n\arcsin(ax+b)\mathrm{d}x$, 取 $u=\arcsin(ax+b)$, $\mathrm{d}v=x^n\mathrm{d}x$.

(6) $\int x^n\arctan(ax+b)\mathrm{d}x$, 取 $u=\arctan(ax+b)$, $\mathrm{d}v=x^n\mathrm{d}x$.

例 1 求 $\int x\mathrm{e}^x\mathrm{d}x$.

解 这是幂函数与指数函数乘积的不定积分, 按照 u 的优选次序, 取 $u=x$, $\mathrm{d}v=\mathrm{e}^x\mathrm{d}x$, 则 $\mathrm{d}u=\mathrm{d}x$, $v=\mathrm{e}^x$. 由分部积分公式, 得

$$\int x\mathrm{e}^x\mathrm{d}x = \int x\mathrm{d}(\mathrm{e}^x) = x\mathrm{e}^x - \int \mathrm{e}^x\mathrm{d}x = x\mathrm{e}^x - \mathrm{e}^x + C.$$

本例中, 若取 $u = \mathrm{e}^x$, $\mathrm{d}v = x\mathrm{d}x$, 则 $\mathrm{d}u = \mathrm{e}^x\mathrm{d}x$, $v = \dfrac{1}{2}x^2$, 于是

$$\int x\mathrm{e}^x\mathrm{d}x = \int \mathrm{e}^x\mathrm{d}\left(\frac{1}{2}x^2\right) = \frac{1}{2}x^2\mathrm{e}^x - \frac{1}{2}\int x^2\mathrm{e}^x\mathrm{d}x.$$

对 x 积分, 会导致幂次升高, 对应积分 $\displaystyle\int x^2\mathrm{e}^x\mathrm{d}x$ 较 $\displaystyle\int x\mathrm{e}^x\mathrm{d}x$ 更不易积出, 因此应取幂函数为 u.

分部积分公式使用熟练以后, 可不必再写出 u 和 v, 直接用公式求解即可.

例 2 求 $\displaystyle\int x^2\cos x\mathrm{d}x$.

解 这是幂函数与三角函数乘积的不定积分, 按照 u 的优选次序, 取 $u = x^2$, 则

$$\int x^2\cos x\mathrm{d}x = \int x^2\mathrm{d}(\sin x) = x^2\sin x - \int \sin x\mathrm{d}(x^2)$$

$$= x^2\sin x - 2\int x\sin x\mathrm{d}x = x^2\sin x + 2\int x\mathrm{d}(\cos x)$$

$$= x^2\sin x + 2\left(x\cos x - \int \cos x\mathrm{d}x\right)$$

$$= x^2\sin x + 2x\cos x - 2\sin x + C.$$

注 在取幂函数为 u 的情况下, 使用一次分部积分公式只能降低一次幂. 当幂函数的次数较高时, 往往需要多次使用分部积分公式, 此时一般应采用相同类型的函数作为 u, 否则会还原. 同时, 还需注意系数与符号.

例 3 求 $\displaystyle\int x^2\ln x\mathrm{d}x$.

解 这是幂函数与对数函数乘积的不定积分, 按照 u 的优选次序, 取 $u = \ln x$, 则

$$\int x^2\ln x\mathrm{d}x = \int \ln x\mathrm{d}\left(\frac{1}{3}x^3\right) = \frac{1}{3}x^3\ln x - \int \frac{1}{3}x^3\cdot\frac{1}{x}\mathrm{d}x$$

$$= \frac{1}{3}x^3\ln x - \frac{1}{3}\int x^2\mathrm{d}x = \frac{1}{3}x^3\ln x - \frac{1}{9}x^3 + C.$$

例 4 求 $\displaystyle\int 2x\arctan x\mathrm{d}x$.

解 这是幂函数与反三角函数乘积的不定积分, 按照 u 的优选次序, 取 $u = \arctan x$, 则

$$\int 2x \arctan x \mathrm{d}x = \int \arctan x \mathrm{d}(x^2) = x^2 \arctan x - \int x^2 \mathrm{d}(\arctan x)$$

$$= x^2 \arctan x - \int \frac{x^2}{1+x^2} \mathrm{d}x = x^2 \arctan x - x + \arctan x + C.$$

例 5 求 $\int \arctan x \mathrm{d}x$.

解 这是单个函数的不定积分, 可以取 $u = \arctan x$, $\mathrm{d}v = \mathrm{d}x$. 由分部积分公式, 得

$$\int \arctan x \mathrm{d}x = x \arctan x - \int x \mathrm{d}(\arctan x) = x \arctan x - \int \frac{x}{1+x^2} \mathrm{d}x$$

$$= x \arctan x - \frac{1}{2} \ln(1+x^2) + C.$$

类似地, 可以计算 $\int \arcsin x \mathrm{d}x$, $\int \ln x \mathrm{d}x$ 等不定积分, 读者不妨一试.

例 6 求 $I = \int \mathrm{e}^{-x} \cos 2x \mathrm{d}x$.

解 这是指数函数与三角函数乘积的不定积分, 按照 u 的优选次序, 取 $u = \mathrm{e}^{-x}$, 则

$$I = \int \mathrm{e}^{-x} \cos 2x \mathrm{d}x = \frac{1}{2} \int \mathrm{e}^{-x} \mathrm{d}(\sin 2x) = \frac{1}{2} \mathrm{e}^{-x} \sin 2x + \frac{1}{2} \int \mathrm{e}^{-x} \sin 2x \mathrm{d}x$$

$$= \frac{1}{2} \mathrm{e}^{-x} \sin 2x - \frac{1}{4} \int \mathrm{e}^{-x} \mathrm{d}(\cos 2x)$$

$$= \frac{1}{2} \mathrm{e}^{-x} \sin 2x - \frac{1}{4} \mathrm{e}^{-x} \cos 2x - \frac{1}{4} \int \mathrm{e}^{-x} \cos 2x \mathrm{d}x$$

$$= \frac{1}{2} \mathrm{e}^{-x} \sin 2x - \frac{1}{4} \mathrm{e}^{-x} \cos 2x - \frac{1}{4} I.$$

这是关于 I 的一个方程, 由于 I 包含了任意常数, 移项解得 I 时需加上任意常数 C. 即

$$I = \frac{1}{5} \mathrm{e}^{-x} (2 \sin 2x - \cos 2x) + C.$$

当被积函数为指数函数与正 (余) 弦函数的乘积时, 也可将三角函数选作 u, 但在两次分部积分中, 必须选择同类型的函数作为 u, 以便产生循环式, 得到含有所求积分的方程, 通过移项合并求解. 这种方法称为**循环积分法**.

例 7 求 $I = \int \sec^3 x \mathrm{d}x$.

解 由分部积分公式, 得

$$I = \int \sec x d(\tan x) = \sec x \tan x - \int \tan x d(\sec x)$$

$$= \sec x \tan x - \int \tan^2 x \sec x dx = \sec x \tan x - \int (\sec^2 x - 1) \sec x dx$$

$$= \sec x \tan x - \int \sec^3 x dx + \int \sec x dx$$

$$= \sec x \tan x - I + \ln |\sec x + \tan x|.$$

移项解得

$$I = \frac{1}{2} \sec x \tan x + \frac{1}{2} \ln |\sec x + \tan x| + C.$$

例 8 求 $I = \int \cos (\ln x) dx$.

解 取 $u = \cos (\ln x)$, $dv = dx$. 由分部积分公式, 得

$$I = x \cos (\ln x) - \int x d[\cos (\ln x)] = x \cos (\ln x) + \int x \sin (\ln x) \cdot \frac{1}{x} dx$$

$$= x \cos (\ln x) + \int \sin (\ln x) dx = x \cos (\ln x) + x \sin (\ln x)$$

$$- \int x \cos (\ln x) \cdot \frac{1}{x} dx$$

$$= x \cos (\ln x) + x \sin (\ln x) - I.$$

移项解得

$$I = \frac{1}{2} x [\cos (\ln x) + \sin (\ln x)] + C.$$

分部积分法还常用于求某些不定积分的递推公式、抽象函数的不定积分, 也可以与换元积分法结合使用.

例 9 求 $I_n = \int \frac{1}{(x^2 + a^2)^n} dx$ 的递推公式, 其中 a 为常数, $a \neq 0$, n 为正整数.

解 当 $n = 1$ 时, $I_1 = \int \frac{1}{x^2 + a^2} dx = \frac{1}{a} \arctan \frac{x}{a} + C$.

当 $n > 1$ 时, 由分部积分法得

$$I_n = \int \frac{1}{(x^2 + a^2)^n} dx = \frac{x}{(x^2 + a^2)^n} - \int x d \left[(x^2 + a^2)^{-n} \right]$$

$$= \frac{x}{(x^2 + a^2)^n} + n \int x \cdot \frac{2x}{(x^2 + a^2)^{n+1}} dx$$

$$= \frac{x}{(x^2+a^2)^n} + 2n \int \frac{(x^2+a^2)-a^2}{(x^2+a^2)^{n+1}} \mathrm{d}x$$

$$= \frac{x}{(x^2+a^2)^n} + 2n(I_n - a^2 I_{n+1}) = \frac{x}{(x^2+a^2)^n} + 2nI_n - 2na^2 I_{n+1}.$$

于是解得

$$I_{n+1} = \frac{1}{2na^2} \left[\frac{x}{(x^2+a^2)^n} + (2n-1)I_n \right].$$

即 I_n 的递推关系式为

$$I_n = \frac{1}{2(n-1)a^2} \left[\frac{x}{(x^2+a^2)^{n-1}} + (2n-3)I_{n-1} \right].$$

例 10 设 $f(x)$ 的原函数为 $\dfrac{\sin x}{x}$, 求 $\displaystyle\int xf'(2x)\mathrm{d}x$.

解 $\displaystyle\int xf'(2x)\mathrm{d}x = \frac{1}{2}\int x\mathrm{d}[f(2x)] = \frac{1}{2}xf(2x) - \frac{1}{2}\int f(2x)\mathrm{d}x$

$$= \frac{1}{2}xf(2x) - \frac{1}{4}\int f(2x)\mathrm{d}(2x).$$

由题意, $\dfrac{\sin x}{x}$ 为 $f(x)$ 的原函数, 所以

$$f(x) = \left(\frac{\sin x}{x}\right)' = \frac{x\cos x - \sin x}{x^2},$$

于是

$$f(2x) = \frac{2x\cos(2x) - \sin(2x)}{4x^2}.$$

故

$$\int xf'(2x)\mathrm{d}x = \frac{2x\cos(2x) - \sin(2x)}{8x} - \frac{1}{4}\cdot\frac{\sin(2x)}{2x} + C$$

$$= \frac{1}{4}\cos(2x) - \frac{1}{4x}\sin(2x) + C.$$

例 11 求 $\displaystyle\int \ln(1+\sqrt{x})\mathrm{d}x$.

解 令 $t = \sqrt{x}$, 则 $x = t^2$, 于是

$$\int \ln(1+\sqrt{x})\mathrm{d}x = \int \ln(1+t)\mathrm{d}(t^2) = t^2\ln(1+t) - \int t^2\mathrm{d}[\ln(1+t)]$$

$$= t^2\ln(1+t) - \int \frac{t^2}{1+t}\,\mathrm{d}t$$

$$= t^2 \ln(1+t) - \int (t-1)\mathrm{d}t - \int \frac{1}{1+t}\,\mathrm{d}t$$

$$= t^2 \ln(1+t) - \frac{t^2}{2} + t - \ln(1+t) + C$$

$$= (x-1)\ln(1+\sqrt{x}) - \frac{x}{2} + \sqrt{x} + C.$$

习 题 4-3

A 组

课件4-3-3

1. 求下列不定积分:

(1) $\displaystyle\int x\sin 2x\,\mathrm{d}x$;

(2) $\displaystyle\int (\ln x)^2\,\mathrm{d}x$;

(3) $\displaystyle\int \csc^3 x\,\mathrm{d}x$;

(4) $\displaystyle\int \sin(\ln x)\,\mathrm{d}x$;

(5) $\displaystyle\int x^3 \mathrm{e}^{-x^2}\,\mathrm{d}x$;

(6) $\displaystyle\int \mathrm{e}^{\sqrt{x}}\,\mathrm{d}x$;

(7) $\displaystyle\int \frac{\ln\ln x}{x}\,\mathrm{d}x$;

(8) $\displaystyle\int x\tan^2 x\,\mathrm{d}x$;

(9) $\displaystyle\int \mathrm{e}^{-2x}\sin\frac{x}{2}\,\mathrm{d}x$;

(10) $\displaystyle\int x^2\arctan x\,\mathrm{d}x$;

(11) $\displaystyle\int \frac{\ln x}{x^n}\,\mathrm{d}x,\ n\neq 1$;

(12) $\displaystyle\int x\csc^2 x\,\mathrm{d}x$;

(13) $\displaystyle\int x\sin x\cos x\,\mathrm{d}x$;

(14) $\displaystyle\int \ln(1+x^2)\,\mathrm{d}x$;

(15) $\displaystyle\int x\mathrm{e}^{x^2}(1+x^2)\,\mathrm{d}x$;

(16) $\displaystyle\int x^5\sin x^2\,\mathrm{d}x$;

(17) $\displaystyle\int \frac{x\arctan x}{\sqrt{1+x^2}}\,\mathrm{d}x$;

(18) $\displaystyle\int \frac{x}{\cos^2 x}\,\mathrm{d}x$.

2. 设 $f(x)$ 的一个原函数为 $\dfrac{\cos x}{x}$, 求 $\displaystyle\int xf'(x)\mathrm{d}x$ 及 $\displaystyle\int xf''(x)\mathrm{d}x$.

3. 设 $f(\ln x) = \dfrac{\ln(1+x)}{x}$, 求 $\displaystyle\int f(x)\mathrm{d}x$. (2000 考研真题)

4. 已知 $f(\sin^2 x) = \dfrac{x}{\sin x}$, 求 $\displaystyle\int \frac{\sqrt{x}}{\sqrt{1-x}}f(x)\mathrm{d}x$. (2002 考研真题)

B 组

1. 求下列不定积分:

(1) $\displaystyle\int \frac{x^2\mathrm{e}^x}{(x+2)^2}\,\mathrm{d}x$;

(2) $\displaystyle\int \frac{\arctan \mathrm{e}^x}{\mathrm{e}^{2x}}\,\mathrm{d}x$; (2001 考研真题)

(3) $\displaystyle\int \frac{\mathrm{e}^{\arctan x}}{1+x^2}\,\mathrm{d}x$;

(4) $\displaystyle\int \sin^2(\ln x)\,\mathrm{d}x$.

2. 设 $f(x)$ 是单调连续函数, $f^{-1}(x)$ 是它的反函数, 且 $\displaystyle\int f(x)\mathrm{d}x = F(x) + C$, 求 $\displaystyle\int f^{-1}(x)\mathrm{d}x$.

3. 求不定积分 $\displaystyle\int \mathrm{e}^{2x}\arctan\sqrt{\mathrm{e}^x - 1}\,\mathrm{d}x$. (2018 考研真题)

4. 设 n 为正整数, 证明下列递推公式:

(1) $I_n = \displaystyle\int x^n\mathrm{e}^x\mathrm{d}x = x^n\mathrm{e}^x - nI_{n-1}$;

(2) $I_n = \displaystyle\int \cos^n x\mathrm{d}x = \dfrac{\cos^{n-1}x\sin x}{n} + \dfrac{n-1}{n}I_{n-2}$.

4.4　简单有理函数的积分

　　前面讨论了求不定积分的两种基本方法——换元积分法与分部积分法, 本节介绍有理函数的不定积分及可化为有理函数的三角有理函数的不定积分的计算.

课前测4-4-1

一、 有理函数的积分

　　两个多项式的商

$$f(x) = \frac{P_n(x)}{Q_m(x)} = \frac{a_0x^n + a_1x^{n-1} + a_2x^{n-2} + \cdots + a_{n-1}x + a_n}{b_0x^m + b_1x^{m-1} + b_2x^{m-2} + \cdots + b_{m-1}x + b_m} \tag{4-4-1}$$

称为**有理函数**, 其中 n 和 m 是非负整数, 且 $a_0 \neq 0, b_0 \neq 0$. 不妨设 $P_n(x), Q_m(x)$ 没有公因子.

　　当 $n \geqslant m \geqslant 1$ 时, 称 (4-4-1) 式所表示的有理函数为**假分式**; 当 $n < m$ 时, 称 (4-4-1) 式所表示的有理函数为**真分式**. 对于假分式, 总可以利用多项式的除法, 将它化为多项式与真分式之和. 例如

$$\frac{x^4 + x + 1}{x^2 + 1} = x^2 - 1 + \frac{x + 2}{x^2 + 1}.$$

因此有理函数的不定积分可归结为求真分式的积分问题.

1. 真分式的分解

关于真分式, 有如下分解定理.

定理 1　设有真分式 (4-4-1), 若 $Q_m(x)$ 在实数范围内可因式分解为

$$Q_m(x) = b_0(x-a)^\alpha \cdots (x-b)^\beta(x^2+px+q)^\lambda \cdots (x^2+rx+s)^\mu,$$

其中 $\alpha, \cdots, \beta, \lambda, \cdots, \mu \in \mathbf{N}^+$, $p^2 - 4q < 0, \cdots, r^2 - 4s < 0$, 则真分式 $\dfrac{P_n(x)}{Q_m(x)}$ 可以分解成如下简单部分分式之和:

$$\frac{P_n(x)}{Q_m(x)} = \frac{A_1}{x-a} + \frac{A_2}{(x-a)^2} + \cdots + \frac{A_\alpha}{(x-a)^\alpha} + \cdots$$

$$+ \frac{B_1}{x-b} + \frac{B_2}{(x-b)^2} + \cdots + \frac{B_\beta}{(x-b)^\beta} + \cdots$$

$$+ \frac{M_1 x + N_1}{x^2+px+q} + \frac{M_2 x + N_2}{(x^2+px+q)^2} + \cdots + \frac{M_\lambda x + N_\lambda}{(x^2+px+q)^\lambda} + \cdots$$

$$+ \frac{R_1 x + S_1}{x^2+rx+s} + \frac{R_2 x + S_2}{(x^2+rx+s)^2} + \cdots + \frac{R_\mu x + S_\mu}{(x^2+rx+s)^\mu}, \qquad (4\text{-}4\text{-}2)$$

其中 A_i, B_i, M_i, N_i, R_i, S_i 均为常数, 且唯一确定.

简单部分分式分子中的常数可用待定系数法确定.

2. 简单部分分式的不定积分

由定理 1 可知, 在实数范围内, 任何有理真分式都可以分解为

简单部分分
式的不定积
分4-4-2

四类简单部分分式之和: $\dfrac{A}{x-a}$, $\dfrac{A}{(x-a)^k}$, $\dfrac{Ax+B}{x^2+px+q}$, $\dfrac{Ax+B}{(x^2+px+q)^k}$,

其中 $k \geqslant 2$ 是正整数, $p^2 - 4q < 0$.

下面依次给出这四类简单部分分式的不定积分.

(1) $\displaystyle\int \frac{A}{x-a}\mathrm{d}x = A\ln|x-a| + C$.

(2) $\displaystyle\int \frac{A}{(x-a)^k}\mathrm{d}x = \frac{A}{1-k}(x-a)^{1-k} + C$, $k \geqslant 2$.

(3) $\displaystyle\int \frac{Ax+B}{x^2+px+q}\mathrm{d}x$. 配方, 令 $u = x + \dfrac{p}{2}$, 记 $q - \dfrac{p^2}{4} = a^2$, $D = B - \dfrac{Ap}{2}$, 则

$$\int \frac{Ax+B}{x^2+px+q}\mathrm{d}x = \int \frac{A\left(x+\dfrac{p}{2}\right) + B - \dfrac{Ap}{2}}{\left(x+\dfrac{p}{2}\right)^2 + \left(q - \dfrac{p^2}{4}\right)}\mathrm{d}x = \int \frac{Au+D}{u^2+a^2}\mathrm{d}u$$

$$= A\int \frac{u}{u^2+a^2}\mathrm{d}u + D\int \frac{1}{u^2+a^2}\mathrm{d}u$$

$$= \frac{A}{2}\ln(u^2+a^2) + \frac{D}{a}\arctan\frac{u}{a} + C$$

$$= \frac{A}{2}\ln(x^2+px+q) + \frac{D}{a}\arctan\frac{2x+p}{2a} + C.$$

(4) $\displaystyle\int \frac{Ax+B}{(x^2+px+q)^k}\mathrm{d}x$. 同上, 令 $u = x + \dfrac{p}{2}$, 记 $q - \dfrac{p^2}{4} = a^2$, $D = B - \dfrac{Ap}{2}$, 则

$$\int \frac{Ax+B}{(x^2+px+q)^k}\mathrm{d}x = \int \frac{A\left(x+\dfrac{p}{2}\right)+B-\dfrac{Ap}{2}}{\left[\left(x+\dfrac{p}{2}\right)^2+\left(q-\dfrac{p^2}{4}\right)\right]^k}\mathrm{d}x = \int \frac{Au+D}{(u^2+a^2)^k}\mathrm{d}u$$

$$= A \int \frac{u}{(u^2+a^2)^k}\mathrm{d}u + D \int \frac{1}{(u^2+a^2)^k}\mathrm{d}u$$

$$= \frac{A}{2} \int (u^2+a^2)^{-k}\mathrm{d}(u^2+a^2) + D \int \frac{1}{(u^2+a^2)^k}\mathrm{d}u$$

$$= \frac{A}{2(1-k)}(u^2+a^2)^{1-k} + D \int \frac{1}{(u^2+a^2)^k}\mathrm{d}u.$$

上式右端第二项的不定积分可由 4.3 节例 9, 利用递推式求得, 最后将 $u = x+\dfrac{p}{2}$ 回代即可.

理论上, 通过待定系数的方法将有理函数分解为多项式及部分分式之后, 各项均能积出, 这为有理函数的积分提供了一种通用方法, 同时得出结论: 有理函数的原函数都是初等函数.

例 1 求 $\displaystyle\int \frac{1}{x(x-1)^2}\,\mathrm{d}x$.

解 设 $\dfrac{1}{x(x-1)^2} = \dfrac{A}{x} + \dfrac{B}{x-1} + \dfrac{C}{(x-1)^2}$, 其中 A, B, C 为待定系数. 去分母, 得

$$1 = A(x-1)^2 + Bx(x-1) + Cx, \tag{4-4-3}$$

即

$$1 = (A+B)x^2 + (C-2A-B)x + A.$$

比较等式两边的系数, 得

$$\begin{cases} A+B=0, \\ C-2A-B=0, \\ A=1, \end{cases}$$

解得

$$A=1, \quad B=-1, \quad C=1.$$

在恒等式 (4-4-3) 中, 亦可代入特殊的 x 值, 求出待定系数. 如取 $x=0$, 得 $A=1$; 取 $x=1$, 得 $C=1$; 把 A, C 的值代入 (4-4-3) 式, 取 $x=2$, 得 $B=-1$. 于是

$$\int \frac{1}{x(x-1)^2}\,\mathrm{d}x = \int \left[\frac{1}{x} - \frac{1}{x-1} + \frac{1}{(x-1)^2}\right]\mathrm{d}x$$

$$= \ln|x| - \ln|x-1| - \frac{1}{x-1} + C.$$

例 2 求 $\displaystyle\int \frac{2x+2}{(x^2+1)^2(x-1)}\,\mathrm{d}x$.

解 设 $\displaystyle\frac{2x+2}{(x^2+1)^2(x-1)} = \frac{A}{x-1} + \frac{Bx+C}{x^2+1} + \frac{Dx+E}{(x^2+1)^2}$, 其中 $A, B, C, D,$ E 待定. 去分母, 得

$$2x+2 = A(x^2+1)^2 + (Bx+C)(x-1)(x^2+1) + (Dx+E)(x-1).$$

取特殊值或比较等式两边的系数, 解得

$$A = 1, \quad B = C = -1, \quad D = -2, \quad E = 0.$$

$$\int \frac{1}{x(x-1)^2}\,\mathrm{d}x = \int \left[\frac{1}{x-1} - \frac{x+1}{x^2+1} - \frac{2x}{(x^2+1)^2}\right]\mathrm{d}x$$

$$= \int \frac{1}{x-1}\,\mathrm{d}x - \int \frac{x}{x^2+1}\,\mathrm{d}x - \int \frac{1}{x^2+1}\,\mathrm{d}x - \int \frac{2x}{(x^2+1)^2}\,\mathrm{d}x$$

$$= \ln|x-1| - \frac{1}{2}\ln(x^2+1) - \arctan x + \frac{1}{x^2+1} + C.$$

需要指出的是, 有理函数积分的通用方法未必是最好的方法. 求待定系数时, 计算往往比较繁琐, 且当分母的次数较高时, 因式分解也相对困难. 因此, 在解题时要灵活使用各种方法.

例 3 求 $\displaystyle\int \frac{x^9-8}{x^{10}+8x}\,\mathrm{d}x$.

解 $\displaystyle\int \frac{x^9-8}{x^{10}+8x}\,\mathrm{d}x = \int \frac{x^9-8}{x(x^9+8)}\,\mathrm{d}x = \int \frac{x^9-8}{x^9(x^9+8)}\cdot x^8\,\mathrm{d}x$

$$= \frac{1}{9}\int \frac{x^9-8}{x^9(x^9+8)}\,\mathrm{d}(x^9).$$

作变量代换, 令 $u = x^9$, 则有

$$\int \frac{x^9-8}{x^{10}+8x}\,\mathrm{d}x = \frac{1}{9}\int \frac{2u-(u+8)}{u(u+8)}\,\mathrm{d}u = \frac{1}{9}\left(\int \frac{2}{u+8}\,\mathrm{d}u - \int \frac{1}{u}\,\mathrm{d}u\right)$$

$$= \frac{2}{9}\ln|u+8| - \frac{1}{9}\ln|u| + C$$

$$= \frac{2}{9}\ln|x^9+8| - \ln|x| + C.$$

例 4 求 $\displaystyle\int \frac{1}{x^4+1}\,\mathrm{d}x$.

解
$$\int \frac{1}{x^4+1}\,\mathrm{d}x = \frac{1}{2}\int \frac{x^2+1}{x^4+1}\,\mathrm{d}x - \frac{1}{2}\int \frac{x^2-1}{x^4+1}\,\mathrm{d}x$$

$$= \frac{1}{2}\int \frac{1+\dfrac{1}{x^2}}{x^2+\dfrac{1}{x^2}}\,\mathrm{d}x - \frac{1}{2}\int \frac{1-\dfrac{1}{x^2}}{x^2+\dfrac{1}{x^2}}\,\mathrm{d}x$$

$$= \frac{1}{2}\int \frac{\mathrm{d}\left(x-\dfrac{1}{x}\right)}{\left(x-\dfrac{1}{x}\right)^2+2} - \frac{1}{2}\int \frac{\mathrm{d}\left(x+\dfrac{1}{x}\right)}{\left(x+\dfrac{1}{x}\right)^2-2}$$

$$= \frac{1}{2\sqrt{2}}\arctan \frac{x^2-1}{\sqrt{2}x} - \frac{1}{4\sqrt{2}}\ln\left|\frac{x^2-x\sqrt{2}+1}{x^2+x\sqrt{2}+1}\right| + C.$$

二、 三角有理函数的积分

三角有理函数是指由三角函数和常数经过有限次四则运算所得到的函数. 由于三角函数均可用 $\sin x$ 和 $\cos x$ 的有理式表示, 因此三角有理函数可表示为 $R(\sin x,\cos x)$, 其中 $R(u,v)$ 表示 u, v 两个变量的有理式.

三角有理函数的积分, 可通过变量代换将其化为有理函数的积分. 例如, 作变量代换 $\tan \dfrac{x}{2}=t$, 由万能公式,

$$\sin x = \frac{2t}{1+t^2}, \quad \cos x = \frac{1-t^2}{1+t^2}.$$

事实上, 由倍角公式, 可得

$$\sin x = 2\sin \frac{x}{2}\cos \frac{x}{2} = \frac{2\tan \dfrac{x}{2}}{\sec^2 \dfrac{x}{2}} = \frac{2\tan \dfrac{x}{2}}{1+\tan^2 \dfrac{x}{2}} = \frac{2t}{1+t^2},$$

$$\cos x = \cos^2 \frac{x}{2} - \sin^2 \frac{x}{2} = \frac{1-\tan^2 \dfrac{x}{2}}{\sec^2 \dfrac{x}{2}} = \frac{1-\tan^2 \dfrac{x}{2}}{1+\tan^2 \dfrac{x}{2}} = \frac{1-t^2}{1+t^2}.$$

由 $x=2\arctan t$, 得 $\mathrm{d}x = \dfrac{2}{1+t^2}\mathrm{d}t$, 则有

$$\int R(\sin x,\cos x)\mathrm{d}x = \int R\left(\frac{2t}{1+t^2}, \frac{1-t^2}{1+t^2}\right)\cdot \frac{2}{1+t^2}\mathrm{d}t,$$

上式右端为关于变量 t 的有理函数的积分.

例 5　求 $\displaystyle\int \frac{\mathrm{d}x}{4+5\cos x}$.

解　令 $\tan\dfrac{x}{2}=t$, 则 $\cos x=\dfrac{1-t^2}{1+t^2}$, $x=2\arctan t$, $\mathrm{d}x=\dfrac{2}{1+t^2}\mathrm{d}t$. 于是

$$\int \frac{\mathrm{d}x}{4+5\cos x}=\int \frac{1}{4+5\cdot\dfrac{1-t^2}{1+t^2}}\cdot\frac{2\mathrm{d}t}{1+t^2}=-2\int\frac{\mathrm{d}t}{(t-3)(t+3)}$$

$$=-\frac{1}{3}\left(\int\frac{\mathrm{d}t}{t-3}-\int\frac{\mathrm{d}t}{t+3}\right)=-\frac{1}{3}\ln\left|\frac{t-3}{t+3}\right|+C$$

$$=-\frac{1}{3}\ln\left|\frac{\tan\dfrac{x}{2}-3}{\tan\dfrac{x}{2}+3}\right|+C.$$

例 6　求 $\displaystyle\int \frac{1+\sin x}{1-\cos x}\mathrm{d}x$.

解　设 $t=\tan\dfrac{x}{2}$, 则 $\sin x=\dfrac{2t}{1+t^2}$, $\cos x=\dfrac{1-t^2}{1+t^2}$, $\mathrm{d}x=\dfrac{2}{1+t^2}\mathrm{d}t$. 于是

$$\int \frac{1+\sin x}{1-\cos x}\mathrm{d}x=\int\frac{1+\dfrac{2t}{1+t^2}}{1-\dfrac{1-t^2}{1+t^2}}\cdot\frac{2}{1+t^2}\mathrm{d}t=\int\frac{(1+t^2)+2t}{t^2(1+t^2)}\mathrm{d}t$$

$$=\int\frac{\mathrm{d}t}{t^2}+\int\frac{2\mathrm{d}t}{t(1+t^2)}=\int\frac{\mathrm{d}t}{t^2}+2\int\frac{\mathrm{d}t}{t}-2\int\frac{t}{1+t^2}\mathrm{d}t$$

$$=-\frac{1}{t}+2\ln|t|-\ln(1+t^2)+C$$

$$=-\cot\frac{x}{2}+2\ln\left|\tan\frac{x}{2}\right|-2\ln\left|\sec\frac{x}{2}\right|+C$$

$$=-\cot\frac{x}{2}+2\ln\left|\sin\frac{x}{2}\right|+C.$$

三角有理函数的积分总可以利用变量代换 $t=\tan\dfrac{x}{2}$, 化为有理函数的积分, 但经代换后所得有理函数的积分有时比较麻烦. 因此, 这种代换方法也不一定最简便. 求解时, 应根据被积函数的特点, 结合其他积分方法综合应用. 比如, 例 6 有如下简便解法.

$$\int \frac{1+\sin x}{1-\cos x}\mathrm{d}x=\int\frac{1}{1-\cos x}\mathrm{d}x+\int\frac{\sin x}{1-\cos x}\mathrm{d}x$$

$$=\int\frac{1}{2\sin^2\dfrac{x}{2}}\mathrm{d}x+\int\frac{\mathrm{d}(1-\cos x)}{1-\cos x}$$

$$= \int \csc^2 \frac{x}{2} \mathrm{d}\left(\frac{x}{2}\right) + \int \frac{\mathrm{d}(1-\cos x)}{1-\cos x}$$

$$= -\cot \frac{x}{2} + \ln|1-\cos x| + C = -\cot \frac{x}{2} + 2\ln\left|\sin \frac{x}{2}\right| + C.$$

另外, 简单无理函数的积分也可以通过根式代换转化为有理函数的积分, 这部分内容已在 4.2 节中简要介绍, 不再赘述.

至此本章已介绍了积分计算的两种主要方法——换元积分法和分部积分法, 以及一些特殊函数的积分方法, 利用它们可以解决相当广泛的几类初等函数的积分.

必须指出, 尽管区间上的连续函数一定有原函数, 但有些连续函数的原函数却不能用初等函数来表示. 习惯上, 把这种情况称为积不出. 如

$$\int \mathrm{e}^{-x^2} \mathrm{d}x, \quad \int \frac{\mathrm{e}^x}{x}\mathrm{d}x, \quad \int \frac{\sin x}{x}\mathrm{d}x, \quad \int \sin x^2 \mathrm{d}x,$$

$$\int \frac{\mathrm{d}x}{\ln x}, \quad \int \sqrt{1+x^3}\mathrm{d}x, \quad \int \frac{\mathrm{d}x}{\sqrt{1+x^4}}$$

等, 它们的原函数就都不是初等函数.

习　题　4-4

A 组

课件4-4-3

求下列不定积分:

(1) $\displaystyle\int \frac{2x^3+1}{(x-1)^{100}}\mathrm{d}x$;

(2) $\displaystyle\int \frac{x^5+x^4-8}{x^3-x}\mathrm{d}x$;

(3) $\displaystyle\int \frac{3}{x^3+1}\mathrm{d}x$;

(4) $\displaystyle\int \frac{x^2+1}{(x+1)^2(x-1)}\mathrm{d}x$;

(5) $\displaystyle\int \frac{1}{(x^2+1)(x^2+x+1)}\mathrm{d}x$;

(6) $\displaystyle\int \frac{x^4}{x^2+x-2}\mathrm{d}x$;

(7) $\displaystyle\int \frac{1}{(u^2+4)^3}\mathrm{d}u$;

(8) $\displaystyle\int \frac{x^2-5x+9}{x^2-5x+6}\mathrm{d}x$;

(9) $\displaystyle\int \frac{1}{\sin 2x-2\sin x}\mathrm{d}x$;

(10) $\displaystyle\int \frac{1+\tan x}{\sin 2x}\mathrm{d}x$;

(11) $\displaystyle\int \frac{1+\sin x}{\sin x(1+\cos x)}\mathrm{d}x$;

(12) $\displaystyle\int \frac{1}{\sin x(1+\sin^2 x)}\mathrm{d}x$;

(13) $\displaystyle\int \frac{\sin x\cos x}{\sin x+\cos x}\mathrm{d}x$;

(14) $\displaystyle\int \frac{1}{\sqrt{x}+\sqrt[3]{x}}\mathrm{d}x$;

(15) $\displaystyle\int \left(\sqrt{\frac{x+3}{x-1}}-\sqrt{\frac{x-1}{x+3}}\right)\mathrm{d}x$;

(16) $\displaystyle\int \frac{\sqrt{3-4x}}{x}\mathrm{d}x$;

(17) $\displaystyle\int \frac{1}{x}\sqrt{\frac{1-x}{1+x}}\mathrm{d}x$;

(18) $\displaystyle\int \frac{\sqrt{1+x}-1}{\sqrt{1+x}+1}\mathrm{d}x$.

B 组

求下列不定积分:

(1) $\displaystyle\int \frac{\sqrt[3]{1+\sqrt[4]{x}}}{\sqrt{x}}\,\mathrm{d}x$;

(2) $\displaystyle\int \frac{1}{\sqrt[4]{1+x^4}}\,\mathrm{d}x$;

(3) $\displaystyle\int \frac{\sin 2x}{\sin^2 x + 2\cos x}\,\mathrm{d}x$;

(4) $\displaystyle\int \frac{x+\cos^2 x}{1+\cos 2x}\,\mathrm{d}x$;

(5) $\displaystyle\int \frac{1}{\sqrt[3]{(1+x)^2}+\sqrt{1+x}}\,\mathrm{d}x$;

(6) $\displaystyle\int \frac{1}{x-\sqrt[3]{3x+2}}\,\mathrm{d}x$;

(7) $\displaystyle\int \frac{\mathrm{d}x}{x+\sqrt{x^2-x+1}}$;

(8) $\displaystyle\int \frac{3x+6}{(x-1)^2(x^2+x+1)}\,\mathrm{d}x$. (2019 考研真题)

*4.5　积分表的使用

为使用方便, 人们把常用函数的积分公式汇集成表, 称之为积分表. 在本书教学资源说明里也汇集了一些简单的常用函数的积分, 按被积函数的类型分类编排, 扫描二维码即可查询. 查积分表时, 要根据被积函数的类型直接或经过简单恒等变形后进行查找.

先举两个可以扫码直接从积分表中查表的积分例子.

例 1　查表求 $\displaystyle\int \frac{\mathrm{d}x}{x^2(1-x)}$.

解　被积函数的分母含有 $1-x$, 查表 (一) 含有 $ax+b$ 的积分, 有公式 (6)

$$\int \frac{\mathrm{d}x}{x^2(ax+b)} = -\frac{1}{bx} + \frac{a}{b^2}\ln\left|\frac{ax+b}{x}\right| + C.$$

取 $a=-1, b=1$, 于是

$$\int \frac{\mathrm{d}x}{x^2(1-x)} = -\frac{1}{x} - \ln\left|\frac{1-x}{x}\right| + C.$$

例 2　查表求 $\displaystyle\int \frac{\mathrm{d}x}{5-3\sin x}$.

解　被积函数中含有三角函数, 查表 (十一), 有公式 (103) 和 (104) 同为 $\displaystyle\int \frac{\mathrm{d}x}{a+b\sin x}$. 这里 $a=5, b=-3, a^2>b^2$, 因此用 (103) 式

$$\int \frac{\mathrm{d}x}{a+b\sin x} = \frac{2}{\sqrt{a^2-b^2}}\arctan \frac{a\tan \dfrac{x}{2}+b}{\sqrt{a^2-b^2}} + C.$$

于是

$$\int \frac{\mathrm{d}x}{5 - 3\sin x} = \frac{1}{2} \arctan \frac{5\tan\frac{x}{2} - 3}{4} + C.$$

再举两个先进行恒等变形或变量代换, 再查表求积分的例子.

例 3 查表求 $\displaystyle\int \frac{2x}{\sqrt{1 + 2x - x^2}}\mathrm{d}x$.

解 被积函数中含有根式 $\sqrt{1 + 2x - x^2}$, 但积分表中仅有含根式 $\sqrt{x^2 \pm a^2}$, $\sqrt{a^2 - x^2}$ 的积分. 为此, 首先将根式配方, 得

$$\sqrt{1 + 2x - x^2} = \sqrt{2 - (x - 1)^2}.$$

再作恒等变形, 得

$$\int \frac{2x}{\sqrt{1 + 2x - x^2}}\mathrm{d}x = 2\int \frac{(x - 1) + 1}{\sqrt{1 + 2x - x^2}}\mathrm{d}x$$

$$= 2\left[\int \frac{(x - 1)\mathrm{d}(x - 1)}{\sqrt{2 - (x - 1)^2}} + \int \frac{\mathrm{d}(x - 1)}{\sqrt{2 - (x - 1)^2}}\right].$$

由表 (八) 公式 (59) 和 (61),

$$\int \frac{\mathrm{d}t}{\sqrt{a^2 - t^2}} = \arcsin \frac{t}{a} + C,$$

$$\int \frac{t\mathrm{d}t}{\sqrt{a^2 - t^2}} = -\sqrt{a^2 - t^2} + C.$$

取 $a = \sqrt{2}$, $t = x - 1$, 则有

$$\int \frac{2x}{\sqrt{1 + 2x - x^2}}\mathrm{d}x = -2\sqrt{2 - (x - 1)^2} + 2\arcsin \frac{x - 1}{\sqrt{2}} + C$$

$$= -2\sqrt{1 + 2x - x^2} + 2\arcsin \frac{x - 1}{\sqrt{2}} + C.$$

最后举一个先用递推公式, 再查表求积分的例子.

例 4 查表求 $\displaystyle\int \sin^4 x\mathrm{d}x$.

解 被积函数中含有三角函数, 由表 (十一) 公式 (95), 有

$$\int \sin^n x\mathrm{d}x = -\frac{1}{n}\sin^{n-1} x\cos x + \frac{n - 1}{n}\int \sin^{n-2} x\mathrm{d}x.$$

取 $n = 4$, 则有

$$\int \sin^4 x\mathrm{d}x = -\frac{1}{4}\sin^3 x\cos x + \frac{3}{4}\int \sin^2 x\mathrm{d}x.$$

再由积分公式 (93), 知

$$\int \sin^2 x \mathrm{d}x = \frac{1}{2}x - \frac{1}{4}\sin 2x + C.$$

于是

$$\int \sin^4 x \mathrm{d}x = -\frac{1}{4}\sin^3 x \cos x + \frac{3}{8}\left(x - \frac{1}{2}\sin 2x\right) + C.$$

习 题 4-5

利用积分表计算下列不定积分:

(1) $\displaystyle\int \frac{1}{\sqrt{4x^2-9}}\mathrm{d}x$;

(2) $\displaystyle\int \frac{1}{x^2+2x+5}\mathrm{d}x$;

(3) $\displaystyle\int \frac{1}{\sqrt{5-4x+x^2}}\mathrm{d}x$;

(4) $\displaystyle\int \frac{1}{(1+x^2)^2}\mathrm{d}x$;

(5) $\displaystyle\int x \arcsin \frac{x}{2}\mathrm{d}x$;

(6) $\displaystyle\int \frac{x}{\sqrt{1+x-x^2}}\mathrm{d}x$;

(7) $\displaystyle\int \cos^6 x \mathrm{d}u$;

(8) $\displaystyle\int \frac{1}{2+5\cos x}\mathrm{d}x$;

(9) $\displaystyle\int \mathrm{e}^{2x}\cos x \mathrm{d}x$;

(10) $\displaystyle\int \frac{x+5}{x^2-2x-1}\mathrm{d}x$;

(11) $\displaystyle\int \frac{x^4}{4x^2+25}\mathrm{d}x$;

(12) $\displaystyle\int \ln^3 x \mathrm{d}x$.

本 章 小 结

积分学是微积分学的另外一个重要内容. 积分的思想和方法无论在理论上, 还是在生产实践、科学研究及工程技术等领域中都有着广泛的应用. 数学发展的历史表明, 一种数学运算的产生总会伴随它的逆运算出现, 如果把求导看作是一种运算, 那么求不定积分则是求导运算的逆运算.

比如, 在变速直线运动中, 若已知路程函数 $s(t)$, 求某一时刻的即时速度 $v(t)$, 这是一个导数问题, 它属于微分学的范畴. 反之, 若已知速度函数 $v(t)$, 求时间段 $[0, T]$ 内经过的路程 $s(t)$, 这便是一个积分问题, 属于积分学的范畴.

本章从逆运算的角度, 首先给出了原函数的基本概念. 强调原函数必定可导, 从而必定连续这一特性, 在求分段函数的原函数问题中要特别注意. 通过讨论原函数的存在唯一性, 引出原函数族, 即不定积分的概念. 原函数与不定积分之间是个体与整体的关系, 因而在不定积分的计算结果中会出现积分常数, 注意不能少.

积分与微分的互逆性表明不定积分的导数应等于被积函数, 此结论可用于检验不定积分运算的正确性.

不定积分的计算是本章的重点, 主要介绍了直接积分法、换元积分法、分部积分法, 这也为后面定积分的计算打下了基础.

1. 由基本求导公式推出基本求积公式. 不定积分总是直接或间接转化为基本求积公式来计算, 因而必须熟练掌握基本求积公式.

2. 通过适当的代数或三角函数的恒等变形, 直接利用基本积分公式和不定积分的性质计算不定积分的直接积分法, 关键在于明确知道哪些被积函数是基本求积公式中有的.

3. 由复合函数的链式法则推出换元积分法. 包括第一和第二类换元积分法, 注意它们的异同.

第一类换元积分法 (凑微分法) 在积分计算中较常用. 关键在于凑出合适的微分因子进行变量代换, 需要一定的技巧, 没有一般规律可循, 因而也是难点, 熟记常用凑微分公式有助于灵活使用该方法. 凑微分形式的选择, 应兼顾被积函数的具体形式, 可在常用凑微分形式的基础上, 根据需要适当调整系数、添加常数.

第二类换元积分法则反过来, 直接作变量代换 $x = \varphi(t)$. 常用的第二类换元积分法有三角代换、倒代换、根式代换等. 其中三角代换是重点, 当被积函数中含有 $\sqrt{a^2 - x^2}, \sqrt{x^2 + a^2}, \sqrt{x^2 - a^2}$ 等根式时, 可利用三角函数的平方关系 $\sin^2 x + \cos^2 x = 1$, $\sec^2 x = 1 + \tan^2 x$ 等去根式, 将无理函数的积分转化为三角函数的积分. 当被积函数的分母次幂较高时, 可选用倒代换. 当被积函数中含有无理根式, 常作根式代换, 将无理函数转化为有理函数的不定积分.

4. 由乘积的求导公式推出分部积分公式, 其关键在于 u 的选择. 一般, 若被积函数为幂函数、三角函数、指数函数、对数函数、反三角函数中任两类函数的乘积时, 常按 "反、对、幂、指、三" 的顺序优先选择 u. 需要注意的是, 在多次使用分部积分公式时, 必须选择同类型的函数作为 u. 分部积分法也可用于求某些不定积分的递推式、抽象函数的不定积分, 或与换元积分法结合使用.

本章还专门介绍了有理函数及三角有理函数等可化为有理函数的不定积分. 通过分解, 有理函数的不定积分可化为简单部分分式的不定积分. 三角有理函数的不定积分则可以利用万能公式化为有理函数的不定积分. 虽然这个方法未必是最简洁的, 但它提供了一种通用方法, 同时看到任何一个有理函数的原函数一定是初等函数.

总复习题 4

1. 填空题:

(1) 若 $\int f(x)\mathrm{d}x = x^2 \mathrm{e}^{2x} + C$, 则 $f(x) = $ _____.

(2) 若 $\int f(x)\mathrm{d}x = F(x) + C$, 则 $\int \dfrac{1}{x} f(\ln x)\mathrm{d}x$ _____.

(3) 设 $\int x f(x)\mathrm{d}x = \arctan x + C$, 则 $\int \dfrac{1}{f(x)}\mathrm{d}x = $ _____.

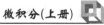

(4) 已知 $f'(\sin^2 x) = \cos 2x + \tan^2 x$, 则当 $0 < x < 1$ 时, $f(x) =$ _____.

(5) $\displaystyle\int xf'[\cos(1-x^2)]\sin(1-x^2)\mathrm{d}x =$ _____.

2. 选择题:

(1) 下列命题中, 正确的是 (　　)

(A) 若 $f(x)$ 在某一区间内不连续, 则在这个区间内 $f(x)$ 无原函数

(B) 有界连续函数的原函数必为有界函数

(C) 初等函数在其定义区间内必有原函数

(D) 偶函数的原函数都是奇函数.

(2) 在开区间 (a,b) 内, 如果 $f'(x) = \varphi'(x)$, 则一定有 (　　)

(A) $f(x) = \varphi(x)$ (B)$f(x) = \varphi(x) + C$

(C) $\left[\displaystyle\int f(x)\mathrm{d}x\right]' = \left[\displaystyle\int \varphi(x)\mathrm{d}x\right]'$ (D) 以上均不正确.

(3) 若 $f'(\mathrm{e}^x) = x\mathrm{e}^{-x}$, 且 $f(1) = 0$, 则 $f(x) =$(　　) (2004 考研真题)

(A) $\dfrac{1}{2}\ln^2 x$ (B) $\dfrac{1}{x}$ (C) $\dfrac{1}{2}\ln x + 2$ (D) $2x$.

(4) 设 $\displaystyle\int f(x)\mathrm{d}x = x^2 + C$, 则 $\displaystyle\int xf(1-x^2)\mathrm{d}x =$(　　)

(A) $\dfrac{1}{2}(1-x^2)^2 + C$ (B)$-\dfrac{1}{2}(1-x^2)^2 + C$

(C) $2(1-x^2)^2 + C$ (D)$-2(1-x^2)^2 + C$.

(5) $\displaystyle\int xf''(x)\mathrm{d}x =$(　　)

(A) $xf'(x) - \displaystyle\int f(x)\mathrm{d}x$ (B) $xf'(x) - f'(x) + C$

(C) $f(x) - xf'(x) + C$ (D) $xf'(x) - f(x) + C$.

3. 求下列不定积分:

(1) $\displaystyle\int \mathrm{e}^x\left(1 + \dfrac{\mathrm{e}^{-x}}{\cos^2 x}\right)\mathrm{d}x$; (2) $\displaystyle\int \sqrt{\mathrm{e}^x - 1}\,\mathrm{d}x$;

(3) $\displaystyle\int \dfrac{2^x}{\sqrt{1-4^x}}\mathrm{d}x$; (4) $\displaystyle\int \dfrac{1}{x\sqrt{1-x^2}}\mathrm{d}x$;

(5) $\displaystyle\int \dfrac{x}{4-x^2 + \sqrt{4-x^2}}\mathrm{d}x$; (6) $\displaystyle\int \dfrac{1}{(\sin x + \cos x)^2}\mathrm{d}x$;

(7) $\displaystyle\int \dfrac{x^3 + x - 1}{(x^2+2)^2}\mathrm{d}x$; (8) $\displaystyle\int \dfrac{1}{1+\sqrt{x}}\mathrm{d}x$;

(9) $\displaystyle\int \dfrac{1}{x(2+x^{10})}\mathrm{d}x$; (10) $\displaystyle\int \dfrac{7\cos x - 3\sin x}{5\cos x + 2\sin x}\mathrm{d}x$;

(11) $\displaystyle\int (x\ln x)^{\frac{3}{2}}(\ln x + 1)\mathrm{d}x$; (12) $\displaystyle\int \dfrac{\mathrm{e}^x(1+\sin x)}{1+\cos x}\mathrm{d}x$;

(13) $\displaystyle\int \dfrac{x}{1+\cos x}\mathrm{d}x$; (14) $\displaystyle\int \dfrac{x\mathrm{e}^x}{(x+1)^2}\mathrm{d}x$;

(15) $\displaystyle\int \arctan\sqrt{x}\,\mathrm{d}x$; (16) $\displaystyle\int x\sec^2 x\,\mathrm{d}x$;

(17) $\displaystyle\int \frac{1}{\mathrm{e}^x + 2\mathrm{e}^{-x} + 3} \mathrm{d}x;$

(18) $\displaystyle\int \sin x \ln \tan x \mathrm{d}x;$

(19) $\displaystyle\int \frac{\sin x \cos x}{1 + \sin^4 x} \mathrm{d}x;$

(20) $\displaystyle\int \frac{1}{\sin^3 x \cos x} \mathrm{d}x;$

(21) $\displaystyle\int \frac{\sin\left(x - \dfrac{\pi}{4}\right)}{\sin x + 2\cos x} \mathrm{d}x;$

(22) $\displaystyle\int \frac{1 - \sin x}{1 + \cos x} \mathrm{d}x;$

(23) $\displaystyle\int \frac{\sin x \cos x}{\sin^4 x + \cos^4 x} \mathrm{d}x;$

(24) $\displaystyle\int \sin x \sin 2x \mathrm{d}x;$

(25) $\displaystyle\int \frac{\arcsin \sqrt{x}}{\sqrt{1 - x}} \mathrm{d}x, \ 0 < x < 1;$

(26) $\displaystyle\int \frac{x + \cos^2 x}{1 + \cos 2x} \mathrm{d}x.$

4. 已知当 $x \neq 0$ 时, $f'(x)$ 连续, 求 $\displaystyle\int \frac{xf'(x) - (1 + x)f(x)}{x^2 \mathrm{e}^x} \mathrm{d}x.$

5. 设 n 为正整数, 求 $I_n = \displaystyle\int \ln^n x \mathrm{d}x$ 的递推公式.

6. 求 $\displaystyle\int \max\{1, x^2, x^3\} \mathrm{d}x.$

7. 设 $F(x)$ 是 $f(x)$ 的一个原函数, $F(0) = 1$, $F(x) > 0$. 当 $x \geqslant 0$ 时, $f(x)F(x) = \dfrac{x\mathrm{e}^x}{2(1 + x)^2}$, 求 $f(x)$.

8. 设 $f(x)$ 的导数为 $\sin x$, $f(0) = -1$. 若 $F(x)$ 是 $f(x)$ 的一个原函数, 且 $F(0) = 0$, 求 $\displaystyle\int \frac{1}{1 + F(x)} \mathrm{d}x.$

第 5 章
Chapter 5

定 积 分

积分方法是研究许多实际问题的重要方法, 在几何、物理、经济等领域有着广泛的应用. 本章以典型问题为背景引入定积分的概念, 进而讨论定积分的性质及计算方法, 再介绍反常积分的概念及其计算, 并简要介绍反常积分的审敛法. 最后介绍定积分的微元法及其在几何、经济上的应用.

5.1 定积分的概念与性质

一、引例

1. 曲边梯形的面积

设 $y = f(x)$ 是区间 $[a, b]$ 上的非负连续函数. 如图 5-1-1, 由曲线 $y = f(x)$, 直线 $x = a, x = b$ 及 x 轴所围成的图形称为**曲边梯形**. 曲线 $y = f(x)$ 称为曲边. 下面讨论曲边梯形面积的求法.

课前测5-1-1

曲边梯形的面积5-1-2

众所周知, 矩形的面积可按公式

矩形面积 = 底 × 高

来计算. 由于曲边梯形在底边各点处的高 $f(x)$ 在区间 $[a, b]$ 上是变动的, 故无法直接用上述公式来计算. 然而, 由于函数 $f(x)$ 在区间 $[a, b]$ 上是连续变化的, 当区间很小时, 曲边梯形的高 $f(x)$ 的变化也很小.

因此, 如果把区间 $[a, b]$ 分成若干个小区间, 在每个小区间上用某一点处的函数值近似代替该区间上的小曲边梯形的高, 则每个小曲边梯形就可以近似看成小矩形, 所有小矩形的

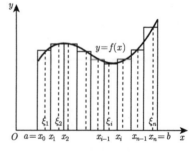

图 5-1-1

面积之和就可作为曲边梯形面积的近似值. 如果将区间 $[a, b]$ 无限细分下去, 使得每个小区间的长度都趋于零, 这时所有小矩形面积之和的极限即为曲边梯形的面积. 具体做法如下:

(1) 分割 在区间 $[a, b]$ 内依次插入 $n-1$ 个分点 $x_i, i = 1, 2, \cdots, n-1$, 且记 $a = x_0, b = x_n$, 使得

$$a = x_0 < x_1 < x_2 < \cdots < x_{n-1} < x_n = b,$$

则区间 $[a, b]$ 被分为 n 个小区间 $[x_{i-1}, x_i]$, 记第 i 个小区间的长度为 $\Delta x_i = x_i - x_{i-1}, i = 1, 2, \cdots, n$.

如图 5-1-1, 过各个分点作垂直于 x 轴的直线段, 将曲边梯形分成 n 个小曲边梯形, 小曲边梯形的面积记为 $\Delta A_i, i = 1, 2, \cdots, n$, 则曲边梯形的面积 $A = \sum\limits_{i=1}^{n} \Delta A_i$.

(2) 近似 在每个小区间 $[x_{i-1}, x_i]$ 上任意取一点 ξ_i, 作以 $[x_{i-1}, x_i]$ 为底, $f(\xi_i)$ 为高的小矩形, 其面积为 $f(\xi_i)\Delta x_i$, 它可作为同底的小曲边梯形面积的近似值, 即

$$\Delta A_i \approx f(\xi_i)\Delta x_i, \quad i = 1, 2, \cdots, n.$$

(3) 求和 将 n 个小矩形面积加起来, 得到曲边梯形面积的近似值, 即

$$A = \sum_{i=1}^{n} \Delta A_i \approx \sum_{i=1}^{n} f(\xi_i)\Delta x_i.$$

(4) 取极限 用 λ 表示 n 个小区间长度中的最大值, 即 $\lambda = \max\limits_{1 \leqslant i \leqslant n} \{\Delta x_i\}$, 则当 $\lambda \to 0$ 时, 和式 $\sum\limits_{i=1}^{n} f(\xi_i)\Delta x_i$ 的极限便是所求曲边梯形面积 A 的精确值, 即

$$A = \lim_{\lambda \to 0} \sum_{i=1}^{n} f(\xi_i)\Delta x_i. \tag{5-1-1}$$

2. 变速直线运动的路程

设质点做变速直线运动, 已知质点的运动速度 $v(t)$ 是时间间隔 $[T_1, T_2]$ 上的连续函数, 求这段时间内质点走过的路程 s.

我们知道, 对于匀速直线运动, 路程的计算公式为

$$路程 = 速度 \times 时间,$$

但现在质点做的是变速直线运动, 速度随时间发生变化, 因此其路程不能直接按匀速直线运动的路程公式来计算. 由于速度函数是连续的, 在很短一段时间内, 速度变化很小, 近似于匀速. 下面采用类似于上例中的方法来处理.

(1) 分割 在时间间隔 $[T_1, T_2]$ 内插入 $n-1$ 个分点, 使得

$$T_1 = t_0 < t_1 < t_2 < \cdots < t_{n-1} < t_n = T_2,$$

将区间 $[T_1, T_2]$ 分成 n 个小区间 $[t_{i-1}, t_i]$, 小区间的长度记为 $\Delta t_i = t_i - t_{i-1}$, $i = 1, 2, \cdots, n$. 这时路程 s 相应地被分为 n 个小路程 Δs_i, $i = 1, 2, \cdots, n$, 即有 $s = \sum_{i=1}^{n} \Delta s_i$.

(2) 近似 在时间间隔 $[t_{i-1}, t_i]$ 上任取某时刻 τ_i, 用时刻 τ_i 的速度 $v(\tau_i)$ 近似代替区间 $[t_{i-1}, t_i]$ 上各时刻的速度, 于是在这段时间内所走的路程

$$\Delta s_i \approx v(\tau_i) \Delta t_i, \quad i = 1, 2, \cdots, n.$$

(3) 求和 将这些近似值累加起来, 得到总路程的近似值

$$s = \sum_{i=1}^{n} \Delta s_i \approx \sum_{i=1}^{n} v(\tau_i) \Delta t_i.$$

(4) 取极限 设 $\lambda = \max_{1 \leqslant i \leqslant n} \{\Delta t_i\}$. 令 $\lambda \to 0$, 得到变速直线运动的路程的精确值, 即

$$s = \lim_{\lambda \to 0} \sum_{i=1}^{n} v(\tau_i) \Delta t_i. \tag{5-1-2}$$

3. 收益问题

设某商品的价格函数 $P(x)$ 在 $[a, b]$ 上连续, 其中 x 为销售量, 当销售量从 a 变到 b 时, 求该商品的收益 R.

特别地, 若商品的价格不变, 则收益的计算公式为

$$\text{收益} = \text{价格} \times \text{销售量}.$$

但这里商品的价格是销售量的函数, 即价格随着销售量的变化而发生改变, 因此不能直接用上述公式来计算. 然而由于价格函数连续, 在销售量变化不大的情况下, 价格变化很小, 可采用类似于上面两个实例中的方法来处理.

(1) 分割 在区间 $[a, b]$ 内依次插入 $n-1$ 个分点 x_i, $i = 1, 2, \cdots, n-1$, 且记 $a = x_0$, $b = x_n$, 使得

$$a = x_0 < x_1 < x_2 < \cdots < x_{n-1} < x_n = b,$$

则当销售量从 a 变到 b 时, $[a, b]$ 被分为 n 个销售段 $[x_{i-1}, x_i]$, $i = 1, 2, \cdots, n$. 记第 i 个销售段的销量为 $\Delta x_i = x_i - x_{i-1}$, 收益为 ΔR_i, $i = 1, 2, \cdots, n$, 则商品的总收益 $R = \sum_{i=1}^{n} \Delta R_i$.

(2) 近似 在每个销售段 $[x_{i-1}, x_i]$ 上任取一点 ξ_i, 以 $P(\xi_i)$ 作为该销售段内商品的不变价格, 则该销售段内商品的收益 $\Delta R_i \approx P(\xi_i)\Delta x_i$.

(3) 求和 将 n 个销售段的收益相加, 得到总收益的近似值, 即

$$R = \sum_{i=1}^{n} \Delta R_i \approx \sum_{i=1}^{n} P(\xi_i)\Delta x_i.$$

(4) 取极限 用 λ 表示 n 个销售段中销量的最大值, 即 $\lambda = \max\limits_{1 \leqslant i \leqslant n} \{\Delta x_i\}$, 则当 $\lambda \to 0$ 时, 和式 $\sum\limits_{i=1}^{n} P(\xi_i)\Delta x_i$ 的极限便是所求收益 R 的精确值, 即

$$R = \lim_{\lambda \to 0} \sum_{i=1}^{n} P(\xi_i)\Delta x_i. \tag{5-1-3}$$

以上例题虽然研究对象不同, 但解决问题的思路均是通过 "分割、近似、求和、取极限", 转化为形如 $\lim\limits_{\lambda \to 0} \sum\limits_{i=1}^{n} f(\xi_i)\Delta x_i$ 的特殊结构的和式的极限. 在实际中还存在许多类似问题, 都可以用上面的方法来处理, 把这一方法加以抽象概括, 就形成了定积分的概念.

二、 定积分的概念

定义 1 设函数 $f(x)$ 在闭区间$[a, b]$ 上有界, 在$[a, b]$ 内依次插入$n-1$ 个分点

$$a = x_0 < x_1 < x_2 < \cdots < x_n = b,$$

把$[a, b]$ 分成 n 个小区间$[x_{i-1}, x_i]$, 其长度$\Delta x_i = x_i - x_{i-1}$, $i = 1,\ 2,\ \cdots, n$. 在每个小区间$[x_{i-1}, x_i]$ 上任取一点ξ_i, 作积$f(\xi_i)\Delta x_i$, 并作和$\sum\limits_{i=1}^{n} f(\xi_i)\Delta x_i$. 记$\lambda = \max\limits_{1 \leqslant i \leqslant n} \{\Delta x_i\}$, 若极限$\lim\limits_{\lambda \to 0} \sum\limits_{i=1}^{n} f(\xi_i)\Delta x_i$ 存在, 且与区间$[a,\ b]$ 的分割方法以及点ξ_i 的取法无关, 则称极限值为函数$f(x)$ 在$[a,\ b]$ 上的**定积分**. 记作$\int_a^b f(x)\mathrm{d}x$, 即

$$\int_a^b f(x)\mathrm{d}x = \lim_{\lambda \to 0} \sum_{i=1}^{n} f(\xi_i)\Delta x_i.$$

也称$f(x)$ 在$[a,\ b]$ 上**可积**, 并称$f(x)$ 为**被积函数**, $f(x)\mathrm{d}x$ 为**被积表达式**, x 为**积分变量**, $[a,\ b]$ 为**积分区间**, a 为**积分下限**, b 为**积分上限**, $\int$ 为**积分号**, $\sum\limits_{i=1}^{n} f(\xi_i)\Delta x_i$ 称为**积分和**或**黎曼和**.

由此, 引例中的曲边梯形的面积 $A = \int_a^b f(x)\mathrm{d}x$, 变速直线运动的路程 $s = \int_{T_1}^{T_2} v(t)\mathrm{d}t$, 收益 $R = \int_a^b P(x)\mathrm{d}x$.

需要指出的是: 定积分 $\int_a^b f(x)\mathrm{d}x$ 是积分和的极限, 是一个数, 其大小仅与被积函数 $f(x)$ 及积分区间 $[a, b]$ 有关, 不依赖于积分变量的选择, 即有

$$\int_a^b f(x)\mathrm{d}x = \int_a^b f(t)\mathrm{d}t = \int_a^b f(u)\mathrm{d}u.$$

在 $[a, b]$ 上有界的函数 $f(x)$ 并非都是可积的.

例 1 证明狄利克雷函数 (Dirichlet) 函数 $D(x) = \begin{cases} 1, & x\text{为有理数}, \\ 0, & x\text{为无理数} \end{cases}$ 在 $[a, b]$ 上不可积.

证 将区间 $[a, b]$ 任意分割为 n 个小区间 $[x_{i-1}, x_i]$, 其长度 $\Delta x_i = x_i - x_{i-1}$, $i = 1, 2, \cdots, n$. 若取 ξ_i 为 $[x_{i-1}, x_i]$ 内的有理点, 则 $\sum\limits_{i=1}^n D(\xi_i)\Delta x_i = \sum\limits_{i=1}^n 1 \cdot \Delta x_i = b - a$, $\lim\limits_{\lambda \to 0} \sum\limits_{i=1}^n D(\xi_i)\Delta x_i = b - a$. 若取 ξ_i 为 $[x_{i-1}, x_i]$ 内的无理点, 则 $\sum\limits_{i=1}^n D(\xi_i)\Delta x_i = \sum\limits_{i=1}^n 0 \cdot \Delta x_i = 0$, $\lim\limits_{\lambda \to 0} \sum\limits_{i=1}^n D(\xi_i)\Delta x_i = 0$, 则极限值与点 ξ_i 的取法有关, $D(x)$ 在 $[a, b]$ 上不可积.

函数 $f(x)$ 在 $[a, b]$ 上满足什么条件一定可积? 这个问题我们不作深入讨论, 仅给出以下两个充分条件.

定理 1 若 $f(x)$ 在区间 $[a, b]$ 上连续, 则 $f(x)$ 在 $[a, b]$ 上可积.

定理 2 若 $f(x)$ 在区间 $[a, b]$ 上有界, 且仅有有限个第一类间断点, 则 $f(x)$ 在 $[a, b]$ 上可积.

三、 定积分的几何意义

由引例可知, 若函数 $f(x) \geqslant 0$, 则 $\int_a^b f(x)\mathrm{d}x$ 在几何上表示由曲线 $y = f(x)$, 直线 $x = a$, $x = b$ 及 x 轴所围成的曲边梯形的面积.

易知, 若在 $[a, b]$ 上, $f(x) \equiv 1$, 则 $\int_a^b f(x)\mathrm{d}x = \int_a^b \mathrm{d}x = b - a$.

当函数 $f(x) \leqslant 0$ 时, 由定积分的定义知 $\int_a^b f(x)\mathrm{d}x$ 在几何上表示由曲线 $y = f(x)$, 直线 $x = a$, $x = b$ 及 x 轴所围成的曲边梯形面积的相反数.

一般地, 若 $f(x)$ 在 $[a, b]$ 上有正有负, 则 $\int_a^b f(x)\mathrm{d}x$ 在几何上表示由曲线 $y = f(x)$, 直线 $x = a$, $x = b$ 及 x 轴所围成的曲边梯形面积的代数和. 即在 x 轴上方图形的面积减去 x 轴下方图形的面积.

如图 5-1-2 所示, $\int_a^b f(x)\mathrm{d}x = A_1 - A_2 + A_3$.

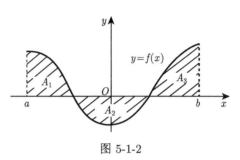

图 5-1-2

例 2 利用定义计算定积分 $\int_0^1 x^2\mathrm{d}x$.

解 因为函数 $f(x) = x^2$ 在积分区间 $[0, 1]$ 上连续, 所以定积分 $\int_0^1 x^2\mathrm{d}x$ 存在. 由定义 1 知, 该积分与区间 $[0, 1]$ 的分割方法及点 ξ_i 的取法无关. 为便于计算, 不妨把区间 $[0,1]$ 分成 n 等份, 分点为 $x_i = \dfrac{i}{n}$, $i = 1, 2, \cdots, n$, 则每个小区间 $[x_{i-1}, x_i]$ 的长度 $\Delta x_i = \dfrac{1}{n}$. 取 $\xi_i = \dfrac{i}{n}$, $i = 1, 2, \cdots, n$, 得和式

$$\sum_{i=1}^n f(\xi_i)\Delta x_i = \sum_{i=1}^n \left(\frac{i}{n}\right)^2 \frac{1}{n} = \frac{1}{n^3} \sum_{i=1}^n i^2$$

$$= \frac{1}{n^3} \cdot \frac{n(n+1)(2n+1)}{6} = \frac{1}{6}\left(1 + \frac{1}{n}\right)\left(2 + \frac{1}{n}\right).$$

当 $\lambda \to 0$, 即 $n \to \infty$ 时, 由定积分的定义得

$$\int_0^1 x^2\mathrm{d}x = \lim_{n\to\infty} \sum_{i=1}^n f(\xi_i)\Delta x_i = \lim_{n\to\infty} \frac{1}{6}\left(1 + \frac{1}{n}\right)\left(2 + \frac{1}{n}\right) = \frac{1}{3}.$$

一般地, 在可积的前提下, n 等分区间 $[0, 1]$ 或 $[a, b]$, 且取 ξ_i 为每个小区间的右端点, 有

$$\int_0^1 f(x)\mathrm{d}x = \lim_{n\to\infty} \sum_{i=1}^n f\left(\frac{i}{n}\right) \cdot \frac{1}{n}.$$

$$\int_a^b f(x)\mathrm{d}x = \lim_{n\to\infty} \sum_{i=1}^n f\left(a + \frac{b-a}{n}i\right) \cdot \frac{b-a}{n}.$$

在学习了定积分的一些计算方法后, 利用上面的两个公式可以求一些特殊和式的极限.

利用定义计算定积分是十分困难的, 有必要寻求定积分的有效计算方法.

为方便起见, 补充规定: 当 $a > b$ 时,

$$\int_a^b f(x)\mathrm{d}x = -\int_b^a f(x)\mathrm{d}x.$$

由此可得, 当 $a = b$ 时,

$$\int_a^a f(x)\mathrm{d}x = 0.$$

即交换定积分的上下限, 定积分的绝对值不变, 符号相反. 这是因为在 $a > b$ 的假设下, 依次插入分点, 有 $a = x_0 > x_1 > x_2 > \cdots > x_n = b$, 则 $\Delta x_i = x_i - x_{i-1}$ 均为负, 从而 $\int_a^b f(x)\mathrm{d}x = \lim\limits_{\lambda \to 0} \sum\limits_{i=1}^n f(\xi_i)\Delta x_i$ 相差一个负号.

四、 定积分的性质

下面讨论定积分的基本性质, 这些性质有助于计算定积分, 也有助于理解定积分的基本概念. 设下列性质中的被积函数在给定区间上都是可积的. 如无特别说明, 积分上下限的大小不受限制.

性质 1 (线性性) $\int_a^b [k_1 f(x) + k_2 g(x)]\mathrm{d}x = k_1 \int_a^b f(x)\mathrm{d}x + k_2 \int_a^b g(x)\mathrm{d}x$, 其中 k_1, k_2 为常数.

证 由定积分的定义以及极限的性质, 可得

$$\int_a^b [k_1 f(x) + k_2 g(x)]\mathrm{d}x = \lim_{\lambda \to 0} \sum_{i=1}^n [k_1 f(\xi_i) + k_2 g(\xi_i)]\Delta x_i$$

$$= k_1 \lim_{\lambda \to 0} \sum_{i=1}^n f(\xi_i)\Delta x_i + k_2 \lim_{\lambda \to 0} \sum_{i=1}^n g(\xi_i)\Delta x_i$$

$$= k_1 \int_a^b f(x)\mathrm{d}x + k_2 \int_a^b g(x)\mathrm{d}x.$$

性质 1 对有限多个函数的线性组合也是成立的.

性质 2 (区间可加性) 对于任意三个数 a, b, c, 恒有

$$\int_a^b f(x)\mathrm{d}x = \int_a^c f(x)\mathrm{d}x + \int_c^b f(x)\mathrm{d}x.$$

证 若 $a < c < b$, 因为函数 $f(x)$ 在 $[a,b]$ 上可积, 和式的极限与 $[a,b]$ 的分割方法无关, 可将 c 选为一个分点, 则 $[a,b]$ 上的积分和等于 $[a,c]$ 上的积分和加上 $[c,b]$ 上的积分和. 即

$$\sum_{[a,b]} f(\xi_i)\Delta x_i = \sum_{[a,c]} f(\xi_i)\Delta x_i + \sum_{[c,b]} f(\xi_i)\Delta x_i.$$

令 $\lambda \to 0$, 上式两端取极限得

$$\int_a^b f(x)\mathrm{d}x = \int_a^c f(x)\mathrm{d}x + \int_c^b f(x)\mathrm{d}x.$$

其他情形, 不妨假设 $c < a < b$, 由上面所证可知

$$\int_c^b f(x)\mathrm{d}x = \int_c^a f(x)\mathrm{d}x + \int_a^b f(x)\mathrm{d}x.$$

按定积分的补充规定, 有

$$\int_a^b f(x)\mathrm{d}x = \int_c^b f(x)\mathrm{d}x - \int_c^a f(x)\mathrm{d}x = \int_a^c f(x)\mathrm{d}x + \int_c^b f(x)\mathrm{d}x.$$

性质 3 (保号性) 如果在区间 $[a,b]$ 上 $f(x) \geqslant 0$, 则 $\int_a^b f(x)\mathrm{d}x \geqslant 0$.

证 由定积分的定义及极限的保号性, 因为 $a < b$, 所以 $\Delta x_i > 0$. 又由于 $f(x) \geqslant 0$, 所以 $f(\xi_i) \geqslant 0$, $i = 1, 2, \cdots, n$. 因此

$$\int_a^b f(x)\mathrm{d}x = \lim_{\lambda \to 0} \sum_{i=1}^n f(\xi_i)\Delta x_i \geqslant 0.$$

推论 1 (保序性) 如果在区间 $[a,b]$ 上 $f(x) \geqslant g(x)$, 则 $\int_a^b f(x)\mathrm{d}x \geqslant \int_a^b g(x)\mathrm{d}x$.

证 因为 $f(x) - g(x) \geqslant 0$, 由性质 1 和性质 3 可得

$$\int_a^b [f(x) - g(x)]\mathrm{d}x = \int_a^b f(x)\mathrm{d}x - \int_a^b g(x)\mathrm{d}x \geqslant 0.$$

即有

$$\int_a^b f(x)\mathrm{d}x \geqslant \int_a^b g(x)\mathrm{d}x.$$

推论 2 (积分的绝对值不等式) 设 $a < b$, 则 $\left| \int_a^b f(x)\mathrm{d}x \right| \leqslant \int_a^b |f(x)|\,\mathrm{d}x.$

注意到 $-|f(x)| \leqslant f(x) \leqslant |f(x)|$, 由推论 1 可得, 请读者自证.

性质 4 (估值定理) 设 M, m 是函数 $f(x)$ 在区间 $[a,b]$ 上的最大值与最小值, 则

$$m(b-a) \leqslant \int_a^b f(x)\mathrm{d}x \leqslant M(b-a).$$

证 因为 $m \leqslant f(x) \leqslant M$, 由保序性得

$$\int_a^b m\mathrm{d}x \leqslant \int_a^b f(x)\mathrm{d}x \leqslant \int_a^b M\mathrm{d}x,$$

所以

$$m(b-a) \leqslant \int_a^b f(x)\mathrm{d}x \leqslant M(b-a).$$

性质 5 (积分中值定理) 设函数 $f(x)$ 在区间 $[a,b]$ 上连续, 则至少存在一点 $\xi \in [a,b]$, 使得

$$\int_a^b f(x)\mathrm{d}x = f(\xi)(b-a).$$

称这个公式为积分中值公式.

证 因为 $f(x)$ 在 $[a,b]$ 上连续, 所以 $f(x)$ 在 $[a,b]$ 上有最小值 m 和最大值 M. 由性质 4 得

$$m(b-a) \leqslant \int_a^b f(x)\mathrm{d}x \leqslant M(b-a),$$

则

$$m \leqslant \frac{1}{b-a}\int_a^b f(x)\mathrm{d}x \leqslant M.$$

即 $\dfrac{1}{b-a}\displaystyle\int_a^b f(x)\mathrm{d}x$ 是介于 $f(x)$ 的最小值与最大值之间的一个数, 根据闭区间上连续函数的介值定理, 至少存在一点 $\xi \in [a,b]$, 使得 $f(\xi) = \dfrac{1}{b-a}\displaystyle\int_a^b f(x)\mathrm{d}x$. 即

$$\int_a^b f(x)\mathrm{d}x = f(\xi)(b-a).$$

如图 5-1-3, 从几何上来看, 当 $f(x) \geqslant 0$ 时, 上式表示由曲线 $y = f(x)$, 直线 $x = a$, $x = b$ 及 x 轴所围成的曲边梯形的面积

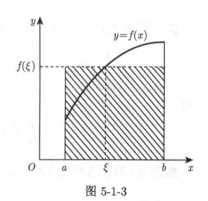

图 5-1-3

$$\int_a^b f(x)\mathrm{d}x$$ 等于以 $[a,b]$ 为底, $f(\xi)$ 为高的矩形的面积 $f(\xi)(b-a)$.

由此, 称 $f(\xi) = \dfrac{1}{b-a}\int_a^b f(x)\mathrm{d}x$ 为函数 $f(x)$ 在区间$[a,b]$ 上的平均值.

例 3 利用定积分的性质, 比较下列积分值的大小:

(1) $\displaystyle\int_0^1 \sqrt{x}\mathrm{d}x$ 与 $\displaystyle\int_0^1 x^2\mathrm{d}x$;　　　　(2) $\displaystyle\int_0^{\frac{\pi}{2}} \sin x\mathrm{d}x$ 与 $\displaystyle\int_{\frac{\pi}{2}}^{\pi} \sin 2x\mathrm{d}x$.

解 (1) 因为 $x \in [0,1]$ 时, $\sqrt{x} \geqslant x^2$, 所以由保序性, 得

$$\int_0^1 \sqrt{x}\mathrm{d}x \geqslant \int_0^1 x^2\mathrm{d}x.$$

(2) 因为 $x \in \left[0, \dfrac{\pi}{2}\right]$ 时, $\sin x \geqslant 0$; $x \in \left[\dfrac{\pi}{2}, \pi\right]$ 时, $\sin 2x \leqslant 0$, 所以由保号性, 得

$$\int_0^{\frac{\pi}{2}} \sin x\mathrm{d}x \geqslant 0, \qquad \int_{\frac{\pi}{2}}^{\pi} \sin 2x\mathrm{d}x \leqslant 0.$$

从而

$$\int_0^{\frac{\pi}{2}} \sin x\mathrm{d}x \geqslant \int_{\frac{\pi}{2}}^{\pi} \sin 2x\mathrm{d}x.$$

例 4 设 $f(x)$ 在区间 $[0, 1]$ 上连续, 在 $(0, 1)$ 内可导, 且 $f(0) = 3\displaystyle\int_{\frac{2}{3}}^1 f(x)\mathrm{d}x$. 证明: 在 $(0, 1)$ 内存在一点 c, 使得 $f'(c) = 0$.

证 由积分中值定理, 至少存在一点 $\xi \in \left[\dfrac{2}{3}, 1\right]$, 使得

$$f(\xi) = \frac{1}{1-\frac{2}{3}}\int_{\frac{2}{3}}^1 f(x)\mathrm{d}x = 3\int_{\frac{2}{3}}^1 f(x)\mathrm{d}x = f(0).$$

在 $[0, \xi]$ 上利用罗尔定理可得, 至少存在一点 $c \in (0, \xi) \subset (0, 1)$, 使 $f'(c) = 0$.

习 题 5-1

A 组

1. 利用定积分的定义计算下列定积分:

(1) $\displaystyle\int_0^1 x\mathrm{d}x$;　　　　　　　　(2) $\displaystyle\int_0^1 \mathrm{e}^x\mathrm{d}x$.

2. 利用定积分的几何意义计算下列定积分:

(1) $\displaystyle\int_0^1 \sqrt{1-x^2}\mathrm{d}x$;　　　　　(2) $\displaystyle\int_{-\frac{\pi}{2}}^{\frac{\pi}{2}} \sin x\mathrm{d}x$.

课件5-1-3

3. 一根带有质量的细棒位于 x 轴上的区间 $[a,b]$ 处, 棒上任意一点 x 处的线密度, 即单位长度上细棒的质量为 $\mu(x) = 1 + x^2$, 试用定积分表示该细棒的质量 M.

4. 电磁学上把单位时间里通过导体任一横截面的电量叫做电流强度. 已知 t 时刻导线的电流强度 $I = \sin(\omega t)$, 试用定积分表示在时间间隔 $[T_1, T_2]$ 内流过导线横截面的电量 Q.

5. 试用定积分表示由曲线 $y = x^2$ 与 $y = 2 - x^2$ 围成的平面图形的面积.

6. 利用定积分的性质, 比较下列定积分的大小:

(1) $\displaystyle\int_0^1 x^2 \mathrm{d}x$ 与 $\displaystyle\int_0^1 x^3 \mathrm{d}x$;

(2) $\displaystyle\int_3^4 \ln^2 x \mathrm{d}x$ 与 $\displaystyle\int_3^4 \ln^3 x \mathrm{d}x$;

(3) $\displaystyle\int_{-\frac{\pi}{2}}^0 \sin x \mathrm{d}x$ 与 $\displaystyle\int_0^{\frac{\pi}{2}} \sin x \mathrm{d}x$;

(4) $\displaystyle\int_1^0 \ln(1+x) \mathrm{d}x$ 与 $\displaystyle\int_1^0 \frac{x}{1+x} \mathrm{d}x$.

7. 利用定积分的性质, 估计下列定积分的值:

(1) $I = \displaystyle\int_1^4 (x^2 + 1) \mathrm{d}x$;

(2) $I = \displaystyle\int_0^1 \mathrm{e}^{x^2} \mathrm{d}x$;

(3) $I = \displaystyle\int_{\frac{\sqrt{3}}{3}}^{\sqrt{3}} x \arctan x \mathrm{d}x$;

(4) $I = \displaystyle\int_2^0 \mathrm{e}^{x^2 - x} \mathrm{d}x$.

8. 设 $f(x)$ 在闭区间 $[a,b]$ 上单调增加且连续. 证明: $f(a)(b-a) \leqslant \displaystyle\int_a^b f(x)\mathrm{d}x \leqslant f(b)(b-a)$.

B 组

1. 求极限 $\displaystyle\lim_{x \to +\infty} \int_x^{x+a} \frac{\ln^n t}{t} \mathrm{d}t$, 其中 $a > 0$, n 为自然数.

2. 设 $a < b$, 问 a, b 取何值时, 定积分 $\displaystyle\int_a^b (x - x^2)\mathrm{d}x$ 取得最大值?

3. 设 $f(x)$ 及 $g(x)$ 在 $[a,b]$ 上连续, 证明:

(1) 若在 $[a,b]$ 上, $f(x) \geqslant 0$, $\displaystyle\int_a^b f(x)\mathrm{d}x = 0$, 则 $f(x) \equiv 0$;

(2) 若在 $[a,b]$ 上, $f(x) \geqslant 0$ 且不恒为 0, 则 $\displaystyle\int_a^b f(x)\mathrm{d}x > 0$;

(3) 若在 $[a,b]$ 上, $0 \leqslant f(x) \leqslant g(x)$, $\displaystyle\int_a^b f(x)\mathrm{d}x = \int_a^b g(x)\mathrm{d}x$, 则 $f(x) \equiv g(x)$.

4. 用定积分表示极限 $\displaystyle\lim_{n \to \infty} \ln \sqrt[n]{\left(1 + \frac{1}{n}\right)^2 \left(1 + \frac{2}{n}\right)^2 \cdots \left(1 + \frac{n}{n}\right)^2}$.

5.2 微积分基本定理

课前测5-2-1

由 5.1 节例 2 知道, 即便被积函数很简单, 直接应用定义来计算定积分也不是一件简单的事, 因此有必要对定积分的计算作进一步研究.

在变速直线运动的路程问题中, 已知物体的运动速度 $v(t)$ 在时间间隔 $[T_1, T_2]$ 上连续, 则路程

$$s = \int_{T_1}^{T_2} v(t)\mathrm{d}t.$$

换个角度, 若已知物体运动的路程函数 $s(t)$, 那么该物体在时间间隔 $[T_1, T_2]$ 内走过的路程为

$$s = s(T_2) - s(T_1).$$

因此有

$$s = \int_{T_1}^{T_2} v(t)\mathrm{d}t = s(T_2) - s(T_1).$$

注意到 $s'(t) = v(t)$, 上式表明速度函数 $v(t)$ 在区间 $[T_1, T_2]$ 上的定积分等于 $v(t)$ 的一个原函数 $s(t)$ 在区间 $[T_1, T_2]$ 上的增量. 即速度函数的定积分与不定积分之间存在某些联系.

上述计算定积分的方法在一定条件下是否具有普遍性呢? 即函数 $f(x)$ 在区间 $[a, b]$ 上的定积分是否等于 $f(x)$ 的一个原函数 $F(x)$ 在 $[a, b]$ 上的增量呢? 下面来具体讨论这个问题.

一、 积分上限的函数及其导数

定义 1 设函数 $f(x)$ 在 $[a, b]$ 上可积, $x \in [a, b]$, 则 $\int_a^x f(t)\mathrm{d}t$ 是积分上限 x 的函数, 称为**积分上限的函数**, 记作 $\Phi(x)$. 即

$$\Phi(x) = \int_a^x f(t)\mathrm{d}t.$$

对取定的 $x \in [a, b]$, 积分上限的函数 $\int_a^x f(t)\mathrm{d}t$ 为定值, 与积分变量 t 无关. 在几何上, 积分上限的函数 $\Phi(x)$ 表示区

图 5-2-1

间 $[a, x]$ 上以 $y = f(t)$ 为曲边的曲边梯形面积的代数和, 如图 5-2-1 中阴影部分的面积.

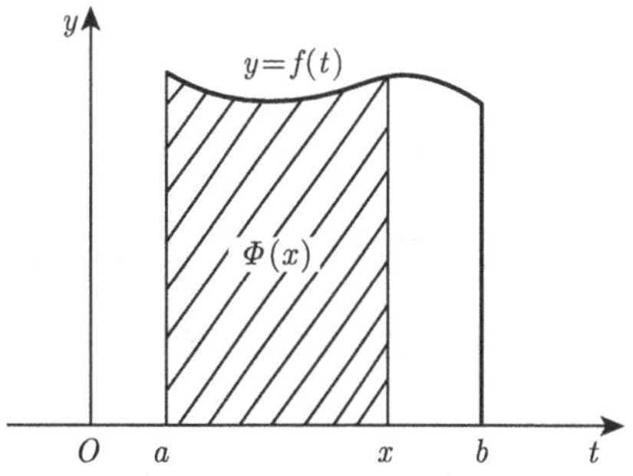

积分上限的函数是微积分的一类重要函数, 有着广泛的应用, 它具有如下重要性质.

定理 1 设函数 $f(x)$ 在区间 $[a, b]$ 上连续, 则积分上限的函数 $\Phi(x) = \int_a^x f(t)\mathrm{d}t$ 在 $[a, b]$ 上可导, 且

$$\Phi'(x) = f(x).$$

证 如图 5-2-2, 若 $x \in (a, b)$, 增量 Δx 足够小, 使得 $x + \Delta x \in [a, b]$, 则 $\Phi(x)$ 的相应增量为

$$\Delta\Phi = \Phi(x + \Delta x) - \Phi(x) = \int_a^{x+\Delta x} f(t)\mathrm{d}t - \int_a^x f(t)\mathrm{d}t = \int_x^{x+\Delta x} f(t)\mathrm{d}t.$$

由积分中值定理,

$\Delta\Phi = f(\xi)\Delta x$, 其中 ξ 介于 x 与 $x + \Delta x$ 之间.

于是

$$\frac{\Delta\Phi}{\Delta x} = f(\xi).$$

令 $\Delta x \to 0$, 则 $\xi \to x$, 由于函数 $f(x)$ 在 x 处连续, 因而

$$\lim_{\Delta x \to 0} \frac{\Delta\Phi}{\Delta x} = \lim_{\xi \to x} f(\xi) = f(x).$$

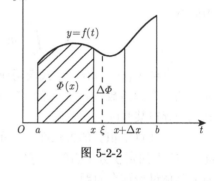

图 5-2-2

即 $\Phi(x) = \int_a^x f(t)\mathrm{d}t$ 在 $[a, b]$ 上可导, 且

$$\Phi'(x) = f(x).$$

若 $x = a$, 取 $\Delta x > 0$, 同理可证 $\Phi'_+(a) = f(a)$.

若 $x = b$, 取 $\Delta x < 0$, 同理可证 $\Phi'_-(b) = f(b)$. 得证.

定理 1 表明, 积分上限的函数 $\Phi(x) = \int_a^x f(t)\mathrm{d}t$ 是连续函数 $f(x)$ 的一个原函数, 即连续函数一定存在原函数, 这就是原函数存在定理.

变限积分的
求导5-2-2

定理 2 设函数 $f(x)$ 在区间 $[a, b]$ 上连续, 则函数 $\Phi(x) = \int_a^x f(t)\mathrm{d}t$ 是 $f(x)$ 在 $[a, b]$ 上的一个原函数.

用积分上限的函数表示原函数, 初步揭示了定积分与原函数之间的联系, 使得通过原函数来计算定积分成为可能.

同样可以讨论积分下限的函数 $\int_x^b f(t)\mathrm{d}t$, $x \in [a, b]$. 当 $f(x)$ 在区间 $[a, b]$ 上连续时, 有

$$\left[\int_x^b f(t)\mathrm{d}t\right]' = \left[-\int_b^x f(t)\mathrm{d}t\right]' = -f(x).$$

对于积分限函数 $G(x) = \displaystyle\int_a^{\beta(x)} f(t)\mathrm{d}t,\ x \in [a, b]$. 若函数 $f(x)$ 在 $[a, b]$ 上连续, $\beta(x)$ 在 $[a, b]$ 上可导, 且 $\forall x \in [a, b],\ a \leqslant \beta(x) \leqslant b$, 则 $G(x) = \displaystyle\int_a^{\beta(x)} f(t)\mathrm{d}t$ 在 $[a, b]$ 上可导, 且

$$G'(x) = f[\beta(x)]\beta'(x).$$

事实上, 令 $u = \beta(x)$, 则 $G(x) = \displaystyle\int_a^{\beta(x)} f(t)\mathrm{d}t$ 可看作由 $y = \displaystyle\int_a^u f(t)\mathrm{d}t$ 与 $u = \beta(x)$ 复合而成, 利用复合函数求导的链式法则, 得

$$G'(x) = \frac{\mathrm{d}y}{\mathrm{d}u} \cdot \frac{\mathrm{d}u}{\mathrm{d}x} = \frac{\mathrm{d}}{\mathrm{d}u}\left[\int_a^u f(t)\mathrm{d}t\right] \cdot \beta'(x) = f(u) \cdot \beta'(x) = f[\beta(x)]\beta'(x).$$

对于更一般的积分限函数 $F(x) = \displaystyle\int_{\alpha(x)}^{\beta(x)} f(t)\mathrm{d}t$, 利用定积分的区间可加性, 有如下命题.

命题 1 设函数 $f(x)$ 在 $[a, b]$ 上连续, $\alpha(x),\ \beta(x)$ 在 $[a, b]$ 上可导, $a \leqslant \alpha(x)$, $\beta(x) \leqslant b,\ x \in [a, b]$, 则积分限函数 $F(x) = \displaystyle\int_{\alpha(x)}^{\beta(x)} f(t)\mathrm{d}t$ 在 $[a, b]$ 上可导, 且

$$F'(x) = f[\beta(x)]\beta'(x) - f[\alpha(x)]\alpha'(x).$$

请读者自证.

例 1 求下列函数的导数:

(1) $y = \displaystyle\int_0^x \mathrm{e}^{t^2}\mathrm{d}t$;　　　　(2) $y = \displaystyle\int_{\sqrt{x}}^{x^3} \sin t^2 \mathrm{d}t$;　　　(3) $y = \displaystyle\int_0^x x f(t)\mathrm{d}t$.

解 (1) $\dfrac{\mathrm{d}y}{\mathrm{d}x} = \mathrm{e}^{x^2}$;

(2) $\dfrac{\mathrm{d}y}{\mathrm{d}x} = \sin(x^3)^2 \cdot (x^3)' - \sin(\sqrt{x})^2 \cdot (\sqrt{x})' = 3x^2 \sin x^6 - \dfrac{1}{2\sqrt{x}} \sin x$;

(3) $\dfrac{\mathrm{d}y}{\mathrm{d}x} = \left[x \displaystyle\int_0^x f(t)\mathrm{d}t\right]' = \displaystyle\int_0^x f(t)\mathrm{d}t + x f(x)$.

例 2 设函数 $f(x)$ 连续, $\varphi(x) = \displaystyle\int_0^{x^2} x f(t)\mathrm{d}t$, $\varphi(1) = 1$, $\varphi'(1) = 5$, 求 $f(1)$. (2015 考研真题)

解 由题设, $\varphi(x) = x \displaystyle\int_0^{x^2} f(t)\mathrm{d}t$, $\varphi'(x) = \displaystyle\int_0^{x^2} f(t)\mathrm{d}t + x f(x^2) \cdot 2x$. 又 $\varphi(1) = 1$, $\varphi'(1) = 5$, 则 $\varphi(1) = \displaystyle\int_0^1 f(t)\mathrm{d}t = 1$, $\varphi'(1) = \displaystyle\int_0^1 f(t)\mathrm{d}t + 2f(1) =$

$1 + 2f(1) = 5$, 于是 $f(1) = 2$.

例 3 求 $\displaystyle\lim_{x \to 0} \dfrac{\displaystyle\int_{\cos x}^{1} e^{-t^2} dt}{x^2}$.

解 这是 $\dfrac{0}{0}$ 型未定式, 由洛必达法则, 得

$$\lim_{x \to 0} \frac{\displaystyle\int_{\cos x}^{1} e^{-t^2} dt}{x^2} = \lim_{x \to 0} \frac{-e^{-\cos^2 x} \cdot (\cos x)'}{2x} = \lim_{x \to 0} \frac{e^{-\cos^2 x} \sin x}{2x} = \frac{1}{2e}.$$

例 4 设 $f(x)$ 在 $[a, b]$ 上连续, 且 $f(x) > 0$, $F(x) = \displaystyle\int_{a}^{x} f(t)dt + \int_{b}^{x} \dfrac{1}{f(t)} dt$.
求证: (1) $F'(x) \geqslant 2$; (2) $F(x)$ 在 (a, b) 内仅有一个实根.

证 (1) 因为 $f(x)$ 在 $[a, b]$ 上连续, 且 $f(x) > 0$, 所以 $\dfrac{1}{f(x)}$ 在 $[a, b]$ 上连续,

$$F'(x) = f(x) + \frac{1}{f(x)} \geqslant 2.$$

(2) $F(x)$ 在 $[a, b]$ 上连续, 由 $f(x) > 0$ 及定积分的保号性, 得

$$F(a) = \int_{b}^{a} \frac{1}{f(t)} dt = -\int_{a}^{b} \frac{1}{f(t)} dt < 0, \quad F(b) = \int_{a}^{b} f(t) dt > 0.$$

根据零点定理, 存在 $\xi \in (a, b)$, 使得 $F(\xi) = 0$.

由 (1) 知 $F'(x) > 0$, 则 $F(x)$ 在 $[a, b]$ 内单调递增, 因而 $F(x)$ 在 (a, b) 内仅有一个实根.

二、 牛顿–莱布尼茨公式

定理 3 设 $f(x)$ 在区间 $[a, b]$ 上连续, $F(x)$ 是 $f(x)$ 在 $[a, b]$ 上的一个原函数, 则

$$\int_{a}^{b} f(x)dx = F(b) - F(a). \tag{5-2-1}$$

证 由题设, $F(x)$ 是 $f(x)$ 在 $[a, b]$ 上的一个原函数. 由定理 1 知, $\Phi(x) = \displaystyle\int_{a}^{x} f(t)dt$ 也是 $f(x)$ 在 $[a, b]$ 上的一个原函数. 根据原函数的性质, 有

$$\Phi(x) = \int_{a}^{x} f(t)dt = F(x) + C, \quad x \in [a, b].$$

上式中, 取 $x = a$, 得 $\Phi(a) = 0 = F(a) + C$, 从而 $C = -F(a)$. 取 $x = b$, 得

$$\Phi(b) = \int_a^b f(t)\mathrm{d}t = F(b) + C = F(b) - F(a),$$

从而

$$\int_a^b f(t)\mathrm{d}t = F(b) - F(a).$$

即

$$\int_a^b f(x)\mathrm{d}x = F(b) - F(a).$$

通常把 $F(b) - F(a)$ 简记为 $[F(x)]_a^b$ 或 $F(x)\,\big|_a^b$, 于是 (5-2-1) 式亦可写成

$$\int_a^b f(x)\mathrm{d}x = [F(x)]_a^b \quad \text{或} \quad \int_a^b f(x)\mathrm{d}x = F(x)\,\big|_a^b\,.$$

公式 (5-2-1) 称为 **牛顿 – 莱布尼茨公式**, 也称 **微积分基本公式**. 该公式进一步揭示了定积分与被积函数的原函数或不定积分之间的关系. 它表明连续函数在区间 $[a, b]$ 上的定积分等于它的任意一个原函数在区间 $[a, b]$ 上的增量. 这为定积分的计算提供了一个简单而有效的方法. 由于其重要性, 也称定理 3 为 **微积分基本定理**.

例 5　计算定积分 $\displaystyle\int_0^1 \frac{\mathrm{d}x}{1 + x^2}$, 并求极限 $\displaystyle\lim_{n \to \infty} \sum_{i=1}^n \frac{n}{n^2 + i^2}$.

解　因为 $\arctan x$ 是 $\dfrac{1}{1 + x^2}$ 的一个原函数. 根据牛顿–莱布尼茨公式, 有

$$\int_0^1 \frac{\mathrm{d}x}{1 + x^2} = [\arctan x]_0^1 = \arctan 1 - \arctan 0 = \frac{\pi}{4}.$$

由于 $\dfrac{1}{1 + x^2}$ 在 $[0, 1]$ 上可积, 根据定积分的定义, 对 $[0, 1]$ 进行 n 等分, 则 $\Delta x_i = \dfrac{1}{n}$. 在子区间 $\left[\dfrac{i-1}{n}, \dfrac{i}{n}\right]$ 内取 $\xi_i = \dfrac{i}{n}$, $i = 1, 2, \cdots, n$, 有

$$\int_0^1 \frac{\mathrm{d}x}{1 + x^2} = \lim_{n \to \infty} \sum_{i=1}^n \frac{1}{1 + \left(\dfrac{i}{n}\right)^2} \cdot \frac{1}{n} = \lim_{n \to \infty} \sum_{i=1}^n \frac{n}{n^2 + i^2},$$

所以

$$\lim_{n \to \infty} \sum_{i=1}^n \frac{n}{n^2 + i^2} = \frac{\pi}{4}.$$

例 6　利用定积分求极限 $\displaystyle\lim_{n \to \infty} \left(\frac{1}{n+1} + \frac{1}{n+2} + \cdots + \frac{1}{2n} \right)$.

解　此题的关键是将和式的极限变为积分和的极限, 找到被积函数, 并确定积分限.

$$\lim_{n \to \infty} \left(\frac{1}{n+1} + \frac{1}{n+2} + \cdots + \frac{1}{2n} \right)$$

$$= \lim_{n \to \infty} \left(\frac{1}{1 + \frac{1}{n}} + \frac{1}{1 + \frac{2}{n}} + \cdots + \frac{1}{1 + \frac{n}{n}} \right) \cdot \frac{1}{n}$$

$$= \lim_{n \to \infty} \sum_{i=1}^{n} \frac{1}{1 + \frac{i}{n}} \cdot \frac{1}{n} = \int_0^1 \frac{1}{1 + x} \mathrm{d}x = \ln(1 + x) \big|_0^1 = \ln 2.$$

例 7　火车以 72km/h 的速度行驶, 在到达某车站前以加速度 $a = -2.5\text{m/s}^2$ 刹车, 问火车需要在离站多远处开始刹车, 才能在到站时停稳?

解　先计算开始刹车到停车所需的时间, 即匀减速运动从 $v_0 = 72\text{km/h}$ 到 $v(t) = 0$ 所需的时间.

$$v_0 = \frac{72 \times 1000}{3600} = 20(\text{m/s}).$$

由匀减速运动的速度 $v(t) = v_0 + at = 20 - 2.5t = 0$, 得 $t = 8(\text{s})$.

火车开始刹车的地方到车站的距离应为

$$s = \int_0^8 v(t)\mathrm{d}t = \int_0^8 (20 - 2.5t)\mathrm{d}t = \left[20t - \frac{5}{4}t^2 \right]_0^8 = 80(\text{m}).$$

例 8　函数 $f(x) = \begin{cases} x - 1, & x \leqslant 0, \\ x + 1, & x > 0, \end{cases}$ 计算 $\int_{-1}^2 f(x)\mathrm{d}x.$

解　$f(x)$ 在 $[-1, 2]$ 上除 $x = 0$ 是它的第一类间断点外处处连续, 因此 $f(x)$ 在 $[-1, 2]$ 上可积.

$$\int_{-1}^2 f(x)\mathrm{d}x = \int_{-1}^0 f(x)\mathrm{d}x + \int_0^2 f(x)\mathrm{d}x = \int_{-1}^0 (x - 1)\mathrm{d}x + \int_0^2 (x + 1)\mathrm{d}x$$

$$= \left[\frac{x^2}{2} - x \right]_{-1}^0 + \left[\frac{x^2}{2} + x \right]_0^2 = \frac{5}{2}.$$

习　题　5-2

A 组

1. 求下列函数的导数:

(1) $y = \int_0^x \sqrt{1 + t^2}\mathrm{d}t;$

(2) $y = \int_{-x}^1 \sin t^2 \mathrm{d}t;$

(3) $\begin{cases} x = \int_0^t \sqrt{s} \sin s \mathrm{d}s, \\ y = \sin^2 t, \end{cases} \quad t > 0;$

(4) $y = \int_x^{2x} \ln(1 + t^2)\mathrm{d}t.$

课件5-2-3

2. 求下列极限:

(1) $\lim\limits_{x\to 0}\dfrac{\int_0^x \ln(1+t^2)\mathrm{d}t}{1-\cos x}$;

(2) $\lim\limits_{x\to 0}\dfrac{\int_x^{2x} \sin t^2 \mathrm{d}t}{x^3}$.

3. 计算下列定积分:

(1) $\int_1^2 \left(x+\dfrac{1}{x}\right)^2 \mathrm{d}x$;

(2) $\int_0^{\frac{\pi}{4}} \dfrac{\sin x}{\cos^2 x}\mathrm{d}x$;

(3) $\int_0^{\frac{1}{2}} \dfrac{\mathrm{d}x}{\sqrt{1-x^2}}$;

(4) $\int_1^{\mathrm{e}} \dfrac{1+\ln x}{x}\mathrm{d}x$;

(5) $\int_{-1}^0 \dfrac{3x^4+3x^2+1}{x^2+1}\mathrm{d}x$;

(6) $\int_0^{\frac{\pi}{4}} \tan^2\theta\mathrm{d}\theta$;

(7) $\int_0^{\frac{\pi}{2}} \cos^2\dfrac{x}{2}\mathrm{d}x$;

(8) $\int_0^2 \dfrac{\mathrm{d}x}{x^2+4}$;

(9) $\int_0^1 \dfrac{\mathrm{d}x}{\sqrt{4-x^2}}$;

(10) $\int_0^4 \sqrt{x}(1-\sqrt{x})\mathrm{d}x$;

(11) $\int_1^{\sqrt{3}} \dfrac{2x^2+1}{x^2(1+x^2)}\mathrm{d}x$;

(12) $\int_0^{\pi} \sqrt{1-\cos 2x}\,\mathrm{d}x$.

4. 计算下列定积分:

(1) $\int_0^{\pi} \sqrt{\sin^3 x-\sin^5 x}\,\mathrm{d}x$;

(2) $\int_0^{\frac{\pi}{2}} |\sin x-\cos x|\mathrm{d}x$;

(3) $\int_0^2 \max\left\{1,x^2\right\}\mathrm{d}x$;

(4) $\int_1^3 f(x)\mathrm{d}x$, 其中 $f(x)=\begin{cases} x-1, & x\leqslant 2, \\ x^2-3, & x>2. \end{cases}$

5. 设 $f(x)=\begin{cases} \dfrac{1}{2}\sin x, & 0\leqslant x\leqslant\pi, \\ 0, & x<0\text{或}x>\pi, \end{cases}$ 求 $\varPhi(x)=\int_0^x f(t)\mathrm{d}t$ 在 $(-\infty,+\infty)$ 内的表达式.

6. 设 $f(x)$ 在闭区间 $[a,b]$ 上连续, 在开区间 (a,b) 内可导, 且 $f'(x)\leqslant 0$. 证明: 函数 $F(x)=\dfrac{1}{x-a}\int_a^x f(t)\mathrm{d}t$ 在 (a,b) 内单调递减.

B 组

1. 设 $f(x)$ 在 $\mathbf{R}$ 上连续.

(1) 若 $\int_0^{f(x)} t^2\mathrm{d}t=x^2(1+x)$, 求 $f(2)$.　(2) 若 $\int_0^{x^2} f(t)\mathrm{d}t=x^2(1+x)$, 求 $f(2)$.

2. 讨论函数 $y=\int_0^x te^{-t^2}\mathrm{d}t$ 的极值点.

3. 设函数 $f(x)$ 在 $[0,1]$ 单调减少. 证明: $\forall q\in(0,1)$, 都有 $\int_0^q f(x)\mathrm{d}x\geqslant q\int_0^1 f(x)\mathrm{d}x$.

4. 对任意 x, 求使 $\int_a^x f(t)\mathrm{d}t = 2x^2 + 5x - 3$ 成立的连续函数 $f(x)$ 和常数 a.

5. 证明: 积分中值定理中的 ξ 可在开区间 (a,b) 内取得. 即: 设函数 $f(x)$ 在闭区间 $[a,b]$ 上连续, 则存在 $\xi \in (a,b)$, 使得 $\int_a^b f(x)\mathrm{d}x = f(\xi)(b-a)$.

5.3 定积分的换元积分法与分部积分法

利用牛顿–莱布尼茨公式计算定积分的关键是找到被积函数的一个原函数. 不定积分的换元积分法和分部积分法在一定条件下可以用到定积分上, 以简化计算. 下面来讨论定积分的这两种计算方法.

课前测5-3-1

一、 定积分的换元积分法

定理 1 设函数 $f(x)$ 在 $[a,b]$ 上连续, 函数 $x = \varphi(t)$ 满足条件:

(1) $\varphi(\alpha) = a$, $\varphi(\beta) = b$, 且 $a \leqslant \varphi(t) \leqslant b$;

(2) $\varphi(t)$ 在区间 $[\alpha,\beta]$(或 $[\beta,\alpha]$) 上具有连续导数.

则有定积分换元公式

$$\int_a^b f(x)\mathrm{d}x = \int_\alpha^\beta f[\varphi(t)]\varphi'(t)\mathrm{d}t.$$

证 $f(x)$ 在 $[a,b]$ 上连续, 则存在原函数. 设 $F'(x) = f(x)$, 由牛顿–莱布尼茨公式得

$$\int_a^b f(x)\mathrm{d}x = F(b) - F(a).$$

记 $\Phi(t) = F[\varphi(t)]$, 则 $\Phi'(t) = F'[\varphi(t)]\varphi'(t) = f[\varphi(t)]\varphi'(t)$. 即 $\Phi(t)$ 是 $f[\varphi(t)]\varphi'(t)$ 的一个原函数, 于是

$$\int_\alpha^\beta f[\varphi(t)]\varphi'(t)\mathrm{d}t = \Phi(\beta) - \Phi(\alpha) = F[\varphi(\beta)] - F[\varphi(\alpha)] = F(b) - F(a).$$

因此

$$\int_a^b f(x)\mathrm{d}x = \int_\alpha^\beta f[\varphi(t)]\varphi'(t)\mathrm{d}t.$$

定积分的换元公式与不定积分的类似, 但在应用时应注意以下两点:

(1) 换元必换限. 当积分变量由 x 代换成 t 时, 积分限也要换成相应于新变量 t 的积分限.

(2) 无需回代. 求出 $f[\varphi(t)]\varphi'(t)$ 的一个原函数 $\Phi(t)$ 后, 只要把相应于新变量 t 的积分上、下限分别代入 $\Phi(t)$, 然后相减即可.

例 1 计算 $\displaystyle\int_0^a \sqrt{a^2 - x^2}\mathrm{d}x \ (a > 0)$.

解 令 $x = a\sin t, 0 \leqslant t \leqslant \dfrac{\pi}{2}$, 则 $\mathrm{d}x = a\cos t\mathrm{d}t$. 当 $x = 0$ 时, $t = 0$; 当 $x = a$ 时, $t = \dfrac{\pi}{2}$. 于是

$$\int_0^a \sqrt{a^2 - x^2}\mathrm{d}x = a^2 \int_0^{\frac{\pi}{2}} \cos^2 t\mathrm{d}t = \frac{a^2}{2}\int_0^{\frac{\pi}{2}} (1 + \cos 2t)\mathrm{d}t$$

$$= \frac{a^2}{2}\left[t + \frac{1}{2}\sin 2t\right]_0^{\frac{\pi}{2}} = \frac{\pi}{4}a^2.$$

例 2 计算 $\displaystyle\int_0^4 \frac{x + 2}{\sqrt{2x + 1}}\mathrm{d}x$.

解 令 $\sqrt{2x + 1} = t$, 则 $x = \dfrac{t^2 - 1}{2}$, $\mathrm{d}x = t\mathrm{d}t$. 当 $x = 0$ 时, $t = 1$; 当 $x = 4$ 时, $t = 3$. 于是

$$\int_0^4 \frac{x + 2}{\sqrt{2x + 1}}\mathrm{d}x = \int_1^3 \frac{\dfrac{t^2 - 1}{2} + 2}{t} \cdot t\mathrm{d}t$$

$$= \frac{1}{2}\int_1^3 (t^2 + 3)\mathrm{d}t = \frac{1}{2}\left[\frac{1}{3}t^3 + 3t\right]_1^3 = \frac{22}{3}.$$

应用定积分的换元积分法时, 也可以不作变量代换而直接利用 "凑微分" 积分, 这时积分上、下限不需要改变. 例如,

$$\int_0^{\frac{\pi}{2}} \cos^3 t \sin t\mathrm{d}t = -\int_0^{\frac{\pi}{2}} \cos^3 t\mathrm{d}\cos t = -\left[\frac{\cos^4 t}{4}\right]_0^{\frac{\pi}{2}} = \frac{1}{4}.$$

例 3 计算 $\displaystyle\int_1^{\mathrm{e}^2} \frac{1}{x(1 + 3\ln x)}\mathrm{d}x$.

解 $\displaystyle\int_1^{\mathrm{e}^2} \frac{1}{x(1 + 3\ln x)}\mathrm{d}x = \frac{1}{3}\int_1^{\mathrm{e}^2} \frac{1}{(1 + 3\ln x)}\mathrm{d}(1 + 3\ln x)$

$$= \frac{1}{3}[\ln|1 + 3\ln x|]_1^{\mathrm{e}^2} = \frac{1}{3}\ln 7.$$

例 4 设函数 $f(x) = \begin{cases} x\mathrm{e}^{-x^2}, & x \geqslant 0, \\ 1 - x, & x < 0, \end{cases}$ 求 $\displaystyle\int_1^3 f(x - 2)\mathrm{d}x$.

解 令 $x - 2 = t$, 则 $\mathrm{d}x = \mathrm{d}t$. 当 $x = 1$ 时, $t = -1$; 当 $x = 3$ 时, $t = 1$. 于是

$$\int_1^3 f(x - 2)\mathrm{d}x = \int_{-1}^1 f(t)\mathrm{d}t = \int_{-1}^0 (1 - t)\mathrm{d}t + \int_0^1 t\mathrm{e}^{-t^2}\mathrm{d}t$$

$$= \left[t - \frac{t^2}{2}\right]_{-1}^{0} - \frac{1}{2}\left[e^{-t^2}\right]_{0}^{1} = 2 - \frac{1}{2e}.$$

例 5 设 $f(x)$ 在 $[-a, a]$ 上连续. 证明:

(1) 如果 $f(x)$ 是 $[-a, a]$ 上的偶函数, 则 $\displaystyle\int_{-a}^{a} f(x)\mathrm{d}x = 2\int_{0}^{a} f(x)\mathrm{d}x$.

(2) 如果 $f(x)$ 是 $[-a, a]$ 上的奇函数, 则 $\displaystyle\int_{-a}^{a} f(x)\mathrm{d}x = 0$.

证 由区间可加性, $\displaystyle\int_{-a}^{a} f(x)\mathrm{d}x = \int_{-a}^{0} f(x)\mathrm{d}x + \int_{0}^{a} f(x)\mathrm{d}x$. 对积分 $\displaystyle\int_{-a}^{0} f(x)\mathrm{d}x$ 作变量代换, 令 $x = -t$, 则

$$\int_{-a}^{0} f(x)\mathrm{d}x = -\int_{a}^{0} f(-t)\mathrm{d}t = \int_{0}^{a} f(-t)\mathrm{d}t = \int_{0}^{a} f(-x)\mathrm{d}x.$$

于是

$$\int_{-a}^{a} f(x)\mathrm{d}x = \int_{0}^{a} f(-x)\mathrm{d}x + \int_{0}^{a} f(x)\mathrm{d}x = \int_{0}^{a} [f(-x) + f(x)]\,\mathrm{d}x.$$

(1) 当 $f(x)$ 为偶函数时, $f(-x) = f(x)$, 则 $f(-x) + f(x) = 2f(x)$, 所以

$$\int_{-a}^{a} f(x)\mathrm{d}x = 2\int_{0}^{a} f(x)\mathrm{d}x.$$

(2) 当 $f(x)$ 为奇函数时, $f(-x) = -f(x)$, 则 $f(-x) + f(x) = 0$, 所以

$$\int_{-a}^{a} f(x)\mathrm{d}x = 0.$$

该结论的几何意义如图 5-3-1 和图 5-3-2 所示, 对称区间上, 偶函数为曲边的曲边梯形面积等于半个区间上的两倍; 奇函数为曲边的曲边梯形面积的代数和为 0.

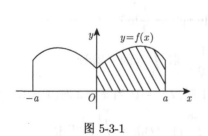

图 5-3-1

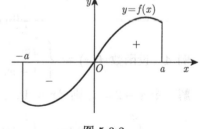

图 5-3-2

利用例 5 的结论可以简化对称区间 $[-a, a]$ 上奇、偶函数的定积分的计算. 例如

$$\int_{-\frac{\pi}{2}}^{\frac{\pi}{2}} \left(\frac{\sin x}{1+\cos x} + |x| \right) \mathrm{d}x = 2 \int_{0}^{\frac{\pi}{2}} x \mathrm{d}x = \left[x^2 \right]_{0}^{\frac{\pi}{2}} = \frac{\pi^2}{4}. \text{ (2015 考研真题)}$$

$$\int_{-\pi}^{\pi} \left(\sin x + \sqrt{\pi^2 - x^2} \right) \mathrm{d}x = 2 \int_{0}^{\pi} \sqrt{\pi^2 - x^2} \mathrm{d}x = 2 \times \frac{\pi^3}{4} = \frac{\pi^3}{2}. \text{ (2017 考研真题)}$$

例 6 设函数 $f(x)$ 在 $[0, 1]$ 上连续. 证明:

(1) $\int_{0}^{\frac{\pi}{2}} f(\sin x) \mathrm{d}x = \int_{0}^{\frac{\pi}{2}} f(\cos x) \mathrm{d}x$, 并计算 $I = \int_{0}^{\frac{\pi}{2}} \frac{\sin x}{\sin x + \cos x} \mathrm{d}x$.

(2) $\int_{0}^{\pi} x f(\sin x) \mathrm{d}x = \frac{\pi}{2} \int_{0}^{\pi} f(\sin x) \mathrm{d}x$, 并计算 $\int_{0}^{\pi} \frac{x \sin x \mathrm{d}x}{1 + \cos^2 x}$.

证 (1) 令 $x = \frac{\pi}{2} - t$, 则 $\mathrm{d}x = -\mathrm{d}t$. 当 $x = 0$ 时, $t = \frac{\pi}{2}$; 当 $x = \frac{\pi}{2}$ 时, $t = 0$. 于是

$$\int_{0}^{\frac{\pi}{2}} f(\sin x) \mathrm{d}x = -\int_{\frac{\pi}{2}}^{0} f \left[\sin \left(\frac{\pi}{2} - t \right) \right] \mathrm{d}t = \int_{0}^{\frac{\pi}{2}} f(\cos t) \mathrm{d}t.$$

由此可得

$$I = \int_{0}^{\frac{\pi}{2}} \frac{\sin x}{\sin x + \cos x} \mathrm{d}x = \int_{0}^{\frac{\pi}{2}} \frac{\cos x}{\sin x + \cos x} \mathrm{d}x.$$

相加, 得

$$2I = \int_{0}^{\frac{\pi}{2}} \frac{\sin x}{\sin x + \cos x} \mathrm{d}x + \int_{0}^{\frac{\pi}{2}} \frac{\cos x}{\sin x + \cos x} \mathrm{d}x = \int_{0}^{\frac{\pi}{2}} \frac{\sin x + \cos x}{\sin x + \cos x} \mathrm{d}x = \frac{\pi}{2},$$

从而

$$I = \int_{0}^{\frac{\pi}{2}} \frac{\sin x}{\sin x + \cos x} \mathrm{d}x = \frac{\pi}{4}.$$

(2) 令 $x = \pi - t$, 则 $\mathrm{d}x = -\mathrm{d}t$, 且当 $x = 0$ 时, $t = \pi$; 当 $x = \pi$ 时, $t = 0$. 于是

$$\int_{0}^{\pi} x f(\sin x) \mathrm{d}x = -\int_{\pi}^{0} (\pi - t) f[\sin(\pi - t)] \mathrm{d}t = \int_{0}^{\pi} (\pi - t) f(\sin t) \mathrm{d}t$$

$$= \pi \int_{0}^{\pi} f(\sin t) \mathrm{d}t - \int_{0}^{\pi} t f(\sin t) \mathrm{d}t$$

$$= \pi \int_{0}^{\pi} f(\sin x) \mathrm{d}x - \int_{0}^{\pi} x f(\sin x) \mathrm{d}x.$$

移项合并, 整理得

$$\int_0^\pi x f(\sin x)\mathrm{d}x = \frac{\pi}{2}\int_0^\pi f(\sin x)\mathrm{d}x.$$

由此可得

$$\int_0^\pi \frac{x\sin x\mathrm{d}x}{1+\cos^2 x} = \frac{\pi}{2}\int_0^\pi \frac{\sin x\mathrm{d}x}{1+\cos^2 x} = -\frac{\pi}{2}\int_0^\pi \frac{\mathrm{d}\cos x}{1+\cos^2 x}$$

$$= \left[-\frac{\pi}{2}\arctan(\cos x)\right]_0^\pi = -\frac{\pi}{2}\left(-\frac{\pi}{4}-\frac{\pi}{4}\right) = \frac{\pi^2}{4}.$$

例 7 设 $f(x)$ 是连续的周期函数, 周期为 T, a 为任意常数. 证明:

(1) $\displaystyle\int_a^{a+T} f(x)\mathrm{d}x = \int_0^T f(x)\mathrm{d}x.$

(2) $\displaystyle\int_a^{a+nT} f(x)\mathrm{d}x = n\int_0^T f(x)\mathrm{d}x$, $n\in\mathbf{N}$, 并计算 $\displaystyle\int_0^{100\pi} |\cos x|\,(\sin x + 1)\mathrm{d}x.$

证 (1) 如图 5-3-3 所示, 利用区间可加性, 只需证明 $f(x)$ 在 $[T, a+T]$ 上的定积分等于 $[0, a]$ 上的定积分即可. 令 $t = x - T$, 则 $\mathrm{d}x = \mathrm{d}t$, 当 $x = T$ 时, $t = 0$; 当 $x = a+T$ 时, $t = a$. 由 定积分的换元法及被积函数的周期性, 可得

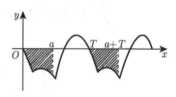

图 5-3-3

$$\int_T^{a+T} f(x)\mathrm{d}x = \int_0^a f(t+T)\mathrm{d}t = \int_0^a f(t)\mathrm{d}t$$

$$= \int_0^a f(x)\mathrm{d}x.$$

由定积分的区间可加性, 有

$$\int_a^{a+T} f(x)\mathrm{d}x = \int_a^T f(x)\mathrm{d}x + \int_T^{a+T} f(x)\mathrm{d}x$$

$$= \int_a^T f(x)\mathrm{d}x + \int_0^a f(x)\mathrm{d}x = \int_0^T f(x)\mathrm{d}x.$$

(2) 由 (1), 周期为 T 的函数在任意一个长度为 T 的区间上的定积分均相等, 则 $\forall n\in\mathbf{N}$, 有

$$\int_a^{a+nT} f(x)\mathrm{d}x = \sum_{k=0}^{n-1}\int_{a+kT}^{a+kT+T} f(x)\mathrm{d}x = \sum_{k=0}^{n-1}\int_0^T f(x)\mathrm{d}x = n\int_0^T f(x)\mathrm{d}x.$$

由于 $|\cos x|(\sin x+1)$ 是以 2π 为周期的函数, $|\cos x|\sin x$ 为奇函数, $|\cos x|$ 为偶函数, 因此

$$\int_0^{100\pi} |\cos x|(\sin x+1)\mathrm{d}x$$

$$= 50\int_0^{2\pi} |\cos x|(\sin x+1)\mathrm{d}x = 50\int_{-\pi}^{\pi} |\cos x|(\sin x+1)\mathrm{d}x$$

$$= 100\int_0^{\pi} |\cos x|\mathrm{d}x = 100\left(\int_0^{\frac{\pi}{2}} \cos x\mathrm{d}x - \int_{\frac{\pi}{2}}^{\pi} \cos x\mathrm{d}x\right)$$

$$= 100\left(\sin x\Big|_0^{\frac{\pi}{2}} - \sin x\Big|_{\frac{\pi}{2}}^{\pi}\right) = 200.$$

二、 定积分的分部积分法

类似于不定积分的分部积分法, 由乘积的求导法则 $(uv)' = u'v + uv'$, 可得

$$uv' = (uv)' - u'v.$$

对等式两边同时在 $[a,b]$ 上作定积分, 有

$$\int_a^b uv'\mathrm{d}x = \int_a^b (uv)'\mathrm{d}x - \int_a^b u'v\mathrm{d}x$$

或简记为

$$\int_a^b u\mathrm{d}v = [uv]_a^b - \int_a^b v\mathrm{d}u.$$

称该式为定积分的分部积分公式, 有如下定理.

定理 2　如果 $u = u(x), v = v(x)$ 在 $[a,b]$ 上具有连续导数, 则有定积分的分部积分公式

$$\int_a^b u\mathrm{d}v = [uv]_a^b - \int_a^b v\mathrm{d}u.$$

例 8　计算 $\displaystyle\int_0^{\pi} x\cos x\mathrm{d}x$.

解　令 $u = x$, $\mathrm{d}v = \cos x\mathrm{d}x$, 则 $\mathrm{d}u = \mathrm{d}x$, $v = \sin x$. 由定积分的分部积分公式, 得

$$\int_0^{\pi} x\cos x\mathrm{d}x = \int_0^{\pi} x\mathrm{d}(\sin x) = [x\sin x]_0^{\pi} - \int_0^{\pi} \sin x\mathrm{d}x = -\int_0^{\pi} \sin x\mathrm{d}x$$

$$= [\cos x]_0^{\pi} = -2.$$

定积分的分部积分法常与换元积分法结合使用.

例 9 计算 $\displaystyle\int_0^1 e^{\sqrt{x}}dx$.

解 令 $t = \sqrt{x}$, 则 $x = t^2$, $dx = 2tdt$. 当 $x = 0$ 时, $t = 0$; 当 $x = 1$ 时, $t = 1$. 于是

$$\int_0^1 e^{\sqrt{x}}dx = 2\int_0^1 te^t dt = 2\int_0^1 td(e^t) = [2te^t]_0^1 - 2\int_0^1 e^t dt = 2e - [2e^t]_0^1 = 2.$$

例 10 设 $f(x) = \displaystyle\int_0^x \frac{\sin t}{\pi - t}dt$, 计算 $\displaystyle\int_0^\pi f(x)dx$.

解 $f'(x) = \dfrac{\sin x}{\pi - x}$. 令 $u = f(x)$, $dv = dx$, 则有

$$\int_0^\pi f(x)dx = [xf(x)]_0^\pi - \int_0^\pi xf'(x)dx = \pi\int_0^\pi \frac{\sin x}{\pi - x}dx - \int_0^\pi \frac{x\sin x}{\pi - x}dx$$

$$= \int_0^\pi \frac{(\pi - x)\sin x}{\pi - x}dx = \int_0^\pi \sin x dx = [-\cos x]_0^\pi = 2.$$

例 11 证明华莱士 (Wallis) 公式 (点火公式):

$$I_n = \int_0^{\frac{\pi}{2}} \sin^n x dx = \int_0^{\frac{\pi}{2}} \cos^n x dx = \begin{cases} \dfrac{n-1}{n} \cdot \dfrac{n-3}{n-2} \cdot \cdots \cdot \dfrac{3}{4} \cdot \dfrac{1}{2} \cdot \dfrac{\pi}{2}, & n\text{为正偶数,} \\ \dfrac{n-1}{n} \cdot \dfrac{n-3}{n-2} \cdot \cdots \cdot \dfrac{4}{5} \cdot \dfrac{2}{3}, & n\text{为正奇数.} \end{cases}$$

证 $I_0 = \displaystyle\int_0^{\frac{\pi}{2}} dx = \dfrac{\pi}{2}$, $I_1 = \displaystyle\int_0^{\frac{\pi}{2}} \sin x dx = [-\cos x]_0^{\frac{\pi}{2}} = 1$. 由分部积分公式, 得

华莱士
公式5-3-2

$$I_n = \int_0^{\frac{\pi}{2}} \sin^n x dx = \int_0^{\frac{\pi}{2}} \sin^{n-1} x d(-\cos x)$$

$$= [-\cos x \sin^{n-1} x]_0^{\frac{\pi}{2}} + \int_0^{\frac{\pi}{2}} \cos x d(\sin^{n-1} x)$$

$$= (n-1)\int_0^{\frac{\pi}{2}} \cos x \sin^{n-2} x \cdot \cos x dx = (n-1)\int_0^{\frac{\pi}{2}} \cos^2 x \sin^{n-2} x dx$$

$$= (n-1)\int_0^{\frac{\pi}{2}} (1 - \sin^2 x)\sin^{n-2} x dx = (n-1)(I_{n-2} - I_n).$$

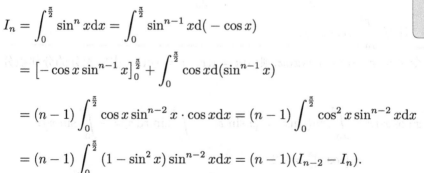

整理得递推公式

$$I_n = \frac{n-1}{n} I_{n-2}.$$

当 n 为正偶数时,

$$I_n = \frac{n-1}{n} I_{n-2} = \frac{n-1}{n} \cdot \frac{n-3}{n-2} I_{n-4} = \cdots = \frac{n-1}{n} \cdot \frac{n-3}{n-2} \cdot \frac{n-5}{n-4} \cdots \frac{3}{4} \cdot \frac{1}{2} I_0.$$

当 n 为正奇数时,

$$I_n = \frac{n-1}{n} I_{n-2} = \frac{n-1}{n} \cdot \frac{n-3}{n-2} I_{n-4} = \cdots = \frac{n-1}{n} \cdot \frac{n-3}{n-2} \cdot \frac{n-5}{n-4} \cdots \frac{4}{5} \cdot \frac{2}{3} I_1.$$

由例 6 知, $\int_0^{\frac{\pi}{2}} f(\sin x)\mathrm{d}x = \int_0^{\frac{\pi}{2}} f(\cos x)\mathrm{d}x$, 从而

$$I_n = \int_0^{\frac{\pi}{2}} \sin^n x \mathrm{d}x = \int_0^{\frac{\pi}{2}} \cos^n x \mathrm{d}x = \begin{cases} \dfrac{n-1}{n} \cdot \dfrac{n-3}{n-2} \cdots \dfrac{3}{4} \cdot \dfrac{1}{2} \cdot \dfrac{\pi}{2}, & n\text{为正偶数}, \\[2mm] \dfrac{n-1}{n} \cdot \dfrac{n-3}{n-2} \cdots \dfrac{4}{5} \cdot \dfrac{2}{3}, & n\text{为正奇数}. \end{cases}$$

利用华莱士公式可以方便地计算某些三角函数的定积分. 例如

$$\int_0^{\frac{\pi}{2}} \sin^2 x \cos^4 x \mathrm{d}x = \int_0^{\frac{\pi}{2}} (1 - \cos^2 x) \cos^4 x \mathrm{d}x = I_4 - I_6 = I_4 - \frac{5}{6} I_4 = \frac{1}{6} I_4$$

$$= \frac{1}{6} \cdot \frac{3}{4} \cdot \frac{1}{2} \cdot \frac{\pi}{2} = \frac{\pi}{32}.$$

$$\int_0^{\pi} \sin^8 \frac{x}{2} \mathrm{d}x = 2 \int_0^{\frac{\pi}{2}} \sin^8 t \mathrm{d}t = 2 I_8 = 2 \cdot \frac{7}{8} \cdot \frac{5}{6} \cdot \frac{3}{4} \cdot \frac{1}{2} \cdot \frac{\pi}{2}$$

$$= \frac{35}{128} \pi, \text{其中 } t = \frac{x}{2}.$$

例 12　计算 $\int_0^1 x^3 \sqrt{1-x^2}\mathrm{d}x$.

解　令 $x = \sin t$, 则

$$\int_0^1 x^3 \sqrt{1-x^2}\mathrm{d}x = \int_0^{\frac{\pi}{2}} \sin^3 t \cdot \cos^2 t \mathrm{d}t$$

$$= \int_0^{\frac{\pi}{2}} \sin^3 t (1 - \sin^2 t)\mathrm{d}t$$

$$= I_3 - I_5 = I_3 - \frac{4}{5}I_3 = \frac{1}{5}I_3$$

$$= \frac{1}{5} \cdot \frac{2}{3} \cdot 1 = \frac{2}{15}.$$

习 题 5-3

A 组

课件5-3-3

1. 计算下列定积分:

(1) $\displaystyle\int_{-2}^{-1} \frac{\mathrm{d}x}{(11+5x)^3}$;

(2) $\displaystyle\int_{-2}^{0} \frac{\mathrm{d}x}{x^2+2x+2}$;

(3) $\displaystyle\int_{1}^{\sqrt{3}} \frac{\mathrm{d}x}{x\sqrt{x^2+1}}$;

(4) $\displaystyle\int_{0}^{1} \frac{x^{\frac{3}{2}}}{1+x}\mathrm{d}x$;

(5) $\displaystyle\int_{0}^{16} \frac{\mathrm{d}x}{\sqrt{x+9}-\sqrt{x}}$;

(6) $\displaystyle\int_{0}^{1} \frac{\mathrm{d}x}{\mathrm{e}^x+\mathrm{e}^{-x}}$;

(7) $\displaystyle\int_{1}^{\mathrm{e}^2} \frac{\mathrm{d}x}{x\sqrt{1+\ln x}}$;

(8) $\displaystyle\int_{-\frac{\pi}{2}}^{\frac{\pi}{2}} \frac{\mathrm{d}x}{1+\cos x}$;

(9) $\displaystyle\int_{\frac{1}{\pi}}^{\frac{2}{\pi}} \frac{1}{x^2}\sin\frac{1}{x}\mathrm{d}x$;

(10) $\displaystyle\int_{0}^{\frac{\pi}{2}} \cos^5 x \sin 2x\mathrm{d}x$;

(11) $\displaystyle\int_{1}^{2} \frac{1}{x^2}\mathrm{e}^{-\frac{1}{x}}\mathrm{d}x$;

(12) $\displaystyle\int_{-\frac{\pi}{2}}^{\frac{\pi}{2}} \sqrt{\cos^3 x - \cos^5 x}\,\mathrm{d}x$;

(13) $\displaystyle\int_{-1}^{1} \frac{x}{\sqrt{5-4x}}\mathrm{d}x$;

(14) $\displaystyle\int_{0}^{\pi} \sqrt{1+\sin 2x}\,\mathrm{d}x$;

(15) $\displaystyle\int_{\frac{\pi}{4}}^{\frac{\pi}{2}} \cot^3 x\mathrm{d}x$;

(16) $\displaystyle\int_{0}^{\frac{\pi}{4}} \tan^4 x\mathrm{d}x$;

(17) $\displaystyle\int_{0}^{3} \frac{x}{1+\sqrt{1+x}}\mathrm{d}x$;

(18) $\displaystyle\int_{4}^{9} \frac{\sqrt{x}}{\sqrt{x}-1}\mathrm{d}x$;

(19) $\displaystyle\int_{\ln 3}^{\ln 8} \sqrt{1+\mathrm{e}^x}\,\mathrm{d}x$;

(20) $\displaystyle\int_{0}^{1} \frac{\mathrm{d}x}{(\mathrm{e}^x+\mathrm{e}^{-x})^2}$.

2. 计算下列定积分:

(1) $\displaystyle\int_{0}^{1} x\mathrm{e}^{-x}\mathrm{d}x$;

(2) $\displaystyle\int_{0}^{1} x\arctan x\mathrm{d}x$;

(3) $\displaystyle\int_{1}^{\mathrm{e}} \sin(\ln x)\mathrm{d}x$;

(4) $\displaystyle\int_{0}^{\pi} (x\sin x)^2\mathrm{d}x$;

(5) $\displaystyle\int_{1}^{4} \frac{\ln x}{\sqrt{x}}\mathrm{d}x$;

(6) $\displaystyle\int_{\frac{\pi}{4}}^{\frac{\pi}{3}} \frac{x}{\sin^2 x}\mathrm{d}x$;

(7) $\displaystyle\int_{\frac{1}{\mathrm{e}}}^{\mathrm{e}} |\ln x|\,\mathrm{d}x$;

(8) $\displaystyle\int_{0}^{\frac{\pi}{2}} \mathrm{e}^{2x}\cos x\mathrm{d}x$.

3. 利用函数的奇偶性, 计算下列定积分:

(1) $\int_{-\pi}^{\pi} x\sin^6 x\mathrm{d}x$;

(2) $\int_{-\pi}^{\pi} \left(\sqrt{1+\cos 2x} + |x|\sin x\right)\mathrm{d}x$;

(3) $\int_{-2}^{2} \frac{x+|x|}{2+x^2}\mathrm{d}x$;

(4) $\int_{-\frac{\pi}{2}}^{\frac{\pi}{2}} (x+\cos^2 x)\sin^4 x\mathrm{d}x$.

4. 设 $f(x) = \begin{cases} 1+x, & 0\leqslant x\leqslant 2, \\ x^2-1, & 2<x\leqslant 4, \end{cases}$ 求 $\int_2^6 f(x-2)\mathrm{d}x$.

5. 计算定积分 $\int_0^{10\pi} |\sin x|\mathrm{d}x$.

6. 设函数 $f(x)$ 在 $[a,b]$ 上连续, 证明: $\int_a^b f(a+b-x)\mathrm{d}x = \int_a^b f(x)\mathrm{d}x$.

7. 设 $x>0$, 证明: $\int_x^1 \frac{\mathrm{d}t}{1+t^2} = \int_1^{\frac{1}{x}} \frac{\mathrm{d}t}{1+t^2}$.

8. 已知 $f(x)$ 的一个原函数是 $\sin x\ln x$, 求 $\int_1^\pi xf'(x)\mathrm{d}x$.

9. 设 m, n 为正整数, 证明以下结论:

(1) $\int_{-\pi}^{\pi} \sin mx\cos nx\mathrm{d}x = 0$;

(2) $\int_{-\pi}^{\pi} \sin mx\sin nx\mathrm{d}x = 0$, $m\neq n$;

(3) $\int_{-\pi}^{\pi} \cos mx\cos nx\mathrm{d}x = 0$, $m\neq n$;

(4) $\int_{-\pi}^{\pi} \sin^2 mx\mathrm{d}x = \pi$;

(5) $\int_{-\pi}^{\pi} \cos^2 mx\mathrm{d}x = \pi$.

B 组

1. 计算下列定积分:

(1) $\int_{-3}^{0} \frac{x+1}{\sqrt{x+4}}\mathrm{d}x$;

(2) $\int_0^1 \frac{\sqrt{\mathrm{e}^{-x}}}{\sqrt{\mathrm{e}^x+\mathrm{e}^{-x}}}\mathrm{d}x$;

(3) $\int_0^2 \frac{\mathrm{d}x}{\sqrt{x+1}+\sqrt{(x+1)^3}}$;

(4) $\int_0^1 (1+x^2)^{-\frac{3}{2}}\mathrm{d}x$;

(5) $\int_{\frac{1}{e}}^{e} \frac{(\ln x)^2}{1+x}\mathrm{d}x$;

(6) $\int_0^2 x\sqrt{2x-x^2}\mathrm{d}x$; (2012 考研真题)

(7) $\int_0^{\frac{\pi}{4}} \frac{x\sec^2 x}{(1+\tan^2 x)^2}\mathrm{d}x$;

(8) $\int_{-\frac{\pi}{4}}^{\frac{\pi}{4}} \frac{\sin^2 x}{1+\mathrm{e}^{-x}}\mathrm{d}x$;

(9) $\int_0^1 \frac{\ln(1+x)}{(2-x)^2}\mathrm{d}x$;

(10) $\int_0^{\frac{1}{\sqrt{2}}} \frac{\arcsin x}{(1-x^2)^{\frac{3}{2}}}\mathrm{d}x$.

2. 设函数 $f(x)$ 具有二阶连续导数, 若曲线 $y=f(x)$ 过点 $(0,0)$ 且与曲线 $y=2^x$ 在点 $(1,2)$ 处相切, 求 $\int_0^1 xf''(x)\mathrm{d}x$. (2018 考研真题)

3. 设 $f(x)$ 是连续函数, 且 $f(x)=x+2\int_0^1 f(t)\mathrm{d}t$, 求 $f(x)$. (1989 考研真题)

4. 设 m 为自然数, 计算定积分 $I_m = \int_0^\pi x \sin^m x \mathrm{d}x$.

5. 设 $f(x)$ 是 $(-\infty, +\infty)$ 上的连续偶函数. 证明: $F(x) = \int_0^x f(t)\mathrm{d}t$ 是奇函数.

5.4 反常积分

前面讨论的定积分, 其积分区间是有限区间且被积函数是有界函数, 但有些实际问题需要突破这些限制, 比如将火箭发射到远离地球的太空中, 要计算克服地心引力所做的功, 就需要考虑积分区间为无穷的情形, 因此还需要研究无穷区间上的定积分和无界函数的定

课前测5-4-1

积分, 这两类积分通常称为反常积分或广义积分. 相应地, 前面的定积分也称为常义积分或正常积分.

一、无穷限的反常积分

定义 1　设函数 $f(x)$ 在 $[a, +\infty)$ 上连续, 取 $t > a$, 如果极限 $\lim\limits_{t \to +\infty} \int_a^t f(x)\mathrm{d}x$ 存在, 则称此极限为**函数 $f(x)$ 在无穷区间 $[a, +\infty)$ 上的反常积分**. 记作 $\int_a^{+\infty} f(x)\mathrm{d}x$, 即

$$\int_a^{+\infty} f(x)\mathrm{d}x = \lim_{t \to +\infty} \int_a^t f(x)\mathrm{d}x.$$

也称反常积分 $\int_a^{+\infty} f(x)\mathrm{d}x$ **收敛**. 如果上述极限不存在, 则称反常积分 $\int_a^{+\infty} f(x)\mathrm{d}x$ **发散**.

当反常积分 $\int_a^{+\infty} f(x)\mathrm{d}x$ 收敛时, $\int_a^{+\infty} f(x)\mathrm{d}x$ 表示一个数, 而当反常积分 $\int_a^{+\infty} f(x)\mathrm{d}x$ 发散时, $\int_a^{+\infty} f(x)\mathrm{d}x$ 仅是一个记号.

类似地, 可定义函数 $f(x)$ 在无穷区间 $(-\infty, b]$ 和 $(-\infty, +\infty)$ 上的反常积分.

定义 2　设函数 $f(x)$ 在 $(-\infty, b]$ 上连续, 取 $t < b$, 如果极限 $\lim\limits_{t \to -\infty} \int_t^b f(x)\mathrm{d}x$ 存在, 则称此极限为**函数 $f(x)$ 在无穷区间 $(-\infty, b]$ 上的反常积分**. 记作 $\int_{-\infty}^b f(x)\mathrm{d}x$, 即

$$\int_{-\infty}^b f(x)\mathrm{d}x = \lim_{t \to -\infty} \int_t^b f(x)\mathrm{d}x.$$

也称反常积分 $\displaystyle\int_{-\infty}^{b} f(x)\mathrm{d}x$ **收敛**. 如果上述极限不存在, 则称反常积分 $\displaystyle\int_{-\infty}^{b} f(x)\mathrm{d}x$ **发散**.

定义 3　设函数 $f(x)$ 在 $(-\infty, +\infty)$ 上连续, 常数 $c \in (-\infty, +\infty)$. 若反常积分 $\displaystyle\int_{-\infty}^{c} f(x)\mathrm{d}x$ 和 $\displaystyle\int_{c}^{+\infty} f(x)\mathrm{d}x$ 都收敛, 则称上述反常积分之和为**函数 $f(x)$ 在 $(-\infty, +\infty)$ 上的反常积分**. 记作 $\displaystyle\int_{-\infty}^{+\infty} f(x)\mathrm{d}x$, 即

$$\int_{-\infty}^{+\infty} f(x)\mathrm{d}x = \int_{-\infty}^{c} f(x)\mathrm{d}x + \int_{c}^{+\infty} f(x)\mathrm{d}x.$$

也称反常积分 $\displaystyle\int_{-\infty}^{+\infty} f(x)\mathrm{d}x$ **收敛**, 否则称反常积分 $\displaystyle\int_{-\infty}^{+\infty} f(x)\mathrm{d}x$ **发散**.

上述反常积分统称为无穷限的反常积分.

在计算无穷限的反常积分时, 形式上仍可沿用牛顿–莱布尼茨公式.

设 $F(x)$ 为 $f(x)$ 在 $[a, +\infty)$ 的一个原函数, 若 $\displaystyle\lim_{x \to +\infty} F(x)$ 存在, 记

$$F(+\infty) = \lim_{x \to +\infty} F(x),$$

$$[F(x)]_{a}^{+\infty} = F(+\infty) - F(a),$$

则广义积分

$$\int_{a}^{+\infty} f(x)\mathrm{d}x = [F(x)]_{a}^{+\infty} = F(+\infty) - F(a).$$

类似地, 若在 $(-\infty, b]$ 上, $F'(x) = f(x)$, $\displaystyle\lim_{x \to -\infty} F(x)$ 存在, 记

$$F(-\infty) = \lim_{x \to -\infty} F(x),$$

$$[F(x)]_{-\infty}^{b} = F(b) - F(-\infty),$$

则广义积分

$$\int_{-\infty}^{b} f(x)\mathrm{d}x = [F(x)]_{-\infty}^{b} = F(b) - F(-\infty).$$

若在 $(-\infty, +\infty)$ 上, $F'(x) = f(x)$, 当 $F(-\infty)$ 与 $F(+\infty)$ 都存在时, 有

$$\int_{-\infty}^{+\infty} f(x)\mathrm{d}x = [F(x)]_{-\infty}^{+\infty} = F(+\infty) - F(-\infty).$$

需要注意, 当 $F(-\infty)$ 与 $F(+\infty)$ 中至少有一个不存在时, 反常积分 $\int_{-\infty}^{+\infty} f(x)\mathrm{d}x$ 均发散.

例 1 计算反常积分 $\int_0^{+\infty} \mathrm{e}^{-x}\mathrm{d}x$.

解 $\int_0^{+\infty} \mathrm{e}^{-x}\mathrm{d}x = \lim\limits_{t\to+\infty} \int_0^t \mathrm{e}^{-x}\mathrm{d}x = \lim\limits_{t\to+\infty} \left[-\mathrm{e}^{-x}\right]_0^t = \lim\limits_{t\to+\infty} (1 - \mathrm{e}^{-t}) = 1.$

因此 $\int_0^{+\infty} \mathrm{e}^{-x}\mathrm{d}x$ 收敛, 值为 1.

上述求解过程也可直接写成

$$\int_0^{+\infty} \mathrm{e}^{-x}\mathrm{d}x = -\left[\mathrm{e}^{-x}\right]_0^{+\infty}$$

$$= \lim\limits_{x\to+\infty} -\mathrm{e}^{-x} + 1 = 1.$$

如图 5-4-1, $\int_0^{+\infty} \mathrm{e}^{-x}\mathrm{d}x$ 在几何上表示由曲线 $y = \mathrm{e}^{-x}$, x 轴, y 轴围成的无界区域的面积为 1.

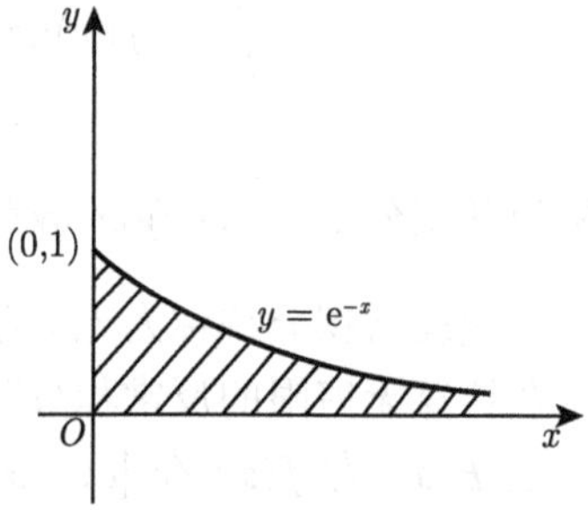

图 5-4-1

例 2 计算反常积分 $\int_{-\infty}^{+\infty} \dfrac{\mathrm{d}x}{1+x^2}$.

解 $\int_{-\infty}^{+\infty} \dfrac{\mathrm{d}x}{1+x^2} = [\arctan x]_{-\infty}^{+\infty}$

$$= \lim\limits_{x\to+\infty} \arctan x - \lim\limits_{x\to-\infty} \arctan x$$

$$= \frac{\pi}{2} - \left(-\frac{\pi}{2}\right) = \pi.$$

例 3 讨论反常积分 $\int_1^{+\infty} \dfrac{\mathrm{d}x}{x^p}$ 的敛散性.

解 当 $p = 1$ 时, $\int_1^{+\infty} \dfrac{\mathrm{d}x}{x} = [\ln x]_1^{+\infty} = +\infty$, 发散.

当 $p \neq 1$ 时, $\int_1^{+\infty} \dfrac{\mathrm{d}x}{x^p} = \left[\dfrac{x^{1-p}}{1-p}\right]_1^{+\infty} = \begin{cases} +\infty, & p < 1, \\ \dfrac{1}{p-1}, & p > 1. \end{cases}$

综上, 当 $p > 1$ 时, 反常积分 $\int_1^{+\infty} \dfrac{\mathrm{d}x}{x^p}$ 收敛, 其值为 $\dfrac{1}{p-1}$; 当 $p \leqslant 1$ 时, 反常积分 $\int_1^{+\infty} \dfrac{\mathrm{d}x}{x^p}$ 发散.

同理可得反常积分 $\int_a^{+\infty} \dfrac{\mathrm{d}x}{x^p}$，其中 $a > 0$，当 $p > 1$ 时收敛，当 $p \leqslant 1$ 时发散.

二、 无界函数的反常积分

如果函数 $f(x)$ 在点 a 的任意邻域内无界，则称点 a 为函数 $f(x)$ 的**瑕点**. 无界函数的反常积分又称**瑕积分**.

定义 4 设函数 $f(x)$ 在 $(a, b]$ 上连续，点 a 为 $f(x)$ 的瑕点. 取 $t > a$，如果极限 $\lim\limits_{t \to a^+} \int_t^b f(x)\mathrm{d}x$ 存在，则称此极限为**函数 $f(x)$ 在 $(a, b]$ 上的反常积分**. 仍记 $\int_a^b f(x)\mathrm{d}x$，即

$$\int_a^b f(x)\mathrm{d}x = \lim_{t \to a^+} \int_t^b f(x)\mathrm{d}x.$$

也称反常积分 $\int_a^b f(x)\mathrm{d}x$ **收敛**. 如果上述极限不存在，则称反常积分 $\int_a^b f(x)\mathrm{d}x$ **发散**.

类似，可定义函数 $f(x)$ 的瑕点在区间 $[a, b]$ 的右端点 b 和瑕点在区间 $[a, b]$ 内的反常积分.

定义 5 设函数 $f(x)$ 在 $[a, b)$ 上连续，点 b 为 $f(x)$ 的瑕点. 取 $t < b$，如果极限 $\lim\limits_{t \to b^-} \int_a^t f(x)\mathrm{d}x$ 存在，则称此极限为**函数 $f(x)$ 在 $[a, b)$ 上的反常积分**. 仍记 $\int_a^b f(x)\mathrm{d}x$，即

$$\int_a^b f(x)\mathrm{d}x = \lim_{t \to b^-} \int_a^t f(x)\mathrm{d}x.$$

也称反常积分 $\int_a^b f(x)\mathrm{d}x$ **收敛**. 如果上述极限不存在，则称反常积分 $\int_a^b f(x)\mathrm{d}x$ **发散**.

定义 6 设常数 $c \in (a, b)$，函数 $f(x)$ 在 $[a, c)$ 及 $(c, b]$ 上连续，点 c 为 $f(x)$ 的瑕点. 如果反常积分 $\int_a^c f(x)\mathrm{d}x$ 和 $\int_c^b f(x)\mathrm{d}x$ 都收敛，则称上述反常积分之和为**函数 $f(x)$ 在 $[a, b]$ 上的反常积分**. 记作 $\int_a^b f(x)\mathrm{d}x$，即

$$\int_a^b f(x)\mathrm{d}x = \int_a^c f(x)\mathrm{d}x + \int_c^b f(x)\mathrm{d}x.$$

也称反常积分 $\displaystyle\int_a^b f(x)\mathrm{d}x$ **收敛**, 否则称反常积分 $\displaystyle\int_a^b f(x)\mathrm{d}x$ **发散**.

计算无界函数的反常积分, 也可沿用牛顿–莱布尼茨公式的形式.

设 $F'(x) = f(x)$, 即 $F(x)$ 为 $f(x)$ 在 $[a, b)$ 的一个原函数, $x = b$ 为 $f(x)$ 的瑕点. 若 $\displaystyle\lim_{x \to b^-} F(x)$ 存在, 记

$$F(b^-) = \lim_{x \to b^-} F(x),$$

$$[F(x)]_a^b = F(b^-) - F(a),$$

则瑕积分

$$\int_a^b f(x)\mathrm{d}x = [F(x)]_a^b = F(b^-) - F(a).$$

对于函数 $f(x)$ 在 $(a, b]$ 上连续, 点 a 为 $f(x)$ 的瑕点的反常积分, 也有类似公式, 不再赘述.

例 4 计算 $\displaystyle\int_0^1 \frac{\mathrm{d}x}{\sqrt{1 - x^2}}$.

解 函数 $\dfrac{1}{\sqrt{1 - x^2}}$ 在 $[0, 1)$ 上连续. 由于

$\displaystyle\lim_{x \to 1^-} \frac{1}{\sqrt{1 - x^2}} = +\infty$, 所以 $x = 1$ 是它的一个瑕点.

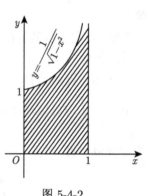

图 5-4-2

$$\int_0^1 \frac{\mathrm{d}x}{\sqrt{1 - x^2}} = [\arcsin x]_0^1$$

$$= \lim_{x \to 1^-} \arcsin x - \arcsin 0 = \frac{\pi}{2}.$$

如图 5-4-2 所示, $\displaystyle\int_0^1 \frac{\mathrm{d}x}{\sqrt{1 - x^2}}$ 在几何上表示由曲线 $y = \dfrac{1}{\sqrt{1 - x^2}}$, 直线 $x = 0$, $x = 1$ 及 x 轴围成的无界区域的面积为 $\dfrac{\pi}{2}$.

例 5 讨论反常积分 $\displaystyle\int_0^1 \frac{\mathrm{d}x}{x^p}$ 的敛散性.

解 当 $p = 1$ 时, $\displaystyle\int_0^1 \frac{\mathrm{d}x}{x} = [\ln x]_0^1 = \ln 1 - \lim_{x \to 0^+} \ln x = +\infty$, 发散.

当 $p \neq 1$ 时, $\displaystyle\int_0^1 \frac{\mathrm{d}x}{x^p} = \left[\frac{x^{1-p}}{1 - p}\right]_0^1 = \begin{cases} +\infty, & p > 1, \\ \dfrac{1}{1 - p}, & p < 1. \end{cases}$

综上, 当 $p < 1$ 时, 反常积分 $\displaystyle\int_0^1 \frac{\mathrm{d}x}{x^p}$ 收敛, 其值为 $\dfrac{1}{1-p}$; 当 $p \geqslant 1$ 时, 反常积分 $\displaystyle\int_0^1 \frac{\mathrm{d}x}{x^p}$ 发散.

一般地, 瑕积分 $\displaystyle\int_a^b \frac{\mathrm{d}x}{(x-a)^p}$ 当 $p < 1$ 时收敛, 当 $p \geqslant 1$ 时发散.

反常积分的计算也有与定积分类似的分部积分法与换元积分法.

例 6　计算反常积分 $\displaystyle\int_0^{+\infty} t\mathrm{e}^{-t}\mathrm{d}t$.

解
$$\int_0^{+\infty} t\mathrm{e}^{-t}\mathrm{d}t = \int_0^{+\infty} t\mathrm{d}(-\mathrm{e}^{-t}) = \left[-t\mathrm{e}^{-t}\right]_0^{+\infty} + \int_0^{+\infty} \mathrm{e}^{-t}\mathrm{d}t$$

$$= -\lim_{t\to+\infty} \frac{t}{\mathrm{e}^t} + \left[-\mathrm{e}^{-t}\right]_0^{+\infty}$$

$$= -\lim_{t\to+\infty} \frac{1}{\mathrm{e}^t} - \lim_{t\to+\infty} \mathrm{e}^{-t} + 1 = 1.$$

例 7　计算反常积分 $\displaystyle\int_0^1 \frac{\arcsin\sqrt{x}}{\sqrt{x(1-x)}}\mathrm{d}x$. (2020 考研真题)

解　由于 $\displaystyle\lim_{x\to 0^+} \frac{\arcsin\sqrt{x}}{\sqrt{x(1-x)}} = 1$, $\displaystyle\lim_{x\to 1^-} \frac{\arcsin\sqrt{x}}{\sqrt{x(1-x)}} = \infty$, 所以 $x = 0$ 是可去间断点, $x = 1$ 为瑕点. 令 $t = \sqrt{x}$, 则 $x = t^2$, $\mathrm{d}x = 2t\mathrm{d}t$, 反常积分

$$\int_0^1 \frac{\arcsin\sqrt{x}}{\sqrt{x(1-x)}}\mathrm{d}x = 2\int_0^1 \frac{\arcsin t}{\sqrt{1-t^2}}\mathrm{d}t = 2\int_0^1 \arcsin t\,\mathrm{d}(\arcsin t)$$

$$= \arcsin^2 t\,\big|_0^1 = \frac{\pi^2}{4}.$$

例 8　计算反常积分 $\displaystyle\int_0^{+\infty} \frac{\ln x}{1+x^2}\mathrm{d}x$.

解　由于 $\displaystyle\lim_{x\to 0^+} \frac{\ln x}{1+x^2} = -\infty$, 所以 $x = 0$ 为瑕点, 该积分中含有两类反常积分. 由区间可加性,

$$\int_0^{+\infty} \frac{\ln x}{1+x^2}\mathrm{d}x = \int_0^1 \frac{\ln x}{1+x^2}\mathrm{d}x + \int_1^{+\infty} \frac{\ln x}{1+x^2}\mathrm{d}x.$$

对第二个积分作变量代换, 令 $t = \dfrac{1}{x}$, 则 $\mathrm{d}x = -\dfrac{1}{t^2}\mathrm{d}t$, 有

$$\int_1^{+\infty} \frac{\ln x}{1+x^2}\mathrm{d}x = \int_1^0 \frac{\ln\dfrac{1}{t}}{1+\left(\dfrac{1}{t}\right)^2}\cdot\left(-\frac{1}{t^2}\right)\mathrm{d}t$$

$$= -\int_0^1 \frac{\ln t}{1+t^2}\mathrm{d}t = -\int_0^1 \frac{\ln x}{1+x^2}\mathrm{d}x.$$

所以

$$\int_0^{+\infty} \frac{\ln x}{1+x^2}\mathrm{d}x = \int_0^1 \frac{\ln x}{1+x^2}\mathrm{d}x - \int_0^1 \frac{\ln x}{1+x^2}\mathrm{d}x = 0.$$

三 *、反常积分的审敛法

1. 无穷限反常积分的审敛法

定理 1 设函数 $f(x)$ 在区间 $[a,+\infty)$ 上连续, 且 $f(x) \geqslant 0$. 若函数 $F(x) = \int_a^x f(t)\mathrm{d}t$ 在 $[a,+\infty)$ 上有界, 则反常积分 $\int_a^{+\infty} f(x)\mathrm{d}x$ 收敛.

证 由 $F'(x) = f(x) \geqslant 0$ 知 $F(x)$ 在 $[a,+\infty)$ 上单调增加. 又 $F(x)$ 在 $[a,+\infty)$ 上有界, 根据单调有界准则, 极限 $\lim\limits_{x\to+\infty}\int_a^x f(t)\mathrm{d}t$ 存在, 则反常积分 $\int_a^{+\infty} f(x)\mathrm{d}x$ 收敛.

由此, 对于非负函数的无穷限反常积分, 有如下比较审敛原理.

定理 2 设函数 $f(x),g(x)$ 在区间 $[a,+\infty)$ 上连续, 且 $\forall x \in [a,+\infty)$, $0 \leqslant f(x) \leqslant g(x)$, 则

(1) 当 $\int_a^{+\infty} g(x)\mathrm{d}x$ 收敛时, $\int_a^{+\infty} f(x)\mathrm{d}x$ 也收敛.

(2) 当 $\int_a^{+\infty} f(x)\mathrm{d}x$ 发散时, $\int_a^{+\infty} g(x)\mathrm{d}x$ 也发散.

证 (1) 若 $\int_a^{+\infty} g(x)\mathrm{d}x$ 收敛, 记 $\int_a^{+\infty} g(x)\mathrm{d}x = M$. $\forall x \in [a,+\infty)$, 由 $0 \leqslant f(x) \leqslant g(x)$, 得

$$F(x) = \int_a^x f(t)\mathrm{d}t \leqslant \int_a^x g(t)\mathrm{d}t \leqslant \int_a^{+\infty} g(t)\mathrm{d}t = M.$$

即 $F(x) = \int_a^x f(t)\mathrm{d}t$ 在 $[a,+\infty)$ 上有界. 由定理 1, 得 $\int_a^{+\infty} f(x)\mathrm{d}x$ 也收敛.

(2) 若 $\int_a^{+\infty} f(x)\mathrm{d}x$ 发散, 反设 $\int_a^{+\infty} g(x)\mathrm{d}x$ 收敛, 由 (1) 可得 $\int_a^{+\infty} f(x)\mathrm{d}x$ 也收敛, 这与题设矛盾, 命题得证.

已知反常积分 $\int_a^{+\infty} \dfrac{\mathrm{d}x}{x^p}$, 其中 $a > 0$, 当 $p > 1$ 时收敛, 当 $p \leqslant 1$ 时发散. 以此为参照对象, 取 $g(x) = \dfrac{1}{x^p}$, 可得反常积分的比较审敛法.

定理 3 设函数 $f(x)$ 在区间 $[a, +\infty)$ 上连续, $a > 0$, $f(x) \geqslant 0$, 则

(1) 若 $\exists M > 0$ 及 $p > 1$, 使得 $\forall x \in [a, +\infty)$, 有 $f(x) \leqslant \dfrac{M}{x^p}$, 则反常积分 $\int_a^{+\infty} f(x)\mathrm{d}x$ 收敛.

(2) 若 $\exists N > 0$, 使得 $\forall x \in [a, +\infty)$, 有 $f(x) \geqslant \dfrac{N}{x}$, 则反常积分 $\int_a^{+\infty} f(x)\mathrm{d}x$ 发散.

例 9 判别反常积分 $\int_1^{+\infty} \dfrac{\sin^2 x}{\sqrt[3]{x^4 + 1}}\mathrm{d}x$ 的敛散性.

解 因为 $0 \leqslant \dfrac{\sin^2 x}{\sqrt[3]{x^4 + 1}} < \dfrac{1}{\sqrt[3]{x^4}}$, $p = \dfrac{4}{3} > 1$. 由比较审敛法, 反常积分 $\int_1^{+\infty} \dfrac{\sin^2 x}{\sqrt[3]{x^4 + 1}}\mathrm{d}x$ 收敛.

比较审敛法的
极限形式5-4-2

比较审敛法的极限形式在使用上更为方便.

定理 4 设函数 $f(x), g(x)$ 在区间 $[a, +\infty)$ 上连续, $f(x) \geqslant 0$, $g(x) > 0$, $\lim\limits_{x \to +\infty} \dfrac{f(x)}{g(x)} = l$.

(1) 当 $0 \leqslant l < +\infty$ 时, 若 $\int_a^{+\infty} g(x)\mathrm{d}x$ 收敛, 则 $\int_a^{+\infty} f(x)\mathrm{d}x$ 也收敛.

(2) 当 $0 < l \leqslant +\infty$ 时, 若 $\int_a^{+\infty} g(x)\mathrm{d}x$ 发散, 则 $\int_a^{+\infty} f(x)\mathrm{d}x$ 也发散.

证 (1) $\lim\limits_{x \to +\infty} \dfrac{f(x)}{g(x)} = l$, 由极限的定义, 取 $\varepsilon = 1$, 则 $\exists X > 0$, 当 $x > X$ 时, 有 $\left| \dfrac{f(x)}{g(x)} - l \right| < 1$. 即 $0 \leqslant \dfrac{f(x)}{g(x)} < 1 + l$, 则 $\forall x \in [X, +\infty]$, 有

$$0 \leqslant f(x) < (1 + l)g(x).$$

因为 $\int_a^{+\infty} g(x)\mathrm{d}x$ 收敛, 则

$$\int_X^{+\infty} g(x)\mathrm{d}x = \int_a^{+\infty} g(x)\mathrm{d}x - \int_a^X g(x)\mathrm{d}x$$

也收敛. 由比较审敛法, $\displaystyle\int_X^{+\infty} f(x)\mathrm{d}x$ 收敛. 又因为

$$\int_a^{+\infty} f(x)\mathrm{d}x = \int_a^X f(x)\mathrm{d}x + \int_X^{+\infty} f(x)\mathrm{d}x.$$

所以, 反常积分 $\displaystyle\int_a^{+\infty} f(x)\mathrm{d}x$ 收敛.

(2) $\displaystyle\lim_{x\to+\infty} \frac{f(x)}{g(x)} = l > 0$, 取 $\varepsilon = \dfrac{l}{2}$, 则 $\exists X > 0$, 当 $x > X$ 时, 有 $\left|\dfrac{f(x)}{g(x)} - l\right| <$ $\dfrac{l}{2}$. 即 $\forall x \in [X, +\infty]$, 有 $f(x) > \dfrac{l}{2} g(x)$ 成立. 若 $\displaystyle\int_a^{+\infty} g(x)\mathrm{d}x$ 发散, 同理可得 $\displaystyle\int_X^{+\infty} f(x)\mathrm{d}x$ 发散, 从而 $\displaystyle\int_a^{+\infty} f(x)\mathrm{d}x$ 发散.

若 $\displaystyle\lim_{x\to+\infty} \frac{f(x)}{g(x)} = +\infty$, 则 $\forall M > 0, \exists X > 0$, 使得 $\left|\dfrac{f(x)}{g(x)}\right| = \dfrac{f(x)}{g(x)} > M$, 类似可证.

特别地, 仍以反常积分 $\displaystyle\int_a^{+\infty} \frac{\mathrm{d}x}{x^p}$ 为参照对象, 取 $g(x) = \dfrac{1}{x^p}$, 可得如下极限审敛法.

定理 5　设函数 $f(x)$ 在区间 $[a, +\infty)$ 上连续, $a > 0$, $f(x) \geqslant 0$, $\displaystyle\lim_{x\to+\infty} x^p f(x) = l$.

(1) 当 $0 \leqslant l < +\infty$, $p > 1$ 时, 反常积分 $\displaystyle\int_a^{+\infty} f(x)\mathrm{d}x$ 收敛.

(2) 当 $0 < l \leqslant +\infty$, $p \leqslant 1$ 时, 反常积分 $\displaystyle\int_a^{+\infty} f(x)\mathrm{d}x$ 发散.

例 10　判别反常积分 $\displaystyle\int_1^{+\infty} \frac{\mathrm{d}x}{x\sqrt{1+x^2}}$ 的敛散性.

解　取 $p = 2 > 1$, $\displaystyle\lim_{x\to+\infty} x^2 \cdot \frac{1}{x\sqrt{1+x^2}} = \lim_{x\to+\infty} \frac{1}{\sqrt{\dfrac{1}{x^2}+1}} = 1$. 由极限审敛法, $\displaystyle\int_1^{+\infty} \frac{\mathrm{d}x}{x\sqrt{1+x^2}}$ 收敛.

例 11　判别反常积分 $\displaystyle\int_1^{+\infty} \frac{\sqrt{x^3}}{1+x^2}\mathrm{d}x$ 的敛散性.

解 取 $p = \frac{1}{2} < 1$，$\lim\limits_{x \to +\infty} x^{\frac{1}{2}} \cdot \frac{\sqrt{x^3}}{1 + x^2} = \lim\limits_{x \to +\infty} \frac{1}{\frac{1}{x^2} + 1} = 1$．由极限审敛法，

$\int_1^{+\infty} \frac{\sqrt{x^3}}{1 + x^2} \mathrm{d}x$ 发散．

若反常积分的被积函数在所讨论的区间上可正可负，则常常转化为非负函数来讨论．

定理 6 设函数 $f(x)$ 在区间 $[a, +\infty)$ 上连续，若 $\int_a^{+\infty} |f(x)| \mathrm{d}x$ 收敛，则 $\int_a^{+\infty} f(x)\mathrm{d}x$ 也收敛．

证 令 $\varphi(x) = \frac{1}{2}[f(x) + |f(x)|]$，则 $0 \leqslant \varphi(x) \leqslant |f(x)|$．因为 $\int_a^{+\infty} |f(x)| \mathrm{d}x$

收敛，由比较审敛法，$\int_a^{+\infty} \varphi(x)\mathrm{d}x$ 收敛．又 $f(x) = 2\varphi(x) - |f(x)|$，反常积分

$$\int_a^{+\infty} f(x)\mathrm{d}x = 2\int_a^{+\infty} \varphi(x)\mathrm{d}x - \int_a^{+\infty} |f(x)| \mathrm{d}x$$

也收敛．

定义 7 (1) 若反常积分 $\int_a^{+\infty} |f(x)| \mathrm{d}x$ 收敛，则称 $\int_a^{+\infty} f(x)\mathrm{d}x$ **绝对收敛**．

(2) 若反常积分 $\int_a^{+\infty} |f(x)| \mathrm{d}x$ 发散，而 $\int_a^{+\infty} f(x)\mathrm{d}x$ 收敛，则称 $\int_a^{+\infty} f(x)\mathrm{d}x$

条件收敛．

例 12 判别反常积分 $\int_0^{+\infty} \mathrm{e}^{-ax} \sin bx \mathrm{d}x$ (a，b 为常数，$a > 0$) 的敛散性．若收敛，是绝对收敛还是条件收敛？

解 因为 $|\mathrm{e}^{-ax} \sin bx| \leqslant \mathrm{e}^{-ax}$．对反常积分 $\int_0^{+\infty} \mathrm{e}^{-ax}\mathrm{d}x$，取 $p = 2 > 1$，有

$$\lim\limits_{x \to +\infty} x^2 \cdot \mathrm{e}^{-ax} = \lim\limits_{x \to +\infty} \frac{x^2}{\mathrm{e}^{ax}} = \lim\limits_{x \to +\infty} \frac{2x}{a\mathrm{e}^{ax}} = \lim\limits_{x \to +\infty} \frac{2}{a^2\mathrm{e}^{ax}} = 0.$$

由极限审敛法，$\int_0^{+\infty} \mathrm{e}^{-ax}\mathrm{d}x$ 收敛．由比较审敛原理，$\int_0^{+\infty} |\mathrm{e}^{-ax} \sin bx| \mathrm{d}x$ 收敛．再由定理 6，原反常积分绝对收敛．

2. 无界函数的反常积分的审敛法

对无界函数的反常积分，也有类似的审敛法．例如：已知瑕积分 $\int_a^b \frac{\mathrm{d}x}{(x-a)^p}$ 当 $p < 1$ 时收敛，当 $p \geqslant 1$ 时发散．以此为对象，类似于定理 3、定理 5 可得如下

比较审敛法和极限审敛法.

定理 7 设函数 $f(x)$ 在区间 $(a,b]$ 上连续, $f(x) \geqslant 0$, $x = a$ 为 $f(x)$ 的瑕点.

(1) 若 $\exists M > 0$ 及 $p < 1$, 使得 $\forall x \in (a,b]$, 有 $f(x) \leqslant \dfrac{M}{(x-a)^p}$, 则反常积分 $\displaystyle\int_a^b f(x)\mathrm{d}x$ 收敛.

(2) 若 $\exists N > 0$, 使得 $\forall x \in (a,b]$, 有 $f(x) \geqslant \dfrac{N}{x-a}$, 则反常积分 $\displaystyle\int_a^b f(x)\mathrm{d}x$ 发散.

定理 8 设函数 $f(x)$ 在区间 $(a,b]$ 上连续, 且 $f(x) \geqslant 0$, $x = a$ 为 $f(x)$ 的瑕点. 若极限 $\lim\limits_{x \to a^+}(x-a)^p f(x) = l$, 则

(1) 当 $0 \leqslant l < +\infty$, $p < 1$ 时, 反常积分 $\displaystyle\int_a^b f(x)\mathrm{d}x$ 收敛.

(2) 当 $0 < l \leqslant +\infty$, $p \geqslant 1$ 时, 反常积分 $\displaystyle\int_a^b f(x)\mathrm{d}x$ 发散.

例 13 判别反常积分 $\displaystyle\int_1^3 \dfrac{1}{\ln x}\mathrm{d}x$ 的敛散性.

解 $x = 1$ 为瑕点. 取 $p = 1$, 由洛必达法则得

$$\lim_{x \to 1^+}(x-1) \cdot \frac{1}{\ln x} = \lim_{x \to 1^+} x = 1.$$

根据极限审敛法, 反常积分 $\displaystyle\int_1^3 \dfrac{1}{\ln x}\mathrm{d}x$ 发散.

例 14 判别椭圆积分 $\displaystyle\int_0^1 \dfrac{\mathrm{d}x}{\sqrt{(1-x^2)(1-k^2x^2)}}$ 的敛散性, 其中 $k^2 < 1$.

解 $x = 1$ 为瑕点. 取 $p = \dfrac{1}{2} < 1$, 因为

$$\lim_{x \to 1^-}(1-x)^{\frac{1}{2}} \cdot \frac{1}{\sqrt{(1-x^2)(1-k^2x^2)}} = \lim_{x \to 1^-} \frac{1}{\sqrt{(1+x)(1-k^2x^2)}} = \frac{1}{\sqrt{2(1-k^2)}}.$$

根据极限审敛法, 椭圆积分 $\displaystyle\int_0^1 \dfrac{\mathrm{d}x}{\sqrt{(1-x^2)(1-k^2x^2)}}$ 收敛.

对于瑕积分同样有绝对收敛与条件收敛的概念及类似结论, 不再赘述.

例 15 判别反常积分 $\displaystyle\int_0^1 \dfrac{\ln x}{\sqrt{x}}\mathrm{d}x$ 的敛散性.

解　由于 $\lim\limits_{x\to 0^+}\dfrac{\ln x}{\sqrt{x}}=-\infty$, 所以 $x=0$ 为瑕点. 取 $p=\dfrac{3}{4}<1$, 因为

$$\lim_{x\to 0^+}x^{\frac{3}{4}}\cdot\left|\frac{\ln x}{\sqrt{x}}\right|=\lim_{x\to 0^+}\sqrt[4]{x}\,|\ln x|=\lim_{x\to 0^+}\left|\frac{\ln x}{x^{-\frac{1}{4}}}\right|$$

$$=\lim_{x\to 0^+}\left|\frac{\dfrac{1}{x}}{-\dfrac{1}{4}x^{-\frac{5}{4}}}\right|=4\lim_{x\to 0^+}\sqrt[4]{x}=0.$$

由定理 8, $\displaystyle\int_0^1\left|\frac{\ln x}{\sqrt{x}}\right|\mathrm{d}x$ 收敛, 从而反常积分 $\displaystyle\int_0^1\frac{\ln x}{\sqrt{x}}\mathrm{d}x$ 绝对收敛.

例 16　讨论含参量反常积分 $\Gamma(s)=\displaystyle\int_0^{+\infty}x^{s-1}\mathrm{e}^{-x}\mathrm{d}x$ 的敛散性, 其中 $s>0$.

解　当 $s-1<0$, 即 $0<s<1$ 时, $\lim\limits_{x\to 0^+}x^{s-1}\mathrm{e}^{-x}=+\infty$, $x=0$ 为瑕点. 由区间可加性,

$$\Gamma(s)=\int_0^{+\infty}x^{s-1}\mathrm{e}^{-x}\mathrm{d}x=\int_0^1 x^{s-1}\mathrm{e}^{-x}\mathrm{d}x+\int_1^{+\infty}x^{s-1}\mathrm{e}^{-x}\mathrm{d}x.$$

对积分 $\displaystyle\int_0^1 x^{s-1}\mathrm{e}^{-x}\mathrm{d}x$, 当 $s-1\geqslant 0$, 即 $s\geqslant 1$ 时, 它是常义积分. 当 $s-1<0$, 即 $0<s<1$ 时, 取 $p=1-s<1$, 因为 $\lim\limits_{x\to 0^+}(x^{1-s}\cdot x^{s-1}\mathrm{e}^{-x})=1$. 由极限审敛法, $\displaystyle\int_0^1 x^{s-1}\mathrm{e}^{-x}\mathrm{d}x$ 收敛.

对积分 $\displaystyle\int_1^{+\infty}x^{s-1}\mathrm{e}^{-x}\mathrm{d}x$, 当 $s>0$ 时, 取 $p=2>1$, 因为

$$\lim_{x\to +\infty}(x^2\cdot x^{s-1}\mathrm{e}^{-x})=\lim_{x\to +\infty}\frac{x^{s+1}}{\mathrm{e}^x}=\lim_{x\to +\infty}\frac{(s+1)x^s}{\mathrm{e}^x}$$

$$=\lim_{x\to +\infty}\frac{(s+1)sx^{s-1}}{\mathrm{e}^x}=\cdots=0.$$

由极限审敛法, $\displaystyle\int_1^{+\infty}x^{s-1}\mathrm{e}^{-x}\mathrm{d}x$ 收敛.

综上, 当 $s>0$ 时, 含参量反常积分 $\Gamma(s)=\displaystyle\int_0^{+\infty}x^{s-1}\mathrm{e}^{-x}\mathrm{d}x$ 收敛.

当 $s>0$ 时, $\Gamma(s)=\displaystyle\int_0^{+\infty}x^{s-1}\mathrm{e}^{-x}\mathrm{d}x$ 定义了一个新的函数, 称为 Γ(Gamma) 函数. Γ 函数在数学学科及工程技术等领域有广泛应用.

习 题 5-4

A 组

1. 判断下列反常积分的敛散性, 收敛的请求值:

(1) $\displaystyle\int_1^{+\infty} \dfrac{1}{x^4}\mathrm{d}x$;

(2) $\displaystyle\int_1^{+\infty} \dfrac{\arctan x}{x^2}\mathrm{d}x$;

(3) $\displaystyle\int_1^{+\infty} \dfrac{1}{x^2(1+x)}\mathrm{d}x$;

(4) $\displaystyle\int_{-\infty}^{+\infty} \dfrac{1}{x^2+2x+2}\mathrm{d}x$;

(5) $\displaystyle\int_0^{+\infty} \mathrm{e}^{-at}\cos bt\,\mathrm{d}t, \ a>0$;

(6) $\displaystyle\int_0^1 \dfrac{1}{1-x^2}\mathrm{d}x$;

(7) $\displaystyle\int_0^2 \dfrac{1}{x^2-4x+3}\mathrm{d}x$;

(8) $\displaystyle\int_1^{\mathrm{e}} \dfrac{1}{x\sqrt{1-\ln^2 x}}\mathrm{d}x$;

(9) $\displaystyle\int_{-\frac{\pi}{4}}^{\frac{3\pi}{4}} \dfrac{1}{\cos^2 x}\mathrm{d}x$;

(10) $\displaystyle\int_0^{+\infty} x^2\mathrm{e}^{-2x^2}\mathrm{d}x$.

2. 已知 $\displaystyle\int_{-\infty}^{+\infty} \mathrm{e}^{-x^2}\mathrm{d}x = \sqrt{\pi}$, 且 $\displaystyle\int_{-\infty}^{+\infty} A\mathrm{e}^{-x^2-x}\mathrm{d}x = 1$, 求 A.

3. 讨论反常积分 $\displaystyle\int_2^{+\infty} \dfrac{1}{x(\ln x)^k}\mathrm{d}x$ 的敛散性. 问: k 为何值时, 该反常积分取最小值?

4. 在传染病流行期间, 设 t 为传染病开始流行的天数, 人们被传染患病的速度可以近似表示为 $r = 1000t\mathrm{e}^{-0.5t}$ 人/天. 问有多少人患病?

5. 利用反常积分的审敛法, 判断下列反常积分的敛散性.

(1) $\displaystyle\int_0^{+\infty} \dfrac{\sin x}{1+x^2}\mathrm{d}x$;

(2) $\displaystyle\int_1^{+\infty} x^2\mathrm{e}^{-x}\mathrm{d}x$;

(3) $\displaystyle\int_0^{+\infty} \dfrac{x^2}{\sqrt{1+x^5}}\mathrm{d}x$;

(4) $\displaystyle\int_1^{+\infty} \dfrac{\ln(1+x)}{x^2}\mathrm{d}x$;

(5) $\displaystyle\int_1^{+\infty} \dfrac{x\arctan x}{1+x^3}\mathrm{d}x$;

(6) $\displaystyle\int_0^1 \dfrac{1}{(2-x)\sqrt{1-x}}\mathrm{d}x$;

(7) $\displaystyle\int_1^2 \dfrac{\sqrt{x}}{\ln x}\mathrm{d}x$;

(8) $\displaystyle\int_0^2 \dfrac{1}{(x-1)^2}\mathrm{d}x$;

(9) $\displaystyle\int_0^{\pi} \dfrac{\sin x}{x^{\frac{3}{2}}}\mathrm{d}x$;

(10) $\displaystyle\int_0^{\frac{\pi}{2}} \dfrac{1-\cos x}{x^m}\mathrm{d}x$.

6. 设反常积分 $\displaystyle\int_1^{+\infty} f^2(x)\mathrm{d}x$ 收敛, 证明反常积分 $\displaystyle\int_1^{+\infty} \dfrac{f(x)}{x}\mathrm{d}x$ 绝对收敛.

B 组

1. 求反常积分 $\displaystyle\int_0^1 \sin(\ln x)\mathrm{d}x$.

2. 已知 $\displaystyle\lim_{x\to+\infty}\left(\dfrac{x+c}{x-c}\right)^x = \int_{-\infty}^{c} t\mathrm{e}^{2t}\mathrm{d}t$, 求常数 c 的值.

3. 判断下列反常积分是绝对收敛还是条件收敛.

(1) $\displaystyle\int_1^{+\infty}\frac{\sin\sqrt{x}}{x}\mathrm{d}x$;　　　　　　　　(2) $\displaystyle\int_e^{+\infty}\frac{\ln(\ln x)}{\ln x}\sin x\mathrm{d}x$.

4. 证明: 若 $\displaystyle\int_1^{+\infty}f(x)\mathrm{d}x$ 绝对收敛, 且 $\displaystyle\lim_{x\to+\infty}f(x)=0$, 则反常积分 $\displaystyle\int_1^{+\infty}f^2(x)\mathrm{d}x$ 必定收敛.

5. 讨论反常积分 $\displaystyle\Phi(\alpha)=\int_0^{+\infty}\frac{x^{\alpha-1}}{1+x}\mathrm{d}x\ (\alpha>0)$ 的敛散性.

5.5　定积分的应用

课前测5-5-1

　　定积分在几何、物理、经济等领域有着广泛的应用. 实际问题中, 哪些量可以用定积分计算? 如何建立这些量的定积分表达式? 本节首先介绍定积分的微元法, 再简单介绍微元法在几何、经济上的应用.

一、微元法

　　求由 $y=f(x)\geqslant 0$, $x=a$, $x=b$ 以及 x 轴所围成的曲边梯形的面积, 经历"分割、近似、求和、取极限"四个步骤, 引出了定积分的概念, 即

$$\int_a^b f(x)\mathrm{d}x=\lim_{\lambda\to 0}\sum_{i=1}^n f(\xi_i)\Delta x_i.$$

　　从记号上来看, 若将 $f(\xi_i)\Delta x_i$ 对应于被积表达式 $f(x)\mathrm{d}x$, 积分和 $\displaystyle\sum_{i=1}^n f(\xi_i)\Delta x_i$ 的极限对应于 $f(x)$ 从 a 到 b 的定积分, 则求曲边梯形的面积可简化为以下两步:

　　① 求微元　分割区间 $[a,b]$, 将对应于子区间 $[x,x+\mathrm{d}x]$ 的小曲边梯形的面积 ΔA, 近似用以 $f(x)$ 为高, $\mathrm{d}x$ 为底的矩形面积 $\mathrm{d}A$ 来表示, 即

$$\mathrm{d}A=f(x)\mathrm{d}x,$$

称 $\mathrm{d}A$ 为面积微元.

　　② 作定积分　对面积微元 $\mathrm{d}A$ 在 $[a,b]$ 上作定积分, 得曲边梯形的面积

$$A=\int_a^b \mathrm{d}A=\int_a^b f(x)\mathrm{d}x.$$

这样建立定积分表达式的方法, 称为**微元法**或**元素法**.

　　一般地, 能用定积分来计算的量 U 具有以下特征:

　　① U 与某变量 x 的变化区间 $[a,b]$ 相关.

　　② U 与 $[a,b]$ 上的部分量 ΔU_i 具有可加性, 即 $U=\displaystyle\sum_{i=1}^n \Delta U_i$.

③ 部分量 ΔU_i 可近似表示为 $f(\xi_i)\Delta x_i$, 当 $\Delta x \to 0$ 时, $f(\xi_i)\Delta x_i$ 是 ΔU_i 的线性主部, 即微分.

在实际问题中, 用微元法或元素法建立 U 的定积分表达式, 可按以下步骤进行:

第一步: 建立坐标系, 选择积分变量, 例如 x, 并确定其变化区间 $[a, b]$.

第二步: 求微元. 分割区间 $[a, b]$, 写出对应于子区间 $[x, x + \mathrm{d}x]$ 的微元

$$\mathrm{d}U = f(x)\mathrm{d}x.$$

第三步: 对微元 $\mathrm{d}U$ 在 $[a, b]$ 上作定积分, 得总量

$$U = \int_a^b \mathrm{d}U = \int_a^b f(x)\mathrm{d}x.$$

微元法计算 U 时, 关键在于选取合理的微元 $\mathrm{d}U$. 下面介绍微元法在几何、经济上的应用.

二、平面图形的面积

1. 直角坐标的情形

由定积分的几何意义, 由连续曲线 $y = f(x)$ 与直线 $x = a$, $x = b\,(a < b)$ 及 x 轴所围成的平面图形的面积

$$A = \int_a^b |f(x)|\,\mathrm{d}x.$$

一般地, 如图 5-5-1 所示, 由两条连续曲线 $y = f(x)$, $y = g(x)$ 及直线 $x = a$, $x = b\,(a < b)$ 所围成的平面图形的面积, 可利用微元法求得. 取 x 为积分变量, 在其变化区间 $[a, b]$ 中, 对应于子区间 $[x, x + \mathrm{d}x]$ 上的小曲边梯形的面积近似于高为 $|f(x) - g(x)|$, 底为 $\mathrm{d}x$ 的矩形面积, 于是面积微元

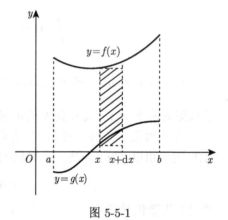

图 5-5-1

$$\mathrm{d}A = |f(x) - g(x)|\,\mathrm{d}x.$$

对面积微元 $\mathrm{d}A$ 在 $[a, b]$ 上作定积分, 得所求平面图形的面积

$$A = \int_a^b |f(x) - g(x)|\,\mathrm{d}x. \tag{5-5-1}$$

如图 5-5-2, 同理可得由两条连续曲线 $x = \varphi(y)$, $x = \psi(y)$ 及直线 $y = c$, $y = d\,(c < d)$ 所围成的平面图形的面积. 由微元法, 取 y 为积分变量, 在其

变化区间 $[c, d]$ 中, 对应于子区间 $[y, y + \mathrm{d}y]$ 上的小曲边梯形的面积近似于高为 $|\varphi(y) - \psi(y)|$, 底为 $\mathrm{d}y$ 的矩形面积, 于是面积微元

$$\mathrm{d}A = |\varphi(y) - \psi(y)|\,\mathrm{d}y.$$

对面积微元 $\mathrm{d}A$ 在 $[c, d]$ 上作定积分, 得所求平面图形的面积

$$A = \int_c^d |\varphi(y) - \psi(y)|\,\mathrm{d}y. \tag{5-5-2}$$

例 1   求由两条抛物线 $y = x^2$, $y^2 = x$ 围成的平面图形的面积.

解   两条抛物线围成的平面图形如图 5-5-3 所示. 解方程组

$$\begin{cases} y^2 = x, \\ y = x^2, \end{cases}$$

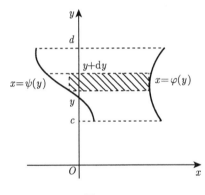

图 5-5-2

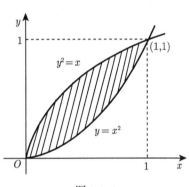

图 5-5-3

得两抛物线的交点为 $(0,0)$ 及 $(1,1)$. 取 x 为积分变量, 则图形位于直线 $x = 0$ 与 $x = 1$ 之间. 由式 (5-5-1) 得

$$A = \int_0^1 \left(\sqrt{x} - x^2 \right) \mathrm{d}x = \left[\frac{2}{3} x^{\frac{3}{2}} - \frac{1}{3} x^3 \right]_0^1 = \frac{1}{3}.$$

例 2   求抛物线 $y^2 = 2x$ 与直线 $y = x - 4$ 围成的平面图形的面积.

解   所围平面图形如图 5-5-4 所示. 解方程组

$$\begin{cases} y^2 = 2x, \\ y = x - 4, \end{cases}$$

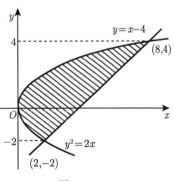

图 5-5-4

得两曲线的交点 $(2, -2)$ 及 $(8, 4)$. 取 y 为积分变量, 则图形位于直线 $y = -2$ 与 $y = 4$ 之间. 由式 (5-5-2) 得

$$A = \int_{-2}^{4} \left(y + 4 - \frac{1}{2}y^2 \right) \mathrm{d}y = \left[\frac{y^2}{2} + 4y - \frac{y^3}{6} \right]_{-2}^{4} = 18.$$

注意到, 本题若选 x 为积分变量, 则需过点 $(2, -2)$ 作直线 $x = 2$, 将图形分成两部分, 分别应用公式 (5-5-1), 可得

$$A = \int_{0}^{2} \left[\sqrt{2x} - (-\sqrt{2x}) \right] \mathrm{d}x + \int_{2}^{8} \left[\sqrt{2x} - (x - 4) \right] \mathrm{d}x = \frac{16}{3} + \frac{38}{3} = 18.$$

显然这种选法的计算量比较大, 因此需要恰当选择积分变量. 一般, 积分变量的选择要遵循尽量使图形不分块或少分块的原则.

例 3 求椭圆 $\dfrac{x^2}{a^2} + \dfrac{y^2}{b^2} = 1$ 所围成的平面图形的面积.

解 设椭圆所围成的平面图形的面积为 A, 第一象限内的面积为 A_1. 由对称性,

$$A = 4A_1 = 4 \int_{0}^{a} y \mathrm{d}x.$$

为简化计算, 可利用第一象限内椭圆的参数方程

$$\begin{cases} x = a \cos t, \\ y = b \sin t, \end{cases} \quad t \in \left[0, \frac{\pi}{2} \right].$$

由定积分的换元法, 令 $x = a \cos t$, 则 $\mathrm{d}x = -a \sin t \mathrm{d}t$. 当 $x = 0$ 时, $t = \dfrac{\pi}{2}$; 当 $x = a$ 时, $t = 0$. 因而

$$A = 4 \int_{0}^{a} y \mathrm{d}x = 4 \int_{\frac{\pi}{2}}^{0} b \sin t \cdot (-a \sin t) \mathrm{d}t$$

$$= 4ab \int_{0}^{\frac{\pi}{2}} \sin^2 t \mathrm{d}t = 2ab \int_{0}^{\frac{\pi}{2}} (1 - \cos 2t) \mathrm{d}t$$

$$= 2ab \left[t - \frac{1}{2} \sin 2t \right]_{0}^{\frac{\pi}{2}} = \pi ab.$$

一般地, 当曲边梯形的曲边为连续曲线, 其方程由参数方程

$$\begin{cases} x = x(t), \\ y = y(t), \end{cases} \quad t \in [\alpha, \beta]$$

给出时, 可以利用定积分的换元积分法, 将面积微元中的变量统一用参量 t 来表示.

若曲边梯形的底位于 x 轴上, $x(t)$ 在 $[\alpha, \beta]$ 上可导, 则对应于子区间 $[t, t+\mathrm{d}t]$ 上的面积微元为

$$\mathrm{d}A = |y\mathrm{d}x| = |y(t)x'(t)|\,\mathrm{d}t.$$

对面积微元 $\mathrm{d}A$ 在 $[\alpha, \beta]$ 上作定积分, 得所求平面图形的面积

$$A = \int_\alpha^\beta |y(t)x'(t)|\,\mathrm{d}t. \tag{5-5-3}$$

同理, 若曲边梯形的底位于 y 轴上, $y(t)$ 在 $[\alpha, \beta]$ 上可导, 则对应于子区间 $[t, t+\mathrm{d}t]$ 上的面积微元为

$$\mathrm{d}A = |x\mathrm{d}y| = |x(t)y'(t)|\,\mathrm{d}t.$$

对面积微元 $\mathrm{d}A$ 在 $[\alpha, \beta]$ 上作定积分, 得所求平面图形的面积

$$A = \int_\alpha^\beta |x(t)y'(t)|\,\mathrm{d}t. \tag{5-5-4}$$

2. 极坐标的情形

某些平面图形, 用极坐标计算它们的面积较为方便. 如图 5-5-5, 曲线的方程为极坐标形式

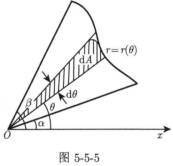

图 5-5-5

$$r = r(\theta), \quad \theta \in [\alpha, \beta].$$

设 $r(\theta)$ 在 $[\alpha, \beta]$ 上连续, 且 $r(\theta) \geqslant 0$, 下面用微元法来计算由曲线 $r = r(\theta)$ 及射线 $\theta = \alpha, \theta = \beta$ 所围成的曲边扇形的面积.

取 θ 为积分变量, 其变化范围为 $[\alpha, \beta]$, 相应于子区间 $[\theta, \theta + \mathrm{d}\theta]$ 的小曲边扇形的面积近似于半径为 $r(\theta)$, 中心角为 $\mathrm{d}\theta$ 的扇形面积, 从而面积微元

$$\mathrm{d}A = \frac{1}{2}r^2(\theta)\mathrm{d}\theta.$$

对面积微元 $\mathrm{d}A$ 在 $[\alpha, \beta]$ 上作定积分, 得所求曲边扇形的面积

$$A = \frac{1}{2}\int_\alpha^\beta r^2(\theta)\mathrm{d}\theta. \tag{5-5-5}$$

例 4 如图 5-5-6, 计算阿基米德螺线 $r = a\theta\ (a > 0)$ 上相应于 θ 从 0 到 2π 的一段弧与极轴所围成的平面图形的面积.

解 取 θ 为积分变量, 它的变化区间为 $[0, 2\pi]$. 由式 (5-5-5), 得

$$A = \frac{1}{2}\int_0^{2\pi} (a\theta)^2\mathrm{d}\theta = \frac{1}{2}a^2\left[\frac{1}{3}\theta^3\right]_0^{2\pi} = \frac{4}{3}a^2\pi^3.$$

例 5　如图 5-5-7, 求由心形线 $r = 1 + \cos\theta$ 与圆 $r = 3\cos\theta$ 所围成的阴影部分的面积.

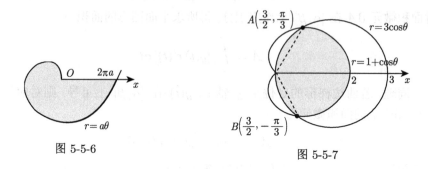

图 5-5-6　　　　　　　图 5-5-7

解　由方程组

$$\begin{cases} r = 1 + \cos\theta, \\ r = 3\cos\theta, \end{cases}$$

得两曲线交点的极坐标为 $A\left(\dfrac{3}{2}, \dfrac{\pi}{3}\right)$, $B\left(\dfrac{3}{2}, -\dfrac{\pi}{3}\right)$.

由对称性, 所求面积

$$A = 2\left[\frac{1}{2}\int_0^{\frac{\pi}{3}} (1 + \cos\theta)^2 \mathrm{d}\theta + \frac{1}{2}\int_{\frac{\pi}{3}}^{\frac{\pi}{2}} (3\cos\theta)^2 \mathrm{d}\theta\right]$$

$$= \int_0^{\frac{\pi}{3}}\left(1 + 2\cos\theta + \frac{1 + \cos 2\theta}{2}\right)\mathrm{d}\theta + \frac{9}{2}\int_{\frac{\pi}{3}}^{\frac{\pi}{2}} (1 + \cos 2\theta)\mathrm{d}\theta$$

$$= \left[\frac{3}{2}\theta + 2\sin\theta + \frac{1}{4}\sin 2\theta\right]_0^{\frac{\pi}{3}} + \frac{9}{2}\left[\theta + \frac{1}{2}\sin 2\theta\right]_{\frac{\pi}{3}}^{\frac{\pi}{2}} = \frac{5}{4}\pi.$$

三、 立体的体积

1. 已知平行截面面积的立体的体积

如图 5-5-8 所示, 设立体介于过点 $x = a$, $x = b$ 且垂直于 x 轴的两平面之间. 已知 $\forall x \in [a, b]$, 立体被垂直于 x 轴的平面所截得的截面面积为连续函数 $A(x)$, 则该立体的体积可以由微元法, 用定积分来计算.

取 x 为积分变量, 它的变化区间为 $[a, b]$. 对应于子区间 $[x, x + \mathrm{d}x]$ 的薄片的体积近似于底面积为 $A(x)$, 高为 $\mathrm{d}x$ 的柱体体积. 即体积微元

$$\mathrm{d}V = A(x)\mathrm{d}x.$$

从而所求立体的体积

$$V = \int_a^b A(x)\mathrm{d}x. \tag{5-5-6}$$

例 6　一平面经过半径为 R 的圆柱体的底圆中心, 与底面的夹角为 α, 截得一楔形立体, 求这楔形立体的体积.

解　如图 5-5-9, 取平面与圆柱体的底面交线为 x 轴, 底面圆心为坐标原点,

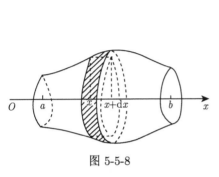

图 5-5-8

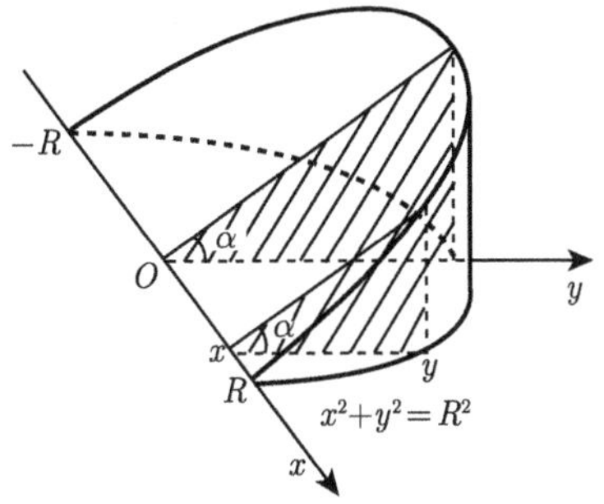

图 5-5-9

建立平面直角坐标系, 则底圆方程为

$$x^2 + y^2 = R^2.$$

取 x 为积分变量, 变化区间为 $[-R, R]$. 垂直于 x 轴的平行截面为直角三角形, 它的两条直角边分别为 y 及 $y \tan\alpha$, 因此截面面积为

$$A(x) = \frac{1}{2} y \cdot y \tan\alpha = \frac{1}{2}(R^2 - x^2)\tan\alpha.$$

体积微元

$$\mathrm{d}V = A(x)\mathrm{d}x = \frac{1}{2}(R^2 - x^2)\tan\alpha\,\mathrm{d}x.$$

积分得楔形立体的体积为

$$V = \int_{-R}^{R} \frac{1}{2}(R^2 - x^2)\tan\alpha\,\mathrm{d}x = \frac{1}{2}\tan\alpha \left[R^2 x - \frac{x^3}{3} \right]_{-R}^{R} = \frac{2}{3} R^3 \tan\alpha.$$

本题也可以取 y 为积分变量, 作垂直于 y 轴的截面来计算, 读者不妨一试.

2. 旋转体的体积

平面图形绕该平面内的一条定直线旋转一周而成的立体称为**旋转体**, 这条定直线称为**旋转轴**. 旋转体垂直于旋转轴的截面为圆, 从而截面面积可计算.

如图 5-5-10, 设旋转体由连续曲线 $y = f(x)$, 直线 $x = a$, $x = b$ 及 x 轴围成的曲边梯形绕 x 轴旋转一周而成. 下面用微元法来计算该旋转体的体积.

取 x 为积分变量, 其变化区间为 $[a,b]$. 过点 x 且垂直于旋转轴的截面是半径为 $|f(x)|$ 的圆盘, 则截面面积为

$$A(x) = \pi f^2(x).$$

由式 (5-5-6), 得旋转体的体积

$$V_x = \pi \int_a^b f^2(x)\mathrm{d}x. \tag{5-5-7}$$

如图 5-5-11, 同理可得由连续曲线 $x = \varphi(y)$ 与直线 $y = c, y = d$ 及 y 轴围成的曲边梯形绕 y 轴旋转一周而成的旋转体的体积. 由微元法, 取 y 为积分变量, 其变化区间为 $[c,d]$. 过点 y 且垂直于旋转轴的截面是半径为 $|\varphi(y)|$ 的圆盘, 则截面面积为

$$A(y) = \pi \varphi^2(y).$$

由式 (5-5-6), 得旋转体的体积

$$V_y = \pi \int_c^d \varphi^2(y)\mathrm{d}y. \tag{5-5-8}$$

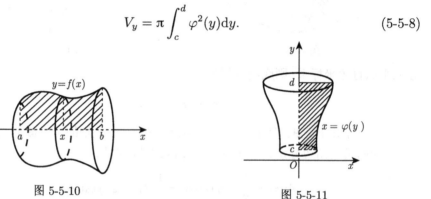

图 5-5-10

图 5-5-11

例 7 求由椭圆 $\dfrac{x^2}{a^2} + \dfrac{y^2}{b^2} = 1$ 围成的图形绕 x 轴旋转而成的旋转椭球体的体积.

解 如图 5-5-12 所示, 旋转椭球体可看作由上半椭圆 $y = \dfrac{b}{a}\sqrt{a^2 - x^2}$ 及 x 轴围成的图形绕 x 轴旋转而成的. 由式 (5-5-7) 可得

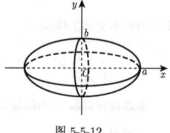

图 5-5-12

$$\begin{aligned}
V_x &= \pi \int_{-a}^a \left(\frac{b}{a}\sqrt{a^2 - x^2}\right)^2 \mathrm{d}x \\
&= \frac{2\pi b^2}{a^2} \int_0^a (a^2 - x^2)\mathrm{d}x \\
&= \frac{2\pi b^2}{a^2} \left[a^2 x - \frac{1}{3}x^3\right]_0^a \\
&= \frac{4}{3}\pi a b^2.
\end{aligned}$$

特别地, 当 $a = b = R$ 时, 得半径为 R 的球的体积为 $V = \dfrac{4}{3}\pi R^3$.

例 8 求由曲线 $x^2 + y^2 = 2$ 与 $y = x^2$ 围成的图形绕 x 轴旋转一周所得旋转体的体积.

解 如图 5-5-13 所示, 解方程组

$$\begin{cases} x^2 + y^2 = 2, \\ y = x^2, \end{cases}$$

得两曲线的交点 $(1,1)$ 及 $(-1,1)$. 旋转体的体积 V 可以看作以 x 轴上的区间 $[-1,1]$ 为底, 分别以 $y = \sqrt{2-x^2}$ 和 $y = x^2$ 为曲边的两个曲边梯形绕 x 轴旋转而成的两个旋转体的体积之差. 即

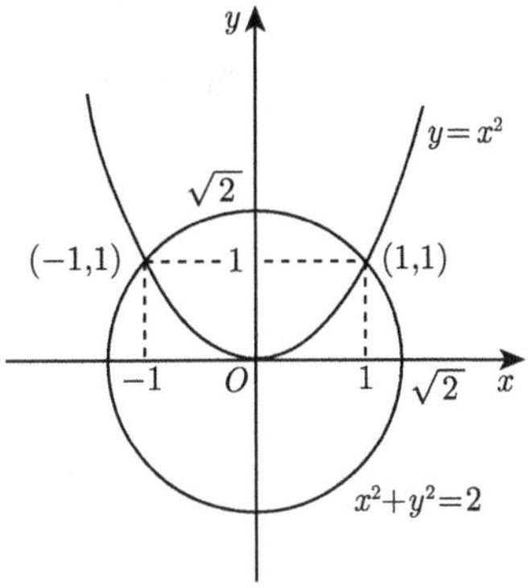

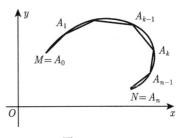

图 5-5-13

$$V_x = \pi \int_{-1}^{1} (2 - x^2) \mathrm{d}x - \pi \int_{-1}^{1} x^4 \mathrm{d}x$$

$$= 2\pi \left[2x - \frac{1}{3}x^3 - \frac{1}{5}x^5 \right]_0^1 = \frac{44}{15}\pi.$$

四、 平面曲线的弧长

1. 平面曲线弧长的概念

柱壳法5-5-2

如图 5-5-14, 设 M, N 是曲线弧 $\overset{\frown}{MN}$ 上的两个端点, 在弧 $\overset{\frown}{MN}$ 上依次插入分点

$$M = A_0, \ A_1, \ A_2, \ \cdots, \ A_{n-1}, \ A_n = N.$$

连接相邻分点所得内接折线的长度为 $\sum\limits_{i=1}^{n} \left| \overline{A_{i-1}A_i} \right|$.

当分点无限增多且每个小弧段都缩向一点时, 如果和式 $\sum\limits_{i=1}^{n} \left| \overline{A_{i-1}A_i} \right|$ 的极限存在, 则称极限值为曲线弧 $\overset{\frown}{MN}$ 的弧长, 也称曲线弧 $\overset{\frown}{MN}$ 是可求长的.

若函数 $y = f(x)$ 在闭区间 $[a,b]$ 上连续, $f'(x)$ 在 (a,b) 内连续, 则称曲线 $y = f(x)$ 在闭区间 $[a,b]$ 上是光滑的. 可以证明光滑曲线弧是可求长的.

下面利用微元法来讨论平面光滑曲线弧的弧长计算公式.

图 5-5-14

2. 直角坐标的情形

如图 5-5-15, 若曲线弧在直角坐标系下的方程为 $y = f(x)$, $x \in [a, b]$, $f(x)$ 在 $[a, b]$ 上具有一阶连续导数. 取 x 为积分变量, 其变化区间为 $[a, b]$. 对应于子区间 $[x, x + \mathrm{d}x]$ 的曲线弧为 $\overparen{MN}$. 由微分的几何意义, $\overparen{MN}$ 的弧长近似于切线段 $\overline{MP}$ 的长度. 即弧长微元为

$$\mathrm{d}s = \sqrt{(\mathrm{d}x)^2 + (\mathrm{d}y)^2} = \sqrt{1 + f'^2(x)}\mathrm{d}x. \tag{5-5-9}$$

积分得所求弧长为

$$s = \int_a^b \sqrt{1 + f'^2(x)}\mathrm{d}x.$$

例 9 两根电线杆之间的电线, 由于其自身的重量, 下垂成曲线形, 这样的曲线称为悬链线. 如图 5-5-16, 悬链线的方程为 $y = c\,\mathrm{ch}\dfrac{x}{c} = \dfrac{c}{2}\left(\mathrm{e}^{\frac{x}{c}} + \mathrm{e}^{-\frac{x}{c}}\right)$, 其中 c 为常数, 计算悬链线上介于 $x = -b$ 与 $x = b$ 之间的一段弧的长度.

解 由 $y' = \mathrm{sh}\dfrac{x}{c} = \dfrac{\mathrm{e}^{\frac{x}{c}} - \mathrm{e}^{-\frac{x}{c}}}{2}$, 得弧长微元为

$$\mathrm{d}s = \sqrt{1 + \mathrm{sh}^2\dfrac{x}{c}}\,\mathrm{d}x = \mathrm{ch}\dfrac{x}{c}\mathrm{d}x.$$

因此所求弧长为

$$s = \int_{-b}^b \mathrm{ch}\dfrac{x}{c}\mathrm{d}x = 2\int_0^b \mathrm{ch}\dfrac{x}{c}\mathrm{d}x = 2c\left[\mathrm{sh}\dfrac{x}{c}\right]_0^b = 2c\,\mathrm{sh}\dfrac{b}{c}.$$

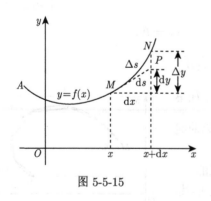

图 5-5-15　　　　　　　　　　图 5-5-16

3. 参数方程的情形

若曲线弧由参数方程

$$\begin{cases} x = x(t), \\ y = y(t), \end{cases} \quad t \in [\alpha, \beta]$$

给出, 其中 $x = x(t), y = y(t)$ 在 $[\alpha, \beta]$ 上具有连续导数. 由式 (5-5-9), 得弧长微元为

$$ds = \sqrt{(dx)^2 + (dy)^2} = \sqrt{x'^2(t) + y'^2(t)} dt. \tag{5-5-10}$$

积分得所求弧长为

$$s = \int_\alpha^\beta \sqrt{x'^2(t) + y'^2(t)} dt.$$

例 10 如图 5-5-17, 求星形线 $\begin{cases} x = a\cos^3 t, \\ y = a\sin^3 t \end{cases}$ $(a > 0)$ 的全长.

解 设 $\left[0, \dfrac{\pi}{2}\right]$ 内的弧长为 s_1, 由对称性,
星形线的全长 $s = 4s_1$.

$$\begin{aligned} & x'^2(t) + y'^2(t) \\ &= (-3a\cos^2 t \sin t)^2 + (3a\sin^2 t \cos t)^2 \\ &= 9a^2 \sin^2 t \cos^2 t. \end{aligned}$$

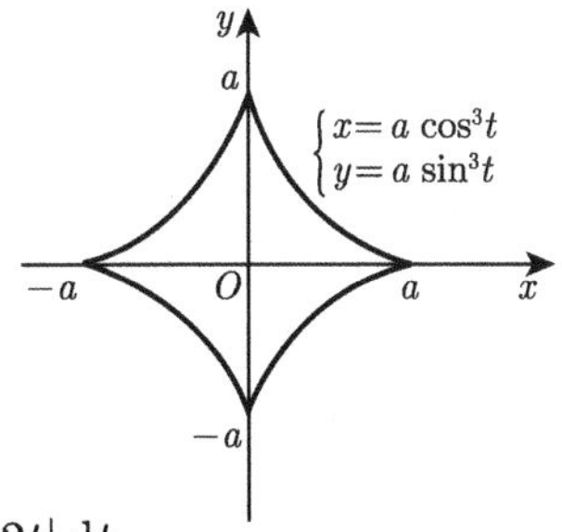

由式 (5-5-10), 得弧长微元为

$$ds = \sqrt{x'^2(t) + y'^2(t)} dt = 3a|\sin t \cos t| dt = \frac{3a}{2}|\sin 2t| dt.$$

星形线的全长

$$s = 4s_1 = 4 \times \frac{3a}{2} \int_0^{\frac{\pi}{2}} |\sin 2t| dt = 6a \int_0^{\frac{\pi}{2}} \sin 2t dt = [-3a\cos 2t]_0^{\frac{\pi}{2}} = 6a.$$

图 5-5-17

4. 极坐标的情形

若曲线弧由极坐标方程 $r = r(\theta),\ \theta \in [\alpha, \beta]$ 给出, 其中 $r(\theta)$ 在 $[\alpha, \beta]$ 上具有连续导数. 由直角坐标与极坐标之间的转换公式, 可得曲线弧的参数方程为

$$\begin{cases} x = r(\theta)\cos\theta, \\ y = r(\theta)\sin\theta, \end{cases} \quad \theta \in [\alpha, \beta].$$

因为

$$x'^2(\theta) + y'^2(\theta) = [r'(\theta)\cos\theta - r(\theta)\sin\theta]^2 + [r'(\theta)\sin\theta + r(\theta)\cos\theta]^2 = r^2(\theta) + r'^2(\theta),$$

由式 (5-5-10), 得弧长微元为

$$ds = \sqrt{r^2(\theta) + r'^2(\theta)} d\theta. \tag{5-5-11}$$

从而所求弧长为

$$s = \int_\alpha^\beta \sqrt{r^2(\theta) + r'^2(\theta)} d\theta.$$

例 11　如图 5-5-18, 求阿基米德螺线 $r = a\theta$ $(a > 0)$ 相应于 θ 从 0 到 2π 一段的弧长.

解　由式 (5-5-11), 弧长微元为

$$ds = \sqrt{a^2\theta^2 + a^2}d\theta = a\sqrt{1 + \theta^2}d\theta.$$

所求弧长为

$$s = a\int_0^{2\pi} \sqrt{1 + \theta^2}d\theta.$$

令 $\theta = \tan t$, 则 $d\theta = \sec^2 tdt$, 由换元积分法及分部积分法,

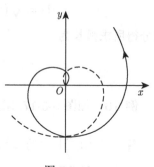

图 5-5-18

$$I = \int \sqrt{1 + \theta^2}d\theta = \int \sec^3 tdt = \int \sec td\tan t$$

$$= \sec t\tan t - \int \sec t\tan^2 tdt = \sec t\tan t - \int \sec t(\sec^2 t - 1)dt$$

$$= \sec t\tan t - I + \int \sec tdt = \sec t\tan t - I + \ln|\sec t + \tan t|.$$

移项整理得

$$I = \frac{1}{2}\left(\sec t\tan t + \ln|\sec t + \tan t|\right) + C$$

$$= \frac{1}{2}\left(\theta\sqrt{1 + \theta^2} + \ln\left|\theta + \sqrt{1 + \theta^2}\right|\right) + C.$$

于是

$$s = a\int_0^{2\pi} \sqrt{1 + \theta^2}d\theta = \frac{a}{2}\left[\theta\sqrt{1 + \theta^2} + \ln\left|\theta + \sqrt{1 + \theta^2}\right|\right]\Big|_0^{2\pi}$$

$$= \frac{a}{2}\left[2\pi\sqrt{1 + 4\pi^2} + \ln\left|2\pi + \sqrt{1 + 4\pi^2}\right|\right].$$

五、 定积分在经济上的应用

1. 已知边际函数求原函数

设某经济函数 $u(x)$ 的边际函数为 $u'(x)$, 则 $\int_0^x u'(x)dx = u(x) - u(0)$, 于是

$$u(x) = u(0) + \int_0^x u'(x)dx.$$

例如, 已知某产品的固定成本为 C_0, 总成本 $C(Q)$ 的边际成本为 $C'(Q)$, 其中 Q 为生产量, 则该产品的总成本函数

$$C(Q) = C_0 + \int_0^Q C'(Q)\mathrm{d}Q.$$

当该产品的生产量从 a 到 b 时, 总成本增量为

$$\Delta C = \int_a^b C'(Q)\mathrm{d}Q.$$

又如, 已知某产品的总收益 $R(Q)$ 的边际收益 $R'(Q)$, 由于 $R(0) = 0$, 则该产品的总收益函数为

$$R(Q) = \int_0^Q R'(Q)\mathrm{d}Q.$$

例 12 已知某产品的边际收益为 $R'(x) = 25 - 2x$, 边际成本 $C'(x) = 13 - 4x$, 固定成本为 $C_0 = 10$. 当 $x = 5$ 时, 求该产品的利润.

解 由题设, 当 $x = 5$ 时, 总收入为

$$R(5) = \int_0^5 R'(x)\mathrm{d}x = \int_0^5 (25 - 2x)\mathrm{d}x = \left[25x - x^2\right]_0^5 = 100.$$

总成本为

$$C(5) = C_0 + \int_0^5 C'(x)\mathrm{d}x = 10 + \int_0^5 (13 - 4x)\mathrm{d}x = 10 + \left[13x - 2x^2\right]_0^5 = 25,$$

则利润为

$$L(5) = R(5) - C(5) = 100 - 25 = 75.$$

2. 已知变化率求总量

已知某产品的总产量 Q 关于时间 t 的变化率为

$$\frac{\mathrm{d}Q}{\mathrm{d}t} = f(t),$$

则该产品的总产量函数为

$$Q(t) = \int_0^t f(t)\mathrm{d}t.$$

在时间段 $[t_0, t_1]$ 内的总产量为

$$Q = \int_{t_0}^{t_1} f(t)\mathrm{d}t = Q(t_1) - Q(t_0).$$

例 13 某工厂生产某商品在时刻 t 的总产量 x 的变化率是 $x'(t) = 100 + 12t$(单位/时). 求在 $t = 2$ 到 $t = 4$ 这两小时内的总产量.

解 由题设, 总产量 $Q = \int_2^4 x'(t)\mathrm{d}t = \int_2^4 (100 + 12t)\mathrm{d}t = \left[100t + 6t^2\right]_2^4 = 272$(单位).

例 14 已知生产某种产品 x 单位时的总收入变化率是 $r(x) = 100 - \dfrac{x}{10}$(元/单位). 生产 1000 个这种产品时的总收入及平均单位收入各是多少?

解 由题设, 生产 x 单位时的总收入为

$$R(x) = \int_0^x r(t)\mathrm{d}t = \int_0^x \left(100 - \frac{t}{10}\right)\mathrm{d}t = 100x - \frac{x^2}{20}.$$

平均单位收入为

$$\overline{R(x)} = \frac{R(x)}{x} = 100 - \frac{x}{20}.$$

因此, 当生产 1000 个单位时, 总收入为

$$R(1000) = 100 \times 1000 - \frac{(1000)^2}{20} = 50000(元).$$

平均单位收入为

$$\overline{R(1000)} = 100 - \frac{1000}{20} = 50(元).$$

3. 收益流的现值和将来值

现值是指货币资金的现在价值, 即将来某一时点的一定资金折合成现在的价值.

将来值是指货币资金未来的价值, 即一定量的资金在将来某一时点的价值, 表现为本利和.

我们知道, 若按年利率为 r 的连续复利计息, 单笔 P 元人民币从现在起存入银行, t 年末的价值, 即将来值为 $B = Pe^{rt}$. 若 t 年末得到 B 元人民币, 则现在需要存入银行的金额, 即现值为 $P = Be^{-rt}$. 也就是说, 现值可以理解为从将来值返回到现值的指数衰减.

若某公司的收益是连续发生的, 为便于计算, 可将其收益看成是一种随时间连续变化的收益流. 收益流对时间的变化率称为收益率, 一般用 $P(t)$ 表示.

若不考虑利息, 则收益率为 $P(t)$ 的收益流在时间区间 $[0, T]$ 内的总收益为

$$\int_0^T P(t)\mathrm{d}t.$$

若考虑利息, 且按年利率为 r 的连续复利计息. 可以利用微元法, 计算收益率为 $P(t)$(元/年) 的收益流在时间区间 $[0, T]$ 内的现值和将来值.

取时间 t 为积分变量, 其变化区间为 $[0, T]$, 在时间区间 $[t, t+\mathrm{d}t]$ 内的收益近似于 $P(t)\mathrm{d}t$ 元. 这一金额是从现在 $t = 0$ 到 t 年后所得, 将其近似看成单笔收益, 则现值微元为

$$[P(t)\mathrm{d}t]\,\mathrm{e}^{-rt} = P(t)\mathrm{e}^{-rt}\mathrm{d}t.$$

该收益流在 $[0, T]$ 内总收益的现值为

$$\int_0^T P(t)\mathrm{e}^{-rt}\mathrm{d}t. \tag{5-5-12}$$

特别地, 若收益率为 $P(t) = a$, 其中 a 为常数, 称为均匀收益率, 如果年利率 r 也为常数, 则总收入的现值为

$$\int_0^T a\mathrm{e}^{-rt}\mathrm{d}t = \left[-\frac{a}{r}\mathrm{e}^{-rt}\right]_0^T = \frac{a}{r}(1 - \mathrm{e}^{-rT}). \tag{5-5-13}$$

计算将来值时, 时间区间 $[t, t+\mathrm{d}t]$ 内的收益 $P(t)\mathrm{d}t$ 在以后的 $T - t$ 年内获息, 故在 $[t, t+\mathrm{d}t]$ 内, 收益流的将来值微元为

$$[P(t)\mathrm{d}t]\,\mathrm{e}^{r(T-t)} = P(t)\mathrm{e}^{r(T-t)}\mathrm{d}t.$$

该收益流在时间区间 $[0, T]$ 内的将来值为

$$\int_0^T P(t)\mathrm{e}^{r(T-t)}\mathrm{d}t. \tag{5-5-14}$$

例 15 设按年利率为 $r = 0.1$ 的连续复利计息, 求收益率为 100 元/年的收益流在 20 年期间的现值和将来值.

解 由式 (5-5-13), 均匀收益率的收益流在 20 年期间的现值

$$A = \int_0^{20} 100\mathrm{e}^{-0.1t}\mathrm{d}t = 1000(1 - \mathrm{e}^{-2}) \approx 864.66(\text{元}).$$

由式 (5-5-14), 均匀收益率的收益流在 20 年期间的将来值

$$B = \int_0^{20} 100\mathrm{e}^{0.1\times(20-t)}\mathrm{d}t = \mathrm{e}^2 \int_0^{20} 100\mathrm{e}^{-0.1t}\mathrm{d}t = \mathrm{e}^2 \times 1000(1 - \mathrm{e}^{-2})$$

$$= 1000(\mathrm{e}^2 - 1) \approx 6389.06(\text{元}).$$

例 16 某企业一项为期 10 年的投资需购置成本 80 万元, 每年的收益率为 10 万元, 求收回该笔投资的内部利率 μ, 即使收益流的现值等于成本的利率.

解 因为收益流的现值等于成本, 由式 (5-5-13) 得

$$80 = \int_0^{10} 10e^{-\mu t}dt = \left[-\frac{10}{\mu}e^{-\mu t}\right]_0^{10} = \frac{10}{\mu}(1 - e^{-10\mu}).$$

整理并由 2 阶泰勒展开式作近似, 得

$$1 - 8\mu = e^{-10\mu} \approx 1 - 10\mu + \frac{100}{2!}\mu^2.$$

解得内部利率 $\mu \approx 0.04$.

习 题 5-5

A 组

课件5-5-3

1. 求由下列各曲线所围成的平面图形的面积:

(1) 曲线 $y = \dfrac{1}{x}$ 与直线 $y = x$ 及 $x = 2$;

(2) 曲线 $y = e^x$, $y = e^{-x}$ 与直线 $x = 1$;

(3) 曲线 $y = x^2$ 与直线 $y = x$ 及 $y = 2x$.

2. 求抛物线 $y^2 = 2px$ 及其在点 $\left(\dfrac{p}{2}, p\right)$ 处的法线所围成的平面图形的面积.

3. 求星形线 $\begin{cases} x = a\cos^3 t, \\ y = a\sin^3 t \end{cases}$ 所围平面图形的面积, 其中 $a > 0$.

4. 求下列曲线所围成的平面图形的面积:

(1) 双纽线 $\rho^2 = a^2 \sin 2\theta$;　　　　(2) 心形线 $\rho = a(1 + \cos\theta)$ $(a > 0)$.

5. 求圆 $\rho = \sqrt{2}\sin\theta$ 与双纽线 $\rho^2 = \cos 2\theta$ 所围成的平面图形公共部分的面积.

6. 求由曲线 $y = x^3$ 及 $x = 2$, $y = 0$ 围成的平面图形分别绕 x 轴及 y 轴旋转所得旋转体的体积.

7. 设 $b > a > 0$, 求 $x^2 + y^2 \leqslant a^2$ 绕 $x = -b$ 旋转而成的旋转体的体积.

8. 如图 5-5-19, 求摆线 $\begin{cases} x = a(t - \sin t), \\ y = a(1 - \cos t) \end{cases}$ 与 $y = 0$ 所围图形分别绕 x 轴, y 轴及 $y = 2a$ 旋转所得旋转体的体积, 其中 $a > 0$, $0 \leqslant t \leqslant 2\pi$.

9. 设位于曲线 $y = \dfrac{1}{\sqrt{x(1 + \ln^2 x)}}$ $(e \leqslant x < +\infty)$ 下方, x 轴上方的无界区域为 G, 求 G 绕 x 轴旋转一周所得空间区域的体积. (2010 考研真题)

10. 如图 5-5-20, 计算底面半径为 R 的圆, 垂直于地面上一条固定直径的所有截面都是等边三角形的立体的体积.

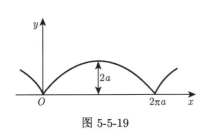

图 5-5-19

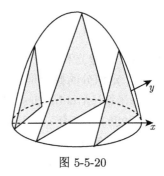

图 5-5-20

11. 求下列曲线的弧长:

(1) $y = \dfrac{\sqrt{x}}{3}(3 - x)$, $1 \leqslant x \leqslant 3$;

(2) $y = \displaystyle\int_0^x \tan t \mathrm{d}t$, $0 \leqslant x \leqslant \dfrac{\pi}{4}$; (2011 考研真题)

(3) $\begin{cases} x = \arctan t, \\ y = \dfrac{1}{2}\ln(1 + t^2), \end{cases}$ $0 \leqslant t \leqslant 1$.

12. 某地区当消费者个人收入为 x 时, 消费支出 $W(x)$ 的变化率是 $W'(x) = \dfrac{15}{\sqrt{x}}$, 则当个人收入由 900 元到 1600 元时, 消费支出增加多少?

B 组

1. 证明: 平面图形 $0 < a \leqslant x \leqslant b$, $0 \leqslant y \leqslant f(x)$ 绕 y 轴旋转一周所得到旋转体的体积为

$$V = 2\pi \int_a^b x f(x)\mathrm{d}x.$$

2. 利用上题, 计算曲线 $y = \sin x\ (0 \leqslant x \leqslant \pi)$ 与 x 轴围成的图形绕 y 轴旋转所得旋转体体积.

3. 证明: 将平面图形 $0 < a \leqslant x \leqslant b$, $0 \leqslant y \leqslant f(x)$ 绕 x 轴旋转一周所得到旋转体的表面积为

$$S = 2\pi \int_a^b f(x)\sqrt{1 + f'^2(x)}\mathrm{d}x.$$

4. 利用上题, 计算圆弧 $x^2 + y^2 = a^2$ $\left(\dfrac{a}{2} \leqslant x \leqslant a\right)$ 绕 x 轴旋转所得球冠的表面积.

5. 求曲线 $y = 3 - |x^2 - 1|$ 与 x 轴围成的平面图形绕直线 $y = 3$ 旋转一周而成的旋转体体积.

6. 有一项计划现需要投入 1000 万元, 假设在未来 10 年中每年收益为 200 万元, 年利率为 5%, 购置的设备 10 年后完全失去价值, 求该投资所得的纯收益贴现值 W. (纯收益贴现值或称投资的收益资本价值= 收益流的现值 − 投资成本)

本 章 小 结

微积分理论建立和完善的过程, 也是促进人类文明和社会进步的过程. 在数学发展史上, 定积分的概念早于微分, 起源于求图形的面积和体积等实际问题. 古希腊的阿基米德 (Archimedes, 公元前 287—公元前 212) 用 "穷竭法", 我国的刘徽 (约公元 225—295 年) 用 "割圆术", 都曾计算过一些几何体的面积和体积, 这些均为定积分的雏形.

直到 17 世纪中叶, 牛顿和莱布尼茨先后提出了定积分的概念, 并发现了积分与微分之间的内在联系, 建立了微积分基本公式, 将微分和积分这两个表面上看互不相干的概念联系起来, 给出了定积分计算的一般方法, 从而使定积分成为解决有关实际问题的有力工具, 并使各自独立的微分学与积分学联系在一起, 构成完整的理论体系, 这就是微积分学.

本章从曲边梯形的面积、变速直线运动的路程、收益问题几个引例出发, 通过分割、近似、求和、取极限的方法得到相同结构的和式的极限, 将其共同特征抽象出来, 便形成了定积分的概念. 这种解决问题的思想与方法是定积分的应用以及多元函数积分学的基础, 要深入领会.

实际问题转化为定积分后, 计算成了关键, 这是本章的重点. 利用定义计算定积分是十分困难, 甚至是不可能的, 而利用几何意义, 仅能解决一些特殊的规则图形对应的定积分, 因而需要寻求定积分的有效计算方法. 具体如下:

1. 介绍定积分的性质, 如线性性、区间可加性、保号性、估值定理、积分中值定理等. 这些性质可用于比较定积分的大小、估计取值范围、证明积分中值等式等, 另外需要注意函数在区间上的平均值的概念.

2. 利用变动的思想, 引入积分上限函数 $\Phi(x) = \int_a^x f(t)\mathrm{d}t$, 这是微积分的一个重要概念, 有着广泛的应用. 变上限积分的重要性质表明 $\Phi(x) = \int_a^x f(t)\mathrm{d}t$ 是连续函数 $f(x)$ 的一个原函数, 初步揭示了定积分与原函数之间的联系, 使得利用原函数计算定积分成为可能.

3. 由积分上限函数, 能比较方便地证明牛顿–莱布尼茨公式, 即微积分基本公式. 它表明连续函数在区间 $[a,b]$ 上的定积分等于它的任意一个原函数在区间 $[a,b]$ 上的增量. 定积分的计算至此有了一个简单而有效的方法.

4. 定积分也有类似于不定积分的换元积分法和分部积分法, 需要注意它们之间的异同. 定积分的换元积分法应注意换元必换限、无需回代. 对称区间上奇偶函数的定积分具有 "偶倍奇零" 的性质. 连续周期函数在一个周期上的定积分与起点无关, 在 n 个周期上的定积分等于一个周期上的定积分的 n 倍. 著名的华莱

士公式 (点火公式) 的结论可直接使用, 建议熟记.

本章还运用极限的思想, 介绍了无穷限和无界函数的反常积分的概念. 需熟练掌握两个常用反常积分 $\int_1^{+\infty} \dfrac{\mathrm{d}x}{x^p}$ 及 $\int_0^1 \dfrac{\mathrm{d}x}{x^p}$ 或更一般的反常积分 $\int_a^{+\infty} \dfrac{\mathrm{d}x}{x^p}$ $(a > 0)$ 及 $\int_a^b \dfrac{\mathrm{d}x}{(x-a)^p}$ 的敛散性. 除定义之外, 反常积分的敛散性也可以用审敛法直接判断, 其核心是非负函数反常积分的比较审敛原理. 由此衍生出比较审敛法、比较审敛法的极限形式、极限审敛法等. 一般, 对被积函数可正可负的反常积分而言, 还有绝对收敛、条件收敛的概念. 反常积分的审敛法与后面无穷级数敛散性的讨论, 在基本思想和方法上有很多相似之处, 届时可作类比帮助理解.

著名数学家怀特黑德 (Whitehead, 1861—1947) 曾经说过: "只有将数学应用到社会科学的研究之后, 才能使文明社会的发展成为可控制的现实." 本章在最后介绍了定积分的微元法及其在几何和经济上的应用, 这也是本章的重点. 包括平面图形的面积、两类特殊立体的体积、平面曲线的弧长、已知边际函数求经济函数、已知变化率求总量、收益流的现值和将来值等问题. 虽然给出了一些公式, 但不建议直接套用, 应该切实掌握微元法的思想, 通过建立微元, 再积分得到所求量. 在定积分的几何应用中, 数形结合可以从直观上帮助选择合适的坐标系、积分变量及积分区间, 使计算更简便, 要尽量养成作图的好习惯.

总复习题 5

1. 填空题:

(1) $\int_{-1}^1 \left(x + \sqrt{1-x^2} \right)^2 \mathrm{d}x =$ _____.

(2) 设 $f(5) = 2$, $\int_0^5 f(x)\mathrm{d}x = 3$, 则 $\int_0^5 xf'(x)\mathrm{d}x =$ _____.

(3) 已知函数 $f(x) = x \int_1^x \dfrac{\sin t^2}{t}\mathrm{d}t$, 则 $\int_0^1 f(x)\mathrm{d}x =$ _____. (2019 考研真题)

(4) 设 $f(x)$ 在 $[0,1]$ 上连续, 且 $f(x) = \mathrm{e}^x + x \int_0^1 f(\sqrt{x})\mathrm{d}x$, 则 $f(x) =$ _____.

(5) 函数 $y = \dfrac{x^2}{\sqrt{1-x^2}}$ 在区间 $\left[\dfrac{1}{2}, \dfrac{\sqrt{3}}{2} \right]$ 上的平均值为_____. (1999 考研真题)

2. 选择题:

(1) 设定积分 $I_1 = \int_1^{\mathrm{e}} \ln x \mathrm{d}x$, $I_2 = \int_1^{\mathrm{e}} \ln^2 x \mathrm{d}x$, 则 (   )

(A) $I_2 - I_1^2 = 0$ (B)$I_2 - 2I_1 = 0$

(C)$I_2 + 2I_1 = \mathrm{e}$ (D)$I_2 - 2I_1 = \mathrm{e}$.

(2) 设 $M = \int_{-\frac{\pi}{2}}^{\frac{\pi}{2}} \frac{(1+x)^2}{1+x^2}dx$, $N = \int_{-\frac{\pi}{2}}^{\frac{\pi}{2}} \frac{1+x}{e^x}dx$, $K = \int_{-\frac{\pi}{2}}^{\frac{\pi}{2}} (1+\sqrt{\cos x})dx$, 则 (   )
(2018 考研真题)

(A)$M > N > K$ 　　　　　　　　　(B)$M > K > N$

(C)$K > M > N$ 　　　　　　　　　(D)$K > N > M$.

(3) 设 $F(x) = \int_x^{x+2\pi} e^{\sin t} \sin t dt$, 则 $F(x)$(   )

(A) 为正常数 　　　(B) 为负常数 　　　(C) 恒为零 　　　　(D) 不是常数.

(4) 设函数 $f(x)$ 连续, 则下列函数中, 必为偶函数的是 (   ) (2002 考研真题)

(A)$\int_0^x f(t^2)dt$ 　　　　　　　　　(B)$\int_0^x f^2(t)dt$

(C)$\int_0^x t[f(t) - f(-t)]dt$ 　　　　　　(D)$\int_0^x t[f(t) + f(-t)]dt$.

(5) 下列广义积分中, 发散的是 (   )(2019 考研真题)

(A)$\int_0^{+\infty} xe^{-x}dx$ 　　　　　　　　(B)$\int_0^{+\infty} xe^{-x^2}dx$

(C)$\int_0^{+\infty} \frac{\arctan x}{1+x^2}dx$ 　　　　　　(D)$\int_0^{+\infty} \frac{x}{1+x^2}dx$.

3. 计算下列极限:

(1) $\lim_{x \to \infty} \frac{1}{x^3} \int_0^x \sqrt{1+t^4}dt$; 　　　　　(2) $\lim_{x \to 0} \frac{\int_0^{x^2} e^t \sin t dt}{x \int_0^x \ln(1+t^2)dt}$;

(3) $\lim_{x \to 0} \frac{\int_0^x (x-t)f(t)dt}{x^2}$, 其中 $f(x)$ 在 $(-\infty, +\infty)$ 上连续, 且 $f(0) = 2$;

(4) $\lim_{n \to \infty} \frac{1}{n} \sum_{i=1}^n \sqrt{1+\frac{i}{n}}$; 　　　　　(5) $\lim_{n \to \infty} \frac{\sqrt[n]{n!}}{n}$;

(6) $\lim_{n \to \infty} \int_n^{n+p} \frac{\sin x}{x}dx$; 　　　　　(7) $\lim_{n \to \infty} \int_n^{n+2} \frac{x^2}{e^{x^2}}dx$.

4. 设 $p > 0$, 证明 $\frac{p}{p+1} < \int_0^1 \frac{dx}{1+x^p} < 1$.

5. 设 $f(x), g(x)$ 在区间 $[a, b]$ 上均连续, 证明:

(1) $\left(\int_a^b f(x)g(x)dx\right)^2 \leqslant \int_a^b f^2(x)dx \int_a^b g^2(x)dx$. (柯西-施瓦茨不等式)

(2) $\left(\int_a^b [f(x) + g(x)]^2 dx\right)^{\frac{1}{2}} \leqslant \left(\int_a^b f^2(x)dx\right)^{\frac{1}{2}} + \left(\int_a^b g^2(x)dx\right)^{\frac{1}{2}}$. (闵可夫斯基不等式)

6. 计算下列定积分:

(1) $\int_0^{\frac{\pi}{2}} \frac{x+\sin x}{1+\cos x}dx$; 　　　　　(2) $\int_0^{\frac{\pi}{4}} \ln(1+\tan x)dx$;

(3) $\displaystyle\int_0^{\frac{\pi}{2}} \ln\sin x\mathrm{d}x$;   (4) $\displaystyle\int_0^1 x(1-x^4)^{\frac{5}{2}}\mathrm{d}x$;

(5) $\displaystyle\int_0^{\frac{\pi}{2}} \dfrac{1}{1+\cos^2 x}\mathrm{d}x$;   (6) $\displaystyle\int_0^3 \dfrac{1}{\sqrt{|x(2-x)|}}\mathrm{d}x$;

(7) $\displaystyle\int_1^{+\infty} \dfrac{1}{\mathrm{e}^{x+1}+\mathrm{e}^{3-x}}\mathrm{d}x$;   (8) $\displaystyle\int_0^{10\pi} \dfrac{\sin^3 x+\cos^3 x}{2\sin^2 x+\cos^4 x}\mathrm{d}x$.

7. 设 $f(x)$ 是以 2 为周期的周期函数, 且 $f(x)=\begin{cases} x, & -1\leqslant x\leqslant 0, \\ 1, & 0<x\leqslant 1, \end{cases}$ 求 $\displaystyle\int_{-1}^4 f(x)\mathrm{d}x$.

8. 已知 $f(2)=\dfrac{1}{2}$, $f'(2)=0$ 及 $\displaystyle\int_0^2 f(x)\mathrm{d}x=1$, 求 $\displaystyle\int_0^1 x^2 f''(2x)\mathrm{d}x$.

9. 设 $f(x)$, $g(x)$ 在 $[-a,a]$ $(a>0)$ 上连续, $g(x)$ 为偶函数, $f(x)$ 满足 $f(x)+f(-x)=A$, 其中 A 为常数.

(1) 证明: $\displaystyle\int_{-a}^a f(x)g(x)\mathrm{d}x=A\int_0^a g(x)\mathrm{d}x$.

(2) 利用 (1) 的结论, 计算 $\displaystyle\int_{-\frac{\pi}{2}}^{\frac{\pi}{2}} |\sin x|\arctan\mathrm{e}^x\mathrm{d}x$.

10. 设函数 $f(x)$ 在 $[a,b]$ 上连续, 且 $f(x)>0$. 证明: $\exists\xi\in(a,b)$, 使得

$$\int_a^\xi f(x)\mathrm{d}x=\int_\xi^b f(x)\mathrm{d}x=\frac{1}{2}\int_a^b f(x)\mathrm{d}x.$$

11. 设 $\varphi(x)$ 为可微函数 $y=f(x)$ 的反函数, 且 $f(1)=0$. 证明:

$$\int_0^1\left[\int_0^{f(x)}\varphi(t)\mathrm{d}t\right]\mathrm{d}x=2\int_0^1 xf(x)\mathrm{d}x.$$

12. 求证: 方程 $\displaystyle\int_0^x\sqrt{1+t^4}\mathrm{d}t+\int_{\cos x}^0 \mathrm{e}^{-t^2}\mathrm{d}t=0$ 有且只有一个实根.

13. 设 n 是正整数, 记 S_n 为曲线 $y=\mathrm{e}^{-x}\sin x$ $(0\leqslant x\leqslant n\pi)$ 与 x 轴之间图形的面积, 求 S_n, 并求 $\displaystyle\lim_{n\to\infty} S_n$. (2019 考研真题)

14. 在曲线 $y=x^2$ $(x\geqslant 0)$ 上的点 A 处作切线, 使它与曲线及 x 轴所围图形的面积为 $\dfrac{1}{12}$.

(1) 求切点 A 的坐标.

(2) 求上述所围平面图形绕 x 轴旋转一周所得旋转体的体积.

15. 某出口公司每月销售额是一百万美元, 平均利润是销售额的 10%. 根据公司以往的经验, 广告宣传期间月销售额的变化率近似服从增长曲线 $1000000\mathrm{e}^{0.02t}$ (t 以月为单位). 公司现在需要决定是否举行一次类似的总成本为 13 万美元的广告活动. 按惯例, 对于超过 10 万美元的广告活动, 如果新增销售额产生的利润超过广告投资的 10%, 则决定做广告. 试问该公司按惯例是否应该做此广告?

Reference 参考文献

爱德华·沙伊纳曼. 2020. 美丽的数学. 张缘, 译. 长沙：湖南科学技术出版社.

比尔·伯林霍夫, 等. 2019. 这才是好读的数学史. 胡坦, 译. 北京：北京时代华文书局.

陈仲, 粟熙. 1998. 大学数学. 南京: 南京大学出版社.

龚冬保, 武忠祥, 毛怀遂, 等. 2000. 高等数学典型题. 2 版. 西安: 西安交通大学出版社.

胡作玄. 2008. 数学是什么. 北京: 北京大学出版社.

华东师范大学数学系. 2001. 数学分析. 2 版. 北京: 高等教育出版社.

柯朗 R, 罗宾 H. 2019. 什么是数学. 左平, 等译. 上海: 复旦大学出版社.

孔令兵. 2009. 数学文化论十九讲. 西安：陕西人民教育出版社.

孙剑. 2015. 数学家的故事. 武汉: 长江文艺出版社.

同济大学数学系. 2014. 高等数学 (上、下). 7 版. 北京: 高等教育出版社.

王绵森, 马知恩. 2006. 工科数学分析基础 (上、下). 2 版. 北京: 高等教育出版社.

王顺凤, 陈晓龙, 张建伟. 2009. 高等数学 (下). 北京: 高等教育出版社.

王顺凤, 潘闻天, 杨兴东. 2003. 高等数学 (上、下). 南京: 东南大学出版社.

王顺凤, 吴亚娟, 孙艾明, 等. 2014. 高等数学 (上、下). 南京: 东南大学出版社.

王顺凤, 夏大峰, 朱凤琴, 等. 2009. 高等数学 (上、下). 北京: 清华大学出版社.

吴军. 2019. 数学之美. 北京：人民邮电出版社.

萧树铁, 扈志明, 等. 2006. 微积分 (上、下). 北京: 清华大学出版社.

薛巧玲, 王顺凤, 夏大峰, 等. 2008. 高等数学习题课教程. 南京: 南京大学出版社.

张恭庆. 数学与国家实力 (上). http://www.ncmis.cas.cn/kxcb/jclyzs/201504/t20150413_
287697.html.

周民强. 2002. 数学分析 (一、二). 上海: 上海科学技术出版社.

周民强. 2010. 数学分析习题演练 (一、二、三). 2 版. 北京: 科学出版社.

朱士信, 唐烁, 宁荣健, 等. 2014. 高等数学: 上、下. 北京: 高等教育出版社.

BANNER A. 2016. 普林斯顿微积分读本. 2 版. 修订版. 杨爽, 赵晓婷, 高璞, 译. 北京: 人民
邮电出版社.

KLEIN M. 1979. 古今数学思想. 张理京, 张锦炎, 译. 上海: 上海科学技术出版社.

nstruction　　　教学资源说明

　　微积分的知识与语言已经渗透到现代社会和生活的多个角落,是经管类各专业学生进行后继课程学习必须奠定的基础,也是专业研究必不可少的数学工具. 微积分如此重要,为了读者充分学习掌握微积分知识,作者制作了丰富的多媒体内容资源,对教材起到归纳、拓展和延伸的作用. 这些资源除了教学经验丰富的教师帮读者设计的课前测、重难点讲解视频、电子课件外,还包括习题参考答案、数学归纳法、常用的中学数学公式、常用的曲线、积分表、微积分发展史简介等相关知识,以便读者课前温故知新、课中反复揣摩、课后复习拓展,助力读者学好微积分.

　　如果做课后作业想要核对参考答案,请扫如下二维码:

　　如果要回顾高中数学知识,请扫如下二维码 (从左到右依次是数学归纳法、常用中学数学公式):

　　如果想查询常用曲线与积分表,请扫如下二维码 (从左到右依次是几种常用曲线、积分表):

　　如果想了解微积分发展史相关知识,请扫如下二维码:

微 积 分

（下册）

主　编　王顺凤　吴亚娟

副主编　官元红　冯秀红　刘小燕

科学出版社

北京

内 容 简 介

本书根据教育部颁布的本科非数学专业经管类高等数学课程教学基本要求,以及全国硕士研究生入学考试数学三的大纲编写而成.

全书分上、下两册.本书为下册,内容包括向量代数与空间解析几何、多元函数微积分学、无穷级数与微分方程等内容.每节都配有难易不同的A、B两组习题,每章都附有本章小结与总复习题.书中还配有两类内容丰富的数字教学资源,一类是与每节配套的设计新颖的课前测、重(难)点讲解、电子课件和习题参考答案等;另一类为本书附录,介绍几种常用曲面.读者可以扫描二维码反复学习.

本书注重微积分的数学思想与实际背景.全书结构严谨、深入浅出、例题丰富,便于学生自学.本书可作为高等院校经管类各专业高等数学课程的教材使用,也可作为相关人员的参考书.

图书在版编目(CIP)数据

微积分.下册/ 王顺凤, 吴亚娟主编. —北京: 科学出版社, 2021.9
ISBN 978-7-03-069628-1

Ⅰ. ①微… Ⅱ. ①王… ②吴… Ⅲ. ①微积分-高等学校-教材 Ⅳ. ①O172
中国版本图书馆 CIP 数据核字 (2021) 第 170317 号

责任编辑: 张中兴 梁 清 孙翠勤 / 责任校对: 杨聪敏
责任印制: 张 伟 / 封面设计: 蓝正设计

科 学 出 版 社 出版
北京东黄城根北街 16 号
邮政编码: 100717
http://www.sciencep.com
北京建宏印刷有限公司 印刷
科学出版社发行 各地新华书店经销
*

2021 年 9 月第 一 版 开本: 720×1000 1/16
2023 年 6 月第三次印刷 印张: 40 3/4
字数: 822 000
定价: 98.00 元(上下册)
(如有印装质量问题, 我社负责调换)

目 录

Contents

第 6 章
Chapter 6

向量代数
与空间解析几何

在平面解析几何中, 通过坐标法可将平面上的点与一对有序数组、平面图形与二元方程建立一一对应关系. 类似地, 在空间解析几何中, 也是通过坐标法将空间中的点与三个实数构成的一个有序数组、空间图形与三元方程联系在一起, 从而实现用代数的方法来研究空间几何的问题.

正如平面解析几何是一元函数微积分的重要基础一样, 空间解析几何则是多元函数微积分必备的前提. 本章首先介绍空间直角坐标系; 其次引入向量的概念, 并把向量坐标化, 在此基础上讨论向量的一些基本运算; 然后以向量代数为工具, 介绍空间曲线和曲面的方程及相关内容.

6.1 空间直角坐标系

课前测6-1-1

一、 空间直角坐标

在空间选定一点 O, 过 O 作三条互相垂直的数轴, 它们都以 O 为原点且一般具有相同的长度单位. 这三条轴分别叫做 x 轴 (横轴), y 轴 (纵轴), z 轴 (竖轴), 统称**坐标轴**. 通常把 x 轴和 y 轴配置在水平面上, 而 z 轴则是铅垂线, 它们的正方向符合右手规则, 即以右手握住 z 轴, 当右手的四指从 x 轴的正向以 $\frac{\pi}{2}$ 角度转向 y 轴正向时, 大拇指的指向就是 z 轴的正向, 这样的三条坐标轴就组成了一个**空间直角坐标系**, 点 O 叫做**坐标原点** (图 6-1-1).

三条坐标轴中的任意两条都可以确定一个平面, 这样定出的三个平面统称为**坐标面**. x 轴及 y 轴所确定的坐标面叫做 xOy **面**, 另两个坐标面分别是 yOz **面**和 xOz **面**. 三个坐标面把空间分成八个部分, 每一部分叫做一个**卦限**. 含有三个正半轴的卦限叫做第一卦限, 它位于 xOy 面的上方. 在 xOy 面的上方, 按逆时针方向排列着第二卦限、第三卦限和第四卦限. 在 xOy 面的下方, 与第一卦限对应的是第五卦限, 按逆时针方向依次排列着是第六卦限、第七卦限和第八卦限. 八个卦限通常分别用字母 I, II, III, IV, V, VI, VII, VIII 表示 (图 6-1-2).

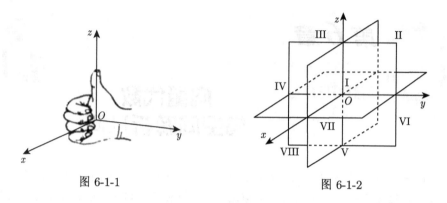

图 6-1-1　　　　　　　　　　　图 6-1-2

取定了空间直角坐标系后, 就可以建立起空间的点与有序数组之间的对应关系了.

设点 M 为空间一已知点, 过点 M 作三个平面分别垂直于 x 轴, y 轴, z 轴, 设这三个坐标面与 x 轴, y 轴, z 轴的交点依次为 P, Q, R, 记这三点在 x 轴, y 轴, z 轴的坐标分别为 x, y, z (图 6-1-3), 于是点 M 确定了一个有序实数组 (x, y, z). 反之, 对任意给定的一个有序实数组 (x, y, z), 依次在 x 轴, y 轴, z 轴上取与 x, y, z 相对应的点 P, Q, R, 然后过点 P, Q, R 作三个平面分别垂直于 x 轴, y 轴和 z 轴, 则这三个平面交于一点 M. 因此, 有序实数组 (x, y, z) 与空间的点 M 一一

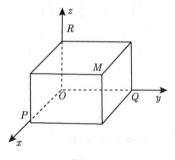

图 6-1-3

对应. 称这组数 (x, y, z) 为点 M 的**坐标**, 并依次称 x, y 和 z 为点 M 的**横坐标**、**纵坐标**和**竖坐标**. 坐标为 (x, y, z) 的点 M 通常记为 $M(x, y, z)$.

各卦限内点的坐标 (x, y, z) 的符号如表 6-1-1 所示.

表 6-1-1

坐标	卦限							
	I	II	III	IV	V	VI	VII	VIII
x	+	−	−	+	+	−	−	+
y	+	+	−	−	+	+	−	−
z	+	+	+	+	−	−	−	−

显然, 原点的坐标 $O(0, 0, 0)$; x 轴, y 轴和 z 轴上的点的坐标分别有以下特点:

$y = z = 0$, $x = z = 0$ 和 $x = y = 0$; xOy 面, yOz 面和 xOz 面上的点的坐标分别有特点: $z = 0$, $x = 0$ 和 $y = 0$.

例 1 指出点 $A(1, -2, 3)$ 所在的卦限和它关于 xOy 面的对称点; 点 $B(2, 3, -4)$ 所在的卦限和它关于 xOz 面的对称点; 点 $C(-2, 3, -1)$ 所在的卦限和它关于原点的对称点.

解 点 $A(1, -2, 3)$ 在第 IV 卦限, 它关于 xOy 面的对称点是 $A'(1, -2, -3)$; 点 $B(2, 3, -4)$ 在第 V 卦限, 它关于 xOz 平面的对称点是 $B'(2, -3, -4)$; 点 $C(-2, 3, -1)$ 在第 VI 卦限, 它关于原点的对称点是 $C'(2, -3, 1)$.

二、 空间两点间的距离

设 $M_1(x_1, y_1, z_1)$, $M_2(x_2, y_2, z_2)$ 为空间任意两点, 过 M_1, M_2 分别作平行于各坐标面的平面, 组成一个长方体, 它的棱与坐标轴平行 (图 6-1-4). 由于

$$|M_1P| = |x_2 - x_1|,$$

$$|PN| = |y_2 - y_1|,$$

$$|NM_2| = |z_2 - z_1|,$$

所以 M_1, M_2 两点的距离为

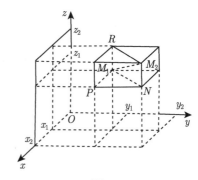

图 6-1-4

$$
\begin{aligned}
|M_1M_2| &= \sqrt{|M_1N|^2 + |NM_2|^2} \\
&= \sqrt{|M_1P|^2 + |PN|^2 + |NM_2|^2} \\
&= \sqrt{(x_2 - x_1)^2 + (y_2 - y_1)^2 + (z_2 - z_1)^2},
\end{aligned}
$$

即

$$|M_1M_2| = \sqrt{(x_2 - x_1)^2 + (y_2 - y_1)^2 + (z_2 - z_1)^2},$$

这就是**空间两点间的距离公式**.

特别地, 点 $M(x, y, z)$ 到原点 $O(0, 0, 0)$ 之间的距离为

$$|OM| = \sqrt{x^2 + y^2 + z^2}.$$

例 2 求证以 $A(4, 3, 1)$, $B(7, 1, 2)$, $C(5, 2, 3)$ 三点为顶点的 $\triangle ABC$ 是一个等腰三角形.

证　由空间两点间距离公式得

$$|AB|^2 = (7-4)^2 + (1-3)^2 + (2-1)^2 = 14,$$

$$|BC|^2 = (5-7)^2 + (2-1)^2 + (3-2)^2 = 6,$$

$$|AC|^2 = (5-4)^2 + (2-3)^2 + (3-1)^2 = 6,$$

由于 $|AC| = |BC|$, 所以 $\triangle ABC$ 是一个等腰三角形.

例 3　设点 P 在 x 轴上, 它到点 $P_1(0, \sqrt{2}, 3)$ 的距离为到点 $P_2(0, 1, -1)$ 的距离的两倍, 求点 P 的坐标.

解　设 P 点坐标为 $(x, 0, 0)$, 由题意

$$|PP_1| = 2|PP_2|,$$

而

$$|PP_1| = \sqrt{x^2 + \left(\sqrt{2}\right)^2 + 3^2} = \sqrt{x^2 + 11},$$

$$|PP_2| = \sqrt{x^2 + (-1)^2 + 1^2} = \sqrt{x^2 + 2},$$

故

$$\sqrt{x^2 + 11} = 2\sqrt{x^2 + 2},$$

解此方程, 得

$$x = \pm 1,$$

所求点的坐标为 $(1, 0, 0)$ 或 $(-1, 0, 0)$.

习　题　6-1

课件6-1-2

A 组

1. 指出以下各点在空间直角坐标系中所处的位置或卦限:

$A(2, 0, 0)$;　$B(0, -1, 2)$;　$C(-1, 0, -2)$;　$D(-1, 2, 3)$;　$E(-2, 3, -2)$;　$F(2, -3, -4)$.

2. 自点 $P_0(x_0, y_0, z_0)$ 分别作各坐标面和各坐标轴的垂线, 写出各垂足的坐标.

3. 求点 (a, b, c) 关于 (1) 各坐标面; (2) 各坐标轴; (3) 坐标原点的对称点的坐标.

4. 一边长为 a 的立方体放置在 xOy 面上, 其底面的中心在坐标原点, 底面的顶点在 x 轴和 y 轴上, 求它各顶点的坐标.

5. 证明以 $A(4, 5, 3)$, $B(1, 7, 4)$, $C(2, 4, 6)$ 为顶点的三角形是等边三角形.

B 组

1. 在 y 轴上, 求与 $A(1, 2, 3)$, $B(0, 1, -1)$ 两点等距离的点的坐标.

2. 在 yOz 面上, 求与 $A(3, 1, 2)$, $B(4, -2, -2)$ 和 $C(0, 5, 1)$ 三点等距离的点的坐标.

3. 求点 $M(4, -3, 5)$ 到原点与各坐标轴的距离.

课前测6-2-1

6.2　向量及其线性运算

一、 向量的概念

在客观世界中存在一类既有大小, 又有方向的量, 如力、力矩、速度、加速度等, 这类量叫做**向量** (或**矢量**).

数学上, 常用有向线段来表示向量. 有向线段的长度表示向量的大小, 有向线段的方向表示向量的方向. 图 6-2-1 是表示以 A 为起点, 以 B 为终点的向量, 记为 $\overrightarrow{AB}$. 有时也用一个黑体字母或用字母上方加箭头来表示向量, 例如 a, r, F 或 $\vec{a}, \vec{r}, \vec{F}$ 等.

在实际问题中, 有些向量与其起点有关 (如质点运动的位移与起点的位置有关), 而有些向量与其起点无关. 本书中只研究与起点无关的向量, 并称这些向量为**自由向量** (简称向量), 即只考虑向量的大小和方向, 而不论它的起点在何处. 如果两个向量的方向相同并且大小相等, 我

图 6-2-1

们就称这两个向量是**相等的**. 根据这个规定, 一个向量与经过平行移动后所得的向量都是相等的.

向量的大小叫做**向量的模**, 向量 $\overrightarrow{AB}, a, \vec{a}$ 的模依次记作 $|\overrightarrow{AB}|, |a|, |\vec{a}|$. 模等于 1 的向量叫做**单位向量**. 模等于零的向量叫做**零向量**, 记作 $\mathbf{0}$ 或 $\vec{0}$, 零向量的起点与终点重合, 所以它的方向是任意的.

若两个非零向量的方向相同或相反, 则称这两个向量**平行**. 向量 a 与 b 平行, 记作 $a // b$. 由于零向量的方向任意, 因此, 可认为零向量与任何向量都平行. 当两个平行向量的起点放在同一点时, 它们的终点和公共起点在一条直线上, 因此, 又称两平行向量为**共线向量**.

类似还有共面的概念. 设有 $k(k \geqslant 3)$ 个向量, 当把它们的起点放在同一点时, 如果 k 个终点和公共起点在同一个平面上, 就称这 k 个**向量共面**.

二、 向量的线性运算

1. 向量的加减法

由物理学可知, 向量加法符合平行四边形法则. 设 a 与 b 为两个向量, 任取一点 A, 作 $\overrightarrow{AB} = a, \overrightarrow{AD} = b$, 以 $\overrightarrow{AB}, \overrightarrow{AD}$ 为边作平行四边形 $ABCD$, 其对角线 $\overrightarrow{AC} = c$ 为向量 a 与 b 的和. 如图 6-2-2, 记为 $c = a + b$.

由图 6-2-2 容易看出, 如果平移向量 b, 使 b 的起点与 a 的终点重合, 此时从 a 的起点到 b 的终点的向量就是 $a + b$(图 6-2-3), 记为 c, 称这种求两个向量加法

的法则为三角形法则.

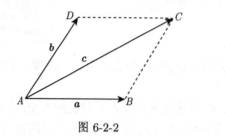

图 6-2-2

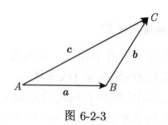

图 6-2-3

向量的加法符合下列运算规律:

① 交换律　$a + b = b + a$;

② 结合律　$(a + b) + c = a + (b + c)$.

由于向量的加法满足交换律和结合律, 故 n 个向量 $a_1, a_2, \cdots, a_n (n \geqslant 3)$ 相加可写成

$$a_1 + a_2 + \cdots + a_n,$$

由向量加法的三角形法则, 可得 n 个向量的和, 只要依次把后一向量的起点放在前一向量的终点上, 最后从 a_1 的起点向 a_n 的终点所引的向量就是

$$a_1 + a_2 + \cdots + a_n (\text{图 } 6\text{-}2\text{-}4(n = 6)).$$

在实际问题中, 经常会遇到大小相等而方向相反的向量, 如作用力和反作用力. 称与向量 a 大小相等而方向相反的向量为 a 的负向量, 记作 $-a$.

有了负向量的概念, 则可以定义两个向量的减法:

$$b - a = b + (-a),$$

即把向量 $-a$ 加到向量 b 上, 便得 b 与 a 的减法 $b - a$, 即 b 与 a 的差 (图 6-2-5).

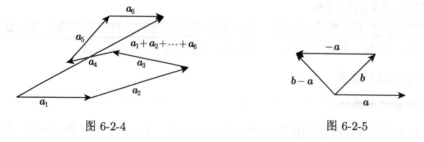

图 6-2-4

图 6-2-5

特别地, 当 $b = a$ 时, 有

$$a - a = a + (-a) = 0.$$

显然, 任给向量 $\overrightarrow{AB}$ 及点 O, 有

$$\overrightarrow{AB} = \overrightarrow{AO} + \overrightarrow{OB} = \overrightarrow{OB} - \overrightarrow{OA}.$$

因此, 若把向量 a 与 b 移到同一起点 O, 则从 a 的终点 A 向 b 的终点 B 所引向量 $\overrightarrow{AB}$ 便是向量 b 与 a 的差 $b - a$(图 6-2-6).

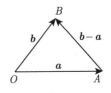

图 6-2-6

2. 向量与数的乘法

在应用中常遇到向量与数量的乘法, 例如将速度 v 增大 2 倍, 即速度的方向不变, 大小增大 2 倍, 可以记为 $2v$. 由此, 我们引入向量与数量相乘 (简称**数乘**) 的概念, 定义如下.

定义 1 向量 a 与实数 λ 的乘积, 记为 λa, 它是这样一个向量: 当 $\lambda > 0$ 时与 a 同向, 当 $\lambda < 0$ 时与 a 反向, 而它的模是 $|\lambda a| = |\lambda| \, |a|$. 当 $\lambda = 0$ 时, λa 是零向量, 即 $\lambda a = \mathbf{0}$.

特别地, 当 $\lambda = \pm 1$ 时, 有

$$1\, a = a, \quad (-1)a = -a.$$

向量的数乘符合下列运算规律:

① 结合律 $\quad \lambda(\mu\, a) = (\lambda\mu)a = \mu(\lambda\, a)$;

② 分配律 $\quad (\lambda + \mu)\, a = \lambda\, a + \mu\, a, \lambda(a + b) = \lambda\, a + \lambda\, b$.

这是因为, 按数乘的定义, 向量 $\lambda(\mu\, a)$, $(\lambda\mu)a$, $\mu(\lambda\, a)$ 都是平行的向量, 它们的指向也相同, 且

$$|\lambda(\mu\, a)| = |(\lambda\mu)\, a| = |\mu(\lambda\, a)|,$$

所以数乘满足结合律. 分配律可同样按数乘的定义来证明, 请读者自己完成.

向量的加减法运算和向量的数乘运算统称为**向量的线性运算**.

设向量 a 是一个非零向量, a^0 是与 a 同向的单位向量. 由向量的数乘定义可知, a 与 $|a|\, a^0$ 有相同的方向, 且 $|a|\, a^0$ 的模为

$$||a|\, a^0| = |a|\, |a^0| = |a|,$$

即 a 与 $|a|\, a^0$ 也有相同的模, 所以

$$a = |a|\, a^0.$$

当 $|a| \neq 0$ 时, 有

$$a^0 = \frac{a}{|a|},$$

即一个非零向量乘以其模的倒数后是一个与原向量同方向的单位向量.

此外, 根据向量的数乘定义, 可得两个向量平行有如下定理.

定理 1　设 a, b 均为非零向量, 则向量 a, b 平行的充要条件是: 存在唯一的实数 λ, 使 $b = \lambda a$.

证　先证充分性.

如果非零向量 $b = \lambda a$, λ 为实数, 则向量 b 与 a 同向或反向, 所以向量 b 平行于 a.

再证必要性.

如果向量 b 平行于 a, 则向量 b 与 a 同向或反向, 故存在实数 λ, 使 $b = \lambda a$. 假设存在另一实数 μ, 使得 $b = \mu a$, 则两式相减得

$$(\lambda - \mu)a = \mathbf{0},$$

即

$$|\lambda - \mu|\,|a| = 0,$$

因 $|a| \neq 0$, 故 $|\lambda - \mu| = 0$, 即 $\lambda = \mu$. 则存在唯一实数 λ, 使 $b = \lambda a$ 成立. 证毕.

例 1　平行四边形 $ABCD$ 中, 设 $\overrightarrow{AB} = a$, $\overrightarrow{AD} = b$. 试用 a 和 b 表示向量 $\overrightarrow{MA}$, $\overrightarrow{MB}$, $\overrightarrow{MC}$, $\overrightarrow{MD}$, 其中 M 是平行四边形对角线的交点.

解　由于平行四边形的对角线互相平分 (图 6-2-7), 所以

$$a + b = \overrightarrow{AC} = 2\overrightarrow{AM} = -2\overrightarrow{MA},$$

于是 $\overrightarrow{MA} = -\dfrac{1}{2}(a+b)$, $\overrightarrow{MC} = -\overrightarrow{MA} = \dfrac{1}{2}(a+b)$. 因为

$$-a + b = \overrightarrow{BD} = 2\overrightarrow{MD},$$

所以

$$\overrightarrow{MD} = \frac{1}{2}(b - a), \qquad \overrightarrow{MB} = -\overrightarrow{MD} = \frac{1}{2}(a - b).$$

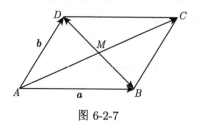

图 6-2-7

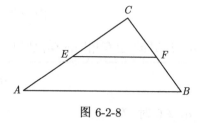

图 6-2-8

例 2　如图 6-2-8 所示, E, F 分别为 $\triangle ABC$ 的两腰 AC, BC 的中点, 用向量方法证明线段 EF 平行于 AB, 且长度等于线段 AB 长度的一半.

证 由图 6-2-8 可得

$$\overrightarrow{EC} = \frac{1}{2}\overrightarrow{AC}, \quad \overrightarrow{CF} = \frac{1}{2}\overrightarrow{CB},$$

$$\overrightarrow{EF} = \overrightarrow{EC} + \overrightarrow{CF} = \frac{1}{2}(\overrightarrow{AC} + \overrightarrow{CB}) = \frac{1}{2}\overrightarrow{AB},$$

由定理 1, $\overrightarrow{EF}$ 和 $\overrightarrow{AB}$ 平行, 即 $EF /\!/ AB$.

又因为 $\left|\overrightarrow{EF}\right| = \left|\dfrac{1}{2}\overrightarrow{AB}\right|$, 所以线段 EF 的长度等于线段 AB 的一半.

三、 向量在轴上的投影

设有两非零向量 $\boldsymbol{a}$ 和 $\boldsymbol{b}$, 任取空间一点 O, 分别作向量 $\overrightarrow{OA} = \boldsymbol{a}, \overrightarrow{OB} = \boldsymbol{b}$, 称 $\theta = \angle AOB \ (0 \leqslant \theta \leqslant \pi)$ 为向量 $\boldsymbol{a}$ 与 $\boldsymbol{b}$ 的夹角 (图 6-2-9). 记作 $(\widehat{\boldsymbol{a}, \boldsymbol{b}})$ 或 $(\widehat{\boldsymbol{b}, \boldsymbol{a}})$, 即 $(\widehat{\boldsymbol{b}, \boldsymbol{a}}) = \theta$. 若向量 $\boldsymbol{a}$ 与 $\boldsymbol{b}$ 中有一个是零向量, 则规定它们的夹角可以取 0 与 π 之间的任意值.

对非零向量 $\boldsymbol{a}$ 与轴 u, 可在 u 轴上取一与 u 轴同向的向量 $\boldsymbol{b}$, 规定向量 $\boldsymbol{a}$ 与 $\boldsymbol{b}$ 的夹角即为向量 $\boldsymbol{a}$ 与轴 u 的夹角. 类似还可定义轴与轴之间的夹角.

1. 点 A 在轴 u 上的投影

定义 2 设 A 是空间一点, 通过 A 点作平面 Π 垂直于 u 轴, 则平面 Π 与轴 u 的交点 A' 叫做点 A 在轴 u 上的**投影** (图 6-2-10).

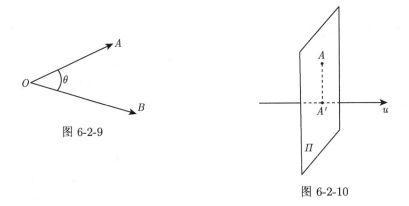

图 6-2-9

图 6-2-10

2. 向量 $\overrightarrow{AB}$ 在轴 u 上的投影

定义 3 若向量 $\overrightarrow{AB}$ 的起点 A 和终点 B 在轴 u 上的投影分别为 A' 和 B'

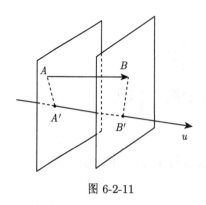

图 6-2-11

（图 6-2-11），设 e 是与 u 轴同方向的单位向量，如果 $\overrightarrow{A'B'} = \lambda e$，则数 λ 叫做向量 $\overrightarrow{AB}$ 在轴 u 上的**投影**，记作 $\mathrm{Prj}_u \overrightarrow{AB}$ 或 $(\overrightarrow{AB})_u$，轴 u 叫做**投影轴**.

可见，向量 $\overrightarrow{AB}$ 在轴 u 上的投影 λ 是一个数量，而且当 $\overrightarrow{A'B'}$ 与轴 u 同向时，λ 为正；当 $\overrightarrow{A'B'}$ 与轴 u 反向时，λ 为负.

类似向量的坐标性质，可以证明向量的投影有下列性质.

性质 1 (投影定理)　向量 $\boldsymbol{a}$ 在轴 u 上的投影等于向量的模乘以轴 u 与向量 $\boldsymbol{a}$ 间的夹角 φ 的余弦，即

$$\mathrm{Prj}_u \boldsymbol{a} = |\boldsymbol{a}| \cdot \cos\varphi.$$

性质 2　两个向量的和在轴 u 上投影等于两个向量在该轴上投影的和，即

$$\mathrm{Prj}_u(\boldsymbol{a} + \boldsymbol{b}) = \mathrm{Prj}_u \boldsymbol{a} + \mathrm{Prj}_u \boldsymbol{b}.$$

该性质可推广到 n 个向量，即

$$\mathrm{Prj}_u(\boldsymbol{a}_1 + \boldsymbol{a}_2 + \cdots + \boldsymbol{a}_n) = \mathrm{Prj}_u \boldsymbol{a}_1 + \mathrm{Prj}_u \boldsymbol{a}_2 + \cdots + \mathrm{Prj}_u \boldsymbol{a}_n.$$

性质 3　向量与数的乘积在轴 u 上投影等于向量在该轴上投影与该数之积，即

$$\mathrm{Prj}_u(\lambda \boldsymbol{a}) = \lambda \mathrm{Prj}_u \boldsymbol{a}.$$

四、 向量的坐标分解式

为了对向量进行精确计算，更好地利用几何—代数相结合的方法解决问题，下面引进向量的坐标表示式，将向量与有序数组联系起来.

向量的坐标
表示式6-2-2

设有一个起点为坐标原点，终点为 $M(x, y, z)$ 的向量 $\overrightarrow{OM}$(图 6-2-12)，由向量的加法定义，有

$$\overrightarrow{OM} = \overrightarrow{ON} + \overrightarrow{NM} = \overrightarrow{ON} + \overrightarrow{OR},$$
$$\overrightarrow{ON} = \overrightarrow{OP} + \overrightarrow{PN} = \overrightarrow{OP} + \overrightarrow{OQ},$$

即

$$\overrightarrow{OM} = \overrightarrow{OP} + \overrightarrow{OQ} + \overrightarrow{OR}.$$

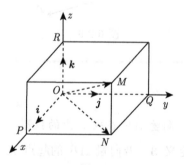

图 6-2-12

若用 $\boldsymbol{i}, \boldsymbol{j}, \boldsymbol{k}$ 分别表示沿 x 轴, y 轴和 z 轴正向的单位向量 (称为**基本单位向量**), 则

$$\overrightarrow{OP} = x\boldsymbol{i}, \quad \overrightarrow{OQ} = y\boldsymbol{j}, \quad \overrightarrow{OR} = z\boldsymbol{k},$$

即

$$\overrightarrow{OM} = x\boldsymbol{i} + y\boldsymbol{j} + z\boldsymbol{k},$$

上式称为**向量 $\overrightarrow{OM}$ 的坐标分解式**, 其中 x, y, z(即 $\boldsymbol{i}, \boldsymbol{j}, \boldsymbol{k}$ 的系数) 为向量的**坐标**.

由向量在轴上的投影定义知, x, y, z 就是向量 $\overrightarrow{OM}$ 在三个坐标轴上的投影, $x\boldsymbol{i}, y\boldsymbol{j}, z\boldsymbol{k}$ 为向量 $\overrightarrow{OM}$ 沿三个坐标轴方向的分向量. 由于有序实数组 (x, y, z) 与点 M 一一对应, 所以有序数组 (x, y, z) 与起点在 O 点, 终点在 M 的向量 $\overrightarrow{OM}$ 也有一一对应关系, 记

$$\overrightarrow{OM} = (x, y, z),$$

上式称为**向量 $\overrightarrow{OM}$ 的坐标表示式**, 通常也称向量 $\overrightarrow{OM}$ 为点 M **关于原点 O 的向径**. 可见, 一个点与该点的向径有相同的坐标. 有序数组 (x, y, z) 既表示点 M, 又表示向量 $\overrightarrow{OM}$. 需注意的是, 虽然点 M 和向量 $\overrightarrow{OM}$ 在代数上都可以用同一个有序数组 (x, y, z) 来表示, 但在几何中点和向量却是两个不同的概念.

有了向量的坐标表示式, 就可以把由几何方法中定义的向量的加、减、数乘运算, 转化为向量坐标之间的数量运算.

设 $\boldsymbol{a} = (a_x, a_y, a_z), \boldsymbol{b} = (b_x, b_y, b_z)$, 即

$$\boldsymbol{a} = a_x\boldsymbol{i} + a_y\boldsymbol{j} + a_z\boldsymbol{k}, \quad \boldsymbol{b} = b_x\boldsymbol{i} + b_y\boldsymbol{j} + b_z\boldsymbol{k},$$

则由向量在轴上的投影性质, 有

$$\boldsymbol{a} + \boldsymbol{b} = (a_x + b_x)\boldsymbol{i} + (a_y + b_y)\boldsymbol{j} + (a_z + b_z)\boldsymbol{k},$$

$$\boldsymbol{a} - \boldsymbol{b} = (a_x - b_x)\boldsymbol{i} + (a_y - b_y)\boldsymbol{j} + (a_z - b_z)\boldsymbol{k},$$

$$\lambda\boldsymbol{a} = (\lambda a_x)\boldsymbol{i} + (\lambda a_y)\boldsymbol{j} + (\lambda a_z)\boldsymbol{k} \quad (\lambda\text{为实数}),$$

即

$$\boldsymbol{a} + \boldsymbol{b} = (a_x + b_x, a_y + b_y, a_z + b_z),$$

$$\boldsymbol{a} - \boldsymbol{b} = (a_x - b_x, a_y - b_y, a_z - b_z),$$

$$\lambda\boldsymbol{a} = (\lambda a_x, \lambda a_y, \lambda a_z) \quad (\lambda\text{为实数}).$$

由此可见, 向量的加、减及数乘运算即为向量的各坐标分别对应的数量进行运算.

当向量 $a \neq 0$ 时, 由定理 1, 向量 $b // a$ 相当于 $b = \lambda a$, 其坐标表示式为

$$(b_x, b_y, b_z) = (\lambda a_x, \lambda a_y, \lambda a_z),$$

从而

$$\frac{b_x}{a_x} = \frac{b_y}{a_y} = \frac{b_z}{a_z},$$

即两向量对应的坐标成比例. 当 a_x, a_y, a_z 中有一个是零时, 如 $a_x = 0$, $a_y \neq 0$, $a_z \neq 0$, 这时此式应理解为 $b_x = 0$, $\dfrac{b_y}{a_y} = \dfrac{b_z}{a_z}$; 当 a_x, a_y, a_z 中有两个是零时, 如 $a_x = 0$, $a_y = 0$, $a_z \neq 0$, 这时此式应理解为 $b_x = 0$, $b_y = 0$.

例 3　已知两点 $M_1(x_1, y_1, z_1)$, $M_2(x_2, y_2, z_2)$, 求向量 $\overrightarrow{M_1 M_2}$ 的坐标表示式.

解　作向量 $\overrightarrow{OM_1}$, $\overrightarrow{OM_2}$, $\overrightarrow{M_1 M_2}$(图 6-2-13), 则

$$
\begin{aligned}
\overrightarrow{M_1 M_2} &= \overrightarrow{OM_2} - \overrightarrow{OM_1} \\
&= (x_2 i + y_2 j + z_2 k) - (x_1 i + y_1 j + z_1 k) \\
&= (x_2 - x_1) i + (y_2 - y_1) j + (z_2 - z_1) k \\
&= (x_2 - x_1, y_2 - y_1, z_2 - z_1).
\end{aligned}
$$

例 3 表明: 一个向量的坐标就是它的终点坐标减去起点坐标. 一个点 M 与该点的向径 $\overrightarrow{OM}$ 有相同的坐标就是一个特例.

另外, 利用例 3 我们还可以将平面上有向线段定比分点的坐标公式推广到空间.

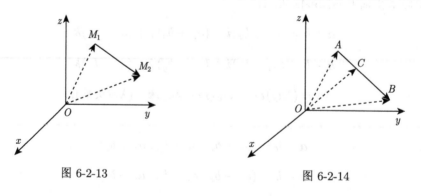

图 6-2-13　　　　　　　　　　　　图 6-2-14

例 4　设有两点 $A(x_1, y_1, z_1)$, $B(x_2, y_2, z_2)$ 以及实数 $\lambda \neq -1$, 求空间有向线段 $\overrightarrow{AB}$ 上定比为 λ 的分点 C 的坐标.

解 设 $\overrightarrow{AB}$ 上定比为 λ 的分点 C 的坐标为 (x, y, z), 如图 6-2-14, 由定比分点的定义可知 $\overrightarrow{AC} = \lambda \overrightarrow{CB}$, 又

$$\overrightarrow{AC} = \overrightarrow{OC} - \overrightarrow{OA}, \quad \overrightarrow{CB} = \overrightarrow{OB} - \overrightarrow{OC},$$

则

$$\overrightarrow{OC} - \overrightarrow{OA} = \lambda(\overrightarrow{OB} - \overrightarrow{OC}),$$

故

$$\overrightarrow{OC} = \frac{1}{1+\lambda}(\overrightarrow{OA} + \lambda \overrightarrow{OB})$$

$$= \frac{1}{1+\lambda}(x_1 + \lambda x_2, y_1 + \lambda y_2, z_1 + \lambda z_2).$$

即得空间定比为 λ 的定比分点 C 的坐标为

$$x = \frac{x_1 + \lambda x_2}{1+\lambda}, \quad y = \frac{y_1 + \lambda y_2}{1+\lambda}, \quad z = \frac{z_1 + \lambda z_2}{1+\lambda}.$$

特别地, 当 $\lambda = 1$ 时, 点 C 是有向线段 $\overrightarrow{AB}$ 的中点, 其坐标为

$$x = \frac{x_1 + x_2}{2}, \quad y = \frac{y_1 + y_2}{2}, \quad z = \frac{z_1 + z_2}{2}.$$

例 5 一向量的起点坐标为 A $(-2, 3, 0)$, 它在 x 轴, y 轴和 z 轴上的投影分别为 $4, -4, 7$, 求这个向量的终点 B 的坐标.

解 设终点 B 的坐标为 (x, y, z), 则 $\overrightarrow{AB} = (x+2, y-3, z)$, 由题设知

$$\begin{cases} x+2 = 4, \\ y-3 = -4, \\ z = 7, \end{cases}$$

解得

$$x = 2, \quad y = -1, \quad z = 7,$$

故向量终点 B 的坐标为 $(2, -1, 7)$.

五、 向量的模和方向余弦

向量的模和大小是它的两要素, 下面我们来讨论如何用向量的坐标表示这两个要素.

1. 向量的模

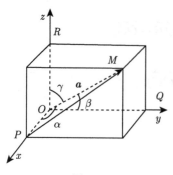

图 6-2-15

任给一非零向量 $\boldsymbol{a} = (x, y, z)$, 作 $\overrightarrow{OM} = \boldsymbol{a}$. 从图 6-2-15 容易得到

$$\boldsymbol{a} = \overrightarrow{OM} = \overrightarrow{OP} + \overrightarrow{OQ} + \overrightarrow{OR},$$

由勾股定理得

$$|\boldsymbol{a}| = \left|\overrightarrow{OM}\right| = \sqrt{|OP|^2 + |OQ|^2 + |OR|^2}$$
$$= \sqrt{x^2 + y^2 + z^2},$$

这就是向量 $\boldsymbol{a}$ 的模的坐标表示式, 它与点 $M(x, y, z)$ 到原点的距离公式一样.

2. 向量的方向角与方向余弦

由图 6-2-15, 非零向量 $\boldsymbol{a} = (x, y, z)$ 的方向还可以由向量与 x 轴, y 轴, z 轴正向的夹角 α, β, γ 完全确定.

定义 4 设一非零向量 $\boldsymbol{a} = (x, y, z)$, 且向量 $\boldsymbol{a}$ 与 x 轴, y 轴, z 轴正向的夹角为 $\alpha, \beta, \gamma (0 \leqslant \alpha, \beta, \gamma \leqslant \pi)$, 称 α, β, γ 为向量 $\boldsymbol{a}$ 的**方向角**, 称它们的余弦 $\cos\alpha, \cos\beta, \cos\gamma$ 为向量 $\boldsymbol{a}$ 的**方向余弦**.

因为

$$\angle MOP = \alpha \quad 且 \quad MP \perp OP,$$

所以

$$\cos\alpha = \frac{x}{|\boldsymbol{a}|}.$$

同理可得

$$\cos\beta = \frac{y}{|\boldsymbol{a}|}, \quad \cos\gamma = \frac{z}{|\boldsymbol{a}|}.$$

由方向余弦定义知, 方向余弦的平方和满足

$$\cos^2\alpha + \cos^2\beta + \cos^2\gamma = 1,$$

且

$$(\cos\alpha, \cos\beta, \cos\gamma) = \left(\frac{x}{|\boldsymbol{a}|}, \frac{y}{|\boldsymbol{a}|}, \frac{z}{|\boldsymbol{a}|}\right) = \frac{1}{|\boldsymbol{a}|}(x, y, z) = \frac{\boldsymbol{a}}{|\boldsymbol{a}|} = \boldsymbol{a}^0,$$

此式表明: 以 $\boldsymbol{a}$ 的方向余弦为坐标的向量 $(\cos\alpha, \cos\beta, \cos\gamma)$ 是与 $\boldsymbol{a}$ 同向的单位向量.

例 6 设已知两点 $A(0,1,2)$ 和 $B(-1,0,3)$, 计算向量 $\overrightarrow{AB}$ 的模、方向余弦、方向角及与 $\overrightarrow{AB}$ 同方向的单位向量.

解 因为
$$\overrightarrow{AB} = (-1-0, 0-1, 3-2) = (-1, -1, 1),$$

所以模为
$$\left|\overrightarrow{AB}\right| = \sqrt{(-1)^2 + (-1)^2 + 1^2} = \sqrt{3},$$

则方向余弦、方向角分别为
$$\cos\alpha = -\frac{1}{\sqrt{3}}, \quad \cos\beta = -\frac{1}{\sqrt{3}}, \quad \cos\gamma = \frac{1}{\sqrt{3}},$$

$$\alpha = \pi - \arccos\frac{\sqrt{3}}{3}, \quad \beta = \pi - \arccos\frac{\sqrt{3}}{3}, \quad \gamma = \arccos\frac{\sqrt{3}}{3}.$$

设与 $\overrightarrow{AB}$ 同方向的单位向量为 $\boldsymbol{a}^0$, 由于 $\boldsymbol{a}^0 = (\cos\alpha, \cos\beta, \cos\gamma)$, 则与 $\overrightarrow{AB}$ 同方向的单位向量为
$$\boldsymbol{a}^0 = \left(-\frac{1}{\sqrt{3}}, -\frac{1}{\sqrt{3}}, \frac{1}{\sqrt{3}}\right).$$

例 7 从点 $A\ (2, -1, 7)$ 沿向量 $\boldsymbol{a} = 8\boldsymbol{i} + 9\boldsymbol{j} - 12\boldsymbol{k}$ 的方向取线段 $|AB| = 34$, 求 B 点的坐标.

解 设 B 点的坐标为 (x, y, z), 则 $\overrightarrow{AB} = (x-2, y+1, z-7)$. 由题意, 有 $\left|\overrightarrow{AB}\right| = 34$, 且 $\overrightarrow{AB}$ 与 $\boldsymbol{a}$ 同向, 即它们有相同的方向余弦, 由于 $\boldsymbol{a}$ 的方向余弦为
$$\cos\alpha = \frac{8}{\sqrt{8^2 + 9^2 + (-12)^2}} = \frac{8}{17},$$

$$\cos\beta = \frac{9}{17}, \quad \cos\gamma = -\frac{12}{17},$$

而 $\overrightarrow{AB}$ 的方向余弦为
$$\cos\alpha = \frac{x-2}{\left|\overrightarrow{AB}\right|} = \frac{x-2}{34}, \quad \cos\beta = \frac{y+1}{34}, \quad \cos\gamma = \frac{z-7}{34},$$

从而
$$\frac{x-2}{34} = \frac{8}{17}, \quad \frac{y+1}{34} = \frac{9}{17}, \quad \frac{z-7}{34} = -\frac{12}{17},$$

解得
$$x = 18, \quad y = 17, \quad z = -17,$$

即所求点 B 的坐标为 $(18, 17, -17)$.

课件6-2-3

习 题 6-2

A 组

1. 已知 $u = a + b + c$, $v = a - b - 2c$, 试求 $u + 2v$ 与 a, b, c 的关系式.

2. 如果平面上一个四边形的对角线互相平分, 试用向量证明这是平行四边形.

3. 求平行于向量 $a = -7i + 6j - 6k$ 的单位向量.

4. 试证明三点 $A(1, 0, -1)$, $B(3, 4, 5)$, $C(0, -2, -4)$ 共线.

5. 已知 $M_1(4, \sqrt{2}, 1)$ 和 $M_2(3, 0, 2)$, 求向量 $\overrightarrow{M_1 M_2}$ 的模、方向余弦和方向角.

6. 设向量 a 的模是 5, 它与轴 u 的夹角是 $\dfrac{\pi}{4}$, 求 a 在轴 u 上的投影.

7. 设向量 a 与 x 轴, y 轴的方向余弦分别为 $\cos\alpha = \dfrac{1}{3}$, $\cos\beta = \dfrac{2}{3}$, 且其模为 3, 求向量 a.

B 组

1. 设 $a = 2i + 3j + k$, $b = i - j + k$, 求以 $u = a + b$, $v = 3a - 2b$ 为邻边的平行四边形两条对角线的长.

2. 设 $m = 3i + 5j + 8k$, $n = 2i - 4j - 7k$ 和 $p = 5i + j - 4k$. 求向量 $a = 4m + 3n - p$ 在 x 轴及 y 轴上的投影.

3. 已知某向量的方向角 α, β, γ 满足于 $\alpha = \beta = \dfrac{1}{2}\gamma$, 求该向量的方向余弦.

6.3 向量的数量积、向量积、混合积

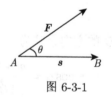
课前测6-3-1

一、 向量的数量积

数量积是两个向量的一种特殊乘积, 它是从物理问题中抽象而来. 设一物体在常力 F 作用下沿直线从点 A 移动到点 B, 以 s 表示位移 $\overrightarrow{AB}$, 由物理学知道, 力 F 所做的功为 $W = |F||s|\cos\theta$, 其中 θ 为 F 与 s 的夹角 (图 6-3-1). 对于上述形式的运算, 我们引入向量的数量积的定义.

图 6-3-1

定义 1 对于两个向量 a 和 b, 它们的模 $|a|$, $|b|$ 及它们的夹角 θ 的余弦的乘积称为向量 a 和 b 的**数量积**, 记作 $a \cdot b$, 即

$$a \cdot b = |a||b|\cos\theta.$$

因为用符号 "$\cdot$" 来表示这种乘积, 因此数量积又称为**点积** (或**内积**).

根据这个定义, 上述问题中力所做的功 W 是力 $\boldsymbol{F}$ 和位移 $\boldsymbol{s}$ 的数量积, 即

$$W = \boldsymbol{F} \cdot \boldsymbol{s}.$$

由投影的性质 1, 当 $\boldsymbol{a} \neq \boldsymbol{0}, \boldsymbol{b} \neq \boldsymbol{0}$ 时, $|\boldsymbol{b}| \cos(\overset{\wedge}{\boldsymbol{a}, \boldsymbol{b}})$ 是向量 $\boldsymbol{b}$ 在向量 $\boldsymbol{a}$ 上的投影, 则数量积又可以写成

$$\boldsymbol{a} \cdot \boldsymbol{b} = |\boldsymbol{a}| \operatorname{Prj}_{\boldsymbol{a}} \boldsymbol{b} \quad \text{或} \quad \boldsymbol{a} \cdot \boldsymbol{b} = |\boldsymbol{b}| \operatorname{Prj}_{\boldsymbol{b}} \boldsymbol{a}.$$

即两向量的数量积等于其中一个向量的模和另一个向量在该向量方向上的投影的乘积.

由数量积的定义还可以推得如下性质.

性质 1 $\boldsymbol{a} \cdot \boldsymbol{a} = |\boldsymbol{a}|^2.$

这是因为向量 $\boldsymbol{a}$ 与它本身的夹角 $\theta = 0$, 所以 $\boldsymbol{a} \cdot \boldsymbol{a} = |\boldsymbol{a}||\boldsymbol{a}| \cos 0 = |\boldsymbol{a}|^2.$

对于两个非零向量 $\boldsymbol{a} \neq \boldsymbol{0}, \boldsymbol{b} \neq \boldsymbol{0}$, 当 $\boldsymbol{a} \perp \boldsymbol{b}$ 时, $\boldsymbol{a}$ 与 $\boldsymbol{b}$ 的夹角 $\theta = \dfrac{\pi}{2}$, $\boldsymbol{a} \cdot \boldsymbol{b} = |\boldsymbol{a}||\boldsymbol{b}| \cos \dfrac{\pi}{2} = 0$, 反之, 当 $\boldsymbol{a} \cdot \boldsymbol{b} = 0$ 时, 由于 $\boldsymbol{a} \neq \boldsymbol{0}, \boldsymbol{b} \neq \boldsymbol{0}$, 即 $|\boldsymbol{a}| \neq 0, |\boldsymbol{b}| \neq 0$, 所以 $\cos \theta = 0$, $\boldsymbol{a}$ 与 $\boldsymbol{b}$ 的夹角 $\theta = \dfrac{\pi}{2}$, 即 $\boldsymbol{a} \perp \boldsymbol{b}$. 而零向量的方向可以视为任意的, 所以可认为零向量与任何向量都垂直. 因此有

性质 2 向量 $\boldsymbol{a} \perp \boldsymbol{b}$ 的充分必要条件是 $\boldsymbol{a} \cdot \boldsymbol{b} = 0$.

向量的数量积满足下列运算规律:

① 交换律 $\boldsymbol{a} \cdot \boldsymbol{b} = \boldsymbol{b} \cdot \boldsymbol{a}$;

② 分配律 $(\boldsymbol{a} + \boldsymbol{b}) \cdot \boldsymbol{c} = \boldsymbol{a} \cdot \boldsymbol{c} + \boldsymbol{b} \cdot \boldsymbol{c}$;

③ 结合律 $(\lambda \boldsymbol{a}) \cdot \boldsymbol{b} = \boldsymbol{a} \cdot (\lambda \boldsymbol{b}) = \lambda (\boldsymbol{a} \cdot \boldsymbol{b})$.

上面的运算规律中, 交换律和结合律可由数量积的定义直接推得. 下面证明分配律.

当 $\boldsymbol{c} = \boldsymbol{0}$ 时, $(\boldsymbol{a} + \boldsymbol{b}) \cdot \boldsymbol{c} = \boldsymbol{a} \cdot \boldsymbol{c} + \boldsymbol{b} \cdot \boldsymbol{c}$ 显然成立;

当 $\boldsymbol{c} \neq \boldsymbol{0}$ 时, 有 $(\boldsymbol{a} + \boldsymbol{b}) \cdot \boldsymbol{c} = |\boldsymbol{c}| \operatorname{Prj}_{\boldsymbol{c}}(\boldsymbol{a} + \boldsymbol{b}) = |\boldsymbol{c}| (\operatorname{Prj}_{\boldsymbol{c}} \boldsymbol{a} + \operatorname{Prj}_{\boldsymbol{c}} \boldsymbol{b}) = \boldsymbol{a} \cdot \boldsymbol{c} + \boldsymbol{b} \cdot \boldsymbol{c}$, 即此时分配律仍成立. 得证.

例 1 已知 $|\boldsymbol{a}| = |\boldsymbol{b}| = 1$, $(\overset{\wedge}{\boldsymbol{a}, \boldsymbol{b}}) = \dfrac{\pi}{2}$, $\boldsymbol{c} = 2\boldsymbol{a} + \boldsymbol{b}$, $\boldsymbol{d} = 3\boldsymbol{a} - \boldsymbol{b}$, 求 $\boldsymbol{a} \cdot \boldsymbol{b}$, $\boldsymbol{c} \cdot \boldsymbol{d}$, $(\overset{\wedge}{\boldsymbol{c}, \boldsymbol{d}})$.

解 因为 $(\overset{\wedge}{\boldsymbol{a}, \boldsymbol{b}}) = \dfrac{\pi}{2}$, 所以

$$\boldsymbol{a} \cdot \boldsymbol{b} = 0,$$

$$c \cdot d = (2a + b) \cdot (3a - b) = 6a \cdot a + 3a \cdot b - 2a \cdot b - b \cdot b$$

$$= 6 |a|^2 + a \cdot b - |b|^2 = 6 + 0 - 1 = 5,$$

又

$$|c| = \sqrt{c \cdot c} = \sqrt{(2a + b) \cdot (2a + b)} = \sqrt{5},$$

$$|d| = \sqrt{d \cdot d} = \sqrt{(3a - b) \cdot (3a - b)} = \sqrt{10},$$

因此

$$\cos (\overset{\wedge}{c, d}) = \frac{c \cdot d}{|c| |d|} = \frac{5}{\sqrt{5}\sqrt{10}} = \frac{\sqrt{2}}{2}, \quad (\overset{\wedge}{c, d}) = \frac{\pi}{4}.$$

例 2　试用向量证明三角形的余弦定理.

证　在 $\triangle ABC$ 中, 设 $\angle ACB = \theta$(图 6-3-2), $|BC| = a$, $|CA| = b$, $|AB| = c$, 要证的结论是

$$c^2 = a^2 + b^2 - 2ab \cos\theta.$$

设 $\overrightarrow{CB} = a, \overrightarrow{CA} = b, \overrightarrow{AB} = c$, 则

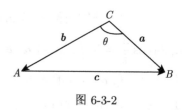

图 6-3-2

$$c = a - b,$$

从而

$$|c|^2 = c \cdot c = (a - b) \cdot (a - b) = a \cdot a + b \cdot b - 2a \cdot b$$

$$= |a|^2 + |b|^2 - 2 |a| |b| \cos(\overset{\wedge}{a, b}),$$

而 $|a| = a$, $|b| = b$, $|c| = c$, $(\overset{\wedge}{a, b}) = \theta$, 因此

$$c^2 = a^2 + b^2 - 2ab \cos\theta.$$

下面来推导数量积的坐标表示式.

设 $a = a_x i + a_y j + a_z k$, $b = b_x i + b_y j + b_z k$, 由向量的运算律, 有

$$a \cdot b = (a_x i + a_y j + a_z k) \cdot (b_x i + b_y j + b_z k)$$

$$= a_x i \cdot (b_x i + b_y j + b_z k) + a_y j \cdot (b_x i + b_y j + b_z k) + a_z k \cdot (b_x i + b_y j + b_z k)$$

$$= a_x b_x i \cdot i + a_x b_y i \cdot j + a_x b_z i \cdot k + a_y b_x j \cdot i + a_y b_y j \cdot j + a_y b_z j \cdot k$$

$$+ a_z b_x \boldsymbol{k} \cdot \boldsymbol{i} + a_z b_y \boldsymbol{k} \cdot \boldsymbol{j} + a_z b_z \boldsymbol{k} \cdot \boldsymbol{k},$$

因为 $\boldsymbol{i}, \boldsymbol{j}, \boldsymbol{k}$ 是两两互相垂直的基本单位向量, 所以

$$\boldsymbol{i} \cdot \boldsymbol{i} = \boldsymbol{j} \cdot \boldsymbol{j} = \boldsymbol{k} \cdot \boldsymbol{k} = 1, \quad \boldsymbol{i} \cdot \boldsymbol{j} = \boldsymbol{j} \cdot \boldsymbol{k} = \boldsymbol{k} \cdot \boldsymbol{i} = 0,$$

因此

$$\boldsymbol{a} \cdot \boldsymbol{b} = a_x b_x + a_y b_y + a_z b_z,$$

这就是两向量数量积的坐标表示式.

显然, 当 $\boldsymbol{a}$ 和 $\boldsymbol{b}$ 是两非零向量时, 有

$$\cos \theta = \frac{\boldsymbol{a} \cdot \boldsymbol{b}}{|\boldsymbol{a}||\boldsymbol{b}|} = \frac{a_x b_x + a_y b_y + a_z b_z}{\sqrt{a_x^2 + a_y^2 + a_z^2} \sqrt{b_x^2 + b_y^2 + b_z^2}},$$

这就是两向量夹角余弦的坐标表示式.

由此看出, 当向量 $\boldsymbol{a} \perp \boldsymbol{b}$ 时, 必有 $a_x b_x + a_y b_y + a_z b_z = 0$, 反之亦然.

例 3 求向量 $\boldsymbol{a} = (5, -2, 5)$ 在向量 $\boldsymbol{b} = (2, 1, 2)$ 上的投影.

解 因为 $\boldsymbol{a} \cdot \boldsymbol{b} = |\boldsymbol{b}| \operatorname{Prj}_{\boldsymbol{b}} \boldsymbol{a}$, 则 $\boldsymbol{a}$ 在 $\boldsymbol{b}$ 上的投影为

$$\operatorname{Prj}_{\boldsymbol{b}} \boldsymbol{a} = \frac{\boldsymbol{a} \cdot \boldsymbol{b}}{|\boldsymbol{b}|} = \frac{10 - 2 + 10}{\sqrt{4 + 1 + 4}} = 6.$$

例 4 已知三点 $A(-1, 2, 3)$, $B(0, 0, 5)$ 和 $C(1, 1, 1)$, 求 $\angle ACB$.

解 从 C 到 A 的向量记为 $\boldsymbol{a}$, 从 C 到 B 的向量记为 $\boldsymbol{b}$, 则 $\angle ACB$ 就是向量 $\boldsymbol{a}$ 与 $\boldsymbol{b}$ 的夹角, 由题意

$$\boldsymbol{a} = (-2, 1, 2), \quad \boldsymbol{b} = (-1, -1, 4),$$

因为

$$\boldsymbol{a} \cdot \boldsymbol{b} = -2 \times (-1) + 1 \times (-1) + 2 \times 4 = 9,$$

$$|\boldsymbol{a}| = \sqrt{(-2)^2 + 1^2 + 2^2} = 3,$$

$$|\boldsymbol{b}| = \sqrt{(-1)^2 + (-1)^2 + 4^2} = 3\sqrt{2},$$

所以

$$\cos \angle ACB = \frac{\boldsymbol{a} \cdot \boldsymbol{b}}{|\boldsymbol{a}||\boldsymbol{b}|} = \frac{9}{3 \cdot 3\sqrt{2}} = \frac{1}{\sqrt{2}},$$

从而 $\angle ACB = \dfrac{\pi}{4}$.

二、 向量的向量积

向量积是两个向量的另一种特殊的乘积, 它也是由物理问题中抽象出来的. 例如, 在研究物体转动问题时, 不但要考虑物体所受的力, 还要分析这些力所产生的力矩.

设 O 为一根杠杆 L 的支点, 有一个力 $\boldsymbol{F}$ 作用于该杠杆上 P 点处, $\boldsymbol{F}$ 与 $\overrightarrow{OP}$ 的夹角为 θ(图 6-3-3). 由力学规定, 力 $\boldsymbol{F}$ 对支点 O 的力矩是一向量, 设为 $\overrightarrow{OM}$, 则它的模

$$\left|\overrightarrow{OM}\right| = |OQ||\boldsymbol{F}| = |\overrightarrow{OP}||\boldsymbol{F}|\sin\theta,$$

而 $\overrightarrow{OM}$ 的方向垂直于 $\overrightarrow{OP}$ 与 $\boldsymbol{F}$ 所决定的平面, $\overrightarrow{OM}$ 的指向是按右手规则从 $\overrightarrow{OP}$ 以不超过 π 的角转向 $\boldsymbol{F}$ 来确定.

这种按上述法则由两个向量确定另一个向量的问题, 在物理学及其他科学中也经常遇到. 下面给出两向量的向量积的定义.

定义 2　由向量 $\boldsymbol{a}$ 和 $\boldsymbol{b}$ 确定一个新向量 $\boldsymbol{c}$, 使 $\boldsymbol{c}$ 满足

① $\boldsymbol{c}$ 的模为 $|\boldsymbol{c}| = |\boldsymbol{a}||\boldsymbol{b}|\sin\theta$, 其中 θ 为 $\boldsymbol{a}$ 与 $\boldsymbol{b}$ 间的夹角;

② $\boldsymbol{c}$ 的方向垂直于 $\boldsymbol{a}$ 与 $\boldsymbol{b}$ 所决定的平面, $\boldsymbol{c}$ 的指向按右手规则从 $\boldsymbol{a}$ 以不超过 π 的角度转向 $\boldsymbol{b}$ 来确定 (图 6-3-4). 这样确定的向量 $\boldsymbol{c}$ 称为 $\boldsymbol{a}$ 与 $\boldsymbol{b}$ 的**向量积**, 记作 $\boldsymbol{a} \times \boldsymbol{b}$, 即

$$\boldsymbol{c} = \boldsymbol{a} \times \boldsymbol{b}.$$

因为用符号 "$\times$" 来表示这种乘积, 故向量积又称为**叉积** (或外积).

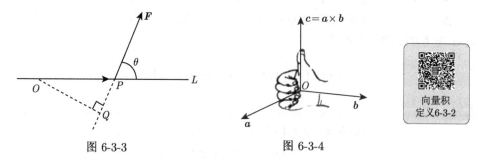

图 6-3-3　　　　　　　　　图 6-3-4

由向量积的定义可知, 力矩 $\overrightarrow{OM}$ 等于 $\overrightarrow{OP}$ 与 $\boldsymbol{F}$ 的向量积, 即

$$\overrightarrow{OM} = \overrightarrow{OP} \times \boldsymbol{F}.$$

由于向量积的模 $|\boldsymbol{a} \times \boldsymbol{b}| = |\boldsymbol{a}||\boldsymbol{b}|\sin\theta$, 因此 $|\boldsymbol{a} \times \boldsymbol{b}|$ 在几何上表示以 $\boldsymbol{a}$ 与 $\boldsymbol{b}$ 为邻边的平行四边形的面积 (图 6-3-5), 其中 θ 为 $\boldsymbol{a}$ 与 $\boldsymbol{b}$ 间的夹角.

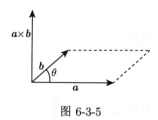

图 6-3-5

由向量积的定义可以得到如下性质.

性质 3　$a \times a = 0$.

这是因为 a 与 a 的夹角 $\theta = 0$, 所以 $|a \times a| = 0$, 即 $a \times a = 0$.

对于两个非零向量 $a \neq 0, b \neq 0$, 因为 $|a| \neq 0, |b| \neq 0$, 若 $a \times b = 0$, 则必有 $\sin (\overset{\wedge}{a,b}) = 0$, 于是 $(\overset{\wedge}{a,b}) = 0$ 或 π, 即 $a // b$; 反之, 若 $a // b$, 则 $(\overset{\wedge}{a,b}) = 0$ 或 π, 于是 $|a \times b| = 0$, 即 $a \times b = 0$. 而零向量的方向可以视为任意的, 所以可认为零向量与任何向量都平行. 因此有

性质 4　向量 $a // b$ 的充要条件是 $a \times b = 0$.

向量积符合下列运算规律.

① $a \times b = -b \times a$.

这是因为按右手规则从 b 转向 a 定出的方向恰好与按右手规则从 a 转向 b 定出的方向相反, 它表明交换律对向量积不成立.

② 分配律　$(a + b) \times c = a \times c + b \times c$.

③ 结合律　$(\lambda a) \times c = a \times (\lambda c) = \lambda(a \times c)$　(λ 为数).

这两个规律不作证明.

下面来推导向量积的坐标表示式, 设

$$a = a_x i + a_y j + a_z k, \quad b = b_x i + b_y j + b_z k,$$

则由向量积的运算规律, 有

$$\begin{aligned}
a \times b =& (a_x i + a_y j + a_z k) \times (b_x i + b_y j + b_z k) \\
=& a_x b_x i \times i + a_x b_y i \times j + a_x b_z i \times k + a_y b_x j \times i + a_y b_y j \times j + a_y b_z j \times k \\
& + a_z b_x k \times i + a_z b_y k \times j + a_z b_z k \times k,
\end{aligned}$$

由于

$$i \times i = j \times j = k \times k = 0, \quad i \times j = k, \quad j \times k = i,$$
$$k \times i = j, \quad j \times i = -k, \quad k \times j = -i, \quad i \times k = -j,$$

所以

$$a \times b = (a_y b_z - a_z b_y)i + (a_z b_x - a_x b_z)j + (a_x b_y - a_y b_x)k.$$

为了便于记忆, 常把上式写成行列式的形式:

$$a \times b = \begin{vmatrix} a_y & a_z \\ b_y & b_z \end{vmatrix} i - \begin{vmatrix} a_x & a_z \\ b_x & b_z \end{vmatrix} j + \begin{vmatrix} a_x & a_y \\ b_x & b_y \end{vmatrix} k = \begin{vmatrix} i & j & k \\ a_x & a_y & a_z \\ b_x & b_y & b_z \end{vmatrix},$$

这就是两向量向量积的坐标表示式.

例 5　已知 $a = (1, -3, 1)$, $b = (2, -1, 3)$, 计算 $a \times b$.

解　由向量积的坐标表示式

$$a \times b = \begin{vmatrix} i & j & k \\ 1 & -3 & 1 \\ 2 & -1 & 3 \end{vmatrix} = \begin{vmatrix} -3 & 1 \\ -1 & 3 \end{vmatrix} i - \begin{vmatrix} 1 & 1 \\ 2 & 3 \end{vmatrix} j + \begin{vmatrix} 1 & -3 \\ 2 & -1 \end{vmatrix} k$$

$$= -8i - j + 5k.$$

例 6　求与 $a = (3, -2, 4)$, $b = (1, 1, -2)$ 都垂直的单位向量.

解　$c = a \times b = \begin{vmatrix} i & j & k \\ 3 & -2 & 4 \\ 1 & 1 & -2 \end{vmatrix} = 10j + 5k.$

由向量积的定义可知, 若 $c = a \times b$, 则 $\pm c$ 与 a, b 都垂直, 而

$$|c| = \sqrt{10^2 + 5^2} = 5\sqrt{5},$$

所以所求的单位向量为 $\pm \dfrac{c}{|c|} = \pm \left(\dfrac{2}{\sqrt{5}} j + \dfrac{1}{\sqrt{5}} k \right).$

例 7　已知三角形的顶点分别为 $A(4, 10, 7)$, $B(7, 9, 8)$, $C(5, 5, 8)$, 求 $\triangle ABC$ 面积.

解　由题意, 有 $\overrightarrow{AB} = (3, -1, 1), \overrightarrow{AC} = (1, -5, 1)$, 根据向量积模的几何意义可知, $\triangle ABC$ 的面积为

$$S_{\triangle ABC} = \frac{1}{2} |\overrightarrow{AB}||\overrightarrow{AC}| \sin \angle A = \frac{1}{2} |\overrightarrow{AB} \times \overrightarrow{AC}|,$$

而

$$\overrightarrow{AB} \times \overrightarrow{AC} = \begin{vmatrix} i & j & k \\ 3 & -1 & 1 \\ 1 & -5 & 1 \end{vmatrix} = (4, -2, -14),$$

所以, $S_{\triangle ABC} = \dfrac{1}{2} |4i - 2j - 14k| = \dfrac{1}{2} \sqrt{4^2 + (-2)^2 + (-14)^2} = 3\sqrt{6}.$

三、 向量的混合积

定义 3　设 a, b, c 为三个向量, 称 $(a \times b) \cdot c$ 为三个向量 a, b, c 的**混合积**, 记作 $[a\,b\,c]$.

例 8 设 $\boldsymbol{a}=a_x\boldsymbol{i}+a_y\boldsymbol{j}+a_z\boldsymbol{k}$, $\boldsymbol{b}=b_x\boldsymbol{i}+b_y\boldsymbol{j}+b_z\boldsymbol{k}$, $\boldsymbol{c}=c_x\boldsymbol{i}+c_y\boldsymbol{j}+c_z\boldsymbol{k}$, 求 $\boldsymbol{a},\boldsymbol{b},\boldsymbol{c}$ 的混合积 $[\boldsymbol{a}\,\boldsymbol{b}\,\boldsymbol{c}]$.

解 由向量积的坐标表示式

$$\boldsymbol{a}\times\boldsymbol{b}=\begin{vmatrix}\boldsymbol{i} & \boldsymbol{j} & \boldsymbol{k}\\ a_x & a_y & a_z\\ b_x & b_y & b_z\end{vmatrix}=\begin{vmatrix}a_y & a_z\\ b_y & b_z\end{vmatrix}\boldsymbol{i}-\begin{vmatrix}a_x & a_z\\ b_x & b_z\end{vmatrix}\boldsymbol{j}+\begin{vmatrix}a_x & a_y\\ b_x & b_y\end{vmatrix}\boldsymbol{k},$$

再由两向量的数量积的坐标表示式, 得

$$(\boldsymbol{a}\times\boldsymbol{b})\cdot\boldsymbol{c}=c_x\begin{vmatrix}a_y & a_z\\ b_y & b_z\end{vmatrix}-c_y\begin{vmatrix}a_x & a_z\\ b_x & b_z\end{vmatrix}+c_z\begin{vmatrix}a_x & a_y\\ b_x & b_y\end{vmatrix},$$

即

$$[\boldsymbol{a}\,\boldsymbol{b}\,\boldsymbol{c}]=(\boldsymbol{a}\times\boldsymbol{b})\cdot\boldsymbol{c}=\begin{vmatrix}a_x & a_y & a_z\\ b_x & b_y & b_z\\ c_x & c_y & c_z\end{vmatrix}.$$

利用例 8 的结果和行列式的性质容易验证:

$$[\boldsymbol{a}\,\boldsymbol{b}\,\boldsymbol{c}]=[\boldsymbol{b}\,\boldsymbol{c}\,\boldsymbol{a}]=[\boldsymbol{c}\,\boldsymbol{a}\,\boldsymbol{b}].$$

混合积 $(\boldsymbol{a}\times\boldsymbol{b})\cdot\boldsymbol{c}$ 是一个数量, 事实上, 它的绝对值等于以 $\boldsymbol{a},\boldsymbol{b},\boldsymbol{c}$ 为棱的平行六面体的体积. 如图 6-3-6, 以 $\boldsymbol{a},\boldsymbol{b}$ 为邻边的平行四边形的面积为

$$S=|\boldsymbol{a}\times\boldsymbol{b}|,$$

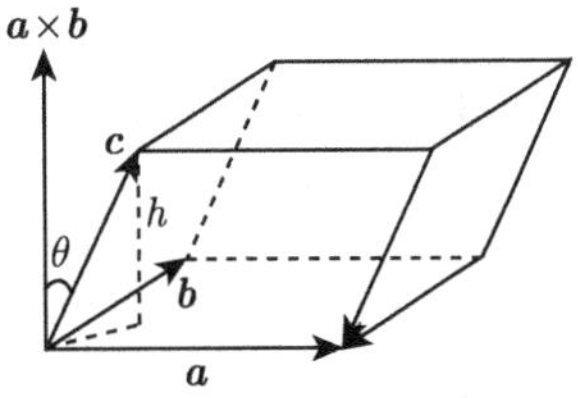

图 6-3-6

而平行六面体在这底面上的高 h 是

$$h=|\boldsymbol{c}|\,|\cos\theta|,$$

于是, 平行六面体的体积 V 为

$$\begin{aligned}V&=Sh\\&=|\boldsymbol{a}\times\boldsymbol{b}|\,|\boldsymbol{c}|\,|\cos\theta|=|(\boldsymbol{a}\times\boldsymbol{b})\cdot\boldsymbol{c}|,\end{aligned}$$

这就是混合积的几何意义. 由此可知:

三个向量 $\boldsymbol{a},\boldsymbol{b},\boldsymbol{c}$ 共面的充要条件是向量 $\boldsymbol{a},\boldsymbol{b},\boldsymbol{c}$ 的混合积为零, 即 $[\boldsymbol{a}\,\boldsymbol{b}\,\boldsymbol{c}]=0$.

例 9　试证 $A\left(0,1,-\dfrac{1}{2}\right)$, $B(-3,1,1)$, $C(-1,0,1)$, $D(1,-1,1)$ 四点共面.

证　只需证明向量 $\overrightarrow{AB}=\left(-3,0,\dfrac{3}{2}\right)$, $\overrightarrow{AC}=\left(-1,-1,\dfrac{3}{2}\right)$, $\overrightarrow{AD}=\left(1,-2,\dfrac{3}{2}\right)$

共面即可. 由于

$$
(\overrightarrow{AB}\times\overrightarrow{AC})\cdot\overrightarrow{AD}=
\begin{vmatrix}
-3 & 0 & \dfrac{3}{2} \\[2mm]
-1 & -1 & \dfrac{3}{2} \\[2mm]
1 & -2 & \dfrac{3}{2}
\end{vmatrix}=0,
$$

因此, A, B, C, D 四点共面.

习　题　6-3

课件6-3-3

A 组

1. 判断下列命题是否成立:

(1) $\boldsymbol{a}\cdot\boldsymbol{a}=|\boldsymbol{a}|\,\boldsymbol{a}$;

(2) 若 $\boldsymbol{a}\cdot\boldsymbol{b}=0$, 则 $\boldsymbol{a},\boldsymbol{b}$ 中至少有一个零向量;

(3) 若 $\boldsymbol{a}\neq\boldsymbol{0}$, 则 $\boldsymbol{a}$ 与 $\boldsymbol{b}-\dfrac{\boldsymbol{a}\cdot\boldsymbol{b}}{|\boldsymbol{a}|^{2}}\boldsymbol{a}$ 垂直;

(4) 若 $\boldsymbol{a}\neq\boldsymbol{0}$, 且 $\boldsymbol{a}\times\boldsymbol{b}=\boldsymbol{a}\times\boldsymbol{c}$, 则 $\boldsymbol{b}=\boldsymbol{c}$;

(5) $\boldsymbol{a}\times\boldsymbol{b}=|\boldsymbol{a}|\,|\boldsymbol{b}|\sin\theta\,(\theta$ 为 $\boldsymbol{a},\boldsymbol{b}$ 间的夹角).

2. 若向量 $\boldsymbol{a}=(k,2,-1)$ 与向量 $\boldsymbol{b}=(k,-2,3k)$ 垂直, 求 k 的值.

3. 设 $\boldsymbol{a}=2\boldsymbol{i}-3\boldsymbol{j}+\boldsymbol{k}$, $\boldsymbol{b}=\boldsymbol{i}-\boldsymbol{j}+3\boldsymbol{k}$, $\boldsymbol{c}=\boldsymbol{i}-2\boldsymbol{j}$, 求

(1) $\boldsymbol{a}\times\boldsymbol{b}$;　　　　　　　　　　　(2) $(\boldsymbol{a}+2\boldsymbol{b})\cdot\boldsymbol{a}$;

(3) $(\boldsymbol{a}+\boldsymbol{b})\times(\boldsymbol{b}+\boldsymbol{c})$;　　　　　　(4) $(\boldsymbol{a}\times\boldsymbol{b})\cdot\boldsymbol{c}$.

4. 求向量 $\boldsymbol{a}=(4,-3,4)$ 在向量 $\boldsymbol{b}=(2,2,1)$ 上的投影.

5. 已知 $\boldsymbol{a}=(3,5,-4)$, $\boldsymbol{b}=(2,1,8)$, 问 λ 与 μ 满足什么条件时, $\lambda\boldsymbol{a}+\mu\boldsymbol{b}$ 垂直于 y 轴?

6. 已知 $M_1=(1,-1,2)$, $M_2=(3,3,1)$, $M_3=(3,1,3)$, 求与 $\overrightarrow{M_1M_2}$, $\overrightarrow{M_2M_3}$ 同时垂直的单位向量.

7. 已知 $\overrightarrow{OA}=\boldsymbol{i}+3\boldsymbol{j}$, $\overrightarrow{OB}=\boldsymbol{j}+3\boldsymbol{k}$, 求 $\triangle OAB$ 的面积.

8. 已知三角形三个顶点的坐标是 $A(-1,2,3)$, $B(1,1,1)$, $C(0,0,5)$, 试证三角形 ABC 是直角三角形, 并求角 B 的大小.

9. 已知向量 $\boldsymbol{a}$ 与向量 $\boldsymbol{b}=(3,6,8)$ 及 x 轴垂直, 且 $|\boldsymbol{a}|=2$, 求向量 $\boldsymbol{a}$.

10. 已知 $\boldsymbol{a}=(-3,0,4)$, $\boldsymbol{b}=(5,-2,-14)$, 求向量 $\boldsymbol{a},\boldsymbol{b}$ 所成夹角的角平分线上的单位向量.

11. 设 $(\boldsymbol{a}\times\boldsymbol{b})\cdot\boldsymbol{c}=-2$, 求 $[(\boldsymbol{a}+\boldsymbol{b})\times(\boldsymbol{b}+\boldsymbol{c})]\cdot(\boldsymbol{c}+\boldsymbol{a})$.

B 组

1. 设 a, b, c 为单位向量, 且满足 $a + b + c = 0$, 求 $a \cdot b + b \cdot c + c \cdot a$.

2. 已知 $|a| = 2$, $|b| = 1$, $|c| = \sqrt{2}$, 且 $a \perp b$, $a \perp c$, b 与 c 的夹角为 $\dfrac{\pi}{4}$, 求 $|a + 2b - 3c|$.

3. 已知 $|a| = 3$, $|b| = 4$, $|c| = 5$, 且 $a + b + c = 0$, 求 $b \cdot c$.

4. 设 a, b 为单位向量, 且 a, b 的夹角为 $\dfrac{\pi}{3}$, 求 $\lim\limits_{x \to 0} \dfrac{|a + xb| - 1}{x}$.

课前测6-4-1

6.4 平面及其方程

类似平面解析几何中把平面曲线看作动点轨迹, 空间解析几何中, 任何曲面和空间曲线也可看作动点的几何轨迹, 本节我们先给出曲面和空间曲线的概念, 再利用向量代数讨论特殊的曲面——平面及其方程.

一、 曲面方程、空间曲线方程

如果曲面 S 与三元方程

$$F(x, y, z) = 0 \tag{6-4-1}$$

有下述关系:

(1) 曲面 S 上任一点的坐标都满足方程 (6-4-1);

(2) 不在曲面 S 上的点的坐标都不满足方程 (6-4-1),

那么, 称方程 $F(x, y, z) = 0$ 为**曲面S 的方程**, 曲面 S 为方程 $F(x, y, z) = 0$ 的**图形** (图 6-4-1).

空间曲线可以看作两个曲面 S_1 和 S_2 的交线. 设 $F(x, y, z) = 0$ 和 $G(x, y, z) = 0$ 分别为曲面 S_1 和 S_2 的方程, 两曲面的交线为曲线 C(图 6-4-2), 则曲线 C 上任何点的坐标应同时满足这两个曲面方程, 即满足方程组

$$\begin{cases} F(x, y, z) = 0, \\ G(x, y, z) = 0. \end{cases} \tag{6-4-2}$$

反之, 若点 M 不在曲线 C 上, 则它不可能同时在两个曲面上, 故点 M 的坐标不满足方程组. 因此, 曲线 C 可以用方程组 (6-4-2) 来表示. 称方程组 (6-4-2) 为**空间曲线C 的一般方程**, 曲线 C 为方程组 (6-4-2) 的**图形**.

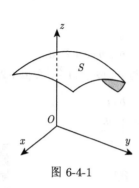

图 6-4-1

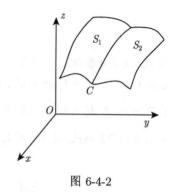

图 6-4-2

二、 平面的方程

因为平面是空间曲面的特殊情形, 所以类似曲面方程可得平面方程的定义: 若平面上的点的坐标都满足方程, 且不满足方程的点都不在平面上, 此时称该方程为**平面的方程**, 平面为该方程的**图形**. 下面我们就来讨论几类平面方程.

1. 平面的点法式方程

如果一平面过已知点且垂直于一已知向量, 那么它在空间的位置就完全确定了. 我们把垂直于平面的非零向量称为该平面的**法线向量**或**法向量**. 显然, 一个平面的法向量不唯一, 有无数个, 它们之间相互平行.

设 $M_0(x_0, y_0, z_0)$ 是平面 Π 上一定点, $\boldsymbol{n} = (A, B, C)$ 为平面 Π 的法向量, 其中 A, B, C 不全为零, 现在来建立平面 Π 的方程.

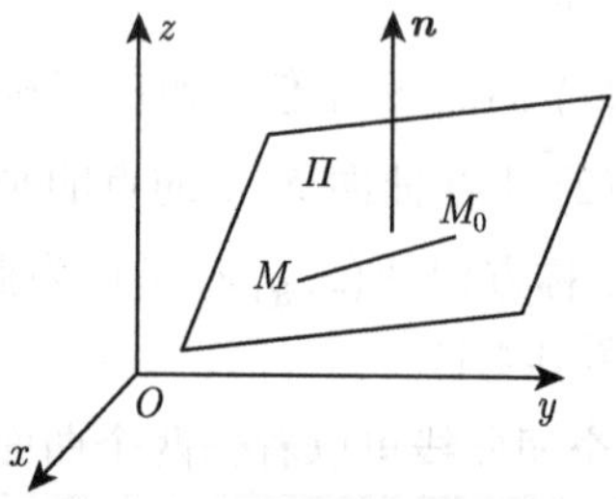

设 $M(x, y, z)$ 是平面 Π 上任一点 (图 6-4-3), 作向量 $\overrightarrow{M_0M}$, 由于 $\overrightarrow{M_0M}$ 在平面 Π 上, 所以 $\overrightarrow{M_0M}$ 与法向量 $\boldsymbol{n}$ 垂直, 则

$$\boldsymbol{n} \cdot \overrightarrow{M_0M} = 0.$$

图 6-4-3

而 $\boldsymbol{n} = (A, B, C)$, $\overrightarrow{M_0M} = (x - x_0, y - y_0, z - z_0)$, 于是

$$(A, B, C) \cdot (x - x_0, y - y_0, z - z_0) = 0,$$

即

$$A(x - x_0) + B(y - y_0) + C(z - z_0) = 0. \tag{6-4-3}$$

反过来, 当 $M(x, y, z)$ 不在平面 Π 上时, 向量 $\overrightarrow{M_0M}$ 与法线向量 $\boldsymbol{n}$ 不垂直, 从而 $\boldsymbol{n} \cdot \overrightarrow{M_0M} \neq 0$, 因而点 M 的坐标 x, y, z 不满足方程 (6-4-3).

由此可知, 方程 $A(x-x_0)+B(y-y_0)+C(z-z_0)=0$ 是平面 Π 的方程, 而平面 Π 就是该方程的图形. 又因方程 (6-4-3) 是由平面上的一点及平面的一个法向量所确定, 所以方程 (6-4-3) 称为**平面的点法式方程**.

例 1　求过点 $(3,-2,1)$, 并以 $\boldsymbol{n}=(3,4,6)$ 为法向量的平面方程.

解　由平面的点法式方程 (6-4-3), 所求平面的方程为

$$3(x-3)+4(y+2)+6(z-1)=0,$$

即

$$3x+4y+6z-7=0.$$

例 2　已知平面过三个点 $M_1(1,1,1)$, $M_2(-1,5,2)$ 和 $M_3(2,-2,1)$, 求此平面方程.

解　因所求平面的法向量 $\boldsymbol{n}$ 与向量 $\overrightarrow{M_1M_2}=(-2,4,1)$ 和 $\overrightarrow{M_1M_3}=(1,-3,0)$ 都垂直, 故可以取

$$\boldsymbol{n}=\overrightarrow{M_1M_2}\times\overrightarrow{M_1M_3}=\begin{vmatrix} \boldsymbol{i} & \boldsymbol{j} & \boldsymbol{k} \\ -2 & 4 & 1 \\ 1 & -3 & 0 \end{vmatrix}=3\boldsymbol{i}+\boldsymbol{j}+2\boldsymbol{k}.$$

于是所求平面的方程为

$$3(x-1)+(y-1)+2(z-1)=0,$$

即

$$3x+y+2z-6=0.$$

2. 平面的一般式方程

方程 (6-4-3) 可化为

$$Ax+By+Cz+(-Ax_0-By_0-Cz_0)=0,$$

若把常数项 $(-Ax_0-By_0-Cz_0)$ 记作 D, 则有

$$Ax+By+Cz+D=0, \tag{6-4-4}$$

可见, 任何平面都可用 x,y,z 的一次方程 (6-4-4) 来表示.

反之, 可以证明, 任意三元一次方程 (6-4-4) 都表示一个平面. 事实上, 因为当 A,B,C 不全为零时, 总能找到 x_0,y_0,z_0, 使得

$$Ax_0+By_0+Cz_0+D=0,$$

由方程 (6-4-4) 减去上述方程得

$$A(x - x_0) + B(y - y_0) + C(z - z_0) = 0,$$

它表示过点 (x_0, y_0, z_0), 且法向量为 $\boldsymbol{n} = (A, B, C)$ 的平面. 由此可知, 任意三元一次方程 (6-4-4) 的图形总是一个平面. 称方程 (6-4-4) 为**平面的一般式方程**, 其中 x, y, z 的系数就是该平面的一个法向量 $\boldsymbol{n}$ 的坐标, 即 $\boldsymbol{n} = (A, B, C)$.

下面给出方程 (6-4-4) 的一些特殊情形.

当 $D = 0$ 时, 方程 (6-4-4) 变为

$$Ax + By + Cz = 0,$$

该方程缺常数项, 由于原点 $O(0, 0, 0)$ 的坐标满足该方程, 所以它表示过原点的平面.

当 $A = 0$ 时, 方程 (6-4-4) 变为

$$By + Cz + D = 0,$$

该方程缺 x 项, 由于该方程对应的平面的法向量 $\boldsymbol{n} = (0, B, C)$ 与 x 轴垂直, 所以它表示平行于 (或通过)x 轴的平面.

同理, 方程

$$Ax + Cz + D = 0, \quad Ax + By + D = 0,$$

分别缺 y 和 z 项, 则分别表示平行于 (或通过)y 轴和 z 轴的平面.

当 $A = B = 0$ 时, 方程 (6-4-4) 变为

$$Cz + D = 0,$$

该方程缺 x, y 项, 由于该方程对应的平面的法向量 $\boldsymbol{n} = (0, 0, C)$, 同时垂直于 x 轴和 y 轴, 所以它表示平行于 xOy 面的平面.

同理, 方程

$$Ax + D = 0, \quad By + D = 0,$$

分别表示平行于 yOz 面和 xOz 面的平面.

例 3 已知平面过点 $M_0(1, -1, 1)$ 且通过 z 轴, 求该平面的方程.

解 所求平面通过 z 轴, 故它的法向量垂直于 z 轴, 且平面必过原点. 因此可设该平面的方程为

$$Ax + By = 0,$$

又因为平面通过点 $M_0(1, -1, 1)$, 所以有

$$A - B = 0,$$

即 $A = B$. 将其代入所设方程并除以 $B(B \neq 0)$, 即得所求的平面方程为

$$x + y = 0.$$

例 4 设平面过原点及点 $(6, -3, 2)$, 且与平面 $4x - y + 2z = 8$ 垂直, 求此平面方程.

解 设所求平面方程为 $Ax + By + Cz + D = 0$, 则取法向量 $\boldsymbol{n} = (A, B, C)$, 由平面过原点知, $D = 0$; 且平面过点 $(6, -3, 2)$, 则 $6A - 3B + 2C = 0$, 又因为 $\boldsymbol{n} \perp (4, -1, 2)$, 所以 $4A - B + 2C = 0$, 由上述两方程, 可解得

$$A = B = -\frac{2}{3}C,$$

所以所求方程为 $2x + 2y - 3z = 0$.

3. 平面的截距式方程

例 5 已知平面过三点 $(a, 0, 0), (0, b, 0)$ 和 $(0, 0, c)$, 其中 a, b, c 均不为零, 求此平面方程.

解 设所求平面方程为

$$Ax + By + Cz + D = 0,$$

把已知三点的坐标代入, 得方程组

$$\begin{cases} Aa + D = 0, \\ Bb + D = 0, \\ Cc + D = 0, \end{cases}$$

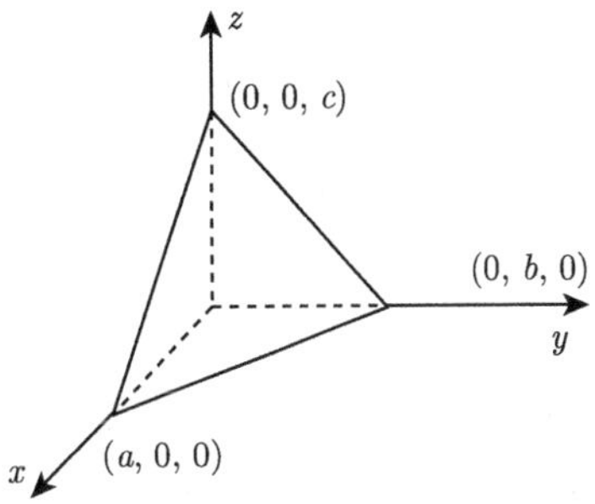

解得

$$A = -\frac{D}{a}, \quad B = -\frac{D}{b}, \quad C = -\frac{D}{c},$$

图 6-4-4

代入平面方程, 且由 $D \neq 0$ 得

$$-\frac{D}{a}x - \frac{D}{b}y - \frac{D}{c}z + D = 0,$$

$$\frac{x}{a} + \frac{y}{b} + \frac{z}{c} = 1, \tag{6-4-5}$$

方程 (6-4-5) 称为**平面的截距式方程**. 而 a, b, c 依次称为平面在 x, y, z 轴上的截距 (图 6-4-4).

例 6　求平行于平面 $6x + y + 6z + 5 = 0$ 且与三个坐标面在第一卦限内所围成的四面体体积为一个单位的平面方程.

解　设平面为 $\dfrac{x}{a} + \dfrac{y}{b} + \dfrac{z}{c} = 1$, 由于四面体在第一卦限, 则

$$V = \frac{1}{3} \cdot \frac{1}{2} abc = 1,$$

由所求平面与已知平面平行得

$$\frac{\frac{1}{a}}{6} = \frac{\frac{1}{b}}{1} = \frac{\frac{1}{c}}{6}, \quad \text{即} \quad \frac{1}{6a} = \frac{1}{b} = \frac{1}{6c},$$

令 $\dfrac{1}{6a} = \dfrac{1}{b} = \dfrac{1}{6c} = t$, 则 $a = \dfrac{1}{6t}, b = \dfrac{1}{t}, c = \dfrac{1}{6t}$, 将 a, b, c 代入体积式有

$$1 = \frac{1}{6} \cdot \frac{1}{6t} \cdot \frac{1}{t} \cdot \frac{1}{6t},$$

解得 $t = \dfrac{1}{6}$, 所以 $a = 1, b = 6, c = 1$, 故所求平面方程为 $6x + y + 6z = 6$.

三、两平面的夹角

两平面的法向量之间的夹角 (通常指锐角或直角) 称为两平面的夹角 (图 6-4-5).

设两平面 Π_1 与 Π_2 的方程分别为

$$A_1 x + B_1 y + C_1 z + D_1 = 0,$$

$$A_2 x + B_2 y + C_2 z + D_2 = 0,$$

则两平面的法向量分别取为 $\boldsymbol{n}_1 = (A_1,$

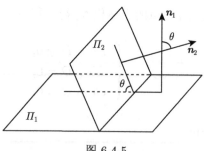

图 6-4-5

$B_1, C_1)$, $\boldsymbol{n}_2 = (A_2, B_2, C_2)$, 那么两平面 Π_1 与 Π_2 的夹角 θ 应是 $(\stackrel{\wedge}{\boldsymbol{n}_1, \boldsymbol{n}_2})$ 或 $\pi - (\stackrel{\wedge}{\boldsymbol{n}_1, \boldsymbol{n}_2})$ 中不超过 $\dfrac{\pi}{2}$ 的角. 因此无论哪种情况, 由向量的数量积定义, 总有

$$\cos \theta = |\cos (\stackrel{\wedge}{\boldsymbol{n}_1, \boldsymbol{n}_2})| = \frac{|\boldsymbol{n}_1 \cdot \boldsymbol{n}_2|}{|\boldsymbol{n}_1| \cdot |\boldsymbol{n}_2|},$$

即

$$\cos\theta = \frac{|A_1A_2 + B_1B_2 + C_1C_2|}{\sqrt{A_1^2 + B_1^2 + C_1^2} \cdot \sqrt{A_2^2 + B_2^2 + C_2^2}}, \tag{6-4-6}$$

称 (6-4-6) 式为**两个平面夹角的余弦公式**.

根据两个向量垂直、平行的充要条件可以推得两个平面垂直、平行的充要条件.

两平面 Π_1 与 Π_2 垂直的充要条件为 $\boldsymbol{n}_1 \perp \boldsymbol{n}_2$, 即

$$A_1A_2 + B_1B_2 + C_1C_2 = 0;$$

两平面 Π_1 与 Π_2 平行 (含重合) 的充要条件为 $\boldsymbol{n}_1 // \boldsymbol{n}_2$, 即

$$\frac{A_1}{A_2} = \frac{B_1}{B_2} = \frac{C_1}{C_2}.$$

例 7 已知两平面方程为 $x + y + 2z + 3 = 0$ 和 $x - 2y - z + 1 = 0$, 求它们间的夹角.

解 由题意, 两平面的法向量可分别取为 $\boldsymbol{n}_1 = (1, 1, 2)$, $\boldsymbol{n}_2 = (1, -2, -1)$, 由公式 (6-4-6) 有

$$\cos\theta = \frac{|1 \times 1 + 1 \times (-2) + 2 \times (-1)|}{\sqrt{1^2 + 1^2 + 2^2}\sqrt{1^2 + (-2)^2 + (-1)^2}} = \frac{1}{2},$$

从而, 所求的两平面夹角为 $\theta = \dfrac{\pi}{3}$.

例 8 求平面 $x - 2y + 4z - 7 = 0$ 与 xOy 坐标面夹角的余弦.

解 已知平面的法向量可取为 $(1, -2, 4)$, 取 xOy 坐标面的法向量为 $\boldsymbol{k} = (0, 0, 1)$, 设这两个平面的夹角为 γ, 由公式 (6-4-6) 得

$$\cos\gamma = \frac{|0 \times 1 + 0 \times (-2) + 1 \times 4|}{\sqrt{0^2 + 0^2 + 1^2}\sqrt{1^2 + (-2)^2 + 4^2}} = \frac{4}{\sqrt{21}},$$

所以, 已知平面与 xOy 坐标面夹角的余弦为 $\dfrac{4}{\sqrt{21}}$.

例 9 已知平面过点 $(1, -2, 1)$, 且与两平面 $x - 2y + z - 3 = 0$ 和 $x + y - z + 2 = 0$ 都垂直, 求该平面的方程.

例9讲解6-4-2

解法一 设所求平面的法向量 $\boldsymbol{n} = (A, B, C)$, 则其方程可写为

$$A(x - 1) + B(y + 2) + C(z - 1) = 0,$$

其中 A, B, C 不全为零. 由于这个平面同时垂直于两已知平面, 而两已知平面的法向量可分别取为 $\boldsymbol{n}_1 = (1, -2, 1)$, $\boldsymbol{n}_2 = (1, 1, -1)$, 所以有 $\boldsymbol{n} \perp \boldsymbol{n}_1, \boldsymbol{n} \perp \boldsymbol{n}_2$, 即

$$\begin{cases} A - 2B + C = 0, \\ A + B - C = 0, \end{cases}$$

解得

$$A = \frac{C}{3}, \quad B = \frac{2C}{3} \quad (C \neq 0),$$

代入所设方程并除以 C, 可得所求的平面方程为

$$\frac{1}{3}(x - 1) + \frac{2}{3}(y + 2) + (z - 1) = 0,$$

即

$$x + 2y + 3z = 0.$$

解法二 由于所求的平面的法向量 $\boldsymbol{n}$ 同时垂直于两已知平面的法向量 $\boldsymbol{n}_1 = (1, -2, 1)$ 和 $\boldsymbol{n}_2 = (1, 1, -1)$, 因此, 可以取

$$\boldsymbol{n} = \boldsymbol{n}_1 \times \boldsymbol{n}_2 = \begin{vmatrix} \boldsymbol{i} & \boldsymbol{j} & \boldsymbol{k} \\ 1 & -2 & 1 \\ 1 & 1 & -1 \end{vmatrix} = \boldsymbol{i} + 2\boldsymbol{j} + 3\boldsymbol{k},$$

于是, 得所求平面方程为

$$(x - 1) + 2(y + 2) + 3(z - 1) = 0,$$

即

$$x + 2y + 3z = 0.$$

四、 点到平面的距离

设平面 Π 的方程为 $Ax + By + Cz + D = 0$, 点 $P_0(x_0, y_0, z_0)$ 是平面外一点, 过点 P_0 作平面 Π 的垂线, 垂足为 N(图 6-4-6), 则点 P_0 到平面 Π 的距离为

$$d = |P_0 N|,$$

且平面 Π 的过 P_0 点的法向量为 $\boldsymbol{n} = \overrightarrow{NP_0}$, 不妨设 $\boldsymbol{n} = (A, B, C)$, 在平面 Π

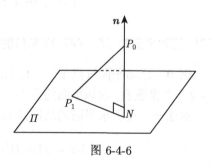

图 6-4-6

上任取一点 $P_1(x_1, y_1, z_1)$, 则有向量 $\overrightarrow{P_1P_0} = (x_0 - x_1, y_0 - y_1, z_0 - z_1)$, 由数量积定义得

$$d = \left| \operatorname{Prj}_{\boldsymbol{n}} \overrightarrow{P_1P_0} \right| = \left| \frac{\overrightarrow{P_1P_0} \cdot \boldsymbol{n}}{|\boldsymbol{n}|} \right| = \frac{|A(x_0 - x_1) + B(y_0 - y_1) + C(z_0 - z_1)|}{\sqrt{A^2 + B^2 + C^2}},$$

因为 $P_1(x_1, y_1, z_1)$ 在平面 Π 上, 故

$$Ax_1 + By_1 + Cz_1 + D = 0,$$

所以

$$d = \frac{|Ax_0 + By_0 + Cz_0 + D|}{\sqrt{A^2 + B^2 + C^2}}, \tag{6-4-7}$$

称 (6-4-7) 式为**点** $P_0(x_0, y_0, z_0)$ **到平面** $Ax + By + Cz + D = 0$ **的距离公式**.

例 10 求点 $(2, 1, 0)$ 到平面 $x - y - z + 2 = 0$ 的距离.

解 由公式 (6-4-7) 有

$$d = \frac{|1 \times 2 + 1 \times (-1) + (-1) \times 0 + 2|}{\sqrt{1^2 + (-1)^2 + (-1)^2}} = \sqrt{3}.$$

习 题 6-4

A 组

课件6-4-3

1. 分别求满足下列条件的平面方程:

(1) 过点 $M(3, -1, 4)$ 且垂直于 Ox 轴;

(2) 平面过点 $(-1, -2, 3)$, 且与平面 $5x - 3y + z + 4 = 0$ 平行;

(3) 平面过点 $M(2, 9, -6)$, 且与连接坐标原点及点 M 的线段 OM 垂直;

(4) 平面过点 $(-2, -2, 2)$, $(1, 1, -1)$ 和 $(1, -1, 2)$ 三点;

(5) 线段 OA 的垂直平分面, 其中 $O(0, 0, 0)$, $A(2, -2, 4)$;

(6) 平面过点 $(1, 0, -1)$ 且平行于向量 $\boldsymbol{a} = (2, 1, 1)$ 和 $\boldsymbol{b} = (1, -1, 0)$;

(7) 平面过 z 轴, 且与平面 $2x + y - \sqrt{5}z - 7 = 0$ 的夹角为 $\dfrac{\pi}{3}$;

(8) 过点 $M(2, 1, -1)$ 且在 x 轴和 y 轴上的截距分别为 2 和 1.

2. 指出下列各平面的特殊位置, 并画出各平面:

(1) $3x - 2 = 0$;

(2) $2x + 3y - 6 = 0$;

(3) $4y - z = 0$;

(4) $\dfrac{x}{3} + \dfrac{y}{2} + z = 1$.

3. 求以下各组里两平面的位置关系:

(1) $-x + 2y - z + 1 = 0,\ y + 3z - 1 = 0$;

(2) $2x - y + z - 1 = 0,\ -4x + 2y - 2z - 1 = 0$;

(3) $2x - y - z + 1 = 0,\ -4x + 2y + 2z - 2 = 0$.

4. 求平面 $2x - 2y + z + 5 = 0$ 与各坐标面的夹角的余弦.

5. 求点 $(1, 2, 1)$ 到平面 $x + 2y + 2z - 10 = 0$ 的距离.

6. 求两平行平面 $x - y + 2z - 2 = 0$ 与 $x - y + 2z + 4 = 0$ 间的距离.

B 组

1. 求三平面 $x + 2y - z - 1 = 0,\ 2x - y + z - 3 = 0,\ 2x + 3y - 5z + 5 = 0$ 的交点.

2. 已知原点到平面 $\dfrac{x}{a} + \dfrac{y}{b} + \dfrac{z}{c} = 1$ 的距离为 d, 试证:

$$\frac{1}{a^2} + \frac{1}{b^2} + \frac{1}{c^2} = \frac{1}{d^2}.$$

6.5　空间直线及其方程

课前测6-5-1

　　由上节知道空间曲线可看作两个曲面的交线, 类似地, 空间直线也可以看作是两个平面的交线, 故可以从平面的一般式方程得到空间直线的方程.

一、空间直线的一般方程

　　设平面 Π_1 与 Π_2 的方程分别为 $A_1 x + B_1 y + C_1 z + D_1 = 0$ 和 $A_2 x + B_2 y + C_2 z + D_2 = 0$, 且 $A_1 : B_1 : C_1 \neq A_2 : B_2 : C_2$, 它们的交线为直线 L(图 6-5-1), 则直线 L 上的任一点的坐标应同时满足这两个平面的方程, 即应满足方程组

$$\begin{cases} A_1 x + B_1 y + C_1 z + D_1 = 0, \\ A_2 x + B_2 y + C_2 z + D_2 = 0. \end{cases} \quad (6\text{-}5\text{-}1)$$

反之, 若点 M 不在直线 L 上, 则它不可能同时在平面 Π_1 和 Π_2 上, 所以它的坐标不满足方程组 (6-5-1). 因此, 空间直线 L 可以用方程组 (6-5-1) 来表示, 称方程组 (6-5-1) 为**空间直线的一般方程**.

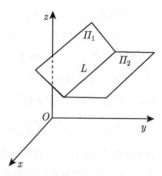

图 6-5-1

　　因为通过空间一直线 L 的平面有无限多个, 所以只要在这无限多个平面中任意选取两个, 把它们的方程联立起来, 所得的方程组就表示这条空间直线 L.

二、 空间直线的对称式方程与参数方程

如果一直线过已知点且平行于一已知向量, 那么它在空间的位置就完全确定了. 我们把平行于直线的任一非零向量称为这条直线的**方向向量**.

设空间直线 L 的方向向量为 $s = (m, n, p)$, $M_0(x_0, y_0, z_0)$ 为直线 L 上的一定点 (图 6-5-2). 下面建立直线 L 的方程.

在 L 上任取一点 $M(x, y, z)$, 则向量 $\overrightarrow{M_0M}$ 与 s 平行, 而

$$\overrightarrow{M_0M} = (x - x_0, y - y_0, z - z_0),$$

由两向量平行的充要条件可得

$$\frac{x - x_0}{m} = \frac{y - y_0}{n} = \frac{z - z_0}{p}, \qquad (6\text{-}5\text{-}2)$$

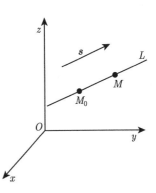

图 6-5-2

即直线 L 上的点 M 的坐标都满足方程 (6-5-2).

反之, 如果点 M 不在直线 L 上, $\overrightarrow{M_0M}$ 与 s 不平行, 则点 M 的坐标不满足方程 (6-5-2). 因此, 方程 (6-5-2) 就是直线 L 的方程, 称为直线的**对称式方程**或**点向式方程**. 方向向量 s 的坐标 m, n, p 称为直线的一组**方向数**, 而向量 s 的方向余弦称为该直线的**方向余弦**.

由于 s 是非零向量, 故 m, n, p 不全为零. 但其中某一个或两个可以为零, 例如, 当 $m = 0$, 而 $n, p \neq 0$ 时, 方程组 (6-5-2) 应理解为

$$\begin{cases} x - x_0 = 0, \\ \dfrac{y - y_0}{n} = \dfrac{z - z_0}{p}. \end{cases}$$

又如, 当 $m = n = 0$, 而 $p \neq 0$ 时, 方程组 (6-5-2) 应理解为

$$\begin{cases} x - x_0 = 0, \\ y - y_0 = 0. \end{cases}$$

在方程组 (6-5-2) 中, 若令各比值为另一个变量 t(称为**参数**), 即 $\dfrac{x - x_0}{m} = \dfrac{y - y_0}{n} = \dfrac{z - z_0}{p} = t$, 可得

$$\begin{cases} x = x_0 + mt, \\ y = y_0 + nt, \\ z = z_0 + pt, \end{cases} \qquad (6\text{-}5\text{-}3)$$

此方程组 (6-5-3) 称为**直线的参数方程**, t 为参数.

　　例 1　求过点 $P(1, -2, 3)$ 且平行于向量 $s = (4, 2, -4)$ 的直线方程及该直线的方向余弦.

　　解　由点向式方程 (6-5-2) 得所求直线方程为

$$\frac{x-1}{2} = \frac{y+2}{1} = \frac{z-3}{-2},$$

由于 $|s| = \sqrt{4^2 + 2^2 + (-4)^2} = 6$, 则 $s^0 = \frac{s}{|s|} = \left(\frac{4}{6}, \frac{2}{6}, \frac{-4}{6}\right) = \left(\frac{2}{3}, \frac{1}{3}, -\frac{2}{3}\right)$, 即

$$\cos\alpha = \frac{2}{3}, \quad \cos\beta = \frac{1}{3}, \quad \cos\gamma = -\frac{2}{3},$$

又 $-s$ 向量也可视为所求直线的方向向量, 所以该直线的方向余弦为

$$\cos\alpha = \frac{2}{3}, \cos\beta = \frac{1}{3}, \cos\gamma = -\frac{2}{3} \quad \text{或} \quad \cos\alpha = -\frac{2}{3}, \cos\beta = -\frac{1}{3}, \cos\gamma = \frac{2}{3}.$$

　　例 2　求过点 $P(1, 0, 3)$ 且与平面 $\Pi: 2x + 9y - 2z + 7 = 0$ 垂直的直线方程.

　　解　由于直线与平面垂直, 因此直线平行于平面的法向量, 则该平面的法向量 $n = (2, 9, -2)$ 可作为所求直线的方向向量, 即

$$s = (2, 9, -2),$$

所以由点向式方程 (6-5-2) 得所求直线方程为

$$\frac{x-1}{2} = \frac{y}{9} = \frac{z-3}{-2}.$$

　　例 3　将直线的一般方程

$$\begin{cases} 2x - 3y + z - 5 = 0, \\ 3x + y - 2z - 2 = 0 \end{cases}$$

化为直线的对称式方程和参数方程.

　　解法一　先在直线上找出一点. 令 $z = 0$, 得

$$\begin{cases} 2x - 3y - 5 = 0, \\ 3x + y - 2 = 0, \end{cases}$$

解此方程组, 得 $x = 1$, $y = -1$, 即 $(1, -1, 0)$ 为直线上的一点.

再求出直线的方向向量 s. 由于两平面的交线与这两个平面的法向量 $n_1 = (2, -3, 1)$ 和 $n_2 = (3, 1, -2)$ 都垂直, 所以可取

$$s = n_1 \times n_2 = \begin{vmatrix} i & j & k \\ 2 & -3 & 1 \\ 3 & 1 & -2 \end{vmatrix} = (5, 7, 11),$$

因此, 所给直线的对称式方程为

$$\frac{x-1}{5} = \frac{y+1}{7} = \frac{z-0}{11}.$$

令

$$\frac{x-1}{5} = \frac{y+1}{7} = \frac{z-0}{11} = t,$$

得所给直线的参数方程为

$$\begin{cases} x = 1 + 5t, \\ y = -1 + 7t, \\ z = 11t. \end{cases}$$

解法二 先在直线上找出两点 P_1, P_2, 令 $z_1 = 0$, 得 $x_1 = 1, y_1 = -1$, 所以取 $P_1(1, -1, 0)$; 令 $y_2 = 0$, 得 $x_2 = \dfrac{12}{7}, z_2 = \dfrac{11}{7}$, 所以取 $P_2\left(\dfrac{12}{7}, 0, \dfrac{11}{7}\right)$, 所以

$$\overrightarrow{P_1P_2} = \left(\frac{5}{7}, 1, \frac{11}{7}\right) = \frac{1}{7}(5, 7, 11),$$

因此, 所给直线的对称式方程为

$$\frac{x-1}{5} = \frac{y+1}{7} = \frac{z-0}{11},$$

对应的参数方程为

$$\begin{cases} x = 1 + 5t, \\ y = -1 + 7t, \\ z = 11t. \end{cases}$$

三、 两直线的夹角

两直线的方向向量之间的夹角 (通常指锐角或直角) 称为**两直线的夹角**.

设直线 L_1 和 L_2 的对称式方程分别为

$$\frac{x-x_1}{m_1} = \frac{y-y_1}{n_1} = \frac{z-z_1}{p_1}$$

和

$$\frac{x-x_2}{m_2} = \frac{y-y_2}{n_2} = \frac{z-z_2}{p_2},$$

则它们的方向向量分别为 $s_1 = (m_1, n_1, p_1)$，$s_2 = (m_2, n_2, p_2)$，那么两直线 L_1 和 L_2 的夹角 θ 应是 $(\overset{\wedge}{s_1, s_2})$ 和 $\pi - (\overset{\wedge}{s_1, s_2})$ 中较小者. 因此有

$$\cos\theta = \left| \cos(\overset{\wedge}{s_1, s_2}) \right| = \frac{|m_1 m_2 + n_1 n_2 + p_1 p_2|}{\sqrt{m_1^2 + n_1^2 + p_1^2} \cdot \sqrt{m_2^2 + n_2^2 + p_2^2}}, \tag{6-5-4}$$

这就是**两直线夹角的余弦公式**. 同时, 由两向量平行、垂直的充要条件可推得

直线 L_1 和 L_2 垂直的充要条件是 $s_1 \perp s_2$, 即

$$m_1 m_2 + n_1 n_2 + p_1 p_2 = 0;$$

直线 L_1 和 L_2 平行 (含重合) 的充要条件是 $s_1 // s_2$, 即

$$\frac{m_1}{m_2} = \frac{n_1}{n_2} = \frac{p_1}{p_2}.$$

例 4　已知两直线 $L_1: \dfrac{x+2}{2} = \dfrac{y-3}{1} = \dfrac{z-3}{-1}$ 和 $L_2: \dfrac{x-1}{1} = \dfrac{y+4}{-1} = \dfrac{z-6}{-2}$, 求两直线的夹角.

解　直线 L_1 和 L_2 的方向向量分别为 $s_1 = (2, 1, -1)$ 和 $s_2 = (1, -1, -2)$. 设两直线的夹角为 θ, 则由公式 (6-5-4) 有

$$\cos\theta = \frac{|2 \times 1 + 1 \times (-1) + (-1) \times (-2)|}{\sqrt{2^2 + 1^2 + (-1)^2} \cdot \sqrt{1^2 + (-1)^2 + (-2)^2}} = \frac{1}{2},$$

所以, 直线 L_1 和 L_2 的夹角为 $\theta = \dfrac{\pi}{3}$.

四、直线与平面的夹角

当直线 L 与平面 Π 不垂直时, 若 L 在平面 Π 上的投影直线为 L', 则称 L 与 L' 的夹角 $\varphi \left(0 \leqslant \varphi < \dfrac{\pi}{2} \right)$ 为直线 L 与平面 Π 的夹角 (图 6-5-3), 当直线 L 与平面 Π 垂直时, 规定 L 与 Π 的夹角为 $\dfrac{\pi}{2}$.

设有直线 L：$\dfrac{x-x_0}{m} = \dfrac{y-y_0}{n} = \dfrac{z-z_0}{p}$ 和平面 Π：$Ax+By+Cz+D=0$，则直线 L 的方向向量为 $\boldsymbol{s}=(m,n,p)$，平面 Π 的法向量为 $\boldsymbol{n}=(A,B,C)$，则直线 L 与平面 Π 的夹角为

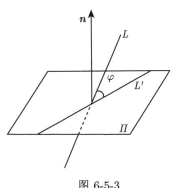

$$\varphi = \left| \frac{\pi}{2} - (\overset{\wedge}{\boldsymbol{s},\boldsymbol{n}}) \right|,$$

图 6-5-3

因此 $\sin\varphi = |\cos(\overset{\wedge}{\boldsymbol{s},\boldsymbol{n}})|$，于是

$$\sin\varphi = \frac{|Am+Bn+Cp|}{\sqrt{A^2+B^2+C^2}\sqrt{m^2+n^2+p^2}}, \tag{6-5-5}$$

这就是**直线与平面夹角的正弦公式**. 由两向量平行、垂直的充要条件可推得

直线 L 与平面 Π 垂直的充要条件是 $\boldsymbol{s}//\boldsymbol{n}$，即

$$\frac{A}{m} = \frac{B}{n} = \frac{C}{p};$$

直线 L 与平面 Π 平行 (含直线在平面上) 的充要条件是 $\boldsymbol{s}\perp\boldsymbol{n}$，即

$$Am + Bn + Cp = 0.$$

例 5 求直线 $x-2 = y-3 = \dfrac{z-4}{2}$ 与平面 $2x-y+z-8=0$ 的夹角和交点.

解 已知直线的方向向量为 $\boldsymbol{s}=(1,1,2)$，平面的法向量为 $\boldsymbol{n}=(2,-1,1)$，由 (6-5-5) 式得

$$\sin\varphi = \frac{|2\times1+(-1)\times1+1\times2|}{\sqrt{2^2+(-1)^2+1^2}\sqrt{1^2+1^2+2^2}} = \frac{1}{2},$$

因此所求直线与平面的夹角为 $\varphi = \dfrac{\pi}{6}$.

化已知直线方程为参数方程

$$\begin{cases} x = 2+t, \\ y = 3+t, \\ z = 4+2t, \end{cases}$$

代入已知平面方程得

$$2(2+t)-(3+t)+4+2t-8=0,$$

解得 $t=1$, 所以直线与平面的交点为 $(3,4,6)$.

例 6　判断下列直线与平面的位置关系, 若相交, 求交点:

(1) 直线 $\dfrac{x-2}{3}=\dfrac{y+1}{2}=\dfrac{z-3}{-4}$ 和平面 $2x+5y+4z-11=0$;

(2) 直线 $\dfrac{x-3}{-2}=\dfrac{y+4}{-7}=\dfrac{z}{3}$ 和平面 $4x-2y-2z=3$;

(3) 直线 $\dfrac{x+3}{3}=\dfrac{y+2}{-2}=\dfrac{z}{1}$ 和平面 $x+2y+2z+6=0$;

(4) 直线 $\begin{cases} x-2y+4z-7=0, \\ 3x+5y-2z+1=0 \end{cases}$ 和平面 $-16x+14y+11z-65=0$.

解　设直线的方向向量为 $\boldsymbol{s}=(m,n,p)$, 平面的法向量为 $\boldsymbol{n}=(A,B,C)$,

(1) 因为 $\boldsymbol{s}\cdot\boldsymbol{n}=(3,2,-4)\cdot(2,5,4)=0$, 所以 $\boldsymbol{s}\perp\boldsymbol{n}$, 即直线 // 平面.

将点 $(2,-1,3)$ 代入平面满足 $2\times 2+5\times(-1)+4\times 3-11=0$, 故直线在平面上.

(2) 因为 $\boldsymbol{s}\cdot\boldsymbol{n}=(-2,-7,3)\cdot(4,-2,-2)=0$, 所以 $\boldsymbol{s}\perp\boldsymbol{n}$, 即直线 // 平面.

将点 $(3,-4,0)$ 代入平面方程得 $4\times 3-2\times(-4)-2\times 0\neq 3$, 故直线 // 平面, 直线不在平面上.

(3) 因为 $\boldsymbol{s}\cdot\boldsymbol{n}=(3,-2,1)\cdot(1,2,2)=1\neq 0$, 所以直线与平面相交, 且 $\dfrac{A}{m}\neq\dfrac{B}{n}$, 故为斜交.

将点 $\begin{cases} x=-3+3t, \\ y=-2-2t, \\ z=t \end{cases}$ 代入平面 $x+2y+2z+6=0$, 得 $t=1$, 所以交点为 $(0,-4,1)$.

(4) 因为直线的方向向量 $\boldsymbol{s}=\begin{vmatrix} \boldsymbol{i} & \boldsymbol{j} & \boldsymbol{k} \\ 1 & -2 & 4 \\ 3 & 5 & -2 \end{vmatrix}=-16\boldsymbol{i}+14\boldsymbol{j}+11\boldsymbol{k}$, $\boldsymbol{n}=(-16,14,11)$, 所以 $\dfrac{A}{m}=\dfrac{B}{n}=\dfrac{C}{p}$, 故直线垂直于平面.

例 7　求过点 $M_0(2,1,2)$ 且与直线 $\dfrac{x-2}{1}=\dfrac{y-3}{1}=\dfrac{z-4}{2}$ 垂直相交的直线的方程.

解 过点 $M_0(2,1,2)$ 与直线 $\dfrac{x-2}{1}=\dfrac{y-3}{1}=\dfrac{z-4}{2}$ 垂直的

例7讲解6-5-2

平面方程为

$$(x-2)+(y-1)+2(z-2)=0,$$

即

$$x+y+2z-7=0.$$

而直线 $\dfrac{x-2}{1}=\dfrac{y-3}{1}=\dfrac{z-4}{2}$ 与平面 $x+y+2z-7=0$ 的交点坐标为 $M_1(1,2,2)$.

于是, 所求直线的方向向量为

$$\boldsymbol{s}=\overrightarrow{M_0M_1}=(-1,1,0),$$

所求直线的方程为

$$\frac{x-2}{-1}=\frac{y-1}{1}=\frac{z-2}{0},$$

即

$$\begin{cases} \dfrac{x-2}{-1}=\dfrac{y-1}{1}, \\ z-2=0 \end{cases} \quad \text{或} \quad \begin{cases} x+y-3=0, \\ z=2. \end{cases}$$

五、 平面束

通过空间直线 L 可以作无穷多个平面, 所有这些平面的集合称为过直线 L 的**平面束**. 设直线 L 是平面 Π_1: $A_1x+B_1y+C_1z+D_1=0$ 和 Π_2: $A_2x+B_2y+C_2z+D_2=0$ 的交线, 则该直线 L 的一般方程为

$$\begin{cases} A_1x+B_1y+C_1z+D_1=0, \\ A_2x+B_2y+C_2z+D_2=0, \end{cases}$$

其中系数 A_1,B_1,C_1 与 A_2,B_2,C_2 不成比例. 构造一个三元一次方程

$$\lambda(A_1x+B_1y+C_1z+D_1)+\mu(A_2x+B_2y+C_2z+D_2)=0, \tag{6-5-6}$$

其中 λ,μ 为任意实数. 方程 (6-5-6) 也可写成

$$(\lambda A_1+\mu A_2)x+(\lambda B_1+\mu B_2)y+(\lambda C_1+\mu C_2)z+(\lambda D_1+\mu D_2)=0.$$

由于系数 A_1,B_1,C_1 与 A_2,B_2,C_2 不成比例, 所以对于任何不全为零的实数 λ,μ, 上述方程的一次项系数不全为零, 从而它表示一个平面. 对于不同的 λ,μ 值, 所对

应的平面也不同, 而且这些平面都通过直线 L, 也就是说, 这个方程表示通过直线 L 的一族平面. 另一方面, 任何通过直线 L 的平面也一定包含在上述通过 L 的平面族中. 因此, 方程 (6-5-6) 就是**通过直线 L 的平面束方程**.

特别地, 当 $\lambda = 0, \mu \neq 0$ 时, 方程 (6-5-6) 表示的是平面 Π_2; 当 $\mu = 0, \lambda \neq 0$ 时, 方程 (6-5-6) 表示的是平面 Π_1.

过直线 L 的平面束方程除了方程 (6-5-6) 形式外, 在解题过程中一般也可设为

$$A_1 x + B_1 y + C_1 z + D_1 + \lambda(A_2 x + B_2 y + C_2 z + D_2) = 0,$$

只是该方程表示的是不包括平面 Π_2 的过直线 L 的所有平面.

例 8 求直线 $\begin{cases} x + y - z - 1 = 0, \\ x - y + z + 1 = 0 \end{cases}$ 在平面 $x + 2y - z + 5 = 0$ 上的投影直线的方程.

解 设过直线 $\begin{cases} x + y - z - 1 = 0, \\ x - y + z + 1 = 0 \end{cases}$ 的平面束的方程为

$$\lambda(x + y - z - 1) + \mu(x - y + z + 1) = 0,$$

整理得

$$(\lambda + \mu)x + (\lambda - \mu)y + (\mu - \lambda)z + (\mu - \lambda) = 0,$$

其中 λ, μ 为待定的常数. 该平面与平面 $x + 2y - z + 5 = 0$ 垂直的条件是

$$(\lambda + \mu) + 2(\lambda - \mu) - (\mu - \lambda) = 4\lambda - 2\mu = 0,$$

解得 $\mu = 2\lambda(\lambda \neq 0)$, 故平面方程为

$$3x - y + z + 1 = 0,$$

该平面过已知直线, 且与平面 $x + 2y - z + 5 = 0$ 垂直, 二者的交线就是所求的投影直线, 即投影直线的方程为

$$\begin{cases} x + 2y - z + 5 = 0, \\ 3x - y + z + 1 = 0. \end{cases}$$

六、点到直线的距离

上节介绍了点到平面的距离公式, 那么点到直线的距离该如何表示呢? 即设直线 L 的方向向量为 $\boldsymbol{s}$, 点 P 是直线 L 上的点, 而点 M 是直线 L 外一点, 讨论

点 M 到直线 L 的距离 d 是多少? 以线段 PM 和直线 L 为相邻两边做平行四边形 (图 6-5-4), 由向量的向量积定义知

$$\left|\overrightarrow{PM} \times s\right| = \left|\overrightarrow{PM}\right| \cdot |s| \sin \varphi,$$

其中 φ 是线段 PM 与直线 L 的夹角, 上式表示了平行四边形的面积. 另一方面, 平行四边形的面积又可表示为 $d \cdot |s|$, 则

$$d \cdot |s| = \left|\overrightarrow{PM} \times s\right|,$$

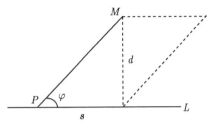

图 6-5-4

即距离为

$$d = \frac{\left|\overrightarrow{PM} \times s\right|}{|s|}. \tag{6-5-7}$$

称 (6-5-7) 式为**点 M 到直线 L 的距离公式**.

例 9 求点 $M(1,1,1)$ 到直线 $L: \dfrac{x-1}{2} = \dfrac{y}{1} = \dfrac{z+1}{1}$ 的距离.

解 设直线 L 的方向向量为 s, 则 $s = (2,1,1)$, 取直线 L 上点 $P(1,0,-1)$, 则 $\overrightarrow{PM} = (0,1,2)$, 又

$$\overrightarrow{PM} \times s = \begin{vmatrix} i & j & k \\ 0 & 1 & 2 \\ 2 & 1 & 1 \end{vmatrix} = -i + 4j - 2k,$$

所以由公式 (6-5-7) 有

$$d = \frac{\left|\overrightarrow{PM} \times s\right|}{|s|} = \frac{\sqrt{(-1)^2 + 4^2 + (-2)^2}}{\sqrt{2^2 + 1^2 + 1^2}} = \frac{\sqrt{126}}{6} = \frac{\sqrt{14}}{2}.$$

习　题　6-5

A 组

课件6-5-3

1. 分别求满足下列各条件的直线方程:

(1) 直线过点 $(3,-1,4)$, 且平行于直线 $\dfrac{x-4}{2} = \dfrac{y}{1} = \dfrac{z-2}{5}$;

(2) 直线过两点 $M_1(3,-2,1)$ 和 $M_2(-1,0,2)$;

(3) 直线过点 $(0,2,4)$, 且与两平面 $x + 2z = 1$ 和 $y - 3z = 2$ 平行;

(4) 直线过点 $(1,1,1)$, 且与直线 $\dfrac{x}{1} = \dfrac{y}{2} = \dfrac{z}{3}$ 垂直相交.

2. 分别求满足下列各条件的平面方程:

(1) 过点 $M(3,1,-2)$ 及直线 $\dfrac{x-4}{5} = \dfrac{y+3}{2} = \dfrac{z}{1}$;

(2) 过 z 轴, 且平行于直线 $\begin{cases} x+y+z+1=0, \\ 2x-y+3z+4=0. \end{cases}$

3. 将直线的一般方程

$$\begin{cases} x-y+z-1=0, \\ 2x+y+z-4=0 \end{cases}$$

化为直线的对称式方程和参数方程.

4. 求直线 $\dfrac{x-2}{3} = \dfrac{y-3}{-2} = \dfrac{z+1}{1}$ 与直线 $\dfrac{x}{2} = \dfrac{y+2}{1} = \dfrac{z-3}{3}$ 的夹角.

5. 证明直线 $\begin{cases} 5x-3y+3z=9, \\ 3x-2y+z=1 \end{cases}$ 与直线 $\begin{cases} 2x+2y-z=-2, \\ 3x+8y+z=18 \end{cases}$ 垂直.

6. 试确定下列各组中的直线和平面间的位置关系:

(1) $\dfrac{x+3}{-2} = \dfrac{y+4}{-7} = \dfrac{z}{3}$ 和 $4x-2y-2z-3=0$;

(2) $\dfrac{x}{3} = \dfrac{y}{-2} = \dfrac{z}{7}$ 和 $3x-2y+7z-8=0$;

(3) $\begin{cases} 2x-5y+4=0, \\ 5y-z+1=0 \end{cases}$ 和 $4x-2z-5=0$;

(4) $\dfrac{x-1}{2} = \dfrac{y+3}{-1} = \dfrac{z+2}{5}$ 和 $4x+3y-z+3=0$.

7. 求直线 $\begin{cases} x+y+3z=0, \\ x-y-z=0 \end{cases}$ 与平面 $x-y-z+1=0$ 的夹角.

8. 求直线 $\dfrac{x+3}{3} = \dfrac{y+2}{-2} = \dfrac{z}{1}$ 与平面 $x+2y+2z+6=0$ 的交点.

9. 求点 $M(2,1,3)$ 在直线 $\dfrac{x+1}{3} = \dfrac{y-1}{2} = \dfrac{z+2}{1}$ 上的投影.

10. 求点 $(-1,2,0)$ 在平面 $x+2y-z+1=0$ 上的投影.

11. 求直线 $L: \begin{cases} 2y+3z-5=0, \\ x-2y-z+7=0 \end{cases}$ 在平面 $\Pi: x-y+z+8=0$ 上的投影直线方程.

12. 求点 $M(1,1,1)$ 到直线 $L: \dfrac{x}{1} = \dfrac{y}{2} = \dfrac{z}{1}$ 的距离.

B 组

1. 求过点 $(1, 1, 1)$ 且与两直线 $L_1: \dfrac{x}{1} = \dfrac{y}{2} = \dfrac{z}{3}$ 和 $L_2: \dfrac{x-1}{21} = \dfrac{y-2}{1} = \dfrac{z-3}{4}$ 相交的直线方程.

2. 求通过直线 $\dfrac{x-1}{2} = \dfrac{y+2}{3} = \dfrac{z+3}{4}$ 且平行于直线 $\dfrac{x}{1} = \dfrac{y}{1} = \dfrac{z}{2}$ 的平面方程.

3. 求直线 $L_1: \dfrac{x-5}{-4} = \dfrac{y-1}{1} = \dfrac{z-2}{1}$ 与直线 $L_2: \dfrac{x}{2} = \dfrac{y}{2} = \dfrac{z-8}{-3}$ 之间的距离.

6.6 曲面及其方程

课前测6-6-1

6.4 节已经介绍了曲面及曲面方程的概念, 而关于曲面, 我们在空间解析几何中主要研究下面两个基本问题:

(1) 已知一曲面作为点的几何轨迹时, 建立该曲面的方程;

(2) 已知一方程 $F(x, y, z) = 0$ 时, 研究该方程所表示的曲面的形状.

下面将沿着以上两个问题进行展开, 先介绍几个常见的简单曲面的方程, 再利用截痕法讨论几个三元二次方程所对应的曲面的形状.

一、 几种常见的曲面

1. 球面

例 1 建立球心在 $M_0(x_0, y_0, z_0)$, 半径为 R 的球面的方程.

解 设 $M(x, y, z)$ 是球面上的任一点, 那么 $|M_0M| = R$, 即

$$\sqrt{(x-x_0)^2 + (y-y_0)^2 + (z-z_0)^2} = R$$

或

$$(x-x_0)^2 + (y-y_0)^2 + (z-z_0)^2 = R^2 \tag{6-6-1}$$

这就是球面上的点的坐标所满足的方程, 而不在球面上的点的坐标都不满足该方程. 所以方程 (6-6-1) 就是以 $M_0(x_0, y_0, z_0)$ 为球心、R 为半径的球面方程.

特别地, 当球心在坐标原点时, 即 $x_0 = y_0 = z_0 = 0$, 从而球面方程为

$$x^2 + y^2 + z^2 = R^2.$$

例 2 讨论方程 $x^2 + y^2 + z^2 + 2x - 4y - 6z + 5 = 0$ 表示怎样的曲面.

解 通过配方, 原方程可以改写成

$$(x+1)^2 + (y-2)^2 + (z-3)^2 = 3^2,$$

可以看出, 原方程表示球心在点 $(-1, 2, 3)$, 半径为 3 的球面.

一般地, 设有三元二次方程

$$Ax^2 + Ay^2 + Az^2 + Dx + Ey + Fz + G = 0, \qquad (6\text{-}6\text{-}2)$$

这个方程的特点是缺 xy, yz, zx 各项, 而且平方项系数相同, 若将方程经过配方可化为方程 $(6\text{-}6\text{-}1)$ 的形式, 则它的图形就是一个球面, 此时称方程 $(6\text{-}6\text{-}2)$ 为 **球面的一般式方程**.

2. 旋转曲面

一条平面曲线绕该平面上的一条定直线旋转一周所成的曲面称为 **旋转曲面**, 平面曲线和定直线分别称为旋转曲面的 **母线** 和 **轴**.

旋转曲面方程
推导6-6-2

设在 yOz 坐标面上有一已知曲线 C, 它的方程为

$$f(y, z) = 0, \qquad (6\text{-}6\text{-}3)$$

将这条曲线绕 z 轴旋转一周, 就得到一个以 z 轴为轴的旋转曲面 (图 6-6-1). 下面来建立它的方程.

设 $M(x, y, z)$ 为曲面上任一点, 是由曲线 C 上点 $M_1(0, y_1, z_1)$ 旋转而来, 则 $z = z_1$, 且点 M 到 z 轴的距离 $d = \sqrt{x^2 + y^2}$, 而另一方面 $d = |y_1|$, 因此

$$\sqrt{x^2 + y^2} = |y_1|.$$

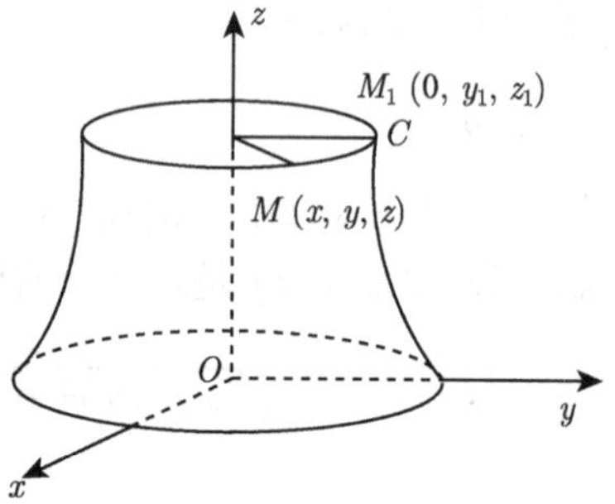

将 $z_1 = z$, $y_1 = \pm\sqrt{x^2 + y^2}$ 代入方程 $(6\text{-}6\text{-}3)$, 得

图 6-6-1

$$f(\pm\sqrt{x^2 + y^2}, z) = 0. \qquad (6\text{-}6\text{-}4)$$

因为在曲面上的点的坐标都满足方程 $(6\text{-}6\text{-}4)$, 而不在曲面上的点都不会满足这个方程, 因此方程 $(6\text{-}6\text{-}4)$ 就是所求旋转曲面的方程.

由方程 $(6\text{-}6\text{-}4)$ 可以看出, 要得到 yOz 平面上的曲线 C: $f(y, z) = 0$ 绕 z 轴旋转而形成的旋转曲面的方程, 只要在曲线 C 的方程中保持 z 不变, 而将 y 换成 $\pm\sqrt{x^2 + y^2}$ 即可.

同理, 曲线 C 绕 y 轴旋转一周, 所成旋转曲面的方程为

$$f(y, \pm\sqrt{x^2 + z^2}) = 0.$$

类似地有, 若 xOy 坐标面上一条曲线 C: $g(x,y)=0$ 绕 x 轴旋转一周, 所得旋转曲面方程为 $g(x,\pm\sqrt{y^2+z^2})=0$; 绕 y 轴旋转一周, 所得旋转曲面方程为 $g(\pm\sqrt{x^2+z^2},y)=0$. 若 xOz 坐标面上一条曲线 C: $h(x,z)=0$ 绕 x 轴旋转一周, 所得旋转曲面方程为 $h(x,\pm\sqrt{y^2+z^2})=0$; 绕 z 轴旋转一周, 则旋转曲面方程为 $h(\pm\sqrt{x^2+y^2},z)=0$.

例 3 将 xOz 坐标面上的双曲线 $\dfrac{x^2}{a^2}-\dfrac{z^2}{c^2}=1$ 分别绕 x 轴和 z 轴旋转一周, 求生成的旋转曲面的方程.

解 在方程 $\dfrac{x^2}{a^2}-\dfrac{z^2}{c^2}=1$ 中保持 x 不变, 将 z 换作 $\pm\sqrt{y^2+z^2}$, 就得到绕 x 轴旋转所生成的旋转曲面的方程为 $\dfrac{x^2}{a^2}-\dfrac{y^2+z^2}{c^2}=1$, 该方程对应的曲面称为**双叶旋转双曲面** (图 6-6-2).

同理, 绕 z 轴旋转所生成的旋转曲面的方程为 $\dfrac{x^2+y^2}{a^2}-\dfrac{z^2}{c^2}=1$, 该方程对应的曲面称为**单叶旋转双曲面** (图 6-6-3).

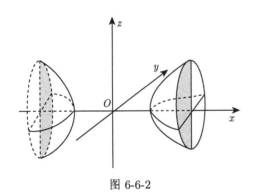

图 6-6-2

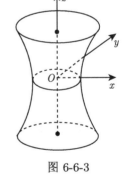

图 6-6-3

例 4 将 xOy 坐标面上的抛物线 $y=x^2$ 绕 y 轴旋转一周, 求所生成的旋转曲面的方程.

解 用 $\pm\sqrt{x^2+z^2}$ 代替曲线方程中的 x 即可得旋转曲面的方程为

$$y=x^2+z^2,$$

该曲面称为**旋转抛物面** (图 6-6-4).

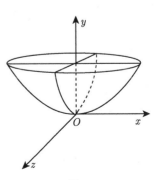

图 6-6-4

例 5　求 yOz 坐标面上椭圆 $\dfrac{y^2}{a^2} + \dfrac{z^2}{c^2} = 1$ 绕 z 轴旋转一周后所得的旋转曲面的方程.

解　用 $\pm\sqrt{x^2+y^2}$ 代替曲线方程中的 y 即可得旋转曲面的方程为 $\dfrac{x^2+y^2}{a^2} + \dfrac{z^2}{c^2} = 1$, 该曲面称为**旋转椭球面**.

例 6　直线 L 绕另一条与 L 相交的直线旋转一周, 所得旋转曲面称为**圆锥面**. 两直线的交点称为圆锥面的**顶点**, 两直线的夹角 $\alpha\left(0 < \alpha < \dfrac{\pi}{2}\right)$ 称为圆锥面的**半顶角**. 试建立顶点在坐标原点 O, 旋转轴为 z 轴, 半顶角为 α 的圆锥面 (图 6-6-5) 的方程.

解　在 yOz 坐标面上, 直线 L 的方程为

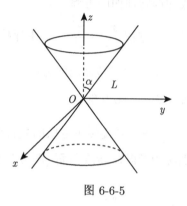

图 6-6-5

$$z = y\cot\alpha,$$

因为旋转轴为 z 轴, 所以在直线方程中保持 z 不变, 将 y 换成 $\pm\sqrt{x^2+y^2}$, 则得到旋转曲面方程为

$$z = \pm\sqrt{x^2+y^2}\cot\alpha,$$

并对上式两边平方, 则有

$$z^2 = k^2(x^2+y^2),$$

其中 $k = \cot\alpha$, 这就是所求的圆锥面的方程.

3. 柱面

动直线 L 沿定曲线 C 平行移动所形成的曲面称为**柱面**, 动直线 L 称为该柱面的**母线**, 定曲线 C 称为该柱面的**准线** (图 6-6-6).

下面我们建立母线平行于坐标轴的柱面方程.

设柱面的母线 L 平行于 z 轴, 准线 C 为 xOy 面上的定曲线 $F(x,y) = 0$ (图 6-6-7).

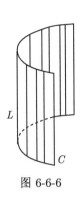

图 6-6-6

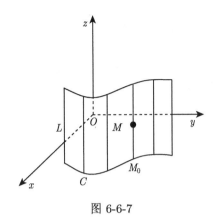

图 6-6-7

$M(x, y, z)$ 为曲面上任一点, 过点 M 作平行于 z 轴的直线交 xOy 面于点 $M_0(x, y, 0)$, 由柱面的定义可知, 点 M_0 必在准线 C 上, 即 M_0 点的坐标满足方程 $F(x, y) = 0$. 由于 $F(x, y) = 0$ 中不含 z, 所以 M 点的坐标也满足方程 $F(x, y) = 0$. 而过不在柱面上的点作平行于 z 轴的直线与 xOy 面的交点必不在曲线 C 上, 也就是说不在柱面上的点的坐标一定不满足方程 $F(x, y) = 0$. 所以, 不含变量 z 的方程

$$F(x, y) = 0$$

在空间表示以 xOy 坐标面上的曲线 C 为准线, 母线平行于 z 轴的柱面.

例如, 方程 $x^2 + y^2 = R^2$ 在空间表示以 xOy 坐标面上的圆 $x^2 + y^2 = R^2$ 为准线、母线平行于 z 轴的**圆柱面** (图 6-6-8).

方程 $y^2 = x$ 在空间表示以 xOy 坐标面上的抛物线 $y^2 = x$ 为准线、母线平行于 z 轴的柱面, 该柱面称为**抛物柱面** (图 6-6-9).

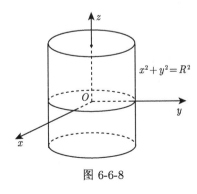

图 6-6-8

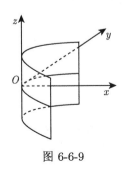

图 6-6-9

同理, 不含变量 x 的方程 $G(y,z)=0$ 和不含变量 y 的方程 $H(z,x)=0$ 分别表示母线平行于 x 轴和 y 轴的柱面. 例如, 方程 $x-z=0$ 表示母线平行于 y 轴的柱面, 其准线是 xOz 面上的直线 $x-z=0$. 所以它为过 y 轴的平面 (图 6-6-10).

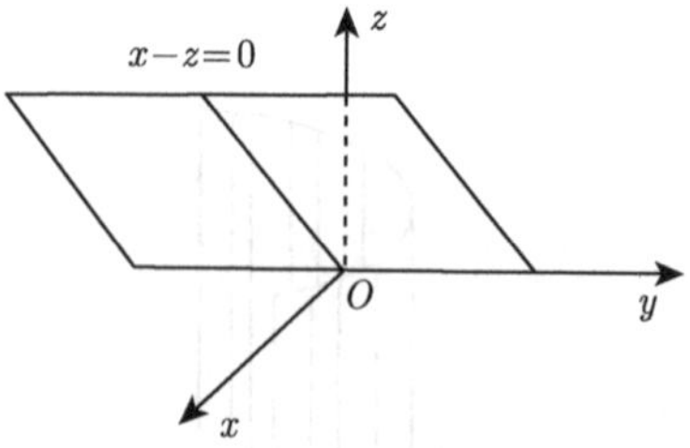

图 6-6-10

二、 二次曲面

在平面解析几何中二次方程所表示的曲线称为二次曲线. 类似地, 在空间解析几何中三元二次方程

$$a_1x^2 + a_2y^2 + a_3z^2 + b_1xy + b_2yz + b_3zx + c_1x + c_2y + c_3z = d$$

所表示的曲面称为**二次曲面**, 其中 $a_i,b_i,c_i(i=1,2,3),d$ 均为常数.

为了描述二次曲面的几何性态, 通常采用的方法叫**截痕法**. 所谓截痕法就是用一组平行于坐标面的平面截曲面, 观察所得的交线, 从而了解曲面在各坐标轴方向上的形态变化, 然后综合得出曲面的完整形态. 下面我们将利用截痕法讨论除了球面、旋转曲面和柱面外的几种常见的二次曲面.

1. 椭球面

由方程

$$\frac{x^2}{a^2} + \frac{y^2}{b^2} + \frac{z^2}{c^2} = 1 \quad (a>0, b>0, c>0), \tag{6-6-5}$$

所表示的曲面称为**椭球面**, 其中 a,b,c 称为**椭球面的半轴**.

在方程 (6-6-5) 的左端以 $-x$ 代 x, y 和 z 不变, 等式仍成立, 所以椭球面关于 yOz 面对称; 同理, 它关于 xOy 面、xOz 面和原点都对称.

由方程 (6-6-5) 知 $\frac{x^2}{a^2} \leqslant 1, \frac{y^2}{b^2} \leqslant 1, \frac{z^2}{c^2} \leqslant 1$, 即 $|x| \leqslant a, |y| \leqslant b, |z| \leqslant c$, 这说明椭球面位于平面 $x=\pm a, y=\pm b, z=\pm c$ 所围成的长方体内.

依次令 $z=0, x=0, y=0$ 可得椭球面与三个坐标面的交线方程分别为

$$\begin{cases} \dfrac{x^2}{a^2} + \dfrac{y^2}{b^2} = 1, \\ z=0, \end{cases} \qquad \begin{cases} \dfrac{y^2}{b^2} + \dfrac{z^2}{c^2} = 1, \\ x=0, \end{cases} \qquad \begin{cases} \dfrac{x^2}{a^2} + \dfrac{z^2}{c^2} = 1, \\ y=0, \end{cases}$$

这些交线都是椭圆.

用平行于 xOy 面的平面 $z = h(|h| < c)$ 截椭球面, 截痕曲线的方程为

$$
\begin{cases}
\dfrac{x^2}{a^2\left(1 - \dfrac{h^2}{c^2}\right)} + \dfrac{y^2}{b^2\left(1 - \dfrac{h^2}{c^2}\right)} = 1, \\
z = h,
\end{cases}
$$

这是平面 $z = h$ 上的一个椭圆, 此椭圆的中心在 z 轴上, 长、短半轴分别为

$$
\frac{a}{c}\sqrt{c^2 - h^2}, \quad \frac{b}{c}\sqrt{c^2 - h^2},
$$

由此可见随着 $|h|$ 由 0 增加到 c, 两半轴逐渐缩小, 从而椭圆逐渐缩小. 特别地, 当 $h = 0$ 时, 椭圆最大, 当 $|h| = c$ 时, 截痕收缩成点 $(0, 0, c)$ 与 $(0, 0, -c)$. 当 $|h| > c$ 时, 平面 $z = h$ 与椭球面无交点.

用平行于 yOz 面及 xOz 面的平面去截椭球面, 可得到类似的结果.

综合以上的讨论, 可得出椭球面的图形 (图 6-6-11).

若 $a = b > 0$, 椭球面方程 (6-6-5) 变为

$$
\frac{x^2}{a^2} + \frac{y^2}{a^2} + \frac{z^2}{c^2} = 1,
$$

表示 xOz 面上的椭圆 $\dfrac{x^2}{a^2} + \dfrac{z^2}{c^2} = 1$ 或 yOz 面上的椭圆 $\dfrac{y^2}{a^2} + \dfrac{z^2}{c^2} = 1$ 绕 z 轴旋转一周而成的**旋转椭球面**.

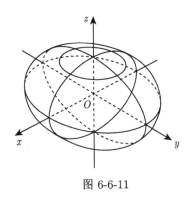

图 6-6-11

若 $a = b = c > 0$, 则椭球面方程 (6-6-5) 变为 $x^2 + y^2 + z^2 = a^2$, 表示球心在原点, 半径为 a 的球面. 因此, 球面是椭球面的一种特殊情形.

2. 椭圆抛物面

方程

$$
\frac{x^2}{a^2} + \frac{y^2}{b^2} = z \quad (a > 0, b > 0) \tag{6-6-6}
$$

椭圆抛物面
图形 6 6 3

所表示的曲面称为**椭圆抛物面**.

与讨论椭球面的方式类似, 可知椭圆抛物面 (6-6-6) 关于 yOz 面和 xOz 面对称, 关于 z 轴也对称. 因 $z \geqslant 0$, 故整个曲面在 xOy 面的上侧. 依次令 $y = 0$,

$x = 0$ 得它与 xOz 面和 yOz 面的交线是抛物线

$$\begin{cases} x^2 = a^2 z, \\ y = 0 \end{cases} \quad \text{和} \quad \begin{cases} y^2 = b^2 z, \\ x = 0, \end{cases}$$

这两条抛物线有共同的顶点和轴.

用平行于 xOz 面的平面 $y = h(h > 0)$ 去截它, 截痕曲线方程为

$$\begin{cases} x^2 = a^2 \left(z - \dfrac{h^2}{b^2} \right), \\ y = h, \end{cases}$$

是平面 $y = h$ 上的一个抛物线, 它的轴平行于 z 轴, 顶点为 $\left(0, h, \dfrac{h^2}{b^2} \right)$.

类似地, 用平行于 yOz 面的平面 $x = h(h > 0)$ 去截它, 截痕仍然是一条抛物线.

用平行于 xOy 面的平面 $z = h(h > 0)$ 去截它, 截痕是一个椭圆

$$\begin{cases} \dfrac{x^2}{a^2} + \dfrac{y^2}{b^2} = h, \\ z = h, \end{cases}$$

这个椭圆的半轴随 h 增大而增大.

综合以上的讨论, 可得出椭圆抛物面的图形 (图 6-6-12).

若 $a = b > 0$, 椭圆抛物面方程 (6-6-6) 为

$$\dfrac{x^2}{a^2} + \dfrac{y^2}{a^2} = z,$$

它表示 xOz 面上的抛物线 $x^2 = a^2 z$ 或 yOz 面上的抛物线 $y^2 = a^2 z$ 绕 z 轴旋转一周而成的**旋转抛物面**.

3. **椭圆锥面**

方程

$$\dfrac{x^2}{a^2} + \dfrac{y^2}{b^2} = z^2 \quad (a > 0, b > 0) \tag{6-6-7}$$

所表示的曲面称为**椭圆锥面**.

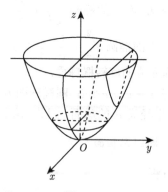

图 6-6-12

显然, 椭圆锥面关于 yOz 面, xOy 面, xOz 面和原点都对称. 依次令 $y = 0, x = 0$ 得它与 xOz 面和 yOz 面的交线是直线

$$\begin{cases} x = \pm az, \\ y = 0, \end{cases} \quad 和 \quad \begin{cases} y = \pm bz, \\ x = 0, \end{cases}$$

这两条直线有共同的顶点.

用平行于 xOy 面的平面 $z = h(h > 0)$ 去截它, 截痕曲线是一个椭圆

$$\begin{cases} \dfrac{x^2}{a^2} + \dfrac{y^2}{b^2} = h^2, \\ z = h, \end{cases}$$

这个椭圆的半轴随 h 增大而增大 (图 6-6-13).

若 $a = b > 0$, 椭圆锥面方程为

$$\frac{x^2}{a^2} + \frac{y^2}{a^2} = z^2,$$

它表示 xOz 面上的直线 $x = \pm az$ 或 yOz 面上的直线 $y = \pm az$ 绕 z 轴旋转一周而成的**圆锥面**.

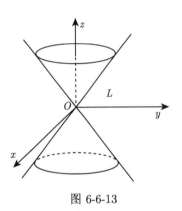

图 6-6-13

4. 单叶双曲面

方程

$$\frac{x^2}{a^2} + \frac{y^2}{b^2} - \frac{z^2}{c^2} = 1 \quad (a > 0, b > 0, c > 0) \tag{6-6-8}$$

所表示的曲面称为**单叶双曲面**.

显然, 单叶双曲面关于坐标面、坐标轴和坐标原点都是对称的.

用平行于 xOy 面的平面 $z = h$ 截曲面 (6-6-8), 截痕曲线的方程为

$$\begin{cases} \dfrac{x^2}{a^2} + \dfrac{y^2}{b^2} = 1 + \dfrac{h^2}{c^2}, \\ z = h, \end{cases}$$

这是平面 $z = h$ 上, 半轴为 $\dfrac{a}{c}\sqrt{c^2 + h^2}$, $\dfrac{b}{c}\sqrt{c^2 + h^2}$ 的椭圆. 当 $h = 0$ 时 (即 xOy 面), 椭圆半轴最小.

用平行于 xOz 面的平面 $y = h$ 截曲面 (6-6-8), 截痕曲线的方程为

$$
\begin{cases}
\dfrac{x^2}{a^2} - \dfrac{z^2}{c^2} = 1 - \dfrac{h^2}{b^2}, \\
y = h,
\end{cases}
$$

若 $h^2 < b^2$, 此时, 截痕曲线为平面 $y = h$ 上实轴平行于 x 轴, 虚轴平行于 z 轴的双曲线; 若 $h^2 > b^2$, 则为实轴平行于 z 轴, 虚轴平行于 x 轴的双曲线; 若 $h^2 = b^2$, 则上述截痕方程变成

$$
\begin{cases}
\left(\dfrac{x}{a} + \dfrac{z}{c} \right) \left(\dfrac{x}{a} - \dfrac{z}{c} \right) = 0, \\
y = h,
\end{cases}
$$

这表示平面 $y = b(y = -b)$ 与曲面 (6-6-8) 的截痕是一对相交的直线, 交点为 $(0, b, 0), (0, -b, 0)$.

类似地, 用平行于 yOz 面的平面 $x = h(h^2 \neq a^2)$ 截曲面 (6-6-8), 所得截痕也是双曲线, 当 $h^2 = a^2$ 时, 平面 $x = a(x = -a)$ 截曲面 (6-6-8) 所得截痕仍是一对相交的直线.

综合以上的讨论, 可得出单叶双曲面 (6-6-8) 的图形 (图 6-6-14).

特别地, 若 $a = b > 0$, 单叶双曲面方程为

$$
\frac{x^2}{a^2} + \frac{y^2}{a^2} - \frac{z^2}{c^2} = 1,
$$

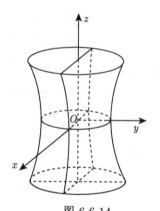

图 6-6-14

表示 xOz 面上双曲线 $\dfrac{x^2}{a^2} - \dfrac{z^2}{c^2} = 1$(或 yOz 面上双曲线 $\dfrac{y^2}{a^2} - \dfrac{z^2}{c^2} = 1$) 绕 z 轴旋转一周而成的**单叶旋转双曲面**.

5. 双叶双曲面

方程

$$
\frac{x^2}{a^2} + \frac{y^2}{b^2} - \frac{z^2}{c^2} = -1 \quad (a > 0, b > 0, c > 0) \tag{6-6-9}
$$

所表示的曲面称为**双叶双曲面**.

显然, 它关于坐标面、坐标轴和原点都对称.

分别令 $y = 0, x = 0$ 得它与 xOz 面和 yOz 面的交线都是双曲线

$$\begin{cases} \dfrac{x^2}{a^2} - \dfrac{z^2}{c^2} = -1, \\ y = 0 \end{cases} \quad \text{和} \quad \begin{cases} \dfrac{y^2}{b^2} - \dfrac{z^2}{c^2} = -1, \\ x = 0. \end{cases}$$

用平行于 xOy 面的平面 $z = h(h^2 \geqslant c^2)$ 去截它, 当 $h^2 > c^2$ 时, 截痕是一个椭圆

$$\begin{cases} \dfrac{x^2}{a^2} + \dfrac{y^2}{b^2} = \dfrac{h^2}{c^2} - 1, \\ z = h, \end{cases}$$

它的半轴随 $|h|$ 的增大而增大; 当 $h^2 = c^2$ 时, 截痕是一个点; 当 $h^2 < c^2$ 时, 平面 $z = h$ 与该曲面没有交点. 当用平面 $y = h$ 及 $x = h$ 截该曲面时, 交线都是双曲线.

综合以上的讨论, 可得双叶双曲面 (6-6-9) 的图形 (图 6-6-15).

特别地, 当 $a = b > 0$ 时, 方程 (6-6-9) 为

$$\dfrac{x^2}{a^2} + \dfrac{y^2}{a^2} - \dfrac{z^2}{c^2} = -1,$$

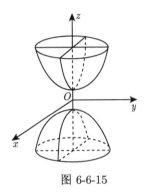

图 6-6-15

表示 xOz 面上的双曲线 $\dfrac{z^2}{c^2} - \dfrac{x^2}{a^2} = 1$(或 yOz 面上的双曲线 $\dfrac{z^2}{c^2} - \dfrac{y^2}{a^2} = 1$) 绕 z 轴旋转一周而成的**双叶旋转双曲面**.

6. 双曲抛物面 (马鞍面)

方程

$$-\dfrac{x^2}{a^2} + \dfrac{y^2}{b^2} = z \quad (a > 0, b > 0) \tag{6-6-10}$$

所表示的曲面称为**双曲抛物面**.

显然, 该曲面关于 yOz 面和 xOz 面对称, 关于 z 轴也对称.

分别令 $y = 0, x = 0$ 得它与坐标面 xOz 和坐标面 yOz 的截痕是抛物线

$$\begin{cases} x^2 = -a^2 z, \\ y = 0 \end{cases} \quad \text{和} \quad \begin{cases} y^2 = b^2 z, \\ x = 0, \end{cases}$$

这两条抛物线有共同的顶点和对称轴, 但对称轴的正方向相反.

令 $z = 0$ 得它与坐标面 xOy 的截痕是两条交于原点的直线

$$\begin{cases} \dfrac{x}{a} + \dfrac{y}{b} = 0, \\ z = 0 \end{cases} \quad 和 \quad \begin{cases} \dfrac{x}{a} - \dfrac{y}{b} = 0, \\ z = 0. \end{cases}$$

用平行于 xOy 面的平面 $z = h$ 去截它, 截痕方程是

$$\begin{cases} -\dfrac{x^2}{a^2} + \dfrac{y^2}{b^2} = h, \\ z = h, \end{cases}$$

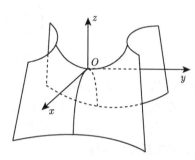

当 $h \neq 0$ 时, 截痕总是双曲线; 若 $h > 0$, 双曲线的实轴平行于 y 轴; 若 $h < 0$, 双曲线的实轴平行于 x 轴.

综合以上的讨论, 可得双曲抛物面的

图 6-6-16

图形 (图 6-6-16). 由于双曲抛物面的图形形状像马鞍, 因此常常也称双曲抛物面为**马鞍面**.

习　题　6-6

A 组

课件6-6-4

1. 分别写出满足下列各条件的曲面方程:

(1) 设有点 $A(1,2,3)$ 和 $B(2,-1,4)$, 求线段 AB 的垂直平分面的方程;

(2) 建立以点 $(1,3,-2)$ 为球心, 且通过坐标原点的球面方程;

(3) 求与坐标原点 O 及点 $(2,3,4)$ 的距离之比为 $1:2$ 的点的全体所组成的曲面方程.

2. 一球面通过原点和点 $A(4,0,0), B(1,3,0), C(0,0,-4)$, 求其球心和半径.

3. 建立下列旋转曲面的方程:

(1) xOz 坐标面上的直线 $x = \dfrac{1}{3}z$ 分别绕 x 轴及 z 轴旋转一周而成的旋转曲面;

(2) yOz 坐标面上的抛物线 $z^2 = 4y$ 绕 y 轴旋转一周而成的旋转曲面;

(3) yOz 坐标面上的圆 $y^2 + z^2 = 16$ 绕 z 轴旋转一周而成的旋转曲面;

(4) yOz 坐标面上的双曲线 $\dfrac{y^2}{4} - \dfrac{z^2}{9} = 1$ 分别绕 y 轴及 z 轴旋转一周而成的旋转曲面.

4. 指出下列方程在平面解析几何中和在空间解析几何中分别表示什么图形:

(1) $x = 0$;　　　　　　　　　　(2) $x - y + 1 = 0$;

(3) $x^2 + y^2 = 1$;　　　　　　　(4) $y^2 = 5x$;

(5) $y = \sin x$.

5. 说明下列旋转曲面是怎样形成的:

(1) $\dfrac{x^2}{4} + \dfrac{y^2}{9} + \dfrac{z^2}{9} = 1$;

(2) $x^2 - \dfrac{y^2}{4} + z^2 = 1$;

(3) $x^2 - y^2 - z^2 = 1$;

(4) $(z - a)^2 = x^2 + y^2$.

6. 指出下列方程所表示的曲面名称, 并作曲面的草图:

(1) $x^2 + y^2 + 4z^2 = 1$;

(2) $2x^2 - 2y^2 + z^2 = 1$;

(3) $z = \dfrac{x^2}{4} + \dfrac{y^2}{9}$;

(4) $x^2 - y^2 - z^2 = 1$;

(5) $\dfrac{x^2}{9} + \dfrac{z^2}{4} = 1$;

(6) $-\dfrac{x^2}{4} + \dfrac{y^2}{9} = 1$;

(7) $4x^2 + y^2 - z^2 = 4$;

(8) $x^2 + y^2 - \dfrac{z^2}{4} = -1$.

7. 画出下列各曲面所围成的立体的图形:

(1) $z = 0, z = a(a > 0), y = x, x^2 + y^2 = 1, x = 0$ (在第一卦限内);

(2) $x = 0, y = 0, z = 0, x^2 + y^2 = a^2, y^2 + z^2 = a^2$(在第一卦限内).

B 组

1. 求直线 $\dfrac{x}{1} = \dfrac{y}{-2} = \dfrac{z}{3}$ 绕 z 轴旋转所得旋转曲面的方程.

2. 已知准线方程为 $\begin{cases} x + y - z - 2 = 0, \\ x - y + z = 0, \end{cases}$ 母线平行于直线 $x = y = z$, 求此柱面方程.

3. 设直线 $L : \dfrac{x - 1}{1} = \dfrac{y}{1} = \dfrac{z - 1}{-1}$ 及 $\Pi : x - y + 2z - 1 = 0$.

(1) 求直线 L 在平面 Π 上的投影直线 L_0;

(2) 求 L_0 绕 y 轴旋转一周所成曲面的方程. (1998 考研真题)

4. 画出下列各曲面所围成的立体的图形:

(1) $z = x^2 + y^2, z = 8 - x^2 - y^2, z = 1$;

(2) $x = 0, y = 0, z = 0, z = 1 - x^2, x + y = 1$.

6.7 空间曲线及其方程

课前测6-7-1

一、 空间曲线的一般方程

空间曲线可以看作两个曲面的交线, 在 6.4 节中, 我们介绍了空间曲线 C 的一般方程, 即设曲面 S_1 和 S_2 的方程为 $F(x, y, z) = 0$ 和 $G(x, y, z) = 0$, 他们的交线为曲线 C, 其一般方程为

$$\begin{cases} F(x, y, z) = 0, \\ G(x, y, z) = 0. \end{cases}$$

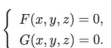

因为通过空间曲线 C 的曲面有无限多个, 只要从这无限多个曲面中任意选取两个, 把它们的方程联立起来, 所得方程组也同样表示空间曲线 C. 因此, 空间曲线的一般方程不是唯一的.

例 1　方程组

$$\begin{cases} z = \sqrt{a^2 - x^2 - y^2}, \\ \left(x - \dfrac{a}{2}\right)^2 + y^2 = \left(\dfrac{a}{2}\right)^2 \end{cases} (a > 0)$$

表示怎样的曲线?

解　方程组中第一个方程表示球心在坐标原点、半径为 a 的上半球面, 第二个方程表示母线平行于 z 轴的圆柱面, 其准线是 xOy 面上以点 $\left(\dfrac{a}{2}, 0\right)$ 为圆心、$\dfrac{a}{2}$ 为半径的圆. 因此所给方程组就表示上述半球面与圆柱面的交线 (图 6-7-1).

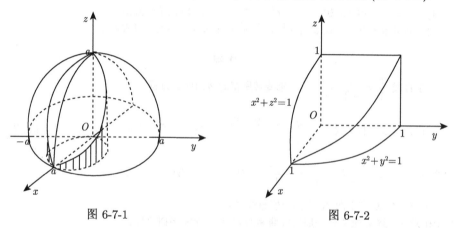

图 6-7-1　　　　　　　　　　　　　图 6-7-2

例 2　方程组

$$\begin{cases} x^2 + y^2 = 1, \\ x^2 + z^2 = 1 \end{cases} (x \geqslant 0, y \geqslant 0, z \geqslant 0)$$

表示怎样的曲线?

解　方程组中的两个方程分别表示母线平行于 z 轴和 y 轴的圆柱面在第一卦限内的部分, 它们的准线分别是 xOy 面上和 xOz 面上的四分之一单位圆. 所给方程组表示这两圆柱面在第一卦限的交线 (图 6-7-2).

另外, 若将所给方程组的第一个方程减去第二个方程, 得同解的方程组

$$\begin{cases} x^2 + y^2 = 1, \\ y^2 - z^2 = 0, \end{cases}$$

又方程 $y^2 - z^2 = 0$ 即 $(y-z)(y+z) = 0$, 而在第一卦限内, $(y-z)(y+z) = 0$ 和 $y - z = 0$ 同解. 于是, 所给曲线也可用方程组

$$\begin{cases} x^2 + y^2 = 1, \\ y - z = 0 \end{cases}$$

来表示. 即本例所给的曲线也可视为平面 $y - z = 0$ 和圆柱面 $x^2 + y^2 = 1(x \geqslant 0, y \geqslant 0)$ 的交线.

二、 空间曲线的参数方程

空间曲线 C 的方程除了一般方程之外, 也可以用参数形式表示, 将曲线 C 上动点的坐标 x, y, z 表示为参数 t 的函数:

$$\begin{cases} x = x(t), \\ y = y(t), \\ z = z(t). \end{cases} \tag{6-7-1}$$

当 t 取某一定值时, 可由此方程组得曲线 C 上的一个点; 随着 t 的变动, 可得到曲线 C 上的全部点. 称方程组 (6-7-1) 为**空间曲线的参数方程**. 它是平面曲线参数方程的自然推广.

例 3 若空间一动点 $M(x, y, z)$ 在圆柱面 $x^2 + y^2 = a^2$ 上以角速度 ω 绕 z 轴旋转, 同时又以线速度 v 沿平行于 z 轴的方向上升 (这里 ω, v 都是常数), 则动点 M 运动的轨迹称为螺旋线 (图 6-7-3), 试建立其参数方程.

解 取时间 t 为参数, 当 $t = 0$ 时, 设动点的起始位置在 x 轴的点 $A(a, 0, 0)$ 上, 经过时间 t, 动点 A 运动到点 $M(x, y, z)$ (图 6-7-3), 从点 M 作坐标平面 xOy 的垂线与坐标面 xOy 相交于点 M_1, 其坐标为 $(x, y, 0)$, 因为动点在圆柱面上以角速度 ω 绕 z 轴旋转, 所以 $\angle AOM_1 = \omega t$, 从而

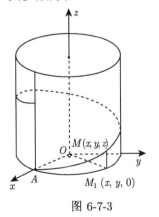

图 6-7-3

$$\begin{cases} x = |OM_1| \cos \angle AOM_1 = a \cos(\omega t), \\ y = |OM_1| \sin \angle AOM_1 = a \sin(\omega t), \end{cases}$$

由于动点同时以线速度 v 沿平行于 z 轴的方向上升, 所以

$$z = |M_1 M| = vt,$$

因此, 螺旋线的参数方程为

$$
\begin{cases}
x = a\cos(\omega t), \\
y = a\sin(\omega t), \\
z = vt,
\end{cases}
$$

也可以取变量 $\theta = \angle AOM_1 = \omega t$ 作为参数, 此时该螺旋线的参数方程可写为

$$
\begin{cases}
x = a\cos\theta, \\
y = a\sin\theta, \\
z = b\theta,
\end{cases}
$$

其中 $b = \dfrac{v}{\omega}$.

螺旋线是实际生活中常用的曲线, 如平头螺丝钉的外缘曲线. 螺旋线有一重要性质: 当 θ 从 θ_0 变到 $\theta_0 + \alpha$ 时, z 由 $b\theta_0$ 变到 $b\theta_0 + b\alpha$. 这说明当 OM_1 转过角度 α 时, 点 M 沿螺旋线上升了高度 $b\alpha$, 即上升的高度与 OM_1 转过的角度成正比. 特别地, 当 $\alpha = 2\pi$, 即 OM_1 转动一周时, 点 M 上升固定的高度 $h = 2\pi b$, 常称这个高度 h 为螺距.

三、 空间曲线在坐标面上的投影

投影曲线定义
讲解6-7-2

以曲线 C 为准线、母线平行于 z 轴的柱面称为曲线 C 关于 xOy 面的**投影柱面**, 投影柱面与 xOy 面的交线 C' 称为空间曲线 C 在 xOy 面上的**投影曲线**, 或简称**投影** (图 6-7-4).

类似地可以定义曲线 C 关于其他坐标面的投影柱面和曲线 C 在其他坐标面上的投影.

设空间曲线 C 的方程为

$$
\begin{cases}
F(x,y,z) = 0, \\
G(x,y,z) = 0,
\end{cases}
\tag{6-7-2}
$$

在方程组 (6-7-2) 中消去 z, 得方程

$$
H(x,y) = 0, \tag{6-7-3}
$$

这是母线平行于 z 轴的柱面方程. 当 x, y, z 满足曲线 C 的方程组 (6-7-2) 时, x, y, z 必满足方程 (6-7-3). 因此曲线 C 上所有的点都在柱面 $H(x,y) = 0$ 上, 也

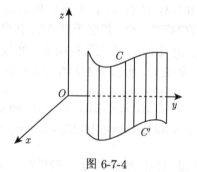

图 6-7-4

就是说, $H(x, y) = 0$ 为包含曲线 C 关于 xOy 面的投影柱面的柱面, 从而曲线

$$\begin{cases} H(x, y) = 0, \\ z = 0 \end{cases} \tag{6-7-4}$$

表示包含曲线 C 在 xOy 面上的投影曲线 C' 的曲线. 为方便起见, 称 $H(x, y) = 0$ 为曲线 C **关于xOy 面的投影柱面**, 称 $\begin{cases} H(x, y) = 0, \\ z = 0 \end{cases}$ 为曲线 C **在xOy 面上的投影曲线**.

同理, 若由方程组 (6-7-2) 消去变量 x 得 $R(y, z) = 0$, 消去 y 得 $T(x, z) = 0$, 则曲线 C 关于 yOz 面和 xOz 面的投影柱面分别为 $R(y, z) = 0$ 和 $T(x, z) = 0$, 因此曲线 C 在 yOz 面和 xOz 面的投影曲线的方程分别为

$$\begin{cases} R(y, z) = 0, \\ x = 0 \end{cases} \quad \text{和} \quad \begin{cases} T(x, z) = 0, \\ y = 0. \end{cases}$$

例 4 求曲线 $C \begin{cases} x^2 + y^2 + z^2 = 1, \\ x^2 + (y-1)^2 + (z-1)^2 = 1 \end{cases}$ 在 xOy 坐标面上的投影曲线.

解 曲线 C 是两球面的交线. 将曲线方程组中两方程相减并化简, 得

$$y + z = 1.$$

再将 $z = 1 - y$ 代入方程组中第一个方程消去变量 z, 得

$$x^2 + 2y^2 - 2y = 0,$$

它是曲线 C 在 xOy 面上的投影柱面的方程, 因此, 两球面的交线 C 在 xOy 面上的投影方程为

$$\begin{cases} x^2 + 2y^2 - 2y = 0, \\ z = 0, \end{cases}$$

它是 xOy 面上的椭圆.

例 5 求球面 $x^2 + y^2 + z^2 = 3$ 与旋转抛物面 $x^2 + y^2 = 2z$ 的交线在 xOy 面上的投影曲线.

解 将旋转抛物面方程化为

$$z = \frac{1}{2}(x^2 + y^2),$$

代入球面方程, 得

$$x^2 + y^2 + \frac{1}{4}(x^2 + y^2)^2 = 3,$$

整理得

$$(x^2 + y^2 + 6)(x^2 + y^2 - 2) = 0.$$

因此, 得投影柱面方程为

$$x^2 + y^2 = 2,$$

于是, 所给球面与旋转抛物面的交线在 xOy 面上的投影曲线方程为

$$\begin{cases} x^2 + y^2 = 2, \\ z = 0, \end{cases}$$

它是 xOy 面上的圆 (图 6-7-5).

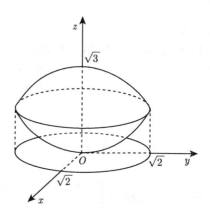

图 6-7-5

在后面重积分的计算中, 往往需要确立一个立体或曲面在坐标面上的投影, 这时需要利用投影柱面和投影曲线.

例 6 设一个立体由上半球面 $z = \sqrt{4 - x^2 - y^2}$ 与锥面 $z = \sqrt{x^2 + y^2}$ 所围成 (图 6-7-6), 求它在 xOy 面上的投影.

解 半球面与锥面的交线为

$$\begin{cases} z = \sqrt{4 - x^2 - y^2}, \\ z = \sqrt{x^2 + y^2}, \end{cases}$$

消去 z 得

$$x^2 + y^2 = 2,$$

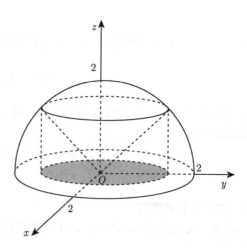

图 6-7-6

这是母线平行于 z 轴的圆柱面, 容易看出这是交线关于 xOy 面的投影柱面, 因此

交线在 xOy 面上的投影曲线为

$$\begin{cases} x^2 + y^2 = 2, \\ z = 0, \end{cases}$$

这是 xOy 面上的一个圆, 因此所求立体在 xOy 面上的投影就是该圆在 xOy 面上所围成的部分：$x^2 + y^2 \leqslant 2$, 即阴影部分.

习　题　6-7

课件6-7-3

A 组

1. 画出下列曲线的图形:

(1) $\begin{cases} x^2 + y^2 + z^2 = 25, \\ z = 3; \end{cases}$ 　　　　　(2) $\begin{cases} x = 2, \\ y = 1; \end{cases}$

(3) $\begin{cases} y = \sqrt{a^2 - x^2}, \\ z = y; \end{cases}$ 　　　　　(4) $\begin{cases} z = \sqrt{4 - x^2 - y^2}, \\ x - y = 0. \end{cases}$

2. 指出下列方程组在平面解析几何中与在空间解析几何中分别表示什么图形:

(1) $\begin{cases} y = 2x + 1, \\ y = x - 2; \end{cases}$ 　　　　　(2) $\begin{cases} \dfrac{x^2}{4} + \dfrac{y^2}{9} = 1, \\ x = 2. \end{cases}$

3. 分别求母线平行于 x 轴及 y 轴而且通过曲线 $\begin{cases} 2y^2 + z^2 + 4x = 4z, \\ y^2 + 3z^2 - 8x = 12z \end{cases}$ 的柱面方程.

4. 求球面 $x^2 + y^2 + z^2 = 9$ 与平面 $x + z = 1$ 的交线在 xOy 面上的投影曲线的方程.

5. 求曲线 $\begin{cases} y^2 + z^2 - 2x = 0, \\ z = 3 \end{cases}$ 在 xOy 面上的投影曲线的方程.

6. 将下列曲线的一般方程化为参数方程:

(1) $\begin{cases} x^2 + y^2 = 1, \\ z = 0; \end{cases}$ 　　　　　(2) $\begin{cases} x^2 + y^2 + z^2 = 9, \\ y = x. \end{cases}$

7. 求螺旋线 $\begin{cases} x = a\cos\theta, \\ y = a\sin\theta, \\ z = b\theta \end{cases}$ 在三个坐标面上的投影曲线的直角坐标方程.

8. 求由上半球面 $z = \sqrt{4 - x^2 - y^2}$ 和锥面 $z = \sqrt{3(x^2 + y^2)}$ 所围成的立体在 xOy 面上的投影.

B 组

1. 将曲线 $\begin{cases} (x-1)^2 + y^2 + (z+1)^2 = 4, \\ z = 0 \end{cases}$ 的一般方程化为参数方程.

2. 求上半球 $0 \leqslant z \leqslant \sqrt{a^2 - x^2 - y^2}$ 与圆柱体 $x^2 + y^2 \leqslant ax(a > 0)$ 的公共部分在 xOy 面和 xOz 面上的投影.

3. 求旋转抛物面 $z = x^2 + y^2(0 \leqslant z \leqslant 4)$ 在三坐标面上的投影.

本 章 小 结

空间解析几何是多元函数微积分的基础内容. 本章以向量代数为工具讨论几何问题, 将 "数" 与 "形" 完美地结合起来, 实现用代数的方法解决几何问题, 即数学中常用的数形结合思想. 利用两向量垂直、平行等条件建立平面、空间直线的方程, 而空间曲线、曲面作为空间直线和平面的一般情形, 主要涉及几何问题和代数问题之间的相互转化. 具体归纳如下.

1. 向量运算 (加、减、数乘、数量积、向量积、混合积) 的坐标表示式为空间解析几何中讨论直线和平面的方程奠定了基础, 通过学习, 理解并领悟用向量代数法解决几何应用问题的魅力.

2. 对于向量运算各定义的公式需灵活运用, 如常利用两向量的数量积讨论两个向量之间的夹角与垂直关系; 由数量积还可以计算向量的模; 以及计算一个向量在另一个向量上的投影等. 另外, 向量积和混合积通常用来判断向量共线、共面问题. 在学习的过程中, 可将数量积、向量积和混合积这三种运算进行对比总结, 以加深理解.

3. 利用向量之间的运算, 建立平面和空间直线的方程. 平面方程有三种形式: 点法式、一般式和截距式; 直线方程也有三种形式: 点向式、一般式和参数式. 求解平面的法向向量和直线的方向向量是解决平面和直线方程问题的关键. 必须注意, 切忌将平面方程和空间直线方程相混淆. 另外, 对于过直线的平面方程, 可利用平面束来表示, 由此解决一些相关几何问题更为简便.

4. 曲面和空间曲线, 主要有两个基本问题: ① 利用动点轨迹法求曲面与空间曲线的方程; ② 已知曲面的方程, 会判断方程所代表的曲面类型, 并研究其形状, 通常采用截痕法讨论曲面的全貌. 空间曲线作为两个曲面的交线, 它有一般式方程和参数式方程两种形式. 描绘常见曲面 (球面、椭球面、柱面、锥面、平面等) 相交所围成的空间立体图形, 以及求两相交曲面的交线在坐标面上的投影等是学习多元函数微积分的基础.

从平面、空间直线到曲面、空间曲线, 这种由特殊到一般的学习过程体现了认识事物的一般规律. 同时本章中的数形结合思想, 一方面可以培养我们几何直观的思维能力, 另一方面也可以使复杂的问题简单化, 抽象的问题具体化, 达到化繁为简的目的. 对于很多实际问题, 从几何、代数等多个角度加以思考和分析, 有时可达到事半功倍的效果.

总复习题 6

1. 填空题:

(1) 设 $a = 2i + j + k, b = i - 2j + 2k, c = 3i - 4j + 2k$, 则 $\mathrm{Prj}_c(a + b) = $ _____.

(2) 已知 $|a| = 2, |b| = \dfrac{5}{2}, a \cdot b = 3$, 则 $|a \times b| = $ _____.

(3) 设三向量 a, b, c 两两相互垂直, 并且 $|a| = 1, |b| = 2, |c| = 3$, 那么 $|a + b + c| = $ _____, 向量 $a + b + c$ 与向量 a 的夹角为 _____.

(4) 直线 $\dfrac{x}{-1} = \dfrac{y-1}{1} = \dfrac{z-1}{2}$ 与平面 $2x + y - z - 3 = 0$ 的交点为 _____, 交角为 _____.

(5) 球面 $x^2 + y^2 + z^2 = 9$ 与平面 $x + z = 1$ 的交线在 xOy 面上的投影曲线方程为 _____.

2. 选择题:

(1) 设 $|a| = 2, |b| = \sqrt{3}, |a + b| = 1 + \sqrt{6}$, 则 $|a \times b| = $ (   )

(A) $2\sqrt{3}$ (B) $\sqrt{3}$ (C) 1 (D) $\sqrt{6}$.

(2) 如果 $a \times c = b \times c$, 且 $c \neq 0$, 那么 (   )

(A) $a = b$ (B) $a // b$ (C) $(a - b) // c$ (D) $(a - b) \perp c$.

(3) 直线 $\dfrac{x-2}{3} = \dfrac{y-11}{4} = \dfrac{z+1}{1}$ 与平面 $3x - 2y - z + 15 = 0$ 的位置关系是 (   )

(A) 斜交   (B) 平行   (C) 垂直   (D) 直线在平面上.

(4) 已知直线 $l_1 : \begin{cases} x = t, \\ y = 2t + 1, \\ z = -t - 2, \end{cases}$ 直线 $l_2 : \dfrac{x-1}{4} = \dfrac{y-4}{7} = \dfrac{z+2}{-5}$, 则 l_1 与 l_2(   )

(A) 重合   (B) 平行   (C) 异面   (D) 相交.

(5) 方程 $x^2 - y^2 - z^2 = 4$ 表示的旋转曲面是 (   )

(A) 柱面   (B) 双叶双曲面   (C) 锥面   (D) 单叶双曲面.

3. 设 $|a| = \sqrt{3}, |b| = 1, (\overset{\wedge}{a, b}) = \dfrac{\pi}{6}$, 求向量 $a - b$ 与 $a + b$ 的夹角.

4. 设 $a = (-1, 3, 2), b = (2, -3, -4), c = (-3, 12, 6)$, 证明三向量 a, b, c 共面, 并用 a 和 b 表示 c.

5. 设 $|a| = 4, |b| = 3, (\overset{\wedge}{a, b}) = \dfrac{\pi}{6}$, 求以 $a + 2b$ 和 $a - 3b$ 为边的平行四边形的面积.

6. 已知动点 $M(x, y, z)$ 到 xOy 面的距离与点 M 到点 $(1, -1, 2)$ 的距离相等, 求点 M 的轨迹方程.

7. 求通过点 $M(2, -3, -5)$, 且与平面 $6x - 3y - 5z + 2 = 0$ 垂直的直线方程. _____

8. 求垂直于平面 $5x - y + 3z - 2 = 0$, 且与它的交线在 xOy 面上的平面方程.

9. 求通过点 $A(3,0,0)$ 和 $B(0,0,1)$,且与 xOy 面成 $\dfrac{\pi}{3}$ 角的平面的方程.

10. 求直线 $L:\begin{cases} 2x+3z-5=0, \\ x-2y-z+7=0 \end{cases}$ 在平面 $\Pi:x-y+z+8=0$ 上的投影直线方程.

11. 求通过直线 $\dfrac{x-1}{2}=\dfrac{y+2}{3}=\dfrac{z+3}{4}$,且平行于直线 $\dfrac{x}{1}=\dfrac{y}{1}=\dfrac{z}{2}$ 的平面方程.

12. 已知点 $A(1,0,0)$ 及点 $B(0,2,1)$,试在 z 轴上求一点 C,使 $\triangle ABC$ 的面积最小.

13. 设有直线 $L_1:\dfrac{x-1}{-1}=\dfrac{y}{2}=\dfrac{z+1}{1}$,$L_2:\dfrac{x+2}{0}=\dfrac{y-1}{1}=\dfrac{z-2}{-2}$,证明: L_1,L_2 是异面直线,并求与 L_1,L_2 都平行且距离相等的平面.

14. 曲线 $\begin{cases} z=2-x^2-y^2, \\ z=(x-1)^2+(y-1)^2 \end{cases}$ 在三个坐标面上的投影曲线的方程.

15. 画出下列各曲面所围立体的图形:

(1) 圆锥面 $z=\sqrt{x^2+y^2}$ 及旋转抛物面 $z=2-x^2-y^2$;

(2) 曲面 $z=x^2+y^2$ 与曲面 $z=8-x^2-y^2$ 所围成的立体的图形;

(3) 抛物柱面 $x=2y^2$,平面 $z=0$ 及 $\dfrac{x}{4}=\dfrac{y}{2}=\dfrac{z}{2}=1$.

第7章

Chapter 7

多元函数微分法及其应用

上册中已经讨论了一元函数 (一个自变量的函数) 的微积分, 在自然科学与工程技术领域, 一个问题往往涉及多个变量之间的相互依赖关系, 在数学上可表示为一个变量依赖于多个变量的情形, 这就引出了多元函数的概念及相关问题.

本章在一元函数微分学的基础上研究多元函数微分学及其应用. 由于多元函数是一元函数的推广, 因而多元函数微分学和一元函数微分学有许多相似之处. 然而, 由于函数自变量个数的增加, 很多一元函数微分学中并不存在的新问题必须在多元函数中加以讨论. 本章以二元函数为主进行讨论, 再将所得到的概念、性质与结论都推广到三元及以上的多元函数. 学习时还必须注意多元函数与一元函数在微分学中的区别, 把握共性, 辨别差异.

7.1 平面点集与多元函数的基本概念

课前测7-1-1

在研究二元函数相关内容之前, 我们首先介绍平面点集的一些基本概念.

一、平面点集

平面点集是指平面上满足某种条件 T 的点 (x,y) 的集合, 记为

$$E = \{(x,y) \,|\, (x,y) \text{ 满足条件 } T\}.$$

例如 $\{(x,y) \,|\, 0 \leqslant x \leqslant 1, 0 \leqslant y \leqslant x\}$ 表示以点 $(0,0),(1,0),(1,1)$ 为顶点的三角形上点与所有内部点的全体, $\{(x,y) \,|\, xy > 0\}$ 表示一、三象限内的所有点的全体.

二元有序实数组 (x,y) 的全体就表示坐标平面. 记作 $\mathbf{R}^2$, 即

$$\mathbf{R}^2 = \mathbf{R} \times \mathbf{R} = \{(x,y) \,|\, x,y \in \mathbf{R}\}.$$

下面我们将一元函数中邻域概念加以推广, 引入坐标平面 $\mathbf{R}^2$ 中的邻域概念.

1. 邻域

已知 $\mathbf{R}^2$ 中任意两点 $P_1(x_1, y_1)$ 与 $P_2(x_2, y_2)$ 之间的距离 $|P_1P_2|$ 为

$$|P_1P_2| = \sqrt{(x_2 - x_1)^2 + (y_2 - y_1)^2}.$$

设 $P_0(x_0, y_0)$ 是 xOy 平面上一定点, 与点 $P_0(x_0, y_0)$ 距离小于 $\delta(\delta > 0)$ 的所有点 $P(x, y)$ 构成的平面点集, 称为**点 P_0 的 δ 邻域**, 记作 $U(P_0, \delta)$ (或简记作 $U(P_0)$), 即

$$U(P_0, \delta) = \{P \,|\, |PP_0| < \delta\} = \left\{(x, y) \,\middle|\, \sqrt{(x - x_0)^2 + (y - y_0)^2} < \delta\right\},$$

在点 P_0 的 δ 邻域 $U(P_0, \delta)$ 中去掉中心点 P_0 得到的点集

$$\{P \,|\, 0 < |PP_0| < \delta\} = \left\{(x, y) \,\middle|\, 0 < \sqrt{(x - x_0)^2 + (y - y_0)^2} < \delta\right\}$$

称为**点 P_0 的去心 δ 邻域**, 记作 $\mathring{U}(P_0, \delta)$ (或简记作 $\mathring{U}(P_0)$).

在不需要强调邻域半径 δ 时, 通常用 $U(P_0)$ 表示点 P_0 的某个邻域, 或用 $\mathring{U}(P_0)$ 表示点 P_0 的某个去心邻域.

在几何上, $U(P_0, \delta)$ 就是 xOy 平面上以点 P_0 为中心、δ 为半径的圆内部的点的全体, 而 $\mathring{U}(P_0, \delta)$ 则是 xOy 平面上以点 P_0 为中心、δ 为半径且去掉圆心 P_0 的圆内部的其他点的全体.

2. 点集中的诸点

下面利用邻域来描述点与点集之间的关系, 从而定义出点集中的诸点.

设 E 是平面上的一个点集, P 是平面上的一个点, 则点 P 与点集 E 之间必存在下列三种关系之一:

(1) 如果存在点 P 的某一邻域 $U(P)$, 使得 $U(P) \subset E$, 则称 P 为 E 的**内点** (图 7-1-1 中的 P_1);

(2) 如果存在点 P 的某一邻域 $U(P)$, 使得 $U(P) \cap E = \varnothing$, 则称 P 为 E 的**外点** (图 7-1-1 中的 P_2);

(3) 如果点 P 的任一邻域内既有属于 E 的点, 也有不属于 E 的点 (点 P 本身可以属于 E, 也可以不属于 E), 则称 P 为 E 的**边界点** (图 7-1-1 中的 P_3). E 的边界点的全体称为 E 的**边界**, 记作 ∂E.

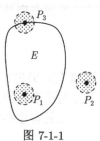

图 7-1-1

任意一点 P 与一个点集 E 之间除了上述三种关系之外, 还有一种关系, 这就是下面定义的聚点与孤立点.

(1) 如果 $\forall \delta > 0$, 使得 $\mathring{U}(P, \delta) \cap E \neq \varnothing$, 则称 P 是 E 的**聚点**;

(2) 如果 $\exists \delta > 0$, 使得 $U(P, \delta) \cap E = \{P\}$, 则称 P 是 E 的**孤立点**.

显然, 内点一定是聚点, 边界点一定不是内点, 且内点在点集 E 中, 而边界点与聚点可能属于 E, 也可能不属于 E, E 的外点必不属于 E.

例如, 平面点集 $E_1 = \{(x, y) \mid 1 \leqslant x^2 + y^2 < 9\} \cup \{(0, 0)\}$ 中满足 $1 < x^2 + y^2 < 9$ 的每个点都是 E_1 的内点, 满足 $1 \leqslant x^2 + y^2 \leqslant 9$ 的每个点都是 E_1 的聚点, 满足圆周 $x^2 + y^2 = 1$ 与 $x^2 + y^2 = 9$ 以及点 $(0, 0)$ 都是 E_1 的边界点, 它们有的属于 E_1, 有的不属于 E_1, 点 $(0, 0)$ 是 E_1 的孤立点.

3. 诸点构成的点集

根据点集所包含的点的特征, 下面定义一些常用的平面点集.

(1) 如果点集 E 的点都是 E 的内点, 则称 E 为**开集**.

(2) 开集连同其边界一起称为**闭集**.

如果点集 E 内任何两点, 都可用一条包含于 E 内的折线连接起来, 则称 E 为**连通集**.

(3) 连通的开集称为**开区域**或**区域**. 区域连同其边界一起构成的点集称为**闭区域**.

如图 7-1-2, (a)(b)(c) 都不是区域.

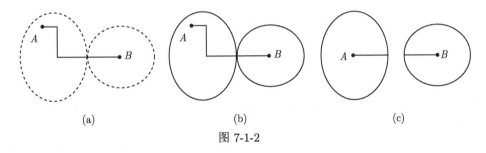

图 7-1-2

(4) 对于点集 E, 如果存在 $\delta > 0$, 使得 $E \subset U(O, \delta)$, 则称 E 为**有界集**, 其中 O 为坐标原点. 一个点集如果不是有界集, 则称它为**无界集**.

例如, 点集 $\{(x, y) \mid xy > 0\}$ 为无界开集, 但不具有连通性, 故不是开区域 (图 7-1-3(a)), 点集 $\{(x, y) \mid 1 < x^2 + y^2 < 4\}$ 为有界开区域 (图 7-1-3(b)), 点集 $\{(x, y) \mid 1 \leqslant x^2 + y^2 \leqslant 4\}$ 为有界闭区域 (图 7-1-3(c)), 点集 $\{(x, y) \mid 1 \leqslant x^2 + y^2 < 4\}$ 既非开区域也非闭区域 (图 7-1-3(d)), 点集 $\{(x, y) \mid |y| \leqslant x \leqslant 1\}$ 为有界闭区域 (图 7-1-3(e)).

设 D 为平面上的有界闭区域, 称 $d = \max\limits_{P_1, P_2 \in D} \{|P_1 P_2|\}$ 为有界闭区域 D 的直径.

如线段的直径就是线段的长度, 平面上圆的直径就是我们通常说的直径, 矩形域的直径就是矩形对角线的长度.

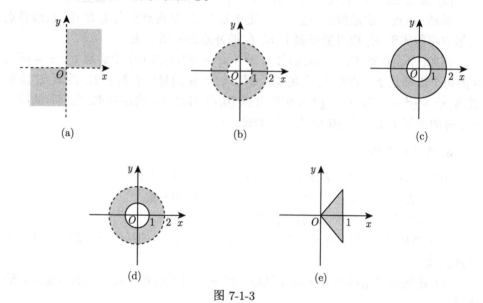

图 7-1-3

二、 n 维空间

我们知道, 一维有序数组 x 表示数轴上的一个点, 二维有序数组 (x,y) 表示平面上的一个点, 三维有序数组 (x,y,z) 表示空间的一个点. 为了便于研究, 我们将有序数组推广至 n 维. 一般地, 我们称 n 元有序数组 $(x_1,x_2,\cdots,x_n)$ 的全体为 n **维空间**, 记为 $\mathbf{R}^n$. 每一个 n 维有序数组 $(x_1,x_2,\cdots,x_n)$ 称为 n **维空间 $\mathbf{R}^n$ 的点**, 数 $x_1,x_2,\cdots,x_n$ 称为该点的坐标. $\mathbf{R}^n$ 中的点 $(x_1,x_2,\cdots,x_n)$ 也可用单个字母 $\boldsymbol{x}$ 表示, 即 $\boldsymbol{x}=(x_1,x_2,\cdots,x_n)$.

设 $P(x_1,x_2,\cdots,x_n)$ 与 $Q(y_1,y_2,\cdots,y_n)$ 是 n 维空间 $\mathbf{R}^n$ 中任意两点, 实数

$$\sqrt{(x_1-y_1)^2+(x_2-y_2)^2+\cdots+(x_n-y_n)^2}$$

称为 n **维空间 $\mathbf{R}^n$ 中点 P 与 Q 之间的距离**, 记作 $|PQ|$, 即

$$|PQ|=\sqrt{(x_1-y_1)^2+(x_2-y_2)^2+\cdots+(x_n-y_n)^2}.$$

容易验证, 当 $n=1,2,3$ 时, 上述规定与解析几何中数轴上、平面直角坐标系、空间直角坐标系中两点间距离的定义是一致的.

前面平面点集所叙述的一系列概念, 可推广到 n 维空间中去.

例如, 设点 $P_0\in\mathbf{R}^n$, δ 是某一正数, 则称 n 维空间内的点集

$$U(P_0, \delta) = \{P \,|\, |PP_0| < \delta, P \in \mathbf{R}^n\}$$

为 $\mathbf{R}^n$ **中点** P_0 **的** δ **邻域**. 以邻域概念为基础, 可进一步定义 n 维空间点集的内点、外点、边界点、聚点和孤立点, 以及开集、闭集、区域、连通性等一系列相关概念. 此处不再一一赘述.

三、 多元函数概念

在很多实际问题中, 因变量的变化会依赖于多个自变量. 例如城市未来人口涉及国家政策、城市经济发展、城市教育普及程度等多个因素的影响. 要建立城市未来人口预测模型, 就要用到多元函数 $f(x_1, x_2, \cdots, x_n)$, 首先我们来定义二元函数.

定义 1 D 是 $\mathbf{R}^2$ 上的一个非空子集, 按照某种对应法则 f, 如果对于 D 内的每个点 $P(x, y)$, 总有确定的实数 z 与之对应, 则称 f 为定义在 D 上的**二元函数**, 记作

$$z = f(x, y), (x, y) \in D \quad \text{或} \quad z = f(P), P \in D.$$

其中点集 D 称为该函数的**定义域**, x, y 称为**自变量**, z 称为**因变量**.

由定义 1 可知, 与自变量 x, y 相对应的因变量 z 的值, 称为函数 f 在点 $P(x, y)$ 处的**函数值**, 记作 $f(x, y)$, 函数值 $f(x, y)$ 的全体所构成的集合称为函数 f 的**值域**, 记作 $f(D)$, 即

$$f(D) = \{z \,|\, z = f(x, y), (x, y) \in D\}.$$

关于二元函数的定义域, 与一元函数类似. 一般地, 在讨论用解析式表达的二元函数 $z = f(x, y)$ 时, 使这个解析式有意义的 $P(x, y)$ 的全体构成的集合称为**函数的定义域**, 并称为**自然定义域**. 对于这类函数, 它的定义域不再特别标出, 但有时在解决实际问题时还要考虑实际背景对变量的限制.

如函数 $z = \dfrac{1}{\sqrt{x+y}}$ 的定义域为 $\{(x, y) \,|\, x+y > 0\}$ (图 7-1-4), 这是一个无界开区域. 又如, 函数 $z = \arccos(x^2 + y^2)$ 的定义域为 $\{(x, y) \,|\, x^2 + y^2 \leqslant 1\}$ (图 7-1-5), 这是一个有界闭区域.

由上可知, 对于任意一点 $(x, y) \in D$, 对应的函数值为 $z = f(x, y)$, 于是确定了空间的一点 (x, y, z). 当 (x, y) 在 D 中变化时, 得到一个空间的点集 $S = \{(x, y, z) \,|\, z = f(x, y), (x, y) \in D\}$ 称点集 S 为二元函数 $z = f(x, y)$ 在空间的图形.

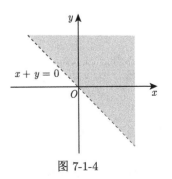

图 7-1-4

显然, 属于 S 的点 $M(x,y,z)$ 满足三元方程

$$z - f(x,y) = 0,$$

所以二元函数 $z = f(x,y)$ 的图形就是空间中一张曲面 (图 7-1-6). 二元函数 $z = f(x,y)$ 的定义域 D 就是该空间曲面在 xOy 平面上投影区域.

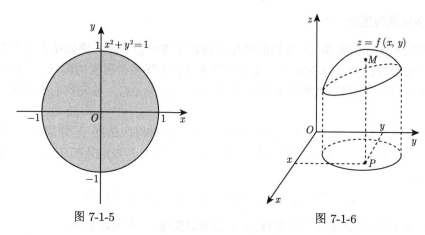

图 7-1-5　　　　　　　　图 7-1-6

例如, 二元函数 $z = \sqrt{1 - x^2 - y^2}$ 表示以原点为中心、半径为 1 的上半球面, 它的定义域 D 是 xOy 面上以原点为中心的单位圆盘; 二元函数 $z = \sqrt{x^2 + y^2}$ 表示顶点在原点的圆锥面, 它的定义域 D 是整个 xOy 面.

再如, 由方程 $x^2 + y^2 + z^2 = a^2$ 所确定的函数 $z = f(x,y)$ 的图形是球心在原点、半径为 a 的球面, 它的定义域是圆形闭区域 $D = \{(x,y) \mid x^2 + y^2 \leqslant a^2\}$. 在 D 的内部任一点 (x,y) 处, 这函数有两个对应值, 一个为 $\sqrt{a^2 - x^2 - y^2}$, 另一个为 $-\sqrt{a^2 - x^2 - y^2}$. 因此, 这是二元多值函数. 我们把它分成两个单值函数: $z = \sqrt{a^2 - x^2 - y^2}$ 及 $z = -\sqrt{a^2 - x^2 - y^2}$, 前者表示上半球面, 后者表示下半球面. 以后除了对二元函数另做声明外, 总假定所讨论的函数是单值的. 如果遇到多值函数, 可以把它拆成几个单值函数后再分别加以讨论.

例 1　求二元函数 $f(x,y) = \ln(y - x) + \dfrac{\sqrt{x}}{\sqrt{1 - x^2 - y^2}}$ 的定义域.

解　要使表达式有意义, 应有

$$y - x > 0, \quad x \geqslant 0, \quad 1 - x^2 - y^2 > 0,$$

故所求定义域为 $D = \{(x,y) \mid y > x \geqslant 0, x^2 + y^2 < 1\}$ (图 7-1-7).

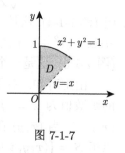

图 7-1-7

例 2　求下列函数的定义域和值域并结合图像加以理解:

(1) $z = |xy|$;   (2) $z = \sqrt{2x^2 \sin^2 x + y^2}$.

解 (1) $z = |xy|$ 的定义域为 $\mathbf{R}^2$, 值域 $f(D) = \{z \,|\, z \geqslant 0\}$, 函数图像如图 7-1-8 所示.

(2) $z = \sqrt{2x^2 \sin^2 x + y^2}$ 的定义域为 $\mathbf{R}^2$, 值域 $f(D) = \{z \,|\, z \geqslant 0\}$, 函数图像如图 7-1-9 所示.

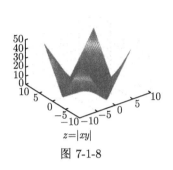

图 7-1-8

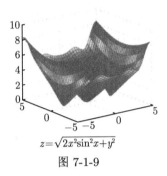

图 7-1-9

例 3 已知 $f\left(x + y, \dfrac{y}{x}\right) = x^2 - y^2$, 求 $f(x, y)$.

解 令 $u = x + y, v = \dfrac{y}{x}$, 则 $x = \dfrac{u}{1+v}, y = \dfrac{uv}{1+v}$, 于是

$$f(u, v) = \left(\frac{u}{1+v}\right)^2 - \left(\frac{uv}{1+v}\right)^2 = \frac{u^2(1-v^2)}{(1+v)^2} = \frac{u^2(1-v)}{1+v},$$

从而 $f(x, y) = \dfrac{x^2(1-y)}{1+y}$.

一般地, 把定义 1 中的平面点集 D 换成 n 维空间内的点集 D, 则可类似地定义 n 元函数 $u = f(x_1, x_2, \cdots, x_n)$. n 元函数也可简记为 $u = f(P)$, 这里点 $P(x_1, x_2, \cdots, x_n) \in D$. 当 $n = 1$ 时, n 元函数就是一元函数. 当 $n \geqslant 2$ 时, n 元函数就统称为**多元函数**.

多元函数的定义域、值域等概念与二元函数类似, 这里不再赘述.

四、多元函数的极限

与一元函数极限概念类似, 二元函数的极限也是反映函数值随自变量的变化而变化的趋势. 下面先讨论二元函数 $z = f(x, y)$ 当 $P(x, y) \to P_0(x_0, y_0)$ 时的极限, 这里 $P \to P_0$ 表示 P 以任何方式趋于点 P_0, 只需点 P 与点 P_0 间的距离趋于零, 即 $|PP_0| = \sqrt{(x - x_0)^2 + (y - y_0)^2} \to 0$.

下面用 "ε-δ" 语言描述这个极限概念.

定义 2　设二元函数 $z = f(x, y)$ 的定义域为 $D \subset \mathbf{R}^2$, $P_0(x_0, y_0)$ 是 D 的聚点, 如果存在常数 A, 对于 $\forall \varepsilon > 0$, 总存在 $\delta > 0$, 使得当 $P(x, y) \in \overset{\circ}{U}(P_0, \delta) \cap D$ 时, 恒有

$$|f(x, y) - A| < \varepsilon,$$

则称常数 A 为函数 $z = f(x, y)$ 当 $P(x, y) \to P_0(x_0, y_0)$ 时的**极限**, 记作

$$\lim_{(x,y) \to (x_0, y_0)} f(x, y) = A \quad \text{或} \quad \lim_{\substack{x \to x_0 \\ y \to y_0}} f(x, y) = A \quad \text{或} \quad \lim_{P \to P_0} f(P) = A,$$

也可记作

$$f(x, y) \to A(\rho \to 0) \quad \text{或} \quad f(P) \to A\,(P \to P_0),$$

多元函数极限
定义讲解7-1-2

这里 $\rho = |PP_0|$, 称二元函数的极限为**二重极限**.

例 4　设 $f(x, y) = (x^2 + y^2) \cos \dfrac{xy}{\sqrt{x^2 + y^2}}$, 证明: $\displaystyle\lim_{(x,y) \to (0,0)} f(x, y) = 0$.

证　对于 $\forall \varepsilon > 0$, 由于

$$\begin{aligned}
|f(x, y) - 0| &= \left| (x^2 + y^2) \cos \frac{xy}{\sqrt{x^2 + y^2}} - 0 \right| \\
&= \left| (x^2 + y^2) \right| \left| \cos \frac{xy}{\sqrt{x^2 + y^2}} \right| \leqslant x^2 + y^2,
\end{aligned}$$

因此, 取 $\delta = \sqrt{\varepsilon}$, 则当

$$0 < \sqrt{(x - 0)^2 + (y - 0)^2} < \delta$$

成立时, 总有

$$\left| (x^2 + y^2) \cos \frac{xy}{\sqrt{x^2 + y^2}} - 0 \right| < \varepsilon,$$

依据二重极限定义有

$$\lim_{(x,y) \to (0,0)} f(x, y) = 0.$$

显然二元函数极限与一元函数极限的定义有着相同的 "ε-δ" 定义形式, 使得二元函数极限同样具有唯一性、局部有界性、局部保号性、夹逼准则以及极限的四则运算法则等性质.

但必须注意, 在定义 2 中, "$P \to P_0$" 表示动点 P 以任意方式趋于点 P_0, 当 $P \to P_0$ 时函数 $f(x, y)$ 都趋于 A. 如图 7-1-10 所示, 若平面动点 P 趋于点 P_0 的方式有无数多种, 路径有无数多条, 此时只要 $|PP_0| \to 0$, 即 $|PP_0| = \sqrt{(x - x_0)^2 + (y - y_0)^2} \to 0$ 时, 都有 $f(x, y) \to A$.

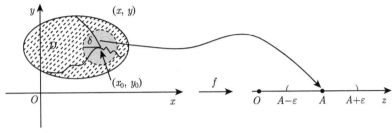

图 7-1-10

如果存在两条不同的路径, 当点 $P(x, y)$ 在 D 上分别沿此两条路径无限趋于定点 $P_0(x_0, y_0)$ 时, $f(x, y)$ 趋于不同的值, 则可表明二重极限 $\lim\limits_{\substack{x \to x_0 \\ y \to y_0}} f(x, y)$ 不存在.

例 5 设函数 $f(x, y) = \dfrac{xy^2}{4x^2 + 5y^4}$, 证明: $\lim\limits_{(x, y) \to (0, 0)} f(x, y)$ 不存在.

证 取 $P(x, y)$ 分别沿着两条路径 $y = 0$ 和 $x = y^2$ 无限趋于点 $O(0, 0)$ 时, 有

$$\lim_{\substack{(x, y) \to (0, 0) \\ y = 0}} f(x, y) = \lim_{x \to 0} f(x, 0) = \lim_{x \to 0} 0 = 0,$$

$$\lim_{\substack{(x, y) \to (0, 0) \\ x = y^2}} f(x, y) = \lim_{y \to 0} \frac{y^2 \cdot y^2}{4y^4 + 5y^4} = \frac{1}{9},$$

这一结果表明动点沿不同的路径趋于点 $O(0, 0)$ 时, 对应的函数值趋于不同的常数, 因此, $\lim\limits_{(x, y) \to (0, 0)} f(x, y)$ 不存在.

事实上, 当 $P(x, y)$ 沿不同直线 $x = ky^2$ 无限趋于点 $O(0, 0)$ 时, 有

$$\lim_{\substack{(x, y) \to (0, 0) \\ x = ky^2}} f(x, y) = \lim_{y \to 0} \frac{ky^2 \cdot y^2}{4(ky^2)^2 + 5y^4} = \frac{k}{5 + 4k^2}.$$

如图 7-1-11 所示给出的函数曲面图, 在 $(0, 0)$ 附近函数有突变.

由例 5 易知, 取定特殊路径时二元函数极限转化为一元函数极限问题. 一般情况下, 二元函数极限转化为一元函数极限会使问题变得简单, 但也存在着一定的误区, 如

$$\lim_{\substack{x \to x_0 \\ y \to y_0}} f(x, y) = \lim_{y \to y_0} \left(\lim_{x \to x_0} f(x, y) \right) \quad \text{和} \quad \lim_{\substack{x \to x_0 \\ y \to y_0}} f(x, y) = \lim_{x \to x_0} \left(\lim_{y \to y_0} f(x, y) \right)$$

并不总是成立的.

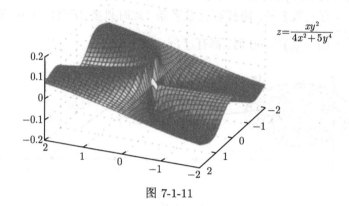

$$z = \frac{xy^2}{4x^2 + 5y^4}$$

图 7-1-11

事实上有下列结论.

定理 1 如果 $\lim\limits_{\substack{x \to x_0 \\ y \to y_0}} f(x,y)$, $\lim\limits_{y \to y_0}(\lim\limits_{x \to x_0} f(x,y))$ 和 $\lim\limits_{x \to x_0}(\lim\limits_{y \to y_0} f(x,y))$ 都存在,

则三者相等.

证明从略.

多元函数有着与一元函数类似的极限运算法则.

例 6 求极限 $\lim\limits_{(x,y) \to (0,1)} \dfrac{\sin xy + xy^2 \cos x - 2x^2 y}{x}$.

解 由于

$$\lim_{(x,y) \to (0,1)} \frac{\sin(xy)}{x} = \lim_{(x,y) \to (0,1)} \left[\frac{\sin(xy)}{xy} \cdot y \right] = \lim_{xy \to 0} \frac{\sin(xy)}{xy} \cdot \lim_{y \to 1} y = 1,$$

于是

$$\lim_{(x,y) \to (0,1)} \frac{\sin xy + xy^2 \cos x - 2x^2 y}{x}$$

$$= \lim_{(x,y) \to (0,1)} \frac{\sin xy}{x} + \lim_{(x,y) \to (0,1)} (y^2 \cos x) - \lim_{(x,y) \to (0,1)} (2xy) = 1 + 1 - 0 = 2.$$

例 7 求极限 $\lim\limits_{(x,y) \to (0,0)} \dfrac{\mathrm{e}^{x^2 y^2} - 1}{x^2 + y^2}$.

解 由于 $(x,y) \to (0,0)$ 时, $\mathrm{e}^{x^2 y^2} - 1 \sim x^2 y^2$, 因此

$$\lim_{(x,y) \to (0,0)} \frac{\mathrm{e}^{x^2 y^2} - 1}{x^2 + y^2} = \lim_{(x,y) \to (0,0)} \frac{x^2 y^2}{x^2 + y^2},$$

又因为 $0 \leqslant \left| \dfrac{x^2 y^2}{x^2 + y^2} \right| \leqslant x^2$，由夹逼准则可知 $\displaystyle\lim_{(x,y)\to(0,0)} \dfrac{x^2 y^2}{x^2 + y^2} = 0$，故

$$\lim_{(x,y)\to(0,0)} \frac{\mathrm{e}^{x^2 y^2} - 1}{x^2 + y^2} = 0.$$

例 8 设二元函数

$$f(x,y) = \begin{cases} x \sin \dfrac{1}{y} + y \sin \dfrac{1}{x}, & xy \neq 0, \\ 0, & xy = 0, \end{cases}$$

讨论 $\displaystyle\lim_{(x,y)\to(0,0)} f(x,y),\ \lim_{x\to 0}\lim_{y\to 0} f(x,y),\ \lim_{y\to 0}\lim_{x\to 0} f(x,y)$.

解 当 $xy \neq 0$ 时，有

$$\lim_{(x,y)\to(0,0)} f(x,y) = \lim_{(x,y)\to(0,0)} \left(x \sin \frac{1}{y} + y \sin \frac{1}{x} \right)$$

$$= \lim_{(x,y)\to(0,0)} x \sin \frac{1}{y} + \lim_{(x,y)\to(0,0)} y \sin \frac{1}{x} = 0 + 0 = 0.$$

当 $xy = 0$ 时，有 $\displaystyle\lim_{(x,y)\to(0,0)} f(x,y) = \lim_{(x,y)\to(0,0)} 0 = 0$，故 $\displaystyle\lim_{(x,y)\to(0,0)} f(x,y) = 0$.

而当 $y \neq 0$ 时，$\displaystyle\lim_{y\to 0} f(x,y) = \lim_{y\to 0} \left(x \sin \frac{1}{y} + y \sin \frac{1}{x} \right)$ 不存在，因此 $\displaystyle\lim_{x\to 0}\lim_{y\to 0} f(x,y)$ 不存在.

同理 $\displaystyle\lim_{y\to 0}\lim_{x\to 0} f(x,y)$ 也不存在.

关于二元函数极限的定义及运算性质均可相应地推广到 n 元函数 $u = f(P)$ 即 $u = f(x_1, x_2, \cdots, x_n)$ 上去，这里不再赘述.

五、多元函数的连续性

下面利用二元函数的极限概念给出二元函数 $z = f(x,y)$ 在点 P_0 处连续的定义.

定义 3 设二元函数 $z = f(x,y)$ 的定义域为 $D \subset \mathbf{R}^2$，$P_0(x_0, y_0) \in D$. 如果

$$\lim_{(x,y)\to(x_0,y_0)} f(x,y) = f(x_0, y_0), \tag{7-1-1}$$

则称**函数 $z = f(x,y)$ 在点 $P_0(x_0, y_0)$ 连续**.

如果函数 $z = f(x,y)$ 在 D 的每一点都连续，则称函数 $z = f(x,y)$ 在 D 上连续，也称 $z = f(x,y)$ 是 D 上的连续函数.

在区域 D 上连续的二元函数的图形是 D 上一张无 "孔" 无 "缝" 的连续曲面. 下面从增量的角度来定义二元函数的连续性.

记 $\Delta x = x - x_0$, $\Delta y = y - y_0$, 则 $\Delta z = f(x_0 + \Delta x, y_0 + \Delta y) - f(x_0, y_0)$, Δz 表示当自变量 x, y 在点 (x_0, y_0) 处分别取得增量 $\Delta x, \Delta y$ 时, 相应的二元函数 $f(x, y)$ 的增量, Δz 称为二元函数 $f(x, y)$ 在点 (x_0, y_0) 处的全增量. 此时 (7-1-1) 式又可写成为

$$\lim_{(\Delta x, \Delta y) \to (0,0)} f(x_0 + \Delta x, y_0 + \Delta y) = f(x_0, y_0) \tag{7-1-2}$$

或

$$\lim_{(\Delta x, \Delta y) \to (0,0)} \Delta z = 0. \tag{7-1-3}$$

定义 4　一元基本初等函数 (幂函数、指数函数、对数函数、三角函数、反三角函数) 都可以看成二元函数, 称为**二元基本初等函数**, 并且它们在各自的定义区域内都是连续的.

如 $f(x, y) = \mathrm{e}^x$, $f(x, y) = \sin x$, $f(x, y) = \arctan y$ 等均为二元基本初等函数, 它们在 $\mathbf{R}^2$ 上均连续.

定义 5　由二元基本初等函数经过有限次的四则运算和有限次的复合运算所构成的能用一个式子表示的二元函数称为**二元初等函数**.

例如, $\dfrac{x + x^2 - y^2}{1 + x^2}$, e^{x+y}, $\ln(1 + x^2 + y^2)$ 等都是二元初等函数.

利用二元函数的极限运算法则及连续性的定义可以证明:

①二元连续函数的和、差、积、商 (分母不为零) 仍为连续函数;

②二元连续函数的复合函数仍为连续函数;

③一切二元初等函数在其定义区域内 (定义区域是指包含在定义域内的区域) 都是连续的.

由二元初等函数的连续性可知, 二元初等函数在定义区域内点 P_0 处的极限, 就等于它在该点处的函数值, 即

$$\lim_{P \to P_0} f(P) = f(P_0).$$

例 9　求极限 $\displaystyle\lim_{(x,y) \to (0,2)} \dfrac{\ln(x + y^2) \sin xy}{\mathrm{e}^{x+y}}$.

解　由于二元函数 $\dfrac{\ln(x + y^2) \sin xy}{\mathrm{e}^{x+y}}$ 是二元初等函数, $(0, 2)$ 是其定义区域内的点, 故

$$\lim_{(x,y) \to (0,2)} \frac{\ln(x + y^2) \sin xy}{\mathrm{e}^{x+y}} = \frac{\ln(0 + 2^2) \sin(0 \cdot 2)}{\mathrm{e}^{0+2}} = 0.$$

如果函数 $z = f(x, y)$ 在点 $P_0(x_0, y_0)$ 不连续, 则称 P_0 为函数 $z = f(x, y)$ 的间断点.

例如, 函数

$$f(x, y) = \begin{cases} \dfrac{xy^2}{4x^2 + 5y^4}, & (x, y) \neq (0, 0), \\ 0, & (x, y) = (0, 0). \end{cases}$$

其定义域为 $D = \mathbf{R}^2$, $O(0, 0)$ 为 D 的聚点. 当 $(x, y) \to (0, 0)$ 时其极限不存在, 所以点 $O(0, 0)$ 是该函数的一个间断点. 二元函数的间断点也可以形成一条曲线, 例如, 函数 $z = \dfrac{1}{x^2 + y^2 - 1}$ 在圆周 $C = \{(x, y) \mid x^2 + y^2 = 1\}$ 上没有定义, 所以该圆周上每一点都是其间断点.

因此, 一个二元函数的不连续点的类型可能比一元函数的复杂很多, 不连续点可能出现在整个曲线弧上而不仅仅是在一些孤立点上. 二元函数 $z = f(x, y)$ 间断点构成的曲线, 称为间断线.

对于二元函数连续性的定义、运算法则及其相关性质可以推广到 $n(n > 2)$ 元函数的连续性上去, 这里不再赘述.

六、 闭区域上多元连续函数的性质

与闭区间上一元连续函数的性质相似, 在有界闭区域上多元连续函数也有如下重要性质.

性质 1 (有界性定理) 在有界闭区域 D 上的多元连续函数必定在 D 上有界.

性质 2 (最大值和最小值定理) 在有界闭区域 D 上的多元连续函数, 在 D 上一定有最大值和最小值.

性质 3 (介值定理) 在有界闭区域 D 上的多元连续函数, 必定能在 D 上取得介于它的最小值与最大值之间的任何值.

习 题 7-1

A 组

1. 判断下列平面点集中哪些是开集、闭集、有界集、无界集? 并分别指出它们的聚点所构成的点集和边界点集.

(1) $\{(x, y) \mid xy \neq 0\}$;　　(2) $\{(x, y) \mid x + y > 1\}$;　　(3) $\{(x, y) \mid 1 \leqslant x^2 + y^2 < 4\}$.

2. 设 $z = \sqrt{y} + f(\sqrt{x} - 1)$, 且当 $y = 1$ 时 $z = x$, 求 $f(y)$.

3. 设 $f(x - y, \ln x) = \left(1 - \dfrac{y}{x}\right) \dfrac{\mathrm{e}^x}{\mathrm{e}^y \ln x^x}$, 求 $f(x, y)$.

4. 求下列函数的定义域:

(1) $z = \sqrt{x - \sqrt{y}}$;

(2) $u = \sqrt{R^2 - x^2 - y^2 - z^2} + \dfrac{1}{\sqrt{x^2 + y^2 + z^2 - r^2}} (R > r > 0)$;

(3) $u = \arccos \dfrac{z}{\sqrt{x^2 + y^2}}$;

(4) $z = \arcsin(2x) + \dfrac{\sqrt{4x - y^2}}{\ln(1 - x^2 - y^2)}$.

5. 求下列函数极限:

(1) $\lim\limits_{\substack{x \to 0 \\ y \to 0}} \dfrac{x^2 y}{x^2 + y^2}$;

(2) $\lim\limits_{\substack{x \to -\infty \\ y \to 0}} \left(1 + \dfrac{2}{x}\right)^{\frac{x^2}{x+y}}$;

(3) $\lim\limits_{(x,y) \to (0,0)} \dfrac{xy}{\sqrt{2 - e^{xy}} - 1}$;

(4) $\lim\limits_{(x,y) \to (0,0)} \dfrac{xy^2 \sin(2xy)}{x^2 + y^4}$.

6. 判断极限 $\lim\limits_{\substack{x \to 0 \\ y \to 0}} \dfrac{xy + y^2}{x^2 + y^2}$ 是否存在.

7. 求函数 $z = \dfrac{y^2 + 2x}{y^2 - 2x}$ 的间断点.

8. 讨论 $f(x, y) = \begin{cases} (x^2 + y^2)\ln(x^2 + y^2), & (x, y) \neq (0, 0), \\ 0, & (x, y) = (0, 0) \end{cases}$ 在 $(0,0)$ 点的连续性.

B 组

1. 证明极限 $\lim\limits_{\substack{x \to 0 \\ y \to 0}} \dfrac{\sqrt{xy + 1} - 1}{x + y}$ 不存在.

2. 讨论 $f(x, y) = \begin{cases} \dfrac{x^2 \sin \dfrac{1}{x^2 + y^2} + y^2}{x^2 + y^2}, & (x, y) \neq (0, 0), \\ 0, & (x, y) = (0, 0) \end{cases}$ 在 $(0,0)$ 点的连续性.

课前测7-2-1

7.2 偏 导 数

　　一元函数的导数刻画了函数随自变量变化的快慢程度即变化率大小, 在多元函数中, 同样需要研究它的变化率问题, 这里我们以二元函数为重点讨论对象, 进而推广至一般的多元函数. 由于二元函数的自变量个数有两个, 其变化率问题的研究相对复杂. 本节中我们先研究二元函数在其中一个自变量固定不变时, 函数随另一个自变量变化的变化率问题, 这就是二元函数的偏导数.

一、偏导数的概念

　　定义 1　设函数 $z = f(x, y)$ 在点 $P_0(x_0, y_0)$ 的某一邻域内有定义, 当 y 固定在 y_0 而 x 在 x_0 处有增量 Δx 时, 相应地函数有增量

偏导数定义
讲解7-2-2

$$\Delta z_x = f(x_0 + \Delta x, y_0) - f(x_0, y_0),$$

如果

$$\lim_{\Delta x \to 0} \frac{f(x_0 + \Delta x, y_0) - f(x_0, y_0)}{\Delta x}$$

存在, 则称此极限为**函数** $z = f(x, y)$ **在点** $P_0(x_0, y_0)$ **处对** x **的偏导数**, 记作

$$\frac{\partial z}{\partial x}\bigg|_{\substack{x=x_0 \\ y=y_0}}, \quad \frac{\partial f}{\partial x}\bigg|_{\substack{x=x_0 \\ y=y_0}}, \quad z_x\big|_{\substack{x=x_0 \\ y=y_0}} \quad \text{或} \quad f_x(x_0, y_0),$$

即

$$f_x(x_0, y_0) = \lim_{\Delta x \to 0} \frac{f(x_0 + \Delta x, y_0) - f(x_0, y_0)}{\Delta x}. \tag{7-2-1}$$

类似地, **函数** $z = f(x, y)$ **在点** $P_0(x_0, y_0)$ **处对** y **的偏导数**定义为

$$\lim_{\Delta y \to 0} \frac{f(x_0, y_0 + \Delta y) - f(x_0, y_0)}{\Delta y},$$

记作

$$\frac{\partial z}{\partial y}\bigg|_{\substack{x=x_0 \\ y=y_0}}, \quad \frac{\partial f}{\partial y}\bigg|_{\substack{x=x_0 \\ y=y_0}}, \quad z_y\big|_{\substack{x=x_0 \\ y=y_0}} \quad \text{或} \quad f_y(x_0, y_0),$$

即

$$f_y(x_0, y_0) = \lim_{\Delta y \to 0} \frac{f(x_0, y_0 + \Delta y) - f(x_0, y_0)}{\Delta y}. \tag{7-2-2}$$

当二元函数 $z = f(x, y)$ 在点 $P_0(x_0, y_0)$ 处关于 x, y 的偏导数都存在时, 称 $f(x, y)$ 在点 $P_0(x_0, y_0)$ 处可偏导, 并且不难发现

$$f_x(x_0, y_0) = \frac{\mathrm{d} f(x, y_0)}{\mathrm{d} x}\bigg|_{x=x_0}, \quad f_y(x_0, y_0) = \frac{\mathrm{d} f(x_0, y)}{\mathrm{d} y}\bigg|_{y=y_0}.$$

如果函数 $z = f(x, y)$ 在区域 D 内每一点 (x, y) 处对 x 的偏导数都存在, 那么这个偏导数仍是 x, y 的函数, 并称它为函数 $z = f(x, y)$ 对自变量 x 的偏导函数, 记作

$$\frac{\partial z}{\partial x}, \quad \frac{\partial f}{\partial x}, \quad z_x \quad \text{或} \quad f_x(x, y),$$

类似地, 可以定义函数 $z = f(x, y)$ 对自变量 y 的偏导函数, 记作 $\dfrac{\partial z}{\partial y}, \dfrac{\partial f}{\partial y}, z_y$ 或 $f_y(x, y)$.

从而有

$$f_x(x,y) = \lim_{\Delta x \to 0} \frac{f(x+\Delta x, y) - f(x,y)}{\Delta x},$$

$$f_y(x,y) = \lim_{\Delta y \to 0} \frac{f(x, y+\Delta y) - f(x,y)}{\Delta y},$$

且

$$f_x(x_0, y_0) = f_x(x,y)\big|_{(x_0, y_0)},$$

$$f_y(x_0, y_0) = f_y(x,y)\big|_{(x_0, y_0)}.$$

像一元函数的导函数一样, 在不至于混淆的情况下也把偏导函数简称为**偏导数**.

偏导数的概念可以推广到多元函数. 一般地, 对于 n 元函数 $f(x_1, x_2, \cdots, x_n)$, 如果

$$\lim_{\Delta x_i \to 0} \frac{f(x_1, \cdots, x_i + \Delta x_i, \cdots, x_n) - f(x_1, \cdots, x_i, \cdots, x_n)}{\Delta x_i}$$

存在, 则称上式为 n 元函数 $f(x_1, x_2, \cdots, x_n)$ 关于 x_i 的偏导数, 记为

$$f_{x_i}(x_1, x_2, \cdots, x_n) \quad \text{或} \quad \frac{\partial f}{\partial x_i}.$$

再以三元函数为例, $u = f(x,y,z)$ 在点 $P_0(x_0, y_0, z_0)$ 处对 x, y, z 的偏导数定义分别为

$$f_x(x_0, y_0, z_0) = \lim_{\Delta x \to 0} \frac{f(x_0 + \Delta x, y_0, z_0) - f(x_0, y_0, z_0)}{\Delta x},$$

$$f_y(x_0, y_0, z_0) = \lim_{\Delta y \to 0} \frac{f(x_0, y_0 + \Delta y, z_0) - f(x_0, y_0, z_0)}{\Delta y},$$

$$f_z(x_0, y_0, z_0) = \lim_{\Delta z \to 0} \frac{f(x_0, y_0, z_0 + \Delta z) - f(x_0, y_0, z_0)}{\Delta z}.$$

二、 偏导数的计算

由偏导数的定义可知, 求多元函数的偏导数并不需要用新的方法. 事实上这里只有一个自变量在变动, 另一个自变量是看作固定的, 所以仍然是一元函数的微分问题, 其本质为一元函数导数. 对二元函数 $z = f(x,y)$ 求 $\dfrac{\partial f}{\partial x}$ 时, 只需把 y 暂时看作常量而对 x 求导数; 而求 $\dfrac{\partial f}{\partial y}$ 时, 则只需把 x 暂时看作常量而对 y 求导数.

例 1 设函数 $z = (1 + xy)^y$, 求 $\left.\dfrac{\partial z}{\partial x}\right|_{(1,2)}, \left.\dfrac{\partial z}{\partial y}\right|_{(1,2)}$.

解 $\dfrac{\partial z}{\partial x} = y(1 + xy)^{y-1} \cdot y = y^2(1 + xy)^{y-1}$, 所以

$$\left.\frac{\partial z}{\partial x}\right|_{(1,2)} = y^2(1 + xy)^{y-1}\Big|_{(1,2)} = 12.$$

令 $z = e^{y\ln(1+xy)}$, 则

$$\frac{\partial z}{\partial y} = e^{y\ln(1+xy)} \cdot \left[\ln(1 + xy) + y \cdot \frac{x}{1 + xy}\right] = (1 + xy)^y \cdot \left[\ln(1 + xy) + \frac{xy}{1 + xy}\right],$$

所以

$$\left.\frac{\partial z}{\partial y}\right|_{(1,2)} = (1 + xy)^y \cdot \left[\ln(1 + xy) + \frac{xy}{1 + xy}\right]\Big|_{(1,2)} = 9\ln 3 + 6.$$

例 2 已知 $f(x, y) = x^2 + (y^2 - 1)\arctan\sqrt{xy}$, 求 $f_x(1, 1)$.

解 令 $y = 1$ 得, $f(x, 1) = x^2$, 所以 $f_x(1, 1) = 2x|_{x=1} = 2$.

例 2 的解法充分体现了偏导数即为一元函数导数这一本质, 读者需仔细体会.

例 3 设 $f(x, y) = \sqrt{x^2 + y^4}$, 求 $f_x(1, 1), f_x(0, 0)$ 和 $f_y(0, 0)$.

解 因为 $f_x(x, y) = \dfrac{1}{2\sqrt{x^2 + y^4}}\left(x^2 + y^4\right)'_x = \dfrac{x}{\sqrt{x^2 + y^4}}$, 所以

$$f_x(1, 1) = \frac{x}{\sqrt{x^2 + y^4}}\Big|_{\substack{x=1 \\ y=1}} = \frac{\sqrt{2}}{2}.$$

显然利用偏导函数 $f_x(x, y) = \dfrac{x}{\sqrt{x^2 + y^4}}$ 无法求得 $f_x(0, 0)$, 必须用偏导数的定义来计算

$$f_x(0, 0) = \lim_{\Delta x \to 0} \frac{f(\Delta x, 0) - f(0, 0)}{\Delta x} = \lim_{\Delta x \to 0} \frac{\sqrt{\Delta x^2} - 0}{\Delta x} = \lim_{\Delta x \to 0} \frac{|\Delta x|}{\Delta x},$$

上式右端极限不存在, 所以偏导数 $f_x(0, 0)$ 不存在.

$$f_y(0, 0) = \lim_{\Delta y \to 0} \frac{f(0, \Delta y) - f(0, 0)}{\Delta y} = \lim_{\Delta y \to 0} \frac{\sqrt{\Delta y^4} - 0}{\Delta y} = \lim_{\Delta y \to 0} \frac{\Delta y^2}{\Delta y} = 0.$$

由例 3 可知, 求函数在 (x_0, y_0) 处的偏导数时, 若偏导函数在 (x_0, y_0) 处有定义, 只需将 (x_0, y_0) 代入偏导函数即得所求偏导数. 若偏导函数在点 (x_0, y_0) 处没有定义, 此时不能断言偏导数不存在, 必须利用偏导数的定义作进一步的考察.

例 4 设 $r = \sqrt{x^2 + y^2 + z^2}$, 证明 $r\left(\dfrac{\partial r}{\partial x} + \dfrac{\partial r}{\partial y} + \dfrac{\partial r}{\partial z}\right) = x + y + z$.

证 把 y 和 z 看作常数, 对 x 求导, 得

$$\frac{\partial r}{\partial x} = \frac{x}{\sqrt{x^2 + y^2 + z^2}} = \frac{x}{r},$$

利用函数的对称性可知 $\dfrac{\partial r}{\partial y} = \dfrac{y}{r}$, $\dfrac{\partial r}{\partial z} = \dfrac{z}{r}$, 所以

$$r\left(\frac{\partial r}{\partial x} + \frac{\partial r}{\partial y} + \frac{\partial r}{\partial z}\right) = r\left(\frac{x}{r} + \frac{y}{r} + \frac{z}{r}\right) = x + y + z.$$

例 5 设函数

$$f(x,y) = \begin{cases} \dfrac{x^2 y}{x^4 + y^2}, & x^2 + y^2 \neq 0, \\ 0, & x^2 + y^2 = 0, \end{cases}$$

求 $f_x(x, y)$.

解 当 $x^2 + y^2 \neq 0$ 时,

$$f_x(x,y) = \frac{2xy(x^4 + y^2) - x^2 y \cdot 4x^3}{(x^4 + y^2)^2} = \frac{2xy(y^2 - x^4)}{(x^4 + y^2)^2},$$

当 $x^2 + y^2 = 0$ 时, 由偏导数定义得

$$f_x(0,0) = \lim_{\Delta x \to 0} \frac{f(0 + \Delta x, 0) - f(0,0)}{\Delta x} = \lim_{\Delta x \to 0} \frac{0 - 0}{\Delta x} = 0,$$

所以

$$f_x(x,y) = \begin{cases} \dfrac{2xy(y^2 - x^4)}{(x^4 + y^2)^2}, & x^2 + y^2 \neq 0, \\ 0, & x^2 + y^2 = 0. \end{cases}$$

例 6 已知理想气体的状态方程 $PV = RT$ (R 为常量), 求证:

$$\frac{\partial P}{\partial V} \cdot \frac{\partial V}{\partial T} \cdot \frac{\partial T}{\partial P} = -1.$$

证 因为

$$P = \frac{RT}{V}, \quad \frac{\partial P}{\partial V} = -\frac{RT}{V^2},$$

$$V = \frac{RT}{P}, \quad \frac{\partial V}{\partial T} = \frac{R}{P},$$

$$T = \frac{PV}{R}, \quad \frac{\partial T}{\partial P} = \frac{V}{R},$$

偏导与连续的
关系讲解7-2-3

所以

$$\frac{\partial P}{\partial V} \cdot \frac{\partial V}{\partial T} \cdot \frac{\partial T}{\partial P} = -\frac{RT}{V^2} \cdot \frac{R}{P} \cdot \frac{V}{R} = -\frac{RT}{PV} = -1.$$

由一元函数微分学可知, $\dfrac{\mathrm{d}y}{\mathrm{d}x}$ 可看作函数的微分 $\mathrm{d}y$ 与自变量的微分 $\mathrm{d}x$ 之商.

由例 6 可知, 偏导数的记号 $\dfrac{\partial P}{\partial V}, \dfrac{\partial V}{\partial T}, \dfrac{\partial T}{\partial P}$ 是一个整体记号, 不能看作分子与分母之商.

另外对于一元函数, 如果其在某点存在导数, 则它在该点必连续. 但对于多元函数而言, 即使函数的各个偏导数存在, 此函数在该点也不一定连续.

例如, 二元函数

$$f(x,y) = \begin{cases} \dfrac{xy^2}{4x^2 + 5y^4}, & (x,y) \neq (0,0), \\ 0, & (x,y) = (0,0), \end{cases}$$

由 7.1 节例 5 可知 $\lim\limits_{(x,y) \to (0,0)} f(x,y)$ 不存在, 所以 $f(x,y)$ 在 $(0,0)$ 点处不连续.

而 $f(x,y)$ 在 $(0,0)$ 点处的偏导数为

$$f_x(0,0) = \lim_{x \to 0} \frac{f(x,0) - f(0,0)}{x} = \lim_{x \to 0} \frac{0}{x} = 0,$$

$$f_y(0,0) = \lim_{y \to 0} \frac{f(0,y) - f(0,0)}{y} = \lim_{y \to 0} \frac{0}{y} = 0.$$

三、 偏导数的几何意义

二元函数 $z = f(x,y)$ 在点 (x_0, y_0) 处的偏导数有下述几何意义.

设 $P_0(x_0, y_0, f(x_0, y_0))$ 为曲面 $z = f(x,y)$ 上的一点, 过 P_0 作平面 $y = y_0$, 截此曲面得一曲线 $\Gamma: \begin{cases} z = f(x,y), \\ y = y_0, \end{cases}$ 此曲线在平面 $y = y_0$ 上的方程为 $z = f(x, y_0)$, 则偏导数 $f_x(x_0, y_0)$ 就是导数 $\dfrac{\mathrm{d}}{\mathrm{d}x} f(x, y_0)|_{x=x_0}$, 故偏导数 $f_x(x_0, y_0)$ 的几何意义为 Γ 在点 P_0 处的切线 $P_0 T_x$ 对 x 轴的斜率 (图 7-2-1). 同样, 偏导数

$f_y(x_0, y_0)$ 的几何意义是曲面被平面 $x = x_0$ 所截得的曲线 $L: \begin{cases} z = f(x, y), \\ x = x_0 \end{cases}$ 在点 P_0 处的切线 $P_0 T_y$ 对 y 轴的斜率.

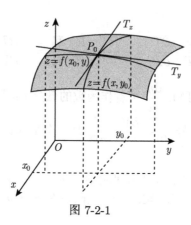

图 7-2-1

例 7 求曲线 $\begin{cases} z = \dfrac{x^2 + y^2}{4}, \\ y = 4 \end{cases}$ 在点 $(2, 4, 5)$ 处切线与 x 轴正向所成的夹角大小.

解 $z_x(x, y) = \dfrac{1}{2} x$, 由偏导数的几何意义可知, 所求夹角的正切 $\tan \alpha = z_x(2, 4) = 1$, 所以 $\alpha = \dfrac{\pi}{4}$.

四、高阶偏导数

设函数 $z = f(x, y)$ 在区域 D 内具有偏导数

$$\frac{\partial z}{\partial x} = f_x(x, y), \quad \frac{\partial z}{\partial y} = f_y(x, y),$$

则在 D 内偏导数 $f_x(x, y)$, $f_y(x, y)$ 都是 x, y 的函数. 如果这两个函数 $f_x(x, y)$, $f_y(x, y)$ 在 D 内的偏导数也存在, 则称它们是函数 $z = f(x, y)$ 的二阶偏导数. 按照对变量求导次序的不同, 共有下列四个二阶偏导数:

$$\frac{\partial}{\partial x}\left(\frac{\partial z}{\partial x}\right) = \frac{\partial^2 z}{\partial x^2} = f_{xx}(x, y), \quad \frac{\partial}{\partial y}\left(\frac{\partial z}{\partial y}\right) = \frac{\partial^2 z}{\partial y^2} = f_{yy}(x, y),$$

$$\frac{\partial}{\partial x}\left(\frac{\partial z}{\partial y}\right) = \frac{\partial^2 z}{\partial y \partial x} = f_{yx}(x, y), \quad \frac{\partial}{\partial y}\left(\frac{\partial z}{\partial x}\right) = \frac{\partial^2 z}{\partial x \partial y} = f_{xy}(x, y),$$

其中第三、四这两个偏导数称为**混合偏导数**.

类似地, 可以定义三阶、四阶以至 n 阶偏导数. 二阶及二阶以上的偏导数统称为**高阶偏导数**.

例 8　设 $z = x\ln(x+y)$, 求 $\dfrac{\partial^2 z}{\partial x^2}, \dfrac{\partial^2 z}{\partial y\partial x}, \dfrac{\partial^2 z}{\partial x\partial y}, \dfrac{\partial^2 z}{\partial y^2}$.

解　$\dfrac{\partial z}{\partial x} = \ln(x+y) + \dfrac{x}{x+y}, \dfrac{\partial z}{\partial y} = \dfrac{x}{x+y}$, 故

$$\frac{\partial^2 z}{\partial x^2} = \frac{1}{x+y} + \frac{x+y-x}{(x+y)^2} = \frac{x+2y}{(x+y)^2}, \quad \frac{\partial^2 z}{\partial y^2} = \frac{-x}{(x+y)^2},$$

$$\frac{\partial^2 z}{\partial x\partial y} = \frac{1}{x+y} + \frac{-x}{(x+y)^2} = \frac{y}{(x+y)^2}, \quad \frac{\partial^2 z}{\partial y\partial x} = \frac{(x+y)-x}{(x+y)^2} = \frac{y}{(x+y)^2}.$$

我们看到例 8 中 $\dfrac{\partial^2 z}{\partial x\partial y} = \dfrac{\partial^2 z}{\partial y\partial x}$, 即两个二阶混合偏导数相等. 那么如果两个二阶混合偏导数都存在, 它们是否一定相等呢? 答案是否定的. 事实上, 有下述定理.

定理 1　如果函数 $z = f(x,y)$ 的两个二阶混合偏导数 $\dfrac{\partial^2 z}{\partial x\partial y}$ 及 $\dfrac{\partial^2 z}{\partial y\partial x}$ 在区域 D 内连续, 那么在该区域内这两个二阶混合偏导数必相等.

证略.

由定理 1 可知, 二阶混合偏导数在连续的条件下与求导的次序无关.

当然, 也可以对三元及以上多元函数定义高阶偏导数, 同样高阶混合偏导数在偏导数连续的条件下也与求导次序无关.

*五、多元函数的偏导数在经济学中的应用

多元函数的偏导数在经济分析中的应用主要是多元函数的边际分析和弹性分析, 也称其为偏边际和偏弹性, 下面我们以需求函数为例予以讨论.

1. 需求函数的边际分析

假设 A, B 两种商品彼此相关, 那么 A 与 B 的需求量 Q_1 和 Q_2 分别是两种商品的价格 P_1 和 P_2 及消费者的收入 y 的函数, 即

$$\begin{cases} Q_1 = f(P_1, P_2, y), \\ Q_2 = g(P_1, P_2, y). \end{cases}$$

当它们可偏导时, 可以求得六个偏导数: $\dfrac{\partial Q_1}{\partial P_1}, \dfrac{\partial Q_1}{\partial P_2}, \dfrac{\partial Q_1}{\partial y}, \dfrac{\partial Q_2}{\partial P_1}, \dfrac{\partial Q_2}{\partial P_2}, \dfrac{\partial Q_2}{\partial y}$. 其中

$\dfrac{\partial Q_1}{\partial P_1}$ 称为商品 A 的需求函数关于价格 P_1 的**偏边际需求**, 它表示当商品 B 的价

格 P_2 和消费者的收入 y 固定时, 商品 A 的价格 P_1 变化一个单位时商品 A 的需求量近似改变量. $\dfrac{\partial Q_1}{\partial y}$ 称为商品 A 的需求函数关于费者收入 y 的**偏边际需求**, 表示当 P_1 和 P_2 固定时, 消费者的收入变化一个单位时商品 A 的需求量近似改变量. 同理可得其他偏导数的经济意义.

对于一般的需求函数, 如果 P_2, y 固定, 而 P_1 上升时, 商品 A 的需求量 Q_1 将减少, 将有 $\dfrac{\partial Q_1}{\partial P_1} < 0$; 当 P_1, P_2 固定而消费者的收入 y 增加时, 一般 Q_1 将增大, 将有 $\dfrac{\partial Q_1}{\partial y} > 0$. 其他情形可类似讨论.

如果 $\dfrac{\partial Q_1}{\partial P_2} > 0$ 和 $\dfrac{\partial Q_2}{\partial P_1} > 0$, 说明两种商品中任意一个价格减少, 都将使其中一个需求量增加, 另一个需求量减少, 这时称 A, B 两种商品为**替代品**. 如果 $\dfrac{\partial Q_1}{\partial P_2} < 0$ 和 $\dfrac{\partial Q_2}{\partial P_1} < 0$, 说明两种商品中任意一个价格减少, 都将使需求量 Q_1 和 Q_2 同时增加, 这时称 A, B 两种商品为**互补品**.

例 9　设 A, B 两种商品是彼此相关的, 它们的需求函数分别为

$$Q_A = \frac{50\sqrt[3]{P_B}}{\sqrt{P_A}}, \quad Q_B = \frac{75P_A}{\sqrt[3]{P_B^2}},$$

试确定 A, B 两种商品的关系.

解　由于函数中不含有收入 y, 可以求出四个偏导数:

$$\frac{\partial Q_A}{\partial P_A} = -25P_A^{-\frac{3}{2}}P_B^{\frac{1}{3}}, \quad \frac{\partial Q_A}{\partial P_B} = \frac{50}{3}P_A^{-\frac{1}{2}}P_B^{-\frac{2}{3}},$$

$$\frac{\partial Q_B}{\partial P_A} = 75P_B^{-\frac{2}{3}}, \quad \frac{\partial Q_B}{\partial P_B} = -50P_A P_B^{-\frac{5}{3}},$$

因为 $P_A > 0, P_B > 0$, 所以 $\dfrac{\partial Q_A}{\partial P_B} > 0, \dfrac{\partial Q_B}{\partial P_A} > 0$. 这说明 A, B 两种商品是替代品.

2. 需求函数的偏弹性

设 A, B 两种商品的需求量函数为

$$\begin{cases} Q_1 = f(P_1, P_2, y), \\ Q_2 = g(P_1, P_2, y). \end{cases}$$

当商品 B 的价格 P_2 和消费者收入 y 保持不变, 而商品 A 的价格 P_1 发生变化时, 需求量 Q_1 和 Q_2 对价格 P_1 的偏弹性分别定义为

$$E_{AA} = E_{11} = \lim_{\Delta P_1 \to 0} \frac{\Delta_1 Q_1 / Q_1}{\Delta P_1 / P_1} = \frac{P_1}{Q_1} \frac{\partial Q_1}{\partial P_1},$$

$$E_{BA} = E_{21} = \lim_{\Delta P_1 \to 0} \frac{\Delta_1 Q_2 / Q_2}{\Delta P_1 / P_1} = \frac{P_1}{Q_2} \frac{\partial Q_2}{\partial P_1},$$

其中 $\Delta_1 Q_i = Q_i (P_1 + \Delta P_1, P_2, y) - Q_i (P_1, P_2, y) \, (i = 1, 2)$.

当商品 A 的价格 P_1 和消费者收入 y 保持不变, 而商品 B 的价格 P_2 发生变化时, 需求量 Q_1 和 Q_2 对价格 P_2 的偏弹性有

$$E_{AB} = E_{12} = \lim_{\Delta P_2 \to 0} \frac{\Delta_2 Q_1 / Q_1}{\Delta P_2 / P_2} = \frac{P_2}{Q_1} \frac{\partial Q_1}{\partial P_2},$$

$$E_{BB} = E_{22} = \lim_{\Delta P_2 \to 0} \frac{\Delta_2 Q_2 / Q_2}{\Delta P_2 / P_2} = \frac{P_2}{Q_2} \frac{\partial Q_2}{\partial P_2},$$

其中 $\Delta_2 Q_i = Q_i (P_1, P_2 + \Delta P_2, y) - Q_i (P_1, P_2, y) \, (i = 1, 2)$.

E_{11}, E_{22} 依次是商品 A, B 的需求量对自身价格的偏弹性, 称为**直接价格偏弹性** (或自价格弹性), 而 E_{12}, E_{21} 分别是商品 A, B 的需求量对商品 B, A 的价格的偏弹性, 它们称为**交叉价格偏弹性** (或互价格弹性). 相应地, $\dfrac{\Delta_2 Q_1 / Q_1}{\Delta P_2 / P_2}$ 称为 Q_1 由点 P_2 到 $P_2 + \Delta P_2$ 的关于 P_2 的**区间 (弧) 交叉价格弹性**, $\dfrac{\Delta_1 Q_2 / Q_2}{\Delta P_1 / P_1}$ 称为 Q_2 由点 P_1 到 $P_1 + \Delta P_1$ 的关于 P_1 的**区间 (弧) 交叉价格弹性**.

偏弹性 $E_{ij} \, (i, j = 1, 2)$ 具有明确的经济意义. 例如 E_{11} 表示 A, B 两种商品的价格为 P_1 和 P_2 时, A 商品的价格 P_1 改变 1%时其销售量 Q_1 改变的百分数; E_{12} 表示 A, B 两种商品的价格为 P_1 和 P_2 时, B 商品的价格 P_2 改变 1%时其销售量 Q_1 改变的百分数. 对 E_{21}, E_{22} 可做类似的解释.

这里需要注意的是, 与在一元函数中所述的价格弹性不同, 偏弹性 $E_{ij}(i, j = 1, 2)$ 可能有负有正, 一般 $E_{ii} < 0(i = 1, 2)$, 即一种商品提价时其需求量会下降. 若 $|E_{ii}| > 1$, 则表明该商品提价的百分数小于其需求量下降的百分数, 通常可认为它是 "奢侈品"; 若 $|E_{ii}| < 1$, 则这种商品是 "必需品". 又若 $E_{12} > 0$, 则表明 B 商品提价时 A 商品的需求量也随之增加, 所以 A 商品可作为 B 商品的替代品; 而若 $E_{12} < 0$, 则 A 商品为 B 商品的互补品. E_{21} 的符号也有类似的经济意义.

除了上述 4 种偏弹性, 还有需求对收入的偏弹性

$$E_{iy} = \frac{y}{Q_i} \frac{\partial Q_i}{\partial y} \quad (i = 1, 2).$$

若 $E_{1y} > 0$, 它表明随着消费者收入的增加, 商品 A 的需求量也增加, 所以 A

为正常品, 而 $E_{1y} < 0$, 它表明商品 A 为低档品或劣质品. E_{2y} 的符号也有类似的意义.

例 10 某种数码相机的销售量 Q_A, 除与它自身的价格 P_A 有关外, 还与彩色喷墨打印机的价格 P_B 有关, 具体为

$$Q_A = 120 + \frac{250}{P_A} - 10P_B - P_B^2,$$

求 $P_A = 50$, $P_B = 5$ 时, ① Q_A 对 P_A 的弹性; ② Q_A 对 P_B 的交叉弹性.

解　① Q_A 对 P_A 的弹性为

$$\begin{aligned}
E_{AA} &= \frac{\partial Q_A}{\partial P_A} \cdot \frac{P_A}{Q_A} \\
&= -\frac{250}{P_A^2} \cdot \frac{P_A}{120 + \dfrac{250}{P_A} - 10P_B - P_B^2} \\
&= -\frac{250}{120P_A + 250 - P_A\left(10P_B + P_B^2\right)},
\end{aligned}$$

当 $P_A = 50$, $P_B = 5$ 时, $E_{AA} = -\dfrac{250}{120 \cdot 50 + 250 - 505\,(10 + 25)} = -\dfrac{1}{10}$.

② Q_A 对 P_B 的交叉弹性为

$$\begin{aligned}
E_{AB} &= \frac{\partial Q_A}{\partial P_B} \cdot \frac{P_B}{Q_A} \\
&= -(10 + 2P_B) \cdot \frac{P_B}{120 + \dfrac{250}{P_A} - 10P_B - P_B^2},
\end{aligned}$$

当 $P_A = 50$, $P_B = 5$ 时, $E_{AB} = -20 \cdot \dfrac{5}{120 + 5 - 50 - 25} = -2$.

习　题　7-2

A 组

课件7-2-4

1. 求下列函数的一阶偏导数:

(1) $z = 2\cos^2\left(x - \dfrac{y}{2}\right)$;　　(2) $z = \ln\tan\dfrac{x}{y}$;　　　　(3) $z = (1 + xy)^y$;

(4) $u = x^{\frac{y}{z}}$;　　　　　　　(5) $u = \arctan(x - y)^z$.

2. 求下列函数在指定点处的偏导数:

(1) 设 $f(x, y) = x\ln(xy)$, 求 $f_x(1, e)$;

(2) 设 $f(x,y) = \mathrm{e}^{\arctan \frac{y}{x}} \cdot \ln(x^2 + y^2)$, 求 $f_x(1,0)$;

(3) 设 $f(x,y) = \sqrt[3]{x^5 - y^3}$, 求 $f_x(0,0)$;

(4) 设 $u = \mathrm{e}^{-x} \sin \dfrac{x}{y}$, 求 $\dfrac{\partial^2 u}{\partial x \partial y}\bigg|_{(2, \frac{1}{\pi})}$.

3. 求下列函数的二阶偏导数:

(1) $z = x^3 y - xy^3$;　　　　　　　　　　　(2) $z = x \ln(x+y)$.

4. 已知 $f(x,y) = x^2 \arctan \dfrac{y}{x} - y^2 \arctan \dfrac{x}{y}$, 求 $\dfrac{\partial^2 f}{\partial x \partial y}$.

5. 设 $z = x^3 \sin y - y\mathrm{e}^x$, 求 $\dfrac{\partial^3 z}{\partial x^2 \partial y}$.

6. 设 $f(x,y) = \begin{cases} \dfrac{xy}{\sqrt{x^2 + y^2}}, & (x,y) \neq (0,0), \\ 0, & (x,y) = (0,0), \end{cases}$ 求偏导数 $f_x(x,y)$, $f_y(x,y)$.

7. 求曲线 $\begin{cases} z = \dfrac{x^2 + y^2}{2}, \\ y = 1 \end{cases}$ 在点 $(1,1,1)$ 处的切线对于 x 轴正向所成的倾角 α.

8. 设 $r = \sqrt{x^2 + y^2 + z^2}$, 证明: $\dfrac{\partial^2 r}{\partial x^2} + \dfrac{\partial^2 r}{\partial y^2} + \dfrac{\partial^2 r}{\partial z^2} = \dfrac{2}{r}$.

9. 已知两种相关商品 A, B 的需求量 Q_1, Q_2 和价格 P_1, P_2 之间的需求函数分别为

$$Q_1 = \frac{P_2}{P_1}, \quad Q_2 = \frac{P_1^2}{P_2}.$$

求需求的直接价格偏弹性 E_{11} 和 E_{22}, 交叉价格偏弹性 E_{21} 和 E_{12}.

B 组

1. 关于函数 $f(x,y) = \begin{cases} xy, & xy \neq 0, \\ x, & y = 0, \\ y, & x = 0, \end{cases}$ 给出下列结论:

(1) $\dfrac{\partial f}{\partial x}\bigg|_{(0,0)} = 1$　　　　　　　　(2) $\dfrac{\partial^2 f}{\partial x \partial y}\bigg|_{(0,0)} = 1$

(3) $\lim\limits_{(x,y) \to (0,0)} f(x,y) = 0$　　　　　　(4) $\lim\limits_{y \to 0} \lim\limits_{x \to 0} f(x,y) = 0$

其中正确的个数为 (　　) (2020 考研真题)

(A) 4　　　　　　　(B) 3　　　　　　　(C) 2　　　　　　　(D) 1.

2. 设 $f(x,y)$ 具有一阶偏导数, 且在任意的 (x,y) 都有 $\dfrac{\partial f(x,y)}{\partial x} > 0, \dfrac{\partial f(x,y)}{\partial y} < 0$, 则

(　　) (2017 考研真题)

(A) $f(0,0) > f(1,1)$　　　　　　　　(B) $f(0,0) < f(1,1)$

(C) $f(0,1) > f(1,0)$　　　　　　　　(D) $f(0,1) < f(1,0)$.

3. 设 $f(x,y) = \displaystyle\int_0^{xy} \mathrm{e}^{-t^2}\,\mathrm{d}t$, 求 $\dfrac{x}{y} \cdot \dfrac{\partial^2 f}{\partial x^2} - 2\dfrac{\partial^2 f}{\partial x \partial y} + \dfrac{y}{x} \cdot \dfrac{\partial^2 f}{\partial y^2}$.

7.3 全 微 分

课前测7-3-1

一、全微分的概念

7.2 节讨论的是自变量沿某个给定方向变化时, 函数的变化率. 但在实际问题中, 自变量可以随意变化. 比如, 对于气体状态方程 $V(P,T) = \dfrac{RT}{P}$, 纯粹的等压或等温过程一般是不存在的. 真正需要考虑的是, 自变量 P 和 T 分别产生了增量 ΔP 和 ΔT 后, 如何估计体积的改变量

$$\Delta V = V(P_0 + \Delta P, T_0 + \Delta T) - V(P_0, T_0).$$

由二元函数的偏导数可知, $f(x,y)$ 对 x 的偏导数表示固定 y, 函数 $f(x,y)$ 对自变量 x 的变化率, $f_y(x,y)$ 类同. 由一元函数微分学中增量与微分的关系, 可得

$$f(x_0 + \Delta x, y_0) - f(x_0, y_0) \approx f_x(x_0, y_0)\Delta x, \tag{7-3-1}$$

$$f(x_0, y_0 + \Delta y) - f(x_0, y_0) \approx f_y(x_0, y_0)\Delta y. \tag{7-3-2}$$

上面两式左端分别称为二元函数 $f(x,y)$ 对 x 和对 y 的**偏增量**, 而右端分别称为二元函数 $f(x,y)$ 对 x 和对 y 的偏微分.

实际应用中, 有时还需要研究多元函数中各个自变量同时变化时因变量所获得的增量, 即所谓全增量的问题. 下面仍以二元函数为例进行研究.

设函数 $z = f(x,y)$ 在点 $P_0(x_0, y_0)$ 的某一邻域 $U(P_0)$ 内有定义, 对 $\forall P(x_0 + \Delta x, y_0 + \Delta y) \in U(P_0)$, 则称 $f(x_0 + \Delta x, y_0 + \Delta y) - f(x_0, y_0)$ 为 $z = f(x,y)$ 在点 $P_0(x_0, y_0)$ 对应于自变量增量 $\Delta x, \Delta y$ 的全增量, 记作 Δz, 即

$$\Delta z = f(x_0 + \Delta x, y_0 + \Delta y) - f(x_0, y_0).$$

一般计算全增量 Δz 比较复杂, 那么能否利用自变量增量 $\Delta x, \Delta y$ 的线性函数来近似地表示函数 $z = f(x,y)$ 的全增量 Δz? 下面引入二元函数的全微分概念.

定义 1 设函数 $z = f(x,y)$ 在点 $P_0(x_0, y_0)$ 的某一邻域 $U(P_0)$ 内有定义, 如果 $z = f(x,y)$ 在点 $P_0(x_0, y_0)$ 的全增量

$$\Delta z = f(x_0 + \Delta x, y_0 + \Delta y) - f(x_0, y_0)$$

可表示为

$$\Delta z = A\Delta x + B\Delta y + o(\rho),$$

则称函数 $z = f(x, y)$ **在点** $P_0(x_0, y_0)$ **处可微**, 其中 A, B 不依赖于 $\Delta x, \Delta y$ 而仅与 x_0, y_0 有关, $\rho = \sqrt{(\Delta x)^2 + (\Delta y)^2}$, 则 $A\Delta x + B\Delta y$ 称为函数 $z = f(x, y)$ 在点 $P_0(x_0, y_0)$ 处的**全微分**, 记作 $\mathrm{d}z|_{P_0}$ 或 $\mathrm{d}f(x, y)|_{(x_0, y_0)}$, 即

$$\mathrm{d}z|_{P_0} = \mathrm{d}f(x, y)|_{(x_0, y_0)} = A\Delta x + B\Delta y. \tag{7-3-3}$$

如果函数在区域 D 内各点处都可微, 则称函数在区域 D 内可微, 并称 $z = f(x, y)$ 为 D 内的可微函数, 二元函数 $z = f(x, y)$ 的全微分记为 $\mathrm{d}z$ 或 $\mathrm{d}f(x, y)$.

二、 多元函数可微的必要条件和充分条件

对一元函数而言, 可微与可导是等价的. 那么对于多元函数, 可微与可偏导是否等价? 它们之间有着怎样的关系? 全微分定义中与 $\Delta x, \Delta y$ 无关的常数 A, B 分别是什么? 下面讨论函数 $z = f(x, y)$ 在点 (x, y) 处可微的条件.

定理 1 若函数 $z = f(x, y)$ 在点 $P_0(x_0, y_0)$ 处可微, 则函数在点 $P_0(x_0, y_0)$ 处必连续.

证 因为 $z = f(x, y)$ 在点 $P_0(x_0, y_0)$ 处可微, 由定义 1 可知

$$\Delta z = A\Delta x + B\Delta y + o(\rho),$$

其中 A, B 不依赖于 $\Delta x, \Delta y$ 的常数, 令 $\rho \to 0$, 则

$$\lim_{\rho \to 0} \Delta z = \lim_{(\Delta x, \Delta y) \to (0, 0)} [A\Delta x + B\Delta y + o(\rho)] = 0,$$

可微的条件
讲解7-3-2

故 $z = f(x, y)$ 在点 $P_0(x_0, y_0)$ 处连续.

定理 2 若函数 $z = f(x, y)$ 在点 (x_0, y_0) 可微, 则该函数在点 (x_0, y_0) 的偏导数 $f_x(x_0, y_0), f_y(x_0, y_0)$ 必存在, 且函数 $z = f(x, y)$ 在点 (x_0, y_0) 处的全微分为

$$\mathrm{d}f(x_0, y_0) = f_x(x_0, y_0)\Delta x + f_y(x_0, y_0)\Delta y. \tag{7-3-4}$$

证 因函数 $z = f(x, y)$ 在点 $P_0(x_0, y_0)$ 可微, 则对 $\forall P(x_0 + \Delta x, y_0 + \Delta y) \in U(P_0)$, 恒有

$$\Delta z = A\Delta x + B\Delta y + o(\rho),$$

当 $\Delta y = 0$ 时上式仍成立 (此时 $\rho = |\Delta x|$), 从而有

$$f(x_0 + \Delta x, y_0) - f(x_0, y_0) = A \cdot \Delta x + o(|\Delta x|),$$

上式两边同除以 Δx, 再令 $\Delta x \to 0$ 而取极限, 即得

$$\lim_{\Delta x \to 0} \frac{f(x_0 + \Delta x, y_0) - f(x_0, y_0)}{\Delta x} = A, \quad \text{即 } A = f_x(x_0, y_0).$$

同理可证 $B = f_y(x_0, y_0)$. 所以式 (7-3-4) 成立.

例 1 证明函数 $f(x,y) = |x| + |y|$ 在点 $(0,0)$ 处连续, 但不可微.

证 因为 $\lim\limits_{(x,y)\to(0,0)} f(x,y) = \lim\limits_{(x,y)\to(0,0)} (|x| + |y|) = 0 = f(0,0)$, 所以 $f(x,y)$ 在点 $(0,0)$ 处连续. 又

$$f_x(0,0) = \lim_{\Delta x \to 0} \frac{f(0 + \Delta x, 0) - f(0,0)}{\Delta x} = \lim_{\Delta x \to 0} \frac{|\Delta x|}{\Delta x} \text{ 不存在},$$

同理可得

$$f_y(0,0) = \lim_{\Delta y \to 0} \frac{f(0 + \Delta y, 0) - f(0,0)}{\Delta y} = \lim_{\Delta y \to 0} \frac{|\Delta y|}{\Delta y} \text{ 不存在},$$

即点 $(0,0)$ 处函数不可偏导. 由定理 2 可知, 函数 $f(x,y) = |x| + |y|$ 在点 $(0,0)$ 处不可微.

例 2 证明函数

$$f(x,y) = \begin{cases} \dfrac{x^2 y}{x^4 + y^2}, & x^2 + y^2 \neq 0, \\ 0, & x^2 + y^2 = 0 \end{cases}$$

在点 $(0,0)$ 处可偏导, 但不可微.

证 由 7.2 节例 5 可知, $f_x(0,0) = f_y(0,0) = 0$, 但函数在点 $(0,0)$ 处不连续, 由定理 1 可知, 函数在点 $(0,0)$ 处不可微.

例 3 考察二元函数

$$f(x,y) = \begin{cases} \dfrac{xy}{\sqrt{x^2 + y^2}}, & x^2 + y^2 \neq 0, \\ 0, & x^2 + y^2 = 0 \end{cases}$$

在点 $(0,0)$ 处可微性.

解 容易验证 $z = f(x,y)$ 在点 $(0,0)$ 连续, 且可偏导, $f_x(0,0) = f_y(0,0) = 0$, 但

$$\lim_{\rho \to 0} \frac{\Delta z - f_x(0,0)\Delta x - f_y(0,0)\Delta y}{\rho}$$

$$= \lim_{\rho \to 0} \frac{\Delta z}{\rho} = \lim_{(\Delta x, \Delta y) \to (0,0)} \frac{\Delta x \Delta y}{(\Delta x)^2 + (\Delta y)^2}$$

不存在, 所以此函数在点 $(0,0)$ 处不可微.

由定理 2 及例 2、例 3 可知, 偏导数存在是可微的必要条件而不是充分条件. 但是, 如果再假定函数的各个偏导数连续, 那么可以证明函数是可微的, 即有下面的定理.

定理 3 如果函数 $z = f(x, y)$ 在点 $P_0(x_0, y_0)$ 的某邻域 $U(P_0)$ 内具有连续偏导数, 则函数在点 P_0 处可微.

证 设 $\forall P(x_0 + \Delta x, y_0 + \Delta y) \in U(P_0)$, 函数的全增量

$$\Delta z|_{P_0} = f(x_0 + \Delta x, y_0 + \Delta y) - f(x_0, y_0)$$

$$= [f(x_0 + \Delta x, y_0 + \Delta y) - f(x_0 + \Delta x, y_0)] + [f(x_0 + \Delta x, y_0) - f(x_0, y_0)].$$

上式两个方括号内的表达式都是函数的偏增量, 对其分别应用拉格朗日中值定理, 有

$$\Delta z|_{P_0} = f_y(x_0 + \Delta x, y_0 + \theta_1 \Delta y)\Delta y + f_x(x_0 + \theta_2 \Delta x, y_0)\Delta x,$$

其中 $0 < \theta_1, \theta_2 < 1$. 因为 $f_y(x, y)$ 在点 $P_0(x_0, y_0)$ 处连续, 故有

$$\lim_{\substack{\Delta x \to 0 \\ \Delta y \to 0}} f_y(x_0 + \Delta x, y_0 + \theta_1 \Delta y) = f_y(x_0, y_0),$$

于是, 有

$$f_y(x_0 + \Delta x, y_0 + \theta_1 \Delta y) = f_y(x_0, y_0) + \alpha,$$

从而, 有

$$f_y(x_0 + \Delta x, y_0 + \theta_1 \Delta y)\Delta y = f_y(x_0, y_0)\Delta y + \alpha \Delta y,$$

同理, 有

$$f_x(x_0 + \theta_2 \Delta x, y_0)\Delta x = f_x(x_0, y_0)\Delta x + \beta \Delta x,$$

其中 α, β 为 $\Delta x, \Delta y$ 的函数, 且当 $\Delta x \to 0$, $\Delta y \to 0$ 时, $\alpha \to 0$, $\beta \to 0$. 于是, 全增量 $\Delta z|_{P_0}$ 可以表示为

$$\Delta z|_{P_0} = f_x(x_0, y_0)\Delta x + f_y(x_0, y_0)\Delta y + \alpha \Delta y + \beta \Delta x.$$

而

$$\lim_{\substack{\Delta x \to 0 \\ \Delta y \to 0}} \frac{\Delta z|_{P_0} - [f_x(x_0, y_0)\Delta x + f_y(x_0, y_0)\Delta y]}{\rho}$$

$$= \lim_{\substack{\Delta x \to 0 \\ \Delta y \to 0}} \frac{\alpha \Delta y + \beta \Delta x}{\rho} = \lim_{\substack{\Delta x \to 0 \\ \Delta y \to 0}} \left[\alpha \frac{\Delta y}{\rho} + \beta \frac{\Delta x}{\rho} \right] = 0,$$

其中 $\rho = \sqrt{(\Delta x)^2 + (\Delta y)^2}$.

由全微分的定义可知, 函数 $z = f(x, y)$ 在点 $P_0(x_0, y_0)$ 是可微的.

以上关于二元函数全微分的概念与结论, 可以完全类似的推广到三元和三元以上的多元函数.

习惯上, 我们将自变量的增量 Δx 与 Δy 分别记作 dx 与 dy, 并分别称为自变量 x 与 y 的微分. 这样, 函数 $z = f(x, y)$ 的全微分就可写为

$$dz = \frac{\partial z}{\partial x}dx + \frac{\partial z}{\partial y}dy. \tag{7-3-5}$$

上式表明二元函数的全微分等于它的两个偏微分之和, 这种现象称为二元函数的微分符合叠加原理.

叠加原理也适用于二元以上的函数. 例如, 如果三元函数 $u = f(x, y, z)$ 可微分, 那么它的全微分就等于它的三个偏微分之和, 即

$$du = \frac{\partial u}{\partial x}dx + \frac{\partial u}{\partial y}dy + \frac{\partial u}{\partial z}dz.$$

例 4　计算函数 $z = e^{xy}$ 在点 $(2,1)$ 处的全微分.

解　因为 $z_x = ye^{xy}$, $z_y = xe^{xy}$, 所以 $z_x(2,1) = e^2$, $z_y(2,1) = 2e^2$. 则

$$dz\big|_{(2,1)} = e^2 dx + 2e^2 dy.$$

例 5　计算函数 $u = x^{y^z}$ 的全微分.

解　因为

$$\frac{\partial u}{\partial x} = y^z x^{y^z - 1},$$

$$\frac{\partial u}{\partial y} = x^{y^z} \ln x \cdot z y^{z-1} = \frac{z y^z \ln x}{y} x^{y^z},$$

$$\frac{\partial u}{\partial z} = x^{y^z} \ln x \cdot y^z \ln y = x^{y^z} y^z \ln x \ln y,$$

所以

$$du = \frac{\partial u}{\partial x}dx + \frac{\partial u}{\partial y}dy + \frac{\partial u}{\partial z}dz$$

$$= x^{y^z} \left[\frac{y^z}{x}dx + \frac{z y^z \ln x}{y}dy + y^z \ln x \ln y\, dz \right].$$

例 6　讨论二元函数 $f(x, y) = \begin{cases} (x^2 + y^2) \sin \dfrac{1}{x^2 + y^2}, & x^2 + y^2 \neq 0, \\ 0, & x^2 + y^2 = 0 \end{cases}$ 在点 $(0,0)$ 处的可微性及偏导数 $f_x(x, y)$, $f_y(x, y)$ 在点 $(0,0)$ 处的连续性.

解 因为 $f_x(0,0) = \lim\limits_{\Delta x \to 0} \dfrac{(\Delta x)^2 \sin \dfrac{1}{(\Delta x)^2}}{\Delta x} = \lim\limits_{\Delta x \to 0} \Delta x \sin \dfrac{1}{(\Delta x)^2} = 0$ 由对称

性, 易得 $f_y(0,0) = 0$, 所以

$$\lim_{\rho \to 0} \frac{\Delta z - f_x(0,0)\,\Delta x - f_y(0,0)\,\Delta y}{\rho}$$

$$= \lim_{(\Delta x, \Delta y) \to (0,0)} \frac{\left[(\Delta x)^2 + (\Delta y)^2\right] \sin \dfrac{1}{(\Delta x)^2 + (\Delta y)^2}}{\sqrt{(\Delta x)^2 + (\Delta y)^2}}$$

$$= \lim_{(\Delta x, \Delta y) \to (0,0)} \sqrt{(\Delta x)^2 + (\Delta y)^2} \sin \frac{1}{(\Delta x)^2 + (\Delta y)^2} = 0,$$

所以 $f(x,y)$ 点 $(0,0)$ 处可微. 又

$$f_x(x,y) = \begin{cases} 2x \sin \dfrac{1}{x^2 + y^2} - \dfrac{2x}{x^2 + y^2} \cos \dfrac{1}{x^2 + y^2}, & (x,y) \neq (0,0), \\ 0, & (x,y) = (0,0), \end{cases}$$

点 (x,y) 沿路径 $y = x$ 无限趋于点 $(0,0)$ 时, 极限

$$\lim_{\substack{y=x \\ x \to 0}} f_x(x,y) = \lim_{x \to 0} \left(2x \sin \frac{1}{2x^2} - \frac{1}{x} \cos \frac{1}{2x^2} \right)$$

不存在, 从而偏导数 $f_x(x,y)$ 在点 $(0,0)$ 处不连续, 同理可得偏导数 $f_y(x,y)$ 在点 $(0,0)$ 处也不连续.

不难得到定理 3 偏导数连续是函数可微的充分条件.

* 三、全微分在近似计算中的应用

由定义 1 和定理 2 可知, 当二元函数 $z = f(x,y)$ 在点 $P_0(x_0, y_0)$ 处可微, 并且 $|\Delta x|$, $|\Delta y|$ 都较小时, 有近似等式

$$\Delta z \approx \mathrm{d}z = f_x(x_0, y_0)\Delta x + f_y(x_0, y_0)\Delta y,$$

即

$$f(x_0 + \Delta x, y_0 + \Delta y) \approx f(x_0, y_0) + f_x(x_0, y_0)\Delta x + f_y(x_0, y_0)\Delta y.$$

上式表明, 在点 $P_0(x_0, y_0)$ 处, 当 $|\Delta x|$, $|\Delta y|$ 都较小时, 可用 $f(x_0, y_0) + f_x(x_0, y_0) \cdot \Delta x + f_y(x_0, y_0) \Delta y$ 近似表示函数 $f(x, y)$, 与一元函数一样, 我们可将此函数表达式称为 $f(x, y)$ 在点 $P_0(x_0, y_0)$ 局部线性化或线性逼近, 记作 $L(x, y)$, 即

$$L(x, y) = f(x_0, y_0) + f_x(x_0, y_0)(x - x_0) + f_y(x_0, y_0)(y - y_0). \tag{7-3-6}$$

利用上述近似等式可对二元函数作近似计算, 下面举例说明.

例 7　求 $1.04^{2.02}$ 的近似值.

解　设 $f(x, y) = x^y$, 取 $x = 1.04$, $y = 2.02$.

令 $x_0 = 1$, $y_0 = 2$, 由 $f_x(x, y) = y x^{y-1}$, $f_y(x, y) = x^y \ln x$,

$$f(1, 2) = 1, \quad f_x(1, 2) = 2, \quad f_y(1, 2) = 0,$$

可得函数 $f(x, y) = x^y$ 在点 $(1, 2)$ 处的线性逼近为

$$L(x, y) = 1 + 2(x - 1),$$

所以 $1.04^{2.02} = (1 + 0.04)^{2+0.02} = 1 + 2(1.04 - 1) = 1.08$.

对于二元函数 $z = f(x, y)$, 如果自变量 x, y 的绝对误差分别为 δ_x, δ_y, 即

$$|\Delta x| < \delta_x, \quad |\Delta y| < \delta_y,$$

则因变量 z 的误差

$$|\Delta z| \approx |\mathrm{d}z| = \left| \frac{\partial z}{\partial x} \Delta x + \frac{\partial z}{\partial y} \Delta y \right| \leqslant \left| \frac{\partial z}{\partial x} \right| \cdot |\Delta x| + \left| \frac{\partial z}{\partial y} \right| \cdot |\Delta y| \leqslant \left| \frac{\partial z}{\partial x} \right| \cdot \delta_x + \left| \frac{\partial z}{\partial y} \right| \cdot \delta_y,$$

从而因变量 z 的绝对误差约为

$$\delta_z = \left| \frac{\partial z}{\partial x} \right| \cdot \delta_x + \left| \frac{\partial z}{\partial y} \right| \cdot \delta_y, \tag{7-3-7}$$

因变量 z 的相对误差约为

$$\frac{\delta_z}{|z|}. \tag{7-3-8}$$

例 8　测得一长方体箱子的长、宽、高分别为 70cm, 60cm, 50cm, 最大测量误差为 0.1cm, 试估计该箱子体积的绝对误差和相对误差.

解　以 x, y, z 来表示该箱子的长、宽、高, 则箱子的体积为

$$V = xyz,$$

$$dV = \frac{\partial V}{\partial x}dx + \frac{\partial V}{\partial y}dy + \frac{\partial V}{\partial z}dz = yzdx + xzdy + xydz.$$

由于已知 $\delta_x = \delta_y = \delta_z = 0.1$, $x = 70, y = 60, z = 50$, 由式 (7-3-7) 得该箱子体积的绝对误差为

$$\delta_V = 60 \times 50 \times 0.1 + 70 \times 50 \times 0.1 + 70 \times 60 \times 0.1 = 1070(\text{cm}^3),$$

由式 (7-3-8) 得该箱子体积的相对误差为

$$\frac{\delta_V}{|V|} = \frac{1070}{70 \times 60 \times 50} = 0.5\%.$$

对二元以上的多元函数也可以类似地用全微分作近似计算和误差估计.

课件7-3-3

习 题 7-3

A 组

1. 求函数 $z = \ln(1 + x^2 + y^2)$ 当 $x = 1, y = 2$ 时的全微分.

2. 求函数 $z = \dfrac{y}{x}$ 当 $x = 2, y = 1, \Delta x = 0.1, \Delta y = -0.2$ 时的全增量和全微分.

3. 设 $f(x,y,z) = \left(\dfrac{x}{y}\right)^z$, 求 $df(1,1,1)$.

4. 求下列函数的全微分:

(1) $z = \sin(xy)$; 　　　　　　　(2) $z = \arctan\dfrac{y}{x}$;

(3) $u = a^{x+yz} - \ln x^a (a > 0)$; 　(4) $u = xyz + \displaystyle\int_{yz}^{xy} f(t)dt$, 其中 $f(t)$ 为连续函数.

5. 讨论函数 $f(x,y) = \begin{cases} \dfrac{xy}{\sqrt{x^2 + y^2}}, & x^2 + y^2 \neq 0, \\ 0, & x^2 + y^2 = 0 \end{cases}$ 在点 $(0,0)$ 处的可微性.

6. 讨论函数 $f(x,y) = \begin{cases} (x^2 + y^2)\sin\dfrac{1}{\sqrt{x^2 + y^2}}, & x^2 + y^2 \neq 0, \\ 0, & x^2 + y^2 = 0 \end{cases}$ 在点 $(0,0)$ 处

(1) 是否连续; 　(2) 偏导数是否存在; 　(3) 是否可微; 　(4) 偏导数是否连续.

7. 有一圆柱体受压后发生形变, 它的半径由 20cm 增大到 20.05cm, 高度由 100cm 减少到 99cm. 求此圆柱体体积变化的近似值.

B 组

1. 设函数 $z = f(x,y)$ 在点 (x_0, y_0) 处有 $f_x(x_0, y_0) = a$, $f_y(x_0, y_0) = b$, 则下列结论正确的是 (　　) (2012 考研真题)

(A) $\lim\limits_{(x,y)\to(x_0,y_0)} f(x,y)$ 存在, 但 $f(x,y)$ 在点 (x_0,y_0) 处不连续

(B) $f(x,y)$ 在点 (x_0,y_0) 处连续

(C) $\mathrm{d}z = a\mathrm{d}x + b\mathrm{d}y$

(D) $\lim\limits_{x\to x_0} f(x,y_0)$, $\lim\limits_{y\to y_0} f(x_0,y)$ 都存在, 且相等.

2. 如果函数 $f(x,y)$ 在点处连续, 那么下列命题正确的是 (　　) (2012 考研真题)

(A) 若极限 $\lim\limits_{\substack{x\to 0 \\ y\to 0}} \dfrac{f(x,y)}{|x|+|y|}$ 存在, 则 $f(x,y)$ 在点 $(0,0)$ 处可微

(B) 若极限 $\lim\limits_{\substack{x\to 0 \\ y\to 0}} \dfrac{f(x,y)}{x^2+y^2}$ 存在, 则 $f(x,y)$ 在点 $(0,0)$ 处可微

(C) 若 $f(x,y)$ 在点 $(0,0)$ 处可微, 则极限 $\lim\limits_{\substack{x\to 0 \\ y\to 0}} \dfrac{f(x,y)}{|x|+|y|}$ 存在

(D) 若 $f(x,y)$ 在点 $(0,0)$ 处可微, 则极限 $\lim\limits_{\substack{x\to 0 \\ y\to 0}} \dfrac{f(x,y)}{x^2+y^2}$ 存在.

7.4　多元复合函数的微分法

课前测7-4-1

在一元复合函数的求导过程中, 有所谓的 "链式法则", 这一法则可以推广到多元函数的情形.

设 $u = u(s,t)$, $v = v(s,t)$ 在 sOt 面内区域 D 上有定义, $z = f(u,v)$ 在 uv 面的区域 D_1 上有定义, 且 $\{(u,v)\,|\,u=u(s,t)\,,\,v=v(s,t)\,,\,(s,t)\in D\} \subset D_1$, 则称 $z = f[u(s,t),v(s,t)]$ 是定义在 D 上的复合函数. 其中 f 为外函数, $u = u(s,t)$, $v = v(s,t)$ 为内函数, u,v 为中间变量, s,t 为自变量.

多元复合函数要求相应的定义域要匹配, 如图 7-4-1 所示, 以后讨论多元复合函数的时候如果没有特别说明, 默认函数满足复合条件.

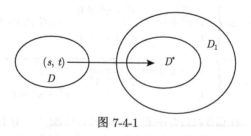

图 7-4-1

下面分两种情况来讨论多元复合函数的求导法则.

一、 多元复合函数的中间变量为一元函数的情形

设函数 $z = f(u,v)$, $u = u(t)$ 及 $v = v(t)$ 构成复合函数 $z = f[u(t),v(t)]$, 其变量间的相互依赖关系可用图 7-4-2 来表达.

定理 1   如果函数 $u = u(t)$ 及 $v = v(t)$ 都在点 t 处可导, 函数 $z = f(u,v)$ 在对应点 (u,v) 处可微, 则复合函数 $z = f[u(t),v(t)]$ 在点 t 处可导, 且其导数为

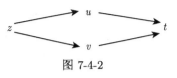

图 7-4-2

$$\frac{\mathrm{d}z}{\mathrm{d}t} = \frac{\partial z}{\partial u}\frac{\mathrm{d}u}{\mathrm{d}t} + \frac{\partial z}{\partial v}\frac{\mathrm{d}v}{\mathrm{d}t}. \tag{7-4-1}$$

证   设给自变量 t 以增量 Δt, 则中间变量 $u = u(t)$, $v = v(t)$ 获得相应的增量 Δu, Δv, 于是, 函数 $z = f(u,v)$ 也获得相应的增量 Δz.

因为函数 $u = u(t)$ 及 $v = v(t)$ 都在点 t 处可导, 所以 $u = u(t)$ 及 $v = v(t)$ 都在点 t 处连续, 故 $\Delta t \to 0$ 时 $\Delta u \to 0, \Delta v \to 0$. 此时也有 $\rho \to 0$, 其中 $\rho = \sqrt{(\Delta u)^2 + (\Delta v)^2}$.

由于 $z = f(u,v)$ 在点 (u,v) 可微, 于是

$$\Delta z = \frac{\partial z}{\partial u}\Delta u + \frac{\partial z}{\partial v}\Delta v + o(\rho), \tag{7-4-2}$$

在式 (7-4-2) 两端同除以 Δt, 得

$$\frac{\Delta z}{\Delta t} = \frac{\partial z}{\partial u}\frac{\Delta u}{\Delta t} + \frac{\partial z}{\partial v}\frac{\Delta v}{\Delta t} + \frac{o(\rho)}{\rho} \cdot \frac{\sqrt{(\Delta u)^2 + (\Delta v)^2}}{\Delta t}, \tag{7-4-3}$$

由于函数 $u = u(t)$, $v = v(t)$ 在 t 处可导, 则当 $\Delta t \to 0$ 时, 有

$$\frac{\Delta u}{\Delta t} \to \frac{\mathrm{d}u}{\mathrm{d}t}, \quad \frac{\Delta v}{\Delta t} \to \frac{\mathrm{d}v}{\mathrm{d}t},$$

所以

$$\frac{\mathrm{d}z}{\mathrm{d}t} = \lim_{\Delta t \to 0}\frac{\Delta z}{\Delta t} = \frac{\partial z}{\partial u}\frac{\mathrm{d}u}{\mathrm{d}t} + \frac{\partial z}{\partial v}\frac{\mathrm{d}v}{\mathrm{d}t}.$$

定理 1 的结论可推广到中间变量多于两个的情形. 例如, 设 $z = f(u,v,w)$, $u = u(t)$, $v = v(t)$, $w = w(t)$ 构成复合函数 $z = f[u(t),v(t),w(t)]$, 其变量间的相互依赖关系可用图 7-4-3 来表达, 则在满足与定理 1 类似的条件下, 有

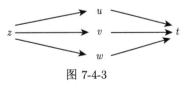

图 7-4-3

$$\frac{\mathrm{d}z}{\mathrm{d}t} = \frac{\partial z}{\partial u}\frac{\mathrm{d}u}{\mathrm{d}t} + \frac{\partial z}{\partial v}\frac{\mathrm{d}v}{\mathrm{d}t} + \frac{\partial z}{\partial w}\frac{\mathrm{d}w}{\mathrm{d}t}. \tag{7-4-4}$$

式 (7-4-1)、式 (7-4-4) 中的导数 $\dfrac{\mathrm{d}z}{\mathrm{d}t}$ 称为全导数.

二、 复合函数的中间变量为多元函数的情形

定理 1 可推广到中间变量不是一元函数的情形, 例如, 对于中间变量为二元函数的情形, 设函数 $z = f(u,v)$, $u = u(x,y)$, $v = v(x,y)$ 构成复合函数 $z = f[u(x,y),v(x,y)]$, 其变量间的相互依赖关系可用图 7-4-4 来表达. 此时, 我们有以下定理.

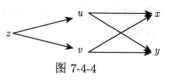

图 7-4-4

定理 2　如果函数 $u = u(x,y)$ 及 $v = v(x,y)$ 在点 (x,y) 的偏导数存在, 函数 $z = f(u,v)$ 在对应点 (u,v) 处可微, 则复合函数 $z = f[u(x,y),v(x,y)]$ 在点 (x,y) 的两个偏导数均存在, 且

$$\frac{\partial z}{\partial x} = \frac{\partial z}{\partial u}\frac{\partial u}{\partial x} + \frac{\partial z}{\partial v}\frac{\partial v}{\partial x}, \tag{7-4-5}$$

$$\frac{\partial z}{\partial y} = \frac{\partial z}{\partial u}\frac{\partial u}{\partial y} + \frac{\partial z}{\partial v}\frac{\partial v}{\partial y}. \tag{7-4-6}$$

定理 2 的证明类同定理 1, 式 (7-4-5) 和式 (7-4-6) 即称为多元复合函数的链式法则.

对于其他多元函数的复合情形有类似的链式法则.

例 1　分别写出下列各多元复合函数的偏导数或导数计算公式: (假设下列函数均可微)

(1) $z = f(u,v,w)$, $u = u(x,y)$, $v = v(x,y)$, $w = w(x,y)$;

(2) $z = f(u,v,x)$, $u = u(x,y)$, $v = v(x,y)$;

(3) $z = f(x,y)$, $x = x(r,\theta)$, $y = y(\theta)$.

解　(1) 关系图如图 7-4-5 所示, 复合后 z 为 x,y 的二元函数, 中间变量 u,v,w 均为 x,y 的二元函数, 由链式法则, 得

$$\frac{\partial z}{\partial x} = \frac{\partial z}{\partial u}\frac{\partial u}{\partial x} + \frac{\partial z}{\partial v}\frac{\partial v}{\partial x} + \frac{\partial z}{\partial w}\frac{\partial w}{\partial x},$$

$$\frac{\partial z}{\partial y} = \frac{\partial z}{\partial u}\frac{\partial u}{\partial y} + \frac{\partial z}{\partial v}\frac{\partial v}{\partial y} + \frac{\partial z}{\partial w}\frac{\partial w}{\partial y}.$$

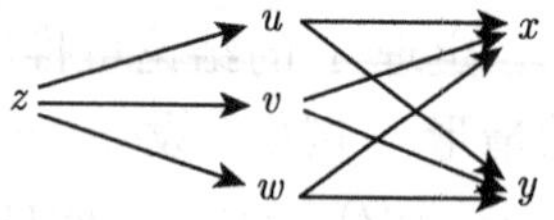

图 7-4-5

(2) 关系图如图 7-4-6 所示, 复合后 z 为 x,y 的二元函数, 图中 x 和 z 之间有一条带箭头的连线, 表明函数 $z = f(u,v,x)$ 中 z 和 x 之间有直接的依赖关系, 为避免记法混淆, 记 $\dfrac{\partial f}{\partial x}$ 表示函数 $z = f(u,v,x)$ 复合前 z 关于 x 的偏导数, 此时 u,v 为常量, 由链式法则, 得

$$\frac{\partial z}{\partial x} = \frac{\partial f}{\partial x} + \frac{\partial z}{\partial u}\frac{\partial u}{\partial x} + \frac{\partial z}{\partial v}\frac{\partial v}{\partial x},$$

$$\frac{\partial z}{\partial y} = \frac{\partial z}{\partial u}\frac{\partial u}{\partial y} + \frac{\partial z}{\partial v}\frac{\partial v}{\partial y}.$$

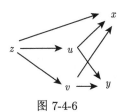

图 7-4-6

必须指出这里 $\dfrac{\partial z}{\partial x}$ 与 $\dfrac{\partial f}{\partial x}$ 具有不同的含义, $\dfrac{\partial z}{\partial x}$ 是把复合函数 $z = f\left[u(x,y), x,\right.$

$\left. y\right]$ 中的 y 看作常量, 而对 x 的偏导数. $\dfrac{\partial f}{\partial x}$ 是把 $z = f(u,x,y)$ 中的 u 及 y 看作

常量, 而对 x 的偏导数.

(3) 关系图如图 7-4-7 所示, 复合后 z 为自变量 r, θ 的二元函数, 中间变量 x 为 r, θ 的二元函数, 而 y 为 θ 的一元函数, 由链式法则, 得

$$\frac{\partial z}{\partial r} = \frac{\partial z}{\partial x}\frac{\partial x}{\partial r},$$

$$\frac{\partial z}{\partial \theta} = \frac{\partial z}{\partial x}\frac{\partial x}{\partial \theta} + \frac{\partial z}{\partial y}\frac{\mathrm{d}y}{\mathrm{d}\theta}.$$

图 7-4-7

例 2 设 $y = \mathrm{e}^{2u-v}$, 其中 $u = x^2$, $v = \sin x$, 求 $\dfrac{\mathrm{d}y}{\mathrm{d}x}$.

解 因为

$$\frac{\partial y}{\partial u} = 2\mathrm{e}^{2u-v}, \quad \frac{\partial y}{\partial v} = -\mathrm{e}^{2u-v}, \quad \frac{\mathrm{d}u}{\mathrm{d}x} = 2x, \quad \frac{\mathrm{d}v}{\mathrm{d}x} = \cos x,$$

所以

$$\frac{\mathrm{d}y}{\mathrm{d}x} = \frac{\partial y}{\partial u} \cdot \frac{\mathrm{d}u}{\mathrm{d}x} + \frac{\partial y}{\partial v} \cdot \frac{\mathrm{d}v}{\mathrm{d}x}$$

$$= 2\mathrm{e}^{2u-v} \cdot 2x - \mathrm{e}^{2u-v} \cdot \cos x$$

$$= \mathrm{e}^{2u-v}\left(4x - \cos x\right) = \mathrm{e}^{2x^2 - \sin x}\left(4x - \cos x\right).$$

例 3 求 $\dfrac{\mathrm{d}}{\mathrm{d}x}\left[f(x)^{g(x)}\right]$, 其中 $f(x) > 0$.

解 幂指函数的求导在一元函数中是用对数求导法处理的, 下面我们用多元复合函数求导法则计算.

设 $u = f(x)$, $v = g(x)$,

$$\frac{\mathrm{d}}{\mathrm{d}x}\left[f(x)^{g(x)}\right] = \frac{\mathrm{d}}{\mathrm{d}x}(u^v) = \frac{\partial(u^v)}{\partial u} \cdot \frac{\mathrm{d}u}{\mathrm{d}x} + \frac{\partial(u^v)}{\partial v} \cdot \frac{\mathrm{d}v}{\mathrm{d}x}$$

$$= v \cdot u^{v-1} \cdot f'(x) + u^v \cdot \ln u \cdot g'(x)$$

$$= g(x) \cdot f(x)^{g(x)-1} \cdot f'(x) + f(x)^{g(x)} \cdot g'(x) \cdot \ln f(x).$$

例 4 设 $z = u^2 \ln v$, 而 $u = \dfrac{x}{y}, v = 3x - 2y$, 求 $\dfrac{\partial z}{\partial x}, \dfrac{\partial z}{\partial y}$.

解 $\dfrac{\partial z}{\partial x} = \dfrac{\partial z}{\partial u} \cdot \dfrac{\partial u}{\partial x} + \dfrac{\partial z}{\partial v} \cdot \dfrac{\partial v}{\partial x}$

$$= 2u \ln v \cdot \frac{1}{y} + \frac{u^2}{v} \cdot 3 = \frac{2x}{y^2} \ln(3x - 2y) + \frac{3x^2}{(3x - 2y)y^2},$$

$$\frac{\partial z}{\partial y} = \frac{\partial z}{\partial u} \cdot \frac{\partial u}{\partial y} + \frac{\partial z}{\partial v} \cdot \frac{\partial v}{\partial y}$$

$$= 2u \ln v \cdot \left(-\frac{x}{y^2}\right) + \frac{u^2}{v} \cdot (-2) = -\frac{2x^2}{y^3} \ln(3x - 2y) - \frac{2x^2}{(3x - 2y)y^2}.$$

例 5 设 $z = u^2 v^3 \cos t$, 而 $u = \sin t, v = \mathrm{e}^t$, 求全导数 $\dfrac{\mathrm{d}z}{\mathrm{d}t}$.

解 $\dfrac{\mathrm{d}z}{\mathrm{d}t} = \dfrac{\partial z}{\partial u} \cdot \dfrac{\mathrm{d}u}{\mathrm{d}t} + \dfrac{\partial z}{\partial v} \cdot \dfrac{\mathrm{d}v}{\mathrm{d}t} + \dfrac{\partial z}{\partial t}$ （图 7-4-8）

$$= 2uv^3 \cos t \cos t + 3u^2 v^2 \cos t \cdot \mathrm{e}^t - u^2 v^3 \sin t$$

$$= 2\mathrm{e}^{3t} \sin t \cos^2 t + 3\mathrm{e}^{3t} \sin^2 t \cos t - \mathrm{e}^{3t} \sin^3 t$$

$$= \mathrm{e}^{3t} \sin t \left(2\cos^2 t + 3\sin t \cos t - \sin^2 t\right).$$

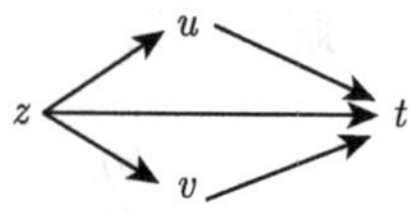

图 7-4-8

例 6 设 $u = f(x, y, z) = \mathrm{e}^{2x+3y+4z}$, $y = z^2 \cos x$, 求 $\dfrac{\partial u}{\partial x}, \dfrac{\partial u}{\partial z}$.

解 $\dfrac{\partial u}{\partial x} = \dfrac{\partial f}{\partial x} + \dfrac{\partial f}{\partial y}\dfrac{\partial y}{\partial x}$ （图 7-4-9）

$$= 2\mathrm{e}^{2x+3y+4z} + 3\mathrm{e}^{2x+3y+4z} \cdot \left(-z^2 \sin x\right)$$

$$= \left(2 - 3z^2 \sin x\right) \mathrm{e}^{2x+3y+4z},$$

$$\frac{\partial u}{\partial z} = \frac{\partial f}{\partial y}\frac{\partial y}{\partial z} + \frac{\partial f}{\partial z}$$

图 7-4-9

$$= 3\mathrm{e}^{2x+3y+4z} \cdot 2z \cos x + 4\mathrm{e}^{2x+3y+4z}$$

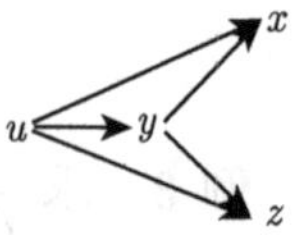

$$= 2 \left(3z \cos x + 2 \right) \mathrm{e}^{2x+3y+4z}.$$

例 7 设 $w = f \left(x, xy, \dfrac{z}{y} \right)$, f 具有二阶连续偏导数, 求 $\dfrac{\partial w}{\partial x}$,

$\dfrac{\partial^2 w}{\partial x \partial y}$ 及 $\dfrac{\partial^2 w}{\partial x^2}$.

例7讲解7-4-2

解 为表达简便, 记 $u = xy$, $v = \dfrac{z}{y}$, 则 $w = f(x, u, v)$, 复合关

系如图 7-4-10 所示. 由于 u, v 是被引入的中间变量, 为避免 u, v 在最后结果中出现, 引入以下记号:

$f_1' = \dfrac{\partial f(x, u, v)}{\partial x}$, 下标 1 表示对第一个变量 x 求偏导数,

依此类推还有 f_2', f_3';

$f_{13}'' = \dfrac{\partial^2 f(x, u, v)}{\partial x \partial v}$, 下标 13 表示对第一个变量 x 求偏导

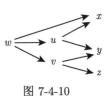

图 7-4-10

数得到的一阶偏导数再对第三个变量 v 求偏导数, 依此类推还有 $f_{11}'', f_{12}'', f_{21}'', f_{22}'', f_{23}'', f_{31}'', f_{32}'', f_{33}''$.

则

$$\frac{\partial w}{\partial x} = f_1' + f_2' \frac{\partial u}{\partial x} = f_1' + y f_2',$$

$$\frac{\partial^2 w}{\partial x \partial y} = \frac{\partial}{\partial y} \left(f_1' + y f_2' \right) = \frac{\partial f_1'}{\partial y} + f_2' + y \frac{\partial f_2'}{\partial y}, \tag{7-4-7}$$

下面求 $\dfrac{\partial f_1'}{\partial y}$, $\dfrac{\partial f_2'}{\partial y}$, 将图 7-4-10 中的 w 换成 f_1', f_2' 后, 关系图仍然成立. 因此

$$\frac{\partial f_1'}{\partial y} = x f_{12}'' + f_{13}'' \cdot \left(-\frac{z}{y^2} \right), \quad \frac{\partial f_2'}{\partial y} = x f_{22}'' + f_{23}'' \cdot \left(-\frac{z}{y^2} \right),$$

代入式 (7-4-7), 得到 $\dfrac{\partial^2 w}{\partial x \partial y} = x f_{12}'' - \dfrac{z}{y^2} f_{13}'' + f_2' + xy f_{22}'' - \dfrac{z}{y} f_{23}''$.

同理

$$\frac{\partial^2 w}{\partial x^2} = \frac{\partial}{\partial x} \left(f_1' + y f_2' \right) = \frac{\partial f_1'}{\partial x} + y \frac{\partial f_2'}{\partial x}, \tag{7-4-8}$$

又

$$\frac{\partial f_1'}{\partial x} = f_{11}'' + y f_{12}'', \quad \frac{\partial f_2'}{\partial x} = f_{21}'' + y f_{22}'',$$

代入式 (7-4-8), 并注意到 $f_{12}'' = f_{21}''$, 得

$$\frac{\partial^2 w}{\partial x^2} = f_{11}'' + 2y f_{12}'' + y^2 f_{22}''.$$

例 8 设 $u = u(x, y)$ 可微, 在极坐标变换 $x = r \cos \theta, y = r \sin \theta$ 下, 证明

$$\left(\frac{\partial u}{\partial r}\right)^2 + \frac{1}{r^2}\left(\frac{\partial u}{\partial \theta}\right)^2 = \left(\frac{\partial u}{\partial x}\right)^2 + \left(\frac{\partial u}{\partial y}\right)^2.$$

证 由于 $u = u(x, y) = u(r \cos \theta, r \sin \theta)$, 因此

$$\frac{\partial u}{\partial r} = \frac{\partial u}{\partial x}\cos \theta + \frac{\partial u}{\partial y}\sin \theta, \quad \frac{\partial u}{\partial \theta} = \frac{\partial u}{\partial x}(-r \sin \theta) + \frac{\partial u}{\partial y}r \cos \theta.$$

于是

$$\left(\frac{\partial u}{\partial r}\right)^2 + \frac{1}{r^2}\left(\frac{\partial u}{\partial \theta}\right)^2 = \left(\frac{\partial u}{\partial x}\cos \theta + \frac{\partial u}{\partial y}\sin \theta\right)^2 + \frac{1}{r^2}\left(-\frac{\partial u}{\partial x}r \sin \theta + \frac{\partial u}{\partial y}r \cos \theta\right)^2$$

$$= \left(\frac{\partial u}{\partial x}\right)^2 + \left(\frac{\partial u}{\partial y}\right)^2.$$

三、 全微分形式不变性

一元函数 $y = f(u)$ 具有微分形式不变性, 即不论 u 是自变量还是中间变量 (或函数), 其微分具有不变的形式 $\mathrm{d}y = f'(u)\,\mathrm{d}u$. 这种性质对多元函数的全微分也是成立的.

设函数 $z = f(u, v)$ 可微, 若 u, v 为自变量, 则有全微分

$$\mathrm{d}z = \frac{\partial z}{\partial u}\mathrm{d}u + \frac{\partial z}{\partial v}\mathrm{d}v.$$

如果函数 $z = f(u, v)$, $u = u(x, y)$, $v = v(x, y)$ 均可微, 则由函数 $z = f(u, v)$ 和 $u = u(x, y)$, $v = v(x, y)$ 复合而成的复合函数 $z = f[u(x, y), v(x, y)]$ 也可微, 其全微分为

$$\begin{aligned} \mathrm{d}z &= \frac{\partial z}{\partial x}\mathrm{d}x + \frac{\partial z}{\partial y}\mathrm{d}y \\ &= \left(\frac{\partial z}{\partial u}\frac{\partial u}{\partial x} + \frac{\partial z}{\partial v}\frac{\partial v}{\partial x}\right)\mathrm{d}x + \left(\frac{\partial z}{\partial u}\frac{\partial u}{\partial y} + \frac{\partial z}{\partial v}\frac{\partial v}{\partial y}\right)\mathrm{d}y \\ &= \frac{\partial z}{\partial u}\left(\frac{\partial u}{\partial x}\mathrm{d}x + \frac{\partial u}{\partial y}\mathrm{d}y\right) + \frac{\partial z}{\partial v}\left(\frac{\partial v}{\partial x}\mathrm{d}x + \frac{\partial v}{\partial y}\mathrm{d}y\right) \\ &= \frac{\partial z}{\partial u}\mathrm{d}u + \frac{\partial z}{\partial v}\mathrm{d}v. \end{aligned}$$

由此可见, 无论 z 是自变量 u, v 的函数抑或是中间变量 u, v 的函数, 它的全微分形式是相同的. 这个性质称为多元函数的全微分形式不变性.

例 9 对例 4 中的复合函数 z, 求 $\mathrm{d}z$, $\dfrac{\partial z}{\partial x}$ 及 $\dfrac{\partial z}{\partial y}$.

解 $\mathrm{d}z = \mathrm{d}\left(u^2 \ln v\right) = 2u \ln v \mathrm{d}u + \dfrac{u^2}{v} \mathrm{d}v$, 而

$$\mathrm{d}u = \mathrm{d}\left(\frac{x}{y}\right) = \frac{1}{y}\mathrm{d}x - \frac{x}{y^2}\mathrm{d}y, \quad \mathrm{d}v = \mathrm{d}(3x - 2y) = 3\mathrm{d}x - 2\mathrm{d}y,$$

代入后合并含 $\mathrm{d}x$ 及 $\mathrm{d}y$ 的项, 得

$$\mathrm{d}z = \left[\frac{2x}{y^2}\ln(3x - 2y) + \frac{3x^2}{(3x - 2y)\,y^2}\right]\mathrm{d}x + \left[-\frac{2x}{y^3}\ln(3x - 2y) - \frac{2x^2}{(3x - 2y)\,y^2}\right]\mathrm{d}y,$$

所以

$$\frac{\partial z}{\partial x} = \frac{2x}{y^2}\ln(3x - 2y) + \frac{3x^2}{(3x - 2y)\,y^2},$$

$$\frac{\partial z}{\partial y} = -\frac{2x^2}{y^3}\ln(3x - 2y) - \frac{2x^2}{(3x - 2y)\,y^2}.$$

其中 $\dfrac{\partial z}{\partial x}$, $\dfrac{\partial z}{\partial y}$ 的结果与例 4 完全相同.

习 题 7-4

课件7-4-3

A 组

1. 设 $z = \dfrac{y}{x}$, 而 $x = \mathrm{e}^t$, $y = 1 - \cos t$, 求 $\dfrac{\mathrm{d}z}{\mathrm{d}t}$.

2. 设 $u = \mathrm{e}^{x^2 + y^2 + z^2}$, 而 $z = x^2 \sin y$, 则 $\dfrac{\partial u}{\partial x}$.

3. 设 $z = u^2 \ln v$, 且 $u = \dfrac{x}{y}$, $v = 4x - 3y$, 求 $\dfrac{\partial z}{\partial x}$, $\dfrac{\partial z}{\partial y}$.

4. 设 $z = f(x, u, v)$, 且 $u = 2x + y$, $v = xy$, 其中 f 具有一阶连续偏导, 求 $\mathrm{d}z$.

5. 求下列函数的一阶偏导数:

(1) $u = f(x^2 - y^2, \mathrm{e}^{xy})$; 　　　　(2) $u = f\left(\dfrac{x}{y}, \dfrac{y}{z}\right)$;

(3) $u = f(x, xy, xyz)$.

6. 设 $z = x^3 f\left(xy, \dfrac{y}{x}\right)$, 而 $f(u, v)$ 具有二阶连续偏导, $\dfrac{\partial^2 z}{\partial y^2}$, $\dfrac{\partial^2 z}{\partial x \partial y}$.

7. 设 $z = f(x^2 - y^2, e^{xy})$, 其中 f 具有二阶连续偏导数, 求 $\dfrac{\partial z}{\partial x}, \dfrac{\partial z}{\partial y}, \dfrac{\partial^2 z}{\partial x \partial y}$.

8. 设 $z = \dfrac{y}{f(x^2 - y^2)}$, 其中 $f(u)$ 为可导函数, 验证:

$$\frac{1}{x}\frac{\partial z}{\partial x} + \frac{1}{y}\frac{\partial z}{\partial y} = \frac{z}{y^2}.$$

9. 设 $z = \dfrac{1}{x}f(xy) + y\varphi(x + y), f, \varphi$ 具有二阶连续导数, 求 $\dfrac{\partial^2 z}{\partial x \partial y}$.

10. 设 $f(u)$ 具有二阶连续导数, 且 $g(x, y) = f\left(\dfrac{y}{x}\right) + yf\left(\dfrac{x}{y}\right)$, 求 $x^2\dfrac{\partial^2 g}{\partial x^2} - y^2\dfrac{\partial^2 g}{\partial y^2}$.

B 组

1. 已知函数 $u(x, y)$ 满足 $2\dfrac{\partial^2 u}{\partial x^2} - 2\dfrac{\partial^2 u}{\partial y^2} + 3\dfrac{\partial u}{\partial x} + 3\dfrac{\partial u}{\partial y} = 0$, 求 a, b 的值, 使得在变换 $u(x, y) = v(x, y) e^{ax+by}$ 下, 上述等式可以化为 $v(x, y)$ 不含一阶偏导数的等式. (2019 考研真题)

2. 设 $z = xf\left(\dfrac{y}{x}\right) + 2yf\left(\dfrac{x}{y}\right)$, 其中 $f(x, y)$ 二阶偏导函数连续, 且 $\dfrac{\partial^2 z}{\partial x \partial y}\bigg|_{x=a} = -by^2$, $a^3 b = 3$, 其中 $a > 0, b > 0$, 求 $f(x)$.

7.5　隐函数的求导公式

课前测7-5-1

前面对于偏导数计算问题的讨论大多为 $z = f(x, y)$ 显函数的形式, 如 $z = xy$ 和 $z = \sqrt{x^2 + y^2}$ 等. 这类函数的共同特点是因变量在等式一边, 自变量在等式的另一边. 但在理论和实际问题中更多遇到的是函数关系无法用显式来表示的情形. 上册第 2 章中, 我们介绍了由方程 $F(x, y) = 0$ 所确定的隐函数导数的计算. 本节中, 我们着重解决下列两个问题: ① 在什么条件下, 隐函数存在且可导? ② 如果隐函数存在且可导, 其导数计算公式是什么? 我们先从最简单的二元方程所确定的隐函数导数问题讨论.

一、二元方程的情形

隐函数存在定理 1 设函数 $F(x, y)$ 在点 $P_0(x_0, y_0)$ 的某邻域 $U(P_0, \delta)$ 内具有连续的偏导数, 且 $F(x_0, y_0) = 0$, $F_y(x_0, y_0) \neq 0$, 则方程 $F(x, y) = 0$ 在点 P_0 的某邻域 $U(P_0, \delta') \subset U(P_0, \delta)$ 内唯一确定一个具有连续导数的函数 $y = f(x)$, 它满足条件 $y_0 = f(x_0)$, 且

$$\frac{\mathrm{d}y}{\mathrm{d}x} = -\frac{F_x}{F_y}. \tag{7-5-1}$$

称 (7-5-1) 为隐函数求导公式.

我们对隐函数的存在性不做证明, 仅推导公式 (7-5-1).

将方程 $F(x, y) = 0$ 所确定的函数 $y = f(x)$ 代入该方程, 得

$$F(x, f(x)) \equiv 0,$$

由复合函数求导法则, 对上式两端关于 x 求导, 得

$$\frac{\partial F}{\partial x} + \frac{\partial F}{\partial y} \frac{\mathrm{d}y}{\mathrm{d}x} = 0,$$

由于在邻域 $U(P_0, \delta)$ 内 $F_y(x, y)$ 连续, 且 $F_y(x_0, y_0) \neq 0$, 故存在邻域 $U(P_0, \delta') \subset U(P_0, \delta)$, 在该邻域内 $F_y(x, y) \neq 0$, 所以

$$\frac{\mathrm{d}y}{\mathrm{d}x} = -\frac{F_x}{F_y}.$$

如果 $F(x, y)$ 的二阶偏导数也都连续, 将上式右端看作 x 的复合函数而再一次对 x 求导, 即可求得隐函数的二阶导数:

$$\begin{aligned}
\frac{\mathrm{d}^2 y}{\mathrm{d}x^2} &= \frac{\partial}{\partial x} \left(-\frac{F_x}{F_y} \right) + \frac{\partial}{\partial y} \left(-\frac{F_x}{F_y} \right) \frac{\mathrm{d}y}{\mathrm{d}x} \\
&= -\frac{F_{xx} F_y - F_{yx} F_x}{F_y^2} - \frac{F_{xy} F_y - F_{yy} F_x}{F_y^2} \left(-\frac{F_x}{F_y} \right) \\
&= -\frac{F_{xx} F_y^2 - 2F_{xy} F_x F_y + F_{yy} F_x^2}{F_y^3}.
\end{aligned}$$

例 1 已知 $\ln \sqrt{x^2 + y^2} = \arctan \dfrac{y}{x}$, 求 $\dfrac{\mathrm{d}y}{\mathrm{d}x}$.

解 令 $F(x, y) = \ln \sqrt{x^2 + y^2} - \arctan \dfrac{y}{x}$, 则

$$F_x(x, y) = \frac{x + y}{x^2 + y^2}, \quad F_y(x, y) = \frac{y - x}{x^2 + y^2},$$

当 $F_y(x, y) \neq 0$, 即 $y \neq x$ 时, $\dfrac{\mathrm{d}y}{\mathrm{d}x} = -\dfrac{F_x}{F_y} = -\dfrac{x + y}{y - x}$.

例 2 设 $y = y(x)$ 是由方程 $x^2 - y + 1 = \mathrm{e}^y$ 所确定的隐函数, 求 $\dfrac{\mathrm{d}^2 y}{\mathrm{d}x^2} \bigg|_{x=0}$.

解　在方程两边同时对 x 求导, 得 $2x - \dfrac{\mathrm{d}y}{\mathrm{d}x} = \mathrm{e}^y \dfrac{\mathrm{d}y}{\mathrm{d}x}$, 所以

$$\frac{\mathrm{d}y}{\mathrm{d}x} = \frac{2x}{1 + \mathrm{e}^y}, \tag{7-5-2}$$

$$\frac{\mathrm{d}^2 y}{\mathrm{d}x^2} = \frac{2\left(1 + \mathrm{e}^y\right) - 2x\mathrm{e}^y \cdot \dfrac{\mathrm{d}y}{\mathrm{d}x}}{\left(1 + \mathrm{e}^y\right)^2}.$$

当 $x = 0$ 时, 解得 $y = 0$, 代入式 (7-5-2) 即得 $\left.\dfrac{\mathrm{d}y}{\mathrm{d}x}\right|_{x=0} = 0$, 故 $\left.\dfrac{\mathrm{d}^2 y}{\mathrm{d}x^2}\right|_{x=0} = 1$.

二、 三元方程的情形

将上述隐函数存在定理 1 推广到多元函数的情形上去. 下面以三元方程为例.

隐函数存在定理 2　设函数 $F(x, y, z)$ 在点 (x_0, y_0, z_0) 的某一邻域内具有连续的偏导数, 且 $F(x_0, y_0, z_0) = 0$, $F_z(x_0, y_0, z_0) \neq 0$, 则方程 $F(x, y, z) = 0$ 在点 (x_0, y_0, z_0) 的某一邻域内恒能唯一确定一个具有连续偏导数的函数 $z = f(x, y)$, 它满足条件 $z_0 = f(x_0, y_0)$, 且

$$\frac{\partial z}{\partial x} = -\frac{F_x}{F_z}, \quad \frac{\partial z}{\partial y} = -\frac{F_y}{F_z}. \tag{7-5-3}$$

这个定理我们不证. 与定理 1 类似, 仅推导公式 (7-5-3).

将方程 $F(x, y, z) = 0$ 所确定的函数 $z = f(x, y)$ 代入该方程, 得

隐函数
存在定理2
讲解7-5-2

$$F(x, y, f(x, y)) \equiv 0,$$

将上式两端分别对 x 和 y 求偏导, 应用复合函数求导法则得

$$F_x + F_z \frac{\partial z}{\partial x} = 0, \quad F_y + F_z \frac{\partial z}{\partial y} = 0.$$

因为 $F_z(x, y, z)$ 连续, 且 $F_z(x_0, y_0, z_0) \neq 0$, 所以存在点 (x_0, y_0, z_0) 的某一邻域, 在该邻域内 $F_z(x, y, z) \neq 0$, 于是得

$$\frac{\partial z}{\partial x} = -\frac{F_x}{F_z}, \quad \frac{\partial z}{\partial y} = -\frac{F_y}{F_z}.$$

对三元以上的函数也有类似结论.

例 3 设三元方程 $xy - z\ln y + \mathrm{e}^{xz} = 1$, 根据隐函数存在定理, 在点 $(0,1,1)$ 的一个邻域内 (　　)

(A) 确定一个函数 $z = z(x,y)$

(B) 确定两个函数 $y = y(x,z)$, $z = z(x,y)$

(C) 确定两个函数 $x = x(y,z)$, $z = z(x,y)$

(D) 确定两个函数 $x = x(y,z)$, $y = y(x,z)$.

解 令 $F(x,y,z) = xy - z\ln y + \mathrm{e}^{xz} - 1$, 则 $F(0,1,1) = 0 - 0 + 1 - 1 = 0$.

$$F_x = y + z\mathrm{e}^{xz}, \quad F_y = x - \frac{z}{y}, \quad F_z = -\ln y + x\mathrm{e}^{xz},$$

则

$$F_x(0,1,1) = 1 + 1 = 2 \neq 0, \quad F_y(0,1,1) = -1 \neq 0, \quad F_z(0,1,1) = 0.$$

故在点 $(0,1,1)$ 的一个邻域内可确定两个函数 $x = x(y,z)$, $y = y(x,z)$. 故答案选 (D).

例 4 设 $z + \mathrm{e}^z = xy$, 求 $\dfrac{\partial^2 z}{\partial y^2}$.

解 令 $F(x,y,z) = z + \mathrm{e}^z - xy$, 则

$$F_z = 1 + \mathrm{e}^z, \quad F_y = -x,$$

所以

$$\frac{\partial z}{\partial y} = -\frac{F_y}{F_z} = \frac{x}{1 + \mathrm{e}^z}, \tag{7-5-4}$$

$$\frac{\partial^2 z}{\partial y^2} = \frac{\partial}{\partial y}\left(\frac{x}{1 + \mathrm{e}^z}\right) = \frac{-x \cdot \mathrm{e}^z \cdot \dfrac{\partial z}{\partial y}}{(1 + \mathrm{e}^z)^2},$$

将式 (7-5-4) 代入上式, 即可得到 $\dfrac{\partial^2 z}{\partial y^2} = \dfrac{-x \cdot \mathrm{e}^z \cdot \dfrac{x}{1 + \mathrm{e}^z}}{(1 + \mathrm{e}^z)^2} = \dfrac{-x^2 \mathrm{e}^z}{(1 + \mathrm{e}^z)^3}$.

必须指出: 在实际应用中, 求方程所确定的多元函数的偏导数时, 不一定非得套用公式, 尤其是方程中含有抽象函数时, 利用对方程两边求偏导数的过程进行求解有时更为简便.

例 5 设函数 $\varphi(u,v,w)$ 有一阶连续偏导数, $z = z(x,y)$ 是由方程 $\varphi(bz - cy,\ cx - az,\ ay - bx) = 0$ 所确定的函数, 求 $a\dfrac{\partial z}{\partial x} + b\dfrac{\partial z}{\partial y}$.

解　把 z 看成 x, y 的函数, 在方程 $\varphi(bz - cy, cx - az, ay - bx) = 0$ 两边对 x, y 求偏导数, 得

$$b\varphi_1' \cdot \frac{\partial z}{\partial x} + \varphi_2'\left(c - a\frac{\partial z}{\partial x}\right) - b\varphi_3' = 0,$$

$$\varphi_1'\left(b\frac{\partial z}{\partial y} - c\right) - a\varphi_2'\frac{\partial z}{\partial y} + a\varphi_3' = 0,$$

于是

$$\frac{\partial z}{\partial x} = \frac{b\varphi_3' - c\varphi_2'}{b\varphi_1' - a\varphi_2'}, \quad \frac{\partial z}{\partial y} = \frac{c\varphi_1' - a\varphi_3'}{b\varphi_1' - a\varphi_2'}.$$

则

$$a\frac{\partial z}{\partial x} + b\frac{\partial z}{\partial y} = a \cdot \frac{b\varphi_3' - c\varphi_2'}{b\varphi_1' - a\varphi_2'} + b \cdot \frac{c\varphi_1' - a\varphi_3'}{b\varphi_1' - a\varphi_2'} = c.$$

例 6　设 $u = f(x, y, xyz)$, 函数 $z = z(x, y)$ 由方程 $\mathrm{e}^{xyz} + \displaystyle\int_z^{xy} g(u)\mathrm{d}u = 0$ 确定, 其中 f 具有一阶连续的偏导数, g 连续, 求 $x\dfrac{\partial u}{\partial x} - y\dfrac{\partial u}{\partial y}$.

解　$\dfrac{\partial u}{\partial x} = f_1' + f_3' \cdot \left(yz + xy\dfrac{\partial z}{\partial x}\right), \dfrac{\partial u}{\partial y} = f_2' + f_3' \cdot \left(xz + xy\dfrac{\partial z}{\partial y}\right).$ 令

$$F(x, y, z) = \mathrm{e}^{xyz} + \int_z^{xy} g(u)\mathrm{d}u,$$

例6讲解7-5-3

则

$$F_x = yz\mathrm{e}^{xyz} + yg(xy), \quad F_y = xz\mathrm{e}^{xyz} + xg(xy), \quad F_z = xy\mathrm{e}^{xyz} - g(z),$$

所以

$$\frac{\partial z}{\partial x} = -\frac{yz\mathrm{e}^{xyz} + yg(xy)}{xy\mathrm{e}^{xyz} - g(z)}, \quad \frac{\partial z}{\partial y} = -\frac{xz\mathrm{e}^{xyz} + xg(xy)}{xy\mathrm{e}^{xyz} - g(z)}.$$

从而

$$x\frac{\partial u}{\partial x} - y\frac{\partial u}{\partial y} = xf_1' + xf_3' \cdot \left(yz - xy \cdot \frac{yz\mathrm{e}^{xyz} + yg(xy)}{xy\mathrm{e}^{xyz} - g(z)}\right)$$

$$- yf_2' - yf_3' \cdot \left(xz - xy\frac{xz\mathrm{e}^{xyz} + xg(xy)}{xy\mathrm{e}^{xyz} - g(z)}\right)$$

$$= xf_1' - yf_2'.$$

习 题 7-5

A 组

1. 设函数 $y = y(x)$ 由方程 $\sin y + \mathrm{e}^x = xy^2$ 确定, 求 $\dfrac{\mathrm{d}y}{\mathrm{d}x}$.

2. 设函数 $z = z(x,y)$ 由方程 $\dfrac{x}{z} = \ln \dfrac{z}{y}$ 确定, 求 $\dfrac{\partial z}{\partial x}$.

3. 设 $z^3 - 3xyz = a^3$, 求 $\dfrac{\partial^2 z}{\partial x \partial y}$.

4. 设 $x^2 + y^2 + z^2 - 4z = 0$, 求 $\dfrac{\partial^2 z}{\partial x^2}$.

5. 设函数 $z = z(x,y)$ 由方程 $z^5 - xz^4 + yz^3 = 1$ 确定, 求 $\left. \dfrac{\partial z}{\partial x} \right|_{\substack{x=0 \\ y=0}}, \left. \dfrac{\partial z}{\partial y} \right|_{\substack{x=0 \\ y=0}}$.

6. 设函数 $z = z(x,y)$ 由方程 $xz = \sin y + f(xy, z+y)$ 确定, 其中 f 具有一阶连续偏导, 求 $\mathrm{d}z$.

7. 设函数 $z = f(x,y)$ 由方程 $F(x-y, y-z, z-x) = 0$ 确定, $F(u,v,\omega)$ 具有连续偏导数, 且 $F'_v - F'_\omega \neq 0$, 证明: $\dfrac{\partial z}{\partial x} + \dfrac{\partial z}{\partial y} = 1$.

8. 设函数 $z = f(x,y)$ 由方程 $\varphi\left(x + \dfrac{z}{y}, y + \dfrac{z}{x} \right) = 0$ 确定, 其中 $\varphi(u,v)$ 具有连续偏导数, 证明: $x\dfrac{\partial z}{\partial x} + y\dfrac{\partial z}{\partial y} = z - xy$.

B 组

1. 设函数 $z = z(x,y)$ 由方程 $\mathrm{e}^{xyz} = \displaystyle\int_{xy}^{z} g(xy + z - t)\mathrm{d}t$ 确定, 其中 g 连续, 求 $x\dfrac{\partial z}{\partial x} - y\dfrac{\partial z}{\partial y}$.

2. 设函数 $y = f(x,t)$, 而 $t = t(x,y)$ 是由方程 $F(x,y,t) = 0$ 所确定的函数, 其中 f, F 都具有一阶连续偏导数. 试证明 $\dfrac{\mathrm{d}y}{\mathrm{d}x} = \dfrac{\dfrac{\partial f}{\partial x}\dfrac{\partial F}{\partial t} - \dfrac{\partial f}{\partial t}\dfrac{\partial F}{\partial x}}{\dfrac{\partial f}{\partial t}\dfrac{\partial F}{\partial y} + \dfrac{\partial F}{\partial t}}$.

3. 设 $u = f(x,y,z)$ 具有一阶连续偏导, $y = y(x)$ 及 $z = z(x)$ 分别由方程 $\mathrm{e}^{xy} - xy = 2$ 及 $\mathrm{e}^x = \displaystyle\int_0^{x-z} \dfrac{\sin t}{t}\mathrm{d}t$ 确定, 求 $\dfrac{\mathrm{d}u}{\mathrm{d}x}$.

*7.6 二元函数的泰勒公式

在第 3 章中, 我们学习了一元函数的泰勒公式, 它在近似计算、函数极限计算、误差估计等诸多方面有着广泛的应用. 事实上, 多元函数中也有对应的泰勒公式, 它们在函数的研究和近似计算等方面同样有着重要的作用.

如果函数 $y = f(x)$ 在点 x_0 处的某邻域内具有直到 $n+1$ 阶导数, 则对该邻域内任一点 x, 有

$$f(x) = f(x_0) + f'(x_0)(x - x_0) + \frac{f''(x_0)}{2!}(x - x_0)^2$$

$$+ \cdots + \frac{f^{(n)}(x_0)}{n!}(x - x_0)^n$$

$$+ \frac{f^{(n+1)}(x_0 + \theta(x - x_0))}{(n+1)!}(x - x_0)^{n+1}, \quad 0 < \theta < 1. \tag{7-6-1}$$

为了将一元函数的泰勒公式推广到二元乃至二元以上函数的泰勒公式, 我们首先将一元函数泰勒公式的形式换一种有利于推广到多元函数的形式.

记 $h = x - x_0$, 即 $x = x_0 + h$, 并记

$$\left(h \frac{\mathrm{d}}{\mathrm{d}x}\right)^m f(x) = h^m \frac{\mathrm{d}^m f(x)}{\mathrm{d}x^m} = f^{(m)}(x)(x - x_0)^m, \quad m = 1, 2, \cdots, n+1,$$

则一元函数的泰勒公式 (7-6-1) 可表示为

$$f(x_0 + h) = f(x_0) + \left(h \frac{\mathrm{d}}{\mathrm{d}x}\right) f(x_0) + \frac{1}{2!} \left(h \frac{\mathrm{d}}{\mathrm{d}x}\right)^2 f(x_0)$$

$$+ \cdots + \frac{1}{n!} \left(h \frac{\mathrm{d}}{\mathrm{d}x}\right)^n f(x_0)$$

$$+ \frac{1}{(n+1)!} \left(h \frac{\mathrm{d}}{\mathrm{d}x}\right)^{n+1} f(x_0 + \theta h), \quad 0 < \theta < 1. \tag{7-6-2}$$

一元函数的泰勒公式表明, 在点 x_0 附近可用 $x - x_0$ 的 n 次多项式来近似代替 $f(x)$. 对于二元函数 $z = f(x, y)$ 在点 $P_0(x_0, y_0)$ 处附近仍具有类似的性质, 即在一定的条件下, 可用 $h = x - x_0, k = y - y_0$ 的二元多项式来近似代替 $f(x, y)$, 将式 (7-6-2) 式推广至二元函数, 即可得到二元函数的泰勒公式.

定理 1 (泰勒中值定理) 若函数 $z = f(x, y)$ 在点 $P_0(x_0, y_0)$ 的某邻域 $U(P_0)$ 内具有直到 $n+1$ 阶的连续偏导数, 则对 $U(P_0)$ 内任一点 $(x_0 + h, y_0 + k)$, 存在相应的 $\theta \in (0, 1)$, 使得

$$f(x_0 + h, y_0 + k)$$

$$= f(x_0, y_0) + \left(h \frac{\partial}{\partial x} + k \frac{\partial}{\partial y}\right) f(x_0, y_0)$$

泰勒中值定理
讲解7-6-2

$$+ \frac{1}{2!}\left(h\frac{\partial}{\partial x} + k\frac{\partial}{\partial y}\right)^2 f(x_0, y_0) + \cdots + \frac{1}{n!}\left(h\frac{\partial}{\partial x} + k\frac{\partial}{\partial y}\right)^n f(x_0, y_0)$$

$$+ \frac{1}{(n+1)!}\left(h\frac{\partial}{\partial x} + k\frac{\partial}{\partial y}\right)^{n+1} f(x_0 + \theta h, y_0 + \theta k). \tag{7-6-3}$$

式 (7-6-3) 称为二元函数 $z = f(x,y)$ 在点 $P_0(x_0, y_0)$ 的 n 阶泰勒公式, 其中

$$\left(h\frac{\partial}{\partial x} + k\frac{\partial}{\partial y}\right)^m f(x_0, y_0) = \sum_{i=0}^{m} C_m^i h^i k^{m-i} \frac{\partial^m f}{\partial x^i \partial y^{m-i}}\bigg|_{(x_0, y_0)}.$$

证 构造辅助函数

$$\Phi(t) = f(x_0 + th, y_0 + tk),$$

由定理的假设, 一元函数 $\Phi(t)$ 在 $[0,1]$ 上满足一元函数泰勒中值定理条件, 于是有

$$\Phi(1) = \Phi(0) + \frac{\Phi'(0)}{1!} + \frac{\Phi''(0)}{2!} + \cdots + \frac{\Phi^{(n)}(0)}{n!} + \frac{\Phi^{(n+1)}(\theta)}{(n+1)!} \quad (0 < \theta < 1), \tag{7-6-4}$$

应用复合函数求导法则, 可求得 $\Phi(t)$ 的各阶导数

$$\Phi^{(m)}(t) = \left(h\frac{\partial}{\partial x} + k\frac{\partial}{\partial y}\right)^m f(x_0 + th, y_0 + tk) \quad (m = 1, 2, \cdots, n+1),$$

当 $t = 0$ 时, 则有

$$\Phi^{(m)}(0) = \left(h\frac{\partial}{\partial x} + k\frac{\partial}{\partial y}\right)^m f(x_0, y_0) \quad (m = 1, 2, \cdots, n) \tag{7-6-5}$$

及

$$\Phi^{(n+1)}(\theta) = \left(h\frac{\partial}{\partial x} + k\frac{\partial}{\partial y}\right)^{n+1} f(x_0 + \theta h, y_0 + \theta k). \tag{7-6-6}$$

将式 (7-6-5)、(7-6-6) 代入式 (7-6-4) 就得到所求之泰勒公式 (7-6-3).

若在泰勒公式 (7-6-3) 中, 只要求余项 $R_n = o(\rho^n)(\rho = \sqrt{h^2 + k^2})$, 则仅需 f 在 $U(P_0)$ 内具有直到 n 阶连续偏导数, 便有带佩亚诺型余项的泰勒公式

$$f(x_0 + h, y_0 + k) = f(x_0, y_0) + \sum_{\rho=1}^{n} \frac{1}{p!}\left(h\frac{\partial}{\partial x} + k\frac{\partial}{\partial y}\right)^p f(x_0, y_0) + o(\rho^n). \tag{7-6-7}$$

若在泰勒公式 (7-6-3) 中, 取 $x_0 = 0, y_0 = 0$, 则得到

$$f(x,y) = f(0,0) + \left(x\frac{\partial}{\partial x} + y\frac{\partial}{\partial y} \right) f(0,0)$$

$$+ \frac{1}{2!} \left(x\frac{\partial}{\partial x} + y\frac{\partial}{\partial y} \right)^2 f(0,0) + \cdots + \frac{1}{n!} \left(x\frac{\partial}{\partial x} + y\frac{\partial}{\partial y} \right)^n f(0,0)$$

$$+ \frac{1}{(n+1)!} \left(x\frac{\partial}{\partial x} + y\frac{\partial}{\partial y} \right)^{n+1} f(\theta x, \theta y) \quad (0 < \theta < 1). \tag{7-6-8}$$

该公式称为二元函数 $z = f(x,y)$ 在点 $(0,0)$ 的 n 阶麦克劳林公式.

若在泰勒公式 (7-6-3) 中, 取 $n = 0$, 则得到

$$f(a+h, b+k) = f(a,b) + f_x(a+\theta h, b+\theta k)h + f_y(a+\theta h, b+\theta k)k, \quad 0 < \theta < 1$$

或

$$f(a+h, b+k) - f(a,b) = f_x(a+\theta h, b+\theta k)h + f_y(a+\theta h, b+\theta k), \quad 0 < \theta < 1. \tag{7-6-9}$$

这便是二元函数的中值公式.

由 (7-6-9) 式易得下列推论.

推论 1 如果函数 $f(x,y)$ 在区域 $D \subset \mathbf{R}^2$ 上的偏导数恒为零, 那么它在 D 上必是常值函数.

例 1 求二元函数 $f(x,y) = \sqrt{1 + x^2 + y^2}$ 在点 $(0,0)$ 处的二阶泰勒公式及余项表达式.

解 由泰勒公式得

$$f(x,y) = f(0,0) + \left(x\frac{\partial}{\partial x} + y\frac{\partial}{\partial y} \right) f(0,0) + \frac{1}{2!} \left(x\frac{\partial}{\partial x} + y\frac{\partial}{\partial y} \right)^2 f(0,0) + R_2,$$

$$R_2 = \frac{1}{3!} \left(x\frac{\partial}{\partial x} + y\frac{\partial}{\partial y} \right)^3 f(\theta x, \theta y), \quad 0 < \theta < 1.$$

又

$$f_x = \frac{x}{\sqrt{1+x^2+y^2}}, \quad f_y = \frac{y}{\sqrt{1+x^2+y^2}}, \quad f_{xy} = -\frac{xy}{\left(\sqrt{1+x^2+y^2}\right)^3},$$

$$f_{xx} = -\frac{1+y^2}{\left(\sqrt{1+x^2+y^2}\right)^3}, \quad f_{yy} = \frac{1+x^2}{\left(\sqrt{1+x^2+y^2}\right)^3},$$

$$f_{xxx} = -\frac{3x\left(1+y^2\right)}{\left(\sqrt{1+x^2+y^2}\right)^5},$$

$$f_{xxy} = -\frac{y^3+y-2x^2y}{\left(\sqrt{1+x^2+y^2}\right)^5}, \quad f_{xyy} = -\frac{x^3+x-2xy^2}{\left(\sqrt{1+x^2+y^2}\right)^5},$$

$$f_{yyy} = -\frac{3y\left(1+x^2\right)}{\left(\sqrt{1+x^2+y^2}\right)^5}.$$

所以 $f_x(0,0) = 0$, $f_y(0,0) = 0$, $f_{xx}(0,0) = 1$, $f_{yy}(0,0) = 1$, $f_{xy}(0,0) = 0$, 由泰勒公式得

$$\begin{aligned}
f(x,y) &= \sqrt{1+x^2+y^2} \\
&= f(0,0) + f_x(0,0)x + f_y(0,0)y \\
&\quad + \frac{1}{2}\left[f_{xx}(0,0)x^2 + 2f_{xy}(0,0)xy + f_{yy}(0,0)y^2\right] + R_2 \\
&= 1 + \frac{1}{2}\left(x^2+y^2\right) + R_2,
\end{aligned}$$

其中

$$\begin{aligned}
R_2 &= \frac{1}{3!}\left(x\frac{\partial}{\partial x} + y\frac{\partial}{\partial y}\right)^3 f(\theta x, \theta y) \\
&= \frac{1}{3!}\left(x^3\frac{\partial^3}{\partial x^3} + 3x^2y\frac{\partial^3}{\partial x^2\partial y} + 3xy^2\frac{\partial^3}{\partial x\partial y^2} + y^3\frac{\partial^3}{\partial y^3}\right)f(\theta x, \theta y) \\
&= \frac{-1}{6}\frac{1}{(1+\theta^2x^2+\theta^2y^2)^{\frac{5}{2}}}[3\theta x\left(1+\theta^2y^2\right)x^3 + 3\left(\theta^3y^3+\theta y-2\theta^3yx^2\right)yx^2 \\
&\quad + 3\left(\theta^3y^3+\theta x-2\theta^3xy^2\right)xy^2 + 3\theta y\left(1+\theta^2x^2\right)y^3] \\
&= -\frac{1}{2}\frac{\theta\left(x^2+y^2\right)^2}{(1+\theta^2x^2+\theta^2y^2)^{\frac{5}{2}}} \quad (0<\theta<1),
\end{aligned}$$

于是

$$\sqrt{1+x^2+y^2} = 1 + \frac{1}{2}\left(x^2+y^2\right) - \frac{1}{2}\frac{\theta\left(x^2+y^2\right)^2}{(1+\theta^2x^2+\theta^2y^2)^{\frac{5}{2}}} \quad (0<\theta<1).$$

例 1 也可借助于一元函数的麦克劳林展开式进行展开,

$$\sqrt{1+x} = 1 + \frac{x}{2} - \frac{1}{8}\frac{x^2}{(1+\theta_1 x)^{\frac{3}{2}}} \quad (0 < \theta_1 < 1),$$

所以

$$\sqrt{1+x^2+y^2} = 1 + \frac{1}{2}\left(x^2+y^2\right) - \frac{1}{8}\frac{\left(x^2+y^2\right)^2}{\left(1+\theta_1 x^2 + \theta_1 y^2\right)^{\frac{3}{2}}} \quad (0 < \theta_1 < 1).$$

二阶泰勒公式的近似效果如图 7-6-1 所示.

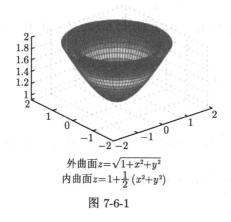

外曲面 $z = \sqrt{1+x^2+y^2}$

内曲面 $z = 1 + \frac{1}{2}\left(x^2+y^2\right)$

图 7-6-1

例 2 求 $f(x,y) = x^y$ 在点 $(1,4)$ 的二阶泰勒展开式, 并用它计算 $(1.08)^{3.96}$.

解 由于 $x_0 = 1, y_0 = 4, n = 2$, 因此有

$$f(x,y) = x^y, \quad f(1,4) = 1,$$

$$f_x(x,y) = yx^{y-1}, \quad f_x(1,4) = 4,$$

$$f_y(x,y) = x^y \ln x, \quad f_y(1,4) = 0,$$

$$f_{xx}(x,y) = y(y-1)x^{y-2}, \quad f_{xx}(1,4) = 12,$$

$$f_{xy}(x,y) = x^{y-1} + yx^{y-1}\ln x, \quad f_{xy}(1,4) = 1,$$

$$f_{yy}(x,y) = x^y(\ln x)^2, \quad f_{yy}(1,4) = 0,$$

将它们代入泰勒公式 (7-6-3), 即得

$$x^y = 1 + 4(x-1) + 6(x-1)^2 + (x-1)(y-4) + o(\rho^2).$$

若略去余项, 并取 $x = 1.08, y = 3.96$, 则有

$$(1.08)^{3.96} \approx 1 + 4 \times 0.08 + 6 \times 0.08^2 - 0.08 \times 0.04 = 1.3552.$$

它与精确值 $1.35630721\cdots$ 的误差已小于千分之二.

习 题 7-6

课件7-6-3

A 组

1. 求函数 $f(x,y) = \ln(1+x+y)$ 的三阶麦克劳林公式.
2. 求函数 $f(x,y) = 2x^2 - xy - y^2 - 6x - 3y + 5$ 在点 $(1,-2)$ 的泰勒公式.

B 组

写出函数 $f(x,y) = x^4 + xy + (1+y)^2$ 在点 $(0,0)$ 处的带佩亚诺余项的一阶及二阶泰勒公式.

7.7 多元函数的极值及其求法

课前测7-7-1

在第 3 章我们已经讨论了在只有一个变量的情况下, 如何解决诸如用料最省、路程最短、收益最大等问题. 但在工程技术领域和实际生活中, 相关最值问题往往会受到多个因素的制约, 因此有必要讨论多元函数的最值问题. 与一元函数类似, 多元函数的最值与极值有着密切联系. 本节将利用多元函数微分学的相关知识, 先介绍多元函数的极值概念, 最后来处理多元函数的最值问题.

一、多元函数的极值及最大值、最小值

先介绍多元函数极值的定义.

定义 1 设二元函数 $z = f(x,y)$ 在点 $P_0(x_0, y_0)$ 的某个邻域 $U(P_0)$ 内有定义, 对于任意的点 $P(x,y) \in \overset{\circ}{U}(P_0)$, 如果都有不等式

$$f(x,y) < f(x_0, y_0) \quad (\text{或 } f(x,y) > f(x_0, y_0))$$

成立, 则称函数在点 $P_0(x_0, y_0)$ 有**极大值** (或**极小值**) $f(x_0, y_0)$, 极大值、极小值统称为**极值**, 使函数取得极值的点称为**极值点** (图 7-7-1).

例如, 函数 $z = |xy|$ 在点 $(0,0)$ 处取得极小值, 函数 $z = 1 - \sqrt{x^2 + y^2}$ 在点 $(0,0)$ 处取得极大值, 而函数 $z = x\sin y$ 在点 $(0,0)$ 处既不取得极大值也不取得极小值.

以上关于二元函数的极值概念, 可推广到 n 元函数.

定义 2 设 n 元函数 $u = f(P)$ 在点 $P_0\,(P_0 \in \mathbf{R}^n)$ 的某一邻域 $U(P_0)$ 内有定义, 对于任意的点 $P \in \overset{\circ}{U}(P_0)$, 如果都有不等式

$$f(P) < f(P_0) \quad (\text{或 } f(P) > f(P_0))$$

成立, 则称函数 $f(P)$ 在点 P_0 有**极大值** (或**极小值**) $f(P_0)$.

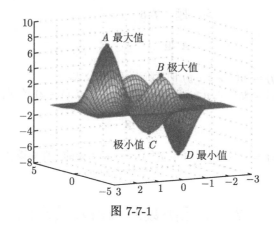

图 7-7-1

由定义 1 知, 若函数 $f(x,y)$ 在点 (x_0, y_0) 处取得极值, 则当固定 $y = y_0$ 时, 一元函数 $f(x, y_0)$ 必定在点 $x = x_0$ 处取得相同的极值. 同理, 一元函数 $f(x_0, y)$ 在点 $y = y_0$ 处也取得相同的极值. 于是得到下面的定理.

定理 1 (极值存在的必要条件) 设函数 $z = f(x,y)$ 在点 (x_0, y_0) 具有偏导数, 且在点 (x_0, y_0) 处有极值, 则它在该点的偏导数必为零, 即

$$f_x(x_0, y_0) = 0, \quad f_y(x_0, y_0) = 0.$$

证 由于二元函数 $z = f(x,y)$ 在点 (x_0, y_0) 处取得极值, 固定 $y = y_0$, 则一元函数 $f(x, y_0)$ 在点 x_0 处取得极值, 并且 $f(x, y_0)$ 在点 x_0 处可导, 根据一元函数极值的必要条件, 有

$$\left. \frac{f(x, y_0)}{\mathrm{d}x} \right|_{x=x_0} = 0,$$

即

$$f_x(x_0, y_0) = 0,$$

极值存在的必
要条件定理1
讲解7-7-2

同理可证 $f_y(x_0, y_0) = 0$.

定理 1 表明: 在几何上, 若曲面 $z = f(x,y)$ 在点 (x_0, y_0, z_0) 处有切平面, 且在点 (x_0, y_0) 处取得极值, 则切平面

$$z - z_0 = f_x(x_0, y_0)(x - x_0) + f_y(x_0, y_0)(y - y_0),$$

即为平面 $z - z_0 = 0$, 它平行于 xOy 坐标面.

如果三元函数 $u = (x, y, z)$ 在点 (x_0, y_0, z_0) 具有偏导数, 则它在点 (x_0, y_0, z_0) 具有极值的必要条件为

$$f_x(x_0, y_0, z_0) = 0, \quad f_y(x_0, y_0, z_0) = 0, \quad f_z(x_0, y_0, z_0) = 0.$$

与一元函数的情形类似, 凡是能使一阶偏导数同时为零的点 P_0 称为多元函数 $u = f(P)$ 的驻点.

从定理 1 可知, 具有偏导数的函数的极值点必定是函数的驻点. 但函数的驻点不一定是函数的极值点.

例 1 求下列函数的极值点:

(1) $f(x, y) = x^2 + y^2 - 2x - 6y + 14$;　　(2) $f(x, y) = x^2 - y^2$.

解 (1) 由 $f_x(x, y) = 2x - 2$, $f_y(x, y) = 2y - 6$, 解得 $x = 1, y = 3$, 而

$$f(x, y) = x^2 + y^2 - 2x - 6y + 14 = (x - 1)^2 + (y - 3)^2 + 4 \geqslant 4,$$

所以 $(1, 3)$ 为函数的极小值点 (图 7-7-2).

(2) 由 $f_x(x, y) = 2x$, $f_y(x, y) = -2y$, 解得 $x = 0, y = 0$, 但 $(0, 0)$ 并不是 $f(x, y)$ 的极值点 (图 7-7-3).

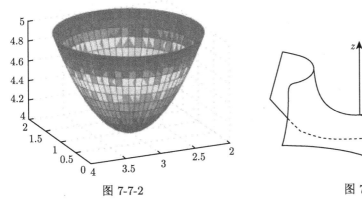

图 7-7-2

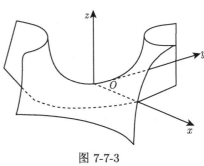

图 7-7-3

事实上, 在 $(0, 0)$ 的任意邻域, 总有 $(0, y)(y \neq 0)$, 使 $f(0, y) = -y^2 < f(0, 0) = 0$; 也总有点 $(x, 0)(x \neq 0)$, 使 $f(x, 0) = x^2 > f(0, 0) = 0$.

怎样判断一个驻点是不是极值点呢? 下面的定理回答了这个问题.

定理 2 (极值存在的充分条件) 设函数 $z = f(x, y)$ 在点 (x_0, y_0) 的某邻域 $U(P_0)$ 内有直到二阶的连续偏导数, 又 $f_x(x_0, y_0) = 0, f_y(x_0, y_0) = 0$, 记

$$f_{xx}(x_0, y_0) = A, \quad f_{xy}(x_0, y_0) = B, \quad f_{yy}(x_0, y_0) = C,$$

则函数 $f(x, y)$ 在点 (x_0, y_0) 处,

(1) 当 $AC - B^2 > 0$ 时, 取得极值, 且当 $A < 0$ 时取得极大值, 当 $A > 0$ 时取得极小值;

(2) 当 $AC - B^2 < 0$ 时, 不取得极值;

(3) 当 $AC - B^2 = 0$ 时, 可能取得极值, 也可能不取得极值, 还需另作讨论.

证明略.

为了便于记忆定理, 请读者注意, 只有当 A 与 C 同号时, 这时两个一元函数 $f(x, y_0)$ 与 $f(x_0, y)$ 在点 (x_0, y_0) 同时具有极大值或极小值, 从而可以根据任一个二阶偏导数 (A 或 C) 判断是极大还是极小值. 当 A 与 C 异号时, 这时两个一元函数 $f(x, y_0)$ 与 $f(x_0, y)$ 在点 (x_0, y_0) 的极值情形是相反的 (即一个是极大值而另一个是极小值), 从而二元函数 $f(x, y)$ 在点 (x_0, y_0) 处无极值, 此时可称 (x_0, y_0) 为函数 $f(x, y)$ 的鞍点.

二元函数极值的定义以及极值存在的必要条件和充分条件均可推广到三元及三元以上函数上去, 由于情形较复杂, 此处不再作进一步讨论.

例 2　求函数 $f(x, y) = x^3 + 8y^3 - xy$ 的极值. (2020 考研真题)

解　解方程组 $\begin{cases} f_x = 3x^2 - y = 0, \\ f_y = 24y^2 - x = 0, \end{cases}$ 得 $\begin{cases} x = 0, \\ y = 0 \end{cases}$ 或 $\begin{cases} x = \dfrac{1}{6}, \\ y = \dfrac{1}{12}. \end{cases}$

又 $f_{xx} = 6x$, $f_{xy} = -1$, $f_{yy} = 48y$.

在 $(0, 0)$ 处, $A = 0$, $B = -1$, $C = 0$, 于是 $AC - B^2 = -1 < 0$, 不取极值;

在 $\left(\dfrac{1}{6}, \dfrac{1}{12} \right)$ 处, $A = 1$, $B = -1$, $C = 4$, 于是 $AC - B^2 = 3 > 0$ 且 $A > 0$,

所以在点 $\left(\dfrac{1}{6}, \dfrac{1}{12} \right)$ 处取极小值, 极小值为 $f\left(\dfrac{1}{6}, \dfrac{1}{12} \right) = -\dfrac{1}{216}$.

例 3　讨论 $f(x, y) = x^2 - 2xy^2 + y^4 - y^5$ 的极值.

解　解方程组

$$\begin{cases} f_x(x, y) = 2x - 2y^2 = 0, \\ f_y(x, y) = -4xy + 4y^3 - 5y^4 = 0, \end{cases}$$

求得唯一驻点为 $(0, 0)$, 再求出二阶偏导数

$$f_{xx} = 2, \quad f_{xy} = -4y, \quad f_{yy} = -4x + 12y^2 - 20y^3,$$

故 $(0, 0)$ 处 $A = 2$, $B = 0$, $C = 0$. 因而 $AC - B^2 = 0$, 定理 2 失效.

由于 $f(x, y) = x^2 - 2xy^2 + y^4 - y^5 = (x - y^2)^2 - y^5$, 故 $f(0, 0) = 0$.

又在曲线 $x = y^2$ 且 $y > 0$ 上有 $f(x, y) < 0$, 在曲线 $x = y^2$ 且 $y < 0$ 上 $f(x, y) > 0$, 故 $(0, 0)$ 不是函数的极值点.

例 4　求由方程 $x^2 + y^2 + z^2 - 2x + 2y - 4z - 10 = 0$ 确定的隐函数 $z = f(x, y)$ 的极值.

解法一　将方程两边分别对 x, y 求偏导

$$\begin{cases} 2x + 2z \cdot z_x - 2 - 4z_x = 0, \\ 2y + 2z \cdot z_y + 2 - 4z_y = 0. \end{cases}$$

由函数取极值的必要条件知, 驻点为 $P(1, -1)$, 将上述方程组再分别对 x, y 求偏导数, 得二阶偏导

$$A = z_{xx}|_P = \frac{1}{2 - z}, \quad B = z_{xy}|_P = 0, \quad C = z_{yy}|_P = \frac{1}{2 - z},$$

故 $AC - B^2 = \dfrac{1}{(2 - z)^2} > 0 (z \neq 2)$, 函数在 P 有极值.

将 $P(1, -1)$ 代入原方程, 有 $z_1 = -2, z_2 = 6$.

当 $z_1 = -2$ 时, $A = \dfrac{1}{4} > 0$, 所以 $z = f(1, -1) = -2$ 为极小值;

当 $z_2 = 6$ 时, $A = -\dfrac{1}{4} < 0$, 所以 $z = f(1, -1) = 6$ 为极大值.

解法二　将方程 $x^2 + y^2 + z^2 - 2x + 2y - 4z - 10 = 0$ 整理为

$$(x - 1)^2 + (y + 1)^2 + (z - 2)^2 = 16,$$

故该方程表示的空间曲面是以 $(1, -1, 2)$ 为球心, 4 为半径的球面.

由极值的定义及几何知识可知: 函数的极小值为 -2, 极大值为 6.

二、 条件极值、拉格朗日乘数法

以前所讨论的极值问题中, 二元函数的自变量在其定义域内取值, 除此以外没有任何约束限制条件, 这样的极值称为**无条件极值**. 但在实际问题中, 函数的自变量常常会受到某些因素的制约, 即在自变量满足一些附加条件的约束时, 求二元或二元以上函数的极值, 这样带有约束条件的极值称为**条件极值**.

对条件极值问题, 少数情况下, 可以直接将条件极值转化为无条件极值, 然后利用前面所述求极值的方法加以解决.

但是多数情况下, 从约束条件 (隐函数方程) 中解出某些变量并非易事, 甚至是不可能的, 从而很难将条件极值问题转化为无条件极值, 因此我们需要寻找一种无须解约束条件方程, 而直接求解条件极值的一般方法, 即拉格朗日乘数法.

我们先讨论二元函数

$$z = f(x, y) \tag{7-7-1}$$

在约束条件

$$\phi(x, y) = 0 \tag{7-7-2}$$

下, 在点 (x_0, y_0) 处取得极值的必要条件.

若函数 $z = f(x, y)$ 在点 (x_0, y_0) 取得极值, 则点 (x_0, y_0) 满足 $\phi(x_0, y_0) = 0$. 假定在 (x_0, y_0) 的某邻域内 $f(x, y)$ 与 $\phi(x, y)$ 均具有连续的一阶偏导数, 且 $\phi_y(x_0, y_0) \neq 0$. 由隐函数存在定理可知, 方程 (7-7-2) 确定具有连续导数的函数 $y = \varphi(x)$, 将其代入式 (7-7-1), 则 $z = f[x, \varphi(x)]$.

若函数 $z = f(x, y)$ 在点 (x_0, y_0) 取得极值, 则函数 $z = f[x, \varphi(x)]$ 在点 $x = x_0$ 必然取得极值. 由一元可导函数取得极值的必要条件, 可得

$$\frac{\mathrm{d}z}{\mathrm{d}x}\bigg|_{x=x_0} = f_x(x_0, y_0) + f_y(x_0, y_0)\frac{\mathrm{d}y}{\mathrm{d}x}\bigg|_{x=x_0} = 0, \tag{7-7-3}$$

再由方程 (7-7-2), 用隐函数求导公式, 有

$$\frac{\mathrm{d}y}{\mathrm{d}x}\bigg|_{x=x_0} = -\frac{\phi_x(x_0, y_0)}{\phi_y(x_0, y_0)}.$$

把上式代入 (7-7-3), 得

$$f_x(x_0, y_0) - f_y(x_0, y_0)\frac{\phi_x(x_0, y_0)}{\phi_y(x_0, y_0)} = 0,$$

设 $\dfrac{f_y(x_0, y_0)}{\phi_y(x_0, y_0)} = -\lambda_0$, 则有

$$\frac{f_x(x_0, y_0)}{\phi_x(x_0, y_0)} = \frac{f_y(x_0, y_0)}{\phi_y(x_0, y_0)} = -\lambda_0,$$

于是, 我们得到函数 $z = f(x, y)$ 在 $\phi(x, y) = 0$ 条件下在点 $P_0(x_0, y_0)$ 取得极值的必要条件:

$$\begin{cases} f_x(x_0, y_0) + \lambda_0\phi_x(x_0, y_0) = 0, \\ f_y(x_0, y_0) + \lambda_0\phi_y(x_0, y_0) = 0, \\ \phi(x_0, y_0) = 0. \end{cases} \tag{7-7-4}$$

由以上讨论, 我们得到以下结论.

要找出函数 $z = f(x, y)$ 在附加条件 $\phi(x, y) = 0$ 下的可能极值点, 可以先构造辅助函数

$$F(x, y, \lambda) = f(x, y) + \lambda\phi(x, y), \tag{7-7-5}$$

由方程组

$$\begin{cases} F_x(x, y, \lambda) = f_x(x, y) + \lambda\phi_x(x, y) = 0, \\ F_y(x, y, \lambda) = f_y(x, y) + \lambda\phi_y(x, y) = 0, \\ F_\lambda(x, y, \lambda) = \phi(x, y) = 0, \end{cases}$$

解出的 x, y 就是函数 $f(x, y)$ 在附加条件 $\phi(x, y) = 0$ 下的可能极值点的坐标. 这样就把求函数 $z = f(x, y)$ 在条件 $\phi(x, y) = 0$ 下的极值问题转化为求拉格朗日辅助函数 (7-7-5) 的无条件极值问题. 这种求条件极值的方法称为**拉格朗日乘数法**, 其中 λ 称为**拉格朗日乘数 (乘子)**, $F(x, y, \lambda)$ 称为**拉格朗日辅助函数**.

定理 3 (拉格朗日乘数法)   可微函数 $z = f(x, y)$ 在约束条件 $\phi(x, y) = 0$ 下的极值点, 是函数

$$F(x, y, \lambda) = f(x, y) + \lambda\phi(x, y)$$

对所有自变量偏导数的零点, 即满足下面的方程组

$$\begin{cases} F_x(x, y, \lambda) = f_x(x, y) + \lambda\phi_x(x, y) = 0, \\ F_y(x, y, \lambda) = f_y(x, y) + \lambda\phi_y(x, y) = 0, \\ F_\lambda(x, y, \lambda) = \phi(x, y) = 0. \end{cases}$$

必须指出, 用拉格朗日乘数法只能求出条件极值问题的驻点 (也称为**条件驻点**), 并不能确定这些驻点是否极值点 (也称为**条件极值点**). 在实际问题中, 还需结合问题本身的实际意义来判断驻点是否为极值点或最值点.

例 5   设 $f(x, y)$ 与 $\phi(x, y)$ 均为可微函数, 且 $\phi_y(x, y) \neq 0$, 已知 (x_0, y_0) 是 $f(x, y)$ 在约束条件 $\phi(x, y) = 0$ 下的一个极值点, 下列选项正确的是 (   )

(A) 若 $f_x(x_0, y_0) = 0$, 则 $f_y(x_0, y_0) = 0$

(B) 若 $f_x(x_0, y_0) = 0$, 则 $f_y(x_0, y_0) \neq 0$

(C) 若 $f_x(x_0, y_0) \neq 0$, 则 $f_y(x_0, y_0) = 0$

(D) 若 $f_x(x_0, y_0) \neq 0$, 则 $f_y(x_0, y_0) \neq 0$.

解   作 $F(x, y, \lambda) = f(x, y) + \lambda\phi(x, y)$, 则 (x_0, y_0, λ_0) 是方程组

$$\begin{cases} F_x(x, y, \lambda) = f_x(x, y) + \lambda\phi_x(x, y) = 0, \\ F_y(x, y, \lambda) = f_y(x, y) + \lambda\phi_y(x, y) = 0, \\ F_\lambda(x, y, \lambda) = \phi(x, y) = 0 \end{cases}$$

的一个解. 因为 $\phi_y(x,y) \neq 0$, 所以由第二式解得 $\lambda_0 = -\dfrac{f_y(x_0,y_0)}{\phi_y(x_0,y_0)}$, 代入第一式可得

$$f_x(x_0,y_0) = \frac{f_y(x_0,y_0) \cdot \phi_x(x_0,y_0)}{\phi_y(x_0,y_0)}.$$

当 $f_x(x_0,y_0) \neq 0$, 有 $f_y(x_0,y_0) \neq 0$, 故选 (D).

例 6　求表面积为 a^2 而体积最大的长方体体积.

解　设长方体的三棱长为 x,y,z, 则问题就是在条件 $\phi(x,y,z) = 2(xy+yz+xz) - a^2 = 0$ 下, 求 $V = xyz(x>0, y>0, z>0)$ 的最大值.

作拉格朗日函数 $F(x,y,z) = xyz + \lambda(2xy + 2yz + 2xz - a^2)$, 由方程组

$$\begin{cases} F_x = yz + 2\lambda(y+z) = 0, \\ F_y = xz + 2\lambda(x+z) = 0, \\ F_z = xy + 2\lambda(x+y) = 0, \\ F_\lambda = 2xy + 2yz + 2xz - a^2 = 0, \end{cases}$$

解得条件驻点为 $\left(\dfrac{\sqrt{6}}{6}a, \dfrac{\sqrt{6}}{6}a, \dfrac{\sqrt{6}}{6}a \right)$.

由于 $F(x,y,z)$ 只有唯一的驻点, 且体积一定有个最大值, 故在驻点处取得最大值为 $V_{\max} = \dfrac{\sqrt{6}}{36}a^3$.

对于一般的多元函数 $u = f(x,y,z)$ 的条件极值问题, 也有相应的拉格朗日乘数法.

例如, 在条件 $\phi(x,y,z) = 0$ 下求函数 $u = f(x,y,z)$ 的极值, 则构造拉格朗日辅助函数为

$$F(x,y,z,\lambda) = f(x,y,z) + \lambda\phi(x,y,z),$$

由方程组

$$\begin{cases} F_x = f_x + \lambda\phi_x = 0, \\ F_y = f_y + \lambda\phi_y = 0, \\ F_z = f_z + \lambda\phi_z = 0, \\ F_\lambda = \phi(x,y,z) = 0, \end{cases}$$

即可解出驻点 (x,y,z).

再如, 在条件 $\phi(x,y,z) = 0$ 及 $\varphi(x,y,z) = 0$ 下求函数 $u = f(x,y,z)$ 的极值, 则构造拉格朗日辅助函数为

$$F(x,y,z,\lambda,\mu) = f(x,y,z) + \lambda\phi(x,y,z) + \mu\varphi(x,y,z),$$

由方程组

$$
\begin{cases}
F_x = f_x + \lambda\phi_x + \mu\varphi_x = 0, \\
F_y = f_y + \lambda\phi_y + \mu\varphi_y = 0, \\
F_z = f_z + \lambda\phi_z + \mu\varphi_z = 0, \\
F_\lambda = \phi(x, y, z) = 0, \\
F_\mu = \varphi(x, y, z) = 0,
\end{cases}
$$

即可解出驻点 (x, y, z). 至于如何确定所求得的点是否为极值点, 在实际问题中往往还要根据问题本身的性质来判定.

例 7 将长为 2m 的铁丝分成三段, 分别围成圆、正方形与正三角形, 三个图形的面积之和是否存在最小值, 如果存在, 求出最小值. (2018 考研真题)

解 设圆半径为 x, 正方形的边长为 y, 正三角形的边长为 z, 则目标函数为

$$
S = \pi x^2 + y^2 + \frac{1}{2} z \cdot z \sin\frac{\pi}{3} = \pi x^2 + y^2 + \frac{\sqrt{3}}{4} z^2,
$$

限制条件 $2\pi x + 4y + 3z = 2$.

设拉格朗日函数为

$$
F(x, y, z, \lambda) = \pi x^2 + y^2 + \frac{\sqrt{3}}{4} z^2 + \lambda(2\pi x + 4y + 3z - 2),
$$

解方程组

$$
\begin{cases}
F_x = 2\pi x + 2\pi\lambda = 0, \\
F_y = 2y + 4\lambda = 0, \\
F_z = \frac{\sqrt{3}}{2} z + 3\lambda = 0, \\
F_\lambda = 2\pi x + 4y + 3z - 2 = 0,
\end{cases}
$$

得

$$
\begin{cases}
x = -\lambda, \\
y = -2\lambda, \\
z = -2\sqrt{3}\lambda,
\end{cases}
$$

故 $-2\pi\lambda + 4(-2\lambda) + 3(-2\sqrt{3}\lambda) - 2 = 0$, 解得 $\lambda = \dfrac{1}{-\pi - 4 - 3\sqrt{3}}$. 从而可得 $(x, y, z) = \dfrac{1}{-\pi - 4 - 3\sqrt{3}}\left(1, 2, 2\sqrt{3}\right)$, 由实际问题可知, 面积的最小值一定存在, 从而面积的最小值为

$$
S(x, y, z) = \frac{1}{\left(\pi + 4 + 3\sqrt{3}\right)^2}\left(\pi + 4 + 3\sqrt{3}\right) = \frac{1}{\pi + 4 + 3\sqrt{3}}.
$$

三、 多元函数的最大值与最小值

和一元函数类似, 多元函数的最值是整体性概念, 内部最值点必是极值点.

我们知道, 有界闭区域 D 上的连续函数 $f(x,y)$ 必在 D 上取得最大 (小) 值, 此结论解决了最值的存在性问题. $f(x,y)$ 在 D 上的最大 (小) 值可能在 D 内部取到, 也可能在 D 的边界上取到. 对于多元函数最大 (小) 值的计算, 采用类似一元函数求最大 (小) 值的思想, 先求区域 D 内部的驻点和不可导点, 再求区域 D 边界上的最大 (小) 值, 然后将所求点处的函数值作比较. 但是与一元函数不同的是: 一元函数定义区间的端点是两个点, 边界值最多是两个函数值, 而有界闭区域 D 的边界为曲线 $\varphi(x,y) = 0$, 往往无法求尽其所有点处的函数值. 实质上, 若最大 (小) 值在 D 的边界上取得, 该最大 (小) 值点必为函数 $f(x,y)$ 在条件 $\varphi(x,y) = 0$ 下的可能极值点. 归纳起来可得连续函数 $f(x,y)$ 在有界闭区域 D 上最大 (小) 值的求解步骤:

① 求出 $z = f(x,y)$ 在 D 内部的所有驻点和不可导点;

② 求出 $z = f(x,y)$ 在约束条件 $\varphi(x,y) = 0$ 下的可能极值点;

③ 分别计算上述各点处的函数值, 最大者就是 $z = f(x,y)$ 在 D 上的最大值, 最小者就是 $z = f(x,y)$ 在 D 上的最小值.

例 8 设 D 是由 x 轴, y 轴与直线 $x + y = 2\pi$ 所围成的闭区域, 求函数

$$f(x,y) = \sin x + \sin y - \sin (x + y)$$

在区域 D 上的最大值和最小值.

解 由

$$\begin{cases} f_x(x,y) = \cos x - \cos(x+y) = 0, \\ f_y(x,y) = \cos y - \cos(x+y) = 0, \end{cases}$$

求得 $f(x,y)$ 在 D 的内部有唯一驻点 $M_0\left(\dfrac{2\pi}{3}, \dfrac{2\pi}{3}\right)$, 且 $f\left(\dfrac{2\pi}{3}, \dfrac{2\pi}{3}\right) = \dfrac{3\sqrt{3}}{2}$.

在区域 D 的边界由三条直线段 L_1, L_2, L_3 首尾相接构成.

在 L_1 上, $y = 0$, 此时 $f(x,0) = 0$, 在 L_2 上, $x = 0$, 此时 $f(0,y) = 0$,

在 L_3 上, $x + y = 2\pi$, 此时 $f(x,y) = \sin x + \sin y = 0$.

故 $f(x,y)$ 在 D 上的最大值为 $f\left(\dfrac{2\pi}{3}, \dfrac{2\pi}{3}\right) = \dfrac{3\sqrt{3}}{2}$, 最小值为 0.

由于要求出 $f(x,y)$ 在区域 D 的边界上的最大值和最小值往往比较繁琐. 所以在通常遇到的实际问题中, 如果根据问题的性质, 可以判断出连续函数 $f(x,y)$ 的最大值 (最小值) 一定在 D 的内部取得, 而函数在 D 内只有一个驻点时, 则可以肯定该驻点的函数值就是函数 $f(x,y)$ 在 D 上的最大值 (最小值).

例 9 已知平面上两定点 $A(1,3)$, $B(4,2)$, 试在椭圆 $\dfrac{x^2}{9}+\dfrac{y^2}{4}=1(x>0,y>0)$ 圆周上求一点 C, 使得 $\triangle ABC$ 面积 S 最大 (图 7-7-4).

解 设 C 点坐标为 (x,y), 则

$$S_\triangle=\frac{1}{2}\left|\overrightarrow{AB}\times\overrightarrow{AC}\right|=\frac{1}{2}\begin{vmatrix} i & j & k \\ 3 & -1 & 0 \\ x-1 & y-3 & 0 \end{vmatrix}=\frac{1}{2}\left|x+3y-10\right|,$$

设拉格朗日函数为

$$F(x,y,\lambda)=(x+3y-10)^2+\lambda\left(1-\frac{x^2}{9}-\frac{y^2}{4}\right),$$

解方程组

$$\begin{cases} F_x(x,y,\lambda)=2(x+3y-10)-\dfrac{2\lambda}{9}x=0, \\[2mm] F_y(x,y,\lambda)=6(x+3y-10)-\dfrac{2\lambda}{4}y=0, \\[2mm] F_\lambda(x,y,\lambda)=1-\dfrac{x^2}{9}-\dfrac{y^2}{4}=0, \end{cases}$$

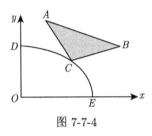
图 7-7-4

得驻点

$$x=\frac{3}{\sqrt{5}},\quad y=\frac{4}{\sqrt{5}}.$$

此时 $S\left(\dfrac{3}{\sqrt{5}},\dfrac{4}{\sqrt{5}}\right)\approx1.646$, 又 $S(D)=2$, $S(E)=3.5$,

由实际问题可知, 椭圆圆周上点 C 与点 E 重合时, $\triangle ABC$ 面积 S 最大.

注 对于实际应用中的最大 (小) 值问题, 首先寻找目标函数、确定定义域及约束条件, 为方便计算必要时可将目标函数进行适当的化简和整理.

四、 多元函数的最值在经济方面的应用

在管理科学、经济学等问题中, 也经常遇到 "用料最省、成本最低、利润最大、效率最高" 等优化问题, 即需要求一个多元函数的最大值或最小值. 下面我们来讨论经济方面与多元函数最值有关的一些优化问题.

例 10 某工厂生产 A, B 两种型号的产品, A 型产品的售价为 1000 元/件, B 型产品的售价为 900 元/件, 生产 x 件 A 型产品和 y 件 B 型产品的总成本为 $40000+200x+300y+3x^2+xy+3y^2$ 元. 求 A, B 两种产品各生产多少时, 利润最大?

解 设 $L(x,y)$ 为生产 x 件 A 型产品和 y 件 B 型产品时获得的总利润, 则

$$L(x,y) = 1000x + 900y - \left(40000 + 200x + 300y + 3x^2 + xy + 3y^2\right)$$

$$= -3x^2 - xy - 3y^2 + 800x + 600y - 40000.$$

令

$$\begin{cases} L_x(x,y) = -6x - y + 800 = 0, \\ L_y(x,y) = -x - 6y + 600 = 0, \end{cases}$$

解方程组, 得 $x = 120, y = 80$.

又由 $L_{xx} = -6 < 0$, $L_{xy} = -1$, $L_{yy} = -6$. 再由 $AC - B^2 = (-6) \cdot (-6) - (-1)^2 = 35 > 0$, 故 $L(x,y)$ 在驻点 $(120, 80)$ 处取得极大值. 又驻点唯一, 因而可以判定, 当 A, B 两种产品分别生产 120 和 80 件时, 利润会最大, 且最大利润为

$$L(120, 80) = 32000 \text{ 元}.$$

经济学中有柯布--道格拉斯 (Cobb-Douglas) 生产函数模型

$$f(x,y) = Cx^a y^{1-a},$$

其中 x 表示劳动力的数量, y 表示资本数量, C 与 $a\,(0 < a < 1)$ 是常数, 由不同企业的具体情形决定, 函数值表示生产量.

例 11 已知某生产商的柯布-道格拉斯生产函数模型

$$f(x,y) = 100x^{\frac{3}{4}} y^{\frac{1}{4}},$$

其中每个劳动力与每单位资本的成本分别为 150 元及 250 元, 该生产商的总预算是 50000 元, 问: 他该如何分配这笔钱用于雇劳动力及投入资本, 以使生产量最高?

解 这是个条件极值问题, 要求目标函数

$$f(x,y) = 100x^{\frac{3}{4}} y^{\frac{1}{4}},$$

在约束条件

$$150x + 250y = 50000$$

下的最大值.

作拉格朗日函数

$$L(x,y) = 100x^{\frac{3}{4}} y^{\frac{1}{4}} + \lambda\left(50000 - 150x - 250y\right).$$

令

$$L_x = 75x^{-\frac{1}{4}}y^{\frac{1}{4}} - 150\lambda = 0,$$

$$L_y = 25x^{\frac{3}{4}}y^{-\frac{3}{4}} - 250\lambda = 0,$$

与方程

$$150x + 250y = 50000$$

联立方程组, 解得 $x = 250$, $y = 50$.

这是目标函数在定义域 $D = \{(x, y) \mid x > 0, y > 0\}$ 内的唯一可能极值点, 而由问题本身可知最高生产量一定存在. 故该制造商雇 250 个劳动力及投入 50 个单位资本时, 可获得最大生产量 $f(250, 50) = 16719$.

注 拉格朗日乘子 λ 是目标函数的约束极值对于约束条件值 c 的变化率.

例 11 中, 可得拉格朗日乘子为 $\lambda = \dfrac{1}{2}\left(\dfrac{1}{5}\right)^{\frac{1}{4}} \approx 0.3344$, 这就是说 $\dfrac{\mathrm{d}f}{\mathrm{d}c} \approx 0.3344$, 即若预算再增加 1 元, 生产量会增加 0.3344 的单位.

例 12 设某电视机厂生产一台电视机的成本为 C, 每台电视机的销售价格为 P, 销售量为 Q. 假设该厂的生产处于平衡状态, 即电视机的生产量等于销售量. 根据市场预测, 销售量 Q 与销售价格 P 之间有如下关系:

$$Q = Me^{-aP} \quad (M > 0, a > 0),$$

其中 M 为市场最大需求量, a 是价格系数. 同时, 生产部门根据对生产环节的分析, 对每台电视机的生产成本 C 有如下测算:

$$C = C_0 - k\ln Q \quad (k > 0, Q > 1),$$

其中 C_0 是只生产一台电视机时的成本, k 是规模系数.

根据上述条件, 应如何确定电视机的售价 P, 才能使该厂获得最大利润?

解 设厂家获得的利润为 u, 每台电视机的售价为 P, 每台生产成本为 C, 销售量为 Q, 则

$$u = (P - C)Q.$$

于是问题化为求利润函数 $u = (P - C)Q$ 在附加条件 $Q = Me^{-aP} \, (M > 0, a > 0)$ 和 $C = C_0 - k\ln Q \, (k > 0, Q > 1)$ 下的极值问题.

作拉格朗日函数 $L(Q, P, C) = (P - C)Q + \lambda(Q - Me^{-aP}) + \mu(C - C_0 + k\ln Q)$, 令

$$L_Q = P - C + \lambda + k\frac{\mu}{Q} = 0,$$

$$L_P = Q + \lambda aMe^{-aP} = 0,$$

$$L_C = -Q + \mu = 0.$$

由题目中的条件式可得

$$C = C_0 - k(\ln M - aP).$$

由销售量 Q 与销售价格 P 之间的关系 $Q = Me^{-aP}$, 及 $L_P = 0$, 知 $\lambda a = -1$, 即 $\lambda = -\dfrac{1}{a}$. 由 $L_C = 0$ 知 $Q = \mu$, 即 $\dfrac{Q}{\mu} = 1$. 将上述关系式代入 $L_Q = 0$, 得

$$P - C_0 + k(\ln M - aP) - \frac{1}{a} + k = 0,$$

由此可得

$$P^* = \frac{C_0 - k\ln M + \dfrac{1}{a} - k}{1 - ak}.$$

因为由问题本身可知最优价格必定存在, 所以这个 P^* 就是电视机的最优价格.

习　题　7-7

课件7-7-3

A 组

1. 求下列函数的极值:

(1) $f(x, y) = 4(x - y) - x^2 - y^2$;　　　(2) $f(x, y) = (6x - x^2)(4y - y^2)$;

(3) $f(x, y) = e^{2x}(x + y^2 + 2y)$;　　　(4) $f(x, y) = x^3 + 8y^3 - xy$; (2020 考研真题)

(5) $f(x, y) = x^3 + y^3 - 3x^2 - 3y^2$;　　　(6) $f(x, y) = x^2(2 + y^2) + y\ln y$.

2. 设函数 $z = z(x, y)$ 由方程 $x^2 - 6xy + 10y^2 - 2yz - z^2 + 18 = 0$ 确定, 求函数 $z = z(x, y)$ 的极值.

3. 求函数 $z = xy$ 在条件 $x + y = 1$ 下的极大值.

4. 求二元函数 $f(x, y) = x^2 y(4 - x - y)$ 在直线 $x + y = 6$, x 轴和 y 轴所围成的区域 D 上的最大值和最小值.

5. 在曲面 $z = \sqrt{x^2 + y^2}$ 上求一点, 使它到点 $(1, \sqrt{2}, 3\sqrt{3})$ 的距离最短, 并求最短距离.

6. 求过点 $\left(2, 1, \dfrac{1}{3}\right)$ 的平面, 使它与三个坐标平面在第 I 卦限所围成的立体体积最小.

7. 求函数 $f(x, y) = x^2 + 2y^2 - x^2 y^2$ 在区域 $D = \{(x, y) \,|\, x^2 + y^2 \leqslant 4, y \geqslant 0\}$ 上的最大值和最小值.

8. 在椭圆 $x^2 + 4y^2 = 4$ 上求一点, 使其到直线 $2x + 3y - 6 = 0$ 的距离最短.

9. 设销售收入 R (单位: 万元) 与花费在两种广告宣传上的费用 x, y (单位: 万元) 之间的关系为 $R = \dfrac{200x}{x + 5} + \dfrac{100y}{10 + y}$, 利润额相当于五分之一的销售收入, 并要扣除广告费用, 已知广告费用总预算金是 25 万元, 试问如何分配两种广告费用可使利润最大?

B 组

1. 设 $f(x,y)$ 为连续函数, 且 $\lim\limits_{\substack{x\to 0\\y\to 0}} \dfrac{f(x,y)-f(0,0)}{x^3+y^3-3x^2-3y^2}=1$, 则 (　　)

(A) $f(0,0)$ 为 $f(x,y)$ 的极大值　　　　(B) $f(0,0)$ 为 $f(x,y)$ 的极小值

(C) $f(0,0)$ 不是 $f(x,y)$ 的极值　　　　(D) 不能确定.

2. 设 x,y,z 为实数, 且满足关系式 $\mathrm{e}^x+y^2+|z|=3$, 试证 $\mathrm{e}^x y^2|z|\leqslant 1$.

3. 函数 $z=f(x,y)$ 的全增量 $\Delta z=(2x-3)\Delta x+(2y+4)\Delta y+o\left(\sqrt{(\Delta x)^2+(\Delta y)^2}\right)$, 且 $f(0,0)=0$. 求 (1) z 的极值; (2) 求 z 在 $x^2+y^2=25$ 上的最值; (3) 求 z 在 $x^2+y^2\leqslant 25$ 上的最值.

本 章 小 结

　　函数是微积分的主要研究对象, 上册主要研究了一元函数微积分, 下册我们开始进入到多元函数微积分的讨论, 本章首先介绍了多元函数的微分. 我们以二元函数为多元函数的代表, 进行了重点全面的讨论, 进而将函数、极限、连续、可导、可微等概念及复合函数的链式法则、隐函数求导、极值及最值、泰勒公式等相关定理、公式、应用推广至多元函数.

　　本章内容主要包括三部分: 多元函数微分的基本概念、多元函数的微分法则、多元函数微分的应用. 量变引起质变, 在函数从单变量到多变量的转变中, 多元函数的微分学与一元函数微分学之间有着密切的联系, 既有相似之处, 也因此发生了某些本质上的差别. 因此, 在学习本章内容的过程中, 一定要注意比较它们的异同点, 把握问题的本质, 正确理解各种概念并理清各种概念之间的逻辑关系. 下面按照三部分内容, 以二元函数为讨论对象, 对本章作一个梳理, 归纳如下.

一、多元函数微分的基本概念

　　1. 二元函数极限概念 $\lim\limits_{(x,y)\to(x_0,y_0)} f(x,y)=A$, 形式上和一元函数极限类同, 但由于 $P_0(x_0,y_0)$ 是二维空间 xOy 面上的点, 故 $(x,y)\to(x_0,y_0)$ 的路径方式有无数多种, 正因如此, 特殊路径法是证明二元函数极限不存在的重要方法.

　　2. 二元函数连续概念 $\lim\limits_{(x,y)\to(x_0,y_0)} f(x,y)=f(x_0,y_0)$, 形式上和一元函数连续类同, 同样 $(x,y)\to(x_0,y_0)$ 的路径方式有无数多种.

　　3. 二元函数的偏导数刻画了函数沿坐标轴方向的变化率, 但偏导存在与连续、偏导存在与极限并无必然的逻辑关系.

　　4. 二元函数全微分的分析意义也为用简单的线性函数关系替代复杂的函数关系, 且一阶微分形式保持不变性, 但可微与偏导存在不等价, 偏导存在是函数在该点可微的必要非充分条件.

二、 多元函数的微分法则

偏导数的计算是本章的重点之一, 本章讨论了多种形式函数求偏导的理论与方法, 归纳如下:

1. 首先确认函数与自变量能否分离在等号两侧? 不能分离在等号两侧的为隐函数求导.

2. 多元分段函数求偏导时, 分段区域内用求导公式和法则, 分段点处必须利用定义计算.

3. 多元复合函数的复合情形千变万化, 但其导数或偏导数的计算仍然遵循链式法则, 理清复合过程, 画出复合关系图, 确定链式法则的具体求导对象, 特别需要指出的是, 复合函数的各阶偏导数与其原来的函数具有相同的复合关系图, 在抽象复合函数求高阶偏导数时需注意这一点.

4. 隐函数求导, 分清自变量和函数, 碰到函数时, 注意链式法则.

5. 复合函数、隐函数求导都可以通过一阶微分的形式不变性进行解决.

三、 多元函数微分的应用

本章还利用多元函数微分解决了多元函数极值和最值问题.

1. 无条件极值. 多元函数无条件极值问题的解决过程类同于一元函数, 利用必要条件求出可疑的极值点——驻点及不可导点, 通过充要条件对可疑点进行逐一判断, 遇到充分条件失效时, 回到极值的定义进行判断, 需指出利用极值定义时常常需要对函数进行适当的变形, 这里也包括取特殊路径的方法.

2. 条件极值. 拉格朗日乘数法是解决多元函数条件极值的主要方法, 通过解方程组求出拉格朗日函数的驻点, 从而得到可能的极值点. 必须强调指出, 关于条件极值的充分条件教材中并未讨论, 需要结合实际情况做出判断.

3. 多元函数最值的计算. 闭区域上多元函数的最值讨论分为区域内和区域的边界两部分进行, 区域内求出函数的驻点和不可导点, 边界上实质为多元函数条件极值, 求出拉格朗日函数的驻点, 最后比较函数值的大小即可.

4. 经济学上 "用料最省、成本最低、利润最大、效率最高" 等优化问题, 即为求一个多元函数的最大值或最小值. 首先从实际问题中抽象出其目标函数以及限制条件, 将经济学问题转化为数学问题, 然后计算出结论.

总复习题 7

1. 填空题:

(1) 设 $f\left(x+y, \dfrac{y}{x}\right) = x^2 - y^2$, 则 $f(x, y) = $ _____.

(2) 曲线 $\begin{cases} x^2 + y^2 + z^2 = 6, \\ x^2 + y^2 - z^2 = 4 \end{cases}$ 在点 $(1, 2, 1)$ 处的切线与 y 轴的夹角的余弦是 _____.

(3) 设函数 $f(x,y)$ 具有一阶连续偏导数, 且 $\mathrm{d}f(x,y) = y\mathrm{e}^y\mathrm{d}x + x(1+y)\mathrm{e}^y\mathrm{d}y$, $f(0,0) = 0$, 则 $f(x,y) = $ _____. (2017 考研真题)

(4) 设 $f(u,v)$ 是二元可微函数, $z = f\left(\dfrac{y}{x}, \dfrac{x}{y}\right)$, 则 $x\dfrac{\partial z}{\partial x} - y\dfrac{\partial z}{\partial y} = $ _____. (2007 考研真题)

(5) 设函数 $f(x,y)$ 可微, 且 $f(x+1, \mathrm{e}^x) = x(x+1)^2$, $f(x, x^2) = 2x^2\ln x$, 则 $\mathrm{d}f(1,1) = $ _____. (2021 考研真题)

2. 选择题:

(1) 函数 $f(x,y)$ 在点 (x_0, y_0) 处可微, 是 $f(x,y)$ 在 (x_0, y_0) 可导的 (   )

(A) 充要条件   (B) 充分条件   (C) 必要条件   (D) 以上都不对.

(2) 设函数 $z = f(x,y)$ 在点 $M_0(x_0, y_0)$ 处存在二阶偏导数, 则函数在 M_0 点 (   )

(A) 一阶偏导数必连续   　　　　(B) 一阶偏导数不一定连续

(C) 极限一定存在   　　　　　　(D) $z_{xy} = z_{yx}$.

(3) 设 $f(x,y) = \begin{cases} (x^2+y^2)\sin\dfrac{1}{\sqrt{x^2+y^2}}, & (x,y) \neq (0,0), \\ 0, & (x,y) = (0,0), \end{cases}$ 则 $f_y(0,0) = $ (   )

(A) 0   (B) 1   (C) 2   (D) -1.

(4) 设 $f(x,y) = \begin{cases} \sqrt{x^2+y^2} + \dfrac{x^2 y}{x^4+y^2}, & (x,y) \neq (0,0), \\ 0, & (x,y) = (0,0), \end{cases}$ 则 $f(x,y)$ 在 $(0,0)$ 点处

(   )

(A) 连续, 可偏导   　　　　　　(B) 连续, 不可偏导

(C) 不连续, 可偏导   　　　　　(D) 不连续, 不可微.

(5) 设函数 $f(x)$ 具有二阶连续导数, 且 $f(x) > 0$, $f'(0) = 0$, 则函数 $z = f(x)\ln f(y)$ 在点 $(0,0)$ 处取得极小值的一个充分条件是 (   )

(A) $f(0) > 1, f''(0) > 0$ 　　　(B) $f(0) > 1, f''(0) < 0$

(C) $f(0) < 1, f''(0) > 0$ 　　　(D) $f(0) < 1, f''(0) < 0$.

3. 求下列极限:

(1) $\lim\limits_{\substack{x \to 0 \\ y \to 0}} \dfrac{\sin(x^2 y)}{x^2 + y^2}$;

(2) $\lim\limits_{\substack{x \to +\infty \\ y \to +\infty}} \dfrac{x + y}{x^2 + y^2}$;

(3) $\lim\limits_{\substack{x \to 0 \\ y \to 0}} \dfrac{x^3 y}{x^6 + y^2}$;

(4) $\lim\limits_{\substack{x \to 0 \\ y \to 0}} \dfrac{2 - \sqrt{xy+4}}{xy}$.

4. 求下列函数的偏导数或全微分:

(1) 设 $z = (1+xy)^y$, 求 $\dfrac{\partial z}{\partial x}, \dfrac{\partial z}{\partial y}$;

(2) 设 $u = f(x+y, xy)$, 求 $\dfrac{\partial u}{\partial x}, \dfrac{\partial u}{\partial y}, \dfrac{\partial^2 u}{\partial x \partial y}$ (f 具有二阶连续偏导数);

(3) 设 $u = f(x+y, x-y)$, 求 $\mathrm{d}u$;

(4) 设 $z = f(xz, z-y)$, 求 $\mathrm{d}z$.

5. 试证函数 $f(x,y) = \begin{cases} (x^2+y^2)\sin\dfrac{1}{\sqrt{x^2+y^2}}, & (x,y) \neq (0,0), \\ 0, & (x,y) = (0,0), \end{cases}$ 在点 $(0,0)$ 连续且偏导数存在, 但偏导数在点 $(0,0)$ 不连续, 而 f 在点 $(0,0)$ 可微.

6. 已知函数 $f(x,y)$ 的二阶偏导数皆连续, 且

$$f''_{xx}(x,y) = f''_{yy}(x,y), \quad f(x,2x) = x^2, \quad f'_x(x,2x) = x,$$

试求 $f''_{xx}(x,2x)$ 与 $f''_{xy}(x,2x)$.

7. 求函数 $f(x,y) = x^3 - y^3 + 3x^2 + 3y^2 - 9x$ 的极值.

8. 求由方程 $x^2 - 6xy + 10y^2 - 2yz - z^2 + 18 = 0$ 确定的函数 $z = f(x,y)$ 的极值点和极值. (2004 考研真题)

9. 将正数 12 分成三个正数 x, y, z 之和, 使得 $u = x^3 y^2 z$ 为最大.

10. 求表面积为 a^2 而体积最大的长方体体积.

11. 设函数 $f(x,y)$ 可微, $\dfrac{\partial f(x,y)}{\partial x} = -f(x,y)$, 且满足 $\displaystyle\lim_{n\to\infty} \left[\dfrac{f\left(0, y+\dfrac{1}{n}\right)}{f(0,y)} \right]^n = e^{\cot y}$, $f\left(0, \dfrac{\pi}{2}\right) = 1$, 求函数 $f(x,y)$ 和全微分 $\mathrm{d}f\left(0, \dfrac{\pi}{2}\right)$.

12. 设 $z = z(x,y)$ 是由方程 $x^2 + y^2 - z = \varphi(x+y+z)$ 所确定的函数, 其中 φ 具有二阶导数且 $\varphi' \neq -1$. (1) 求 $\mathrm{d}z$; (2) 记 $u(x,y) = \dfrac{1}{x-y}\left(\dfrac{\partial z}{\partial x} - \dfrac{\partial z}{\partial y}\right)$, 求 $\dfrac{\partial u}{\partial x}$. (2008 考研真题)

第8章

Chapter 8

重 积 分

在第 5 章中, 通过分割、取近似、求和、取极限的步骤, 将仅与单变量对应的区间具有可加性的量 (如曲边梯形的面积) 表示为某种特殊和式的极限, 引入了定积分的概念, 利用定积分可以计算一类变化率为连续变量时的某区间上的总量 (如某范围内的总成本、总收益、总产量等), 在工程技术、测绘与经济等领域, 往往还会遇到涉及多变量的总量计算问题, 就需要把定积分的概念推广到积分范围为多维区域的情形, 本章讨论以二元函数为研究对象, 积分范围为平面区域对应的二重积分及其应用.

8.1 二重积分的概念与性质

课前测8-1-1

一、二重积分的概念

引例 1 曲顶柱体的体积.

"曲顶柱体" 是指这样的立体, 它的底是 xOy 坐标面上的有界闭区域 D, 它的侧面是以 D 的边界为准线、母线平行于 z 轴的柱面, 它的顶面是定义在 D 上的连续函数 $z = f(x, y)\,(\geqslant 0)$ 对应的曲面 (图 8-1-1). 由于其顶部不是平面, 而是曲面, 因此曲顶柱体的体积不能直接用平顶柱体的体积公式 (平顶柱体体积 = 底面积 × 高) 计算, 但由于曲面 $z = f(x, y)$ 是连续的, 且曲顶柱体的体积对于区域 D 具有可加性, 因此可用类似处理曲边梯形面积的思想方法, 即 "分割、取近似、求和、取极限" 来计算.

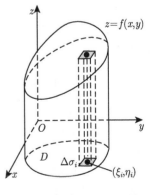

图 8-1-1

① 分割 用两族曲线将底部区域 D 任意分割成 n 个小闭区域 $\Delta\sigma_i(i = 1, \cdots, n)$(也用 $\Delta\sigma_i$ 表示其面积), 并以这些小区域的边界曲线为准线, 作母线平行于 z 轴的柱面, 把曲顶柱体分成 n 个细曲顶柱体.

② 取近似 由于 $z = f(x, y)$ 连续, 因此当每个小闭区域 $\Delta\sigma_i$ 的直径 (小闭区域内任意两点间距离的最大值) 很小时, 函数 $z = f(x, y)$ 在每个小闭区域 $\Delta\sigma_i$ 上值的变化是微小的, 在每个小闭区域 $\Delta\sigma_i$ 上任取一点 (ξ_i, η_i), 则第 i 个细曲顶柱体的体积可用高为 $f(\xi_i, \eta_i)$, 底为 $\Delta\sigma_i$ 的小平顶柱体的体积 $f(\xi_i, \eta_i)\Delta\sigma_i (i = 1, \cdots, n)$ 近似代替, 即

$$\Delta V_i \approx f(\xi_i, \eta_i) \cdot \Delta\sigma_i \quad (i = 1, \cdots, n).$$

③ 求和 这 n 个细平顶柱体体积之和 $\sum\limits_{i=1}^{n} f(\xi_i, \eta_i)\Delta\sigma_i$ 就是曲顶柱体体积的近似值, 即

$$V = \sum_{i=1}^{n} \Delta V_i \approx \sum_{i=1}^{n} f(\xi_i, \eta_i)\Delta\sigma_i.$$

④ 取极限 当区域的分割越来越细, 或者说 n 个小闭区域的直径中的最大值 $\lambda \to 0$ 时, 和式 $\sum\limits_{i=1}^{n} f(\xi_i, \eta_i)\Delta\sigma_i$ 的极限就是曲顶柱体的体积 V, 即

$$V = \lim_{\lambda \to 0} \sum_{i=1}^{n} f(\xi_i, \eta_i)\Delta\sigma_i.$$

引例 2 非均匀分布的平面薄片的质量.

设有一质量非均匀分布的平面薄片, 在 xOy 面上占有闭区域 D, 在点 (x, y) 处的面密度为 $\rho(x, y)$, 这里 $\rho(x, y) > 0$ 且在 D 上连续, 求该平面薄片的质量.

如果薄片是均匀分布的, 这时面密度是常数, 那么薄片的质量可用公式:

质量 ＝ 面密度 × 面积

求得. 这里面密度 $\rho(x, y)$ 是连续变量, 因此, 薄片的质量就不能用上面的公式直接计算. 但由于薄片的总质量对于区域 D 具有可加性, 因此可用积分方法来计算该薄片的质量, 其步骤如下.

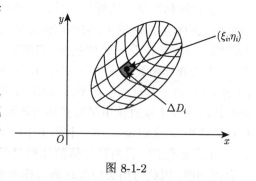

图 8-1-2

① 分割 将薄片所在的区域 D 任意分成 n 个小闭区域: $\Delta D_1, \Delta D_2, \cdots, \Delta D_n$ (对应小闭区域 ΔD_i 的面积记作 $\Delta\sigma_i$) (图 8-1-2).

② 取近似 当每个小闭区域 ΔD_i $(i = 1, 2, \cdots, n)$ 的直径都很小时, 由于 $\rho(x, y)$ 连续, 因此在同一个小闭区域上, $\rho(x, y)$ 变化很小, 这时小闭区域 ΔD_i 上

的小薄片就可近似地看作均匀薄片, 在 ΔD_i 上任取一点 (ξ_i, η_i), 于是可得每个小片的质量 ΔM_i 的近似值

$$\Delta M_i \approx \rho(\xi_i, \eta_i)\Delta\sigma_i \quad (i = 1, 2, \cdots, n).$$

③ 求和 薄片总质量等于所有小块质量之和

$$M = \sum_{i=1}^{n} \Delta M_i \approx \sum_{i=1}^{n} \rho(\xi_i, \eta_i)\Delta\sigma_i.$$

④ 取极限 令 n 个小闭区域的直径中的最大值 (记作 λ) 趋于零, 取上述和式的极限, 就可得所求平面薄片的质量

$$M = \lim_{\lambda \to 0} \sum_{i=1}^{n} \rho(\xi_i, \eta_i)\Delta\sigma_i.$$

上面求曲顶柱体的体积与平面薄片的质量都通过 "分割、取近似、求和、取极限" 的步骤, 将体积与质量问题归结为同一种特定和式的极限. 类似的问题在很多实际问题 (几何、测绘、管理、经济) 中还有很多, 当所求的量对于二维平面区域具有可加性时, 就可用这种积分方法, 将所求的量归结为二元函数的某种特定和式的极限. 撇开上述问题中的具体意义, 抽象出其中的数量关系与数学方法, 就得到如下定义.

二、二重积分的定义

定义 1 设 $f(x, y)$ 是平面有界闭区域 D 上的有界函数, 将闭区域 D 任意分成 n 个小闭区域 ΔD_1, ΔD_2, $\cdots$, ΔD_n, 并用 $\Delta\sigma_i$ 表示第 i 个小闭区域 ΔD_i 的面积, 在每个 ΔD_i 上任取一点 (ξ_i, η_i), 作乘积

二重积分的
定义8-1-2

$$f(\xi_i, \eta_i)\Delta\sigma_i \quad (i = 1, 2, \cdots, n),$$

并作和

$$\sum_{i=1}^{n} f(\xi_i, \eta_i)\Delta\sigma_i,$$

如果当各小闭区域的直径的最大值 λ 趋近于零时, 该和式的极限 $\lim\limits_{\lambda \to 0} \sum\limits_{i=1}^{n} f(\xi_i, \eta_i) \cdot \Delta\sigma_i$ 存在, 则称此极限为函数 $f(x, y)$ 在有界闭区域 D 上的**二重积分**, 记作

$$\iint\limits_D f(x,y)\mathrm{d}\sigma, \text{ 即}$$

$$\iint\limits_D f(x,y)\mathrm{d}\sigma = \lim_{\lambda \to 0} \sum_{i=1}^{n} f(\xi_i, \eta_i)\Delta\sigma_i, \qquad (8\text{-}1\text{-}1)$$

其中 $f(x,y)$ 叫做**被积函数**, $f(x,y)\mathrm{d}\sigma$ 叫做**被积表达式**, $\mathrm{d}\sigma$ 叫做**面积微元**, x,y 叫做**积分变量**, D 叫做**积分区域**, $\sum_{i=1}^{n} f(\xi_i,\eta_i)\Delta\sigma_i$ 叫做**积分和**, 这时也称**函数** $f(x,y)$ **在区域** D **上可积**.

在二重积分的定义中, 对有界闭区域 D 的分割是任意的, 由于上述和式的极限的存在性与小闭区域的分割方式无关, 因此在直角坐标系中, 常用平行于坐标轴的直线网来分割, 这时除了包含边界点的一些小闭区域外 (可以证明, 在这些部分小闭区域上和式 (8-1-1) 中所对应的项之和的极限为 0, 从而可略去不计), 其余的小闭区域都是矩形区域. 若设小矩形闭区域 ΔD_i 的边长分别为 Δx_j 和 Δy_k, 则其面积为 $\Delta\sigma_i = \Delta x_j \Delta y_k$. 因此直角坐标系中的面积微元记为

$$\mathrm{d}\sigma = \mathrm{d}x\mathrm{d}y,$$

从而在直角坐标系中常把二重积分记作

$$\iint\limits_D f(x,y)\mathrm{d}\sigma = \iint\limits_D f(x,y)\mathrm{d}x\mathrm{d}y.$$

由二重积分的定义可知, 引例 1 中以 xOy 坐标面上的有界闭区域 D 为底, 以曲面 $z = f(x,y) (\geqslant 0)$ 为顶面的曲顶柱体的体积为

$$V = \iint\limits_D f(x,y)\mathrm{d}\sigma. \qquad (8\text{-}1\text{-}2)$$

引例 2 中面密度为 $\rho(x,y)$, 在 xOy 面上占有闭区域 D 的平面薄片的质量为

$$M = \iint\limits_D \rho(x,y)\mathrm{d}\sigma. \qquad (8\text{-}1\text{-}3)$$

可以证明, 如果函数 $f(x,y)$ 在有界闭区域 D 上连续, 则 $f(x,y)$ 在 D 上可积. 根据定义 1 可知, 二重积分有如下几何意义:

如果 $f(x, y) \geqslant 0, (x, y) \in D$, 二重积分 $\iint\limits_{D} f(x, y)\mathrm{d}\sigma$ 表示以 xOy 坐标面上的有界闭区域 D 为底, 以 $z = f(x, y)$ 为顶面的曲顶柱体的体积;

如果 $f(x, y) < 0$, 对应的曲顶柱体位于 xOy 面的下方, 这时二重积分 $\iint\limits_{D} f(x, y)\mathrm{d}\sigma$ 是负的, 其二重积分的绝对值等于该曲顶柱体的体积;

如果 $f(x, y)$ 在 D 上的部分区域上是正的, 而其他区域上是负的, 可以把 xOy 面上方的曲顶柱体的体积取正, xOy 面下方的曲顶柱体的体积取负, 那么 $f(x, y)$ 在 D 上的二重积分 $\iint\limits_{D} f(x, y)\mathrm{d}\sigma$ 就等于这些部分区域上的曲顶柱体体积的代数和.

因此, 以有界闭区域 D 为底, $z = f(x, y)$ 为顶面的曲顶柱体的体积可表示为

$$V = \iint\limits_{D} |f(x, y)|\, \mathrm{d}\sigma.$$

例 1 用二重积分表示半径为 R 的球体体积.

解 取球心为原点, 建立直角坐标系, 则半径为 R 的上半球面的方程为

$$z = \sqrt{R^2 - x^2 - y^2},$$

投影区域 $D = \{(x, y) | x^2 + y^2 \leqslant R^2\}$, 由图 8-1-3 可知, 上半球体可看作是以上半球面为顶面, 以 D 为底的曲顶柱体, 又球体关于 xOy 面对称, 因此球的体积可用二重积分表示为

$$V = 2\iint\limits_{D} \sqrt{R^2 - x^2 - y^2}\mathrm{d}x\mathrm{d}y.$$

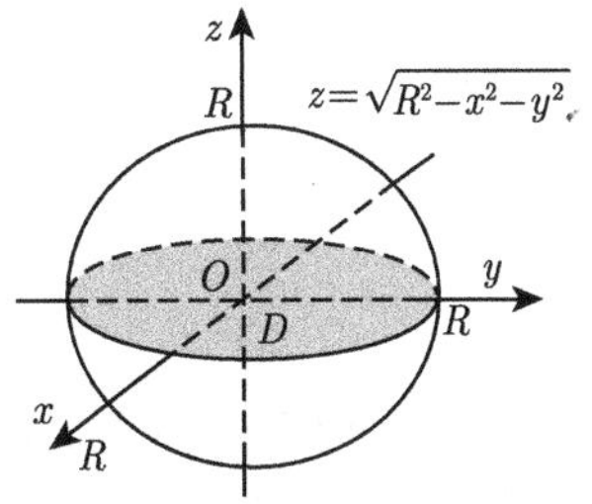

图 8-1-3

三、二重积分的性质

比较定积分与二重积分的定义, 可知它与定积分有类似的性质. 下面给出二重积分的一些常用性质, 假设所涉及的函数都在对应有界闭区域 D 上可积.

性质 1 被积函数的常数因子可以提到积分号的外面, 即

$$\iint\limits_{D} kf(x, y)\mathrm{d}\sigma = k \iint\limits_{D} f(x, y)\mathrm{d}\sigma \quad (k\text{为常数}).$$

性质 2 被积函数的和 (或差) 的二重积分等于各个函数的二重积分的和 (或差). 即

$$\iint\limits_{D} [f(x,y) \pm g(x,y)]\mathrm{d}\sigma = \iint\limits_{D} f(x,y)\mathrm{d}\sigma \pm \iint\limits_{D} g(x,y)\mathrm{d}\sigma.$$

由性质 1 与性质 2 可知, 二重积分具有**线性性质**.

性质 3 设 σ 表示闭区域 D 的面积, 则

$$\iint\limits_{D} 1 \cdot \mathrm{d}\sigma = \iint\limits_{D} \mathrm{d}\sigma = \sigma.$$

性质 3 有明显的几何意义: 高为 1 的平顶柱体的体积等于该柱体的底面积.

性质 4 如果闭区域 D 是由两个没有公共内点的区域 D_1 与 D_2 两部分组成 (图 8-1-4), 则在 D 上的二重积分等于在各部分闭区域上的二重积分之和. 即

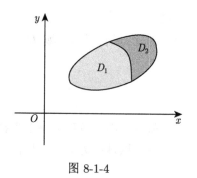

图 8-1-4

$$\iint\limits_{D} f(x,y)\mathrm{d}\sigma = \iint\limits_{D_1} f(x,y)\mathrm{d}\sigma + \iint\limits_{D_2} f(x,y)\mathrm{d}\sigma.$$

通常将性质 4 称为**二重积分对积分区域具有可加性**.

性质 5 如果在平面闭区域 D 上, $f(x,y) \geqslant 0$, 则有

$$\iint\limits_{D} f(x,y)\mathrm{d}\sigma \geqslant 0.$$

性质 5 通常被称为**二重积分的保号性**. 利用该保号性易得

推论 1 如果在平面闭区域 D 上, 恒有

$$f(x,y) \leqslant g(x,y),$$

则有

$$\iint\limits_{D} f(x,y)\mathrm{d}\sigma \leqslant \iint\limits_{D} g(x,y)\mathrm{d}\sigma.$$

利用推论 1 及不等式

$$-|f(x,y)| \leqslant f(x,y) \leqslant |f(x,y)|,$$

则有

推论 2 在有界闭区域 D 上, 恒有

$$\left| \iint_D f(x,y)\mathrm{d}\sigma \right| \leqslant \iint_D |f(x,y)|\,\mathrm{d}\sigma.$$

性质 6 (二重积分的估值定理) 设 M, m 分别是函数 $f(x,y)$ 在 D 上的最大值与最小值, σ 是区域 D 的面积, 则

$$m\sigma \leqslant \iint_D f(x,y)\mathrm{d}\sigma \leqslant M\sigma.$$

性质 7 (二重积分的中值定理) 设函数 $f(x,y)$ 在闭区域 D 上连续, σ 是 D 的面积, 则在 D 上至少存在一点 (ξ, η), 使得

$$\iint_D f(x,y)\mathrm{d}\sigma = f(\xi,\eta) \cdot \sigma.$$

以上性质的证明都与定积分相类似, 请读者自证.

二重积分的中值定理的几何意义是: 以连续曲面 $z = f(x,y)$ 为顶面的曲顶柱体的体积, 必与以该曲顶柱体同底, 以底部区域内某一点 (ξ, η) 的函数值 $f(\xi, \eta)$ 为高的平顶柱体的体积相等.

例 2 设 D 为第二象限中的有界闭区域, 且 $1 < y < 2$, 记

$$I_1 = \iint_D yx^3\mathrm{d}\sigma, \quad I_2 = \iint_D y^2x^3\mathrm{d}\sigma,$$

试比较 I_1, I_2 的大小.

解 在 D 上, 由于 $1 < y < 2, x < 0$, 故有

$$yx^3 > y^2x^3,$$

则有

$$I_1 = \iint_D yx^3\mathrm{d}\sigma > \iint_D y^2x^3\mathrm{d}\sigma = I_2.$$

例 3 估计积分 $I = \iint_D \left(x^2 + 2y^2 + 2\right)\mathrm{d}x\mathrm{d}y$ 的值, 其中 D 为圆形区域 $x^2 + y^2 \leqslant 2$.

解　令 $f(x,y) = x^2 + 2y^2 + 2$, 由于 $(x,y) \in D = \{(x,y) | x^2 + y^2 \leqslant 2\}$, 可设 $x = \rho\cos\theta, y = \rho\sin\theta$, 则在 D 上: $0 \leqslant \rho \leqslant \sqrt{2}, 0 \leqslant \theta \leqslant 2\pi$, 故

$$f(x,y) = x^2 + 2y^2 + 2 = \rho^2 \left(1 + \sin^2\theta\right) + 2,$$

则

$$2 \leqslant f(x,y) \leqslant 6,$$

故 $f(x,y) = x^2 + 2y^2 + 2$ 在 D 上取得最大值 6 与最小值 2, 又圆域 D 的面积为 2π, 由二重积分的估值定理, 得

$$4\pi = 2 \times 2\pi \leqslant I = \iint\limits_{D} \left(x^2 + 2y^2 + 2\right) \mathrm{d}x\mathrm{d}y \leqslant 6 \times 2\pi = 12\pi.$$

即

$$4\pi \leqslant \iint\limits_{D} \left(x^2 + 2y^2 + 2\right) \mathrm{d}x\mathrm{d}y \leqslant 12\pi.$$

例 4　利用二重积分的几何意义, 求

$$I = \iint\limits_{D} (1 - x - y)\,\mathrm{d}\sigma,$$

其中 D 为 x 轴, y 轴和直线 $x + y = 1$ 围成的三角形区域.

解　由二重积分的几何意义, I 等于以 $\triangle OAC$ 为底, 平面 $z = 1 - x - y$ 为顶的三棱锥 $B\text{-}OAC$ 的体积 (图 8-1-5). 故

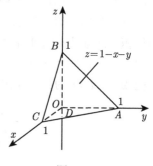

图 8-1-5

$$I = \frac{1}{3}\left(\frac{1}{2} \times 1 \times 1 \times 1\right) = \frac{1}{6}.$$

习　题　8-1

A 组

1. 用二重积分表示由 xOy 面, 圆柱面 $x^2 + y^2 = 4$ 和上半球面 $z = \sqrt{8 - x^2 - y^2}$ 围成的立体的体积.

课件8-1-3

2. 设 $I_1 = \iint\limits_{D_1} (x^2 + y^2)^2 \mathrm{d}\sigma$, 其中 D_1 是矩形闭区域: $-1 \leqslant x \leqslant 1, -2 \leqslant y \leqslant 2; I_2 = \iint\limits_{D_2} (x^2 + y^2)^2 \mathrm{d}\sigma$, 其中 D_2 是矩形闭区域: $0 \leqslant x \leqslant 1, 0 \leqslant y \leqslant 2$. 试利用二重积分的几何意义说明 I_1 与 I_2 之间的关系.

3. 根据二重积分的性质, 比较下列积分的大小:

(1) $I_1 = \iint\limits_{D} (x+y)^2 \mathrm{d}\sigma$ 与 $I_2 = \iint\limits_{D} (x+y)^3 \mathrm{d}\sigma$, 其中积分区域 D 是由 x 轴, y 轴与直线 $x+y=1$ 所围成;

(2) $I_1 = \iint\limits_{D} \ln(x+y) \mathrm{d}\sigma$ 与 $I_2 = \iint\limits_{D} [\ln(x+y)]^2 \mathrm{d}\sigma$, 其中积分区域 D 是以三点 $(1,0)$, $(1,1)$, $(2,0)$ 为顶点的三角形区域;

(3) $I_1 = \iint\limits_{D} \sin(x+y) \mathrm{d}\sigma$ 与 $I_2 = \iint\limits_{D} (x+y) \mathrm{d}\sigma$, 其中 D 是由 x 轴, y 轴与直线 $x+y = \dfrac{\pi}{2}$ 所围成;

(4) $I_1 = \iint\limits_{D} (x+y)^2 \mathrm{d}\sigma$ 与 $I_2 = \iint\limits_{D} (x+y)^3 \mathrm{d}\sigma$, 其中 $D = \{(x,y) \mid (x-2)^2 + (y-1)^2 \leqslant 1\}$;

(5) $I_1 = \iint\limits_{D} \ln^3(x+y) \mathrm{d}x\mathrm{d}y, I_2 = \iint\limits_{D} (x+y)^3 \mathrm{d}x\mathrm{d}y, I_3 = \iint\limits_{D} [\sin(x+y)]^3 \mathrm{d}x\mathrm{d}y$, 其中 D 由直线 $x=0, y=0, x+y=\dfrac{1}{2}, x+y=1$ 围成.

4. 利用二重积分的性质, 估计下列积分的值:

(1) $I = \iint\limits_{D} \sin^2 x \sin^2 y \mathrm{d}\sigma$, 其中积分区域 D 是矩形闭区域: $0 \leqslant x \leqslant \pi, 0 \leqslant y \leqslant \pi$;

(2) $I = \iint\limits_{D} \mathrm{e}^{\sin x \cos y} \mathrm{d}x\mathrm{d}y$, 其中 D 为圆形区域: $x^2 + y^2 \leqslant 4$;

(3) $I = \iint\limits_{D} \sqrt{x^2 + y^2} \mathrm{d}x\mathrm{d}y$, 其中 D 为矩形域: $0 \leqslant x \leqslant 1, 0 \leqslant y \leqslant 2$.

5. 设 $D = \{(x,y) \mid 0 \leqslant x \leqslant 1, 0 \leqslant y \leqslant 1\}$, 利用二重积分的性质, 估计 $I = \iint\limits_{D} (x^2y + xy^2 + 1) \mathrm{d}\sigma$ 的范围.

B 组

1. 设 D_k 是圆域 $D = \{(x,y) \mid x^2 + y^2 \leqslant 1\}$ 的第 k 象限的部分, 记 $I_k = \iint\limits_{D_k} (y-x) \mathrm{d}x\mathrm{d}y$ $(k = 1,2,3,4)$, 则 (   ) (2013 考研真题)

(A) $I_1 > 0$ (B) $I_2 > 0$ (C) $I_3 > 0$ (D) $I_4 > 0$.

2. 设 $J_i = \iint\limits_{D_i} e^{-(x^2+y^2)} dxdy (i = 1, 2, 3)$, 其中 $D_1 = \{(x, y) \mid x^2 + y^2 \leqslant R^2\}$, $D_2 = \{(x, y) \mid x^2 + y^2 \leqslant 2R^2\}$, $D_3 = \{(x, y) \mid |x| \leqslant R, |y| \leqslant R\}$, 则 J_1, J_2, J_3 之间的大小次序为 ( )

(A) $J_1 < J_2 < J_3$ (B) $J_2 < J_3 < J_1$

(C) $J_1 < J_3 < J_2$ (D) $J_3 < J_2 < J_1$.

3. 证明不等式: $1 \leqslant \iint\limits_{D} (\sin x^2 + \cos y^2) d\sigma \leqslant \sqrt{2}$, 其中 $D = \{(x, y) \mid 0 \leqslant x \leqslant 1, 0 \leqslant y \leqslant 1\}$.

8.2　二重积分的计算

课前测8-2-1

二重积分按定义来计算相当复杂, 下面根据二重积分的几何意义以及利用定积分计算空间立体体积的方法, 两者联系起来, 将二重积分化为两次定积分, 再计算.

一、 直角坐标系下计算二重积分

我们知道, 二重积分在几何上表示一个曲顶柱体的体积, 又在上册的第 5 章了解到, 可以用定积分计算一类 "已知平行截面面积的立体" 的体积, 下面就借助这些几何直观, 来寻求计算二重积分的简便方法.

由于二重积分存在时, 在直角坐标系中的面积微元为 $d\sigma = dxdy$, 从而二重积分可记作

$$\iint\limits_{D} f(x, y) d\sigma = \iint\limits_{D} f(x, y) dxdy.$$

下面将积分区域 D 分成三种类型分别加以讨论.

1. X-型区域

设函数 $y = \varphi_1(x)$, $y = \varphi_2(x)$ 在闭区间 $[a, b]$ 上连续, 且 $\varphi_1(x) \leqslant \varphi_2(x)$, 若平面区域 D 由曲线 $y = \varphi_1(x), y = \varphi_2(x)$ 及直线 $x = a, x = b$ 围成, 如图 8-2-1(a)、(b) 所示, 这样的区域称为 X-**型区域**.

X-型区域 D 总可用不等式组表示为

$$\begin{cases} a \leqslant x \leqslant b, \\ \varphi_1(x) \leqslant y \leqslant \varphi_2(x). \end{cases} \tag{8-2-1}$$

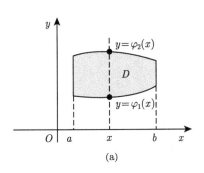 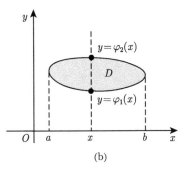

(a)   (b)

图 8-2-1

其特点是: 平行于 y 轴且穿过区域 D 内部的直线与 D 的边界曲线的交点最多不超过两个.

下面通过对曲顶柱体体积的计算, 来推导二重积分 $\iint\limits_{D} f(x,y)\mathrm{d}\sigma$ 的计算公式. 在讨论中假设 $f(x,y) \geqslant 0$, 并设积分区域 D 为 X-型区域, 即

$$D = \{(x,y) \,|\, a \leqslant x \leqslant b, \varphi_1(x) \leqslant y \leqslant \varphi_2(x)\},$$

由二重积分的几何意义可知, 二重积分 $\iint\limits_{D} f(x,y)\mathrm{d}\sigma$ 等于以 xOy 面上的区域 D 为底, 曲面 $z = f(x,y)$ 为顶的曲顶柱体的体积.

在第 5 章定积分的几何应用中已经给出了利用定积分, 计算已知平行截面面积的立体 (图 8-2-2(a)) 的体积公式, 而以 X-型区域 D 为底的曲顶柱体可以看作

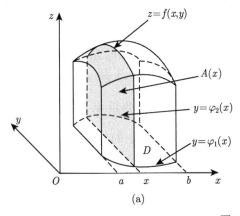 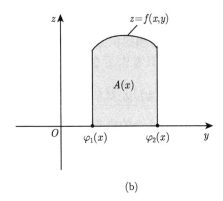

(a)   (b)

图 8-2-2

是夹在两个平行于 yOz 坐标面的平面 $x=a$ 与 $x=b$ 之间的立体, 设该曲顶柱体的平行于 yOz 面的截面面积为 $A(x)$, 则从 a 到 b 的定积分就是该曲顶柱体的体积, 即

$$V = \int_a^b A(x)\,\mathrm{d}x.$$

下面就用这个计算方法来表示曲顶柱体的体积.

在区间 $[a,b]$ 上任取一点 x_0, 过点 x_0 作平行于 yOz 面的平面 $x=x_0$, 此平面截曲顶柱体所得的截面是一个以区间 $[\varphi_1(x_0),\ \varphi_2(x_0)]$ 为底, 曲线 $z=f(x_0,y)$ 为曲边的曲边梯形, 其面积

$$A(x_0) = \int_{\varphi_1(x_0)}^{\varphi_2(x_0)} f(x_0,y)\mathrm{d}y,$$

用 x 替代 x_0, 即得过区间 $[a,b]$ 上任一点 x 且平行于 yOz 面的平面截曲顶柱体所得截面 (图 8-2-2(b) 中的阴影部分) 的面积

$$A(x) = \int_{\varphi_1(x)}^{\varphi_2(x)} f(x,y)\mathrm{d}y,$$

于是曲顶柱体的体积

$$V = \int_a^b A(x)\,\mathrm{d}x = \int_a^b \left[\int_{\varphi_1(x)}^{\varphi_2(x)} f(x,y)\mathrm{d}y \right] \mathrm{d}x,$$

该体积也就是二重积分的值, 因此

$$\iint\limits_D f(x,y)\mathrm{d}\sigma = \int_a^b \left[\int_{\varphi_1(x)}^{\varphi_2(x)} f(x,y)\mathrm{d}y \right] \mathrm{d}x. \tag{8-2-2}$$

(8-2-2) 式右端的积分称为先对 y、后对 x 的二次积分, 计算时先将 x 看作常数, 把 $f(x,y)$ 只看作 y 的函数, 以 y 为积分变量, 计算从 $\varphi_1(x)$ 到 $\varphi_2(x)$ 的定积分 $\int_{\varphi_1(x)}^{\varphi_2(x)} f(x,y)\mathrm{d}y$, 然后将计算的结果 (是 x 的函数 $A(x)$), 再以 x 为积分变量, 计算区间 $[a,b]$ 上的定积分. 为方便起见, 这个先对 y、后对 x 的二次积分常记作

$$\int_a^b \mathrm{d}x \int_{\varphi_1(x)}^{\varphi_2(x)} f(x,y)\mathrm{d}y,$$

因此,(8-2-2) 式通常写成

$$\iint\limits_{D} f(x,y)\mathrm{d}\sigma = \int_a^b \mathrm{d}x \int_{\varphi_1(x)}^{\varphi_2(x)} f(x,y)\mathrm{d}y. \qquad (8\text{-}2\text{-}3)$$

必须指出在 (8-2-3) 式的推导中, 为了应用几何意义, 假设 $f(x,y) \geqslant 0$, 而实际上公式 (8-2-3) 的成立并不受此条件限制, 只要 $f(x,y)$ 在区域 D 上连续即可.

2. Y-型区域

设函数 $x = \psi_1(y)$, $x = \psi_2(y)$ 在闭区间 $[c,d]$ 上连续, 且 $\psi_1(y) \leqslant \psi_2(y)$, 平面区域 D 由曲线 $x = \psi_1(y)$ 与 $x = \psi_2(y)$ 及两直线 $y = c, y = d$ 围成, 如图 8-2-3(a)、(b) 所示, 这种形状的区域称为 Y-型区域. Y-型区域 D 可用不等式组表示为

$$\begin{cases} c \leqslant y \leqslant d, \\ \psi_1(y) \leqslant x \leqslant \psi_2(y). \end{cases}$$

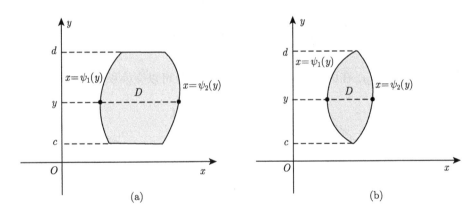

(a)   (b)

图 8-2-3

其特点是: 平行于 x 轴且穿过区域 D 内部的直线与 D 的边界曲线的交点最多不超过两个.

类似地, 如果积分区域 D 为 Y-型 (图 8-2-3(a) 和 (b)), 函数 $\psi_1(y)$, $\psi_2(y)$ 在区间 $[c,d]$ 上连续. 则同样可推得

$$\iint\limits_{D} f(x,y)\mathrm{d}\sigma = \int_c^d \left[\int_{\psi_1(y)}^{\psi_2(y)} f(x,y)\mathrm{d}x \right] \mathrm{d}y$$

上式右端的积分称为先对 x、后对 y 的二次积分, 也常记作

$$\iint\limits_{D} f(x,y)\mathrm{d}\sigma = \int_{c}^{d} \mathrm{d}y \int_{\psi_1(y)}^{\psi_2(y)} f(x,y)\mathrm{d}x. \tag{8-2-4}$$

利用公式 (8-2-3) 与 (8-2-4), 就把二重积分化成了由两次定积分所构成的二次积分, 二次及二次以上的积分统称为**累次积分**.

一般地, 计算二重积分时, 当积分区域 D 为 X-型时, 常选择公式 (8-2-3), 当积分区域 D 是 Y-型时, 常选择公式 (8-2-4); 如果 D 既不是 X-型又不是 Y-型区域 (图 8-2-4), 这时则须将 D 分为若干部分区域, 使每个部分区域是 X-型或是 Y-型, 对每个部分区域上的二重积分再用公式 (8-2-3) 或 (8-2-4) 化为累次积分, 求出各部分区域上的二重积分, 再由二重积分的可加性, 在 D 上的二重积分等于各部分区域上的二重积分之和, 从而求出二重积分 $\iint\limits_{D} f(x,y)\mathrm{d}\sigma$ 的值.

如果 D 既是 X-型又是 Y-型区域 (图 8-2-5), 这时既可用公式 (8-2-3) 也可用公式 (8-2-4) 来计算该二重积分, 即有

$$\iint\limits_{D} f(x,y)\mathrm{d}\sigma = \int_{a}^{b} \mathrm{d}x \int_{\varphi_1(x)}^{\varphi_2(x)} f(x,y)\mathrm{d}y = \int_{c}^{d} \mathrm{d}y \int_{\varphi_1(y)}^{\varphi_2(y)} f(x,y)\mathrm{d}x. \tag{8-2-5}$$

上式说明, 当 $f(x,y)$ 在区域 D 上连续时, 累次积分可以交换积分次序.

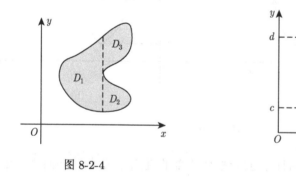

图 8-2-4   图 8-2-5

特别地, 当积分区域 D 的图形是一个矩形: $D = \{(x,y)|a \leqslant x \leqslant b, c \leqslant y \leqslant d\}$ 时, 则 D 既是 X-型又是 Y-型区域, 因此有

$$\iint\limits_{D} f(x,y)\mathrm{d}\sigma = \int_{a}^{b} \mathrm{d}x \int_{c}^{d} f(x,y)\mathrm{d}y = \int_{c}^{d} \mathrm{d}y \int_{a}^{b} f(x,y)\mathrm{d}x. \tag{8-2-6}$$

所以当积分区域是一个矩形时, 其积分次序可以交换, 且交换后的积分变量仍对应原来的上下限.

因此一般的二重积分计算问题, 总可用公式 (8-2-3) 或 (8-2-4) 来计算它的值, 但在化二重积分为累次积分时, 必须要根据积分区域的特点, 来确定二次积分的积分次序以及两次定积分的上、下限, 初学者往往会感到困难, 因此应先画出积分区域 D 的图形, 再按图形写出表示区域 D 的不等式组, 对应不等式组中的变量范围, 即可得到相应累次积分的上、下限.

例 1　计算二重积分 $\displaystyle\iint\limits_{D}(x^2+y^2)\mathrm{d}\sigma$, 其中 D 是由直线 $x=2$, $y=1$, $y=x$ 所围成的闭区域.

解法一　先作出积分区域 D 的图形, 显然 D 既是 X-型又是 Y-型 (图 8-2-6).

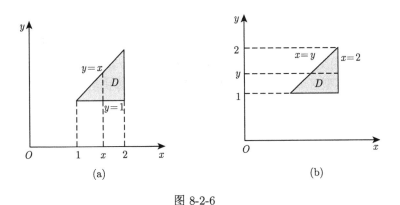

(a)　　　　　　　　　　　(b)

图 8-2-6

若选择 X-型的积分 (图 8-2-6(a)) 计算, 则区域 D 可表示为

$$D = \{(x,y)\mid 1\leqslant x\leqslant 2, 1\leqslant y\leqslant x\},$$

则

$$\iint\limits_{D}(x^2+y^2)\mathrm{d}\sigma = \int_1^2\mathrm{d}x\int_1^x(x^2+y^2)\mathrm{d}y$$

$$= \int_1^2\left[x^2y+\frac{y^3}{3}\right]_1^x\mathrm{d}x = \int_1^2\left(\frac{4}{3}x^3-x^2-\frac{1}{3}\right)\mathrm{d}x$$

$$= \left[\frac{x^4}{3}-\frac{x^3}{3}-\frac{x}{3}\right]_1^2 = \frac{7}{3}.$$

解法二　本题亦可选择 Y-型 (图 8-2-6(b)) 的积分计算, 这时区域 D 可表示为

$$D = \{(x,y)\mid 1\leqslant y\leqslant 2,\ y\leqslant x\leqslant 2\},$$

则

$$\iint\limits_{D}(x^2+y^2)\mathrm{d}\sigma=\int_1^2\mathrm{d}y\int_y^2(x^2+y^2)\mathrm{d}x$$

$$=\int_1^2\left[\frac{x^3}{3}+y^2x\right]_y^2\mathrm{d}y=\int_1^2\left(\frac{8}{3}+2y^2-\frac{4}{3}y^3\right)\mathrm{d}y=\frac{7}{3}.$$

例 2 计算 $\iint\limits_{D}xy\mathrm{d}x\mathrm{d}y$, 其中 D 为抛物线 $y^2=x$ 与直线 $y=x-2$ 所围成的区域.

解法一 画出积分区域 D 的图形 (图 8-2-7(a)), 解方程组 $\begin{cases}y^2=x,\\y=x-2,\end{cases}$ 可得直线与抛物线的交点为 $A(4,2)$ 与 $B(1,-1)$. 从图中看出, 区域 D 既是 X-型又是 Y-型. 先按 Y-型区域求解, 则区域 D 可表示为不等式组

$$\begin{cases}-1\leqslant y\leqslant 2,\\y^2\leqslant x\leqslant y+2,\end{cases}$$

则

$$\iint\limits_{D}xy\mathrm{d}x\mathrm{d}y=\int_{-1}^2\mathrm{d}y\int_{y^2}^{y+2}xy\mathrm{d}x=\frac{1}{2}\int_{-1}^2y[(y+2)^2-y^4]\mathrm{d}y=5\frac{5}{8}.$$

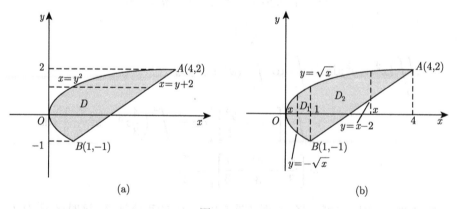

图 8-2-7

解法二 如按 X-型区域积分 (图 8-2-7 (b)), 则要用直线 $x=1$ 把区域 D 分

成 D_1 和 D_2 两部分, 这时区域 D_1 和 D_2 可用下列两组不等式分别表示如下:

$$D_1 : \begin{cases} 0 \leqslant x \leqslant 1, \\ -\sqrt{x} \leqslant y \leqslant \sqrt{x} \end{cases} \quad 及 \quad D_2 : \begin{cases} 1 \leqslant x \leqslant 4, \\ x - 2 \leqslant y \leqslant \sqrt{x}. \end{cases}$$

则

$$\iint\limits_{D} xy\mathrm{d}x\mathrm{d}y = \iint\limits_{D_1} xy\mathrm{d}x\mathrm{d}y + \iint\limits_{D_2} xy\mathrm{d}x\mathrm{d}y$$

$$= \int_0^1 \mathrm{d}x \int_{-\sqrt{x}}^{\sqrt{x}} xy\mathrm{d}y + \int_1^4 \mathrm{d}x \int_{x-2}^{\sqrt{x}} xy\mathrm{d}y$$

$$= 0 + \int_1^4 \left[\frac{1}{2} xy^2 \right]_{x-2}^{\sqrt{x}} \mathrm{d}x$$

$$= \frac{1}{2} \int_1^4 x[x - (x-2)^2]\mathrm{d}x = 5\frac{5}{8}.$$

根据例 2 的求解情况, 以上两种解法均是可行的, 但从计算过程看, 把区域 D 看作 Y-型区域求解更简捷, 而把区域 D 作为 X-型区域时要分成两个积分区域求解, 显然计算较为复杂. 因此计算二重积分时, 应注意积分区域的特点, 灵活选择积分的先后次序.

例 3 计算 $I = \iint\limits_{D} \dfrac{\sin y}{y}\mathrm{d}x\mathrm{d}y$, 其中 D 是由直线 $y = x$ 和抛物线 $y = \sqrt{x}$

所围成的区域.

解 解方程组 $\begin{cases} y = x, \\ y = \sqrt{x}, \end{cases}$ 求出直线与抛物线的交点为 $(0,0)$ 与 $(1,1)$, 由

图 8-2-8 可知, D 可看作为 Y-型区域, 因此 D 可用不等式组表示为

$$\begin{cases} 0 \leqslant y \leqslant 1, \\ y^2 \leqslant x \leqslant y. \end{cases}$$

故

$$I = \int_0^1 \mathrm{d}y \int_{y^2}^{y} \frac{\sin y}{y}\mathrm{d}x = \int_0^1 \frac{\sin y}{y}(y - y^2)\mathrm{d}y$$

$$= \int_0^1 (\sin y - y\sin y)\mathrm{d}y = 1 - \sin 1.$$

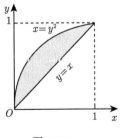

图 8-2-8

注 例 3 中的区域 D 既是 X-型区域又是 Y-型区域, 但若将 D 视为 X-型区域时, 即

$$D = \left\{(x,y) | 0 \leqslant x \leqslant 1,\ x \leqslant y \leqslant \sqrt{x}\right\},$$

则有

$$I = \int_0^1 \mathrm{d}x \int_x^{\sqrt{x}} \frac{\sin y}{y} \mathrm{d}y.$$

由一元函数积分学知, 积分 $\displaystyle\int \frac{\sin y}{y} \mathrm{d}y$ 不可积出, 因此选用该积分次序时无法算出.

由上面例子可以看出, 在将二重积分转化成二次积分时, 积分次序的选择非常重要, 不仅要看积分域的形状, 还要考虑被积函数是否容易积出的情形, 综合考虑, 选择合适的积分顺序, 这样才能使二重积分的计算简便有效.

另外, 有些以二次积分的形式给出的积分, 若按自身的次序积分较为困难, 甚至无法积出, 这时应考虑交换原本的积分次序后再计算.

例 4 求 $I = \displaystyle\int_0^1 \mathrm{d}x \int_x^1 \mathrm{e}^{y^2} \mathrm{d}y.$

解 由于 $\displaystyle\int_x^1 \mathrm{e}^{y^2} \mathrm{d}y$ 无法积出, 因此按原本的次序积分无法计算, 这时先考虑交换积分次序, 再计算.

由于原积分次序对应的是 X-型区域, 下面换作 Y-型区域, 则 (图 8-2-9)

$$D = \left\{(x,y) | 0 \leqslant x \leqslant 1, x \leqslant y \leqslant 1\right\} = \left\{(x,y) | 0 \leqslant y \leqslant 1, 0 \leqslant x \leqslant y\right\},$$

故

$$
\begin{aligned}
I &= \int_0^1 \mathrm{d}x \int_x^1 \mathrm{e}^{y^2} \mathrm{d}y = \iint\limits_D \mathrm{e}^{y^2} \mathrm{d}x \mathrm{d}y \\
&= \int_0^1 \mathrm{d}y \int_0^y \mathrm{e}^{y^2} \mathrm{d}x = \int_0^1 y\mathrm{e}^{y^2} \mathrm{d}y \\
&= \frac{1}{2}\left[\mathrm{e}^{y^2}\right]_0^1 = \frac{1}{2}\left(\mathrm{e}-1\right).
\end{aligned}
$$

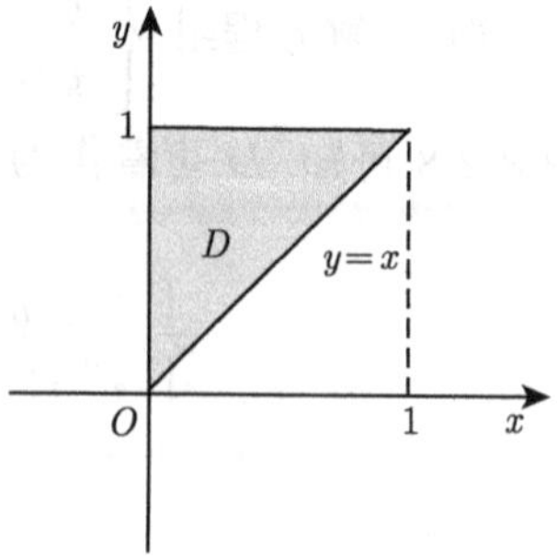

图 8-2-9

例 5 交换二次积分

$$I = \int_{-2}^0 \mathrm{d}x \int_0^{\frac{2+x}{2}} f(x,y)\mathrm{d}y + \int_0^2 \mathrm{d}x \int_0^{\frac{2-x}{2}} f(x,y)\mathrm{d}y$$

的积分次序.

解 设由第一、第二个二次积分对应的积分区域分别为 D_1, D_2, 则积分区域 D_1 由直线 $x = -2, x = 0, y = 0$ 及 $y = \dfrac{2+x}{2}$ 围成, 区域 D_2 由直线 $x = 0, x = 2, y = 0$ 及 $y = \dfrac{2-x}{2}$ 围成, 且 D_1, D_2 相邻, 恰好可以合并为一个区域 D, 即 $D = D_1 + D_2$, 如图 8-2-10 所示. 把 D 看作 Y-型区域, 则 D 可表示为

$$\begin{cases} 0 \leqslant y \leqslant 1, \\ 2y - 2 \leqslant x \leqslant 2 - 2y. \end{cases}$$

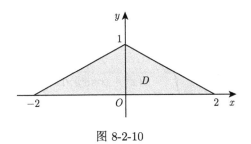

图 8-2-10

由积分对区域的可加性, 将原来的两个二次积分合为一个在 D 上的二重积分, 再将 D 看作 Y-型区域, 化为先对 x 后对 y 的二次积分, 得

$$I = \int_{-2}^{0} \mathrm{d}x \int_{0}^{\frac{2+x}{2}} f(x,y)\mathrm{d}y + \int_{0}^{2} \mathrm{d}x \int_{0}^{\frac{2-x}{2}} f(x,y)\mathrm{d}y$$

$$= \iint\limits_{D_1} f(x,y)\mathrm{d}x\mathrm{d}y + \iint\limits_{D_2} f(x,y)\mathrm{d}x\mathrm{d}y$$

$$= \iint\limits_{D} f(x,y)\mathrm{d}x\mathrm{d}y$$

$$= \int_{0}^{1} \mathrm{d}y \int_{2y-2}^{2-2y} f(x,y)\mathrm{d}x.$$

例 6 计算二重积分 $I = \iint\limits_{D} x(x^2 + \cos xy)\mathrm{d}x\mathrm{d}y$, 其中 D: $\begin{cases} -1 \leqslant x \leqslant 1, \\ x^2 \leqslant y \leqslant 1. \end{cases}$

解 由于积分区域 D 关于 y 轴是对称的, 而被积函数 $f(x,y) = x(x^2 + \cos xy)$ 是关于 x 的奇函数, 当选择 Y-型, 即先 x 后 y 的累次积分次序时, 有

(图 8-2-11)

$$D: \begin{cases} 0 \leqslant y \leqslant 1, \\ -\sqrt{y} \leqslant x \leqslant \sqrt{y}, \end{cases}$$

则

$$\begin{aligned} I &= \iint\limits_{D} x(x^2 + \cos xy)\mathrm{d}x\mathrm{d}y \\ &= \int_0^1 \mathrm{d}y \int_{-\sqrt{y}}^{\sqrt{y}} x(x^2 + \cos xy)\mathrm{d}x \\ &= \int_0^1 0\mathrm{d}y = 0. \end{aligned}$$

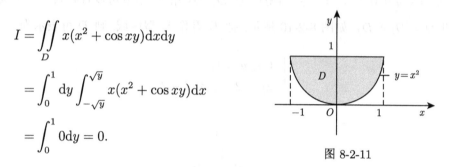

图 8-2-11

上式中计算累次积分时对积分 $\displaystyle\int_{-\sqrt{y}}^{\sqrt{y}} x(x^2 + \cos xy)\mathrm{d}x$ 运用了关于定积分中奇函数在对称区间上的积分性质.

可以证明, 在二重积分的计算中, 当积分区域关于某个坐标轴具有对称性, 函数具有相应的奇偶性时, 有与定积分类似的积分性质, 称此性质为 **二重积分的对称性**, 总结如下:

① 若积分区域 D 关于 x(或 y) 轴对称, 且被积函数 $f(x,y)$ 是关于 y(或 x) 的奇函数, 则

$$\iint\limits_{D} f(x,y)\mathrm{d}\sigma = 0.$$

② 若积分区域 D 关于 x(或 y) 轴对称, 且被积函数是关于 y(或 x) 的偶函数, 设 D_1 是 D 的在 x(或 y) 轴上 (或右) 方的部分. 则

$$\iint\limits_{D} f(x,y)\mathrm{d}\sigma = 2\iint\limits_{D_1} f(x,y)\mathrm{d}\sigma.$$

③ 若积分区域 D 关于 x 与 y 轴同时都对称, 且被积函数都是关于 x 与 y 的偶函数, 则

$$\iint\limits_{D} f(x,y)\mathrm{d}\sigma = 4\iint\limits_{D_1} f(x,y)\mathrm{d}\sigma,$$

其中 D_1 为 D 中 $x \geqslant 0, y \geqslant 0$ 的部分.

另外, 可以证明, 如果积分区域 D 关于直线 $y=x$ 对称, 即对任一 D 内的点 $P(x,y)$, 其关于直线 $y=x$ 对称的点 $P_1(y,x)$ 也必在 D 内, 则有

$$\iint_D f(x,y)\mathrm{d}x\mathrm{d}y=\iint_D f(y,x)\mathrm{d}x\mathrm{d}y=\frac{1}{2}\iint_D[f(x,y)+f(y,x)]\mathrm{d}x\mathrm{d}y,$$

$$\iint_D f(x)\mathrm{d}x\mathrm{d}y=\iint_D f(y)\mathrm{d}x\mathrm{d}y=\frac{1}{2}\iint_D[f(x)+f(y)]\mathrm{d}x\mathrm{d}y,$$

称这一性质为二重积分的**对换性或轮换对称性**.

例如平面区域 $D=\{(x,y)\mid x+y\leqslant a,x\geqslant 0,y\geqslant 0,a>0\}$ 与 $D=\left\{(x,y)\mid x^2+y^2\leqslant a^2\right\}$, 都是关于直线 $y=x$ 对称的区域, 故具有上述二重积分的轮换对称性.

例 7 计算 $\iint\limits_D(|x|+|y|+x\mathrm{e}^{x^2+y^2})\mathrm{d}\sigma$, 其中区域 D 为圆域 $x^2+y^2\leqslant 1$.

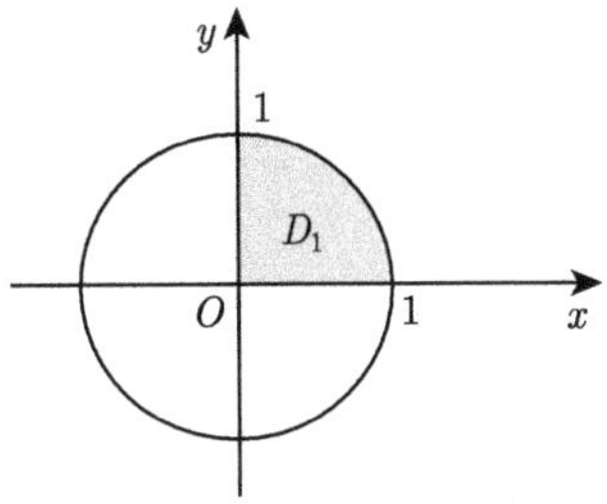

图 8-2-12

解法一 因为区域 D 关于 x, y 轴都对称, 被积函数 $|x|+|y|$ 关于 x, y 都是偶函数. 设 D_1 为 D 中 $x\geqslant 0,y\geqslant 0$ 的部分, 如图 8-2-12 所示, 则

$$\begin{aligned}\iint_D(|x|+|y|)\mathrm{d}\sigma&=4\iint_{D_1}(x+y)\mathrm{d}\sigma\\&=4\int_0^1\mathrm{d}x\int_0^{\sqrt{1-x^2}}(x+y)\mathrm{d}y=4\int_0^1\left[xy+\frac{y^2}{2}\right]_0^{\sqrt{1-x^2}}\mathrm{d}x\\&=4\int_0^1\left(x\sqrt{1-x^2}+\frac{1-x^2}{2}\right)\mathrm{d}x=\frac{8}{3}.\end{aligned}$$

例7讲解8-2-2

又由于被积函数 $x\mathrm{e}^{x^2+y^2}$ 是关于 x 的奇函数. 所以

$$\iint_D x\mathrm{e}^{x^2+y^2}\mathrm{d}\sigma=0.$$

因此

$$\begin{aligned}&\iint_D(|x|+|y|+x\mathrm{e}^{x^2+y^2})\mathrm{d}\sigma\\=&\iint_D(|x|+|y|)\mathrm{d}\sigma+\iint_D x\mathrm{e}^{x^2+y^2}\mathrm{d}\sigma=\frac{8}{3}.\end{aligned}$$

解法二　因为区域 D 关于 x, y 轴都对称, 又被积函数中 $|x| + |y|$ 关于 x, y 都是偶函数, 而被积函数中 $xe^{x^2+y^2}$ 是关于 x 的奇函数, 设 D_1 为 D 中 $x \geqslant 0, y \geqslant 0$ 的部分, 又 D_1 关于直线 $y = x$ 对称, 则

$$\iint\limits_{D} (|x| + |y|)\mathrm{d}\sigma = 4 \iint\limits_{D_1} (x + y)\mathrm{d}\sigma.$$

$$= 8 \iint\limits_{D_1} x\mathrm{d}\sigma = 8 \int_0^1 \mathrm{d}x \int_0^{\sqrt{1-x^2}} x\mathrm{d}y$$

$$= 8 \int_0^1 x\sqrt{1-x^2}\mathrm{d}x = \left[-\frac{8}{3}(1-x^2)^{\frac{3}{2}} \right]_0^1 = \frac{8}{3},$$

又

$$\iint\limits_{D} xe^{x^2+y^2}\mathrm{d}\sigma = 0,$$

因此

$$\iint\limits_{D} (|x| + |y| + xe^{x^2+y^2})\mathrm{d}\sigma = \iint\limits_{D} (|x| + |y|)\mathrm{d}\sigma + \iint\limits_{D} xe^{x^2+y^2}\mathrm{d}\sigma = \frac{8}{3}.$$

二、 极坐标系下计算二重积分

对于二重积分 $\iint\limits_{D} f(x,y)\mathrm{d}\sigma$, 若积分区域 D 和被积函数 $f(x,y)$ 用极坐标表示更为简便时, 则应考虑将其化为极坐标系下的二重积分来计算.

在极坐标系下计算二重积分时, 除积分区域 D 需要化成极坐标系下的表示形式外, 还要将被积函数 $f(x,y)$ 与面积微元 $\mathrm{d}\sigma$ 都化为极坐标系下的形式.

由于平面上点的直角坐标 (x,y) 与极坐标 (ρ, θ) 之间有如下的变换关系

$$\begin{cases} x = \rho\cos\theta, \\ y = \rho\sin\theta, \end{cases}$$

因此被积函数 $f(x,y)$ 的极坐标形式为

$$f(x,y) = f(\rho\cos\theta, \rho\sin\theta).$$

下面求面积微元 $\mathrm{d}\sigma$ 的极坐标形式.

　　设过原点的射线穿过积分区域 D 内部时与 D 的边界交点不多于两个. 在极坐标系中, 通常用一族以极点 O 为圆心的同心圆族 (ρ = 常数) 和一族从极点 O 出发的射线族 (θ= 常数) 来划分区域, 将积分区域 D 分成 n 个小区域 $\Delta\sigma_i(i=1,2,\cdots,n)$, 其中小区域 $\Delta\sigma_i$(也用 $\Delta\sigma_i$ 表示其面积) 是位于圆周 $\rho=\rho_i$、$\rho=\rho_i+\Delta\rho_i$ 与射线 $\theta=\theta_i,\theta=\theta_i+\Delta\theta_i$ 之间的部分区域 (如图 8-2-13 中阴影部分所示), 这时除了包含边界点的一些小区域外 (可以证明, 积分和式中的这些部分小区域上所对应的项之和的极限为 0, 从而可略去不计), 其余部分区域的面积 $\Delta\sigma_i$ 为两个扇形面积的差, 则

$$
\begin{aligned}
\Delta\sigma_i &= \frac{1}{2}\left(\rho_i+\Delta\rho_i\right)^2\cdot\Delta\theta_i - \frac{1}{2}\rho_i^2\cdot\Delta\theta_i \\
&= \frac{1}{2}\left(2\rho_i+\Delta\rho_i\right)\Delta\rho_i\cdot\Delta\theta_i \\
&= \frac{\rho_i+(\rho_i+\Delta\rho_i)}{2}\Delta\rho_i\cdot\Delta\theta_i = \bar\rho_i\cdot\Delta\rho_i\cdot\Delta\theta_i,
\end{aligned}
$$

其中 $\bar\rho_i$ 表示相邻两圆弧半径 ρ_i 与 $\rho_i+\Delta\rho_i$ 的平均值. 则极坐标系下面积微元为

$$\mathrm{d}\sigma = \rho\mathrm{d}\rho\mathrm{d}\theta.$$

在小闭区域 $\Delta\sigma_i$ 内取圆周 $\rho=\bar\rho_i$ 上的一点 $\left(\overline{\rho_i},\overline{\theta_i}\right)$, 设该点的直角坐标为 (ξ_i,η_i), 则 $\xi_i=\overline{\rho_i}\cdot\cos\bar\theta_i,\eta_i=\overline{\rho_i}\cdot\sin\bar\theta_i$, 故

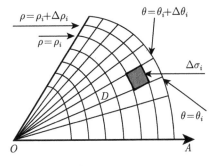

图 8-2-13

$$
\begin{aligned}
\iint\limits_D f(x,y)\mathrm{d}\sigma &= \lim_{\lambda\to0}\sum_{i=1}^n f\left(\xi_i,\eta_i\right)\Delta\sigma_i = \lim_{\lambda\to0}\sum_{i=1}^n f\left(\bar\rho_i\cos\bar\theta_i,\bar\rho_i\sin\bar\theta_i\right)\cdot\bar\rho_i\cdot\Delta\rho_i\cdot\Delta\theta_i \\
&= \iint\limits_D f(\rho\cos\theta,\rho\sin\theta)\rho\mathrm{d}\rho\mathrm{d}\theta,
\end{aligned}
$$

于是, 二重积分在极坐标系下可表示成

$$\iint\limits_D f(x,y)\mathrm{d}\sigma = \iint\limits_D f(\rho\cos\theta,\rho\sin\theta)\rho\mathrm{d}\rho\mathrm{d}\theta. \tag{8-2-7}$$

　　在极坐标系下, 二重积分也须化为二次积分后再计算, 设 $\iint\limits_D f(x,y)\mathrm{d}\sigma$ 存在,

下面按区域 D 在极坐标系下的情形, 将积分区域 D 分成三类, 分别加以讨论:

(1) 如果区域 D 由射线 $\theta = \alpha$, $\theta = \beta(\beta > \alpha)$, 曲线 $\rho = \rho_1(\theta)$ 和 $\rho = \rho_2(\theta)$ 围成, 这里 $\rho_2(\theta) \geqslant \rho_1(\theta)$, 这时极点 O 在 D 外 (图 8-2-14(a)), 则 D 可用不等式组表示为

$$\begin{cases} \alpha \leqslant \theta \leqslant \beta, \\ \rho_1(\theta) \leqslant \rho \leqslant \rho_2(\theta). \end{cases}$$

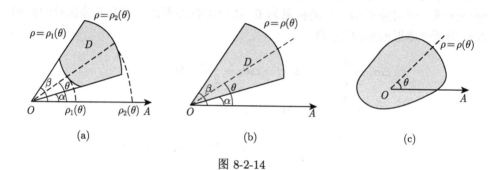

(a)   (b)   (c)

图 8-2-14

因此, 有

$$\iint\limits_{D} f(x,y)\mathrm{d}\sigma = \int_{\alpha}^{\beta} \mathrm{d}\theta \int_{\rho_1(\theta)}^{\rho_2(\theta)} f(\rho\cos\theta, \rho\sin\theta)\rho\mathrm{d}\rho. \tag{8-2-8}$$

(2) 如果区域 D 是由射线 $\theta = \alpha$, $\theta = \beta$ $(\beta > \alpha)$ 与曲线 $\rho = \rho(\theta)$ 围成, 这时极点 O 在 D 的边界上 (图 8-2-14(b)), 则 D 可用不等式组表示为

$$\begin{cases} \alpha \leqslant \theta \leqslant \beta, \\ 0 \leqslant \rho \leqslant \rho(\theta). \end{cases}$$

则有

$$\iint\limits_{D} f(x,y)\mathrm{d}\sigma = \int_{\alpha}^{\beta} \mathrm{d}\theta \int_{0}^{\rho(\theta)} f(\rho\cos\theta, \rho\sin\theta)\rho\mathrm{d}\rho. \tag{8-2-9}$$

(3) 区域 D 由闭曲线 $\rho = \rho(\theta)$ 围成, 这时极点 O 在 D 内 (图 8-2-14 (c)), 则 D 可用不等式组表示为

$$\begin{cases} 0 \leqslant \theta \leqslant 2\pi, \\ 0 \leqslant \rho \leqslant \rho(\theta), \end{cases}$$

则有

$$\iint\limits_{D} f(x,y)\mathrm{d}\sigma = \int_{0}^{2\pi} \mathrm{d}\theta \int_{0}^{\rho(\theta)} f(\rho\cos\theta, \rho\sin\theta)\rho\mathrm{d}\rho. \tag{8-2-10}$$

例 8　计算积分 $I = \iint\limits_{D} \sqrt{x^2 + y^2}\mathrm{d}\sigma$, 其中 D 是由 $a^2 \leqslant x^2 + y^2 \leqslant b^2 (0 < a < b)$ 所确定的区域.

解　首先画出积分区域 D 的图形 (图 8-2-15), 由于区域 D 为圆环, 在极坐标系下可用不等式组表示为

$$\begin{cases} 0 \leqslant \theta \leqslant 2\pi, \\ a \leqslant \rho \leqslant b, \end{cases}$$

则

$$I = \iint\limits_{D} \sqrt{x^2 + y^2}\mathrm{d}\sigma$$

$$= \int_0^{2\pi} d\theta \int_a^b \rho^2 \mathrm{d}\rho = \frac{2\pi}{3}(b^3 - a^3).$$

读者不妨用直角坐标来计算上述积分, 会发现计算要繁琐得多.

例 9　计算 $\iint\limits_{D} \dfrac{x}{y}\mathrm{d}\sigma$, 其中 D 是由圆 $x^2 + y^2 = 2y$, 直线 $y = x$ 和 y 轴围成的区域.

解　区域 D 如图 8-2-16 所示, 圆 $x^2 + y^2 = 2y$ 的极坐标方程为 $\rho = 2\sin\theta$, 直线 $y = x$ 的极坐标方程为 $\theta = \dfrac{\pi}{4}$, y 轴 (正向) 的极坐标方程为 $\theta = \dfrac{\pi}{2}$, 因此区域 D 可用不等式组表示为

$$\begin{cases} \dfrac{\pi}{4} \leqslant \theta \leqslant \dfrac{\pi}{2}, \\ 0 \leqslant \rho \leqslant 2\sin\theta. \end{cases}$$

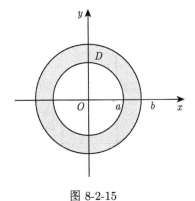

图 8-2-15

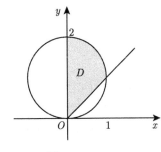

图 8-2-16

则

$$\iint\limits_{D} \frac{x}{y}\mathrm{d}\sigma = \int_{\frac{\pi}{4}}^{\frac{\pi}{2}} \mathrm{d}\theta \int_{0}^{2\sin\theta} \frac{\cos\theta}{\sin\theta}\rho\mathrm{d}\rho$$

$$= \int_{\frac{\pi}{4}}^{\frac{\pi}{2}} \frac{\cos\theta}{\sin\theta} \left[\frac{\rho^2}{2}\right]_{0}^{2\sin\theta} \mathrm{d}\theta$$

$$= 2\int_{\frac{\pi}{4}}^{\frac{\pi}{2}} \sin\theta\cos\theta\mathrm{d}\theta = \int_{\frac{\pi}{4}}^{\frac{\pi}{2}} \sin 2\theta\mathrm{d}\theta$$

$$= -\frac{1}{2}\left[\cos 2\theta\right]_{\frac{\pi}{4}}^{\frac{\pi}{2}} = \frac{1}{2}.$$

例 10　计算 $I = \iint\limits_{D} \mathrm{e}^{-x^2-y^2}\mathrm{d}x\mathrm{d}y$，其中 D 为圆域 $x^2 + y^2 \leqslant R^2(R>0)$，并由此计算反常积分 $\int_{0}^{+\infty} \mathrm{e}^{-x^2}\mathrm{d}x$.

解　在极坐标系下，D 的位于第一象限的四分之一区域 D_1 可表示为
$\begin{cases} 0 \leqslant \theta \leqslant \dfrac{\pi}{2}, \\ 0 \leqslant \rho \leqslant R, \end{cases}$　则

$$\iint\limits_{D_1} \mathrm{e}^{-x^2-y^2}\mathrm{d}x\mathrm{d}y = \int_{0}^{\frac{\pi}{2}} \mathrm{d}\theta \int_{0}^{R} \mathrm{e}^{-\rho^2}\rho\mathrm{d}\rho$$

$$= \int_{0}^{\frac{\pi}{2}} \frac{1}{2}(1 - \mathrm{e}^{-R^2})\mathrm{d}\theta = \frac{1}{4}(1 - \mathrm{e}^{-R^2})\pi.$$

则

$$I = \iint\limits_{D} \mathrm{e}^{-x^2-y^2}\mathrm{d}x\mathrm{d}y = 4\iint\limits_{D_1} \mathrm{e}^{-x^2-y^2}\mathrm{d}x\mathrm{d}y = (1 - \mathrm{e}^{-R^2})\pi.$$

下面利用极限的夹逼准则，来计算反常积分 $\int_{0}^{+\infty} \mathrm{e}^{-x^2}\mathrm{d}x$，设

$D_1 = \{(x,y)\,|\,x^2 + y^2 \leqslant R^2, x \geqslant 0, y \geqslant 0\}$,
$D_2 = \{(x,y)\,|\,x^2 + y^2 \leqslant 2R^2, x \geqslant 0, y \geqslant 0\}$,
$S = \{(x,y)\,|\,0 \leqslant x \leqslant R, 0 \leqslant y \leqslant R\}$,

则 $D_1 \subset S \subset D_2$(图 8-2-17)，故

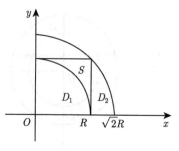

图 8-2-17

$$\iint\limits_{D_1} e^{-x^2-y^2} dxdy \leqslant \iint\limits_{S_1} e^{-x^2-y^2} dxdy \leqslant \iint\limits_{D_2} e^{-x^2-y^2} dxdy,$$

又

$$\iint\limits_{D_1} e^{-x^2-y^2} dxdy = \frac{1}{4}(1-e^{-R^2})\pi,$$

$$\iint\limits_{D_2} e^{-x^2-y^2} dxdy = \frac{1}{4}(1-e^{-2R^2})\pi,$$

$$\iint\limits_{S} e^{-x^2-y^2} dxdy = \int_0^R e^{-x^2} dx \int_0^R e^{-y^2} dy = \left[\int_0^R e^{-x^2} dx\right]^2,$$

即

$$\frac{\pi}{4}(1-e^{-R^2}) \leqslant \left[\int_0^R e^{-x^2} dx\right]^2 \leqslant \frac{\pi}{4}(1-e^{-2R^2}),$$

令 $R \to +\infty$, 上式两端极限均为 $\frac{\pi}{4}$, 由极限的夹逼准则, 得

$$\int_0^{+\infty} e^{-x^2} dx = \frac{\sqrt{\pi}}{2}.$$

例 11 将累次积分 $I = \int_0^1 dx \int_{1-x}^{\sqrt{1-x^2}} f(x^2+y^2) dy$ 化成极坐标系中的累次积分.

解 在直角坐标系中, I 的积分区域为

$$D = \left\{(x,y) \,\middle|\, 0 \leqslant x \leqslant 1, 1-x \leqslant y \leqslant \sqrt{1-x^2}\right\},$$

它由圆弧 $y = \sqrt{1-x^2}$ 及直线 $y = 1-x$ 所围成 (图 8-2-18), D 的边界曲线在极坐标系中的方程为

$$\rho = 1 \ \text{及} \ \rho = \frac{1}{\sin\theta + \cos\theta},$$

则在极坐标系中, D 可表示为

$$\begin{cases} 0 \leqslant \theta \leqslant \dfrac{\pi}{2}, \\ \dfrac{1}{\sin\theta + \cos\theta} \leqslant \rho \leqslant 1, \end{cases}$$

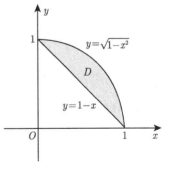

图 8-2-18

故

$$I = \int_0^{\frac{\pi}{2}} \mathrm{d}\theta \int_{\frac{1}{\sin\theta+\cos\theta}}^1 f(\rho^2)\rho\mathrm{d}\rho.$$

从上述一些例子中可以看到, 在某些二重积分的计算中, 采用极坐标可以带来很大方便, 有时某些在直角坐标下无法计算的积分, 在极坐标下却可以计算.

一般地, 当积分区域为圆域或为圆域与其过极点的射线围成的区域, 或被积函数中含 $x^2 + y^2$, $\arctan\dfrac{y}{x}$ 等因式时, 常选用极坐标计算二重积分较为简单.

例 12　求由旋转抛物面 $z = 2 - x^2 - y^2$, 柱面 $x^2 + y^2 = 1$ 及坐标面 $z = 0$ 所围成的含 z 轴部分的立体体积.

解法一　所求立体是一个以旋转抛物面 $z = 2 - x^2 - y^2$ 为顶面的曲顶柱体 (图 8-2-19(a)), 它的底为圆形区域 (图 8-2-19(b)), 在极坐标系下, 区域 $D = \{(\rho, \theta) \mid 0 \leqslant \theta \leqslant 2\pi, 0 \leqslant \rho \leqslant 1\}$,

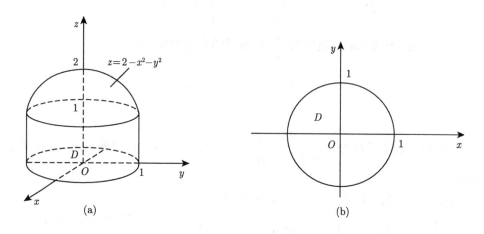

图 8-2-19

则该立体的体积为

$$V = \iint\limits_D \left(2 - x^2 - y^2\right) \mathrm{d}x\mathrm{d}y$$

$$= \int_0^{2\pi} \mathrm{d}\theta \int_0^1 \left(2 - \rho^2\right)\rho\mathrm{d}\rho = 2\pi \int_0^1 \left(2\rho - \rho^3\right) \mathrm{d}\rho$$

$$= 2\pi \left[\rho^2 - \frac{1}{4}\rho^4\right]_0^1 = 2\pi \cdot \frac{3}{4} = \frac{3\pi}{2}.$$

解法二 由图 8-2-19(b) 可知, 在直角坐标系下, 区域 $D = \{(x, y) \mid -1 \leqslant x \leqslant 1, -\sqrt{1-x^2} \leqslant y \leqslant \sqrt{1-x^2}\}$, 于是该立体的体积为

$$
V = \iint\limits_{D} \left(2 - x^2 - y^2\right) \mathrm{d}x\mathrm{d}y = \int_{-1}^{1} \mathrm{d}x \int_{-\sqrt{1-x^2}}^{\sqrt{1-x^2}} \left(2 - x^2 - y^2\right) \mathrm{d}y
$$

$$
= \int_{-1}^{1} \left[\left(2 - x^2\right) y - \frac{y^3}{3} \right]_{-\sqrt{1-x^2}}^{\sqrt{1-x^2}} \mathrm{d}x
$$

$$
= 2 \int_{-1}^{1} \left[\left(2 - x^2\right) \sqrt{1-x^2} - \frac{\left(\sqrt{1-x^2}\right)^3}{3} \right] \mathrm{d}x
$$

$$
= 4 \int_{0}^{1} \sqrt{1-x^2}\, \mathrm{d}x + \frac{8}{3} \int_{0}^{1} \left(\sqrt{1-x^2}\right)^3 \mathrm{d}x
$$

$$
\xlongequal{\text{令}x=\sin t} \pi + \frac{8}{3} \int_{0}^{\frac{\pi}{2}} \cos^4 t\, \mathrm{d}t
$$

$$
= \pi + \frac{8}{3} \times \frac{3}{4} \times \frac{1}{2} \times \frac{\pi}{2} = \frac{3\pi}{2}.
$$

比较上述两种计算方法, 发现解法一要简便得多, 请读者思考其中的原由.

三、 无界区域上的反常二重积分

将一元函数在无穷区间上的反常积分进行类推, 可以得到无界区域上的反常二重积分.

定义 1 设 D 是平面上的无界区域, 二元函数 $f(x, y)$ 在 D 上有定义, 用任意光滑或分段光滑的曲线 C 将区域 D 划出有界区域 D_c (图 8-2-20), 如果 $\iint\limits_{D_c} f(x, y)\mathrm{d}\sigma$ 存在, 且当曲线 C 连续变动, 使 $D_c \to D$ 时, 极限 $\lim\limits_{D_c \to D} \iint\limits_{D_c} f(x, y)\mathrm{d}\sigma$ 存在, 则称此极限为函数 $f(x, y)$ 在无界区域 D 上的**反常二重积分**, 记作 $\iint\limits_{D} f(x, y)\mathrm{d}\sigma$, 也称 $\iint\limits_{D} f(x, y)\mathrm{d}\sigma$ **收敛**, 即

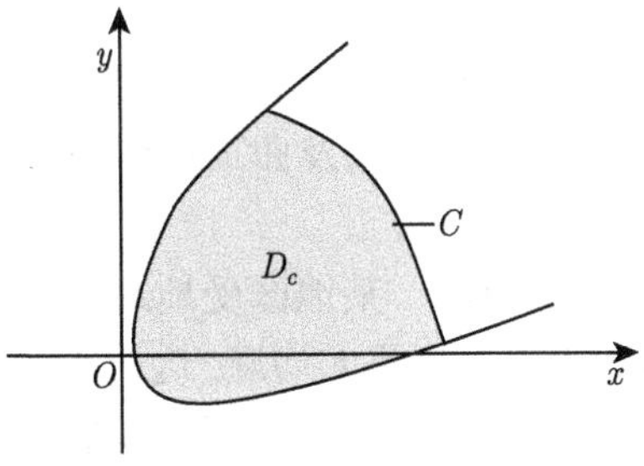

图 8-2-20

$$
\iint\limits_{D} f(x, y)\mathrm{d}\sigma = \lim\limits_{D_c \to D} \iint\limits_{D_c} f(x, y)\mathrm{d}\sigma
$$

否则, 称反常二重积分 $\iint\limits_{D} f(x,y)\mathrm{d}\sigma$ **发散**.

一般地, 类似一元函数在无穷区间上的反常积分, 可以将无界区域 D 上的反常二重积分化为含一元反常积分的累次积分后, 再计算, 其收敛性依赖于所含一元反常积分的收敛性.

例 13 计算积分 $\iint\limits_{D} \dfrac{y^3}{(1+x^2+y^4)^2}\mathrm{d}x\mathrm{d}y$, 其中 D 是第一象限中以曲线 $y = \sqrt{x}$ 与 x 轴为边界的无界区域. (2017 考研真题)

解 积分区域如图 8-2-21 所示, 选用直角坐标的 X-型计算, 得

$$
\begin{aligned}
原式 &= \int_0^{+\infty} \mathrm{d}x \int_0^{\sqrt{x}} \frac{y^3\mathrm{d}y}{(1+x^2+y^4)^2} \\
&= \frac{1}{4} \int_0^{+\infty} \mathrm{d}x \int_0^{\sqrt{x}} \frac{\mathrm{d}y^4}{(1+x^2+y^4)^2} \\
&= -\frac{1}{4} \int_0^{+\infty} \left[\frac{1}{1+x^2+y^4} \right]_0^{\sqrt{x}} \mathrm{d}x \\
&= \frac{1}{4} \left[\arctan x - \frac{1}{\sqrt{2}} \arctan \sqrt{2}x \right]_0^{+\infty} \\
&= \frac{\pi}{8}\left(1 - \frac{\sqrt{2}}{2} \right).
\end{aligned}
$$

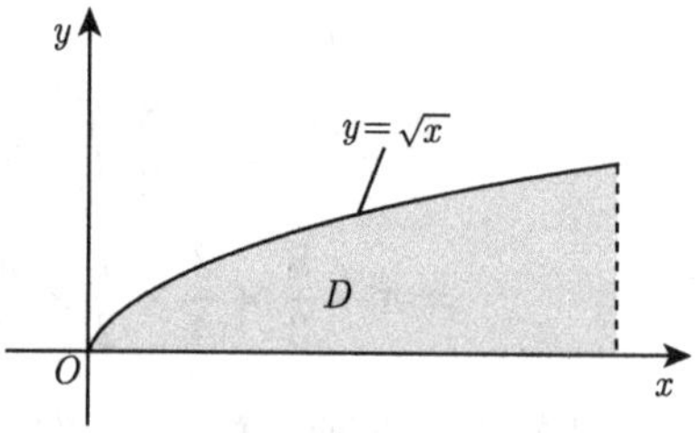

图 8-2-21

四、经济应用

由二重积分概念与性质可知, 利用二重积分可以计算平面物件的质量、平面闭区域的面积以及曲顶柱体的体积. 下面通过例题简单介绍二重积分在经济上的应用.

例 14 某地区受地理限制呈直角三角形分布, 斜边临一条河, 由于交通关系, 地区发展不太均衡, 这一点可以从税收情况反映出来. 若以两直角边为坐标轴建立直角坐标系, 则位于 x 轴和 y 轴上的地区长度各为 16km 和 12km, 且税收情况与地理位置的关系约为

$$R(x,y) = 20x + 10y \quad (单位: 万元 /\mathrm{km}^2),$$

试计算该地区总的税收收入.

解 设某地区对应的二维平面区域为 D (图 8-2-22), 由题意可知区域 D 由 x 轴, y 轴及直线 $\dfrac{x}{16} + \dfrac{y}{12} = 1$ 围成, 则 $D = \left\{ (x,y) \,\middle|\, 0 \leqslant x \leqslant 16, 0 \leqslant y \leqslant 12 - \dfrac{3}{4}x \right\}$.

由于该地区的总税收收入对于区域 D 具有可加性, 因此利用二重积分, 可得所求总税收收入为

$$L = \iint\limits_{D} R(x,y)\mathrm{d}\sigma$$

$$= \int_0^{16} \mathrm{d}x \int_0^{12-\frac{3}{4}x} (20x+10y)\mathrm{d}y$$

$$= \int_0^{16} \left(720 + 150x - \frac{195}{16}x^2\right)\mathrm{d}x$$

$$= 14080 \,(\text{万元}),$$

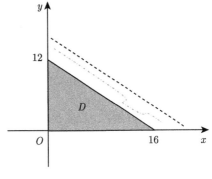

图 8-2-22

故该地区总的税收收入为 14080 万元.

习 题 8-2

A 组

课件8-2-3

1. 计算下列积分:

(1) $\iint\limits_{D} x\sqrt{y}\mathrm{d}\sigma$, 其中 D 是由两条抛物线 $y = \sqrt{x}$, $y = x^2$ 所围成的闭区域;

(2) $\iint\limits_{D} \mathrm{e}^{x+y}\mathrm{d}\sigma$, 其中 D 是由 $|x| + |y| \leqslant 1$ 所确定的闭区域;

(3) $\iint\limits_{D} \frac{2y}{1+x}\mathrm{d}x\mathrm{d}y$, 其中 D 是由直线 $x = 0, y = 0, y = x - 1$ 所围成的闭区域;

(4) $\iint\limits_{D} \mathrm{e}^{-y^2}\mathrm{d}x\mathrm{d}y$, 其中 D 是由直线 $x = 0, y = x, y = 1$ 所围成的闭区域;

(5) $\int_0^1 \mathrm{d}y \int_y^1 x \sin \frac{y}{x}\mathrm{d}x$.

2. 改变下列累次积分的积分次序:

(1) $\int_0^2 \mathrm{d}y \int_{y^2}^{2y} f(x,y)\mathrm{d}x$;

(2) $\int_1^2 \mathrm{d}x \int_{2-x}^{\sqrt{2x-x^2}} f(x,y)\mathrm{d}y$;

(3) $\int_0^2 \mathrm{d}x \int_0^{\frac{x^2}{2}} f(x,y)\mathrm{d}y + \int_2^{2\sqrt{2}} \mathrm{d}x \int_0^{\sqrt{8-x^2}} f(x,y)\mathrm{d}y$.

3. 利用极坐标, 计算下列二重积分或累次积分:

(1) $\iint\limits_{D} \mathrm{e}^{x^2+y^2}\mathrm{d}x\mathrm{d}y$, 其中 $D = \left\{(x,y) \,\middle|\, a^2 \leqslant x^2 + y^2 \leqslant b^2, b > a > 0\right\}$;

(2) $\iint\limits_{D} \sqrt{a^2 - x^2 - y^2}\mathrm{d}x\mathrm{d}y$, 其中 $D = \left\{(x,y) \,\middle|\, x^2 + y^2 \leqslant ax\right\}$;

(3) $\iint\limits_{D} \arctan\dfrac{y}{x}\mathrm{d}x\mathrm{d}y$, 其中 D 是由 $1 \leqslant x^2 + y^2 \leqslant 4, y = x, y = 0, x > 0, y > 0$ 所确定的区域;

(4) $\iint\limits_{D} \ln\left(x^2 + y^2\right)\mathrm{d}x\mathrm{d}y$, 其中 D 是由 $\mathrm{e}^2 \leqslant x^2 + y^2 \leqslant \mathrm{e}^4$ 所确定的区域;

(5) $\displaystyle\int_0^2 \mathrm{d}x \int_0^{\sqrt{4-x^2}} \sqrt{x^2 + y^2}\mathrm{d}y$.

4. 选用适当的坐标系计算下列二重积分或累次积分:

(1) $\iint\limits_{D} \sqrt{\dfrac{1 - x^2 - y^2}{1 + x^2 + y^2}}\mathrm{d}\sigma$, 其中 D 是由圆周 $x^2 + y^2 = 1$ 及坐标轴所围成的在第一象限内的闭区域;

(2) $\iint\limits_{D} (x^2 + y^2)\mathrm{d}\sigma$, 其中 D 是由直线 $y = x, y = x + a, y = a, y = 3a(a > 0)$ 所围成的闭区域;

(3) $\iint\limits_{D} \dfrac{\sin x}{x}\mathrm{d}x\mathrm{d}y$, 其中 D 是由 $y = x$ 与 $y = x^2$ 所围成的闭区域;

(4) $\displaystyle\int_{\frac{1}{4}}^{\frac{1}{2}} \mathrm{d}y \int_{\frac{1}{2}}^{\sqrt{y}} \mathrm{e}^{\frac{y}{x}}\mathrm{d}x + \int_{\frac{1}{2}}^{1} \mathrm{d}y \int_{y}^{\sqrt{y}} \mathrm{e}^{\frac{y}{x}}\mathrm{d}x$;

(5) $\iint\limits_{D} \left|y - x^2\right|\mathrm{d}x\mathrm{d}y$, 其中 D 是由 $x = -1, x = 1, y = 0, y = 1$ 所围成的闭区域.

5. 计算 $\iint\limits_{D} x(x + y)\mathrm{d}x\mathrm{d}y$, 其中 $D = \left\{(x,y) \,\middle|\, x^2 + y^2 \leqslant 2, y \geqslant x^2\right\}$. (2015 考研真题)

6. 利用二重积分求下列各立体 Ω 的体积:

(1) Ω 是由平面 $x = 0, y = 0, x + y = 1$ 所围成的柱体被平面 $z = 0$ 及抛物面 $x^2 + y^2 = 6 - z$ 截得的立体;

(2) Ω 是以 xOy 面上的圆周 $x^2 + y^2 = ax$ 围成的闭区域为底, 以曲面 $z = x^2 + y^2$ 为顶的曲顶柱体.

7. 计算 $\iint\limits_{D} x\mathrm{e}^{-y^2}\mathrm{d}\sigma$, 其中 D 是由曲线 $y = 4x^2, y = 9x^2$ 在第一象限所围成的无界区域.

8. 设 $f(u)$ 有连续的一阶导数, 且 $f(0) = 0$, 试求

$$I = \lim_{t \to 0^+} \frac{1}{t^3} \iint\limits_{D} f\sqrt{x^2 + y^2}\mathrm{d}x\mathrm{d}y,$$

其中, $D: x^2 + y^2 \leqslant t^2$.

9. 设公司销售甲商品 x 个单位, 乙商品 y 个单位的利润是由下式确定的:

$$p(x,y) = -(x-200)^2 - (y-100)^2 + 5000,$$

现已知一周销售甲商品在 $150 \sim 200$, 乙商品在 $80 \sim 100$ 之间变化, 试求销售这两种商品一周的平均利润.

B 组

1. 计算下列二重积分:

(1) $\iint\limits_{D} x[1 + yf(x^2 + y^2)\mathrm{d}\sigma$, 其中 D 由直线 $x = -1, y = 1, y = x^3$ 围成, f 为连续函数;

(2) $\iint\limits_{D} |\cos(x+y)| \mathrm{d}x\mathrm{d}y$, 其中 $D = \left\{ (x,y) \,\middle|\, 0 \leqslant x \leqslant \dfrac{\pi}{2}, 0 \leqslant y \leqslant \dfrac{\pi}{2} \right\}$;

(3) $\iint\limits_{D} (x-y)\mathrm{d}\sigma$, 其中 $D = \{(x,y) | (x-1)^2 + (y-1)^2 \leqslant 2, y \geqslant x\}$.

2. 设二元函数 $f(x,y) = \begin{cases} x^2, & |x| + |y| \leqslant 1, \\ \dfrac{1}{\sqrt{x^2+y^2}}, & 1 < |x| + |y| \leqslant 2, \end{cases}$ 计算 $\iint\limits_{D} f(x,y)\mathrm{d}\sigma$, 其中 $D = \{(x,y) | |x| + |y| \leqslant 2\}$.

3. 设 $f(x)$ 在 $[0,1]$ 上连续, 证明:

$$\int_a^b \mathrm{d}y \int_a^y (y-x)^n f(x)\mathrm{d}x = \frac{1}{n+1} \int_a^b (b-x)^{n+1} f(x)\mathrm{d}x \quad (n > 0).$$

本 章 小 结

本章通过 "分割取近似, 求和取极限" 的步骤, 将某一平面的总量问题归结为一种特定和式的极限, 从而引出相应平面区域上二重积分的概念, 着重介绍了二重积分的概念、性质及其计算. 还简单介绍了二重积分的一些经济应用. 二重积分的计算思路是将其转化为两次定积分, 从而利用定积分的计算方法即可积出, 因此如何转化为易于计算的累次积分是本章的重点, 也是难点, 为此本章介绍了在直角坐标系和极坐标系下的二重积分计算方法. 由此将二重积分的计算难点, 转化为坐标系的选择和在相应坐标系下化为累次积分时积分限的确定方法. 因此在二重积分的计算中, 应注意以下几点:

1. 画出平面区域的简图.

这是能否适当地选取坐标系、积分次序和确定积分限的依据.

2. 利用积分的对称性或轮换性化简二重积分.

当积分区域具有关于坐标轴的对称性, 且被积函数具有奇偶性, 或积分区域具有轮换性的特点时, 常先用相应的积分对称性或轮换性化简二重积分.

3. 选择适当的坐标系.

这不仅关系到计算过程的繁简, 有时还影响到能否求出结果. 选择坐标系应从积分区域和被积函数两方面去考虑. 当积分区域为圆域、扇型域或圆环域, 被积函数为 $f\left(x^2+y^2\right)$ 型时常考虑用极坐标计算, 其他则用直角坐标计算.

4. 选取合适的积分次序.

一般原则为: 应使积分区域不分块或少分块, 并且使累次积分中的每个定积分容易积出. 例如当遇到如此形式的积分: $\int \dfrac{\sin x}{x}\mathrm{d}x, \int \sin\dfrac{1}{x}\mathrm{d}x, \int \dfrac{\cos x}{x}\mathrm{d}x,$ $\int \mathrm{e}^{x^2}\mathrm{d}x, \int \mathrm{e}^{-x^2}\mathrm{d}x$ 等时, 一定要后积分.

5. 二重积分化为累次积分时积分限的确定.

二重积分化为累次积分时, 先将积分区域在选定的坐标系中用相应的不等式组表示, 则不等式的范围就是累次积分的上、下限, 且上限必须大于下限, 这是因为面积微元 $\mathrm{d}\sigma$ 是非负的, 必大于 0.

6. 若某经济量是关于两个变量在一定范围内对应的总量, 则可利用二重积分来求解. 关键是建立该经济量对应的被积函数关系并确定积分范围, 从而得到该经济量对应的二重积分式, 再计算.

总复习题 8

1. 选择题:

(1) $I=\displaystyle\int_0^1 \mathrm{d}y\int_0^{\sqrt{1-y}} 3x^2y^2\mathrm{d}x$, 则交换积分次序后 $I=($)

(A) $\displaystyle\int_0^1 \mathrm{d}x\int_0^{\sqrt{1-x}} 3x^2y^2\mathrm{d}y$ (B) $\displaystyle\int_0^1 \mathrm{d}x\int_0^{\sqrt{1-y}} 3x^2y^2\mathrm{d}y$

(C) $\displaystyle\int_0^1 \mathrm{d}x\int_0^{1-x^2} 3x^2y^2\mathrm{d}y$ (D) $\displaystyle\int_0^1 \mathrm{d}x\int_0^{1+x^2} 3x^2y^2\mathrm{d}y$.

(2) 累次积分 $I=\displaystyle\int_0^{\frac{\pi}{2}} \mathrm{d}\theta\int_0^{\cos\theta} f(\rho\cos\theta, \rho\sin\theta)\rho\mathrm{d}\rho$ 可以写成 (   )

(A) $\displaystyle\int_0^1 \mathrm{d}y\int_0^{\sqrt{y-y^2}} f(x,y)\mathrm{d}x$ (B) $\displaystyle\int_0^1 \mathrm{d}y\int_0^{\sqrt{1-y^2}} f(x,y)\mathrm{d}x$

(C) $\displaystyle\int_0^1 \mathrm{d}x\int_0^1 f(x,y)\mathrm{d}y$ (D) $\displaystyle\int_0^1 \mathrm{d}x\int_0^{\sqrt{x-x^2}} f(x,y)\mathrm{d}y$.

(3) 设 $J_k=\displaystyle\iint\limits_{D_k} \sqrt[3]{x-y}\mathrm{d}x\mathrm{d}y(k=1,2,3)$, 其中 $D_1=\{(x,y)|0\leqslant x\leqslant 1, 0\leqslant y\leqslant 1\}$, $D_2=\{(x,y)|0\leqslant x\leqslant 1, 0\leqslant y\leqslant \sqrt{x}\}$, $D_3=\{(x,y)|0\leqslant x\leqslant 1, x^2\leqslant y\leqslant 1\}$, 则 (   ) (2016 考研真题)

(A) $J_1 < J_2 < J_3$　　　　　　　　　　(B) $J_3 < J_1 < J_2$

(C) $J_2 < J_3 < J_1$　　　　　　　　　　(D) $J_2 < J_1 < J_3$.

(4) 设 $D = \{(x,y) \mid x^2+y^2 \leqslant 2x, x^2+y^2 \leqslant 2y\}$, 函数 $f(x,y)$ 在区域 D 上连续, 则

$$\iint\limits_{D} f(x,y)\mathrm{d}x\mathrm{d}y = (\qquad) \text{ (2015 考研真题)}$$

(A) $\int_0^{\frac{\pi}{4}} \mathrm{d}\theta \int_0^{2\cos\theta} f(\rho\cos\theta, \rho\sin\theta)\rho\mathrm{d}\rho + \int_{\frac{\pi}{4}}^{\frac{\pi}{2}} \mathrm{d}\theta \int_0^{2\sin\theta} f(\rho\cos\theta, \rho\sin\theta)\rho\mathrm{d}\rho$

(B) $\int_0^{\frac{\pi}{4}} \mathrm{d}\theta \int_0^{2\sin\theta} f(\rho\cos\theta, \rho\sin\theta)\rho\mathrm{d}\rho + \int_{\frac{\pi}{4}}^{\frac{\pi}{2}} \mathrm{d}\theta \int_0^{2\cos\theta} f(\rho\cos\theta, \rho\sin\theta)\rho\mathrm{d}\rho$

(C) $2\int_0^1 \mathrm{d}x \int_{1-\sqrt{1-x^2}}^x f(x,y)\mathrm{d}y$

(D) $2\int_0^1 \mathrm{d}x \int_x^{\sqrt{2x-x^2}} f(x,y)\mathrm{d}y$.

2. 填空题:

(1) 设 $D = \{(x,y) \mid x^2+y^2 \leqslant 2x\}$, 则 $\iint\limits_{D} \sqrt{2x-x^2-y^2}\mathrm{d}x\mathrm{d}y = \underline{\qquad\qquad}$.

(2) $\int_0^1 \mathrm{d}y \int_y^1 \dfrac{\tan x}{x}\mathrm{d}x = \underline{\qquad\qquad}$. (2017 考研真题)

(3) 二次积分 $\int_0^1 \mathrm{d}y \int_y^1 \left(\dfrac{\mathrm{e}^{x^2}}{x} - \mathrm{e}^{y^2}\right)\mathrm{d}x = \underline{\qquad\qquad}$. (2014 考研真题)

3. 计算下列二重积分:

(1) $\iint\limits_{D} y\sqrt{1+x^2-y^2}\mathrm{d}x\mathrm{d}y$, 其中 D 是由直线 $y=x, y=1, x=-1$ 所围成的闭区域;

(2) $\iint\limits_{D} \sin(\sqrt{x^2+y^2})\mathrm{d}x\mathrm{d}y$, 其中 D 是由 $\pi^2 \leqslant x^2+y^2 \leqslant 4\pi^2$ 所确定的闭区域;

(3) $\iint\limits_{D} (x^2+y^2+x)\mathrm{d}x\mathrm{d}y$, 其中区域 D 是圆环形区域 $1 \leqslant x^2+y^2 \leqslant 2^2$.

4. 设平面区域 $D = \{(x,y) \mid x^2+y^2 \leqslant 2y\}$, 计算 $\iint\limits_{D} (x+1)^2 \mathrm{d}x\mathrm{d}y$. (2017 考研真题)

5. 求由曲面 $z = 6 - x^2 - y^2$ 与 $z = \sqrt{x^2+y^2}$ 所围成的立体的体积.

6. 设 $\int_a^b \mathrm{d}x \int_{\varphi_1(x)}^{\varphi_2(x)} f(x,y)\mathrm{d}y = \int_0^\pi \mathrm{d}\theta \int_0^{2\sin\theta} f(\rho\cos\theta, \rho\sin\theta)\rho\mathrm{d}\rho$, 求 $a, b, \varphi_1(x), \varphi_2(x)$.

7. 设平面区域 $D = \{(x,y) \mid 1 \leqslant x^2+y^2 \leqslant 4, x \geqslant 0, y \geqslant 0\}$, 计算 $\iint\limits_{D} \dfrac{x\sin(\pi\sqrt{x^2+y^2})}{x+y}$
$\mathrm{d}x\mathrm{d}y$. (2014 考研真题)

8. 设平面区域 $D = \left\{(x,y) \mid x^2 + y^2 \leqslant 1, y \geqslant 0\right\}$, 且连续函数 $f(x,y)$ 满足

$$f(x,y) = y\sqrt{1 - x^2} + x \iint\limits_{D} f(x,y)\mathrm{d}x\mathrm{d}y,$$

计算 $\iint\limits_{D} xf(x,y)\mathrm{d}x\mathrm{d}y$. (2020 考研真题)

9. 设平面区域 D 是由 $x^2 + y^2 = 1$ 和直线 $y = x$ 及 x 轴在第一象限围成的部分, 计算二重积分 $\iint\limits_{D} \mathrm{e}^{(x+y)^2}(x^2 - y^2)\mathrm{d}x\mathrm{d}y$. (2021 考研真题)

C

第 9 章

Chapter 9

无穷级数

无穷级数是高等数学的一个重要的组成部分, 它在函数表示、研究函数性质及进行数值计算等方面都具有重要作用. 无论对数学理论本身还是在科学技术的应用中都是一种强有力的工具. 无穷级数的内容包括常数项级数和函数项级数两部分. 本章先讨论常数项级数的概念、性质及审敛法, 然后讨论函数项级数的基本概念及一类重要的函数项级数: 幂级数, 重点讨论如何将函数展开成幂级数.

9.1 常数项级数的概念和性质

课前测9-1-1

一、常数项级数的概念

人们在认识事物数量特性时, 往往有一个从近似到精确的过程, 在此过程中, 会出现由有限个数量相加到无限个数量相加的问题. 这种 "无限个数相加" 是否一定有意义? 若不一定的话, 怎么来判断? 这就是无穷级数的思想.

早在公元 3 世纪, 我国古代数学家刘徽已经利用无穷级数的思想来计算圆的面积.

例 1 圆面积问题 (魏晋时期数学家刘徽的割圆术).

作半径为 R 的圆内接正六边形, 其面积记为 u_1, 它是圆面积的一个近似值, 再以这正六边形的每一边为底, 在弓形内作顶点在圆周上的等腰三角形, 得内接正十二边形 (图 9-1-1). 设这六个等腰三角形的面积之和为 u_2, 则内接正十二边形的面积为 $u_1 + u_2$, 它也是圆面积的一个近似值, 其精确度比正六边形高.

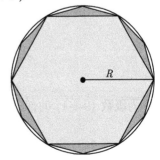

图 9-1-1

类似地, 作十二个等腰三角形, 得圆的内接正二十四边形, 设这十二个等腰三角形的面积和为 u_3, 则圆的内接正二十四边形的面积为 $u_1 + u_2 + u_3$, 它也是圆面积的一个近似值, 其精确度比前面两个都要高. 如果内接正多边形的边数逐渐增多, 那么和 $u_1 + u_2 + \cdots + u_n$ 是圆面积的精确度更高的一个近似值. 当 $n \to \infty$ 时, 和 $u_1 + u_2 + \cdots + u_n$ 的极限就是这个圆的面积, 也就是说, 圆面积 A 是无穷多个数累加的和, 即

$$A = u_1 + u_2 + \cdots + u_n + \cdots.$$

对于这类无穷多个数的求和问题, 给出下面的定义.

定义 1 设给定一个数列 $u_1, u_2, \cdots, u_n, \cdots$, 则表达式

$$u_1 + u_2 + \cdots + u_n + \cdots$$

称为**常数项无穷级数**, 简称**常数项级数**或**级数**, 记作 $\sum\limits_{n=1}^{\infty} u_n$, 即

$$\sum_{n=1}^{\infty} u_n = u_1 + u_2 + \cdots + u_n + \cdots, \tag{9-1-1}$$

称 $u_1, u_2, \cdots, u_n$ 为这个级数的项, u_n 称为级数的**一般项**或**通项**.

例如 $\sum\limits_{n=1}^{\infty} \dfrac{1}{2^n} = \dfrac{1}{2} + \dfrac{1}{2^2} + \cdots + \dfrac{1}{2^n} + \cdots$ 是一个常数项级数, 其一般项为 $\dfrac{1}{2^n}$; $\sum\limits_{n=1}^{\infty} \dfrac{1}{n^3} = \dfrac{1}{1^3} + \dfrac{1}{2^3} + \cdots + \dfrac{1}{n^3} + \cdots$ 是一个常数项级数, 其一般项为 $\dfrac{1}{n^3}$.

上述所给的级数定义只指明级数是无穷多项的累加, 为赋予它数学上的严格定义, 结合例 1, 我们可以从有限项的和出发, 运用极限的方法来讨论无穷多项的和式.

用 s_n 表示级数 (9-1-1) 的前 n 项的和, 即

$$s_n = u_1 + u_2 + \cdots + u_n = \sum_{k=1}^{n} u_k.$$

s_n 称为级数 (9-1-1) 的部分和, $\{s_n\}$ 构成一个新的数列:

$$s_1 = u_1, s_2 = u_1 + u_2, \cdots, s_n = u_1 + u_2 + \cdots + u_n, \cdots.$$

称数列 $\{s_n\}$ 为级数 (9-1-1) 的**部分和数列**. 这样, 就可以把无穷多项求和的问题归结为相应的部分和数列的极限问题.

定义 2 如果级数 $\sum\limits_{n=1}^{\infty} u_n$ 的部分和数列 $\{s_n\}$ 有极限 s, 即 $\lim\limits_{n\to\infty} s_n = s$, 则称级数 $\sum\limits_{n=1}^{\infty} u_n$ **收敛**, 并称极限 s 为该**级数的和**, 记为 $\sum\limits_{n=1}^{\infty} u_n = s$. 如果部分和数列 $\{s_n\}$ 的极限不存在, 则称级数 $\sum\limits_{n=1}^{\infty} u_n$ **发散**.

由定义 2 可知, 当级数 $\sum\limits_{n=1}^{\infty} u_n$ 收敛时, 其部分和 s_n 可作为级数和 s 的近似值, 它们之间的差值 $r_n = s - s_n = u_{n+1} + u_{n+2} + \cdots$ 称为级数 $\sum\limits_{n=1}^{\infty} u_n$ 的余项, 如果用 s_n 作为 s 的近似值, 其误差可由 $|r_n|$ 去衡量, 由于 $\lim\limits_{n\to\infty} s_n = s$, 所以 $\lim\limits_{n\to\infty} |r_n| = 0$, 表明 n 越大误差越小.

例 2 讨论**等比级数** (也称**几何级数**)

$$\sum_{n=1}^{\infty} aq^{n-1} = a + aq + \cdots + aq^{n-1} + \cdots$$

的收敛性, 其中 $a \neq 0$, q 称为该级数的公比.

解 如果 $q \neq 1$, 则前 n 项的部分和

$$s_n = a + aq + \cdots + aq^{n-1} = a\frac{1-q^n}{1-q}.$$

当 $|q| < 1$ 时, 由于 $\lim\limits_{n\to\infty} q^n = 0$, 从而 $\lim\limits_{n\to\infty} s_n = \frac{a}{1-q}$, 此时级数 $\sum\limits_{n=1}^{\infty} aq^{n-1}$ 收敛于 $\frac{a}{1-q}$;

当 $|q| > 1$ 时, 由于 $\lim\limits_{n\to\infty} q^n = \infty$, 从而 $\lim\limits_{n\to\infty} s_n = \infty$, 此时级数 $\sum\limits_{n=1}^{\infty} aq^{n-1}$ 发散;

当 $|q| = 1$ 时, 如果 $q = 1$, $s_n = na \to \infty(n \to \infty)$, 此时级数发散. 如果 $q = -1$, 级数成为 $a - a + a - \cdots + (-1)^{n-1}a + \cdots$, 当 n 为奇数时, $s_n = a$, 当 n 为偶数时, $s_n = 0$, 从而 $\lim\limits_{n\to\infty} s_n$ 不存在, 所以级数发散.

综合上述结果, 则有结论: 当 $|q| < 1$ 时, 等比级数 $\sum\limits_{n=1}^{\infty} aq^{n-1}(a \neq 0)$ 收敛, 其

和为 $\dfrac{a}{1-q}$, 当 $|q| \geqslant 1$ 时, 等比级数 $\sum\limits_{n=1}^{\infty} aq^{n-1}(a \neq 0)$ 发散.

例 3　考察级数 $\sum\limits_{n=1}^{\infty} \dfrac{1}{n(n+1)}$ 的收敛性, 若收敛, 求该级数的和.

解　此级数的部分和

$$s_n = \frac{1}{1 \cdot 2} + \frac{1}{2 \cdot 3} + \cdots + \frac{1}{n \cdot (n+1)}$$

$$= \left(1 - \frac{1}{2}\right) + \left(\frac{1}{2} - \frac{1}{3}\right) + \cdots + \left(\frac{1}{n} - \frac{1}{n+1}\right) = 1 - \frac{1}{n+1}.$$

因为 $\lim\limits_{n\to\infty} s_n = \lim\limits_{n\to\infty} \left(1 - \dfrac{1}{n+1}\right) = 1$, 所以此级数收敛, 且其和为 $s = 1$.

例 4　判断级数 $\sum\limits_{n=1}^{\infty} \ln \dfrac{n+1}{n}$ 的收敛性.

解　因为

$$u_n = \ln \frac{n+1}{n} = \ln(n+1) - \ln n,$$

此级数部分和

$$s_n = \ln \frac{2}{1} + \ln \frac{3}{2} + \cdots + \ln \frac{n+1}{n}$$

$$= (\ln 2 - \ln 1) + (\ln 3 - \ln 2) + \cdots + [\ln(n+1) - \ln n] = \ln(n+1).$$

因为 $\lim\limits_{n\to\infty} s_n = \lim\limits_{n\to\infty} \ln(n+1) = \infty$, 故级数 $\sum\limits_{n=1}^{\infty} \ln \dfrac{n+1}{n}$ 发散.

例 5　讨论调和级数 $\sum\limits_{n=1}^{\infty} \dfrac{1}{n}$ 的收敛性.

解　由不等式 $x > \ln(1+x)(x > 0)$, 得级数 $\sum\limits_{n=1}^{\infty} \dfrac{1}{n}$ 的前 n 项的部分和

$$s_n = 1 + \frac{1}{2} + \frac{1}{3} + \cdots + \frac{1}{n}$$

$$> \ln(1+1) + \ln\left(1 + \frac{1}{2}\right) + \ln\left(1 + \frac{1}{3}\right) + \cdots + \ln\left(1 + \frac{1}{n}\right)$$

$$= \ln 2 + \ln \frac{3}{2} + \ln \frac{4}{3} + \cdots + \ln \frac{n+1}{n}$$

$$= \ln\left(2 \times \frac{3}{2} \times \frac{4}{3} \times \cdots \times \frac{n+1}{n}\right) = \ln(n+1),$$

即 $s_n > \ln(n+1)$ ，因为 $\lim\limits_{n \to \infty} \ln(n+1) = +\infty$ ，所以调和级数 $\sum\limits_{n=1}^{\infty} \dfrac{1}{n}$ 发散.

二、 收敛级数的基本性质

根据数列极限的运算性质, 可得收敛级数的下列基本性质.

性质 1 若级数 $\sum\limits_{n=1}^{\infty} u_n$ 收敛于和 s, k 是任一常数, 则级数 $\sum\limits_{n=1}^{\infty} k u_n$ 也收敛, 且其和为 ks.

证 设级数 $\sum\limits_{n=1}^{\infty} u_n$ 的部分和为 s_n, 则 $\sum\limits_{n=1}^{\infty} k u_n$ 的部分和为 $k s_n$. 由于 $\lim\limits_{n \to \infty} s_n = s$, 故

$$\lim_{n \to \infty} k s_n = k \lim_{n \to \infty} s_n = ks.$$

所以级数 $\sum\limits_{n=1}^{\infty} k u_n$ 收敛, 且其和为 ks.

由极限的性质可知, 当 $k \neq 0$ 时, 极限 $\lim\limits_{n \to \infty} k s_n$ 与 $\lim\limits_{n \to \infty} s_n$ 同时存在或不存在, 因此我们可得如下结论: 当 $k \neq 0$ 时, $\sum\limits_{n=1}^{\infty} u_n$ 与 $\sum\limits_{n=1}^{\infty} k u_n$ 有相同的收敛性.

性质 2 若级数 $\sum\limits_{n=1}^{\infty} u_n$ 与 $\sum\limits_{n=1}^{\infty} v_n$ 分别收敛于 s, σ, 则 $\sum\limits_{n=1}^{\infty} (u_n \pm v_n)$ 也收敛, 且其和为 $s \pm \sigma$.

证 设级数 $\sum\limits_{n=1}^{\infty} u_n = s$, 其部分和为 s_n, $\sum\limits_{n=1}^{\infty} v_n = \sigma$, 其部分和为 σ_n, 则 $\sum\limits_{n=1}^{\infty} (u_n \pm v_n)$ 的部分和为 $s_n \pm \sigma_n$, 由于 $\lim\limits_{n \to \infty} s_n = s$, $\lim\limits_{n \to \infty} \sigma_n = \sigma$, 故

$$\lim_{n \to \infty} (s_n \pm \sigma_n) = \lim_{n \to \infty} s_n \pm \lim_{n \to \infty} \sigma_n = s \pm \sigma,$$

所以 $\sum\limits_{n=1}^{\infty} (u_n \pm v_n)$ 也收敛, 且其和为 $s \pm \sigma$.

注 ①若两个级数 $\sum\limits_{n=1}^{\infty} u_n$, $\sum\limits_{n=1}^{\infty} v_n$ 都收敛, 则级数 $\sum\limits_{n=1}^{\infty} (u_n \pm v_n)$ 也收敛.

② 若两个级数 $\sum\limits_{n=1}^{\infty} u_n$, $\sum\limits_{n=1}^{\infty} v_n$ 中一个收敛一个发散, 则 $\sum\limits_{n=1}^{\infty} (u_n \pm v_n)$ 必发散.

③ 若两个级数 $\sum\limits_{n=1}^{\infty} u_n$, $\sum\limits_{n=1}^{\infty} v_n$ 都发散, 而 $\sum\limits_{n=1}^{\infty} (u_n \pm v_n)$ 不一定发散.

例如, $u_n = (-1)^{2n}, v_n = (-1)^{2n+1}$, 则 $\sum\limits_{n=1}^{\infty} u_n$, $\sum\limits_{n=1}^{\infty} v_n$ 都发散, 而 $\sum\limits_{n=1}^{\infty} (u_n + v_n)$

$= \sum\limits_{n=1}^{\infty} 0 = 0$ 收敛.

性质 3 在级数中任意去掉, 增加或改变有限项后, 级数收敛性不改变.

证 这里只证明去掉有限项后, 不改变级数的敛散性, 其他情形类似可得.

设将级数

$$u_1 + u_2 + \cdots + u_k + u_{k+1} + u_{k+2} + \cdots + u_{k+n} + \cdots$$

的前 k 项去掉, 可得新级数

$$u_{k+1} + u_{k+2} + \cdots + u_{k+n} + \cdots,$$

新级数的部分为 $\sigma_n = u_{k+1} + u_{k+2} + \cdots + u_{k+n} = s_{k+n} - s_k$, 其中部分和 s_{k+n} 是原来级数的前 $k+n$ 项和, 又部分和 s_k 是常数, 所以 $n \to \infty$ 时, σ_n 与 s_{k+n} 的极限同时存在或不存在.

例如, 因为 $\sum\limits_{n=1}^{\infty} \dfrac{1}{2^n}$ 收敛, 所以 $\sum\limits_{n=10}^{\infty} \dfrac{1}{2^n}$ 收敛.

性质 4 设级数 $\sum\limits_{n=1}^{\infty} u_n$ 收敛, 若不改变它各项的次序, 则对这个级数的项任意添加括号后所得到的新级数仍收敛且其和不变.

证 设级数 $\sum\limits_{n=1}^{\infty} u_n = s$, 部分和数列为 $\{s_n\}$, 在级数中任意加入括号, 所得新级数为

$$(u_1 + u_2 + \cdots + u_{n_1}) + (u_{n_1+1} + u_{n_1+2} + \cdots + u_{n_2}) + \cdots$$

$$+ (u_{n_{k-1}+1} + u_{n_{k-1}+2} + \cdots + u_{n_k}) + \cdots,$$

记它的部分和数列为 $\{\sigma_k\}$, 则

$$\sigma_1 = s_{n_1}, \quad \sigma_2 = s_{n_2}, \quad \cdots, \quad \sigma_k = s_{n_k}, \quad \cdots,$$

因此 $\{\sigma_k\}$ 为原级数部分和数列 $\{s_n\}$ 的一个子列 $\{s_{n_k}\}$, 从而有 $\lim\limits_{k\to\infty}\sigma_k = \lim\limits_{n\to\infty}s_n = s$, 即收敛级数加括号后仍收敛, 且其和不变.

注 ① 性质 4 的逆命题不成立. 即如果加括号后级数收敛, 不能断定加括号之前的级数收敛. 例如, 级数

$$(1-1)+(1-1)+\cdots+(1-1)+\cdots$$

是收敛的, 且收敛于零, 但不加括号的级数

$$1-1+1-1+\cdots+1-1+\cdots$$

却是发散的.

② 性质 4 的逆否命题成立. 如果加括号之后的级数发散, 那么原来的级数也发散.

例 6 判别级数 $\displaystyle\sum_{n=1}^{\infty}\frac{2+(-1)^{n-1}}{3^n}$ 是否收敛, 如果收敛, 求其和.

解 由例 2 可得

$$\sum_{n=1}^{\infty}\frac{1}{3^n}=\frac{\frac{1}{3}}{1-\frac{1}{3}}=\frac{1}{2}, \quad \sum_{n=1}^{\infty}\frac{(-1)^{n-1}}{3^n}=\frac{\frac{1}{3}}{1+\frac{1}{3}}=\frac{1}{4}.$$

根据收敛级数的性质 1 和性质 2 可知, $\displaystyle\sum_{n=1}^{\infty}\left(\frac{2+(-1)^{n-1}}{3^n}\right)$ 也收敛, 其和为

$$\sum_{n=1}^{\infty}\left(\frac{2+(-1)^{n-1}}{3^n}\right)=2\sum_{n=1}^{\infty}\frac{1}{3^n}+\sum_{n=1}^{\infty}\frac{(-1)^{n-1}}{3^n}=\frac{5}{4}.$$

性质 5 (级数收敛的必要条件) 若级数 $\displaystyle\sum_{n=1}^{\infty}u_n$ 收敛, 则 $\lim\limits_{n\to\infty}u_n=0$.

证 设级数 $\displaystyle\sum_{n=1}^{\infty}u_n=s$, 其部分和数列为 $\{s_n\}$, 则

$$\lim_{n\to\infty}s_n=\lim_{n\to\infty}s_{n-1}=s,$$

性质5讲解9-1-2

从而

$$\lim_{n\to\infty}u_n=\lim_{n\to\infty}(s_n-s_{n-1})=\lim_{n\to\infty}s_n-\lim_{n\to\infty}s_{n-1}=s-s=0.$$

注 ①若通项 $\lim\limits_{n\to\infty} u_n \neq 0$, 则级数 $\sum\limits_{n=1}^{\infty} u_n$ 发散. 这个结论提供了判别级数发散的一种方法. 例如对于级数 $\sum\limits_{n=1}^{\infty} (-1)^n$, 因为 $\lim\limits_{n\to\infty} (-1)^n \neq 0$, 所以 $\sum\limits_{n=1}^{\infty} (-1)^n$ 发散.

② $\lim\limits_{n\to\infty} u_n = 0$ 仅仅是级数 $\sum\limits_{n=1}^{\infty} u_n$ 收敛的必要条件, 而不是充分条件.

例如, 调和级数 $\sum\limits_{n=1}^{\infty} \dfrac{1}{n}$ 的通项极限为

$$\lim_{n\to\infty} u_n = \lim_{n\to\infty} \frac{1}{n} = 0,$$

但它是发散的.

例 7 判断下列级数的敛散性: $(1)\sum\limits_{n=1}^{\infty} \dfrac{n}{2n+1}$; $(2)\sum\limits_{n=1}^{\infty} \sqrt[n]{n}$.

解 (1) 因为 $\lim\limits_{n\to\infty} u_n = \lim\limits_{n\to\infty} \dfrac{n}{2n+1} = \dfrac{1}{2} \neq 0$, 所以由性质 5, 级数 $\sum\limits_{n=1}^{\infty} \dfrac{n}{2n+1}$ 发散;

(2) 因为 $\lim\limits_{n\to\infty} \sqrt[n]{n} = 1 \neq 0$, 所以由性质 5, 级数 $\sum\limits_{n=1}^{\infty} \sqrt[n]{n}$ 发散.

例 8 一慢性病病人需要长期服药, 按照病情, 体内药量需维持在 0.2 毫克, 设体内药物每天有 15% 通过各种渠道排泄掉, 问该病人每天的服药量应该为多少?

解 设病人每天的服药量为 r 毫克,

服药第一天, 病人体内药量为 r 毫克;

服药第二天, 病人体内药量为 $r + r(1-15\%) = r\left(1 + \dfrac{17}{20}\right)$ (毫克);

服药第三天, 病人体内药量为

$$r + [r + r(1-15\%)](1-15\%) = r\left[1 + \frac{17}{20} + \left(\frac{17}{20}\right)^2\right] \text{(毫克)};$$

按此推下去, 长期服药后, 体内药物含量为

$$r\left[1 + \frac{17}{20} + \left(\frac{17}{20}\right)^2 + \left(\frac{17}{20}\right)^3 + \cdots\right] = r\sum_{n=0}^{\infty}\left(\frac{17}{20}\right)^n \text{(毫克)},$$

由题意,

$$r\sum_{n=0}^{\infty}\left(\frac{17}{20}\right)^n = r\frac{1}{1-\frac{17}{20}} = 0.2,$$

解得 $r = 0.03$, 故该病人每天的服药量应为 0.03 毫克.

习 题 9-1

课件9-1-3

A 组

1. 写出下列级数的一般项:

(1) $2 + \frac{1}{2} + \frac{4}{3} + \frac{3}{4} + \frac{6}{5} + \cdots$;

(2) $\frac{1}{2\ln 2} + \frac{1}{3\ln 3} + \frac{1}{4\ln 4} + \frac{1}{5\ln 5} + \cdots$;

(3) $1 - \frac{1}{2!} + \frac{1}{4!} - \frac{1}{6!} + \cdots$;

(4) $\frac{a^2}{2} - \frac{a^3}{4} + \frac{a^4}{6} - \frac{a^5}{8} + \cdots$.

2. 根据级数收敛与发散的定义判别下列级数的收敛性, 若收敛, 求其和:

(1) $\sum_{n=1}^{\infty} \frac{1}{(2n-1)(2n+1)}$;

(2) $\sum_{n=1}^{\infty} \ln\frac{n+1}{n}$;

(3) $\sum_{n=1}^{\infty} (\sqrt{n} - \sqrt{n+1})$;

(4) $\sum_{n=1}^{\infty} \frac{1}{(n+2)n}$.

3. 判别下列级数的收敛性:

(1) $\sum_{n=1}^{\infty} \left(\frac{1}{2^n} - \frac{1}{3^n}\right)$;

(2) $\sum_{n=1}^{\infty} \left(\frac{1}{n} - \frac{1}{3^n}\right)$;

(3) $\sum_{n=1}^{\infty} \cos\frac{\pi}{4n-1}$;

(4) $\sum_{n=1}^{\infty} \frac{1}{\sqrt[n]{3}}$.

B 组

1. 判别下列级数的收敛性, 如果收敛, 求其和:

(1) $\sum_{n=1}^{\infty} (\sqrt{n+2} - 2\sqrt{n+1} + \sqrt{n})$;

(2) $\sum_{n=1}^{\infty} \sin\frac{n}{2}\pi$.

2. 设级数 $\sum_{n=1}^{\infty} u_n$ 发散, $\sum_{n=1}^{\infty} v_n$ 收敛, 证明级数 $\sum_{n=1}^{\infty} (u_n \pm v_n)$ 必发散. 若这两个级数都发散, 上述结论是否成立? 举例说明.

9.2 常数项级数的审敛法

课前测9-2-1

根据定义判别级数的收敛性, 需要计算其部分和数列的极限, 对于某些特殊的级数, 可以求出其部分和的极限, 而对于一般的级数, 计算比较困难, 因此需要建立判断级数收敛性的审敛法. 判别级数的收敛性是级数理论研究的一个基本问题.

一、正项级数的审敛法

若数项级数每一项都非负, 即 $u_n \geqslant 0 (n = 1, 2, \cdots)$, 则称级数 $\sum\limits_{n=1}^{\infty} u_n$ 为**正项级数**.

显然正项级数的部分和 $s_n = u_1 + u_2 + \cdots + u_n$ 是一个单调增加的数列

$$s_1 \leqslant s_2 \leqslant \cdots \leqslant s_n \leqslant \cdots.$$

因此根据极限准则 II: 单调有界数列必有极限, 如果 $\{s_n\}$ 有界, 级数 $\sum\limits_{n=1}^{\infty} u_n$ 必收敛于和 s.

反之, 如果正项级数 $\sum\limits_{n=1}^{\infty} u_n$ 收敛于和 s, 即 $\lim\limits_{n \to \infty} s_n = s$, 由收敛数列是有界数列的性质可知数列 $\{s_n\}$ 有界. 因此有如下结论.

定理 1 正项级数 $\sum\limits_{n=1}^{\infty} u_n$ 收敛的充分必要条件是: 它的部分和数列 $\{s_n\}$ 有界.

由此定理可知, 若正项级数 $\sum\limits_{n=1}^{\infty} u_n$ 发散, 则它的部分和数列 $s_n \to +\infty \ (n \to \infty)$, 即 $\sum\limits_{n=1}^{\infty} u_n = +\infty$.

在实际判别级数的收敛性时, 使用定理 1 并不方便, 但以定理 1 为基础可以得到其他一些方便实用的判别方法.

定理 2 (比较审敛法) 设 $\sum\limits_{n=1}^{\infty} u_n$ 与 $\sum\limits_{n=1}^{\infty} v_n$ 均为正项级数, 且满足条件 $u_n \leqslant v_n (n = 1, 2, \cdots)$,

① 若 $\sum\limits_{n=1}^{\infty} v_n$ 收敛, 则 $\sum\limits_{n=1}^{\infty} u_n$ 也收敛;

② 若 $\sum\limits_{n=1}^{\infty} u_n$ 发散, 则 $\sum\limits_{n=1}^{\infty} v_n$ 也发散.

证 ① 设 $\sum\limits_{n=1}^{\infty} u_n, \sum\limits_{n=1}^{\infty} v_n$ 的部分和分别为 $s_n = u_1 + u_2 + \cdots + u_n$, $\sigma_n = $

$v_1 + v_2 + \cdots + v_n$, 由于 $u_n \leqslant v_n$, 故 $s_n \leqslant \sigma_n (n = 1, 2, \cdots)$, 因为 $\sum\limits_{n=1}^{\infty} v_n$ 收敛, 则部

分和数列 $\{\sigma_n\}$ 有界, 从而部分和数列 $\{s_n\}$ 有界, 由定理 1 知, 级数 $\sum\limits_{n=1}^{\infty} u_n$ 收敛.

② 用反证法. 当 $\sum\limits_{n=1}^{\infty} u_n$ 发散时, 如果 $\sum\limits_{n=1}^{\infty} v_n$ 收敛, 根据上面已证得的结论,

则 $\sum\limits_{n=1}^{\infty} u_n$ 也收敛, 与已知条件矛盾.

注 由于级数的每一项同乘不为零的常数 k, 以及去掉前面有限项均不改变
级数的敛散性. 因此定理 2 条件可减弱为

推论 1 (比较审敛法) 设 $\sum\limits_{n=1}^{\infty} u_n$ 与 $\sum\limits_{n=1}^{\infty} v_n$ 均为正项级数, 且满足条件

$$u_n \leqslant C v_n \quad (C > 0 为常数, n = k, k+1, \cdots, 其中 k 为某一正整数),$$

①若 $\sum\limits_{n=1}^{\infty} v_n$ 收敛, 则 $\sum\limits_{n=1}^{\infty} u_n$ 也收敛;

②若 $\sum\limits_{n=1}^{\infty} u_n$ 发散, 则 $\sum\limits_{n=1}^{\infty} v_n$ 也发散.

例 1 证明 p-级数

$$\sum_{n=1}^{\infty} \frac{1}{n^p} = 1 + \frac{1}{2^p} + \frac{1}{3^p} + \frac{1}{4^p} + \cdots + \frac{1}{n^p} + \cdots$$

当 $p \leqslant 1$ 时发散, 当 $p > 1$ 时收敛.

证 当 $p \leqslant 1$ 时,

$$\frac{1}{n^p} \geqslant \frac{1}{n} \quad (n = 1, 2, \cdots),$$

而调和级数 $\sum\limits_{n=1}^{\infty} \frac{1}{n}$ 发散, 由比较审敛法知, 当 $p \leqslant 1$ 时, 级数 $\sum\limits_{n=1}^{\infty} \frac{1}{n^p}$ 发散.

当 $p > 1$ 时, 对于 $k-1 \leqslant x \leqslant k (k$ 为大于的自然数), 有 $\dfrac{1}{k^p} \leqslant \dfrac{1}{x^p} \leqslant \dfrac{1}{(k-1)^p}$,
所以

$$\frac{1}{k^p} = \int_{k-1}^{k} \frac{1}{k^p} \mathrm{d}x \leqslant \int_{k-1}^{k} \frac{1}{x^p} \mathrm{d}x,$$

因此

$$s_n = 1 + \frac{1}{2^p} + \frac{1}{3^p} + \cdots + \frac{1}{k^p} + \cdots + \frac{1}{n^p}$$

$$\leqslant 1 + \int_1^2 \frac{1}{x^p}\mathrm{d}x + \int_2^3 \frac{1}{x^p}\mathrm{d}x + \cdots + \int_{k-1}^k \frac{1}{x^p}\mathrm{d}x + \cdots + \int_{n-1}^n \frac{1}{x^p}\mathrm{d}x$$

$$= 1 + \int_1^n \frac{1}{x^p}\mathrm{d}x$$

$$= 1 + \frac{1}{p-1}\left(1 - \frac{1}{n^{p-1}}\right) < 1 + \frac{1}{p-1},$$

即部分和 s_n 有界, 故 $\displaystyle\sum_{n=1}^{\infty} \frac{1}{n^p}$ 收敛.

综上所述, p-级数 $\displaystyle\sum_{n=1}^{\infty} \frac{1}{n^p}$ 在 $p > 1$ 时收敛, 在 $p \leqslant 1$ 时发散.

例 2　用比较审敛法讨论下列级数的收敛性:

(1) $\displaystyle\sum_{n=1}^{\infty} \frac{1}{\sqrt{n(n+2)}}$;　　　　　　　　(2) $\displaystyle\sum_{n=1}^{\infty} \frac{1}{\sqrt{n}} \ln\left(1 + \frac{1}{n}\right)$.

解　(1) 因为

$$\frac{1}{\sqrt{n(n+2)}} > \frac{1}{\sqrt{(n+2)^2}} = \frac{1}{n+2},$$

而级数

$$\sum_{n=1}^{\infty} \frac{1}{n+2} = \frac{1}{3} + \frac{1}{4} + \cdots + \frac{1}{n+1} + \cdots$$

是发散的, 根据比较审敛法可知, 所给级数 $\displaystyle\sum_{n=1}^{\infty} \frac{1}{\sqrt{n(n+2)}}$ 是发散的.

(2) 当 $n \geqslant 1$ 时, 由于

$$0 < \frac{1}{\sqrt{n}} \ln\left(1 + \frac{1}{n}\right) < \frac{1}{\sqrt{n}} \cdot \frac{1}{n} = \frac{1}{n^{\frac{3}{2}}} \quad (n = 1, 2, \cdots),$$

并且级数 $\displaystyle\sum_{n=1}^{\infty} \frac{1}{n^{\frac{3}{2}}}$ 收敛, 从而级数 $\displaystyle\sum_{n=1}^{\infty} \frac{1}{\sqrt{n}} \ln\left(1 + \frac{1}{n}\right)$ 收敛.

定理 3 (比较审敛法的极限形式)　设 $\displaystyle\sum_{n=1}^{\infty} u_n$ 和 $\displaystyle\sum_{n=1}^{\infty} v_n$ 均为正项级数, 且 $\displaystyle\lim_{n \to \infty} \frac{u_n}{v_n} = l$, 则

① 当 $0 < l < +\infty$ 时, $\displaystyle\sum_{n=1}^{\infty} u_n$ 与 $\displaystyle\sum_{n=1}^{\infty} v_n$ 同时收敛或同时发散;

② 当 $l = 0$, 且 $\displaystyle\sum_{n=1}^{\infty} v_n$ 收敛时, $\displaystyle\sum_{n=1}^{\infty} u_n$ 也收敛;

③ 当 $l = +\infty$, 且 $\displaystyle\sum_{n=1}^{\infty} v_n$ 发散时, $\displaystyle\sum_{n=1}^{\infty} u_n$ 也发散.

证 ① 由于 $\displaystyle\lim_{n\to\infty} \frac{u_n}{v_n} = l$, 取 $\varepsilon = \dfrac{l}{2}$, 存在自然数 N, 当 $n > N$ 时, 有不等式

$$\left| \frac{u_n}{v_n} - l \right| < \frac{l}{2},$$

即

$$\frac{l}{2} < \frac{u_n}{v_n} < \frac{3}{2}l,$$

从而

$$\frac{l}{2} v_n < u_n < \frac{3}{2} l v_n,$$

再根据比较审敛法, 即得所要证的结论.

② 当 $l = 0$ 时, 取 $\varepsilon = 1$, 存在自然数 N, 当 $n > N$ 时, 有不等式

$$\left| \frac{u_n}{v_n} - 0 \right| < 1,$$

即

$$0 < u_n < v_n,$$

当 $\displaystyle\sum_{n=1}^{\infty} v_n$ 收敛时, 则 $\displaystyle\sum_{n=1}^{\infty} u_n$ 也收敛;

③ 当 $l = +\infty$ 时, 则 $\displaystyle\lim_{n\to\infty} \frac{v_n}{u_n} = 0$, 由反证法及②知结论成立.

例 3 用比较审敛法的极限形式, 讨论下列级数的收敛性:

(1) $\displaystyle\sum_{n=2}^{\infty} \frac{1}{n^2 - 2n + 1}$;

(2) $\displaystyle\sum_{n=1}^{\infty} \frac{n+2}{\sqrt{n^3 + n + 1}}$;

(3) $\displaystyle\sum_{n=1}^{\infty} \sin \frac{\pi}{2^n}$;

(4) $\displaystyle\sum_{n=2}^{\infty} \frac{1}{\ln n}$.

解 (1) 因为 $\lim\limits_{n\to\infty} \dfrac{\dfrac{1}{n^2-2n+1}}{\dfrac{1}{n^2}} = 1$, 而级数 $\sum\limits_{n=1}^{\infty} \dfrac{1}{n^2}$ 收敛, 由定理 3 可知, 级

数 $\sum\limits_{n=2}^{\infty} \dfrac{1}{n^2-2n+1}$ 收敛.

(2) 因为 $\lim\limits_{n\to\infty} \dfrac{\dfrac{n+2}{\sqrt{n^3+n+1}}}{\dfrac{1}{\sqrt{n}}} = 1$, 而级数 $\sum\limits_{n=1}^{\infty} \dfrac{1}{\sqrt{n}}$ 发散, 由定理 3 可知, 级数

$\sum\limits_{n=1}^{\infty} \dfrac{n+2}{\sqrt{n^3+n+1}}$ 发散.

(3) 因为 $\lim\limits_{n\to\infty} \dfrac{\sin\dfrac{\pi}{2^n}}{\dfrac{\pi}{2^n}} = 1$, 而级数 $\sum\limits_{n=1}^{\infty} \dfrac{\pi}{2^n}$ 收敛, 所以由定理 3 得级数 $\sum\limits_{n=1}^{\infty} \sin\dfrac{\pi}{2^n}$

收敛.

(4) 因为 $\lim\limits_{n\to\infty} \dfrac{\dfrac{1}{\ln n}}{\dfrac{1}{n}} = \lim\limits_{n\to\infty} \dfrac{n}{\ln n} = +\infty$, 而级数 $\sum\limits_{n=1}^{\infty} \dfrac{1}{n}$ 发散, 由定理 3 得

$\sum\limits_{n=2}^{\infty} \dfrac{1}{\ln n}$ 发散.

由例 3 可知, 利用比较审敛法或比较审敛法的极限形式判断级数的敛散性, 关键在于选择一个敛散性已知的级数作为参考级数进行比较. 常用来作参考的有等比级数与 p-级数. 事实上, 找寻到已知敛散性的参考级数具有相当的难度, 甚至无法做到, 下面通过对级数自身通项特点的分析, 得到正项级数的比值审敛法和根值审敛法, 具体如下.

定理 4 (比值审敛法) 设 $\sum\limits_{n=1}^{\infty} u_n$ 为正项级数, 且

$$\lim_{n\to\infty} \frac{u_{n+1}}{u_n} = \rho, \tag{9-2-1}$$

则

① 当 $\rho < 1$ 时, 级数 $\sum\limits_{n=1}^{\infty} u_n$ 收敛;

② 当 $\rho > 1$(或 $\rho = +\infty$) 时, 级数 $\sum\limits_{n=1}^{\infty} u_n$ 发散;

③ 当 $\rho = 1$ 时, 级数 $\sum\limits_{n=1}^{\infty} u_n$ 可能收敛也可能发散.

证 ①当 $\rho < 1$ 时, 选取适当小的正数 ε, 使 $\rho + \varepsilon = r < 1$, 由 (9-2-1) 式, 根据极限定义, 必存在自然数 N, 当 $n > N$ 时, 有

$$\left| \frac{u_{n+1}}{u_n} - \rho \right| < \varepsilon,$$

从而

$$\frac{u_{n+1}}{u_n} < \rho + \varepsilon = r \quad (n = N+1, N+2, \cdots),$$

即

$$u_{N+k} < r u_{N+k-1} < r^2 u_{N+k-2} < \cdots < r^{k-1} u_{N+1},$$

因为等比级数 $\sum\limits_{k=1}^{\infty} r^{k-1} u_{N+1}$ 的公比 $r < 1$, 所以该级数是收敛的, 故由比较审敛法及基本性质知, 级数 $\sum\limits_{n=1}^{\infty} u_n$ 收敛.

② 当 $\rho > 1$ 时, 选取适当小的正数 ε, 使 $\rho - \varepsilon > 1$, 由 (9-2-1) 式, 必存在自然数 N, 当 $n > N$ 时, 有

$$\left| \frac{u_{n+1}}{u_n} - \rho \right| < \varepsilon,$$

从而

$$\frac{u_{n+1}}{u_n} > \rho - \varepsilon > 1 \quad (n = N+1, N+2, \cdots),$$

即

$$u_{n+1} > u_n \quad (n = N+1, N+2, \cdots),$$

于是, 当 $n \to \infty$ 时, u_n 不趋于零, 由级数收敛的必要条件可知级数 $\sum\limits_{n=1}^{\infty} u_n$ 发散.

同理可证, 当 $\rho = +\infty$ 时, 级数 $\sum\limits_{n=1}^{\infty} u_n$ 也发散.

③ 当 $\rho = 1$ 时, 级数可能收敛, 也可能发散. 例如, p-级数 $\sum\limits_{n=1}^{\infty} \frac{1}{n^p}$, 有

$$\rho = \lim_{n \to \infty} \frac{u_{n+1}}{u_n} = \lim_{n \to \infty} \left(\frac{n}{n+1} \right)^p = 1,$$

但 p-级数 $\sum_{n=1}^{\infty} \dfrac{1}{n^p}$ 在 $p > 1$ 时收敛, 在 $p \leqslant 1$ 时发散.

比值审敛法又称**达朗贝尔** (D'Alembert) **判别法**.

例 4　讨论下列级数的收敛性:

(1) $\sum_{n=1}^{\infty} \dfrac{n}{3^{n-1}}$;

(2) $\sum_{n=1}^{\infty} \dfrac{n^n}{n!}$;

(3) $\sum_{n=1}^{\infty} n \sin \dfrac{\pi}{2^n}$;

(4) $\sum_{n=1}^{\infty} \dfrac{n \cos^2 \dfrac{n\pi}{2}}{2^n}$.

解　(1) 因为

$$\lim_{n\to\infty} \frac{u_{n+1}}{u_n} = \lim_{n\to\infty} \frac{\dfrac{n+1}{3^n}}{\dfrac{n}{3^{n-1}}} = \lim_{n\to\infty} \frac{n+1}{3n} = \frac{1}{3} < 1,$$

由比值审敛法知, 级数 $\sum_{n=1}^{\infty} \dfrac{n}{3^{n-1}}$ 收敛.

(2) 因为

$$\lim_{n\to\infty} \frac{u_{n+1}}{u_n} = \lim_{n\to\infty} \frac{\dfrac{(n+1)^{n+1}}{(n+1)!}}{\dfrac{n^n}{n!}} = \lim_{n\to\infty} \left(\frac{n+1}{n}\right)^n = e > 1,$$

由比值审敛法知, 级数 $\sum_{n=1}^{\infty} \dfrac{n^n}{n!}$ 发散.

(3) 因为

$$\lim_{n\to\infty} \frac{u_{n+1}}{u_n} = \lim_{n\to\infty} \frac{(n+1)\sin\dfrac{\pi}{2^{n+1}}}{n\sin\dfrac{\pi}{2^n}} = \lim_{n\to\infty} \frac{1}{2}\left(\frac{n+1}{n}\right) = \frac{1}{2} < 1,$$

由比值审敛法知, 级数 $\sum_{n=1}^{\infty} n \sin \dfrac{\pi}{2^n}$ 收敛.

(4) 因为 $\dfrac{n\cos^2\dfrac{n\pi}{2}}{2^n} \leqslant \dfrac{n}{2^n}$, 对于级数 $\sum_{n=1}^{\infty} \dfrac{n}{2^n}$,

$$\lim_{n\to\infty} \frac{u_{n+1}}{u_n} = \lim_{n\to\infty} \frac{\dfrac{n+1}{2^{n+1}}}{\dfrac{n}{2^n}} = \lim_{n\to\infty} \frac{1}{2}\left(\frac{n+1}{n}\right) = \frac{1}{2} < 1,$$

由比值审敛法知, 级数 $\displaystyle\sum_{n=1}^{\infty} \frac{n}{2^n}$ 收敛, 再由比较审敛法知, 级数 $\displaystyle\sum_{n=1}^{\infty} \frac{n \cos^2 \frac{n\pi}{2}}{2^n}$ 收敛.

例 5　证明级数 $\displaystyle\sum_{n=0}^{\infty} \frac{1}{n!}$ 收敛, 并估计以级数的部分和 s_n 近似代替和 s 所产生的误差.

证　用比值审敛法, 因为

$$\lim_{n\to\infty} \frac{u_{n+1}}{u_n} = \lim_{n\to\infty} \frac{\dfrac{1}{n!}}{\dfrac{1}{(n-1)!}} = \lim_{n\to\infty} \frac{1}{n} = 0 < 1,$$

可知所给级数收敛.

用该级数的部分和 s_n 近似代替 s 时, 所产生的误差为

$$\begin{aligned}
|r_n| &= \frac{1}{n!} + \frac{1}{(n+1)!} + \frac{1}{(n+2)!} + \cdots \\
&= \frac{1}{n!}\left[1 + \frac{1}{n+1} + \frac{1}{(n+1)(n+2)} + \cdots\right] \\
&\leqslant \frac{1}{n!}\left(1 + \frac{1}{n} + \frac{1}{n^2} + \cdots\right) = \frac{1}{n!}\frac{1}{1-\dfrac{1}{n}} = \frac{1}{(n-1)(n-1)!}.
\end{aligned}$$

定理 5 (根值审敛法)　设 $\displaystyle\sum_{n=1}^{\infty} u_n$ 为正项级数, 且

$$\lim_{n\to\infty} \sqrt[n]{u_n} = \rho,$$

则

① 当 $\rho < 1$ 时, 级数 $\displaystyle\sum_{n=1}^{\infty} u_n$ 收敛;

② 当 $\rho > 1$ (或 $\rho = +\infty$) 时, 级数 $\displaystyle\sum_{n=1}^{\infty} u_n$ 发散;

③ 当 $\rho = 1$ 时, 级数 $\displaystyle\sum_{n=1}^{\infty} u_n$ 可能收敛也可能发散.

定理 5 的证明与定理 4 的证明类似, 请读者自证.

根值审敛法又称**柯西 (Cauchy) 判别法**.

例 6　讨论下列级数的收敛性:

(1) $\sum_{n=1}^{\infty} \left(\dfrac{n}{3n-1} \right)^n$;

(2) $\sum_{n=1}^{\infty} \dfrac{2+(-1)^n}{3^n}$;

(3) $\sum_{n=1}^{\infty} \left(\sqrt[n]{n} - 1 \right)^n$;

(4) $\sum_{n=1}^{\infty} \left(\cos \dfrac{1}{\sqrt{n}} \right)^{n^2}$.

解　(1) 因为

$$\lim_{n \to \infty} \sqrt[n]{u_n} = \lim_{n \to \infty} \frac{n}{3n-1} = \frac{1}{3} < 1,$$

由根值审敛法知, 级数 $\sum_{n=1}^{\infty} \left(\dfrac{n}{3n-1} \right)^n$ 收敛.

(2) 因为

$$\lim_{n \to \infty} \sqrt[n]{u_n} = \lim_{n \to \infty} \frac{1}{3} \sqrt[n]{2+(-1)^n} = \frac{1}{3} < 1,$$

由根值审敛法知, 级数 $\sum_{n=1}^{\infty} \dfrac{2+(-1)^n}{3^n}$ 收敛.

(3) 因为

$$\lim_{n \to \infty} \sqrt[n]{u_n} = \lim_{n \to \infty} \left(\sqrt[n]{n} - 1 \right) = 0 < 1,$$

由根值审敛法知, 级数 $\sum_{n=1}^{\infty} \left(\sqrt[n]{n} - 1 \right)^n$ 收敛.

(4) 因为

$$\lim_{n \to \infty} \sqrt[n]{u_n} = \lim_{n \to \infty} \left(\cos \frac{1}{\sqrt{n}} \right)^n$$

$$= \lim_{n \to \infty} \left(1 + \cos \frac{1}{\sqrt{n}} - 1 \right)^{\frac{1}{\cos \frac{1}{\sqrt{n}} - 1} \cdot n \left(\cos \frac{1}{\sqrt{n}} - 1 \right)} = e^{-\frac{1}{2}} < 1,$$

由根值审敛法知, 级数 $\sum_{n=1}^{\infty} \left(\cos \dfrac{1}{\sqrt{n}} \right)^{n^2}$ 收敛.

二、交错级数及其审敛法

如果级数的各项是正负相间的, 即可写成

$$\sum_{n=1}^{\infty} (-1)^{n-1} u_n = u_1 - u_2 + u_3 - u_4 + \cdots + (-1)^{n-1} u_n + \cdots$$

或

$$\sum_{n=1}^{\infty} (-1)^n u_n = -u_1 + u_2 - u_3 + u_4 - \cdots + (-1)^n u_n + \cdots,$$

其中 $u_n > 0 (n = 1, 2, \cdots)$，则称这样的级数为**交错级数**。

由于级数 $\displaystyle\sum_{n=1}^{\infty} (-1)^{n-1} u_n$ 和 $\displaystyle\sum_{n=1}^{\infty} (-1)^n u_n$ 的敛散性相同，所以下面仅讨论 $\displaystyle\sum_{n=1}^{\infty} (-1)^{n-1} u_n$ 的情况。

定理 6 (莱布尼茨 (Leibniz) 审敛法) 如果交错级数 $\displaystyle\sum_{n=1}^{\infty} (-1)^{n-1} u_n$，满足条件

① $u_n \geqslant u_{n+1}$ $(n = 1, 2, 3, \cdots)$，
② $\displaystyle\lim_{n \to \infty} u_n = 0$.

定理6讲解9-2-2

则级数 $\displaystyle\sum_{n=1}^{\infty} (-1)^{n-1} u_n$ 收敛，且其和 $s \leqslant u_1$，其余项 r_n 的绝对值 $|r_n| \leqslant u_{n+1}$。

证 由于

$$s_{2n} = (u_1 - u_2) + (u_3 - u_4) + \cdots + (u_{2n-1} - u_{2n})$$

$$= u_1 - (u_2 - u_3) - \cdots - (u_{2n-2} - u_{2n-1}) - u_{2n} \leqslant u_1,$$

根据题设条件①可知，前 $2n$ 项和的序列 $\{s_{2n}\}$ 递增且有上界，因而必有极限，设为 s，由于

$$s_{2n+1} = s_{2n} + u_{2n+1},$$

再根据条件② $u_{2n+1} \to 0 (n \to \infty)$，故有

$$\lim_{n \to \infty} s_{2n+1} = \lim_{n \to \infty} s_{2n} = s,$$

从而得 $\displaystyle\lim_{n \to \infty} s_n = s$，且其和 $s \leqslant u_1$。

其余项 r_n 可以写成

$$r_n = (-1)^n u_{n+1} + (-1)^{n+1} u_{n+2} + \cdots = (-1)^n (u_{n+1} - u_{n+2} + \cdots),$$

级数 $u_{n+1} - u_{n+2} + \cdots$ 仍是满足定理条件的交错级数，由上面已证得的结论可知

$$|r_n| = s - s_n = u_{n+1} - u_{n+2} + \cdots \leqslant u_{n+1}.$$

例 7 讨论下列级数的收敛性:

(1) $\displaystyle\sum_{n=1}^{\infty} (-1)^{n-1}\frac{1}{n}$;

(2) $\displaystyle\sum_{n=1}^{\infty} (-1)^n \frac{1}{n-\ln n}$.

解 (1) 所给级数为交错级数, 且满足

$$u_n = \frac{1}{n} > \frac{1}{n+1} = u_{n+1}(n=1,2,\cdots), \quad \lim_{n\to\infty} u_n = \lim_{n\to\infty}\frac{1}{n} = 0,$$

由莱布尼茨审敛法可知, 级数 $\displaystyle\sum_{n=1}^{\infty} (-1)^{n-1}\frac{1}{n}$ 收敛, 且其和 $s \leqslant u_1 = 1$, 余项

$|r_n| \leqslant u_{n+1} = \dfrac{1}{n+1}$.

(2) 设 $u_n = \dfrac{1}{n-\ln n}$, 记 $f(x) = x - \ln x, f'(x) = 1 - \dfrac{1}{x} > 0(x>1)$, 从而当 $x>1$ 时, $f(x)$ 单调递增. 故数列 $\{u_n\}$ 单调递减, 而

$$\lim_{n\to\infty} u_n = \lim_{n\to\infty}\frac{1}{n-\ln n} = \lim_{n\to\infty}\frac{\dfrac{1}{n}}{1-\dfrac{\ln n}{n}} = 0,$$

所以由莱布尼茨审敛法知, 级数 $\displaystyle\sum_{n=1}^{\infty} (-1)^n \frac{1}{n-\ln n}$ 收敛.

三、 绝对收敛与条件收敛

现在讨论一般的级数

$$u_1 + u_2 + \cdots + u_n + \cdots,$$

其各项 $u_n(n=1,2,\cdots)$ 为任意实数, 称 $\displaystyle\sum_{n=1}^{\infty} u_n$ 为任意项级数. 对通项 $u_n(n=1,2,\cdots)$ 取绝对值构成一个正项级数 $\displaystyle\sum_{n=1}^{\infty} |u_n|$, 而对于正项级数, 我们已经学习了若干判别法. 下面讨论如何通过正项级数的收敛性来判别任意项级数 $\displaystyle\sum_{n=1}^{\infty} u_n$ 的收敛问题.

定理 7 如果级数 $\displaystyle\sum_{n=1}^{\infty} |u_n|$ 收敛, 则级数 $\displaystyle\sum_{n=1}^{\infty} u_n$ 收敛.

证 因为 $0 \leqslant u_n + |u_n| \leqslant 2|u_n|$, 且级数 $\sum\limits_{n=1}^{\infty} 2|u_n|$ 收敛, 根据比较审敛法可知, 级数 $\sum\limits_{n=1}^{\infty}(u_n + |u_n|)$ 收敛. 又因为

$$u_n = (u_n + |u_n|) - |u_n|,$$

所以级数 $\sum\limits_{n=1}^{\infty} u_n$ 收敛.

注 定理 7 的逆命题不成立, 即当级数 $\sum\limits_{n=1}^{\infty} u_n$ 收敛时, 级数 $\sum\limits_{n=1}^{\infty} |u_n|$ 未必收敛, 例如, 级数 $\sum\limits_{n=1}^{\infty}(-1)^{n-1}\dfrac{1}{n}$ 收敛, 而 $\sum\limits_{n=1}^{\infty}\dfrac{1}{n}$ 发散.

定义 1 如果级数 $\sum\limits_{n=1}^{\infty} |u_n|$ 收敛, 则称级数 $\sum\limits_{n=1}^{\infty} u_n$ **绝对收敛**; 如果级数 $\sum\limits_{n=1}^{\infty} |u_n|$ 发散, 而 $\sum\limits_{n=1}^{\infty} u_n$ 收敛, 则称级数 $\sum\limits_{n=1}^{\infty} u_n$ **条件收敛**.

容易看出, 级数 $\sum\limits_{n=1}^{\infty}(-1)^{n-1}\dfrac{1}{n^2}$ 是绝对收敛的, 而级数 $\sum\limits_{n=1}^{\infty}(-1)^{n-1}\dfrac{1}{n}$ 是条件收敛的.

例 8 讨论下列级数的收敛性, 若收敛, 指出是绝对收敛还是条件收敛:

(1) $\sum\limits_{n=1}^{\infty}(-1)^n \sin\dfrac{1}{n}$;   (2) $\sum\limits_{n=1}^{\infty}\dfrac{\cos nx}{n^2}$.

解 (1) 因为 $\sum\limits_{n=1}^{\infty}\left|(-1)^n \sin\dfrac{1}{n}\right| = \sum\limits_{n=1}^{\infty}\sin\dfrac{1}{n}$, $\lim\limits_{n\to\infty}\dfrac{\sin\dfrac{1}{n}}{\dfrac{1}{n}} = 1$, 而级数 $\sum\limits_{n=1}^{\infty}\dfrac{1}{n}$ 发散, 所以 $\sum\limits_{n=1}^{\infty}\sin\dfrac{1}{n}$ 发散, 而此级数为交错级数, 且满足

$$u_n = \sin\dfrac{1}{n} > \sin\dfrac{1}{n+1} = u_{n+1}(n=1,2,\cdots), \quad \lim\limits_{n\to\infty} u_n = \lim\limits_{n\to\infty}\sin\dfrac{1}{n} = 0,$$

所以 $\sum\limits_{n=1}^{\infty}(-1)^n \sin\dfrac{1}{n}$ 条件收敛.

(2) 因为 $\left|\dfrac{\cos nx}{n^2}\right| \leqslant \dfrac{1}{n^2}$, 而级数 $\displaystyle\sum_{n=1}^{\infty} \dfrac{1}{n^2}$ 是收敛的, 所以级数 $\displaystyle\sum_{n=1}^{\infty} \left|\dfrac{\cos nx}{n^2}\right|$ 也收敛, 从而级数 $\displaystyle\sum_{n=1}^{\infty} \dfrac{\cos nx}{n^2}$ 绝对收敛.

由定理 7 我们可将许多任意项级数的收敛性问题转化为正项级数的收敛性问题. 一般情况下, 如果级数 $\displaystyle\sum_{n=1}^{\infty} |u_n|$ 发散, 不能断定级数 $\displaystyle\sum_{n=1}^{\infty} u_n$ 也发散. 但是, 如果用比值审敛法或根值审敛法由 $\displaystyle\lim_{n\to\infty} \left|\dfrac{u_{n+1}}{u_n}\right| = \rho > 1$ 或 $\displaystyle\lim_{n\to\infty} \sqrt[n]{|u_n|} = \rho > 1$ 判定级数 $\displaystyle\sum_{n=1}^{\infty} |u_n|$ 发散, 此时从 $\rho > 1$ 可推出 $\displaystyle\lim_{n\to\infty} |u_n| \neq 0$, 从而 $\displaystyle\lim_{n\to\infty} u_n \neq 0$, 则可以断定级数 $\displaystyle\sum_{n=1}^{\infty} u_n$ 必定发散.

例 9　讨论级数 $\displaystyle\sum_{n=1}^{\infty} (-1)^n \dfrac{\mathrm{e}^n}{n^2}$ 的敛散性, 若收敛, 指出是绝对收敛还是条件收敛.

解　因为 $\displaystyle\sum_{n=1}^{\infty} \left|(-1)^n \dfrac{\mathrm{e}^n}{n^2}\right| = \sum_{n=1}^{\infty} \dfrac{\mathrm{e}^n}{n^2}$, 且

$$\lim_{n\to\infty} \frac{|u_{n+1}|}{|u_n|} = \lim_{n\to\infty} \frac{\dfrac{\mathrm{e}^{n+1}}{(n+1)^2}}{\dfrac{\mathrm{e}^n}{n^2}} = \lim_{n\to\infty} \frac{\mathrm{e}n^2}{(n+1)^2} = \mathrm{e} > 1,$$

所以级数 $\displaystyle\sum_{n=1}^{\infty} (-1)^n \dfrac{\mathrm{e}^n}{n^2}$ 也发散.

例 10　讨论级数 $\displaystyle\sum_{n=1}^{\infty} (-1)^{n-1} \dfrac{a^n}{n}$ 的收敛性.

解　由 $|u_n| = \dfrac{|a|^n}{n}$, 有

$$\lim_{n\to\infty} \frac{|u_{n+1}|}{|u_n|} = \lim_{n\to\infty} \frac{|a|^{n+1}}{n+1} \cdot \frac{n}{|a|^n} = \lim_{n\to\infty} \frac{n}{n+1} \cdot |a| = |a|,$$

于是, 当 $|a| < 1$ 时, 级数 $\displaystyle\sum_{n=1}^{\infty} |u_n|$ 收敛, 故原级数绝对收敛; 当 $|a| > 1$ 时, 可知

$\lim\limits_{n\to\infty} u_n \neq 0$, 从而原级数发散; 当 $a=1$ 时, 级数为 $\sum\limits_{n=1}^{\infty}(-1)^{n-1}\dfrac{1}{n}$ 是条件收敛的;

当 $a=-1$ 时, 级数为 $\sum\limits_{n=1}^{\infty}(-1)^{n-1}\dfrac{(-1)^n}{n} = -\sum\limits_{n=1}^{\infty}\dfrac{1}{n}$ 是发散的.

绝对收敛级数有很多性质是条件收敛级数没有的, 下面给出绝对收敛级数的两个常用性质.

定理 8   绝对收敛级数经改变项的位置后构成的级数也收敛, 且与原级数有相同的和 (即绝对收敛级数具有可交换性).

证明略.

定理 9 (绝对收敛级数的乘法)   设级数 $\sum\limits_{n=1}^{\infty} u_n$ 和 $\sum\limits_{n=1}^{\infty} v_n$ 都绝对收敛, 其和分别为 s 和 σ, 则它们的柯西乘法

$$u_1 v_1 + (u_1 v_2 + u_2 v_1) + \cdots + (u_1 v_n + u_2 v_{n-1} + \cdots + u_n v_1) + \cdots$$

也是绝对收敛的, 且其和为 $s\cdot\sigma$.

证明略.

课件9-2-3

<h2 style="text-align:center">习 题 9-2</h2>

<h3 style="text-align:center">A 组</h3>

1. 用比较审敛法或其极限形式讨论下列级数的收敛性:

(1) $1 + \dfrac{1}{3} + \dfrac{1}{5} + \cdots + \dfrac{1}{(2n-1)} + \cdots$;

(2) $\dfrac{1}{2\cdot 5} + \dfrac{1}{3\cdot 6} + \cdots + \dfrac{1}{(n+1)(n+4)} + \cdots$;

(3) $\sum\limits_{n=1}^{\infty} \dfrac{1}{n\sqrt{n+1}}$;

(4) $\sum\limits_{n=1}^{\infty} \dfrac{1}{1+a^n}(a>0)$;

(5) $\sum\limits_{n=1}^{\infty} \dfrac{1}{n}\sin\dfrac{1}{\sqrt{n}}$;

(6) $\sum\limits_{n=1}^{\infty} \ln\left(1+\dfrac{1}{n^2}\right)$.

2. 用比值审敛法讨论下列级数的收敛性:

(1) $\sum\limits_{n=1}^{\infty} \dfrac{n^2+2}{3^n}$;

(2) $\sum\limits_{n=1}^{\infty} \dfrac{n!}{10^n}$;

(3) $\sum\limits_{n=1}^{\infty} \dfrac{3^n\cdot n!}{n^n}$;

(4) $\sum\limits_{n=1}^{\infty} n\tan\dfrac{\pi}{3^{n+1}}$.

3. 用根值审敛法讨论下列级数的收敛性:

(1) $\sum\limits_{n=1}^{\infty} \left(\dfrac{n}{3n+1}\right)^n$;

(2) $\sum\limits_{n=1}^{\infty} \left(\dfrac{n}{3n-1}\right)^{2n-1}$;

(3) $\sum_{n=1}^{\infty} \dfrac{2^n}{n^{\frac{n}{2}}}$;

(4) $\sum_{n=1}^{\infty} \left(a + \dfrac{1}{n}\right)^n (a \geqslant 0)$.

4. 用适当的方法讨论下列级数的收敛性:

(1) $\sum_{n=2}^{\infty} \dfrac{1}{\sqrt{n}} \ln \dfrac{n+1}{n-1}$;

(2) $\sum_{n=1}^{\infty} \dfrac{n!}{(2n)!}$;

(3) $\sum_{n=1}^{\infty} \dfrac{1}{n \sqrt[n]{n}}$;

(4) $\sum_{n=1}^{\infty} \dfrac{1}{na+b} (a > 0, b > 0)$;

(5) $\sum_{n=1}^{\infty} \left(1 - \cos \dfrac{\pi}{n}\right)$;

(6) $\sum_{n=1}^{\infty} n a^{n-1} (a > 0)$.

5. 讨论下列级数的收敛性, 若收敛, 指出是绝对收敛还是条件收敛.

(1) $\sum_{n=1}^{\infty} (-1)^{n-1} \dfrac{n}{3^{n-1}}$;

(2) $\sum_{n=1}^{\infty} \dfrac{(-1)^{n-1}}{2^n}$;

(3) $\sum_{n=1}^{\infty} (-1)^{n+1} \dfrac{2^{n^2}}{n!}$;

(4) $\sum_{n=1}^{\infty} (-1)^{n+1} (\sqrt{n+1} - \sqrt{n})$;

6. 若级数 $\sum_{n=2}^{\infty} \left[\sin \dfrac{1}{n} - k \ln \left(1 - \dfrac{1}{n}\right)\right]$ 收敛, 则 $k = ($ $)$ (2017 考研真题)

(A) 1   (B) 2   (C) -1 (D) -2.

7. 证明: 若 $\lim\limits_{n \to \infty} n u_n = a > 0$, 则 $\sum_{n=1}^{\infty} u_n$ 发散.

8. 设级数 $\sum_{n=1}^{\infty} a_n (a_n \geqslant 0)$ 收敛, 证明级数 $\sum_{n=1}^{\infty} a_n^2$ 也收敛.

B 组

1. 讨论下列级数的收敛性:

(1) $\sum_{n=1}^{\infty} \dfrac{1}{(an^2 + bn + c)^{\alpha}} (a > 0, b > 0)$;

(2) $\sum_{n=1}^{\infty} \dfrac{\sqrt{n+1} - \sqrt{n-1}}{n^{\alpha}} (\alpha \in \mathbf{R})$.

2. 设级数 $\sum_{n=1}^{\infty} a_n^2$ 与 $\sum_{n=1}^{\infty} b_n^2$ 都收敛, 证明: $\sum_{n=1}^{\infty} |a_n b_n|$, $\sum_{n=1}^{\infty} (a_n + b_n)^2$ 及 $\sum_{n=1}^{\infty} \dfrac{|a_n|}{n}$ 都收敛.

3. 设级数 $\sum_{n=1}^{\infty} u_n, \sum_{n=1}^{\infty} v_n$ 都收敛, 且对任意的 n 都有 $u_n \leqslant w_n \leqslant v_n$, 证明级数 $\sum_{n=1}^{\infty} w_n$ 收敛.

4. 设 $\{u_n\}$ 是单调增加的有界数列, 则下列级数中收敛的是 ($\quad$) (2019 考研真题)

(A) $\sum_{n=1}^{\infty} \dfrac{u_n}{n}$

(B) $\sum_{n=1}^{\infty} (-1)^n \dfrac{1}{u_n}$

(C) $\sum_{n=1}^{\infty} \left(1 - \dfrac{u_n}{u_{n+1}}\right)$

(D) $\sum_{n=1}^{\infty} (u_{n+1}^2 - u_n^2)$.

5. 若 $\sum\limits_{n=1}^{\infty} n u_n$ 绝对收敛, $\sum\limits_{n=1}^{\infty} \dfrac{v_n}{n}$ 条件收敛, 则 ( ) (2019 考研真题)

(A) $\sum\limits_{n=1}^{\infty} u_n v_n$ 条件收敛

(B) $\sum\limits_{n=1}^{\infty} u_n v_n$ 绝对收敛

(C) $\sum\limits_{n=1}^{\infty} (u_n + v_n)$ 收敛

(D) $\sum\limits_{n=1}^{\infty} (u_n + v_n)$ 发散.

9.3 幂 级 数

课前测9-3-1

一、函数项级数的概念

定义 1 设 $u_1(x), u_2(x), \cdots, u_n(x), \cdots$ 是定义在区间 I 上的函数列, 称表达式

$$u_1(x) + u_2(x) + \cdots + u_n(x) + \cdots$$

为定义在区间 I 上的**函数项无穷级数**, 简称**函数项级数**, 记为 $\sum\limits_{n=1}^{\infty} u_n(x)$, $u_n(x)$ 称为它的**通项**, 即

$$\sum_{n=1}^{\infty} u_n(x) = u_1(x) + u_2(x) + \cdots + u_n(x) + \cdots \tag{9-3-1}$$

在区间 I 上任取一点 x_0, 则函数项级数 (9-3-1) 就成为常数项级数

$$\sum_{n=1}^{\infty} u_n(x_0) = u_1(x_0) + u_2(x_0) + \cdots + u_n(x_0) + \cdots.$$

定义 2 若 $x_0 \in I$, 常数项级数 $\sum\limits_{n=1}^{\infty} u_n(x_0)$ 收敛, 则称函数项级数 $\sum\limits_{n=1}^{\infty} u_n(x)$ 在点 x_0 收敛, 并称 x_0 为该级数的**收敛点**. $\sum\limits_{n=1}^{\infty} u_n(x)$ 全体收敛点的集合, 称为级数 $\sum\limits_{n=1}^{\infty} u_n(x)$ 的**收敛域**, 若 $x_0 \in I$, $\sum\limits_{n=1}^{\infty} u_n(x_0)$ 发散, 则称函数项级数 $\sum\limits_{n=1}^{\infty} u_n(x)$ 在点 x_0 发散, 并称 x_0 为该级数的**发散点**. 全体发散点的集合称为其**发散域**.

在收敛域上, 函数项级数 $\sum\limits_{n=1}^{\infty} u_n(x)$ 的和是 x 的函数 $s(x)$, 称 $s(x)$ 为函数项

级数 $\displaystyle\sum_{n=1}^{\infty} u_n(x)$ 的**和函数**, 并写成

$$s(x) = u_1(x) + u_2(x) + \cdots + u_n(x) + \cdots. \tag{9-3-2}$$

用 $s_n(x)$ 表示函数项级数前 n 项的部分和

$$s_n(x) = u_1(x) + u_2(x) + \cdots + u_n(x),$$

则在收敛域内, 有

$$\lim_{n\to\infty} s_n(x) = s(x).$$

如用 $r_n(x)$ 表示函数项级数 $\displaystyle\sum_{n=1}^{\infty} u_n(x)$ 的**余项**, 即 $r_n(x) = s(x) - s_n(x) = \displaystyle\sum_{k=n+1}^{\infty} u_k(x)$, 则在收敛域内, 有

$$\lim_{n\to\infty} r_n(x) = 0.$$

应注意, 只有在收敛域内式 (9-3-2) 才成立.

例 1　函数项级数 $\displaystyle\sum_{n=0}^{\infty} x^n = 1 + x + \cdots + x^{n-1} + \cdots$ (公比为 x 的等比级数) 定义在区间 $(-\infty, +\infty)$ 上, 求它的收敛域与和函数.

解　当 $x \neq 1$ 时, 它的部分和函数为 $s_n(x) = \dfrac{1 - x^n}{1 - x}$.

当 $|x| < 1$ 时, $s(x) = \displaystyle\lim_{n\to\infty} s_n(x) = \lim_{n\to\infty} \dfrac{1 - x^n}{1 - x} = \dfrac{1}{1 - x}$;

当 $|x| > 1$ 时, $s(x) = \displaystyle\lim_{n\to\infty} s_n(x) = \lim_{n\to\infty} \dfrac{1 - x^n}{1 - x}$ 不存在, 该级数发散;

当 $x = \pm 1$ 时, 级数也都是发散的.

综上所述, 该级数的收敛域为 $(-1, 1)$, 其和函数为 $s(x) = \dfrac{1}{1 - x}$, $x \in (-1, 1)$.

二、幂级数及其收敛性

幂级数是函数项级数中结构简单、应用广泛的一类级数.

定义 3　形如

$$\sum_{n=0}^{\infty} a_n x^n = a_0 + a_1 x + a_2 x^2 + \cdots + a_n x^n + \cdots \tag{9-3-3}$$

或

$$\sum_{n=0}^{\infty} a_n(x-x_0)^n = a_0 + a_1(x-x_0) + a_2(x-x_0)^2 + \cdots + a_n(x-x_0)^n + \cdots \quad (9\text{-}3\text{-}4)$$

的函数项级数称为**幂级数**, 其中 $a_0, a_1, \cdots, a_n, \cdots$ 叫做**幂级数的系数**.

若令 $t = x - x_0$, 级数 (9-3-4) 可转化成 (9-3-3) 的形式. 因此为方便起见, 下面主要讨论形式如 (9-3-3) 的幂级数. 首先讨论幂级数 (9-3-3) 的收敛域.

定理 1 (阿贝尔 (Abel) 定理)　对于幂级数 $\displaystyle\sum_{n=0}^{\infty} a_n x^n$, 下列命

定理1讲解9-3-2

题成立:

① 如果幂级数 $\displaystyle\sum_{n=0}^{\infty} a_n x^n$ 在 $x = x_0 (x_0 \neq 0)$ 处收敛, 则它在满足不等式 $|x| < |x_0|$ 的所有 x 处使该幂级数绝对收敛.

② 如果幂级数 $\displaystyle\sum_{n=0}^{\infty} a_n x^n$ 在 $x = x_0 (x_0 \neq 0)$ 处发散, 则它在满足不等式 $|x| > |x_0|$ 的所有 x 处使该幂级数发散.

证　① 设 $\displaystyle\sum_{n=0}^{\infty} a_n x_0^n$ 收敛, 根据级数收敛的必要条件, 有 $\displaystyle\lim_{n\to\infty} a_n x_0^n = 0$, 从而存在正常数 M, 使得 $|a_n x_0^n| \leqslant M (n = 1, 2, \cdots)$, 所以有

$$|a_n x^n| = \left| a_n x_0^n \cdot \frac{x^n}{x_0^n} \right| = |a_n x_0^n| \left| \frac{x}{x_0} \right| \leqslant M \left| \frac{x}{x_0} \right|^n.$$

因为当 $|x| < |x_0|$ 时, 等比级数 $\displaystyle\sum_{n=0}^{\infty} M \cdot \left| \frac{x}{x_0} \right|^n$ 收敛, 所以级数 $\displaystyle\sum_{n=0}^{\infty} |a_n x^n|$ 收敛, 也就是级数 $\displaystyle\sum_{n=0}^{\infty} a_n x^n$ 绝对收敛.

② 用反证法. 若幂级数当 $x = x_0$ 时发散, 而有一点 x_1 适合 $|x_1| > |x_0|$ 使级数收敛, 则由①, 级数当 $x = x_0$ 时必收敛, 这与所设矛盾. 定理得证.

由定理 1 可以看出, 对于幂级数 $\displaystyle\sum_{n=0}^{\infty} a_n x^n$, 它的收敛性有以下三种情形:

① 当且仅当 $x = 0$ 时收敛, 即对任意 $x \neq 0$, 级数 $\displaystyle\sum_{n=0}^{\infty} a_n x^n$ 都不收敛, 这时该级数的收敛域只有一个点 $x = 0$.

② 对所有 $x \in (-\infty, +\infty)$, 级数 $\sum\limits_{n=0}^{\infty} a_n x^n$ 都收敛, 这时该级数的收敛域是 $(-\infty, +\infty)$.

③ 幂级数 $\sum\limits_{n=0}^{\infty} a_n x^n$ 的收敛域既不是一点 $x = 0$, 也不是全实数域, 则必存在正数 R, 使得当 $|x| < R$ 时该幂级数绝对收敛; 当 $|x| > R$ 时幂级数发散. 此时的正数 R 称为幂级数 $\sum\limits_{n=0}^{\infty} a_n x^n$ 的 **收敛半径**. 对于情形①和②可以规定幂级数的收敛半径分别是 $R = 0$ 和 $R = +\infty$. 开区间 $(-R, R)$ 又称为级数 $\sum\limits_{n=0}^{\infty} a_n x^n$ 的 **收敛区间**.

由以上分析可知, 对于幂级数 $\sum\limits_{n=0}^{\infty} a_n x^n$, 只要知道了它的收敛半径 R, 也就知道了它收敛区间 $(-R, R)$, 再加上对其端点 $x = \pm R$ 处收敛性的判别, 就确定了幂级数的收敛域. 那么, 如何求幂级数 $\sum\limits_{n=0}^{\infty} a_n x^n$ 的收敛半径呢? 我们有下述定理.

定理 2 对于幂级数 $\sum\limits_{n=0}^{\infty} a_n x^n$, 如果 $\lim\limits_{n \to \infty} \left| \dfrac{a_{n+1}}{a_n} \right| = \rho$, 其中 a_n, a_{n+1} 是幂级数的相邻两项的系数, 则:

① 当 $0 < \rho < +\infty$ 时, 收敛半径 $R = \dfrac{1}{\rho}$;

② 当 $\rho = 0$ 时, 收敛半径 $R = +\infty$;

③ 当 $\rho = +\infty$ 时, 收敛半径 $R = 0$.

证 考察幂级数 $\sum\limits_{n=0}^{\infty} a_n x^n$, 由于

$$\lim_{n \to \infty} \left| \frac{a_{n+1} x^{n+1}}{a_n x^n} \right| = \lim_{n \to \infty} \left| \frac{a_{n+1}}{a_n} \right| |x| = \rho |x|,$$

① 当 $0 < \rho < +\infty$ 时, 根据比值审敛法, 如果 $|x| < \dfrac{1}{\rho}$, 即 $\rho |x| < 1$, 则 $\sum\limits_{n=0}^{\infty} a_n x^n$ 绝对收敛; 如果 $|x| > \dfrac{1}{\rho}$, 即 $\rho |x| > 1$, 则级数 $\sum\limits_{n=0}^{\infty} |a_n x^n|$ 发散, 此时可知通项 $a_n x^n$ 不趋于零, 从而级数 $\sum\limits_{n=0}^{\infty} a_n x^n$ 发散, 于是收敛半径为 $R = \dfrac{1}{\rho}$.

② 当 $\rho = 0$ 时, 对任意 $x \in (-\infty, +\infty)$ 都有 $\rho|x| = 0 < 1$, 则级数 $\displaystyle\sum_{n=0}^{\infty} a_n x^n$ 绝对收敛, 因此收敛半径 $R = +\infty$.

③ 当 $\rho = +\infty$ 时, 对所有 $x \neq 0$ 时, 级数 $\displaystyle\sum_{n=0}^{\infty} a_n x^n$ 的一般项 $a_n x^n$ 趋向无穷, 因而发散, 所以收敛半径 $R = 0$.

例 2　求幂级数 $1 + x + \dfrac{x^2}{2!} + \cdots + \dfrac{x^n}{n!} + \cdots$ 的收敛半径和收敛域.

解　由于

$$\rho = \lim_{n\to\infty} \left| \frac{a_{n+1}}{a_n} \right| = \lim_{n\to\infty} \frac{\dfrac{1}{(n+1)!}}{\dfrac{1}{n!}} = \lim_{n\to\infty} \frac{n!}{(n+1)!} = 0,$$

所以收敛半径为 $R = +\infty$, 从而收敛域为 $(-\infty, +\infty)$.

例 3　求幂级数 $\displaystyle\sum_{n=0}^{\infty} n! x^n$ 的收敛半径.

解　由于

$$\rho = \lim_{n\to\infty} \left| \frac{a_{n+1}}{a_n} \right| = \lim_{n\to\infty} \frac{(n+1)!}{n!} = +\infty,$$

所以收敛半径为 $R = 0$, 即级数仅在 $x = 0$ 处收敛.

例 4　求幂级数 $-x + \dfrac{x^2}{2} - \dfrac{x^3}{3} + \dfrac{x^4}{4} \cdots + (-1)^n \dfrac{x^n}{n} + \cdots$ 的收敛半径和收敛域.

解　由于

$$\rho = \lim_{n\to\infty} \left| \frac{a_{n+1}}{a_n} \right| = \lim_{n\to\infty} \frac{\dfrac{1}{n+1}}{\dfrac{1}{n}} = 1,$$

所以收敛半径为 $R = \dfrac{1}{\rho} = 1$.

当 $x = 1$ 时, 幂级数成为 $\displaystyle\sum_{n=1}^{\infty} (-1)^n \frac{1}{n}$, 此级数是收敛的;

当 $x = -1$ 时, 幂级数成为 $\displaystyle\sum_{n=1}^{\infty} \frac{1}{n}$, 此级数是发散的. 因此, 收敛域为 $(-1, 1]$.

例 5　求幂级数 $\displaystyle\sum_{n=0}^{\infty} (-1)^n \frac{1}{(2n+1)!} x^{2n+1}$ 的收敛域.

解　级数缺少偶次幂的项, 只有奇数项, 这类级数称为缺项幂级数. 对缺项幂级数不能应用定理 2 的公式, 这时常直接用比值判别法讨论, 设 $u_n(x) = (-1)^n \dfrac{1}{(2n+1)!} x^{2n+1}$,

$$\lim_{n\to\infty} \left| \frac{u_{n+1}(x)}{u_n(x)} \right| = \lim_{n\to\infty} \left| \frac{\dfrac{x^{2n+1}}{(2n+1)!}}{\dfrac{x^{2n-1}}{(2n-1)!}} \right| = |x|^2 \lim_{n\to\infty} \frac{1}{2n(2n+1)} = 0 \ (x \text{ 为任意实数}),$$

由比值审敛法可知, 所给级数的收敛域为 $(-\infty, +\infty)$.

例 6　求幂级数 $\displaystyle\sum_{n=0}^{\infty} \frac{2^n}{n+1} x^{2n}$ 的收敛域.

解　这是缺项幂级数, 由于

$$\lim_{n\to\infty} \left| \frac{\dfrac{2^{n+1}}{(n+1)+1} x^{2(n+1)}}{\dfrac{2^n}{n+1} x^{2n}} \right| = |x^2| \lim_{n\to\infty} \frac{2(n+1)}{n+2} = 2|x|^2,$$

根据比值审敛法, 当 $2|x^2| < 1$, 即 $|x| < \dfrac{1}{\sqrt{2}}$ 时, 级数收敛; 当 $|x| > \dfrac{1}{\sqrt{2}}$ 时, 级数发散, 而当 $|x| = \pm \dfrac{1}{\sqrt{2}}$ 时, 级数成为 $\displaystyle\sum_{n=0}^{\infty} \frac{1}{n+1}$, 也发散, 所以级数的收敛域为 $\left(-\dfrac{1}{\sqrt{2}}, \dfrac{1}{\sqrt{2}} \right)$.

例 7　求幂级数 $\displaystyle\sum_{n=1}^{\infty} \frac{3^n(x-1)^n}{\sqrt{n}}$ 的收敛域.

解　令 $t = x - 1$, 上述级数变为 $\displaystyle\sum_{n=1}^{\infty} \frac{3^n t^n}{\sqrt{n}}$, 有

$$\rho = \lim_{n\to\infty} \left| \frac{a_{n+1}}{a_n} \right| = \lim_{n\to\infty} \frac{3^{n+1}}{\sqrt{n+1}} \cdot \frac{\sqrt{n}}{3^n} = 3,$$

所以收敛半径 $R = \dfrac{1}{3}$.

当 $t = \dfrac{1}{3}$ 时, 级数成为 $\displaystyle\sum_{n=1}^{\infty} \frac{1}{\sqrt{n}}$, 此级数发散; 当 $t = -\dfrac{1}{3}$ 时, 级数成为

$\displaystyle\sum_{n=1}^{\infty} \frac{(-1)^n}{\sqrt{n}}$，此级数收敛. 因此级数 $\displaystyle\sum_{n=1}^{\infty} \frac{3^n t^n}{\sqrt{n}}$ 的收敛域为 $\left[-\dfrac{1}{3}, \dfrac{1}{3}\right)$，即当 $-\dfrac{1}{3} \leqslant$

$x - 1 < \dfrac{1}{3}$ 时，级数 $\displaystyle\sum_{n=1}^{\infty} \frac{3^n (x-1)^n}{\sqrt{n}}$ 收敛，所以原幂级数的收敛域为 $\left[\dfrac{2}{3}, \dfrac{4}{3}\right)$.

三、幂级数的运算

首先介绍幂级数的代数运算性质.

定理 3　设幂级数 $\displaystyle\sum_{n=0}^{\infty} a_n x^n$ 与 $\displaystyle\sum_{n=0}^{\infty} b_n x^n$ 的收敛半径分别为 R_1 与 R_2，令 $R = \min\{R_1, R_2\}$，则在它们公共的收敛区间 $(-R, R)$ 内，有

① 它们相加后的幂级数收敛，并且

$$\sum_{n=0}^{\infty} a_n x^n + \sum_{n=0}^{\infty} b_n x^n = \sum_{n=0}^{\infty} (a_n + b_n) x^n;$$

② 它们乘积后的幂级数收敛，并且

$$\left(\sum_{n=0}^{\infty} a_n x^n\right) \cdot \left(\sum_{n=0}^{\infty} b_n x^n\right) = \sum_{n=0}^{\infty} (a_0 b_n + a_1 b_{n-1} + \cdots + a_n b_0) x^n.$$

①的证明可直接从常数项级数的收敛性质 2 得到. ②的证明从略.

注　两个幂级数相除后所得的幂级数，收敛区间可能比原来两级数收敛区间小得多.

幂级数的和函数有下面的重要性质.

定理 4　设幂级数 $\displaystyle\sum_{n=0}^{\infty} a_n x^n$ 的和函数为 $s(x)$，收敛半径 $R > 0$，收敛域为 I，则

① $s(x)$ 在收敛域 I 上连续；

② $s(x)$ 在收敛区间 $(-R, R)$ 内可导，且有逐项求导公式，即当 $|x| < R$ 时，有

$$s'(x) = \left(\sum_{n=0}^{\infty} a_n x^n\right)' = \sum_{n=0}^{\infty} (a_n x^n)' = \sum_{n=1}^{\infty} n a_n x^{n-1};$$

③ $s(x)$ 在收敛域 I 上可积，且有逐项积分公式，即当 $x \in I$ 时，有

$$\int_0^x s(x)\mathrm{d}x = \int_0^x \left(\sum_{n=0}^{\infty} a_n x^n\right) \mathrm{d}x = \sum_{n=0}^{\infty} \int_0^x a_n x^n \mathrm{d}x = \sum_{n=0}^{\infty} \frac{a_n}{n+1} x^{n+1}.$$

注 ① 上面定理中的逐项求导和逐项求积分后所得的幂级数的收敛半径仍为 R, 但在收敛区间端点的收敛性有可能改变.

②反复应用逐项求导结论可得: 幂级数 $\sum\limits_{n=0}^{\infty} a_n x^n$ 的和函数 $s(x)$ 在其收敛区间 $(-R, R)$ 内有任意阶导数.

例 8 求幂级数 $\sum\limits_{n=0}^{\infty} \dfrac{1}{n!} x^n$ 的和函数.

解 先求收敛域. 由于

$$\rho = \lim_{n \to \infty} \left| \frac{a_{n+1}}{a_n} \right| = \lim_{n \to \infty} \frac{1}{n+1} = 0,$$

例8讲解9-3-3

故收敛半径为 $R = +\infty$, 因此该级数的收敛域为 $(-\infty, +\infty)$.

设和函数为 $s(x)$, 即

$$s(x) = \sum_{n=0}^{\infty} \frac{1}{n!} x^n, \quad x \in (-\infty, +\infty).$$

对上式两边求导得

$$s'(x) = \sum_{n=1}^{\infty} \frac{1}{(n-1)!} x^{n-1} = \sum_{k=0}^{\infty} \frac{1}{k!} x^k = s(x), \quad x \in (-\infty, +\infty).$$

故 $[e^{-x} s(x)]' = 0$, 因此 $s(x) = Ce^x$. 又 $s(0) = 1$, 得 $C = 1$, 从而 $s(x) = e^x$.

例 9 求幂级数 $\sum\limits_{n=1}^{\infty} \dfrac{1}{n} x^n$ 的和函数, 并求数项级数 $\sum\limits_{n=1}^{\infty} \dfrac{1}{n3^n}$ 的和.

解 先求收敛域. 由于

$$\rho = \lim_{n \to \infty} \left| \frac{a_{n+1}}{a_n} \right| = \lim_{n \to \infty} \frac{n}{n+1} = 1,$$

故收敛半径为 $R = 1$.

在端点 $x = -1$ 处, 幂级数成为 $\sum\limits_{n=1}^{\infty} \dfrac{(-1)^n}{n}$, 它是收敛的; 在端点 $x = 1$ 处, 幂级数成为 $\sum\limits_{n=1}^{\infty} \dfrac{1}{n}$, 它是发散的. 因此该级数的收敛域为 $I = [-1, 1)$.

设和函数为 $s(x)$, 即

$$s(x) = \sum_{n=1}^{\infty} \frac{1}{n} x^n, \quad x \in [-1, 1).$$

对上式两边求导得

$$s'(x) = \sum_{n=1}^{\infty} \left(\frac{1}{n} x^n \right)' = \sum_{n=1}^{\infty} x^{n-1} = \frac{1}{1-x}, \quad x \in (-1, 1).$$

对上式从 0 到 x 积分, 得

$$s(x) = \int_0^x \frac{1}{1-x} \mathrm{d}x = -\ln(1-x).$$

由和函数在收敛域的连续性, 可得

$$s(x) = \int_0^x \frac{1}{1-x} \mathrm{d}x = -\ln(1-x), \quad x \in [-1, 1).$$

数项级数 $\sum_{n=1}^{\infty} \frac{1}{n 3^n} = s\left(\frac{1}{3} \right) = -\ln \frac{2}{3} = \ln \frac{3}{2}.$

例 10 求幂级数 $\sum_{n=1}^{\infty} (-1)^{n-1} n x^{n-1}$ 的和函数, 并求级数 $\sum_{n=1}^{\infty} \frac{n}{2^n}$ 的和. (2017 考研真题)

解 由于

$$\rho = \lim_{n \to \infty} \left| \frac{a_{n+1}}{a_n} \right| = \lim_{n \to \infty} \frac{n+1}{n} = 1,$$

故收敛半径为 $R = 1$. 容易看出幂级数收敛域为 $I = (-1, 1)$.

设和函数为 $s(x)$, 即

$$s(x) = \sum_{n=1}^{\infty} (-1)^{n-1} n x^{n-1}, \quad x \in (-1, 1).$$

对上式两边积分, 得

$$\int_0^x s(x) \mathrm{d}x = \int_0^x \left[\sum_{n=1}^{\infty} (-1)^{n-1} n x^{n-1} \right] \mathrm{d}x = \sum_{n=1}^{\infty} \int_0^x (-1)^{n-1} n x^{n-1} \mathrm{d}x$$

$$= \sum_{n=1}^{\infty} (-1)^{n-1} x^n = \frac{x}{1+x}, \quad x \in (-1, 1).$$

再对上式两端再求导, 得

$$s(x) = \left(\int_0^x s(x)\mathrm{d}x \right)' = \left(\frac{x}{1+x} \right)' = \frac{1}{(1+x)^2}, \quad x \in (-1,1).$$

因为 $x = -\dfrac{1}{2} \in (-1,1)$, 在幂级数中令 $x = -\dfrac{1}{2}$, 即得

$$\sum_{n=1}^{\infty} \frac{n}{2^n} = \frac{1}{2} s\left(-\frac{1}{2} \right) = 2.$$

习 题 9-3

课件9-3-4

A 组

1. 求下列幂级数的收敛半径和收敛域:

(1) $1 - x + \dfrac{x^2}{2^2} + \cdots + (-1)^n \dfrac{x^n}{n^2} + \cdots$;

(2) $x + 2^2 x^2 + 3^2 x^3 + \cdots + n^2 x^n + \cdots$;

(3) $\dfrac{x}{1} + \dfrac{x^2}{1 \times 3} + \dfrac{x^3}{1 \times 3 \times 5} + \cdots + \dfrac{x^n}{1 \times 3 \times \cdots \times (2n-1)} + \cdots$;

(4) $\dfrac{2}{2}x + \dfrac{2^2}{5}x^2 + \dfrac{2^3}{10}x^3 + \cdots + \dfrac{2^n}{n^2+1}x^n + \cdots$;

(5) $\dfrac{x}{3} + \dfrac{1}{2}\left(\dfrac{x}{3}\right)^2 + \dfrac{1}{3}\left(\dfrac{x}{3}\right)^3 + \cdots + \dfrac{1}{n}\left(\dfrac{x}{3}\right)^n + \cdots$;

(6) $\displaystyle\sum_{n=0}^{\infty} \dfrac{(-1)^n x^{2n}}{(2n)!}$;

(7) $\displaystyle\sum_{n=1}^{\infty} \dfrac{2n-1}{2^n} x^{2n-1}$;

(8) $\displaystyle\sum_{n=1}^{\infty} \dfrac{(x-1)^n}{2^n n}$.

2. 求下列幂级数在收敛域内的和函数:

(1) $\displaystyle\sum_{n=1}^{\infty} n x^{n-1}$;   (2) $\displaystyle\sum_{n=1}^{\infty} \dfrac{x^{4n+1}}{4n+1}$;   (3) $\displaystyle\sum_{n=0}^{\infty} \dfrac{x^{2n+1}}{2n+1}$;   (4) $\displaystyle\sum_{n=0}^{\infty} 2^n(2n+1)x^{2n}$.

3. 求幂级数 $\displaystyle\sum_{n=1}^{\infty} \dfrac{2n-1}{2^n} x^{2n-2}$ 的和函数, 并求数项级数 $\displaystyle\sum_{n=1}^{\infty} \dfrac{2n-1}{2^n}$ 的和.

B 组

1. 已知幂级数 $\displaystyle\sum_{n=1}^{\infty} n a_n(x-2)^n$ 的收敛区间为 $(-2,6)$, 则 $\displaystyle\sum_{n=1}^{\infty} a_n(x+1)^{2n}$ 的收敛区间为

(　) (2020 考研真题)

(A) $(-2,6)$ (B) $(-3,1)$ (C) $(-5,3)$ (D) $(-17,15)$.

2. 设 R 为幂级数 $\displaystyle\sum_{n=1}^{\infty} a_n x^n$ 的收敛半径, r 是实数, 则 ( ) (2020 考研真题)

(A) $\displaystyle\sum_{n=1}^{\infty} a_n r^n$ 发散时, $|r| \geqslant R$ (B) $\displaystyle\sum_{n=1}^{\infty} a_n r^n$ 收敛时, $|r| \leqslant R$

(C) $|r| \geqslant R$ 时, 则 $\displaystyle\sum_{n=1}^{\infty} a_n r^n$ 发散   (D) $|r| \leqslant R$ 时, 则 $\displaystyle\sum_{n=1}^{\infty} a_n r^n$ 收敛.

3. 求下列数项级数的和:

(1) $\displaystyle\sum_{n=1}^{\infty} \frac{1}{(n+1)2^n}$;   (2) $\displaystyle\sum_{n=1}^{\infty} (-1)^{n+1} \frac{n(n+1)}{2^n}$.

4. 求幂级数 $1 + \displaystyle\sum_{n=1}^{\infty} (-1)^n \frac{1}{2n} x^{2n} (|x| < 1)$ 的和函数.

5. 设幂级数 $\displaystyle\sum_{n=0}^{\infty} a_n x^n$ 在 $x=3$ 处条件收敛, 求 $\displaystyle\sum_{n=1}^{\infty} n a_n (x-1)^{n+1}$ 的收敛区间.

9.4 函数展开成幂级数

课前测9-4-1

在上一节中, 我们看到, 幂级数不仅形式简单, 而且在它的收敛区间内还可以如多项式一样地进行运算. 因此, 把一个函数表示为幂级数, 对于研究函数有着特别重要的意义. 本节我们讨论如何将函数用幂级数来表示.

一、 泰勒级数

如果对于给定的函数 $f(x)$ 可确定一个幂级数, 在这个幂级数的收敛区间内, 幂级数的和函数就是 $f(x)$, 则称函数 $f(x)$ 在该区间能展开成幂级数.

在第 3 章中, 我们得到当函数 $f(x)$ 在点 x_0 的某一邻域内具有直到 $(n+1)$ 阶的导数时, 在该邻域内泰勒公式成立:

$$f(x) = f(x_0) + f'(x_0)(x-x_0) + \frac{f''(x_0)}{2!}(x-x_0)^2 + \cdots + \frac{f^{(n)}(x_0)}{n!}(x-x_0)^n + R_n(x),$$
$$(9\text{-}4\text{-}1)$$

其中 $R_n(x)$ 为拉格朗日型余项:

$$R_n(x) = \frac{f^{(n+1)}(\xi)}{(n+1)!}(x-x_0)^{n+1} \quad (\xi \text{介于 } x \text{ 与 } x_0 \text{ 之间}).$$

由泰勒公式便知, 当 x 在点 x_0 附近, 函数 $f(x)$ 可用 n 次多项式

$$p_n(x) = f(x_0) + f'(x_0)(x-x_0) + \frac{f''(x_0)}{2!}(x-x_0)^2 + \cdots + \frac{f^{(n)}(x_0)}{n!}(x-x_0)^n$$

来近似表示, 且误差是其余项的绝对值 $|R_n(x)|$. 如果 $|R_n(x)|$ 随着 n 的增大而减小, 则可以用增加多项式 $p_n(x)$ 的项数的方法来提高精确度.

如果 $f(x)$ 在点 x_0 的某一邻域内具有任意阶的导数 $f'(x), f''(x), \cdots,$ $f^{(n)}(x), \cdots$, 则让多项式 $p_n(x)$ 中项数趋于无穷而成为幂级数

$$\sum_{n=0}^{\infty} \frac{f^{(n)}(x_0)}{n!}(x-x_0)^n = f(x_0) + f'(x_0)(x-x_0)$$
$$+ \frac{f''(x_0)}{2!}(x-x_0)^2 + \frac{f'''(x_0)}{3!}(x-x_0)^3$$
$$+ \cdots + \frac{f^{(n)}(x_0)}{n!}(x-x_0)^n + \cdots, \qquad (9\text{-}4\text{-}2)$$

称此幂级数为函数 $f(x)$ 的**泰勒级数**.

显然, 当 $x = x_0$ 时, $f(x)$ 的泰勒级数收敛于 $f(x_0)$. 那么除了 $x = x_0$ 外, $f(x)$ 的泰勒级数是否收敛? 如果收敛, 它是否一定收敛于 $f(x)$? 关于这些问题, 我们有下面定理.

定理 1　设函数 $f(x)$ 在点 x_0 的某一邻域内 $U(x_0)$ 具有任意阶的导数, 则 $f(x)$ 在该邻域内能展开成泰勒级数的充分必要条件是 $f(x)$ 的泰勒公式中的余项 $R_n(x)$ 当 $n \to \infty$ 时的极限为零, 即

$$\lim_{n \to \infty} R_n(x) = 0 \quad (x \in U(x_0)).$$

证　先证必要性. 设 $f(x)$ 在 $U(x_0)$ 内能展开为泰勒级数, 即

$$f(x) = f(x_0) + f'(x_0)(x-x_0) + \frac{f''(x_0)}{2!}(x-x_0)^2 + \cdots + \frac{f^{(n)}(x_0)}{n!}(x-x_0)^n + \cdots,$$
$$(9\text{-}4\text{-}3)$$

对一切 $x \in U(x_0)$ 成立.

又设 $s_{n+1}(x)$ 是 $f(x)$ 泰勒级数的前 $n+1$ 项的和, 则在 $U(x_0)$ 内

$$\lim_{n \to \infty} s_{n+1}(x) = f(x),$$

而 $f(x)$ 的 n 阶泰勒公式可写成

$$f(x) = s_{n+1}(x) + R_n(x),$$

于是

$$\lim_{n \to \infty} R_n(x) = \lim_{n \to \infty} [f(x) - s_{n+1}(x)] = f(x) - f(x) = 0.$$

所以定理 1 的必要性得证.

再证充分性. 设 $\lim\limits_{n\to\infty} R_n(x) = 0$ 对一切 $x \in U(x_0)$ 成立. 由 $f(x)$ 的 n 阶泰勒公式可得

$$s_{n+1}(x) = f(x) - R_n(x),$$

对上式取极限, 得

$$\lim_{n\to\infty} s_{n+1}(x) = \lim_{n\to\infty} [f(x) - R_n(x)] = f(x),$$

则函数 $f(x)$ 的泰勒级数 (9-4-2) 在 $U(x_0)$ 内收敛, 并且收敛于 $f(x)$. 因此定理 1 的充分性得证.

在实际应用中, 通常考虑的是 $x_0 = 0$ 的特殊情况, 此时的泰勒级数为

$$f(0) + f'(0)x + \frac{f''(0)}{2!}x^2 + \cdots + \frac{f^{(n)}(0)}{n!}x^n + \cdots, \tag{9-4-4}$$

称 (9-4-4) 式为 $f(x)$ 的**麦克劳林级数**.

由定理 1 可知, 在点 $x_0 = 0$ 的某一邻域内, 若 $\lim\limits_{n\to\infty} R_n(x) = 0$, 则有

$$f(x) = f(0) + f'(0)x + \frac{f''(0)}{2!}x^2 + \cdots + \frac{f^{(n)}(0)}{n!}x^n + \cdots,$$

即函数 $f(x)$ 可以展开成 x 的幂级数.

下面给出当函数能展开成 x 的幂级数时, 它的系数与麦克劳林级数系数之间的关系.

定理 2　如果函数 $f(x)$ 在点 $x_0 = 0$ 某邻域 $(-R, R)$ 内, 可以展开成 x 的幂级数, 即

$$f(x) = a_0 + a_1x + a_2x^2 + \cdots + a_nx^n + \cdots \quad (x \in (-R, R)), \tag{9-4-5}$$

那么系数 a_n 满足

$$a_n = \frac{f^{(n)}(0)}{n!} \quad (n = 0, 1, 2, \cdots).$$

证　由 (9-4-5) 式可知, 函数 $f(x)$ 在 $(-R, R)$ 内具有任意阶导数, 由

$$f(x) = a_0 + a_1x + a_2x^2 + \cdots + a_nx^n + \cdots,$$

在收敛区间内逐项求导, 得

$$f'(x) = a_1 + 2a_2x + \cdots + na_nx^{n-1} + \cdots,$$

$$f''(x) = 2!a_2 + 3 \cdot 2a_3 x + \cdots + n(n-1)a_n x^{n-2} + \cdots,$$

$$f'''(x) = 3!a_3 + \cdots + n(n-1)(n-2)a_n x^{n-3} + \cdots,$$

$$\cdots \cdots$$

$$f^{(n)}(x) = n!a_n + (n+1)n(n-1)\cdots 2a_{n+1}x + \cdots.$$

于是把 $x = 0$ 代入上各式, 得

$$a_0 = f(0), \quad a_1 = f'(0), \quad a_2 = \frac{f''(0)}{2!}, \quad \cdots, \quad a_n = \frac{f^{(n)}(0)}{n!}, \quad \cdots,$$

即

$$a_n = \frac{f^{(n)}(0)}{n!} \quad (n = 0, 1, 2, \cdots).$$

这定理说明, 若 $f(x)$ 在点 $x_0 = 0$ 能展开成 x 的幂级数, 则此幂级数一定是 $f(x)$ 在 $x_0 = 0$ 处的麦克劳林级数, 即幂级数的展开形式是唯一的. 同理可得, 若 $f(x)$ 在点 x_0 能展开成 $x - x_0$ 的幂级数, 则此幂级数一定是 $f(x)$ 在 x_0 处的泰勒级数.

下面的讨论中将侧重于将函数展开成为麦克劳林级数的问题.

二、 函数展开为幂级数

1. 直接展开法

将函数 $f(x)$ 展开成为麦克劳林级数, 可按下面的步骤进行:

① 求出 $f(x)$ 的各阶导数 $f'(x), f''(x), \cdots, f^{(n)}(x), \cdots$, 并求出函数在 $x = 0$ 的函数值与各阶导数值 $f(0), f'(0), f''(0), \cdots, f^{(n)}(0), \cdots$;

② 写出幂级数

$$f(0) + f'(0)x + \frac{f''(0)}{2!}x^2 + \cdots + \frac{f^{(n)}(0)}{n!}x^n + \cdots,$$

并求出其收敛半径 R;

③ 考察当 $x \in (-R, R)$ 时极限

$$\lim_{n \to \infty} R_n(x) = \lim_{n \to \infty} \frac{f^{(n+1)}(\xi)}{(n+1)!}x^{n+1} = 0 \quad (\xi 在 0 与 x 之间)$$

是否成立. 如果成立, 则 $f(x)$ 在 $(-R, R)$ 内有展开式

$$f(x) = f(0) + f'(0)x + \frac{f''(0)}{2!}x^2 + \cdots + \frac{f^{(n)}(0)}{n!}x^n + \cdots \quad (-R < x < R).$$

例 1 将函数 $f(x) = \mathrm{e}^x$ 展开成 x 的幂级数.

解 所给函数的各阶导数为

$$f^{(n)}(x) = \mathrm{e}^x \quad (n = 0, 1, 2, \cdots),$$

因此 $f^{(n)}(0) = 1(n = 0, 1, 2, \cdots)$, 于是得到函数的麦克劳林级数

$$1 + x + \frac{1}{2!}x^2 + \cdots + \frac{1}{n!}x^n + \cdots,$$

它的收敛半径 $R = +\infty$.

对于任何有限的数 $x, \xi(\xi$ 在 0 与 x 之间), 余项的绝对值为

$$|R_n(x)| = \left| \frac{\mathrm{e}^\xi}{(n+1)!}x^{n+1} \right| < \mathrm{e}^{|x|} \cdot \frac{|x|^{n+1}}{(n+1)!},$$

因 $\mathrm{e}^{|x|}$ 有限, 而级数 $\sum_{n=1}^{\infty} \frac{|x|^{n+1}}{(n+1)!}$ 是收敛级数, 它的一般项 $\frac{|x|^{n+1}}{(n+1)!} \to 0(n \to \infty)$, 所以 $\lim_{n\to\infty} |R_n(x)| = 0$, 从而有展开式

$$\mathrm{e}^x = 1 + x + \frac{1}{2!}x^2 + \cdots + \frac{1}{n!}x^n + \cdots \quad (-\infty < x < +\infty).$$

例 2 将函数 $f(x) = \sin x$ 展开成 x 的幂级数.

解 由于所给函数的各阶导数为

例2讲解9-4-2

$$f^{(n)}(x) = \sin\left(x + n \cdot \frac{\pi}{2}\right) \quad (n = 0, 1, 2, \cdots),$$

所以

$$f(0) = 0, \quad f'(0) = 1, \quad f''(0) = 0, \quad f'''(0) = -1, \quad f^{(4)}(0) = 0, \quad \cdots,$$

$$f^{(2n-1)}(0) = (-1)^{n-1}, \quad f^{(2n)}(0) = 0, \quad \cdots.$$

于是得级数

$$x - \frac{x^3}{3!} + \frac{x^5}{5!} - \cdots + (-1)^{n-1}\frac{x^{2n-1}}{(2n-1)!} + \cdots,$$

它的收敛半径为 $R = +\infty$.

对于任何有限的数 $x, \xi(\xi$ 在 0 与 x 之间),

$$|R_n(x)| = \left| \frac{\sin\left[\xi + \frac{(n+1)\pi}{2}\right]}{(n+1)!}x^{n+1} \right| \leqslant \frac{|x|^{n+1}}{(n+1)!} \to 0 \quad (n \to \infty).$$

因此得展开式

$$\sin x = x - \frac{x^3}{3!} + \frac{x^5}{5!} - \cdots + (-1)^{n-1}\frac{x^{2n-1}}{(2n-1)!} + \cdots \quad (-\infty < x < +\infty).$$

从以上例子可看出, 直接按公式 $a_n = \dfrac{f^{(n)}(0)}{n!}$ 计算幂级数的系数, 最后考察余项 $R_n(x)$ 是否趋于零. 这种直接展开的方法只有对比较简单的函数才能做到, 而多数情况会遇到求 n 阶导数、研究余项的极限等困难. 因此下面讨论用间接展开的方法.

2. 间接展开法

根据函数展开为幂级数的唯一性, 从某些已知的函数的幂级数展开式, 利用幂级数的四则运算、逐项求导、逐项求积分及变量代换等, 将所给函数展开成幂级数. 称这种方法为**间接展开法**, 它是求函数的幂级数展开式的常用方法. 该方法不仅计算简单, 而且避免讨论余项. 下面由几个例子说明其间接展开法.

例 3 将函数 $f(x) = \cos x$ 展开成 x 的幂级数.

解 由例 2 知

$$\sin x = x - \frac{x^3}{3!} + \frac{x^5}{5!} - \cdots + (-1)^n\frac{x^{2n+1}}{(2n+1)!} + \cdots \quad (-\infty < x < +\infty),$$

对上式两边求导得

$$\cos x = 1 - \frac{x^2}{2!} + \frac{x^4}{4!} - \cdots + (-1)^n\frac{x^{2n}}{(2n)!} + \cdots \quad (-\infty < x < +\infty).$$

例 4 将函数 $f(x) = \ln(1+x)$ 展开成 x 的幂级数.

解 因为 $f'(x) = \dfrac{1}{1+x}$, 而且当 $-1 < x < 1$ 时,

$$\frac{1}{1+x} = 1 - x + x^2 - \cdots + (-1)^n x^n + \cdots,$$

上式两端积分, 得

$$\int_0^x \frac{1}{1+x}\mathrm{d}x = \int_0^x \left[1 - x + x^2 - \cdots + (-1)^n x^n + \cdots\right]\mathrm{d}x,$$

即

$$\ln(1+x) = x - \frac{x^2}{2} + \frac{x^3}{3} - \frac{x^4}{4} + \cdots + (-1)^n\frac{x^{n+1}}{n+1} + \cdots \quad (-1 < x \leqslant 1).$$

上面的展开式当 $x = 1$ 时也成立, 这是因为上式右端的幂级数当 $x = 1$ 收敛, 而 $\ln(1 + x)$ 在 $x = 1$ 处有定义且连续.

例 5 将函数 $f(x) = (1 + x)^\alpha$ 展开成 x 的幂级数, 其中 α 为任意常数.

解 为了避免讨论余项 $R_n(x)$, 我们采用以下的步骤进行: 先求出 $(1 + x)^\alpha$ 的麦克劳林级数, 并求出收敛区间, 再设在收敛区间上该麦克劳林级数的和函数为 $\varphi(x)$, 然后再证明 $\varphi(x) = (1 + x)^\alpha$.

由于 $f(x) = (1 + x)^\alpha$ 的各阶导数为

$$f'(x) = \alpha(1 + x)^{\alpha - 1}, \quad \cdots, \quad f^{(n)}(x) = \alpha(\alpha - 1) \cdots (\alpha - n + 1)(1 + x)^{\alpha - n}, \quad \cdots,$$

所以

$$f(0) = 1, \quad f'(0) = \alpha, \quad f''(0) = \alpha(\alpha - 1), \quad \cdots,$$

$$f^{(n)}(0) = \alpha(\alpha - 1) \cdots (\alpha - n + 1), \quad \cdots,$$

于是得麦克劳林级数

$$1 + \alpha x + \frac{\alpha(\alpha - 1)}{2!} x^2 + \cdots + \frac{\alpha(\alpha - 1) \cdots (\alpha - n + 1)}{n!} x^n + \cdots.$$

不难求出它的收敛半径 $R = 1$, 收敛区间为 $(-1, 1)$, 假设在 $(-1, 1)$ 内它的和函数为 $\varphi(x)$, 即

$$\varphi(x) = 1 + \alpha x + \frac{\alpha(\alpha - 1)}{2!} x^2 + \cdots + \frac{\alpha(\alpha - 1) \cdots (\alpha - n + 1)}{n!} x^n + \cdots, \quad x \in (-1, 1),$$

则

$$\varphi'(x) = \alpha + \frac{\alpha(\alpha - 1)}{1} x + \cdots + \frac{\alpha(\alpha - 1) \cdots (\alpha - n + 1)}{(n - 1)!} x^{n - 1} + \cdots$$

$$= \alpha \left[1 + \frac{\alpha - 1}{1} x + \cdots + \frac{(\alpha - 1) \cdots (\alpha - n + 1)}{(n - 1)!} x^{n - 1} + \cdots \right],$$

从而

$$(1 + x)\varphi'(x) = \alpha \left\{ 1 + [(\alpha - 1) + 1] x + \cdots \right.$$

$$\left. + \left[\frac{(\alpha - 1) \cdots (\alpha - n + 1)}{(n - 1)!} + \frac{(\alpha - 1) \cdots (\alpha - n)}{n!} \right] x^n + \cdots \right\}$$

$$= \alpha \left[1 + \alpha x + \cdots + \frac{(\alpha - 1) \cdots (\alpha - n + 1)}{n!} x^n + \cdots \right]$$

$$= \alpha\varphi(x) \quad (-1 < x < 1).$$

所以 $\varphi(x)$ 满足一阶微分方程 $\dfrac{\varphi'(x)}{\varphi(x)} = \dfrac{\alpha}{1+x}$ 及初始条件 $\varphi(0) = 1$. 解得

$$\varphi(x) = (1+x)^{\alpha},$$

所以

$$(1+x)^{\alpha} = 1 + \alpha x + \frac{\alpha(\alpha-1)}{2!}x^2 + \cdots + \frac{\alpha(\alpha-1)\cdots(\alpha-n+1)}{n!}x^n + \cdots \quad (-1 < x < 1).$$

上式右端的级数称为**二项式级数**, 当 α 是正整数时, 它就是通常的二项式公式. 在区间 $(-1, 1)$ 的端点处, 展开式是否收敛需要视 α 的值而定, 情况较复杂, 这里不讨论.

在二项式展式中, 取 α 为不同的实数值, 可得到不同的幂函数展开式.

例如, 取 $\alpha = \dfrac{1}{2}$, $\alpha = -\dfrac{1}{2}$, 分别得

$$\sqrt{1+x} = 1 + \frac{1}{2}x - \frac{1}{2\cdot4}x^2 + \frac{1\cdot3}{2\cdot4\cdot6}x^3 + \frac{1\cdot3\cdot5}{2\cdot4\cdot6\cdot8}x^4 + \cdots \quad (-1 \leqslant x \leqslant 1).$$

$$\frac{1}{\sqrt{1+x}} = 1 - \frac{1}{2}x + \frac{1\cdot3}{2\cdot4}x^2 - \frac{1\cdot3\cdot5}{2\cdot4\cdot6}x^3 + \frac{1\cdot3\cdot5\cdot7}{2\cdot4\cdot6\cdot8}x^4 + \cdots \quad (-1 < x \leqslant 1).$$

关于函数 $\dfrac{1}{1-x}$, e^x, $\sin x$, $\cos x$, $\ln(1+x)$ 及 $(1+x)^{\alpha}$ 的幂级数展开式, 以后可以直接引用, 读者要熟记.

例 6 将函数 $\dfrac{1}{(1-x)(2-x)}$ 展开成 x 的幂级数.

解 因为

$$\frac{1}{(1-x)(2-x)} = \frac{1}{1-x} - \frac{1}{2-x},$$

而

$$\frac{1}{1-x} = \sum_{n=0}^{\infty} x^n \quad (-1 < x < 1),$$

$$\frac{1}{2-x} = \frac{1}{2}\frac{1}{1-\dfrac{x}{2}} = \frac{1}{2}\sum_{n=0}^{\infty}\left(\frac{x}{2}\right)^n \quad (-2 < x < 2),$$

因此当 $-1 < x < 1$ 时, 有

$$\frac{1}{(1-x)(2-x)} = \sum_{n=0}^{\infty} x^n - \frac{1}{2}\sum_{n=0}^{\infty}\left(\frac{x}{2}\right)^n = \sum_{n=0}^{\infty}\left(1 - \frac{1}{2^{n+1}}\right)x^n.$$

例 7　将函数 $f(x) = \arctan x$ 展开成 x 的幂级数.

解　因为

$$f'(x) = \frac{1}{1+x^2} = \sum_{n=0}^{\infty}(-1)^n x^{2n} \quad (-1 < x < 1),$$

两边积分, 得

$$f(x) = \arctan x = \int_0^x \sum_{n=0}^{\infty}(-1)^n x^{2n}\mathrm{d}x$$

$$= \sum_{n=0}^{\infty}(-1)^n \int_0^x x^{2n}\mathrm{d}x = \sum_{n=0}^{\infty}(-1)^n \frac{1}{2n+1}x^{2n+1} \quad (-1 \leqslant x \leqslant 1).$$

上面的展开式当 $x = \pm 1$ 时也成立, 这是因为上式右端的幂级数当 $x = \pm 1$ 时收敛, 而 $\arctan x$ 在 $x = \pm 1$ 处连续.

例 8　将函数 $\ln x$ 展开成 $x - 2$ 的幂级数.

解　由于

$$\ln x = \ln\left[2 + (x-2)\right] = \ln 2 + \ln\left(1 + \frac{x-2}{2}\right),$$

当 $-1 < x \leqslant 1$ 时, 有

$$\ln(1+x) = \sum_{n=1}^{\infty}(-1)^{n-1}\frac{x^n}{n},$$

所以, 当 $-1 < \dfrac{x-2}{2} \leqslant 1$, 即 $0 < x \leqslant 4$ 时, 有

$$\ln x = \ln 2 + \sum_{n=1}^{\infty}\frac{(-1)^{n-1}}{2^n n}(x-2)^n.$$

例 9　将函数 $f(x) = \dfrac{1}{x^2 + 3x + 2}$ 展开成 $x - 1$ 的幂级数.

解　由于

$$f(x) = \frac{1}{x^2 + 3x + 2} = \frac{1}{(x+1)(x+2)} = \frac{1}{1+x} - \frac{1}{2+x}$$

$$= \frac{1}{2\left(1 + \dfrac{x-1}{2}\right)} - \frac{1}{3\left(1 + \dfrac{x-1}{3}\right)},$$

而

$$\frac{1}{2\left(1 + \dfrac{x-1}{2}\right)} = \frac{1}{2} \sum_{n=0}^{\infty} (-1)^n \frac{(x-1)^n}{2^n} \quad (-1 < x < 3),$$

$$\frac{1}{3\left(1 + \dfrac{x-1}{3}\right)} = \frac{1}{3} \sum_{n=0}^{\infty} (-1)^n \frac{(x-1)^n}{3^n} \quad (-2 < x < 4),$$

得展开式

$$f(x) = \frac{1}{x^2 + 3x + 2} = \sum_{n=0}^{\infty} (-1)^n \left(\frac{1}{2^{n+1}} - \frac{1}{3^{n+1}}\right)(x-1)^n \quad (-1 < x < 3).$$

*三、函数的幂级数展开式的应用

函数的幂级数展开式可用于函数值的近似计算, 下面通过例题来说明.

例 10　计算 $\ln 2$ 的近似值, 使误差不超过 10^{-4}.

解　由于对数函数 $\ln(1+x)$ 的展开式在 $x = 1$ 也成立, 所以有

$$\ln 2 = 1 - \frac{1}{2} + \frac{1}{3} - \frac{1}{4} + \cdots + (-1)^{n-1}\frac{1}{n} + \cdots.$$

如果用右端级数的前 n 项之和作 $\ln 2$ 的近似值, 根据交错级数理论, 为使绝对误差小于 10^{-4}, 需要计算一万项, 计算量太大, 这是由于这个级数的收敛速度太慢, 利用 $\ln \dfrac{1+x}{1-x}$ 的展开式计算可以加快收敛速度.

$$\ln \frac{1+x}{1-x} = \ln(1+x) - \ln(1-x) = \sum_{n=1}^{\infty} (-1)^{n-1}\frac{x^n}{n} + \sum_{n=1}^{\infty} \frac{x^n}{n}$$

$$= 2 \sum_{n=1}^{\infty} \frac{x^{2n-1}}{2n-1} \quad (-1 < x < 1),$$

令 $\dfrac{1+x}{1-x} = 2$, 则 $x = \dfrac{1}{3}$, 代入上式得

$$\ln 2 = 2\left[\frac{1}{3} + \frac{1}{3}\left(\frac{1}{3}\right)^3 + \frac{1}{5}\left(\frac{1}{3}\right)^5 + \cdots + \frac{1}{2n-1}\left(\frac{1}{3}\right)^{2n-1} + \cdots\right],$$

由于

$$|r_n| = \sum_{k=n+1}^{\infty} \frac{2}{2k-1} \left(\frac{1}{3}\right)^{2k-1}$$

$$= \frac{2}{3} \sum_{k=n+1}^{\infty} \frac{1}{2k-1} \left(\frac{1}{9}\right)^{k-1} < \frac{1}{3n} \sum_{k=n+1}^{\infty} \left(\frac{1}{9}\right)^{k-1} < \frac{1}{n \cdot 9^n},$$

只要取 $n = 4$, 就有 $|r_4| < 10^{-4}$, 即达到所要求的精度, 并且由此求得

$$\ln 2 \approx 0.6931.$$

最后利用幂级数展开的方式导出欧拉 (Euler) 公式.

类似于实数项级数的收敛性, 我们可定义复数项级数

$$\sum_{n=1}^{\infty} (u_n + \mathrm{i}v_n) = (u_1 + \mathrm{i}v_1) + (u_2 + \mathrm{i}v_2) + \cdots + (u_n + \mathrm{i}v_n) + \cdots$$

的收敛性, 其中 $u_n, v_n (n = 1, 2, \cdots)$ 为实数或实函数. 如果实部所成的级数 $\sum\limits_{n=1}^{\infty} u_n$

收敛于和 u, 且虚部所成的级数 $\sum\limits_{n=1}^{\infty} v_n$ 收敛于和 v, 则称复数项级数 $\sum\limits_{n=1}^{\infty} (u_n + \mathrm{i}v_n)$

收敛于和 $u + \mathrm{i}v$.

如果由复数项级数 $\sum\limits_{n=1}^{\infty} (u_n + \mathrm{i}v_n)$ 各项的模所构成的级数 $\sum\limits_{n=1}^{\infty} \sqrt{u_n^2 + v_n^2}$ 收

敛, 则称级数 $\sum\limits_{n=1}^{\infty} (u_n + \mathrm{i}v_n)$ 绝对收敛.

考察复数项级数

$$1 + z + \frac{1}{2!} z^2 + \cdots + \frac{1}{n!} z^n + \cdots.$$

可以证明此级数在复平面上是绝对收敛的, 在 x 轴上它表示指数函数 e^x, 在复平面上我们用它来定义复变量指数函数, 记为 e^z. 即

$$\mathrm{e}^z = 1 + z + \frac{1}{2!} z^2 + \cdots + \frac{1}{n!} z^n + \cdots.$$

现利用 $\mathrm{e}^z, \sin x$ 及 $\cos x$ 的幂级数展开式, 可得

$$e^{ix} = 1 + ix + \frac{1}{2!}(ix)^2 + \cdots + \frac{1}{n!}(ix)^n + \cdots$$

$$= 1 + ix - \frac{1}{2!}x^2 - i\frac{1}{3!}x^3 + \frac{1}{4!}x^4 + i\frac{1}{5!}x^5 - \cdots$$

$$= \left(1 - \frac{1}{2!}x^2 + \frac{1}{4!}x^4 - \cdots\right) + i\left(x - \frac{1}{3!}x^3 + \frac{1}{5!}x^5 - \cdots\right)$$

$$= \cos x + i\sin x,$$

称公式

$$e^{ix} = \cos x + i\sin x$$

为欧拉公式.

在欧拉公式中, 以 $-x$ 代 x, 得

$$e^{-ix} = \cos x - i\sin x,$$

由此得

$$\cos x = \frac{1}{2}(e^{ix} + e^{-ix}),$$

$$\sin x = \frac{1}{2i}(e^{ix} - e^{-ix}).$$

也称它们为欧拉公式, 这些公式揭示了三角函数与复变量指数函数之间的联系.

习 题 9-4

课件9-4-3

A 组

1. 将下列函数展开成 x 的幂级数, 并求出其收敛域.

(1) xe^{-x^3};

(2) $\sin^2 x$;

(3) a^x;

(4) $\dfrac{1}{3+2x}$;

(5) $(1+x)\ln(1+x)$;

(6) $\arcsin x$;

(7) $\arctan \dfrac{2x}{1-x^2}$;

(8) $\displaystyle\int_0^x \frac{\sin t}{t}\mathrm{d}t$.

2. 已知 $\cos 2x - \dfrac{1}{(1+x)^2} = \displaystyle\sum_{n=0}^{\infty} a_n x^n \ (-1 < x < 1)$, 求 a_n. (2018 考研真题)

3. 将函数 $f(x) = \sin x$ 展开成 $\left(x - \dfrac{\pi}{4}\right)$ 的幂级数.

4. 将函数 $f(x) = \dfrac{1}{x^2 + 4x + 3}$ 展开成 $(x-1)$ 的幂级数.

*5. 利用函数的幂级数展开式求下列各数的近似值 (误差不超过 10^{-4}):

(1) $\sqrt[5]{245}$;

(2) $\cos 2°$.

B 组

1. 将下列函数展开成 x 的幂级数, 并求出其收敛域:

(1) $\ln(1 - x - 2x^2)$;

(2) $\dfrac{1}{4}\ln\dfrac{1+x}{1-x} + \dfrac{1}{2}\arctan x - x$;

(3) $\dfrac{x}{2 + x - x^2}$.

2. 将 $f(x) = \dfrac{x-1}{4-x}$ 在点 $x_0 = 1$ 处展开成幂级数, 并求 $f^{(n)}(1)$.

3. 若 $a_0 = 1, a_1 = 0, a_{n+1} = \dfrac{1}{n+1}(na_n + a_{n-1}), n = 1, 2, 3, \cdots, S(x)$ 为幂级数 $\displaystyle\sum_{n=0}^{\infty} a_n x^n$ 的和函数,

(1) 证明 $\displaystyle\sum_{n=0}^{\infty} a_n x^n$ 的收敛半径不小于 1;

(2) 证明 $(1-x)S'(x) - xS(x) = 0$ $(x \in (-1, 1))$, 并求 $S(x)$ 的表达式. (2017 考研真题)

本 章 小 结

　　无穷级数是高等数学的一个重要组成部分, 研究级数的重要目的是通过级数来进一步研究函数. 如果说微积分是以连续变化的极限工具来研究函数, 那么级数则是以离散变化的极限工具来研究函数. 本章主要包含两部分内容: 数项级数和幂级数, 其中数项级数是无穷级数的基础, 其理论与方法本身在其他学科中也有着广泛的应用.

　　本章主要讨论了常数项级数的收敛性定义与判别方法; 对于函数项级数, 重点讨论了幂级数的收敛特性以及函数展开为幂级数的方法等内容. 具体归纳如下:

　　1. 数项级数的性质. 如线性性质, 两个级数逐项相加 (减) 之后的级数的敛散性, 去掉或增加有限项之后级数的敛散性以及级数收敛的必要条件等, 对于这些性质, 一定要理解记忆, 其中级数收敛的必要条件是判断级数发散的一个重要条件.

　　2. 由于正项级数的部分和数列是单调递增数列, 可得正项级数的比较审敛法, 关键是要选择一个收敛性已知的参考级数进行比较, 这里需要熟悉三个重要的参考级数: 等比级数、调和级数、p-级数. 由于这一局限性, 通过对级数自身通项的特点进行分析, 得到正项级数的比值审敛法和根值审敛法. 正项级数的审敛法为一般级数收敛性的判断和幂级数收敛域的求法提供了强有力的基础.

　　3. 根据交错级数的特殊性, 介绍了莱布尼茨判别法, 注意这是一个充分条件.

　　4. 对于一般的常数项级数, 结合正项级数的判别法, 给出了其绝对收敛和条件收敛概念.

5. 对于函数项级数, 给出了它的收敛域和发散域的定义, 以及收敛域内和函数、余项的概念, 并着重介绍了其中一类常见而简单的级数——幂级数, 阿贝尔定理说明了其收敛域的特性, 运用正项级数的比值判别法和根值判别法给出它的收敛半径的计算公式, 再由端点处的敛散性可求出其收敛域. 对于缺项型的幂级数, 可根据比值审敛法来求收敛半径. 在收敛域内求和函数, 根据其重要性质: 收敛区间内可逐项求导和收敛域内可逐项积分以及收敛域内的连续性, 可得到和函数的求法, 这是这一章的重点和难点.

6. 函数展开成幂级数的方法主要有: 直接展开法和间接展开法, 用直接展开法得到几个特殊函数幂级数展开公式, 用直接展开法常常会遇到计算高阶导数及考虑余项趋于零的困难, 间接展开法避开了这些问题, 它是根据函数展开成幂级数的唯一性及利用一些已知函数的幂级数展开式, 通过适当运算将函数展开成幂级数的方法.

总复习题 9

1. 填空题:

(1) 对级数 $\sum\limits_{n=1}^{\infty} u_n$ 来说, $\lim\limits_{n \to \infty} u_n = 0$ 是它收敛的 _____ 条件.

(2) 部分和数列 $\{s_n\}$ 有界是正项级数 $\sum\limits_{n=1}^{\infty} u_n$ 收敛的 _____ 条件.

(3) 若级数 $\sum\limits_{n=1}^{\infty} u_n$ 绝对收敛, 则级数 $\sum\limits_{n=1}^{\infty} u_n$ 必定 _____; 若级数 $\sum\limits_{n=1}^{\infty} u_n$ 条件收敛, 则级数 $\sum\limits_{n=1}^{\infty} |u_n|$ 必定 _____.

(4) 若 $\sum\limits_{n=0}^{\infty} a_n x^n$ 在 $x = -3$ 处条件收敛, 则该幂级数的收敛半径 $R =$ _____.

(5) 幂级数 $\sum\limits_{n=0}^{\infty} \dfrac{(-1)^n}{(2n)!} x^n$ 在 $(0, +\infty)$ 内的和函数 $S(x) =$ _____. (2019 考研真题)

2. 选择题:

(1) 设有以下命题:

① 若级数 $\sum\limits_{n=1}^{\infty} (u_{2n-1} + u_{2n})$ 收敛, 则级数 $\sum\limits_{n=1}^{\infty} u_n$ 收敛.

② 若级数 $\sum\limits_{n=1}^{\infty} u_n$ 收敛, 则级数 $\sum\limits_{n=1}^{\infty} u_{n+1000}$ 收敛.

③ 若 $\lim\limits_{x \to 0} \dfrac{u_{n+1}}{u_n} = l > 1$, 则级数 $\sum\limits_{n=1}^{\infty} u_n$ 发散.

④ 若级数 $\sum\limits_{n=1}^{\infty} (u_n + v_n)$ 收敛, 则级数 $\sum\limits_{n=1}^{\infty} u_n$ 和 $\sum\limits_{n=1}^{\infty} v_n$ 都收敛.

则以上命题中正确的是 ( )

(A) ①②   (B) ②③   (C) ③④   (D) ①④.

(2) 设 α 是常数, 则级数 $\sum\limits_{n=1}^{\infty} \left(\dfrac{\cos n\alpha}{n^3} - \dfrac{1}{n} \right)$ 是 ( )

(A) 绝对收敛的   (B) 条件收敛的

(C) 发散的   (D) 收敛与否与 α 有关.

(3) 设 $u_n > 0 \ (n = 1, 2, \cdots)$, 若 $\lim\limits_{n \to \infty} n^2 u_n = l \ (0 < l < +\infty)$, 则级数 $\sum\limits_{n=1}^{\infty} (-1)^n u_n$ 是 ( )

(A) 绝对收敛的   (B) 条件收敛的

(C) 发散的   (D) 不能确定收敛性的.

(4) 若级数 $\sum\limits_{n=1}^{\infty} (-1)^{n-1} \dfrac{x-a}{n}$ 在 $x > 0$ 处发散, 而在 $x = 0$ 处收敛, 则常数 $a = ($)

(A) 1   (B) -1 (C) 2   (D) -2.

(5) $\sum\limits_{n=0}^{\infty} (-1)^n \dfrac{2n+3}{(2n+1)!} = ($) (2018 考研真题)

(A) $\sin 1 + \cos 1$ (B) $2\sin 1 + \cos 1$

(C) $2\sin 1 + 2\cos 1$ (D) $3\sin 1 + 2\cos 1$.

3. 讨论下列级数的收敛性:

(1) $\sum\limits_{n=1}^{\infty} \dfrac{\ln n}{n+1}$;   (2) $\sum\limits_{n=1}^{\infty} \dfrac{(n!)^2}{2^{n^2}}$;

(3) $\sum\limits_{n=1}^{\infty} (n+1)^2 \sin \dfrac{\pi}{2^n}$;   (4) $\sum\limits_{n=1}^{\infty} \left[1 + (-1)^{n-1} \right] \dfrac{1}{n} \sin \dfrac{1}{n}$.

4. 设正项级数 $\sum\limits_{n=1}^{\infty} u_n$ 和 $\sum\limits_{n=1}^{\infty} v_n$ 都收敛, 证明级数 $\sum\limits_{n=1}^{\infty} (u_n + v_n)^2$ 也收敛.

5. 讨论下列级数的绝对收敛性与条件收敛性:

(1) $\sum\limits_{n=1}^{\infty} (-1)^n \dfrac{\ln n}{\sqrt[3]{n}}$;   (2) $\sum\limits_{n=1}^{\infty} \dfrac{1}{n^2} \sin \dfrac{n\pi}{4}$;

(3) $\sum\limits_{n=1}^{\infty} (-1)^{n-1} \dfrac{2 \cdot 4 \cdot 6 \cdots (2n)}{1 \cdot 3 \cdot 5 \cdots (2n-1)}$;   (4) $\sum\limits_{n=1}^{\infty} (-1)^n \dfrac{(n+1)!}{n^{n+1}}$.

6. 设 $\sum\limits_{n=1}^{\infty} u_n$ 收敛, $u_n \geqslant 0 \ (n = 1, 2, \cdots)$, 证明:

(1) $\displaystyle\sum_{n=1}^{\infty} u_n^3$ 收敛;

(2) $\displaystyle\sum_{n=1}^{\infty} \frac{\sqrt{u_n}}{n}$ 收敛.

7. 求下列幂级数的收敛域:

(1) $\displaystyle\sum_{n=1}^{\infty} \frac{3^n + 4^n}{n} x^n$;

(2) $\displaystyle\sum_{n=1}^{\infty} \left(1 + \frac{1}{n}\right)^{n^2} x^n$;

(3) $\displaystyle\sum_{n=1}^{\infty} (\sqrt{n+1} - \sqrt{n}) 2^n x^{2n}$;

(4) $\displaystyle\sum_{n=1}^{\infty} \frac{(x+2)^n}{\sqrt{n}}$.

8. 求下列幂级数的和函数:

(1) $\displaystyle\sum_{n=1}^{\infty} \frac{(-1)^{n-1}}{2n-1} x^{2n-1}$;

(2) $\displaystyle\sum_{n=1}^{\infty} \frac{n^2 + 1}{n} x^n$;

(3) $\displaystyle\sum_{n=1}^{\infty} n(x-1)^n$;

(4) $\displaystyle\sum_{n=1}^{\infty} \frac{x^{n+2}}{(n+1)(n+2)}$.

9. 将函数 $f(x) = \ln \dfrac{x}{1+x}$ 展开成 $x-1$ 的幂级数, 并指出其收敛域.

10. 求幂级数 $\displaystyle\sum_{n=1}^{\infty} (-1)^{n+1} n(n+1) x^n$ 的和函数 $s(x)$, 并求数项级数 $\displaystyle\sum_{n=1}^{\infty} (-1)^{n+1} \frac{n(n+1)}{2^n}$ 的和.

11. 设数列 $\{a_n\}$ 满足 $a_1 = 1, (n+1)a_{n+1} = \left(n + \dfrac{1}{2}\right) a_n$, 证明: 当 $|x| < 1$ 时, 幂级数 $\displaystyle\sum_{n=1}^{\infty} a_n x^n$ 收敛, 并求其和函数. (2020 考研真题)

12. 设 $u_n(x) = \mathrm{e}^{-nx} + \dfrac{1}{n(n+1)} x^{n+1} (n = 1, 2, \cdots)$, 求级数 $\displaystyle\sum_{n=1}^{\infty} u_n(x)$ 的收敛域与和函数. (2021 考研真题)

13. 将函数 $f(x) = \arctan \dfrac{1-2x}{1+2x}$ 展开成 x 的幂级数, 并求级数 $\displaystyle\sum_{n=0}^{\infty} \frac{(-1)^n}{2n+1}$ 的和.

第10章

Chapter 10

微 分 方 程

微积分研究的对象是函数关系, 但在实际问题中, 常常很难直接建立所研究的变量之间的函数关系, 却比较容易建立这些变量与它们的导数或微分之间的关系式, 从而得到一个关于未知函数的导数或微分的方程, 这样的方程即为微分方程.

如果说"数学是一门理性思维的科学, 是研究、了解和知晓现实世界的工具", 那么微分方程就是数学的这种威力和价值的一种体现. 运用微分方程理论可以对很多客观现象进行数学抽象, 建立数学模型. 现在它已成为研究科学技术、解决实际问题不可缺少的有力工具, 在自动控制、弹道设计、飞机和导弹飞行的稳定性等许多领域都有着极其广泛的应用.

微分方程本身是一门独立的、内容丰富的数学分支, 有着完整的理论体系. 本章只对常微分方程做初步的介绍, 主要包括微分方程的一些基本概念、几种常见微分方程的解法等.

10.1 微分方程的基本概念

课前测10-1-1

一、 引例

下面通过两个例子来说明微分方程的基本概念.

例 1 一曲线通过点 $(1,2)$, 且在该曲线上任一点 $P(x,y)$ 处的切线的斜率等于其横坐标的立方, 求这曲线的方程.

解 设所求曲线的方程为 $y = y(x)$, 根据导数的几何意义, 依题意可建立 $y = y(x)$ 满足的关系式

$$\frac{\mathrm{d}y}{\mathrm{d}x} = x^3, \tag{10-1-1}$$

从而

$$y = \int x^3 \mathrm{d}x \ ,$$

即

$$y = \frac{1}{4}x^4 + C, \quad 其中 \ C \ 为任意常数. \tag{10-1-2}$$

根据题意, $y = y(x)$ 还需满足条件

$$y|_{x=1} = 2. \tag{10-1-3}$$

代入式 (10-1-2) 可得 $C = \frac{7}{4}$, 则该曲线的方程为

$$y = \frac{1}{4}x^4 + \frac{7}{4}. \tag{10-1-4}$$

例 2 假设某产品的销售量 $x(t)$ 是时间 t 的可导函数, 如果商品的销售量对时间的增长速率 $\dfrac{\mathrm{d}x}{\mathrm{d}t}$ 与销售量 $x(t)$ 及销售量接近于饱和水平的程度 $N - x(t)$ 之积成正比 (N 为饱和水平, 比例常数为 $k > 0$), 且当 $t = 0$ 时, $x = \dfrac{1}{4}N$. 用微分方程表示销售量 $x(t)$ 满足的关系式.

解 依题意可建立起函数 $x(t)$ 满足的关系式

$$\frac{\mathrm{d}x}{\mathrm{d}t} = kx(N - x) \quad (k > 0), \tag{10-1-5}$$

根据题意, $x(t)$ 还需满足条件

$$x|_{t=0} = \frac{1}{4}N. \tag{10-1-6}$$

上述两个例子中的式 (10-1-1) 和 (10-1-5) 都是含有未知函数导数的方程.

二、微分方程的定义

定义 1 一般地, 凡含有未知函数的导数或微分的方程, 称为**微分方程**; 未知函数是一元函数的方程称为**常微分方程**, 未知函数是多元函数的方程称为**偏微分方程**. 本章只讨论常微分方程.

微分方程中所出现的未知函数的最高阶导数的阶数, 称为**该微分方程的阶**. 例如, 方程 (10-1-1) 和 (10-1-5) 是一阶常微分方程; 方程 $y'' = \dfrac{1}{a}\sqrt{1 + (y')^2}$ 是二阶常微分方程, $(y')^8 - y\sin x + 1 = y^{(4)}$ 是四阶常微分方程.

一阶微分方程的一般形式是

$$F(x, y, y') = 0, \tag{10-1-7}$$

其中 F 是 x, y 和 y' 的已知函数, 且式 (10-1-7) 中一定含有 y', 其中 x 是自变量, y 是未知函数.

一般地, n 阶常微分方程的形式是

$$F(x, y, y', \cdots, y^{(n)}) = 0, \tag{10-1-8}$$

其中 x 为自变量, $y = y(x)$ 为未知函数. 在 (10-1-8) 式中 $y^{(n)}$ 必须出现, 而其余的 $x, y, y', \cdots, y^{(n-1)}$ 等变量可以不出现. 例如 n 阶常微分方程 $y^{(n)} + 1 = 0$ 中, 其余变量均未出现.

三、 微分方程的分类

定义 2(线性与非线性微分方程) 将自变量视为常数, 若 n 阶微分方程关于未知函数 y 以及它的各阶导数 $y', \cdots, y^{(n)}$ 这 n 个变量是一次方程, 则称此微分方程为**关于 y 的n 阶线性微分方程**, 否则称为 n **阶非线性微分方程**.

如果方程 (10-1-8) 可以表示为

$$y^{(n)} + a_1(x)y^{(n-1)} + \cdots + a_{n-1}(x)y' + a_n(x)y = f(x) \tag{10-1-9}$$

的形式, 则称式 (10-1-9) 为 n **阶线性微分方程的一般形式**, 否则, 称为**非线性微分方程**. 其中 $a_1(x), a_2(x), \cdots, a_n(x)$ 和 $f(x)$ 均为自变量 x 的已知函数.

线性与非线性微分方程是微分方程的重要分类. 对于线性微分方程, 人们研究得较多, 很多理论问题都得到了解决, 这也是本书讨论的主要内容. 对于非线性微分方程, 特别是二阶以上的情况, 研究的难度较大, 在微分方程专业课程 "微分方程定性与稳定性理论" 中有专门研究, 本书只介绍其中的一些特殊情况.

例 3 试指出下列微分方程的阶数, 并指出是否为线性微分方程:

(1) $\dfrac{\mathrm{d}y}{\mathrm{d}x} = x^2 + y$;

(2) $x\left(\dfrac{\mathrm{d}y}{\mathrm{d}x}\right)^5 - 2\left(\dfrac{\mathrm{d}y}{\mathrm{d}x}\right) + 4x = 0$;

(3) $x\dfrac{\mathrm{d}^2 y}{\mathrm{d}x^2} - 2\dfrac{\mathrm{d}y}{\mathrm{d}x} + x\ln y = 0$;

(4) $y''' + 2y' = \mathrm{e}^{x^2}\cos x$.

解 方程 (1) 中含有的 $\dfrac{\mathrm{d}y}{\mathrm{d}x}$ 和 y 最高次都是一次的, 所以该方程是一阶线性微分方程.

方程 (2) 中含有的 $\dfrac{\mathrm{d}y}{\mathrm{d}x}$ 的最高次幂是五次, 所以该方程是一阶非线性微分方程.

方程 (3) 中含有非线性函数 $\ln y$, 所以该方程是二阶非线性微分方程.

方程 (4) 中含有的 y''' 和 y' 最高次都是一次的, 所以该方程是三阶线性微分方程.

四、 微分方程的通解与特解

下面引入微分方程的解的概念.

一般地, 代入微分方程能使之成为恒等式的函数称为**微分方程的解**, 即设函数 $y = y(x)$ 在区间 I 上具有 n 阶连续导数, 且在区间 I 上恒满足方程

$$F[x, y(x), y'(x), \cdots, y^{(n)}(x)] \equiv 0,$$

则称函数 $y = y(x)$ 为微分方程 (10-1-8) 在区间 I 上的解.

可以验证函数

$$y = \frac{1}{4}x^4 + C \quad \text{和} \quad y = \frac{1}{4}x^4 + \frac{7}{4},$$

都是微分方程 (10-1-1) 的解, 其中 C 为任意常数; 而函数

$$y = (C_1 + C_2 x)\, e^{2x} \tag{10-1-10}$$

是微分方程

$$y'' - 4y' + y = 0 \tag{10-1-11}$$

的解, 其中 C_1, C_2 均为任意常数.

由此可见, 微分方程的解有的含有任意常数, 有的不含任意常数.

定义 3 (微分方程的通解) 一般地, 含有相互独立的任意常数且任意常数的个数与微分方程的阶数相等的解称为**微分方程的通解**. 例如函数式 (10-1-2) 和 (10-1-10) 分别为微分方程 (10-1-1) 和 (10-1-11) 的通解. 所谓通解就是当其中的任意常数取遍所有实数时, 就可以得到微分方程的所有解 (至多有个别例外).

在实际问题中, 未知函数除了满足微分方程外, 还会要求满足一些特定的条件, 像例 1 中的条件 (10-1-2)、例 2 中的条件 (10-1-6), 而函数 (10-1-4) 式则是微分方程 (10-1-1) 满足条件 (10-1-2) 的一个解.

定义 4 (初值问题) 对于 n 阶常微分方程

$$F(x, y, y', \cdots, y^{(n)}) = 0, \tag{10-1-12}$$

给出条件:

当 $x = x_0$ 时,

$$y = y_0, \quad y' = y_1, \quad y'' = y_2, \cdots, y^{(n-1)} = y_{n-1}, \tag{10-1-13}$$

其中 $y_0, y_1, y_2, \cdots, y_{n-1}$ 是给定的 n 个任意常数. 我们称式 (10-1-13) 为 n 阶微分方程 (10-1-12) 的**初始条件**, 确定了通解中的任意常数后得到的解称为**特解**.

一阶微分方程的通解含有一个任意常数, 因而求特解需要一个初值条件; 二阶微分方程的通解含有两个任意常数, 因而求特解需要两个初值条件; 而求 n 阶微分方程的特解需要 n 个初值条件.

一般地, 一阶微分方程的初始条件为当 $x = x_0$ 时, $y = y_0$, 常记作

$$y\big|_{x=x_0} = y_0 \quad \text{或} \quad y(x_0) = y_0;$$

二阶微分方程的初始条件为当 $x = x_0$ 时, $y = y_0$, $y' = y_1$, 常记作

$$y\big|_{x=x_0} = y_0, \quad y'\big|_{x=x_0} = y_1 \quad \text{或} \quad y(x_0) = y_0, \quad y'(x_0) = y_1.$$

在初始条件下求微分方程的解的问题称为**微分方程的初值问题**.

求一阶微分方程 $y' = f(x, y)$ 满足初始条件 $y\big|_{x=x_0} = y_0$ 的特解的问题, 称为**一阶微分方程的初值问题**, 记作

$$\begin{cases} y' = f(x, y), \\ y\big|_{x=x_0} = y_0. \end{cases}$$

微分方程特解的图形是一条曲线, 称为**微分方程的积分曲线**, 微分方程的通解的图形是曲线族, 称为**微分方程的积分曲线族**. 初值问题的几何意义是求微分方程的通过点 (x_0, y_0) 的那条积分曲线. 二阶微分方程 $y'' = f(x, y, y')$ 的初值问题

$$\begin{cases} y'' = f(x, y, y'), \\ y\big|_{x=x_0} = y_0, y'\big|_{x=x_0} = y_1 \end{cases}$$

的几何意义是求微分方程的通过点 (x_0, y_0) 且在该点处的切线斜率为 y_1 的那条积分曲线.

求微分方程的解的过程称为**解微分方程**.

例 4 验证函数 $y = C_1 \cos x + C_2 \sin x + x$($C_1, C_2$ 为任意常数) 是微分方程

$$y'' + y = x$$

的通解, 并求满足初始条件 $y\big|_{x=0} = 1$, $y'\big|_{x=0} = 3$ 的特解.

解 函数 $y = C_1 \cos x + C_2 \sin x + x$ 含有两个独立的任意常数, 其个数与方程的阶数相等. 对函数求导, 得

$$y' = -C_1 \sin x + C_2 \cos x + 1, \quad y'' = -C_1 \cos x - C_2 \sin x,$$

把 y 及 y'' 代入方程左端, 得

$$y'' + y = -C_1 \cos x - C_2 \sin x + C_1 \cos x + C_2 \sin x + x = x.$$

所以, 函数 $y = C_1 \cos x + C_2 \sin x + x$ 是该微分方程的通解. 将初始条件 $y|_{x=0} = 1$, $y'|_{x=0} = 3$ 代入通解 y, y' 的表达式得

$$
\begin{cases}
-C_1 \sin 0 + C_2 \cos 0 + 1 = 3, \\
C_1 \cos 0 + C_2 \sin 0 + 0 = 1,
\end{cases}
$$

解得 $\begin{cases} C_1 = 1, \\ C_2 = 2, \end{cases}$ 从而所求特解为

$$
y = \cos x + 2 \sin x + x.
$$

从例 4 中可知, 要验证一个函数是不是微分方程的通解, 首先要看函数所含的相互独立的任意常数个数是否和微分方程的阶数相等, 其次将函数代入方程看是否使之成为恒等式.

例 5 设二阶微分方程以 $y = C_1 x + C_2 \mathrm{e}^{-x}$ 为通解 (C_1, C_2 为任意常数), 试写出这个方程.

解 在方程两端同时对 x 求一阶、二阶导数, 得

$$
\begin{cases}
y = C_1 x + C_2 \mathrm{e}^{-x}, \\
y' = C_1 - C_2 \mathrm{e}^{-x}, \\
y'' = C_2 \mathrm{e}^{-x}.
\end{cases}
$$

例5讲解10-1-2

方程组中消去 C_1, C_2, 得到所求微分方程为

$$
(1 + x) y'' + x y' - y = 0.
$$

习 题 10-1

课件10-1-3

A 组

1. 指出下列微分方程的阶数, 并判断是否为线性微分方程:

(1) $y' + y \sin x = \cos^2 x$; (2) $xy' - x^2 \ln y = 3x^2$;

(3) $xy'' + x^2 y' + x^3 y = x^4$; (4) $xy'' - 2yy' = x^2$;

(5) $xy''' + 2y = x^2 y^2$; (6) $y''' + x^2 y' + xy = \sin x$.

2. 指出下列各题中各函数是不是已知微分方程的解, 如果是解请指出是通解还是特解?

(1) $xy' = 2y$, $y = 5x^2$;

(2) $(x+y)\mathrm{d}x + x\mathrm{d}y = 0$, $y = \dfrac{C - x^2}{2x}$;

(3) $y'' = x^2 + y^2$, $y = \dfrac{1}{x}$;

(4) $y'' - 2y' + y = 0$, $y = xe^x$;

(5) $y'' - 4y' + 3y = 0$, $y = C_1 e^x + C_2 e^{3x}$.

3. 设函数 $y = (1+x)^2 u(x)$ 是方程 $y' - \dfrac{2}{x+1}y = (x+1)^3$ 的通解, 求 $u(x)$.

4. 设曲线上点 $P(x, y)$ 处的法线与 x 轴的交点为 Q, 且线段 PQ 被 y 轴平分, 试写出该曲线所满足的微分方程.

5. 某林区实行封山养林, 现有木材 10 万立方米, 如果在每一时刻 t 木材的变化率与当时木材数量成正比 ($k > 0$ 为比例常数). 设木材数量 P 与时间 t 的函数关系为 $P = P(t)$, 若 10 年后这林区的木材为 20 万立方米, 用微分方程表示木材数量 $P(t)$ 满足的关系式.

6. 已知曲线 $y = f(x)$ 过点 $\left(0, -\dfrac{1}{2}\right)$, 且其上任一点 (x, y) 处的斜率为 $x\ln(1+x^2)$, 求 $f(x)$.

B 组

1. 验证函数 $y = x\left(\displaystyle\int \dfrac{e^x}{x}\mathrm{d}x + C\right)$ 是微分方程 $xy' - y = xe^x$ 的通解.

2. 设物体 A 从点 $(0, 1)$ 出发, 以速度大小为常数 v 沿 y 轴正向运动, 物体 B 从点 $(-1, 0)$ 与 A 同时出发, 其速度大小为 $2v$, 方向始终指向 A. 试建立物体 B 的运动轨迹所满足的微分方程, 并写出初始条件. (1993 考研真题)

10.2 变量可分离的微分方程

课前测10-2-1

微分方程的种类繁多, 解法也各不相同, 自本节开始讨论几种常见的微分方程的解法. 我们首先研究一阶微分方程的初等解法, 即把微分方程的求解问题化为积分问题, 因此也称**初等积分法**.

虽然能用初等积分法求解的方程属特殊类型, 但它们却经常出现在实际应用中, 掌握这些方法与技巧, 会为今后研究新问题时提供参考和借鉴. 下面先介绍变量可分离的微分方程及其解法.

设有一阶微分方程

$$\frac{\mathrm{d}y}{\mathrm{d}x} = F(x, y),$$

如果其右端函数 $F(x, y)$ 的变量可分离, 即 $F(x, y)$ 能分解成 $f(x)g(y)$, 则原方程就可化为形如

$$\frac{\mathrm{d}y}{\mathrm{d}x} = f(x)g(y) \tag{10-2-1}$$

的方程, 这种方程称为**变量可分离的微分方程**, 其中 $f(x)$ 和 $g(y)$ 都是连续函数.

当 $g(y) \neq 0$ 时, 把方程 (10-2-1) 改写为

$$\frac{\mathrm{d}y}{g(y)} = f(x)\mathrm{d}x \quad \text{(这个过程称为}\textbf{分离变量}\text{)},$$

两边积分

$$\int \frac{\mathrm{d}y}{g(y)} = \int f(x)\mathrm{d}x, \tag{10-2-2}$$

设 $\dfrac{1}{g(y)}$ 和 $f(x)$ 的原函数分别为 $G(y)$ 和 $F(x)$, 则

$$G(y) = F(x) + C. \tag{10-2-3}$$

方程 (10-2-3) 所确定的隐函数就是方程 (10-2-1) 的通解, 故称方程 (10-2-3) 为方程 (10-2-1) 的隐式通解. 上述求变量可分离方程通解的方法称为**分离变量法**.

例 1 求微分方程 $\dfrac{\mathrm{d}y}{\mathrm{d}x} = \dfrac{y(1-x)}{x}$ 的通解.

解 将方程分离变量, 得

$$\frac{\mathrm{d}y}{y} = \frac{1-x}{x}\mathrm{d}x,$$

两边积分, 得

$$\int \frac{\mathrm{d}y}{y} = \int \frac{1-x}{x}\mathrm{d}x$$

$$\ln|y| = \ln|x| - x + C_1,$$

去掉对数符号, 得

$$|y| = |x|\mathrm{e}^{-x+C_1},$$

即

$$y = \pm\mathrm{e}^{C_1}x\mathrm{e}^{-x}.$$

令 $C = \pm\mathrm{e}^{C_1}$, 则所给方程的通解为

$$y = Cx\mathrm{e}^{-x} \quad (C\text{为任意常数}).$$

例 2 设函数 $y = y(x)$ 是微分方程 $(\mathrm{e}^y + \mathrm{e}^{-y} + 2)\mathrm{d}x - (x+2)^2\mathrm{d}y = 0$ 满足条件 $y(0) = 0$ 的解, 求 $y(x)$.

解　将所给方程整理即为

$$(e^y + 1)^2 dx - e^y (x+2)^2 dy = 0,$$

分离变量, 得

$$\frac{e^y}{(e^y + 1)^2} dy = \frac{1}{(x+2)^2} dx,$$

两边积分, 得

$$-\frac{1}{e^y + 1} = -\frac{1}{x+2} + C,$$

将 $y(0) = 0$ 代入得 $C = 0$, 从而符合初始条件的特解为 $e^y = x + 1$, 即

$$y = \ln(x+1).$$

例 3　假设某产品的销售量 $x(t)$ 是时间 t 的可导函数, 如果商品的销售量对时间的增长速率 $\dfrac{dx}{dt}$ 与销售量 $x(t)$ 及销售量接近于饱和水平的程度 $N - x(t)$ 之积成正比 (N 为饱和水平, 比例常数为 $k > 0$), 且当 $t = 0$ 时, $x = \dfrac{1}{4}N$.

① 求销售量 $x(t)$;

② 求 $x(t)$ 增长最快的时刻 T.

解　① 由题意可知

$$\frac{dx}{dt} = kx(N-x) \quad (k > 0). \tag{10-2-4}$$

分离变量, 得

$$\frac{dx}{x(N-x)} = k dt,$$

两边积分, 得

$$\frac{x}{N-x} = Ce^{Nkt},$$

解出 $x(t)$, 得

$$x(t) = \frac{NCe^{Nkt}}{Ce^{Nkt} + 1} = \frac{N}{1 + Be^{-Nkt}}, \tag{10-2-5}$$

其中 $B = \dfrac{1}{C}$. 由 $x(0) = \dfrac{1}{4}N$ 得 $B = 3$. 故

$$x(t) = \frac{N}{1 + 3e^{-Nkt}}.$$

② 由于

$$\frac{\mathrm{d}x}{\mathrm{d}t} = \frac{3N^2 k e^{-Nkt}}{(1 + 3e^{-Nkt})^2},$$

$$\frac{\mathrm{d}^2 x}{\mathrm{d}t^2} = \frac{-3N^3 k^2 e^{-Nkt} (1 - 3e^{-Nkt})}{(1 + 3e^{-Nkt})^3},$$

令 $\dfrac{\mathrm{d}^2 x}{\mathrm{d}t^2} = 0$, 得 $T = \dfrac{\ln 3}{Nk}$.

当 $t < T$ 时, $\dfrac{\mathrm{d}^2 x}{\mathrm{d}t^2} > 0$; $t > T$ 时, $\dfrac{\mathrm{d}^2 x}{\mathrm{d}t^2} < 0$. 故 $T = \dfrac{\ln 3}{Nk}$ 时, $x(t)$ 增最快.

微分方程 (10-2-4) 称为**逻辑斯蒂 (logistic) 方程**, 其解曲线 (10-2-5) 称为**逻辑斯蒂曲线**. 在生物学、经济学中, 常遇到这样的量 $x(t)$, 其增长率 $\dfrac{\mathrm{d}x}{\mathrm{d}t}$ 与 $x(t)$ 及 $N - x(t)$ 之积成正比 (N 为饱和值), 这时 $x(t)$ 的变化规律遵循微分方程 (10-2-4), 而 $x(t)$ 本身按逻辑斯蒂曲线方程 (10-2-5) 变化.

如图 10-2-1 所示的是一条典型的逻辑斯蒂曲线, 由于它的形状, 该曲线一般也称为 **S 曲线**. 可以看到, 它基本符合我们描述的销售量的增长情形. 另外还可以计算得到

$$\lim_{t \to +\infty} x(t) = N$$

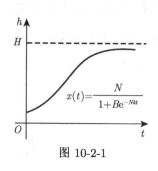

图 10-2-1

这说明销售量的增长有一个饱和值, 因此也称为**限制性增长模式**.

有些方程本身虽然不是变量可分离方程, 但通过适当变换, 可以化为变量可分离方程.

例 4　求微分方程 $x\dfrac{\mathrm{d}y}{\mathrm{d}x} + x + \sin(x + y) = 0$ 的通解.

解　令 $u = x + y$, 则 $\dfrac{\mathrm{d}u}{\mathrm{d}x} = 1 + \dfrac{\mathrm{d}y}{\mathrm{d}x}$, 代入原方程, 得

例4讲解10-2-2

$$x\frac{\mathrm{d}u}{\mathrm{d}x} + \sin u = 0.$$

分离变量, 得

$$-\frac{\mathrm{d}u}{\sin u} = \frac{\mathrm{d}x}{x},$$

两边积分, 得

$$\ln \left| \cot \frac{u}{2} \right| = \ln |x| + \ln |C|,$$

即

$$\cot \frac{u}{2} = Cx,$$

代入 $u = x + y$, 得原方程通解为

$$\cot \frac{x + y}{2} = Cx \quad (C\text{为任意常数}).$$

例 5 设函数 $f(x)$ 在定义域 I 上的导数大于零, 若对任意的 $x_0 \in I$, 曲线 $y = f(x)$ 在点 $(x_0, f(x_0))$ 处的切线与直线 $x = x_0$ 及 x 轴所围成区域的面积恒为 4, 且 $f(0) = 2$, 求 $f(x)$ 的表达式.

解 设 $y = f(x)$ 在 $(x_0, f(x_0))$ 处的切线方程为 $y - f(x_0) = f'(x_0)(x - x_0)$. 令 $y = 0$ 解得 $x = x_0 - \dfrac{f(x_0)}{f'(x_0)}$, 则

$$S = \frac{1}{2} f(x_0) \left[x_0 - \left(x_0 - \frac{f(x_0)}{f'(x_0)} \right) \right] = 4,$$

整理可得

$$\frac{1}{2} y^2 = 4 y',$$

解上述可分离变量的微分方程

$$\frac{8 \mathrm{d} y}{y^2} = \mathrm{d} x,$$

两边积分得

$$-\frac{8}{y} = x + C,$$

又 $f(0) = 2$ 代入可得 $C = -4$, 所以 $f(x)$ 的表达式为

$$f(x) = \frac{8}{4 - x}.$$

习 题 10-2

A 组

课件10-2-3

1. 求微分方程的通解:

(1) $y' = 2y$;

(2) $y' = 3x^2 y$;

(3) $\dfrac{\mathrm{d} y}{\mathrm{d} x} = 1 + x + y^2 + xy^2$;

(4) $3x^2 + 5x - 5y' = 0$;

(5) $\sec^2 x \tan y \mathrm{d} x + \sec^2 y \tan x \mathrm{d} y = 0$;

(6) $\dfrac{\mathrm{d} y}{\mathrm{d} x} = 10^{x+y}$;

(7) $(y+1)^2 \dfrac{\mathrm{d}y}{\mathrm{d}x} + x^3 = 0$;　　　　　(8) $y\mathrm{d}x + (x^2 - 4x)\mathrm{d}y = 0$.

2. 求下列微分方程的特解:

(1) $yy' = x^2$,　$y(2) = 1$;

(2) $y' = x^2\left(1 + y^2\right)$, $y(0) = 0$;

(3) $\mathrm{d}x + \mathrm{e}^x y\mathrm{d}y = 0$, $y(0) = 1$;

(4) $\cos u\mathrm{d}u - \sin v\mathrm{d}v = 0$, $(u, v) = \left(\dfrac{\pi}{2}, \dfrac{\pi}{2}\right)$;

(5) $y\sqrt{1 - x^2}\mathrm{d}y = \mathrm{d}x$,　$(x, y) = (0, \pi)$;

(6) $\sqrt{1 - y^2}\mathrm{d}x + y\sqrt{1 - x^2}\mathrm{d}y = 0$, $y(0) = 1$;

(7) $y' = 2\sqrt{y}\ln x$,　$y(\mathrm{e}) = 1$;

(8) $y' = \left(1 - y^2\right)\tan x$,　$y(0) = 2$.

3. 选择适当变量变换求下列方程的通解:

(1) $y' = 2x + y + 3$;　　　　　　(2) $y' = (x - y)^2$.

4. 设某商品的需求量 q 关于 p 的弹性为 $\dfrac{\mathrm{E}q}{\mathrm{E}p} = \dfrac{p}{p - 30}$, 并已知 $p = 20$ 时, $q = 60$, 求需求函数 $q = \varphi(p)$.

5. 若连续函数 $f(x)$ 满足关系式 $f(x) = \displaystyle\int_0^{2x} f\left(\dfrac{t}{2}\right)\mathrm{d}t + \ln 2$, 求 $f(x)$.

6. 设微分方程为 $x^2 y' \cos y + 1 = 0$, 且满足条件求 $x \to \infty$ 时 $y \to \dfrac{1}{3}\pi$, 求方程的特解.

B 组

1. 设 $y = y(x)$ 可导, $y(0) = 2$, 令 $\Delta y = y(x + \Delta x) - y(x)$, 且 $\Delta y = \dfrac{xy}{1 + x^2}\Delta x + o(\Delta x)$, 求函数 $y(x)$.

2. 有一圆锥形的塔, 底半径为 R, 高为 $h(h > R)$, 现沿塔身建一登上塔顶的楼梯, 要求楼梯曲线在每一点的切线与过该点垂直于平面 xOy 的直线的夹角为 $\dfrac{\pi}{4}$, 楼梯入口在点 $(R, 0, 0)$, 试求楼梯曲线的方程.

3. 设 n 为正整数, $y = y_n(x)$ 是微分方程 $xy' - (n + 1)y = 0$ 满足条件 $y_n(1) = \dfrac{1}{n(n + 1)}$ 的解.

(1) 求 $y_n(x)$; (2) 求级数 $\displaystyle\sum_{n=1}^{\infty} y_n(x)$ 的收敛域及和函数. (2021 考研真题)

10.3　齐 次 方 程

课前测10-3-1

一、齐次方程

形如

$$\frac{\mathrm{d}y}{\mathrm{d}x} = f\left(\frac{y}{x}\right) \tag{10-3-1}$$

的一阶微分方程, 称为**齐次方程**, 其中 f 为连续函数.

在齐次方程 (10-3-1) 中, 作变量代换, 引入新的未知函数 u, 令

$$u = \frac{y}{x},$$

则

$$y = ux, \quad \frac{\mathrm{d}y}{\mathrm{d}x} = x\frac{\mathrm{d}u}{\mathrm{d}x} + u,$$

代入方程 (10-3-1), 得

$$x\frac{\mathrm{d}u}{\mathrm{d}x} + u = f(u), \tag{10-3-2}$$

方程 (10-3-2) 为变量可分离方程, 分离变量得

$$\frac{\mathrm{d}u}{f(u) - u} = \frac{\mathrm{d}x}{x},$$

两端积分, 得

$$\int \frac{\mathrm{d}u}{f(u) - u} = \int \frac{\mathrm{d}x}{x}.$$

求出积分后, 再用 $\frac{y}{x}$ 代替 u, 便得方程 (10-3-1) 的通解.

例 1 求方程 $y' = 2\sqrt{\frac{y}{x}} + \frac{y}{x}$ 的通解.

解 这是一个齐次方程. 令 $u = \frac{y}{x}$, 则原方程化为

$$x\frac{\mathrm{d}u}{\mathrm{d}x} + u = 2\sqrt{u} + u,$$

即

$$x\frac{\mathrm{d}u}{\mathrm{d}x} = 2\sqrt{u},$$

分离变量, 得

$$\frac{\mathrm{d}u}{2\sqrt{u}} = \frac{\mathrm{d}x}{x},$$

两边积分, 得

$$\int \frac{\mathrm{d}u}{2\sqrt{u}} = \int \frac{\mathrm{d}x}{x},$$

$$\sqrt{u} = \ln|x| + C,$$

将 $u = \dfrac{y}{x}$ 代入上式, 整理得原方程的通解为

$$y = x \left(\ln|x| + C\right)^2 \quad (C \text{为任意常数}).$$

例 2　求方程 $y' = \dfrac{xy}{x^2 - y^2}$ 满足初始条件 $y\,|_{x=0} = 1$ 的特解.

解　原方程可化为齐次方程

$$\frac{\mathrm{d}y}{\mathrm{d}x} = \frac{\dfrac{y}{x}}{1 - \left(\dfrac{y}{x}\right)^2},$$

令 $u = \dfrac{y}{x}$, 则原方程化为

$$x\frac{\mathrm{d}u}{\mathrm{d}x} + u = \frac{u}{1 - u^2},$$

分离变量, 得

$$\frac{1 - u^2}{u^3}\mathrm{d}u = \frac{\mathrm{d}x}{x},$$

两端积分, 得

$$\int \frac{1 - u^2}{u^3}\mathrm{d}u = \int \frac{\mathrm{d}x}{x},$$

$$-\frac{1}{2u^2} - \ln|u| = \ln|x| - \ln C_1,$$

整理后得 $ux = C\mathrm{e}^{-\frac{1}{2u^2}}$, 代回 $u = \dfrac{y}{x}$, 得原方程通解为

$$y = C\mathrm{e}^{-\frac{x^2}{2y^2}}.$$

将初始条件 $y\,|_{x=0} = 1$ 代入通解中, 得 $C = 1$, 则所求特解为

$$y = \mathrm{e}^{-\frac{x^2}{2y^2}}.$$

例 3　设函数 $f(x)$ 在 $[1, +\infty)$ 上连续. 若由曲线 $y = f(x)$ 与直线 $x = 1$, $x = t(t > 1)$ 及 x 轴所围成的平面图形绕 x 轴旋转一周所成的旋转体体积为 $V(t) = \dfrac{\pi}{3}[t^2 f(t) - f(1)]$, 求 $y = f(x)$ 所满足的微分方程, 并求该方程满足条件 $y\,|_{x=2} = \dfrac{2}{9}$ 的解.

解　依题意得 $V(t)=\pi\displaystyle\int_1^t f^2(x)\mathrm{d}x=\dfrac{\pi}{3}[t^2f(t)-f(1)]$，两边同时对 t 求导，得

$$3f^2(t)=2tf(t)+t^2f'(t),$$

将上式改写为 $x^2y'=3y^2-2xy$ 即为 $y=f(x)$ 所满足的微分方程. 于是得齐次微分方程

$$\frac{\mathrm{d}y}{\mathrm{d}x}=3\left(\frac{y}{x}\right)^2-\frac{2y}{x},\tag{10-3-3}$$

令 $\dfrac{y}{x}=u$，则

$$y=xu,\quad \frac{\mathrm{d}y}{\mathrm{d}x}=u+x\frac{\mathrm{d}u}{\mathrm{d}x},$$

代入式 (10-3-3)，得

$$x\frac{\mathrm{d}u}{\mathrm{d}x}=3u(u-1),$$

分离变量得

$$\frac{\mathrm{d}u}{u(u-1)}=\frac{3\mathrm{d}x}{x},$$

两边积分，得

$$\frac{u-1}{u}=Cx^3,$$

从而方程 (10-3-3) 得通解为

$$y-x=Cx^3y.$$

代入初始条件 $y|_{x=2}=\dfrac{2}{9}$，求得 $C=-1$，故所求解为

$$y-x=-x^3y.$$

可化为齐次
方程的方程
讲解10-3-2

*二、可化为齐次方程的方程

方程

$$\frac{\mathrm{d}y}{\mathrm{d}x}=f\left(\frac{a_1x+b_1y+c_1}{a_2x+b_2y+c_2}\right),\tag{10-3-4}$$

当 c_1,c_2 同时为零时是齐次的，当 c_1,c_2 不同时为零时，则方程 (10-3-4) 不是齐次的. 现在我们讨论 c_1,c_2 不同时为零的情形.

我们对非齐次方程 (10-3-4) 作下列变量代换

$$x = X + h, \quad y = Y + k,$$

其中 h, k 为待定常数. 于是

$$\mathrm{d}x = \mathrm{d}X, \quad \mathrm{d}y = \mathrm{d}Y,$$

从而方程 (10-3-4) 化为

$$\frac{\mathrm{d}Y}{\mathrm{d}X} = f\left(\frac{a_1 X + b_1 Y + a_1 h + b_1 k + c_1}{a_2 X + b_2 Y + a_2 h + b_2 k + c_2}\right). \tag{10-3-5}$$

选取适当的 h, k, 使得

$$\begin{cases} a_1 h + b_1 k + c_1 = 0, \\ a_2 h + b_2 k + c_2 = 0, \end{cases} \tag{10-3-6}$$

这样方程 (10-3-5) 就化为齐次方程了. 下面分两种情形来讨论:

① 如果方程组 (10-3-6) 的系数行列式 $\begin{vmatrix} a_1 & b_1 \\ a_2 & b_2 \end{vmatrix} \neq 0$, 即 $\dfrac{a_1}{a_2} \neq \dfrac{b_1}{b_2}$, 则方程组 (10-3-6) 有唯一解. 若把 h, k 取为这组解, 方程 (10-3-4) 便化为齐次方程

$$\frac{\mathrm{d}Y}{\mathrm{d}X} = f\left(\frac{a_1 X + b_1 Y}{a_2 X + b_2 Y}\right). \tag{10-3-7}$$

求出方程 (10-3-7) 的通解后, 在通解中以 $x - h$ 代 X, 以 $y - k$ 代 Y, 便得到方程 (10-3-4) 的通解.

② 如果 $\begin{vmatrix} a_1 & b_1 \\ a_2 & b_2 \end{vmatrix} = 0$, 则方程组 (10-3-6) 无解, h, k 无法求得, 因此上述方法不能应用. 但这时可讨论如下:

(i) 当 $b_2 = 0$ 时, a_2 与 b_1 中至少有一个为零. 假设 $b_1 = 0$, 则原方程为变量可分离方程; 假设 $b_1 \neq 0$, 则 $a_2 = 0$, 这时, 可令 $z = a_1 x + b_1 y$, 则

$$\frac{\mathrm{d}y}{\mathrm{d}x} = \frac{1}{b_1}\left(\frac{\mathrm{d}z}{\mathrm{d}x} - a_1\right),$$

于是方程 (10-3-4) 可化为变量可分离方程.

当 $a_1 = 0$ 时可类似讨论.

(ii) 当 $b_2 \neq 0$ 且 $a_1 \neq 0$ 时, 有关系

$$\frac{a_1}{a_2} = \frac{b_1}{b_2} = \lambda,$$

从而方程 (10-3-4) 可化为

$$\frac{\mathrm{d}y}{\mathrm{d}x} = f\left(\frac{\lambda(a_2 x + b_2 y) + c_1}{a_2 x + b_2 y + c_2}\right), \tag{10-3-8}$$

令 $z = a_2 x + b_2 y$, 则

$$\frac{\mathrm{d}y}{\mathrm{d}x} = \frac{1}{b_2}\left(\frac{\mathrm{d}z}{\mathrm{d}x} - a_2\right),$$

代入方程 (10-3-8), 即得关于 z 的新方程

$$\frac{1}{b_2}\left(\frac{\mathrm{d}z}{\mathrm{d}x} - a_2\right) = f\left(\frac{\lambda z + c_1}{z + c_2}\right).$$

这也是一个变量可分离方程, 从而可以求解.

例 4 求微分方程 $(x - y + 2)\mathrm{d}x + (x + y + 4)\mathrm{d}y = 0$ 的通解.

解 原方程化为

$$\frac{\mathrm{d}y}{\mathrm{d}x} = \frac{-x + y - 2}{x + y + 4},$$

令 $\begin{cases} -h + k - 2 = 0, \\ h + k + 4 = 0, \end{cases}$ 解得 $\begin{cases} h = -3, \\ k = -1, \end{cases}$ 作代换 $x = X - 3, y = Y - 1$, 则原方程化为齐次方程

$$\frac{\mathrm{d}Y}{\mathrm{d}X} = \frac{-X + Y}{X + Y},$$

即

$$\frac{\mathrm{d}Y}{\mathrm{d}X} = \frac{-1 + \dfrac{Y}{X}}{1 + \dfrac{Y}{X}}.$$

作代换 $\dfrac{Y}{X} = u$, 则

$$u + X\frac{\mathrm{d}u}{\mathrm{d}X} = \frac{u - 1}{u + 1},$$

即

$$X\frac{\mathrm{d}u}{\mathrm{d}X} = \frac{-u^2 - 1}{u + 1},$$

这是一个变量可分离方程, 分离变量得

$$\frac{1 + u}{1 + u^2}\mathrm{d}u = -\frac{1}{X}\mathrm{d}X,$$

两边积分, 得

$$\arctan u + \frac{1}{2}\ln(1 + u^2) = -\ln|X| + \ln C,$$

将 $\dfrac{Y}{X} = u$ 代入上式, 得

$$\sqrt{X^2 + Y^2} = Ce^{-\arctan\frac{Y}{X}},$$

代回原来的变量, 得原方程的通解

$$\sqrt{(x + 3)^2 + (y + 1)^2} = Ce^{-\arctan\frac{y+1}{x+3}}.$$

习 题 10-3

A 组

课件10-3-3

1. 求下列齐次方程的通解:

(1) $x\dfrac{\mathrm{d}y}{\mathrm{d}x} = y + \sqrt{x^2 - y^2}\,(x > 0)$;

(2) $\left(x\dfrac{\mathrm{d}y}{\mathrm{d}x} - y\right)\arctan\dfrac{y}{x} = x$;

(3) $\dfrac{\mathrm{d}y}{\mathrm{d}x} = \dfrac{y}{x}(1 + \ln y - \ln x)$;

(4) $(y + x)\mathrm{d}y = (y - x)\mathrm{d}x$;

(5) $\left(x + y\cos\dfrac{y}{x}\right)\mathrm{d}x - x\cos\dfrac{y}{x}\mathrm{d}y = 0$;

(6) $y' = e^{\frac{y}{x}} + \dfrac{y}{x}$.

2. 求下列微分方程的特解:

(1) $\dfrac{x}{1+y}\mathrm{d}x - \dfrac{y}{1+x}\mathrm{d}y = 0$, $y\,|_{x=0} = 0$;

(2) $y' = \dfrac{x}{y} + \dfrac{y}{x}$, $y\,|_{x=-1} = 2$;

(3) $\dfrac{\mathrm{d}y}{\mathrm{d}x} = 2\sqrt{\dfrac{y}{x}} + \dfrac{y}{x}$, $y(1) = 4$;

(4) $xy' - y = \sqrt{x^2 - y^2}$, $y(1) = 1/2$;

(5) $xy' + y(\ln x - \ln y) = 0, y(1) = e^3$. (2015 考研真题)

3. 已知 $y = \dfrac{x}{\ln x}$ 是微分方程 $y' = \dfrac{y}{x} + \varphi\left(\dfrac{y}{x}\right)$ 的解, 则 $\varphi\left(\dfrac{y}{x}\right)$ 的表达式为 (   )(2003 考研真题)

(A) $-\dfrac{y^2}{x^2}$ (B) $\dfrac{y^2}{x^2}$ (C) $-\dfrac{x^2}{y^2}$ (D) $\dfrac{x^2}{y^2}$.

*4. 用适当的变量代换, 求下列方程的通解:

(1) $\dfrac{\mathrm{d}y}{\mathrm{d}x} = \dfrac{x - y - 1}{x + y + 1}$;   (2) $(x + y)\mathrm{d}x + (3x + 3y - 4)\mathrm{d}y = 0$.

B 组

1. 设有联结点 $O(0,0)$ 和 $A(1,1)$ 的一段向上凸的曲线弧 OA, 对于 OA 上任一点 $P(x,y)$, 曲线弧 OP 与直线段 $\overline{OP}$ 所围图形的面积为 x^2, 求曲线弧 OA 的方程.

2. 设 $y(x)$ 是区间 $\left(0, \dfrac{3}{2}\right)$ 内的可导函数, 且 $y(1) = 0$, 点 P 是曲线 $L : y = y(x)$ 上任意一点, L 在点 P 处的切线与 y 轴相交于点 $(0, Y_P)$, 法线与 x 轴相交于点 $(X_P, 0)$, 若 $X_P = Y_P$, 求 L 上点的坐标 (x, y) 满足的方程.

10.4 一阶线性微分方程

课前测10-4-1

一、 一阶线性微分方程

形如

$$\frac{\mathrm{d}y}{\mathrm{d}x} + P(x)y = Q(x) \tag{10-4-1}$$

的方程 (其中 $P(x), Q(x)$ 为已知函数) 称为**一阶线性微分方程**.

若 $Q(x) \equiv 0$, 则方程 (10-4-1) 化为

$$\frac{\mathrm{d}y}{\mathrm{d}x} + P(x)y = 0, \tag{10-4-2}$$

方程 (10-4-2) 称为**一阶线性齐次微分方程**;

若 $Q(x)$ 不恒为零, 则方程 (10-4-1) 称为**一阶线性非齐次微分方程**.

设方程 (10-4-1) 为线性非齐次方程, 则称方程 (10-4-2) 为**对应于线性非齐次方程 (10-4-1) 的线性齐次方程**. 方程 (10-4-2) 为可分离变量的微分方程, 由 10.2 节可知, 齐次方程 (10-4-2) 的通解为

$$y = Ce^{-\int P(x)\mathrm{d}x}. \tag{10-4-3}$$

下面讨论一阶线性非齐次方程 (10-4-1) 的通解.

将 (10-4-3) 式中的常数 C 变为函数 $u(x)$, 由此引入求解一阶线性非齐次方程的**常数变易法**: 即在求出对应线性齐次方程的通解 (10-4-3) 式后, 将该通解中的常数 C 变易为待定函数 $u(x)$, 将 $y = u(x)\mathrm{e}^{-\int P(x)\mathrm{d}x}$ 代入方程 (10-4-1) 求出待定函数 $u(x)$, 进而就求出该方程的通解, 具体如下:

对 $y = u(x)\mathrm{e}^{-\int P(x)\mathrm{d}x}$ 两边求导, 得

$$\frac{\mathrm{d}y}{\mathrm{d}x} = u'(x)\mathrm{e}^{-\int P(x)\mathrm{d}x} + u(x)\mathrm{e}^{-\int P(x)\mathrm{d}x}[-P(x)],$$

将 $y, \dfrac{\mathrm{d}y}{\mathrm{d}x}$ 代入方程 (10-4-1), 得

$$u'(x)\mathrm{e}^{-\int P(x)\mathrm{d}x} = Q(x),$$

即 $u'(x) = Q(x)\mathrm{e}^{\int P(x)\mathrm{d}x}$, 两边积分, 得

$$u(x) = \int Q(x)\mathrm{e}^{\int P(x)\mathrm{d}x}\mathrm{d}x + C,$$

从而一阶线性非齐次方程的通解为

$$y = \mathrm{e}^{-\int P(x)\mathrm{d}x}\left(\int Q(x)\mathrm{e}^{\int P(x)\mathrm{d}x}\mathrm{d}x + C\right), \tag{10-4-4}$$

或

$$y = C\mathrm{e}^{-\int P(x)\mathrm{d}x} + \mathrm{e}^{-\int P(x)\mathrm{d}x}\int Q(x)\mathrm{e}^{\int P(x)\mathrm{d}x}\mathrm{d}x. \tag{10-4-5}$$

上式中含有两项, 第一项 $Y(x) = C\mathrm{e}^{-\int P(x)\mathrm{d}x}$ 是对应的齐次方程 (10-4-2) 的通解; 第二项 $\tilde{y}(x) = \mathrm{e}^{-\int P(x)\mathrm{d}x}\displaystyle\int Q(x)\mathrm{e}^{\int P(x)\mathrm{d}x}\mathrm{d}x$, 容易验证它是方程 (10-4-1) 本身的一个特解. 于是方程 (10-4-1) 的通解为

$$y = Y(x) + \tilde{y}(x),$$

即一阶线性非齐次方程的通解等于对应的一阶线性齐次方程的通解与非齐次方程的一个特解之和.

另外由于连续函数的原函数可用变上限的积分函数表示, 所以公式 (10-4-4) 也可表示为

$$y = \mathrm{e}^{-\int_{x_0}^{x} P(x)\mathrm{d}x}\left(\int_{x_0}^{x} Q(x)\mathrm{e}^{\int_{x_0}^{x} P(x)\mathrm{d}x}\mathrm{d}x + C\right), \tag{10-4-6}$$

因而方程 (10-4-1) 的满足初始条件 $y(x_0) = y_0$ 的特解可表示为

$$y = e^{-\int_{x_0}^x P(x)dx} \left(\int_{x_0}^x Q(x) e^{\int_{x_0}^x P(x)dx} dx + y_0 \right). \tag{10-4-7}$$

上面讨论的是关于未知函数 y 的一阶微分方程. 有时候, 我们也可以将 x 视为未知函数, 将 y 视为自变量得到关于 x 的一阶线性方程

$$\frac{dx}{dy} + P(y)x = Q(y). \tag{10-4-8}$$

则与通解公式 (10-4-4) 相对应, 我们有微分方程 (10-4-8) 的通解公式为

$$x = e^{-\int P(y)dy} \left(\int Q(y) e^{\int P(y)dy} dy + C \right). \tag{10-4-9}$$

例 1 求微分方程 $xy' + y = \sin x$ 的通解.

解 将所给方程改写成下列形式:

$$y' + \frac{y}{x} = \frac{\sin x}{x},$$

则 $P(x) = \dfrac{1}{x}, Q(x) = \dfrac{\sin x}{x}$ 代入通解公式 (10-4-4), 得方程的通解

$$y = e^{-\int P(x)dx} \left(\int Q(x) e^{\int P(x)dx} dx + C \right)$$

$$= e^{-\int \frac{1}{x}dx} \left(\int \frac{\sin x}{x} e^{\int \frac{1}{x}dx} dx + C \right)$$

$$= e^{-\ln x} \left(\int \sin x dx + C \right) = \frac{C - \cos x}{x}.$$

例 2 求微分方程

$$\frac{dy}{dx} - \frac{2y}{x+1} = (x+1)^{\frac{5}{2}}$$

满足初始条件 $y|_{x=0} = 2$ 的特解.

解 这是一个一阶非齐次线性微分方程. 先求对应的齐次线性微分方程的通解.

将 $\dfrac{dy}{dx} - \dfrac{2y}{x+1} = 0$ 分离变量, 可得 $\dfrac{dy}{y} = \dfrac{2dx}{x+1}$, 两边积分, 得

$$\ln|y| = 2\ln|x+1| + \ln|C|,$$

整理可得通解为 $y = C (x+1)^2$.

下面用常数变易法, 设原方程的通解为

$$y = C (x) (x+1)^2. \tag{10-4-10}$$

那么 $\dfrac{\mathrm{d}y}{\mathrm{d}x} = C' (x) (x+1)^2 + 2C (x) (x+1)$, 将 y, y' 代入所给的非齐次线性微分方程得

$$C' (x) = \sqrt{x+1},$$

两端积分, 得

$$C (x) = \frac{2}{3} (x+1)^{\frac{3}{2}} + C,$$

把上式代入 (10-4-10), 即可得所求方程的通解

$$y = (x+1)^2 \left[\frac{2}{3} (x+1)^{\frac{3}{2}} + C \right].$$

将所给初始条件 $y |_{x=0} = 2$ 代入通解中, 得 $C = \dfrac{4}{3}$, 从而所求特解为

$$y = \frac{2}{3} (x+1)^2 \left[(x+1)^{\frac{3}{2}} + 2 \right].$$

在一阶微分方程中, x 和 y 的地位是对等的, 通常视 y 为未知函数, x 为自变量; 求解某些微分方程时, 为求解方便, 也可视 x 为未知函数, 而 y 为自变量.

例 3 求微分方程 $y' = \dfrac{y}{x + y^3}$ 的通解.

解 显然此方程关于 y 不是线性的, 若将方程改写为

$$\frac{\mathrm{d}x}{\mathrm{d}y} - \frac{1}{y}x = y^2,$$

则它是关于未知函数 $x(y)$ 的一阶线性方程, $P(y) = -\dfrac{1}{y}$, $Q(y) = y^2$, 代入通解公式 (10-4-9), 得微分方程的通解

$$\begin{aligned}
x &= \mathrm{e}^{- \int P(y)\mathrm{d}y} \left(\int Q(y) \mathrm{e}^{\int P(y)\mathrm{d}y} \mathrm{d}y + C \right) \\
&= \mathrm{e}^{\int \frac{1}{y}\mathrm{d}y} \left(\int y^2 \mathrm{e}^{- \int \frac{1}{y}\mathrm{d}y} \mathrm{d}y + C \right) \\
&= y \left(C + \int y^2 \cdot \frac{1}{y}\mathrm{d}y \right) = Cy + \frac{1}{2}y^3.
\end{aligned}$$

例 4 设 $f(x)$ 为连续函数且满足 $\int_0^x f(x-t)\,\mathrm{d}t = \int_0^x (x-t)f(t)\,\mathrm{d}t + \mathrm{e}^{-x} - 1$, 求 $f(x)$.

解 令 $x-t = u$, 则 $\int_0^x f(x-t)\,\mathrm{d}t = \int_0^x f(u)\,\mathrm{d}u$, 从而原积分方程整理化简为

$$\int_0^x f(u)\,\mathrm{d}u = x\int_0^x f(t)\,\mathrm{d}t - \int_0^x tf(t)\,\mathrm{d}t + \mathrm{e}^{-x} - 1,$$

积分方程两边对 x 求导, 得

$$f(x) = \int_0^x f(t)\,\mathrm{d}t - \mathrm{e}^{-x}.$$

例4讲解10-4-2

两边再求导, 得

$$f'(x) = f(x) + \mathrm{e}^{-x},$$

又由积分方程可知 $f(0) = -\mathrm{e}^0 = -1$, 从而, 问题转化为求下列微分方程的初值问题 $\begin{cases} y' - y = \mathrm{e}^{-x}, \\ y(0) = -1, \end{cases}$ 由初值问题的求解公式 (10-4-7), 得

$$f(x) = \mathrm{e}^{\int_0^x 1\mathrm{d}x}\left(\int_0^x \mathrm{e}^{-x}\mathrm{e}^{\int_0^x -1\mathrm{d}x}\mathrm{d}x - 1\right) = -\frac{1}{2}\mathrm{e}^x - \frac{\mathrm{e}^{-x}}{2}.$$

例 5 设某商品的需求函数与供给函数分别为 $Q_d = a - bP$, $Q_s = -c + dP$(其中 a, b, c, d 均为正常数). 假设商品价格 P 为时间 t 的函数, 已知初始价格 $P(0) = P_0$, 且在任一时刻 t, 价格 $P(t)$ 的变化率总与这一时刻的超额需求 $Q_d - Q_s$ 成正比 (比例常数为 $k > 0$).

(1) 求供需相等时的价格 P_e(均衡价格);

(2) 求价格 $P(t)$ 的表达式;

(3) 分析价格 $P(t)$ 随时间的变化情况.

解 (1) 由 $Q_d = Q_s$ 得 $P_e = \dfrac{a+c}{b+d}$.

(2) 由题意可知

$$\frac{\mathrm{d}P}{\mathrm{d}t} = k(Q_d - Q_s) \quad (k > 0).$$

将 $Q_d = a - bP$, $Q_s = -c + dP$ 代入上式, 得

$$\frac{\mathrm{d}P}{\mathrm{d}t} + k(b+d)P = k(a+c). \tag{10-4-11}$$

解一阶线性非齐次微分方程, 得通解为

$$P(t) = Ce^{-k(b+d)t} + \frac{a+c}{b+d}.$$

由 $P(0) = P_0$, 得

$$C = P_0 - \frac{a+c}{b+d} = P_0 - P_e,$$

则特解为

$$P(t) = (P_0 - P_e)e^{-k(b+d)t} + P_e.$$

(3) 讨论价格 $P(t)$ 随时间的变化情况.

由于 $P_0 - P_e$ 为常数, $k(b+d) > 0$, 故当 $t \to +\infty$ 时, $(P_0 - P_e)e^{-k(b+d)t} \to 0$, 从而 $P(t) \to P_e$ (均衡价格)(从数学上讲, 显然均衡价格 P_e 即为微分方程 (10-1-11) 的平衡解, 且由于 $\lim\limits_{t \to +\infty} P(t) = P_e$, 故微分方程的平衡解是稳定的).

由 P_0 与 P_e 的大小还可分三种情况进一步讨论 (图 10-4-1).

① 若 $P_0 = P_e$, 则 $P(t) = P_e$, 即价格为常数, 市场无需调节达到均衡;

② 若 $P_0 > P_e$, 因为 $(P_0 - P_e)e^{-k(b+d)t}$ 总是大于零且趋于零, 故 $P(t)$ 总大于 P_e 而趋于 P_e;

③ 若 $P_0 < P_e$, 因为 $(P_0 - P_e)e^{-k(b+d)t}$ 总是小于零且趋于零, 故 $P(t)$ 总是小于 P_e 而趋于 P_e.

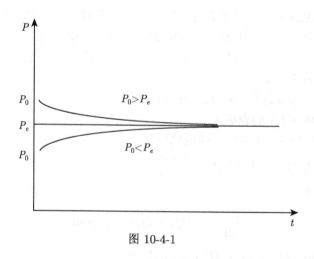

图 10-4-1

由以上讨论可知, 在价格 $P(t)$ 的表达式中的两项: P_e 为**均衡价格**, 而 $(P_0 - P_e)e^{-k(b+d)t}$ 就可理解为**均衡偏差**.

二、伯努利方程

形如

$$\frac{\mathrm{d}y}{\mathrm{d}x} + P(x)y = Q(x)y^{\alpha} \quad (\alpha \neq 0, 1) \tag{10-4-12}$$

的方程称为**伯努利** (Bernoulli) **方程**.

方程 (10-4-12) 两边同乘 $y^{-\alpha}$, 得

$$y^{-\alpha}\frac{\mathrm{d}y}{\mathrm{d}x} + P(x)y^{1-\alpha} = Q(x), \tag{10-4-13}$$

令 $z = y^{1-\alpha}$, 则有

$$\frac{\mathrm{d}z}{\mathrm{d}x} = (1-\alpha)y^{-\alpha}\frac{\mathrm{d}y}{\mathrm{d}x},$$

将上式代入 (10-1-13) 中, 得

$$\frac{1}{1-\alpha}\frac{\mathrm{d}z}{\mathrm{d}x} + P(x)z = Q(x),$$

即

$$\frac{\mathrm{d}z}{\mathrm{d}x} + (1-\alpha)P(x)z = (1-\alpha)Q(x), \tag{10-4-14}$$

方程 (10-4-14) 是一个关于未知函数 z 的一阶线性微分方程, 故

$$z = \mathrm{e}^{-\int(1-\alpha)P(x)\mathrm{d}x}\left[\int (1-\alpha)Q(x)\mathrm{e}^{\int(1-\alpha)P(x)\mathrm{d}x}\mathrm{d}x + C\right].$$

再用 $z = y^{1-\alpha}$ 回代即可求得伯努利方程的通解.

例 6 求微分方程 $\dfrac{\mathrm{d}y}{\mathrm{d}x} - \dfrac{4}{x}y = x^2\sqrt{y}\,(y > 0, x \neq 0)$ 的通解.

解 这是一个伯努利方程 $\alpha = \dfrac{1}{2}$, 方程两端同时除以 $\sqrt{y}$, 得

$$\frac{1}{\sqrt{y}}\frac{\mathrm{d}y}{\mathrm{d}x} - \frac{4}{x}\sqrt{y} = x^2,$$

即

$$2\frac{\mathrm{d}\sqrt{y}}{\mathrm{d}x} - \frac{4}{x}\sqrt{y} = x^2,$$

作变量代换 $z = \sqrt{y}$, 则上式变为

$$\frac{\mathrm{d}z}{\mathrm{d}x} - \frac{2}{x}z = \frac{x^2}{2},$$

解得

$$z = e^{\int \frac{2}{x} dx} \left[\int \frac{x^2}{2} e^{\int \left(-\frac{2}{x} \right) dx} dx + C \right] = x^2 \left(\frac{x}{2} + C \right),$$

将 $z = \sqrt{y}$ 回代, 得原方程的通解

$$y = x^4 \left(\frac{x}{2} + C \right)^2.$$

例 7 求微分方程 $\dfrac{dy}{dx} = \dfrac{1}{x + yx^3}$ 的通解.

解 该方程不能分离变量, 不是线性方程, 也非齐次方程. 如将方程变形为

$$\frac{dx}{dy} = x + yx^3,$$

即

$$\frac{dx}{dy} - x = yx^3,$$

这是以 x 为未知函数, y 为自变量, $\alpha = 3$ 的伯努利方程. 令 $z = x^{1-\alpha} = x^{-2}$, 则有

$$-\frac{1}{2} \frac{dz}{dy} - z = y,$$

亦即

$$\frac{dz}{dy} + 2z = -2y,$$

解这个一阶线性非齐次方程, 得

$$z = e^{-\int 2dy} \left(\int -2y e^{\int 2dy} dy + C \right) = Ce^{-2y} - y + \frac{1}{2},$$

将 $z = x^{-2}$ 回代, 得原方程的通解

$$x^{-2} = Ce^{-2y} - y + \frac{1}{2}.$$

习 题 10-4

A 组

课件10-4-3

1. 求下列微分方程的通解:

(1) $\dfrac{dy}{dx} = x^2 - \dfrac{y}{x}$;

(2) $\dfrac{dy}{dx} + y = e^{-x}$;

(3) $y' + y\cos x = \mathrm{e}^{-\sin x}$;

(4) $(x^2 - 1)y' + 2xy - \cos x = 0$;

(5) $\dfrac{\mathrm{d}y}{\mathrm{d}x} + 2xy = 4x$;

(6) $\dfrac{\mathrm{d}y}{\mathrm{d}x} = \dfrac{y^3}{1 - 2xy^2}$.

2. 求下列微分方程的特解:

(1) $\dfrac{\mathrm{d}y}{\mathrm{d}x} + 2xy + x = \mathrm{e}^{-x^2}$, $y(0) = 2$;

(2) $xy' = x\cos x - 2\sin x - 2y$, $y(\pi) = 0$;

(3) $\mathrm{d}y = 2x(x^2 + y)\mathrm{d}x$, $y(1) = -1$;

(4) $y\mathrm{d}x + (x - 3y^2)\mathrm{d}y = 0$, $y(1) = 1$.

3. 求下列伯努利方程的特解:

(1) $y' = y - y^4$, $y(0) = \dfrac{1}{2}$;

(2) $x^2 y' - xy = y^2$, $y(1) = 1$;

(3) $xy' + 4y = x^4 y^2$, $y(1) = 1$;

(4) $y' + \dfrac{1}{3}y = \dfrac{1}{3}(1 - 2x)y^4$, $y(0) = -1$.

4. 设 $f(x)$ 是连续函数, 并且满足 $f(x) + 2\displaystyle\int_0^x f(t)\mathrm{d}t = x^2$, 求 $f(x)$.

5. 若 $y_1 = (1 + x^2)^2 - \sqrt{1 + x^2}$, $y_2 = (1 + x^2)^2 + \sqrt{1 + x^2}$ 是微分方程 $y' + p(x)y = q(x)$ 的两个解, 则 $p(x) =$ (   )(2016 考研真题)

(A) $3x(1 + x^2)$ (B) $-3x(1 + x^2)$ (C) $\dfrac{x}{1 + x^2}$ (D) $-\dfrac{x}{1 + x^2}$.

6. 设函数 $f(u)$ 具有连续导数且 $z = f(\mathrm{e}^x \cos y)$ 满足 $\cos y \dfrac{\partial z}{\partial x} - \sin y \dfrac{\partial z}{\partial y} = (4z + \mathrm{e}^x \cos y)\mathrm{e}^x$. 若 $f(0) = 0$, 求 $f(u)$ 的表达方式.

7. 设某公司的净资产在营运过程中, 像银行的存款一样, 以年 5% 的连续复利产生利息而使总资产增长, 同时, 公司还必须以每年 200 百万元人民币的数额连续地支付职工的工资.

(1) 列出描述公司净资产 W(以百万元为单位) 的微分方程;

(2) 假设公司的初始净资产为 W_0(百万元), 求公司净资产 $W(t)$;

(3) 描绘出当 W_0 分别为 3000, 4000 和 5000(百万元) 时的解曲线.

B 组

1. 设 y_1, y_2 是一阶线性微分方程 $y' + p(x)y = q(x)$ 的两个特解, 若存在常数 λ, μ 使得 $\lambda y_1 - \mu y_2$ 是对应的齐次方程的解, 则 (   )(2010 考研真题)

(A) $\lambda = \dfrac{1}{2}, \mu = \dfrac{1}{2}$

(B) $\lambda = -\dfrac{1}{2}, \mu = -\dfrac{1}{2}$

(C) $\lambda = \dfrac{2}{3}, \mu = \dfrac{1}{3}$

(D) $\lambda = \dfrac{2}{3}, \mu = \dfrac{2}{3}$.

2. 设函数 $y = y(x)$ 在 $(-\infty, +\infty)$ 内具有二阶导数, 且 $y' \neq 0$, $x = x(y)$ 是 $y = y(x)$ 的反函数. (1) 试将 $x = x(y)$ 所满足的微分方程 $\dfrac{\mathrm{d}^2 x}{\mathrm{d}y^2} + (y + \sin x)\left(\dfrac{\mathrm{d}x}{\mathrm{d}y}\right)^3 = 0$ 变换为 $y = y(x)$ 满足的微分方程; (2) 求变换后的微分方程满足初始条件 $y(0) = 0, y'(0) = \dfrac{3}{2}$ 的解. (2003 考研真题)

3. 设 $y = \mathrm{e}^x$ 是微分方程 $xy' + p(x)y = x$ 的一个解, 求此微分方程满足初始条件 $y(\ln 2) = 0$ 的特解.

10.5　可降阶的高阶微分方程

课前测10-5-1

前四节我们讨论了一些一阶微分方程的解法. 在实际问题中, 还常常遇到高阶微分方程 (二阶及二阶以上的微分方程). 对于有些高阶微分方程, 一个简单的思想就是通过变量代换将高阶微分方程转化为低阶微分方程来求解. 这种降低微分方程阶的方法, 称为**降阶法**. 本节将介绍三种可用降阶法求解的高阶微分方程.

一、$y^{(n)} = f(x)$ 型的微分方程

微分方程

$$y^{(n)} = f(x) \tag{10-5-1}$$

的右端仅含变量 x, 只要通过连续 n 次积分就可以得到通解.

例 1　求方程 $y''' = \ln x$ 的通解.

解　逐次积分, 得

$$y'' = \int \ln x \mathrm{d}x = x\ln x - x + C_1,$$

$$y' = \int (x\ln x - x + C_1)\,\mathrm{d}x = \frac{x^2}{2}\ln x - \frac{3}{4}x^2 + C_1 x + C_2,$$

所以

$$y = \int \left(\frac{x^2}{2}\ln x - \frac{3}{4}x^2 + C_1 x + C_2 \right)\mathrm{d}x$$

$$= \frac{x^3}{6}\ln x - \frac{11}{36}x^3 + \frac{C_1}{2}x^2 + C_2 x + C_3,$$

这就是所求的通解.

例 2　求解初值问题 $\begin{cases} y'' = \dfrac{1}{\cos^2 x}, \\ y\Big|_{x=\frac{\pi}{4}} = \dfrac{1}{2}\ln 2, \quad y'\Big|_{x=\frac{\pi}{4}} = 1. \end{cases}$

解　逐次积分, 得

$$y' = \tan x + C_1,$$

因为 $y'\big|_{x=\frac{\pi}{4}} = 1$, 故得 $C_1 = 0$, 即

$$y' = \tan x.$$

再积分得

$$y = -\ln|\cos x| + C_2,$$

由 $y\big|_{x=\frac{\pi}{4}} = \dfrac{1}{2}\ln 2$, 得 $C_2 = 0$, 故所求特解为

$$y = -\ln|\cos x|.$$

特解计算过程中, 需要说明的是: 当采用逐次积分法求解高阶微分方程的初值问题时, 每积分一次就将相应的初始条件代入确定出此时的任意常数, 以便简化计算.

二、$y'' = f(x, y')$ 型的微分方程

微分方程

$$y'' = f(x, y') \tag{10-5-2}$$

不显含未知函数 y. 针对这一特点, 将 y' 作为新的未知函数来处理. 令 $y' = p(x)$, 则 $y'' = p'$, 于是可将其化成一阶微分方程

$$p' = f(x, p), \tag{10-5-3}$$

用一阶微分方程的解法便可以求得 (10-5-3) 的通解, 并设它为

$$p = \varphi(x, C_1),$$

即 $y' = \varphi(x, C_1)$, 积分, 得

$$y = \int \varphi(x, C_1)\mathrm{d}x + C_2$$

即为方程 (10-5-2) 的通解.

例 3 求方程 $xy'' + y' = 0$ 的通解.

解 令 $y' = p(x)$, 则 $y'' = p'(x)$, 代入原方程得 $xp' + p = 0$, 分离变量得

$$\frac{\mathrm{d}p}{p} = -\frac{\mathrm{d}x}{x},$$

两边继续积分得

$$\ln|p| = -\ln|x| + \ln C_1', \quad \text{即} \quad p = \frac{C_1}{x} \quad (C_1 = \pm C_1'),$$

即 $y' = \dfrac{C_1}{x}$, 两边再积分得通解为

$$y = C_1 \ln|x| + C_2 \quad (C_1, C_2 \text{为任意常数}).$$

例 4 求 $x(y')^2 y'' - (y')^3 = \dfrac{x^4}{3}$ 的通解.

解 令 $y' = p(x)$, 则 $y'' = p'(x)$, 代入原方程整理得

$$p' - \frac{1}{x}p = \frac{x^3}{3}p^{-2},$$

这是一个伯努利方程, 作变量代换 $z = p^3$, 方程化为

$$\frac{\mathrm{d}z}{\mathrm{d}x} - \frac{3}{x}z = x^3,$$

解此一阶线性微分方程, 得

$$z = \mathrm{e}^{\int \frac{3}{x}\mathrm{d}x} \cdot \left(\int x^3 \mathrm{e}^{\int -\frac{3}{x}\mathrm{d}x}\mathrm{d}x + C_1 \right),$$

整理得

$$p^3 = x^3(x + C_1),$$

亦即

$$\frac{\mathrm{d}y}{\mathrm{d}x} = x \cdot \sqrt[3]{x + C_1}.$$

积分得

$$y = \int x \cdot \sqrt[3]{x + C_1}\mathrm{d}x + C_2 = \int (x + C_1 - C_1) \cdot \sqrt[3]{x + C_1}\mathrm{d}x + C_2$$

$$= \frac{3}{7}(x + C_1)^{7/3} - \frac{3}{4}C_1(x + C_1)^{4/3} + C_2,$$

故原方程的通解为

$$y = \frac{3}{7}(x + C_1)^{7/3} - \frac{3}{4}C_1(x + C_1)^{4/3} + C_2.$$

$y'' = f(y, y')$ 型
微分方程讲
解10-5-2

三、 $y'' = f(y, y')$ 型的微分方程

微分方程

$$y'' = f(y, y') \tag{10-5-4}$$

不显含自变量 x. 针对这一特点, 将 y 作为新的自变量, y' 作为新的因变量来处理. 令 $y' = p(y)$, 并将 y 看作自变量, 则

$$y'' = \frac{\mathrm{d}y'}{\mathrm{d}x} = \frac{\mathrm{d}p}{\mathrm{d}x} = \frac{\mathrm{d}p}{\mathrm{d}y}\frac{\mathrm{d}y}{\mathrm{d}x} = p\frac{\mathrm{d}p}{\mathrm{d}y},$$

代入原方程后, 得到 p 关于 y 的一阶微分方程

$$p\frac{\mathrm{d}p}{\mathrm{d}y} = f(y, p), \tag{10-5-5}$$

用一阶微分方程的解法便可以求得 (10-5-5) 的通解, 并设它为

$$p = \varphi(y, C_1), \quad 即 \frac{\mathrm{d}y}{\mathrm{d}x} = \varphi(y, C_1),$$

分离变量, 得

$$\frac{\mathrm{d}y}{\varphi(y, C_1)} = \mathrm{d}x,$$

两边积分, 得方程 (10-5-4) 的通解为

$$\int \frac{\mathrm{d}y}{\varphi(y, C_1)} = x + C_2.$$

例 5 求方程 $yy'' - y'^2 = 0$ 的通解.

解 设 $y' = p(y)$, 则 $y'' = p\dfrac{\mathrm{d}p}{\mathrm{d}y}$, 代入原方程得

$$y \cdot p\frac{\mathrm{d}p}{\mathrm{d}y} - p^2 = 0,$$

故

$$p = 0 \quad 或 \quad y \cdot \frac{\mathrm{d}p}{\mathrm{d}y} - p = 0,$$

解得

$$p = C_1 y, \quad 即为 \frac{\mathrm{d}y}{\mathrm{d}x} = C_1 y,$$

解上述可分离变量的微分方程, 得原方程通解为

$$y = C_2 \mathrm{e}^{c_1 x}.$$

例 6 求解初值问题
$$\begin{cases} y'' - \mathrm{e}^{2y} y' = 0, \\ y\big|_{x=0} = 0, \quad y'\big|_{x=0} = \dfrac{1}{2}. \end{cases}$$

解 令 $p(y) = y'$, 则 $y'' = p\dfrac{\mathrm{d}p}{\mathrm{d}y}$, 代入方程得

$$p\frac{\mathrm{d}p}{\mathrm{d}y} = \mathrm{e}^{2y}p,$$

因为 $y'\big|_{x=0} = \dfrac{1}{2}$ 所以 $p \neq 0$, 故上述方程即为 $\dfrac{\mathrm{d}p}{\mathrm{d}y} = \mathrm{e}^{2y}$. 积分, 得

$$p = \frac{1}{2}\mathrm{e}^{2y} + C_1,$$

由 $y\big|_{x=0} = 0, \quad y'\big|_{x=0} = \dfrac{1}{2}$ 得 $C_1 = 0$, 于是 $\dfrac{\mathrm{d}y}{\mathrm{d}x} = \dfrac{1}{2}\mathrm{e}^{2y}$, 即

$$2\mathrm{e}^{-2y}\mathrm{d}y = \mathrm{d}x,$$

这是一个变量可分离方程, 解得

$$-\mathrm{e}^{-2y} = x + C_2.$$

由 $y\big|_{x=0} = 0$, 得 $C_2 = -1$, 从而所求特解为

$$\mathrm{e}^{-2y} = 1 - x.$$

习 题 10-5

课件10-5-3

A 组

1. 求下列微分方程的通解:

(1) $y'' = \mathrm{e}^{3x} + \sin x$;

(2) $y'' = 1 + y'^2$;

(3) $y'' = 2yy'$;

(4) $y'' + (y')^2 = \dfrac{1}{2}\mathrm{e}^{-y}$;

(5) $x^2 y'' = (y')^2$;

(6) $(1 + \mathrm{e}^x) y'' + y' = 0$.

2. 求下列微分方程的特解:

(1) $y'' + y'^2 = 2\mathrm{e}^{-y}$ 且 $y\big|_{x=0} = 0, \quad y'\big|_{x=0} = 2$;

(2) $y'' = \dfrac{3}{2}y^2$ 且 $y\big|_{x=0} = 1, \quad y'\big|_{x=0} = 1$;

(3) $y'' + \dfrac{y'^2}{1-y} = 0$ 且 $y\big|_{x=0} = 2, \quad y'\big|_{x=0} = 1$;

(4) $xy'' + 3y' = 0$ 且 $y\big|_{x=1} = 1, \quad y'\big|_{x=1} = -2$;

(5) $y'' = y' + x$ 且 $y\big|_{x=0} = 2, \quad y'\big|_{x=0} = 0$.

B 组

1. 求 $xyy'' + x(y')^2 - yy' = 0$ 的通解.

2. 设函数 $y = f(x)$ 由参数方程 $\begin{cases} x = 2t + t^2, \\ y = \varphi(t) \end{cases}$ $(t > -1)$ 所确定, 且 $\dfrac{\mathrm{d}^2 y}{\mathrm{d}x^2} = \dfrac{3}{4(1+t)}$,

其中 $\varphi(t)$ 具有二阶导数, 曲线 $y = \varphi(t)$ 与 $y = \displaystyle\int_1^{t^2} \mathrm{e}^{-u^2}\mathrm{d}u + \dfrac{3}{2\mathrm{e}}$ 在 $t = 1$ 处相切. 求函数 $y = \varphi(t)$.

3. 已知 $y_1 = \mathrm{e}^x$, $y_2 = u(x)\mathrm{e}^x$ 是二阶微分方程 $(2x-1)y'' - (2x+1)y' + 2y = 0$ 的两个解, 若 $u(-1) = \mathrm{e}$, $u(0) = -1$, 求 $u(x)$, 并写出该微分方程的通解. (2016 考研真题)

10.6　高阶线性微分方程

课前测10-6-1

所谓线性微分方程就是对于未知函数及其各阶导数均为一次的微分方程. n 阶线性微分方程的一般形式为

$$y^{(n)} + a_1(x)y^{(n-1)} + \cdots + a_{n-1}(x)y' + a_n(x)y = f(x). \tag{10-6-1}$$

等号右边的项 $f(x)$ 称为方程的自由项, 如果 $f(x) \equiv 0$, 则方程变为

$$y^{(n)} + a_1(x)y^{(n-1)} + \cdots + a_{n-1}(x)y' + a_n(x)y = 0. \tag{10-6-2}$$

(10-6-2) 称为**齐次线性微分方程**, (10-6-1) 称为**非齐次线性微分方程**, 当两式左边完全相同时, (10-6-2) 也称为与 (10-6-1) 对应的齐次线性方程.

例如, $y'' + y\sin x = 0$ 是 $y'' + y\sin x = \mathrm{e}^x + \sqrt{x}$ 对应的齐次方程; $(2\ln x + 1)y'' + y'\sin x = 0$ 是 $(2\ln x + 1)y'' + y'\sin x = 5x$ 对应的齐次方程.

本节主要讨论二阶线性微分方程.

一、二阶齐次线性微分方程的解的结构

二阶齐次线性微分方程的一般形式为

$$y'' + P(x)y' + Q(x)y = 0. \tag{10-6-3}$$

定理 1　若 $y_1(x), y_2(x)$ 是二阶齐次线性微分方程 (10-6-3) 的两个解, 则

$$y = C_1 y_1(x) + C_2 y_2(x) \quad (C_1, C_2 是任意常数) \tag{10-6-4}$$

也是方程 (10-6-3) 的解.

证　因为

$$[C_1 y_1 + C_2 y_2]' = C_1 y_1' + C_2 y_2', \quad [C_1 y_1 + C_2 y_2]'' = C_1 y_1'' + C_2 y_2'',$$

又因为 y_1 与 y_2 是方程 $y'' + P(x)y' + Q(x)y = 0$ 的解, 所以有

$$y_1'' + P(x)y_1' + Q(x)y_1 = 0 \quad 及 \quad y_2'' + P(x)y_2' + Q(x)y_2 = 0,$$

从而

$$y'' + P(x)y' + Q(x)y = [C_1 y_1 + C_2 y_2]'' + P(x)[C_1 y_1 + C_2 y_2]' + Q(x)[C_1 y_1 + C_2 y_2]$$

$$= C_1 [y_1'' + P(x)y_1' + Q(x)y_1] + C_2 [y_2'' + P(x)y_2' + Q(x)y_2]$$

$$= 0,$$

这就证明了 $y = C_1 y_1(x) + C_2 y_2(x)$ 也是方程 $y'' + P(x)y' + Q(x)y = 0$ 的解.

定理 1 称为**齐次线性方程的解的叠加原理**.

定理 1 表明二阶齐次线性微分方程的解的线性组合也是该方程的解. 但 (10-6-4) 是不是 (10-6-3) 的通解呢? 设 $y_1(x)$ 是 (10-6-3) 的一个解, 则 $y_2(x) = 2y_1(x)$ 也是 (10-6-3) 的解, 这时它们的线性组合为

$$y = C_1 y_1(x) + 2C_2 y_1(x),$$

即

$$y = C y_1(x) \quad (C = C_1 + 2C_2),$$

显然, 这不是 (10-6-3) 的通解. 那么在什么情形下, (10-6-4) 才是微分方程 (10-6-3) 的通解呢? 为此, 引进函数的线性相关与线性无关的概念.

定义 1　设 $y_1(x), y_2(x), \cdots, y_n(x)$ 为定义在区间 I 上的 n 个函数, 如果存在不全为零的常数 $k_1, k_2, \cdots, k_n$, 使得

$$k_1 y_1(x) + k_2 y_2(x) + \cdots + k_n y_n(x) \equiv 0 \quad (x \in I)$$

成立, 则称 $y_1(x), y_2(x), \cdots, y_n(x)$ 在该区间 I 上**线性相关**, 否则称**线性无关**.

例如, 当 $x \in (-\infty, +\infty)$ 时, $\mathrm{e}^x, \mathrm{e}^{-x}, \mathrm{e}^{2x}$ 线性无关; 而 $1, \cos^2 x, \sin^2 x$ 线性相关.

特殊地, 两个函数 $y_1(x), y_2(x)$ 线性无关的充要条件是在 I 上有 $\dfrac{y_1(x)}{y_2(x)} \neq$ 常数.

例 1　讨论下列函数是线性相关还是线性无关?

(1) $1, \tan^2 x, \sec^2 x$;　　(2) $\sin x, 3\sin\dfrac{x}{2}\cos\dfrac{x}{2}$;　　(3) $\mathrm{e}^{-x}, x\mathrm{e}^{-x}$.

解　(1) 因为取 $k_1 = k_2 = 1, k_3 = -1$ 时, 即有 $1 + \tan^2 x - \sec^2 x = 0$, 所以 $1, \tan^2 x, \sec^2 x$ 线性相关.

(2) $3\sin\dfrac{x}{2}\cos\dfrac{x}{2} = \dfrac{3}{2}\sin x$, 故取 $k_1 = \dfrac{3}{2}, k_2 = -1$ 时, 有 $\dfrac{3}{2}\sin x - 3\sin\dfrac{x}{2}\cos\dfrac{x}{2} = 0$, 因此 $\sin x, 3\sin\dfrac{x}{2}\cos\dfrac{x}{2}$ 线性相关.

(3) 因为 $\dfrac{x\mathrm{e}^{-x}}{\mathrm{e}^{-x}} = x \neq C$, 所以 $\mathrm{e}^{-x}, x\mathrm{e}^{-x}$ 线性无关.

有了函数线性无关的概念, 就可以给出下面的定理.

定理 2　如果 $y_1(x)$ 与 $y_2(x)$ 是齐次线性方程 (10-6-3) 的两个线性无关的特解, 那么

$$y = C_1 y_1(x) + C_2 y_2(x) \quad (C_1, C_2 \text{是任意常数})$$

就是它的通解.

例 2　验证 $y_1 = x\mathrm{e}^{2x}, y_2 = \mathrm{e}^{2x}$ 是方程 $y'' - 4y' + 4y = 0$ 的线性无关解, 并写出方程的通解.

解　因为 $\dfrac{y_1}{y_2} = x \neq$ 常数, 所以 $y_1 = x\mathrm{e}^{2x}, y_2 = \mathrm{e}^{2x}$ 在 $(-\infty, +\infty)$ 内是线性无关的. 又

$$y_1'' - 4y_1' + 4y_1 = 4(1+x)\mathrm{e}^{2x} - 4(1+2x)\mathrm{e}^{2x} + 4x\mathrm{e}^{2x} = 0,$$

$$y_2'' - 4y_2' + 4y_2 = 4\mathrm{e}^{2x} - 4\cdot 2\mathrm{e}^{2x} + 4\mathrm{e}^{2x} = 0,$$

因此 $y_1 = x\mathrm{e}^{2x}, y_2 = \mathrm{e}^{2x}$ 是方程的两个线性无关的特解. 由定理 2 知, 方程的通解为

$$y = C_1 x\mathrm{e}^{2x} + C_2 \mathrm{e}^{2x}.$$

关于二阶齐次线性微分方程的通解结构的结论都可推广到 n 阶齐次线性方程的情形.

二、 二阶非齐次线性微分方程的解的结构

在 10.3 节解一阶线性方程时, 我们已经知道一阶齐次线性方程的通解由两部分之和组成. 一部分是对应的齐次线性方程的通解, 另一部分是非齐次线性方程本身的一个特解. 这个结论不仅对一阶非齐次线性方程适用, 对于二阶以及二阶以上的非齐次线性方程也适用. 其根本原因在于方程是线性的, 即未知函数及其各阶导数仅以一次幂的形式出现. 这一性质是所有线性微分方程所共有. 历史上, 首先在研究线性代数方程中发现了这一规律, 而后推广到线性微分方程的求解中.

定义 2 二阶非齐次线性微分方程的一般形式为

$$y'' + P(x)y' + Q(x)y = f(x), \tag{10-6-5}$$

其中 $f(x)$ 不恒等于 0, 且称为**自由项**或**非齐次项**, 并称方程 (10-6-3) 为**对应于非齐次方程 (10-6-5) 的齐次方程**.

定理 3 设 y^* 是二阶非齐次线性方程 (10-6-5) 的一个特解, $\bar{y}$ 是它对应的齐次方程 (10-6-3) 的通解, 那么 $y = \bar{y} + y^*$ 是二阶非齐次线性微分方程 (10-6-5) 的通解.

证 因为 y^* 与 $\bar{y}$ 分别是方程 (10-6-5) 和 (10-6-3) 的解, 所以有

$$(y^*)'' + P(x)(y^*)' + Q(x)y^* = f(x),$$

$$\bar{y}'' + P(x)\bar{y}' + Q(x)\bar{y} = 0,$$

又因为 $y' = \bar{y}' + (y^*)'$, $y'' = \bar{y}'' + (y^*)''$, 所以有

$$\begin{aligned}
&y'' + P(x)y' + Q(x)y \\
&= (\bar{y}'' + (y^*)'') + P(x)(\bar{y}' + (y^*)') + Q(x)(\bar{y} + y^*) \\
&= [\bar{y}'' + P(x)\bar{y}' + Q(x)\bar{y}] + [(y^*)'' + P(x)(y^*)' + Q(x)y^*] \\
&= f(x),
\end{aligned}$$

这说明 $y = \bar{y} + y^*$ 是方程 (10-6-5) 的解, 又因为 $\bar{y}$ 是 (10-6-3) 的通解, $\bar{y}$ 中含有两个独立的任意常数, 所以 $y = \bar{y} + y^*$ 中也含有两个独立的任意常数, 从而它是方程 (10-6-5) 的通解.

定理 3 也可描述为: 设 y^* 是二阶线性非齐次方程 (10-6-5) 的一个特解, $y_1(x), y_2(x)$ 是它对应的齐次方程 (10-6-3) 的两个线性无关的特解, 那么

$$y = C_1 y_1(x) + C_2 y_2(x) + y^* \tag{10-6-6}$$

是二阶非齐次线性微分方程 (10-6-5) 的通解, 其中 C_1, C_2 是两个任意常数.

证 由定理 2 知, $C_1 y_1(x) + C_2 y_2(x)$ 为齐次方程 (10-6-3) 的通解, 又 y^* 是二阶非齐次线性方程 (10-6-5) 的一个特解, 故由定理 3 知 (10-6-6) 是非齐次方程 (10-6-5) 的通解.

上面两个通解结构定理很重要, 它是求解线性微分方程的理论基础. 根据定理 2, 要求方程 (10-6-3) 的通解, 只需求出对应齐次方程 (10-6-3) 的两个线性无关的特解; 若求方程 (10-6-5) 的通解, 则需求出对应齐次方程 (10-6-3) 的两个线性无关的特解, 并求原方程 (10-6-5) 本身的一个特解, 由定理 3 即可写出通解.

定理 3 给出了二阶非齐次线性方程的通解结构, 因此, 找二阶非齐次线性方程的一个特解成了求它通解的关键之一.

例 3 验证 $\bar{y} = \dfrac{1}{4}x + \dfrac{1}{2}$ 是非齐次线性微分方程 $y'' - 4y' + 4y = x + 1$ 的特解, 并结合例 2 求非齐次线性微分方程 $y'' - 4y' + 4y = x + 1$ 的通解.

解 由 $y^* = \dfrac{1}{4}x + \dfrac{1}{2}$ 得, $(y^*)' = \dfrac{1}{4}$, $(y^*)'' = 0$ 代入方程 $y'' - 4y' + 4y = x + 1$ 恒成立, 所以 $y^* = \dfrac{1}{4}x + \dfrac{1}{2}$ 是方程 $y'' - 4y' + 4y = x + 1$ 的特解.

由例 2 可知 $\bar{y} = C_1 x \mathrm{e}^{2x} + C_2 \mathrm{e}^{2x}$ 是 $y'' - 4y' + 4y = 0$ 的通解.

由定理 3 可知方程 $y'' - 4y' + 4y = x + 1$ 的通解为

$$y = C_1 x \mathrm{e}^{2x} + C_2 \mathrm{e}^{2x} + \frac{1}{4}x + \frac{1}{2}.$$

定理 4 设非齐次方程 (10-6-5) 的自由项 $f(x)$ 是几个函数之和, 如

$$y'' + P(x)y' + Q(x)y = f_1(x) + f_2(x), \tag{10-6-7}$$

而 y_1^* 与 y_2^* 分别是方程

$$y'' + P(x)y' + Q(x)y = f_1(x) \quad 与 \quad y'' + P(x)y' + Q(x)y = f_2(x)$$

的特解, 那么 $y_1^* + y_2^*$ 就是方程 (10-6-7) 的特解.

证 将 $y_1^* + y_2^*$ 代入方程 (10-6-7) 的左端, 得

$$(y_1^* + y_2^*)'' + P(x)(y_1^* + y_2^*)' + Q(x)(y_1^* + y_2^*)$$
$$= [(y_1^*)'' + P(x)(y_1^*)' + Q(x)(y_1^*)] + [(y_2^*)'' + P(x)(y_2^*)' + Q(x)(y_2^*)]$$
$$= f_1(x) + f_2(x),$$

所以 $y_1^* + y_2^*$ 是方程 (10-6-7) 的一个特解.

定理 4 称为**非齐次线性方程特解的叠加原理**.

同线性代数方程一样, 线性非齐次微分方程的解与相对应的线性齐次微分方程的解有着密切联系.

定理 5 设 $y_1(x), y_2(x)$ 均为非齐次线性方程 (10-6-5) 的解, 则 $y = y_1(x) - y_2(x)$ 是与之相对应的齐次方程 (10-6-3) 的解, $\dfrac{1}{2}[y_1(x) + y_2(x)]$ 仍是方程式 (10-6-5) 的解.

解的结构定理
5 讲解10-6-2

证 因为 $y_1(x), y_2(x)$ 均为非齐次线性方程 (10-6-5) 的解, 所以有

$$y_1'' + P(x)y_1' + Q(x)y_1 = f(x),$$

$$y_2'' + P(x)y_2' + Q(x)y_2 = f(x),$$

于是

$$(y_1 - y_2)'' + P(x)(y_1 - y_2)' + Q(x)(y_1 - y_2)$$

$$= [y_1'' + P(x)y_1' + Q(x)y_1] - [y_2'' + P(x)y_2' + Q(x)y_2]$$

$$= f(x) - f(x) = 0,$$

从而 $y = y_1(x) - y_2(x)$ 是方程 (10-6-3) 的解. 又

$$\frac{1}{2}[y_1(x) + y_2(x)]'' + \frac{1}{2}P(x)[y_1(x) + y_2(x)]' + \frac{1}{2}Q(x)[y_1(x) + y_2(x)]$$

$$= \frac{1}{2}[y_1''(x) + P(x)y_1'(x) + Q(x)y_1(x)] + \frac{1}{2}[y_2''(x) + P(x)y_2'(x) + Q(x)y_2(x)]$$

$$= \frac{1}{2}f(x) + \frac{1}{2}f(x) = f(x).$$

从而 $\frac{1}{2}[y_1(x) + y_2(x)]$ 仍是方程 (10-6-5) 的解.

例 4 已知 $y_1 = x + 2e^x$, $y_2 = e^x + x$, $y_3 = 1 + x$ 是某二阶非齐次线性微分方程的三个解, 求该方程的通解.

解 由于 y_1, y_2, y_3 均为某二阶非齐次线性方程的解, 由定理 5 知,

$$y_1 - y_2 = e^x, \quad y_1 - y_3 = 2e^x - 1,$$

都是与该方程相对应的齐次方程的解, 且这两个解线性无关, 从而

$$\bar{y} = C_1 e^x + C_2(2e^x - 1)$$

是对应的齐次方程的通解, 故原方程的通解为

$$y = C_1 e^x + C_2(2e^x - 1) + x + 1.$$

二阶非齐次线性微分方程的解的上述结论均可推广到 n 阶非齐次线性方程的情形.

课件10-6-3

习 题 10-6

A 组

1. 判断下列函数在其定义区间内是线性相关还是线性无关:

(1) x, x^2;

(2) $\mathrm{e}^x \cos 2x$, $\sin 2x$;

(3) $\sin^2 x$, $\cos^2 x$;

(4) $\sin 2x$, $\cos x \sin x$;

(5) e^{x^2}, $x\mathrm{e}^{x^2}$;

(6) $\ln \dfrac{1}{x^2}$, $\ln x^3$.

2. 验证 $y_1 = \cos \omega x$ 及 $y_2 = \sin \omega x$ 都是方程 $y'' + \omega^2 y = 0$ 的解, 并写出该方程的通解.

3. 验证 $y_1 = \mathrm{e}^{x^2}$ 及 $y_2 = x\mathrm{e}^{x^2}$ 都是方程 $y'' - 4xy' + \left(4x^2 - 2\right)y = 0$ 的解, 并写出该方程的通解.

4. 已知 $y_1 = 3$, $y_2 = 3 + x^2$, $y_3 = 3 + x^2 + \mathrm{e}^x$ 都是微分方程

$$\left(x^2 - 2x\right)y'' - \left(x^2 - 2\right)y' + (2x - 2)y = 6x - 6$$

的解, 求此方程的通解.

5. 验证 $y = C_1 \mathrm{e}^{C_2 - 3x} - 1$ 是 $y'' - 9y = 9$ 的解. 说明它不是通解. 其中 C_1, C_2 是两个任意常数.

6. 验证 $y = \dfrac{1}{x}\left(C_1 \mathrm{e}^x + C_2 \mathrm{e}^{-x}\right) + \dfrac{1}{2}\mathrm{e}^x$ (C_1, C_2 是两个任意常数) 是方程 $xy'' + 2y' - xy = \mathrm{e}^x$ 的通解.

B 组

1. 设 $y_1 = x\mathrm{e}^x + \mathrm{e}^{2x}$, $y_2 = x\mathrm{e}^x + \mathrm{e}^{-x}$, $y_3 = x\mathrm{e}^x + \mathrm{e}^{2x} - \mathrm{e}^{-x}$ 是某二阶线性非齐次方程的解, 求该方程的通解.

2. 已知线性非齐次方程 $y'' + p(x)y' + q(x)y = f(x)$ 的三个解为 y_1, y_2, y_3, 且 $y_2 - y_1$ 与 $y_3 - y_1$ 线性无关, 证明 $(1 - C_1 - C_2)y_1 + C_1 y_2 + C_2 y_3$ 是方程的通解.

10.7 二阶常系数齐次线性微分方程

课前测10-7-1

在前面我们已经介绍了二阶线性微分方程通解的结构, 本节重点讨论二阶常系数齐次线性微分方程的解法.

定义 1 形如

$$y'' + py' + qy = f(x) \tag{10-7-1}$$

(其中 p, q 均为常数) 的方程称为**二阶常系数非齐次线性微分方程**, $f(x)$ 是不恒为零的自由项.

方程

$$y'' + py' + qy = 0 \tag{10-7-2}$$

称为**与方程 (10-7-1) 对应的二阶常系数齐次线性微分方程**.

　　根据齐次线性方程解的结构定理知道, 只要找出方程 (10-7-2) 的两个线性无关的特解 y_1 与 y_2, 即可得 (10-7-2) 的通解 $y = C_1 y_1 + C_2 y_2$. 如何去寻找它的两个线性无关的特解呢? 下面给出求方程 (10-7-2) 的两个线性无关特解的方法.

　　从方程 (10-7-2) 的形式来看, 它的特点是 y'', y', y 各乘以常数因子后相加等于零, 因此如果能找到一个函数, 使得它与自身的一阶导数 y'、二阶导数 y'' 之间只相差常数因子, 这样的函数就有可能是方程 (10-7-2) 的解.

　　在基本初等函数里, 指数函数 $y = \mathrm{e}^{rx}$ 就具有这种特性, 因 $y' = r\mathrm{e}^{rx}$, $y'' = r^2 \mathrm{e}^{rx}$ 与 $y = \mathrm{e}^{rx}$ 之间只相差 r 和 r^2, 因此适当选取 r 就有可能使 $y = \mathrm{e}^{rx}$ 满足方程 (10-7-2).

　　设方程 (10-7-2) 的解为 $y = \mathrm{e}^{rx}$(r 是待定常数), 将 $y = \mathrm{e}^{rx}$, $y' = r\mathrm{e}^{rx}$, $y'' = r^2 \mathrm{e}^{rx}$ 代入该方程, 得

$$\mathrm{e}^{rx}(r^2 + pr + q) = 0,$$

于是有

$$r^2 + pr + q = 0. \tag{10-7-3}$$

也就是说, 只要 r 是代数方程 (10-7-3) 的根, 那么 $y = \mathrm{e}^{rx}$ 就是微分方程 (10-7-2) 的解. 于是微分方程 (10-7-2) 的求解问题, 就转化为代数方程 (10-7-3) 的求根问题了. 代数方程 (10-7-3) 称为微分方程 (10-7-2) 的特征方程.

　　由于特征方程 (10-7-3) 是一元二次方程, 所以用求根公式求出它的两个根 r_1, r_2,

$$r_{1,2} = \frac{-p \pm \sqrt{p^2 - 4q}}{2}.$$

根据 p, q 的不同取值, 我们得到下列三种可能的情形.

　　(1) 若 $p^2 - 4q > 0$, 特征方程有两个不相等的实根 r_1 及 r_2,

$$r_1 = \frac{-p + \sqrt{p^2 - 4q}}{2}, \quad r_2 = \frac{-p - \sqrt{p^2 - 4q}}{2}.$$

　　(2) 若 $p^2 - 4q = 0$, 特征方程有两个相等的实根, $r_1 = r_2 = -\dfrac{p}{2} = r$.

　　(3) 若 $p^2 - 4q < 0$, 特征方程有一对共轭复根 $r_1 = \alpha + \mathrm{i}\beta$, $r_2 = \alpha - \mathrm{i}\beta$, 其中 $\alpha = -\dfrac{p}{2}$, $\beta = \dfrac{\sqrt{4q - p^2}}{2}$.

　　下面根据特征方程 (10-7-3) 根的三种情形, 来讨论微分方程 (10-7-2) 的通解.

　　(1) 当 $r_1 \neq r_2$ 时, 方程 (10-7-2) 对应有两个特解: $y_1 = \mathrm{e}^{r_1 x}$ 与 $y_2 = \mathrm{e}^{r_2 x}$, 又因为

$$\frac{y_1}{y_2} = \frac{\mathrm{e}^{r_1 x}}{\mathrm{e}^{r_2 x}} = \mathrm{e}^{(r_1 - r_2)x} \neq 常数,$$

所以 y_1, y_2 线性无关, 根据解的结构定理, 方程 (10-7-2) 的通解为

$$y = C_1 e^{r_1 x} + C_2 e^{r_2 x} \quad (C_1, C_2 \text{为任意的常数}).$$

(2) 当 $p^2 - 4q = 0$ 时, 特征方程 (10-7-3) 有两个相等的实根 $r_1 = r_2 = -\dfrac{p}{2} = r$, 这时只得到该方程的一个特解 $y_1 = e^{rx}$, 还需要找一个与 y_1 线性无关的另一个解 y_2. 由线性无关的定义, 应有 $\dfrac{y_2}{y_1} = \dfrac{y_2}{e^{rx}} = u(x) \neq$ 常数, 故设 $y_2 = u(x)y_1$, 其中 $u(x)$ 为待定函数, 假设 y_2 是方程 (10-7-2) 的解, 则

$$y_2 = u(x)y_1 = u(x)e^{rx},$$
$$y_2' = e^{rx}(u' + ru),$$
$$y_2'' = e^{rx}(u'' + 2ru' + r^2 u),$$

将 y_2, y_2', y_2'' 代入方程 (10-7-2) 得

$$e^{rx}[(u'' + 2ru' + r^2 u) + p(u' + ru) + qu] = 0,$$

由于对任意的 r, $e^{rx} \neq 0$, 因此

$$[u'' + (2r + p)u' + (r^2 + pr + q)u] = 0,$$

因为 r 是特征方程的二重根, 故

$$r^2 + pr + q = 0, \quad 2r + p = 0,$$

于是, 得

$$u'' = 0,$$

取满足该方程的简单函数 $u(x) = x$.

从而 $y_2 = xe^{rx}$ 是方程的一个与 $y_1 = e^{rx}$ 线性无关的解. 所以方程 (10-7-2) 的通解为

$$y = (C_1 + C_2 x)e^{rx} \quad (C_1, C_2 \text{为任意的常数}).$$

(3) 当 $p^2 - 4q < 0$ 时, 方程 (10-7-2) 有两个复数形式的解

$$y_1 = e^{(\alpha + i\beta)x}, \quad y_2 = e^{(\alpha - i\beta)x},$$

根据欧拉公式

$$e^{ix} = \cos x + i \sin x,$$

可得

$$y_1 = \mathrm{e}^{\alpha x}(\cos \beta x + \mathrm{i} \sin \beta x), \quad y_2 = \mathrm{e}^{\alpha x}(\cos \beta x - \mathrm{i} \sin \beta x),$$

于是, 有

$$\frac{1}{2}(y_1 + y_2) = \mathrm{e}^{\alpha x} \cos \beta x, \quad \frac{1}{2\mathrm{i}}(y_1 - y_2) = \mathrm{e}^{\alpha x} \sin \beta x,$$

而函数 $\mathrm{e}^{\alpha x} \cos \beta x$ 与 $\mathrm{e}^{\alpha x} \sin \beta x$ 均为方程 (10-7-2) 的解, 且它们线性无关, 因此方程 (10-7-2) 的通解为

$$y = \mathrm{e}^{\alpha x}(C_1 \cos \beta x + C_2 \sin \beta x) \quad (C_1, C_2 \text{为任意的常数}).$$

综上所述, 求二阶常系数齐次线性微分方程

$$y'' + py' + qy = 0$$

的通解的步骤如下:

① 写出微分方程的特征方程 $r^2 + pr + q = 0$;

② 求出特征方程的根 r_1, r_2;

③ 根据 r_1, r_2 两个根的不同情况, 分别写出微分方程 (10-7-2) 的通解, 见表 10-7-1.

表 10-7-1

特征方程 $r^2 + pr + q = 0$ 的两个根 r_1, r_2	微分方程 $y'' + py' + qy = 0$ 的通解
两个不相等的实根 $r_1 \neq r_2$	$y = C_1 \mathrm{e}^{r_1 x} + C_2 \mathrm{e}^{r_2 x}$
两个相等的实根 $r = r_1 = r_2$	$y = (C_1 + C_2 x) \mathrm{e}^{r x}$
一对共轭复根 $r_{1,2} = \alpha \pm \mathrm{i} \beta$	$y = \mathrm{e}^{\alpha x}(C_1 \cos \beta x + C_2 \sin \beta x)$

例 1 求微分方程 $y'' - 3y' - 4y = 0$ 的通解.

解 所给方程的特征方程为 $r^2 - 3r - 4 = 0$, 解得

$$r_1 = 4, \quad r_2 = -1,$$

故所给方程的通解为

$$y = C_1 \mathrm{e}^{4x} + C_2 \mathrm{e}^{-x} \quad (C_1, C_2 \text{为任意的常数}).$$

例 2 求微分方程 $\dfrac{\mathrm{d}^2 s}{\mathrm{d} t^2} - 4 \dfrac{\mathrm{d} s}{\mathrm{d} t} + 4s = 0$ 满足初始条件 $s|_{t=0} = 0$, $s'|_{t=0} = 2$ 的特解.

解 所给方程的特征方程为 $r^2 - 4r + 4 = 0$, 解得

$$r_1 = r_2 = 2,$$

于是方程的通解为

$$s = (C_1 + C_2 t)\mathrm{e}^{2t},$$

代入初始条件, $s|_{t=0} = 0$, $s'|_{t=0} = 2$, 得

$$C_1 = 0, \quad C_2 = 2,$$

所以原方程满足初始条件的特解为

$$s = 2t\mathrm{e}^{2t}.$$

例 3 求微分方程 $y'' + 2y' + 5y = 0$ 的通解.

解 所给方程的特征方程为 $r^2 + 2r + 5 = 0$, 解得 $r_{1,2} = -1 \pm 2\mathrm{i}$, 这是一对共轭复根, 因此所求方程的通解为

$$y = \mathrm{e}^{-x}(C_1 \cos 2x + C_2 \sin 2x).$$

例 4 设 $y = \mathrm{e}^x(C_1 \cos x + C_2 \sin x)(C_1, C_2$ 为任意的常数$)$ 是首项系数为 1 的某二阶常系数齐次线性微分方程的通解, 求该微分方程.

解 这是二阶常系数齐次线性微分方程求通解的逆问题, 借助于特征方程这一中间桥梁, 不难解决.

由通解为 $y = \mathrm{e}^x(C_1 \cos x + C_2 \sin x)$ 知, 特征方程的特征根为

$$r_{1,2} = 1 \pm \mathrm{i},$$

因此特征方程为

$$[r - (1 + \mathrm{i})][r - (1 - \mathrm{i})] = 0,$$

整理化简, 得

$$r^2 - 2r + 2 = 0,$$

所以首项系数为 1 的二阶常系数齐次线性微分方程为 $y'' - 2y' + 2y = 0$.

上面讨论的二阶常系数齐次线性微分方程的通解形式, 可以推广到 n 阶常系数齐次线性微分方程

$$y^{(n)} + p_1 y^{(n-1)} + \cdots + p_{n-1} y' + p_n y = 0$$

的情形上. 具体如下:

n 阶常系数齐次线性微分方程的特征方程为

$$r^n + p_1 r^{n-1} + \cdots + p_{n-1} r + p_n = 0.$$

高阶常系数
线性齐次微
分方程通解
讲解10-7-2

特征方程的根的各种不同情形所对应的微分方程的通解情况如表 10-7-2 所示.

表 10-7-2

特征方程的根	微分方程通解中的对应项
单实根 r	给出一项: Ce^{rx}
k 重实根 r	给出 k 项: $(C_1 + C_2 x + \cdots + C_k x^{k-1})e^{rx}$
一对单复根 $r_{1,2} = \alpha \pm i\beta$	给出两项: $y = e^{\alpha x}(C_1 \cos \beta x + C_2 \sin \beta x)$
一对 k 重共轭复根 $r_{1,2} = \alpha \pm i\beta$	给出 $2k$ 项: $[(C_1 + C_2 x + \cdots + C_k x^{k-1})\cos \beta x + (D_1 + D_2 x + \cdots + D_k x^{k-1})\sin \beta x]e^{\alpha x}$

例 5 求方程 $y^{(5)} + 2y''' + y' = 0$ 的通解.

解 所给方程的特征方程为 $r^5 + 2r^3 + r = 0$, 即 $r(r^2 + 1)^2 = 0$, 解得

$$r_1 = 0, \quad r_{2,3} = r_{4,5} = \pm i \quad (二重共轭复根),$$

故所求通解为

$$y = C_1 + (C_2 + C_3 x)\cos x + (C_4 + C_5 x)\sin x.$$

例 6 求方程 $y^{(4)} - 2y''' + 5y'' = 0$ 的通解.

解 其对应的特征方程为 $r^4 - 2r^3 + 5r^2 = 0$, 即 $r^2(r^2 - 2r + 5) = 0$, 解得特征根为

$$r_1 = r_2 = 0, \quad r_3 = 1 + 2i, \quad r_4 = 1 - 2i,$$

故所求通解为

$$y = C_1 + C_2 x + e^x(C_3 \cos 2x + C_4 \sin 2x).$$

习 题 10-7

A 组

课件10-7-3

1. 求下列微分方程的通解:

(1) $y'' + 5y' + 6y = 0$;

(2) $16y'' - 24y' + 9y = 0$;

(3) $y'' + y = 0$;

(4) $y'' + 8y' + 25y = 0$;

(5) $4y'' - 20y' + 25y = 0$;

(6) $y'' - 4y' + 5y = 0$;

(7) $y^{(4)} + 5y'' - 36y = 0$;

(8) $y''' - 4y'' + y' + 6y = 0$;

(9) $y^{(5)} + 2y''' + y' = 0$.

2. 求下列微分方程满足初始条件的特解:

(1) $4y'' + 4y' + y = 0$ 且满足 $y|_{x=0} = 2$, $y'|_{x=0} = 0$;

(2) $y'' + 4y' + 29y = 0$ 且满足 $y|_{x=0} = 0$, $y'|_{x=0} = 15$.

3. 已知一个四阶常系数齐次线性微分方程的四个线性无关的特解为 $y_1 = e^x$, $y_2 = xe^x$, $y_3 = \cos 2x$, $y_4 = 3\sin 2x$, 求这个四阶微分方程及其通解.

4. 求三阶常系数齐次线性微分方程 $y''' - 2y'' + y' - 2y = 0$ 的通解. (2010 考研真题)

5. 求微分方程 $y''' - y = 0$ 的通解. (2021 考研真题)

B 组

1. 设数列 $\{a_n\}$ 满足条件: $a_0 = 3, a_1 = 1, a_{n-2} - n(n-1)a_n = 0 (n \geqslant 2)$. $S(x)$ 是幂级数 $\sum\limits_{n=0}^{\infty} a_n x^n$ 的和函数. (1) 证明: $S''(x) - S(x) = 0$; (2) 求 $S(x)$ 的表达式. (2013 考研真题)

2. 设函数 $y = f(x)$ 满足 $y'' + 2y' + 5y = 0$ 且有 $y|_{x=0} = 1$, $y'|_{x=0} = -1$.

(1) 求 $y = f(x)$ 的表达式;

(2) 设 $a_n = \int_{n\pi}^{+\infty} f(x)\mathrm{d}x$, 求 $\sum\limits_{n=1}^{\infty} a_n$. (2020 考研真题)

10.8 二阶常系数非齐次线性微分方程

课前测10-8-1

二阶常系数非齐次线性微分方程的一般形式为

$$y'' + py' + qy = f(x), \qquad (10\text{-}8\text{-}1)$$

其中 p, q 为常数.

根据二阶非齐次线性方程解的结构定理可知, 只要求出它对应的齐次方程的通解 $\bar{y}$ 和非齐次方程 (10-8-1) 的一个特解 y^* 就可以了. 由于二阶常系数齐次线性方程的通解问题在 10.7 节已经解决, 所以这里只需讨论求二阶常系数非齐次线性方程 (10-8-1) 的特解 y^* 的方法.

微分方程的特解显然与方程 (10-8-1) 右端的自由项 $f(x)$ 有关, 下面只介绍当方程 (10-8-1) 中的 $f(x)$ 取两种常见形式时求特解 y^* 的方法. 这种方法的特点是不用积分就可求出 y^*, 我们称此方法为 "待定系数法".

这种方法主要利用了下列简单的导数法则:

① 一个 n 次多项式的导数是一个 $n-1$ 次多项式;

② 指数函数的导数仍为指数函数.

$f(x)$ 的两种形式为

① $f(x) = P_m(x)e^{\lambda x}$, 其中 λ 为常数, $P_m(x)$ 是 x 的一个 m 次多项式:

$$P_m(x) = a_0 x^m + a_1 x^{m-1} + \cdots + a_{m-1}x + a_m.$$

② $f(x) = e^{\alpha x}(P_l(x)\cos \beta x + P_n(x)\sin \beta x)$, 其中 α, β 是常数, $\beta \neq 0$, $P_l(x)$, $P_n(x)$ 分别是 x 的 l, n 次多项式, 且仅有一个可为零的情形.

下面分别介绍 $f(x)$ 为上述两种形式时 y^* 的求法.

一、 $f(x) = P_m(x)\mathrm{e}^{\lambda x}$ 型

设二阶常系数非齐次线性微分方程为

$$y'' + py' + qy = P_m(x)\mathrm{e}^{\lambda x}, \tag{10-8-2}$$

其中 $P_m(x)$ 是 x 的 m 次多项式, λ 为常数.

考虑到 $f(x)$ 的形式, 再联系到非齐次方程 (10-8-2) 左端的系数均为常数的特点, 可以设想该方程应该有形如 $y^* = Q(x)\mathrm{e}^{\lambda x}$ 的解, 其中 $Q(x)$ 是待定的多项式. 这种假定是否合适, 要看能否定出 $Q(x)$ 的次数及其系数, 为此, 把 y^* 代入上述方程.

对 y^* 求导, 有

$$(y^*)' = \mathrm{e}^{\lambda x}[Q'(x) + \lambda Q(x)],$$

$$(y^*)'' = \mathrm{e}^{\lambda x}[Q''(x) + 2\lambda Q'(x) + \lambda^2 Q(x)],$$

把 $y^*, (y^*)', (y^*)''$ 代入方程 (10-8-2), 约去 $\mathrm{e}^{\lambda x}$(因 $\mathrm{e}^{\lambda x} \neq 0$), 得

$$Q''(x) + (2\lambda + p)Q'(x) + (\lambda^2 + p\lambda + q)Q(x) = P_m(x). \tag{10-8-3}$$

为了使 (10-8-3) 成立, 必须使该式两端的多项式有相同的次数与相同的系数, 故用待定系数法来确定 $Q(x)$ 的系数. 以下我们分三种情况加以讨论.

① 若 λ 不是特征方程 $r^2 + pr + q = 0$ 的根, 即 $\lambda^2 + p\lambda + q \neq 0$.

这时 (10-8-3) 左端 x 的最高次数由 $Q(x)$ 的次数确定, 由于一个 n 次多项式的导数是一个 $n-1$ 次多项式, 该式的右端是 m 次多项式, 因此 $Q(x)$ 也应该是 m 次多项式, 记为 $Q_m(x)$, 所以设特解为

$$y^* = Q_m(x)\mathrm{e}^{\lambda x} = (b_0 x^m + b_1 x^{m-1} + \cdots + b_{m-1}x + b_m)\mathrm{e}^{\lambda x},$$

其中 $b_i(i = 0, 1, 2, \cdots, m)$ 是 $m+1$ 个待定系数. 然后将该特解 y^* 代入方程 (10-8-2), 通过比较两端 x 的同次幂系数来确定 $b_i(i = 0, 1, 2, \cdots, m)$.

② 若 λ 是特征方程 $r^2 + pr + q = 0$ 的单根, 即 $\lambda^2 + p\lambda + q = 0$, 而 $2\lambda + p \neq 0$.

这时 (10-8-3) 左端 x 的最高次数由 $Q'(x)$ 确定, 因此, $Q'(x)$ 必须是 m 次多项式, 从而 $Q(x)$ 是 $m+1$ 次多项式, 且可取常数项为零, 所以可设特解为 $y^* = xQ_m(x)\mathrm{e}^{\lambda x}$, 再用①的方法确定 $Q_m(x)$ 的系数 $b_i(i = 0, 1, 2, \cdots, m)$.

③ 若 λ 是特征方程 $r^2 + pr + q = 0$ 的二重根, 即 $\lambda^2 + p\lambda + q = 0$ 且 $2\lambda + p = 0$.

由式 (10-8-3) 可知, $Q''(x)$ 必须是 m 次多项式, 从而 $Q(x)$ 是 $m+2$ 次多项式, 且可取 $Q(x)$ 的一次项系数和常数都为零. 所以可设特解为 $y^* = x^2 Q_m(x)\mathrm{e}^{\lambda x}$, 并用与①同样的方法确定 $Q_m(x)$ 的系数 $b_i(i = 0, 1, 2, \cdots, m)$.

综上所述, 如果 $f(x) = P_m(x)\mathrm{e}^{\lambda x}$, 则可假设方程 (10-8-2) 有如下形式的特解

$$y = x^k Q_m(x)\mathrm{e}^{\lambda x},$$

其中 $Q_m(x)$ 是与 $P_m(x)$ 同次 (即都是 m 次) 的待定多项式, 依据 λ 不是特征方程的根、是特征方程的单根、是特征方程的二重根, k 分别取 0, 1, 2.

例 1 求微分方程 $y'' - 2y' + y = x^2$ 的一个特解.

解 因为方程右端为 $P_m(x)\mathrm{e}^{\lambda x}$, 其中 $P_m(x) = x^2, m = 2, \lambda = 0$. 其对应的特征方程为 $r^2 - 2r + 1 = 0$, 特征根为 $r_1 = r_2 = 1, \lambda = 0$ 不是特征根, 故设方程的特解为

$$y^* = Ax^2 + Bx + C,$$

则

$$(y^*)' = 2Ax + B, \quad (y^*)'' = 2A,$$

将 $y^*, (y^*)', (y^*)''$ 代入原方程并整理, 得

$$2A - 2(2Ax + B) + Ax^2 + Bx + C = x^2,$$

即

$$Ax^2 + (B - 4A)x + 2A - 2B + C = x^2,$$

比较同幂次项的系数, 得 $A = 1, B = 4, C = 6$, 原方程特解为

$$y^* = x^2 + 4x + 6.$$

例 2 求方程 $y'' - 3y' + 2y = x\mathrm{e}^{2x}$ 的通解.

解 方程右端为 $P_m(x)\mathrm{e}^{\lambda x}$, 其中 $P_m(x) = x, m = 1, \lambda = 2$. 其对应的特征方程为 $r^2 - 3r + 2 = 0$, 特征根为 $r_1 = 1, r_2 = 2$, 从而对应齐次方程的通解为

$$Y = c_1\mathrm{e}^x + c_2\mathrm{e}^{2x}.$$

由于 $\lambda = 2$ 是单根, 故设方程的特解 $y^* = x(Ax + B)\mathrm{e}^{2x}$, 则

$$(y^*)' = \left(2Ax^2 + 2Ax + 2Bx + B\right)\mathrm{e}^{2x},$$

$$(y^*)'' = (4Ax + 2A + 2B)\mathrm{e}^{2x} + 2\left(2Ax^2 + 2Ax + 2Bx + B\right)\mathrm{e}^{2x},$$

将 $y^*,(y^*)',(y^*)''$ 代入原方程, 得 $2Ax + B + 2A = x$, 即 $\begin{cases} A = \dfrac{1}{2}, \\ B = -1, \end{cases}$ 于是

$$y^* = x\left(\frac{x}{2} - 1\right)e^{2x}.$$

故原方程通解为 $y = C_1 e^x + C_2 e^{2x} + \left(\dfrac{x^2}{2} - x\right)e^{2x}.$

例 3 求方程 $y'' - 2y' + y = e^x$ 的通解.

解 方程右端为 $P_m(x)e^{\lambda x}$, 其中 $P_m(x) = 1$, $m = 0$, $\lambda = 1$. 其对应的特征方程 $r^2 - 2r + 1 = 0$, 特征根 $r_1 = r_2 = 1$, 从而对应齐次方程的通解为

$$Y = (c_1 + c_2 x)e^x.$$

由于 $\lambda = 1$ 是特征方程的二重根, 设 $y^* = Ax^2 e^x$, 则

$$(y^*)' = \left(2Ax + Ax^2\right)e^x,$$

$$(y^*)'' = \left(2A + 4Ax + Ax^2\right)e^x,$$

将 $y^*,(y^*)',(y^*)''$ 代入原方程, 得

$$2A + 4Ax + Ax^2 - 2\left(2Ax + Ax^2\right) + Ax^2 = 1,$$

则 $A = \dfrac{1}{2}$, 故原方程的一个特解为 $y^* = \dfrac{1}{2}x^2 e^x$. 因此原方程的通解为

$$y = (C_1 + C_2 x)e^x + \frac{1}{2}x^2 e^x.$$

二、 $f(x) = e^{\alpha x}(P_l(x)\cos\beta x + P_n(x)\sin\beta x)$ **型**

$$y'' + py' + qy = e^{\alpha x}(P_l(x)\cos\beta x + P_n(x)\sin\beta x). \tag{10-8-4}$$

下面我们不加证明地给出方程 (10-8-4) 的特解形式.

令

$$y^* = x^k e^{\alpha x}\left[A_m(x)\cos\beta x + B_m(x)\sin\beta x\right], \tag{10-8-5}$$

其中当 $\alpha + \mathrm{i}\beta$ 不是特征方程的根时, $k = 0$, 当 $\alpha + \mathrm{i}\beta$ 是特征方程的根时, $k = 1$, 其中 $A_m(x), B_m(x)$ 为 m 次多项式, $m = \max\{l, n\}$.

综上所述, 二阶常系数线性非齐次方程的特解的形式如表 10-8-1.

表 10-8-1

自由项 $f(x)$	特解的形式	k 的取值
$P_m(x)\mathrm{e}^{\lambda x}$	$y^* = x^k Q_m(x)\mathrm{e}^{\lambda x}$	λ 不是特征方程的根时, $k=0$, λ 是特征方程的单根时, $k=1$, λ 是特征方程的二重根时, $k=2$.
$\mathrm{e}^{\alpha x}[P_l(x)\cos\beta x$ $+P_n(x)\sin\beta x]$	$y^* = x^k\mathrm{e}^{\alpha x}[A_m(x)\cos\beta x$ $+B_m(x)\sin\beta x]$ 其中 $m=\max\{l,n\}$	$\alpha+\mathrm{i}\beta$ 不是特征方程的根时, $k=0$, $\alpha+\mathrm{i}\beta$ 是特征方程的根时, $k=1$.

例 4 求微分方程 $y''+y=x\cos 2x$ 的一个特解.

解 $f(x)$ 属于 $\mathrm{e}^{\alpha x}[P_l(x)\cos\beta x+P_n(x)\sin\beta x]$ 型, 其中 $\alpha=0, \beta=2, P_l(x)=x, P_n(x)=0, \max\{l,n\}=1$.

对应的齐次方程为 $y''+y=0$, 特征方程为 $r^2+1=0$.

由于 $\alpha+\mathrm{i}\beta=2\mathrm{i}$ 不是特征方程的根, 所以设原方程特解为

$$y^* = (ax+b)\cos 2x + (cx+d)\sin 2x,$$

计算 $(y^*)', (y^*)''$ 并将其代入原方程得

$$(-3ax-3b+4c)\cos 2x - (3cx+3d+4a)\sin 2x = x\cos 2x,$$

比较两端同类项的系数得

$$\begin{cases} -3a=1, \\ -3b+4c=0, \\ -3c=0, \\ -(3d+4a)=0, \end{cases}$$

解得

$$a=-\frac{1}{3}, \quad b=0, \quad c=0, \quad d=\frac{4}{9}.$$

故方程的一个特解为

$$y^* = -\frac{1}{3}x\cos 2x + \frac{4}{9}\sin 2x.$$

例 5 求方程 $y''+y=4\sin x$ 的通解.

解 $f(x)$ 属于 $\mathrm{e}^{\alpha x}[P_l(x)\cos\beta x+P_n(x)\sin\beta x]$ 型, 其中 $\alpha=0, \beta=1, P_l(x)=0, P_n(x)=4, \max\{l,n\}=0$.

对应齐次方程 $y''+y=0$ 的特征方程为 $r^2+1=0$, 对应齐次方程 $y''+y=0$ 的特征根为 $r_1=\mathrm{i}, r_2=-\mathrm{i}$, 从而对应齐次方程的通解

$$Y = C_1\cos x + C_2\sin x.$$

又因为 $\alpha + \beta\mathrm{i} = \mathrm{i}$ 是特征方程的单根, 故设 $y^* = x(a\cos x + b\sin x)$, 计算 $(y^*)'$, $(y^*)''$, 并将其代入原方程得

$$-2a\sin x + 2b\cos x + x(-a\cos x - b\sin x) + x(a\cos x + b\sin x) = 4\sin x,$$

比较两端同类项系数, 得

$$\begin{cases} -2a = 4, \\ 2b = 0, \end{cases}$$

得

$$a = -2, \quad b = 0,$$

所求非齐次方程的一个特解为

$$y^* = -2x\cos x,$$

因此原方程通解为

$$y = C_1\cos x + C_2\sin x - 2x\cos x.$$

例6讲解10-8-2

例 6 求方程 $y'' - 3y' + 2y = \mathrm{e}^{-x} + 2\sin^2 x$ 的通解.

解 对应齐次方程 $y'' - 3y' + 2y = 0$ 的特征方程为 $r^2 - 3r + 2 = 0$, 解得特征根为 $r_1 = 1, r_2 = 2$, 从而对应齐次方程的通解

$$Y = C_1\mathrm{e}^x + C_2\mathrm{e}^{2x}.$$

又因为 $f(x) = \mathrm{e}^{-x} + 2\sin^2 x = \mathrm{e}^{-x} + 1 - \cos 2x$, 记 $f_1(x) = \mathrm{e}^{-x}$, $f_2(x) = 1$, $f_3(x) = -\cos 2x$ 则与之对应的有

$$y_1^*(x) = A\mathrm{e}^{-x}, \quad y_2^*(x) = B, \quad y_3^*(x) = C\cos 2x + D\sin 2x.$$

于是原方程的特解形式为

$$y^*(x) = y_1^*(x) + y_2^*(x) + y_3^*(x) = A\mathrm{e}^{-x} + B + C\cos 2x + D\sin 2x$$

计算 $(y^*)'$, $(y^*)''$ 并将其代入原方程得

$$6A\mathrm{e}^{-x} + 2B - 2(C + 3D)\cos 2x + 2(3C - D)\sin 2x = \mathrm{e}^{-x} + 1 - \cos 2x,$$

比较两端同类项系数, 得

$$\begin{cases} 6A = 1, \\ 2B = 1, \\ -2C - 6D = -1, \\ 6C - 2D = 0. \end{cases}$$

解得

$$A = \frac{1}{6}, \quad B = \frac{1}{2}, \quad C = \frac{1}{20}, \quad D = \frac{3}{20}.$$

所求非齐次方程的一个特解为

$$y^* = \frac{1}{6}e^{-x} + \frac{1}{2} + \frac{1}{20}\cos 2x + \frac{3}{20}\sin 2x,$$

因此原方程通解为

$$y = C_1 e^x + C_2 e^{2x} + \frac{1}{6}e^{-x} + \frac{1}{2} + \frac{1}{20}\cos 2x + \frac{3}{20}\sin 2x.$$

习 题 10-8

课件10-8-3

A 组

1. 下列微分方程具有何种形式的特解:

(1) $y'' + 4y' - 5y = x$;

(2) $y'' + 4y' = x$;

(3) $y'' + y = 2e^x$;

(4) $y'' + y = x^2 e^x$;

(5) $y'' + y = \sin 2x$;

(6) $y'' + y = 3\sin x$.

2. 求下列微分方程的通解:

(1) $y'' + y' + 2y = x^2 - 3$;

(2) $y'' + a^2 y = e^x$;

(3) $y'' + y = (x - 2)e^{3x}$;

(4) $y'' - 6y' + 9y = e^x \cos x$.

3. 求下列微分方程的特解:

(1) $y'' - 3y' + 2y = 5$, $y|_{x=0} = 1$, $y'|_{x=0} = 2$;

(2) $y'' - y = 4xe^x$, $y|_{x=0} = 0$, $y'|_{x=0} = 1$.

4. 设二阶常系数线性微分方程 $y'' + \alpha y' + \beta y = \gamma e^x$ 的一个特解为 $y = e^{2x} + (1 + x)e^x$, 试确定常数 α, β, γ, 并求该方程的通解.

5. 设 $f(x) = \sin x - \int_0^x (x - t)f(t)\mathrm{d}t$, 其中 $f(x)$ 为连续函数, 求 $f(x)$.

B 组

1. 求方程 $y'' + a^2 y = \sin x$ 的通解, 其中常数 $a > 0$.

2. 设 $y = y(x)$ 是二阶常系数微分方程 $y'' + py' + qy = e^{3x}$ 满足初始条件 $y(0) = y'(0) = 0$ 的特解, 求极限 $\lim\limits_{x \to 0} \dfrac{\ln(1 + x^2)}{y(x)}$. (2002 考研真题)

3. 设函数 $f(x), g(x)$ 满足 $f'(x) = g(x)$, $g'(x) = 2e^x - f(x)$ 且 $f(0) = 0$, $g(0) = 2$, 求 $\int_0^\pi \left[\dfrac{g(x)}{1 + x} - \dfrac{f(x)}{(1 + x)^2} \right] \mathrm{d}x$. (2001 考研真题)

课前测10-9-1

10.9　差 分 方 程

差分方程来源于递推关系, 在各种实际问题中有着广泛的应用. 差分和差分方程分别可看成是连续函数的导数和微分方程的离散化. 在经济活动中经常遇到离散的变量, 如复利的计算、还款数量的确定、效益的增长、以周 (月或季度等) 为单位的产量、销售量、利润等, 所以描述经济变量之间变化规律的数学模型通常是离散型的数学模型. 本节主要介绍差分、差分方程的基本概念和常用的一阶、二阶线性差分方程的解法.

一、差分的概念与性质

1. 差分的概念

一元函数微分学中, 当自变量在 x 处取得增量 h 时, 函数 $f(x)$ 的增量为

$$\Delta f(x) = f(x+h) - f(x),$$

当 $h > 0$ 时, 我们把上式称为函数 $f(x)$ 在点 x 处的步长为 h 的**一阶差分**, 仍记为 $\Delta f(x)$, Δ 称为**差分算子**.

本节我们限定自变量 x 取非负整数 n, 步长 $h = 1$, 则

$$\Delta f(n) = f(n+1) - f(n). \tag{10-9-1}$$

由于一阶差分 $\Delta f(n)$ 仍是 n 的函数, 则可定义二阶差分

$$\Delta^2 f(n) = \Delta(\Delta f(n)) = f(n+2) - 2f(n+1) + f(n). \tag{10-9-2}$$

同样地, 类似 n 阶导数, 可定义 n 阶差分

$$\Delta^n f(n) = \Delta(\Delta^{n-1} f(n)).$$

2. 差分的性质

差分算子的定义与微积分中导数的定义类似, 也具有和导数类似的性质.

性质 1　设 a 为常数, 则 $\Delta a = 0$.

证　$\Delta a = a - a = 0$.

性质 2　设函数 $f(x)$ 和 $g(x)$, 则

$$\Delta(C_1 f(n) + C_2 g(n)) = C_1 \Delta f(n) + C_2 \Delta g(n), \tag{10-9-3}$$

其中 C_1, C_2 为任意常数.

证 由于

$$\Delta(C_1 f(n) + C_2 g(n))$$

$$= [C_1 f(n+1) + C_2 g(n+1)] - [C_1 f(n) + C_2 g(n)]$$

$$= C_1 [f(n+1) - f(n)] + C_2 [g(n+1) - g(n)]$$

$$= C_1 \Delta f(n) + C_2 \Delta g(n),$$

故公式 (10-9-3) 成立.

性质 3 设函数 $f(x)$ 和 $g(x)$, 则

$$\Delta[f(n) \cdot g(n)] = g(n) \cdot \Delta f(n) + f(n+1) \cdot \Delta g(n) \tag{10-9-4}$$

或

$$\Delta[f(n) \cdot g(n)] = g(n+1) \cdot \Delta f(n) + f(n) \cdot \Delta g(n). \tag{10-9-5}$$

证 由于

$$\Delta[f(n) \cdot g(n)] = f(n+1) \cdot g(n+1) - f(n) \cdot g(n)$$

$$= f(n+1) \cdot g(n+1) - f(n+1) \cdot g(n) + f(n+1) \cdot g(n) - f(n) \cdot g(n)$$

$$= g(n) \cdot \Delta f(n) + f(n+1) \cdot \Delta g(n),$$

或

$$\Delta[f(n) \cdot g(n)] = f(n+1) \cdot g(n+1) - f(n) \cdot g(n)$$

$$= f(n+1) \cdot g(n+1) - f(n) \cdot g(n+1) + f(n) \cdot g(n+1) - f(n) \cdot g(n)$$

$$= g(n+1) \cdot \Delta f(n) + f(n+1) \cdot \Delta g(n),$$

故公式 (10-9-4) 和 (10-9-5) 成立.

性质 4 设函数 $f(x)$ 和 $g(x)$, 则

$$\Delta \left[\frac{f(n)}{g(n)} \right] = \frac{g(n) \Delta f(n) - f(n) \Delta g(n)}{g(n) \cdot g(n+1)}. \tag{10-9-6}$$

证 因为

$$\Delta \left[\frac{f(n)}{g(n)} \right] = \frac{f(n+1)}{g(n+1)} - \frac{f(n)}{g(n)} = \frac{f(n+1)g(n) - f(n)g(n+1)}{g(n) \cdot g(n+1)}$$

$$= \frac{f(n+1)g(n) - f(n)g(n) - f(n)g(n+1) + f(n)g(n)}{g(n) \cdot g(n+1)},$$

故

$$\Delta\left[\frac{f(n)}{g(n)}\right] = \frac{g(n)\Delta f(n) - f(n)\Delta g(n)}{g(n) \cdot g(n+1)},$$

这就是公式 (10-9-6).

性质 2 说明了差分的线性性, 性质 3 和性质 4 分别是两函数之积、商的差分公式.

例 1 设 $f(x) = x^2 + x + 1$, $g(x) = 2^x$, 求 $\Delta f(n)$, $\Delta^2 f(n)$, $\Delta^3 f(n)$; $\Delta g(n)$, $\Delta^2 g(n)$.

解 因为 $f(x) = x^2 + x + 1$, 则

$$\Delta f(n) = [(n+1)^2 + (n+1) + 1] - (n^2 + n + 1) = 2n + 2,$$

$$\Delta^2 f(n) = \Delta(\Delta f(n)) = \Delta(2n + 2) = [2(n+1) + 2] - (2n + 2) = 2,$$

$$\Delta^3 f(n) = \Delta(\Delta^2 f(n)) = \Delta(2) = 2 - 2 = 0.$$

又 $g(x) = 2^x$, 则

$$\Delta g(n) = 2^{n+1} - 2^n = 2^n,$$

$$\Delta^2 g(n) = \Delta(\Delta g(n)) = \Delta(2^n) = 2^n.$$

二、 差分方程的概念

定义 1 含有取离散值的单变量的函数及其差分的方程称为**差分方程**. 差分方程中所含差分的最高阶数称为**差分方程的阶**.

为方便起见, 记 $y_n = y(n)$, 差分方程通常以含 $y_n, y_{n+1}, \cdots$ 的形式出现. 例如

$$y_{n+2} - 2y_{n+1} + 5y_n = n^2, \tag{10-9-7}$$

事实上, 它是一个二阶差分方程. 因为 $y_{n+1} = y_n + \Delta y_n$, 故

$$y_{n+2} = y_{n+1} + \Delta y_{n+1} = y_n + \Delta y_n + \Delta(y_n + \Delta y_n),$$

即

$$y_{n+2} = y_n + 2\Delta y_n + \Delta^2 y_n,$$

将上式代入方程 (10-9-7), 并化简得

$$\Delta^2 y_n + 4y_n = n^2.$$

可见, 方程 (10-9-7) 是一个二阶差分方程, 当差分方程以此种形式给出时, 未知函数下标的最大值与最小值之差即为该**差分方程的阶**.

定义 2 如果函数代入差分方程后, 方程关于自变量是恒等式, 则称该函数是此差分方程的**解**. 若 k 阶差分方程的解式中含有 k 个相互独立的任意常数, 则称之为该差分方程的**通解**. 若 k 阶差分方程的解式中含有 k 个相互独立的确定常数, 则称之为该差分方程的**特解**.

例如, $y_n = 2n + C(C$ 为任意常数) 是一阶差分方程 $y_{n+1} - y_n = 2$ 的通解, 而 $y_n = 2n + 1$ 是该差分方程的特解.

由通解确定差分方程的某个特解的条件称为**定解条件**, 通常也称为**初始条件**, 如 k 阶差分方程的初始条件为

$$y_0 = f(0) = a_0, \quad y_1 = f(1) = a_1, \quad \cdots, \quad y_{k-1} = f(k-1) = a_{k-1},$$

其中 $a_0, a_1, \cdots, a_{k-1}$ 为已知常数.

三、 一阶常系数线性差分方程

差分方程

$$y_{n+1} - ay_n = f(n) \tag{10-9-8}$$

称为**一阶常系数线性差分方程**, 其中 a 为已知常数, 且 $a \neq 0$. 特别地, 当 $f(n) = 0$ 时, 即

$$y_{n+1} - ay_n = 0, \tag{10-9-9}$$

称之为**一阶常系数线性齐次差分方程**. 当 $f(n) \neq 0$ 时, 方程 (10-9-8) 也称为**一阶常系数线性非齐次差分方程**, 此时, 方程 (10-9-9) 称为 (10-9-8) 对应的常系数线性齐次差分方程. 对于方程 (10-9-8) 与 (10-9-9) 的解之间的关系, 有下面的定理.

定理 1 设 $\bar{y}_n$ 是方程 (10-9-9) 的通解, $\tilde{y}_n$ 为方程 (10-9-8) 的特解, 那么 $y_n = \bar{y}_n + \tilde{y}_n$ 是 (10-9-8) 的通解.

令 $y_n^* = \lambda^n(\lambda \neq 0)$, 代入 (10-9-9) 得 $\lambda = a$. 故 $y_n^* = a^n$ 是 (10-9-9) 的特解. 对任意常数 C, 可以验证: $\bar{y}_n = Ca^n$ 也是 (10-9-9) 的解, 则 (10-9-9) 的通解是 $\bar{y}_n = Ca^n$.

为了寻求 (10-9-8) 的通解, 由定理 1, 只需求出 (10-9-8) 的一个特解 $\tilde{y}_n$, 此时 (10-9-8) 的通解为 $y_n = Ca^n + \tilde{y}_n$. 但一般情况下, (10-9-8) 的特解不容易求, 甚至无法求. 下面针对某些特殊的函数 $f(n)$, 给出 (10-9-8) 的特解 $\tilde{y}_n$ 形式.

(1) 当 $f(n) = b(b$ 为常数) 时, 非齐次差分方程 (10-9-8) 的特解形式为

$$\tilde{y}_n = \begin{cases} A, & a \neq 1, \\ An, & a = 1, \end{cases} \tag{10-9-10}$$

其中 A 是待定常数.

证 因为 $y_{n+1} - ay_n = b$, 所以 $\Delta y_n - (a-1)y_n = b$. 所以

当 $a = 1$ 时, 上述方程可化为 $\Delta y_n = b$, 则 $\tilde{y}_n = An$;

当 $a \neq 1$ 时, 上述方程仍为 $\Delta y_n - (a-1)y_n = b$, 则 $\tilde{y}_n = A$. 得证.

(2) 当 $f(n) = P_k(n)(k$ 次多项式) 时, 非齐次差分方程 (10-9-8) 的特解形式为

$$\tilde{y}_n = \begin{cases} A_0 + A_1 n + \cdots + A_k n^k, & a \neq 1, \\ n(A_0 + A_1 n + \cdots + A_k n^k), & a = 1, \end{cases} \tag{10-9-11}$$

其中 $A_i(i = 0, 1, \cdots, k)$ 为待定常数.

证明同情形 (1), 请读者自证.

(3) 当 $f(n) = bB^n(b, B$ 为常数且 $B \neq 1)$ 时, 非齐次差分方程 (10-9-8) 的特解形式为

$$\tilde{y}_n = \begin{cases} AB^n, & B \neq a, \\ AnB^n, & B = a, \end{cases} \tag{10-9-12}$$

其中 A 是待定常数.

更一般地, 当 $f(n) = P_k(n)B^n(P_k(n)$ 为 k 次多项式, B 为常数且 $B \neq 1)$ 时, 非齐次差分方程 (10-9-8) 的特解形式为

$$\tilde{y}_n = \begin{cases} Q_k(n)B^n, & B \neq a, \\ Q_k(n)nB^n, & B = a, \end{cases}$$

例2讲解10-9-2

其中 $Q_k(n)$ 是 k 次多项式.

例 2 求差分方程 $y_{n+1} - 2y_n = 3n^2$ 的通解.

解 这是一阶常系数线性非齐次差分方程, 且 $f(n) = 3n^2$ 属于 $P_k(n)$ 类型 (其中 $k = 2$). 与所给方程对应的齐次方程为 $y_{n+1} - 2y_n = 0$, 它的通解为 $\bar{y}_n = C2^n(C$ 是任意常数). 由于 $f(n) = 3n^2$, 故设原方程的特解为

$$\tilde{y}_n = A_0 + A_1 n + A_2 n^2,$$

代入原方程得

$$A_0 + A_1(n+1) + A_2(n+1)^2 - 2(A_0 + A_1 n + A_2 n^2) = 3n^2,$$

比较两边 n 的同次幂的系数得

$$A_0 = -9, \quad A_1 = -6, \quad A_2 = -3,$$

则所求特解 $\tilde{y}_n = -9 - 6n - 3n^2$. 因此, 原差分方程的通解为

$$y_n = C2^n - 9 - 6n - 3n^2 \quad (C \text{是任意常数}).$$

例 3 求差分方程 $y_{n+1} - 3y_n = 2 \cdot 3^n$ 的通解.

解 这是一阶常系数线性非齐次差分方程, 且 $f(n) = 2 \cdot 3^n$ 属于 bB^n 类型 (其中 $b = 2, B = 3$).

与所给方程对应的齐次方程为 $y_{n+1} - 3y_n = 0$, 它的通解为 $\bar{y}_n = C3^n$(C 是任意常数).

由于 $f(n) = 2 \cdot 3^n$, 故设原方程的特解为

$$\tilde{y}_n = An3^n,$$

代入原方程得

$$A(n+1)3^{n+1} - 3An3^n = 2 \cdot 3^n,$$

解得 $A = \dfrac{2}{3}$, 则所求特解 $\tilde{y}_n = \dfrac{2}{3}n3^n = 2n3^{n-1}$. 因此, 原差分方程的通解为

$$y_n = C3^n + 2n3^{n-1} \quad (C \text{是任意常数}).$$

例 4 求差分方程 $y_{n+1} - 2y_n = n \cdot 2^n$ 的通解.

解 这是一阶常系数线性非齐次差分方程, 且 $f(n) = n \cdot 2^n$ 属于 $P_k(n)B^n$ 类型 (其中 $k = 1, B = 2$).

与所给方程对应的齐次方程为 $y_{n+1} - 2y_n = n \cdot 2^n$, 它的通解为 $\bar{y}_n = C2^n$(C 是任意常数).

由于 $f(n) = n \cdot 2^n$, 故设原方程的特解为

$$\tilde{y}_n = (An + B)n2^n,$$

代入原方程得

$$(A(n+1) + B)(n+1)2^{n+1} - 2(An + B)n2^n = n \cdot 2^n,$$

解得 $A = \dfrac{1}{4}, B = -\dfrac{1}{4}$, 则所求特解 $\tilde{y}_n = \dfrac{1}{4}(n^2 - n)2^n$. 因此, 原差分方程的通解为

$$y_n = C2^n + \dfrac{1}{4}(n^2 - n)2^n \quad (C \text{是任意常数}).$$

四、 二阶常系数线性差分方程

差分方程

$$y_{n+2} + ay_{n+1} + by_n = f(n), \tag{10-9-13}$$

称为**二阶常系数线性差分方程**, 其中 a, b 均为不等于零的已知常数. 特别地, 当 $f(n) \equiv 0$ 时, 即

$$y_{n+2} + ay_{n+1} + by_n = 0, \tag{10-9-14}$$

称之为**二阶常系数线性齐次差分方程**. 当 $f(n) \neq 0$ 时, 方程 (10-9-13) 也称为**二阶常系数线性非齐次差分方程**, 此时, 称方程 (10-9-14) 为 (10-9-13) 对应的齐次差分方程. 类似一阶常系数线性差分方程, 方程 (10-9-13), (10-8-14) 的解之间的关系有如下定理.

定理 2 设 $\bar{y}_n$ 是方程 (10-9-14) 的通解, $\tilde{y}_n$ 为方程 (10-9-13) 的特解, 那么 $y_n = \bar{y}_n + \tilde{y}_n$ 是 (10-9-13) 的通解.

先考虑 (10-9-14) 的通解. 令 $y_n^* = \lambda^n (\lambda \neq 0)$, 代入 (10-9-14) 式得

$$\lambda^2 + a\lambda + b = 0, \tag{10-9-15}$$

称之为方程 (10-9-14) 的**特征方程**. 方程 (10-9-15) 的根有三种可能情况, 对应二阶常系数线性齐次差分方程 (10-9-14) 的通解也有三种形式:

(1) 当 $a^2 - 4b > 0$ 时, 此时方程 (10-9-15) 有两个不同的实根 λ_1, λ_2, 齐次方程 (10-9-14) 的通解为

$$\bar{y}_n = C_1 \lambda_1^n + C_2 \lambda_2^n, \tag{10-9-16}$$

其中 C_1, C_2 为任意常数.

(2) 当 $a^2 - 4b = 0$ 时, 此时方程 (10-9-15) 有两个相同的实根 $\lambda_1 = \lambda_2 = -\dfrac{a}{2}$. 将 $n\lambda_1^n$ 代入方程 (10-9-14) 的左边, 有

$$(n+2)\lambda_1^{n+2} + a(n+1)\lambda_1^{n+1} + bn\lambda_1^n = \lambda_1^n \left[(n+2)\lambda_1^2 + a(n+1)\lambda_1 + bn \right]$$

$$= \lambda_1^n \left[n(\lambda_1^2 + a\lambda_1 + b) + 2\lambda_1^2 + a\lambda_1 \right] = 0,$$

容易验证 $n\lambda_1^n$ 是方程 (10-9-14) 的解, 且 $n\lambda_1^n$ 与 λ_1^n 线性独立, 则齐次方程 (10-9-14) 的通解为

$$\bar{y}_n = (C_1 + C_2 n)\lambda_1^n, \tag{10-9-17}$$

其中 C_1, C_2 为任意常数.

(3) 当 $a^2 - 4b < 0$ 时, 此时方程 (10-9-15) 有一对共轭复根 $\lambda_{1,2} = \alpha \pm i\beta$(其中 $\alpha = -\dfrac{a}{2}, \beta = \dfrac{\sqrt{4b - a^2}}{2}$), 可将其改写为 $\lambda_{1,2} = r(\cos\theta \pm i\sin\theta)$, 其中 $r =$

$\sqrt{\alpha^2 + \beta^2}$, $\theta = \arctan \dfrac{\beta}{\alpha}$. 将其代入齐次方程 (10-9-14) 的通解式 $\bar{y}_n = C_3 \lambda_1^n + C_4 \lambda_2^n$, 得

$$\bar{y}_n = C_3 r^n (\cos n\theta + \mathrm{i} \sin n\theta) + C_4 r^n (\cos n\theta - \mathrm{i} \sin n\theta)$$

$$= (C_3 + C_4) r^n \cos n\theta + \mathrm{i}(C_3 - C_4) r^n \sin n\theta,$$

令 $C_1 = C_3 + C_4, C_2 = \mathrm{i}(C_3 - C_4)$, 则齐次方程 (10-9-14) 的通解为

$$\bar{y}_n = r^n (C_1 \cos n\theta + C_2 \sin n\theta), \tag{10-9-18}$$

其中 C_1, C_2 为任意常数.

与一阶常系数线性差分方程的情况相似, 为了寻求方程 (10-9-13) 的通解, 由定理 2 可知, 只要求出 (10-9-13) 的一个特解 $\tilde{y}_n$ 即可. 一般情况下, (10-9-13) 的特解并不容易求, 有的甚至无法求得. 下面针对某些特殊的函数 $f(n)$, 给出 (10-9-13) 的特解 $\tilde{y}_n$ 形式.

(1) 当 $f(n) = m(m$ 为常数$)$ 时, 非齐次差分方程 (10-9-13) 的特解形式为

$$\tilde{y}_n = \begin{cases} A, & \lambda = 1 不是特征根, \\ An, & \lambda = 1 是特征根, \\ An^2, & \lambda = 1 是二重特征根, \end{cases} \tag{10-9-19}$$

其中 A 是待定常数.

(2) 当 $f(n) = P_k(n)(k$ 次多项式$)$ 时, 非齐次差分方程 (10-9-13) 的特解形式为

$$\tilde{y}_n = \begin{cases} A_0 + A_1 n + \cdots + A_k n^k, & \lambda = 1 不是特征根, \\ n(A_0 + A_1 n + \cdots + A_k n^k), & \lambda = 1 是单特征根, \\ n^2(A_0 + A_1 n + \cdots + A_k n^k), & \lambda = 1 是二重特征根, \end{cases} \tag{10-9-20}$$

其中 $A_i(i = 0, 1, \cdots, k)$ 为待定常数.

(3) 当 $f(n) = mB^n(m, B$ 为常数且 $B \neq 1)$ 时, 非齐次差分方程 (10-9-13) 的特解形式为

$$\tilde{y}_n = \begin{cases} AB^n, & \lambda = B 不是特征根, \\ AnB^n, & \lambda = B 是单特征根, \\ An^2 B^n, & \lambda = B 是二重特征根, \end{cases} \tag{10-9-21}$$

其中 A 是待定常数.

例 5 求差分方程

$$y_{n+2} + y_{n+1} - 2y_n = 12$$

满足条件 $y_0 = 1$, $y_1 = 0$ 的特解.

解 这是二阶常系数线性非齐次差分方程, 且 $f(n) = 12$.

与所给方程对应的齐次方程为 $y_{n+2} + y_{n+1} - 2y_n = 0$, 它的特征方程为 $\lambda^2 + \lambda - 2 = 0$, 解得特征根 $\lambda_1 = 1$, $\lambda_2 = -2$, 此时齐次方程的通解为 $\bar{y}_n = C_1 + C_2(-2)^n$ (其中 C_1, C_2 是任意常数).

由于 $\lambda = 1$ 是单特征根, 故设原方程的特解为 $\tilde{y}_n = An$, 代入原方程得

$$A(n + 2) + A(n + 1) - 2An = 12,$$

解得 $A = 4$, 则所求特解 $\tilde{y}_n = 4n$. 因此, 原差分方程的通解为

$$y_n = C_1 + C_2(-2)^n + 4n.$$

由 $y_0 = 1$ 得 $C_1 + C_2 = 1$; 由 $y_1 = 0$ 得 $C_1 - 2C_2 = -4$. 由此可解得

$$C_1 = -\frac{2}{3}, \quad C_2 = \frac{5}{3}.$$

于是所求特解为

$$y_n = -\frac{2}{3} + \frac{5}{3}(-2)^n + 4n.$$

例 6 求差分方程 $y_{n+2} + y_{n+1} - 3y_n = 7^n$ 的通解.

解 这是二阶常系数线性非齐次差分方程, 且 $f(n) = 7^n$ 属于 mB^n 类型 (其中 $m = 1, B = 7$).

与所给方程对应的齐次方程为 $y_{n+2} + y_{n+1} - 3y_n = 0$, 它的特征方程为 $\lambda^2 + \lambda - 3 = 0$, 解得特征根 $\lambda_{1,2} = \dfrac{-1 \pm \sqrt{13}}{2}$, 此时齐次方程的通解为 $\bar{y}_n = C_1\lambda_1^n + C_2\lambda_2^n$ (其中 C_1, C_2 是任意常数).

由于 $f(n) = 7^n$, 且 $\lambda = 7$ 不是特征根, 故设原方程的特解为

$$\tilde{y}_n = A7^n,$$

代入原方程得

$$A7^{n+2} + A7^{n+1} - 3 \cdot A7^n = 7^n,$$

解得 $A = \dfrac{1}{53}$, 则所求特解. 因此, 原差分方程的通解为

$$y_n = C_1\lambda_1^n + C_2\lambda_2^n + \frac{1}{53}7^n \quad (C_1, C_2 是任意常数).$$

习 题 10-9

A 组

1. 求下列一阶差分方程的通解:

(1) $y_{n+1} - 5y_n = 0$;

(2) $y_{n+1} - 3y_n = 2$;

(3) $y_{n+1} + 2y_n = 3n^2 + 5n - 1$;

(4) $y_{n+1} - 3y_n = 2^n$.

2. 求下列二阶差分方程的通解:

(1) $y_{n+2} + 3y_{n+1} + 2y_n = 0$;

(2) $y_{n+2} - y_{n+1} - 2y_n = 4$;

(3) $y_{n+2} + 2y_{n+1} + y_n = 3^n$.

3. 求下列差分方程 $y_{n+2} + 3y_{n+1} - 4y_n = n$ 满足条件解 $y_0 = 0$, $y_1 = 1$ 的特解.

B 组

求下列差分方程的通解:

(1) $y_{n+1} - \dfrac{1}{2} y_n = \left(\dfrac{1}{2}\right)^n$;

(2) $y_{n+1} - y_n = 2^n n$;

(3) $\Delta^2 y_n - y_n = 5$;

(4) $y_{n+2} - 2y_{n+1} + 2y_n = \mathrm{e}^n$.

*10.10 常系数线性微分方程组解法举例

前面讨论的微分方程所含的未知函数及方程的个数都只有一个, 但在实际问题中, 常常会遇到由几个微分方程联合起来共同确定几个具有同一自变量的函数的情形. 这些联立的微分方程称为**微分方程组**.

如果微分方程组中的每个方程都是常系数线性微分方程, 则此微分方程组称为**常系数线性微分方程组**, 本节我们主要讨论常系数线性微分方程组的解法问题.

一、消元法

具体做法为:

① 消去一些未知函数及其各阶导数, 得到只含有一个未知函数的高阶微分方程;

② 解此方程, 得到满足该方程的未知函数;

③ 将求得的函数代入原方程组, 求得其余的未知函数.

下面我们通过实例来说明利用消元法来求解常系数线性微分方程组的过程.

例 1 设 $y = y(x)$, $z = z(x)$ 是两个未知函数, 满足方程组

$$\begin{cases} \dfrac{\mathrm{d}y}{\mathrm{d}x} = 3y - 2z, & (10\text{-}10\text{-}1) \\[2mm] \dfrac{\mathrm{d}z}{\mathrm{d}x} = 2y - z. & (10\text{-}10\text{-}2) \end{cases}$$

和初值条件 $y(0) = 1$, $z(0) = 0$, 求函数 $y(x)$, $z(x)$.

解 为了消去 y 及 $\dfrac{\mathrm{d}y}{\mathrm{d}x}$, 由式 (10-10-2) 解出

$$y = \frac{1}{2}\left(\frac{\mathrm{d}z}{\mathrm{d}x} + z\right), \tag{10-10-3}$$

在上式两边求导, 得

$$\frac{\mathrm{d}y}{\mathrm{d}x} = \frac{1}{2}\left(\frac{\mathrm{d}^2 z}{\mathrm{d}x^2} + \frac{\mathrm{d}z}{\mathrm{d}x}\right), \tag{10-10-4}$$

将式 (10-10-3) 和 (10-10-4) 代入 (10-10-1) 并化简, 得

$$\frac{\mathrm{d}^2 z}{\mathrm{d}x^2} - 2\frac{\mathrm{d}z}{\mathrm{d}x} + z = 0,$$

这是一个二阶常系数线性微分方程, 求得通解为

$$z(x) = (C_1 + C_2 x)\,\mathrm{e}^x, \tag{10-10-5}$$

将式 (10-10-5) 代入 (10-10-2), 得

$$y(x) = \frac{1}{2}\,(2C_1 + C_2 + 2C_2 x)\,\mathrm{e}^x, \tag{10-10-6}$$

将初始条件代入式 (10-10-5) 和 (10-10-6), 得到 $C_1 = 0$, $C_2 = 2$. 故所求函数为

$$y(x) = (1 + 2x)\,\mathrm{e}^x, \quad z(x) = 2x\mathrm{e}^x.$$

注 求出其中一个未知函数, 再求其他未知函数时, 宜用代入法, 而不用积分法, 避免处理两次积分后出现的任意常数间的关系.

二、算子法

采用解欧拉方程时的算子记号, 令 D 表示对自变量 t 的求导运算 $\dfrac{\mathrm{d}}{\mathrm{d}t}$, 记号 D^k 表示对自变量 t 的 k 阶求导运算 $\dfrac{\mathrm{d}^k}{\mathrm{d}t^k}$, 那么 $\dfrac{\mathrm{d}x}{\mathrm{d}t} = f(t)$ 可写成 $Dx = f(t)$, 则 n 阶常系数线性微分方程

$$y^{(n)} + p_1 y^{(n-1)} + \cdots + p_{n-1} y' + p_n y = f(x)$$

用算子可表示为

$$D^n y + p_1 D^{n-1} y + \cdots + p_{n-1} D y + p_n y = f(x),$$

即

$$\left(D^n + p_1 D^{n-1} + \cdots + p_{n-1}D + p_n\right) y = f(x),$$

其中式 $D^n + p_1 D^{n-1} + \cdots + p_{n-1}D + p_n$ 作为 D 的"多项式",可进行相加及相乘的运算.

例 2 求微分方程组

$$\begin{cases} \dfrac{\mathrm{d}x}{\mathrm{d}t} - \dfrac{\mathrm{d}y}{\mathrm{d}t} + x = -t, \\[2mm] \dfrac{\mathrm{d}^2 x}{\mathrm{d}t^2} - \dfrac{\mathrm{d}y}{\mathrm{d}t} + 3x - y = \mathrm{e}^{2t} \end{cases}$$

的通解.

解 引入记号 $D^k = \dfrac{\mathrm{d}^k}{\mathrm{d}t^k}$,则方程组可记作

$$\begin{cases} (D+1)x - Dy = -t, & \text{(10-10-7)} \\[2mm] \left(D^2 + 3\right) x - (D+1)y = \mathrm{e}^{2t}. & \text{(10-10-8)} \end{cases}$$

我们可类似于解代数方程组那样消去未知函数 y,即作如下运算:(10-10-7)×$(D+1)$−(10-10-8)×D 得

$$\left(D^3 - D^2 + D - 1\right) x = 1 + t + 2\mathrm{e}^{2t},$$

即

$$\frac{\mathrm{d}^3 x}{\mathrm{d}t^3} - \frac{\mathrm{d}^2 x}{\mathrm{d}t^2} + \frac{\mathrm{d}x}{\mathrm{d}t} - x = 1 + t + 2\mathrm{e}^{2t}. \tag{10-10-9}$$

上式为三阶常系数非齐次线性方程,其特征方程为

$$r^3 - r^2 + r - 1 = 0,$$

解得

$$r_1 = 1, \quad r_{1,2} = \pm\mathrm{i}.$$

于是式 (10-10-9) 所对应的齐次方程的通解为

$$x = C_1 \mathrm{e}^t + C_2 \cos t + C_3 \sin t.$$

利用待定系数法可求得 (10-10-9) 的一个特解 $x^* = \dfrac{2}{5}\mathrm{e}^{2t} - 2 - t$,于是方程 (10-10-9) 的通解为

$$x = C_1 \mathrm{e}^t + C_2 \cos t + C_3 \sin t + \frac{2}{5}\mathrm{e}^{2t} - 2 - t. \tag{10-10-10}$$

下面求 y. 由 (10-10-7) 减去 (10-10-8) 可得

$$\left(-D^2 + D - 2\right) x + y = -t - e^{2t},$$

即

$$y = \left(D^2 - D + 2\right) x - t - e^{2t},$$

将 (10-10-10) 代入上式得

$$y = 2C_1 e^t + (C_2 - C_3) \cos t + (C_3 + C_2) \sin t + \frac{3}{5} e^{2t} - 3 - 3t.$$

故原方程组的通解为

$$\begin{cases} x = C_1 e^t + C_2 \cos t + C_3 \sin t + \dfrac{2}{5} e^{2t} - 2 - t, \\ y = 2C_1 e^t + (C_2 - C_3) \cos t + (C_3 + C_2) \sin t + \dfrac{3}{5} e^{2t} - 3 - 3t. \end{cases}$$

习　题　10-10

1. 求下列方程组的通解:

(1) $\begin{cases} \dfrac{\mathrm{d}x}{\mathrm{d}t} = x + 2y + e^t, \\ \dfrac{\mathrm{d}y}{\mathrm{d}t} = 4x + 3y; \end{cases}$

(2) $\begin{cases} 2\dfrac{\mathrm{d}x}{\mathrm{d}t} + \dfrac{\mathrm{d}y}{\mathrm{d}t} + y - t = 0, \\ \dfrac{\mathrm{d}x}{\mathrm{d}t} + \dfrac{\mathrm{d}y}{\mathrm{d}t} - x - y - 2t = 0; \end{cases}$

(3) $\begin{cases} \dfrac{\mathrm{d}x}{\mathrm{d}t} + \dfrac{\mathrm{d}y}{\mathrm{d}t} = -x + y + 3, \\ \dfrac{\mathrm{d}x}{\mathrm{d}t} - \dfrac{\mathrm{d}y}{\mathrm{d}t} = x + y - 3; \end{cases}$

(4) $\begin{cases} \dfrac{\mathrm{d}x}{\mathrm{d}t} = 2x + 4y - e^{-t}, \\ \dfrac{\mathrm{d}y}{\mathrm{d}t} = -x + 2y - 4e^{-t}. \end{cases}$

2. 求下列微分方程组满足初始条件的特解:

(1) $\begin{cases} \dfrac{\mathrm{d}^2 x}{\mathrm{d}t^2} + 2\dfrac{\mathrm{d}y}{\mathrm{d}t} - x = 0, \\ \dfrac{\mathrm{d}x}{\mathrm{d}t} + y = 0, \\ x|_{t=0} = 1, \ y|_{t=0} = 0; \end{cases}$

(2) $\begin{cases} 2\dfrac{\mathrm{d}x}{\mathrm{d}t} - 4x + \dfrac{\mathrm{d}y}{\mathrm{d}t} - y = e^t, \\ \dfrac{\mathrm{d}x}{\mathrm{d}t} + 3x + y = 0, \\ x|_{t=0} = \dfrac{3}{2}, \ y|_{t=0} = 0. \end{cases}$

B 组

假设某商场的销售成本 y 和存储费用 S 均是时间 t 的函数, 随时间 t 的增长, 销售成本的变化率等于存储费用的倒数与常数 5 的和, 而存储费用的变化率为存储费用的 $\left(-\dfrac{1}{3}\right)$. 若当 $t = 0$ 时, 销售成本 $y = 0$, 存储费用 $S = 10$. 试求销售成本与时间 t 的函数关系及存储费用与时间 t 的函数关系.

本 章 小 结

微分方程理论始于 17 世纪末, 是数学学科联系实际的主要途径之一. 微分方程理论发展经历了三个过程: 求微分方程的解、定性理论与稳定性理论、微分方程的现代分支理论. 微分方程分为常微分方程和偏微分方程 (数学物理方程), 本章仅讨论常微分方程的相关问题.

本章介绍了微分方程的基本概念, 主要包括微分方程的形式、微分方程的通解、初始条件和微分方程的特解、微分方程的阶数等. 求解微分方程是这一章的主要内容, 下面分别将本章常微分方程的求通解方法归纳如下.

1. 常微分方程的求解问题

表 1　一阶微分方程解法

方程类别	方程形式	解法
可分离变量方程	$y' = f(x)g(y)$	分离变量, 两边积分
齐次方程	$y' = f\left(\dfrac{y}{x}\right)$	换元, 令 $u = \dfrac{y}{x}$ 化为可分离变量
一阶线性非齐次方程	$y' + P(x)y = Q(x)$	常数变易法或公式法
伯努利方程	$y' + P(x)y = Q(x)y^{\alpha}$	换元化为一阶线性方程

表 2　高阶微分方程解法

方程类别	方程形式	解法
可降阶方程	$y^{(n)} = f(x)$	连续 n 次积分
	$y'' = f(x, y')$	换元, 令 $y' = z(x)$, 降阶
	$y'' = f(y, y')$	换元, 令 $y' = p(y)$, 降阶
二阶常系数齐次线性方程	$y'' + py' + qy = 0$	解特征方程写出对应的通解
二阶常系数非齐次线性方程	$y'' + py' + qy = f(x)$	待定系数法, 求出自身特解 y^* 及对应齐次方程的通解 $\overline{y}$, 得通解 $y = y^* + \overline{y}$
二阶线性差分方程	$y_{n+2} + ay_{n+1} + by_n = f(n)$	与二阶常系数线性微分方程类同

依赖于形式, 本章中一阶、二阶微分方程的求解方法和步骤大多数情况下比较固定, 易于掌握, 正确的归类至关重要. 这就要求大家对这些基本类型方程的求解方法和过程非常熟悉. 如果某一微分方程同属几类典型的微分方程类型, 那么选最简单的方法处理求解问题. 对于不属于典型类型的微分方程, 做变量代换是一种行之有效的方法. 做什么样的变量代换要具体情况具体分析, 根据所给微分方程的特点来考虑, 一般是以克服求解方程的困难为目标.

2. 线性微分方程的解的结构

作为线性微分方程, 除了求解以外, 解的结构也是也是其重要的问题之一. 齐次、非齐次线性微分方程的解的结构和关系基本类同于线性代数中齐次、非齐次线性方程组解的结构和关系. 这一点充分体现了不同数学学科之间的内部联系, 是数学进一步抽象的重要基础.

3. 微分方程的实际应用

对于一个与微分方程有关的实际问题, 关键在于正确建立数学模型. 建立数学模型的过程中需准确地将经济规律、几何关系等转化为数学表达式, 确定定解条件即初值条件. 这样实际问题所需要的函数就是微分方程所满足相应初始条件的特解.

总复习题 10

1. 填空题:

(1) 微分方程 $y^4 + 5y'' - 36y = 0$ 的阶数为_____.

(2) 以 $y = 3xe^{2x}$ 为一个特解的二阶常系数齐次线性微分方程是_____.

(3) 微分方程 $\dfrac{dy}{dx} = (x+y)^2$ 的通解为_____.

(4) 设 $y = e^{2x} + (1+x)e^x$ 是二阶常系数线性微分方程 $y'' + \alpha y' + \beta y = \gamma e^x$ 的一个特解, 则 $\alpha^2 + \beta^2 + \gamma^2 =$_____.

(5) 设函数 $f(x)$ 满足 $f''(x) + af'(x) + f(x) = 0(a > 0)$, $f(0) = m$, $f'(0) = n$, 则 $\displaystyle\int_0^{+\infty} f(x)dx =$_____. (2020 考研真题)

2. 选择题:

(1) 函数 $y = C_1 e^{C_2 - x}(C_1, C_2$ 是任意常数) 是微分方程 $y'' - 2y' - 3y = 0$ 的 (   )

(A) 通解   (B) 特解   (C) 不是解   (D) 解, 但既不是通解, 也不是特解.

(2) 已知函数 $y(x)$ 满足微分方程 $xy' = y\ln\dfrac{y}{x}$, 且当 $x = 1$ 时, $y = e^2$, 则当 $x = -1$ 时, $y = ($)

(A) -1 (B) 0 (C) 1 (D) e^{-1}.

(3) 微分方程 $y'' - 5y' + 6y = e^x \sin x + 6$ 的特解形式可设为 (   )

(A) $xe^x(a\cos x + b\sin x) + c$ (B) $ae^x \sin x + b$

(C) $e^x(a\cos x + b\sin x) + c$ (D) $ae^x \cos x + b$.

(4) 设 $y = \dfrac{1}{2}e^{2x} + \left(x - \dfrac{1}{3}\right)e^x$ 是二阶常系数非齐次线性微分方程 $y'' + ay' + by = ce^x$ 的一个特解, 则 (   )(2015 考研真题)

(A) $a = -3, b = 2, c = -1$ (B) $a = 3, b = 2, c = -1$

(C) $a = -3, b = 2, c = 1$ (D) $a = 3, b = 2, c = 1$.

(5) 若 $y_1 = (1+x^2)^2 - \sqrt{1+x^2}$, $y_2 = (1+x^2)^2 + \sqrt{1+x^2}$ 是微分方程 $y' + p(x)y = q(x)$ 的两个解, 则 $q(x) = ($ $)$(2016 考研真题)

(A) $3x(1+x^2)$ (B) $-3x(1+x^2)$ (C) $\dfrac{x}{1+x^2}$ (D) $-\dfrac{x}{1+x^2}$.

3. 求下列方程的通解:

(1) $\left(2x\sin\dfrac{y}{x} + 3y\cos\dfrac{y}{x}\right)\mathrm{d}x - 3x\cos\dfrac{y}{x}\mathrm{d}y = 0$;

(2) $\dfrac{\mathrm{d}y}{\mathrm{d}x} + \dfrac{1}{x}y = x^2 y^6$;

(3) $(1+x^2)y'' = 2xy'$.

4. 求微分方程 $y'' + y' - y = \sin 3x + 2\cos 3x$ 的一个特解.

5. 求符合要求的微分方程:

(1) 以 $y^2 = 2Cx$ 为通解的微分方程;

(2) 以 $y = C_1\mathrm{e}^x + C_2\mathrm{e}^{2x}$ 为通解的微分方程;

(3) 以 $y_1 = \mathrm{e}^x$, $y_2 = 2x\mathrm{e}^x$, $y_3 = \cos 2x$, $y_4 = 3\sin 2x$ 为特解的最低阶常系数齐次线性微分方程;

(4) 以 $y_1 = x$, $y_2 = x^2$ 为解的二阶齐次线性微分方程.

6. 某商品的需求量 Q 对价格 P 的弹性为 $-P\ln 3$, 若该商品的最大需求量为 1200(即 $P = 0$ 时, $Q = 1200$)(P 的单位为元, Q 的单位为 kg), 试求需求量 Q 与价格 P 的函数关系.

7. 已知方程 $(6y + x^2 y^2)\mathrm{d}x + \left(6x + \dfrac{2}{3}x^3 y\right)\mathrm{d}y = 0$ 的左边为 $u(x,y)$ 的全微分形式, 试求出 $u(x,y)$, 并解此微分方程.

8. 设函数 $y = f(x)$ 由参数方程 $\begin{cases} x = 2t + t^2, \\ y = \varphi(t) \end{cases}$ $(t > -1)$ 所确定. 且 $\dfrac{\mathrm{d}^2 y}{\mathrm{d}x^2} = \dfrac{3}{4(1+t)}$, 其中 $\varphi(t)$ 具有二阶导数, 且 $\varphi(1) = \dfrac{5}{2}$, $\varphi'(1) = 6$, 求函数 $y = \varphi(t)$. (2010 考研真题)

9. 函数 $f(u)$ 二阶连续可导, $z = f(\mathrm{e}^x \cos y)$ 满足 $\dfrac{\partial^2 z}{\partial x^2} + \dfrac{\partial^2 z}{\partial y^2} = (4z + \mathrm{e}^x \cos y)\mathrm{e}^{2x}$, 若 $f(0) = 0$, $f'(0) = 0$, 求 $f(u)$ 的表达式. (2014 考研真题)

10. 已知微分方程 $y' + y = f(x)$, 其中 $f(x)$ 是 **R** 上的连续函数

(1) 当 $f(x) = x$ 时求微分方程的通解;

(2) 当 $f(x)$ 是为周期为 T 的函数时, 证明: 方程存在唯一的以 T 为周期的解. (2018 考研真题)

11. 若函数 $f(x)$ 满足方程 $f''(x) + f'(x) - 2f(x) = 0$ 及 $f''(x) + f(x) = 2\mathrm{e}^x$, 求 $f(x)$. (2012 考研真题)

Reference 参考文献

爱德华·沙伊纳曼. 2020. 美丽的数学. 张缘, 译. 长沙：湖南科学技术出版社.

比尔·伯林霍夫, 等. 2019. 这才是好读的数学史. 胡坦, 译. 北京：北京时代华文书局.

陈仲, 粟熙. 1998. 大学数学. 南京：南京大学出版社.

龚冬保, 武忠祥, 毛怀遂, 等. 2000. 高等数学典型题. 2 版. 西安：西安交通大学出版社.

胡作玄. 2008. 数学是什么. 北京：北京大学出版社.

华东师范大学数学系. 2001. 数学分析. 2 版. 北京：高等教育出版社.

柯朗 R, 罗宾 H. 2019. 什么是数学. 左平, 等译. 上海：复旦大学出版社.

孔令兵. 2009. 数学文化论十九讲. 西安：陕西人民教育出版社.

孙剑. 2015. 数学家的故事. 武汉：长江文艺出版社.

同济大学数学系. 2014. 高等数学 (上、下). 7 版. 北京：高等教育出版社.

王绵森, 马知恩. 2006. 工科数学分析基础 (上、下). 2 版. 北京：高等教育出版社.

王顺凤, 陈晓龙, 张建伟. 2009. 高等数学 (下). 北京：高等教育出版社.

王顺凤, 潘闻天, 杨兴东. 2003. 高等数学 (上、下). 南京：东南大学出版社.

王顺凤, 吴亚娟, 孙艾明, 等. 2014. 高等数学 (上、下). 南京：东南大学出版社.

王顺凤, 夏大峰, 朱凤琴, 等. 2009. 高等数学 (上、下). 北京：清华大学出版社.

吴军. 2019. 数学之美. 北京：人民邮电出版社.

萧树铁, 扈志明, 等. 2006. 微积分 (上、下). 北京：清华大学出版社.

薛巧玲, 王顺凤, 夏大峰, 等. 2008. 高等数学习题课教程. 南京：南京大学出版社.

张恭庆. 数学与国家实力 (上). http://www.ncmis.cas.cn/kxcb/jclyzs/201504/t20150413_287697.html.

周民强. 2002. 数学分析 (一、二). 上海：上海科学技术出版社.

周民强. 2010. 数学分析习题演练 (一、二、三). 2 版. 北京：科学出版社.

朱士信, 唐烁, 宁荣健, 等. 2014. 高等数学 (上、下). 北京：高等教育出版社.

BANNER A. 2016. 普林斯顿微积分读本. 2 版. 修订版. 杨爽, 赵晓婷, 高璞, 译. 北京：人民邮电出版社.

KLEIN M. 1979. 古今数学思想. 张理京, 张锦炎, 译. 上海：上海科学技术出版社.

微积分的知识与语言已经渗透到现代社会和生活的多个角落，是经管类各专业学生进行后继课程学习必须奠定的基础，也是专业研究必不可少的数学工具．微积分如此重要，为了读者充分学习掌握微积分知识，作者制作了丰富的多媒体内容资源，对教材起到归纳、拓展和延伸的作用．这些资源除了教学经验丰富的教师帮读者设计的课前测、重难点讲解视频、电子课件外，还包括习题参考答案、几种常见曲面等相关知识，以便读者课前温故知新、课中反复揣摩、课后复习拓展，助力读者学好微积分．

　　如果做课后作业想要核对参考答案，请扫如下二维码：

　　如果要了解几种常用曲面，请扫如下二维码：